• 土木施工技術士 試驗對備 現場實務應用 •

土木施工原論 上

技術士
柳 在 福 著

▶ **본서의 특징**

1. 토목시공기술사 시험대비
   1) ´98년도 53회 (2/15시행) 부터 출제경향이 현장실무·응용문제로 大전환과 관련- 대처능력을 향상토록 전면 보완했음.

2. 본서의 구성
   1) 전체구성 : 상·중·하로 편집
   2) 상권의 내용　・1장 : 토공　　　　　・2장 : 건설기계
   　　　　　　　　・3장 : 토류벽·가물막이　・4장 : 사면안정
   　　　　　　　　・5장 : 암석과 암반　　　・6장 : 연약지반

도서출판
예문사

Preface

- 과거 60, 70년대 우리 토목기술인 선배 여러분께서 사우디 아라비아 등 해외 현장에서 토목인의 기술력을 바탕으로 달러를 벌어드려, 국가경제 세우기에 엄청나게 기여했었는데, 맑은 하늘이 천둥번개치면서 소나기를 쏟아붓듯이 어느날 갑자기 IMF 위기에 직면하게 되었습니다.
- **토목기술자**(Civil Engineer)는 다른 직업을 가진 사람들과 달리 작업공간이 공개된 곳이고, 현장에서의 일이 단계적이고 고도의 기술을 요하므로 **조사**, **설계**, **계획**, **시공**, **유지관리**의 전단계에 걸쳐 설계·구조세목·재료의 강도·조립 및 시공측정 등의 오차를 최소화하여 정밀시공을 하기 위해서는 계속적으로 공부를 해야 하고 작은 오차가 **대형 붕괴사고**를 유발한다는 **신념**이 필요하다고 생각합니다.
- IMF의 경제위기가 건설시장의 빠른 개방을 촉구할 것입니다. 이와 관련 우리 토목기술인도 설계·시공·감리분야에서 **고도의 행정력**과 **기술력**을 바탕으로 건설현장을 주도해야 하고 토목인으로서의 **막강한 자부심**과 **긍지**를 세워가야 할 때입니다.
- 금번에 발간하는 **토목시공원론**(Civil Engineering & Construction Practice)이 토목현장의 분위기를 쇄신하고 **토목인**의 **위상**을 세우는데 크게 도움이 되리라 확신합니다.
- 본 서의 특징으로는
  (1) 토목기술인들의 현장실무적용에 용이하게 구성
  (2) **토목시공기술사를 준비**하시는 토목기술인에게는 개요·조사·적용성·시공계획·시공순서·시공 순서별 문제점·대책·맺음말 순으로 명쾌하게 구상
  (3) 현장 실무경험과 토목공학 기술원론을 충분하게 반영·기술

하였으므로 설계·계획·시공·유지관리분야 등의 현장실무에 응용이 가능.

(4) 신공법·신기술을 총망라 하였으므로 **학교 교재**로도 이용할 수 있음.

● 토목기술인 여러분! **IMF의 어려운 시기**에 **기술력 향상**으로 **토목인**으로서 막강한 **자부심**과 **긍지**를 가지고 일할 수 있는 사회적 분위기를 창조하는데 다함께 최선을 다할 것을 소망하면서 향후 토목기술인 선배제위 여러분의 진지한 지도편달을 부탁드립니다.

● 본 서를 발간함에 있어 참고로한 서적의 편저자, 교수님, 선배제위 여러분께 감사를 드리오며, 특히 출판을 맡아주신 예문사 정용 수 사장님을 비롯한 전 임직원 여러분께 감사의 말씀을 드립니다.

1998. 5.　編著者　柳 在 福

토목시공원론 상·중·하 구·성

▶ 상권의 구성

- 제1장 토공
- 제2장 건설기계
- 제3장 토류벽·가물막이
- 제4장 사면안정
- 제5장 암석과 암반
- 제6장 연약지반

▶ 중권의 구성

- 제7장 기초
- 제8장 콘크리트
- 제9장 프리스트레스트 콘크리트
- 제10장 특수 콘크리트
- 제11장 옹벽
- 제12장 도로
- 제13장 터널

▶ 하권의 구성

- 제14장 교량
- 제15장 댐
- 제16장 하천
- 제17장 항만
- 제18장 상·하수도
- 제19장 시공관리(공사관리)
- 제20장 공정관리
- 제21장 용어설명
- 제22장 계산문제
- 제23장 면접 시험문제 분석
- 제24장 시행회수별 과년도 출제문제 분석표

CONTENTS

제1장 토공 1

1. 흙의 삼상관계   3
2. 통일 분류법(USCS)과 흙의 공학적 이용   8
3. 통일 분류법(Unified Soil Classification Method＝USCS)   11
4. 흙의 성분과 공학적 특성   14
5. 흙의 공학적 이용표(SL와 CL의 차이점)   15
6. 흙의 연경도(Consistency of Soil)   16
7. 액성지수(Liquidity Index : LI)의 공학적 특성   19
8. 액성한계, 소성한계   20
9. 입경가적곡선(Particle Size Distribution Curve) : 조립토(자갈＋모래)   24
10. C_u(균등계수)와 C_c(곡률계수) 계산방법   25
11. 연속입도와 불연속입도(Skip or Gap Graded) : 조립토의 양입도와 불량입도   27
12. 흙의 분류법 : 모래·점토   29
13. Dam의 차수벽 재료로 사용하는 흙의 통일분류법상 SC와 CL의 특성을 비교 설명   37
14. 흙의 밀도와 단위중량의 차이점(g/㎤)   39
15. 흙의 팽창작용(Bulking)과 수체(水締)의 원리   40
16. 흙의 비화작용(Slaking) : 沸化作用   41
17. 점토의 활성도(Activity of Clay)   43
18. 토질조사와 암조사(현장시험) : 지반조사   46
19. 토질조사 및 시험   48

20. 현장시험 조사항목(원위치 시험) : Sounding　50

21. 대절토부＋토취장＋대성토부 조사와 시험　52

22. 흙의 표준 관입시험 방법(Method of Penetration Test for Soils)　55

23. 표준관입시험(SPT＝Standard Penetration Test)의 N치　58

24. CBR 설명(설계 CBR과 수정 CBR)　60

25. 노상토 지지력비(CBR) 시험방법(Testing Method for the California Bearing Ratio of Soils)　62

26. 설계 CBR과 수정 CBR(실내 CBR시험)의 차이점　76

27. CBR 시험을 한 결과 관입량이 5㎜일 때의 CBR 값(CBR_5)이 관입량 2.50㎜일 때의 CBR 값보다 클 때는 재시험을 해야 하고 재시험을 해도 CBR_5 의 값이 크면 어떤 값을 CBR 값으로 하는가 ?　80

28. 평판 재하시험(PBT＝Plate Bearing Test)　82

29. 도로의 평판 재하시험 방법(KSF 2310, Method of Plate Load Test on Soils for Road)　87

30. 토량분배 유토곡선 (Mass Curve)의 성질을 그림으로 설명 (Mass Curve에서 극대점과 극소점 설명)　90

31. Mass Curve의 극대점, 극소점　98

32. 토량의 변화비율(＝토량의 변화율, 토공량의 확정)이용시 주의사항(토량의 변화율 L과 C값 설명)　99

33. 토량환산에서 L 값 및 C 값　101

34. 전단강도 · 강도정수(ϕ, C) · UU 삼축시험과 CU 삼축시험　102

35. 강도정수(지반정수)의 추정을 위한 시험방법　114

36. 모래지반과 점토지반의 전단특성　116

37. 사질토와 점성토의 공학적 성질에 대하여 논하라.　118

38. 성토재료로 사용하는 사질토, 점성토의 공학적 성질　119

39. 점성토의 지반 정수 추정에 대한 귀하의 의견 기술(흙의 강도 추정 개념에 대하여 기술)　121

40. 모래의 전단강도에 영향을 끼치는 요소　123

41. 점성이 없는 흙의 전단강도(사질토의 전단특성 설명)　125

42. Thixotropy 현상과 예민성(Sensitivity and Thixotropy of Clay) : 점토　129

43. Dilatancy(모래지반의 전단특성)와 한계공극비(Critical Void Ratio)　131

44. 액상화(Liquefaction)원인과 대책(포화 사질토)   133

45. 상대밀도의 정의   141

46. 분사현상(Quick Sand)   142

47. 흙댐(Rock Fill Dam＋Earth Fill Dam)의 Piping 현상(Fill Dam 파손원인과 대책)   144

48. 침투압(Seepage Pressure), 분사현상(Quick Sand), Piping현상 설명   149

49. 유효응력, 간극수압의 정의 주어진 조건(본문 참조)에 의한 유효응력의 변화   152

50. 임계(한계) 동수구배(i_{cr})의 정의(＝Critical Hydraulic Gradient)   154

51. Quick Clay(초예민점토)와 Quick Sand(분사현상) (모래)의 차이점   155

52. 전응력, 과잉 간극수압, 유효응력   156

53. 과잉 간극수압(Excessive Pore Water Pressure)   158

54. 구조물 침하 원인과 대책   160

55. Back Pressure(배압)의 정의・사용목적・유의사항・적용범위 설명   162

56. 흙댐 또는 사력 Dam에서 발생하는 Hydraulic Fracturing(수압할렬) 설명   168

57. 토공의 기본 이론   172

58. 다짐도 관리방법(다짐원리)   183

59. 실내다짐과 현장 다짐방법의 상관성(차이점)   186

60. 흙의 다짐 시험방법(Test Method for Soil Compaction Using a Rammer)   188

61. 흙의 다짐원리 및 토질별 다짐장비 선정과 선정이유   196

62. 건조다짐과 습윤측 다짐의 비교(Comparison Dry of Optimum with Wet of Optimum Compaction)   201

63. 토취장(Borrow Pit) 시공원칙 (토취장에서 흙 파오기전 조사 사항과 시공원칙) 및 선정 요건   203

64. 사토장(Disposal Area) 시공시 유의사항   205

65. 성토재료의 품질 및 다짐관리 기준   206

66. 흙쌓기공의 품질관리 요령(＝토공의 품질관리 기준)   207

67. 도로공사용 토공재료의 선정(도로공사에서 성토재료의 구비조건)   210

68. Rockfill Dam 공사용 토공재료의 선정(제방, 제체에서의 성토 재료 구비조건)   214

69. 토질에 따른 Roller의 적합성   219

70. **흙의 다짐공법(다짐장비)(토질별 다짐공법의 적용성) = 공종별 다짐공법** 220
71. 진동 Roller를 이용하는 공종을 쓰고 효과있게 이용될 전망 224
72. **현장에서 다짐도 판정(규정)방법** 226
73. 사력 Dam 심벽재료의 OMC 건조측, 습윤측 다짐 : 결과의 차이 비교 설명 229
74. Over Compaction(과전압) 232
75. 다짐효과에 영향을 미치는 요인 233
76. 다짐한 흙의 특성 236
77. 도로 구조물(교대 등)과 토공 사이에 일어나는 부등침하(포장파손)의 원인과 방지대책
    (토공의 취약공종 : 노상) 241
78. 연약지반상에 설치한 교대의 측방 이동원인과 방지대책 공법 244
79. **구조물 뒤채움 시공원칙(옹벽, 교대, 암거)** 261
80. 편절ㆍ편성구간의 포장 파손원인 및 방지대책 270
81. **확폭구간과 접속부의 시공대책** 274
82. 종방향 흙쌓기(성토), 땅깎기 접속부 시공대책 276
83. 시공기면(Formation Level : 계획고)의 정의, 결정시 고려사항 278
84. 비탈면의 라운딩(Rounding) 280
85. 성토 재료로서 요구되는 흙의 성질, 고함수비 점성토 대책, Filter 효과 282
86. 성토 비탈면 다지기 공법 285
87. 경사지상의 성토 시공의 문제점 및 대책 288
88. **비탈면 보호공법** 289
89. 토공 법면의 붕괴시 응급대책과 영구대책(주로 인공사면 : 노상+제방의 경우) 300
90. 비탈면 붕괴의 원인과 대책(노상+제방 등의 인공사면) 322
91. 성토 기초지반의 처리대책(연약지반상의 성토 시공대책) 326
92. 성토 작업방법(흙쌓기 방법) 328
93. 저성토에서 포장이 파손되는 원인과 대책 331
94. 고성토(흙쌓기 높이 15m 이상인 경우) 설계, 시공대책(대성토 시공대책) 334
95. 장대 비탈면 시공대책(땅깎기 높이 20m이상의 비탈면) 336
96. 땅깎기(절토) 비탈의 표면수 및 용수의 처리대책 338

97. (흙쌓기 재료로서) 암버럭으로 성토시 주의사항 **341**

98. 암성토와 토사성토를 구분 다짐하는 이유와 다짐 시공시 유의사항 및 품질관리 **344**

99. EPS(Expanded Polystyrene Foam=발포 폴리스틸렌)를 이용한 경량 성토공법의 종류, 적용성, 특징, 조사, 시공성(=Expanded Polystyrene Foam for Enbankment Construction) **348**

100. 절토에서의 벌개제근과 준비배수의 목적과 시공대책 **351**

101. **절토공(절토사면)** (대규모 절토구간에서 조사사항, 현장시험의 종류, 최적 공법 선정, 선정 이유 기술) **354**

102. 절토부 지반 처리대책 **360**

103. 특히 유의해야 할 절토(안정검토가 필요한 절토) 대책 **362**

104. **암석굴착공법의 종류, 특징, 굴착공법의 선정시 고려사항** **364**

105. 발파(Drill & Blast)에 의하지 않는 암석 굴착공법 **380**

106. 기계에 의한 암석 굴착공법 **385**

107. 도심지 발파작업에 대한 재해원인과 대책 **386**

108. **절토사면 구배, 성토사면 구배 및 소단의 설치기준**(법면 경사기준을 성토, 절토, 토질, **암질, 침투류 유무로 구분**) : 구배 설계기준 **388**

109. 성토 비탈면 구배 설계기준 **391**

110. 절토 비탈면의 표준구배와 절토 비탈면의 형식 **394**

111. 절토 비탈면 구배 **398**

112. **토공장비의 분류** **401**

113. 공종별 건설기계의 조합(토공기계의 조합) **402**

114. 토성에 따른 장비선정(토질에 따른 적용 가능장비, 공종별 장비 선정기준) **403**

115. **기계화 시공계획시 고려사항과 기계화 시공계획의 순서** **407**

제2장 건설기계 411

1. 기계화 시공의 개요 413
2. 공종별 토공기계의 분류 415
3. 기계화 시공 계획순서 417
4. 기계의 작업능력 산정식 418
5. 토공기계 선정시 고려할 토질조건(기계 시공계획시 고려사항) 420
6. 기계의 주행저항 425
7. 불도저(Bulldozer)의 특징 및 작업량 산정 426
8. 유압식 리퍼 430
9. Scraper의 특징과 Push Dozer와의 조합 시공원칙 432
10. 쇼벨계 굴착기(Shovel계)의 종류별 특징 434
11. 버킷(Bucket)계 굴착기 436
12. 타워(Tower)계 굴착기의 종류, 용도, 적용성 438
13. 적재기계의 종류, 특징, 적용성 440
14. Dump Truck(운반장비) 444
15. Motor Grader의 종류, 용도, 특징 445
16. 다짐기계의 종류, 특징, 적용성(토질별 장비선정 요령, 선정이유) 447
17. 건설기계 선정시 고려사항 449
18. 토공기계의 선정(공종별 토공기계의 선정 요령) 450
19. 토공기계의 조합 원칙 452
20. 적재 기계와 Dump Truck의 조합(경제적인 조합) 453
21. 토공장비의 종류 457
22. 쇼벨(Shovel)계 굴착기계(굴착장비) 462
23. 로우더(Loader) (상차 장비의 종류 및 특징) 467
24. 운반 장비의 종류, 특징 469
25. 정지 장비(Motor Grader)의 종류, 특징 471
26. 다짐 장비의 종류, 특징 472

27. 장비의 선정 요령(공종별, 토질별 장비의 선정 요령) **474**

28. 토공 장비의 작업량 산정의 기본식 **478**

29. 장비의 작업요령(굴착작업→상차작업→운반작업) **479**

30. 운반 작업요령 **485**

31. 굴착장비와 운반장비의 효율적인 장비조합에 대하여 기술 **487**

32. **Crusher**의 종류에 대하여 설명하시오 (골재의 생산설비) **490**

33. **Trafficability**(장비의 주행성능)의 설명 **493**

34. **Bulldozer**의 작업에 대하여 설명 **495**

35. 토공 기계 선정시 고려해야 할 토질조건 **496**

36. 건설장비의 경제적 수명(**Economic Life for Construction Equipment**) **504**

제3장 토류벽・가물막이 509

1. 흙막이(토류벽) 공법의 종류 및 특징 511
2. 지보형식에 의한 토류벽 공법을 분류하고 특징, 적용성, 시공시 유의사항 529
3. U-Turn Anchor(제거식 앵커)와 기존 Anchor의 차이점 설명 532
4. 지하연속벽 공법(Slurry Wall) (연약지반 + 지하수위가 높은 경우 + 대규모차수성 토류벽) 539
5. 지중 연속벽의 가이드 월(Guide Wall)의 역할 554
6. 널말뚝 시공시 Guide Beam(안내보) 설명 556
7. 차수벽(Cutoff Wall) : Slurry Wall 559
8. 지하수위가 높고 주변 건물에 인접하여 지하철 공사를 Open Cut으로 굴착코져 할 때 적정 토류벽 공법을 선정(Slurry Wall : 근접시공에 대단히 유리) 561
9. 토류벽의 계측 565
10. Braced Cuts(토류벽의 가구 예시) 568
11. 굴착공사에 따른 지반파괴 유형 및 건물의 파손형태 예시 569
12. **토류벽의 계측의 목적, 계측기의 설치위치, 항목, 계측기기명** 570
13. 굴착에 의한 주변 지반과 매설물에 주는 영향의 검토방법(근접 시공시 주변 환경에 미치는 영향 검토방법) 576
14. 기존 구조물에 근접하여 개착공사나 말뚝박기 공사시 예상되는 하자원인과 대책 580
15. 지하철 붕괴 원인 및 대책(토류벽 시공불량에 의한 붕괴) 586
16. 토류벽의 올바른 역할을 위한 시공관리 요령 592
17. 토류벽 재료에 의한 분류(공법 개요, 재료, 적용성, 목적, 특징 기술) 601
18. **차수공법의 비교(지수공법)** 604
19. **JSP(Jumbo Special Pattern)** 605
20. RJP(Rodin Jet Pile) : 초고압 분사주입공법 617
21. **SGR(Space Grout Rocket System) 공법** 625
22. CIP 공법 632
23. L.W 공법 635

24. SCW(Soil Cement Mixing Wall) 공법　**643**

25. K.W 공법(Key Wall Method, 니수고화공법)　**646**

26. 계측기 설명　**648**

27. 가물막이 공법(가체절 공법)의 종류 및 특징에 대하여 (Dam, 하천, 항만과 연계시켜 암기)　**655**

28. 가물막이 구조의 올바른 역할을 위한 시공관리 항목　**665**

29. 지하 구조물을 시공할 때에 토류벽 배면의 지하수위가 굴착면보다 높은 경우 용수 대책 및 지수공법으로 시공하는 이유(배수공법＋지수공법) (지하 배수공법의 종류)　**670**

30. 도심에서 토류벽 배면의 지수목적으로 주입공법을 시행코져 한다. 시공관리상 유의사항(지수공사를 주입공법으로 시행하는 이유 및 시공시 유의사항) (→약액 주입공법에 대하여 기술하면 된다)　**680**

31. 토류벽 에서의 배수공법, 지수공법(용수대책)　**682**

32. **토류벽 공사시 주변지반의 침하원인과 대책**　**685**

33. ① 설계시보다 현장 Boring이 깊은 경우 토류벽(가시설 대책 및 계획)

　　② 지하수위가 높은 기초지반에서 토류벽 설치하면서 깊은 굴착시 유의사항

　　③ 지하철 공사의 개착식 공법 구간에서 지하 5~25m의 암굴착시 유의사항　**687**

34. Steel Sheet Pile(강널말뚝)의 특징, 용도 및 시공사례　**691**

제4장 사면안정　699

1. 사면안정(산사태 원인 및 대책, 사면 붕괴 원인, 비탈면 붕괴 원인)　**701**
2. Earth Anchor와 Soil Nailing 공법의 개요, 시공성, 특징　**733**
3. 사면절취 굴착에 의한 사면붕괴, 산사태의 발생 메카니즘　**734**
4. 도로공사에서 암반 절토부의 사면 안정공법 선정(암사면 안정공법과 암사면 안정해석 방법 설명)　**738**
5. 암사면 안정 대책공법　**748**
6. Texsol(연속 장섬유 보강토)공법 (보강토 : Reinforced Soil)　**762**
7. 보강토 공법(Reinforced Soil : RS)　**774**

제5장 암석과 암반　787

1. 암석분류 순서도(Flow Chart)　792
2. 현장의 암반 판별 분류법　793
3. 암반의 분류법과 판정기준　794
4. Lugeon치(암반의 특수성 관련)　800
5. 암반에서의 문제점(불연속면의 상태가 굴착의 안전성에 가장 큰 영향 미친다)　803
6. RQD(Rock Quality Designation)　811
7. 암석의 Slaking 현상　813
8. 치수효과(Size Effect) : 암석과 암반에서 치수효과　814
9. 암석과 암반의 차이점(Rock과 Rock Mass)　815
10. 암반의 구조와 관련된 용어　816
11. 절리(Joint)　818
12. 단층(Fault)과 파쇄대(Fractured Zone)　820
13. 지질구조(불연속면, 습곡)의 분류 및 공학적 특성(절리, 단층, 습곡 설명)　824
14. 화성암, 변성암, 퇴적암의 굴착성 설명(규암의 시공상 특성을 설명)　851
15. 규암(Quartzite)의 시공상 특징　856
16. 암반의 파쇄대(Fractured Zone)에 대하여 설명　857
17. 평사 투영법(Stereographic Projection)　858

제6장 연약지반   865

1. 연약지반 개량공법(Soil Improvement)   867
2. 연약지반상에서 발생할 수 있는 일반적인 문제점   874
3. 연약지반 지역에 교량의 교대 측방 이동 억제공법 (EPS + 사항 + 연약지반 계측과 연약지반처리+JSP)   877
4. 연약지반 개량(Ground Modification)   901
5. Geosynthetics의 종류, 특징 및 기능   912
6. 서해안 점질토 연약지반 침하 측정방법 및 대책공법 기술   913
7. 점성토 지반의 개량공법   923
8. 동치환(Dynamic Replacement)공법 (점성토 지반 개량공법)   932
9. 연약지반(점토)의 1차 압밀(Primary Consolidation)과 2차 압밀(Secondary Consolidation) 설명   938
10. 사질토 지반의 개량공법   942
11. 동압밀 공법(Dynamic Consolidation) : 동다짐공법(Dynamic Compaction)   948
12. Sand Drain 공법과 Paper Drain공법을 비교 설명하시오. (연직배수 공법=Vertical Drain 공법)   954
13. Pack Drain에 의한 연약지반 처리(Vertical Drain = 연직배수 공법)   958
14. Pack Drain 공법   960
15. 연약지반 개량을 위한 선행재하(Preloading)에 대하여 설명하시오.   969
16. 생석회 말뚝공법(탈수, 압밀공법)   970
17. 진공압밀(Vacuum Consolidation)공법   973
18. 진공압밀공법(대기압공법 : Vacuum Consolidation Method)   975
19. Geosynthetics의 종류, 특징 및 기능   982
20. 토목용 안정 Sheet 공법   985

토목 시공기술사 수험준비사항 안내

1. 응시자격

응시자격 소지자 또는 학력	기 술 사
• 기사 • 산업기사 • 기능사 • 4년대졸	4년 실무 6년 실무 8년 실무 7년 실무
• 기사수준의 노동부령이 정하는 기술 훈련과정 이수(예정)자	7년 실무
• 전문대졸	9년 실무
• 산업기사 수준의 노동부령이 정하는 기술훈련과정 이수(예정)자	9년 실무
• 자격 미소지자 및 고졸 이하	11년 실무
• 외국 동일 종목 자격취득자	기술사 취득자
• 기타	—

2. 검정방법

(1) 기술사

   1) 필기시험 : 단답형 또는 주관식 논문형

   2) 면접시험 : 구술시험

(2) 실기(면접)시험 발표일로부터 2년간 필기시험을 면제(현재 2회 면제)

3. 수검원서 교부

(1) 수검원서는 공휴일 및 행사일(공단창립 기념일 등)을 제외하고 연중교부.

(2) 수검원서는 1인 1매 교부하는 것을 원칙으로 함.

(3) 단체교부시는 수검대상기관장의 요청에 의하여 수검인원을 감안 적정량 교부

(4) **교부장소** : 우리공단 14개 지방사무소

4. 수검원서 접수

(1) **필기시험 대상자** : 해당 종목의 필기시험 원서 접수기간
(2) **필기시험 면제대상자** : 해당 종목의 필기시험 면제자 원서 접수
(3) **응시자격의 제한이 있는 종목의 필기시험 전과목 면제 해당자** : 해당 종목의 필기시험 원서 접수 기간
(4) **외국자격 취득자** : 해당 종목의 필기시험 원서 접수기간
(5) **접수 장소** : 우리공단 14개 지방사무소

5. 수검원서 교부 및 접수기간

(1) **평 일** : 09 : 00～18 : 00 (단, 11월 1일부터 익년 2월말까지는 09 : 00～17 : 00)
(2) **토요일** : 09 : 00～13 : 00 (공휴일 제외)

6. 우편접수

접수마감일까지 도착분에 한하여 유효하며, 반드시 등기우표가 첨부된 반신용 봉투(주소는 통, 반, 세대주, 성명 필히 기재) 1매를 동봉하여야 함.

7. 제출서류

(1) **필기시험 원서 접수시 제출서류**
  1) 수검원서 1통 (우리공단에서 배포하는 소정양식으로 작성하되 접수일전 6월 이내에 촬영한 3.5cm×4.5cm 규격의 동일원판 탈모 상반신 사진 3매 부착)
  2) 검정과목의 일부 또는 전과목 면제 해당자는 취득한 자격증 원본제시
  3) 다른 법령에 의한 자격취득자 중 필기시험 과목면제 해당자는 자격증 원본제시 및 검정과목 면제신청자와 자격증 사본제출.
  4) 외국에서 기술자격을 취득한 자로서 검정과목의 일부 또는 전부의 면제를 받고자 하는 자는 검정과목 면제신청서, 해외 공관장이 확인한 자격증 사본 및 이력서, 자격을 취득한 국가의 자격법령에 관한 자료와 각 관련자료 번역문 각 1부
  ※ **해외 공관장 확인** : 자격증을 발행한 국가에 주재하고 있는 한국대사관 또는 영사관의 확인을 말함.

8. 토목 시공기술사 종목 번호 : 0480

20 수험준비사항

9. 〈기술계〉 국가기술자격검정수검원서 (원본)

※수검자는 응시자격을 필히 확인후 원서를 제출하시기바랍니다.

국가기술자격검정(**기술사**, 기사 1급, 기사 2급)을 받고자 다음 사항을 서약하고 이 원서를 제출합니다. 이 원서에 기재한 내용이 사실과 틀리거나 소정의 응시자격기준에 해당하지 아니한 때에는 합격 또는 자격을 취소하여도 아무런 이의를 제기하지 아니하겠습니다.

※란은 수검자가 기입하지 아니합니다.

199   년   월   일
성 명
한국산업인력관리공단 이사장 귀하

②※ 수검번호	1~6					사 진 (3.5cm×4.5cm)
③ 종목 및 등급	7~16 **토목시공기술사** 17		④ 종목번호	18 **0 4 8** 21 **0**	⑤ 선택분야 (해당종목만기입)	22~26
⑥ 성 명	27~42 (한자)			⑦주민등록번호	43 ···	55
⑧ 주소 (주민등록지)	시 시 구 동 번지 호 통 반 도 72군 면 리 (전화번호)					113
⑨ 최종학력	56 1. 대학(교) 2. 전문대학 3. 고등학교 114 4. 기술(전수)학교 5. 직업훈련원(소)			과	57 1 2 3 115 재학 졸업 수료	
⑩국가기술 자격취득	1. 자격종목명 및 등록번호		2. 자격종목명 및 등록번호			
⑪ 경력사항	위 최종학교 졸업후 또는 국가기술자격취득후 실무경력 년				담당업무 (**토목시공**)	
⑫ 면 제 신 청 (해당자만 기입)						
⑬ 시험문제	년도 검정 제 회(월 일 시행) 시험합격 수검번호				⑮※확인자	
⑭ 과목면제	58 ※	59 ※	60 ※	61 ※	62 ※	(인)

⑯※ 수검번호		⑰ 선택분야	**토 목 시 공**	⑱ 사 진 (3.5cm×4.5cm)
⑲ 종 목 및 등급	**토목시공기술사**	⑳ 종목번호	**0480**	
㉑ 성 명		㉒ 주민등록번호	---	
㉓ 주 소 (연락가능지)	시 구 읍 동 번지 호 통 반 도 ※ 시군 ※ 면 ※ 리 ※ (※)방			
㉔ 과목면제				
㉕ 단체접수시 단체 기관명 및 주소		단체 또는 개인 전화번호		

수 검 표 (제 회)	㉖※ 수검번호		㉗종 목 및등급	**토목시공기술사**	㉘ 사 진 (3.5cm×4.5cm)
	㉙ 성 명	**류 재 복** (한자 柳 在 福)	㉚ 선택분야	**토 목 시 공**	
	㉛주민등록번호	---	㉜※ 필기면제응시회수	1회 2회	
	㉝ 시험일시 및 장소			199 년 월 일 한국산업인력관리공단이사장	

○ 첨부서류 제출: **필기합격예정자**는 응시자격에 관한 증명서(졸업증명서, 경력증서 등)를 소정기간내에 제출하지 아니할 때에는 합격이 무효됩니다.

10. ( )회
국가기술자격검정기술사답안지 (제 교시)

자격종목	비번호
토목시공기술사	※

수검자유의사항

1. 답안지는 연습용을 포함하여 총 6매이며 받는 즉시 매수, 페이지 등 정상여부를 반드시 확인하고 1개라도 분리되거나 훼손되어서는 안됩니다.
2. 회수, 자격종목, 수검번호, 성명을 기입하여야 합니다.
3. 답안 작성은 한가지 종류의 흑색 필기구(싸인펜, 연필은 제외)만 계속 사용하여야 하며, 불필요한 기호 표시를 할 경우 무효 처리됩니다. (정정시에는 두줄을 긋고 다시 기재 가능)
4. 해답하고자 하는 문제번호와 문제를 기재한 후 답안을 작성하고, 국·한문을 병용하되 전문 용어는 원어로 기재하여도 무방합니다.
5. 요구한 문제수보다 많은 문제를 답하는 경우 기재순으로 요구한 답항까지 채점하고 나머지 기재 문항은 체점에서 제외됩니다.
6. 각 문제의 해답이 끝나면 "끝"이라고 쓰고 다음 문제를 기재시에는 두줄을 띄고 기재하되 최종 해답이 끝나면 그 다음 줄에 "이하여백"이라고 써야 합니다.
7. 답안지 제출시 문제지도 함께 제출하여야 하며, 답안지는 일체 공개하지 않습니다.
8. ※표가 있는 란은 기재하지 않습니다.

〈절 취 선〉

수검자인적사항

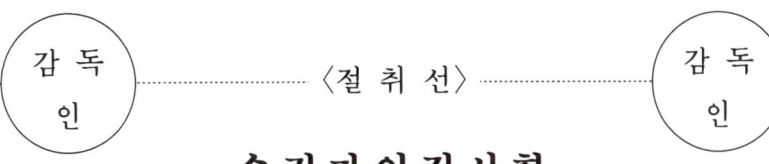

한 국 산 업 인 력 관 리 공 단

22 수험준비사항

【시험장에서 배부한 답안지 양식】〈세로 26㎝(26칸), 가로 18.3㎝ 규격〉

연 습 용

11. 미 버클리 대학 공부 지침서

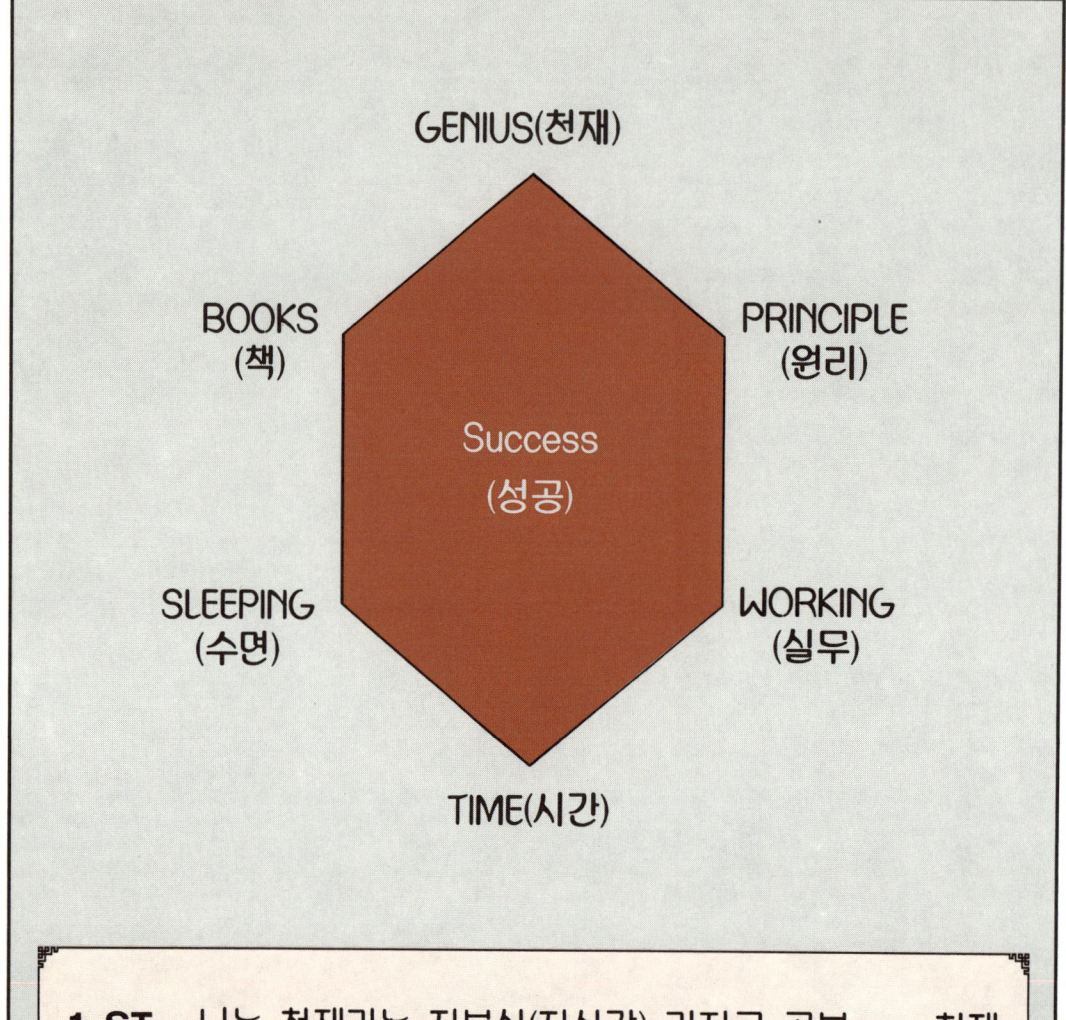

1 ST.	나는 천재라는 자부심(자신감) 가지고 공부	— 천재
2 ND.	책은 항상 소지하고 1PAGE라도 읽어라	— 책
3 RD.	잠은 충분히 잔다	— 수면
4 TH.	원리에 충실 – 원리 확실하게 파악	— 원리
5 TH.	실무에 접하는 기회를 가져라	— 실무
6 TH.	시간은 자신이 만들어라	— 시간

모범답안 작성요령

1. 출제자가 (채점자가) 의도하는 핵심을 『기본원리』 중심으로 확실히 파악한 후 답안 작성하되 항상 서론에서 결판내는 식으로 자신감을 가지고 결론은 **자기의견**, **향후 연구개선 방향**에 대하여 기술한다.
2. 각 문제별 시간 할당은 10분에 1페이지로 하고 1교시 간단한 용어 설명식의 답안은 1문에 1페이지로 한다.
3. 한 문제에 너무 시간을 많이 할애하면 전체 문제를 **평균적으로 기술**한다는 것이 절대로 불가능하게 되므로 본인이 많이 아는 문제라도 비중을 크게 두지 말고 **요점 정리**를 잘해서 **시간 분배**를 잘 한다.
4. 논문은 작성시 한가지 Item에 대해서 깊이 있게 기술하는 것 보다는 Item을 많이 나열해서 포괄적으로 기술할 것.
5. 각 교시마다 문제를 전체적으로 다 읽어보고 쉬운 것 부터 먼저 기술하고 **어려운 것은 나중**에 기술할 것.(이유는 순발력이 생기고 정신적으로 자신감이 생긴다.)
6. 한 문제라도 자신이 없는 문제라 하여 의기소침하여 포기하지 말고 끝까지 기술한다.
7. 각 교시마다 **상호관련성**이 있는 문제가 있으니 연관성있는 문제를 최대한 활용할 것.
8. 모르는 문제 즉, 평소 자신이 문제화해서 연습하지 않은 것이라도, 중점적으로 연습했던 문제를 연상하면서 인내심을 발휘해서 **서론에서 결론까지 끝까지 기술**한다.

수험 준비 요령

1. **과년도 문제**를 본인이 직접 **본서**의 부록에 명시되어 있는 **참고서적**을 보고 **모범답안**을 작성한다. (시간 단축의 첩경임)
2. 과년도 (12회부터 42회 까지) 문제가 **280문항** 정도되는데 실제는 과목별로 보면 **50문항** 정도이니 본서의 앞부분에 있는 **목차별**로 원리를 파악하여 각 과목마다 Key Point가 있으니 확실히 이해하며 어떤 형태로 문제가 출제되어도 **명쾌**하게 논문을 작성할 수 있도록 할 것.
3. **시사성 문제**는 본인이 모범답안 필히 작성 요망 (매회마다 시사성 문제는 반드시 출제되므로 사회문제가 되는 **신문기사 참조** 요망)
4. 대한 토목학회, 지반공학회, 콘크리트 학회 세미나 교재 입수하여 관련문제 연습.
5. 각종 학회 **세미나 강의**는 필히 참석하여 **전문가의 강의**를 많이 듣는다.
6. 과년도 문제별로 Check List를 작성하여 자기관리를 할 것.

7. 기술사 시험 준비 첫단계에서 **한문제 한문제를 확실하게** 이해하고 암기하여, 시간 절약하여, 단시간에 합격할 수 있도록 할 것.
8. 합격후 **자신의 모습**을 연상하며, 수협준비에 전념할 것.

토목시공기술사 공법의 종류 : 목차

No.	문제	No.	문제
1	흙의 다짐공법의 종류(원리별, 토질별)	49	암반 보강공법의 종류(NATM Tunnel 보조지보재)
2	다짐도 규정방법 6가지	50	혼화재료의 종류 기술
3	다짐효과에 영향을 미치는 요인 3가지	51	조사(실내시험의 종류 및 현장시험의 종류)
4	토공의 취약 공종 4가지	52	단면 2차 Moment 계산방법
5	절토공법의 종류	53	공법에 대한 논문작성시 논문의 체계순서
6	법면 보호공법(식생과 구조물)	54	Concrete 논문작성시 논문의 체계순서
7	모래지반과 점토지반의 전단특성	55	동상 방지대책 공법의 종류
8	토류벽 공법의 종류	56	도로포장 배수공법의 종류
9	가물막이 공법(가체절)의 종류	57	Concrete 균열의 종류
10	사면안정 공법의 종류(산사태)	58	Asphalt Concrete포장의 보수공법(유지관리)
11	연약지반 개량공법 종류	59	대형 안벽 설치공법 3가지
12	Geosynthetic의 종류 및 기능 5가지(보강토)	60	방파제 공법의 종류
13	기성말뚝 기초공법의 종류	61	Tunnel의 용수대책
14	말뚝이음공법의 4가지	62	구조물 해체공법의 종류
15	말뚝 Hammer의 종류	63	레미콘의 품질관리 규정 4가지
16	현장타설 Concrete말뚝기초의 종류 4가지	64	토공기계의 종류와 조합시공(장비계획)
17	Caisson기초공법 3가지	65	연약지반의 논문체계(순서)
18	암반분류 방법 7가지	66	매설관의 기초형식 7가지
19	암반사면안정해석시 불연속면에 관해 고려사항 7가지	67	말뚝의 허용지지력 추정방법 5가지
20	Asphalt Concrete포장시공 순서별 투입장비 기술(표층시공계획)	68	가시설(토류벽, 가물막이) 설계검토항목
21	무근 Concrete포장시공 순서별 투입장비 기술	69	지하 배수공법의 종류
22	Ascon포장과 무근 Concrete포장에 사용되는 재료 2가지	70	원리별 기초공법의 종류
23	무근 Concrete 포장줄눈의 종류 4가지와 양생방법 2가지	71	현장타설 콘크리트 말뚝 기초 시공관리 항목
24	W/C비 결정방법 3가지	72	노체, 노상, 기층, 보조기층의 안정처리 공법의 종류(상층노반시공대책)
25	σ_r배합강도 결정방법 3가지	73	Cement Concrete포장의 보수공법
26	지하방수 공법 종류 4가지	74	콘크리트 포장의 종류
27	줄눈의 종류 3가지	75	동상방지 공법의 종류
28	Concrete의 압축강도에 미치는 요인 8가지	76	콘크리트 혼화재료의 종류
29	특수 Concrete종류 8가지 문제점 한가지씩	77	콘크리트 마무리의 종류(표면 결함대책)
30	PSC공법의 종류 2가지	78	거푸집 동바리검사(Check List)
31	PSC손실의 종류 2가지	79	양생공법의 종류
32	토사 Tunnel굴착공법 종류	80	철근의 간격
33	암석 Tunnerl공법 종류와 기계식 굴착방법의 종류	81	철근의 부착강도에 영향을 미치는 요인 5가지
34	Control Blasting(조절폭파)공법의 종류	82	철근 부식방지 대책
35	옹벽 안정검토 3가지	83	콘크리트 구조물의 열화원인 및 대책
36	옹벽 시공시 문제점 3가지	84	Concrete의 압축강도에 영향을 미치는 요인
37	NATM 계측의 종류와 설치위치 그림	85	PSC부재의 응력변화
38	PSC Box Girder에 의한 장대 교량가설공법 4가지	86	PS강재의 인장력을 주는 방법 3가지
39	교량받침(Shoe)의 종류	87	강재의 정착방법 3가지
40	Bracing종류	88	Prestressing(강재 긴장방법 또는 PSC공법)
41	Bracing목적	89	굵은 골재의 최대치수 규정
42	항만 Caisson 진수공법의 종류 7가지	90	Mass Concrete의 냉각방법 2가지
43	준설선의 종류(토질별)	91	해양 콘크리트에 쓰이는 재료의 구비조건
44	Dam 기초처리 공법 종류 2가지	92	Prepacked Concrete가 타콘크리트에 비해서 유리한 점
45	Fill Dam의 누수원인 및 대책	93	준설선의 종류
46	Dam의 유수 전환방식의 종류	94	댐공사 시공계획 작성요령(Fill Dam경우)
47	Dam의 누수원인 1가지와 방지대책 2~3가지만 나열	95	콘크리트 댐 시공계획
48	호안의 파괴원인 1가지와 호안공법의 종류 3가지	96	좋은콘크리트/혼화재료 특징. 해양콘크리트 재료 구비조건

토목시공기술사 공법의 종류 : 목차

No.	요 점 정 리	No.	요 점 정 리
1	**흙의 다짐공법의 종류**	5	4) Road Header
	(1) 전압식(점성토)		(2) 발파공법
	1) Bulldozer		1) 팽창성 파쇄공법
	2) Road Roller		2) 선균열 발파
	① Tandem Roller		3) 미진동 발파
	② Macadam Roller		4) Drill & Blast
	3) Tamping Roller	6	**법면 보호공**
	4) Tire Roller		(1) 식생에 의한 보호공
	(2) 진동식(사질토)		1) 씨앗살포공(Seed Spray)
	1) 진동 Roller		2) 씨앗 뿜어붙이기공
	2) 진동 Compactor		3) 식생 매트공
	3) 진동 Tire Roller		4) 평떼공
	(3) 충격식 다짐(접속부 다짐, 구조물 뒷채움)		5) 줄떼공
	1) Rammer		6) 식생 망태공
	2) Tamper		7) 식생 구멍공
2	**다짐도 규정방법 6가지**		(2) 구조물에 의한 보호공
	(1) 건조밀도		1) 돌쌓기공, Block 쌓기공
	(2) 포화도/공극율		2) 돌붙임공, Block 붙임공
	(3) 강도로 규정(CBR+PBT)		3) Concrete 붙임공
	(4) 상대밀도		4) Concrete Block 격자공
	(5) 변형량 : Proof Rolling		5) 현장타설 Concrete 격자공
	(6) 다짐장비, 다짐회수		6) Mortar & Concrete 뿜어붙이기공
3	**다짐효과에 영향을 미치는 요인 3가지**		7) 비탈면 Anchor공
	(1) 함수비		8) 돌망태공(Gabion Wall)
	(2) 토질		9) 보강토공법
	(3) 다짐에너지/다짐회수	7	**모래지반과 점토지반의 전단특성**
4	**토공의 취약 공종 4가지**		(1) 모래지반 전단특성
	(1) 구조물 뒷채움 시공대책		1) 액상화
	(2) 편절 편성부 절성토부, 경계부 시공대책		2) 상대밀도
	(3) 종방향 흙쌓기 땅깎기		3) Dilatancy
	(4) 확폭구간 접속부 시공대책		4) Quick Sand
	(5) 구조물과 토공접속부		5) Boiling
5	**절토공법의 종류**		(2) 점토의 전단특성
	(1) 기계식		1) 예민비
	1) TBM 2) Breaker		2) Thixotropy
	3) 유압 Jack, 유압 Ripper		3) Leaching

No.	요 점 정 리
7	4) Heaving
	5) 동상현상과 열화현상
	6) NF부의 주면마찰력(Negative Skin Friction)
	7) 과잉간극수압의 상승
	8) 압밀침하(1차 압밀과 2차 압밀)
8	**토류벽 공벽의 종류**
	(1) 재료에 의한 분류
	1) H말뚝(개수성)
	2) 강널말뚝(차수성)
	3) 강관널말뚝(차수성)
	4) Slurry Wall(차수성)
	(2) 지지방식에 의한 분류
	1) 버팀대식(Strut)
	2) Earth Anchor
	3) Top Down
9	**가물막이 공법(가체절)의 종류**
	(1) 자립형
	1) 토사축제
	2) 강널 말뚝(Steel Sheet Pile)
	3) Caisson식
	4) 강관 Cell(Corrugated Cell)
	(2) 버팀대형 Steel Sheet Pile
	1) 한겹 Steel Sheet Pile
	2) 두겹 Steel Sheet Pile
	(3) 특수공법
	1) 강관널 말뚝
	2) 강관널 말뚝 우물통
10	**사면안정공법의 종류(산사태)**
	(1) 응급 대책공
	1) 지표수 배제공
	2) 지하수 배제공
	3) 지하수 차단공
	4) 배토공
	5) 압성토공
	(2) 영구대책(항구대책=억지공법=암반보강공법)
	1) 옹벽
	2) Steel Fence
	3) Wire Mesh
	4) 말뚝공법
	5) Soil Nailing

No.	요 점 정 리
10	6) Rock Anchor
	7) Rock Bolt
11	**연약지반 개량공법**
	(1) 점성토 지반개량
	1) 치환공법
	① 기계적 굴착치환
	② 폭파치환
	③ 강제치환
	④ 동치환공법(Dynamic Replacement)
	2) 강제 압밀공법
	① Preloading(선재하)
	② 압성토(Counter Balance)
	3) 탈수공법
	① Sand Drain(SD)
	② Paper Drain(PD)
	4) 배수공법 : Well Point
	5) 고결공법
	① 생석회 말뚝공법
	② 소결
	③ 전기침투압 = 강제배수공법
	④ 전기화학, 용융법
	(2) 사질토지반 개량공법
	1) 진동다짐공법 : Vibroflotation(VF)
	2) 다짐말뚝공법 : Sand Compaction Pile(SCP은 Vibrocompose공법과 동일한 것임)
	3) 폭파다짐
	4) 전기충격
	5) 약액주입(LW+SGR+JSP)
	6) 동압밀공법(Dynamic Consolidation : 동다짐 공법) : Dynamic Compaction
12	**Geosynthetic의 종류 및 기능 5가지(보강토)**
	(1) Geosyntyetic의 종류
	1) Geotextile
	2) Geomembrane
	3) Geogrid
	4) Geocomposite
	(2) Geosynthetic의 기능
	1) 배수기능
	2) 분리기능
	3) Filter기능

No.	요 점 정 리	No.	요 점 정 리
12	4) 보강기능 5) 방수기능 6) 차단기능	18	(4) RMR(Rock Mass Rating) (5) Ripperbility (6) 풍화도 (7) 균열계수

13	기성말뚝 기초공법의 종류
	(1) 재료에 따른 분류
	    목말뚝< RC< PSC< PHC< H-Pile< 강관 Pile
	(2) 타입방법에 따른 분류
	  1) 타격공법
	    ① Drop Hammer
	    ② Steam Hammer
	    ③ Vibro Hammer
	    ④ Diesel Hammer
	  2) 매설공법(저진동＋저소음)
	    ① Preboring 공법
	    ② 중굴공법
	    ③ 압입공법
	    ④ Jet공법
		19	암반사면 안정해석시 불연속면에 관해 고려할 사항 7가지
			(1) 방향
			(2) 연속
			(3) 강도
			(4) 충진물
			(5) 간격
			(6) 틈새
			(7) 투수성

		20	Asphalt Concrete포장시공 순서별 투입장비기술(표층 시공계획)
			(1) 생산 : Asphalt Mixing Plant
			(2) 운반 : Dump Truck
			(3) 포설 : Finisher
			(4) 다짐
			  1) 1차 전압 : Macadam Roller
			  2) 2차 전압
			    ① Tandem Roller
			    ② Tire Roller
			  3) 마무리다짐 : Tandem Roller

14	말뚝이음공법의 4가지 (1) Band식 (2) 충전식 (3) 용접식 (4) Bolt식		

15	말뚝 Hammer의 종류
	(1) Drop Hammer
	(2) Steam Hammer
	(3) Vibro Hammer
	(4) Diesel Hammer
		21	무근 Concrete포장시공 순서별 투입장비 기술
			(1) 생산 : Batch Plant(185℃)
			(2) 운반 : Dump Truck
			(3) 포설(현장도착온도 170℃)
			  1) 1차 : Spreader
			  2) 2차 : Slip Form Paver
			(4) 다짐 : 진동 Roller(144℃＋120℃＋60℃)
			(5) 마무리(평탄마무리)
			(6) 양생
			  1) 초기양생
			  2) 후기양생

16	현장타설 Concrete말뚝기초의 종류 4가지 (1) RCD (2) BENOTO 기계식 굴착공법 (3) Earth Drill (4) 심초 : 인력굴착공법		
17	Caisson 기초공법 3가지 (1) Box Caisson(항만의 방파제, 안벽) (2) Open Caisson(정통기초) 장대교량기초 (3) Pneumatic Caisson(압기케이슨)	22	Ascon포장과 무근 Concrete포장에 사용되는 재료 2가지 (1) Ascon포장 : Filler재(광물성 채움재) (2) 무근 Concrete포장 : 분리막
18	암반 분류방법 7가지 (1) 절리간격에 의한 법 (2) Muller 분류법 (3) RQD	23	무근 Concrete포장줄눈의 종류 4가지와 양생방법 2가지 (1) 줄눈의 종류

No.	요 점 정 리	No.	요 점 정 리

23	1) 세로줄눈
	2) 가로팽창줄눈
	3) 가로수축줄눈
	4) 시공줄눈
	(2) 양생방법 종류
	  1) 초기양생
	    ① 삼각지붕 양생
	    ② 피막양생
	  2) 후기양생
	    ① 습윤양생
	    ② 피막양생
		28	3) 골재
			4) 혼화재료(혼화제+혼화재)
			(2) 배합
			  1) W/C비
			  2) 굵은 골재 최대치수
			  3) 골재입도
			  4) Air량
			(3) 시공방법
			  1) 혼합
			  2) 운반
			  3) 타설
			  4) 다지기
			  5) 마무리
			  6) 양생

24	W/C비 결정방법 3가지
	(1) 강도에 의한 W/C결정방법
	(2) 내구성에 의한 W/C결정방법
	(3) 수밀성에 의한 W/C결정방법
	  W/C결정방법 3가지
	(1) 강도를 기준으로 한 W/C결정방법
	(2) 내구성 고려한 W/C결정방법
	  1) 내동해성 W/C : 55~70%
	  2) 화학작용 W/C : 45~50%
	(3) 수밀성 고려한 W/C결정방법 : 55%
			(4) 시험방법
			  1) 공시체 형상치수
			  2) 시험방법
			  3) 공시체 재령

		29	특수 Concrete 종류 8가지 문제점 한가지씩 (1) 서중 Concrete(급속응결) (2) 한중 Concrete(응결지연) (3) 수밀 Concrete(누수) (4) Mass Concrete(온도균열) (5) 해양 Concrete(철근부식) (6) 수중 Concrete(재료분리) (7) Prepacked Concrete(주입압) (8) Shotcrete Concrete(Rebound)
25	σ_r 배합강도 결정방법 3가지 (1) 표준시방서에 제시한 α-V곡선에서 구하는 방법 (2) 30개 이상의 실적자료를 분석해서 수식으로 구하는 방법 (3) 표준편차 S와 변동계수 V를 가정해서 수식으로 구하는 방법	30	PSC공법의 종류 2가지 (1) Pre-Tension (2) Post-Tension

		31	PSC 손실의 종류 2가지
			(1) 초기손실
			  1) Concrete탄성변형
			  2) PS강재나 Sheath사이의 마찰
			  3) 정착장치의 활동
			(2) 장기손실
			  1) Concrete Creep
			  2) Concrete 건조수축
			  3) PS강재의 Relaxation(대단히 중요)

26	지하방수공법 종류 4가지 (1) Asphalt방수 (2) Sheet방수 (3) 도막방수 (4) 침투식 방수		
27	줄눈의 종류 3가지 (1) 신축줄눈(팽창줄눈 : Expansion Joint) (2) 수축줄눈(균열유발 : Contraction Joint) (3) 시공줄눈(Construction Joint)		

28	Concrete의 압축강도에 미치는 요인
	(1) 사용재료
	  1) Cement
	  2) 물
		32	토사 Tunnel 굴착공법 종류

No.	요 점 정 리
32	(1) NATM
	(2) Shielded Tunnel Boring Machine
	(3) Open Cut
33	암석 Tunnel 공법 종류와 기계식 굴착공법의 종류 3가지(산악 Tunnel굴착공법)
	(1) TBM
	(2) Road Header
	(3) NATM
34	Control Blasting(조절폭파)공법의 종류
	(1) Line Drilling
	(2) Cushion Blasting
	(3) Presplitting
	(4) Smooth Blasting
35	옹벽 안정검토 3가지
	(1) 전도
	(2) 활동
	(3) 침하
36	옹벽 시공시 문제점 3가지
	(1) 배수공
	(2) 뒷채움 시공
	(3) 줄눈의 시공
37	NATM계측의 종류와 설치위치 그림
	(1) 일상계측(A계측)
	1) 지표침하측정
	2) 천단측정
	3) 내공변위측정
	(2) 대표계측(B계측)
	1) Shotcrete응력측정
	2) Rock Bolt축력측정
	3) 지중변위측정
	4) 지중침하측정
	5) 지하수위측정
	6) Concrete Lining응력측정
38	PSC Box Girder에 의한 장대 교량가설공법 4가지
	(1) FCM
	(2) ILM
	(3) PSM
	(4) MSS
39	교량받침(Shoe)의 종류
	(1) 고정받침(지압회전)

No.	요 점 정 리
39	1) 선받침
	2) Pin받침
	3) Pivot받침
	4) 고무받침
	(2) 가동받침(지압, 이동)
	1) 선받침
	2) 받침판 받침
	3) Roller 받침
	4) 로커 받침
	5) 고무 받침
40	Bracing종류
	(1) X-Bracing
	(2) V-Bracing
	(3) 수평 Bracing
	(4) 수직 Bracing
41	Bracing목적
	(1) EI(휨강성)증대
	(2) 좌굴(Buckling)방지
	(3) Torsion(뒤틀림)방지
42	항만 Caisson진수 공법의 종류 7가지
	(1) 경사로에 의한 진수
	(2) 건선거에 의한 진수
	(3) 부선거에 의한 진수
	(4) 가체절 방식에 의한 진수
	(5) 기중기선에 의한 진수
	(6) Syncrolift에 의한 진수
	(7) 사상 진수
43	준설선의 종류(토질별)
	(1) 토사
	1) Bucket준설선
	2) Grab준설선
	3) Dipper준설선
	4) Pump준설선
	5) 쇄암선(Rock Cutter)
	6) Hopper준설선
44	Dam 기초처리 공법 종류 2가지
	(1) Consolidation Grouting(암반보강)
	(2) Curtain Grouting(차수가 목적)
45	Fill Dam의 누수원인 및 대책
	(1) 파괴원인

No.	요 점 정 리
45	1) 누수(Piping현상)
	2) 세굴
	3) 사면붕괴
	4) 다짐불량
	5) 제체균열
	6) 재료불량
	7) 제방단면이 적은 경우
	8) 구멍
	(2) 누수대책 공법
	1) 차수벽 설치
	① Grouting
	② 주입공법
	2) Blanket설치
	3) 지수벽
	① Sheet Pile
	② Core Zone(점토)
	4) 제방폭 넓게 : 침윤선 저하
	5) 비탈면 피복공
	6) 압성토
46	Dam의 유수전환방식의 종류(= 하류 전환공 = 유수 처리방식)
	(1) 전체절 방식
	(2) 반체절 방식
	(3) 가배수거
47	Dam의 누수원인 1가지와 방지대책 2~3가지만 나열
	(1) 누수원인 : Piping
	(2) 방지대책
	1) 차수벽 설치
	2) Blanket설치
	3) 비탈면 피복공
48	호안의 파괴원인 1가지와 호안공법의 종류 3가지 이상 나열
	(1) 호안의 파괴원인 : Piping
	(2) 호안공의 종류
	1) 비탈덮기
	2) 비탈멈춤
	3) 밑다짐
	4) 돌망태공
	5) 말뚝박기
	6) Concrete Block붙임

No.	요 점 정 리
48	7) 토목섬유공
49	암반 보강공법의 종류(NATM Tunnel 보조 지보재)
	(1) Shotcrete
	(2) Wire Mesh
	(3) Steel Rib
	(4) Rock Bolt
50	혼화재료의 종류기술
	(1) 혼화제
	1) AE제
	2) AE감수제
	3) 유동화제(고성능감수제)
	(2) 혼화재
	1) Fly Ash
51	조사(실내시험의 종류 및 현장시험의 종류)
	(1) 토질조사
	1) 예비조사
	① 자료조사
	② 지형도
	③ 지질도
	④ 기존 공사자료
	⑤ 지하수 조사
	⑥ 인접구조물 조사
	⑦ 지하 매설물 조사
	2) 현지답사
	① 지표조사
	② 지하조사
	③ 지하수
	④ 인근현장 시공법
	⑤ Sounding
	⑥ Boring
	⑦ Sampling
	(2) 현장시험(원위치 시험)
	1) PBT
	2) Sounding
	① SPT
	② Isky Meter
	③ Vane Shear Test(VST)
	3) Sampling
	(3) 실내시험
	1) 흙분류시험

No.	요 점 정 리	No.	요 점 정 리
51	2) 토성시험	55	(2) 차단공법→공급수
	3) 강도시험		(3) 단열공법(온도)
	(4) 암조사		(4) 안정처리공법(흙)
	1) 암분류시험(암반분류방법)	56	도로포장 배수공법의 종류
	① RQD		(1) 표면배수
	② RMR		(2) 지하배수
	③ 풍화도		1) 보조기층 배수
	④ 균열계수		2) 노상배수
	2) 원위치 현장시험	57	Concrete 균열의 종류
	① 강도		(1) 굳기전 균열 2가지
	㉠ 직접전단 ㉡ 일축압축		1) 소성수축균열
	㉢ 3축압축		2) 침하균열
	② 투수(Lugeon치)		(2) 굳은후 균열 2가지
	③ 변형(Jacking시험)		1) 건조수축균열
	④ 지압측정		2) 온도균열
	⑤ 탄성파탐사		(3) 화학적 반응으로 인한 균열
	3) 계측		(4) 자연 기상작용으로 인한 균열
	① 변위측정		(5) 철근의 부식으로 인한 균열
	② 공극수압 측정		(6) 시공불량으로 인한 균열
	③ 응력		(7) 시공시 초과하중으로 인한 균열
	④ 하중 = 토압		(8) 설계잘못으로 인한 균열
	⑤ 소음		(9) 외부하중으로 인한 균열
	⑥ 충격계수	58	Asphalt Concrete포장의 보수공법(유지관리)
52	단면 2차 Moment		(1) Patching
	(1) 직사각형 단면의 도심축에 대한 단면 2차 Moment		(2) 표면처리
	(2) 원형단면의 도심축에 대한 단면 2차 Moment		(3) Overlay : 덧씌우기
53	공법에 대한 논문 작성시 논문의 체계순서		(4) 재포장
	(1) 서론(원리설명 공법종류, 문제점, 단점나열)		(5) 절삭 Milling
	(2) 조사		(6) Recycling(재생공법)
	(3) 설계시 검토사항		(7) 충전
	(4) 시공계획		(8) 절삭 Overlay
	(5) 공법선정시 고려사항		(9) 전면 재포장
	(6) 시공순서(그림으로 설명)	59	대형 안벽 설치공법 3가지
	(7) 시공순서별 문제점 및 대책		(1) 케이슨식
	(8) 결론(서론과 동일 & 자기경험, 연구개선방향)		(2) 강 Sheet Pile식
54	Concrete 논문작성시 논문의 체계순서		(3) L형 Block식
	(1) 서론(문제점 기술)	60	방파제공법의 종류
	(2) 설계 및 재료의 계량		(1) 경사제
55	동상 방지대책 공법의 종류		1) 사석 경사제
	(1) 치환공법(흙)		2) 인공사 Block경사제

No.	요 점 정 리	No.	요 점 정 리

60	(2) 직립제
	  1) 케이슨식
	  2) Block식
	  3) Cell Bolck식
	(3) 혼성제
	  1) 케이슨식
	  2) Block식
	  3) Cell Block식
	(4) 소파 Block피복제
		65	2) 안정
			3) 측방유동
			(3) 공법 선정시 고려사항
			  1) 시공성
			  2) 경제성
			  3) 안정성
			  4) 공기
			  5) 건설공해
			  6) 개량목적
			  7) 구조물 조건
			  8) 개량깊이
			  9) 연약지반의 특성
			  10) 설계변경의 난이도
			(4) 계측의 종류와 설치위치(그림설명)
			  1) 침하측정
			    ① 지표면 침하측정
			    ② 심층침하측정
			  2) 변위측정
			    ① 변위측정
			    ② 지중변위측정
			    ③ 경사의 측정
			    ④ 토압측정
			    ⑤ 간극수압측정

61	Tunnel의 용수대책 (1) 물빼기 갱 (2) 물빼기 Boring (3) PVC Pipe에 의한 유도배수 (4) Deep Well (5) Well Point (6) 지반 약액주입공법(LW/PUIF/SGR+JSP)		
62	구조물 해체공법의 종류 (1) Steel Ball에 의한 공법 (2) Drill & Blast (3) Water Jet (4) Air Jet (5) Wire Saw (6) Breaker (7) 팽창성 파쇄공법 (8) 기계 절단방식	66	매설관의 기초형식 7가지 (1) 자갈기초 (2) 침목기초 (3) 사다리기초 (4) 말뚝기초 (5) 콘크리트 기초 (6) Sand Cushion기초 (7) Well Point 공법 등 지반개량공법
63	레미콘의 품질관리 규정 4가지와 Pump Car 시공관리요령 (1) 강도 (2) Slump (3) 공기량 (4) 염화물 함유량한도	67	말뚝의 허용지지력 추정방법 5가지 (1) 정역학적 추정방식 (2) 동역학적 추정방식 (3) 재하시험에 의한 방법 (4) 동재하시험에 의한 방법 (5) 정동재하시험(Statnamic)
64	토공기계종류와 조합시공(장비계획) (1) 굴착장비(Shovel계/Tractor계) (2) 적재장비 (3) 운반장비 (4) 정지장비 (5) 다짐장비	68	가시설(토류벽, 가물막이)설계검토항목 (1) 토압, 수압 '(2) Boiling (3) Heaving
65	연약지반의 논문체계(순서) (1) 연약지반의 정의 (2) 문제점 3가지 1) 침하		

No.	요 점 정 리	No.	요 점 정 리
69	**지하배수공법의 종류** (1) 지수공법 　1) 전면지수 　　① 강널말뚝 공법 　　② Slurry Wall 　　③ 주열공법 　2) 국부적 지수공법 　　① 주입공법(Cement Milk 약액) 　　② 동결공법 (2) 배수공법 　1) 중력배수 　　① 표면배수 　　② 지하배수 　　③ Deep Well 　2) 강제배수 공법 　　① Well Point공법 　　② 전기침투공법 　　③ 진공흡인공법	70	● Raymond 　2) Caisson 기초(강성기초) 　　① Open Caisson(50m) 　　② Pneumatic Caisson(35m) 　　③ Box Caisson(항만안벽) 　3) 특수기초 　　① 강관 Sheet Pile식 　　② 다주식 　　③ Slurry Wall(지중 연속벽)
		71	**현장타설 콘크리트 말뚝기초 시공관리 항목** (1) 말뚝 선단지반의 연약성향 (2) 말뚝 주변지반의 연약성향 (3) 공벽 붕괴 (4) 수중 콘크리트의 문제점 3가지 　1) Slump저하 　2) 재료분리 　3) 공극 (5) Slime불완전 제거에 의한 지지력 저하 (6) 철근과 함께 오름의 유무(BENOTO Only)
70	**원리별 기초공법의 종류** (1) 얕은 기초 : Footing기초(5m이하)(직접기초) (2) 깊은 기초 　1) 말뚝 기초(탄성기초) 　　① 기성말뚝기초 　　　㉠ 재료별 : 목재 < RC < PSC < 강 　　　㉡ 공법별 　　　　● 타격 　　　　● 압입 　　　　● 진동 　　　　● Jet 　　　　● Preboring 　　　　● 중굴 　　② 현장타설 Concrete 말뚝기초 　　　㉠ 기계굴착공법 　　　　● BENOTO(80m) 　　　　● RCD(120m) 　　　　● Earth Drill(60m) 　　　㉡ 인력굴착 : 심초 　　　㉢ 관입공법 　　　　● Pedestal 　　　　● Franky	72	**노체·노상 기층 보조기층의 안정처리공법의 종류 5가지 (Mechanical Stabilization)(상층노반 시공대책)** (1) 입도조정공법 (2) Macadam공법 (3) Cement안정처리 공법 (4) 가열 Asphalt안정처리 공법 (5) 침투식 공법
		73	**Cement Concrete포장의 보수공법** (1) 줄눈 및 균열부의 주입 (2) Patching (3) 표면처리 (4) 부분 재포장 (5) 주입공법 (6) 덧씌우기(Overlay) (7) 전면 재포장
		74	**콘크리트 포장의 종류** (1) JCP(Jointed Concrete Pavement) (2) JRCP(Jointed Reinforced Concrete Pavement) (3) CRCP(Continuously Reinforced Concrete Pavement) (4) PCP(Prestressed Concrete Pavement) (5) RCCP(Roller Compacted Concrete Pavement)

No.	요 점 정 리
75	**동상방지공법의 종류**
	(1) 치환공법(흙)
	(2) 차단공법(공급수)
	(3) 단열공법(온도)
	(4) 안정처리공법(흙)
76	**콘크리트 혼화재료의 종류**
	(1) 혼화제의 종류
	1) Fly Ash(Pozolan, 고로 Slag) : 혼화재
	2) AE제
	3) 감수제
	4) 팽창재
	5) 방수제
	6) 급결제
	7) 지연제
	8) 촉진제(염화칼슘 : $CaCl_2$)
	9) 고성능 감수제
77	**콘크리트 마무리의 종류(표면결함대책)**
	(1) 거푸집 판에 접하지 않는 면의 마무리
	(2) 거푸집 판에 접하는 면의 마무리
78	**거푸집 동바리검사(Check List)**
	(1) (거푸집의) 형상
	(2) (거푸집의) 부풀어 오름
	(3) Mortar의 새어나옴
	(4) 이동, 경사, 침하
	(5) 접속부의 느슨해짐
	(6) (조립의) 허용오차
	(7) (동바리의) 부등침하
	(8) 지주
	(9) Form Tie Bolt
	(10) (거푸집) 청소상태
	(11) (거푸집) 박리제 도포여부
	(12) 모따기
	(13) 비계
	(14) 발판
	(15) 매설물 확인(전선/Duct 등)
79	**양생공법의 종류(특수환경조건 양생)**
	(1) 습윤양생(Wet Curing)
	(2) 피막양생(Membrane Curing)
	(3) 증기양생(Steam Curing)
	(4) 전기양생(Electric Curing)

No.	요 점 정 리
79	(5) 고주파양생
	(6) 적외선양생
	(7) Pre-Cooling ⎤ 냉각법, 온도제어양생
	(8) Pipe-Cooling ⎦
	(9) 가열보온양생
	(10) 단열보온양생
80	**철근의 간격**
	(1) 보(Beam)
	(2) 나선철근과 띠철근 기둥
	(3) 철근을 다발로 사용할 경우
	(4) 긴장재와 Duct의 경우
81	**철근의 부착강도에 영향을 미치는 요인 5가지**
	(1) 철근의 표면상태
	(2) Concrete의 강도
	(3) 철근의 묻힌 위치 및 강도
	(4) 덮개
	(5) 다지기
82	**철근부식 방지대책**
	(1) 염분의 허용치(콘크리트중과 잔골재)
	(2) 제염방법 5가지
	(3) 철근의 피복두께 증가
	(4) 철근의 방식피복
	(5) Concrete 표면의 피복
	(6) 방청제
	(7) 제염제
	(8) Cement
	(9) 물
	(10) 골재
	(11) 배합
	(12) 양생시기
	(13) 균열의 보수
	(14) 철근 피복두께 유지(Spacer)
	(15) Cold Joint방지
83	**콘크리트 구조물의 열화원인(Deterioration) 및 대책**
	(1) 열화원인
	1) 시공관리 불량
	2) 재료 불량
	3) 건조수축의 영향요인
	4) 온도의 변화
	5) 철근부식

No.	요 점 정 리	No.	요 점 정 리

83	6) 화학적 요인
	7) 동결융해
	8) 충격파
	9) 마모침식
	10) 불량설계세목
	11) 설계불량
	(2) 열화의 증상
	  1) 균열(Crack)
	  2) 표면붕괴(Disintergration)
	  3) 박리현상(Spalling)
	(3) 열화대책
	  1) 철근부식 방지대책
	  2) Alkali : 골재반응/중성화/ 염해대책
		85	3) Prestressing직후 : 초기 Prestress(Pi)가 작용
			(2) 중간단계(운반, 가설단계) : Prestress와 자중에 의한 휨응력의 합성응력이 작용
			(3) 최종단계 : 유효 Prestress가 작용
			   ($P_e = P_i \times 80 \sim 85\%$)

		86	PS강재에 인장력을 주는 방법 3가지
			(1) 기계적 방법 (2) 화학적 방법 (3) 전기적 방법 (4) Preflex방법
		87	PS의 정착방법 3가지
			(1) 쐐기식 (2) 지압식 (3) Loop식
84	Concrete의 압축강도에 영향을 미치는 요인		

	(1) 재료의 영향
	  1) 시멘트
	  2) 굵은 골재
	  3) 굵은 골재의 최대치수
	  4) 물
	(2) 배합의 영향
	  1) W/C
	  2) 시멘트 Gel비
	  3) 부배합 및 빈배합이 강도에 미치는 영향
	(3) 시공방법의 영향
	  1) 비비기 시간과 압축강도에 미치는 영향
	  2) Remicon경우
	  3) 가수가 콘크리트의 강도에 미치는 영향
	  4) (콘크리트)재령의 영향
	  5) 양생의 영향
	    ① 양생이 콘크리트의 강도에 미치는 영향
	    ② 양생방법의 영향
	  6) 1종 시멘트를 사용한 콘크리트의 성숙도와 압축강도의 관계
	  7) 온도가 콘크리트의 강도에 미치는 영향
	  8) 콘크리트의 습윤상태가 피로강도에 미치는 영향
	  9) 콘크리트의 압축강도와 충격사이의 관계
		88	Prestressing(강재 긴장방법 또는 PSC공법)

			(1) Pre-Tension (2) Post-Tension
		89	굵은 골재의 최대치수 규정
			(1) 무근 콘크리트 (2) 철근 콘크리트 (3) 포장 콘크리트 (4) 댐 콘크리트 (5) 고강도 콘크리트 (6) Prepacked Concrete (7) Shotcrete (8) 수중불분리성 콘크리트 (9) 유동화 콘크리트
		90	Mass Concrete의 냉각방법 2가지(온도제어양생=냉각법)
			(1) Pre-Cooling (2) Pipe-Cooling
		91	해양 콘크리트에 쓰이는 재료의 구비조건
		92	Prepacked Concrete가 타 콘크리트에 비해서 유리한 점
		93	준설선의종류
			(1) Hopper 준설설 (2) Pump 준설선 (3) Grab 준설선 (4) Bucket 준설선 (5) Dipper 준설선
85	PSC부재의 응력변화	94	댐공사 시공계획 작성요령(Fill Dam경우)

	(1) 초기단계
	  1) Prestressing하기 전 : 무근 콘크리트와 같은 상태
	  2) Prestressing작업중 : 가장 큰 인장응력 받는다.
			(1) 가설비계획

No.	요 점 정 리	No.	요 점 정 리
94	(2) 유수 전환방식 계획		
	(3) 기초 굴착계획(Abut부/하심부)		
	(4) 기초(암반)처리 계획		
	(5) Dam 축조(성토다짐)계획		
	(6) 여수로 공사(Spill Way)		
	(7) 가배수로 폐쇄계획		
	(8) 담수개시 계획		
	(9) 준비공사		
	1) 공사용 도로		
	2) 공사용 건물		
	3) 통신설비		
	4) 조명설비		
	5) 급수설비		
	6) 급기설비		
	(10) 설계도서 검토		
	(11) 수문 및 기상조사		
	(12) 용지 보상계획		
	(13) 공사용수 공급계획		
	(14) 환경처리 보존계획		
95	콘크리트 댐 시공계획		
	(1) 가설비계획(사무실/시험실/진입로)		
	(2) 골재생산계획(Crusher Plant)		
	(3) Concrete 생산설비(Batch Plant)		
	(4) 콘크리트 운반설비(Cable Way)		
	(5) 기타는 Fill Dam과 동일		
96	좋은 콘크리트 / 혼화재료 특징 해양 콘크리트재료 구비조건		
	(1) 강도 ↑		
	(2) 부착강도 ↑		
	(3) 건조수축 ↓		
	(4) 내구성 ↑		
	(5) 균열 ↓		
	(6) 차수성 ↑		
	(7) 수밀성 ↑		
	(8) 동결융해 ↓		
	(9) 부식 ↓		
	(10) 투수·투습 영향 ↓		

Chapter 1

토 공
(Earth Work and Geotechnical Engineering)

1. 흙의 삼상관계

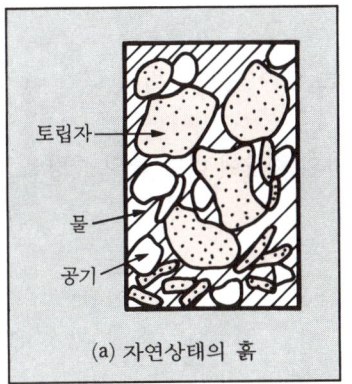 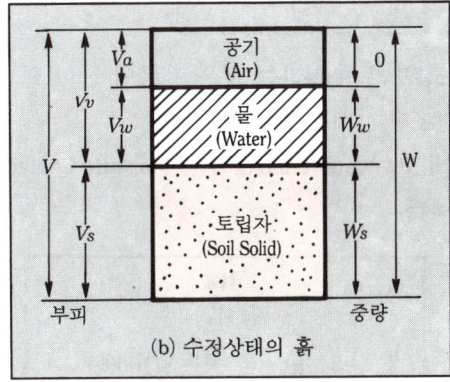

(a) 자연상태의 흙 (b) 수정상태의 흙

〈그림 1〉 흙의 3상

1. 실제 흙은 (그림1) (a)와 같이 고체인 토립자와 간극속의 물과 공기가 섞여있는 형상이지만, 공학적으로 사용하기 위해 (그림 1) (b)와 같이 이상화한 것을 **흙의 삼상**이라 한다.

2. **간극비**(e : Void Ratio)는 토립자의 체적에 대한 간극의 체적비로 정의한다.

$$e = \frac{V_v}{V_s}$$

3. **간극율**(n : Porosity)은 흙 전체의 체적에 대한 간극의 체적비로 정의한다

$$n = \frac{V_v}{V} \times 100(\%)$$

4. 간극비와 간극율 사이의 관계

$$e = \frac{V_v}{V_s} = \frac{V_v}{V-V_v} = \frac{\frac{V_v}{V}}{1-\frac{V_v}{V}} = \frac{n}{1-n}$$

$$n = \frac{e}{1+e} \times 100(\%)$$

5. **포화도**(S_r : Degree of Saturation)는 간극속에 물이 차 있는 정도를 나타내며, 다음과 같이 표시한다.

$$S_r = \frac{V_w}{V_v} \times 100(\%)$$

- 포화도가 100%라는 것은 간극에 물이 완전히 차 있는 상태이며, 0%라는 것은 흙이 완전히 건조된 상태를 말한다.

6. **함수비**(w : Water Content 또는 Moisture Content)는 토립자의 중량에 대한 물의 중량을 백분율로 정의한다.

$$\text{함수비} \quad w = \frac{W_w}{W_s} \times 100(\%)$$
$$\text{함수율} \quad w' = \frac{W_w}{W} \times 100(\%)$$

7. **단위중량**(γ : Unit Weight)은 흙의 단위체적당 중량을 말한다.

$$\gamma = \frac{W}{V}$$

습윤 단위중량(γ_t : Moisture Unit Weight)이라고도 한다.
만일 흙이 완전히 건조되어 있으면

$$\gamma_d = \frac{W_s}{V}$$ 로 나타내며, 이를 **건조단위 중량**(Dry Unit Weight)이라 한다.

8. **비중**(G_s : Specific Gravity)은 토립자의 중량과 토립자의 부피가 같은 15℃ 물의 중량비를 말한다.

$$G_s = \frac{W_s}{V_s \, \gamma_w}$$

9. 일반적으로 토립자의 부피 V_s 는 물이나 공기에 비해 변화가 적으므로 V_s 를 기준으로 관련 공식을 유도한다. (그림 2)와 같이 $V_s = 1$로 하면 식 (2)로 부터

$$V_v = e$$

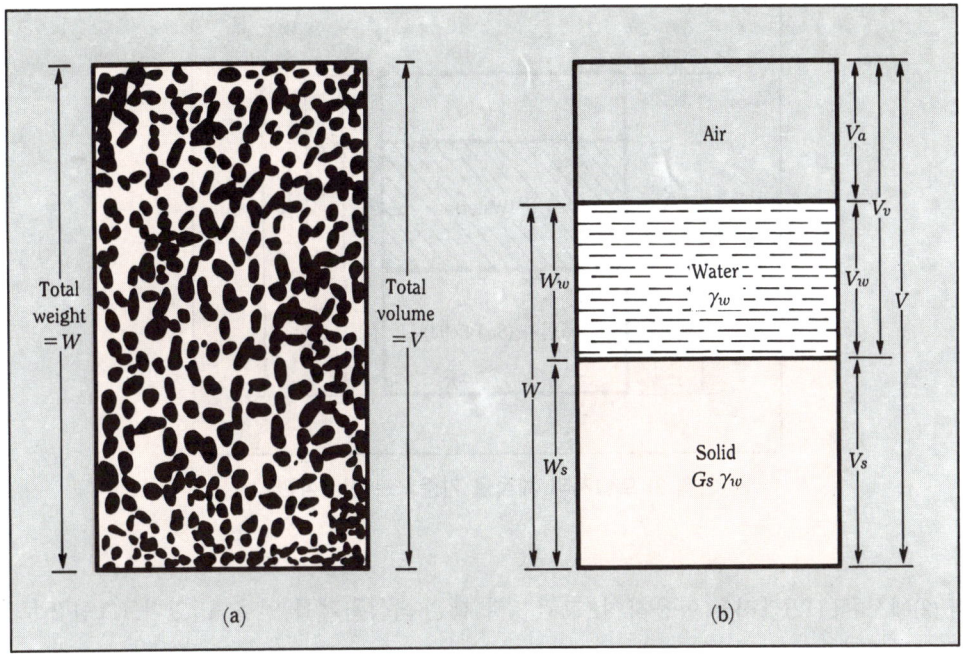

(그림 2) (a) Soil Element in Natural State (b) Three Phases of the Soil Element

10. 식 (8)로 부터

$$W_s = G_s\, \gamma_w$$

11. 이것을 식 (6)에 대입하면

$$W_w = w G_s\, \gamma_w$$

12. 물의 부피를 무게항으로 바꾸기 위해 $\gamma_w = \dfrac{W_w}{V_w}$ 에서

$$V_w = \dfrac{W_w}{\gamma_w} = \dfrac{w G_s\, \gamma_w}{\gamma_w} = w G_s$$

13. 식 (5)로 부터

$$S_r = \dfrac{V_w}{V_v} = \dfrac{w G_s}{e}$$

6 토목시공원론

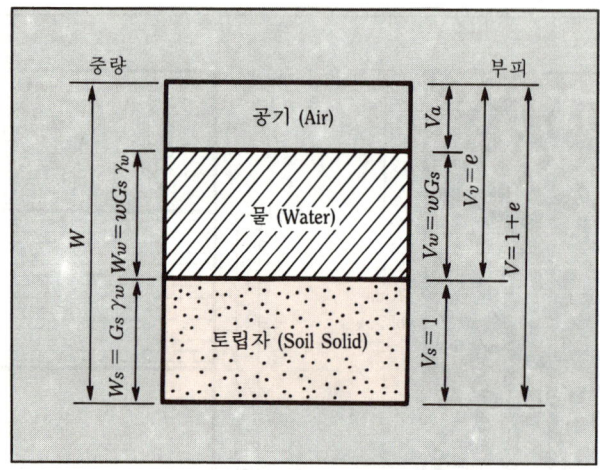

(그림 3) 토립자의 체적을 기준으로 한 3상관계

14. 식 (2)에서 식 (12)까지를 이용하여 (그림 3)과 같은 **삼상관계**를 얻을 수 있다. (그림 2)로 부터 **습윤단위중량**은

$$\gamma_t = \frac{W}{V} = \frac{W_s + W_w}{V} = \frac{G_s \gamma_w + w G_s \gamma_w}{1+e} = \frac{1+w}{1+e} G_s \gamma_w$$

15. **건조단위중량**은

$$\gamma_d = \frac{W_s}{V} = \frac{G_s \gamma_w}{1+e}$$

16. 또한, **포화중량**은 $S_r = 1$ 이므로 식 (13)과 식 (14)로 부터

$$\gamma_{sat} = \frac{G_s \gamma_w + S_r e \gamma_w}{1+e} = \frac{G_s + e}{1+e} \gamma_w$$

17. 만일 흙이 수중에 있을 때의 **수중 단위중량**은 흙의 체적만큼의 **부력**을 받으므로

$$\gamma_{sub} = \frac{G_s \gamma_w - \gamma_w}{1+e} = \frac{G_s - 1}{1+e} \gamma_w$$

즉, $\gamma_{sub} = \gamma_{sat} - \gamma_w$

18. **상대밀도**(RelativeDensity) : 모래지반의 **전단특성**에 대단히 중요하다.

자연상태의 **조립토**의 **조밀한 정도**를 나타냄

$$D_r = \frac{e_{max} - e}{e_{max} - e_{min}} \times 100(\%)$$

여기서, e_{max} : 가장 느슨한 상태의 간극비
e_{min} : 가장 조밀한 상태의 간극비
e : 자연상태의 간극비

- 상대밀도는 가장 느슨한 경우에 0이고, 가장 조밀한 경우는 1이며, (표 1)과 같이 표시한다.

(표 1) 조립토의 상대밀도(D_r)

상 대 밀 도 (%)	흙의 상태
0 ~ 15	대단히 느슨 (Very Loose)
15 ~ 50	느 슨 (Loose)
50 ~ 70	중 간 (Medium)
70 ~ 85	조 밀 (Dense)
85 ~ 100	대단히 조밀 (Very Dense)

- 식 (15)를 e에 대해 정리하여 식 (18)에 대입하면 다음과 같다.

$$D_r = \frac{\gamma_d - \gamma_{dmin}}{\gamma_{dmax} - \gamma_{dmin}} \times \frac{\gamma_{dmax}}{\gamma_d} \times 100(\%)$$

- **상대밀도** 시험방법은 한국 공업표준규격(KSF 2435)에 규정하고 있음.

2. 통일분류법(USCS)과 흙의 공학적 이용

【Table 1. Unified Soil Classification】(USCS : 미국통일분류법 ASTM규정)

		Group Symbols[a]	Typical Names	Information Required for Describing Soils	Laboratory Classification Criteria	
Coarse-grained soils (More than half of material is *larger* than No. 200 sieve size)[b]	**Gravels** (More than half of coarse fraction is *larger* than No. 4 sieve size)			Give typical name; indicate approximate percentages of sand and gravel; maximum size; angularity, surface condition, and hardness of the coarse grains; local or geologic name and other pertinent descriptive information; and symbols in parentheses. For undisturbed soils add information on stratification, degree of compactness cementation, moisture conditions and drainage characteristics Example: *Silty sand*, gravelly; about 20% hard, angular gravel particles ½-in. maximum size; rounded and subangular sand grains coarse to fine, about 15% non-plastic fines with low dry strength; well compacted and moist in place; alluvial sand; (SM)		
	Clean gravels (little or no fines)	**GW**	Well graded gravels, gravel-sand mixtures, little or no fines		$C_u = \dfrac{D_{60}}{D_{10}}$ Greater than 4 $C_c = \dfrac{(D_{30})^2}{D_{10} \times D_{60}}$ Between 1 and 3	
		GP	Poorly graded gravels, gravel-sand mixtures, little or no fines		Not meeting all gradation requirements for GW	
	Gravels with fines (appreciable amount of fines)	**GM**	Silty gravels, gravel-sand-silt mixtures		Atterberg limits below "A" line, or PI less than 4	Above "A" line with PI between 4 and 7 are *borderline* cases requiring use of dual symbols
		GC	Clayey gravels, poorly graded gravel-sand-clay mixtures		Atterberg limits above "A" line, with PI greater than 7	
	Sands (More than half of coarse fraction is *smaller* than No. 4 sieve size) (For visual classification, the ¼ in. size may be used as equivalent to the No. 4 sieve size)			Give typical name; indicate degree and character of plasticity, amount and maximum size of coarse grains; colour in wet condition, odour if any, local or geologic name, and other pertinent descriptive information, and symbol in parentheses. For undisturbed soils add information on structure, stratification, consistency in undisturbed and remoulded states, moisture and drainage conditions Example: *Clayey silt*, brown; slightly plastic; small percentage of fine sand; numerous vertical root holes; firm and dry in place; loess; (ML)		
	Clean sands (little or no fines)	**SW**	Well graded sands, gravelly sands, little or no fines		$C_u = \dfrac{D_{60}}{D_{10}}$ Greater than 6 $C_c = \dfrac{(D_{30})^2}{D_{10} \times D_{60}}$ Between 1 and 3	
		SP	Poorly graded sands, gravelly sands, little or no fines		Not meeting all gradation requirements for SW	
	Sands with fines (appreciable amount of fines)	**SM**	Silty sands, poorly graded sand-silt mixtures		Atterberg limits below "A" line, or PI less than 5	Above "A" line with PI between 4 and 7 are *borderline* cases requiring use of dual symbols
		SC	Clayey sands, poorly graded sand-clay mixtures		Atterberg limits above "A" line, with PI greater than 7	

Determine percentages of gravel and sand from grain size curve. Depending on percentage of fines (fraction smaller than No. 200 sieve size) coarse grained soils are classified as follows :
- Less than 5% : GW, GP, SW, SP
- More than 12% : GM, GC, SM, SC
- 5% to 12% : Borderline cases requiring use of dual symbols

Use grain size curve in identifying the fractions as given under field identification

Field Identification Procedures (Excluding particles larger than 3 in. and basing fractions on estimated weights)

- **GW**: Wide range in grain size and substantial amounts of all intermediate particle sizes
- **GP**: Predominantly one size or a range of sizes with some intermediate sizes missing
- **GM**: Nonplastic fines (for identification procedures see ML below)
- **GC**: Plastic fines (for identification procedures, see CL below)
- **SW**: Wide range in grain sizes and substantial amounts of all intermediate particle sizes
- **SP**: Predominantly one size or a range of sizes with some intermediate sizes missing
- **SM**: Nonplastic fines (for identification procedures see ML below)
- **SC**: Plastic fines (for identification procedures, see CL below)

Identification Procedures on Fraction Smaller than No.40 Sieve Size

		Dry Strength (crushing characteristics)	Dilatancy (reaction to shaking)	Toughness (consistency near plastic limit)	Group Symbols	Typical Names
Fine-grained soils (More than half of material is *smaller* than No. 200 sieve size)	Silts and clays (liquid limit less than 50)	None to Slight	Quick to slow	None	**ML**	Inorganic silts and very fine sands, rock flour, silty or clayey fine sands with slight plasticity
		Medium to high	None to very slow	Medium	**CL**	Inorganic clays of low to medium plasticity, gravelly clays, sandy clays, silty clays, lean clays
		Slight to medium	Slow	Slight	**OL**	Organic silts and organic silt clays of low plasticity
	Silts and clays (liquid limit greater than 50)	Slight to medium	Slow to none	Slight to medium	**MH**	Inorganic silts, micaceous or diatomaceous fine sandy or silty soils, elastic silts
		High to very high	None	High	**CH**	Inorganic clays of high plasticity, fat clays
		Medium to high	None to very slow	Slight to medium	**OH**	Organic clays of medium to high plasticity
Highly Organic Soils		Readily identified by colour, odour, spongy feel and frequently by fibrous texture			**Pt**	Peat and other highly organic soils

From Wagner, 1957.
[a] *Boundary classifications.* Soils possessing characteristics of two groups are designated by combinations of group symbols. For example GW-GC, well graded gravel-sand mixture with clay binder.
[b] All sieve sizes on this chart are U.S. standard.

These procedures are to be performed on the minus No.40 sieve size particles, approximately 1/64 in. For field classification purposes, screening is not intended, simply remove by hand the coarse particles that interfere with the tests.

Dilatancy (Reaction to shaking):
After removing particles larger than No. 40 sieve size, prepare a pat of moist soil with a volume of about one-half cubic inch. Add enough water if necessary to make the soil soft but not sticky. Place the pat in the open palm of one hand several times. A positive reaction consists of the appearance of water on the surface of the pat which changes to a livery consistency and becomes glossy. When the sample is squeezed between the fingers, the water and gloss disappear from the surface, the pat stiffens and finally it cracks or crumbles. The rapidity of appearance of water during shaking and of its disappearance during squeezing assist in identifying the character of the fines in a soil.
Very fine clean sands give the quickest and most distinct reaction where as a plastic clay has no reaction. Inorganic silts, such as a typical rock flour, show a moderately quick reaction.

Field Identification Procedure for Fine Grained Soils or Fractions

Dry Strength (Crushing characteristics):
After removing particles larger than No. 40 sieve size. mould a pat of soil to the consistency of putty, adding water if necessary. Allow the pat to dry completely by oven, sun or air drying, and then test its strength by breaking and crumbling between the fingers. This strength is a measure of the character and quantity of the colloidal fraction contained in the soil. The dry strength increases with increasing plasticity.
High dry strength is characteristic for clays of the CH group. A typical inorganic silt possesses only very slight dry strength. Silty fine sands and silts have about the same slight dry strength, but can be distinguished by the feel when powdering the dried specimen. Fine sand feels gritty whereas a typical silt has the smooth feel of flour.

Toughness (Consistency near plastic limit):
After removing particles larger than the No.40 sieve size, a specimen of soil about one-half inch cube in size, is moulded to the consistency of putty. If too dry, water must be added and if sticky, the specimen should be spread out in a thin layer and allowed to lose some moisture by evaporation. Then the specimen is rolled out by hand on a smooth surface or between the palms into a thread one-eighth inch in diameter. The thread is then folded and re-rolled repeatedly. During this manipulation the moisture content is gradually reduced and the specimen stiffens, finally loses its plasticity, and crumbles when the plastic limit is reached.
After the thread crumbles, the pieces should be lumped together and a slight kneading action continued until the lump crumbles.
The tougher the thread near the plastic limit and the stiffer the lump when it finally crumbles, the more potent is the colloidal clay fraction in the soil. Weakness of the thread at the plastic limit and quick loss of coherence of the lump below the plastic limit indicated either inorganic clay of low plasticity or materials such as kaolin-type clays and organic clays which occur below the A-line.
Highly organic clays have a very weak and spongy feel at the plastic limit.

Plasticity chart for laboratory classification of fine grained soils

(Plasticity index vs Liquid Limit chart showing A-line, with regions CL, CH, ML, MH, OL, OH, CL-ML)

Table 2. Unified Soil Classification(USCS 분류법)

Soil	Soil Component	Symbol	Grain Size Range and Description	Significant Properties
Coarse-grained components	Boulder	None	Round to angular, bulky, hard, rock particle, average, diameter more than 12in	Boulders and cobbles are very stable components used for fills, ballast, and to stabilize slopes(riprap) Because of size and weight their occurrence in natural deposits tends to improve the stability of foundations. Angularity of particles increases stability
	Cobble	None	Round to angular, bulky, hard, rock particle, average, diameter smaller than 12in. but larger than 6in	
	Gravel	G	Round to angular, bulky, hard, rock particle, passing 3-in. sieve (76.2 mm) retained on No. 4 sieve(4.76 mm)	Gravel and sand have essentially same engineering properties differing mainly in degree. The No. 4 sieve in arbitrary division, and does not correspond to significant change in properties. They are easy to compact, little affected by moisture, not subject to frost action. Gravels are generally more perviously stable, resistant to erosion and piping than are sands. The well-graded sands and gravels are generally less pervious and more stable than those which are poorly graded(uniform gradation). Irregularity of particles increases the stability sligthly. Finer, uniform sand approaches the characteristics of silt : i. e., decrease in permeability and reduction in staility with increase in moisture.
	Coarse		3 - to 3/4 - in.	
	Fine		3/4 - in. to No. 4	
	Sand	S	Round to angular, bulky, hard, rock particle, passing No. 4 sieve(4.76mm) retained on No. 200 sieve(0.074mm)	
	Coarse		No. 4 to 10 sieves	
	Medium		No. 10 to 40 sieves	
	Fine		No. 40 to 200 sieves	
Fine-grained components	Silt	M	Particles smaller than 200 sieve(0.074mm) identified by behavior : that is, slightly or non-plastic regardless of moisture and exhibits little or no strength when air dried	Silt is inherently unstable, particularly when moisture is increased, with a tendency to become quick when saturated. It is relatively impervious, difficult to compact, highly susceptible to frost heave, easily erodible and subject to piping and boiling. Bulky grains reduce compressibility ; flaky grains, i.e., mica, diatoms, increase compressibility, produce an "elastic" silt.
	Clay	C	Particles smaller than 200 sieve (0.074mm) identified by behavior : that is, it can be made to exhibit plastic properties within a certain range of moisture and exhibits considerable strength when air dried	The distinguishing characteristic of clay is cohesion or cohesive strength, which increases with decrease in moisture. The permeability of clay is very low, it is difficulty to compact when wet and impossible to drain by ordinary means, when compacted is resistant to erosion and piping, is not susceptible to frost heave, is subject to expansion and shrinkage with changes in moisture. The properties are influenced not only by the size and shape(flat, plate-like particles) but also by their mineral composition ; i.e., the type of clay-mineral, and chemical environment or base exchange capacity. In general, the montmorillonite clay mineral has greatest, illity and kaolinite the least, adverse effect on the properties.
	Organic Matter	O	Organic matter in various sizes and stages of decomposition	Organic matter even in moderate amounts increases the compressibility and reduces the stability of the fiine-grained components. It may decay causing voids or by chemical alteration change the properties of a soil, hence organic soils are not desirable for engineering uses

From Wagner, 1957.

Note. : The symbols and fractions were developed for the Unified Classification System. For field identification, 1/4 in. is assumed equivalent to the No. 4, and the No. 200 is defined as "about the smallest particle visible to the unaided eye." The sand fractions are not equal divisions on a logarithmic plot ; the No. 10 was selected becaused of the significance attac hed to that size by some investigators. The No. 40 was chosen because the "Atterberg limits" tests are performed on the fraction of soil finer than the No. 40.

토목시공원론

Table 3. Engineering Use Chart

Typical Names of Soil Groups	Group Symbols	Important Properties					Relative Desirability for Various Uses										
		Permeability when Compacted	Shearing Strength when Compacted and Saturated	Compressibility when Compacted and Saturated	Workability as a Construction Material	Rolled Earth Dams			Canal Sections			Foundations		Roadways			
						Homogeneous Embankment	Core	Shell	Erosion Resistance	Compacted Earth Lining		Seepage Important	Seepage not important	Fills		Surfacing
														Frost Heave Not Possible	Frost Heave Possible	
Well - graded gravels, gravel - sand mixtures, little or no fines	GW	pervious	excellent	negligible	excellent	-	-	1	1	-	-	1	1	1	3
Poorly graded gravels, gravel - sand mixtures, little or no fines	GP	Very pervious	good	negligible	good	-	-	2	2	-	-	3	3	3	-
Silty gravels, poorly graded gravel - sand - clay mixtures	GM	semipervious to impervious	good	negligible	good	2	4	-	4	4	1	4	4	9	5
Clayey gravels, poorly graded gravely - sands - clay mixtures	GC	impervious	good to fair	very low	good	1	1	-	3	1	2	6	5	5	1
Well - graded sands, gravelly sands, little or no fines	SW	pervious	excellent	negligible	excellent	-	-	3 if gravelly	6	-	-	2	2	2	4
Poorly graded sands, gravelly sands, little or no fines	SP	pervious	good	very low	fair	-	-	4 if gravelly	7 if gravelly	-	-	5	6	4	-
Silty sands, poorly graded - sands - silt mixtures	SM	semipervious to impervious	good	low	fair	4	5	-	8 if gravelly	5 erosion critical	3	7	8	10	6
Clayey sands, poorly graded sand - clay mixtures	SC	impervious	good to fair	low	good	3	2	-	5	2	4	8	7	6	2
Inorganic silts and very fine sands, rock flour, silty or clayey fine snads with slight plasticity	ML	semipervious to impervious	fair	medium	fair	6	6	-	-	6 erosion Critical	6	9	10	11	-
Inorganic clay of low to medium plasticity, gravelly clays, sandy clays, silty soils, elastic silts	CL	impervious	fair	medium	good to fair	5	3	-	9	3	5	10	9	7	7
Organic silts and organic silt - clays of low plasticity	OL	semipervious to impervious	poor	medium	fair	8	8	-	-	7 erosion critical	7	11	11	12	-
Inorganic silts, micaseous or diatomaceous fine sandy or silty soils, elastic silts	MH	semipervious to impervious	fair to poor	high	poor	9	9	-	-	-	8	12	12	13	-
Inorganic clays of hish plasticity, fat clasy	CH	impervious	poor	high	poor	7	7	-	10	8 Volume change critical	9	13	13	8	-
Organic clays of medium to high plasticity	OH	impervious	poor	high	poor	10	10	-	-	-	10	14	14	14	-
Peat and other highly organic soils	Pt	-	-	-	-	-	-	-	-	-	-	-	-	-	-

3. 통일 분류법(Unified Soil Classification Method = USCS)

현장 식별 과정 (75㎛보다 더 큰 입자는 배제하고 예상 중량비율에 근거)				분류 기호	대 표 명
① 조립토 (재료의 50%를 넘는 양이 75㎛ 체 눈금 크기보다 큰 경우) (75㎛ 체눈금 크기는 육안으로 식별이 가능한 토립자의 최소 크기이다.)	자 갈 (조립토의 50% 이상이 40mm 체 눈금 크기보다 큰 경우)	세립분이 거의 없는 깨끗한 자갈	입자의 크기가 넓은 분포를 보이고 상당량의 중간크기의 입자가 존재하는 경우	GW	입도분포가 양호한 자갈, 자갈-모래의 혼합토, 세립분이 거의 없음
			단일 입자의 크기가 지배적으로 존재하거나 어떤 중간크기의 입자가 부재한 경우	GP	입도분포가 불량한 자갈, 자갈-모래의 혼합토, 세립분이 거의 없음
		상당한 양의 세립분을 함유한 자갈	함유된 세립분이 비소성인 경우	GM	실트질 자갈, 입도 분포가 불량한 자갈-모래-실트의 혼합토
			함유된 세립분이 소성인 경우	GC	점토질 자갈, 입도 분포가 불량한 자갈-모래-점토의 혼합토
	모 래 (조립토의 50% 이상이 40mm 체 눈금 크기보다 작은 경우)	세립분이 거의 없는 깨끗한 모래	입자의 크기가 넓은 분포를 보이고 상당량의 중간크기의 입자가 존재하는 경우	SW	입도분포가 양호한 모래, 자갈질 모래, 세립분이 거의 없음
			단일입자의 크기가 지배적으로 존재하거나 어떤 중간 크기의 입자가 부재한 경우	SP	입도분포가 불량한 모래, 자갈질 모래, 세립분이 거의 없음
		상당한 양의 세립분을 함유한 모래	함유된 세립분이 비소성인 경우	SM	실트질 모래, 입도분포가 불량한 모래-실트 혼합토
			함유된 세립분이 소성인 경우	SC	점토질 모래, 입도분포가 불량한 모래-점토 혼합토

		380㎛ 체눈금 크기를 통과한 흙으로 시험수행				
			Dry Strength (부서짐 특성)	Dilatancy (Shaking에 대한 반응)	Toughness (소성한계부근에서의 컨시스턴시)		
② 세립토 (재료의 50%를 넘는 양이 75㎛ 체 눈금 크기보다 작은 경우)	실트와 점토 (액성한계가 50보다 작은 경우) (LL < 50) 【압축성이 적은 흙 : 저소성】	없음~약간	빠름~느림	없음	ML	무기실 실트와 매우 가는 모래, 암분, 약간의 소성을 갖는 실트질 또는 점토질 세립모래
		중간~높음	없음~아주 느림	중간	CL	낮은 내지 중간소성의 무기질 점토, 자갈질 점토, 모래질 점토, 실트질 점토, Lean Clay
		약간~중간	느림	약간	OL	낮은 소성의 유기질 실트와 유기질 실트-점토
	실트와 점토 (액성한계가 50보다 큰 경우) (LL > 50) 【압축성이 큰 흙 : 고소성】	약간~중간	느림~없음	약간~중간	MH	무기질 실트, 운모성 또는 규조성의 세립 모래질 또는 실트질 흙, 탄성실트 (Elastic Silts)
		높음~매우높음	없음	높음	CH	높은 소성의 무기질 점토, Fat Clays
		중간~높음	없음~매우 느림	약간~중간	OH	중간내지 높은 소성의 유기질 점토
	고유기질토	색깔, 냄새, 스펀지의 느낌, 섬유질 함유 등에 의해 쉽게 식별			Pt	Peat 및 다른 고 유기질토

흙을 기술하는데 필요한 정보	실 내 분 류 기 준		
기입항목 : 대표 토질명 ; **모래와 자갈**의 대략적인 비율 ; 최대 입경 ; 다짐상태, 토립자의 표면상태, 조립토의 경도 ; 그 지역에서 부르는 토질명이나 지질학적 토질명과 그 밖의 연관된 정보 ; ( )안에 분류기호 불교란 시료의 경우 : 층상, 연경도, 결합도, 습윤상태, 배수특성 등을 추가함 예 : 실트질 모래, 자갈질 ; 약 20%의 단단하고 각진 자갈 ; 최대 입경은 12mm ; 조립내지 세립의 둥글고 반각진 모래, 낮은 건조 강도의 약 15%의 비소성 세립분 ; 밀도가 높고 습윤상태;(SM)	입도분포 곡선으로부터 자갈과 모래의 퍼센트 결정 **세립분**의 퍼센트에 따라 **조립토**는 다음과 같이 분류한다. • 5%보다 적은 경우 GW, GP, SW, SP • 12%보다 큰 경우 GM, GC, SM, SC • 5~12% 이중기호 사용	$C_u = \dfrac{D_{60}}{D_{10}}$ (>4) $C_c = \dfrac{(D_{30})^2}{D_{10} \times D_{60}}$ (1~3) : 자갈	
		C_u, C_c가 GW조건이 아닌 경우	
		애터버그 한계가 A선 아래에 있거나 PI가 4보다 작은 경우	애터버그 한계가 A선 위에 있고 PI가 4~7의 범위일 경우는 이중 기호를 사용
		애터버그 한계가 A선 아래에 있거나 PI가 7보다 큰 경우	
		$C_u = \dfrac{D_{60}}{D_{10}}$ (>6) $C_c = \dfrac{(D_{30})^2}{D_{10} \times D_{60}}$ (1~3) : 모래	
		C_u, C_c가 SW조건이 아닌 경우	
		애터버그 한계가 A선 아래에 있거나 PI가 4보다 작은 경우	애터버그 한계가 A선 위에 있고, PI가 4~7의 범위일 경우는 이중 기호를 사용
		애터버그 한계가 A선 아래에 있거나 PI가 7보다 큰 경우	
기입항목 : **소성도**와 소성특성, 조립토의 양과 최대입경 ; 습윤상태에서의 색깔, 냄새, 그 지역에서 부르는 토질명이나 지질학적 토질명, 그 밖의 관련 정보, ( )안에 분류기호 불교란 시료의 경우 : 구조, 층상, **불교란**시와 재성형시의 연경도, 습윤상태, 배수조건을 추가함 예 : 점토질 실트, 갈색 ; 약간 소성 ; 소량의 세립 모래 ; 식물뿌리에 의한 다량의 구멍 ; 견고하고 건조상태 ; Loess ; (ML)	Plasticity Chart for Laboratory Classification of Fine Grained Soils (Comparing Soils at Equal Liquid Limit / Toughness and Dry Strength Increase with Increasing Plasticity Index)	(Wagner. 1957) a : 경계분류, 두 그룹의 흙의 특성을 동시에 갖는 흙은 2개의 분류기호로 나타낸다. 예를 들면 GW-GC는 점토성분을 함유한 입도분포가 양호한 자갈 - 모래혼합토이다. b : 이 도표의 모든 체 눈금은 미국의 표준규격이다.	

 세립토 및 그 비율을 현장에서 식별하는 과정(이 과정은 입경이 380μm 보다 작은 흙에서 행한다.)

(1) **Toughness**(소성한계 부근에서의 컨시스턴시)

① 380μm보다 큰 토립자를 제거한 후 12mm입방체의 토질시료를 성형한다. 이 때 너무 건조하면 물을 첨가하고 끈적거리면 수분이 증발하도록 시료를 얇게 펼친다. 그리고나서 시료를 매끄러운 물체 표면 위에서 손으로 굴리거나 손바닥사이 그리고 이 실형태의 시료를 접은 후 재차 굴려서 실형태로 만드는 과정을 반복한다. 이 과정이 행해지는 동안 함수비는 점차 감소하고 시료가 경화되면서 소성을 잃어가다가 소성한계에 이르면 시료는 부서지게 된다.

(2) **Dilatancy**(Shaking에 대한 반응)
   ① 380μm보다 큰 토립자는 제거한 후 약 8,000㎟정도의 패드를 만든다. 흙을 연약하나 끈적거리지 않게 하기 위해 필요한 경우 충분한 물을 가한다.
   ② 습윤토 패드를 한손의 손바닥 위에 올려놓고 **수평**으로 흔들면서 다른 손으로 여러번 친다.
   ③ 그러면 패드의 표면에 물이 사라지며 흙이 경화되면서 **균열**이 생기거나 부서지게 된다. 이와 같은 과정중 수평으로 흔드는 동안 물이 나타나는 속도와 시료를 손가락으로 쥐었을 때 물이 사라지는 속도에 의해 **세립분**의 특성을 알 수 있다.
   ④ **극세사**의 깨끗한 **모래**는 가장 빠르고도 분명한 반응을 보이는 반면 **소성의 점토**는 아무 반응도 없다.
   ⑤ **암분**과 같은 **무기질 실트**는 중간정도의 반응을 보인다.

(3) **Dry Strength**(부서짐 특성)
   ① 380μm보다 큰 토립자를 제거한 후 패드형태로 성형하여 오븐이나 햇빛으로 건조시키거나 공기건조시킨다.
   ② 그리고나서 손가락으로 부숨으로써 그 강도를 시험한다. 이 강도에 의해 흙속의 점토성분의 특성과 양을 측정할 수 있다.
   ③ **소성**이 클수록 **건조강도는 증가**한다.
   ④ CH(높은 소성의 무기질 점토)그룹의 점토는 **높은 건조강도** 값을 보이는 반면 **무기질 실트는 매우 낮은 건조강도**값을 보인다. 실트질 세립모래와 실트는 대략 동일하게 낮은 건조강도 값을 보이나 건조시편 가루의 촉감에 의해 구별이 가능하다. 즉, **실트의 가루**는 부드러운데 비해 세립모래는 거친 느낌을 준다.

4. 흙의 성분과 공학적 특성

흙	흙성분	기호	입경의 범위	주 요 특 성
조립토	호박돌 (Boulder)	없음	둥근 내지 각진 용적이 큰 형태의 단단한 토립자, 평균직경은 300mm보다 큼.	**호박돌**과 **왕자갈**은 안정된 흙의 성분으로 **성토**, Ballast 그리고 **사면**을 안정시키는 재료로 사용된다. 그 크기와 무게때문에 자연 지반에 존재하는 경우 **기초의 안정**을 증진시킨다. 입자가 각이 질수록 안정에 대한 기여도가 크다.
	왕자갈 (Cobble)	없음	둥근 내지 각진 용적이 큰 형태의 단단한 토립자, 평균직경은 300mm보다 작으나 150mm 보다 큼.	
	자갈	G	둥근 내지 각진 용적이 큰 형태의 단단한 토립자, 75mm보다 작고 4mm체에 남는 크기	**자갈과 모래는** 약간은 다르나 근본적으로 **공학적 성질**이 동일함. 4mm체 눈금에 의한 구분은 임의적이며 이 크기를 경계로 흙의 성질이 크게 달라지는 것은 아니다. **자갈과 모래는** 다지기 쉽고 습윤정도에 거의 영향을 받지 않으며 **동상**에 강하다. 자갈은 모래에 비해 **투수**에 **안정**하기 때문에 **세굴**에 더 잘 견딘다. **입도분포가 양호한 모래와 자갈**은 입도분포가 불량한 경우에 비해 일반적으로 더 **낮은 투수성**과 더 높은 안정성을 보인다. 모래는 **입자가 작고 분포가 균등**할수록 실트의 특성에 가까워져 **투수성은 낮아**지고 수분의 증가에 따라 안정은 감소한다.
	조립		75~19mm	
	세립		19~4mm	
	모래		둥근 내지 각진 Bulk형태의 단단한 토립자, 4mm체는 통과하고 75μm체에 남는 크기	
	조립		4~1.7mm체눈금	
	중립		1.7mm~380μm체눈금	
	세립		380~75μm체눈금	
세립토	실트	M	75μm보다 작은 입자로 거동에 의해 구분한다. 즉, 습윤정도에 관계없이 **소성이 거의 없으며** 공기건조시 강도를 거의 발휘하지 못한다.	**실트**는 본질적으로 불안정한 **구조**로 이루어져 있으며 수분이 증가할수록 더욱 심화되어 **포화상태**에서는 **퀵(Quick)상태**가 되는 경향이 있다. 상대적으로 **불투수성**이고 다지기가 어려우며 **동상**에 크게 **취약**할 뿐만 아니라 파이핑(Piping)과 보일링(Boiling)을 야기하기 쉽다. **단립구조**의 입자들은 **압축성**을 감소시키고 운모, 규조와 같은 벗겨지기 쉬운 입자들은 **압축성**을 증가시켜 **탄성실트**(Elastic Silt)를 이루게 된다.
	점토	C	75μm보다 작은 입자로 거동에 의해 구분한다. 즉, 어떤 범위의 **습윤상태**에서는 **소성**을 보이고 공기건조시 상당한 강도를 발휘한다.	**점토**의 뚜렷한 특성은 습도가 감소함에 따라 **점착성**, 즉 **점착강도가 증가**한다는 것이다. 점토의 투수성은 매우 낮으며 **젖어 있을 때는 다지기가 어렵고 통상적인 방법으로는 배수가 불가능**하다. 다져진 **점토**는 세굴과 **동상**에 잘 견딘다. 점토의 성질은 크기와 형상뿐만 아니라 구성 **광물성분**에 의해 영향을 받는다. 일반적으로 **점토광물**이 Montmorillonite이면 점토의 성질에 **나쁜 영향**을, Illite와 Kaolinite는 **좋은 영향**을 미친다 하겠다.
	유기질토	O	유기체는 크기와 분해 단계가 다양하다.	**유기질**은 약간만 함유되어 있어도 **세립토의 압축성**을 **증가**시키고 안정을 감소시킨다. **유기질**은 부패하여 간극을 발생시키기도 하고 흙의 성질을 변화시키기도 한다. 그러므로 **유기질토**는 공학적 목적에는 바람직하지 않은 흙이다.

(Wagner, 1957)

5. 흙의 공학적 이용표 (SL와 CL의 차이점)

No.	흙분류의 대표명	분류기호	중요성질 - 다졌을 때의 투수성	중요성질 - 다지고 포화되었을 때의 전단강도	중요성질 - 다지고 포화되었을 때의 압축성	건설재료 도서의 작업성	여러 흙 구조물에서의 상대적인 적합성 - 댐 - 균질한 제방	여러 흙 구조물에서의 상대적인 적합성 - 댐 - 심벽부 (Core)	여러 흙 구조물에서의 상대적인 적합성 - 댐 - 안정부 (Shell)	운하 단면 - 세굴에 대한 저항	운하 단면 - 다진 흙 라이닝	기초 - 투수가 중요한 경우	기초 - 투수가 중요하지 않은 경우	도로 - 노상 - 동상이 예상되지 않는 경우	도로 - 노상 - 동상이 예상되는 경우	도로 - 표면처리
1	입도분포가 양호한 자갈, 자갈-모래의 혼합토, 세립분이 거의 없음	GW	투수	매우 우수	무시	매우 우수	-	-	1	1	-	-	1	1	1	3
2	입도분포가 불량한 자갈, 자갈-모래의 혼합토, 세립분이 거의 없음	GP	높은 투수	우수	무시	우수	-	-	2	2	-	-	3	3	3	-
3	실트질 자갈, 입도분포가 불량한 자갈-모래-실트의 혼합토	GM	반투수~불투수	우수	무시	우수	2	4	-	4	4	1	4	4	9	5
4	점토질 자갈, 입도분포가 불량한 자갈-모래-점토의 혼합토	GC	불투수	매우 우수	매우 낮음	우수	1	1	-	3	1	2	6	5	5	1
5	입도분포가 양호한 모래, 자갈질 모래, 세립분이 거의 없음	SW	투수	매우 우수	무시	우수	-	-	자갈질이라면 3	6	-	-	2	2	2	4
6	입도분포가 불량한 모래, 자갈질 모래, 세립분이 거의 없음	SP	투수	우수	매우 낮음	양호	-	-	자갈질이라면 4	자갈질이라면 7	-	-	5	6	4	-
7	실트질 모래, 입도분포가 불량한 모래-실트의 혼합토	SM	반투수~불투수	우수	낮음	양호	4	5	-	자갈질이라면 8	쇄굴이 문제 5	3	7	8	10	6
8	점토질 모래, 입도분포가 불량한 모래-점토의 혼합토	SC	불투수	우수~양호	낮음	양호	3	2	-	5	2	4	8	7	6	2
9	무기질 실트와 매우 가는 모래, 암분, 약간의 소성을 갖는 실트질 또는 점토질 세립모래	ML	반투수~불투수	양호	중간	양호	6	6	-	-	쇄굴이 문제 되면 6	6	9	10	11	-
10	낮은 내지 중간소성의 무기질 점토, 자갈질 점토, 모래질 점토, 실트질 점토, Lean Clay	CL	불투수	양호	중간	양호	5	3	-	9	3	5	10	9	7	7
11	낮은 소성의 유기질 실트와 유기질 실트-점토	OL	반투수~불투수	불량	중간	불량	8	8	-	-	쇄굴이 문제 되면 7	7	11	11	12	-
12	무기질 실트, 운모질 또는 규조성의 세립모래 또는 실트질 흙, 탄성 실트(Elastic Silts)	MH	반투수~불투수	양호~불량	높음	불량	9	9	-	-	-	8	12	12	13	-
13	높은 소성의 무기질 점토, Fat Clay	CH	불투수	불량	높음	불량	7	7	-	10	체굴화 문제 8	9	13	13	8	-
14	중간 내지 높은 소성의 유기질 점토	OH	불투수	불량	높음	불량	10	10	-	-	-	10	14	14	14	-
15	점토 Peat 및 다른 고유기질토	Pt	-	-	-	-	-	-	-	-	-	-	-	-	-	-

6. 흙의 연경도(Consistency of Soil)

1. 서 언

(1) **연경도**
일반적으로 **점착성**이 있는 흙은 **함수량**의 **변화**에 따라서 성질이 변한다. (흙의 함수량이 변화하면 **강도**와 **체적**이 변한다.) 즉, 물이 지나치게 많으면 토립자는 수중에 떠 있는 상태로 있다가 **함수량**이 **감소**하면 **점착성**이 있는 풀(Slurry)의 상태로 되고 더욱 함수량이 감소하면 **소성**을 나타내어 더욱 건조하면 **반고체**로부터 **고체**로 된다.

(2) 흙이 **함수량**의 변화에 따라서 나타내는 이들의 성질을 **흙의 연경도**(Consistency of Soil)라 한다.

(3) 흙의 Consistency(연경도)는 Atterberg 한계로 표시함.

2. Atterberg 한계

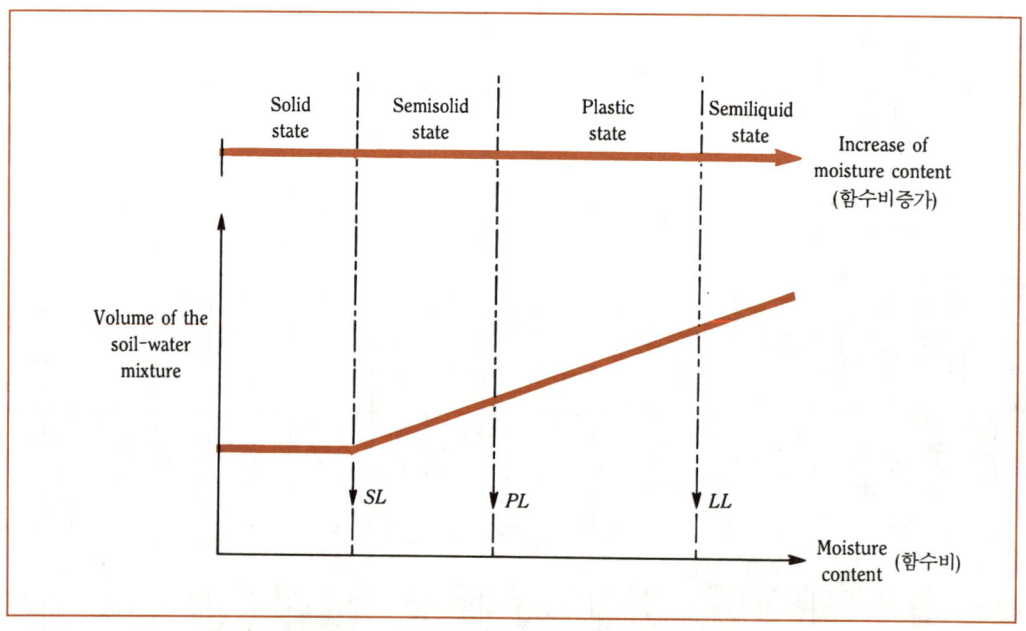

(그림 1) **Definition of Atterberg's Limits**(아터버그한계의 정의)

- **Atterberg 한계란** : 매우 축축한 **세립토**가 건조되어 가는 사이에 지나는 4개의 과정 즉, **액성, 소성, 반고체, 고체**의 각각의 상태의 변화하는 한계를 **Atterberg 한계**라 한다.

3. 소성지수(Plastic Index＝PI), 액성지수(Liquidity Index＝LI), 수축지수(Shrinkage Index＝SI)

(1) 소성지수

$$PI = LL - PL$$

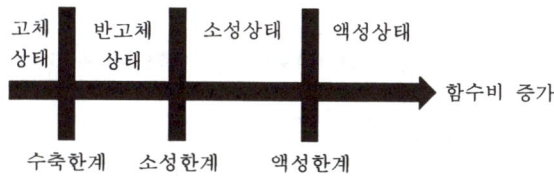

(2) 액성지수

$$LI = \frac{w - PL}{PI} = \frac{자연상태의\ 함수비 - 소성한계}{소성지수}$$

(3) 수축지수

$$SI = PL - SL$$

4. 결 론

(1) Atterberg 한계(＝ Consistency 한계)

1) 액성한계 : **외력**에 대해서 **전단 저항력**이 0(Zero)이 되는 **최소의 함수비**를 표시

2) 흙재료와 액성한계의 관계
   ① $LL > 20$: 동해의 우려가 있다 → 부적합
   ② $LL > 50$: 토공재료 → 부적합
   ③ 수축/팽창 : **액성한계**가 크면 **수축과 팽창**이 커서 → 토공재료로 부적합하다.

3) 소성한계
   ① 흙을 파괴없이 변형시킬 수 있는 **최소의 함수비**를 말하며
   ② 소성한계의 이용(적용성) : 흙의 역학적 성질(압축, 투수, 강도)을 추정할 때 이용한다.

4) 수축한계 : 함수비가 감소해도 **부피의 감소**가 없는 최대의 함수비

5) 소성지수
   ① $PI = LL - PL$(%)
   ② **점착력**(C)이 없는 흙은 $PI = 0$이다. (모래)

㉠ 모래 : $PI = 0$
　　㉡ Silt : $PI = 10\%$
　　㉢ 점토 : $PI = 50\%$

6) 도로 노반재료의 **소성지수**

소 성 지 수	상층노반(기층)	하층노반(보조기층)	안정 처리노반
PI	$PI < 4$	$PI < 6$	$PI < 9$

7) 유동지수 : 유동지수 10~20%인 흙재료는 Fill Dam의 **제체용**으로 적당.
8) Consistency Index 와 q_u의 관계

I_c	흙의 일축압축강도 q_u (kg/cm²)
0	0.3 ~ 1
1	1.0 ~ 5

9) 액성한계가 크면(큰 시료는) **소성** 및 **압축성**이 커진다.
10) **조립토**에서는 흙의 **입도**가 공학적 성질을 지배하지만 **세립토**에서는 Consistency(연경도)가 지배한다.
11) 점토광물의 Atterberg Limits

Mineral	Liquid Limit	Plastic Limit	Shrinkage Limit
Montmorillonite	100 − 900	50 − 100	8.5 − 15
Montronite	37 − 72	19 − 27	
Illite	60 − 120	35 − 60	15 − 17
Kaolinite	30 − 110	25 − 40	25 − 29
Hydrated Halloysite	50 − 70	47 − 60	
Dehydrated Halloysite	35 − 55	30 − 45	
Attapulgite	160 − 230	100 − 120	
Chlorite	44 − 47	36 − 40	
Allophane	200 − 250	130 − 140	

7. 액성지수(Liquidity Index : LI)의 공학적 특성

1. 정 의

(1) **액성지수(Liquidity Index, LI)**

$$LI = \frac{w-PL}{PI}$$

여기서, w : 자연함수비
PL : 소성한계
PI : 소성지수

(2) **공학적 특성**

식에서 $w = LL$ 이면 $LI = 1$, 따라서 자연상태 흙의 함수비가 액성한계보다 클 때(즉, 흙이 액성상태에 있을 때) LI 값은 1이상이며 흙이 **유동화**하기 쉽고 연약함.

반대로 $w < LL \rightarrow LI$ 값 1이하 → 유동화 적음

N.C : 0.6~0.2,   O.C : 0~0.6

여기서, NC : 정규압밀
OC : 과압밀

참고 **Consistency 지수(I_c)**

(1) LI의 역관계다

(2) $$I_c = \frac{LL-w}{LL-PL}$$

(3) I_c의 물리적 의미는 모래의 **상대밀도**와 유사, 점토가 견고하여 함수비 = 소성한계이면 I_c = 1, 더욱더 견고하여 1이상이 됨.

(4) $LI + I_c = 1$

8. 액성한계, 소성한계

1. 정 의

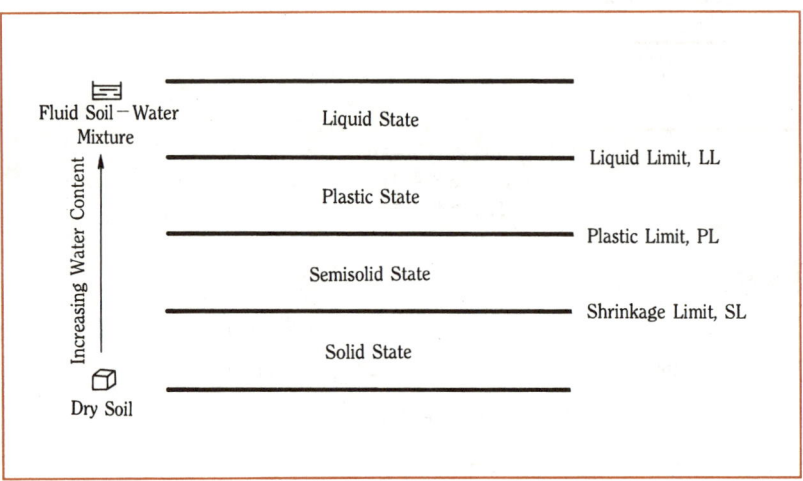

(그림 1) Atterberg Limits and Related Indices

(1) **Consistency(흙의 연경도)**
    토립자의 **간극중**에 많은 수분을 함유하면 액체와 같이 **유동성**을 나타내며 함수량이 감소함에 따라 **점성**은 증대되고 **소성**을 띠우게 된다. 이와 같이 수분의 변화에 따라 상태의 변화(고체, 반고체, 소성, 액성상태)를 나타내는 성질

(2) **수축한계(SL)**
    고체상태와 **반고체상태**의 경계가 되는 **함수비**로써 물을 충분히 함유하고 있는 흙시료는 **수분**이 **감소**함에 따라 그 흙의 체적은 감소하게 되는데 어느 정도 **수축**하면 수분의 강도에도 불구하고 **체적**은 더 이상 감소하지 않고 일정하게 유지하고 **포화도**만 감소된다. 『함수비가 감소하여도 **체적**의 변화가 일어나지 않기 시작하는 **함수비**』

(3) **소성한계(PL)**
    소성상태를 갖는 **최소의 함수비**로써 세립자간에 적당량 수분이 물의 **표면장력**에 의해 **모관압력**이 생겨 **토립자**가 서로 **활동**하더라도 쉽게 분리되지 않는다. 이 때의 흙은 반죽되기 쉽고 **손가락**으로 눌러서 여러가지 모양으로 만들 수 있다. 이와 같은 상태를 소성상태라 하고 이 상태를 갖는데 필요한 최소 함수비를 **소성한계**라 함.

(4) 액성한계(LL)

액성상태와 소성상태의 **경계**가 되는 함수비로 흙의 『**자중**』에 의해 **유동**이 시작될 때의 **함수비**를 말한다. **함수비**가 증가하면 **유동**이 쉽게 일어나고 조그마한 **충격**에도 입자는 **상대이동**을 일으킨다. 이 때의 함수비를 **액성한계**라 함.

2. 이 용

(1) 점토의 유동화 판단

액성한계가 높다는 것은 **유동저항**이 커서 유동화시키는데 많은 물이 필요하다고 볼 수 있다.

(2) 토질 분류에 사용

흙의 통일 분류(USCS) 및 AASHTO 분류에 이용되며 **입도분석**보다는 『**점성토의 특성**』을 더 잘 나타낸다.

(3) 개략적인 전단강도 추정

$$C_u/P = 0.11 + 0.037PI \quad \text{(Skempton)}$$
↳ 소성지수(%)

$$C_u/P = 0.45LL \quad \text{(Hansbo)}$$
↳ 액성한계

여기서, C_u : 비배수전단강도
PI : 소성지수
LL : 액성한계

(4) 개략적인 압밀특성 추정

$$C_c = 0.009(LL - 10) \quad \text{(Terzaghi \& Peck)}$$
↳ 압축지수

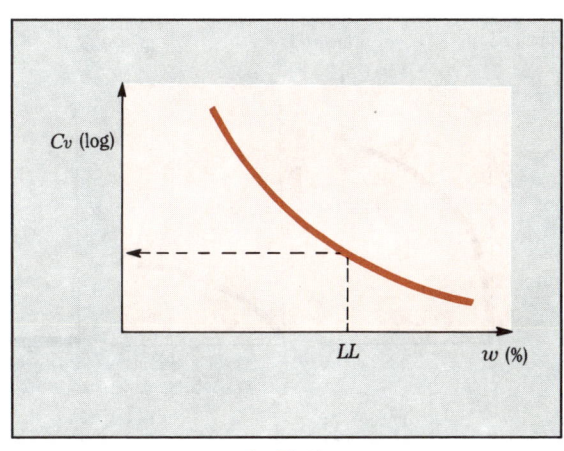

(그림 2)

1) 예를 들어 A시료가 B시료보다 **액성한계**가 크다면 A시료는 더 많은 물을 흡수하려는 경향이 있으므로 **팽창**이나 **수축**이 크다. (단, **압축성**이 크고 **압밀**이 소요되는 시간도 오래 걸린다.)

(5) **지수적 관계**

1) 소성지수

$$PI = LL - PL$$

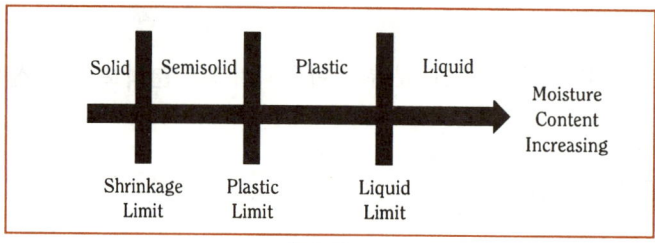

(그림 3) Atterberg Limits

① 토질 분류에 이용
② PI 증대
   → 소성상태 범위도 증가

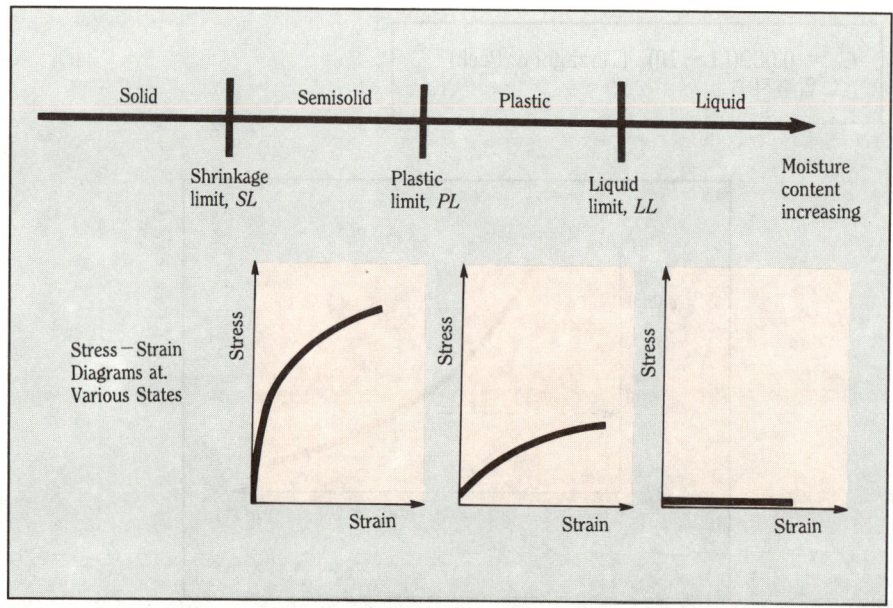

(그림 4) Atterberg Limits

2) 액성지수

$$LI = \frac{w-PL}{LL-PL}$$

① $w = LL$ 이면 $LI = 1$
② $LI > 1, w > LL$: 유동화 가능성이 크고 연약하다.
③ $LI < 1, w < LL$: 소성상태, 안정된 상태
④ N.C : 0.6~1.0, O.C : 0~0.6

3) Consistency 지수(LI의 역관계)

$$I_c = \frac{LL-w}{LL-PL}$$

> **참고** **활성도(Activity)**
>
> $$A = \frac{PI}{2\mu(0.002mm) \text{보다 가는 입자의 중량 백분율}}$$
>
> - 의미 : 점토의 **광물성분**이 동일하다면 그 흙의 *PI*는 그 흙속에 함유되어 있는 **점토분**의 **함량**에 **비례**한다. ➡ 기존 자료에서 점토광물 추정(석영 A = 0, 몬모리오나이트 ≒ 2)

(6) *LL*과 *PL*은 흙의 개략적인 성질을 아는데 좋은 지침이 될 수 있으나 <u>**교란된 시료**에 대한 시험으로 **결정**된 값이므로 자연상태의 **입자배열**이나 **부착력** 등 **전단강도**에 관련되는 요소까지 포함할 수 없다는 점에 유의해야 함.</u>

9. 입경가적곡선(Particle Size Distribution Curve) : 조립토(자갈+모래)

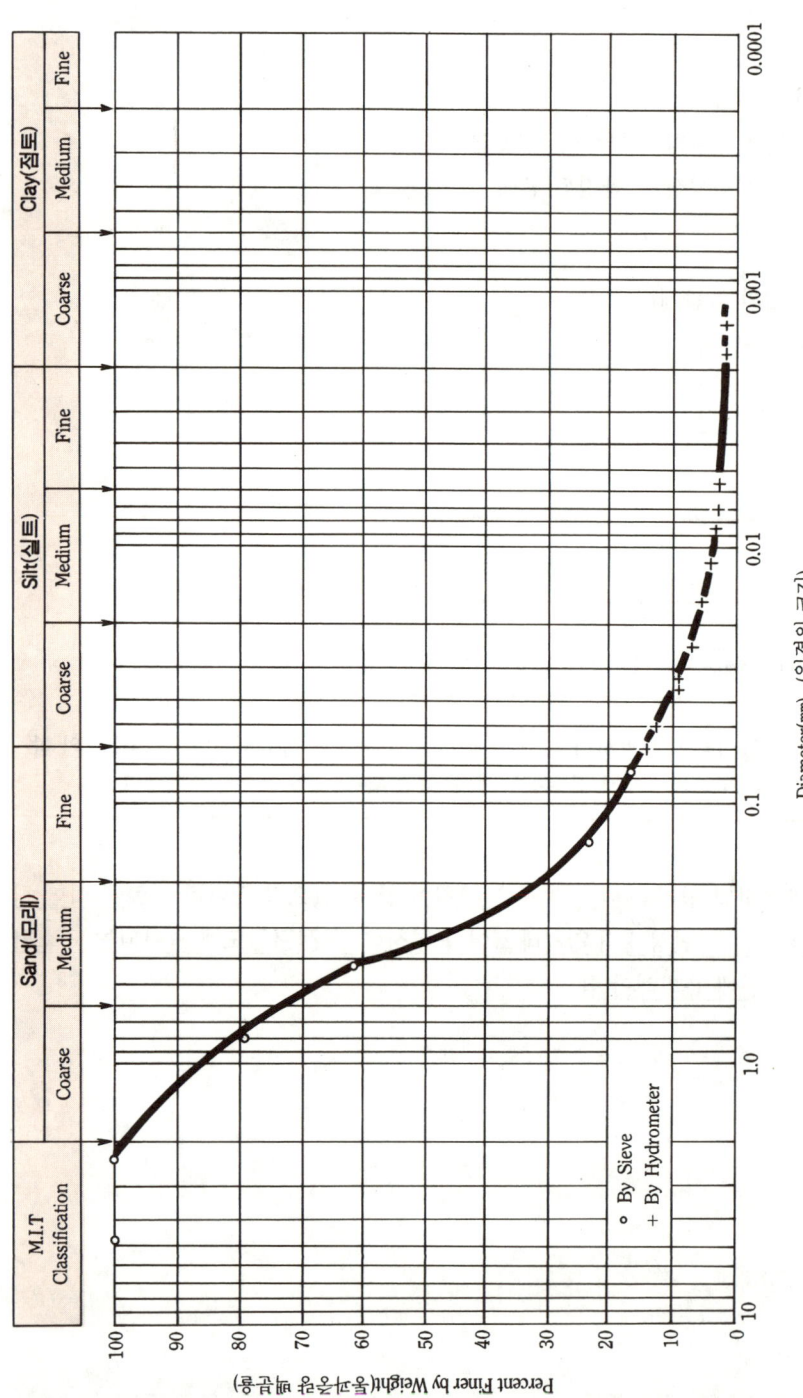

〈양입도의 범위〉

$$C_u = \frac{D_{60}}{D_{10}} > 4 \text{ 자갈} \qquad C_c = \frac{(D_{30})^2}{D_{10} \times D_{60}} (1\sim3)$$
$$\phantom{C_u = \frac{D_{60}}{D_{10}}} > 6 \text{ 모래}$$

〈그림 1〉 Particle Size Distribution Curve(From Lambe, 1951) (입경가적곡선)

10. C_u(균등계수)와 C_c(곡률계수) 계산방법

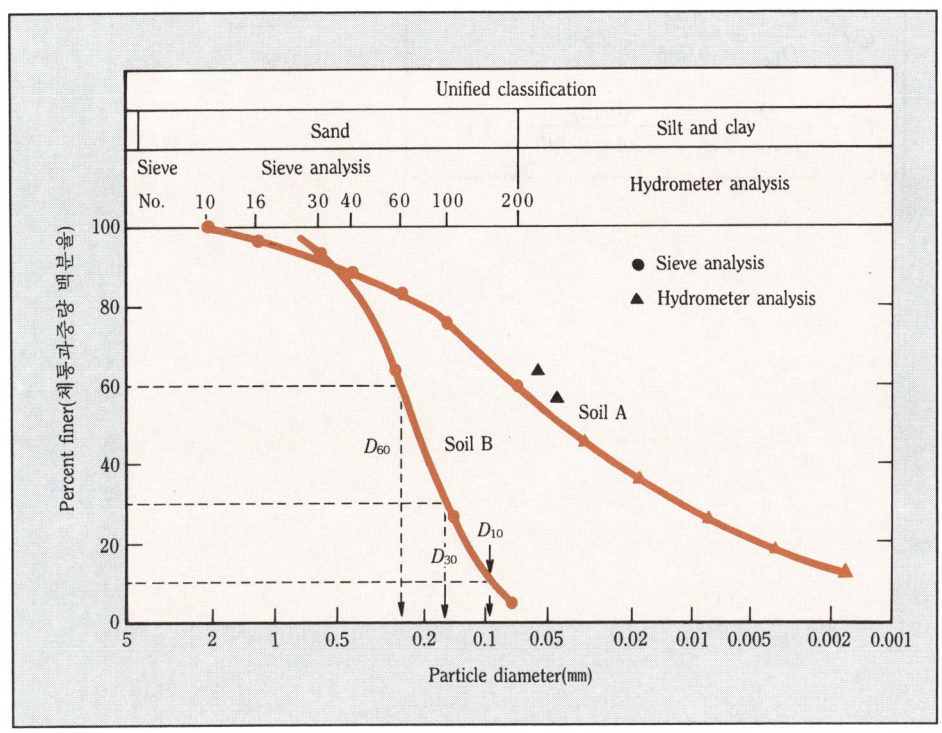

(그림 1) Particle-size Distribution Curves

1. $$C_u = \frac{D_{60}}{D_{10}}$$

   where C_u = uniformity coefficient

   D_{60} = the diameter corresponding to 60% finer in the particle-size distribution curve

2. The *coefficient of gradation* may be expressed as

   $$C_c = \frac{D_{30}^2}{D_{60} \times D_{10}}$$

3. where C_c = coefficient of gradation

   D_{30} = diameter corresponding to 30% finer

4. For the particle-size distribution curve of soil B shown in Figure 1, the values of D_{10}, D_{30} and D_{60} are 0.096mm, 0.16mm, and 0.24mm, respectively. The uniformity coeffcient and coefficient of gradation are

$$C_u = \frac{D_{60}}{D_{10}} = \frac{0.24}{0.096} = 2.5$$

$$C_c = \frac{D_{30}^2}{D_{60} \times D_{10}} = \frac{(0.16)^2}{0.24 \times 0.096} = 1.11$$

11. 연속입도와 불연속입도(Skip or Gap Graded) : 조립토의 양입도와 불량입도

1. 입도분포곡선(Particle Size Distribution Curve)
입도시험 결과를 **반대수지**의 가로축에 입경의 크기를 표시하고 세로축에 체통과중량 백분율을 표시한다.

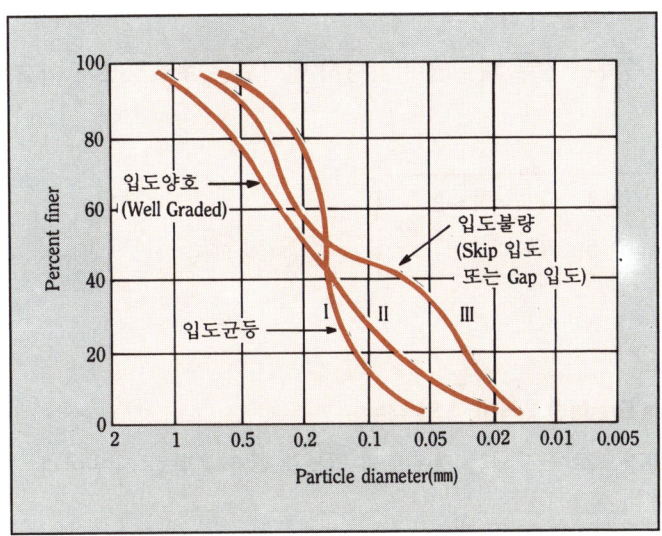

(그림 1) Different Types of Particle-size Distribution Curves

2. 유효경(Effective Size, D_{10})
통과중량백분율 **10%**에 대응하는 **입경**으로 **투수계수의 추정**에 이용된다. (Corresponding to 10% finer)

3. 균등계수(Coefficient of Uniformity, C_u)

$$C_u = \frac{D_{60}}{D_{10}} \quad \begin{matrix} > 4 \text{ 자갈} \\ > 6 \text{ 모래} \end{matrix}$$

여기서, D_{60} : Dimeter Corresponding to 60% Finer
D_{10} : Corresponding to 10% Finer

4. 곡률계수(Coefficient of Gradation, C_c)

$$1 < C_c = \frac{(D_{30})^2}{D_{10} \times D_{60}} < 3$$

여기서, D_{30} : 체통과 중량백분율 30%에 해당하는 입경의 크기(mm)
(Diameter Corresponding to 30% Finer)

5. 양입도(연속입도) = 곡선 Ⅱ의 경우

아래조건식을 만족하는 경우 대소알이 적당히 섞여있는 조립토로서 입도분포곡선의 기울기가 완만하다.

자갈 : $C_u > 4$, $C_c = 1 \sim 3$
모래 : $C_u > 6$, $C_c = 1 \sim 3$

6. 입도균등(Uniform Graded) : 곡선 Ⅰ의 경우

동일한 크기의 입경으로 구성되는 경우로써 입도분포가 불량한 경우이다.

$C_u < 4$: 자갈의 경우
$C_u < 6$: 모래의 경우

7. 불량입도(Gap 입도 또는 Skip입도 : 불연속입도 또는 빈입도) : 곡선 Ⅲ의 경우

(1) C_u 값은 시방규정에 일치하나
(2) C_c 값은 1~3에 못미쳐서 입도가 불량한 경우로써
(3) 곡선이 계단상으로 되며, 2개 또는 그 이상의 일정한 입도로 구성된 경우가 된다(Skip or Gap Graded)

12. 흙의 분류법 : 모래 · 점토

1. 흙의 물리적 성질 판정법

(1) 기본적 성질
- 흙입자의 비중 (Specific Gravity = G_s)
- 흙의 입도(C_u, C_c)
- 흙의 연경도 (Consistency)

(2) 역학적 성질
- 흙의 함수비 (Moisture Content = w)
- 흙의 간극비 (Void Ratio = e)
- 흙의 밀도 (γ_d = Density)
- 흙의 전단강도 (Shearing Strength = τ)
- 흙의 압축 특성 (Soil Compressibility)

2. 흙입자의 비중(흙의 비중)

(1) G_s = 2.65 전후의 값이다.

(2) G_s의 이용
 1) 흙의 수중 단위 중량(γ_{sub})
 2) 포화 단위 중량 (γ_{sat})
 3) 간극비(e)를 파악하는데 이용된다.

(3) G_s 구하는 식

$$G_s = \frac{W_s}{W_w} = \frac{W_s}{\gamma_w \cdot V_s}$$

여기서, W_s : 흙입자만의 중량
W_w : W_s 같은 부피의 15℃인 증류수의 중량
γ_w : 물의 밀도(4℃에서 1g/cm³)

(4) 함수비 $\quad w = \dfrac{W_w}{W_s} \times 100(\%)$

(5) 함수율 $\quad w' = \dfrac{W_w}{W} \times 100(\%)$

(6) $\quad e = \dfrac{V_v}{V_s}$

(7) $\quad n = \dfrac{V_v}{V} = \dfrac{e}{1+e} \times 100(\%)$

(8) $\quad S_r = \dfrac{V_w}{V_v} \times 100\,(\%)$

(9) $\quad S_r \cdot e = G_s \cdot w, \quad S_r = \dfrac{w}{e} G_s$

3. 입경에 따른 흙의 구분

0.001mm	0.005	0.074mm	0.42mm	2.0mm	5.0mm	20mm	75mm	30cm
콜로이드	점토	실트	가는모래	굵은모래	가는모래	중간모래	굵은모래	조약돌	호박돌
			모 래		자 갈				
토 질 재 료							암석질 재료		

4. 흙의 분류법

(1) **입경가적 곡선**

1) 흙의 입도시험 결과는 반대수 방안지에 도표로 나타낸다
2) 가로축 대수 눈금에 흙의 입경을 세로축 눈금에 중량 통과 백분율을 취해서 입경과 중량 통과 백분율을 도시한다. 이 곡선을 **입경가적 곡선** 또는 **입도 곡선**(Grading Curve)이라 한다.
3) 입경의 좋음, 나쁨은 균등계수와 곡률계수로 표시한다.

① $C_u = \dfrac{D_{60}}{D_{10}}$

② $C_c = \dfrac{(D_{30})^2}{D_{10} \times D_{60}}$

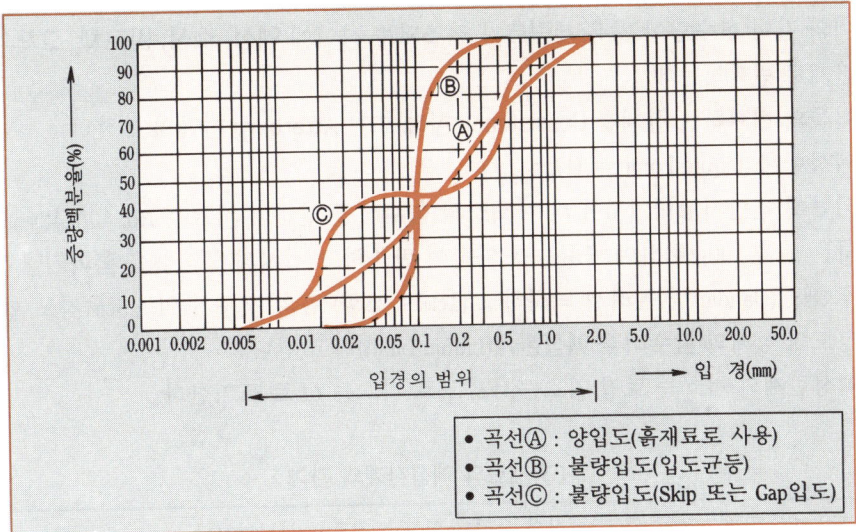

(그림 1) 입도 곡선의 비교

(2) **흙의 연경도 (Consistency)** : 점성토의 연경도 표시
   1) 흙의 **함수량**이 변화하면 흙의 **강도**와 **체적**이 변한다.
   2) 함수량이 많으면 **액체상**으로 되고 흙의 **체적**은 최대로 **증가**한다.
   3) 함수량이 **감소**하면 **소성**으로 변화하다가 더욱 **함수량**이 감소하면 **반고체상**으로 되면서 고체상으로 된다.

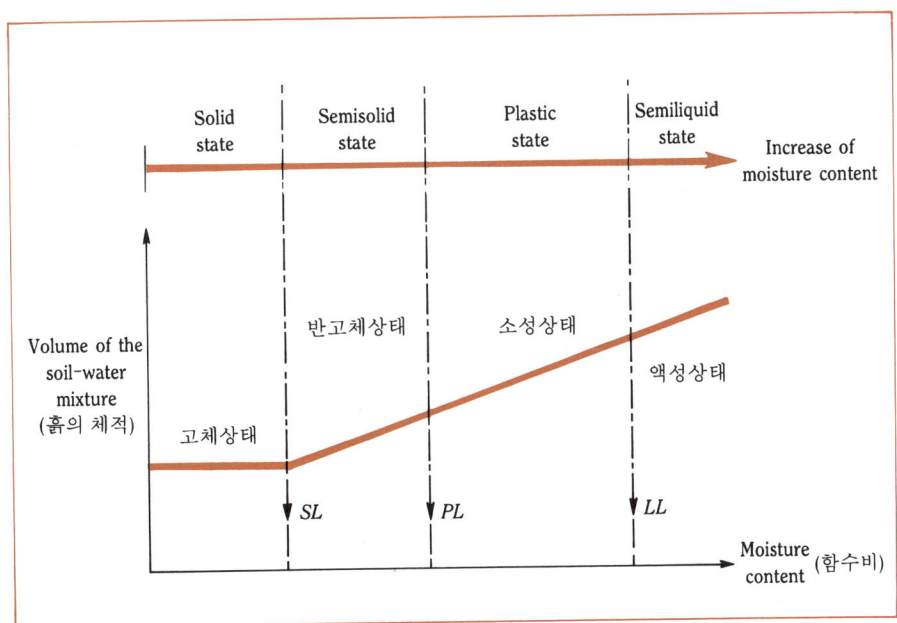

(그림 2) Definition of Atterberg's Limits

4) 이와 같이 함수량이 많은 **세립토**가 건조되는 사이에 **액성, 소성, 반고체, 고체**의 4과정의 단계로 변화하는데

5) 이들의 변화하는 한계를 **Consistency 한계** 또는 **Atterberg 한계**라고 한다.

6) 액성한계 (Liquid Limit = W_L = LL)

외력에 전단저항력이 0이 되는 **최소의 함수비**를 말하며 시료는 No. 40(0.42mm)체를 통과하는 흙을 100g 취하여 증류수를 가하여 반죽하고 접시의 중심선을 **홈파기날**로 2등분한 후 핸들(Handle)을 돌려서 **낙하**하고 (1cm로 25회) 홈의 저부가 약 1.5cm 정도 합하여지는 정도의 상태의 **함수비**를 **액성한계**(Liquid Limit)라고 한다.

액성한계의 기호는 토질 기호는 W_L, 도로 기호는 LL로 표기한다.

【흙재료와 액성한계의 관계】

$W_L > 20$	동상의 우려가 있는 토질로서 부적합하다.
$W_L > 50$	토공재료로서 부적합하다
수축, 팽창	액성한계가 크면 팽창, 수축이 커서 토공재료는 부적합하다.

7) 소성한계 (Plastic Limit = W_p = PL)

① **파괴**없이 **변형**시킬 수 있는 **최대의 함수비**를 말하며

② No. 40체를 통과한 15g을 반죽하여 **유리판** 위에 손바닥으로 밀어서 직경 3mm의 굵기에서 끊어지기 직전의 상태로 될 때의 함수비이다.

③ 소성한계의 기호는 토질 기호는 W_P, 도로 기호는 PL이다.

④ 이 소성한계의 이용은 흙의 역학적 성질(압축, 투수, 강도)을 추정할 때 사용한다.

8) 수축한계 (Shrinkage Limit = W_s = SL)

① 함수비가 감소해도 **부피**의 **감소**가 없는 **최대의 함수비**를 말하며 즉 함수량을 어떤량 이하로 감소시켜도 흙의 체적은 감소하지 않고 일정하며 함수량을 그 양 이상으로 증가시키면 **흙의 체적**이 증가하는 **함수비**를 말한다.

② 이 수축한계의 토질 기호 W_S, 도로 기호는 SL로 표시한다.

9) 소성지수 (Plasticity Index = I_p = PI)

① 흙의 **연경도**에서 구해지는 지수 중에 **소성지수**는 액성한계에서 소성한계를 뺀 값으로서 **점착력이 없는** 흙은 I_p = 0 이다.

② 따라서 모래(Sand)는 I_p = 0, 실트는 I_p = 10%, 점토는 I_p = 50% 정도로 나타나는 것이 보통이다.

③ 여기서 주의할 점은 **소성지수**가 작을지라도 No. 200체 통과량이 많은 토질에서는 예

상하지 않은 **흙의 파괴**가 발생할 수도 있음을 유의해야 한다.
④ 이 소성지수의 기호는 토질 기호 I_p, 도로 기호 PI로 표기하며 소성지수를 구하는 식은 다음과 같다.

$$PI = LL - PL \, (\%)$$

⑤ 또 도로의 노반에 사용하는 **흙재료**와 특성을 소성지수와의 관계조건으로 다음과 같은 조건이 성립되며 이는 현장 실무자의 참고자료나 이용자료로 충분한 조건이다.

【도로의 노반재료와 소성지수와의 관계조건】

소성지수	상층노반	하층노반	안정처리노반
I_p	$I_p < 4$	$I_p < 6$	$I_p < 9$

10) 액성지수 (Liquidity Index)

① $$LI = \frac{w - W_p}{PI} = \frac{W_n - PL}{LL - PL}$$

② 해성 점토의 $LI = 1$ 또는 그 이상이 되고, 소성상태에 있다면 1 이하가 된다.
③ LI 값이 1에 가까울수록 **유동 가능성**이 크고 0에 가까울수록 적다.

11) Consistency Index (= CI)
① 액성지수와 반대로 나타내는 지수

$$CI = \frac{LL - W_n}{LL - PL} = \frac{LL - W_n}{PI}$$

② CI 값이 0에 가까울수록 **유동 가능성**이 크고 1에 가까울수록 적다.

$$LI + CI = 1$$

12) Toughness 지수

① $$TI = \frac{PI}{FI} = \frac{\text{소성지수}}{\text{유동지수}}$$

② 소성한계에 있어서 **전단저항**의 **정도**를 나타내는 지수

13) 유동지수(Flow Index)
① 유동지수 $FI = 10 \sim 20\%$ 인 흙재료는 **Fill Dam의 제체용**으로 적당하다.
② 액성한계 시험에서 함수비 ↔ 낙하회수 곡선을 그리고 유동지수는 함수비 낙하회수 곡선 즉, **유동곡선의 기울기**를 말한다.

$$FI = \frac{\text{함수비}}{\text{낙하회수}} (= 10 \sim 20\%) \quad \Rightarrow \quad FI = \frac{W_1 - W_2}{\log \frac{N_2}{N_1}}$$

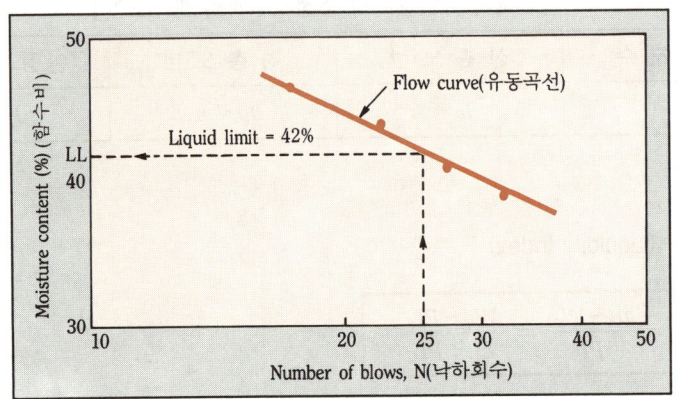

(그림 3) Flow curve for liquid limit determination of a silty clay(유동곡선)

14) I_c 와 q_u 와의 관계

【I_c 와 q_u 와의 관계】

I_c	q_u (kg/cm²)
0	0.3 ~ 1.0
1	1.0 ~ 5.0

5. 통일분류법 (Casagrande 분류법 : USCS)

(1) **흙의 분류법**

1) 통일분류법(USCS = Unified Soil Classification System)
2) AASHTO 분류법

(2) 통일분류법

토질의 끝		제1문자	토 질 의 속 성	제2문자	
조립토	자 갈 (gravel)	G	(well-graded) 입도 분포 세립분 거의없음(74μ 이하 5% 이하 함유)	W	조립토
	모 래 (sand)	S	(poor-graded) 입도 분포 불량, 세립분 거의 없음	P	
세립토	실 트 (mo)	M	(mo) 세립분 12% 이상 함유, A선 하방 소성지수 4 이하	M	세립토
	점 토 (clay)	C	(clay-binder) 세립분 12% 이상 함유, A선 상방, 소성지수 7 이상	C	
	유기질의 실트 및 점토(organic clay)	O	(low compressibility) 압축성 낮음. $LL \leq 50$ (저소성)	L	
유기질토	이 탄 (peat)	Pt	(high compressibility) 압축성 높음. $LL \geq 50$ (고소성)	H	

토 질	토 질 의 속 성	제3문자
조 립 토	(drained) 액성한계, $LL \leq 28$, 소성 지수 $PI < 6$ (배수)	D
	(undrained) 액성한계, $LL > 28$ (비배수)	U

※ 제3문자는 **도로 및 비행장**에 사용되는 기호

【미국 통일 분류법(ASTM D2487-69-75) : USCS】

구 분			분 류 기 준	기준	대 표 적 명 칭
조립토 (0.074mm 체의 잔류량이 50% 이상) (#200)	자 갈 (4.75mm체의 잔류량이 조립분의 50% 이상)	순수한 자갈 (0.074mm체) 통과량 5%이하	$C_u > 4$ $C_c = 1\sim3$	GW	양호한 입도의 자갈, 사력토, 세립토를 거의 또는 전혀 함유치 않는 자갈
			$C_u \not> 4$ $C_c \neq 1\sim3$	GP	불량한 입도의 자갈, 사력토, 세립토를 거의 또는 전혀 함유치 않는 자갈
		세립토를 함유한 자갈(0.074mm체) 통과량 12%이상	소성도의 A선 이하 또는 $PI < 4$	GM**	실트질 자갈, 실트질 사력토
			소성도의 A선 이상 또는 $PI > 7$	GC**	점토질 자갈, 점토질 사력토
	모 래 (4.75mm체의 통과량이 조립분의 50% 이상)	순수한 모래 (0.074mm체) 통과량 5%이상	$C_u > 6$ $C_c = 1\sim3$	SW	양호한 입도의 모래, 역질모래, 세립토를 거의 또는 전혀 함유하지 않는 모래
			$C_u \not> 6$ $C_c \neq 1\sim3$	SP	불량한 입도의 모래, 역질모래, 세립토를 거의 또는 전혀 함유하지 않는 모래
		세립토를 함유한 자갈(0.074mm체) 통과량 12%이상	소성도의 A선 이하 또는 $PI < 4$	SM**	실트질 모래
			소성도의 A선 이상 또는 $PI > 7$	SC**	점토질 모래
세립토 (0.074mm 체의 통과량이 50% 이상)	실트 및 점토	저소성의 실트 및 점토 ($LL \leq 50$)	세립토 또는 조립토에 함유된 세립토를 분류함.	ML	무기질 실트, 석분 실트질, 가는 모래
				CL	저소성의 무기질 점토, 사질점토, 실트질 점토, 저점성 점토【42회】
				OL	저소성의 유기질 실트 또는 점토
		고소성의 실트 및 점토 ($LL > 50$)		MH	무기질 실트, 고소성의 실트
				CH	고소성 무기질 점토, 고점성의 점토
				OH	고소성의 유기질 점토
	고 유기질토		눈 및 손으로 판별(ASTM D2488)	Pt	이탄, 흑니, 고유기질토

(주) • 75mm체 통과재료를 사용함 •• 소성도의 사선부분에 해당하면 이중기호로 분류함.

(3) AASHTO 분류법

【AASHTO 분류법(AASHTO NO. M 145 : ASTM D3282-73)】

대분류		세 립 토 (No. 200체 통과량 35% 이하)							실트, 점토질토(No.200통과량 35%이상)			
분류기호		A - 1		A-3	A - 2				A-4	A-5	A-6	A-7
		A-1-a	A-1-b		A-2-4	A-2-5	A-2-6	A-2-7				A-7-5* A-7-6*
체분석 통과량 (%)	No. 10	50이하	-	-	-	-	-	-	-	-	-	-
	No. 40	30이하	50이하	51이하	-	-	-	-	-	-	-	-
	No. 200	15이하	25이하	10이하	35이하	35이하	35이하	35이하	36이상	36이상	36이상	36이상
No.40체 통과분	액성한계	-		-	40이하	41이상	40이하	41이상	40이하	41이상	40이하	41이상
	소성지수	6이하		N.P.**	10이하	10이하	11이상	11이상	10이하	10이하	11이상	11이상
일반적인 주요 구성물		석편, 사력		세사	실트질 또는 점토질의 사력				실트질 흙		점토질 흙	
노상토의 등급		우 ~ 양							가 ~ 불량			

(주) · A-7-5 군의 **소성지수**는 **액성한계**에서 30을 뺀 값과 같으나 그보다 적어야 한다.
　　A-7-6 군은 이보다 커야 한다.
　· · N.P.는 **비소성**(non-plastic)을 의미함.

13. Dam의 차수벽 재료로 사용하는 흙의 통일분류법상 SC와 CL의 특성을 비교 설명하시오.

1. 서 론

(1) 성토 및 기초용으로 사용되는 SC는 **조립토**로써 『점토를 함유함 모래』이며, No 200체(0.074mm) 잔류량이 50% 이상인 흙. (SC는 조립토)

(2) CL은 『**압축성** 또는 **소성**이 낮은 **점토**』로써 **세립토**에 해당된다. #200체(0.074mm) 통과량이 50% 이상인 세립토임.(CL은 세립토)

2. 통일분류법에 의한 SC와 CL의 차이점 (성토 및 기초용)

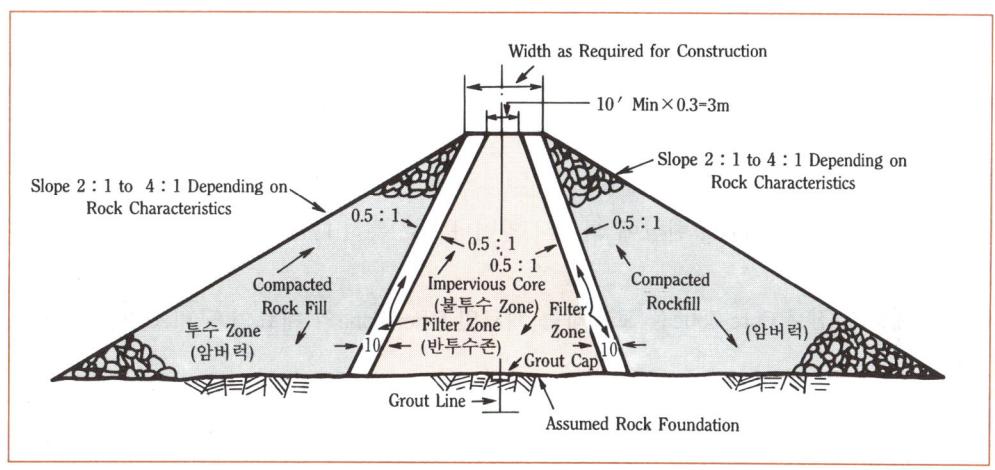

(그림 1) Typical Maximum Section of an Earth-Core Rockfill Dam Using Central core. 288-D-2800
(Rockfill Dam 표준단면도)

(1) **SC와 CL의 현저한 차이점**

  1) 건조밀도가 다르다.
  2) SC의 γ_d = 1.68~2 ton/㎥이고(점토질 모래)
     CL의 γ_d = 1.52~1.92 ton/㎥이다. (저소성(압축성이 적은)의 무기질 점토, 사질 점토, Silt질 점토, **저점성** 점토임)
  3) 기 타
     ① 성토용 흙에 대한 적용성이나

② 투수성이나
③ 다짐 특성이 다르다.
④ 기초 지반에 대한 판단, 투수성의 조정 여부는 유사함.

(2) SC와 CL의 차이점

공학적 특성	SC(점토를 함유한 모래)	CL(압축성, 소성이 적은 점토)
성토용 흙에 대한 판단	• 다소 안정 • 홍수 방어용 성토의 불투성 Core	• 안정성이 있음 • 불투수성 Core 또는 브래킷
k(cm/sec)	$10^{-6} \sim 10^{-8}$	$10^{-6} \sim 10^{-8}$
다짐특성	• 가함 • Sheep Foot Roller • 고무 Tire Roller	• 가~양호 • Sheep Foot Roller • 고무 Tire Roller
기초지반에 대한 판단	지지력은 양호~불량함	지지력은 양호~불량함
투수성 조정의 필요 여부	불필요	불필요
건조밀도 γ_d (ton/㎥)	1.68~2.00	1.52~1.92

3. 결 론

(1) Fill Dam의 파괴는 Piping 현상에 의해서 일어나므로 특히 Filter Zone의 정밀시공이 대단히 중요하며

(2) 차수재료인 점토 Core Zone을 보호하는 재료인 Filter Zone의 재료의 구비조건은 아래와 같다.

$$\frac{F_{15}}{B_{15}} > 5$$

$$\frac{F_{15}}{B_{85}} < 5$$

14. 흙의 밀도와 단위 중량의 차이점 (g/㎤)

중력가속도가 일정하지 않으면 밀도가 달라진다. 그러나 토질에서는 중력가속도가 일정하다고 보고 밀도와 단위 중량을 같이 취급한다.

15. 흙의 팽창작용(Bulking)과 수체(水締)의 원리

1. 정 의
흙이 수분을 얻어 흙덩어리의 겉둘레를 증대하는 현상을 **팽창작용**(Bulking)이라 부른다.

2. 흙의 종류별 팽창작용 (Bulking)
(1) **점착성토**
  1) **점착성토**의 노건조된 **분말**에 물을 가까이 하면 점토입자의 표면에 **흡착수**를 이끌어 들여 **입경**이 커진 꼴로 되어서 **용적**이 늘어난다.
  2) 그러나 여기에 더욱 물을 흙덩어리에 가하면 용적이 감소하여 간다.

3. 모래의 경우 수체의 원리
(1) 건조시료에 대하여 5~6%의 물을 가하면 가장 **팽창**하게 되어 **원용적**의 **25%**까지 이른다. (건조시료에 5~6% 물 가하면 체적 25% 증가한다)
(2) 이와 같이 **팽창된 모래**에 더욱 많은 물을 더하면 수축하게 되는데 이러한 현상을 **수체의 원리**라 한다.

16. 흙의 비화작용(Slaking) : 沸化作用

1. 정 의
(1) **점착성**이 있는 흙은 함수량이 감소하면 **액성의 상태**로부터 **고체상**으로 된다.
(2) 이와 같이 해서 얻어진 **고체상의 흙**을 다시 **물속에 담그면** 변화가 가역적으로 일어나 **소성**을 띠우고 **액상화**하게 된다.
(3) 이러한 경우 **점토입자**는 물을 다시 **흡착함**과 동시에 토입자간의 **결합력**은 해이해지고 **토립자는 붕괴**한다. 이와 같은 현상을 **비화작용**(Slaking)이라 한다.

2. 암의 Slaking 현상(Slaking of Rock)
(1) 정의
   1) **암석**이 **건, 습의 반복**에 따라서 **고결력**을 잃고 조직이 **파괴**되어서 갑자기 **Slime화**하는 현상이다.
   2) **연석** 등 **미고결 암석**에 대해서 특히 현저한 경우가 많다.

(2) 시험방법
   시험방법이 아직 정해지지 않고 있어서 각 현장마다 알맞는 조건으로 시행하고 있다.

(3) **수축한계**에 있는 고체상의 흙덩어리에 비해서 **소성상태**에 있는 흙덩어리는 갑자기 비화하지 않는다.

> **참고** **흙의 비화작용**
> 흙덩어리가 건습의 반복에 의해서 **고결력을 잃고** 조직이 파괴되어서 갑자기 **Slime화** 하는 현상(느슨해지는 현상, 곤죽처럼 되는 현상)

(4) 이미 토립자의 **공극**에는 **모관수**가 있고 더욱 **점토립자**에는 흡착수가 있어서 단단히 결합되어 있기 때문에 만일 흙덩어리를 물에 적셔도 흙의 **공극**에 물이 들어갈 여유가 거의 없다. 따라서 **비화작용**이 둔해진다.
이와 같이 흙덩어리의 건조에 따라서 비화 작용의 차이가 있는 것은 공항 노상토의 안정공법(Soil Stabilization Work)에도 중요한 뜻을 지닌다.
   1) **도로, 활주로** 등의 **포장공사**에서 **사질토**와 같은 **입상입자**로 된 것은 건조된 점토를 가해서 충분히 혼합하여 살수하면서 다지면 점토는 **비화**하여 **입상입자**는 서로 결합하여 단단한 **점착성**의 흙덩어리로 된다.

2) 이에 반해서 처음부터 **습윤상태**에 있는 점토를 가하면 **입상입자**와의 혼합이 충분히 되지 않는다.
3) 더욱 이때에는 점토는 점토구로 되어 흙의 안정화를 저지시키는 수도 있다.

17. 점토의 활성도(Activity of Clay)

1. 같은 점토의 경우, 소성지수 PI는 그 흙의 점토분 함유량을 함수로하여 직선 비례적으로 증감한다. 그러나 점토의 질(점토광물의 주성분)이 변하면 PI-점토분 함유량 관계는 직선적으로 변화하지 않지만, **직선의 기울기**가 변화한다.
2. 이 직선관계의 기울기는 점토의 표면력의 강·약을 지시적으로 나타낸 것이기 때문에 Skempton은 이것을 **점토의 활성도**라 정의하고 다음 식을 제안하였다.

$$활성도\ A_c = \frac{흙의\ 소성지수(PI)}{점토의\ 함유량(2\mu\ 통과분\ 중량\ 백분율)}$$

3. 점토의 **활성도**와 점토광물의 **주성분**, **퇴적환경**과의 사이에는 밀접한 관계가 있다. (표1참조).
4. **지반조사**에 있어서 입도가 다른 점성토에서 **활성도**가 같으면 같은 생성과정을 거친 흙으로 판단되며, 활성도는 퇴적 지반토의 생성과정의 판별, 점토광물의 주성분의 판별 등에 쓰인다.

(표 1) 활성도의 분류

활성도 Ac	활성도에 의한 점토의 종류	주요 점토광물	퇴적환경
0.75 이하	불활성 점토	카올리나이트를 주성분	담수 퇴적점토 해성점토가 리칭을 받은 것
0.75~1.25	보통 점토	일라이트를 주성분	해성 또는 하구 퇴적점토
1.25 이상	활성 점토	유기 콜로이드를 함유 A≥5의 것은 벤토나이트를 함유	

(표 2) Activities of Clay Minerals *

Mineral	Activity, A
Smectites	1~7
Illite	0.5~1
Kaolinite	0.5
Halloysite($2H_2O$)	0.5
Halloysite($4H_2O$)	0.1
Attapulgite	0.5~1.2
Allophane	0.5~1.2

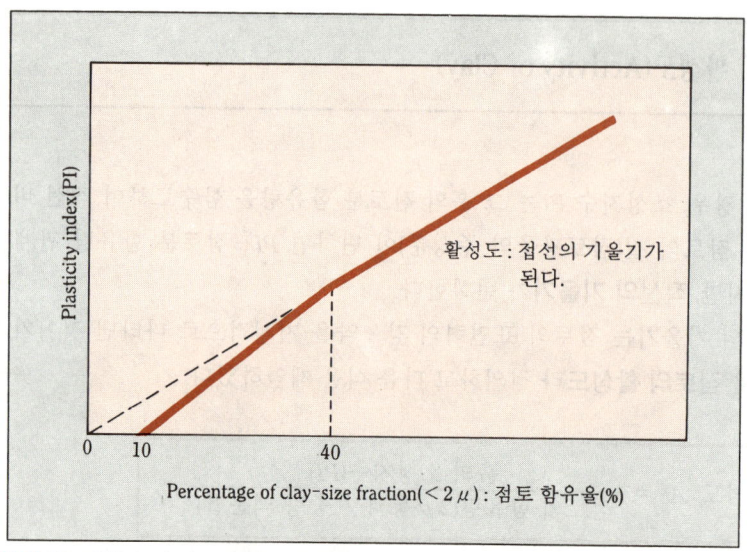

(그림 1) Simplified relationship between plasticity index and percentage of clay-size fraction by weight (after Seed, Woodward, and Lundgren, 1964b)

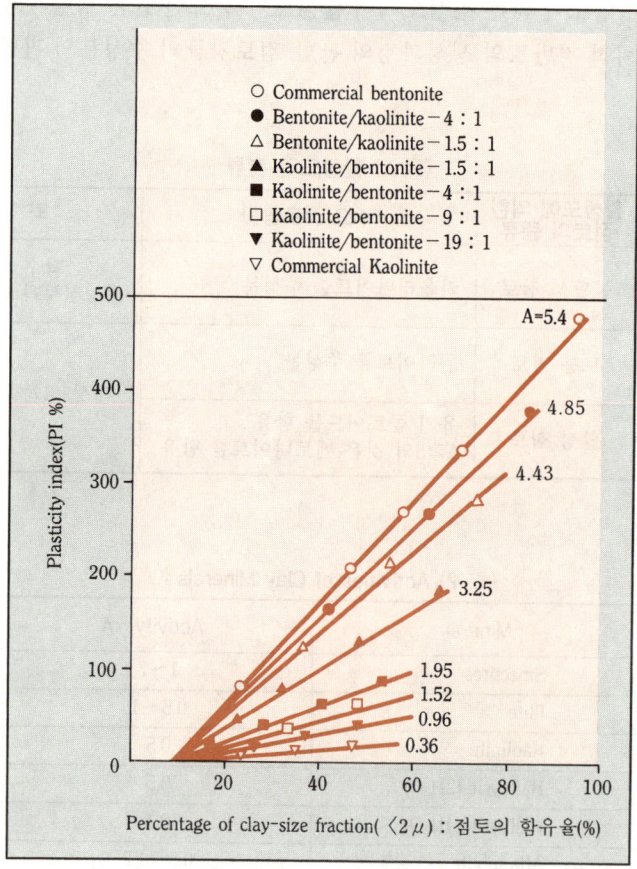

(그림 2) Relationship between plasticity index and clay-size fraction by weight for kaolinite /bentonite clay mixtures (after Seed, Woodward, and Lundgren, 1964a)

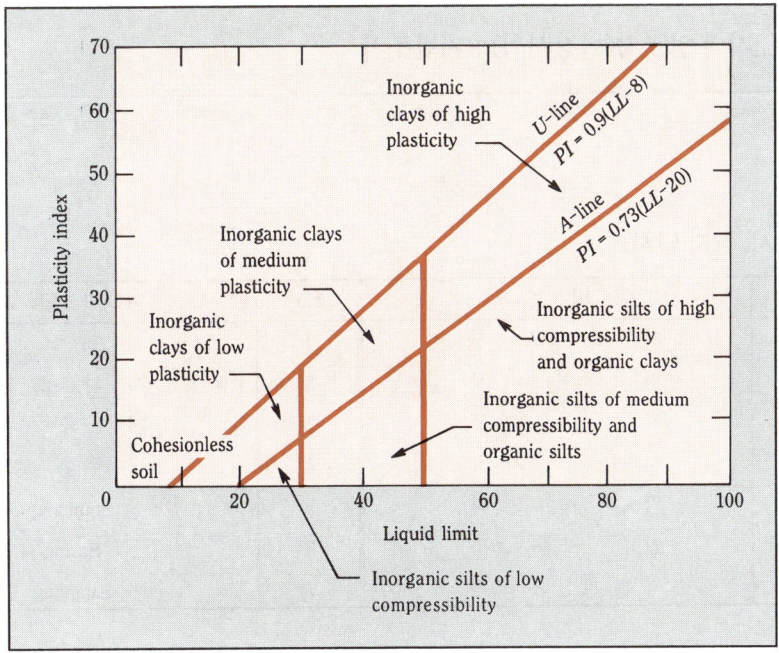

(그림 3) Plasticity chart

18. 토질조사와 암조사(현장시험) : 지반조사

1. 토질조사

(1) 예비 조사, 현지 답사

No.	예 비 조 사	No.	현 지 답 사
1	자 료 조 사	1	지 표 조 사
2	지 형 도	2	지 하 조 사
3	지 질 도	3	지 하 수
4	기 존 공 사 자 료	4	인근 현장 시공법
5	지 하 수 조 사	5	Sounding
6	인접 구조물 조사	6	Boring
7	지하 매설물 조사	7	Sampling

(2) 본조사

1) 토질 조사

① 현장 시험(원위치 시험)

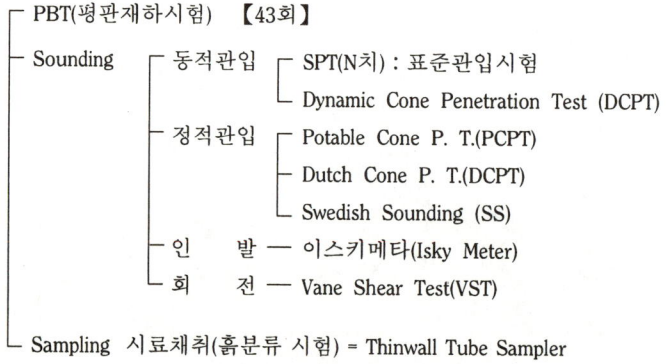

② 실내 시험

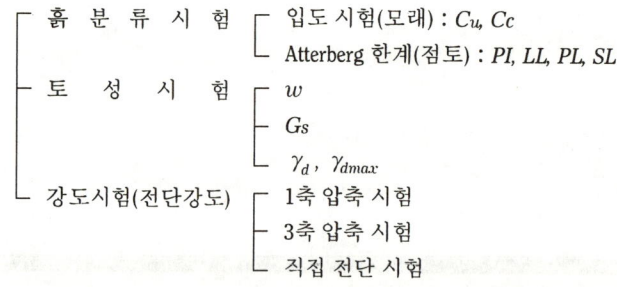

2. 암조사

(1) **암분류 시험**
- RQD
- RMR
- 풍화도
- 균열계수
- Q-System

(2) **원위치 현장 시험**
- 강도(직접 전단시험, 3축 압축 시험) : 실내시험
- 투수(Lugeon치)
- 변형(Jacking 시험)
- 지압 측정
- 탄성파 탐사

(3) **계측**
- 변위 측정
- 공극수압 측정
- 응력
- 하중, 토압
- 소음, 충격계수

19. 토질조사 및 시험

1. 서 론
(1) 토질조사는 설계와 시공에 필요한 자료(Data)를 구하기 위해서 실시하는 시험을 말하며
(2) 이는 설계시 조사해서 토질조사 보고서에 수록되어 있다.
(3) 현장 실무자는 토질조사자료를 빠짐없이 검토하고 시공에 적극 활용해야 한다.
(4) 토질조사를 대별하면
    1) Boring (Auger Boring + Rotary Boring)
    2) Sounding (원위치 현장 시험)
    3) Sampling (교란 시료 취급 + 불교란 시료 채취)

2. 지반의 시추공(Boring)
(1) **Boring공의 종류 및 적용 토질(적용성)**
    1) Auger Boring (점성토층)
      ① Hand Auger Boring
      ② Machine Boring

    2) Rotary Boring (초토, 성토지반, 연약지반, 토취장, 사토장)
      ① Wash Boring
      ② Percussion Boring

(2) **Boring공의 간격**

종 류	균 일 성 토 질	비 균 일 성 토 질
도 로	150~300m	30m
흙 댐	30m	8~15m
토 취 장	60m	15~30m
고층건물	15m	8m
단층건물	30m	8~15m

3. 원위치 시험의 종류 (Sounding)
(1) **시험 개요**
    지반의 수직 깊이 방향으로 토질층의 **상대적인 강도**나 **토층성상**을 **직접 탐사**하는 것으

로서 직접 지표에서 Rod에 위치한 **저항체**를 지층에 삽입해서 관입, 회전, 인발 등을 행할때 저항하는 값으로 흙의 **성상**이나 **역학적 성질**을 추정하는 것으로서 이를 **Sounding** 이라고 한다.

(2) 원위치 시험의 종류 【38회 : 흙의 강도 추정개념과 현장시험의 종류 설명】

1) 정적인 방법(연약 점성토와 보통 토사에 적용)
   - 휴대용 원추 관입시험 (= Potable Cone Penetrometer Test : PCPT)
   - 화란식 원추 관입시험 (Dutch Cone Penetrometer Test : DCPT)
   - 인발시험 (Iskymeter Test)
   - Vane Shear Test(회전) : 점토

2) 동적인 방법
   - 동적 원추 관입시험 (Dynamic Cone Penetrometer Test : DCPT)
     : 큰 자갈, 조밀한 모래, 자갈외의 흙에 타입
   - 표준 관입시험 (Standard Penetration Test : SPT)
     : 큰 자갈 제외한 지반(64kg의 추, 76cm 자유낙하, Sampler가 30cm 관입하는 회수, N치)

(3) Sampling (시료채취)

- 현장에서 시료채취하여 실내에서 토질시험
- 이 때에 채취하는 시료를 Sampling이라 한다.

1) 교란시료 (Disturbed Sample)
   ① 타격 또는 조작에 의하여 본래의 **역학적 성질**이 상실된 **흐트러진 시료**.
      : SPT, Test Pit (시험굴 조사) 등에 의해 채취되는 시료
   ② 그러나 시료가 흐트러졌다해도 흙의 **토성**, **함수비**, **비중**(G_s), **액소성한계**(LL, PL), **입도** (C_u, $U_c{'}$) 등은 원래의 상태다.

2) 불교란시료 (Undisturbed Sample)
   ① 점성토는 불교란 시료의 채취가 용이하고
   ② 불교란 시료란 흙의 **강도**나 **변형성(압축성)**을 파악하기 위해서 구성하고 있는 그대로의 조직을 **교란**하지 않고 **채취**하는 시료이다.
   ③ 불교란 시료의 채취방법
      ㉠ Sampler Tube의 두께를 **얇게**해서 **마찰력**을 줄여야 한다.
      ㉡ Sampler 를 지반속에 밀어 넣을 때 Sampler Tube의 두께가 두꺼우면 배제되는 흙량이 많아지고 또 이 흙이 **Sampler** 내부로 들어오게 되므로 시료의 교란이 발생한다.

20. 현장시험 조사 항목(원위치 시험) : Sounding

1. 서 론
- 토질조사 중에서 실내시험, 보링, 자료조사 및 현지답사를 제외한 조사, 시험 및 계측이 원위치 시험(현장시험)에 해당된다.
- 원위치 시험의 종류
    (1) Sounding(관입, 회전, 인발에 대한 저항치 측정, ϕ, C값 추정)
    (2) Sampling(시료 채취)
    (3) 지하수 조사
    (4) 재하시험
    (5) 현장계측 등으로써 목적에 맞도록 시험종목을 선택해야 한다.

2. 현장조사 및 시험의 종류, 적용 토질, 결과의 이용

(표 1) 원위치 시험의 종류

구분	조사명	얻어지는 값	적용토질	결과의 이용
사운딩	표준관입시험 (SPT)	N치	모든 지반	토층의 경연, 다져진 정도, 토층구성 등을 판정, 지지력 추정
	정적콘 관입시험	정적콘 관입저항	연약한 지반	상 동
	동적콘 관입시험	동적콘 관입저항	모든 지반	**지반강도** 추정, N치의 추정
	스웨덴식 관입시험	하중크기, 반회전수	보통 및 단단한 점성토, 사질토	토층의 경연, 다져진 정도의 추정
	베인시험	원위치 전단강도	특히 연약한 점토, 점성토	**안정해석**과 지지력 계산, **예민비**의 추정
시료채취	점성토의 시료 채취	흐트러지지 않은 시료 채취	점토, 점성토	실내시험, 결과에 의해 기초의 **침하, 지지력** 및 안정해석
	사질토의 시료 채취	지하수위, 투수계수	사질토	실내시험 결과에 의해 밀도, **투수계수**, 다져진 정도, 동역학적 특성 등의 파악
지하수 조사	현장 투수시험	자연 지하수위	실트~사질토층	용출수량, 지하수위 저하량을 구한다. 배수용 우물 설계, 약액주입 효과의 판정
	양수시험	저류계수, 투수량계수	사질토~자갈질 흙층	**대수층**의 투수성, 저류성, 용출수량의 산정, 배수용 우물의 설계
재하시험	평판 재하시험 (PBT)	지반 반력계수, 극한 지지력, 지반 변형계수	지반~연암	기초지반의 **허용 지지력과 침하**
	공내 횡방향 재하 시험	지반 변형계수 지반 반력계수	지반~연암	기초의 침하, 횡방향 변형해석, 지지력 추정
	말뚝 재하시험	횡방향, 연직 지지력 스프링 상수	모든 지반	말뚝의 연직 설계 지지력 및 **스프링 상수**결정
	현장밀도의 측정	습윤밀도, 함수비, 건조밀도	입경 5cm이하의 지반	**흙의 기본식**, 성질계산, 다져진 정도의 판정

현장계측	토압의 측정	전연직응력, 전수평응력, 동적토압	모든 지반	**토압계수**를 구한다. 흙구조물의 **응력상태**를 안다. 안정성 확인
	간극수압의 측정	간극수압	모든 지반	**압밀** 진행의 계산, **전 응력과 유효 응력**과 그 해석, 지하수위 추정
	지반의 변위, 변형 측정	지표, 지중의 연직, 수평변위, 활동면의 위치	모든 지반	**침하예측**, 흙쌓기 및 굴착공사의 관리, 사면붕괴 발생시간의 예측

참고

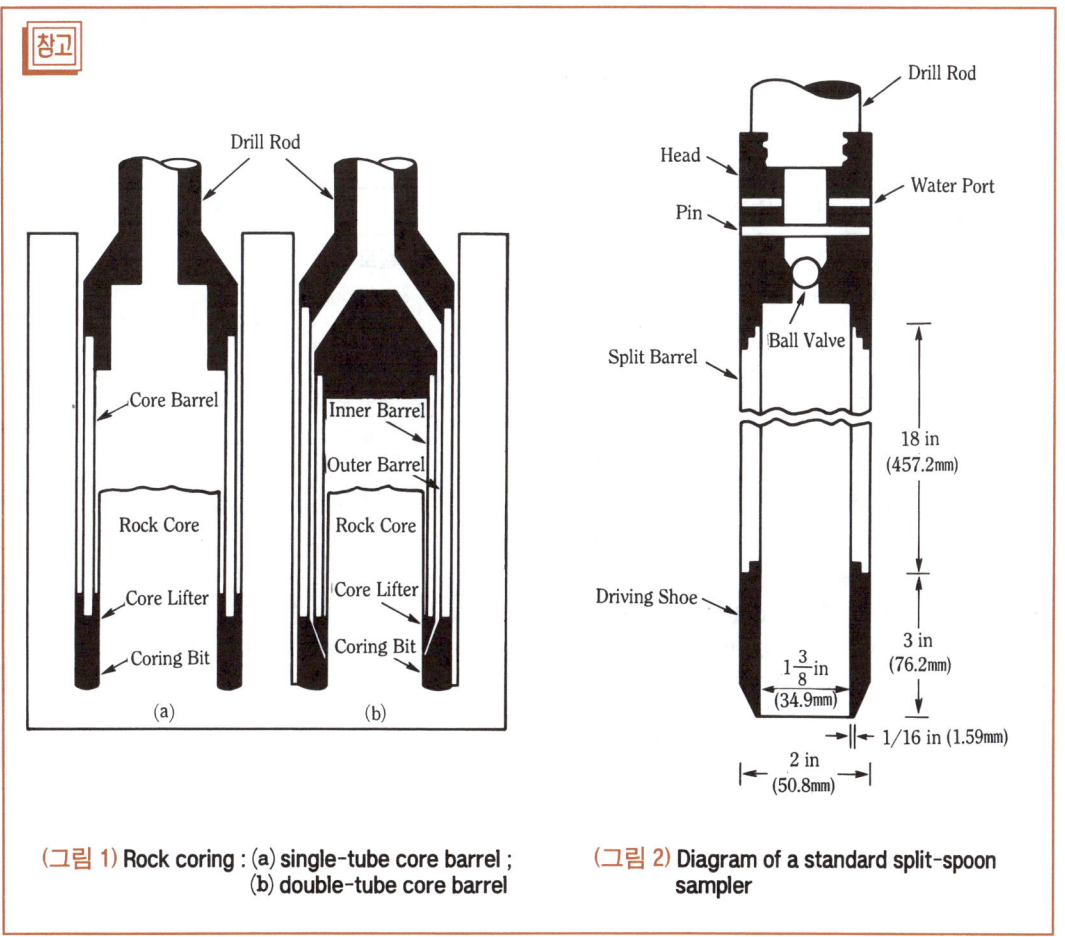

(그림 1) Rock coring : (a) single-tube core barrel ;
(b) double-tube core barrel

(그림 2) Diagram of a standard split-spoon sampler

21. 대절토부+토취장+대성토부 조사와 시험

1. 대절토부의 조사 및 시험

(1) 목적
   1) 성토 재료로의 유용성 여부 판단
   2) 대절토사면의 안정성 검토
   3) 낙석위험 여부 판정과 대책공법의 선정

(2) 조사항목

1차 조사(개략조사)	2차 조사(상세조사)
1. 현장답사 　1) 붕괴 예정지역 조사 　　① 지형도(1:1,000) 　　② 항공사진 촬영 2. Boring 　1) 간격 : 500~1,000m에 1회 　2) SPT의 N치 시험 3. 탄성파 검사 　1) 대규모 절토구간 4. 흙분류시험 　1) 조립토 : C_u, C_c값 　2) 세립토 : PI, LL, PL, SL 5. 성토재료로서 유용가능성 판단조사 　1) 불량토 : 사토량과 운반거리 조사 　2) 유용토 : 안정처리 방법 검토 　3) 운반거리 조사	1. 절토사면 안정성검토 　1) Boring 　2) 암반분류 　3) 불연속면의 특성파악 2. 절토구배 3. 성토재료의 구비조건 파악 　1) 토성시험 　　① 비중 　　② 함수비 　　③ 건조밀도 　2) 흙분류시험 　　① 조립토 : 모래/자갈, C_u값과 C_c값 　　② 세립토 : 점토, Silt, PI, LL, PL, SL 　3) 지지력시험 　　① PBT(K치) 　　② CBR 　　③ 압밀시험 　　④ 전단강도시험 　4) 함수비와 시공함수비 관계시험

2. 토취장(Borrow Pit) 조사와 시험

(1) 조사의 종류
   1) 양(Quantity) : 측량
   2) 질(토질조사) : 흙분류시험과 토성시험
   3) 경제성(운반거리) : 운반비 계산

(2) 토취장에서의 조사 및 시험항목

구 분	조사 및 시험항목
1. 자료조사	(1) 노체, 노상, 보조기층, 기층에 필요한 토량조사 (2) 지질도, 지형도, 자료수집
2. 현지답사	(1) 운반거리, 운반경로 (2) 운반량 (3) 인근 가옥의 상태조사
3. 개략조사	(1) Sampling ⇨ 흙분류 ⇨ 토성시험 (2) Trafficability(장비주행성능) 조사

4. 상세조사	(1) 성토재료 구비조건 파악 및 시험
	  ① 재료의 최대치수
	  ② 수침 CBR
	  ③ PI(소성지수)

3. 성토부 조사(성토부 기초지반조사)

(1) 연약지반 여부 조사
1) 침하
2) 안정
3) 측방유동 가능성 확인

(2) 조사항목

구 분	조사 및 시험항목
1. 연약지반 여부 확인	(1) 침하, 안정, 측방유동 (2) 점토지반 : 예민비,　모래지반 : 상대밀도
2. 예비답사	(1) 산사태 여부확인 (2) 흙의 일축압축강도(q_u가 0.6이하) (3) SPT의 N치(4이하, 6이하)
3. 조사지점의 선정	(1) 평지부 : 보링간격 1~2km마다 성토구간 1개소에 시행 (2) 산간부 : 노선 중심선 1~2km마다 대표성토구간 1개소씩 시행 (3) 특히 연약지반으로 판정된 장소에 집중적으로 Boring조사 실시
4. 조사심도	(1) 점성토의 경우 : N치 8정도 되는 심도까지 조사 (2) 사질토의 경우 : N치가 15정도 되는 심도까지만 조사
5. 토질시험	(1) 불교란 시료 채취한다. (Undisturbed Soil) (2) 함수비시험($w = \dfrac{W_w}{W_s} \times 100\%$)

5. 토질시험	(3) 흙분류 시험(C_u, C_c값) (4) 아터버그 한계시험(소성지수) (5) 압밀시험
6. Boring 조사	(1) 넓은 충적평야 : 500~1,000m에 1개소 조사 (2) 좁은 충적평야 : 200~500m에 1개소 조사
7. Sounding	(1) Swedish Sounding/DCPT/PCPT (2) SPT(N치)

22. 흙의 표준 관입 시험 방법 (Method of Penetration Test for Soils)

1. 총 칙

(1) 적용범위

이 규격은 원 위치에서의 흙의 단단한 정도와 입자간의 결합의 상대치를 알기 위한 N치를 구하는 관입 시험에 대하여 규정한다.

(2) 정의

N치라 함은 중량 64kg의 해머를 76cm 자유낙하시켜, 표준 관입 시험용 샘플러를 30cm 관입시키는데 요하는 타격수를 말한다.

2. 시험 용구

(1) 시험구멍 굴착 용구

소요 크기의 시험구멍을 굴착할 수 있는 보링기계 1식

(2) 표준 관입 시험용 샘플러

슈, 2분할 할 수 있는 스플릿 바렐 및 커넥터 헤드로 된 강제의 샘플러이며 (그림 1)에 나타내는 치수의 것

(3) 로드

KS E 3112(시추용 로드)에 규정하는 호칭 지름 40.5 또는 42의 것. 또한, 로드 커플링은 시추용 로드 커플링에 규정하는 호칭 지름 40.5 또는 42의 것.

(4) 노킹 헤드

해머의 타격을 받는 강제의 것으로 한 보기를 (그림 2)에 나타낸다.

(5) 해머

체인 부분을 제외한 중량이 64kg의 강제 해머로서, 원칙적으로 (그림 3)에 나타내는 구조의 것.

(6) 낙하 용구

해머를 들어올려서 자유로 낙하시킬 수 있는 것.

각 부	온 길이	a 슈 길이	b 바렐길이	c 헤드길이	d 바깥지름	e 안지름	ϕ 슈각도
규 격 cm	81.0	7.5	56.0	17.5	5.1	3.5	19° 47′

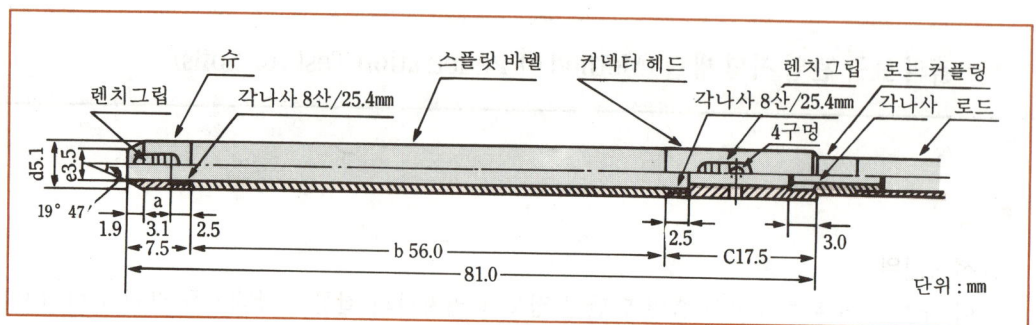

(그림 1) 표준관입시험용 샘플러

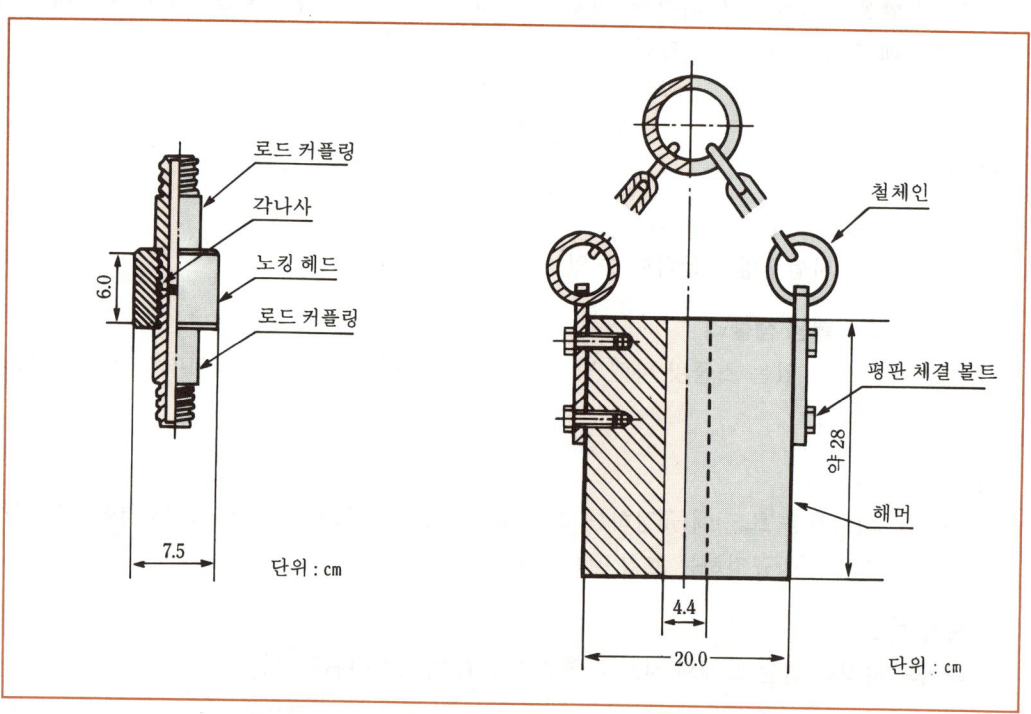

(그림 2) 노킹 헤드   (그림 3) 해머

3. 시험 방법

(1) 보링

1) 표준 관입 시험을 위한 보링 구멍은 지름 6.5~15cm의 범위를 원칙으로 한다.
2) 소요의 깊이까지 보링 구멍을 굴착한다.
3) 보링 구멍 밑부의 슬라임을 제거한다.
4) 2) 및 3)의 작업에 있어서는 구멍 밑부 이하의 지반을 보존하도록 주의해야 한다.

(2) 표준 관입 시험
   1) 샘플러를 로드에 접속하고 가만히 구멍 밑부에 내린다.
   2) 로드 상부에 노킹 헤드 및 가이드용 로드를 붙인다.
   3) 해머의 타격으로 15cm의 예비 타격, 30cm의 본 타격, 약 5cm의 후타격을 한다. 다만, 후타격은 경우에 따라서 생략해도 좋다.
   4) 본 타격의 경우 해머의 낙하 높이는 76cm로 하고 해머는 자유낙하 시킨다.
   5) 본 타격에서는 타격 1회마다의 누계 관입량을 측정한다. 다만, 1회의 관입량이 2cm 미만인 경우는 관입량 10cm마다 타격수를 기록해도 좋다.
   6) 본 타격의 타격수는 특히 필요가 없는 한 50회를 한도로 하고, 그 때의 누계 관입량을 측정한다.

(3) 시료의 관찰 및 정리
   1) 지표에 샘플러를 올려 슈 및 커넥터 헤드를 제거하고, 스플릿 바렐을 2분할 하여 채취 시료를 관찰한다.
   2) 대표적인 시료를 투명한 용기에 밀봉하고 소요의 기재를 한다.

4. 시험 결과의 기록

(1) 본 타격 개시 깊이 및 본 타격 종료 깊이를 기록한다.
(2) 타격수와 누계 관입량의 관계를 도시한다.
(3) (2)의 그림에서 본 타격 30cm에 대한 타격수에 가까운 정수치를 읽고 N치로 하여 기록한다.
(4) 채취 시료의 관찰 결과를 기재한다.

23. 표준 관입시험 (SPT = Standard Penetration Test)의 N치

1. 서 언
(1) 이 시험은 **원위치**에서의 **흙의 경연**을 아는 지표인 N치를 구하기 위해서 행한다.
(2) 표준 관입시험이란 Boring 구멍을 이용하여 Rod의 끝에 직경 5.10cm, 길이 81cm의 표준 관입시험용 Sampler를 부착시킨 것을 **무게 64kg**의 Hammer로 **76cm 높이**에서 **자유낙하**시켜 Sampler가 30cm 관입하는데 요하는 **타격횟수 N치**를 측정하는 시험이다. (KSF 2318)

2. 결과의 이용
(1) 표준관입시험에 의해서 판명되는 사항

N치에서 직접 판정되는 사항	
모 래 지 반	점 토 지 반
상대밀도	Consistency (연경도)
침하에 대한 허용 지지력	일축 압축강도
지지력 계수	점착력
탄성계수	파괴에 대한 극한 허용지지력

(2) N치와 상대밀도 · 전단 저항각 ϕ의 관계

N 치		$D_r = \dfrac{e_{max}-e}{e_{max}-e_{min}}$	ϕ	
			Peak	Meyerhof
0 ~ 4	Very Loose	0.2	28.5이하	30이하
4 ~ 10	Loose	0.2~0.4	30	30~35
10~30	Medium	0.4~0.6	30~36	35~40
30~50	Dense	0.6~0.8	36~41	40~45
50 이상	Very Dense	0.8~1	41이하	45이상

3. 점토의 Consistency와 일축압축강도(q_u)와 N치와의 관계

N 치	Consistency (연경도)		q_u(kg/cm²)
2 이하	대단히 연약	(Very Soft)	0.25 이하
2 ~ 4	연 약	(Soft)	0.25~0.5
4 ~ 8	중 간	(Medium)	0.5 ~ 1

8 ~ 15	굳 다	(Stiff)	1 ~ 2
15 ~ 30	대단히 굳다	(Very Stiff)	2 ~ 4
30 이상	(고 결 상)	(Hard)	4 이상

4. 주의사항(사용상의 문제점)

(1) 정밀조사시 Boring공 깊이 방향에 될 수 있는 한 좁은 간격(50cm)으로 N치를 측정하는 것이 좋다.

(2) 표준 관입시험의 실용 심도는 현재까지 50m 정도로 되어 있지만 깊어질수록 Rod 중량의 증가에 의한 타격 효율의 저하, Rod의 탄성압축, Rod의 진동과 Buckling 등이 현저해지기 때문에 측정된 N치는 과다하게 될 것이 예상된다.

(3) 표준 관입시험의 토질에 대한 적용 범위는 꽤 넓고 점토에 더 조밀한 모래에 이르기까지 모두 가능하나,

   1) 직경 1cm이상의 **자갈층**에서는 정확한 판단을 내린다는 것은 무리이며

   2) N > 50의 조밀한 모래 자갈층이나 고결한 상층에 대해서는 Rod가 튀어 오르는 경우가 많아서 투입이 곤란하게 된다.

   3) 반대로 특별히 연약한 점토나 Peat의 경우 Rod의 중량만으로 혹은 Rod에 Hammer를 올리는 것만으로(타격을 가하지 않아도) 30cm이상 관입하는 경우도 있으며, 이와 같은 경우에는 달리 조사방법을 이용하지 않으면 정확한 강도의 측정은 할 수 없다.

(4) 특히 SPT의 N치는 사질토에 유효한 시험이다.

(5) 우리나라의 경우 문제점은 현장 원위치시험의 N치를 과용하는 경우가 많으며 향후 Sounding과 같은 현장 원위치시험에 의한 지반정수(강도정수) ϕ값 C값을 조사해서 연약지반 해석 등에 이용되도록 발주처의 예산반영이 시급하다.

(6) N치의 과용이 부실공사나 조잡시공, 잦은 설계변경의 원인이 되어왔다.

5. 결 론

(1) 시험비용이 경제적이다.

(2) 시험기구의 사용 수명이 길다.

(3) SPT의 과거 시험자료가 많이 축적되어 있다.

24. CBR 설명(설계 CBR과 수정 CBR)

1. 정 의

- 노상토 지지력비 = $\dfrac{\text{시험 단위하중}}{\text{표준 단위하중}} \times 100(\%)$

2. 적용범위

(1) Asphalt 포장 등 가요성 포장의 지지력을 구하는 시험
(2) 노상 성토재료의 규정
(3) 다짐도 관리
(4) Trafficability의 판정
(5) 노상, 노반의 지지력 평가

3. CBR의 종류

(1) 설계 CBR
(2) 수정 CBR

4. 설계 CBR의 정의

(1) Asphalt 포장두께, 표층, 기층, 보조기층의 두께 결정시 적용되는 CBR을 설계 CBR이라 한다. 일반적으로 설계 CBR을 수정 CBR이라고 한다.

(2) **노상토 설계 CBR 결정 방법**
   1) 최대 입경 : 40cm
   2) Mold의 직경 : 15cm
   3) 다짐방법 : 4.5kg의 Rammer로 3층 67회 다진다.

(3) **설계 CBR 계산식**

$$\text{설계 CBR} = \text{평균 CBR} - \dfrac{\text{CBR 최대치} - \text{CBR 최소치}}{d_2}$$

여기서, d_2 : CBR개수로 정해지는 계수
CBR = (시험단위하중 ÷ 표준단위하중) × 100%

(4) 일단 설계 CBR이 결정되면 → CBR 설계곡선에 의하여 1일 차량통과 대수에 따라 포장의 합계 두께가 결정된다.

5. 수정 CBR의 정의

(1) 현장에서 목표로 하는 노반재료의 강도를 표시하는 CBR을 수정 CBR이라 한다.
(2) **수정 CBR 결정 방법**
   1) B 또는 D 다짐시험 결과에 따라서 다짐곡선(최적함수비와 최대건조밀도)을 그린다.
   2) 시료를 OMC(최적함수비)로 만들어 밀폐된 상자에 12시간이상 방치한 후 공시체 제작
   3) 다짐회수 : 5층 55회로 3개 제작
      5층 25회로 3개
      5층 10회로 3개
      Total 9개 공시체 제작한다.

   4) 팽창시험한다.
   5) 관입시험하여 각 다짐회수별로 CBR값 산정
   6) 수정 CBR 결정

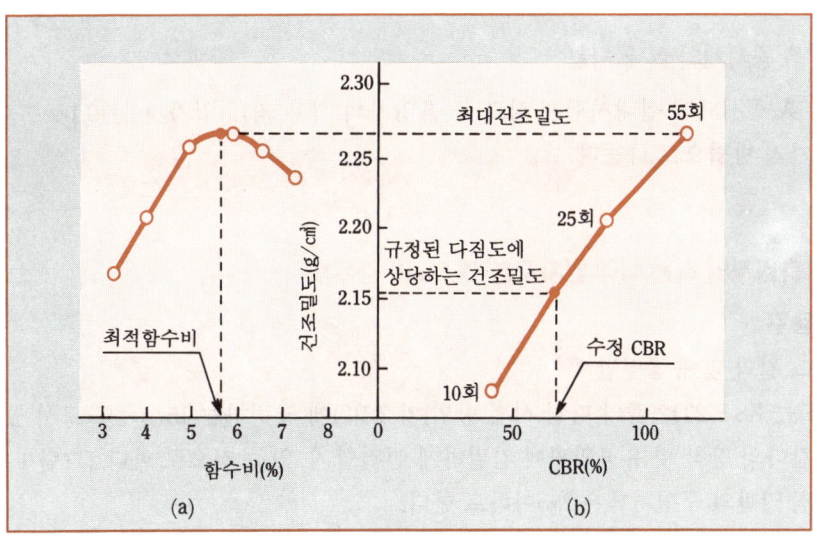

(그림 1) 기준 밀도에 해당하는 수정 CBR

① (그림 1 (a))에서 시방서 또는 현장에서 필요로 하는 소정의 밀도(즉 $\gamma_{dmax} = 95\%$)의 수평선을 긋고 → (그림 (b))의 건조밀도-지지력 곡선과의 교점을 구하여 → 그 교점으로부터 수선을 내리면 가로축과의 교점이 수정 CBR(수정 지지력비) 값이 된다.

25. 노상토 지지력비(CBR) 시험 방법
(Testing Method for the California Bearing Ratio of Soils)

1. 적용범위

이 규격은 몰드 내에 다져서 제작한 흙의 공시체, 몰드 내에 채취한 부스러지지 않는 흙의 공시체 및 현장의 흙에 대하여 관입법으로 노상토 지지력비(이하 CBR이라 한다)를 결정하는 시험방법에 대하여 규정한다.

> **비고** : 이 규격 중 ( )를 붙여 표시한 단위 및 수치는 국제단위계(SI)에 따른 것으로서 참고로 병기한 것이다.

2. 용어의 뜻

이 규격에서 사용하는 용어의 뜻은 다음과 같다.

CBR : 어떤 관입량에서 시험 하중강도의 그 관입량에서의 표준 하중강도에 대한 비를 말하며 이것을 백분율로 표시한 것으로서 통상 관입량 2.5mm에서의 값

3. 부스러진 흙 공시체의 실내 시험

부스러진 흙 공시체의 실내시험은 시료 중 흙입자의 허용 최대 입자지름 19.1mm 또는 38.1mm에 따라 다음 2가지 방법으로 나눈다.

4. 19.1mm법 (흙입자의 허용 최대 입자지름 19.1mm인 경우)

(1) 시험 용구

1) 몰드, 칼라 및 유공밑판

몰드는 KS F 2312(흙의 다짐 시험 방법)의 2.1(2)에 규정하는 15cm 몰드로서 높이 약 50mm인 칼라의 장착 및 유공밑판에 긴밀하게 연결할 수 있는 것으로 한다. (그림 1 참조).
또한, 밑판의 구멍지름은 2mm이하로 한다.

2) 스페이서 디스크

스페이서 디스크는 지름 148mm, 높이 50mm의 금속제 원주형인 것으로 한다.

3) 래머

래머는 KS F 2312의 2.2에 규정하는 4.5kg 래머로 한다.

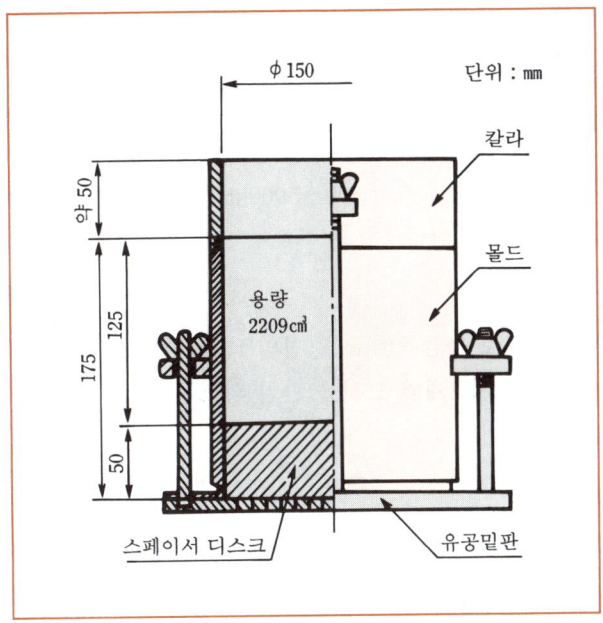

(그림 1) 몰드, 칼라 및 유공 밑판

4) 관입 피스톤

관입 피스톤은 지름 50mm인 원형의 가장자리 끝면을 가진 길이 200mm인 강제 원주형으로 한다.(그림 2 참조)

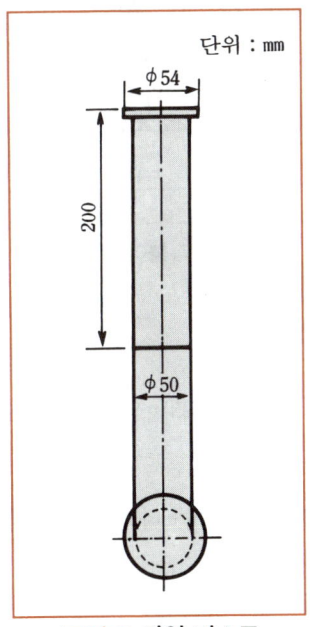

(그림 2) 관입 피스톤

5) 재하 장치

재하장치는 능력 약 5tf(49.03kN)이고 관입속도를 1분에 1mm로 조절할 수 있는 것으로 한다.

6) 역계

역계는 예상되는 하중강도에 따라 500~5000kgf(4.90~49.03kN)의 능력인 것으로서 정밀도가 1/100 이상인 것으로 한다.

7) 관입량 측정장치

관입량 측정장치는 최소 눈금 0.01mm, 긴침의 1회전에 대한 스핀들의 움직임 1mm, 측정범위 20mm인 다이얼 게이지 2개와 그것을 관입 피스톤에 부착하는 (그림 7)에 표시하는 부착구로 이루어진다.

8) 축붙이 유공판

축붙이 유공판은 흡수팽창 측정에 사용하는 황동체인 것(그림 3 참조)으로서 판의 구멍 지름은 2mm 이하로 한다.

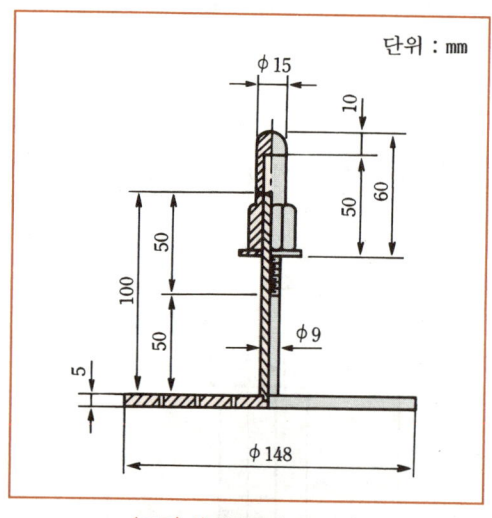

(그림 3) 축붙이 유공판

9) 하중판

하중판은 (그림 4)에 표시하는 무게 1.25kg의 납제로 하고 4개 이상을 준비한다.

10) 팽창량 측정장치

팽창량 측정장치는 (그림 5)에 표시하는 다이얼 게이지 및 삼발이로 이루어진다.

11) 시료 압출기

시료 압출기는 KS F 2312의 2.3에 규정하는 것으로 한다. 이들 장치에 따르지 않고 주걱,

흙손 등으로 흙을 몰드에서 깎아내도 좋다.

12) 저울

저울은 칭량 20kg, 감량 10g인 것으로 한다.

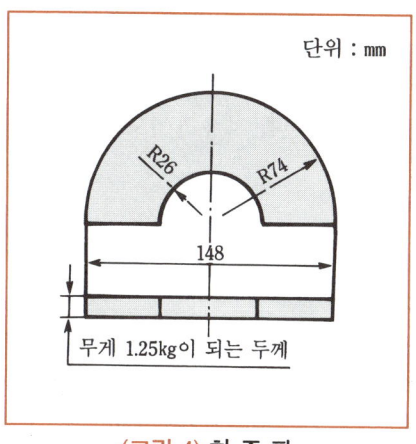

(그림 4) 하 중 판

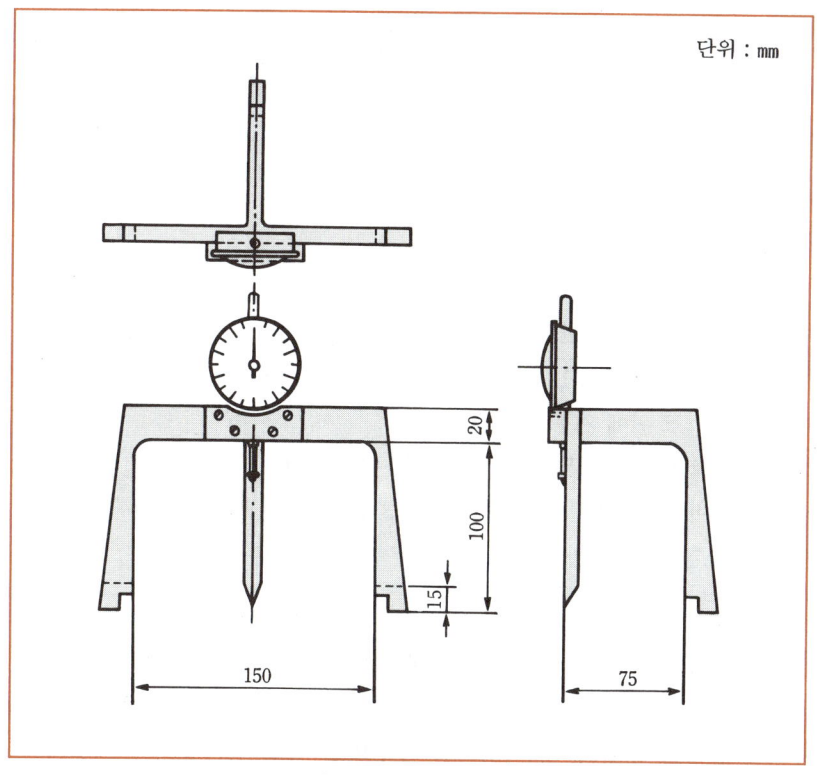

(그림 5) 팽창량 측정 장치

13) 체

체는 KS A 5101(표준체)에 규정하는 표준망체 19.1mm 및 4,760μm인 것으로 한다.

14) 함수량 측정용구

함수량 측정용구는 KS F 2306(흙의 함수량 시험 방법)에 규정하는 것으로 한다.

15) 혼합 용구

혼합용구는 시료에 물을 가하여 충분히 균일해 지도록 혼합하기 위한 용기, 반죽 흙손 등으로 한다. 또, 적당한 용량의 믹서를 사용하여도 좋다.

16) 곧은 날

곧은 날은 KS F 2312의 2.8에 규정하는 것으로 한다.

17) 기타 용구

물통, 기밀 용기, 메스실린더〔KS L 2317(유리제 화학용 부피계)에 규정하는 호칭용량 500㎖ 또는 1ℓ의 뚜껑없는 형인 것〕, 스푼, 거름종이, 스톱 워치 등으로 한다.

(2) 시료의 준비

1) KS F 2312의 3.2의 규정에 따라 시료를 준비한다. 다만, 건조법으로 시료를 건조하여 미세하게 풀어 섞었을 때, 표준망체 19.1mm에 걸리는 것은 제외하지만 대신에 이와 같은 무게만큼 표준망체 19.1mm를 통과하고 표준망체 4,760μm에 걸리는 입자지름인 것을 넣는다. 이 때, 그 전후 시료의 입도를 19.1mm체와 4,760μm체를 사용하여 달아 둔다.

2) 준비하는 시료의 양은 표준망체 19.1mm를 통과한 것 약 5kg씩 필요한 세트수를 준비한다.

(3) 공시체의 제작

1) 최적함수비 및 최대 건조밀도의 결정[1]

공시체의 제작에 앞서 KS F 2312의 규정에 따라 다음 조건 하에서 다지기 시험을 하여 시료의 최적 함수비를 구한다.

① 다지는 방법은 KS F 2312 중, (표 1)의 호칭명 D의 규정에 따른다. 다만, 몰드에 넣은 스페이서 디스크 위에 거름종이를 깐다.

② 시험은 건조법, 비건조법의 어느 경우도 비반복법에 따라 한다.

③ 최적 함수비 및 최대 건조밀도를 KS F 2312의 3.5의 규정에 따라 구한다.

주 1 시험체의 제작조건을 다지기 시험으로 구할 필요가 없는 경우에 이 조작은 하지 않는다.

2) 공시체의 다지기

① 1)의 다지기 시험을 한 나머지 시료에 대하여 최적 함수비와의 차가 1% 이내가 되도록 물을 가하여 수분이 균일하게 되도록 잘 혼합하고 함수량이 변하지 않도록 기밀 용기에 넣어둔다. 앞에 적은 이외의 함수비로 시험에 제공하는 경우에는 그 뜻을 보

고서에 기재한다.
② 칼라와 유공밑판을 결합한 몰드에 스페이서 디스크를 넣고 그 위에 거름종이를 깐다.
③ ①에서 준비한 시료를 사용하여 KS F 2312 중, (표 1)의 호칭명 D-2의 규정에 따라 공시체를 만든다. 최대 건조밀도 이외의 건조밀도에서 공시체를 만드는 경우에는 그 뜻을 보고서에 기재한다. 또한, 다지기 전에 시료의 함수량을 조사하여 만약 최적 함수비와 1% 이상의 차가 있는 경우 또는 최적 함수비 이외의 소정의 함수량에서 다질 때에 소정의 함수량과 어느 정도[2] 이상의 차가 있는 경우에는 다시 함수량을 조절하든가 또는 새로 시료를 준비하고 나서 공시체를 만든다.

주2 어느 정도란, CBR 시험결과에 명료한 차가 나타나는 정도를 말한다.

④ 다지기가 끝나면 칼라를 떼어내고 몰드 상부 여분의 흙을 곧은 날로 주의깊게 깎아낸다. 굵은 입자 재료를 제거했기 때문에 표면에 생긴 구멍은 미세입자 재료로 묻는다.
⑤ 외부에 붙은 흙을 잘 닦아내고 무게를 단다.

(4) 흡수팽창 시험[3]

1) 거름종이를 유공밑판의 위에 깔고 공시체를 조용히 전도시켜서 거름종이에 밀착하도록 유공밑판에 다시 결합한다.
2) 공시체 윗면의 거름종이 위에 축붙이 유공밑판을 놓고 그 위에 5kgf(49.0N)의 하중을 올린다. 5kgf(49.0N) 이외의 하중판을 올리는 경우[4]에는 그 뜻을 보고서에 기재한다.
3) 위의 장치를 그림 6과 같이 물에 담그고 몰드 가장자리에 팽창량 측정용 삼발이와 다이얼 게이지를 정확하게 설치한다. 다이얼 게이지의 최초 눈금을 기록하고 나서 96시간[5] 물속에 정치하여 그 동안, 원칙적으로 1, 2, 4, 8, 24, 48, 72 및 96의 각 시간마다 다이얼 게이지의 눈금을 기록한다.
4) 다이얼 게이지의 최후 눈금을 기록하고 나서 삼발이와 다이얼 게이지를 제거하고 물속에서 꺼내어 하중판을 올린 채 가만히 기울여서 고여있는 물을 제거한다. 그 후, 약 15분간 정치하여 거름종이를 제거하고 무게를 단다.
5) 다음 식에 의해 팽창비 γ_e를 계산한다.

$$\gamma_e = \frac{\text{다이얼 게이지의 최종 눈금(mm)} - \text{다이얼 게이지의 최초 눈금(mm)}}{\text{공시체의 최초 높이(mm)}} \times 100(\%)$$

6) 다음 식으로 흡수팽창 시험 후의 건조밀도 $\rho_d{'}$와 평균 함수비 w'를 계산한다.

$$\rho_d{'} = \frac{100\,\rho_d}{100 + \gamma_e} \;(\text{g/cm}^3)$$

$$w' = \left(\frac{\rho'}{\rho_d{'}} - 1\right) \times 100\%$$

여기서, $\rho_d{'}$: 공시체의 최초 건조밀도(g/cm³)
ρ' : 흡수팽창시험 후의 무게와 부피에서 구한 습윤밀도(g/cm³)

주3 이 시험은 기술자의 판단에 따라 생략할 수 있다. 또, 흡수시험은 하여도 팽창량 측정을 생략할 수 있다.
주4 포장 등의 무게를 고려하여 하중판을 올리는 경우에는 그 무게에 상당하는 하중판(포장 등의 실하중±2kgf(±19.6N)으로, 그 밖에도 항상 5kgf(49.0N)이상을 올린다.
주5 96시간 이내에 팽창이 멈추었다고 인지되는 경우 또는 흡수가 빠른 토질에서 수침시간을 짧게 하여도 시험결과에 영향이 없는 경우에는 수침시간을 짧게 하여도 좋다.

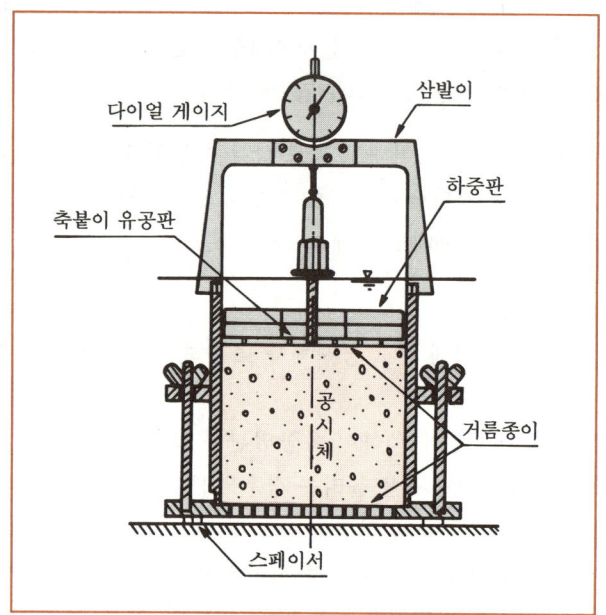

(그림 6) 흡수 팽창시험

(5) 관입시험

1) 공시체 위에 (4)-2) 와 똑같은 무게의 하중판을 올린다.
2) 재하장치에 공시체 및 관입 피스톤을 (그림 7)과 같이 부착한다. 관입 피스톤을 정확히 공시체의 중앙에 설치하여 공시체와 밀착시키지만, 이 때의 하중은 5kgf(49.0N)이하로 하고 이것을 시험의 제로하중으로 한다.
3) 재하장치 역계의 눈금을 기록하든가 또는 제로에 맞춘다. 관입량을 측정하는 다이얼 게이지를 몰드의 가장자리에 놓고 제로에 맞춘다.
4) 피스톤이 1분에 1mm의 속도로 공시체에 관입되도록 매끄럽게 하중을 걸어 관입량이 0.5mm, 1.0mm, 1.5mm, 2.0mm, 2.5mm, 3.0mm, 4.0mm, 5.0mm, 7.5mm, 10.0mm 및 12.5mm일 때, 각각에 대한 역계의 눈금을 기록한다.[6]. 관입량이 12.5mm가 되기 전에 역계의 눈금이 최대치에 달했을 때는 그 때의 하중강도와 관입량을 기록하여 둔다.

> 주 6 관입량 10.0㎜ 및 12.5㎜ 일 때의 역계의 눈금은 생략하여도 좋다.

5) 최후의 관입량에서 역계의 눈금을 기록한 후, 하중을 제거하고 재하장치에서 공시체를 떼어낸다.

6) 시료 압출기를 사용하여 몰드에서 흙을 밀어내면서 공시체의 표면으로부터 0.5~3.0㎝의 범위에서 흙입자의 최대 입자지름이 약 5㎜인 경우 100g 이상, 기타인 경우 250g 이상의 시료를 취하여 함수량을 측정한다.

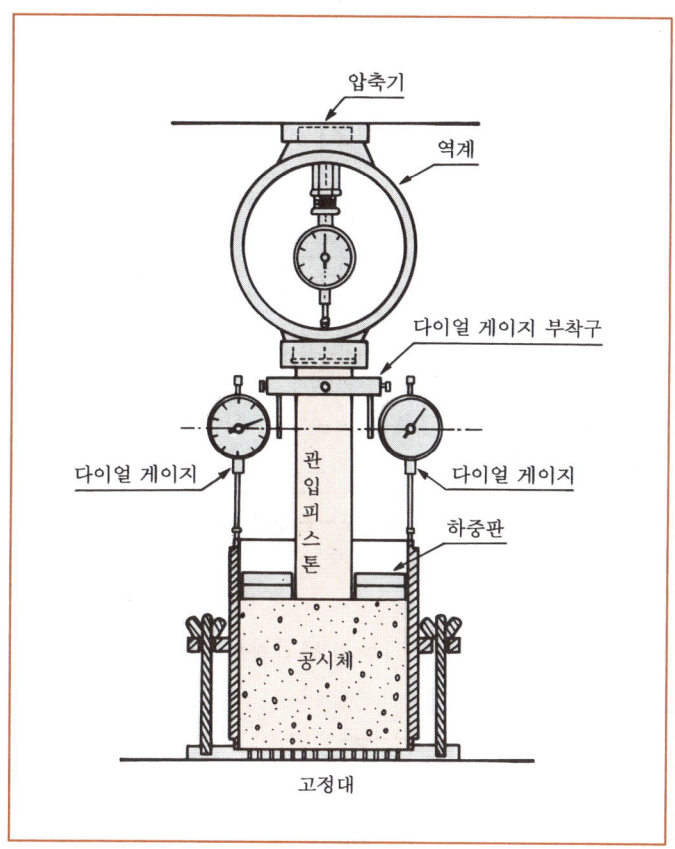

(그림 7) 관입 시험

(6) CBR의 계산

1) 관입시험 결과로부터 구한 하중을 관입 피스톤의 단면적으로 나누어서 하중강도(kgf/㎠)(MN/㎡)으로 표시하고 하중강도-관입량 곡선을 그린다.[7] (그림 8 참조). 곡선 2와 같이 하중강도-관입량 곡선이 상향으로 오목할 경우에는 (그림 8)과 같이 하중강도-관입량 곡선의 변곡점에서 접선을 그어 접선과 가로축의 교점을 관입점의 원점으로 하여 하중강도-관입량 곡선을 수정한다.

주 7 관입 하중강도를 하중(kgf) (kN)으로 표시하여도 좋다. 이 때는 하중-관입량 곡선으로 된다.

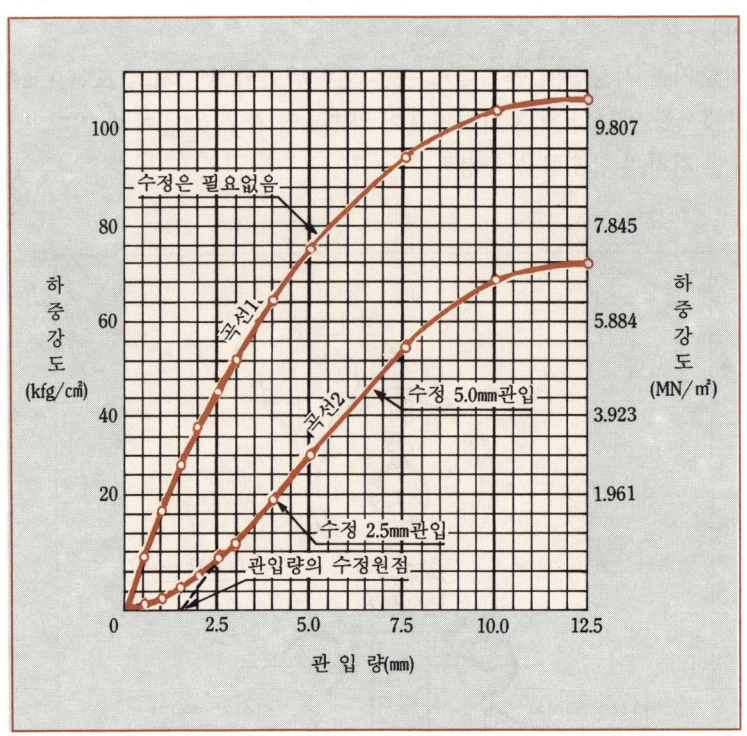

(그림 8) 하중강도-관입량 곡선

2) (6)-1)에서 구한 하중강도-관입량 곡선의 관입량 2.5mm 및 5.0mm에서의 하중강도를 읽고 다음 식으로 CBR을 계산한다[8]

$$CBR = \frac{하중강도}{표준\ 하중강도} \times 100(\%)$$

표준 하중강도는 (표 1)의 값을 이용한다.

(표 1) 표준 하중강도 및 표준하중의 값

관 입 량 (mm)	표준 하중강도 kgf/cm² (MN/m²)	표준 하중 kgf(kN)
2.5	70 (6.86)	1,370 (13.44)
5.0	105 (10.39)	2,030 (19.91)
7.5	134 (13.14)	2,630 (25.79)
10.0	162 (15.89)	3,180 (31.19)
12.5	183 (17.95)	3,600 (35.30)

제1장 토공 **71**

> **주 8** 관입 하중강도를 하중(kgf) (kN)으로 표시한 경우는 하중-관입량 곡선의 관입량 2.5㎜ 및 5.0㎜에서의 하중을 읽고 다음 식으로 CBR을 계산한다.

$$CBR = \frac{하중}{표준\ 하중} \times 100(\%)$$

표준하중은 표 1의 값을 사용한다.

3) CBR은 통상 관입량 2.5㎜에서의 값을 취한다. 관입량 5.0㎜에서의 CBR이 2.5㎜의 것보다 큰 경우에는 새로 공시체를 만들어 시험을 한다. 그러나 다시 똑같은 결과를 얻었을 때는 5.0㎜일 때의 CBR을 취한다.

5. 38.1㎜법(흙입자의 허용 최대 입자지름 38.1㎜인 경우)

(1) 시험 용구

1) 체 : 체는 KS A 5101에 규정하는 표준망체 38.1㎜로 한다.
2) 기타 : 기타는 4. (1) 에 표시하는 것과 같은 것으로 한다.

(2) 시료의 준비

1) KS F 2312의 3.2의 규정에 따라 시료를 준비한다.
2) 준비하는 시료의 양은 표준망체 38.1㎜를 통과한 것의 약 5kg씩 필요한 세트수로 한다.

(3) 공시체의 제작

1) 최적 함수비 및 최대 건조밀도의 결정

① 다지는 방법은 KS F 2312 중, (표 1)의 호칭명 D의 규정에 따른다. 다만, 몰드에 넣은 스페이서 디스크 위에 거름종이를 깐다.
② 시험은 건조법, 비건조법의 어느 경우도 비반복법에 따라 한다.
③ 최적 함수비 및 최대 건조밀도를 KS F 2312의 3.5의 규정에 따라 구한다. 다만, 다지는 방법은 다짐층수는 3층으로 하고 매층 당 다짐횟수는 92회로 한다.

2) 공시체의 다지기

① 다지기 시험을 한 나머지 시료에 대하여 최적 함수비와의 차가 1% 이내가 되도록 물을 가하여 수분이 균일하게 되도록 잘 혼합하고 함수량이 변하지 않도록 기밀 용기에 넣어둔다. 앞에 적은 이외의 함수비로 시험에 제공하는 경우에는 그 뜻을 보고서에 기재한다.
② 칼라와 유공밑판을 결합한 몰드에 스페이서 디스크를 넣고 그 위에 거름종이를 깐다.
③ ①에서 준비한 시료를 사용하여 KS F 2312 중, 표 1의 호칭명 D-2의 규정에 따라 공시체를 만든다. 최대 건조밀도 이외의 건조밀도에서 공시체를 만드는 경우에는 그 뜻

을 보고서에 기재한다. 또한, 다지기 전에 시료의 함수량을 조사하여 만약 최적 함수비와 1% 이상의 차가 있는 경우 또는 최적 함수비 이외의 소정의 함수량에서 다질 때에 소정의 함수량과 어느 정도(CBR 시험결과에 명료한 차가 나타나는 정도를 말한다) 이상의 차가 있는 경우에는 다시 함수량을 조절하든가 또는 새로 시료를 준비하고 나서 공시체를 만든다.

④ 다지기가 끝나면 칼라를 떼어내고 몰드 상부 여분의 흙을 곧은 날로 주의깊게 깎아낸다. 굵은 입자 재료를 제거했기 때문에 표면에 생긴 구멍은 미세입자 재료로 묻는다.

⑤ 외부에 붙은 흙을 잘 닦아내고 무게를 단다. 다만, 다지는 방법은 다짐층수는 3층으로 하고 다짐횟수는 92회로 한다.

(4) **흡수팽창 시험** : 4. (4)에 준한다.
(5) **관입 시험** : 4. (5)에 준한다.
(6) **CBR의 계산** : 4. (6)에 준한다.

6. 부스러지지 않는 흙 공시체의 실내 시험

(1) **시험 용구** : 시험용구는 다음과 같다.
   1) 커터 : 커터는 (그림 9)에 표시한 것으로서 강제로 한다.

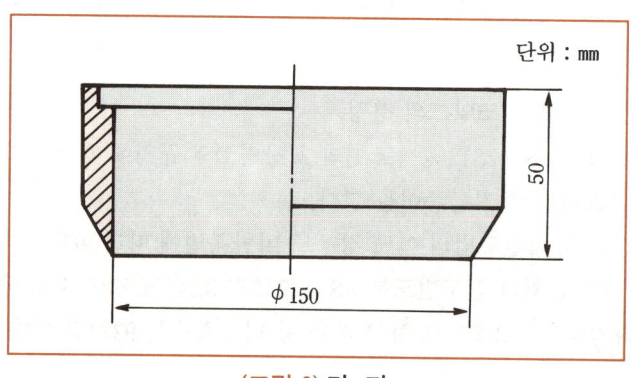

(그림 9) 커 터

   2) 기타 : 래머 및 체를 제외하고 4. (1)에 표시하는 것과 똑같은 것으로 한다.

(2) **공시체의 채취 및 정형** : 공시체의 채취 및 정형은 다음과 같이 한다.
   1) 현장의 대표적인 곳에 커터를 붙인 몰드를 주의깊게 밀어넣어 자연상태의 공시체를 채취한다.
   2) 몰드를 밀어넣을 수 없는 경우에는 흙의 조직을 무르게 하지 않도록 주위를 파고 지름

약 15cm의 원주형으로 깎으면서 몰드를 덮어서 채취하든가 또는 흙의 조직을 무르게 하지 않도록 주의하면서 충분한 크기의 흙덩어리를 채취하여 지름 약 15cm, 높이 약 17cm의 원주형으로 정형하고 여기에 몰드를 덮어도 좋다. 몰드와 공시체의 틈새는 녹인 파라핀 기타를 사용하여 충전한다.

3) 실내시험에 앞서 스페이서 디스크 기타 용구를 사용하여 시료를 몰드 끝에서 몇 cm 밀어내고 몰드 가장자리의 면에 맞추어서 깎아 떨어뜨려 스페이서 디스크가 들어가도록 정형한다.[9] 깎아 떨어뜨린 시료를 사용하여 함수량을 측정한다.

주 9 스플릿 몰드를 사용하면 정형에 편리하다.

4) 공시체의 밀도를 구한다. 다만, 2)의 경우는 공시체의 채취위치 부근 흙의 밀도를 구하여 그것을 공시체 밀도로 한다.

(3) **흡수팽창 시험** : 4. (4)에 준한다.
(4) **관입 시험** : 4. (5)에 준한다.
(5) **CBR의 계산** : 4. (6)에 준한다.

7. 현장시험

(1) **시험 용구** : 시험용구는 다음과 같다.

1) 재하물
   재하물은 트럭, 기타 이동이 간편한 것으로 재하장치에 대하여 하중이 될 수 있는 것으로 한다.

2) 재하 장치
   재하 장치는 예상되는 하중강도에 따라 500~5000kgf(4.90~49.03kN)의 능력인 것으로 정밀도가 그 1/100 이상인 역계가 붙은 스크루 잭 또는 오일 잭과 구자리로 이루어지며 피스톤의 관입속도를 1분에 1mm를 조절할 수 있는 것으로 한다.

3) 관입량 측정장치
   관입량 측정장치는 4. (1) 7)에 규정하는 다이얼 게이지 2개와 그것을 관입 피스톤에 붙이기 위한 부착구 및 (그림 10)에 표시하는 가대로 이루어진다.

4) 관입 피스톤과 하중판
   관입 피스톤과 하중판은 4. (1) 4) 및 4. (1) 9)와 똑 같은 것으로 한다.

5) 기타
   건조 모래, 스쿠프, 손가래 등을 준비한다.

(2) **시험 방법** : 시험방법은 다음과 같다.
   1) 시험위치의 표면을 지름 약 30cm의 수평한 면으로 다듬질한다. 평평하게 다듬질할 수 없는 곳에는 건조모래를 얇게 깔아 고르고 평평한 면으로 다듬질한다.
   2) 현장 시험장치를 (그림 10)과 같이 조립한다.

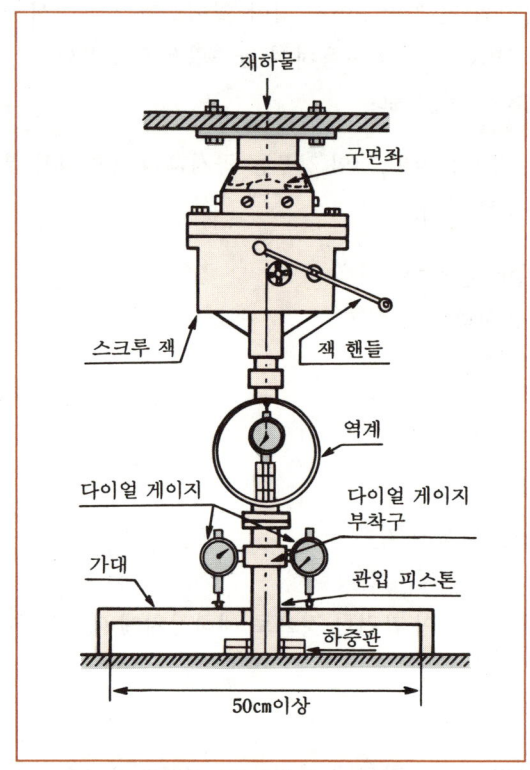

(그림 10) 현장시험 장치

   3) 4. (4) 2) 의 규정에 준하여 하중판을 올린다.
   4) 4. (5)에 규정하는 방법에 준하여 관입시험을 한다.
   5) 관입시험 종료 후, 시험위치에서 (표 2)에 표시하는 양의 시료를 채취하여 함수량을 측정한다.

(표 2) 함수량 측정용 시료의 양

흙입자의 최대지름 mm	시료의 필요량 g
약 5	약 100
약 20	약 250
약 40	약 500

6) 시험위치 부근 흙의 밀도를 구한다.

(3) **CBR의 계산** : 4. (6)에 준한다.

8. 보 고

(1) **부스러진 흙 공시체의 실내시험 보고**

  1) 19.1mm법인 경우
   ① 시료 준비방법 : 건조법 또는 비건조법
   ② 시료채취의 입도 : 19.1mm이상, 19.1mm 미만~4760μm, 4760μm미만의 각 무게 백분율(%)
   ③ 시험시료의 입도 : 19.1mm~4760μm, 4760μm미만의 각 무게 백분율(%)
   ④ 함수비 : 시료의 준비에 있어 건조법을 사용한 경우는 건조처리 전후의 함수비와 최적 함수비, 비건조법을 사용한 경우는 자연 함수비 및 최적 함수비(%)
   ⑤ 공시체의 조건 : 수침 또는 비수침
   ⑥ 팽창비(%)
   ⑦ 흡수팽창 시험 후의 평균 함수비(%)와 건조밀도(g/cm³)
   ⑧ 관입시험 후의 상부 함수비(관입부) (%)
   ⑨ 공시체의 CBR(%)과 대응하는 관입량(mm)
   ⑩ 부스러진 흙의 다짐곡선 및 제로 공기간격 곡선

  2) 38.1mm법인 경우 : 1)에 준한다. 다만 ②에 채취시료의 입도는 38.1mm이상의 무게 백분율을 보고하고 또 ③ 시험시료의 입도는 제외한다.

(2) **부스러지지 않은 흙 공시체의 실내시험 보고**

  1) 함수비(%)
  2) 공시체의 조건 : 수침 또는 비수침
  3) 팽창비(%)
  4) 흡수팽창 시험 후의 평균 함수비(%)와 건조밀도(g/cm³)
  5) 관입시험 후의 상부 함수비(관입부) (%)
  6) 수침 또는 비수침 공시체의 CBR(%)과 대응하는 관입량(mm)
  7) 부스러지지 않은 흙의 건조밀도(g/cm³)

(3) **현장시험의 보고**

  1) 함수비(%)
  2) 건조밀도(g/cm³)
  3) CBR(%)과 대응하는 관입량(mm)

26. 설계 CBR과 수정 CBR (실내 CBR 시험)의 차이점

1. 서 론

【노상의 지지력 평가방법】

   (1) CBR
   (2) PBT
   (3) Mr (Modulus Resilent) 동탄성계수
   (4) Proof Rolling

2. 설계 CBR(Califonia Bearing Ratio)

(1) **설계 CBR의 정의**

Asphalt Concrete 포장의 두께와 각층의 구성을 결정할 경우에 사용하는 노상토의 CBR을 설계 CBR이라 함.

(2) **시험 방법**

   1) 공시체의 제작 조건(일본의 Asphalt의 포장 설계법)
      ① 최대 입경 : 40mm의 시료를 자연 함수비에서
      ② Mold : 15cm
      ③ Rammer : 4.50kg
      ④ 층수 : 3층
      ⑤ 다짐회수 : 67회 다지도록 정해져 있다.

(3) 설계 CBR이 구해지면 설계 CBR 설계곡선에서 포장의 합계 두께 결정함. (그림 1. 참조)

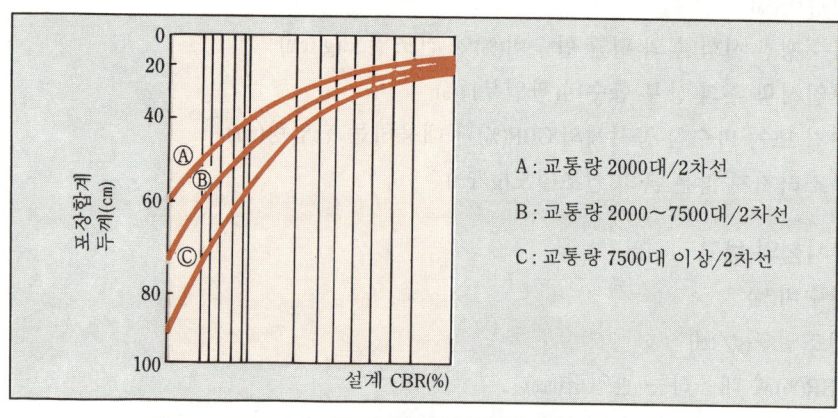

(그림 1) CBR 설계곡선

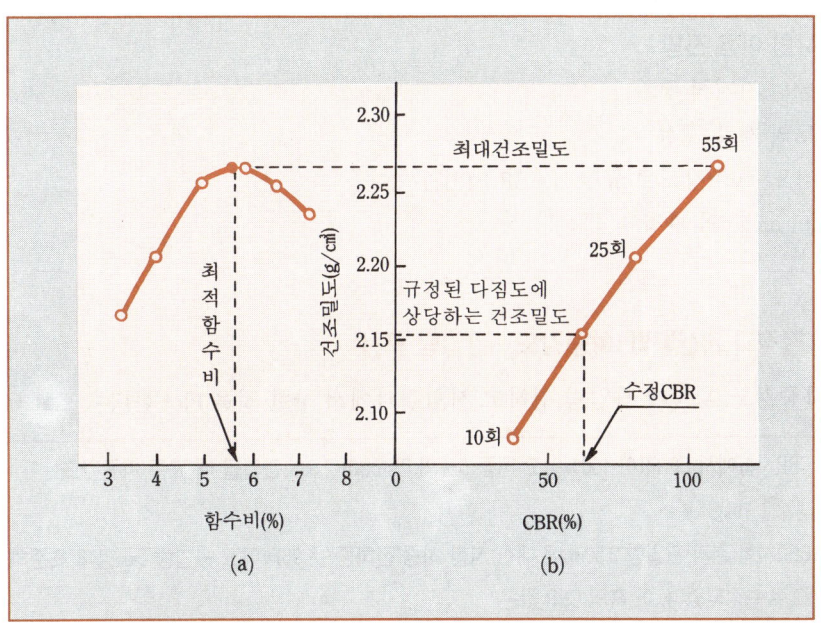

〈그림 2〉 필요한 다짐도에 대응하는 수정 CBR을 구하는 방법

3. 수정 CBR

(1) 정의
1) 현장에서 기대할 수 있는 노반 재료의 강도를 나타내는 CBR을 수정 CBR이라하며
2) 3층 92회 다짐으로 얻어지는 최대 건조밀도(γ_{dmax})에 소요의 다짐도를 곱한 건조밀도에 대응하는 4일 수침후의 CBR치이다.

(2) 시험 방법
1) 최적 함수비에서(OMC) 3층/92회, 42회, 17회의 다짐에 의한 공시체를 제작하고 이들의 건조밀도와 4일 수침후의 CBR을 측정해서 (그림 2)에서 구함.

4. 적용의 한계
(1) CBR값이 2%보다 작은 연약상에는 기계오차가 있기 쉬워서 믿기 힘들기 때문에 CBR시험을 적용하지 않는 것이 좋다.
(2) 부스러기분의 분리하기 쉬운 재료의 CBR 값은 5~10%의 차이가 있기 때문에 주의 요망.
(3) 설계 CBR값의 적용 : 노상상의 설계 CBR값과 교통량에 필요한 전 포장 두께를 결정하고
수정 CBR값의 적용 : 포장을 구성하는 각층의 재료의 강도에 따라서 구조를 결정한다.
수정 CBR은 이 단계에서 고려한다.

(4) CBR 시험 이용 전망
  1) 노상의 지지력 평가
  2) 성토의 재료 규정
  3) 다짐도 관리(강도로 규정시 CBR+PBT)
  4) Trafficability의 판정

5. CBR 값의 결정과 계산방법 (하중강도-관입량 곡선)

종축에 하중강도, 횡축에 관입량 취하고 시험결과에서 구한 것을 Plot 한다.

〔예〕 CBR시험에서 CBR값이 100%이고 지름 5㎝의 Piston이 2.5㎜ 관입될 때 표준 하중강도는?
  풀이 70kg/㎠

〔예〕 CBR시험 결과 관입량 2.50㎜에 대한 시험 하중(전하중)은 96kg이고 관입량 5㎜일때 표준하중은 135kg으로 측정되었다. 이 흙의 CBR 값은?

  풀이 $CBR_{2.50} = \dfrac{96}{1,370} \times 100 = 7\%$

  $CBR_5 = \dfrac{135}{2,030} \times 100 = 6.70\%$ ∴ $CBR_{2.5} > CBR_5$ 이니 $CBR_{2.5} = 7\%$ 택함

참고 표준 하중강도 및 표준하중의 값

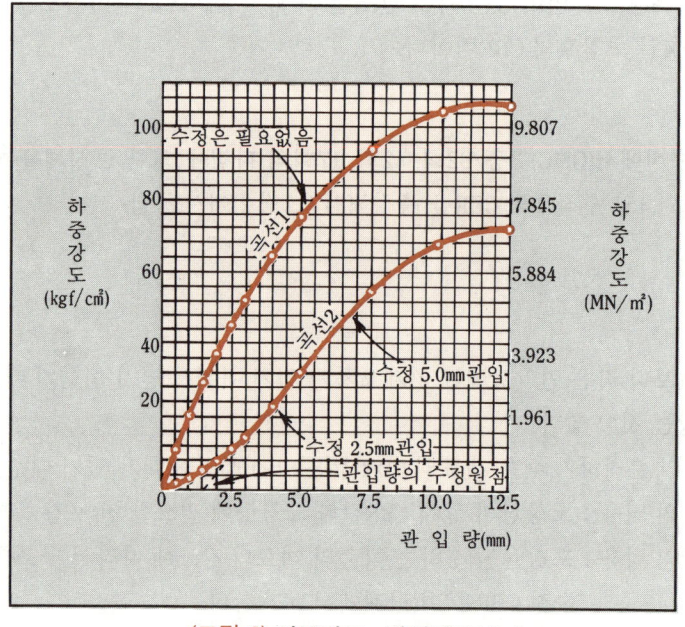

(그림 3) 하중강도-관입량곡선

관입량	표준하중강도(kg/cm²)	표준하중(kg)
2.5mm	70	1370
5mm	105	2030
7.50mm	134	2630
10mm	162	3180
12.50mm	183	3600

6. CBR의 최종 결정

(1) $CBR_{2.5} > CBR_5$ 인 경우 : $CBR_{2.50}$를 CBR값으로 한다.

(2) $CBR_5 > CBR_{2.5}$ 인 경우 :
다시 공시체 제작 → 다시 시험한다. → 그래도 똑같은 경우 CBR_5를 CBR 값으로 결정한다.

(3) $CBR_{2.5} \leq CBR_5$

7. CBR 시험의 일반적인 시험 순서

(1) 공시체의 함수비 시험
(2) 공시체 밀도 시험
(3) 흡수, 팽창시험
(4) 흡수, 팽창 시험 후의 공시체의 건조밀도 및 함수비 w' 시험

27. CBR 시험을 한 결과 관입량이 5mm일때의 CBR 값이(CBR₅) 관입량 2.50mm일 때의 CBR 값보다 클 때는 재시험을 해야 하고 재시험을 해도 CBR₅ 의 값이 크면 어떤 값을 CBR 값으로 하는가?

● 풀이 ●

1. $CBR_5 > CBR_{2.5}$ 일 경우 대책은 다시 시험(공시체 다시 제작)하고 그래도 CBR_5 값이 크면 CBR_5 값을 CBR 값으로 정한다.

2. 만일 $CBR_{2.5} > CBR_5$ 인 경우는 $CBR_{2.5}$ 가 최종 CBR 값이 된다.

3. $$CBR(\%) = \frac{시험\ 단위하중(강도)}{표준\ 단위하중(강도)} \times 100(\%) \ (단위는 \%임)$$

4. CBR의 종류

- 실내 CBR 시험
  - 설계 CBR
  - 수정 CBR
- 현장 CBR (KSF 2321)
  - 현장에서 CBR 측정하는 것(현장시험)
  - 노상의 지지력을 현장에서 직접 추정
  - 결과의 정리는 실내 CBR과 동일
  - 용 도
    - 노상 성토 다짐도 관리
    - 성토 시공 중 Trafficability 측정
    - Asphalt Concrete 포장 두께 결정 위한 노상의 설계 CBR 측정

5. 도로포장의 두께 설계 계산 예

(1) 노상의 설계 CBR 값이 5인 경우에 대해서 포장 전 두께의 설계 계산을 한다.

(2) 일반적으로 노상의 설계 CBR은 실내 CBR 시험에 의해서 평균 CBR 을 설계 CBR로 한다. 즉, 노상의 설계 CBR값의 결정은 실내 CBR시험의 평균치로 한다.

(3) 【예】 교통량 : C 교통

- 노상의 설계 CBR : 5
- 막자갈의 수정 CBR : 30 이상
- 입도 조정 재료의 설계 CBR : 60 이상
- 역청 처리한 것의 Marshall 안정도 : 350kg/cm² 이상
- Cement 안정 처리한 것의 일축 압축강도 : 30kg/cm² 이상

(4) 포장의 설계는

교통량	대형차 교통량 : 대/일(일방향)	표층과 기층 최소 두께
A	250	5
B	250~1,000	10 (5)
C	1,000~3,000	15 (10)
D	3,000대 이상	20 (15)

Note : ( )속은 상층노반에 역청 안정처리 사용하는 경우

설계 CBR 값	A 교통		B 교통		C 교통		D 교통	
	TA	합계	TA	합계	TA	합계	TA	합계
2	39	60						
2.5	36	79						
3	34	70						
3.5	32.50	60						
5	39.50	43						

28. 평판 재하 시험 (PBT = Plate Bearing Test)

1. 서 론
(1) 이 시험은 현장에 강성의 재하판을 사용하여 하중을 가하여 하중과 변위의 관계에서
   1) 기초지반의 지지력
   2) 지반계수
   3) 노반의 지반 반력계수(지반계수)를 구하기 위해서 행한다.

(2) 지반계수
   어느 하중 강도에서의 재하판의 침하량으로 그 때의 하중강도를 나눈 값을 말한다.

$$K = \frac{\text{하중강도}(kg/cm^2)}{\text{침하량}(cm)} \ (kg/cm^3)$$

【기술 내용】
   1) 측정법의 종류
   2) 측정용구 (재하판+반력 장치+재하 장치+침하량 측정 장치)
   3) 시험방법
   4) 결과의 정리
      ① 기초 지반의 경우
      ② 도로의 노상, 노반의 경우

   5) 결과의 이용
      ① 지지력의 산정
      ② 침하량의 추정
      ③ 변형계수의 계산
      ④ 도로 노반 두께의 설계 (강성포장)

2. 측정법의 종류 3가지
(1) 건축물의 기초 지반에 대한 재하시험 (지지력)
(2) 교량 수문의 토목 구조물 기초지반에 대한 재하시험 (지지력 및 지반 계수)
(3) 도로의 노상이나 노반에 대한 재하시험 (지반 계수)
   (KSF 2310 - 도로의 평판 재하시험)

3. 측정 용구

(1) 재하판

1) 충분한 강성일 것
2) 강철판 두께 T = 22mm 이상
3) 형 상 : 정사각형이나 원형
4) 직경 또는 1변의 길이 30cm가 표준이다. (40cm, 50cm)

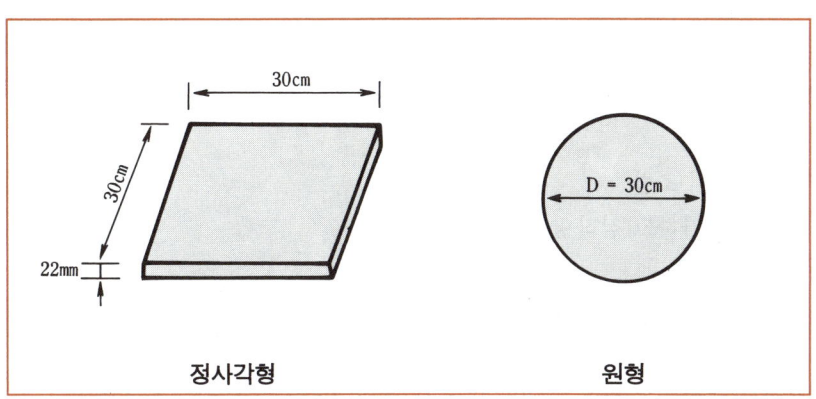

(2) 반력 장치

1) 재하판에 가하는 하중의 반력을 취하는 장치이다.
2) 반력 장치

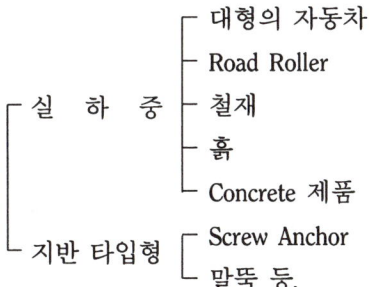

3) 재하장치
  ① 5~40 ton의 유압식 Jack 사용
  ② 재하장치의 용량 : 예상된 최대 하중×1.50 배가 필요

4) 침하량 측정장치
  재하판의 끝에서 1m(30cm 직경의 재하판인 경우)이상 떨어진 곳에 지지점을 취한 기준

보에 침하계를 장치한다.

4. 시험 방법(순서)

(1) 재하판 종류 선정
(2) 시험 지점 선정
(3) 하중 장치 준비
(4) 시험 지반의 물리적 성질 추정
(5) 재하면 정형
(6) 재하판 설치
(7) 침하량 측정 장치 조립
(8) 예비 시험 하중 가하고 침하량 측정
(9) 하중을 Zero까지 돌린다.
(10) 침하 장치(Dial Gauge) Zero 점을 맞춘다.
(11) 시험 하중은 단계적으로 가해서 그 때의 침하량을 측정한다.
(12) Zero 까지 단계적으로 하중을 제거하고 각 단계에 Rebound 량을 측정
(13) 다시 단계적으로 하중을 가하면서 침하량 측정
(14) 극한, 항복 하중상태, 최대 하중까지 단계적으로 재하와 침하 측정한다.

5. 결과의 정리

(1) 기초지반의 경우

각 하중의 최종 침하량에서 (그림 1)과 같은 하중(P) 침하곡선을 그리고, 곡선이 침하량의 축에 평행에 가깝게 되었을 때의 하중강도를 **극한 지지력**이라고 한다.

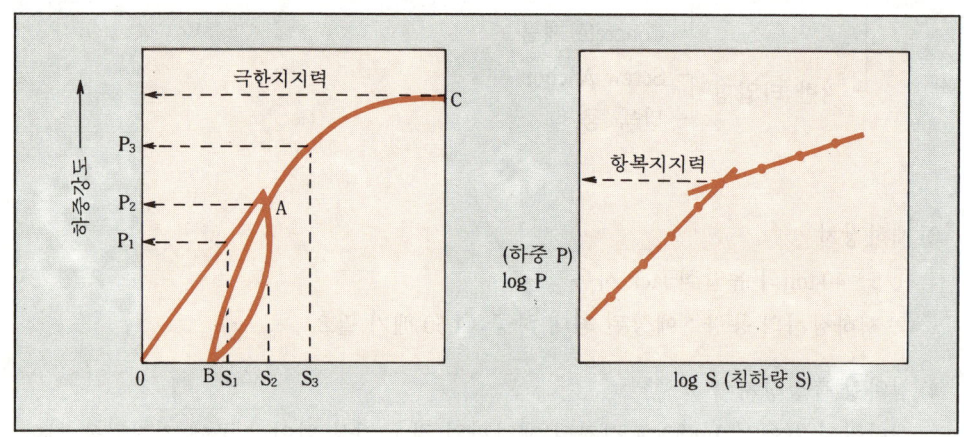

(그림 1) 하중-침하곡선

$$K_1 = \frac{P_1}{S_1} \,(\text{kg/cm}^2), \qquad K_3 = \frac{P_3}{S_3} \,(\text{kg/cm}^2) = \frac{\text{하중강도}(P)}{\text{침하량}(S)} \,\text{kg/cm}^2$$

【보고사항】
 1) 재하판의 직경
 2) 극한 지지력 (kg/cm²)
 3) 항복 지지력 (kg/cm²)
 4) 지반 계수 (kg/cm²)
 5) 계산에 사용한 변위량(cm)
 6) 되풀이 하중에 대한 지반 계수 (kg/cm²)

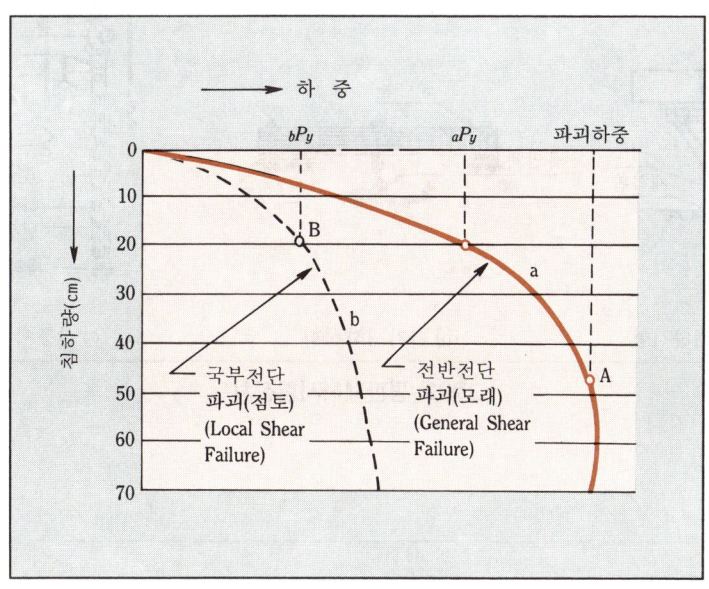

(그림 2) 하중-침하곡선의 특성

(2) 도로의 노상, 노반의 경우
 1) Data Sheet의 기입예
 2) 지반계수(K)의 계산은 소정의 침하량 즉 일반적인 경우는 Asphalt 포장 : 0.25cm, Concrete 포장 : 0.125cm에 대해서

$$K = \frac{\text{하중강도}(\text{kg/cm}^2)}{\text{침하량}(\text{cm})} \,(\text{kg/cm}^2)$$ 로 구한다.

6. 결과의 이용

(1) 지지력의 산정

구조물의 기초폭(단변)의 약 2배 깊이까지의 토질이 균일한 경우에는 5에서 구한 극한 지지력과 항복 하중은 다음과 같이 이용된다.

【토목 구조물인 경우】
- 상시의 허용지지력 : 극한 지지력×1/3 (단, 기초에 작용하는 하중의 경사각이 작을 때)

7. 시험 지반의 굴착

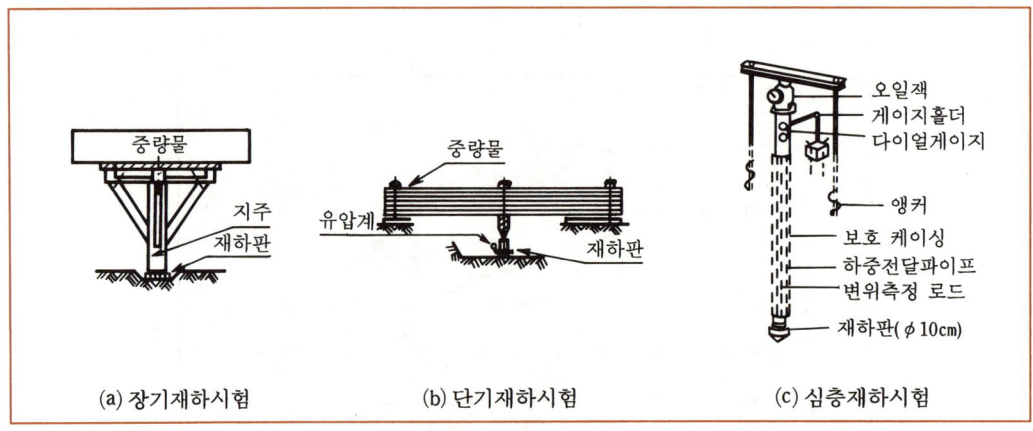

(그림 3) 평판재하시험장치

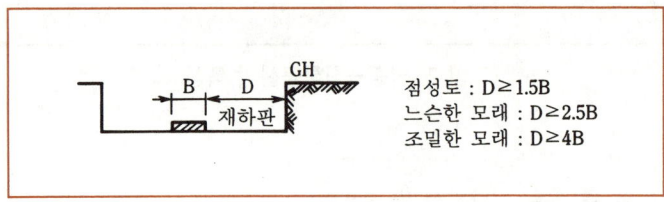

(그림 4) 재하판과 Test Pit(시험굴)의 관계

29. 도로의 평판 재하 시험방법(KS F 2310, Method of Plate Load Test on Soils for Road)

1. 적용 범위

이 규격은 도로의 노상, 노반 등의 지지력 계수를 구하기 위한 평판 재하 시험 방법에 대하여 규정한다.

비고 : 이 규격 중 ( )를 붙여 표시한 단위 및 수치는 국제단위계(SI)에 따른 것으로서 참고로 병기한 것이다.

2. 용어의 뜻

어느 침하량에 대한 지지력 계수라는 것은, 이하의 시험에서 침하량으로 그 때의 하중 강도를 나눈 값을 말한다.

3 시험용 기구

(1) 재하판

재하판은 두께 22mm이상의 강제 원판으로, 지름이 각각 30cm, 40cm 및 75cm의 것이어야 한다.

(2) 잭(Jack)

잭은 능력 5~40tf(49~392kN)으로, 정밀도가 그 능력의 1/100이상의 역계 또는 압력계를 부착한 것이어야 한다.

(3) 다이얼 게이지

다이얼 게이지는 최소 눈금 0.01mm, 긴 바늘 1회전에 대한 스핀들 작동 1mm, 측정 범위 20mm 의 것이어야 한다.

(4) 침하량 측정 장치

침하량 측정 장치는 재하판의 침하량을 측정하는 장치로서, 다이얼 게이지 부착 장치를 갖춘 길이 3m 이상의 지지보와 지지각으로 구성되며, 지지각의 위치를 재하판 및 하중장치의 지지점(자동차 또는 트레일러인 경우에는 차륜)에서 1m이상 떨어져 설치할 수 있는 것이어야 한다.

(5) 하중 장치

하중 장치는 자동차 또는 트레일러와 같은 소요의 반력을 얻을 수 있는 장치로서, 그 지지점을 재하판의 바깥쪽 끝에서 1m 이상 떨어져 설치할 수 있는 것이어야 한다.

4. 시험 방법

(1) 다음 순서로 시험을 준비한다.

1) 지반을 수평하게 고르고, 필요하면 모래를 얇게 깐다.
2) 이 위에 시험에 사용되는 지름의 재하판을 놓고, 보다 작은 지름의 재하판이 남아 있는 경우에는 중심을 맞추어 차례로 쌓아 올린다.
3) 재하판 위에 잭을 놓고, 하중 장치와 조합시켜 소요되는 반력이 얻어지도록 한다. 그 때 하중 장치의 지지점은 재하판의 바깥쪽 끝에서 1m 이상 떨어져 배치하여야 한다.
4) 침하량 측정장치를 재하판 및 하중 장치의 지지점에서 1m 이상 떨어져 배치하고, 재하판의 정확한 침하량을 측정할 수 있도록 다이얼 게이지를 부착해야 한다.
5) 재하판을 안정시키기 위하여 미리 0.35kgf/㎠(34.3kN/㎡)의 하중을 가하여 0으로 되돌리고, 다이얼 게이지의 값을 읽어 침하의 원점으로 한다.

(2) 0.35kgf/㎠(34.3kN/㎡)씩 하중을 증가시키면서 하중을 올릴 때마다 그 하중으로 인한 침하의 진행이 정지[1]함을 기다려 하중의 크기와 침하량을 읽는다.

> **주 1** 1분간의 침하량이 그 하중 강도에 의한 그 단계에 있어서의 침하량의 1% 이하가 되면, 침하의 진행이 정지된 것으로 본다.

(3) 침하량이 15mm에 달하거나 또는 하중 강도가 현장에서 예상되는 가장 큰 접지 압력의 크기 또는 지반의 항복점을 넘으면 시험을 멈춘다.

5. 계 산

(1) 시험 결과에서 하중 강도와 침하량과의 관계를 구한다. (표 1)은 그 보기이다.

(표 1) 평판재하시험 성적표

재하판의 지름 30cm, 재하판의 면적 706.5㎠, 측정년 월 일 시험번호

시 간	하 중			침 하			
	역계값	전하중 kgf(kN)	하중강도 kgf/㎠(kN/㎡)	다이얼 게이지 값(mm)			침하량(cm)
				좌	우	평균	
0′ - 0″	0	0 (0)	0 (0)	0.05	0.07	0.06	0
5′ - 05″	13	247 (2.42)	0.35 (34.3)	0.30	0.28	0.29	0.023
10′ - 03″	26	495 (4.85)	0.70 (68.6)	0.60	0.52	0.56	0.050
14′ - 58″	40	742 (7.28)	1.05 (103.0)	0.85	0.80	0.83	0.077
18′ - 42″	53	989 (9.70)	1.40 (137.2)	1.19	1.09	1.14	0.108
22′ - 30″	66	1236 (12.12)	1.75 (171.6)	1.48	1.32	1.40	0.134
26′ - 02″	79	1484 (14.55)	2.10 (205.9)	1.77	1.61	1.69	0.163
29′ - 15″	93	1731 (16.98)	2.45 (240.3)	2.04	1.84	1.94	0.188
31′ - 45″	106	1978 (19.40)	2.80 (274.6)	2.36	2.16	2.26	0.220
35′ - 10″	119	2225 (21.82)	3.15 (308.9)	2.68	2.46	2.57	0.251
38′ - 30″	132	2473 (24.25)	3.50 (343.2)	3.05	2.77	2.91	0.285

(2) (1)에서 하중 강도 – 침하량 곡선을 그린다. (그림 1)은 그 보기이다.

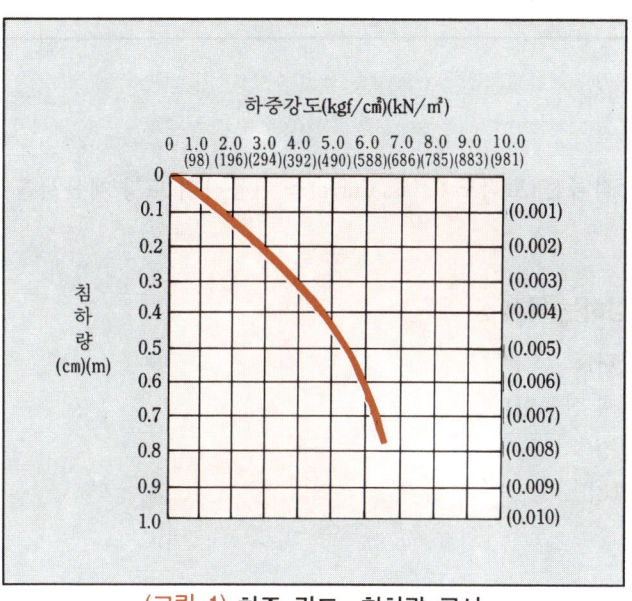

(그림 1) 하중 강도 – 침하량 곡선

(3) 하중 강도 – 침하량 곡선에서 어느 침하량일 때의 하중 강도를 구하고, 지지력 계수를 다음 식으로 계산한다.

$$지지력\ 계수 = \frac{하중강도}{침하량}$$

여기서, 지지력계수 : (kgf/㎠)(kN/㎥)
하중강도 : (kgf/㎠)(kN/㎥)
침하량 : (cm)(m)

6. 보 고

다음 사항에 대하여 보고한다.
(1) 재하판의 지름(cm)
(2) 계산에 사용된 침하량(cm)
(3) 지지력 계수 (kgf/㎠) (kN/㎥)

> 30. 토량분배 유토곡선 (Mass Curve)의 성질을 그림으로 설명 (Mass Curve에서 극대점과 극소점 설명)

1. 서 론
토량 분배할 때 토적곡선 (토적도 : Mass Curve)을 이용하며 토량 계산서를 작성한다.

2. Mass Curve을 작성하는 목적
(1) 토량을 배분한다.
(2) 평균 운반거리를 산출한다.
(3) 토공기계의 선정
(4) 작업 배경의 결정

3. Mass Curve의 작성 방법
(1) 각 측점의 횡단도에서 성토량과 절토량 계산
(2) 양단 면적법에 의한 토공량 계산
(3) 횡축을 측점, 종축을 누계 토적량으로 Plot하여 유토곡선을 그린다.

4. 토량 배분 원칙
(1) 운반거리와 시공성을 감안하여 최대한 짧게 한다.
(2) 운반은 높은 위치에서 낮은 위치로 되게 한다.
(3) 운반은 한 곳에 모아서 일시에 하도록 한다.

5. 토적곡선의 성질
【토적곡선의 성질 (토적도)】
(1) 곡선의 하향구간 : 성토구간,
    곡선의 상향구간 : 절토구간
(2) 곡선의 극소점(저점) c, g : 성토구간에서 절토구간으로의 변이점이다.
(3) 곡선의 극대점 (정점) e : 절토구간에서 성토구간에의 변이점이다.
(4) 곡선의 극대치와 극소치의 차가 2 점간의 전 토량을 표시한다.

(5) 평형선과 평형점

1) 기선 a, b에 평행한 임의의 직선을 그어 곡선과의 교점을 j, d, f, h로 하면 서로 인접한 교점, 예로 d와 f 사이의 토량은 절토와 성토가 평형되어 있다.
2) 즉, d에서 e까지의 절토량과 e에서 f 까지의 성토량은 같다. 이 기선에 평행한 선을 「평형선」, 곡선과의 교점을 「평형점」이라고 한다.

(6) 절토에서 성토에 운반할 전 토량

1) 평형선에서 곡선의 극소점 (저점)이나 극대점(정점)까지의 수직길이는 절토에서 성토에 운반할 전 토량을 표시하고 있다.
2) 토적곡선에서 d~f 간에는 $\overline{en}$, f~h 간에는 $\overline{pg}$ 가 「운반할 전 토량」이다.

(7) 절토에서 성토에의 평균 운반거리

1) 평균 운반거리는 전 토량의 1/2점을 통하는 평형선의 길이로 표시된다.
2) 즉, 평균 운반거리는 d~f간에는 $\overline{en}$ 의 1/2점, 0를 통한 평형선 $\overline{lm}$ 이 된다.

(8) 토공계획을 세울 때에 흙의 운반거리를 알 필요가 있으나 일반적으로 평균 운반거리를 가지고 충당한다.

(9) 경제적인 토량 분배의 원칙

토취장 (Borrow Pit)과 사토장 (Disposal Area)의 위치 및 토공량을 고려하여 평형선을 상하시켜 시공이 용이하고 경제적인 토량 배분이 되게 한다.

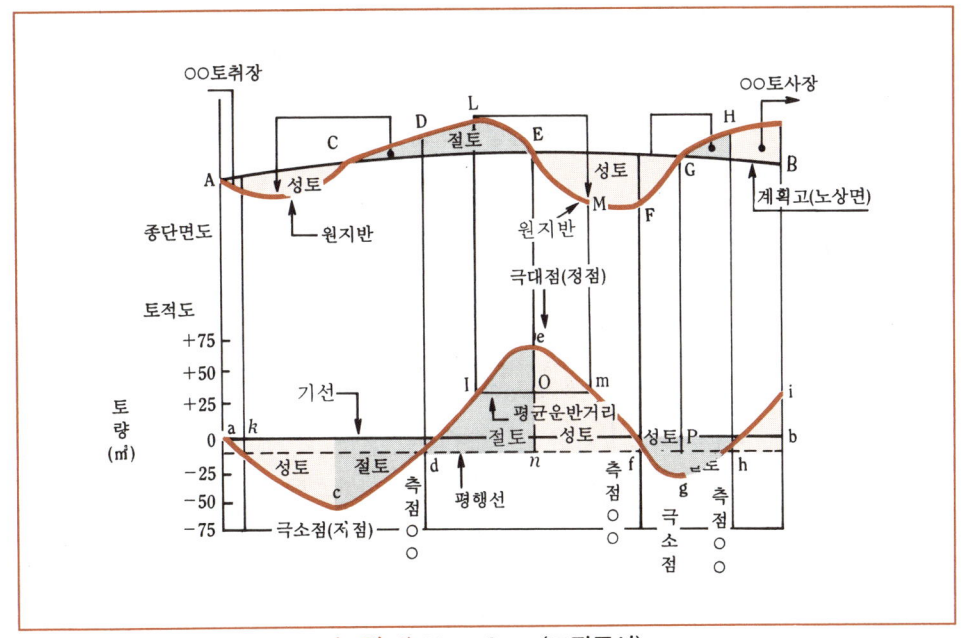

(그림 1) Mass Curve(토적곡선)

6. Mass Cruve (토적곡선)에 의한 운반 장비 선정 요령

(1) 장점
1) Mass Cruve로 운반장비를 선정하므로 경제적인 시공이 가능하다.
2) 현장에서 시공계획 입안할 때 운반 거리별 운반장비 선정하므로 장비투입계획을 경제성 있게 세울 수 있다.

(2) 운반 거리별 운반장비 선정 요령
1) Bulldozer : 70m 이내
2) Scraper : 70~500m 이내
3) Dump Truck : 500m 이상

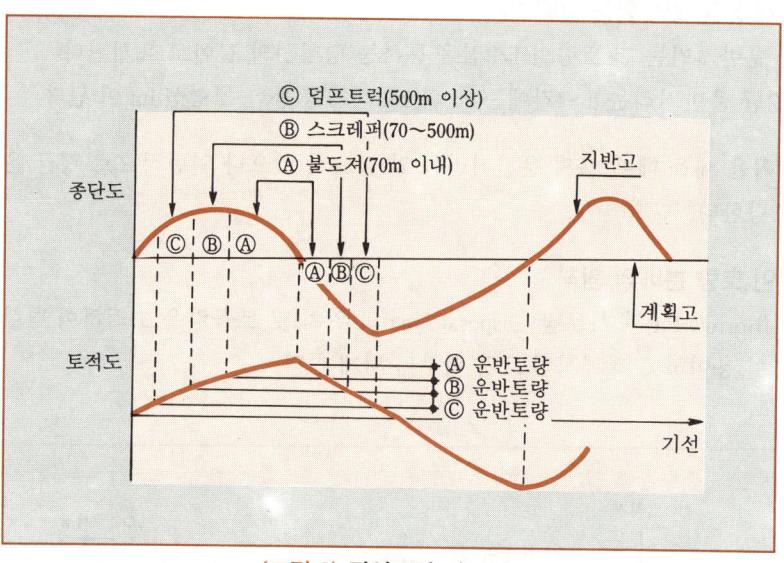

(그림 2) 절성토와 반토량

(3) 시공단가와 운반거리 관계

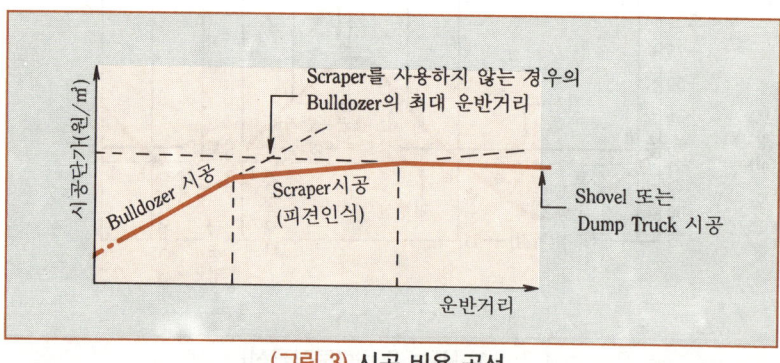

(그림 3) 시공 비용 곡선

7. 택지 조성 등의 토량 배분 방법

(1) 종류
1) 양단 면적법
2) 주상법
3) 등고선법
4) 중앙 단면적법

(2) 양단 면적법
1) 계산식

$$V = \frac{A_1 + A_2}{2} \times l$$

여기서, V : 토량(㎥)
A_1, A_2 : 양단면적(㎡)
l : 양단면적의 거리(m)

2) 특징 : 실제 토량보다 크게 된다.

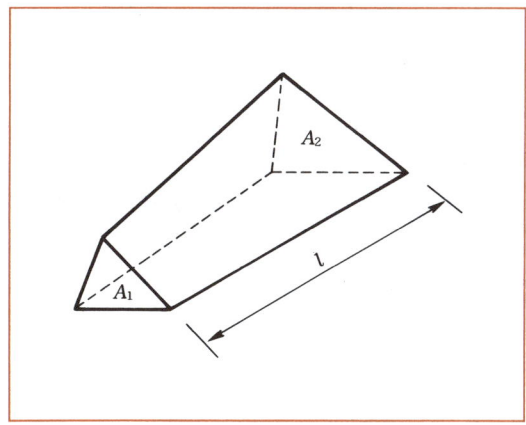

(그림 4) 양단면적 평균법

(3) 중앙단면적법
1) 계산식

$$V = \frac{1}{2}\left(\frac{h_1 + h_2}{2} \times \frac{b_1 + b_2}{2}\right) \times l$$
$$= \frac{1}{8}(h_1 + h_2)(b_1 + b_2)$$

2) 특징 : 실제 토량보다 작게 된다.

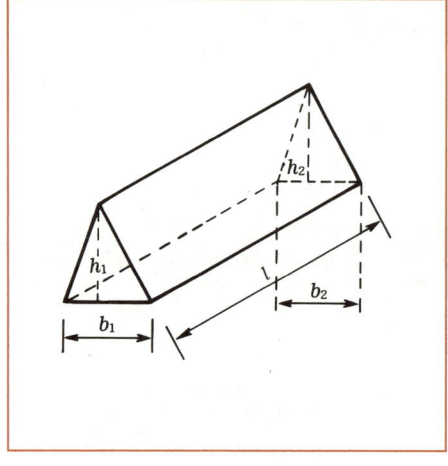

(그림 5) 중앙 단면법

(4) 주상법

1) 계산식

$$V = \frac{h}{6}(A_1 + 4A_m + A_2)$$

여기서, A_1, A_2 : 양단면적(㎡)
A_m : 중앙단면적(㎡)

2) 특징 : 실제 토량과 거의 비슷하게 된다.

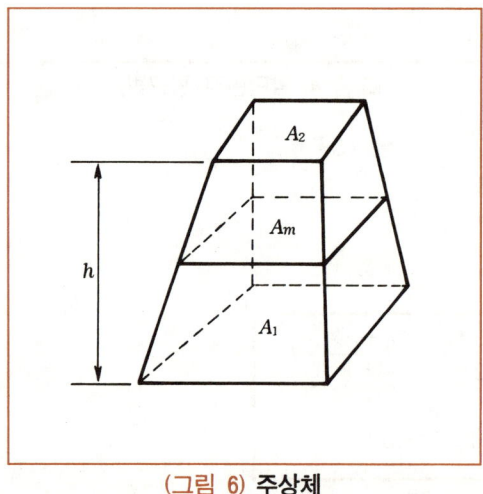

(그림 6) 주상체

(5) 사각 각주법

넓은 지면을 (그림 7)와 같이 여러개의 단면으로 분할하고, 각 점에서의 모서리 높이를 h_1, 두 구형의 공통점의 높이를 h_2, 3단면의 공통점의 높이를 h_3이라 하고, 체적을 각각 V_1, V_2, V_3…이라 하면

$$V_1 = \frac{ab}{4}(h_1+h_2+h_3+h_2)$$

$$V_2 = \frac{ab}{4}(h_1+h_1+h_3+h_2)$$

$$V_3 = \frac{ab}{4}(h_3+h_1+h_1+h_2)$$

그러므로 전체 체적은 일반적으로 다음과 같다.

$$\boxed{\begin{aligned}V &= V_1+V_2+V_3+\cdots+V_n \\ &= \frac{ab}{4}(\Sigma h_1+2\Sigma h_2+3\Sigma h_3+n\Sigma h_n)\end{aligned}}$$

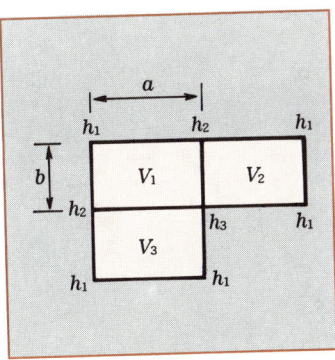

(그림 7)

(6) 삼각 각주법

사각 각주법과 같은 방법으로, 다음 공식을 사용한다.

$$\boxed{V = \frac{ab}{6}(\Sigma h_1+2\Sigma h_2+3\Sigma h_3+\cdots+n\Sigma h_n)}$$

(그림 8)

(7) 등고선법

등고선을 이용하여 토량을 계산하는 방법인데 각 등고선의 높이의 차를 h(보통 5m로 한다.)라 하면, 앞서 말한 주상체 공식을 사용하여 토량을 계산할 수 있다. 지금 각 등고선으로 둘러싸인 면적을 각각 $A_1, A_2, A_3, A_4, A_5, \cdots, A_n$이라 하면,

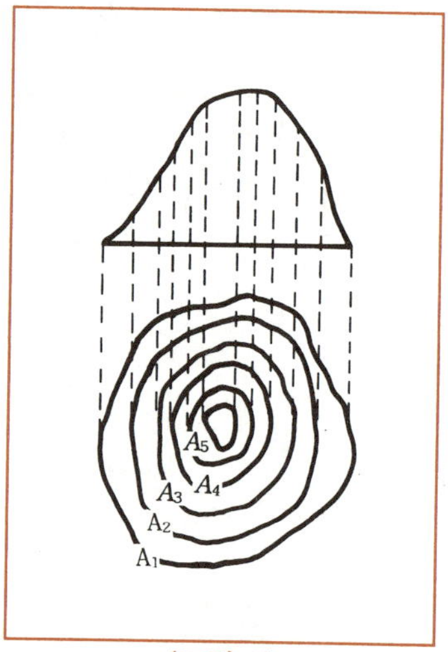

1) A_1과 A_3 관한 토량은

$$V_1 = \frac{h}{3}(A_1 + 4A_2 + A_3)$$

2) A_3와 A_5에 관한 토량은

$$V_2 = \frac{h}{3}(A_3 + 4A_4 + A_5)$$

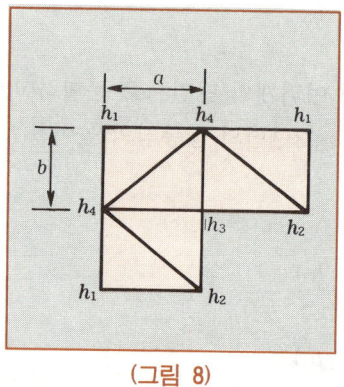

(그림 9)

3) A_{n-1}과 A_{n+1}에 관한 토량은

$$V_3 = \frac{h}{3}(A_{n-1} + 4A_n + A_{n+1}) \text{ 이다.}$$

4) 이것을 전부 합하면,

$$V = \frac{h}{3}(A_1 + 4A_2 + 2A_3 + 4A_4 + \cdots + 2A_{n-2} + 4A_{n-1} + A_n)$$

$$= \frac{h}{3}\{A_1 + 4(A_2 + A_4 + A_6 + \cdots + A_{n-1}) + 2(A_3 + A_5 + A_7 + \cdots + A_{n-2}) + A_n\}$$

8. 결 론

(1) 현장에서 절토, 성토공사시 유토곡선에 의하여 토량을 배분하면 운반 토량, 운반거리를 추정하여 경제적인 시공이 되므로 특히 대규모 절성토가 되는 도로공사에서 많이 이용되며

(2) **운반거리**는 되도록 짧게 되도록하여 공사 원가를 절감할 수 있도록 한다.

31. Mass Curve의 극대점, 극소점

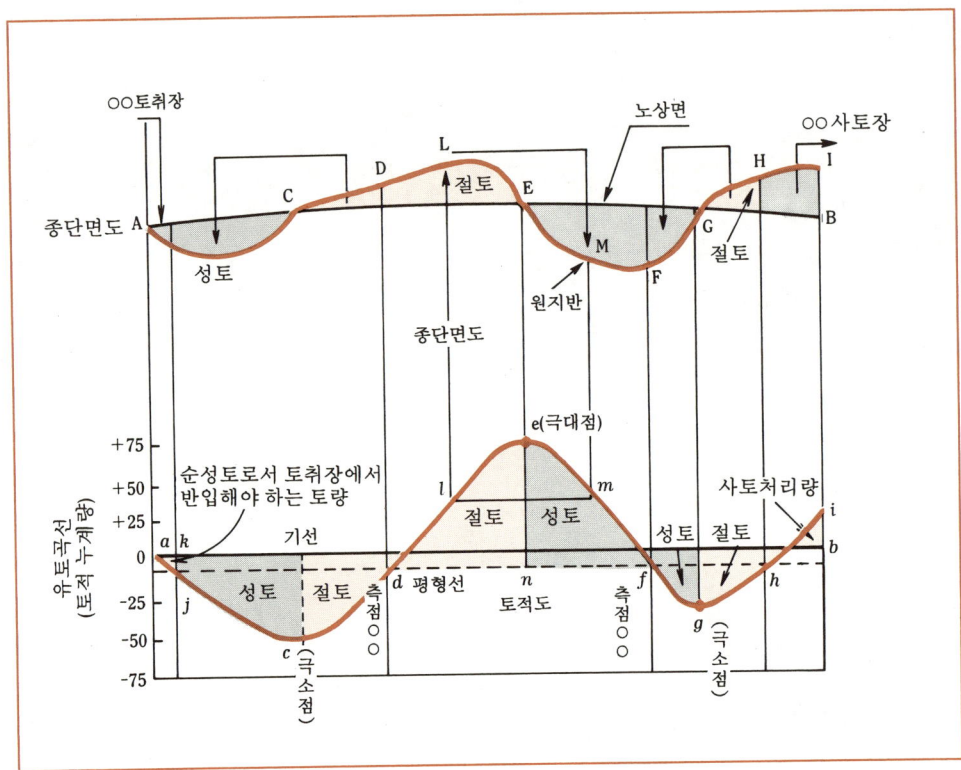

1. 극대점
절토구간에서 성토구간으로의 변이점(그림에서 e점)

2. 극소점
그림에서 C와 g는 극소점으로서 성토구간에서 절토구간으로의 변이점

> **32. 토량의 변화비율 (= 토량의 변화율, 토공량의 확정) 이용시 주의사항(토량의 변화율 L값과 C값 설명)**

1. 서 론

토공의 3단계 작업단계에서 (절토→운반→다짐) 다음과 같은 토량으로 구분된다.
  (1) **산지의 토량** (자연상태의 토량) : 굴착하려는 토량
  (2) **교란된 토량** (흐트러진 상태의 토량) : 운반 토량
  (3) **다진 토량** (다져진 성토의 토량)

2. 토량의 변화비율의 정의

  (1) 자연상태의 토량
  (2) 흐트러진 상태의 토량
  (3) 다져진 성토의 토량은 절토 또는 굴착되는 토량을 기준으로 한 체적비로 표시되며 이것을 토량의 변화비율이라고 한다.

3. 토량의 변화율 L값, C값

  (1) L 값 (흐트러진 상태의 토량 변화율)

$$L = \frac{흐트러진\ 상태의\ 토량}{자연상태의\ 토량} \quad (\text{이 경우 체적이 22\%정도 증가})$$

  (2) C 값 (다져진 상태의 토량 변화율)

$$C = \frac{다져진\ 상태의\ 토량}{자연상태의\ 토량} \quad (\text{이 경우 체적이 2~7\%정도 감소})$$

4. 토량의 변화율(L 값과 C 값)의 이용시 주의사항

  (1) 토량 변화율은 될 수 있는대로 유사현장의 실적의 결과값을 활용하는 것도 실용적인 방법이 될 수 있고,
  (2) 또 많은 장소의 현장의 흙과 굴착 깊이별로 세분화하여 시험한 성과값을 활용하는 것이 이

상적이다.
(3) 대규모 공사에서 토량 변화율 C 값이 그 공사에 영향을 크게 미칠 경우는 **현장시험**에 의해서 구하는 방법도 좋을 것이다.

5. 정부 표준 품셈에서 제시하는 토량 변화율

종 별	L	C
경 암	1.70 ~ 2.00	1.30 ~ 1.50
보 통 경 암	1.55 ~ 1.70	1.20 ~ 1.40
연 암	1.30 ~ 1.50	1.00 ~ 1.30
호 박 돌	1.10 ~ 1.15	0.95 ~ 1.05
력	1.10 ~ 1.20	1.10 ~ 1.05
력 질 토	1.15 ~ 1.20	0.90 ~ 1.00
고 결 된 력 질 토	1.25 ~ 1.45	1.10 ~ 1.30
모 래	1.10 ~ 1.20	0.85 ~ 0.95
암괴, 호박돌 섞인 모래	1.15 ~ 1.20	0.90 ~ 1.00
모 래 질 흙	1.20 ~ 1.30	0.85 ~ 0.90
암괴, 호박돌 섞인 모래질 흙	1.40 ~ 1.45	0.90 ~ 0.95
점 질 토	1.25 ~ 1.35	0.85 ~ 0.95
력이 섞인 점질토	1.35 ~ 1.40	0.90 ~ 1.00
암괴, 호박돌 섞인 점질토	1.40 ~ 1.45	0.90 ~ 0.95
점 토	1.20 ~ 1.45	0.85 ~ 0.95
력이 섞인 점질토	1.30 ~ 1.40	0.90 ~ 0.95
암괴, 호박돌이 섞인 점토	1.40 ~ 1.45	0.90 ~ 0.95

6. 결 론

(1) 현장에서 운반량, 운반비 계산시 토량의 변화율 L값과 C값을 계산해서 공사비를 산정하고
(2) L 값에 의해서 운반 토량, 운반장비(Dump Truck) 대수를 결정한다.

33. 토량환산에서 L 값 및 C 값

1. 토량의 변화율 L 값, C 값

(1) 정의

토량의 변화비율이란 절토 → 운반 → 다짐의 3가지 단계에서 이 세가지 종류의 토량은 절토 또는 굴착되는 토량을 기준으로 한 **체적비**로 표시되며 이를 **토량의 변화비율**이라고 한다.

(2) 토량의 변화율 L 및 C (체적의 비로 표시된다)

$$L = \frac{\text{흐트러진 상태의 토량}}{\text{자연상태의 토량}} \quad (22\% \text{ 체적이 증가})$$

$$C = \frac{\text{다져진 상태의 토량}}{\text{자연상태의 토량}} \quad (2 \sim 7\% \text{ 체적이 감소})$$

(3) 현장에서 절취한 흙의 운반토량은 L값으로 적산함.

34. 전단강도 · 강도정수(ϕ, C) · UU삼축시험과 CU삼축시험

1. 서 론

(1) 흙의 전단강도는 여러가지 요소에 의해 좌우되고 그 해석도 여러가지이다. 따라서 전단시험을 통해 그 결과를 올바르게 활용하기 위해서는 흙의 강도를 재하하는 여러가지 법칙에 대해서 자세한 지식이 요구된다.

(2) 토질공학에서 전단강도가 이용되는 주 대상은 성토나 사면의 안정, 구조물의 기초설계, 말뚝, 토압, 터널 등 매우 다양하다. 따라서, Coulomb이 수직응력 σ를 받고 있는 면에 대한 흙의 전단강도 τ_f를 아래 식처럼 제안한 이래 200년이 지난 오늘날까지도 많은 연구와 검토가 진행되고 있으며 앞으로도 계속될 것이다.

$$\tau_f = C + \sigma_f \tan \phi$$

(3) 오늘날에 있어서 흙의 전단강도가 윗 식처럼 단순한 점착력 C와 마찰력 $\sigma_f \tan \phi$ 만으로 이루어지지 않는다는 것은 누구나 다 알고 있는 사실이다. 윗 식의 의미는 편의적인 것이지 결코 강도의 본질을 나타내는 것은 아니고 전단시험을 통해 얻어지는 결과를 정리하는데 쓰이는 기본적인 지침으로 이해된다.

(4) 즉 $\tau_f = f$(흙의 종류, 밀도, 함수비, 흙의 골격구조, 배수조건, 응력이력........)은 수식화하거나 물리량으로 규정할 수 없는 복잡한 흙의 전단강도의 상태량을 상징하는 것이지만 현실적으로 이 가운데서 전단시 밀도, 함수비, 배수조건, 응력이력 등의 영향에 대해서는 소상히 밝혀져야 한다고 생각한다.

2. 전단강도와 강도정수

(1) **흙의 전단강도**

1) 흙지반은 보통의 고체재료와 같이 인장이나 전단에 의하여 파괴된다. 그런데 지반의 인장저항력은 무시할 수 있을만큼 작으므로, 지반은 인장저항력이 없다고 간주해도 무방하다.

2) 따라서, 지반에서는 대개 전단저항력만이 문제가 되며 흙이 최대로 발휘할 수 있는 전단저항력을 **전단강도**라고 한다.

3) 흙의 전단파괴시의 응력상태를 나타내는 3개 이상의 응력원을 그리면 그 외접선이 대개 완만한 곡선이 되는데 이를 **Mohr-Coulomb 파괴포락선**이라고 한다.

4) 그런데 흙의 응력수준이 낮고 Mohr-Coulomb 파괴포락선은 낮은 응력상태에서는 직선으로 가정할 수 있으며 그 직선의 절편을 점착력 C, 경사각 ϕ 라고 정의하면 임의의 응력상태에서 흙의 전단강도를 처음에 제기한 식과 같이 나타낼 수 있다. ($\tau_f = C + \sigma_f \tan\phi$)

5) 지반의 점착력 C와 내부마찰각 ϕ 는 지반의 고유한 값이며 이들을 알고 있으며 임의의 응력상태에서 그 지반의 전단강도를 구할 수 있다. 따라서, 이들을 **강도정수**라고 한다.

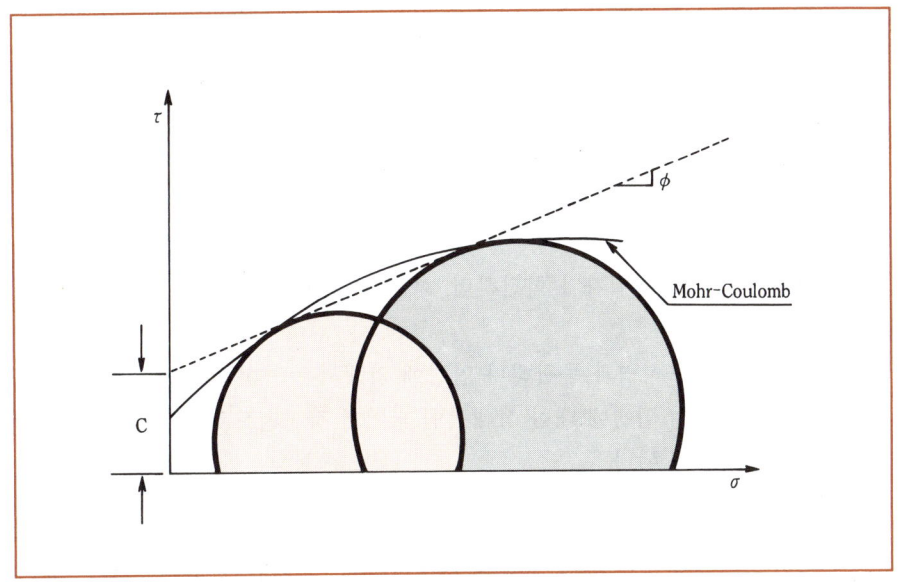

(그림 1) Mohr-Coulomb 파괴 포락선

(2) **점착력 C 와 마찰저항 ϕ**

1) **점착력 C**

① 수직응력이 0일 때 즉, 지반의 전단강도로 정의하며, 이는 연직으로 굴착할 수 있는 능력으로 이해할 수 있다.

② 즉, 연직으로 굴착할 수 있는 지반은 점착력을 갖고 있다.

③ 그러나, 점착력은 지하수위에 무관하고 여러가지 요인들에 의하여 영향을 받으며 이들에 의한 영향은 아직까지 완전히 규명되지 않고 있다.

④ 점착력은 입자주위를 둘러싸고 있는 물의 표면장력에 의해 발생되며 그 크기는 점토광물의 함량과 선행하중에 의하여 결정된다.

⑤ 따라서, 지반의 함수비가 증가할수록 점착력은 작아지고 죽상태에서는 흡착수에 의하여 둘러싸여진 입자간의 거리가 멀어져서 더 이상 인력이 작용하지 않기 때문에 점착력은 실제로 영이된다.

2) 마찰저항

지반의 내부 마찰각은 지하수에 무관하고 대체로 지반의 안식각과 거의 일치하며 현장에서 건조한 상태로 안식각을 측정하여 대신할 수도 있으나 정확한 값은 전단시험을 실시하여 결정하여야 한다. 흙입자간에 마찰저항은 주로 다음의 원인에 의하여 발생된다.

① 건조마찰(맞물림 마찰과 미끄럼 마찰)
  ㉠ 두 물체의 형상과 관계없이 접촉면에서의 수직력이 클수록 마찰이 커진다. 이것은 흙입자간의 접촉면이 완전한 평면이 아니고 몇 개의 접점에 의해 접촉되어 있기 때문이다.
  ㉡ 접촉점은 서로 맞물림 역할을 하며, 수직력이 클수록 맞물림 역할이 커진다.
  ㉢ 접촉점이 부스러지면서 활동을 일으키기 위해서는 매우 큰 힘이 필요하며 석영에서는 110×10^4 MN/㎡ 정도의 힘이 필요하다.

② 회전마찰
  ㉠ 전단면에 있는 흙입자가 회전하면, 회전에 의해 에너지가 소모되어 마찰거동이 달라진다.
  ㉡ 회전마찰은 수직력과 무관하나 입경에 의해서는 영향을 받는다. 입경이 클수록 흙입자 돌출부의 입경에 대한 상대적인 크기가 작으지므로 모멘트 효과가 커져서 입자가 회전하게 된다.

③ 형상저항
  ㉠ 흙입자의 상대적인 위치 바꿈은 건조마찰과 회전마찰이외에도 쐐기 효과에 의해서도 영향을 받는다.
  ㉡ 따라서, 흙입자의 전단변위에 대항하는 힘은 입자간의 마찰과 형상저항에 의해서 발생되며 이를 포괄적으로 내부마찰각이라고 한다.

3. UU 삼축압축시험과 CU 삼축압축시험

(1) UU 삼축압축시험

1) 구조물의 안정해석은 구조물의 시공직후로부터 장시간에 걸쳐서 가장 위험한 경우에 대해서 시행하여야 한다.
2) 축제와 후팅 등과 같은 재하조건(Loading)인 경우에 대해서는 시공직후의 비배수상태가 가장 위험하며 특히 연약점토에서는 더욱 그러하다.
3) 그리고 지반굴착과 같은 제하조건(Unloading)인 경우에는 시공후 장기간 지난후의 배수 상태(CD)가 일반적으로 가장 위험하나(특히 견고점토인 경우), 정규연약점토인 경우에는 UU 및 CD 상태 모두 위험하다.
4) 따라서, 비배수 상태에 대한 안정해석에서 적용해야 하는 점토의 비배수 전단강도(S_u)를

정확하게 측정하는 것이 대단히 중요하다.
5) 삼축압축실에서 직경 3.5cm, 길이 7m의 2 : 1의 비율로 시료를 성형하여 원통형 공시체에 넣고 비압밀상태에서 구속응력을 가한 후,
6) 일축압축시험과 같은 재하조건으로 재하시켜 파괴시의 Mohr 응력원을 아래와 같이 구하여 비배수 전단강도를 구하는 시험이다.

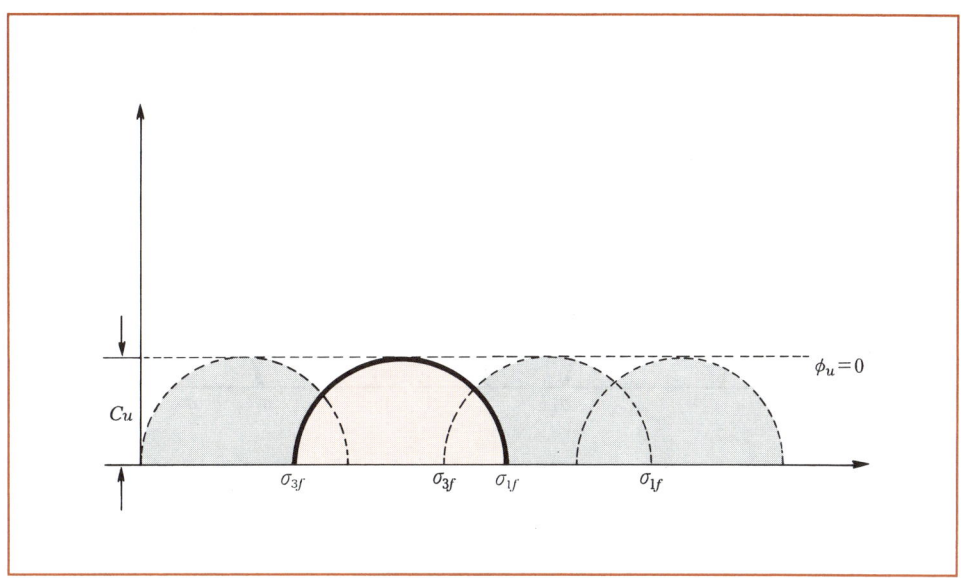

(그림 2) UU 시험 파괴 Mohr 응력원

7) 위 그림에서도 볼 수 있는 바와 같이 구속응력의 크기에 관계없이 전응력 파괴 Mohr원의 크기와 유효응력 Mohr의 크기는 같으며 유효응력 Mohr원은 하나뿐이다.
8) 따라서, $S_u = C_u = \frac{1}{2}(\sigma_{1f} - \sigma_{3f})$이다.
9) 그러나, 불포화 점토나 Fissured Clay인 경우에는 구속응력의 크기에 따라 파괴 Mohr응력원의 크기는 다르며 파괴 포락선은 (그림 3)과 같다.
10) 불포화 점토인 경우에는 구속응력을 가하면 간극내의 공기압축으로 인해서 체적이 감소되므로 구속응력이 증가되면 최대압축응력도 증가되어 Mohr응력원이 커지게 된다.
11) 그리고 Fissured Clay인 경우에도(구속응력에 의해서) 시료채취시 구속응력의 제거로 인해 열려진 Fissure(구속응력에 의해서)를 현위치에서와 같이 다시 폐쇄시켜주기 때문이다.
12) 따라서, 불포화 점토인 경우에 구속응력의 크기가 증가할수록 파괴 Mohr원이 커지나 구속응력에 의해서 불포화 점토가 포화되고, Fissure가 다시 폐쇄되는데 충분한 구속응력보다 큰 응력범위에서는 파괴 Mohr 응력원의 크기가 일정하여 $\phi = 0$ 상태의 파괴 포

락선이 된다.
13) 따라서, (그림 3)에서와 같이 $\phi = 0$인 응력범위내에서는 대상 응력범위의 곡선 포락선에 근사한 직선에 의해서 강도정수 C_u, ϕ_u를 구한다.

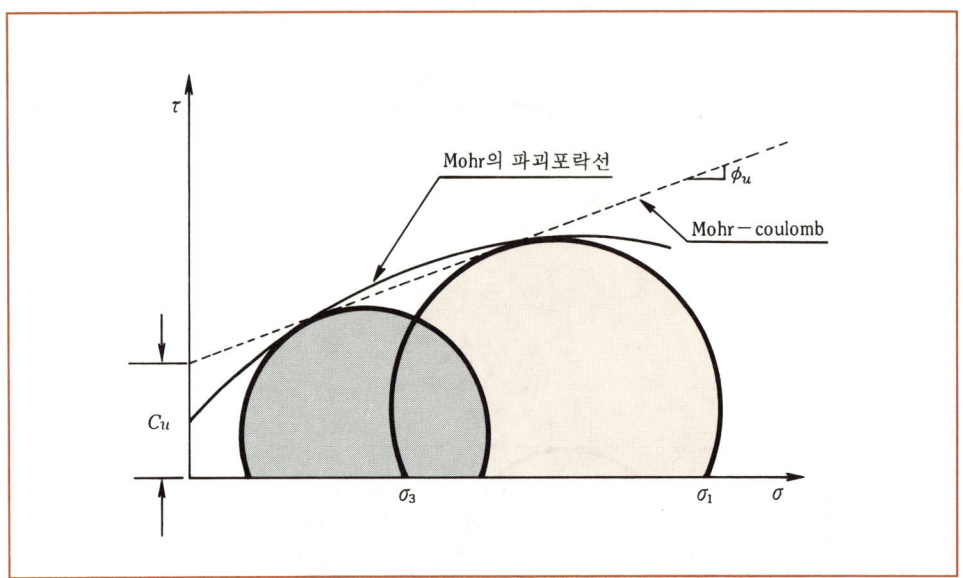

(그림 3) 불포화 점토 및 Fissured Clay의 파괴 포락선

(2) 등방압밀 – 비배수(CU시험)

1) 원통형 공시체를 압축실내에서 구속응력을 가하여 압밀시킨 후 UU시험과 같은 재하조건으로 재하시켜 (그림 4)와 같이 파괴 포락선을 그려서 강도정수 C_{cu}, ϕ_{cu}를 구한다.
2) 그러나, 이렇게 해서 구한 비배수 강도 정수는 Mohr-Coulomb 파괴기준에 의한 강도계산을 적용하기에는 문제가 있다. 왜냐하면 σ_3 하에서 압밀시킨 후 $\sigma_1 = \sigma_3$ 로서 비배수 압축한 시험의 파괴 Mohr원의 위치가 재하조건에 따라 일정하지 않기 때문이다.
3) 즉, 압밀완료후 일정한 응력 즉 $\sigma_3 = \dfrac{1}{3}(\sigma_1 + 2\sigma_3)$조건으로 비배수 압축을 하는 경우와 σ_3 하에서 압밀시킨 후 $\sigma_1 = \sigma_3$ 로 유지하고 구속액압을 감소시켜서(Unloading경우) 압축시키는 경우 파괴 Mohr원의 위치가 서로 다르므로 파괴 포락선이 달라지기 때문에 C_{cu}, ϕ_{cu}값은 서로 다르게 된다.
4) 포화점토에 대한 CU 시험결과로서 재하 및 제하의 경우 ϕ_{cu}가 서로 다르나 ϕ는 일정함을 보여준다.
5) 따라서, C_{cu}와 ϕ_{cu}는 현위치의 파괴형태와 일치시킨 하중조건을 갖는 시험만으로부터 구하므로 안정해석에 이용될 수 있다.

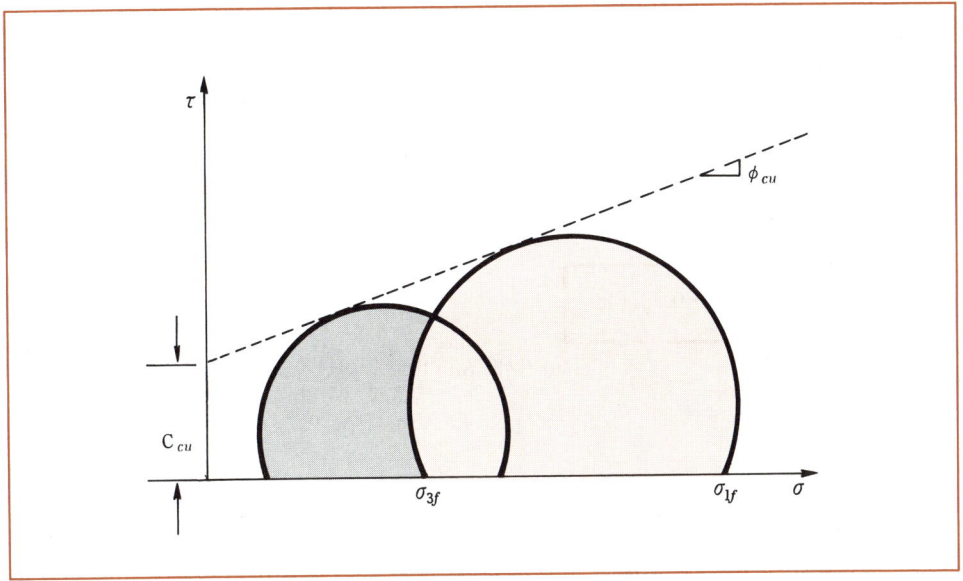

(그림 4) CU시험에 의한 파괴 포락선

6) 즉, 재하(σ_v 증가)시험은 성토에 의한 원호활동 및 하중증가 주동파괴의 경우에 적용되고 제하(σ_h 감소)시험은 굴착과 같은 하중감소 주동파괴의 경우에 적용된다.
7) 따라서, CU 시험목적은 압밀에 의한 S_u의 증가비를 추정하여 시공직후의 $\phi_u = 0$해석에 이용하고 또한 간극수압을 동시에 측정하여 유효응력 강도정수 $\bar{\sigma}, \bar{\phi}$를 구하여 유효응력해석에 이용하는 것이다.

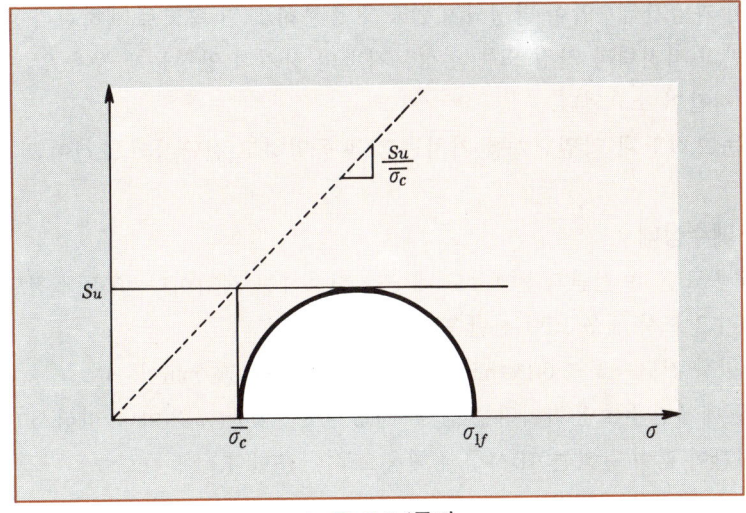

(그림 5) $S_u/\bar{\sigma}$ 비

8) 등방압밀에 S_u 의 증가비 $\dfrac{S_u}{\overline{\sigma}}$ 는 (그림 5)와 같이 CU시험에 의해서 구한다. $\dfrac{S_u}{\overline{\sigma}}$ 비는 압밀에 의한 지반개량공사에서 개량지반의 강도증가 추정에 대단히 주요한 설계자료로 이용되며, 이 경우 $\overline{\sigma_{vo}} = \overline{\sigma_c}$ 로 보고 S_u를 추정하여 $\phi_u = 0$ 해석에 이용한다.

9) 그리고 정규압밀 점토에 대한 $\dfrac{S_u}{\overline{\sigma}}$ 비는 점토의 소성지수와 밀접한 관계를 보이고 있으며 Skempton(1957)의 경험식은 아래와 같다.

$$\dfrac{S_u}{\overline{\sigma}} = 0.11 + 0.037 PI$$

여기서, S_u : 비배수 전단강도($1/2(\sigma_{1f} - \sigma_3)$)
$\overline{\sigma_{vo}}$: 유효상재응력
PI : 소성지수

10) 응력역사가 다른 점토의 UU시험결과로 부터 다음과 같은 사실을 알 수 있다.
① 동일한 압밀응력에 대한 비배수 전단강도(S_u)는 과압밀점토의 경우가 정규압밀보다 훨씬 크다.
② 과압밀비(OCR)가 증가할 수록 $\dfrac{S_u}{\overline{\sigma}}$ 비가 증가하는 이유는 주로 전단시 발생하는 과잉간극수압이 감소하기 때문이다.
③ OCR이 큰 점토일수록 파괴시 변형율(ε_f)는 크다.
④ 대단히 크게 과압밀된 점토(OCR = 12)인 경우 A-계수는 변형율이 커짐에 따라 감소한다.

4. Consolidated Drained(CD) Test

- 시료를 먼저 압밀시키고 나서 배수상태로 축방향 재하하여 공시체를 파괴시킨다. 재하중에 시료 내에서 과잉간극수압이 발생되지 않도록 충분히 느린 속도로 재하한다.
- 사잘토 지반의 지지력과 안정 또는 점성토지반의 장기적 안정문제 등을 알 수 있으나 시험에 너무 긴 시간이 소요된다.
- CU 시험과는 포화단계, 압밀단계를 거치는 것은 동일하고 전단시의 조건이 달라진다.

(1) 시험중의 배수상태

1) 압밀이 종료된 후 전단과정에서도 배수를 허용하는 시험이다. 따라서 전단중에 P.W.P가 발생하지 않도록 매우 느린 전단속도로 축압을 가한다.
2) 권장할만한 전단속도는 0.1%/min이하이다. (규정은 0.5%/min이다)
3) P.W.P를 배제한 유효응력이라는 점에서 $C_D = C'$, $\phi_D = \phi'$ 이다. 따라서 $\overline{CU}$시험을 시행하여 시간이 많이 걸리는 CD시험의 대용으로 이용한다.

(2) 시험결과의 Mohr원(파괴 포락선)

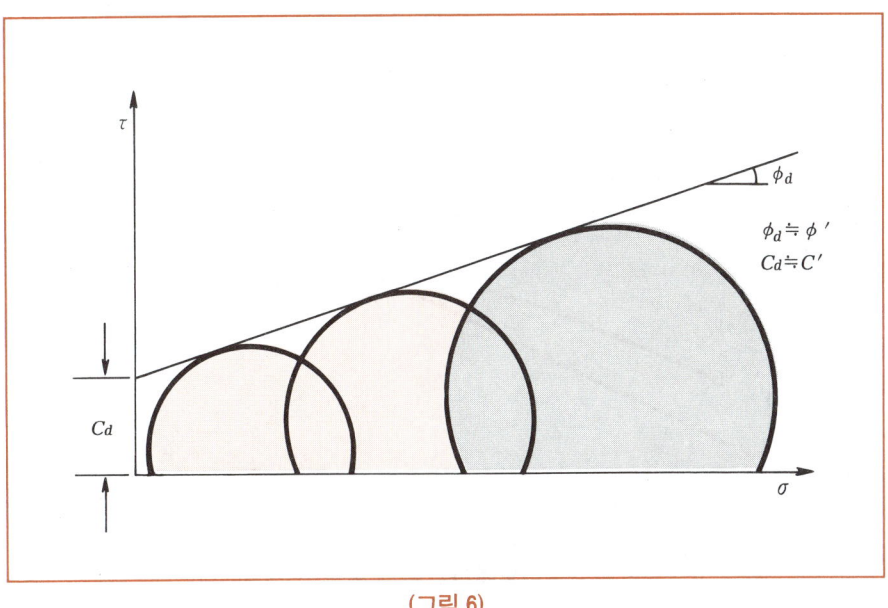

〈그림 6〉

1) 처녀압축(N.C Clay) : 처녀압축 곡선상 ABCF점의 흙 시료를 전단시키면 전단강도는 A′B′C′F′의 Mohr 포락선이 되어 원점을 통과한다. (그림 7)

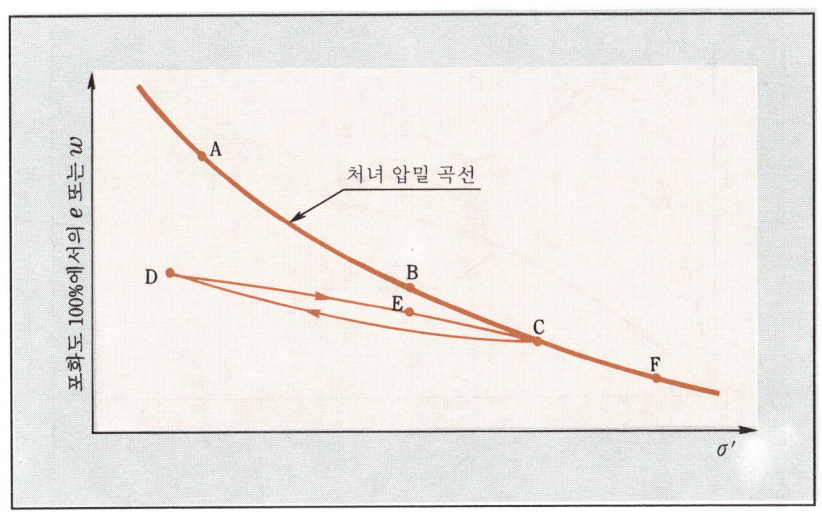

〈그림 7〉 압밀곡선

2) 재압축(O.C Clay) : 재압축시켜 DE시료를 전단시키면 이의 전단강도는 D´E´가 되고 이들을 연결한 Mohr 포락선은 O.C Clay의 특성을 보인다. (그림 8)

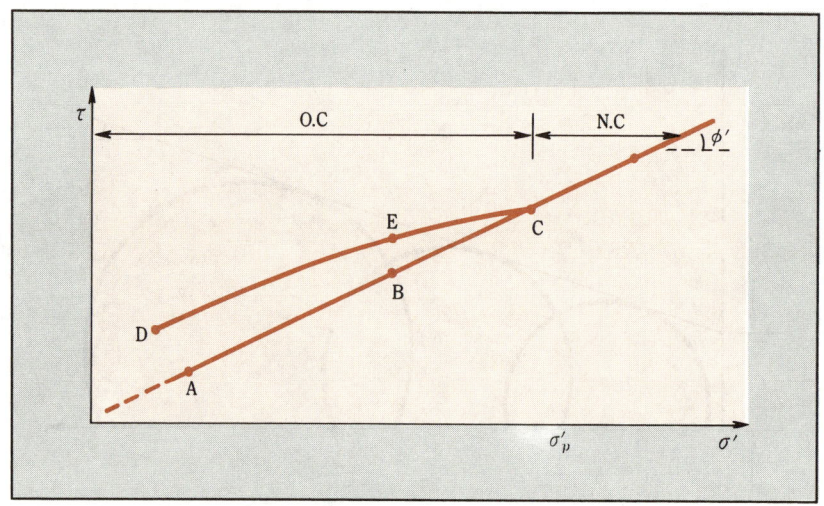

(그림 8) 과압밀 점토에 대한 Mohr 파괴 규준선(DEC)

(3) CD시험시 시료의 파괴까지의 거동
   1) 축차응력($\sigma_1 - \sigma_3$)-변형율(ε)관계

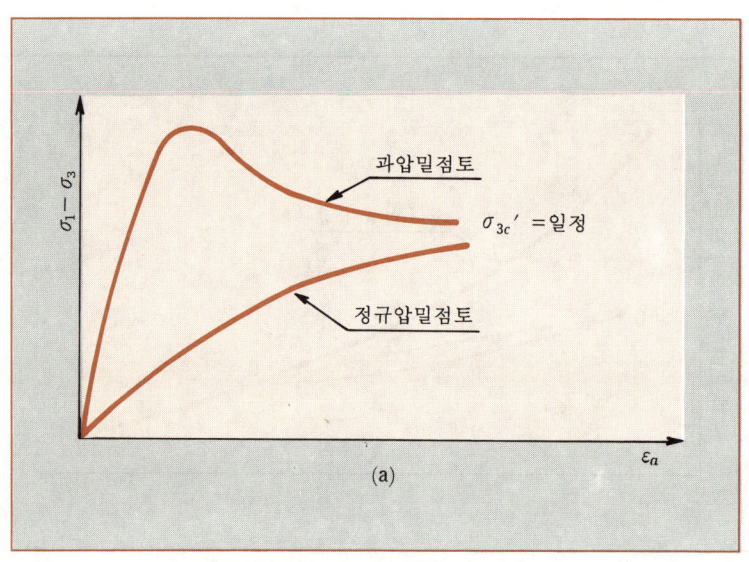

(그림 9) 축차응력($\sigma_1 - \sigma_2$)-변형율(ε)관계

2) Volumetric Strain $\left(\dfrac{\Delta V}{V}\right)$ - 변형율(ε)관계

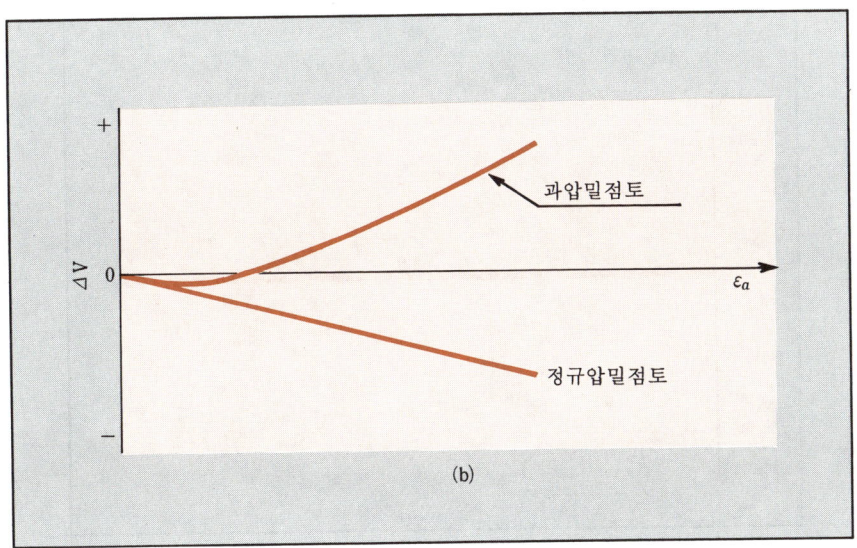

(그림 10)

3) 간극수압 변화(Δu) - 변형율(ε) 관계

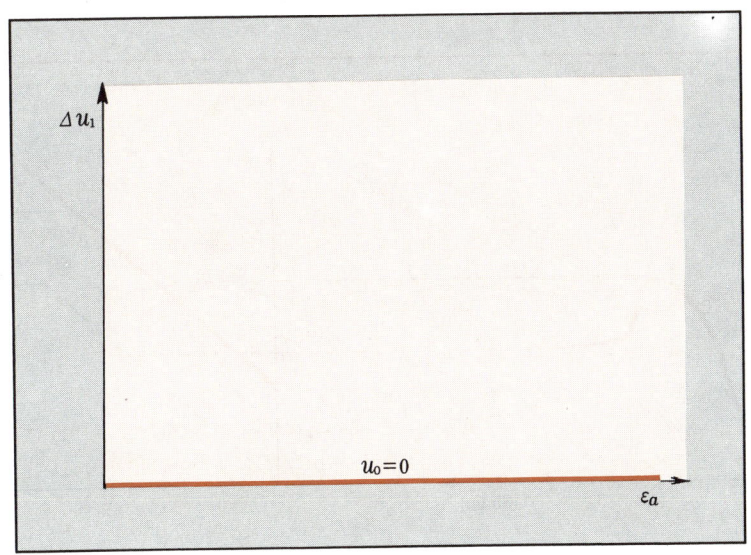

(그림 11)

4) Volume(A) — 변형율(ε) 관계

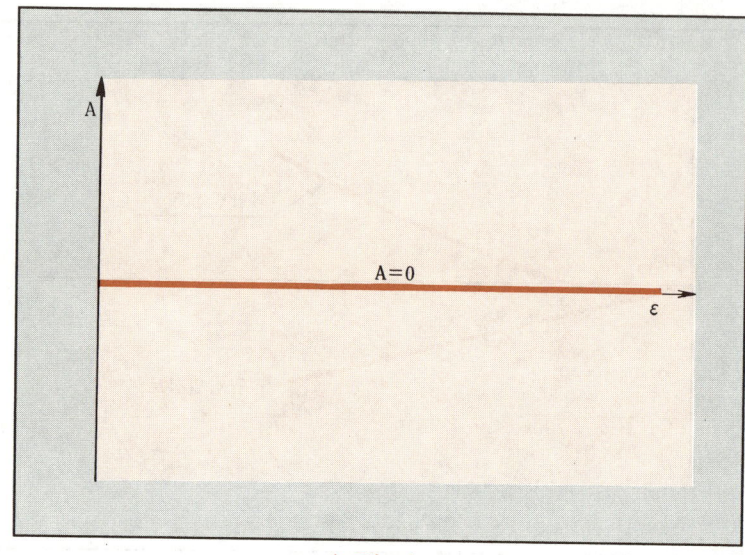

(그림 12)

(4) CD 시험결과의 적용

일반의 점토지반에서는 배수조건으로 전단 강도정수를 정해야 할 정도의 느린 재하상태는 거의 없다.

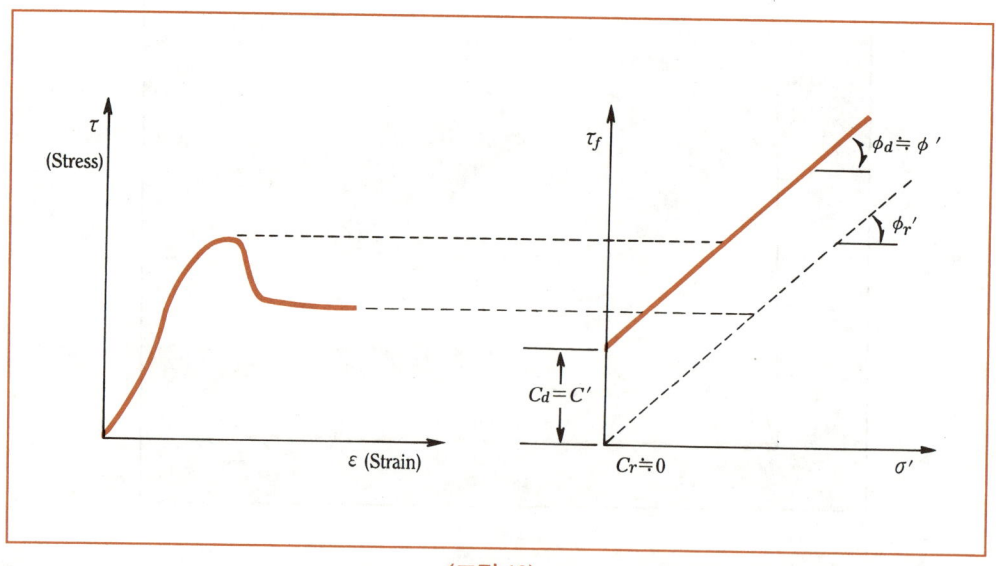

(그림 13)

1) 장기 안정문제(팽창, 흡수전단시험) : (그림 13)
   다만, ① 점성토의 대규모 굴착이나 ② 심한 과압밀 지반에 재하하는 경우에 있어서 시공중의 전단강도는 시공전과 거의 같으나 시공후 장기간에 걸쳐 점성토가 흡수, 팽창하여 전단강도가 소멸되어 오랜기간이 지난 뒤에 파괴에 이르는 경우와 흡수, 팽창 전단시험에 의한 C_D, ϕ_D를 이용한 경우 $\tau - \varepsilon$ 곡선에서 Peck값이 아닌 잔류전단강도(τ_r)를 이용하도록 Skempton은 권장하고 있다. (∵ CD시험은 일종의 진행성 파괴로 봄)

> **[창고] 균열있는 고결점토(Stiff Fissured Clay)**
> 구속응력(상재하중) 제거로 인해 닫혀 있던 면이 열려 매끄러운 면이 생기고 이에 물의 침투로 인해 파괴면이 생길 수 있다.

2) 그 외 CD 적용 경우
   ① 사질지반의 안정문제 – K가 크므로 즉시 배수
   ② 완속시공(단계적 축제)시 성토하중에 의한 점토지반의 압밀이 서서히 진행되고 파괴도 극히 완만히 진행될 경우
   ③ 완전 압밀된 점토지반

35. 강도정수(지반정수)의 추정을 위한 시험방법

1. 서 론
(1) 강도정수(Parameter)란 모래의 전단 저항각 ϕ와 점토의 점착력 C를 의미하는 것으로써
(2) ϕ와 C의 추정을 위한 시험방법 2가지
   1) 현장시험
   2) 실내시험
(3) 실내시험에서는 현장에서 시료를 채취(Sampling)하여 시험실까지 운반해야 하므로 「교란」을 최소로 하는 것이 정확한 자료를 얻는데 무엇보다도 중요하다.
(4) 현장시험(원위치 시험)에서는 교란의 문제가 거의 없고 지층의 변화에 따른 강도의 변화를 현장의 조건에 따라서 직접 측정할 수 있는 장점이 있다.

2. 강도정수의 시험방법

강도정수	기호	실내 시험방법	현장 시험방법	비 고
비배수강도	S_u	일축압축시험 *	현장 Vane 시험 *	
		삼축압축시험 *	표준 관입시험 ***	
점착력	C_u, C', C_r	삼축압축시험 *	표준 관입시험 ***	현장시험은 간접적인 측정방법임
전단 저항각	ϕ_u, ϕ', ϕ_r	직접 전단시험 *	콘 관입시험 ***	
		링 전단시험 *	Piezocone **	
			Dilatometer **	
			Pressuremeter **	

                          * 가장 적합, ** 대략 적합, *** 적합성이 떨어짐, 간접적 측정방법

3. 압밀에 관련되는 여러 계수들을 측정하는 방법

정수(Parameter)	기호	실내 시험방법(설계전 예측자료)	현장 시험방법(원위치 시험)
압축지수	C_c	압밀시험 *	콘 관입시험 **
재압축지수	C_r		Piezocone **
체적변형지수	m_v		Dilatometer **
2차압밀계수	C_v		Pressuremeter **
과압밀비	OCR		침하계 *
압밀계수	C_v	압밀시험 *	Borehole Permeameter *

정수(Parameter)	기 호	실내 시험방법(설계전 예측자료)	현장 시험방법(원위치 시험)
	C_h		Piezocone *
			Dilatometer **
			Pressuremeter **
			간극수압계

* 가장 적합, ** 대략 적합, *** 적합성이 떨어짐, 간접적 측정방법

4. 변형계수 측정방법

정수(Parameter)	기 호	실내 시험방법	현장 시험방법
탄성계수	E_U, E'	삼축압축시험 * 일축압축시험 **	평판 재하시험 * 콘 관입시험 ** Piezocone ** Dilatometer * Pressuremeter *
구속계수	D		

* 가장 적합, ** 대략 적합, *** 적합성이 떨어짐

36. 모래지반과 점토지반의 전단 특성 【대단히 중요】

1. 모래지반 전단 특성

(1) 상대 밀도

$$D_r = \frac{e_{max}-e}{e_{max}-e_{min}} \times 100(\%)$$

여기서, e_{max} : 가장 느슨한 상태의 흙의 간극비
e_{min} : 가장 조밀한 상태의 흙의 간극비

(2) 액상화 현상 : 연약지반에 타입한 말뚝이 부러진다.

$$\tau = C + \overline{\sigma} \tan\phi$$
$$\tau = (\sigma - u)\tan\phi \text{ 에서 } u\uparrow \ \sigma\downarrow \ \tau = 0$$

(3) Dilatancy 현상
 1) (+)의 Dilatancy 현상 : 모래를 전단시 체적이 팽창하는 현상
 2) (−) 부의 Dilatancy 현상 : 사질토가 진동을 받으면 모래의 부피가 감소되는 현상
 3) 한계 간극비 : Dilatancy가 0(Zero)일 때의 간극비이며 이 때의 전단응력을 극한 전단응력 이라 한다.

(4) Boiling 현상
(5) 느슨한 포화사질토 액상화
(6) Quick Sand 현상 : 동수구배 $i \geq i_{cr} = \dfrac{G_s-1}{1+e}$
(7) Piping 현상
 Piping 현상의 발생조건 ➡ 상향의 침투력 > 하향의 흙의 무게

2. 점토의 전단 특성

(1) 예민비(Sensitivity Ratio)

$$S_t = \frac{q_u}{q_{ur}} = \frac{\text{불교란 시료의 일축압축강도}}{\text{교란된 시료의 일축압축강도}}$$

(2) **Thixotropy 현상** : 교란된 점토가 시간이 지나면서 강도가 회복되는 현상
(3) **Leaching 현상** : 해수에 퇴적된 점토가 담수에 의해 오랜시간에 걸쳐서 염분이 빠져나가서 전단강도가 저하되는 현상
(4) **동상 현상** : Silt질, 점토질 지반에서 지중수, 온도, 동결토가 어는 현상
　　동결심도이하까지 치환, 차단, 단열, 안정처리 공법으로 개선한다.
(5) **Heaving (융기)현상** : 점토지반에서 토류벽, 내외의 토사 중량의 차이에 의해서 굴착저면의 흙이 융기(부풀어 오르는)하는 현상
(6) 과잉간극수압의 상승
(7) 압밀침하(1차 압밀과 2차 압밀)
(8) Negative Skin Friction(부의 주면마찰력) 발생 : 말뚝이 부러짐.

37. 사질토와 점성토의 공학적 성질에 대하여 논하라.

1. 사질토와 점성토의 전단강도의 특성

(1) 일반적으로 함수비가 큰 흙은 밀도가 작으며 흙을 파괴시키는데 요하는 하중강도 즉, 전단강도는 작고 변형량도 크다.

(2) 사질토에 힘을 가하면 투수성이 크기 때문에 흙속의 물은 짧은 시간에 빠져 나가서 압축은 단시간내에 끝나며 그 결과 밀도가 커져서 전단강도는 커진다.

(3) 점성토의 경우에는 투수성이 낮기 때문에 압축되는데 많은 시간이 소요되며 따라서, 압축에 의한 밀도의 증가 및 전단강도의 증가에 많은 시간을 필요로 하게 된다.

(4) 그러므로 힘을 가한 직후의 강도는 점성토가 사질토보다 약하다고 볼 수 있다.

(5) 흙의 전단강도는 다음과 같이 표현되며

$$\tau_f = C + \overline{\sigma} \tan\phi$$
$$= C + (\sigma - u)\tan\phi$$

여기서, C : 점착력(t/㎡)
ϕ : 흙의 내부마찰각
u : 간극수압(t/㎡)
$\overline{\sigma}$: 유효연직응력(t/㎡)
τ_f : 전단강도(t/㎡)

(6) 위의 식에서 보는 바와 같이 사질토는 간극수압이 바로 소산될 경우 전단강도가 크다는 것을 알 수가 있다.

(7) 일반적으로 함수비가 큰 점성토 지반을 연약지반이라고 하는데

(8) 물로 포화된 느슨한 모래지반도 충격을 받으면 액상화되어 유동되므로 포화된 느슨한 지반도 연약지반으로 보아야 한다.

38. 성토재료로 사용하는 사질토, 점성토의 공학적 성질

1. 사질토(Sand)
(1) 느슨한 모래를 제외하면 지지력은 크고 침하는 작다. 침하는 하중을 가한 즉시 발생하며 따라서 기초지반으로 우수하다.
(2) 전단강도가 크고 다지기 쉬우며 동상피해도 받지 않고 성토재료로써 우수하다.
(3) 배수가 용이하며 횡방향 토압이 작아 옹벽 등의 배면토로 우수하다.
(4) Dam, 제방 등의 성토재료로써는 투수성이 크기 때문에 단독으로 사용불가하며 지하수위 이하 굴착시 과대한 배수가 필요하다.
(5) 진동하중에 의해서 침하되기 쉽다.

2. 점성토(Clay)
(1) 일반적으로 전단강도가 작다.
(2) 일반적으로 소성이며 압축성이 크다.
(3) 습윤시 전단강도가 약화된다.
(4) 교란되면 전단강도가 약화된다.
(5) 장기간의 하중하에서 소성변형(Creep)을 일으킨다.

> 1) 응력 < 50%×전단강도 : 무시
> 2) 응력 > 75%×전단강도 : 현저하다.

(6) 건조시 수축되고 습윤시 팽창한다. 계절적인 용적변화를 받는다.
(7) 횡방향 토압이 크기 때문에 옹벽 등의 배면재료로써는 좋지 않다.
(8) 전단강도가 작고 다지기 힘들기 때문에 성토재료로써 좋지 않다.
(9) 불투수성이다.
(10) 모세관 상승고가 높으며 특히 동결재해를 입기 쉽다.

3. 사질토와 점성토의 전단특성을 규정짓는 인자

구분 No	사 질 토	점 성 토	비 고
1	상대밀도(Dr)	예민비($S_r = \dfrac{q_u}{q_{ur}}$)	• 연약지반의 특성 규정시 이용
2	Dilatancy (+) (−) : 체적의 증감	Thixotropy 현상	

No	구분	사 질 토	점 성 토	비 고
3		Quick Sand (분사현상)	Leaching(용탈)현상	• 기성 말뚝기초의 거동
4		Boiling 현상	동상현상(Frost Heave)	
5		Piping ($i_{cr} = \dfrac{G_s - 1}{1+e} < i$)	Heaving 현상	• 말뚝의 재하시험 시기
6		액상화(포화사질토)	압밀침하	
7		C_u 와 C_c 값	NF(부의 주면마찰력)	
8		전단저항각 (ϕ)	점착력 (C)	

39. 점성토의 지반 정수 추정에 대한 귀하의 의견 기술(흙의 강도 추정개념에 대하여 기술)

1. 지반 정수의 추정방법

(1) S.P.T (N치) 사용이 많이 이용되나 N 값 과신은 금물임.

1) 점성토의 점착력 Cu
   ① N값에서 신빙성 떨어짐
   ② UD Sample에 대한 qu 값으로 부터 추정이 좋음
   ③ 연약 점토 : $Cu = \dfrac{qu}{2}$
   ④ 굳은 점토 : 3축 시험결과 이용
   ⑤ 부득이한 경우 : $Cu = (0.8 \sim 0.1)N \,(t/㎡)$

2) 사질토의 전단 저항각 ϕ (= 내부 마찰력)
   ① 여러 연구 중 하한값으로

$$\phi = 15 + \sqrt{15N} < 45 \quad (단, N > 5)$$

3) 자갈, 모래의 Cu 및 ϕ 값
   ① 느슨한 자갈 모래층 : ϕ 만 고려
   ② N값이 과다하게 나오는 경향이 있으므로 부득이한 경우 : N 값의 최대치를 N = 30으로 추정

2. 암반의 토질정수

(1) C, ϕ 의 추정은 매우 곤란하다.

(2) 암반(Rock Mass)에서는 불연속면의 특성에 의해서 암반의 강도정수 등 사면안정해석을 한다.
   1) 불연속면의 방향 (Orientation : Strike/dip)
   2) 불연속면의 간격(Spacing)
   3) 불연속면의 연속성(Persistence)
   4) 불연속면의 굴곡도(Roughness and Waviness)
   5) 불연속면의 일축강도(Wall Strength)
   6) 불연속면의 틈새(Aperture)
   7) 불연속면의 충진물질(Filling)

8) 불연속면의 투수(Seepage)
9) 불연속면의 종류수(Number of sets)
10) 암괴크기 및 형태(Block Size & shape)

(3) **불연속면의 조사 요소**

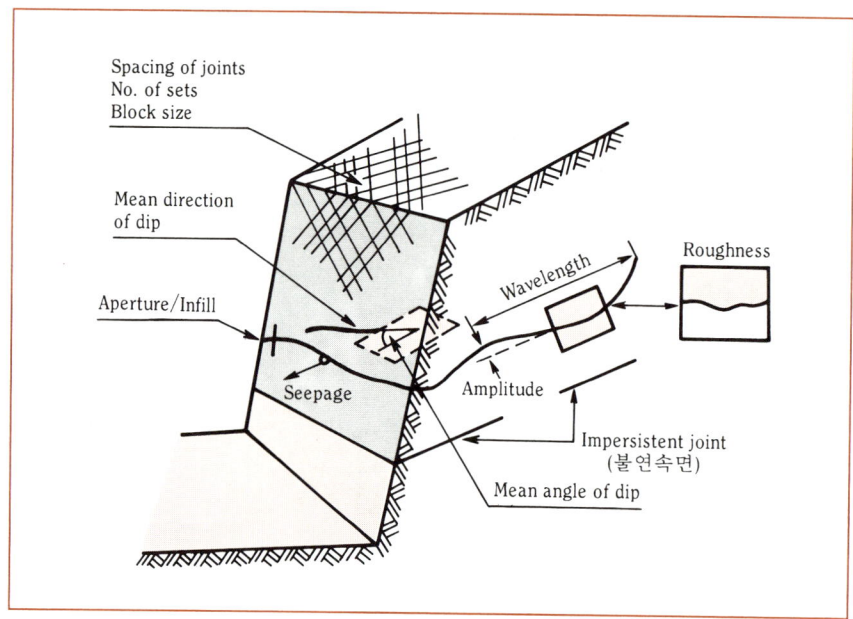

(그림 1) 불연속면의 조사요소

40. 모래의 전단강도에 영향을 끼치는 요소

1. 서 론
(1) 모래의 전단강도는 입자간의 마찰저항과 엇물림(Interlocking)으로 이루어지며 이의 크기는 전단저항각의 함수로 표시된다.
(2) 따라서 전단 저항각이 큰 흙은 큰 전단강도를 나타낸다. 모래의 전단 저항각에 영향을 끼치는 요소는 다음과 같다.

$$\tau = \sigma \tan \phi$$

2. 전단 저항각에 영향을 미치는 요소
(1) 상대밀도
  1) 모래의 전단강도에 영향을 미치는 가장 중요한 요소이다.
  2) 상대밀도가 크거나 또는 간극비가 작으면 전단 저항각은 커진다.

(표 1) 상대밀도의 영향(Sacramento강 모래)

상대밀도(%)	간 극 비	전단 저항각(°)	비 고
38	0.87	34	
60	0.78	37	$D_r \uparrow , \phi \uparrow$
78	0.71	39	
100	0.61	41	

(2) 입자의 형상과 입도분포
  1) 일반적으로 말하면 입자가 **모날수록** 전단 저항각은 커진다.
  2) **모난 입자**는 둥근 입자에 비해 마찰저항이 크기 때문이다.
  3) 또한 **입도분포가 좋은 흙**은 입경이 균등한 흙보다도 더 큰 전단 저항각을 가진다.
  4) (표 2) (Holtz and Gibs, 1956)는 입자의 형상과 입도분포에 따라 전단 저항각이 달라지는 경향을 보이고 있다.

〈표 2〉 전단저항각(ϕ)에 영향을 주는 요소

요 소(Factor)		영 향(Effect)
Void Ratio e	(간극비)	$e\uparrow$, $\phi\downarrow$
Angularity A	(입자의 형상, 각)	$A\uparrow$, $\phi\uparrow$
Grain Size Distribution	(입도분포)	$C_u\uparrow$, $\phi\uparrow$
Surface Roughness R	(표면거칠기)	$R\uparrow$, $\phi\uparrow$
Water w	(함수량)	$w\uparrow$, $\phi\downarrow$ Slightly
Particle Size S	(입경의 크기)	No Effet (With Constant e) : 영향이 거의 없다
Intermediate Principal Stress	(중간 주응력)	$\phi_{ps} \geq \phi_{t.v}$ ┌ ϕ_{ps} : Plane Strain Angle of Internal Friction └ $\phi_{t.v}$: Internal Friction from Triaxial Test
Overconsolidation or Prestress	(과압밀)	Little Effect(약간의 영향 미친다)

(3) 입자의 크기(Particle Size)

1) 간극비가 일정하다면 입자의 크기는 별로 영향을 끼치지 않는다.

2) 따라서 동일한 간극비라면 가는 모래와 굵은 모래의 전단 저항각(ϕ)은 대략 동일하다.

(4) 중간 주응력(Intermediate Principal Stress)의 영향

1) 중간 주응력을 고려하여 전단강도를 연구한 결과에 의하면 (Ladd, et al., 1977), 평면 변형 전단시험(Plane Shear Test)으로 시험한 ϕ 값은 표준 삼축압축시험으로 얻은 ϕ 값에 비하여 촘촘한 모래에 대해서는 4°~9° 만큼 크고 느슨한 모래에 대해서는 2°~3° 만큼 크다고 보고되고 있다.

2) 여기서 평면변형이란 σ_3 가 작용하는 면의 변형률이 전단되는 동안 항상 0인 응력상태를 말한다.

3) 예컨대 긴 제방이나 옹벽 구조물 등의 뒷채움은 실제로 이와 같은 응력상태에 놓여있다.

(5) 구속 압력의 영향

1) 구속 압력이 커지면 전단 저항각은 점점 작아진다.

41. 점성이 없는 흙의 전단강도(사질토의 전단특성 설명)

1. 점성이 없는 흙의 전단강도의 성질

(1) **모래**나 **자갈**과 같은 점성이 없는 **흙의 전단강도**는 활동마찰(Sliding Friction)및 회전마찰(Rolling Friction)로 생기는 **마찰저항**과 **엇물림**(Interlocking)으로 인한 구조적 저항의 2성분으로 이루어진다. (그림 1)

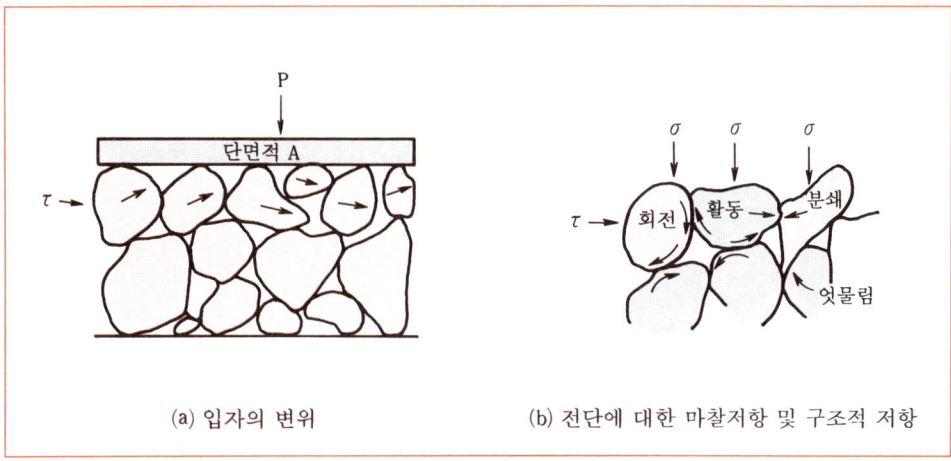

(그림 1) 입상토가 전단될 때의 거동

(2) 모래가 느슨하게 엉켜있는 경우에는 이것이 **전단**을 받을 때 입자는 서로 서로 **활동**하며(**활동 저항**), 이 때 활동면은 대략 동일한 평면에 놓인다.
(3) 모래가 **촘촘**히 다져져 있다면, 입자가 전단면을 따라 **활동**하는 경우뿐만 아니라 서로 서로 상하로 움직이거나 회전하는 경우도 있을 수 있다. (**회전마찰**)
(4) 촘촘한 모래는 **엇물림**의 경향이 대단히 크다. 이러한 **마찰저항**이나 구조적 저항은 유효 수직 응력에 크게 영향을 받는다.(조립토의 엇물림 : 맞물림, Interlocking 효과)

2. Dilatancy 현상

(1) (그림 2. (a))는 동일한 모래에 대해 상대밀도를 달리하여 직접 전단시험으로 얻은 전단응력과 변형률과의 관계를 보인 것이다.

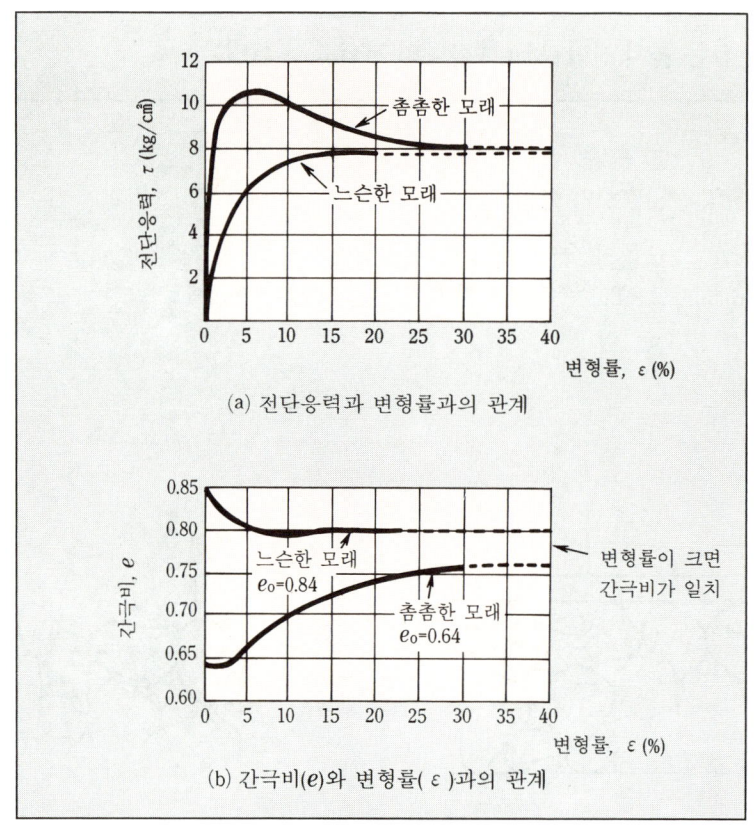

(그림 2) 모래에 대한 전단시험

(2) **느슨한 모래**는 변위가 증가하는 동안 **전단응력**은 일정한 값이 될 때까지 계속해서 증가한다.
(3) 반면 촘촘한 모래는 **전단응력**이 전자에 비해 훨씬 더 빠른 속도로 증가하여 최대값을 보인 다음 더 이상 변위가 증가하면 오히려 감소하고 결국은 느슨한 모래의 전단응력과 거의 일정한 값이 된다.
(4) **촘촘한 모래**는 엇물림(Interlocking)의 영향때문에 초기에 더 큰 전단응력을 보인다. 여기서 동일한 흙의 극한 전단응력은 그 흙의 다져진 상태가 느슨하든, 또는 촘촘하든 거의 일정한 값이 된다는 것을 알 수 있다.
(5) (그림 2. (b))는 위의 두가지 모래에 대하여 변위에 따른 간극비의 변화를 보인 것이다.
(6) **간극비**가 상대적으로 큰 느슨한 모래는 변형이 일어나면서 **간극비**가 감소되나
(7) 촘촘한 모래는 처음에는 약간 감소하였다가 전단이 진행됨에 따라 점차로 증가한다.
(8) **변형률**이 상당히 커질 때, **상대밀도**가 다른 두 모래의 **간극비**는 어떤 일정한 간극비로 수렴한다. 이 때의 간극비를 **한계간극비**(Critical Void Ratio)라고 한다.

(9) **간극비**는 **체적**과 **관련**되므로 **느슨한 모래**는 전단될 때 **체적이 감소하고**(−의 Dilatancy), 촘촘한 모래는 체적이 증가하며(+의 Dilatancy), 마지막에는 일정하게 된다는 것을 이 그림을 보고 알 수 있다.

(10) 위의 두가지 모래에 대해 수직응력을 3번 정도 바꾸어서 배수를 허용하면서 전단시험을 하고 **최대 전단응력**과 **수직응력**과의 관계를 구하면 (그림 3)에 보인 바와 같이 거의 직선이 되며 원점을 통과한다.

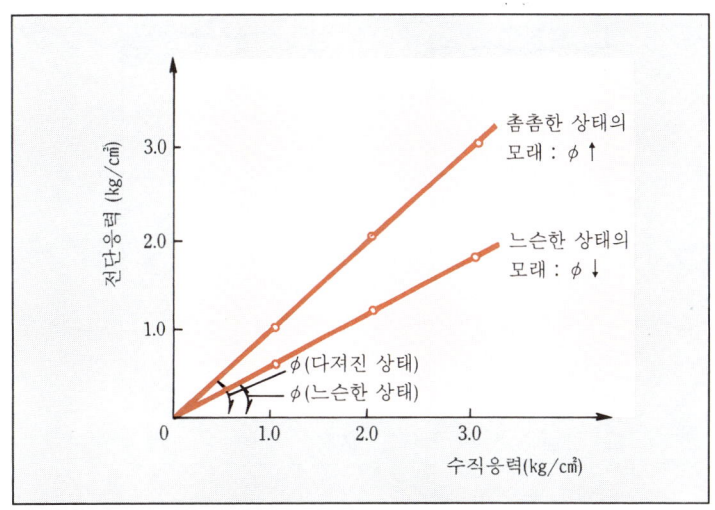

(그림 3) 느슨한 모래와 촘촘한 모래의 전단저항각

(11) 따라서 C = 0이 되므로 전단저항각 ϕ만 얻어진다.

(12) 이 그림을 보면 촘촘한 모래의 **전단저항각**이 느슨한 모래에 비해 훨씬 크다는 사실을 알 수 있다.

(13) 물을 약간 머금고 있는 가는 모래에 대해 시험하면 모관작용으로 인한 영향때문에 약간의 점착력을 가질 수 있으므로 Mohr-Coulomb선은 원점을 통과하지 않는다.

(14) 또한 완전히 포화된 모래에 대해 비압밀 **비배수 삼축압축시험**을 행했다면 포락선이 수평선이 되어 $\phi = 0$ 이고, C 값밖에 얻어지지 않는다. (Lambe, 1969)

(15) 그러나, 자연상태에 있는 모래는 쉽게 배수되므로 실제로는 $\phi = 0$ 인 경우는 거의 없다.

(16) 여기서는 다만 흙의 강도정수는 배수조건에 따라 현저히 달라지므로 시험시의 배수조건은 항상 실제와 부합되어야 한다는 것을 강조하고 있다.

3. 액상화현상(Liquefaction)

(1) **전단때**에 **체적변화**를 방지하면 **액상화현상**이라고 하는 무서운 결과가 일어날 수 있다.

(2) (그림 4)에 보인 바와 같이 느슨하게 쌓인 **포화된 가는 모래**에 별안간 **충격**을 가하면 그 모래의 입자들은 **재배열**되어 약간 **수축**할 것이다.

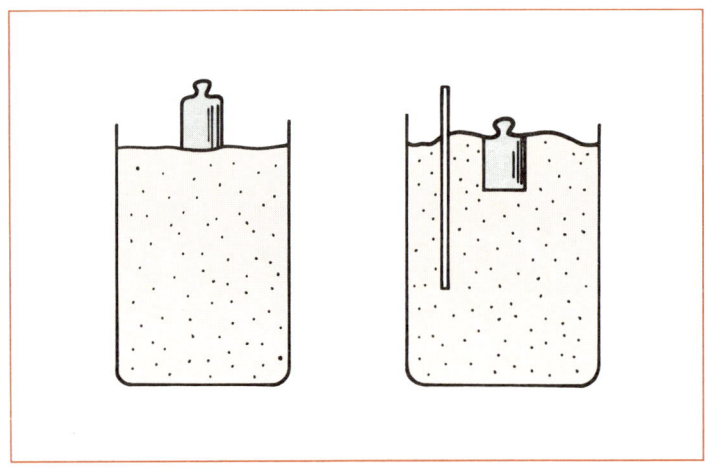

(그림 4) 액상화 현상

(3) 이 때, 이 수축으로 말미암아 정(+)의 **과잉 간극수압**이 유발되어 **유효응력**이 **감소**한다.

(4) **유효응력**이 감소하면 **전단강도**가 감소하므로, 모래 위에 있는 하중은 상당한 깊이까지 **빠**질 수 있다.

(5) 실제로 느슨한 지반위에 세워진 구조물은 지진이나 폭파, 기타 진동으로 인한 충격을 받았을 때 액상화현상으로 파괴될 수 있다. 현재로서는 **액상화현상**이 일어나는 기준을 정하기가 대단히 어렵지만

(6) **액상화 방지대책**

  1) **자연 간극비**가 **한계간극비**보다 더 작도록 하여야 하는 것이 중요하다.

  2) **실험 결과에 의하면 액상화현상이 일어나는 조건**

  ① 입자가 둥글고

  ② 실트 크기의 입자를 약간 포함하고

  ③ 유효경이 0.1mm보다 작고, **균등계수**가 5보다 작으며

  ④ 간극률은 최소 한도 44% 이상이라야 한다는 것이다.

42. Thixotropy 현상과 예민성 (Sensitivity and Thixotropy of Clay) : 점토

1. 정 의

(1) 함수비를 변화시키지 않은 상태에서 반죽 또는 교란(Remolding)하면 배열구조가 파괴되면서 흙의 골격구조가 연화하여 강도가 저하된다.

(2) 그러나 반죽된 것을(교란) 함수비를 변화시키지 않고 오랫동안 방치해 두면 흡착력이 서서히 작용하여 **토립자의 배열상태**가 **원상**으로 복귀하여 전단강도를 **회복**한다.

(3) 이것을 Thixotropy 현상에 의한 강도회복이라고 한다.

(4) 점토지반의 전단특성을 설명할 수 있는 중요한 이론이다.

2. Thixotropy 현상에 의한 강도 회복 현상

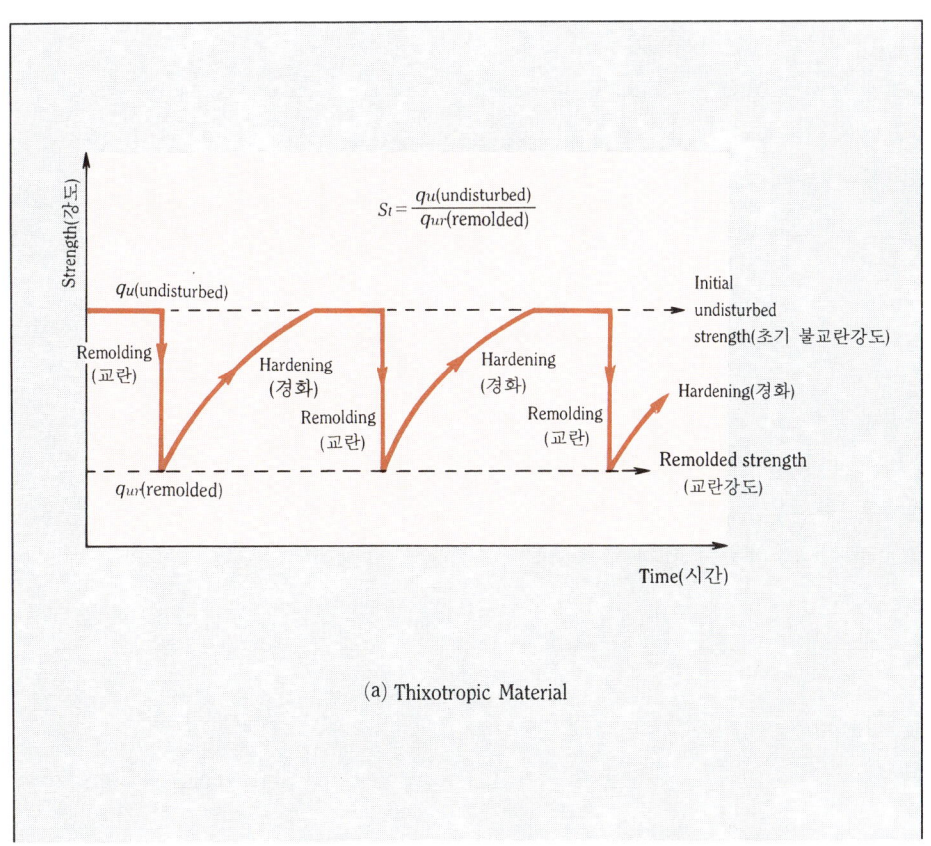

(a) Thixotropic Material

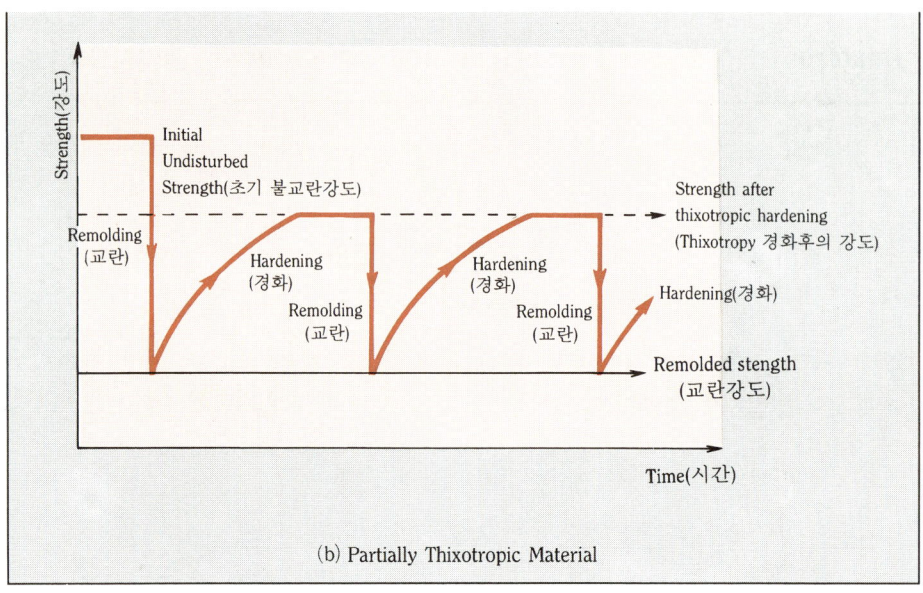

(그림 1) Behavior of (a) thixotropic material, (b) Partially thixotropic material

(1) (그림 1)과 같이 초기에 강도 증가율이 크고
(2) 시간이 지나면서 작아지다가
(3) 다시 반죽하면 강도가 저하된다.
(4) 이러한 성질이 현저한 정도를 **점토의 예민성**이라 하고
(5) **예민비란 q_u 와 q_{ur} 의 비**

1) $$St = \frac{q_u(\text{Undisturbed})}{q_{ur}(\text{Remolded})} = \frac{\text{불교란 시료의 압축강도}}{\text{교란시료의 압축강도}}$$

2) 일반점토 : $S_t = 2 \sim 4$
3) 비교적 예민하지 않은 경우 : $S_t = 4 \sim 8$
4) 매우 예민한 점토 : $S_t = 8 \sim 16$
5) Quick Clay(초예민점토) : $S_t > 100$

3. 결 론

점성토 연약지반에 타입한 말뚝의 재하시험은 Thixotropy 현상에 의해서 강도가 회복된 (30일 ~60일)후 재하시험을 한다. 그러나 모래층에서의 말뚝의 재하시험은 즉시 실시할 수 있다.

43. Dilatancy (모래지반의 전단특성)와 한계공극비(Critical Void Ratio)

1. 서 론

Dilatancy는 흙과 같은 **입상체**가 **전단파괴**를 일으킬 때 **체적이 변화**하는 현상으로써, 전단될 때 **팽창**하여 느슨한 상태가 됨으로써 구조의 고위화가 일어나는 경우를 정(+)의 **Dilatancy(체적 증대)**라 하고, 수축하여 조밀한 상태가 되므로써 구조의 저위화(**체적 감소**)가 일어나는 경우를 부(−)의 Dilatancy라고 한다.

(1) 흙의 Dilatancy의 구조적 원리는 전단응력으로 토립자가 활동하여 입자의 배열상태가 변화하는 것으로써, **포화점토**의 **비배수 전단**과 같이 일정 체적이 보전되는 경우를 제외하고는 **체적변화**가 일어나기 마련이며

(2) 배수 전단에 있어 Dilatancy의 정(+) 또는 부(−) 및 크기는 **흙의 조밀함**과 **응력이력**에 따라서 다르다.

(3) (그림 1)과 같이 **조밀한 모래 및 과압밀된 점성토**는 체적이 증대하므로 정(+)의 Dilatancy가 일어나고 **느슨한 모래 및 정규 압밀된 점성토**는 체적이 감소하므로 부(−)의 Dilatancy가 일어난다.

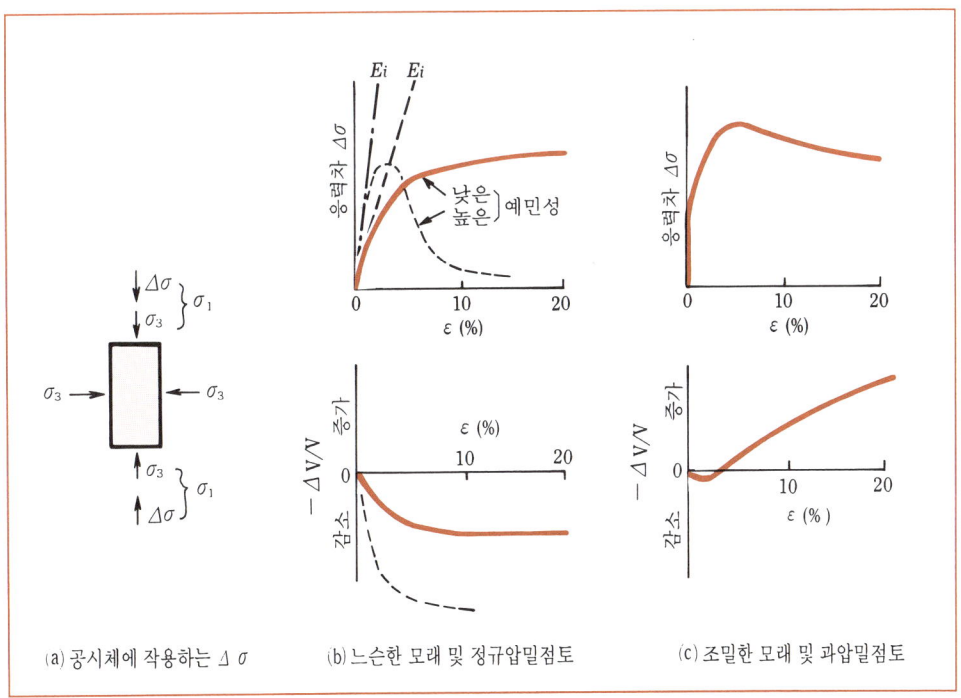

(a) 공시체에 작용하는 $\Delta\sigma$ (b) 느슨한 모래 및 정규압밀점토   (c) 조밀한 모래 및 과압밀점토

(그림 1) 포화토의 배수 삼축압축시험시의 Dilatancy의 거동

Dilatancy 구분	모래 및 과압밀토	느슨한 모래 및 정규 압밀 점성토
정(+)의 Dilatancy	0 (전단파괴시 체적 증가)	–
부(-)의 Dilatancy	–	0 (전단파괴시 체적 감소)

2. 사질토의 Dilatancy 특징

(1) 사질토는 Dilatancy가 정(+)일때도 **전단초기**에 한번 수축한 후에 **팽창**하는 경로를 밟는 특징이 현저하다.
(2) **전단중**에 **최대 전단저항**을 나타내는 부근에서 체적변화가 가장 큰 비율로 일어나고
(3) **비배수 전단**인 경우에는 정(+)의 Dilatancy에서 **공극압**이 **감소**하는 반면
(4) 부(-)의 Dilatancy에서 **공극압**이 **증대**한다.

3. Dilatancy와 한계 공극비, 한계 압력(사질토에 한정된 문제임)

(1) Dilatancy는 **흙의 조밀함**과 **응력이력**에 따라서 다르므로, 이론적으로 Dilatancy가 전혀 일어나지 않는 흙의 공극비를 생각할 수 있으며 이러한 공극비는 작용 압력에 따라서 달라져야 한다.
(2) 따라서 **Dilatancy**가 일어나지 않는 **흙의 공극비**를 **한계 공극비**(Critical Void Ratio)라 하고
(3) 일정한 공극비를 갖는 흙이 **한계 공극비** 상태가 되는 **압력**을 그 공극비의 **한계 압력**이라고 한다.
(4) 이와 같은 <u>**한계 상태**는 일반적으로 **사질토**에 한정된 문제이다.</u>

4. 결 론

- **액상화 방지대책 공법**

(1) Sand Compaction Pile공법이 가장 유리하다.
(2) 특히 상대밀도가 적게 되면 액상화가 발생하므로 연약지반처리를 하여 지진과 같은 다방향 진동에 대처해야 한다.
(3) 최근 프랑스의 경우 건물의 기둥 등 중요구조물에 Spring장치를 설치하여 지진에 의한 철근콘크리트 구조물을 보호하는 공법이 개발되어 관심이 집중된다.

44. 액상화(Liquefaction) 원인과 대책(포화 사질토)

1. 서 언

(1) 정의

액상화란 느슨한 모래와 같이 입자간 결합력이 약해 부(-)의 Dilatancy가 현저한 흙은 점성토나 조밀한 모래와는 달리 **유효응력**(토립자 상호간에 작용하는 유효 수직응력)이 0(Zero)인 상태에서는 그 저항을 완전히 잃게 된다.

(2) 액상화에 의해서 피해가 많은 지역

1) 평원지역에서 두껍고 연약한 충적층
2) 지하수위가 높은 모래지반(포화 사질토)
3) 오래된 하상
4) 화산재
5) 이탄
6) 불규칙 지형
7) 간척지반 등은 경험적으로 가장 파괴가 일어나기 용이한 지반이다.

(3) 액상화 증상

1) 건물의 부등 침하
2) 매설물의 부상(Floating)
3) 큰 횡변위
4) 사면붕괴(직접 지진시의 관성력에 의한 파괴)
   ① 자연 사면붕괴
   ② 인공 조성지의 활동
   ③ 도로
   ④ 하천
   ⑤ 제방
   ⑥ Fill Dam

 지진으로 액상화가 되면 말뚝이 부러진다. (선단지지력, 마찰력이 Zero가 되어서 물위에 떠 있는 상태가 되므로 말뚝이 부러짐)

2. 액상화의 원인

흙의 액상화에서는 **유효응력**의 감소가 따르므로 그 원인은 다음과 같다.

(1) 침투류

사질지반 중을 흐르는 상향 침투류의 동수경사가 그 한계치를 넘으면 소위 Boiling을 일으켜 지중의 세사가 지상으로 분출한다.

$$\text{동수경사} > i_{cr} = \frac{G_s - 1}{1+e} \text{ (한계 동수구배)}$$

(2) 정적 전단

1) **Quick Clay** 나 **Quick Sand**가 그 예임. (골격구조가 불안정한 흙은 초예민성이라고 하며 정적인 충격에서 액상화 상태가 되기 쉽다.)

2) **Quick Clay**(초예민 점토)

① $$S_t = \frac{q_u}{q_{ur}} > 100 : \text{초예민점토}$$

② Thixotropy의 성질이 현저한 정도를 점토의 예민성이라고 하며, 예민성은 점토에 따라서 다르다.

3) **Quick Sand**

동수경사가 한계 동수구배를 초과하게 되면 침투수압에 의해서 수중의 토립자가 부상하고 마침내 분출하게 된다. 특히, 점착력이 없는 사질토가 이러한 상태에 있는 것을 Quick Sand 현상이라 한다.

$$\text{동수경사} \geq i_{cr} = \frac{G_s - 1}{1+e}$$

4) **Boiling** : Quick Sand가 발생하여 지반토가 분출, 파괴되는 것을 Boiling이라 하고

5) **Piping** : 이로 인해서 모래층내의 토립자가 유실되어 관상의 침투유로가 형성되는 것을 Piping이라고 한다. (즉 상향의 물의 침투력이 하향의 흙의 무게보다 클때 Piping이 발생한다).

6) 한계 동수경사

① $$i_{cr} = \frac{G_s - 1}{1+e}$$

여기서, i_{cr} : 한계 동수경사
G_s : 흙의 비중
e : 공극비

② 사질토의 비중 : 2.65~2.70, 공극비 : 0.43~0.67일 경우에 i_c = 1 이다

(3) 동적 전단

매립지반과 같이 **퇴적연대**가 극히 **짧은** 모래지반이 진동을 받으면 모래의 부(−)의 **Dilatancy**에 의해서 액상화가 발생한다.

3. 액상화를 일으키기 쉬운 흙

(1) 가는 모래가 굵은 모래보다 액상화가 크다.

(2) 굵은 모래의 경우

　1) 투수계수가 커서 (k ↑)

　2) 액상화 시간이 짧고 (L ↓)

　3) 구조물의 피해 적다 (구조물 피해 ↓)

(3) 진동의 지속시간과 점성에도(액상화 피해는) 관계가 있다.

　1) 진동시간 ↑, L ↑

　2) 점성 ↑, L ↓

(4) 모래 성분을 함유한 점성토는 점성이 높아서 액상화는 일어나지 않으며, 지반 침하가 작아 피해도 경미. (모래지반 함유한 점성토는 L ↓)

4. 액상화 거동에 영향을 미치는 요소

(1) 모래의 입도

　1) 가는 모래 > 굵은 모래

　2) $Cu = \dfrac{D_{60}}{D_{10}}$ (양입도) > 10

(2) **흙의 구조** : 실험실에서의 흙의 구조는 원위치에서와 동일한 재료 사용

(3) 초기 상대밀도(D_r) : 상대밀도

$$D_r = \dfrac{e_{max} - e}{e_{max} - e_{min}} \times 100$$이 적으면 액상화 크다. (> 80이면 액상화 가능성이 적다)

(4) 선행응력(Prestress)의 역사

(5) 진동하중의 성질(수평진동, 상하진동)

(6) 하중 지속시간(퇴적된 모래지반의 나이 즉, 퇴적하중 지속시간 짧을수록 액상화가 더 크게 일어난다.)

(7) 수평 토압계수 : 정지 토압계수 K_0 ↑, L ↑

(8) 과압밀비 ↑, L ↑

(9) N치 10이하인 모래지반 L ↑

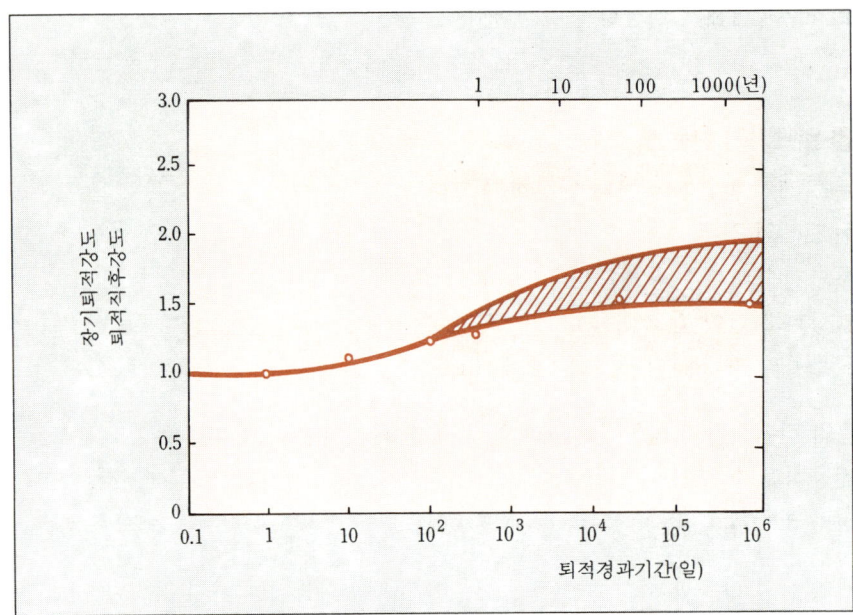

〈그림 1〉 초기액상화를 일으키는 응력비에 대한 하중지속기간의 영향

5. 지반의 액상화 간이 예측방법

(1) 등가 전단 응력비의 계산에 의한 방법

(2) 반복 전단강도 응력비

(3) 전단 저항률

(4) 이와사끼, 다쓰오까의 방법

6. 액상화 상세 예측방법

(1) 지진 응답 해석하여 : 지반내에 일어나는 반복 전단응력비 구한다.

(2) 실내 액상화 시험하여 반복 강도 응력비 구한다.

7. 지반의 액상화 대책공법(Sand Compaction Pile 공법이 가장 효과적임)

액상화 발생을 억제시키는 방향으로 지반의 성질, 또는 응력 – 변형조건을 변형시키는 것.

(1) **원리별 대책공법의 종류** : SCP(Sand Compaction Pile) 공법이 유리함.

> 1) 치환공법 : 폭파치환+굴착치환+강제치환공법
> 2) 압밀 촉진공법 : Preloading+압성토
> 3) 탈수공법 : Sand Drain+Paper Drain+Pack Drain (연직배수공법)
> 4) 배수공법 : Well Point, Deep Well
>   쇄석 말뚝공법(Gravel Drain) → 과잉 간극수압의 누적 속도지연
> 5) 고결공법 : 혼합처리 고결공법

> [참고] **다짐공법**
> ① Sand Compaction Pile(모래다짐 말뚝공법) 공법 : 액상화 대책에 가장 유리한 공법
> ② Vibroflotation 공법
> ③ 원리 : 지반을 압밀시키기 위해서 진동과 사수(Water Jet)를 이용해서 지반에 모래말뚝을 박는다.

(2) **지반 개량의 효과 높이기 위한 대책** : 2개 이상의 공법으로 조합 시공한다.
  1) 연약지반 처리

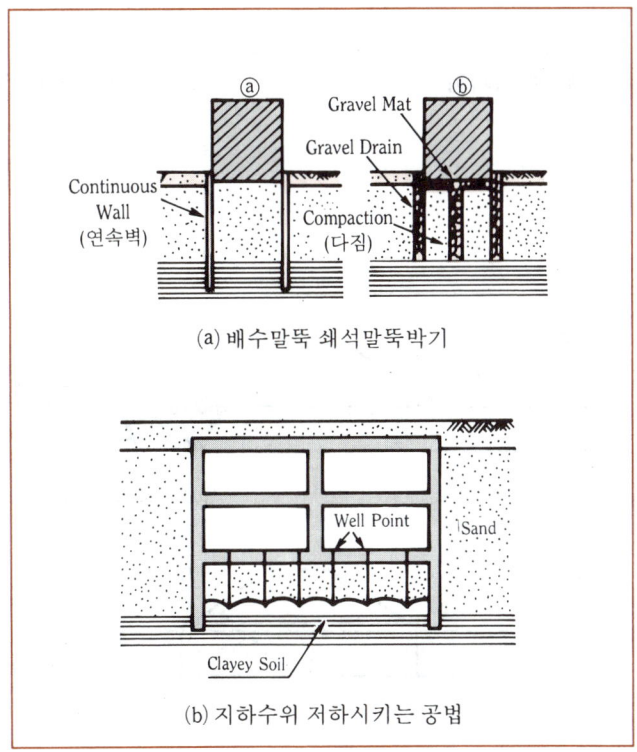

(a) 배수말뚝 쇄석말뚝박기

(b) 지하수위 저하시키는 공법

(그림 2) **지하수위 저하공법**

2) 항만 구조물

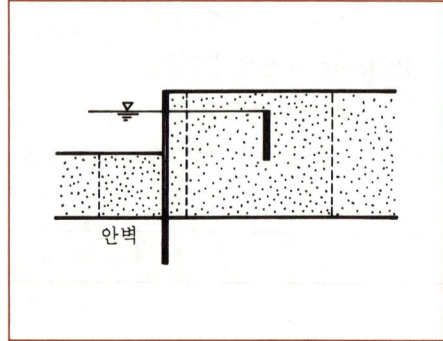

(그림 3) 수직쉬트 파일형(지진피해 크다)

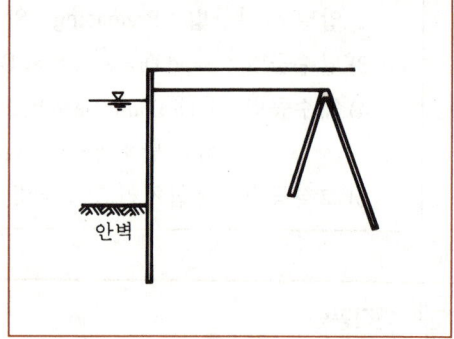

(그림 4) 경사쉬트 파일형(지진피해 적다)

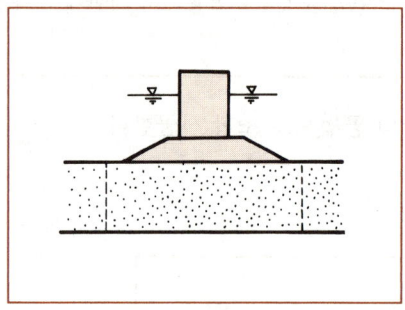

(그림 5) 케이슨 방파제

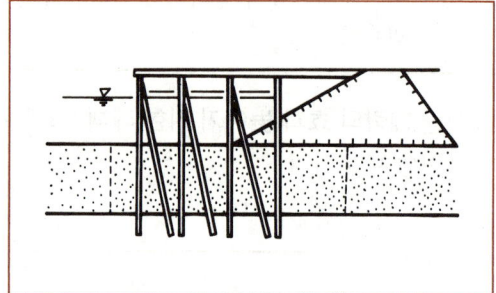

(그림 6) Sheet Pile식 파일 방파제

3) 제체의 액상화 대책

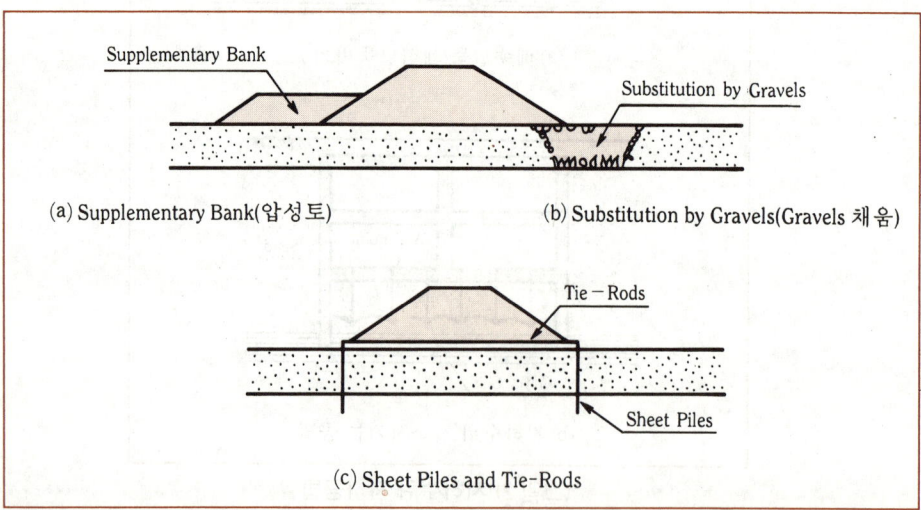

(a) Supplementary Bank(압성토)

(b) Substitution by Gravels(Gravels 채움)

(c) Sheet Piles and Tie-Rods

4) 사질지반의 액상화 대책

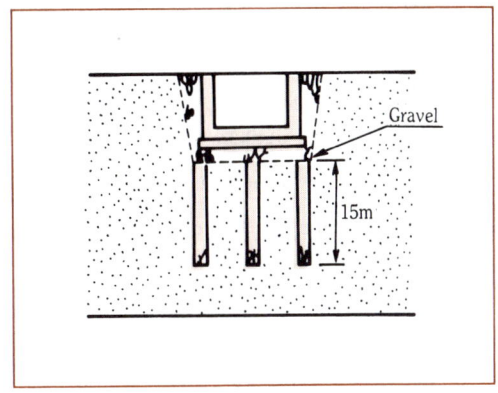

(그림 7) Gravel Drain공법

8. 결 론

(1) 지진 설계에 대한 개선방향 대책
1) 종래 수평진동에 대한 설계법외에 상, 하 진동에 대한 설계법 연구
2) 액상화 예측법 연구, 개선
3) 설계시 지하수위 200m까지는 연약지반 개량후(Sand Compaction Pile) Pile 기초 등 설계
4) 지하수위 저하

(2) 항만 구조물 대책
1) 안벽 구조물, 방파제 : 가능한 케이슨 기초로 설계
2) Sheet Pile식 안벽은 지진피해가 크다. (수직 Sheet Pile형 > 경사 Sheet Pile형)

(3) 제체 사면 붕괴대책
1) 절토사면 안정성(원호 활동법) 검토
2) 성토사면
   ① 성토사면의 선단에 2~3열로 말뚝 타설
   ② Tie Rod로 제체 양측의 Sheet Pile을 강결(연결)하여 제체의 저부붕괴, 사면붕괴 방지
   ③ 말뚝의 소정 D_f(근입깊이)와 말뚝 타입
   ④ 사면 전체에 걸쳐 일정간격으로 말뚝 타설

(4) 액상화 메카니즘
1) 모래와 같은 입자의 집합체인 재료를 **입상체**라 한다.
2) 이 입상체는 특유한 성질로서 **Dilatancy 라고 하는 현상**, 즉 전단력에 의하여 체적이 변화

하는 현상이 존재한다.
3) 예를 들어 탄성체는 전단력에 의하여 형상이 변화하는데 체적변화는 일어나지 않는다.
4) 입상체는 아래 (그림 8)에 나타낸 바와 같이 **느슨한 상태에 전단력을 가하면 조밀한 상태로 변화하여 체적이 수축한다.**
5) 건조한 모래에서는 이러한 체적변화가 순간적으로 일어나지만 물로 포화된 모래에서는 간극수가 외부로 배출하는데 필요한 양만큼 시간이 걸린다.
6) 이 때문에 지진파와 같은 급격한 전단 변형은 배수가 일어나지 않고 체적수축을 일으키려는 양만큼 간극수압이 발생하며 유효응력이 감소하여 모래는 강도를 잃고 결국에는 액체와 같은 양상을 띠게 된다.

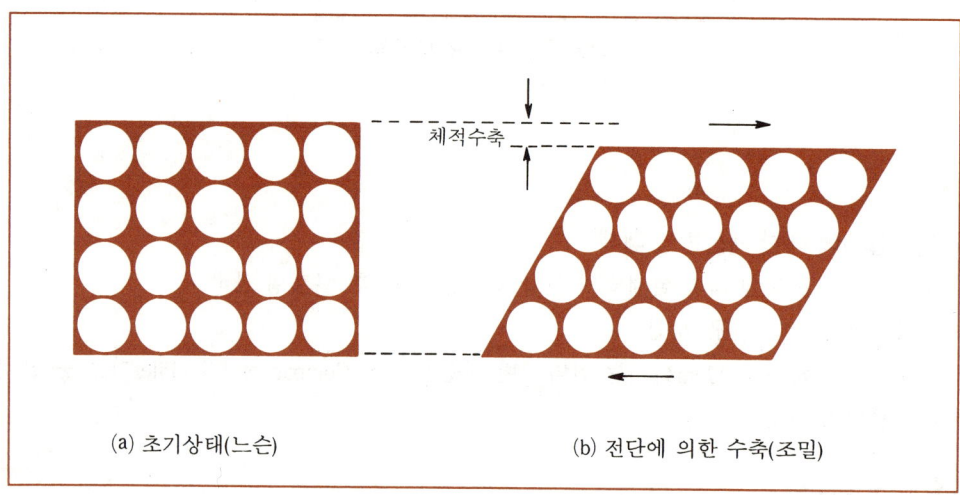

(그림 8) 전단에 따른 체적 수축

45. 상대밀도의 정의

$\gamma_t = 1.750 t/㎥$, $w = 10.2\%$, $G_s = 2.65$

$\gamma_{dmin} = 1{,}724g$, $\gamma_{dmax} = 1{,}785g$, $V = 1{,}000㎤$일 때 상대밀도를 계산하시오.

1. D_r (Relative Density) $= \dfrac{e_{max} - e}{e_{max} - e_{min}} \times 100$

$$= \dfrac{\dfrac{1}{\gamma_{dmin}} - \dfrac{1}{\gamma_d}}{\dfrac{1}{\gamma_{dmin}} - \dfrac{1}{\gamma_{dmax}}} \times 100$$

$$= \dfrac{\gamma_{dmax}}{\gamma_d} \cdot \dfrac{\gamma_d - \gamma_{dmin}}{\gamma_{dmax} - \gamma_{dmin}} \times 100$$

2. 사질토에 대해 느슨한 상태로 존재하느냐 또는 촘촘한 상태로 존재하느냐를 알기 위한 것이다. <u>간극비 또는 밀도를 알고 있을 때 조밀한 정도를 판단하는 기준.</u>

$\gamma_t = 1.75 \, t/㎥$, $\qquad \gamma_d = \dfrac{1.75}{1+0.102} = 1.588 \, t/㎥$

$\gamma_{tmax} = \dfrac{W}{V} = 1.785 \, t/㎥$, $\qquad \gamma_{dmax} = \dfrac{1.785}{1+0.102} = 1.620 \, t/㎥$

$\gamma_{dmin} = \dfrac{1.724}{1+0.102} = 1.564 \, t/㎥ \quad \therefore D_r = 43.72\%$

3 D_r 과 N 치와의 관계

상 태	상 대 밀 도(D_r)	N치
Very Loose	0 ~ 20	0 ~ 4
Loose	20 ~ 40	4 ~ 10
Medium	40 ~ 60	10 ~ 30
Dense	60 ~ 80	30 ~ 50
Very Dense	80 ~ 100	50 이상

46. 분사현상 (Quick Sand)

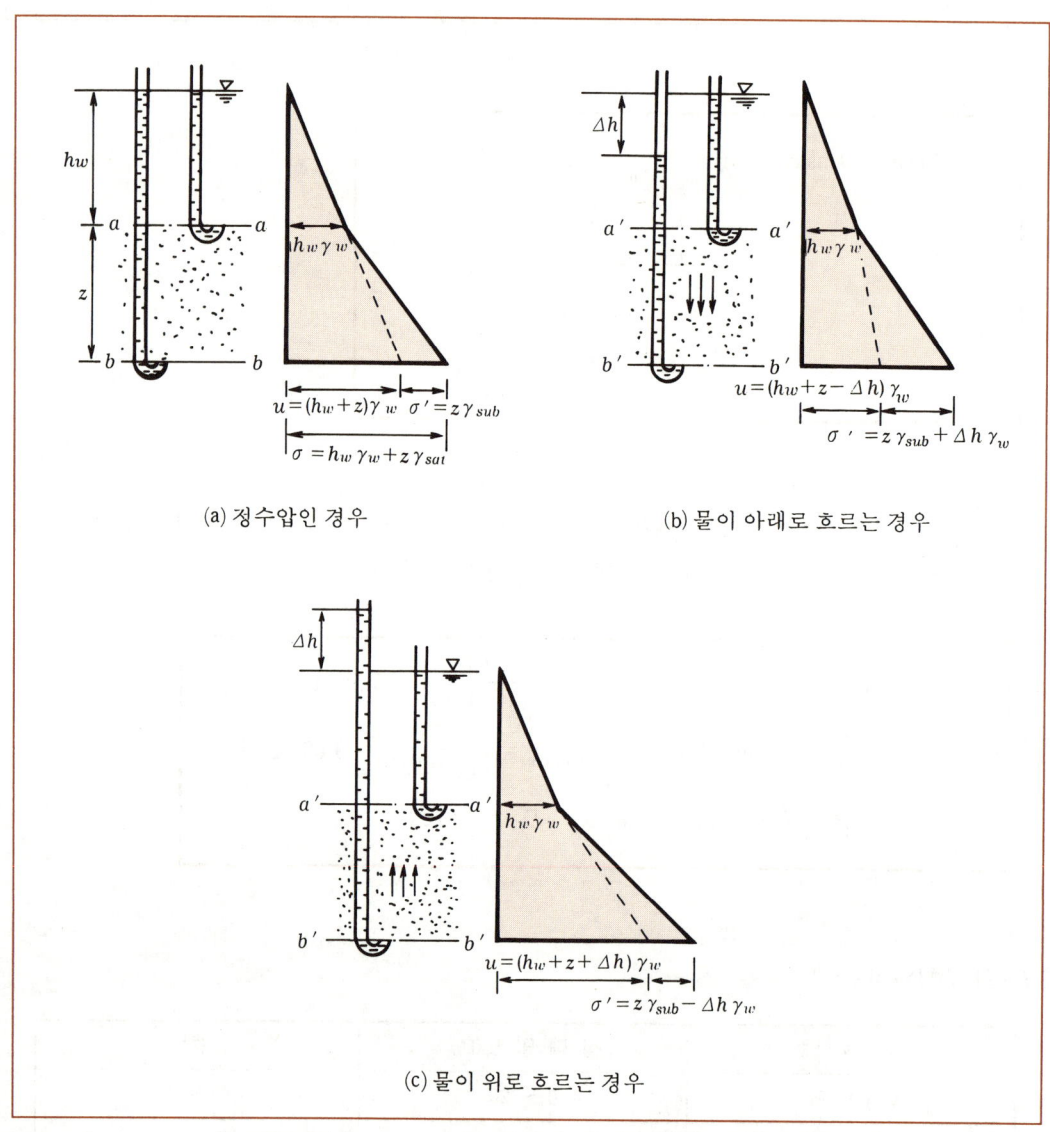

(그림 1) 정수압(a) 및 침투시(b), (c)의 유효응력 및 간극수압

1. (그림 1. (c))에서 처럼 흐름의 방향이 상향이라면 유효응력은 정수압인 경우에 비해 $\Delta h \gamma_w$ 만큼 감소하므로

$$\sigma' = z\gamma_{sub} - \Delta h \gamma_w \quad \text{..} \quad (1)$$

이다. 만일 침투수압이 점점 커져서 유효응력이 0이 된다면, (식 1)로 부터

$$z\gamma_{sub} - \Delta h \gamma_w$$

즉,

$$\frac{\Delta h}{z} = i_{cr} = \frac{\gamma_{sub}}{\gamma_w} = \frac{G_s - 1}{1 + e} \quad \text{....................................} \quad (2)$$

가 된다. 이 때의 동수경사 i_{cr} 를 **한계 동수경사**라고 한다.
2. 동수경사가 이 값에 이르면 흙의 유효응력은 0이 되므로 점착력이 없는 흙은 전단강도를 가질 수 없다.
3. 이러한 상태가 되어 흙이 위로 솟구쳐 오르는 현상은 **분사현상(Quick Sand)**이라고 한다.
4. **점성토**는 유효응력이 0이 되었다 하더라도 **점착력**이 있으므로 전단강도는 0이 되지 않는다.
5. **분사현상**이 가장 잘 일어나는 흙은 전단강도가 유효응력에 비례하는 사질토, 특히 모래이다.
6. 자연적으로 퇴적된 모래의 수중단위 중량은 대략 1에 가깝고, 수중의 단위중량도 1이므로 한계 동수경사는 (식 2)에서 보는 바와 같이 대략 1의 값을 가진다.

47. 흙댐(Rock Fill Dam + Earth Fill Dam)의 Piping 현상

1. 서 론

댐 또는 기초지반을 통과하는 침투수가 토립자를 유동시켜서 마침내 댐을 손상시키게 되는 일이 없도록 재료 다짐도에 대하여 충분한 검토를 해야 한다.

2. 파이핑의 원인

댐이나 기초지반을 통하여 파이핑이 생기는 것은 침투수압에 대한 토립자의 저항력(점착력, 중량 및 액상화 되는 것을 방지하는 하류필터의 효과 등)이 적을 경우이다. 그러므로 파이핑의 원인은 다음과 같다.

(1) 소성지수
 1) 토질 PI > 15의 고소성(塑性) 점토가 파이핑에 대하여는 최대의 저항성이 있다.
 2) PI > 6의 중소성 점토이거나 입도배분이 좋은 굵은 모래 또는 막자갈
 3) PI < 6의 저소성 재료 중에서 입도배분이 좋은 자갈, 모래, 실트의 혼합물
 4) 최저는 PI < 6이고 더욱이 집중입경의 잔모래이다. 여기서 PI란 소성지수로 흙이 소성 상태로 존재할 수 있는 함수비의 범위로서 점성이 클수록 크다.

(2) 다지기 불충분
 1) 암거 여수로 등 콘크리트 구조물 주변의 다지기 불충분
 2) 기초접착부 암반과의 접착부의 다지기 불량이 Piping 원인이다.

(3) 수용성 물질의 존재
 1) 기초지반내의 백악층이 있을 때 그것이 낙출한다.
 2) 그러나 축제용 흙 중에 함유되어 있는 가용성 염분은 흙쌓기의 시공관리만 좋으면 유출 위험은 없다.

(4) 균열의 원인
 1) 흙쌓기의 부등침하에 의한 균열
 2) 흙쌓기의 건조나 동물이 만든 구멍에 의한 균열
 3) 암거자신의 균열 또는 파괴에 의한 쌓은 흙의 균열 등이 있다.

3. 파이핑의 진행

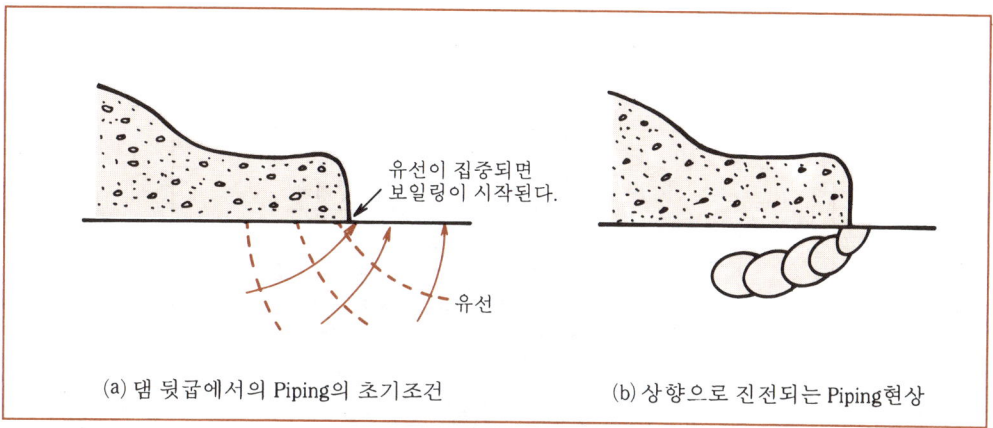

(그림 1) Piping현상

(1) 댐이 처음으로 만수되었을 때에 생기는 누수
(2) 몇 해 지난 후에 비로소 생기는 누수가 있다.
(3) 처음 만수시 생기는 누수는 그 위험은 없고 멀지 않아 일정한 양의 맑은 물로 되나 후자인 경우에 흙탕물이 점점 커갈 때는 댐 파괴의 원인이 되므로 저수지 물을 신속히 방류하지 않으면 위험하다.
(4) 이러한 때는 처음의 누수량은 적어도 하류 비탈끝이 침식 포화되어 진탕이 되고
(5) 작은 활동이 생기어 그것이 진행성 파괴로 되어 수시간 또는 수일 때로는 수 개월 사이에 결궤하기에 이른다.

4. 균열의 발생원인 및 균열의 형태

(1) 파이핑을 일으키는 누수는 균열에 기인하는 것이 많다.
(2) 이것은 발견이 어렵고 결궤의 직접 원인으로 된 현상이 보이지 않고 그 원인인 균열이 현저하지 않았기 때문이다.
(3) 균열의 종류는 여러가지가 있으나 대개 3~5cm정도인 것이 많고 15cm까지 되는 것은 드물다.
   1) 댐축에 직각 방향의 균열
      ① 기초지반이 불규칙하기 때문에 생기는 부등침하에 의한 인장변형에 의하여 (그림 1)과 같은 균열이 생긴다.

② 이것은 어느 것이나 댐축에 직각방향으로 생기고 이것이 침투수의 물길이 되므로 위험하다. 특히, 연약지반에서 험준한 양안에 암이 돌출하여 있을 때는 최악의 균열이 생긴다.

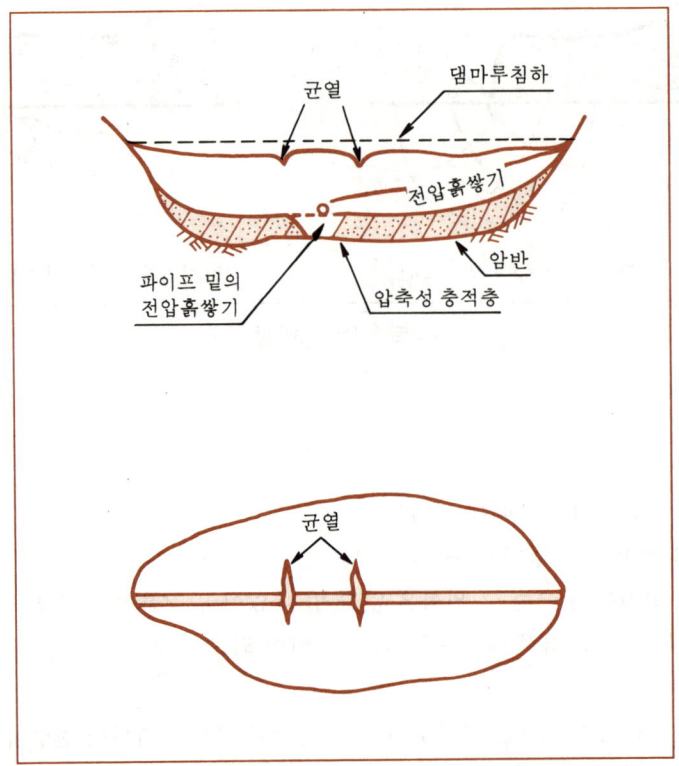

(그림 2) 댐축에 직각방향의 균열

2) 댐축에 평행방향의 균열
  ① (그림 2)와 같이 댐마루 부근에 나타나는 것이 특징이다. 그러나 댐축에 직각방향의 균열과 같이 직접 물길이 되지는 않으므로 그다지 위험하지는 않다.
  ② 균열의 깊이도 얕은 것이 보통이므로 깊은 도랑은 파서 메꾸면 되나 너무 깊을 때는 물을 주입하여 관측하는 것이 좋다.
  ③ 그 원인은 압축성 기초 위의 트렌치식 댐축제 재료 및 시공기술의 불균질성에서 오는 제체의 부등침하 등이 있다.

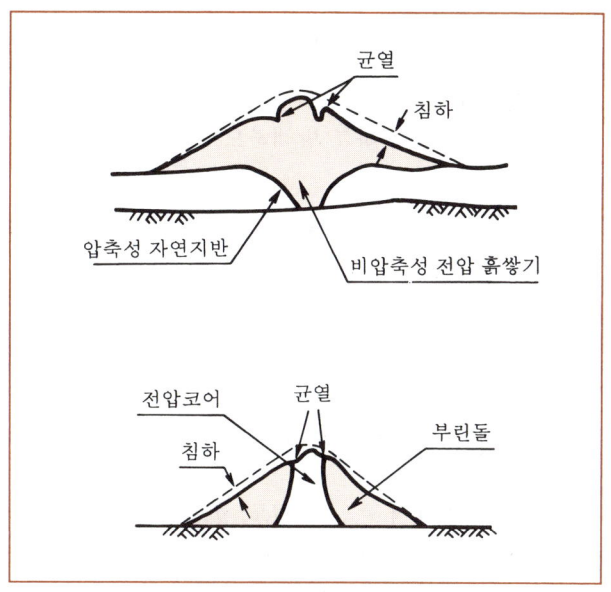

(그림 2) 댐축에 평행방향의 균열

3) 제체내부의 균열

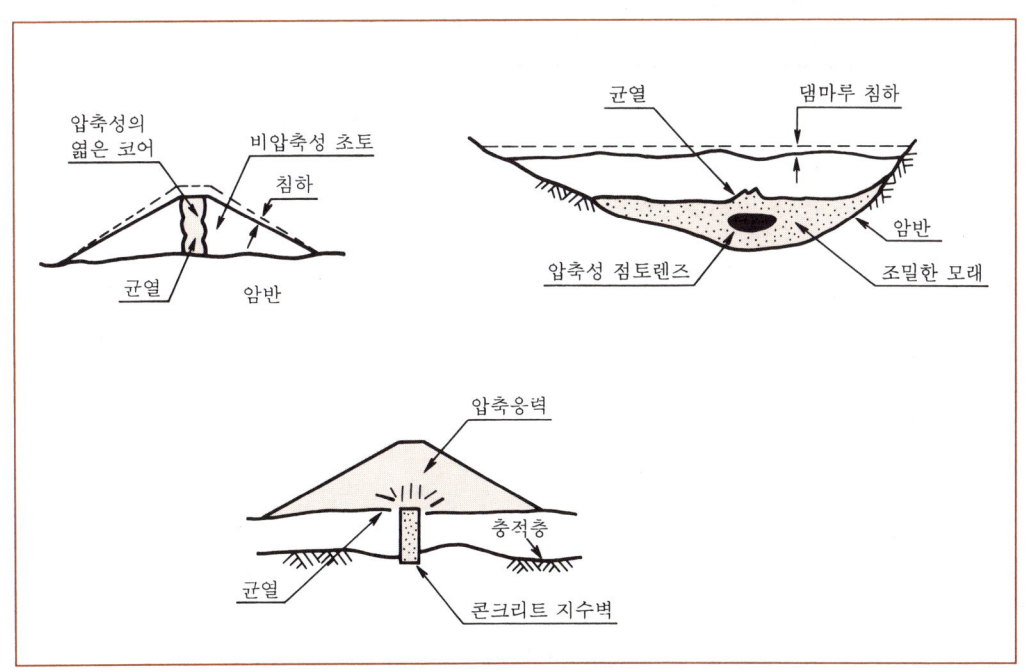

(그림 3) 제체내부의 균열

① 댐표면이 모래, 자갈, 암 등으로 덮여 있을 때는 균열은 외부에서는 보이지 않는다.
② 그러나 (그림 3)과 같이 압축성 코어가 침하하려 하는데 양측의 비압축성 존이 이것을 지지하고 있어서 자유로운 침하를 방해하므로 코어와의 경계면에 균열이 생기는 수가 있다.
③ 또 콘크리트 지수벽이 댐내부에 있을 때는 그 위의 압축응력이 작용하여 균열이 생기는 수도 있다.

5. 파이핑의 방지책

파이핑 원인이 되는 것을 제거하는 것 즉, 파이핑 방지책으로 되며, 요약하면 다음과 같다.

(1) 특히 코어용 흙의 선택에 주의하여 함수비, 밀도, 균질성의 엄중한 시공관리를 해야한다.
(2) 필터법칙에 맞는 필터, 불투수성 브랭키트, 압력감소용 우물 등을 설치할 것.
(3) 보링공처럼 파이핑의 원인이 되는 균열을 조기에 발견하여 큰 사고가 나기 전에 모래포대로 눌러두는 예방책을 강구해야 한다.

6. Piping의 검토방법

$$F_s = \frac{하향의 흙의 무게}{상향의 침투력} = \frac{W}{u} > 1.5$$

48. 침투압 (Seepage Pressure), 분사현상(Quick Sand), Piping현상 설명
   1. Seepage Pressure(침투압)
   2. 물이 연직 하향, 상향으로 흐를 때 Effective Pressure ?

1. Seepage Pressure(침투압)

(1) **침투압의 정의**

임의의 두 점 사이에 물이 흐를 때 <u>침투수로 인하여 유효응력이 발생되는데</u> 이를 침투압(력)이라 한다.

(2) **침투압의 크기 및 방향**

침투압은 토립자의 표면과 유수의 마찰저항에 기인한 것인데 **단위면적당 침투압**의 크기는 $\Delta h \cdot \gamma_w$ 이며 단위체적당 크기는 $i\gamma_w$ 이다.

(3) <u>침투압의 작용방향은 항상 물이 흐르는 방향이다.</u>

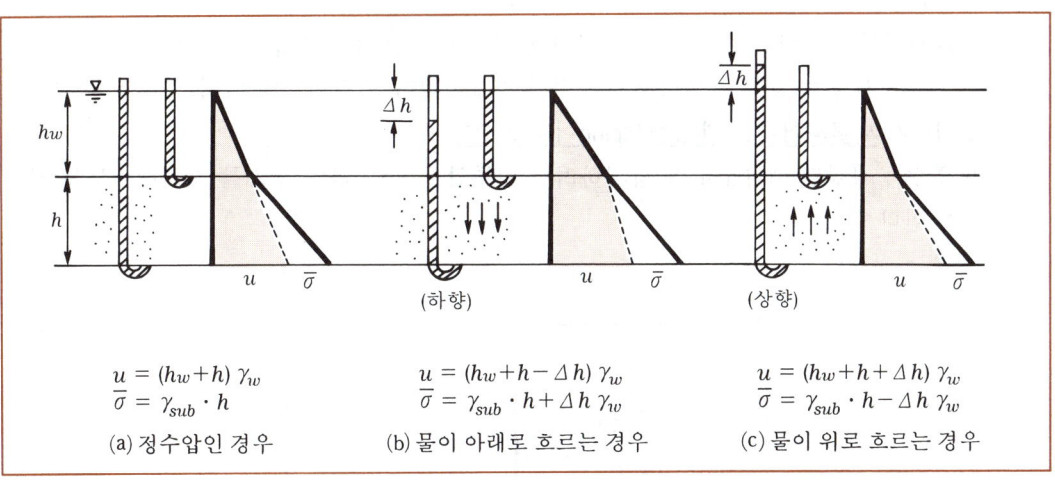

(a) 정수압인 경우
$u = (h_w + h)\gamma_w$
$\overline{\sigma} = \gamma_{sub} \cdot h$

(b) 물이 아래로 흐르는 경우
$u = (h_w + h - \Delta h)\gamma_w$
$\overline{\sigma} = \gamma_{sub} \cdot h + \Delta h \gamma_w$

(c) 물이 위로 흐르는 경우
$u = (h_w + h + \Delta h)\gamma_w$
$\overline{\sigma} = \gamma_{sub} \cdot h - \Delta h \gamma_w$

(그림 1) 정수압(a) 침투시 (b), (c)의 유효응력 및 간극수압

> **참고** 물이 흐르는 경우는 정수압의 유효응력이 $\Delta h \cdot \gamma_w$ 만큼 증가 또는 감소한다.

2. 침투압으로 인한 구조물의 안정성

(1) 분사현상(Quick Sand)

1) (그림 1.(c) 물이 위로 흐를 경우)에서 침투압이 점점 커지게 되면 유효응력이 0이 되게 된다.

$$\overline{\sigma} = \gamma_{sub} \cdot h - \Delta h\, \gamma_w$$
$$\gamma_{sub} \cdot h = \Delta h\, \gamma_w$$
$$\frac{\Delta h}{h} = \frac{\gamma_{sub}}{\gamma_w} = i_{cr}\,(\text{한계동수경사})$$

2) 사질토에서는 **유효응력**이 0이 되면 전단강도를 갖을 수 없어서(즉, $\tau_f = \sigma \tan \phi$), 흙이 위로 솟구쳐 오르려는 현상이 발생하며 이러한 현상을 **Quick Sand**라고 한다.

3) **점성토**에서는 **유효응력**이 0이 되었다 하더라도 점착력이 있으므로 전단강도가 0이 되지 아니하여 **분사현상**이 발생되지 않는다. 자연적으로 퇴적된 모래의 수중 단위 중량은 대략 1에 가깝고 물의 단위중량도 1이므로 한계동수경사는 약 1정도이다.

(2) Piping 현상

1) **분사현상**으로 인해 흙이 유수에 의해 씻겨져 나가면 유로가 짧아지기 때문에 동수경사가 커져서 물이 흐르는 방향으로 통로가 만들어진다. 이같이 지반내에서 물의 통로가 생기면서 **세굴되어가는 과정을 Piping**이라고 한다.

2) 투수가 상향일 때, Piping을 방지하려면 침투압을 받는 **흙의 무게를 증가**시키도록 하여야 한다.

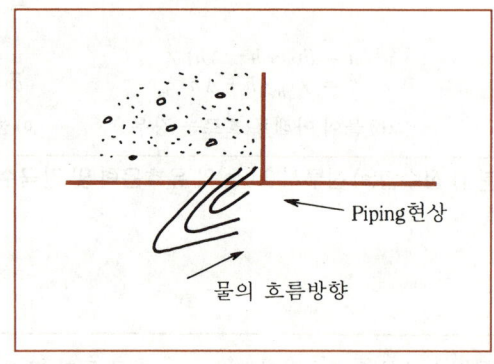

3) 널말뚝(Sheet Pile)을 박았을 경우에 Piping에 대한 안전검토는 다음과 같이 한다.

(Terzaghi의 제안)

$$\text{안전율} = \frac{\text{전 유효하중}}{\text{전 침투압}} > 4 \sim 5$$

여기서, 전 유효하중 $= d/2 \times d \times \gamma_{sub} = 1/2\, \gamma_{sub}\, d^2$
전 침투압 $= i\, \gamma_w V$

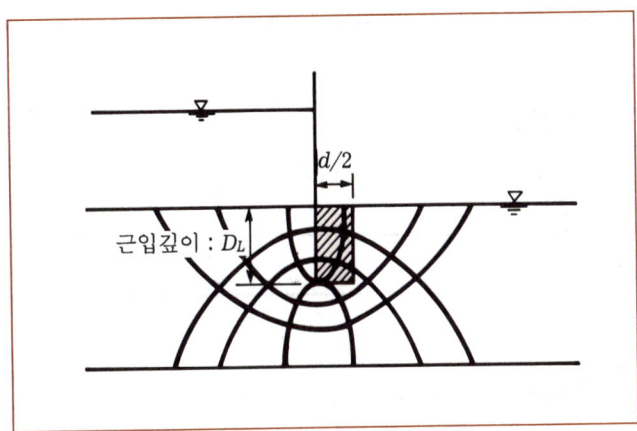

① 안전율이 소요치보다 작은 경우 근입깊이 D_L를 증가시키거나 Filter재 등으로 하중을 추가한다.

49. (1) 유효응력, 간극수압의 정의

(2) 지표에서 9m지점의 σ $\bar{\sigma}$, u ?
- 모래 : $e = 0.52$, $G_s = 2.65$
  지하수위상 : $S = 37\%$
- 점토 : $w = 42\%$, $G_s = 2.65$

(3) 지하수위 1m 하강시 9m 지점의 유효응력 변화는 ?

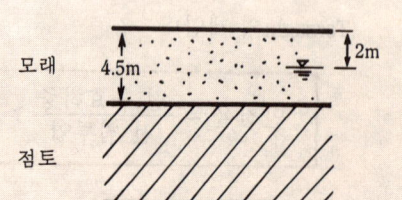

1. 유효응력과 간극수압의 정의

(1) (그림 1)과 같이 수중에 있는 관의 한 요소 (A)가 받는 전(연직)응력은 식 (1)과 같다.

$$\sigma_v = Z \cdot \gamma_{sat} + \gamma_w h_w \quad \cdots \cdots (1)$$

그런데, 여기서 **연직응력**은 토립자로 전달되는 압력과 물로 전달되는 압력으로 나누어 생각할 수 있다.

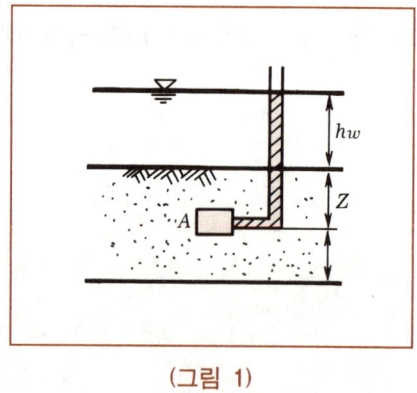

(그림 1)

(2) 물로 전달되는 압력 $u = \gamma_w h_w + \gamma_w \cdot Z = (h_w + Z) \gamma_w$ 따라서, 토립자로 전달되는 압력

$$\bar{\sigma} = \sigma_v - u = Z \cdot \gamma_{sat} + \gamma_w h_w - (h_w + Z) \gamma_w$$
$$= (\gamma_{sat} - \gamma_w) Z = \gamma_{sub} \cdot Z \quad \cdots \cdots (2)$$

(3) (2)식에서 $\bar{\sigma}$를 유효응력(Effective Stress)이라 하며 u를 간극수압(Pore Water Pressure)라고 한다.

(4) 여기서 유효응력은 전응력에서 간극수압을 뺀 값이며 이 식은 Terzaghi가 포화된 흙에 대해 제안한 토질역학의 기본이 되는 식이다. 그 후 Skempton은 암반, 콘크리트와 같이 입자의 접촉면적이 비교적 큰 물질에 대해서도 윗 식이 충분히 정확하게 적용됨을 증명하였다. (유효응력 = 전응력 − 간극수압)

2. 지표에서 9m지점의 σ, $\bar{\sigma}$, u

(1) 모래

$$\gamma_t = \frac{G+S\cdot e}{1+e}\gamma_w = \frac{2.65+0.37\times 0.52}{1+0.52}\times 1 = 1.87 \text{ t/㎥}$$

$$\gamma_{sat} = \frac{2.65\times 0.52}{1.52} = 2.09 \text{ t/㎥}$$

점토

$$\gamma_{sat} = \frac{2.65+0.42\times 2.65}{1+0.42\times 2.65} = 1.78 \text{ t/㎥}$$

(2) $\sigma = 1.87\times 2.0 + 2.09\times 2.5 + 1.78\times 4.5 = 16.98 \text{ t/㎡}$

$u = (4.5+2.5)\times 1.0 = 7.0 \text{ t/㎡}$

$\bar{\sigma} = \sigma - u = 9.98 \text{ t/㎡}$

3. 유효응력의 변화

(1) $\sigma = 1.87\times 3.0 + 2.09\times 1.5 + 1.78\times 4.5 = 16.76 \text{ t/㎡}$

$u = (1.5+4.5)\times 1.0 = 6.0 \text{ t/㎡}$

$\bar{\sigma} = \sigma - u$

$\quad = 16.76 - 6 = 10.76 \text{ t/㎡}$

∴ 유효응력의 증가분(Δ) = $10.76 - 9.98 = 0.78 \text{ t/㎡}$

$(\gamma_t - \gamma_{sub} = 1.87 - 1.09 = 0.78 \text{ t/㎡})$

이와같이 지하수위가 저하되었을 경우에는 (3)에서와 같이 **유효응력**이 **증가**되어 **점토층**에 침하가 발생된다.

50. 임계(한계) 동수구배(i_{cr})의 정의 (= Critical Hydraulic Gradient)

1. 정 의

(1) 흙속 임의 두 점간의 수두차에 의해서 물이 흐를 때 유효응력은 유수저항에 의해 $\Delta h \cdot \gamma_w$ 만큼 변화가 생긴다. (그림 1)과 같이 연직방향으로 물이 흐를 때 간극수압 및 유효응력은 다음과 같다.

$$u = (h_w + h + \Delta h)\gamma_w$$
$$\overline{\sigma} = \gamma_{sub} \cdot h - \Delta h\, \gamma_w$$

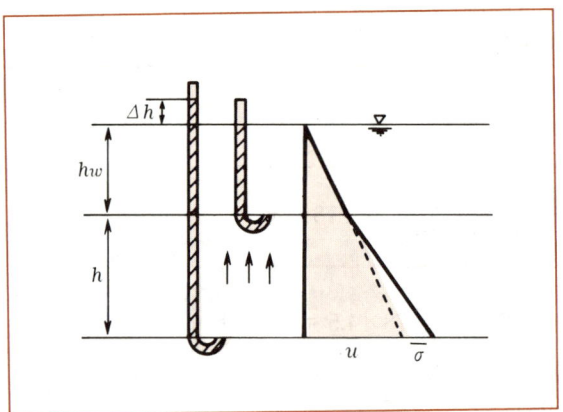

(그림 1) 상향으로 물이 흐를 때 응력분포도

(2) 만일 침투압력이 점점 더 커져 $\overline{\sigma} = 0$이 되면 점착력이 없는 흙에서는 전단강도($\tau_f = \overline{C} + \overline{\sigma} \tan\phi$)가 없게 되어 분사현상(Quick Sand)이 된다. 이 때의 동수구배를 **한계동수구배**라 한다. 즉,

$$\gamma_{sub} \cdot h - \Delta h \cdot \gamma_w = 0$$
$$\frac{\Delta h}{h} = \frac{\gamma_{sub}}{\gamma_w} \rightarrow i_{cr} = \frac{\gamma_{sub}}{\gamma_w}$$

자연적으로 퇴적된 모래의 $\gamma_{sub} \fallingdotseq 1$ 이므로 $i_{cr} = 1$ 이다.

51. Quick Clay(초예민점토)와 Quick Sand(분사현상) (모래)의 차이점

1. 정 의

(1) **Quick Clay**

해저의 점토층이 **융기**되어 육지가 된 후 이것이 우수등의 자연수에 의해 **용탈**(Leaching)되어 간극수의 **염분농도**가 감소되어 **예민비**(q_u/q_{ur})가 대단히 큰 점토(스칸디나비아, 캐나다 북부)이다.

(2) **Quick Sand(분사현상)**

1) 사질토에서 **상향 침투압**으로 인하여 흙의 유효응력 $\bar{\sigma} = 0$ 가 되어 전단강도가 Zero가 되어 흙이 솟구쳐 오르려는 현상
2) Quick Sand ➡ Boiling ➡ Piping 현상이 발생한다.

2. Quick Clay와 Quick Sand(분사현상)의 근본적인 차이점

(1) Quick Clay는 **점성토**의 **교란도**에 따른 **전단강도 특성**이며
Quick Sand는 **사질토**에서 **상향침투**가 생길 때 **유효응력 변화**에 따른 전단강도의 특성이다.

(2) Quick Clay $\xrightarrow{\text{교란}}$ Slurry와 같이 되어 물과 같아지고
Quick Sand 현상이 발생되면 물과 같이 비슷한 성향이 있는 것처럼 보이나 **Quick Clay**의 파괴는 **흙의 구조**에 관련된 것이며(Remold된 시료에 NaCl을 첨가하면 강도가 증가됨) **Quick Sand**는 **흙의 구속응력**(Confined Stress)과 관련된 현상이다.

(3) Quick Sand현상이 생기면 Piping이 발생되어 Dam이나 기타 차수 구조물에 누수가 발생되고 이것이 커지면 구조물이 붕괴된다. **Quick Clay**가 파괴되는 것은 급격하나 **진행성 파괴**(Progressive Failure)가 발생된다.

(4) **Quick Sand 현상 방지대책**

1) 하천 제방의 경우 : Sheet Pile 박기시 근입심도 깊게
2) Dam의 경우 : Curtain Grouting의 정밀시공
3) 토류벽 및 가물막이의 경우 : H-Pile의 근입깊이 깊게 한다.

52. 전응력, 과잉 간극수압, 유효응력

1. 정 의

(1) **전응력**(σ) : 전체 토체(흙+물)에 작용하는 단위면적당 법선응력
(2) **간극수압**(u) : 간극에 채워져 있는 간극수가 외력(하중)에 의하여 받는 압력
(3) **유효응력**($\bar{\sigma}$) : 토립자 접촉면에 작용하는 (유효)수직응력

2. 포화토의 경우

(1) **전응력** : A점에 작용하는 전응력은

$$\sigma = \gamma_w \cdot h_w + \gamma_{sat} \cdot h$$
$$= (물의\ 단위중량 \times 수심) + (흙의\ 포화\ 단위중량 \times h)$$

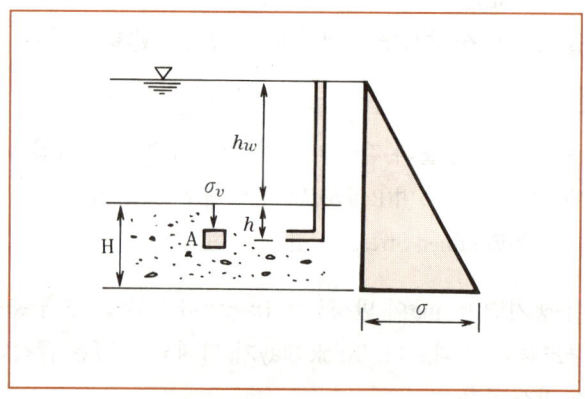

(그림 1) 유효응력의 개념 예시

(2) **간극수압** : 물로 전달되는 압력인 간극수압은

$$u = \gamma_w \cdot h_w + \gamma_w \cdot h$$

(3) **유효응력** : 흙입자로 전달되는 압력으로써 전응력에서 간극수압을 뺀 값.

$$\bar{\sigma} = \sigma - u \text{ (유효응력 = 전응력 - 간극수압)}$$
$$= \gamma_w \cdot h_w + \gamma_{sat} \cdot h \rightarrow \sigma$$
$$- \underline{\gamma_w \cdot h_w + \gamma_w \cdot h \rightarrow u}$$
$$(\gamma_{sat} - \gamma_w)h$$

【 $\bar{\sigma} = \gamma_{sub} \cdot h$ 】
  = 수중 단위중량 × h

> 참고 $\gamma_{sub} = \gamma_{sat} - \gamma_w$ (수중 단위중량은 부력때문에 γ_{sat} 에서 γ_w 빼준다.)
> $= \gamma_{sat} - 1 \text{ (ton/m}^3)$

3. 과잉 간극수압(Excessive Pore Water Pressure)의 정의

완전히 포화되어 있거나 부분적으로 포화되어 있는 흙에 하중이 가해지면 그 하중으로 말미암아 간극수압이 발생한다. 이를 **과잉 간극수압**이라 한다.

53. 과잉 간극수압(Excessive Pore Water Pressure)

1. 정 의
(1) 완전히 포화되어 있거나 부분적으로 포화되어 있는 흙에 하중이 가해지면 그 하중으로 말미암아 간극수압이 발생한다.
(2) 이것을 **과잉 간극수압**(Excessive Pore Water Pressure)이라고 한다.
(3) 이 과잉간극수압으로 인한 어느 두 점사이의 수두차에 의해서 물이 흙속을 흐르게 된다.

2. 과잉 간극수압의 계산
초기의 과잉 간극수압은 처음에 가해진 하중과 같으며

$$U_e = \Delta\sigma = h \cdot \gamma_w$$

여기서, $\Delta\sigma$: 가해진 하중
U_e : 과잉 간극수압
h : Piezometer에 나타난 수주높이

3. 압 밀
오랜 시간에 걸쳐서 흙속에서 물이 흘러가면서 흙이 천천히 압축되는 현상을 압밀(Consolidation)이라고 한다. 압밀은 과잉 간극수압이 완전히 소실될 때까지 계속된다. 이것을 1차 압밀이라고 한다.

4. 분사현상
(1) 정의
   침투수압이 상향으로 되어서 유효응력이 Zero(0)가 된다면 모래지반에서는 분사현상이 발생한다.

(2) Piping현상 발생 조건식

$$i = \frac{\Delta h}{L} > i_{cr} = \frac{G_s - 1}{1 + e}$$

여기서, i : 동수경사
h : 침투거리
Δh : 두 측점간의 수두차
i_{cr} : 한계동수경사
G_s : 흙의 비중
e : 간극비

5. 한계 동수경사(i_{cr} : Critical Hydraulic Gradient)

유효응력이 Zero(0)가 되면 이 때, 동수경사를 한계 동수경사라 한다.

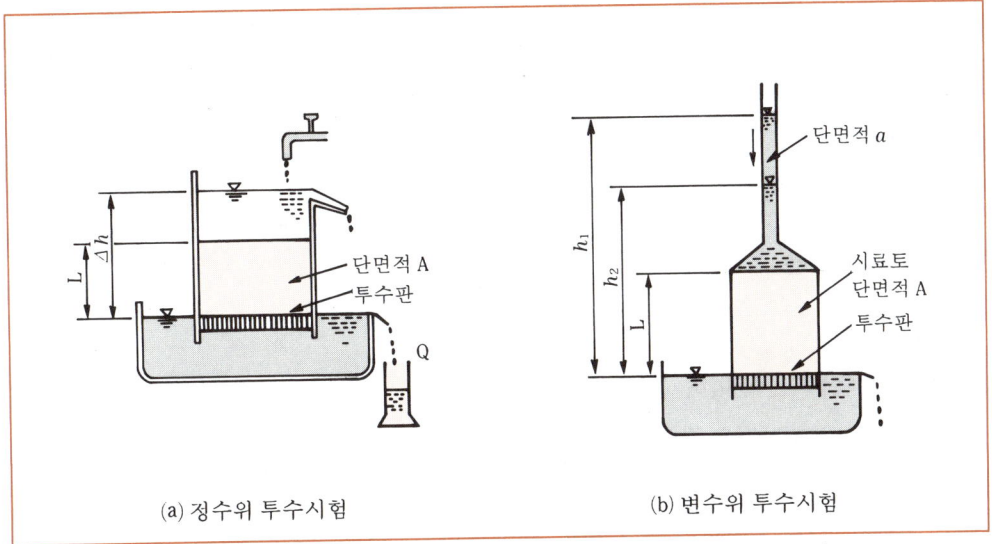

(그림 1) 실내 투수시험장치

54. 구조물 침하 원인과 대책

1. 개 요
(1) 구조물의 침하는 **탄성침하**와 **압밀침하**가 있는데, 구조물의 파괴는 부등침하의 변형을 주로 일으키는 압밀침하가 주원인이다.
(2) **압밀침하**는 주로 구조물의 자중과 외력이 지반 허용응력을 초과하거나 주변의 지하수위가 저하했을 때 발생한다.
(3) 특히 부등침하는 기초지반의 다짐이 균등치 못한 경우, Friction Pile(마찰말뚝)이 잘못 설계 내지 시공되었을 때 치명적이다.

2. 토질 특성에 대한 기본적 이해
(1) 흙의 압력 : 변형거동은 **강성**이 아니다. (Stress – Strain Curve)
(2) 흙의 성질은 본질적으로 **비균질**, **비등방성**이다.
(3) 흙의 **거동**은 **시간**과 **환경**에 따라 변한다.
(4) 흙은 **고체입자**, **물** 그리고 **공기**로 구성되어 있다.
(5) 지반(Subsurface Soil)의 구성과 공학적 성질은 **시추**를 하여 판명하며, **자연상태**와 **교란상태** (Disturbed Soil)는 상이한 경우가 더 많다.

3. 침하의 종류
(1) 즉시 침하
  1) 탄성침하 : 사질지반에서 쉽게 발생
  2) 소성침하 : 지반지지력이 항복점을 초과한 후에 비교적 큰 하중강도에서 발생, 따라서 사질지반에서는 **전침하량**을 **탄성침하**로 간주. 또, 건설·설계시와 다른 조건이 발생하였을 때(빈번한 중량 운반장치, 신형 항공기 등)
  3) Creep침하(2차 압밀 : Secondary Consolidation 침하) : Terzaghi 압밀론(Primary Consolidation)의 영역을 벗어난 그 이후의 침하
  4) 압밀 침하량 계산 : 침하량은 하중과 시간의 함수이다.

$$\Delta S = \frac{C_c}{1+e_0} H \, log \, \frac{P_0 + \Delta P}{P_0} \, (cm)$$

4. 원인

(1) **토질 제상수**의 차이(설계시 또는 시공시와 다름)
(2) **토질조사** 불충분(현재와의 차이)
(3) 지반의 **연약화**(여건 변화)
(4) 인근 구조물의 지하수 흡상 : 인근 공사장의 Dewatering Well등
(5) **지하수위**의 계절적 변동
(6) 도로나 구조물의 신규 축조시 발생하는 **진동** 등의 영향
(7) 구조물의 **중량 불균형** : 절토, 성토변환 부위, 건물의 Core 부분과 취약부위, 강성재료와 흙의 경계부위
(8) 지반의 **다짐**이 **불충분**하였을 경우(또는 불균형)
(9) 기초지반의 토질이 Layer로 되어 이질상태로 남아 있을 경우 : 다짐불량으로 Lamination(얇은 판자모양)현상이 남아 있는 경우
(10) 연약지반 중에 탈수안된 **습지**나 **늪지**(Swamp)층이 있는 경우
(11) 지반개량시 **상재하중(Surcharge)**을 단시간에 **과도히 적하**한 경우

5. 대책

(1) 토질특성에 맞는 연약지반 개량공법 선정
(2) 시공성, 경제성에 문제가 없으면 깊은 기초로 경질(암반층)에 지지시킨다. (가장 확실)
(3) Friction Pile 기초 등에서는 부등침하에 특히 유의하여 설계, 시공한다.
(4) 구조물 취약부를 확실히 한다.
(5) 구조물 취약부의 지반을 잘 다지고 채워준다
(6) 구조물의 강성을 크게할 것(수평재 연결 등)
(7) 기초 Boring시 Scale Effect(치수효과) 고려. (구조물 폭의 2배 등)
(8) 이음부의 정밀한 설계, 시공
(9) 구조물을 가능하면 경량화하고 중량배분이 잘 되도록 설계한다.
(10) 지하실의 깊이를 조정 설치하므로써 지중압력을 평균화 시킨다. (중앙은 작게, 단부는 크게)
(11) 계측 System에 의한 인근 구조물의 영향 조사 (초기치 관리에 유의)
(12) 개량한 연약지반 위에 건설한 주요 시설물에는 계측기 매설관리 필요. (충분한 기간, 즉시 대응)
(13) 지하수위 변동 등을 관찰하고 대책 강구
(14) 부등침하 등이 발생했거나 예지되었을 때는 완급도에 따라 보강·방지방안을 준비, 대책 강구한다.

55. Back Pressure(배압)의 정의 · 사용목적 · 유의사항 · 적용범위 설명

1. Triaxial Test 의 기본 원리

(1) Effective Stress

1) 토립자와 간극사이의 상호작용은 흙의 거동에 영향을 주는 주요 Parameter이다. (그림 1)은 유효응력(Effective Stress : σ')를 설명해 주는 삼축압축시험의 시료 모형이다.

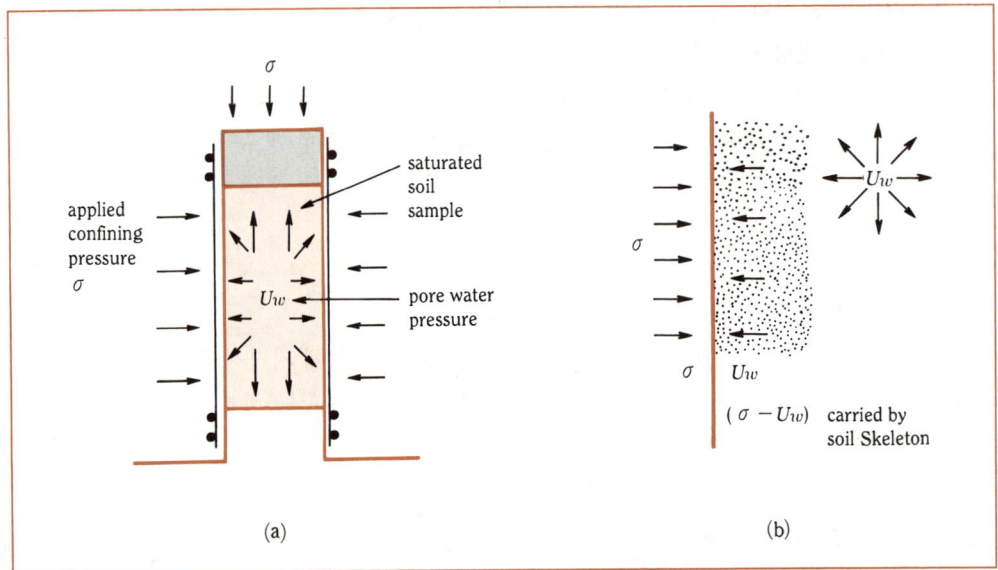

(그림 1) Total stress and pore pressure in a Triaxial test sample

2) 주어진 면에 수직으로 작용하는 전응력(Total Stress : σ)는 토립자들 사이에 작용하는 힘과 간극사이의 물의 응력으로 표현된다. (그림 1. (a))는 Cell Confining Pressure σ 가 시료 주위로 수직하게 작용하고 간극사이의 물의 압력 Pore Pressure u_w는 모든 방향으로 정수압(Hydrostatic Pressure)으로 작용하는 것을 보여주고 (그림 1. (b))에서 두 힘의 차이 만큼은 토립자가 받게 되는데 이것을 Effective Stress라고 하고 다음과 같이 표현된다.

$$\sigma' = \sigma - u_w \quad \cdots\cdots\cdots\cdots\cdots\cdots\cdots\cdots\cdots\cdots\cdots\cdots\cdots\cdots\cdots\cdots\cdots\cdots\cdots\cdots (1)$$

3) (식 1)은 Soil Mechanics에서 가장 중요한 기초가 되는 식으로 Terzaghi는 '응력변화의 모든 효과는 Effective Stress에 기인한다.' 라고 할 정도로 유효응력의 중요성을 강조했다. 흙의 공학적 거동을 다룰 때에는 유효응력과 유효응력의 변화를 반드시 고려해야 한다.

4) 이 Effective Stress는 토립자의 사이에 작용하는 응력 즉, 'Intergranular Stress' 라고도 한다.

(2) Compressibility

1) 수직응력이 작용하는 흙의 체적변화는 Total Stress의 변화보다는 Effective Stress의 변화에 의해 설명된다. Volumetric Strain, $\frac{\Delta V}{V}$로 표현되는 체적의 변화와 Effective Stress 사이의 관계는 다음과 같이 표현된다.

$$\boxed{\frac{\Delta V}{V} = -C_s \Delta \sigma'} \quad \cdots\cdots\cdots\cdots\cdots\cdots\cdots\cdots\cdots\cdots\cdots\cdots\cdots\cdots\cdots\cdots\cdots\cdots (2)$$

여기서, ΔV : 체적 변화량
V : 초기 체적
C_s : 토립자의 체적 압축성
$\Delta \sigma'$: Effective Stress의 압축성

그러나, 대부분의 실험에서는 물과 토립자의 압축성은 무시한다.

(3) Shear Stress in Saturated Soil

1) 유체에서는 전단에 저항하는 힘이 없지만 흙에서는 토립자 사이에 작용하는 마찰에 의해 전단응력이 발생한다. 전단응력에 저항하는 전단강도는 평면에 수직으로 작용하는 Effective Stress에 의해 표현된다.

2) Mohr-Coulomb의 파괴이론에 의해 파괴면에 작용하는 최대 전단강도는 다음과 같이 표현된다.

$$\boxed{\begin{aligned}\tau_f' &= C' + (\sigma - u_w)\tan\phi' \\ \tau_f' &= C' + \sigma'\tan\phi'\end{aligned}} \quad \cdots\cdots\cdots\cdots\cdots\cdots\cdots\cdots\cdots\cdots\cdots (3)$$

여기서, C' : the apparent cohesion
ϕ' : the angle of shear resistance

3) 삼축압축시험에 의해 얻어진 전단시험의 결과는 Total Stress나 Effective Stress로 설명되고, 이 Effective Stress는 (식 3)으로 얻어지며 Total Stress보다 더 기본적이다.

4) 그러나, Effective Stress는 시험에 의해 직접적으로 구할 수 는 없고 Total Stress와 Pore Water Pressure의 값에 의해서 얻어질 수 있다.

2. Back Pressure(배압)

(1) 정의
삼축압축 시험시 Membrane(시료를 싸는 얇은 고무막)이나 시료 자체에 존재하는 공기를 없애기 위해 하중을 가하기 전에 주는 수압력을 Back Pressure(배압)이라고 한다.

(2) 사용목적 : 현장의 Pore Pressure 조건을 유지하기 위해
1) 수분 증발 등으로 포화도가 떨어진 시료의 함수비를 현장조건에 맞추기 위해 100%로 포화시키기 위해 시료 속으로 수압을 가한다. (수압 가함 → 시료 속의 공기 용해 → 완전 포화)
2) 간극수압을 정확하게 측정하기 위하여 사용하며 하중을 가하기 전에 통상 0.5kg/㎠의 Back Pressure를 사용한다.

(3) 유의사항
1) Back Pressure는 시료의 유효응력과 체적의 변화와는 무관하며 하중을 증감시킬 때는 등반 압밀상태(구속압력과 동시에 가함)여야만 한다.
2) Back Pressure가 Cell Pressure보다 크면 시료가 교란되기 때문에 항상 Back Pressure가 Cell Pressure보다 작아야 한다.
3) 불완전 포화된 시료의 응력완화시 공극의 영향으로 Swelling현상이 발생한다.

(4) 적용범위
Back Pressure을 포함한 압력 측정 결과는 다음과 같은 유효응력항으로 표기할 수 있다.

$$p' = p - u_b \ (u_b : \text{Back Pressure}) \quad \cdots\cdots (4)$$

1) Back Pressure를 수행하는 실험으로는 일정변형율 전단시험, 응력완화시험, 정규압밀 비배수시험 등이 있다.
2) Back Pressure는 일정변형율 전단시험과 응력완화시험에서 포화점토의 시간 효과의 특성 즉, 응력-변형율-시간간의 관계를 규명하는데 중요한 역할을 한다.

3. Saturation and use of Back Pressure

(1) Reason for Saturation
1) 대부분의 삼축압축시험에서는 Pore Water Pressure를 측정하는 단계를 거친다. 부분 포화토에 존재하는 Pore Air Pressure를 정확히 측정하기 어렵기 때문에 유효응력 삼축시험에서는 첫 단계로 시료를 포화시킨다.
2) 다음 (그림 2)와 같이 삼축압축시험 시료에서 적은 양의 Effective Stress를 유지하면서 Co-

nfining Pressure와 Back Pressure를 증가시키게 된다. 그래서 항상 Back Pressure는 Confi-
ning Pressure보다 적게 된다.

3) 이 상태를 유지하게 되면 시료 공극속의 공기는 용해하게 되어 시료가 포화되게 된다. 포화도는 Confining Pressure를 증가시킬 때마다 B-Valve로 확인한다. B-Valve는 다음과 같은 식으로 표현된다.

$$\Delta u_b = B \Delta \sigma_3 \quad \cdots\cdots\cdots\cdots\cdots\cdots\cdots\cdots\cdots\cdots\cdots (5)$$

$$B = \cfrac{1}{1+\cfrac{nC_w}{C_s}} \quad \cdots\cdots\cdots\cdots\cdots\cdots\cdots\cdots\cdots\cdots\cdots (6)$$

4) 여기서 $\cfrac{C_w}{C_s}$ 는 매우 작은 값이고, 앞에서도 언급했듯이 물과 토립자의 압축성을 대부분의 실용적인 시험에서 무시하게 되어, 100% 포화되었을 경우 B = 1이 된다.

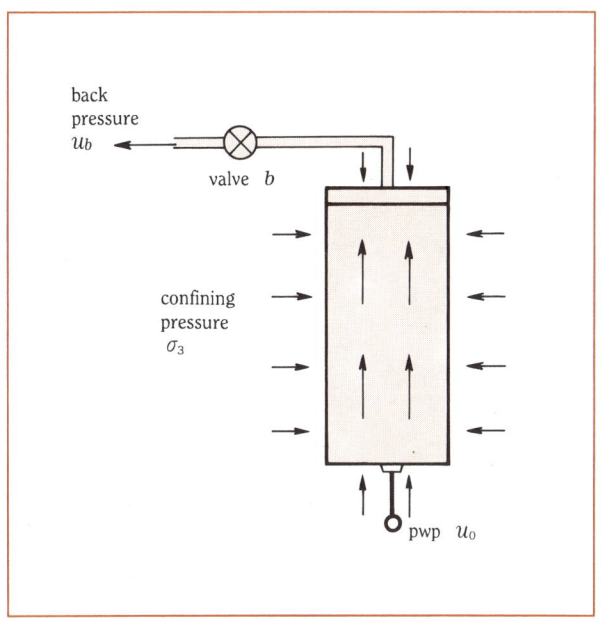

(그림 2) **Representation of usual test conditions**

(2) Advantages of Applying a Back Pressure

1) 시료안에 존재하는 공극속의 공기는 완전 포화상태에 이르면 용해가 되고, membrane에

의해 시료속의 공기는 빠져나갈 수 없어 마찬가지로 용해가 된다.
2) 전단하는 동안 팽창된 시료에서는 공기방울 때문에 발생한 Airlock에 의해 방해받지 않고 배수시험에서 물은 자연스럽게 빠져나간다.
3) 포화를 유지하기 위해서 Pore Pressure는 150kpa 이하로 떨어뜨려서는 안된다. 물에 용해된 공기가 빠져나와 공기방울을 형성할 수 있기 때문이다. 배수시험에서는 최소 200kpa로 Back Pressure를 유지해야 한다.
4) Pore Pressure와 Back Pressure System에 남아있는 공기를 없앨 수 있다.
5) Back Pressure에 의해 포화시킨다면 초기 부분 포화토에서도 믿을만한 Permeability를 구할 수 있다.

4. Triaxial Compression Test 의 장치

page 167 도면 참조

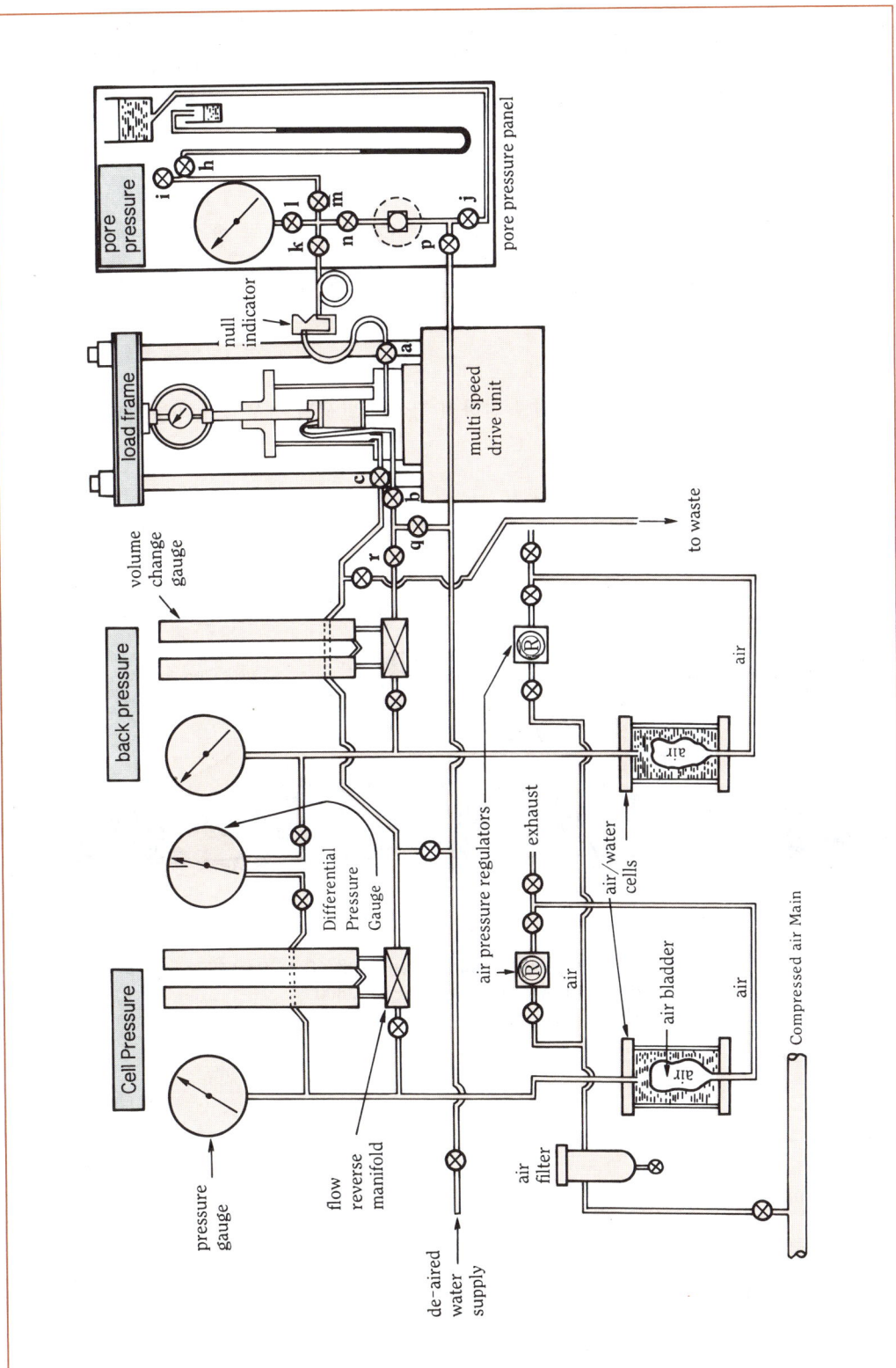

(그림 3) General layout of triaxial apparatus and ancillary equipment using air/water pressure systems

56. 흙댐 또는 사력 Dam에서 발생하는 Hydraulic Fracturing(수압할렬) 설명

1. 정 의

(1) Dam이 담수될 때 수압이 **최소 주응력**과 흙의 인장 응력보다 클 경우 수압에 의해 Dam이 수평 또는 수직방향으로 찢어지는 현상을 「**수압할렬**(Hydraulic Fracturing)」이라고 한다. (수압 > 최소 주응력과 흙의 인장응력)

(2) **Dam의 붕괴 원인**
Hydraulic Fracturing이 발생된 후 이로 인하여 침식이 발생될 경우 Dam이 **붕괴**된다.

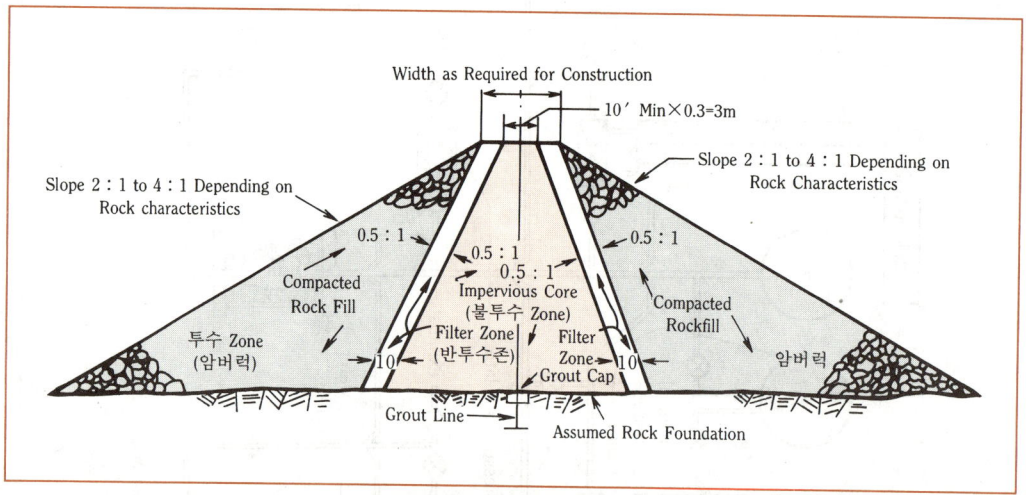

(그림 1) Typical Maximum Section of an Earth-Core Rockfill Dam Using Central Core. 288-D-2800
【Rockfill Dam 단면도】

2. 수압할렬의 발생 원인 2가지

(1) 부등침하
(2) 응력 전이 (Stress Transfer)

3. 부등침하

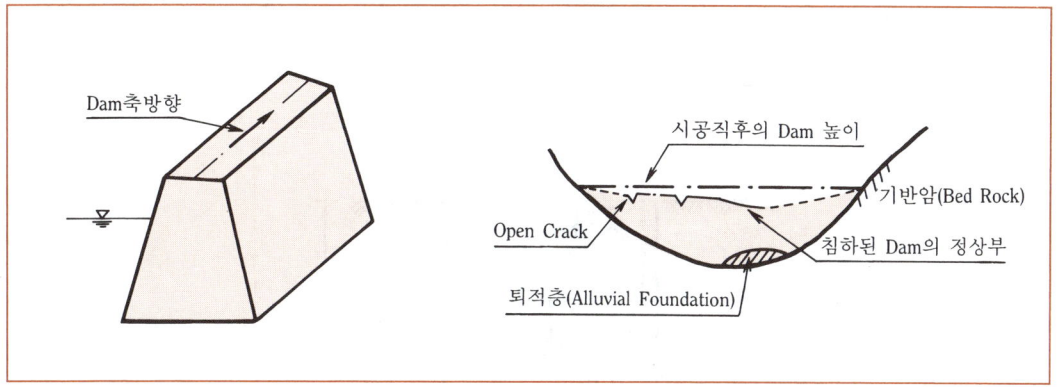

(그림 2) Dam 축방향의 부등침하로 인한 균열

(1) (그림 2)와 같이 Dam의 기초지반이 **충적층**으로 이루어졌을 때는 충적층의 침하로 인해 부등침하는 더 크다.

(2) 부등침하가 발생되면 수압할렬은 다음의 순서를 따라 발생된다.
   1) Dam **정상부**에 균열이 생긴다. 그러나 균열이 나타나지 않을 수도 있다.
   2) 균열 아래 연직면을 따라 **수평방향의 응력**이 **정지토압**에 비해 현저히 감소하거나 인장력이 생긴다.
   3) **수평응력**이 감소되면 눈에 보이지 않는 **균열속**으로 **담수시** 물이 침입한다.
   4) **담수시 수위**가 상승하여 수압이 **수평응력**보다 크면 균열을 확장시킨다.
   5) 이 균열로 흐르는 물의 **유속**이 커져서 **침식**이 발생되면 댐은 **붕괴**될 수 있다.

(3) 응력 전이(Stress Transfer)
   (그림 3)은 **연성관**의 매설시 발생되는 **응력전이**를 설명해주는 대표적인 예이다.
   1) 흙댐의 **심벽**과 **필터층**은 재료의 강성(Rigid)이 달라 (그림 3)과 같은 **응력상태**가 되며 따라서 점토심벽의 무게의 일부가 필터층으로 옮겨지게 된다. 이를 응력전이(Stress Transfer) 또는 Arching Effect 라고 한다.
   2) 이러한 **응력전이**는 **압축성**이 큰 점토심벽뿐만 아니라 기초암반의 불규칙한 면에서도 **국부적**으로 발생할 수 있다.
   3) 응력전이가 발생되어 심벽의 응력이 상당히 감소할 경우 **수압할렬**은 다음의 순서를 따라 발생한다.
      ① 담수시 수위가 상승하면 **수압**이 **증가**하고 이 값이 **심벽**의 **토압**을 **초과**하면 균열이 생

긴다.
② **수압**이 **증가**되면 **균열**은 확대된다.
③ 이 균열로 흐르는 물로 인해 **침식**이 되면 댐은 **붕괴**될 수 있다.

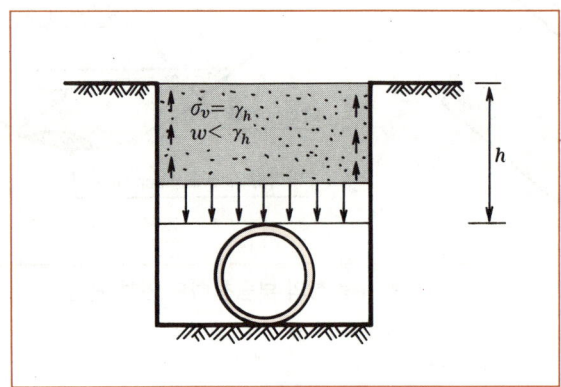

(그림 3) 고랑을 파서 Pipe를 매설할 때 응력의 전이

4. 수압할렬의 발생과 댐의 붕괴

(1) 수압할렬로 인한 댐의 파괴 가능성은 **심벽재료의 침식**, Filter의 **효과적인 배수** 등과 깊이 관련되므로 수압할렬이 곧 Dam의 붕괴를 뜻하는 것은 아니다.

(2) 수압할렬이 처음에 생긴 다음에도 침식이 되지 않으면 **유로주변의 Dam재료**가 **팽창**하거나 **연화**되어 유로 균열을 막아 버리며, 침식이 되었다고 하더라도 Filter가 잘 설계되었다면 유로를 봉쇄하여 버리며

(3) 또 침식된 물질이 유로에 퇴적하는 경우라도 물이 **필터층**까지 유과하는 동안 **수두손실**이 충분히 생기지 않으면 **Piping 현상**은 발생되지 않는다.

 Wet Seam이 발견되었을 경우에는 Hydraulic Fracturing의 명백한 증거가 되며 Wet Seam을 통해 누수가 되고 이 누수는 흙을 침식하여 댐을 붕괴하게 한다.

5. Hydraulic Fracturing의 방지대책(수압할렬 방지대책)

(1) **중앙 심벽형 사력 Dam**의 설계시 **심벽**의 폭을 가능한한 넓게 하면 **응력전이**가 줄어든다.

(2) Hydraulic Fracturing이 발생되었다 하더라도 **Filter**를 효과적으로 설계하면 이로 인한 침식

을 방지할 수 있다.

> Sherard는 집중누수를 방지하기 위하여 D_{15}의 입경이 0.7mm이하가 되는 가는 모래 내지 중간 모래를 사용할 것을 권장하고 있다.

(3) **Dam 본체**와 **안벽** 또는 **기초와의 접촉부분의 형상**이 **불규칙**하면 국부적으로 **응력전이**가 생길 수 있다. 따라서 이러한 변화는 가급적 피하도록 설계한다.

(4) **심벽재료**는 가능한 **OMC의 습윤측**으로 다지는 것이 바람직하다.

(5) **응력전이**가 발생되어 연직응력이 감소되었다 하더라도 Hydraulic Fracturing은
  1) 재료의 불연속적인 결함이 존재할 때만 발생한다.
  2) 따라서 **신구 다짐층** 사이에는 서로 잘 연결되도록 해야하고 성토재료에 틈이 있어서는 안되며 **암석절리**가 있을 때는 느슨한 흙이 그 근처에 몰리지 않도록 하는 것 등의 시공 시 주의가 필요하다.

57. 토공의 기본 이론

【기술 내용】 : 토공의 원리 설명이며, 포괄적인 이해 필요
  (1) 절토
  (2) 절토부 노상
  (3) 성토
     1) 상부 노상 품질관리 기준
     2) 하부 노상 품질관리 기준
  (4) 준비공
     1) 규준틀의 설치
     2) 토공 Post 설치
  (5) 성토부 기초지반 처리 암성토
  (6) 시험성토 (400㎡이내)
  (7) 성토 다짐장비
  (8) 토공 작업의 흐름도 (노상, 노체)

1. 정 의

토공이라 함은 토목공사를 실시할 때에 공사계획면보다 높은 곳은 낮추고, 낮은 곳은 높여서 계획면에 맞도록 하는 것이다.

(1) 낮추는 것을 **굴착**(Excavation), 높이는 것을 **성토**(Banking), 특히 수중에서의 성토를 매립(Reclamation), 굴착을 준설 (Dredging)이라고 한다.
(2) 토공 공법은 그 대부분이 토질공학을 기초로 해서 발전되어 가고 있으며
(3) 토성, 흙의 지지력, 다지기 등의 특성과 고속시공에 의한 성토중의 간극수압, 흙의 압밀, 하중에 대한 흙의 변형 및 투수 등의 문제가 되고 있다.
(4) 그러므로 토질공학의 발전은 토공의 발전을 의미하고 있다. 과거 토목공사는 인위 Energy를 주체로 하였지만, 오늘날에는 기계적 Energy에 의한 기계수단이 대부분이고 최근에 와서는 토공기계의 출현으로 그 기술적 수단이 고도화 되어 가고 있다.

2. 현장조사의 방법과 순서

(1) 자료 수집 및 검토 ➡ 현지 조사 ➡ 본조사 (개략조사, 정밀조사) ➡ 조사 결과의 정리, 총괄

(2) 순서와 방법
  1) 자료 수집 및 검토
    ① 지형도
    ② 지질도
    ③ 토지 이용도
    ④ 항공사진을 이용한 지형적 특성
    ⑤ 지층의 경연
    ⑥ 연약지반
    ⑦ 산사태(Land Slide) 유무 등의 조사

  2) 현지 조사 : 간단한 Sounding 병행

  3) 본조사
    ① 개략조사(선행조사) : 각 지구 1개 정도의 기계 Boring 및 Sounding시료채취, 토질시험
    ② 정밀조사 : 필요한 개수의 기계 Boring 및 Sounding 시료채취, 토질시험

  4) 조사 결과의 처리, 총괄
    ① 암질
    ② 토공작업의 용이
    ③ 연약지반, 산사태가 문제되는 지반의 유무와 그 정도
    ④ 성토재료로서의 적부
    ⑤ 흙 운반방법
    ⑥ 시공기계의 작업조건

3. 절 토

(1) 토사, 풍화암, 발파암의 판별
  1) 설계시
    ① 시추 조사성과 지형을 고려하여 각 지층 한계선을 추정하여
    ② 절토면의 토공량을 산정하며

  2) 실제 절토작업을 진행하면 추정 토질과 상이한 경우가 자주 발생하는데

  3) 이에 대한 정확한 판별을 위해서는 각종 시공자료와 암반에 대한 지식, 경험 등을 필요로 하므로 암판정 위원회를 구성, 운영함이 합리적이며 다음과 같은 자료를 기록, 유지하여야 한다.

  4) 암판정을 위한 자료의 기록
    ① 현장에서 판단한 지층 경계선의 측량성과

② Ripper 작업, 발파작업의 과정별 현장사진
③ Ripper 작업에 사용한 장비의 규격 및 1일 작업량 등
  ㉠ 암굴착량 25,000㎥ 이상 : 30ton급 Ripper Dozer
  ㉡ 암굴착량 25,000㎥ 이하 : 20ton급 Ripper Dozer

(2) 절토부 노상
  1) 문제점
    ① 용수 및 침투수 집중
    ② 토질의 변화가 심하여 지지력 불균일
    ③ 절토부와 성토부보다 하자발생이 많다.

  2) 시공대책(시공시 유의사항)
    ① 원지반이 토사층인 경우
      ㉠ 원지반이 노상재료의 기준에 부적합하거나 나무뿌리, 전석 등이 섞여 노상의 균일성을 훼손하는 경우 치환한다.
      ㉡ 원지반이 노상재료의 기준에 적합한 경우에는 상부노상을 15㎝ 긁어 일으켜 노상 기준밀도로 다짐한다.
    ② 원지반이 암인 경우
      ㉠ 암발파시 발생된 凹부에는 동상방지 보조기층재료를 포설하고 충분히 다져서 지지력을 균일하게 해주고 동상방지를 피한다.

4. 성 토

(1) 정 의
  1) 성토 기초지반은 성토, 포장 등의 무게 및 교통하중을 안전하게 지지할 수 있어야 하고
  2) 성토, 기타의 하중에 의한 지반침하가 완성후의 노면, 기타에 나쁜 영향을 미치지 않아야 한다.

(2) **성토재료로써 요구되는 흙의 성질** : 성토재료로써 사용해서는 안되는 흙
  1) Bentonite, 온천여토, 유기토 등 흡수성이 크고 압축성이 큰 흙
  2) 동결토이거나 빙설, 초목, 기타 다량의 부식성을 함유한 흙
  3) 액성한계값이 자연함수비보다 큰 흙은 사용하지 않는 것이 좋다.
    ($LL \leq 50\%$ 이하, $LL <$ 자연함수비 : 좋은 흙)

(3) **토공 품질관리 기준 (성토)** : 토공부위별 성토재료의 품질 및 다짐 기준
  1) 노체의 경우 품질관리 기준
    ① 토사재료 품질관리 기준

㉠ 재료의 최대치수 : 30cm 이하
㉡ 수침 CBR : 2.50 이상
㉢ 1층 시공 두께 : 30cm 이하(다짐후 두께)
㉣ 다짐 기준 밀도 : $\gamma_{dmax} \times 90\%$ 이상

② 암버력의 품질관리 기준

> ㉠ 재료의 최대치수 : 30cm 이하
> ㉡ 성토부위 : 노체 완성면 이하
> ㉢ 1층 시공 두께 : 30cm 이하
> ㉣ 다짐 기준 : 시험시공에 의해서 결정
> ㉤ 다짐 장비 : 1층 시공두께를 고려해서 대형 장비 사용(Bulldozer)

2) 노상의 품질관리 기준

노상은 포장과 일체가 되어서 **교통하중**을 지지하는 **중요한 역할**을 하는 부위이며 사용재료의 **품질기준**도 엄격하여 절토부위에서 발생되는 토사 중 기준에 부적합한 흙이 상당히 있음을 염두에 두고 **선정시험**을 실시하여 **노상 성토재료**를 사전에 확보해 두어야 한다.

3) 이러한 점을 소홀히 할 경우에 양호한 재료를 **노체**에 성토하고, **노상**에 양호한 재료가 부족하여 어려움을 겪는 상황이 발생할 경우가 있으니 주의해야 한다.

① 상부노상의 품질관리 기준

> ㉠ 재료 최대치수 : 100mm 이하
> ㉡ No. 4체 통과분 : 25~100%
> ㉢ 200체 통과분 : 0~25%
> ㉣ 소성지수 : 10 이하
> ㉣ 수침 CBR : 10 이상
> ㉤ 1층 시공 두께 : 20cm 이하(다짐후 두께)
> ㉥ 다짐기준밀도 : $\gamma_{dmax} \times 95\%$ 이상

② 하부노상의 품질관리 기준 【**상부노상, 하부노상**을 구분해서 다짐하는 이유】

현장 분포토질이 불량하며 경제적인 시공을 위하여 **상부노상 (40cm), 하부 노상(60cm)**을 구분하여 시공토록 설계되어 있을 경우에는 **하부노상**은 다음 기준에 의거 품질관리한다.

㉠ 재료 최대치수 : 150mm 이하
㉡ No. 4체 통과분 중 No. 200체 통과분 : 50% 이하
㉢ 소성지수 : 30 이하
㉣ 수침 CBR : 5 이상
㉤ 1층 시공 두께 : 20cm 이하(다짐 후 두께)
㉥ 다짐 기준밀도 : $\gamma_{dmax} \times 90\%$ 이상
③ 구조물 뒷채움 재료 품질관리 기준

일반구조물의 뒷채움 재료별 품질 및 다짐기준

구 분	기 준		비 고
	A 재료	B 재료	
1. 재료최대치수	50mm 이하	100mm 이하	
2. #4체 통과분	25~100%	-	
3. #200체 통과분	0~15%	0~30%	
4. 소성지수	10 이하	20 이하	
5. 수침 CBR	10 이상	5 이상	
6. 1층 시공두께	20cm 이하	20cm 이하	다짐후 두께
7. 다짐기준밀도	$\gamma_{dmax} \times 95\%$ 이상	$\gamma_{dmax} \times 95\%$ 이상	

> [참고] 뒷채움 부위의 침하에 의한 하자발생을 최소화하기 위하여 선택층 재료로 뒷 채움을 시공하는 경우가 많은데 이러한 경우에는 선택층 품질관리 기준에 따른다.

5. 준비공

(1) 규준틀의 설치(토공정규) : 【51회】

규준틀은 비탈면(Slope)의 위치, 경사 노체, 노상의 폭원 및 법면 기울기를 나타내는 것이며 토공의 기준이 되는 것이므로 정확하고 견고하게 설치해야 한다.

1) 기준틀의 표준 설치 간격

설치장소의 조건	설 치 간 격
직선부	20m
곡선반경 300m 이상	20m
곡선반경 300m 이하	10m
지형이 복잡한 장소	10m

(2) **토공 Post 설치**
   1) Post 설치시 측량 성과 확인
   2) 토공, 포장공의 개략적인 높이를 시각적으로 판단할 수 있도록 1구간마다 설치.
   3) 공사기간을 감안하여 시공중 망실되지 않게 견고히 설치

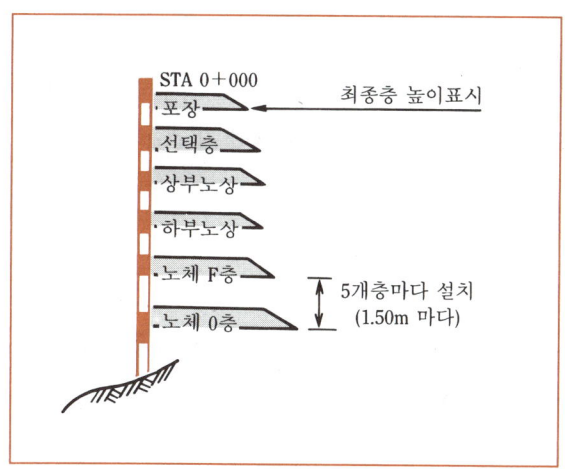

(3) **성토 작업중의 배수**
   1) 배수상태 불량시 문제점
      ① 시공장비의 Trafficability가 나빠지고
      ② 작업중단 일수가 길어지므로 성토배수가 잘되도록 다음 사항에 유의한다.
         ㉠ 성토면은 4% 이상의 횡단 경사를 두고 매일 작업 종료시, 작업 중단시에는 반드시

표면을 평탄하게 다져서 배수가 잘 되도록 해둔다.
ⓛ 강우중, 강우 직후에 작업차륜을 통행시키면 성토면의 배수를 지연시키고, 성토면이 교란되어서 연약해지므로 차륜통행을 차단시킨다.
ⓒ 우수가 집중되어 방류될 경우에 성토법면이 세굴, 붕괴되므로 노견부에 가배수로를 설치하고 일정 간격마다 비닐, 가마니 등으로 가도수로를 만들어서 유출시키며 집중 호우시 수시로 그상태를 점검하여 재해를 예방한다.
ⓔ 벌개제근(Grubbing Up)을 하여 예기치 않은 부등침하, 처짐 등을 방지한다.

6. 성토부 기초지반의 연약층 처리

(1) 연약층이 두껍고, 설계에 반영되어 있을 때에는 설계도서에 명시된 공법으로 연약지반을 처리하되 계측을 통하여 침하 및 변위상태를 확인해야 한다.

(2) 논, 습지 등에서 표층에 얇은 연약층이 존재할 경우
  1) 성토고가 높은 경우에는 **두께 0.5~1m의 Sand Mat**층을 설치한 후 성토를 한다.
  2) 성토고가 1m 정도로 낮은 경우에는 준비배수후 성토를 한다.
  3) 연약층에 유기물 등이 함유되어 매우 빈약하고 성토고도 1m 이하로 기초지반의 배수만으로 지지력을 확보할 수 없을 경우에는 양질의 재료로 치환한다.
  4) 연약층이 두껍거나 설계에 반영되어 있지 않을 경우에는 토질조사 및 각종 시험을 실시하여 현장여건에 적합한 연약지반 처리대책을 강구한다.

7. 암성토

(1) 개요
절토부에서 발생하는 암버럭을 이용해서 성토를 할 경우에는 최대 입경은 30㎝ 이하로 하여 노체완성면 아래에 한해서 사용토록 다음 사항에 유의 시공해야 한다.

(2) 암성토시 유의사항
  1) 암버럭 상부에 일반 토사를 사용하면 교통하중에 의한 진동, 침투수 등에 의해서 세립자가 **암버럭** 사이의 공극으로 이동해서 침하가 발생할 가능성이 있으므로 암버럭 성토시는 매층마다 양질의 **토사로 캐핑**(Capping)해야 한다.
  2) 이암, Shale, Silt Stone, 천매암, 편암 등 수침 반복시 쉽게 연약해지는 **암석**의 암버럭을 성토하고져 할 경우에는 현장여건에 적합여부를 사전에 충분히 검토해야 한다.
  3) 암버럭 성토시는 반드시 824, 825 Compactor, Breaker가 달린 Backhoe 투입후 시공한다.

8. 시험 성토작업

(1) 목적
다짐 작업에 앞서 성토재료에 알맞는 다짐장비, 다짐방법, 포설두께, 다짐회수, 적정함수비, 시공관리체제 등을 검토하여 효율적인 다짐이 되도록 일정 구간을 설정하여 시험다짐을 실시하는 것을 말한다.

(2) 시험 다짐구간의 시공
1) 시험 시공구간 : 노체의 경우 2차선 기준연장 450m, 노상의 경우 400m가 표준이다.
2) 1층의 다짐 두께 기준 : 노체는 30cm, 노상은 20cm가 되게 한다.
3) 재료 : 본공사에 사용될 재료를 사용
4) 장치
  ① Bulldozer
  ② Grader
  ③ 살수차
  ③ **다짐장비**에는 본공사용 장비와 동일한 장비이어야 한다.

(3) 시험 다짐구간내의 임의 규정한 **10개 지점**에서 실시한 **현장 밀도시험**이나 승인된 시험기에 의한 밀도 측정결과 **평균 밀도**로 결정한 값이 다음 값 이어야 한다.
1) 노체 : 평균 밀도가 $\gamma_{dmax} \times 90\%$ 이상
2) 노상 : 평균 밀도가 $\gamma_{dmax} \times 95\%$ 이상

(4) 시험시공에서 얻어진 포설두께, 다짐회수, 함수비 등을 본공사에 적용한다. 그러나 다음과 같은 변동사항이 발생시 **기준 값을 변경**한다.
1) 재료의 변경
2) 다짐장비의 교체
3) 장기간 작업이 진행될 때

(5) 시험 다짐 방법 및 측정결과(양식)

구분 \ 시험회수	1	2	3	4	5	6	7
포 설 두 께 (cm)							
진동 Roller (회)							
Tire Roller (회)							
함 수 비 (W)							
기 준 밀 도 (t/㎥)							
건 조 밀 도 (t/㎥)							
다 짐 율 (%)							
다짐전 두께 (cm)							
다짐후 두께 (cm)							
표 면 관 찰							

9. 성토 다짐 장비 및 시공시 유의사항

(1) 다짐 장비

1) 진동 Roller : 7 ton 이상
2) 철륜 Roller(양족식 Tamping) 선압력 : 45kg/cm² 이상
3) Tire Roller 접지압 : 5.6kg/cm² 이상
4) 암성토 다짐 장비
   ① Sheep Foot Roller
   ② 824, 825 Compactor, 기진력이 큰 Bulldozer.

(2) 토질 종류별 적정 다짐 장비의 선정

장비명	적용토질	공 종	두께(cm)	다짐회수	비 고
Tandem Roller	역질토, 사질토 Loam	노상, 노반 끝손질 Asphalt 포장 끝손질	20cm	5~8	Loam 질토에는 수분이 많아지면 곤란 건조된 모래 곤란
Macadam Roller	점토, 사질토 역질토	쇄석기층 노상, 노반 성토공 Asphalt 포장초기	20cm	5~8	
Tire Roller	Loam질토 사질토 역질토	노상, 노반 성토공 Asphalt 포장초기	20~30cm	5~8	넓은 범위의 토질 공종에 적합
Tandem Roller	Loam 질토 점질토	노상 연약지반 토공	20~30cm	6~10	함수비가 많으면 쓸 수 없다.
진동 Roller	사질토, 역질토	노상, 노반 비탈면	20~30cm	8	
진동 Compactor	사질토, 역질토	노상, 노반 비탈면	15~25cm	4~8	
Tamper, Rammer	역질토, 사질토 Loam질토	좁은 장소 구조물 뒷채움	15~25cm	4~8	

(3) 성토시공시 유의사항(토공작업시 유의사항)

1) 시험성토에 의한 다짐기준 결정
   ① OMC와 γ_{dmax} 결정
   ② 포설 두께
   ③ 다짐회수
   ④ 다짐도 유지 준수

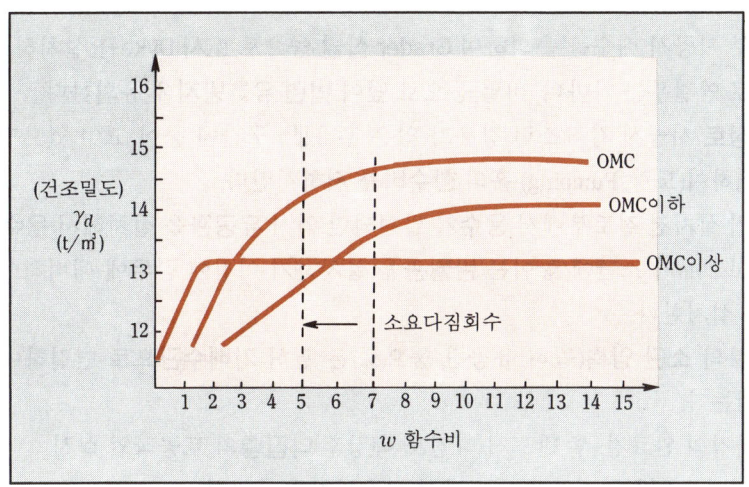

(그림 1) 다짐회수와 건조밀도와의 관계

2) 나무뿌리 등 이물질 제거
3) 성토시 차량이 **동일 경로**로 반복 통행하지 않고 전폭으로 골고루 통행할 수 있도록 **운반로**를 수시로 바꾸어서 다짐의 불균일 현상 방지.
4) 가능한 관리를 쉽게 하기 위하여 그림 순서와 같이 작업

합격구간 →	시 험 →	다 짐 →	Grading →	Spreading →	Hauling →
1구간	1구간 Tester	1구간 Roller	1구간 Grader	1구간 Dozer	1구간 Dozer, D/T

5) 절토부 노상재료 품질이 기준에 맞을 경우 원지반을 **15cm** 이상 긁어 일으킨 후 다짐하고 절토부에 암층이 발견되어서 접촉할 경우 접촉부는 **1 : 4** 정도의 완화구간을 두어 재료에 의한 잔류 침하 방지를 유도한다.
6) 성토부 원지반에 **토사측구**를 설치하여 **성토노반**의 배수를 유도하여 인접 농경지에 토사의 **유실**이 없도록 한다.
7) 성토재료의 포설면(배수를 고려해서)은 **4%**의 횡단 구배실시
8) 절토면은 **배수**를 유의하여 **종, 횡단구배**를 두고
9) 절토면의 양측단은 측구를 깊게 굴착하여 **배수**를 원활하게 해서 **함수비**를 저하시킨다.

10) 성토부 시공시 배수를 유의하여 **Grader 삽날** 등으로 **토사 Dyke**를 설치하고
11) 도수로 연결부는 가마니, 비닐 등으로 덮어 **법면 유출방지**에 유의한다.
12) **절·성토** 시공시 갑작스런 강우가 있은 후 凹凸 구간에 물이 고여 있으면 **표면수**를 즉시 **제거**하여(도랑, Pumping) 흙의 **함수비**를 **저하**시킨다.
13) **맹암거** 설치전 절토부에서 **용수**가 발견되면 임시 **유공관**을 설치해서 **용수**를 처리한다.
14) 절토고 20m가 소단에 놓이는 **반월관**을 설치하기 이전에 **강우**에 대비하여 Vinyl로 임시 수로를 설치한다.
15) 절토부의 **소단 양측**(필히 유공관 등으로)은 필히 **가배수관**으로 연결하여 절취면의 **붕괴**를 막는다.
16) 1층 다짐의 완료전, 후 반드시 다짐도 측정후 **다짐층**의 토공작업 실시.
17) 시험실에는 **다짐관리도**를 비치하여 **시공현황**을 관리한다.

10. 토공작업의 흐름도 (노상, 노체)

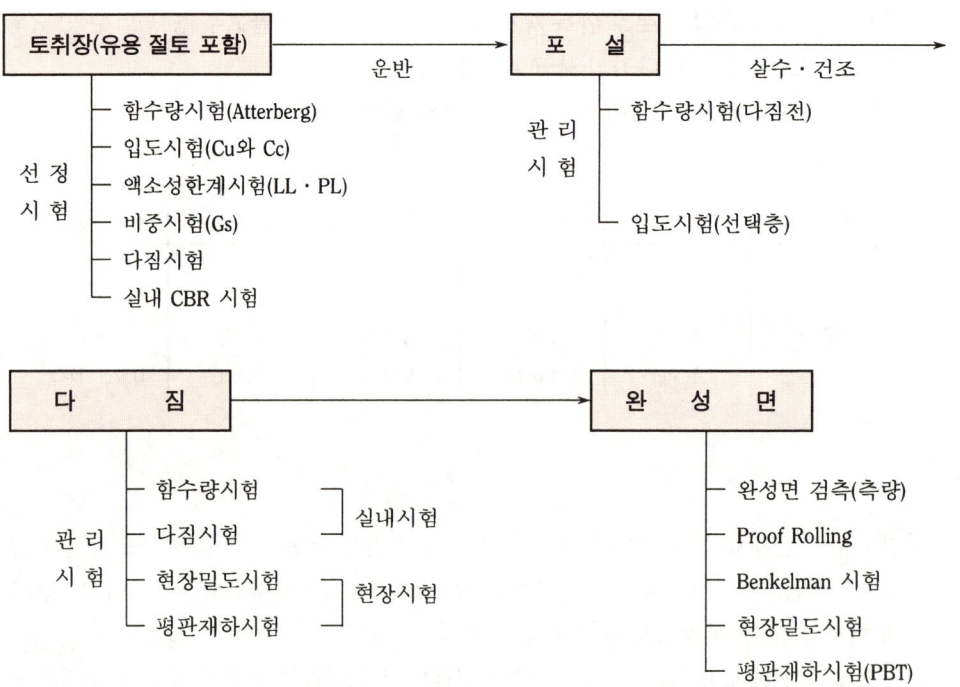

58. 다짐도 관리 방법(다짐 원리)

1. 성토 재료 선정

(1) 토취장 선정 조사

   1) 양 : Boring 횡단측량, 토량 산출
   2) 질 : 흙 분류 시험(w, G_s, γ_d, LL, PI, SL, C_u값과 C_c값)
   3) 경제성 : 운반거리

2. 기초지반 처리

(1) 벌개제근(Site Clearing Grubbing Up)

(2) 배수공 시공

3. 다짐 관리시험

(1) 실내 다짐 시공 : γ_{dmax}과 OMC 결정

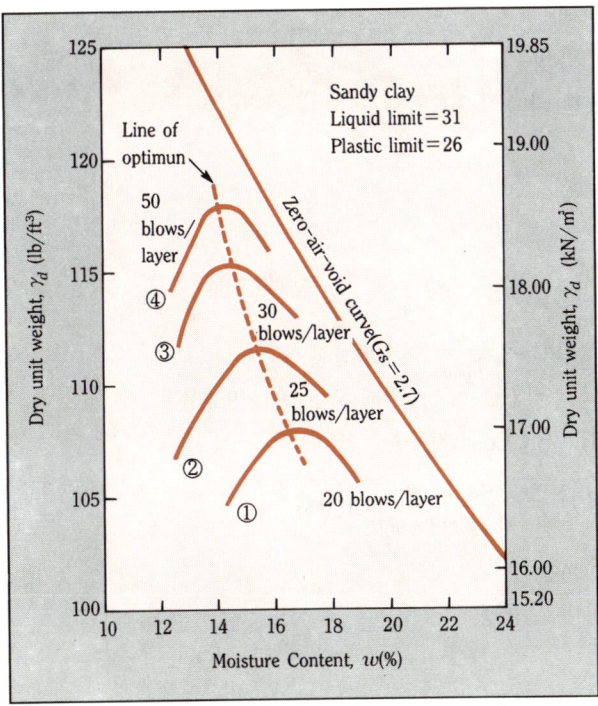

(그림 1) Effect of compaction energy on the compaction of a sandy clay

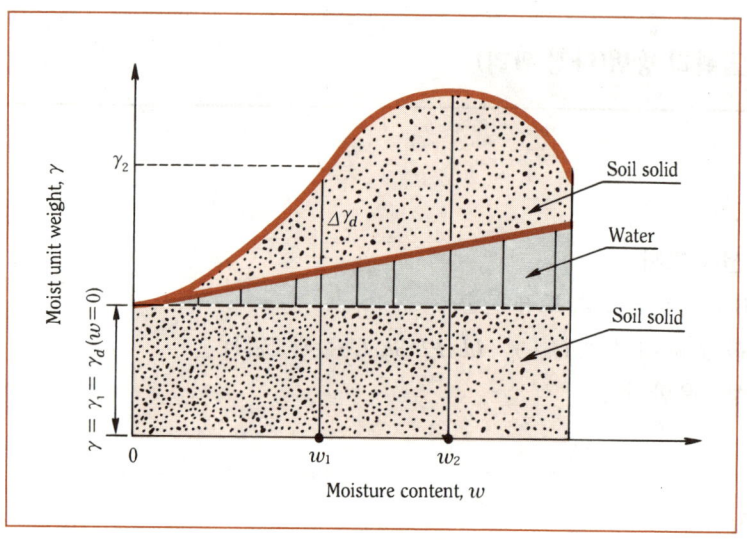

〈그림 2〉 **Principles of compaction**

(2) **시험 시공** : 다짐기준 결정
　　① 다짐 장비 선정
　　② 다짐 회수 결정(3~4회)
　　③ 다짐 두께(20cm)
　　④ 부설 두께 결정(30cm)
　　⑤ 전압속도(3~4km/hr)

4. 현장 다짐 : γ_d

5. 다짐도 판정방법

(1) 건조 밀도로 규정 (RC = $\dfrac{\gamma_d}{\gamma_{dmax}} \times 100\%$)

(2) 포화도, 공극율로 규정 ($V_a = 1$~10%, $S_r = 85$~98%)

(3) 강도로 규정 (PBT, CBR, Cone 지수)

(4) 상대밀도로 규정($D_r = \dfrac{e_{max} - e}{e_{max} - e_{min}} \times 100\%$)

(5) 변형량 (Proof Rolling)

(6) 다짐회수, 다짐장비로 규정

6. 시험 성과 분석 : X−R 관리도, Histogram

(1) X−R 관리도

(2) Histogram

59. 실내 다짐과 현장 다짐 방법의 상관성(차이점)

〈표 1〉 다짐의 방법과 대응하는 현장다짐

	충격적 하중	정적 하중	반동적 하중	진 동
실내다짐 시험의 원리와 대표적인 예	ⓐ Rammer에 의한 다짐 • JIS A1210 • ASTM D 698(1970) D 1557(1970) ⓑ 시료표면의 위를 햄머가 두드리는 것. • Direct Test • 마샬시험의 다짐법	• 안정처리토의 다짐시험	• California Kneading Compaction Test(Stabilometer Test)에 사용하는 공시체를 만들 수 있는 다짐시험) • Havard Miniature Compaction Test	ⓐ 진동대 위에 Mold를 설치하는 것. ⓑ Mold인 흙표면에 진동하중을 가하는 것. ⓒ 진동과 반복효과를 가하는 것. ⓓ 정하중을 가한 Mold내 흙에 수평방향의 진동을 가하는 것. ⓔ 흙을 용기에 넣고, 판에 반복다짐하는 것.
대표하는 현장다짐	• Rammer에 의한 다짐 • 낙하공법 • Tamping Roller를 점성이 낮은 흙에 사용할 때	• Roller, 크로울러를 장치한 기계(불도우져 등)에 의한 전압	• Tire Roller의 전압 • Tamping Roller 를 절성토 사용할 때	• 진동 Roller(Tamping, Tire)에 의한 전압 • Compact(진동판이 하나인 것, 여러 개인 것)에 의한 다짐

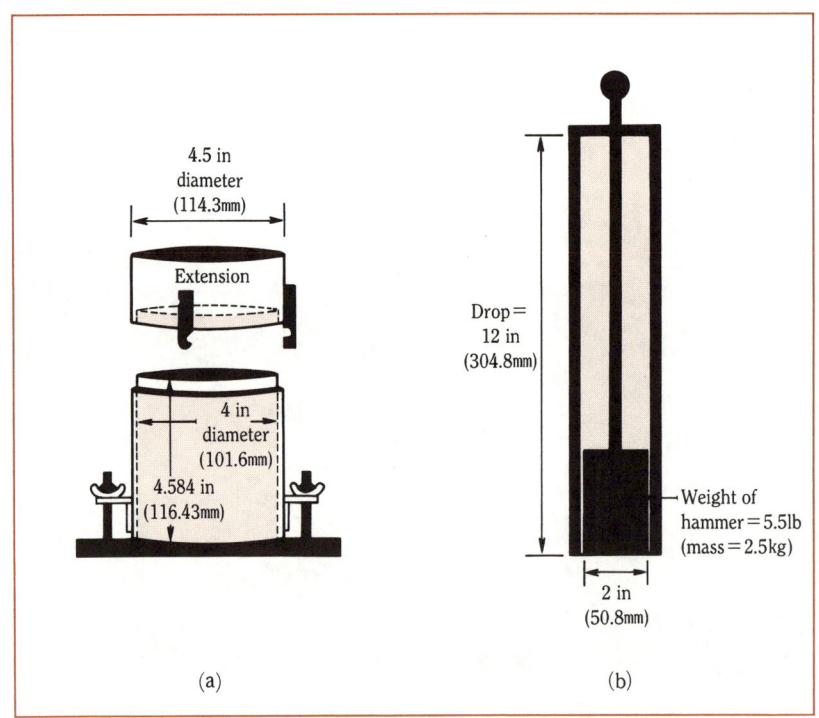

〈그림 1〉 Standard Proctor Test Equipment : (a) Mold, (b) Hammer

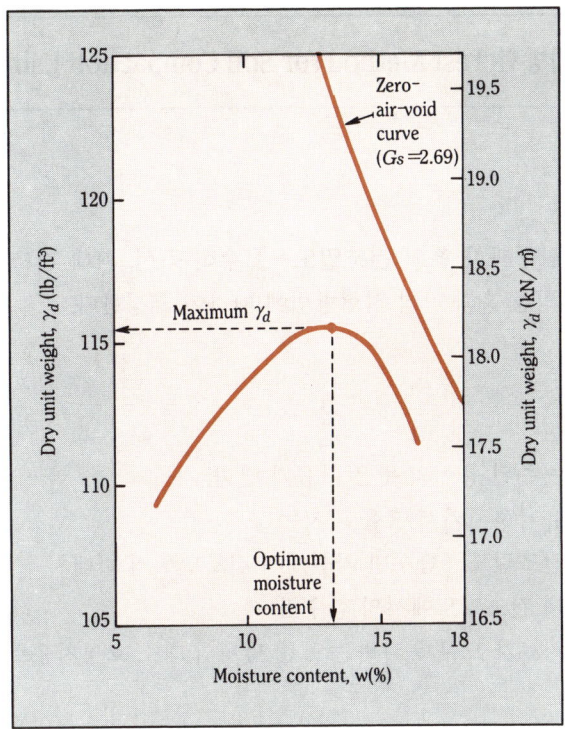

(그림 2) Standard Proctor compaction test results for a silty clay

60. 흙의 다짐 시험방법(Test Method for Soil Compaction Using a Rammer)

1. 적용 범위

이 규격은 37.5mm체를 통과한 흙의 **건조밀도-함수비 곡선**, 최대 건조밀도 및 최적 함수비를 구하기 위한 Rammer에 의한 흙의 다짐 시험방법에 대하여 규정한다.

2. 용어의 뜻

이 규격에서 사용하는 주된 용어의 뜻은 다음과 같다.
(1) **다짐** : 래머를 자유낙하시켜서 흙을 다지는 조작
(2) **최대 건조밀도** : 건조밀도-함수비 곡선에서 건조밀도의 최대치
(3) **최적 함수비** : 최대 건조밀도에서의 함수비
(4) **최대 입자지름** : 시료가 모두 통과하는 표준 망체의 최소 호칭치수로 표시한 흙의 입자지름

3. 시험방법의 종류와 선택

(1) **시험방법의 종류**

시험방법의 종류는 다짐방법과 시료의 준비방법 및 사용방법에 따라 다음과 같다.

1) 다짐방법 : 다짐방법은 (표 1)에 표시하는 5종류로 한다.

(표 1) 다짐방법의 종류

다짐방법의 호칭명	래머무게 (kg)	몰드 안지름 (cm)	다짐층수	1층당의 다짐회수	허용 최대 입자지름 (mm)
A	2.5	10	3	25	19
B	2.5	15	3	55	37.5
C	4.5	10	5	25	19
D	4.5	15	5	55	19
E	4.5	15	3	92	37.5

2) 시료의 준비방법 및 사용방법 : 시료의 준비 방법 및 사용방법은 다음과 같고 그 조합은 (표 2)에 표시하는 3종류로 한다.

(표 2) 시료의 준비방법 및 사용방법의 조합

조합의 호칭명	시료의 준비방법 및 사용방법
a	건조법으로 반복법
b	건조법으로 비반복법
c	습윤법으로 비반복법

① 시료의 준비방법
  ㉠ 건조법 : 건조법은 시료 전량을 최적 함수비가 얻어지는 함수비까지 건조하고 다질 때 물을 가하여 필요한 함수비로 조정하는 방법
  ㉡ 습윤법 : 습윤법은 자연 함수비에서 건조 또는 물을 가함으로서 시료를 필요한 함수비로 조정하는 방법
② 시료의 사용방법
  ㉠ **반복법** : 반복법은 **동일한 시료**를 함수비로 바꾸어 반복사용하는 방법
  ㉡ **비반복법** : 비반복법은 **항상 새로운 시료**를 함수비로 바꾸어 사용하는 방법

(2) **시험방법의 선택**
  시험방법의 선택은 다음과 같이 한다.
  1) **다짐방법** : 다짐방법은 **시험 목적**과 시료의 **최대 입자지름**에 따라 선택한다.
  2) **시료의 준비방법** : 시료의 준비에서 함수비 조정은 시료를 건조하면 다짐 시험결과에 영향을 미치는 흙에는 **습윤법**을, 그 이외의 흙에는 **건조법**을 적용한다.
  3) **시료의 사용방법** : 다짐에 의해 흙입자가 **파쇄**되기 쉬운 흙이나 물을 가한 후에 물과 섞이는데 시간이 걸리는 흙에는 **비반복법**을, 그 이외의 흙에는 **반복법**을 적용한다.

4. 시험기구

(1) **몰드, 칼라, 밑판 및 스페이서 디스크**
  몰드는 칼라의 장착 및 밑판에 긴밀히 결합할 수 있는 강제 원통형인 것으로서 다음 조건을 만족하는 것으로 한다.
  1) 10cm 몰드 : 10cm 몰드는 안지름 100±0.4mm, 용량 1,000±12㎤인 것으로 한다.
  2) 15cm 몰드 : 10cm 몰드는 안지름 150±0.6mm, 스페이서 디스크 삽입시의 용량 2,209±26㎤인 것으로 한다. 또한 **안지름**과 **용량**의 조건을 만족하고 있는 경우는 스페이서 디스크를 사용하지 않는 몰드를 사용하여도 좋다.
  3) 스페이서 디스크 : 스페이서 디스크 지름 148±0.6mm, 높이 50±0.2mm인 **금속제 원반**인 것으로 한다.

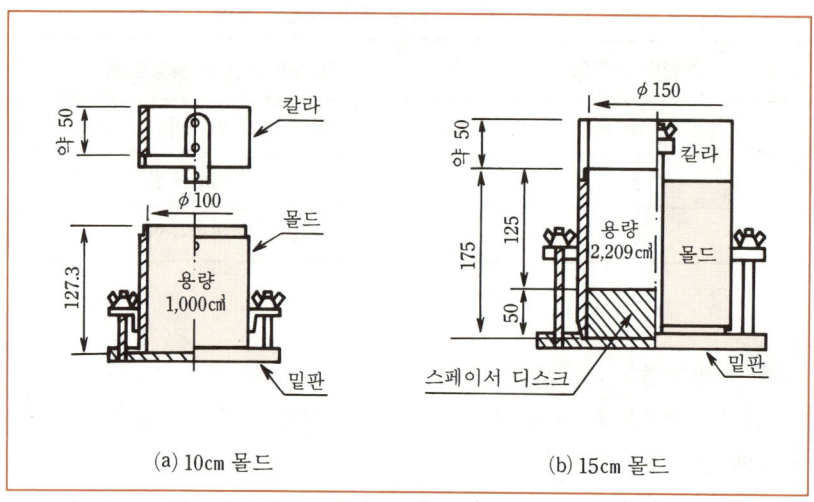

(그림 1) 몰드, 칼라 및 밑판의 보기(단위 : mm)

(2) 래머(Rammer)

래머는 지름 50±0.12mm이고 밑면이 평평한 면을 가지며 다음 조건을 갖춘 금속제로 한다. 래머의 가이드는 봉강에 의한 형식인 것, 또는 공기빼기 구멍을 가진 **원통형**의 것으로 한다.

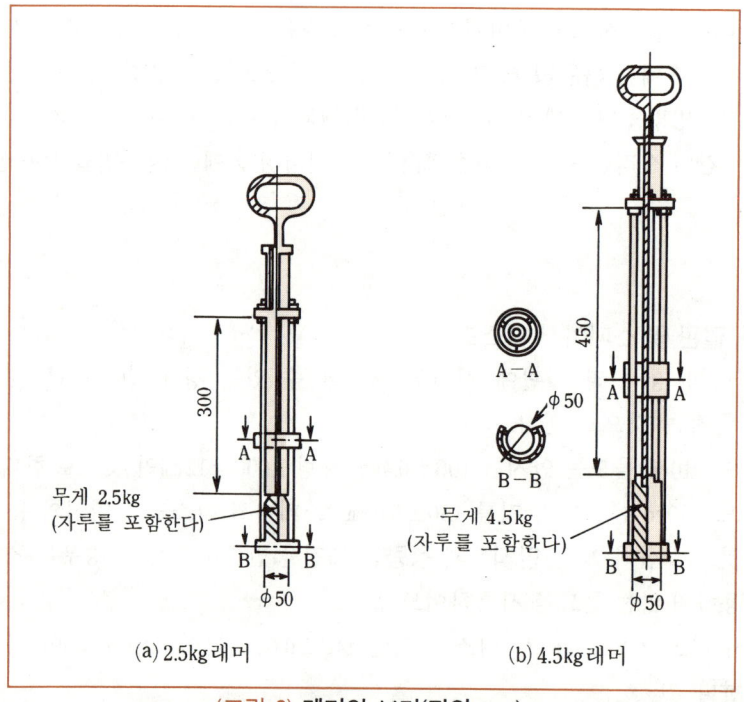

(그림 2) 래머의 보기(단위 : mm)

1) **2.5kg 래머** : **2.5kg 래머**는 무게 2.5±0.01kg, 낙하 높이 30±0.15cm이고 **자유 낙하**할 수 있는 것으로 한다.
2) **4.5kg 래머** : 4.5kg 래머는 무게 4.5kg±0.02kg, 낙하 높이 45±0.25cm이고 **자유 낙하**할 수 있는 것으로 한다.
   - 위의 조건을 만족하면 **자동 다짐장치**를 사용하여도 좋다.

(3) **기타 기구**
1) 저울 : 저울은 10cm 몰드를 사용하는 경우는 감도 5g, 15cm 몰드를 사용하는 경우는 감도 10g인 것으로 한다.
2) 체 : 체는 KS A 5101(표준체)에 규정하는 **표준 망체**로써 호칭치수 19mm 및 37.5mm인 것으로 한다.
3) 함수비 측정기구 : 함수비 측정기구는 KS F 2306(흙의 함수량 시험방법)의 (3)에 규정하는 것으로 한다.
4) 혼합 기구 : 혼합기구는 시료와 물을 균일하게 혼합할 수 있는 것으로 한다. 혼합기구로써 믹서를 사용해도 좋다.
5) 곧은 날 : 곧은 날은 강제로서 한쪽 날의 길이는 25cm이상인 것으로 한다.
6) 시료 추출기 : 시료 추출기는 다진 흙을 몰드에서 꺼낼 수 있는 것으로써 잭 또는 그와 유사한 장치로 한다. 주걱, 흙손 등으로 몰드로부터 깎아내도 좋다.
7) 거품 종이

5. 시 료

(1) KS F 2301(흙의 입도시험 및 물리시험용 시료 조제방법)에 규정하는 방법에 따라 필요량을 분취하고, KS F 2306에 규정하는 방법에 따라 그 함수비(w_0)를 구한다.

(표 3) 준비하는 시료의 최소 필요량

조합의 호칭명	시료준비 및 사용방법의 조합	몰드의 지름 (cm)	허용최대 입자지름(mm)	시료의 최소 필요량
a	건조법으로 반복법	10	19	5kg
		15	19	5kg
		15	37.5	15kg
b	건조법으로 비반복법	10	19	3kg씩 필요 무더기
		15	37.5	6kg씩 필요 무더기
c	습윤법으로 비반복법	10	19	3kg씩 필요 무더기
		15	37.5	6kg씩 필요 무더기

- 각종 시험에 필요한 시료의 최소 필요량은 (표 3)과 같다.

(2) 건조법에 의한 경우는 시료를 공기 건조시킨 후에 충분히 부수고, 또 **습윤법**에 의한 경우는 시료를 건조하지 않고 허용 최대 입자지름에 대한 체로 시료를 **체가름**하여 그 통과분을 시료로 한다.

    1) **건조법**으로 시료를 급히 건조시키는 경우, **항온 건조로**를 사용해도 좋다. 그 때, 건조온도는 50℃ 이하로 한다.

    2) **습윤법**에서 흙이 많이 젖어 있고 허용 **최대 입자지름**에 대응하는 **체**를 통과시킬 수 없을 경우는 굵은 입자를 손으로 제거하는 정도를 좋다.

(3) **건조법**에 의한 경우는 건조처리 후에 체를 통과한 시료의 함수비(w_1)를 구한다.

(4) **시료의 함수비**를 다음 방법으로 조정한다. 어느 경우나 물과 섞이는데 시간이 걸리는 흙은 함수비가 변화되지 않도록 기밀 용기에 넣어 12시간 이상 정치한다.

    1) **반복법**에 의한 경우는 제 1회째의 다지기를 하는 임의의 함수비를 조정한다.

    2) **비반복법**에 의한 경우는 예상되는 최적 함수비를 포함해서 6~8종류의 함수비인 시료를 준비한다.

6. 시험 방법

(1) **몰드**와 **밑판**의 무게(m_1)를 단다

(2) 시료를 몰드에 넣어 소정의 다짐방법으로 다진다. 다짐은 견고하고 **평평한 바닥위**에서 하며 다진 후 각 층의 두께가 거의 같아지도록 한다. 견고한 바닥이 없을 경우에는 무게 **90kg 이상의 콘크리트반** 같은 위에서 다진다.

또, 각 층 사이의 밀착을 좋게 하기 위하여 다진 **각 층의 윗면**에 **주걱** 등으로 가로, 세로선을 긋는다. 또한, **15cm 몰드**인 경우는 시료를 몰드에 넣기전에 스페이서 **디스크**를 넣고 거름종이를 깐다.

(3) 다진 후의 시료 윗면은 **몰드**의 약간 위가 되도록 한다. 다만, **10mm**를 초과해서는 안된다.

(4) 다진 후, 칼라를 떼어내고 **몰드 상부**의 여분의 흙을 곧은 날로 주의 깊게 깎아내어 평면으로 다듬질한다. 돌멩이 등을 제거함으로 인해 표면에 생긴 구멍을 입자지름이 작은 흙으로 메운다.

(5) 몰드와 밑판의 외부에 붙은 흙을 잘 닦아내고 전체 무게(m_2)를 단다. 또한, 15cm 몰드인 경우는 이 조작 전에 밑판을 떼어내고 몰드에서 거름종이 및 **스페이서 디스크**를 꺼낸다.

(6) **시료 추출기** 등을 사용하여 다진 시료를 몰드에서 꺼내고 **함수비**(w)를 구한다. 함수비 측정용 시료는 측정개수가 1개인 경우는 다진 흙의 중심부에서, 2개인 경우는 상부 및 하부에서 채취한다.

(7) **반복법** 및 **비반복법**의 어느 경우나 예상되는 **최적 함수비**를 포함하여 6~8종류의 함수비

로 (2)~(6)의 조작을 반복한다. **반복법**에 의할 때는 다진 후의 **함수비 측정용 시료**를 채취한 후의 시료를 다지기전의 최초 상태로 될 때까지 잘게 부순 후, 나머지 시료와 함께 소요량의 물을 가하여 함수비가 균일하게 되도록 혼합한다.

7. 계 산

(1) 다진 흙의 **습윤밀도**는 다음 식으로 산출한다.

$$\gamma_t = \frac{m_2 - m_1}{V}$$

여기서, γ_t : 흙의 습윤밀도(g/㎤)
m_2 : 다진 후의 전체 무게(g)
m_1 : 몰드와 밑판의 무게(g)
V : 몰드의 용량(㎤)
10cm 몰드 V = 1,000㎤
15cm 몰드 V = 2,209㎤

(2) 다진 흙의 **건조밀도**는 다음 식으로 산출한다.

$$\gamma_d = \frac{\gamma_t}{1 + \frac{w}{100}}$$

여기서, γ_d : 흙의 건조밀도(g/㎤)
w : 함수비(%)

(3) **건조밀도**를 세로축에, **함수비**를 가로축에 취하여 측정치를 기입하고 이들을 매끈한 곡선으로 연결하여 건조밀도-함수비 곡선으로 한다. 이 곡선의 건조밀도 최대치를 최대 건조밀도(γ_{dmax}), 거기에 대응하는 함수비를 최적 함수비(w_{opt})로 한다.

(4) **영공기 간극상태**에서의 함수비(w)에 대한 **건조밀도**(γ_{dsat})는 다음 식으로 산출한다.
그 결과를 건조밀도-함수비 곡선에 병기하고 매끈한 곡선으로 연결한 것을 **영공기 간극 곡선**으로 한다.

$$\gamma_{dsat} = \frac{\gamma_w}{\frac{\gamma_w}{\gamma_s} + \frac{w}{100}}$$

여기서, γ_{dsat} : 영공기 간극상태의 건조밀도(g/㎤)
γ_w : 물의 밀도(g/㎤)
γ_s : KS F 2308(흙의 비중 시험방법)에 따라 구한 흙입자의 밀도(g/㎤)

8. 보고

(1) 시험 방법
시험방법은 (표 1) 및 (표 2)에 표시하는 호칭명을 조합하여 보고한다. (보기 : A−a)

(2) 시료분취 후의 함수비 및 건조법을 이용한 경우는 건조처리 후의 함수비
시료 분취 후의 함수비는 5. 시료 (1)의 w_0를 말하며, 건조처리 후의 함수비는 5. (3)의 w_1을 말한다.

(3) 건조밀도−함수비 곡선 및 영공기 간극곡선

(4) 최대 건조밀도(γ_{dmax}) 및 최적 함수비(OMC)

(5) 기타 특기해야 할 사항
굳은 입자를 함유하는 흙은 시료 조제 전에 **최대 입자지름**을 보고하는 것이 바람직하다.

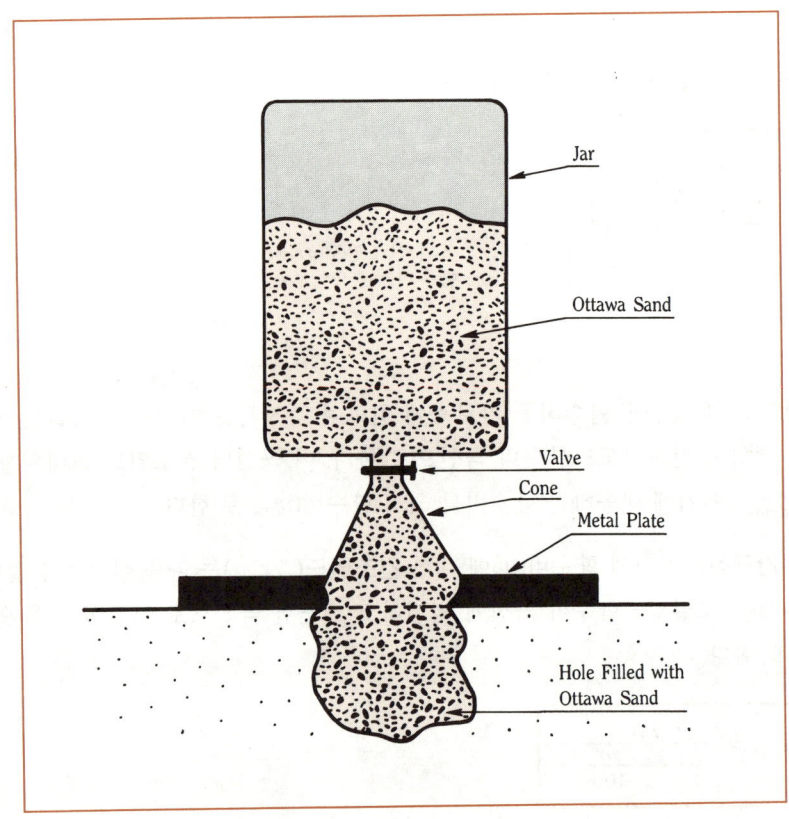

(그림 1) Field unit weight by sand cone method

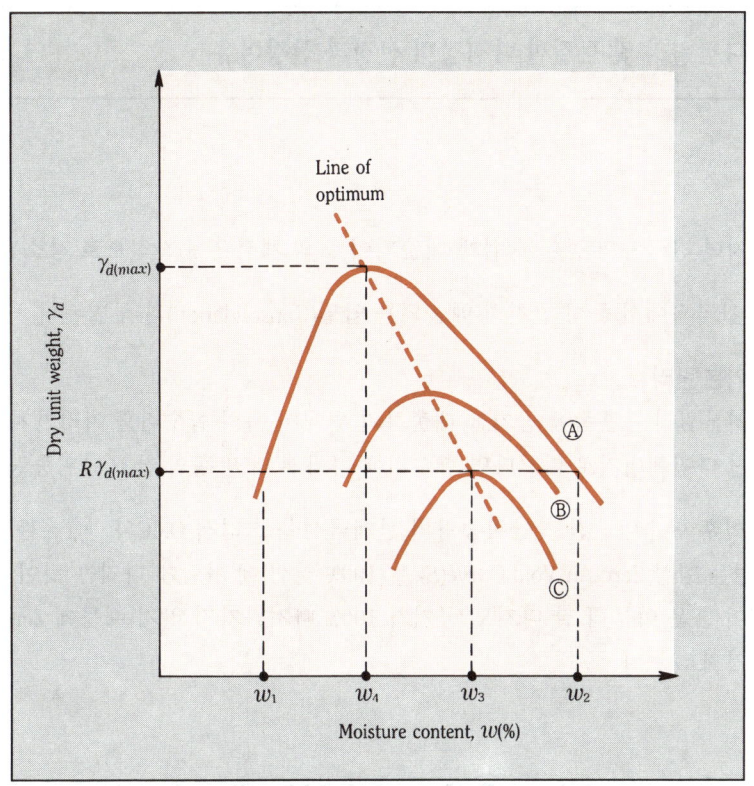

(그림 2) **Most economical compaction condition**
(가장 경제적인 다짐 조건)

61. 흙의 다짐원리 및 토질별 다짐장비 선정과 선정이유

1. 서 론

(1) 흙을 다지면 간극속의 공기가 쉽게 배출되어 흙의 체적은 순간적으로 감소된다.

(2) 이 점이 간극속에서 물이 천천히 배출되는 압밀(Consolidation)과 구별된다.

(3) **다짐의 기본원리**

다짐의 기본원리는 흙속에 공기를 배출하기 위해서 흙의 함수비를 여러가지로 바꾸어 가면서 주어진 다짐에너지로 다진다면 함수비에 따라서 다진 흙의 건조 단위중량이 달라진다.

(4) 다짐 시험후 함수비 – 건조 단위중량의 관계곡선을 그려서 OMC와 γ_{dmax}를 결정하게 된다. 다짐곡선은 항상 Zero Air Void Curve(S_r = 100% 곡선)에 가깝게 다지는 것이 가장 양호한 다짐이 되며 흙은 아무리 잘 다져도 공기가 100% 빠져나가지 않기 때문에 Zero Air Void Curve는 그려지지 않는다.

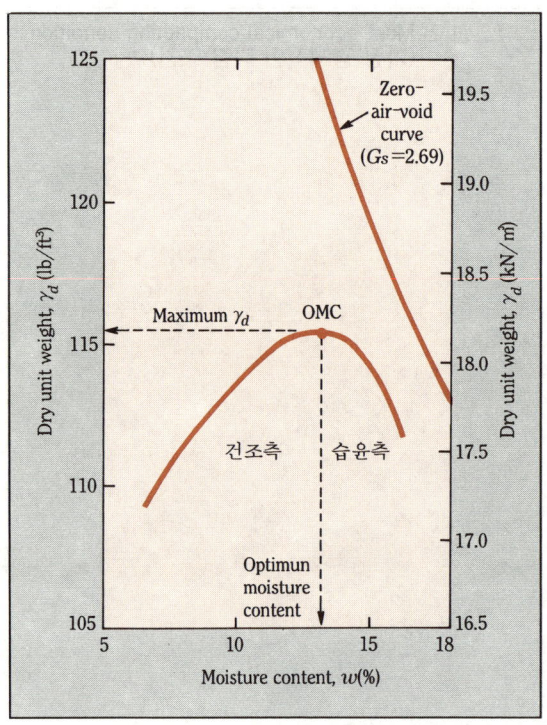

(그림 1) Standard Proctor compaction test results for a silty clay

2. 다짐관리 방법

(1) 토취장 개발(양, 질, 경제성 조사)

(2) 흙의 토성 시험(w, G_s, LL, PI, FI, TI, CI, SL, PL, C_u, u_x')

(3) 시험 성토후 다짐기준 결정

   1) 1층 포설 두께(30cm)

   2) 다짐 에너지

   3) 다짐 후 두께(20cm)

   4) 다짐 회수

   5) OMC ↔ γ_{dmax}

   6) 토질별 다짐 장비 선정

   7) 기초 지반처리(측구로 배수, Filter 배수, 벌개제근, 부등침하 방지)

   8) 다짐 시험 실시

     ① 시공 함수비(OMC)와 γ_{dmax} 결정

     ② 다짐도 기준(상대 다짐도) 결정

3. 다짐효과를 높이는 대책

(1) 함수비 : OMC 에서 다진다.

(2) 흙의 구비조건

   1) 입도 분포가 양호한 흙

> ① 자갈 : $C_u = \dfrac{D_{60}}{D_{10}} > 4$: 균등계수
>
> ② 모래 : $C_u = \dfrac{D_{60}}{D_{10}} > 6$: 균등계수
>
> ③ 모래・자갈 : $C_c = \dfrac{(D_{30})^2}{D_{10} \times D_{60}}$ 값이 1~3(모래와 자갈 동일) : 곡률계수

   2) 전단강도가 크고(ϕ 와 C 값이 큰 흙)

   3) 압축성이 적은 재료(액성한계값이 적은 흙)

   4) Dam이나 제방인 경우 투수성이 적은 흙(k 값이 적은 흙)

(3) **다짐에너지, 다짐기계**

   1) 토성에 맞는 적정 다짐장비 선정

   2) 다짐에너지가 크면 건조밀도는 증가, OMC는 감소한다.

   3) 1층 다짐두께는 시험후 결정

4) 다짐방법을 결정하기 위한 다짐장비로 시험 시공하여
   ① 다짐 후 밀도, 함수비를 측정하여
   ② 다짐회수와 살수량 결정

4. 다짐도 평가(품질관리) 방법

(1) 건조밀도로 규정

$$RC = \frac{\text{현장에서의 } \gamma_d}{\text{실내에서 구한 } \gamma_{dmax}} \times 100(\%)$$: 상대다짐도 (Relative Compaction : RC)

• 고속도로 기층인 경우 : 95% 이상이면 합격

(2) 포화도 공극율로 규정

공극율 $e = \frac{G_s}{\gamma_d}\gamma_w - 1$ 과 포화도 $S = \frac{G_s}{e} \cdot w$ 가 시방기준 이상이면 합격

(3) 강도로 규정

다짐 후 현장에서 측정한 Cone지수(k_c), CBR, PTB 시험의 K치가 시방기준 이상이면 합격

(4) 상대밀도로 규정

상대밀도 $Dr = \frac{e_{max} - e}{e_{max} - e_{min}}$ 이 시방기준 이상이면 합격

(5) 변형량으로 규정

Proof Rolling과 Benkelman Beam 변형량이 시방기준 이상이면 합격

(6) 다짐회수와 다짐기종으로 규정

현장시험 시공시 다짐시험 결과에 따라서 적정 다짐기계로 규정된 회수 이상 다지면 합격.

5. 다짐 점성토의 구조와 성질

(1) 점성토를 OMC의 건조측에서 다지면 면모구조가 되어 입자가 엉성하게 엉킨다.
(2) 습윤측에서 다지면 이산구조가 되어 입자가 서로 평행한 배열이 된다. 이 경향은 다짐에너지가 클수록 커진다.
(3) 습윤측으로 다지면 k 값이 적게되어 투수성이 감소되고(Dam)
(4) 건조측으로 다지면 강도가 증대된다. (도로)
(5) OMC에서 다진 흙은 최소로 팽창된다.

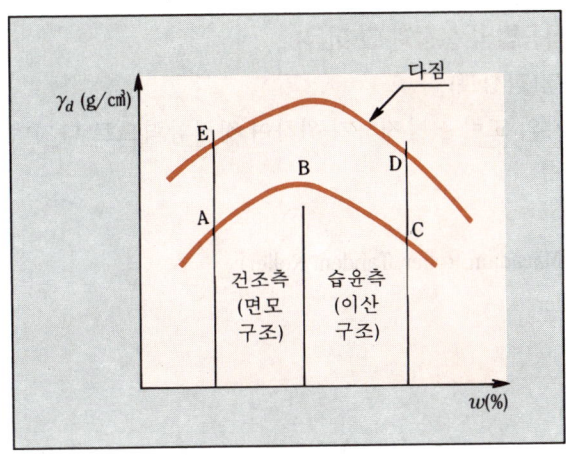

(그림 2)

6. 다짐장비(토성별) 선정시 고려사항

  (1) 다지는 흙의 종류
  (2) 최적 함수비(OMC)
  (3) 공사의 종류(기층, 도로의 보조기층, 제방, 비행장, 사력댐, 점성토, 사질토)
  (4) 통일분류법에 의한 흙의 종류에 따라서 어떤 장비가 효과적인가를 판단한다.

7. 현장다짐과 실내다짐에서의 문제점

  (1) 현장다짐 곡선과 실내다짐 곡선의 γ_{dmax}과 OMC가 다르다. 그 이유는 실내시험에서는 Rammer를 사용(동적다짐) 하나, 현장에서는 짓이김(Kneading)하기 때문에 현장에서의 OMC는 실내다짐 시험의 OMC 보다 더 낮게 그려진다.

  (2) 따라서 실험실에서의 γ_{dmax} 가지고 현장에서 OMC 결정시 대단히 조심해야 한다.

  (3) **대책**(현장실험과 실내시험이 일정하지 않은 경우의 대책)
    1) 다짐방법을 동일하게 한다.
    2) 실내와 현장실험의 다짐에너지를 동일하게 하는 것은 어려우므로 중요한 경우가 아니면
    3) 동적 실내시험의 결과를 품질관리의 기준으로 삼고 있다.

8. 다짐시 일반적 유의사항

  특히 큰 다짐에너지로 다졌을 때 오히려 더 강도가 감소되는 과다짐(Over Compaction)이 되지 않도록 한다.

9. 다짐공법(토질별 다짐공법의 선정과 그 이유)

(1) **전압식** : 정적 다짐(점성토)

   1) 이유 : 점성입자의 교란을 방지하기 위하여 정적압력으로 다지며, 밀림현상에 유의

   2) 다짐기계의 종류

      ① Bulldozer

      ② Road Roller(Macadam Roller, Tandem Roller)

      ③ Tamping Roller

      ④ Tire Roller

(2) **진동식(모래지반)**

   1) 모래지반에 진동식 선정이유 : 상대밀도 증가, 밀도 증대

   2) 다짐기계의 종류

      ① 진동 Roller

      ② 진동 Compactor

      ③ 진동 Tire Roller

(3) **충격식**

   1) 적용성 : 좁은 장소, 구조물 뒷채움, 이음다짐, Trench 다짐

   2) 선정이유 : 구조물 전도, 시공중 교대 등 측방유동 방지

   3) 다짐기계

      ① Rammer

      ② Tamper

10. 결 론

다짐은 흙속에 공기를 배출시켜 흙의 강도, 압축성, 투수성을 개선하는 것이므로 다짐효과를 높이기 위해서는 다음 사항에 대한 정밀시공이 중요하다.

【다짐효과 향상 대책】

(1) OMC 상태에서 다진다.(함수비)

(2) 성토재료의 선정(흙)

(3) 다짐에너지

(4) 다짐장비의 선정(토성, 토질에 맞는 장비선정) 후 시험 시공하여 다짐기준을 결정한다.

(5) 층다짐(박층다짐) 실시한다.

(6) 단계성토 실시

(7) 성토공 시공관리시 반드시 계측실시, 시공중 붕괴사고 방지한다.

62. 건조다짐과 습윤측 다짐의 비교 (Comparison Dry of Optimum with Wet of Optimum Compaction)

1. Comparison Dry-of-Optimum with Wet-of Optimum compaction

Property	Comparison
(1) Structure	
① Particle arrangement	Dry side more random
② Water deficiency	Dry side more deficiency, therefore more water imbibed, more swell, lower pore pressure
③ Permanence	Dry side structure more sensitive to change
(2) Permeability	
① Magnitude	Dry side more permeable
② Permanence	Dry side permeability reduced much more by permeation
(3) Compressibility	
① Magnitude	Wet side more compressible in low-stress range, dry side in high-stress range
② Rate	Dry side consolidates more rapidly
(4) Strength	
① As Molded	
• Undrained	Dry side much higher
• Drained	Dry side somewhat higher
② After Saturation	
• Undrained	Dry side somewhat higher if swelling prevented ; wet side can be higher if swelling permitted
• Drained	Dry side about the same or slightly greater
③ Pore-Water Pressure at Failure	Wet side higher
④ Stress-Strain Modulus	Dry side much greater
⑤ Sensitivity	Dry side more apt to be sensitive10

2. 건조다짐과 습윤다짐의 비교

특 성	비 고
구 조(Structure)	
입자배열	건조측이 더 임의배열을 이룬다.
물의 흡입력(Water Deficiency)	건조측이 큼. 따라서 건조측이 더 많은 물을 흡수하여 더 많이 팽창하고, 더 낮은 간극수압을 나타낸다.
보존성(Permanence)	건조측이 변화에 민감하게 반응
투수성(Permeability)	
크기	건조측이 투수성이 더 크다.
보존성	침투가 일어나면 건조측 투수성이 훨씬 더 많이 감소한다.

특　　　성	비　　　고
압축성(Compressibility) 　크기 　속도(Rate)	낮은 응력에서는 습윤측이 크고 높은 응력에서는 건조측이 크다. 건조측의 압밀속도가 더 빠르다
강　도(Strength) 　재형성시 　　비배수 　　배수 　포화후 　　비배수 　　배수 　파괴시 간극수압 　응력-변형계수 　예민비(Sensitivity)	 건조측이 훨씬 크다 건조측이 약간 크다 팽창을 방지한 경우 건조측이 약간 더 크다. 팽창을 허용하는 경우 습윤측이 더 커질 수 있다. 같거나 건조측이 약간 크다 습윤측이 크다 건조측이 훨씬 크다 건조측이 더 예민성이 크다.

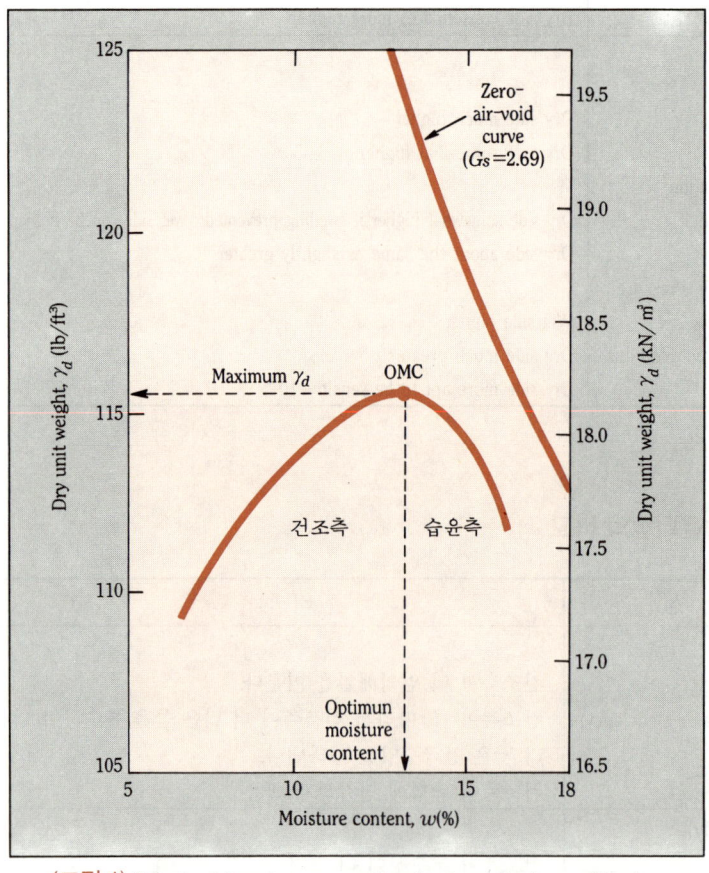

(그림 1) Standard Proctor compaction test results for a silty clay

63. 토취장(Borrow Pit) 시공원칙(토취장에서 흙 파오기전 조사 사항과 시공원칙) 및 선정요건

1. 성토재료의 선정

(1) 성토용 재료가 갖추어야 할 특성
  1) 시공기계의 **Trafficability**가 확보되는 것
  2) 성토 비탈면의 안정에 필요한 **전단강도**를 갖을 것.(도로토공의 경우)
  3) 성토의 압축침하가 작도록 **압축성**이 작을 것. (LL < 50%)
  4) 완성후 큰 변형이 없도록 **지지력**이 클 것
  5) **투수성**이 낮을 것. (특히 Dam의 Core 재료)

2. 성토용 재료의 구득 방법

(1) 종류
  1) **토취장** 개발
  2) 양질의 **유용토사** 사용
  3) 불량한 **유용토사** 처리 활용

(2) 토취장 개발(Borrow Pit) 조사 및 시공대책
  1) 선정시 고려사항
    ① 양 : Boring과 측량(항공사진)
    ② 품질 : 자연 함수비, 흙분류, 입도, 액소성한계(특히 소성지수), 다짐, 수침 CBR, 투수계수, 전단강도
    ③ 경제성 : 운반거리, 운반경로, 보상관계, 지가, 토취장 사용후 유용여부, 기타
    ④ 법규 : 용도, 주변환경 규제여부 등
    ⑤ 기타 : 배수, 안정성, 기타

  2) 시공시 유의사항
    ① 경계선 밖의 시설에 영향을 미치지 않도록 **방호책**, 토사 방지책 설치
    ② 진입로에 **세륜시설**
    ③ 강우시 **배수시설** : 흙의 함수량 증가방지 및 안전
    ④ 비탈면 붕괴나 **토사유출**에 대한 **안전대책**
    ⑤ 토질변화에 유의 : **불량토사 처리대책** 강구

(3) 불량한 유용토사의 처리활용
  1) 흙의 충분한 다짐 및 함수비 조절
  2) 성토재료의 분급활용
  3) 양질의 흙을 첨가하여 입도조정하거나 소성조정
  4) 시멘트나 석회로 안정처리

3. 결 론
【토취장 시공관리 주안점】
  (1) 운반거리가 짧을 것
  (2) 성토재료 구비조건에 적합할 것

  > 1) 재료의 최대치수
  > 2) 소성지수(PI < 10)
  > 3) 수침 CBR(> 10)

  (3) 성토량이 적합할 것

64. 사토장(Disposal Area) 시공시 유의사항

1. 조 사
   (1) 사토장 면적
   (2) 사토거리
   (3) 진입로 상태
   (4) 용지사용계획
   (5) 용지보상비
   (6) 주변환경에 미치는 영향 조사
   (7) 주변환경보존(문화재 및 중요시설물 보호 대책 강구)
   (8) 토사 유출에 의한 주변가옥 피해 예상지역 조사
   (9) 토사 붕괴 예상지역 조사

2. 사토장 선정시 고려사항
   (1) 시공성(운반량에 따른 사토장 면적)
   (2) 경제성(운반거리)
   (3) 운반로의 상태(1차선인지 2차선인지 여부)
   (4) 안전성(시공중 사고 요인)

3. 사토장 시공시 유의사항
   (1) **배수구**(가설 Trench) 시공
   (2) **옹벽**설치
   (3) 사토하는 즉시 불도져로 한곳에 모아 **사토장 면적 확보 및 안전성 향상**
   (4) 특히 여름 **홍수시**에 유실되지 않도록 배수로 설치하여 예기치 않은 **산사태 방지**

4. 결 론
   사토장은 운반거리가 가까운 곳에 선정하고 **배수로 및 옹벽**등 **토사붕괴 방지대책**을 정밀시공하여 **시공성·경제성·안정성**을 확보한다.

65. 성토재료의 품질 및 다짐관리 기준

No.	구 분	토사재료	암버력	노상성토 상부: 40cm	노상성토 하부: 60cm	구조물 뒷채움 A재료(상부)	구조물 뒷채움 B재료(하부)
1	재료 최대치수 (mm)	300이하	300이하	100이하	150이하	50이하(100)	100이하(150)
2	No. 4체 통과분(%) (4.75mm)	-	-	25~100	-	25~100	-
3	No. 200체 통과분 (0.074mm)	-	-	0~25	No. 4체 통과분중 No. 200 통과분 50% 이하	0~15%	0~30%
4	소성지수(PI) (LL-PL)	-	-	10이하	30이하	10이하	20이하
5	수침 CBR	2.5이상	-	10이상	5이상	10이상	5이상
6	1층 시공두께 (다짐후 두께)	30cm이하	30cm이하	20cm이하	20cm이하	20cm이하	20cm이하
7	실내다짐 시험방법 (KSF 2312)	A B C D E	-	A B C D E	A B C D E	D	D
8	다짐 기준밀도	$\gamma_{dmax} \times 90\%$ 이상	시험시공에 의해 결정	$\gamma_{dmax} \times 95\%$ 이상	$\gamma_{dmax} \times 90\%$ 이상	$\gamma_{dmax} \times 95\%$ 이상	$\gamma_{dmax} \times 95\%$ 이상
9	성토부위	-	노체 완성면 이하	-	-	-	-
10	다짐도 규정방법 (품질관리 규정)	• 건조밀도 • 포화도, 강도 • 상대밀도 • 변형량 • 다짐장비 • 다짐회수	• PBT • 대형 전단시험	• 건조밀도 • 포화도, 강도 • 상대밀도 • 변형량 • 다짐장비 • 다짐회수	• 건조밀도 • 포화도, 강도 • 상대밀도 • 변형량 • 다짐장비 • 다짐회수	• 건조밀도 • 포화도, 강도 • 상대밀도 • 변형량 • 다짐장비 • 다짐회수	• 건조밀도 • 포화도, 강도 • 상대밀도 • 변형량 • 다짐장비 • 다짐회수
11	다짐 장비	• 전압식: 점토 • 진동식: 모래 • 충격식: 뒷채움	1층 시공두께 고려해서 대형 장비(Bulldozer)	• 전압식: 점토 • 진동식: 모래 • 충격식: 뒷채움	• 전압식: 점토 • 진동식: 모래 • 충격식: 뒷채움	• 전압식: 점토 • 진동식: 모래 • 충격식: 뒷채움	• 전압식: 점토 • 진동식: 모래 • 충격식: 뒷채움

※ 구조물 뒷채움 재료의 경우: 재료 분리방지와 다짐효과 향상목적으로 상부를 A재료, 하부는 B재료로 시공하나 재료 분리 우려가 없는 경우 A재료: 100mm, B재료는 150mm도 한다.

66. 흙쌓기공의 품질관리 요령(= 토공의 품질관리 기준)

1. 토공 품질관리 기준(성토재료의 품질관리 기준)

토공 부위별 성토재료의 품질 및 다짐기준은 다음과 같다.

(1) **노체**

절토부위에서 발생되는 토사층 나무뿌리, 부패된 유기물, 전석 등이 함유되지 않은 대부분의 흙은 노체성토 재료의 품질 기준을 만족하고 있음을 염두에 두어야 한다.

1) 토사 재료의 품질관리 기준

구 분	기 준	비 고
재 료 최 대 치 수	30cm 이하	
수 침 C B R	2.5 이상	
1 층 시 공 두 께	30cm 이하	다짐후 두께
실내 다짐 시험 방법	A, B, C, D, E 방법	KSF 2312 참조
다 짐 기 준 밀 도	최대 건조 밀도의 90% 이상	

2) 암버럭의 품질관리 기준

구 분	기 준	비 고
재 료 최 대 치 수	30cm 이하	
성 토 부 위	노체 완성면 이하	
1 층 시 공 두 께	30cm 이하	
다 짐 기 준	시험 시공에 의하여 결정	
다 짐 기 준 밀 도	1층 시공두께를 고려하여 대형장비 사용	Bulldozer

(2) **상부 노상성토의 품질관리 기준**

현장 분포토질이 불량하며, 경제적인 시공을 위하여 **상부노상(40cm), 하부노상(60cm)**을 구분하여, 시공토록 설계되어 있을 경우에는 하부노상은 다음 기준에 의하여 품질관리를 한다.

구 분	기 준	비 고
재료 최대 치수	100mm 이하	
No.4체 통과분	25~100%	
No.200체 통과분	0~25%	
소 성 지 수	10 이하	PI
수 침 CBR	10 이상	
1층 시공 두께	20cm 이하	다짐후 두께
실내 다짐 시험 방법	A, B, C, D, E	KSF 2312 참조
다 짐 기 준 밀 도	최대 건조 밀도의 95% 이상	

(3) 하부 노상의 품질관리 기준

구 분	기 준	비 고
재료 최대 치수	150mm 이하	
No.4체 통과분 중 No.200체 통과분	50% 이하	
소 성 지 수	30 이하	
수 침 CBR	5 이상	
1층 시공 두께	20cm 이하	다짐후 두께
실내다짐시험방법	A, B, C, D, E	KSF 2312 참조
다 짐 기 준 밀 도	최대 건조밀도의 90% 이상	

(4) 구조물 뒤채움

1) 구조물 뒤채움 품질관리 기준

　　일반 구조물의 뒤채움 재료 품질 및 다짐기준은 다음과 같다.

구 분	기 준		비 고
	A재료(상부)	B재료(하부)	
재료 최대 치수	50mm 이하	100mm 이하	
No.4체 통과분	25~100%	-	
No.200체 통과분	0~15%	0~30%	
소 성 지 수	10 이하	20 이하	PI = 0(모래)
수 침 CBR	10 이상	5 이상	
1층 시공 두께	20cm 이하	20cm 이하	다짐후 두께
실내다짐시험방법	D방법	D방법	KSF 2312 참조
다 짐 기 준 밀 도	최대 건조밀도의 95% 이상	최대 건조밀도의 95% 이상	

2) **뒤채움부**의 침하에 의한 **하자발생**을 최소화하기 위하여, **선택층 재료**를 이용하여 뒤채움을 시공하는 경우가 많은데, 이러한 경우에는 **선택층 품질관리기준**에 따른다.

67. 도로공사용 토공재료의 선정(도로공사에서 성토재료의 구비조건)

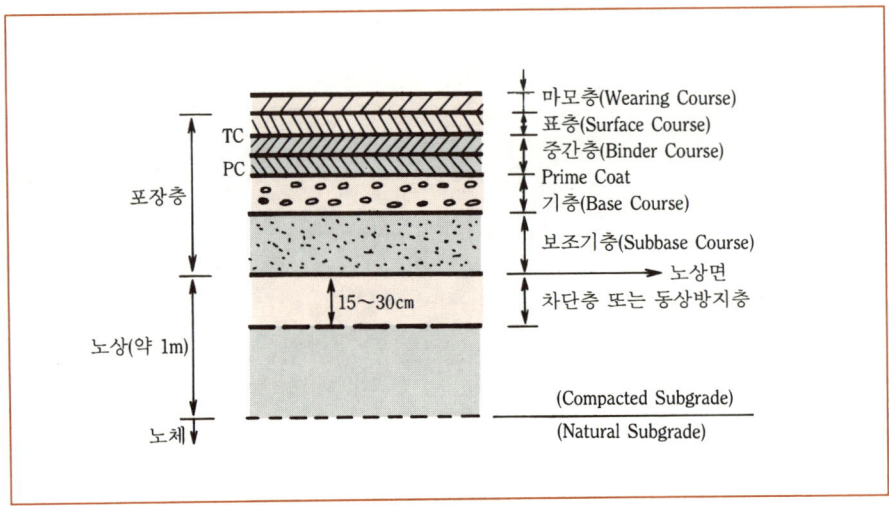

(그림 1) 아스팔트 콘크리트 포장의 구성과 각 층의 명칭

		횡단구배 표준 1.50%~6%	
		마모층(Wearing Course)	
5cm	표층	Asphalt Concrete 표층 : 5cm (Surface Course)	
5~10cm	기층	Asphalt 안정처리기층(보조기층위) : 5cm Lean Concrete 보조기층 Asphalt Concrete 기층 입상재료 기층 : 15cm 쇄석 보조기층 : 15~20cm(Base Course)	• 1층 마무리두께 : 15cm 이하 • Road Roller, 진동 Roller Tire Roller 병용
20cm	보조기층	비선별 모래/자갈 보조기층 : 20cm Slag 보조기층 : 20cm 시멘트/토사약액처리 보조기층 : 20cm(Subbase Course)	• 10~15ton Macadam Roller • 1층 부설두께 20cm 이하
1m	노상	15~30cm	차단층 또는 동상 방지층(모래+자갈) 동상 깊이까지 치환
		(Compacted Subgrade)	
	노체	(Natural Subgrade)	

(그림 2) Asphalt Concrete 포장의 단면도 예시

1. 노체 재료

(1) **역할** : 노상 및 포장층에서 전달되는 하중 지지

(2) **품질규정**

    1) 최대 치수 : 300mm 이하

    2) 수침 CBR : 2.50% 이상

2. 노상 재료

(1) **역할** : 포장층에 전달되는 교통 하중 지지

(2) **품질규정**

    1) 최대 치수 : 100mm 이하

    2) 수침 CBR : 10 이상

    3) $PI < 10$

3. 보조기층(Asphalt Concrete 포장기준)

(1) **막자갈, 자갈, 모래**

    1) 수정 CBR > 20

    2) $PI < 6$

(2) **Cement 안정처리**

    1) 수정 CBR > 10

    2) $PI < 9$

    3) $q_u = 10 \text{kg/cm}^2 (7일)$

(3) **석회 안정처리**

    1) 수정 CBR > 10

    2) $PI < 6 \sim 18$

    3) $q_u = 7 \text{kg/cm}^2 (10일)$

4. 기 층

(1) **입도 조정 쇄석, Slag**

    1) 수정 CBR > 80

    2) $PI < 4$

(2) Cement 안정처리
    1) 수정 CBR > 20
    2) $PI < 9$

(3) 석회 안정처리
    1) 수정 CBR > 20
    2) $PI < 6 \sim 18$

(4) 역청 안정처리
    1) 마샬 안정도 : 250 kg/cm² 이상
    2) $PI < 9$ (가열 혼합)
    3) 마샬 안정도(상온 혼합) : 350kg/cm² 이상

5. 공사용 토공재료의 선정(성토재료의 구비조건)

page. 213 도표 참조

(표 1) 공사용 토공재료의 선정(성토재료 구비조건)

No.	품질규정구분 (층별)	노체	노상	보조기층 막자갈-자갈-모래	보조기층 Cement 안정처리	보조기층 석회 안정처리	기층 입도조정 제석 Slag	기층 Cement 안정처리	기층 석회 안정처리	기층 역청 안정처리
1	역할	노체 및 포장중에 전달에 전달되는 하중 지지	노상에 포장중에 전달 되는 교통하중 지지							
2	재료의 최대 치수(mm)	300 이하	100mm 이하							
3	수정 CBR(%)	2.5 이상	10 이상							
4	수정 CBR		10 이상	20 이상	10 이상	10 이상	80 이상	20 이상	20 이상	
5	PI		10 이하	6 이하	9 이하	6~18 이하	4 이하	9 이하	6~18 이하	9 이하 (가열혼합)
6	q_u(kg/cm²)				10kg/cm²(7일)	7kg/cm²(10일)				
7	마샬 안정도									250kg/cm² 이상
8	마샬 안정도 (상온혼합)									350kg/cm² 이상

68. Rockfill Dam 공사용 토공재료의 선정 (제방, 제체에서의 성토 재료 구비조건)

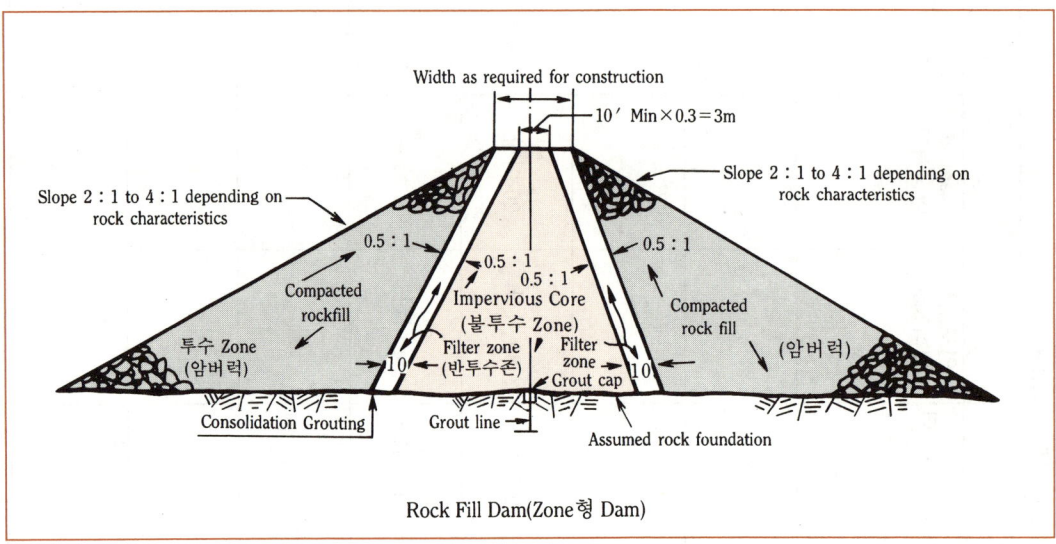

(그림 1) Typical maximum section of an earth-core rockfill dam using a central core. 288-D-2800

1. 투수성 재료 (Rock 재료)

(1) Dam의 안정성을 지배하는재료로서

(2) 전단강도가 크고

(3) 배수가 잘 되는 재료

(4) **구비조건**

   1) 마찰저항 즉, 전단력이 큰 것.

   2) 입도 : 0.2 m/m 이하가 10% 이하로서, 최대 치수 : 20~30cm 정도

   3) $Cu = \dfrac{D_{60}}{D_{10}} > 15$, $Cc = \dfrac{(D_{30})^2}{D_{10} \times D_{60}}$ (1~3)

   4) $k = 1 \times 10^{-2}$ cm/sec

2. 반투수성 재료 (Filter 재료)

(1) Dam의 Filter 또는 Transition Zone에 사용하는 것으로

(2) Dam Filter일 때는 Core Zone(불투수 Zone)의 세립분 유출을 방지하고 침투수만 침투시키는

역할을 해야 한다.

(3) Filter의 입도 조건 (반투수성 재료)

1) Filter Zone의 역할
   ① 비배수성($k = 1 \times 10^{-4}$ cm/sec)
   ② Piping 방지

2) Filter 재료의 선정(흙댐의 Piping 방지를 위한 Filter 재료 구비조건)

   ① $\boxed{\dfrac{F_{15}}{B_{15}} > 5}$

   여기서, F_{15} : Filter재의 15% 입경(Filter Material)
   B_{15} : Filter로 보호받는 차수 Zone재료의 15% 입경(Base Material)

   ② $\boxed{\dfrac{F_{15}}{B_{85}} < 5}$

   여기서, B_{85} : Filter로 보호받는 차수 Zoner재료의 85% 입경

3) Filter의 입도 곡선이 Filter로 보호받는 차수 Zone 재료의 입도 곡선과 거의 평행
4) 상대 밀도의 하한치는 70%로 규정

$$\boxed{Dr = \dfrac{e_{max} - e}{e_{max} - e_{min}} \times 100(\%) = 70\%}$$

5) Filter 재료의 품질관리, 규정 방법
   ① 입도관리
   ② 밀도(단위체적당 중량)으로 규정

$$\boxed{RC = \dfrac{\gamma_d}{\gamma_{dmax}} \times 100(\%)}$$

   ③ 함수비 관리(OMC±3%)

3. 차수 재료(Impervious Material = Core 재료)

(1) **역할** : Dam의 차수역할

(2) 구비조건
　　1) 차수성이 있는 것($k = 1 \times 10^{-7}$ cm/sec)
　　2) 밀도가 크고
　　3) 전단강도가 큰 것
　　4) 팽창, 수축이 적은 흙
　　5) 물로 포화되어도 연약화 되지 않는 흙
　　6) 유기물이 포함되지 않은 흙
　　7) 시공성이 좋은 흙
　　8) Piping에 대한 저항성이 있는 흙
　　9) 변형이 적은 흙
　　10) 공극수압의 발생이 적은 흙

(3) 차수 Zone의 품질관리(시공)
　　1) 재료의 포설 : Bulldozer
　　2) 다짐
　　　① 성토 시험 : 포설두께, 다짐기계, 다짐회수, 주행속도 결정
　　　② 다짐 방향 : Dam 축방향으로 다진다
　　　③ 20~30cm 중복이 되도록 다짐
　　3) 함수비 조정 : Stockpile에서 조정
　　4) 한냉기 처리 : 기온이 0℃ 이하에서 작업 중지

4. 결 론

(1) 시험 성토의 목적
　　1) 시공재료에 대한 시공함수비, 전단강도, 압축성, 투수성의 변화 및 적성 검토
　　2) 재료에 대한 실내시험 및 성토시험 결과에 따라 설계치의 결정
　　3) 다짐 기종 선정
　　　① 주행속도
　　　② 재료의 포설 두께
　　　③ 다짐회수 : 최적 시공방법의 결정

　　4) 품질관리 기준 결정
　　　① 품질관리 항목
　　　② 시험 방법

　　5) 함수비 조정 : 입자 파쇄 등의 문제점 검토

(2) 일반적인 Rockfill Dam 다짐 기준

   1) 다짐 회수
      ① 진동 Roller : 8회 이하(조립토 경우)
      ② Tamping 계 Roller : 18회 이하(토질재료)

   2) 포설 두께
      ① 차수재료(Core 재) : 20~30cm
      ② 반투수 재료 : 30~40cm
      ③ 투수성 재료 : 0.5~2m의 범위

   3) 다짐 함수비(차수재료) : 상하한치 수준 → OMC±3%

   4) 다짐장비의 주행속도
      ① Tamping Roller 및 Tire Roller : 4~8km/hr
      ② 진동 Roller : 2~6km/hr

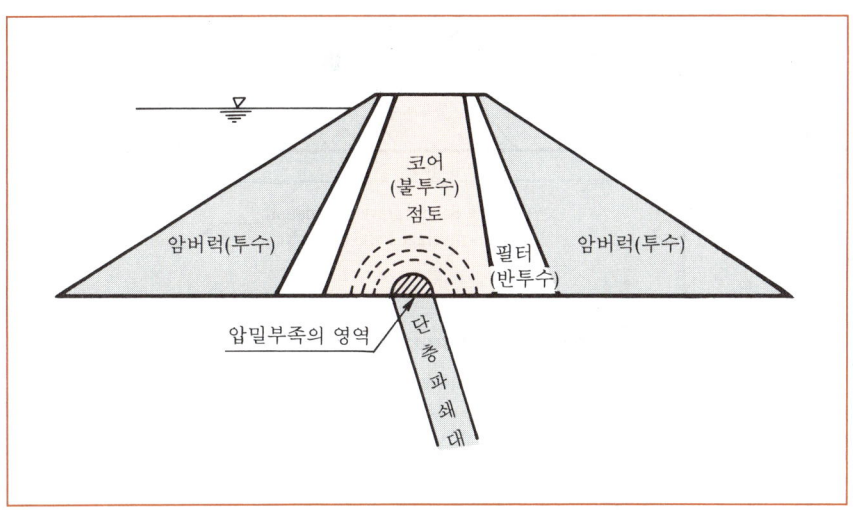

(그림 2) 단층(Fault Zone)에 의한 Core부 균열현상

【서론 문구】

〔Dam 축조재료의 분류〕

(1) 사용목적에 따른 분류

   1) 차수재료(토질 재료)
      ① 균일형 Dam의 제체

② Zone형 Dam의 차수 Zone에 사용
③ $k = 1 \times 10^{-7}$ cm/sec

2) 반투수성 재료(사력재료 = Filter 재료)
① Filter, Drain 재 및 Transition Zone에 사용
② $k = 1 \times 10^{-4}$ cm/sec

3) 투수성 재료(암재료)
① Rockfill Zone에 사용
② 투수성 재료 기준
③ $k = 1 \times 10^{-2}$ cm/sec

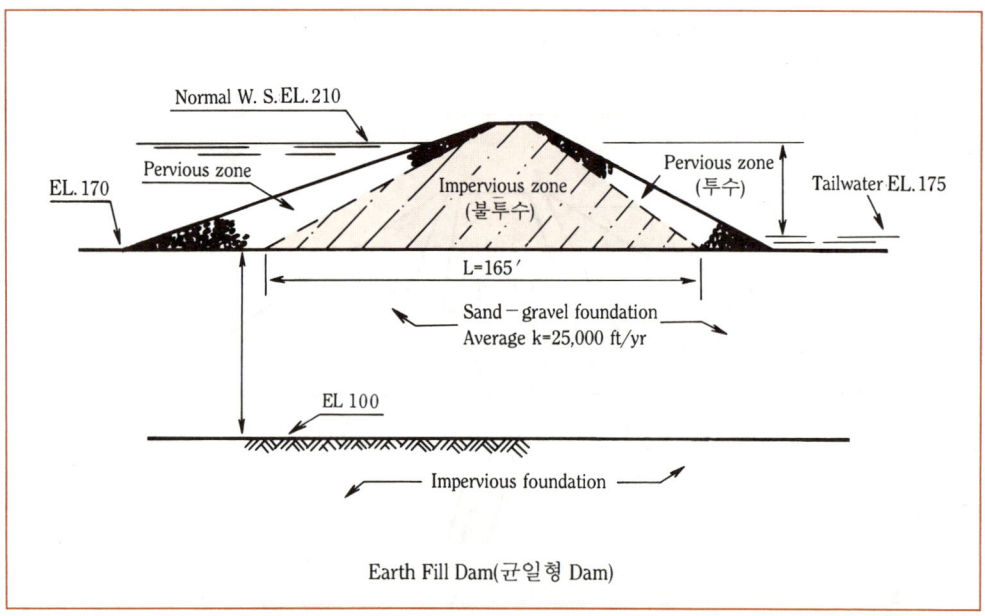

(그림 3) Example Computation of Seepage by Darcy's Formula 288-D-2481

69. 토질에 따른 Roller의 적합성

토질 \ Roller종류	평골 Roller	Tire Roller	Grid Roller	Tamping Roller	Wave Roller	진동 Roller	Compactor	Rammer	Tractor
GW	○	○				○	○	○	
GC		○		○	○	○	○	○	
GP	○	○				○	○	○	
CM	○	○		○	○	○	○	○	
SW	○	○	○			○	○	○	○
SC	○	○	○			○	○	○	
SP	○	○	○			○	○	○	○
SM	○	○	○	○	○	○	○	○	
ML		○	○	○	○				
CL		○	○	○	○				
OL		○	○	○	○				
MH		○		○	○				
CH		○	○	○	○				
OH		○		○	○				
Pt (이탄)									

70. 흙의 다짐공법(다짐장비)(토질별 다짐공법의 적용성) = 공종별 다짐공법

1. 서 언

(1) 다짐의 정의

　　다짐이란 흙에 인위적인 압력을 가해서 흙의 밀도를 증대시키는 것을 말한다.

(2) 다짐의 목적(효과)

　1) **전단 강도** 크게 (ϕ, C 값 크게)

　2) 변형 적게

　3) **압축성이 적게**(LL 값이 적게)

　4) 공극감소(흙속에 공기를 몰아낸다)

　5) 투수성 감소(k 값이 적게)

2. 다짐 장비의 적용성 (토질별)

(1) 암버럭(투수성 재료)

　1) **Interlocking 확보**(엇물림 효과, 맞물림 효과)

　2) 전단강도 증대시킨다.

　3) 따라서 중량이 무겁고, 기진력이 큰 Bulldozer 또는 진동 Roller 이용

(2) 사질토

　1) 입자가 크고

　2) 투수성이 크고

　3) 공극이 커서 진동을 주어 **상대밀도**를 크게 한다.

　4) 진동 Roller, Vibroflotation 공법으로 다진다.

(3) **점성토**(0.002mm 이하의 세립토)

　1) 입자가 작고

　2) 투수성이 작고

　3) 공극이 작고

　4) 압밀에 시간이 걸린다.

　5) 따라서 **압밀을 촉진**시켜서 ϕ, **C(강도정수) 증대**시킨다.

　6) 전압식 다짐 장비 이용

　　① Bulldozer

② Road Roller (Tandem Roller, Macadam Roller)
③ Tamping Roller
④ Tire Roller

3. 다짐공법의 종류별 특징과 적용성

(1) 전압식(점토)

1) Roller의 중량을 이용 다짐
   ① Bulldozer : 예민비 높은 점성토
   ② Road Roller (Tandem Roller, Macadam Roller)
      ㉠ 적용공종 : 노상, 노체
         입상재료
         보조기층, 기층 마무리
   ③ Tire Roller : 노상, 노체 다짐, 함수비 높은 점성토 부적합
   ④ Tamping Roller
      ㉠ 적용공종 : 두꺼운 성토
         Rockfill Dam
         축제, 비행장 포장, 대규모 토공에 유리

(2) 진동식(사질토) : Roller의 진동으로 다짐

1) 진동 Roller의 적용공종, 효과있게 이용할 수 있는 전망
   ① 적용공종 : 보통 토사, 사질토
   ② 다짐두께 : 20~30cm
   ③ 다짐회수 : 4~8회
   ④ Roller 속도 : 0.4km/hr
   ⑤ 다짐 밀도 : 90%

2) 진동 Compactor
   ① 적용공종 : 사질토

3) 진동 Tire Roller
   ① 적용공종 : 사질토

(3) 충격식 다짐

1) Rammer
2) Tamper
   ① 적용공종 : 접속부 다짐, 구조물 뒤채움(교대·옹벽·암거 등 뒷채움)

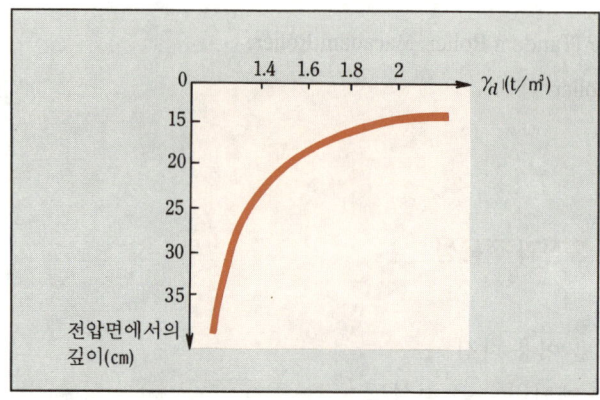

(그림 1) 층두께와 γ_d 관계곡선 : 층다짐

4. 다짐 관리 방법

(1) 성토 재료 선정 (토취장에서의 흙파오기전 조치사항)

   1) 토취장 선정

   2) 양적인 조사(항공사진 측량)

   3) 질적인 조사 (Atterberg한계, G_s, w, C_u, $U_c{'}$)

   4) 경제성 검토

(2) 다짐 관리 방법

   1) 실내 다짐시험 : γ_{dmax}

   2) 현장 다짐 : γ_d

   3) 상대 다짐도 계산 (90%+95%)

$$RC = \frac{\text{현장다짐 } \gamma_d}{\text{실내 시험다짐 } \gamma_{dmax}} \times 100\%$$ ➡ 건조밀도로 규정하는 방식

   4) 현장 다짐전 시험 성토 실시 : 다짐 기준 결정

     ① 1층 다짐두께 결정 (20cm)

     ② 부설 두께 (30cm)

     ③ 다짐회수 (8~10회)

     ④ 다짐도 측정(상대 다짐도 90%~95%)

     ⑤ 시험 성토면적 : 400㎡이내

   5) 시험 성과 분석

     ① Histogram

② X-R 관리도

(3) **성토 다짐전 준비작업**
  1) 배수구 설치 (Filter층 설치＋Trench 배수)
  2) 기초지반 처리 (연약지반 처리＋벌개제근 부등침하방지)

5. 결론
(1) 각종 다짐기계를 이용하는 공종 및 효과있게 이용할 전망을 기술하면 다음과 같다.(41회)
(2) 각종 다짐기계를 이용하는 공종 및 효과있게 이용할 전망기술

No.	다짐 기계 기종	중량(t)	공 종 적성(공종) 작업, 토질	효과있게 이용할 여건(전망) 다짐두께	다짐회수	룰러속도	다짐밀도
1	탄 뎀 로 라	10	롬질토, 점성토, 아스콘 마무리 전압	20cm	5~8	2.1~2.8	90%
2	마 카 담 로 라	10	쇄석기층, 롬질토, 점성토, 막자갈	15~20	5~8	1.5~2.8	90%
			아스콘 초기전압	8~10	4~6	1.5~2.8	
3	탬 핑 로 라		실트질토, 보통토, 점토 버럭 혼합기층	25~30	10	8	
4	타 이 어 로 라	12	롬질토, 점성토, 사질토	25~30	5~8	4	
		20	롬질토, 점성토, 사질토	30	6	4~5	
			아스콘 중간다짐	10	4~6	3~5	
5	스무스진동로라	3.5	보통토사, 사질토사	20~30	4~8	2.1	90%
6	램 머	0.1	협소한 장소의 다짐	10~20	-	-	-
7	진동로드로라	1.7	사질토, 보통토사	20~30	3	0.4	90%
			쇄석기층	10~15	8~10	0.4	90%
8	불 도 저		토사성토, 암버럭성토	20~30	-	2~3	

71. 진동 Roller를 이용하는 공종을 쓰고 효과있게 이용될 전망

1. 성토 다짐장비 및 시공시 유의사항

(1) 다짐장비

   1) 진동로라 중량 : 6톤 이상
   2) 철륜로라(양족식, 탬핑) 전압력 : 45kg/㎠이상
   3) 타이어로라 접지압 : 5.6kg/㎠이상
   4) 암성토 다짐장비 : Sheep-Foot Roller 또는 824,825 Compactor

(2) 각종 토질의 종류에 따른 적정한 로라는 다음 표와 같다.

기계명	적성토질	적성 공종	펴는두께 (cm)	다짐회수	전압속도 (km/h)	비 고
탄템로울러	역질토, 사질토 롬질토	노상, 노반끝손질, 아스팔트 포장, 끝손질	20	5~8	2~2.5	
마카담로울러	동상	쇄석기층, 노상노반, 아스팔트 포장 초기	20	5~8	2~2.5	
타이어로울러	롬질토, 점질토 사질토, 역질토	노상, 노반, 성토공, 아스팔트 포장 초기	20~30	5~8	3~4	넓은 범위의 토질 공종에 적합
탄템로울러	롬질토, 점질토	노상, 연약한 지반의 토공	20~30	6~10	4~8	함수비가 많으면 쓸 수 없다
진동로울러	사질토, 역질토	노상, 노반, 비탈면	20~30	8	1~2	
진동콤펙트	사질토, 역질토	노상, 노반, 비탈면	15~25	4~8	0.4~0.8	
탬퍼, 래머	역질토, 사질토 롬질토	좁은 장소	15~25	4~8		비교적 넓은 범위의 토질에 적합하다.

2. 장비선정

(1) 전용성이 크고
(2) 범용성이 커야 한다
(3) 범용성과 조화를 우선적으로 공사물량과 비교되어 검토함이 좋다.

3. 다짐장비를 효과있게 이용하여 다짐효과를 높이는 대책

다짐공법을 원리적으로 분류하면

(1) 흙을 반죽하는 모양으로 다지는 방법(Kneading Compaction)
(2) 수직 정하중을 가해서 다지는 방법(전압식)
(3) 진동해서 다지는 방법(진동식)
(4) 충격을 주어서 다지는 방법(충격식)
(5) 폭발력을 이용하여 다지는 방법 등이 있으며

이 중의 한개 내지는 몇개의 방법을 **병용**하여 다짐의 효과를 높이는 것이다. (즉 장비의 조합시공이 품질관리에 크게 기여한다.)

72. 현장에서 다짐도 판정(규정)방법

1. 토질별 적용성
(1) **다짐도 또는 상대다짐도** : 자연함수비가 시공함수비(OMC) 보다 큰 경우 사용 불가.
(2) **상대밀도** : 모래(Silt의 함유량이 35% 이상인 흙에 사용 불가)
(3) **포화도 또는 공기 함유율** : 상대 다짐도의 적용이 곤란한 경우
(4) **강도로 규정** : 암버력, 호박돌, 모래
(5) **Proof Rolling으로 규정** : 도로 성토
(6) **다짐공법으로 규정하는 방법** : 암괴, 호박돌(함수비가 크게 변하지 않는 토질)

2. 다짐도(건조밀도)로 규정하는 방식 (Relative Compaction)
(1) **건조밀도 계산방법**

$$RC = \frac{\text{현장다짐 } \gamma_d}{\text{실내 시험다짐 } \gamma_{dmax}} \times 100(\%)$$

(2) **최소허용다짐도 규정**
  1) 노체 : 90% 이상
  2) 노상 : 95% 이상
  3) 구조물의 설치가 필요없는 곳의 정지작업 : 90~92% 표준다짐
  4) 중소규모의 댐 및 도로성토 : 95~98% 표준다짐
  5) 구조물 기초기지, 성토고가 큰 댐 : 95~98% 수정 다짐

(3) **적용성**
  1) 도로성토
  2) Rock Fill Dam

(4) **적용이 곤란한 경우**
  1) 토질 변화가 심한 곳(습윤측 함수비 < 자연 함수비 경우 불가)
  2) 기준 γ_{dmax} 구하기 어려운 경우
  3) 함수비가 높아서 건조시키는데 비용이 많이 드는 경우
  4) 암버력 치수가 큰 곳에는 불가

3. 상대 밀도 (Relative Density)

(1) 계산식

$$D_r = \frac{e_{max}-e}{e_{max}-e_{min}} \times 100 = \frac{\gamma_d - \gamma_{dmin}}{\gamma_{dmax} - \gamma_{dmin}} \times \frac{\gamma_{dmax}}{\gamma_d} \times 100(\%)$$

(2) **적용성** : 사질토(조립토)
(3) **합격 판정** : 시방값 이상(보통 85% 이상이면 합격)
   1) 진동이 심한 기계기초 및 공항 : $D_r = 90\%$
   2) 침하에 대하여 민감한 기초 : $D_r = 70 \sim 75\%$

4. 포화도 또는 공기 함유율(상대다짐도의 적용이 곤란한 경우)

(1) $G_s \cdot w = S \cdot e$

(2) $e = \dfrac{G_s}{S} \cdot w$ 의 값이 1~10% 이면 합격

(3) $S_r = \dfrac{w \cdot G_s}{S}$ 가 85~98% 이면 합격

(4) 포화도와 공기간극율로 규정하는 경우의 시방 규정

$$S_r = \frac{V_w}{V_a+V_w} \times 100 = \frac{w \cdot G_s \cdot \gamma_d}{S_s \cdot \gamma_w - \gamma_d} \times 100\% \ (85\sim90\% \ 합격)$$

$$v_a = \frac{V_a}{V} \times 100 = \left\{1 - \frac{\gamma_d}{\gamma_w}\left(\frac{w}{100} + \frac{1}{G}\right)\right\} \times 100\% \ (10\sim20\% \ 합격)$$

5. 강도로 규정 (암버럭, 호박돌)

(1) CBR값으로 규정
(2) PBT의 K 값으로 규정
(3) Vane Shear Test
(4) 실험실의 일축압축강도, 삼축압축강도 시험
(5) 물의 침투로 인한 강도저하가 적은 흙(암버럭, 호박돌)

6. Proof Rolling

Dump Truck 이나 Tire Roller를 노상면에 주행시켜서 변형량으로 판정

7. 다짐공법으로 규정하는 방법 (암괴, 호박돌)

   (1) 현장 다짐에서 소요의 다짐도에 도달하기 위해서

      1) 다짐 기종

      2) 다짐 회수

      3) 다짐 두께

      4) 다짐 폭

      5) 다짐 속도를 규정한다.

73. 사력 Dam 심벽재료의 OMC 건조측, 습윤측 다짐 : 결과의 차이 비교 설명
(1) 투수계수　(2) 전단강도　(3) 변형　(4) Stress(Load) Transfer

1. 투수계수

(1) 동일한 다짐방법일 때 함수비의 증가는 **입자배열**의 증가를 가져오며, OMC 건조측에서 흙은 항상 **면모구조**이며 습윤측일 때 흙입자는 쉽게 비틀어지고 불안전하게 융합되며 각 입자의 재정렬과 **이산구조**가 된다.

(2) 따라서, 입자 상호 **윤활작용**으로 비교적 단단해지고 **유로의 비틀림**이 커져서 불투수 형태의 구조가 되기 때문이다.

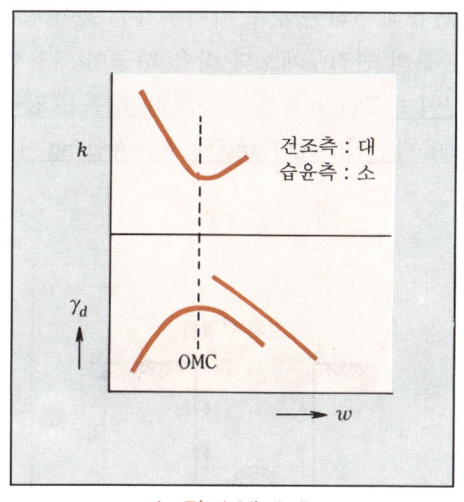

(그림 1) Mitchell

2. 전단강도 (건조측 : 크고, 습윤측 : 작다)

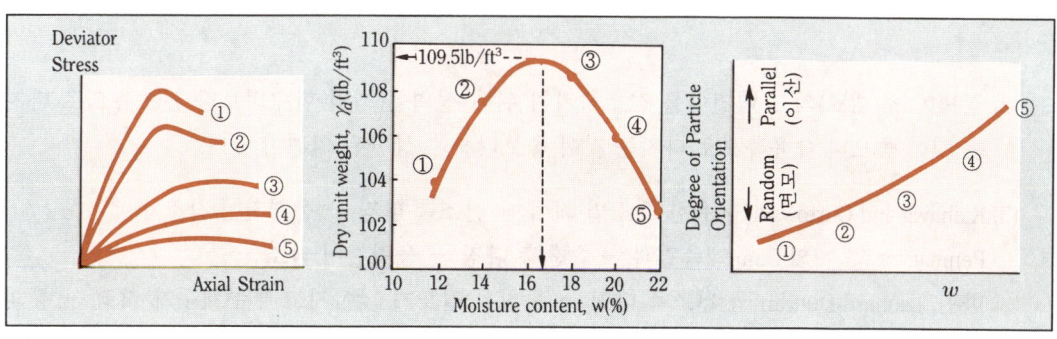

(1) OMC 건조측일 때 흙은 면모화구조에 있고 습윤측일 때는 이산구조이다. (그림 1)에서와 같이 건조측일 때 전단강도가 크다. (파괴시 간극수압 : 습윤측이 크고/ 예민비, 탄성계수 : 건조측이 크다.)

3. 변 형(건조측 : 크고, 습윤측 : 작다)
(1) **건조측** : 면모화, 탄성계수 크다 → 변형 **작다**.
(2) **습윤측** : 이산구조, 탄성계수 적다 → 변형 **크다**.

4. Load Transfer(응력 전이) = Arching 현상
(1) 정의

Trench를 파고서 연성관을 매설하는 경우 되메우기한 흙이 침하할 때 Trench 벽체에 상향의 마찰력이 생겨 관에는 흙의 연직무게보다 작은 하중이 작용한다. 이같이 <u>Trench 되메우기 흙의 중량 일부가 강성이 큰 Trench 벽체로 옮겨져 이 흙은 양측 벽체에 지지된 Arch와 같은 작용을 하므로 이것을 응력전이(Load Transfer) 또는 Arching 이라고 한다.</u>

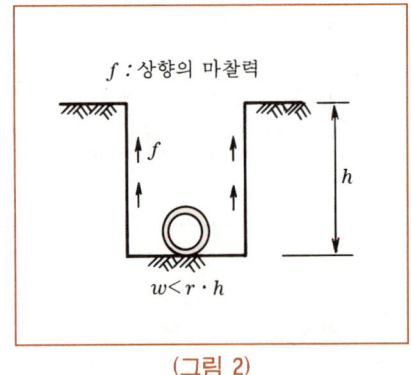

(그림 2)

(2) 심벽(Core 재료)의 응력전이를 감소시키기 위해 심벽을 최적 함수비보다 건조측으로 다지는 것이 좋으냐 습윤측으로 다지는 것이 좋으냐하는 상반된 의견이 있다.

(3) Kalhawg and Gurtowski → 유한 요소법 해석 → 건조측 다짐 → 응력전이 감소
 Penman → 몇 개의 Dam 계측결과 → 습윤측 다짐 → 응력전이 감소
 한편, Leonard Duncan → 건조측 다짐 → 수침시 밀도가 낮아지고 투수계수가 커짐 → 붕괴

가능성 증대 따라서, 습윤측으로 다지는 것이 바람직할 것임.

(4) 심벽(Core재)
응력전이(Arch)를 감소시키기 위해서 습윤측으로 다지는 것이 바람직하다.

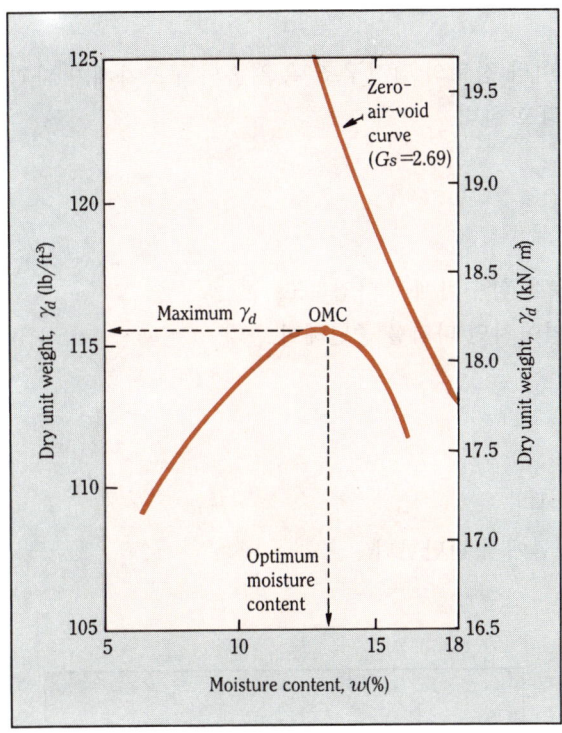

(그림 3) Standard Proctor compaction test results for a silty clay

74. Over Compaction (과전압)

1. 점성토의 경우

(1) 높은 Energy로 다짐하여 단위중량(γ_d)을 증가시켜도 흙의 전단강도가 저하되는 경우도 있다.

(2) 이유는 흡착수층이나 점토의 결정구조, 혹은 흙의 구조자체가 파괴되는 것으로 과전압(Over Compaction)이라고 한다.

2. 과전압 방지대책

(1) OMC 보다 약간 낮은 함수비에서 다짐하고

(2) 요구되는 γ_d 가 얻어지면 다짐을 중단해야 한다.

3. 과다짐여부 판정방법

(1) $w - \gamma_d$ 관계곡선이다

(2) 다짐후 체분석 시험에서 판단한다.

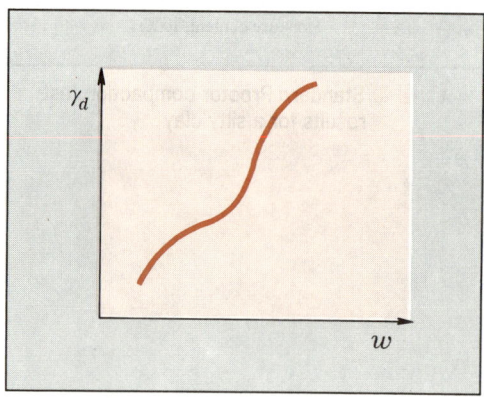

75. 다짐 효과에 영향을 미치는 요인

1. 함수비

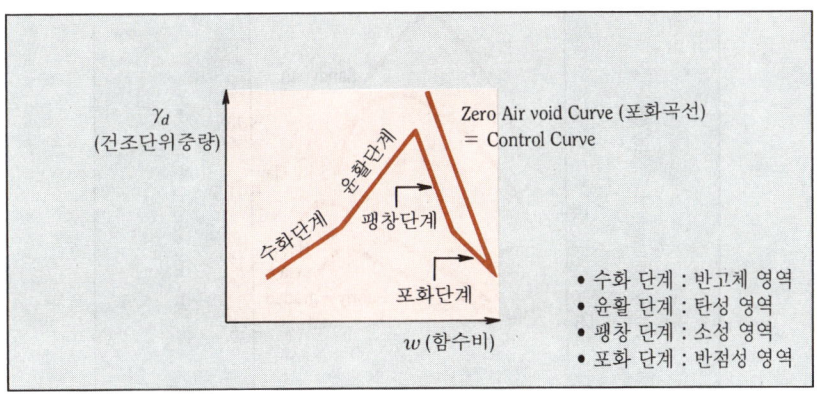

(그림 1)

(1) 함수비의 증가에 따라서
   1) 수화 단계
   2) 윤활 단계
   3) 팽창 단계
   4) 포화 단계를 거친다.

(2) 윤활 단계에서 (물이 윤활작용을 하게되므로) OMC와 최대 건조밀도가 얻어진다.

2. 토질(흙)

(1) 입도분포, 입도, 흙의 비중, 점토광물의 종류와 양에 따라서 γ_{dmax}과 OMC가 다르다.

(2) 토질에 따른 다짐 곡선의 변화 (그림 2)

3. 다짐 에너지 (E)

(1) 다짐 에너지가 증가하면 γ_{dmax}이 증가하고(↑), OMC가 감소(↓)

(2) 다짐 에너지의 변화에 대한 다짐 곡선(그림 3)

(3) 다짐 에너지(E_c)

$$E_c = \frac{\text{타격수} \times \text{층수} \times \text{Rammer 무게} \times \text{Rammer의 낙하고}}{\text{Mold 체적}}$$

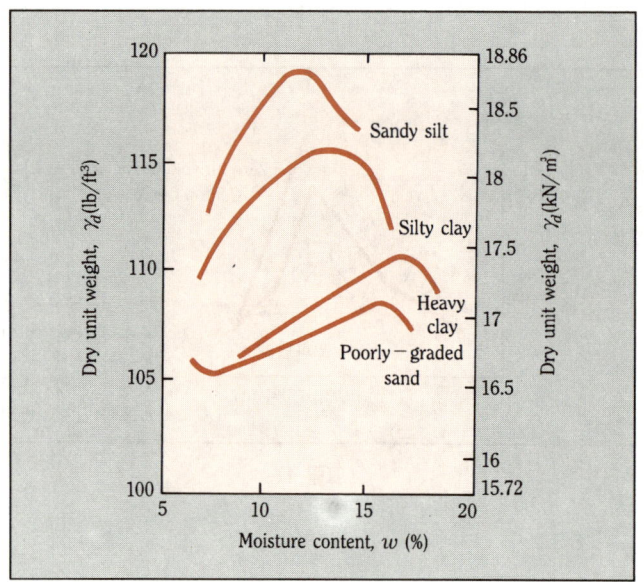

(그림 2) Typical compaction curves for four different soils (ASTM D-698) (흙의 종류별 다짐곡선)

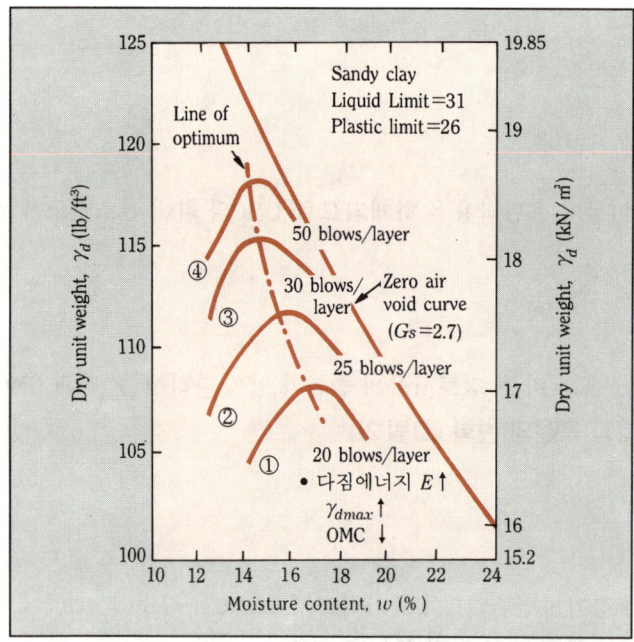

(그림 3) Effect of compaction on the compaction of a sandy clay

4. 유기물 함유량 (Organic Material)

(1) 유기물 함유량이 증가하면 γ_{dmax} 은 감소하고 OMC는 증가 ($\gamma_{dmax}\downarrow$, OMC $\uparrow$)

5. 다짐장비의 적합성 【15, 28, 33, 34, 41, 42회】

(1) 토질에 따른 다짐 장비의 적합성

토질 \ Roller종류	평골 Roller	Tire Roller	Grid Roller	Tampig Roller	Wave Roller	진동 Roller	Compactor	Rammer	Tractor
GW	○	○				○	○	○	
GC		○		○	○	○	○	○	
GP	○	○				○	○	○	
CM	○	○		○	○	○	○	○	
SW	○	○	○				○	○	○
SC	○	○	○				○	○	
SP	○	○	○				○	○	○
SM	○	○	○	○	○	○	○	○	
ML		○	○	○	○	○			
CL		○	○	○	○	○			
OL		○	○	○	○	○			
MH		○		○	○	○			
CH		○	○	○	○	○			
OH		○		○	○	○			
Pt									

(2) 진동 Roller를 이용하는 공종 및 효과있게 이용될 전망 = 공종별 다짐기계의 성능

【각종 다짐기계의 성능】

기 종	중량(t)	적성 (공종) 작업, 토질	다짐두께	다짐회수	롤러 속도	다짐밀도
탄뎀로라	10	롬질토, 점성토, 아스콘 마무리 전압	20cm	5~8	2.1~2.8	90%
마카담로라	10	쇄석기층, 롬질토, 점성토 막자갈	15~20	5~8	1.5~1.8	90%
		아스콘 초기 전압	8~10	4~6	1.5~2.8	
탬핑로라		실트질토, 보통토, 점토 버럭 혼합기층	25~30	10	8	
타이어로라	12	롬질토, 점성토, 사질토	25~30	5~8	4	
	20	롬질토, 점성토, 사질토	30	6	4~5	
		아스콘 중간다짐	10	4~6	3~5	
스무스진동로라	3.5	보통토사, 사질토사	20~30	4~8	2.1	90%
램머	0.1	협소한 장소의 다짐	10~20	–	–	–
진동로드로라	1.7	사질토, 보통토사	20~30	3	0.4	90%
		쇄석기층	10~15	8~10	0.4	90%
불도저		토사성토, 암버럭성토	20~30		2~3	

76. 다짐한 흙의 특성

1. 흙의 강도 (Strength)

(1) 다져진 점성토의 강도는 일반적으로 함수비가(w) 증가하면 강도는 (τ)는 감소한다.
(2) 특히 OMC 근처에서 강도가 크게 감소한다. 이것은 건조흙의 구조(면모 구조)가 습윤측의 흙의 구조(분산 구조)보다 더 큰 강도를 나타냄을 의미한다.
(3) 다져진 점성토가 물을 흡수하면 OMC 부근에서 강도가 커진다. (이것은 OMC 부근에서 다져 진 흙의 강도가 거의 상실하지 않고 안정하다는 것을 의미)
(4) 다져진 흙의 CBR 값은 건조측에서 최대 값을 얻는다.

2. 흙의 투수성 (Permeability)

(1) 다진 흙의 투수계수(k)는 함수비가 증가함에 따라서 감소하다가, OMC 보다 습윤측에서 최소가 되며 OMC 지나면 k는 약간 증가한다. (그림 1)
(2) 투수계수가 최적 함수비(OMC)의 건조측에서 큰 이유 : 점토입자의 배열이 불규칙하게 되어 공극이 크게 형성되기 때문이다.

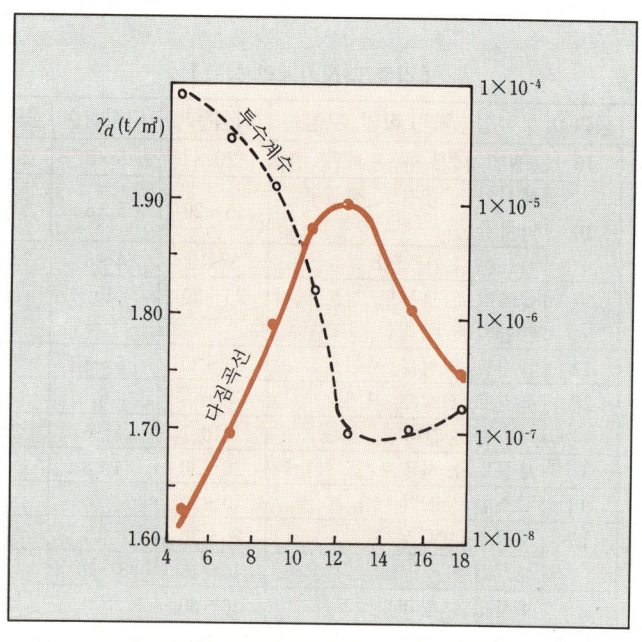

(그림 1) 흙의 투수계수와 다짐곡선의 관계

3. 흙의 압축성 (Compressibility)

(1) 흙의 압축성과 다짐효과(다짐관계)

1) 낮은압력하에서의 압축성

① 낮은 압력하에서는 습윤측이 건조측보다 압축성이 더 크다. (습윤측 > 건조측)

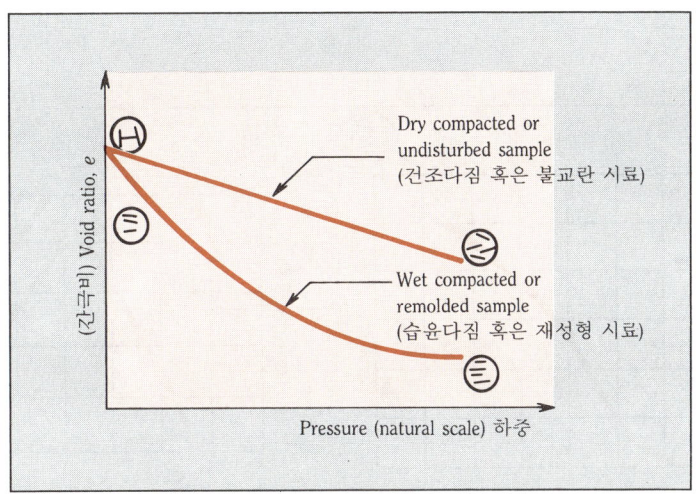

(그림 2) (a) Low—Pressure Consolidation (낮은 압력하의 압밀)

2) 높은 압력하에서 압축성

• 건조측 > 습윤측

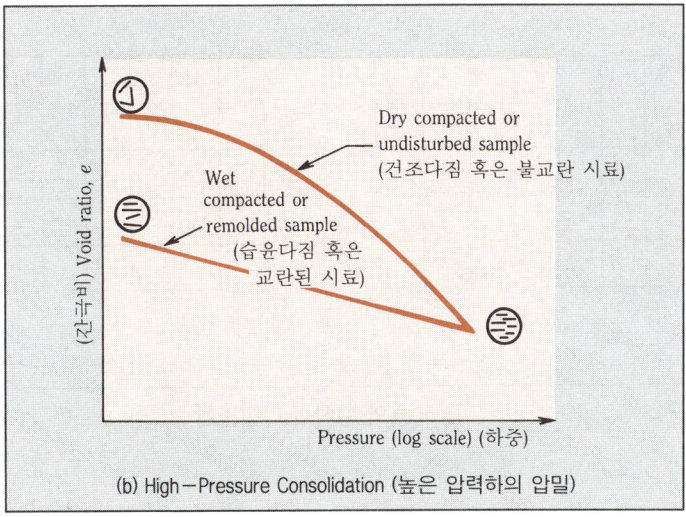

(b) High—Pressure Consolidation (높은 압력하의 압밀)

(그림 3) Effect of compaction on one-dimensional compressibility of clayey soil (redrawn after Lambe, 1958b) (흙의 압축성과 다짐효과)

4. 흙의 팽창과 수축 (Swelling and Shrinkage)

(1) 점성토의 팽창
건조측에서 물을 많이 흡수하므로 크고 습윤측에서 작다. (건조측 > 습윤측)

(2) 점성토의 수축
OMC의 건조측에서 작고 ↓, 습윤측에서 크다 ↑

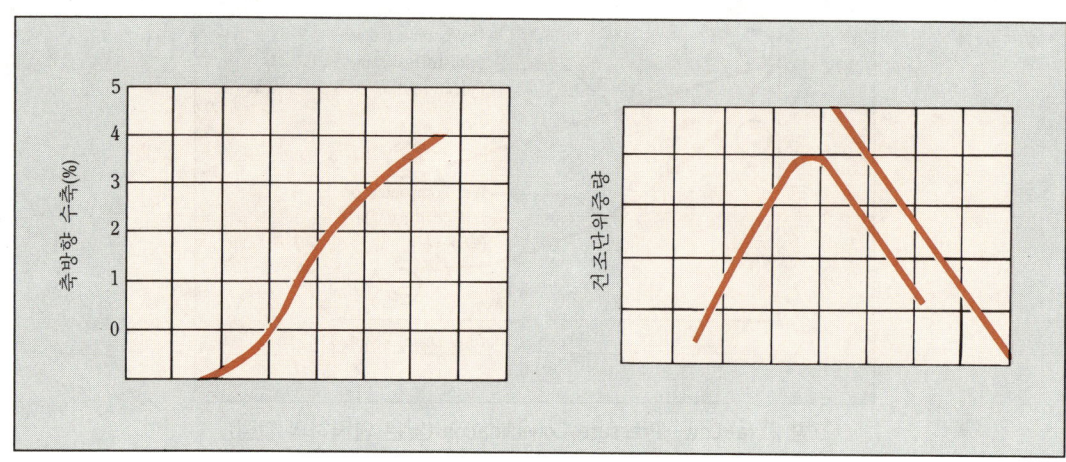

(그림 4) 흙의 수축과 다짐관계

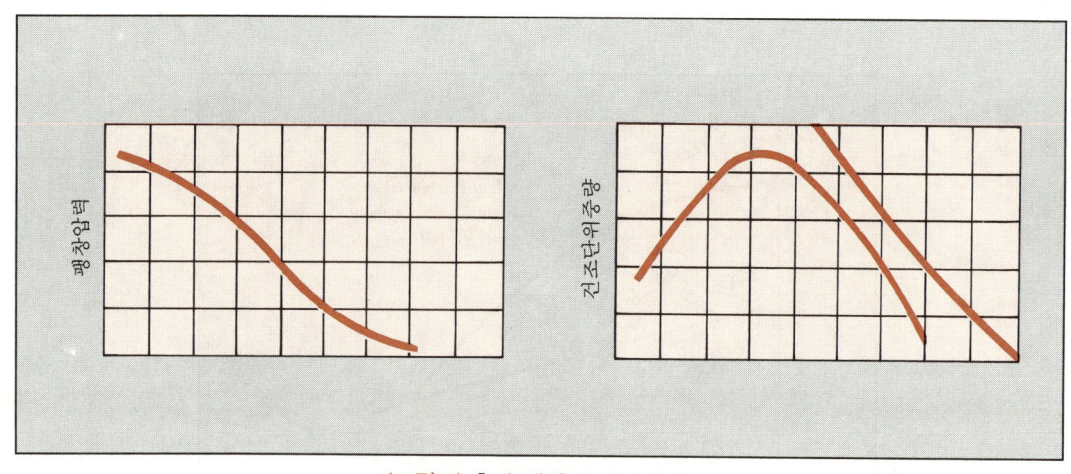

(그림 5) 흙의 팽창과 다짐관계

5. 흙의 구조

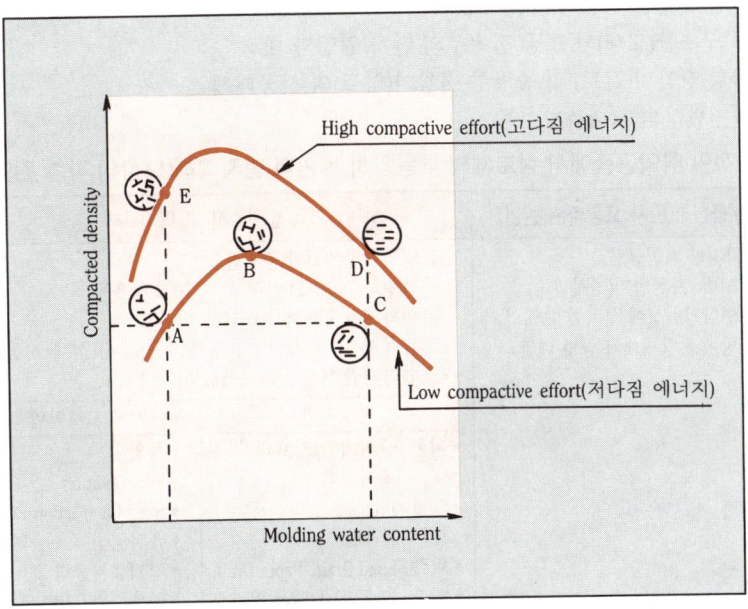

(그림 6) Effect of compaction on struction on structure of clay soils (redrawn ofter Lambe, 1958a)

(1) 주어진 다짐 Energy와 다짐 함수비로 다진 흙을 건조측이 습윤측보다 더 면모구조가 된다. (즉, A점의 흙의 구조는 C점의 흙보다 더 면모구조이다.)

(2) C점의 흙의 구조는 **분산구조**이다.

(3) 또 다짐 에너지가 증가하면 OMC의 건조측(A점과 E점)의 흙을 분산하려는 경향이 있고, 습윤측 흙은(C점과 D점) 어느 정도 분산된다.

(4) 주어진 다짐 함수비에서 다짐 에너지가 증가하면 흙의 **입자배열**은 거의 평행하다.

(5) 다짐 함수비의 변화과정에서 다짐 점성토 속의 점토입자, 물 및 공기량의 분포의 균등성이 변한다.

(6) 일반적으로 OMC 부근에서 다져진 흙속의 흙입자 및 물, 공기량의 분포상태가 균등하다.

> **[참고]**
>
> ### 1. 토공의 취약공종 5가지 설명
> (1) 편절편성구간의 포장파손 원인, 대책
> (2) 확폭구간의 시공대책
> (3) 구조물 뒷채움 시공시 유의사항
> (4) 도로 구조물(교대)와 토공 접속부의 단차 원인과 대책
> (5) 종방향 땅깎기(절토) 및 종방향 흙쌓기(성토)의 시공대책
> (6) 연약지반상의 교대측방이동
>
> ### 2. 일반적인 취약공종에서 성토체의 부등침하 원인과 방지대책(노상의 파손 원인·대책)
>
> | No. | 부등침하(단차 포장파손 원인) | 방 지 대 책 | |
> |---|---|---|---|
> | 1 | 연약지반 처리불량
(1) 교대 : 사항박기(경사말뚝)
(2) 연약지반상에 설치한 교대의 측방이동 방지대책 공법 대안 | 1. (1) 연약지반에서의 문제점 3가지
    1) 침하   2) 안정   3) 측방유동
(2) 연약지반에서 계측과 계측 단면도
    1) 목적 : ① 경제성 ② 안전성 확보 ③ 설계, 시공에 반영
(3) 연약지반 개량공법(대책공법)의 종류 | |
> | | | 점토지반 | 모래지반 |
> | | | • 치환 : 굴착치환, 강제치환 폭파치환
• 압밀 : Preloading, 압성토 동치환
• 탈수 : Sand Drain, Paper Drain
• 배수 : Well Point, Deep Well
• 고결 : 약액주입, 생석회 말뚝공법 | • 동압밀
• Vibroflotation
• Sand Compaction Pile
• 폭파공법
• 전기충격공법
• 약액주입 (LW+SGR+JCM +JSP) |
> | 2 | 성토재료 불량
(1) 토취장 선정시 조사 불시험
(2) 시험시공한다. | 2. 성토재료 구비조건
  (1) PI < 10   (2) 수침 CBR > 10   (3) 재료의 최대치수 > 100~150m | |
> | 3 | 다짐불량
(1) 층다짐
(2) 박층다짐 | 3. 층다짐 실시
  (1) 1층 포설두께 : 30cm   (2) 다짐후 두께 : 20cm
  (3) 다짐기준 : 시험 시공후 결정
  (4) 전압속도 : 3~4km/hr   (5) 전압회수 : 4~5회
  (6) 토질별 다짐장비 선정 | |
> | 4 | 배수공 시공불량 | 4. (1) U형 측구   (2) 유공관 설치(Perforated Pipe)
  (3) 맹암거 설치(Stone Filled Trench) | |
> | 5 | 층따기 시공불량 | 5. H=6m와 폭 1m의 소단설치 | |
> | 6 | 구배설계 잘못 | 6. 성토체의 구배 설계기준
  (1) 점토 : 1 : 1.5   (2) 모래 : 1 : 1 | |
> | 7 | 동상방지 차단층 시공불량(도로포장 단면도 예시) | 7. (1) 노상부에 15~30cm의 차단층 설치, 동상현상 및 연화현상 방지
  (2) 동상방지 공법
    • 치환공법 : Silt를 조립토로 치환
    • 차단공법 : 공급수 차단
    • 단열공법 : 스치로폴 단열재 설치
    • 안정처리공법 : NaCl, CaCl$_2$ 섞어서 화학적 안정처리, Cement 안정처리, 석회안정처리
  (3) 동상 깊이 $Z=C\sqrt{F}$ 까지 치환해서 흙→온도→지중수에 의한 노상토의 동상방지한다. | |
> | 8 | Approach Slab 설치 | 8. 두께 : 30cm, 길이 8m로 시공, Grouting | |

77. 도로 구조물(교대 등)과 토공 사이에 일어나는 부등 침하(포장파손)의 원인과 방지대책(토공의 취약 공종 : 노상)

1. 개 요

교대, 암거(Box Culvert) 등의 구조물과 성토와의 **접속부분**에는 부등침하로 단차가 생기기 쉬운데 그로 인하여 **포장의 평탄성**이 훼손되기 쉬우며 **교통사고**의 원인이 되므로 정성들여 시공하여야 한다. 특히, 포장파손의 가중뿐 아니라 성토체의 계속되는 연약화의 반복이 되기도 한다.

2. 침하(부등침하)의 원인

(1) 일반적으로 구조물은 침하하지 않는 구조(비압축성)로 되어 있어 여기에 접속된 성토는 상대적으로 **침하**하기 쉽다
(2) 되메우기 부분은 이미 시공된 교대, Box Culvert 및 그들의 Wing Wall(날개벽)과 성토로 포위되는 경우가 많아 배수가 불량하게 된다.
(3) 되메우기가 최후에 시공되기 때문에 다짐층의 높이가 높게되기 쉽고 보통 협소한 장소에서 뒷채움 및 다짐이 시행되는 관계로 불충분한 다짐이 된다.
(4) 지하수의 용출이나 **지표수의 침투**에 의해 **성토체**가 연약화 되었을 때
(5) 구조물 주위 지반지지력이 상이할 때
(6) 성토체의 기초지반이 경사져 있을 때
(7) 토압으로 인하여 구조물이 변형되었을 때(구조물 기초)
(8) 불량한 연약지반에 구조물을 시공했을 때

3. 방지 대책

(1) 연약지반에서는 연약지반 처리후에 시공한다.
(2) 뒤채움 작업시는 다른 사항을 유의하여 시공한다.
  1) 대형 다짐장비가 들어갈 수 있는 뒤채움 면적을 확보한다.
  2) 굴착한 불량토를 뒤채움 재료로 사용하지 않는다. : 배수성과 다짐밀도가 좋은 보조기층재 사용
  3) 구조물이 이동하지 않는 적정 시공속도를 유지한다.
  4) Box Culvert(암거) 등에서는 양측을 똑같이 얇은 층 으로 시공한다. : ($h = 0.2m$ 정도)
  5) 좁고 다짐이 어려운 곳에서는 소형 다짐장비(Soil Compactor, Rammer Tamper)를 사용하고 얇게 펴서 다진다.

6) 물이 고이지 않도록 배수시설을 하여 시공관리가 양호하도록 한다.

7) 뒤채움부에는 가능한 한 여성(Extra Banking)을 주어 가능한 한 침하를 조기에 완료시킨다.

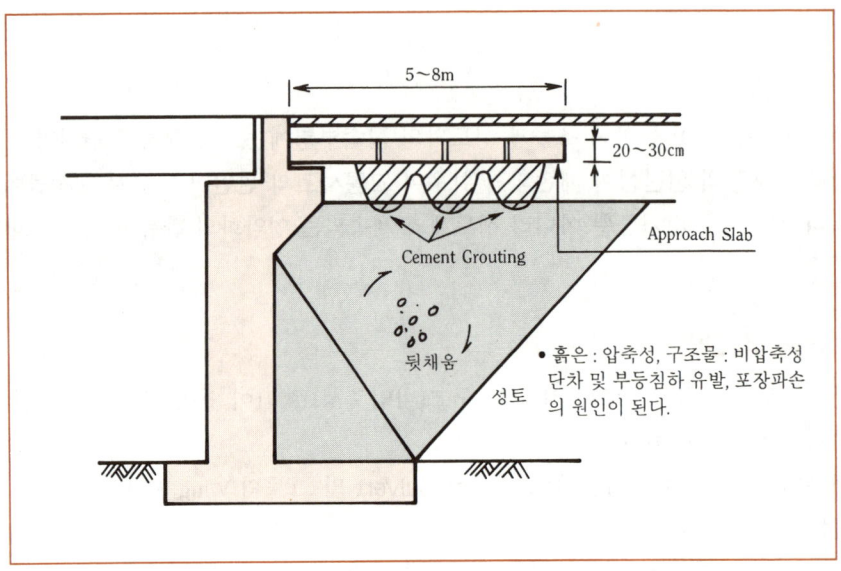

(그림 1) Approach Slab의 시공

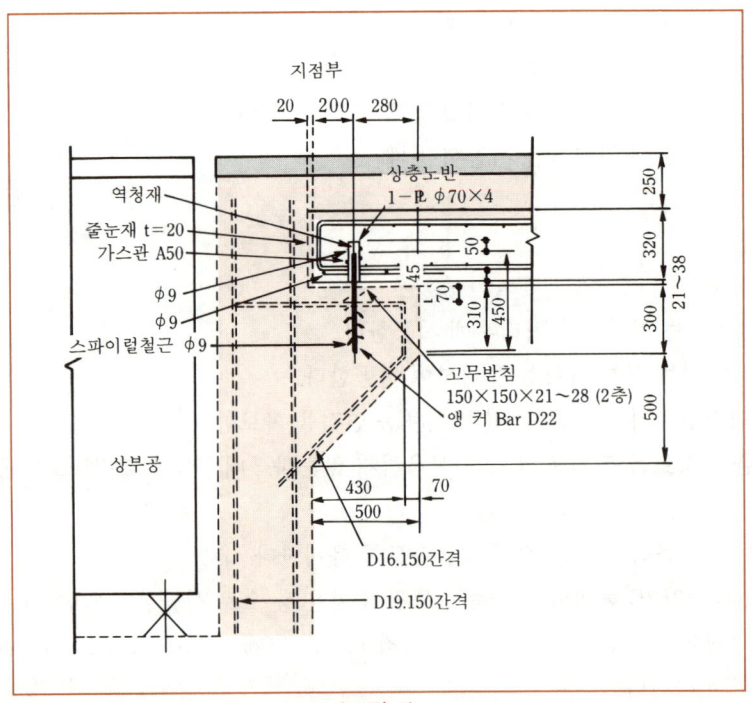

(그림 2)

(3) 뒤채움 재료를 안정처리하여 지지력을 높인다.
(4) 포장체의 강성을 증가시킨다.
(5) 필요에 따라 구조물과 성토부 접속부에 Approach Slab를 설치한다.

> **참고** 구조물 접속부의 처리안 : 본인의 경험
> Approach Slab를 설치하더라도 뒤채움부의 장기 압밀침하 및 반복되는 교통하중으로 Approach Slab가 파손되는 경우가 있어 왔는데, 본인은 중부 고속도로 시공시 부등침하로 인한 차이를 방지하기 위하여 Approach Slab 시공시 1m 구간으로 구멍을 설치하여 Cement Paste를 주입하여 Grouting 효과로 공극 발생을 미연에 대비한 적이 있음.

4. 품질관리

(1) 뒤채움용 재료는 다짐시험과 물리특성시험을 실시하여 다짐정도를 파악하여야 한다.
(2) 매 층마다 함수비와 현장밀도(Field Density) 시험 측정을 해야 한다.
(3) 되도록 많은 층수에 대하여 평판재하 시험(PBT)을 한다.
(4) 성토가 완료되면 Proof Rolling을 실시하여 변형여부를 확인한다.

5. 결 론

(1) 뒷채움재료의 구비조건
  1) 골재 최대 치수 : 100m/m ┐
  2) No. 4체 통과량 : 25~100% │
  3) No. 200체 통과량 : 0~20% ├ 배수가 잘 되는 흙
  4) 소성지수 : 10이하 ┘
  5) CBR > 10

(2) EPS에 의한 교대후방에 경량성토시행하여 토압·수압을 경감시킨다.
(3) Geosynthetic(토목섬유)으로 성토 붕괴방지한다.
(4) 일반적인 성토공의 부실시공대책 점검 항목
  1) 연약지반처리   2) 재료선정
  3) (층)다짐(20cm)   4) 배수공(맹암거, U형측구)
  5) 층따기(부착강도증대)   6) 구배설계
  7) 동결융해(동상현상)

78. 연약지반상에 설치한 교대의 측방이동원인과 방지대책공법

1. 서 론

(1) 도로구조물 즉 교대와 토공 경계부에 발생하는 문제점
   1) 지반의 압밀침하에 의한 교대(Abutment) 배면의 단차
   2) 교대의 수평이동과 경사

(2) 교대의 안정성 확립을 위한 안정검토 3가지
   1) 활동(Silding) : 배면토압으로 인한 활동에 대한 안정성
   2) 극한지지력 : 작용외력(합력)의 편심경사를 고려한 극한 지지력에 대한 안정성 검토
   3) 전도(Overturning) : 작용외력(합력)의 작용점을 기준으로한 전도에 대한 안정성 검토

2. 교대(Abutment)의 측방 이동방향에 따른 구분

(1) **교대배면의 성토량이 많아 침하가 크게 발생하는 경우** (그림1.(a))
   1) 원인 : 교대배면 성토가 큰 경우 침하량이 과대하게 된다.
   2) 문제점 : 배면성토부쪽으로 교대가 이동한다. 이 경우 교량상부 거더(Girder)가 떨어진다.

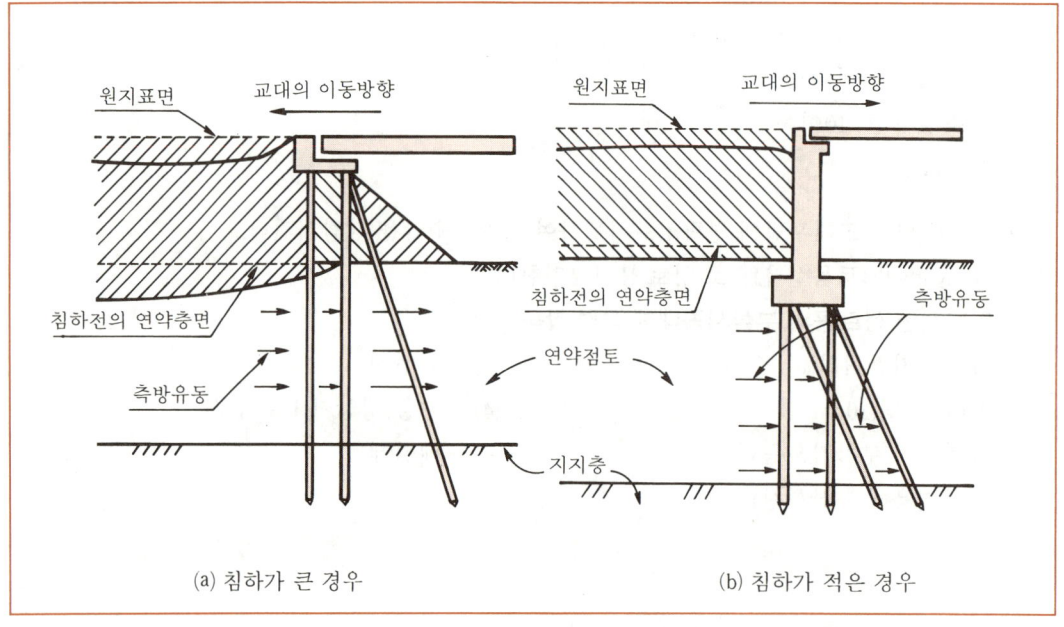

(그림 1) 교대이동 패턴

(2) 교대 배면 지반의 침하가 적은 경우
   1) 피해 발생 형태

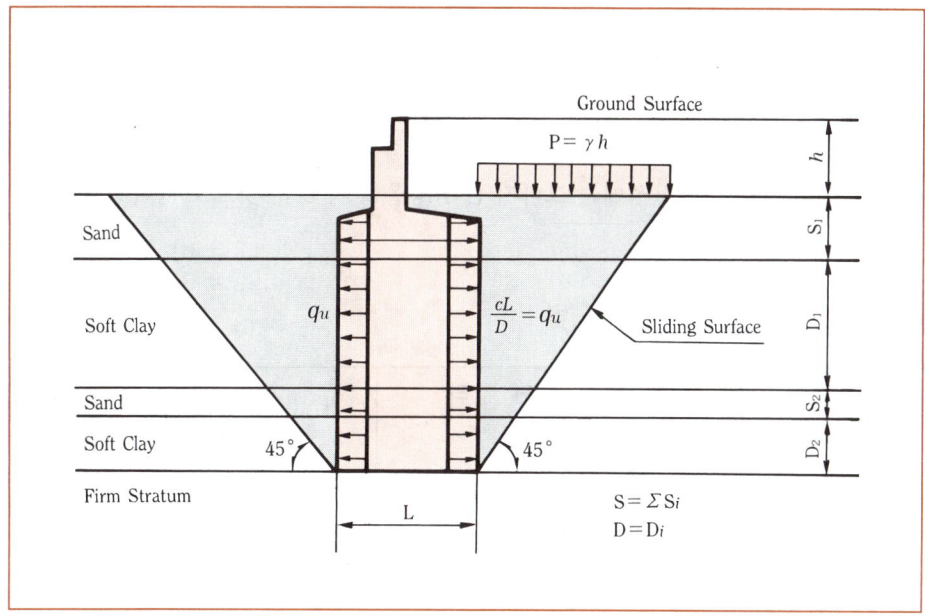

(그림 2) 비원호파괴에 의한 판정

① 교좌(Shoe) 및 교좌판(Shoe plate)의 파손
   ㉠ 교대의 교축방향의 수평변위가 보에 의해 억제되기 때문에
   ㉡ 그 연결부인 교좌가 파손되거나 교좌판의 콘크리트가 파괴된다.
② 신축이음부의 기능저하
   ㉠ 교좌의 가동단이나 고정단이 ①과 같이 파손된 경우에는 신축이음부의 사이가 좁아져서 극단적인 경우에는 완전히 폐합되거나
   ㉡ 혹은 사이가 너무 벌어지는 등 신축이음부의 기능이 저하된다.
③ 주형(Main Girder)과 흉벽의 폐합
   ㉠ 신축이음부의 사이가 폐합되면 결국은 주형과 교대 흉벽이 폐합하게 되는 경우가 있다.
   ㉡ 이러한 경우 주형이 온도응력 또는 교대로부터의 토압에 의해 파손되거나(주로 주형단부의 국부좌굴이나 철근콘크리트의 압축파괴)
   ㉢ 역으로 흉벽이 주형으로부터의 반력에 의해 파손되는 등의 피해를 발생시킨다.

④ 교대기초의 파손
  ㉠ 측방유동이 문제가 되는 연약지반에서는 말뚝기초를 사용하는 경우가 많은데
  ㉡ 일반적으로 말뚝두부가 교대에 강결되어 있기 때문에 지반의 측방유동으로 인하여 말뚝두부에 큰 휨모멘트가 발생한다.
  ㉢ 이로 인하여 말뚝두부가 파손될 우려가 있다.
  ㉣ 그러나 지반속에 있기 때문에 실제로 확인된 경우는 거의 없다.
  ㉤ 통상 파손에 의해 말뚝두부가 힌지 결합화하는 것을 고려하여 설계되어 있기 때문에 구조물의 안전성에는 그다지 큰 영향을 주지 않는 것으로 생각된다.

3. 교대의 원리별 측방이동 방지 대책 공법

대상부분	개량원리	대책공법
뒤채움성토부	편재하중경감	① 연속 Culvert Box공법 ② 파이프 매설 ③ Box 매설 ④ EPS 공법 ⑤ 슬래그성토공법 ⑥ 성토지지말뚝공법
	배면토압경감	⑦ 소형교대 ⑧ AC공법 ⑨ 압성토
연약지반부	압밀촉진에 의한 지반강도증대	⑩ 프리로딩 ⑪ 샌드 콤팩션파일
	화학반응에 의한 지반강도의 증대	⑫ 생석회말뚝 ⑬ 주입공법
	치환에 의한 지반개량	⑭ 치환공법
교대부	교대형식	⑮ 벽식교대지양 ⑯ 소형교대 ⑰ AC공법
	교대치수	⑱ 교축방향 길이증대
기초부	기초형식	⑲ 케이슨 기초지양
	기초강성증대	⑳ 성토지지말뚝 ㉑ 버팀슬래브

4. 측방 이동방지 대책공법

(1) 연속 Culvert Box 공법

1) 공법개요
교대배면 뒤채움성토 구간에 연속 Culvert Box를 설치하므로서 편재하중을 경감시키도록 시도한 공법이다.

2) 특징
① 기반이 (그림 3)에서와 같이 경사져 있으면 부등침하가 발생하여 Box가 경사질 우려가 있고
② 공사비가 비싼 단점이 있다.

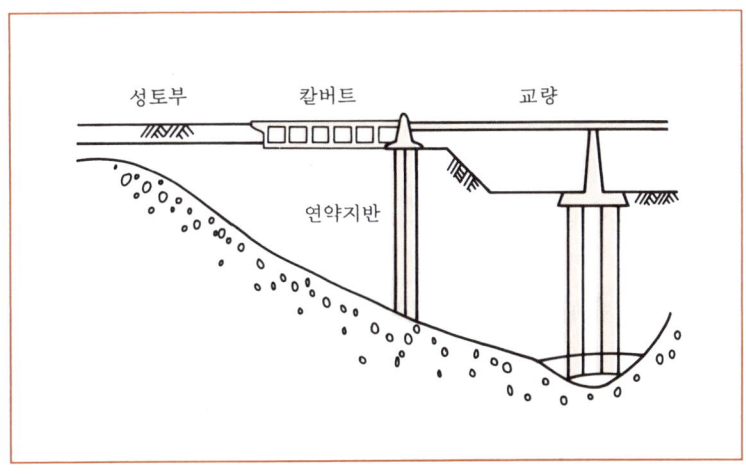

(그림 3) Box Culvert 공법

(2) 파이프 매설공법

1) 공법개요
이 공법은 (그림 4)에서 보는 바와 같이 교대배면에 콜게이트파이프, 흄관, PC관 등을 매설하여 편재하중을 경감시키도록 하는 공법이다.

2) 특징
① 성토하중을 경감시켜 편재하중을 경감시키는 데 효과적이나 교대배면의 전압이 곤란하고
② 메탈콜게이트파이프는 휘기 쉬워 뒤채움재료의 선택, 다짐에 주의를 요한다.
③ 그 밖에도 지반에 작용하는 하중이 불균일하게 된다.

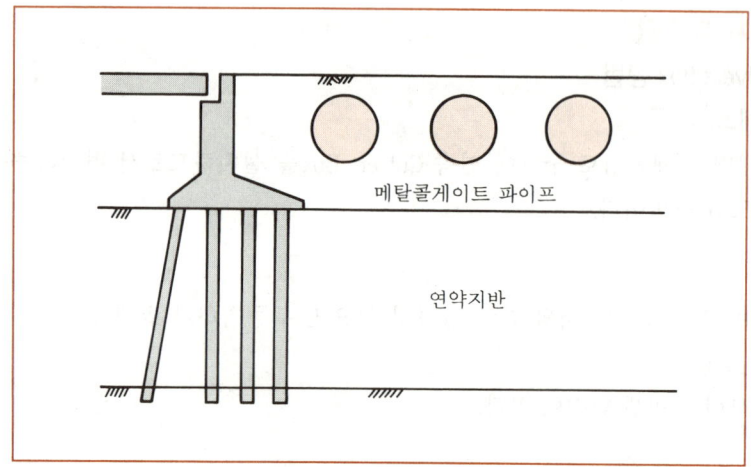

(그림 4) 파이프 매설공법

(3) **Box 매설공법**

   1) 시공법 개요

   ① (그림 5)에서 보는 바와 같이 교대배면에 박스(컬버트)를 매설하여 성토하중을 경감시키는 공법이다.
   ② 이 공법을 사용할 때에는 Box의 부등침하가 문제가 될 수 있으므로 주의하여야 한다.

   2) 특징

   ① 또한 본 공법은 지반에 작용하중이 불균일하게 되고
   ② 전압작업이 곤란하며
   ③ 내진성이 부족한 것이 단점이다.

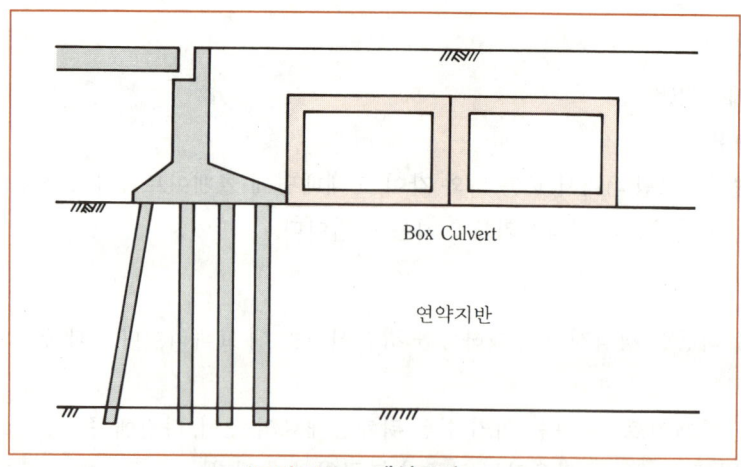

(그림 5) Box 매설공법

(4) EPS 공법(경량성토공법)

1) 시공법 개요

EPS경량재료로 뒷채움하여 토압, 수압을 경감하는 공법

2) 특징

① 초경량성, 압축성, 자립성, 차수성, 시공성이 우수하다.
② 단위중량이 0.01~0.03t/㎥로 일반토사의 1/100이므로 토압, 수압을 크게 경감시킨다.
③ 공사비가 비싸다.
④ 홍수시 EPS가 부력에 약하여 유실되기 쉽다.

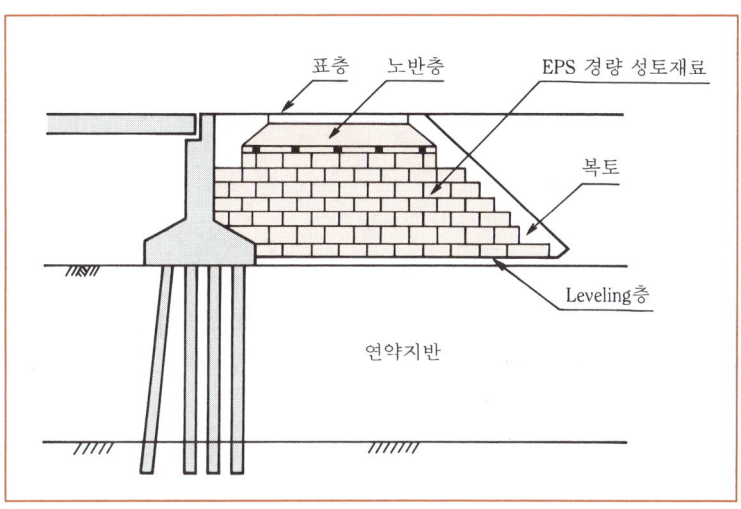

(그림 6) EPS 공법

(5) 슬래그 뒤채움공법

1) 시공법 개요

① 경량성토재료로 광석슬래그를 사용할 경우 성토중량을 경감시킬 수 있는 효과를 얻을 수 있다.
② 실제 광양제철소 제품부두 접안시설 배면의 뒤채움 재료로 슬래그를 사용한 예가 있다.(그림 7)
③ 단위중량이 EPS보다는 무거우나 일반 토사보다 가벼워 성토하중을 경감시킬 수 있는 효과를 가진다.

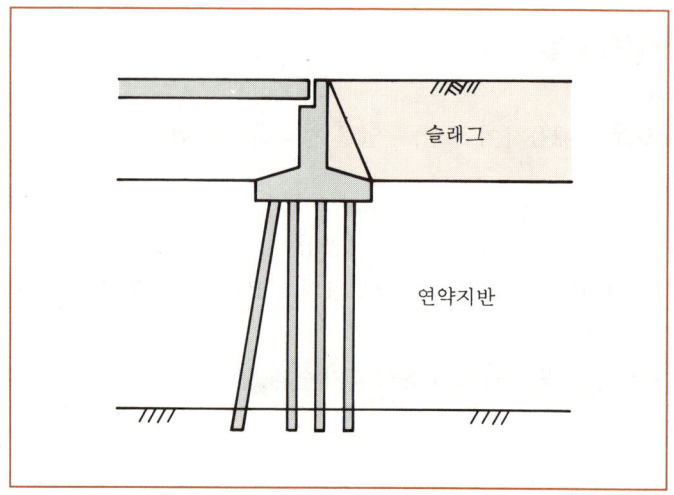

(그림 7) 슬래그 뒤채움공법

(6) 성토지지말뚝공법
  1) 공법개요
    ① 성토지지말뚝은 (그림 8)에서 보는 바와 같이 교대 배면성토나
    ② 도로용 성토 등을 지지할 목적으로 설치하는 말뚝이다.

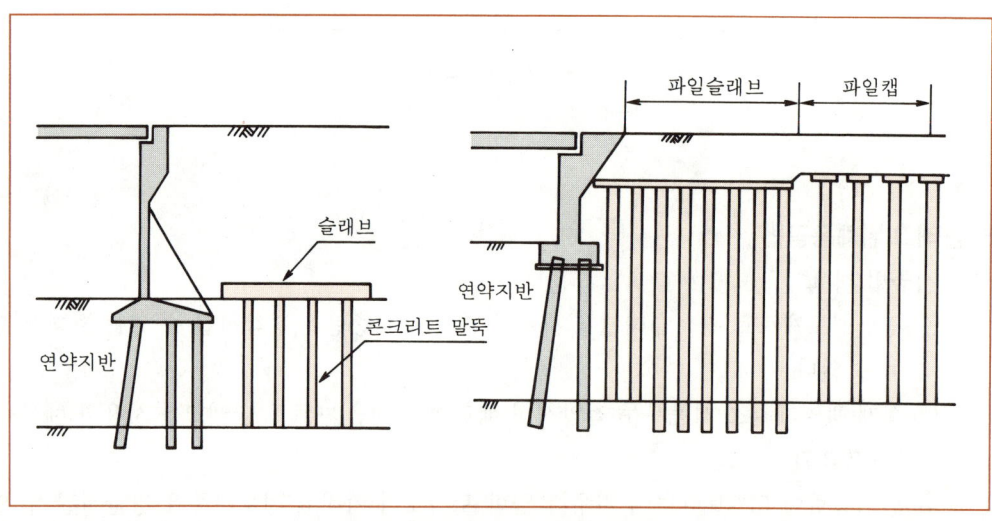

(그림 8) 성토지지말뚝공법

2) 특징
 ① 말뚝의 두부는 슬래브로 하거나(Pile Slab공법) 말뚝두부만 콘크리트 Cap을 씌워(Pile Cap공법) 그 위에 성토를 하므로서 성토하중을 말뚝을 통하여 직접 지지층에 전달하도록 한다.
 ② 이와 같은 공법은 배면성토의 종단방향 활동방지에 효과적이며 교대배면의 침하를 방지하므로 구조물과 성토지반 사이의 단차를 방지할 수 있다.
 ③ 또한 저성토의 경우 교통하중에 의한 지반 진동대책에 효과적이다. 말뚝기초는 상황에 따라 지지말뚝과 마찰말뚝의 어느 쪽으로 함이 유리한가 정하여야 한다.
 ④ Pile Slab설계시 Pile Slab의 길이는 사면활동에 대한 안전율 $(F_s)slope \geq 1.5$가 되도록 하여야 하며
 ⑤ 폭은 도로면 포장 아래 45°선과 말뚝두부 시공면과의 교점까지로 한다.

(7) 소형교대공법
 1) 공법개요
  (그림 9)에서 보는 바와 같이 성토내에 후팅을 가지는 소형교대를 설치하여 배면토압을 경감시키는 공법이다.

 2) 특징
  ① 이 공법은 Preloading에 유리하고 압성토시공이 용이하다.

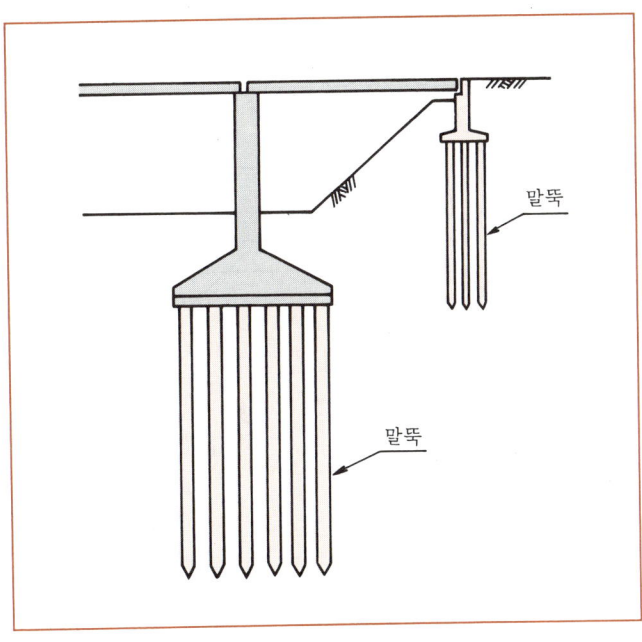

(그림 9) 소형 교대공법

② 소형교대에 작용하는 토압을 완화시킬 수 있으며 구조물과 지반의 단차를 경감시킬 수 있다.
③ 또한 이러한 교대를 설치하게 되면 Preloading 후 제거토량을 적게할 수 있는 이점이 있다.
④ 그러나 이 공법의 경우 교각에 영향을 미칠 수 있으므로 주의하여야 하며
⑤ 성토의 다짐이 충분하지 못한 경우 부마찰이 커지게 된다.

(8) AC공법

1) 공법개요

어프로치쿠션(AC)공법은 장래 침하가 예상되는 연약지반상의 성토와 구조물의 접속부에 부등침하에 적응 가능한 단순지지 슬래브를 설치하여 성토부와 구조물의 침하량 차이에 의하여 생기는 단차를 완만하게 하는 공법이다.

2) 특징

① 통상 교대가 설치될 위치에 교각을 시공하며 성토상에 기초가 없는 소형교대를 시공하고 그 사이에 재키로 들어 올릴 수 있는 소형교량(Approach Cushion)을 가설하는 공법이다. (그림 10)

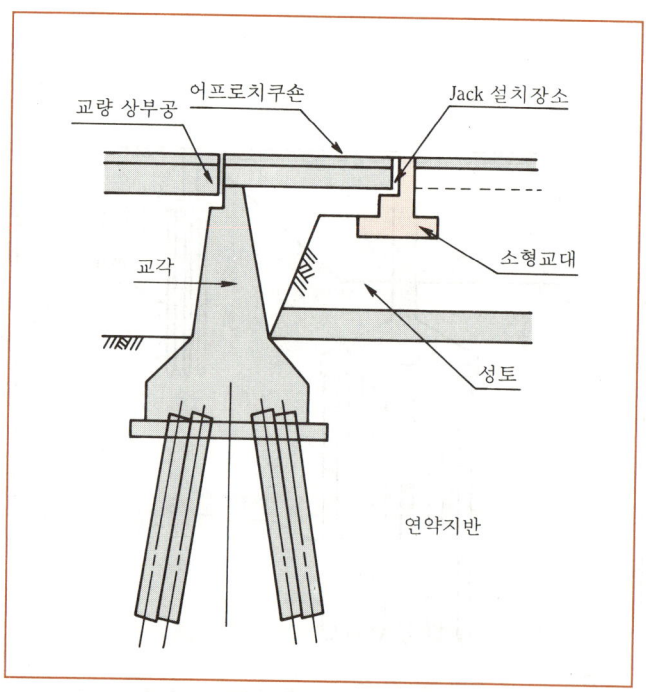

〈그림 10〉 Approach Cushion공법

② AC는 힌지로 교각에 고정되어 있으며 소형교대에는 고무교좌(Shoe)가 사용되고 있다.
③ 성토침하와 함께 받침대가 침하하여 도로면 구배가 주행상 불량한 한계에 도달한 시점에 AC를 재키로 들어 올려 도로면 구배를 보수한다.
④ 이 공법은 Preloading에 유리하며 소형교대에 작용하는 토압을 완화시킬 수 있고 공사비가 저렴하다.
⑤ 또한 구조물과 지반의 단차를 방지하는데 효과적이다.

(9) 압성토 공법

1) 공법개요

(그림 11)에서 보는 바와 같이 소정의 교대 전면에 압성토를 실시하여 배면성토에 의한 측방토압에 대처하도록 하는 공법이다.

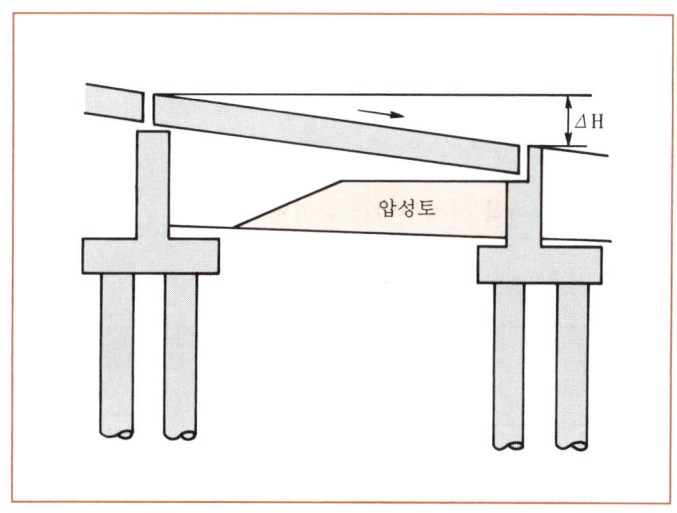

(그림 11) 압성토공법

2) 특징

① 측방토압이 커지면 다른 공법과 조합하여 사용하는 경우가 많다.
② 이 공법은 비교적 공사기간이 짧고 공사비가 저렴한 특징이 있다. 또한 유지보수가 용이하고 Preloading에 유리하다.
③ 그러나 측방토압이 큰 경우는 별로 효과가 없다.

5. 연약지반부

- 연약지반상의 교대이동에 관련된 사항으로는 연약지반의 전단강도와 연약층의 두께를 들 수 있을 것이다.
- 따라서 교대이동을 감소시키거나 방지시키려면 이들 영향요인을 개선시켜야 할 것이다.
- 우선 연약지반의 전단강도는 압밀을 촉진시켜 지반을 개량하므로서 전단강도를 증대시킬 수 있다.
- 따라서 연약지반의 개량공법 중 압밀촉진공법을 대책공법으로 생각할 수 있다.
- 압밀촉진의 물리적 방법이외에 약액주입에 의한 화학적 반응으로 지반을 고결시키는 화학적 방법으로도 연약지반의 전단강도를 개량시킬 수 있다.
- 한편 연약층의 두께에 대하여는 연약층의 전부·혹은 일부를 양질의 토사로 치환하므로서 연약층의 두께를 감소시킬 수 있다.
- 이와 같은 치환공법은 연약층의 두께가 얇은 경우일수록 효과적이다. 연약층의 두께가 깊어지면 효과를 얻기가 어렵다.

(1) Preloading공법

1) 공법개요

연약지반상의 교대시공에 앞서 (그림 12)에서 보는 바와 같이 교대 설치위치에 성토하중을 미리 가하여 잔류침하를 저지시키는 공법이다.

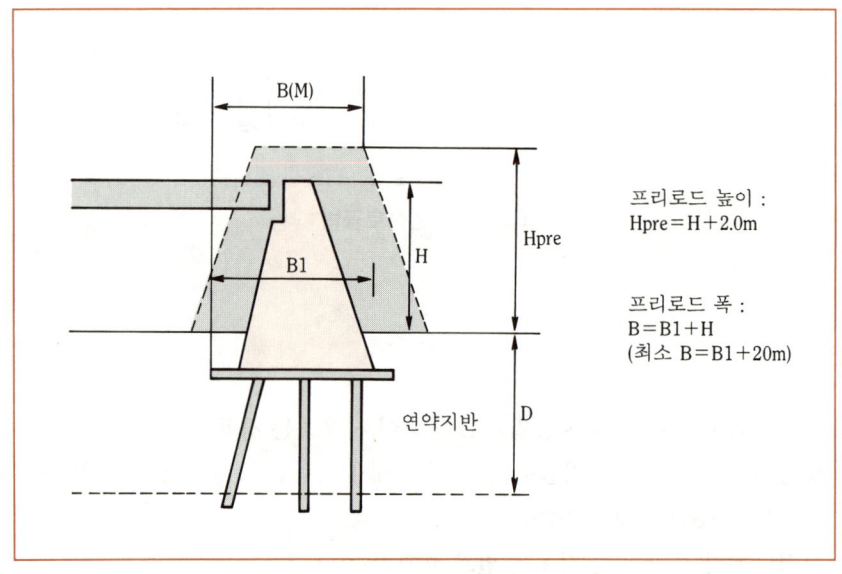

(그림 12) 프리로딩공법

2) 특징
   ① 교대부의 Preloading은 교대 축조부의 잔류침하량이 10cm이하가 되도록 설계하여 선재하중의 방치기간을 정하여야 한다.
   ② Preloading의 표준형상은 (그림 12)와 같다.
   ③ 필요 높이는 침하량, 방치기간 등의 정도에 따라 결정되나 일반적으로는 포장계획고 위 2m높이까지로 하는 경우가 많다.
   ④ Preloading의 범위는 교대의 높이, 기초의 크기에 의하여 구하여지나 교대위치를 결정한 후 Preloading를 계획하면 하천 등 때문에 Preloading의 범위를 축소하지 않으면 안되는 경우가 있어 충분한 효과를 기대할 수 없는 경우도 발생한다.
   ⑤ 교대부 Preload 방치기간도 Preload 높이가 결정된 경우 제거후 잔류침하를 10cm이하가 되도록 침하계산상으로 부터 구한다.
   ⑥ 방치기간은 될수록 장기간으로하여 잔류침하량을 저감시키는 것이 바람직하나 공기의 제약으로 3~6개월 정도의 예가 많다.

(2) 샌드콤팩션파일공법(56회)
   1) 공법개요
      이 공법은 연약층에 충격하중 혹은 진동하중으로 모래를 강제압입시켜 지반내의 다짐 모래기둥을 (그림 13)과 같이 설치하는 공법이다.

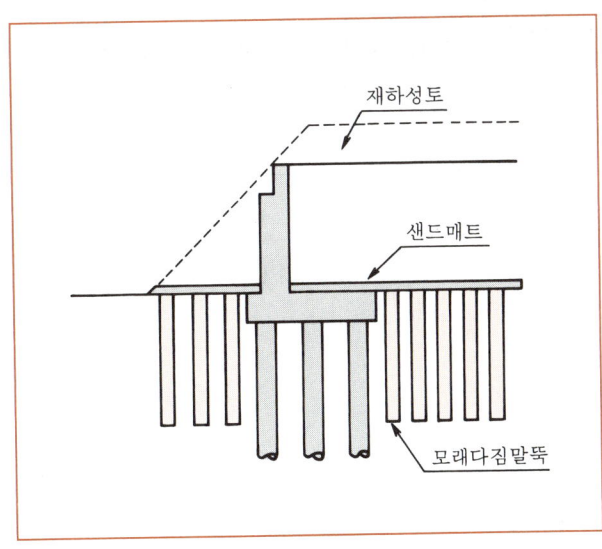

(그림 13) 샌드콤팩션파일공법

2) 특징
① 이 공법의 특징은 압밀촉진에 의하여 지반의 강도증가 효과를 얻을 수 있으며
② 그 밖에 모래의 치환효과와 모래자체의 지지말뚝효과 등을 얻을 수 있다.
③ 샌드콤펙션파일을 설치 후 모래매트를 깔고 그 위에 Preloading공법을 함께 사용하므로서 효과를 얻을 수 있다.
④ 이 공법은 느슨한 모래층에 효과적이며 해성점토는 지반의 교란에 의한 강도저하현상이 크고 강도회복이 늦어지는 경우가 많다.

(3) **생석회 말뚝공법**
1) 공법개요
지반속에 생석회를 기둥모양으로 (그림 14)와 같이 타설하고 생석회의 흡수·화학변화 특성을 이용하여 점토를 흡수·고결시키는 공법이다.

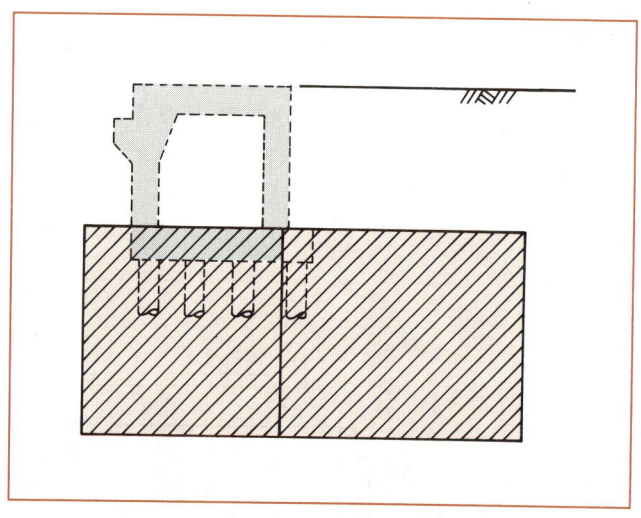

(그림 14) 생석회 말뚝공법

2) 특징
① 생석회재료의 우수한 특성을 살린 심층연약지반 개량공법으로 주로 고함수비 점성토 지반에 효과적이다.
② 생석회는 지반속에서 첨가된 생석회의 32%에 해당하는 수분을 흡수하며 동시에 체적은 약 두배로 팽창하여 수평방향으로 압밀압력을 재하하게 되어 지반속의 수분을 탈수시킨다.

③ 더욱이 혼합재의 작용에 의하여 생석회의 잠재 수경성이 조장되어 강한 말뚝체를 형성하므로 개량지반과 일체가 되어 복합지반효과도 충분히 기대할 수 있다.
④ 이 공법은 단시간에 Preloading의 필요없이 지반개량이 가능한 공법이다.
⑤ 그러나 이 공법을 선택할 때는 지하수를 오염시킬 염려가 있으므로 주의를 하여야 한다.
⑥ 또한 지반이 융기되거나 Smoking현상이 발생되므로 이에 대한 대책도 마련되어야 한다.

(4) 주입공법

1) 공법개요
연약지반속에 주입재를 주입하거나 혼합하여 지반을 고결 또는 경화시켜 연약토질의 강도를 향상시키는 공법이다.

2) 특징
① 이러한 주입공을 생석회말뚝의 경우와 동일한 범위의 지반에 설치하여 지반을 개량한다.
② 주입공법에 사용되는 주입재에는 많은 종류가 있으나 시멘트계(입자 그라우트), 시멘트약액계(입자용액 그라우트), 약액계(용액 그라우트)로 크게 나눌 수 있다. 이를 체계적으로 분류하면 아래와 같다.

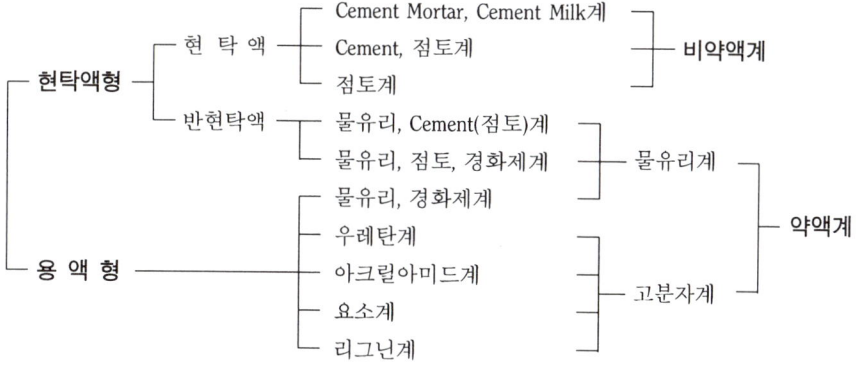

③ 그러나 약액주입공법은 지반개량의 불확실성, 주입효과 판정법 부재, 주입재의 내구성 및 환경공해문제 등 아직 해결되지 않은 여러 문제점을 내포하고 있다.
④ 특히 적용대상지반에 극히 제한을 받게 되어 시공시 지반개량효과를 얻지못하는 경우가 종종 보고되고 있다.

(5) 치환공법

1) 공법개요

① 이 공법은 천층부의 연약지반층을 대상으로 한 공법으로 연약한 실트 혹은 점토층의 일부나 전부를 제거하고 양질의 토사로 치환하여 교대의 안정확보나 침하를 억제시키려는 공법이다 (그림 15).

② 연약층의 두께가 두꺼워지면 시공이 대규모가 되어 경제성이 맞지 않아 다른 공법을 채택하거나 다른공법과 병용이 검토된다.

2) 특징

① 치환재로는 모래나 쇄석등이 이용되나 굴착제거되는 토사의 사토장확보가 곤란한 경우는 시멘트 등의 수경성 재료를 혼합하여 치환재료로 사용하기도 한다.

② 또한 연약층의 제거, 특히 측방에의 유동을 조장하기 때문에 연약층중에 폭약을 삽입하여 촉발시키기도 한다.

굴착치환공법	강제치환공법
전체굴착치환공법 부분굴착치환공법	강 제 치 환 공 법 부분강제치환공법 폭 파 공 법

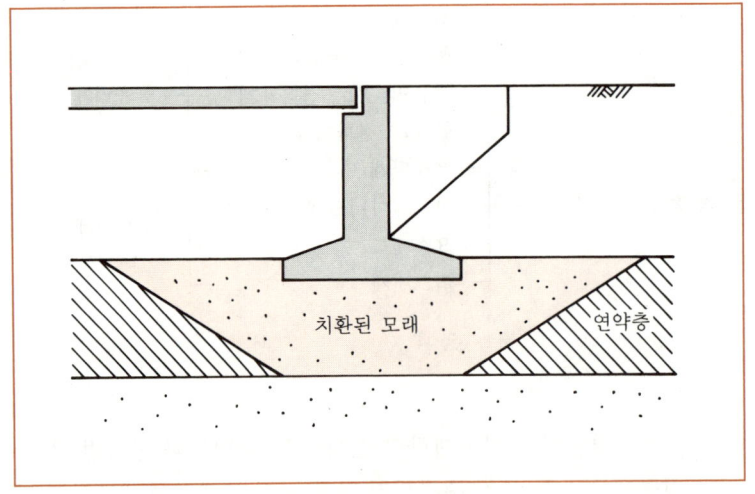

(그림 15) 치환공법

6. 교대부

(1) 교대의 측방이동이 발생된 사례의 조사에 의하면 교대의 이동은 교대의 형식과 치수에 따라 영향을 많이 받고 있는 것으로 나타났다.
(2) 현재 사용되고 있는 교대의 형식으로는 AC식교대, 소형교대, 중공식교대, Box식 교대 및 벽식교대(역 T형식, 중력식 등을 칭함)가 조사대상이었으나 벽식교대에서 교대이동이 압도적으로 많이 발생되었다.
(3) 따라서 교대형식의 선택에서 벽식교대는 되도록 지양하는 것이 바람직하다.
(4) 반면에 교대이동이 비교적 적게 발생된 교대형식은 성토지반에의 소형교대를 설치한 경우와 AC형식교대의 경우로 밝혀졌다.
(5) 따라서 이러한 형태로 교대형식을 선택하는 것이 바람직하다.
(6) 한편 교대치수에 관하여는 교축방향의 길이가 길수록 교대가 측방이동하기 어려운 것으로 나타났다. 따라서 이 결과를 교대설계시에 고려하여 활용할 수 있을 것이다.

7. 기초부

(1) 교대의 기초에 대하여도 교대이동의 발생에 영향을 미치는 요인으로 기초형식과 기초강성을 들 수 있을 것이다.
(2) 먼저 기초형식에 대하여는 교대이동사례 조사로 부터 케이슨기초의 경우 교대이동이 용이하게 발생되었음을 알 수 있었다.

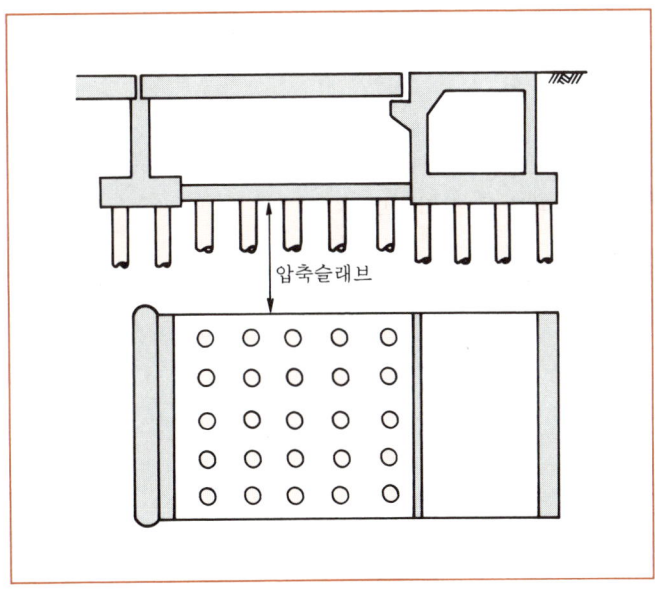

(그림 16) 버팀슬래브공법

(3) 따라서 금후 연약지반상의 교대기초선택에 있어서는 케이슨기초형식을 지양하는 것이 바람직하다.
(4) 한편 기초강성에 대하여는 말뚝의 수가 많을수록 교대이동량이 적게 발생되는 경향이 있었다.
(5) 이는 말뚝이 지반의 측방유동에 어느정도 저항한 결과라고 할 수 있다.
(6) 결국 말뚝은 지반의 측방유동에 의하여 측방토압을 받으면서도 이 토압에 저항하는 기능을 가지고 있다고 생각된다.
(7) (그림 16)은 교대이동을 효과적으로 억제하기 위하여 사용되는 기초형식중의 하나이다.
(8) 이 그림에서 보는 바와 같이 교대와 교각사이에 버팀슬래브를 말뚝기초위에 설치하여 일체가 되게 함으로서 교대 배면토압에 저항하도록 하는 공법이다.
(9) 이 공법에서는 슬래브의 강성으로 지지하도록 하였으나 슬래브 기초말뚝의 측방유동방지 기능도 상당히 높을 것이다.
(10) 이 기능은 성토지지말뚝경우와 동일한 것으로 교대가 설치된 사면의 사면안정에 기여하므로서 교대이동에 효과적으로 대처하게 하고 있다.

8. 결 론

【일반적인 교대 측방이동 방지대책을 위한 설계·시공단계별 점검항목(Check List)】
  (1) 연약지반처리 상태와 계측관리
  (2) 뒷채움 재료의 선정
  (3) 층다짐 실시여부
  (4) 배수공 정밀여부
  (5) 층따기
  (6) 구배
  (7) 소단
  (8) 동상깊이까지 치환여부 등 점검요망

79. 구조물 뒷채움 시공원칙(옹벽, 교대, 암거)

1. 목 적

(1) 도로공사 완공후 구조물 뒷채움 시공시 미흡하여 침하가 발생하면
　　1) 포장이 안되고
　　2) 주행차량의 안전운행의 위험을 초래하므로

(2) 현장시공시 설계와 현장여건이 상이, 협소한 작업공간과 작업방법 등의 미숙으로 층다짐과 다짐율 및 정밀시공관리가 소홀해지기 쉬우므로 구조물 뒷채움 세부지침을 마련하여 양질의 재료를 사용하고 치밀한 시공관리를 실시하여

(3) 품질관리 취약개소는 필요시 현 설계내용을 현장여건에 부합되도록 변경하며 품질관리 방법의 효율화를 기하여 하자를 사전에 예방한다.

2. 구조물 뒤채움 세부지침

(1) 승인된 **입상재료**(Granular Material)를 사용하며 **다짐 완성후 두께**가 20㎝가 되도록 시공한다.
(2) 뒷채움 재료의 포설, 다짐은 **구조물**의 **양면**이 **동시**에 같은 높이가 되도록 시공하며, 부득이 한쪽을 먼저 시공해야 하거나 설계상 한쪽만 시공할 경우에는 Concrete 압축강도가 175kg/㎠ 이상, 28일 양생후 작업 시행한다.
(3) Concrete 암거나 교량의 교대는 그 상부 Slab를 타설하여 양생이 완료된 후 뒷채움해야 한다.
(4) **계곡부** : 수로 Box의 기초, 뒷채움 부위의 전석은 제거하고 승인된 **입상재료**를 층다짐하여 복류수에 의한 토립자의 유실방지
(5) 뒷채움 재료의 중량이 구조물에 **쐐기형**의 **집중하중**으로 작용하는 것을 방지하기 위해서 뒷채움과 접하는 후면 비탈면은 계단식을 형성하도록 시공한다.
(6) 뒷채움 재료는 **배수**가 잘 되며
(7) Roller로 다짐할 수 없는 경우는 **소형 Rammer**로 다진다.
(8) 뒷채움과 접하는 후면의 비탈면의 느슨한 부분은 뒷채움 시공전에 제거하여 뒷채움 재료와 혼합되는 것을 방지한다.
(9) 뒷채움 시공은 별도 **시공대장**으로 관리한다.

3. 시공 순서

뒷채움재료를 포설하기 위해 교량의교대 및 암거의 벽체에 20㎝ 마다 층다짐관리 표시를 하고 포설, 다짐 후 현장 밀도시험을 실시하여 합격으로 판정된 경우에만 상부층을 시공하며 불합격된

경우 재다짐, 재시험한다.

(1) **교량**

교량의 뒷채움 표시는 하행선 외측에서 1m 떨어진 곳에 물로 지워지지 않는 적색 Paint로 표시

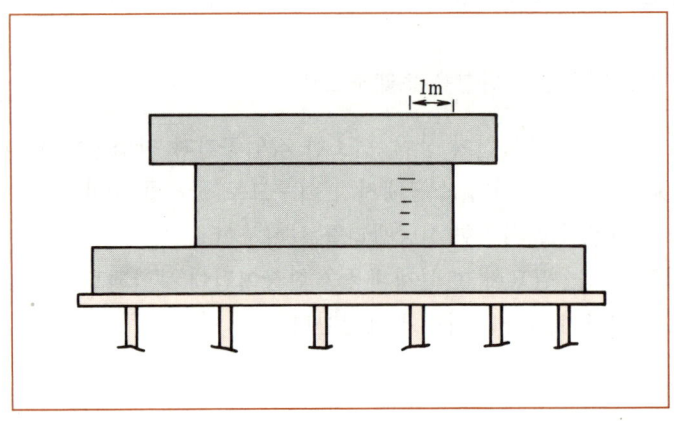

(2) **암거**

암거는 하행선 외측에서 1m 떨어진 곳에 물로 지워지지 않는 하얀색 Paint로 표시

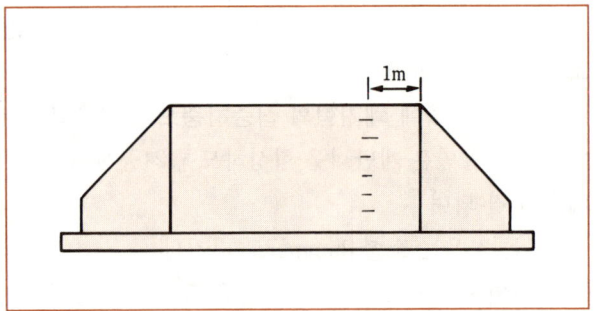

4. 다짐 방법

(1) 성토구간에 구조물만 시공된 경우 【36회】

아래 그림의 순서대로 포설, 다짐하여 뒷채움부의 최소 폭 0.5m 이상 접합부의 어긋남은

1m 이상으로 한다.

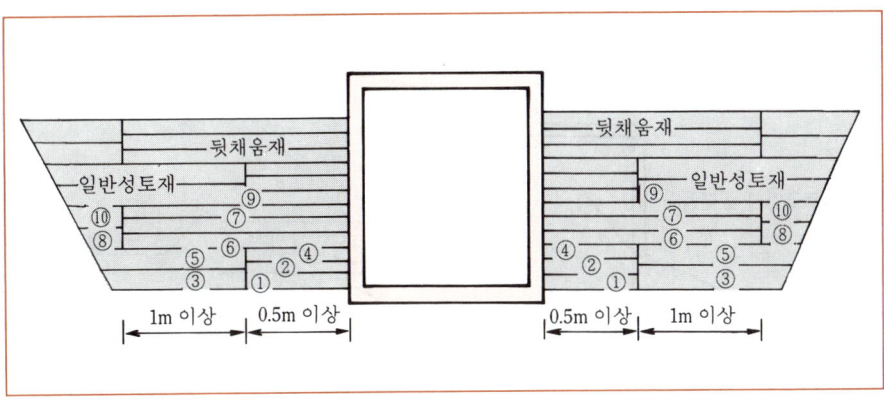

(2) 성토구간에 구조물과 토공이 기시공된 경우 【36회】
  토공 우선 시공하고 뒷채움 시공 후 다짐 방법과 동일

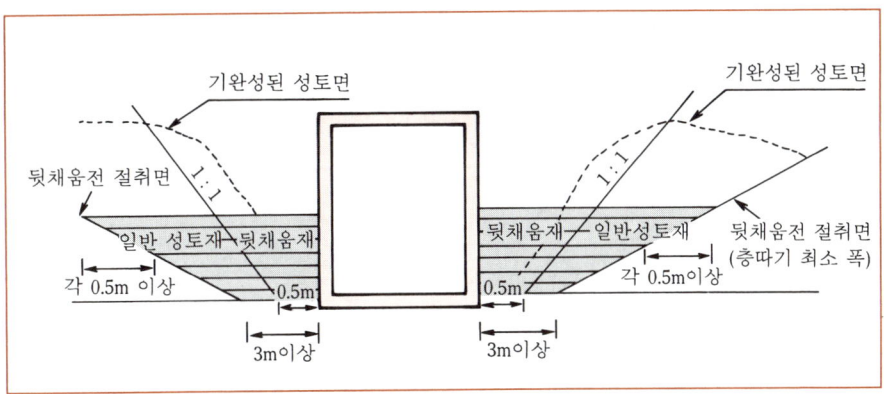

1) 저면의 최소 폭 3m
  계단식 층따기 최소 폭을 0.5m로 하되 일반 성토재와 뒷채움재를 동시에 포설, 다짐하며
2) 뒷채움재의 **저면 최소 폭** 0.5m, 구배는 1 : 1로 시공한다.
3) 뒷채움 저면 및 **계단식 층따기** 최소폭을 감안하여 뒷채움재로 포설전에 일반 성토재를 절취하여 재료의 혼합 및 기성토체의 Sliding(활동)을 방지한다.

(3) 절토부에 구조물이 시공되는 경우

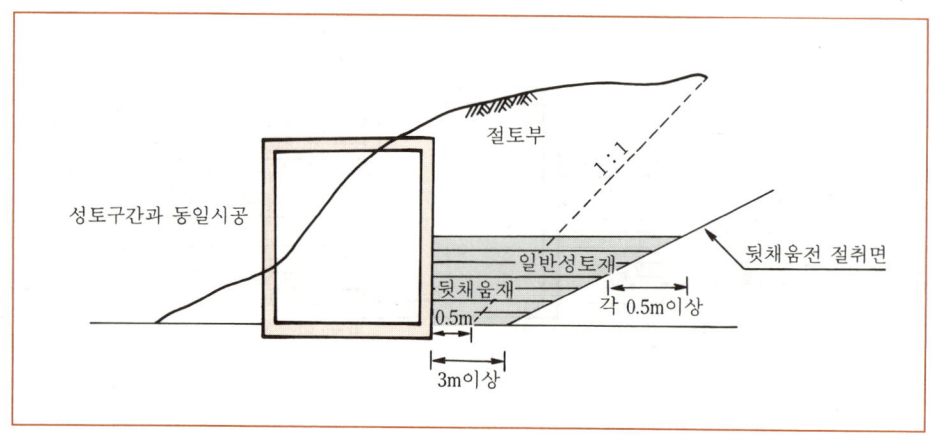

(4) 일반적인 구조물 뒷채움재의 부설 및 다짐방법

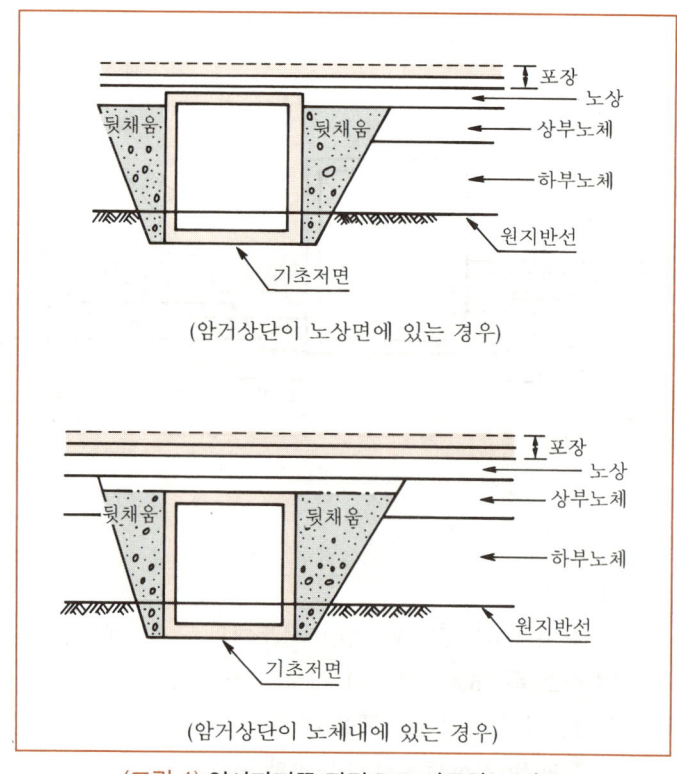

(그림 1) 역사다리꼴 단면으로 시공하는 경우

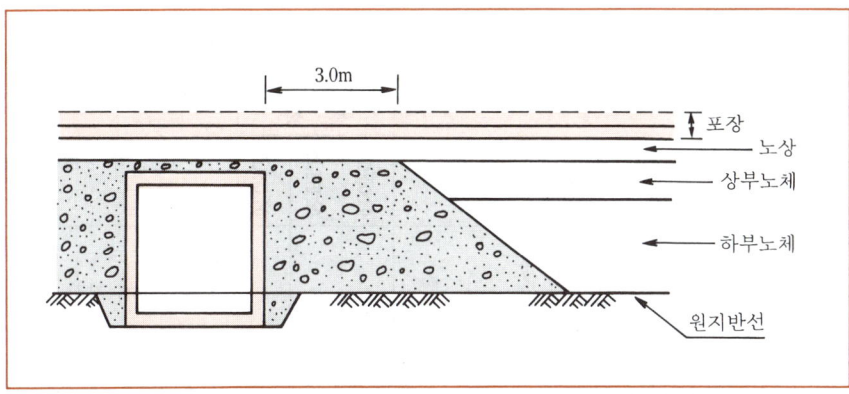

(그림 2) 정사다리꼴 단면으로 시공되는 경우 역사다리꼴

역사다리꼴을 원칙으로 하나(그림 1), 선행 공정여부 및 현지의 지형, 구조물이 선시공된 경우는 후속공정의 시공성 등을 고려, 도급자 부담으로 (그림 2)와 같이 정사다리꼴 단면으로 시공할 수 있다.

5. 구조물 뒷채움 시험방법 및 기준

(1) 뒷채움 재료는 시공전에 **선정시험**을 실시하여 승인을 득한다.
(2) 현장 밀도시험은 **3층마다(20㎝ 기준) 1회** 실시하며, 현장 밀도시험과 뒷채움 완료시에는 침하시험(PBT, Proof Rolling)을 실시
(3) 뒷채움 다짐율 : $\gamma_{dmax} \times 95\%$ 이상이어야 한다.
(4) 층다짐 미준수 또는 다짐율 불합격 부위는 재시공, **재시험** 실시하여 합격으로 판정될 때까지는 상층부를 시공할 수 없다.
(5) 관리도 : **뒷채움 시공대장**으로 관리한다.

(뒷채움 시공대장)

일련번호	위 치 (교량명)	시 공 기 간		다 짐 포 장	1 회		2 회		3 회	
		시 작	완 료		함수비	밀 도	함수비	밀 도	함수비	밀 도

6. EPS(Expanded Polystyrene Foam : 발포 폴리스틸렌)에 의한 토압·수압경감대책

용 도	모 식 도	특 징			공법의 장점(기대효과)
		경량성	자립성	시공성	
구조물 매립		○	○		• 침하 경감 • 지반대책 저감 • 유지관리 저감
교대 및 옹벽 뒷채움		○	○		• 상재하중 및 토압저감 • 구조물 부재단면 저감 • 부등침하 저감

7. 연약지반상에 설치한 교대 뒷채움 및 교대 측방이동 억제를 위한 시공 대안

(1) 시공대안

구 분	말뚝 지지력 증가	하중 경감
제1안	기초확대, JSP보강, 강관말뚝 및 H-Pile 추가	Box 구조물
제2안	기초확대, JSP보강, H-Pile 추가	경량성토
제3안	기초확대, JSP보강, H-Pile 추가	사면형성 및 교량설치

(2) 강관말뚝과 Box 구조물 보강대책 (그림 3)

(3) 교대기초의 보강대책

1) <u>교대기초의 보강</u>은 교대기초 하부 앞, 뒤로는 시공성을 고려하여 <u>H-Pile을 시공</u>하며, 기초의 안정성을 유지하기 위하여 (그림 4)에 나타낸 바와 같이 <u>교대기초에 JSP공법으로 Underpinning을 실시</u>한다.)

2) 또한 <u>Box구조물 하부</u>에는 측방변위를 최대한 억제하기 위하여 <u>대구경 강관을 항타</u> 관입한다.

3) <u>기초 확폭시</u>에 기존 구조물과의 일체화를 위하여 <u>표면 Chipping 및 Shear Bolt를 설치</u>하여야 한다.

4) <u>본 1안</u>은 전체적인 사면안정에는 문제가 없으나, 시공후에 어느 정도의 측방유동을 피할 수 없어 근본 원인제거책은 될 수 없을 것으로 판단된다.

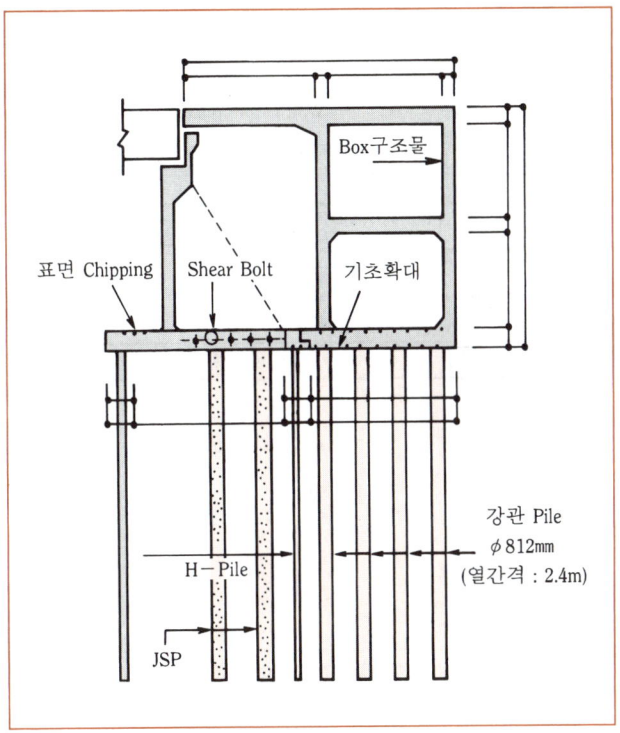

(그림 3) A교 보강안(제1안 : 강관말뚝＋Box구조물)

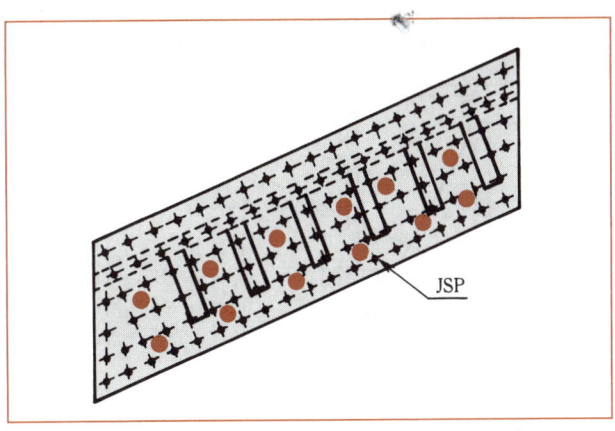

(그림 4) JSP배치도(A교)

(4) 교대뒷채움을 EPS에 의한 경량성토시공

1) <u>제2안</u>은 (그림 5)에 나타낸 바와 같이 <u>뒷채움토를 제거하고 경량성토(EPS)로 시공하는 방안으로 교대기초부에 대한 보강방법은 제1안과 동일하다.</u>

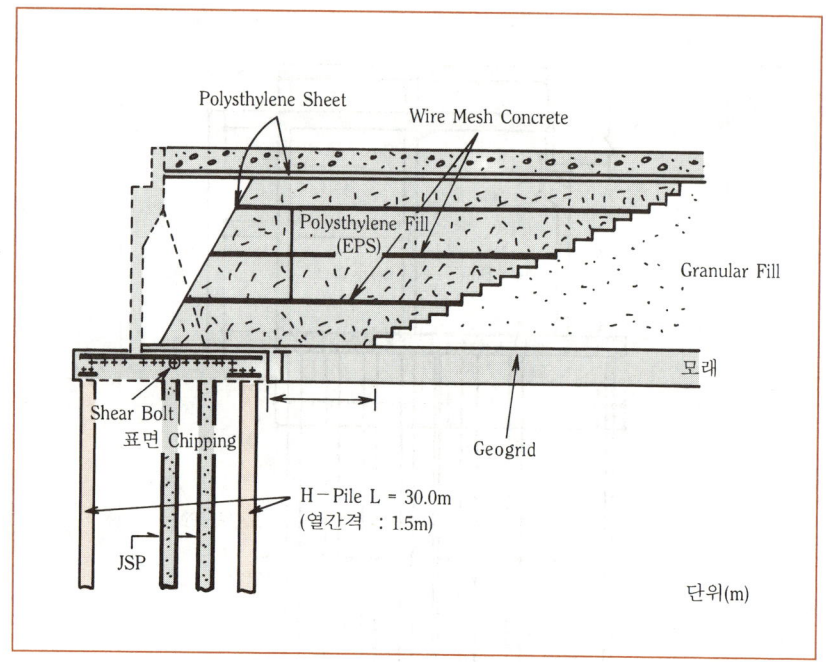

(그림 5) A교 보강안(제2안 : 경량성토)

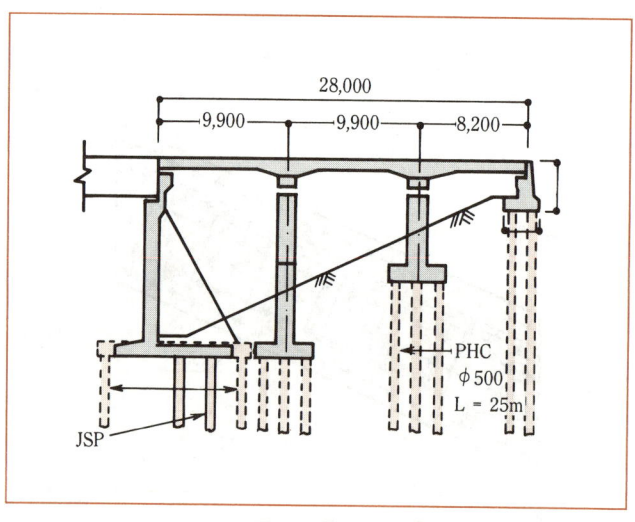

(그림 6) A교 보강안(제3안 : 교대배면 교량설치)

2) 이 대책공법은 측방유동에 의한 변위를 근본적으로 제거하는 방안이며, 보강공사비도 비교적 저렴하나 국내 시공실적이 없다는 단점이 있다.

3) 그러나, <u>EPS를 이용하여 시공한 실적은 유럽이나 일본에는 충분</u>하므로 시공실적이 충분히 있는 기술자의 자문을 받아 보강하여야 하며 파손될 경우, 보수시에 성토하는 일이 없도록 유지·관리에 각별한 주의가 요망된다.

8. 결 론

(1) 구조물 뒷채움 시공관리 요령

1) 구조물 뒷채움 재료 선정 : 시방규정
2) EPS에 의한 경량성토 : 토압수압 경감대책
3) Geosynthetic(토목섬유) 이용 : 붕괴방지
4) 연약지반상의 구조물 뒷채움 시공대책
   ① 측방이동 억제 대책 강구
   ② JSP등에 의한 부등침하 방지
   ③ 연약지반처리 정밀분석 계측 등 시행
   ④ 구배 설계
   ⑤ 층따기 정밀시공
   ⑥ 층다짐
   ⑦ 동결융해 대책 강구

80. 편절·편성구간의 포장 파손 원인 및 방지대책

1. 개 요

도로공사에서 편절 편성부, 절성토부, 확폭구간은 절토부와 성토부, 기존 도로부와 확폭부의 지지력 불균일, 간극비의 상이, 용수처리 미비 등으로 인하여 부등침하가 발생하여 포장의 파손 원인이 되므로 주의하여 시공하여야 한다.

2. 절성토 접속부와 확폭구간 성토의 세부지침

(1) **절토부, 기존 도로부와 성토부와의 역학적 관계**

1) 침하량 차이

① 성토부는 시방 규정에 따라서 매층마다 일정한 상대밀도 이상으로 다져서 공극이 최소가 되게 하나 공극을 일정비율(5~25%) 남아있게 한다.

② 공극의 크기는 침하량과 관계되는데 성토고가 높을수록 자중의 영향으로 침하량이 크게된다.

$$\Delta S = \frac{C_c}{1+e_0} H \log \frac{P_0 + \Delta P}{P_0} \text{ (cm)}$$

③ 따라서 절토부, 기존 도로부와 성토부가 접촉되는 부분은 침하량의 차이가 발생되어서 상부 강성구조물(Cement Concrete 포장)일 경우 유해한 균열을 발생시키는 이유가 된다.

2) 다짐 함수비

① 입도가 양호한 흙이라도 다짐효과를 최대로 하고 다짐상태를 흐트리지 않으려면 적당한 수분을 포함해야 하는데

② 현장 성토 다짐에는 OMC와 γ_{dmax} 을 이용, 상대적 다짐정도를 판단하고 있다.

$$RC = \frac{\text{현장 } \gamma_d}{\text{실험실 } \gamma_{dmax}} \times 100(\%)$$

③ 일반적으로 같은 재료에 대하여 다짐 효율을 높여서 다짐하면, 다짐 에너지가 증가할

때 γ_{dmax}는 증가하고 OMC는 감소하는데
④ D 다짐 기준에 따른 OMC를 기준으로 시공할 경우
⑤ 최근 발달된 다짐장비의 높은 효율로 인하여 OMC의 감소 차이분이 과잉 공극수가 되어서 성토체의 다짐효율 저하에 따른 지지력 저하와 침하량 증대를 수반하게 된다.

3. 편절, 편성부 및 절성토부 시공

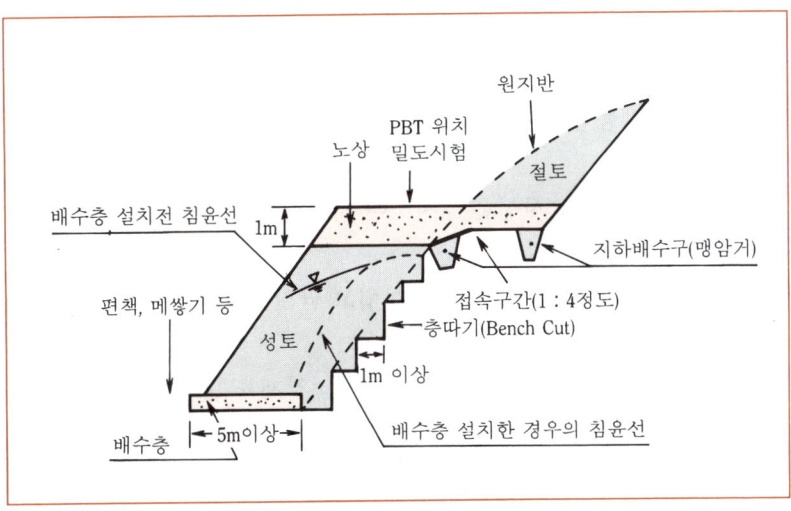

(그림 1) 편절 편성부 시공대책 예시

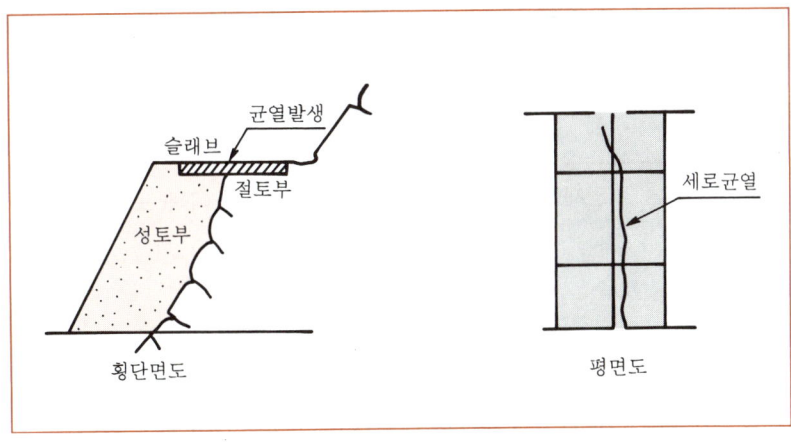

(그림 2) 편절, 편성 경계부 세로균열

(1) **포장 파손 원인**
   1) 절토와 성토부의 지지력 상이
   2) 절토와 성토부의 공극비 상이
   3) 용수 침투수에 의한 성토의 연화
   4) 경계부 성토의 다짐 불충분
   5) 경사지반에서의 성토의 Sliding (활동)

(2) **대책**
   1) 경계부에 완화구간 설치
   2) 절토 경계부에 맹암거 설치. (Stone Filled Drain Ditch)
   3) 층따기 실시(절성토부 접착이 좋게 한다.)
   4) 벌개제근 철저로 부등침하 방지
   5) 다짐 정밀시공
   6) 절토부 상부 노상에서 PBT시험을 실시하여 지지력 부족시 치환하고 성토부 노상과의 지지력 동일 여부 검토
   7) 암재료를 사용한 성토는 다짐관리가 어렵고 균질한 시공이 어려우므로 편절 편성, 절성토 경계부에는 사용을 금해야 한다.
   8) **일반구간에 부득이 암재료를 사용하여 성토시** : 암재료 성토층과 일반 재료 성토층이 서로 교차되도록 시공해야 하며 이 경우는 노체부에 한한다. (그림 참조)

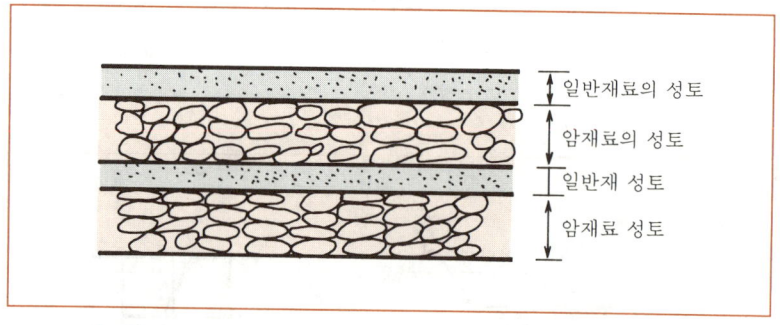

(그림 3) 암재료와 일반재를 섞어서 성토시 시공 대책(노체)

4. 결 론

(1) 일반적인 노상성토에서의 시공관리시 현장소장 및 감리단장의 점검 항목
   1) 연약처리 정밀시공여부(Sand Drain + Paper Drain)

2) 재료의 선정(PI< 10＋수침 CBR > 10＋재료의 최대치수 : 100～150㎜)

3) (층)다짐 여부(다짐두께 20㎝)

4) 배수공 정밀시공여부(맹암거＋U형 측구＋유공관 등)

5) 층따기＋소단 설치

6) 구배설계(토사＋모래＋점토＋풍화암＋연암＋보통암＋경암＋극경암별로 구분설계 여부 확인)

7) 동상방지차단층 정밀 설계·시공여부 확인 요망

(2) **보강토 공법을 고성토시 적용하여 붕괴방지**

1) Texol 옹벽

2) Geosynthetic(토목섬유)

① Geogrid

② Geomembrane

③ Geocomposite

④ Geotextile

3) 보강토 옹벽

81. 확폭구간과 접속부의 시공대책

1. 성토재료의 선정과 관리

   (1) 체적 감소가 비교적 적은 사질토중 입도가 좋은 것

   (2) 기존 도로의 구성재료와 다짐 특성이 유사한 것 사용

   (3) 함수비 관리는 (그림 1)에서 제시하는 범위로 관리

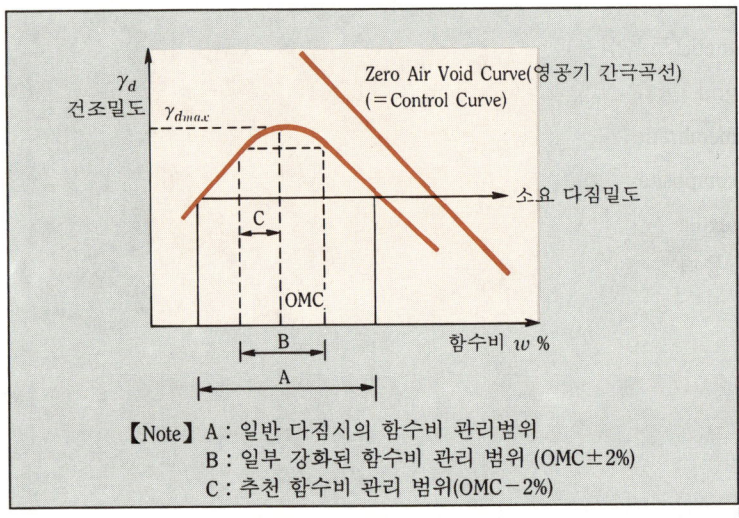

(그림 1) 함수비의 관리범위

2. 층따기부의 층다짐

   (1) 원지반이 교란되지 않게 유의

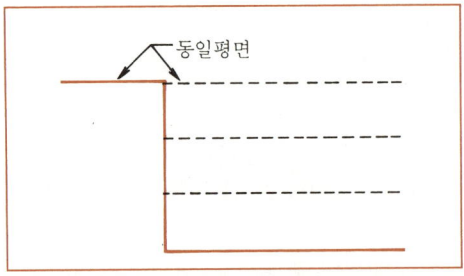

(그림 2) 그림 3의 소단에 대한 상세도

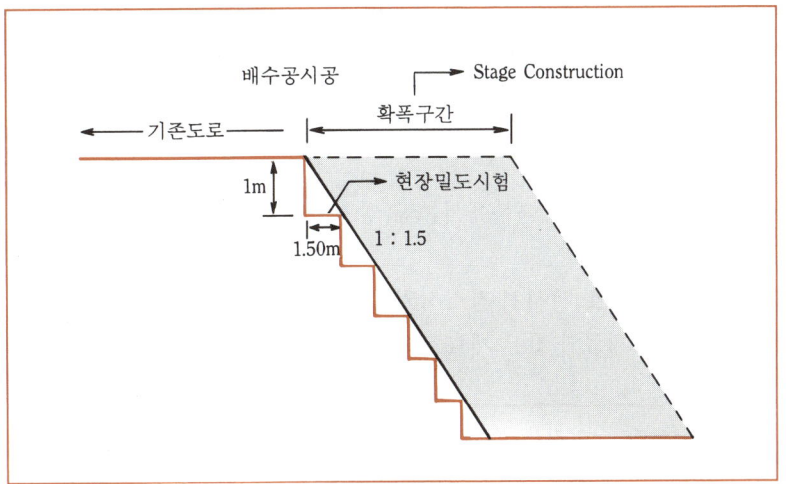

(그림 3) 확폭구간 시공 대책

(2) 기처리된 절토부의 계단식 층따기 부위와 성토부의 층다짐 시공후 계단식 윗면과는 동일 평면이 되도록 해야하며, 다짐장비가 절토부와 겹쳐지게 다짐한다.
(3) 층다짐 시공을 준수하려면 적절한 포설이 선행되어야 하고 절토부와 연결부에 공극이 적게 한다.
(4) 절성토부에 대해 PBT 시험 : 지지력 계수 비교
(5) 절성토부의 공극율 비교 : 다짐의 적정성 평가
(6) 기존 도로의 표면수가 침투되지 않게 배수구 설치
(7) 성토 법면 구배 : 1 : 1.50 로 시공

3. 결 론

【확폭구간 시공관리 주안점(Check List)】

(1) 연약지반 처리
(2) 재료의 선정
(3) (층)다짐 여부확인
(4) 배수공 정밀시공
(5) 층따기 정밀시공 여부
(6) 구배설계(토질별)
(7) 동상방지 대책공법 대안제시(동결융해에 의한 붕괴)

82. 종방향 흙쌓기(성토), 땅깎기 접속부 시공대책

1. 종방향의 흙쌓기와 땅깎기의 접속부에서는 흙쌓기부 노상저면의 깊이까지 재래지반을 굴착하는 것을 원칙으로 한다.
2. 굴착 깊이를 어느정도 경사로 서서히 감소시켜서 땅깎기부 노상 저면에 접속시켜야 한다.
3. 이 절토부분은 성토 노상재료와 같은 재료로 메우고 소정의 다짐도로 균일하게 다진다.

$$상대\ 다짐도 = \frac{현장\ \gamma_d}{실험실\ \gamma_{dmax}} \times 100(\%)$$

4. 종방향의 성토, 절토 접속부에는 편절 편성부 해설과 같은 이유로 그림 (a)~(c)에서 접속구간장을 일례로 표시한다.
5. **접속구간장**

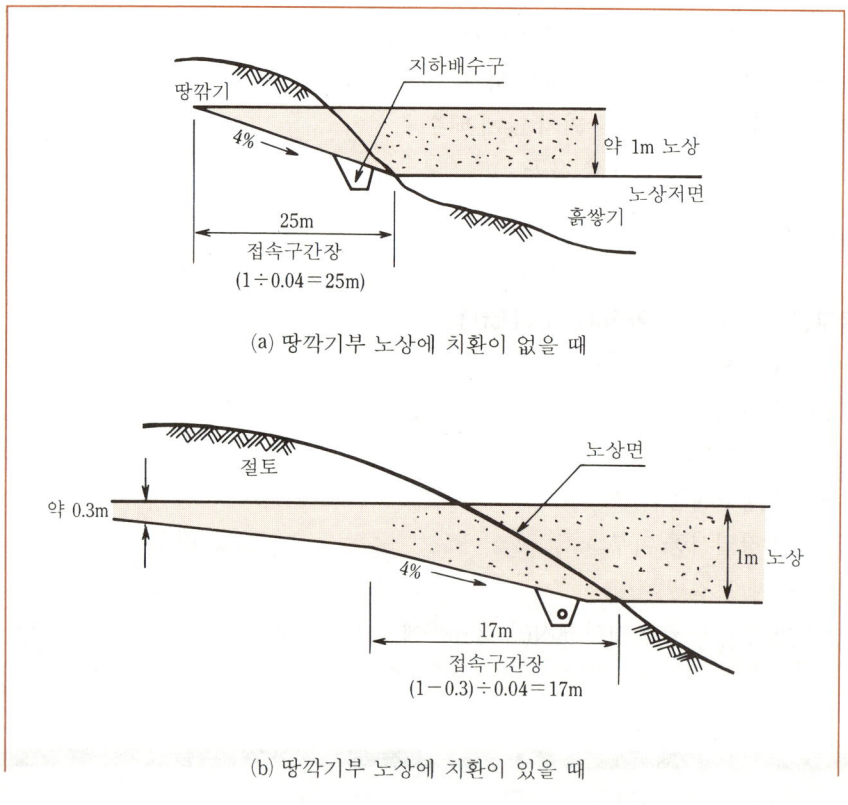

(a) 땅깎기부 노상에 치환이 없을 때

(b) 땅깎기부 노상에 치환이 있을 때

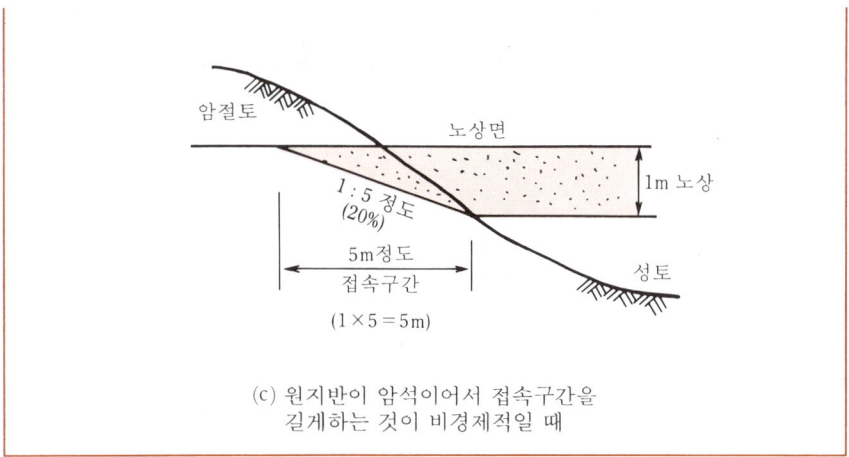

(c) 원지반이 암석이어서 접속구간을
길게하는 것이 비경제적일 때

6. 접속구간을 길게할수록 좋은 것이지만 25m 정도면 충분하다.
7. 원지반이 암석일 경우
    (1) 그림 (c)는 땅깎기 지반이 발파암인 경우지만 이 경우는 절토구간의 노상의 지지력 차이가 큰 것이므로 접속구간도 길어야 된 것이지만
    (2) 반대로 5m 정도로 되어 있는데 그 이유는 접속구간을 길게하면 대량으로 땅깎기하게 되어서 공사비가 커져 비경제적이기 때문에 5m 정도로 한다.

83. 시공기면(Formation Level : 계획고)의 정의, 결정시 고려사항

1. 정 의
시공기면은 시공지반의 계획고를 말하며, F.L로 표현한다.

2. 시공기면(계획고) 결정시 고려사항
절·성토량의 차이가 최소가 되는 균형있는 시공기면을 찾아내기 위하여 다음 사항을 고려해야 한다.

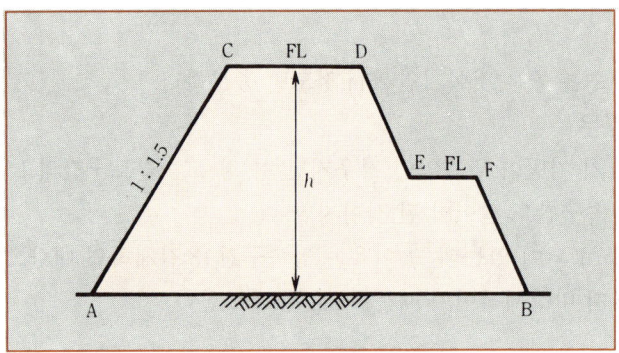

(그림 1) 하천제방

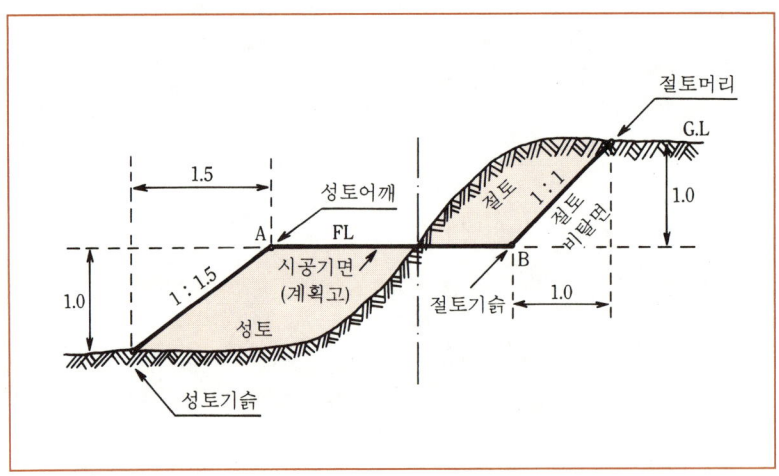

(그림 2) 절토, 성토

(1) 절·성토량의 균형으로 토공량이 최소가 되게 한다.
(2) 가까운 곳에 토취장과 토사장을 설치하여 운반거리를 짧게 한다.
(3) 암석굴착은 비용부담이 크므로 적게한다.
(4) 연약지반, 산사태(Land Slide), 낙석의 위험이 있는 곳은 가능한 한 피한다.
(5) (4)의 경우를 피할 수 없을 때에는 대책공법을 철저히 계획 시공한다.
(6) 비탈면 안정에 철저한 조치를 취한다.
(7) 부대구조물이 작고 법면의 연장이 적어야 한다.
(8) 용지보상이나 지장물보상이 최소가 되게 한다.

84. 비탈면의 라운딩(Rounding)

1. 서 론

땅깎기의 비탈면의 어깨 및 양단부는 원칙적으로 Rounding을 하도록 하고, 그 형상은 매끄러운 원형으로 한다.

2. Rounding의 목적

땅깎기 비탈면의 어깨나 양단부는 원지반이 불안정해서 식생의 정착이 어렵고 가장 침식을 받기 쉬운 곳이기 때문에 붕괴되기 쉽다. 따라서, 침식방지, 식생의 정착 및 경관의 측면에서 라운딩 하는 것이 바람직하다.

3. Rounding 시공원칙

(1) 비탈 어깨의 라운딩은 원칙적으로 상하방향으로 접선장 1.0m정도로 하지만
(2) 휴게소나 인터체인지내 등 특히 경관을 중시하는 비탈면은 별도로 고려할 필요가 있으며 다음 식을 기준으로 한다. (그림 1, 그림 2)

$$T = \frac{a}{3}$$

여기서, T : 접선길이(m)
a : 비탈면 최대 경사길이(m)

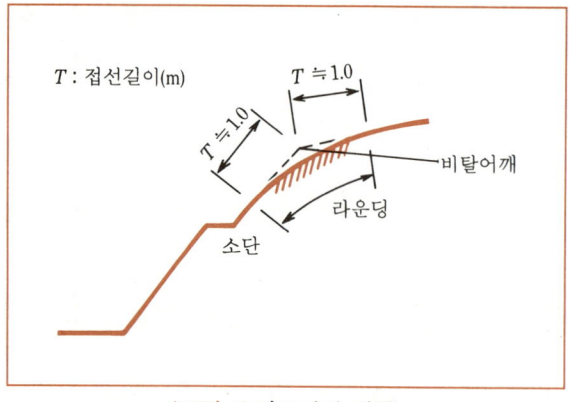

(그림 1) 라운딩의 범위

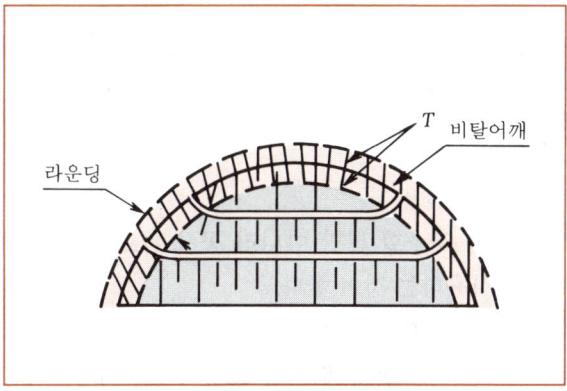

(그림 2) 종단방향의 라운딩

85. 성토 재료로서 요구되는 흙의 성질, 고함수비 점성토 대책, Filter 효과

1. 개 요
- 성토재료는 시공의 난이를 좌우할 뿐만 아니라 공사 완료후의 성토의 상태에 영향을 미친다. 따라서 양질재료를 사용하는 것이 좋다.
- 양질의 재료라는 것은 다음과 같은 조건을 구비한 것이지만 성토고, 비탈면 구배 등에 따라서 변화하므로 정량적으로 나타낼 수 없지만 안정적으로 다음과 같은 것이다.
- 이하 본고에서는 성토재료가 갖추어야할 것에 대해서 아래와 같이 기술토록 한다.

  (1) 성토재료로써 요구되는 흙의 성질(성토재료의 구비조건)
  (2) 사용하지 않는 것이 좋다고 생각되는 흙
  (3) 역의 최대치수
  (4) 고함수비 점성토의 대책
  (5) Filter의 효과(고함수비의 점성토를 재료로 하는 고성토에는 노체내에 Filter 설치)

2. 성토재료의 구비 조건
(1) 시공기계의 Trafficability가 확보되는 흙
(2) 전단강도를 가지고 있을 것(성토의 비탈면 안정에 필요한)
(3) 압축성이 적은 흙(변형이 없는 것)
(4) 교통하중에 대한 지지력이 있는 흙(특히 도로성토의 경우)
(5) 투수성이 낮은 재료(하천제방, Fill Dam의 Core 재 경우)

3. 사용하지 않는 것이 좋다고 생각되는 흙
(1) **흡수성이 크고 압축성이 큰 흙**
   1) Bentonite
   2) 온천 여토(온천 여토, 산성백토, 유기토)
(2) 동토, 빙설, 초목 등 다량의 유기물을 함유한 흙
(3) 함수비가 액성한계를 넘는 흙

4. 역의 최대 치수
(1) 성토 재료중에 력이 함유되어 있으면 시공이 곤란하고 다짐이 충분치 못하게 되므로 력의

최대 허용치수는 아래와 같은 것을 사용한다.

(2) 도로 성토재료

1) 상부 노상 : 최대 입경 10cm 이하
2) 하부 노상 : 최대 입경 15cm 이하
3) 상부 노체 : 최대 입경 30cm 이하
4) 하부 노체 : 최대 입경 30cm 이하

5. 고함수비 점성토

주로 Trafficability가 문제되어서 성토에서 사토의 대상이 되는 흙이 다량으로 있고 근처에 적당한 재료가 없는 경우에는 다음과 같은 대책을 세워서라도 사용하는 것이 경제적인 때도 있다.

(1) 습지 Dozer 사용
(2) 건조시켜서 함수비를 저하시킨다.(디스크하로우＋스캘리화이야)
(3) 안정처리로 흙의 성질개선(석회 5～10회, 흙에 섞어서 흙의 강도증가)
(4) 양질 재료, 모래, 자갈 등을 살포해서 별도의 운반로를 만든다.

6. Filter의 효과

고함수비의 점성토를 재료로 하는 고성토에서는 노체내에 Filter를 설치하는데 이 경우 Filter의 효과는 아래와 같다.

(1) **Filter의 효과**

1) 압축 침하를 촉진시킨다.
2) 우수 침투 경감
3) 시공 중 간극수압 저하 기대
4) 비탈면의 얕은 활동 방지
5) 성토의 깊은 활동에 대한 안정성 높인다.
6) Trafficability가 향상된다.

(2) **Filter 재료 및 시공법**

1) Filter 재료 : 강모래와 같은 조립사 이상의 재료
2) 시공법
   ① 두께 : 30cm
   ② 간격 : 4～5m
   ③ 구배 : 5～6%

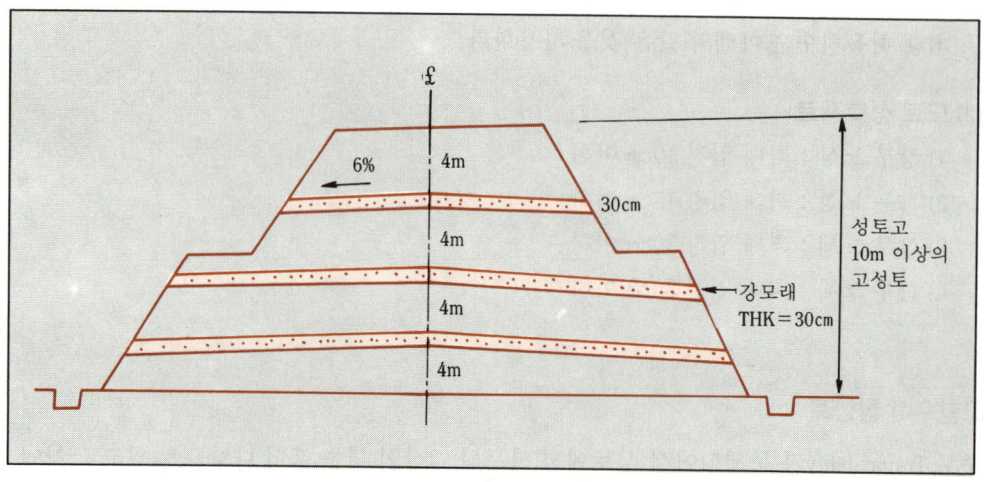

(그림 1) Filter를 사용한 점성토의 시공 예

7. 결 론

【고성토 시공대책 및 시공관리 주안점】

    (1) 연약지반처리

    (2) 재료관리

    (3) 층다짐 실시 단계성토 실시

    (4) 계측

    (5) 배수공 정밀시공

    (6) 층따기 및 소단 정밀시공

    (7) 구배 정밀시공

    (8) 동상방지 차단층 정밀시공 (동결깊이까지 치환한다)

    (9) 보강토 공법의 현장적용 붕괴방지 대안

      1) Texsol

      2) Geosynthetic

      3) 보강토 옹벽

86. 성토비탈면 다지기 공법

1. 개 요
성토 비탈면의 세굴붕괴를 적게 하자면 노체와 같이 비탈면도 충분히 다져야 한다.

【성토 비탈면의 다지기 방법】
   (1) 피복토를 설치하는 형식
   (2) 피복토를 설치하지 않는 형식
      1) Bulldozer나 다짐기계에 의한 방법
      2) 비탈면을 옆으로 더 돋음해 놓고 후에 절취 정형하는 방법
      3) 비탈면 구배를 규정보다 완만하게 다져놓고 절취 정형하는 방법

2. 피복토를 설치하는 형식
   (1) 재료가 점착성이 없고
   (2) 침식되기 쉬운 토질(유기질이 많이 함유된 흙 : Organic Material)
   (3) 식생이 힘든 토질의 경우에 비탈면에 별도로 점착성이 좋은 흙으로 피복하는 것

3. 피복토를 설치하지 않는 형식
   (1) **Bulldozer 또는 다짐기계에 의한 다짐방법**
      1) 성토가 어느 정도 올라갔을 때에
         ① 견인식 Tire Roller

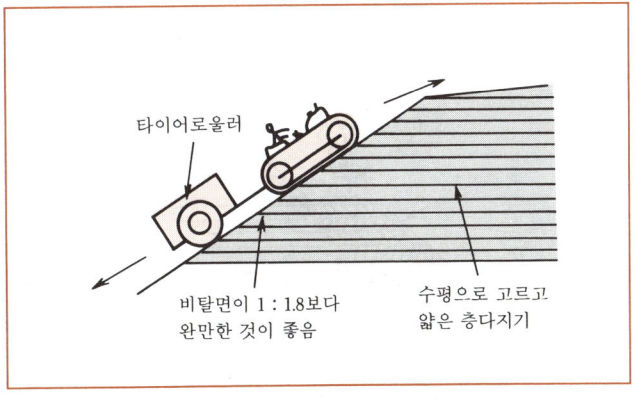

(그림 1) 비탈면 다짐(견인식 타이어 로울러)

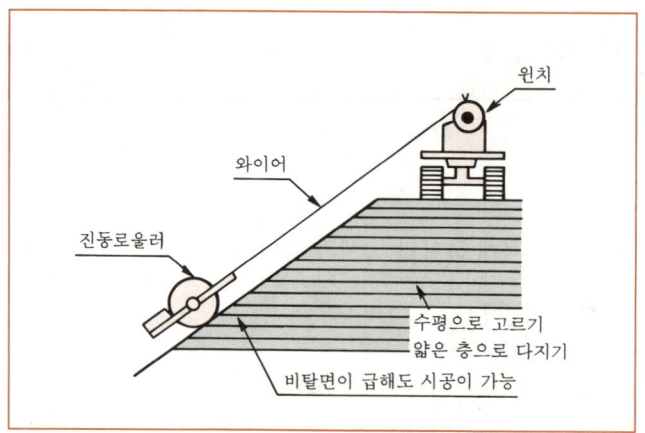

(그림 2) 윈치로 로울러를 인장하는 다짐

② Bulldozer
③ 견인식 진동 Roller 등으로 비탈면을 상하로 다진다.

2) 비탈면이 완만할수록 다짐 효과가 크고 쉽다.
3) 성토고가 높을 경우 구배 : 1 : 1.80(고성토)
   성토고가 낮을 경우 구배 : 1 : 1.50(저성토)
4) 진동 Roller 사용시
   ① 끌어 올리면서 다져서
   ② 흙이 느슨해져서 무너져 떨어지는 것을 방지한다.

(2) **비탈면을 옆으로 더돋움해 놓고 후에 절취 정형하는 방법**
성토를 정해 놓은 성토치수보다 0.5~1m 여분으로 더붙임해서 수평으로 고르기 하여 얇은 층으로 다진다.

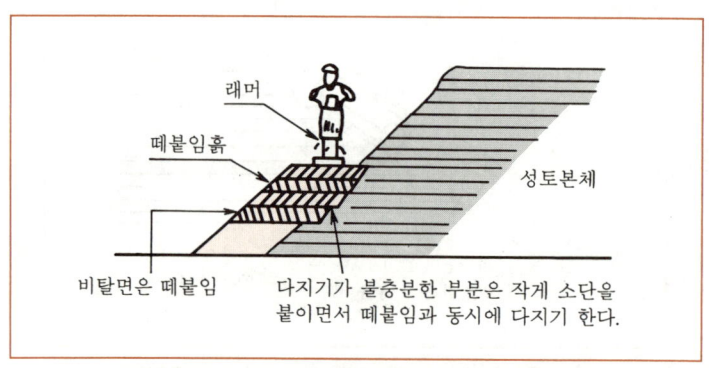

(그림 3) 비탈에 더돋움을 하면서 다지는 방법

(3) 비탈면 구배를 규정보다 완만하게 다져놓고 절취 정형하는 방법
  1) 전술한 (1), (2) 방식을 혼용한 방식이고
  2) 비탈면 구배를 설계보다 완만하게 다진 후 성토 완성후에 절토, 정형하는 방법
  3) 더 돋음후에 처치가 문제이므로 일반적이 못된다.

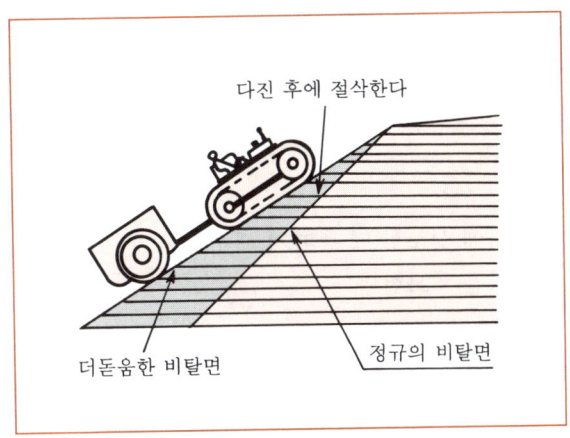

(그림 4) 비탈면을 완만하게 한 성토면을 다지는 공법

87. 경사지상의 성토 시공의 문제점 및 대책

1. 개 요

경사지상에 성토 시공시 층따기하고 배수처리를 해서 시공한다.

(1) 층따기(Bench cut)
(2) 배수처리

2. 층따기

(1) 구배가 1 : 4보다 급경사에 성토할 때 층따기 해서
(2) 성토와 원지반과의 밀착을 도모한다.

3. 배수 처리

(1) 지표수와 배수
(2) 층따기면에 시공중의 배수를 위해서 3~5% 구배 부치며
(3) 용수가 있을 때
   1) 맹암거(Stone Filled Trench) 설치
   2) 투수성토
   3) 비탈끝에 돌쌓기 해서 붕괴 방지

별해 1. 문제점 : 지표수, 용수에 의한 붕괴
       2. 대 책 :┌ 층따기 시공
                └ 배수시설 시공 ┌ 맹암거
                                ├ 투수성토 : 투수성재료
                                └ 비탈끝에 돌쌓기

88. 비탈면 보호공법

1. 서 언

(1) 비탈면 보호 공법의 원리
　　1) 식생에 의한 비탈면 보호공과
　　2) 구조물에 의한 비탈면 보호공이 있다.

(2) 비탈면 보호공의 선정은 식생공을 원칙으로 하고 식생공이 경제성, 안정성 확보가 곤란한 경우에는 구조물에 의한 보호공을 실시하며

(3) 용수가 있는 비탈면 대책
　　1) Filter층 설치
　　2) 맹암거(Stone Filled Trench) 설치한다.

2. 비탈면 보호공법 선정시 고려사항

(1) 지형
(2) 토질
(3) 기후조건
(4) 보호공에 기대하는 효과를 충분히 파악 (안정성)
(5) 경제성
(6) 시공성

3. 보호공법의 종류

식 생 공 법	구조물에 의한 보호공
씨앗 살포공(Seed Spray)	돌 쌓기 공, 블럭 쌓기공
씨앗 뿜어 붙이기공	돌 붙임공, 블럭 붙임공
식생 매트공	콘크리트 붙임공
평떼공	콘크리트 Block 격자공
줄떼공	현장 타설 콘크리트 격자공
식생 망태공	Mortar 또는 콘크리트 뿜어 붙이기공
식생 구멍공	비탈면 Anchor공 / Rock Bolt 공
	돌망태공(Gabion), 보강토공법

4. 식생공법의 개요 및 특징

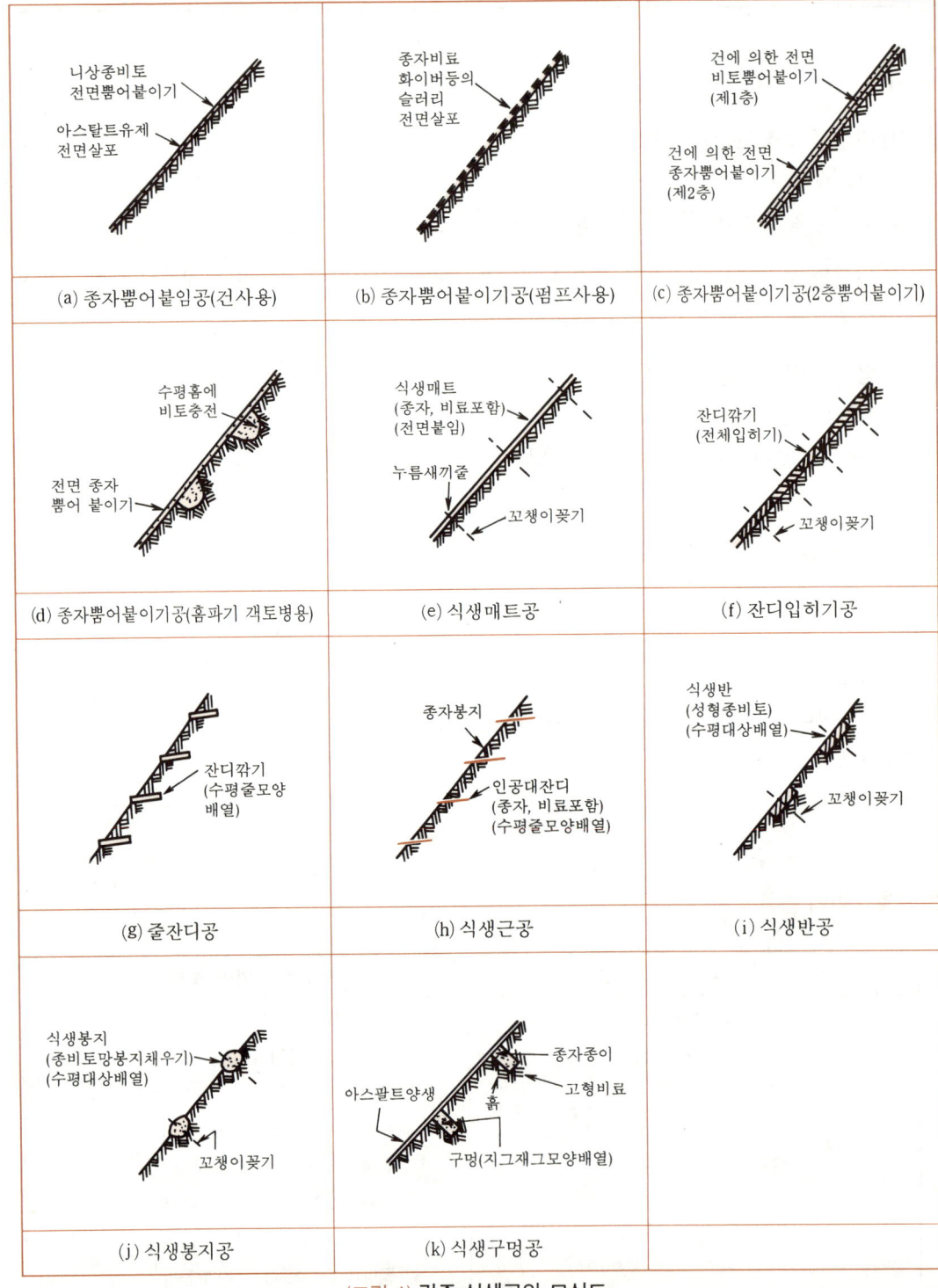

(그림 1) 각종 식생공의 모식도

공종	개요	특징
씨앗 뿜어 붙이기공 A	씨앗, 비료, 흙 등의 뿜어 붙일 재료에 물을 가한 흙탕물 모양의 혼합물로서 뿜어 붙이기 건(Gun)을 사용해서 비탈면에 뿜어붙이는 공법이다.	1. 땅깎기 비탈면에 적당하다. 2. 발아상을 두껍게 뿜어 붙일 수가 있다 3. 높은 곳(약 12m), 급구배의 시공이 가능하다. 4. 도랑 객토공을 병용할 수 있다.
씨앗 뿜어 붙이기공 B	씨앗, 비료, 화이바 등의 재료를 물로 분산시키고 펌프 등의 뿜어 붙이기 기계를 사용해서 비탈면에 살포하는 공법이다.	1. 흙쌓기 및 땅깎기 비탈면에 일반적으로 사용된다. 2. 시공 능률이 좋다. 3. 낮은 곳, 구배가 완만한 곳에 적합하다. 4. 도랑 객토와 병용할 수 있다.
식생 매트공	씨앗, 비료 등을 장착한 매트류로 비탈면을 전면적으로 피복하는 공법이다. 매트류로서는 부직 매트, 조목 직포, 종이, 가나미, 볏집, 휄트, 매트 등이 있다. 또한 수지네트를 병용해서 보강한 것도 있다.	1. 식생이 왕성할 때까지 매트에 의한 직접효과가 있으므로 동계나 하계의 시공도 가능하다.
식생 판공	식생토 또는 니탄을 판으로 성형하고 표면에 씨앗을 심은 것을 비탈면에 일정간격으로 수평 홈을 파서 길게 붙이는 공법이다. 도랑의 간격은 50cm, 떼장은 8개/㎡ 표준으로 한다.	1. 객토의 효과가 있다. 2. 유기질 비료가 많으므로 시비효과가 길다.
식생 망태공	비옥토에 씨앗을 혼합해서 망태에 넣은 것을 비탈면에 일정한 간격으로 수평 홈을 파서 붙이는 공법이다. 망태에는 폴리에칠렌제 망태, 한냉사 등이 있다. 또, 흙 대신에 바미큐라이트 등을 혼입한 제품도 있다. 홈의 간격은 50cm, 식생 망태 사용개수는 6개/㎡을 표준으로 한다.	1. 씨앗, 비옥토의 유실이 적다 2. 유연성이 있으므로 지반에 밀착하기 쉽다. 3. 급구배 비탈면 및 동계나 하계의 시공도 가능하다.
부분 객토 식생공	비탈면에 구멍을 파고 저부에 고형 비료를 넣고 객토에 화학비료 첨가제를 혼입해서 채운 뒤에 씨앗을 놓고 복토, 피막 양생하는 공법이며 구멍의 수는 1㎡당 18개를 표준으로 한다.	1. 깊이 객토할 수가 있다. 2. 비료의 유실이 적다. 3. 땅깎기 비탈면이 굳은 곳에 적합하다.
식생 줄떼공	씨앗, 비료 등을 장착한 긴 섬유나 종이를 흙쌓기 비탈면에 비옥토로 덮을 때 삽입하는 공법이다. 대상 재료로서는 섬유, 볏집 등이 사용된다. 또한 씨앗 등을 봉입한 가는 자루 등도 사용된다. 줄의 간격은 30cm를 표준으로 한다.	1. 줄떼보다 빨리 식생 피복이 완성된다. 2. 흙쌓기 비탈면에 적합하다.
줄떼공	식생토를 사용해서 비탈 하단에서 부터 줄 떼의 장변을 비탈면에 따라 수평으로 펴고 흙을 씌워 두들겨 마무리한다. 줄떼의 간격은 30cm를 표준으로 한다.	1. 흙쌓기 비탈면에 사용한다. 2. 비탈면에 줄떼의 망상 조직을 끼워서 안정시킨다.
평떼공	비탈 어깨로부터 떼의 긴 변을 수평방향으로 놓고 떼와 비탈면이 밀착되도록 두들겨서 시공한다. 평떼는 종횡 30cm 정도의 것을 사용해야 하며, 평떼 위에는 떗밥을 씌워야 한다.	1. 땅깎기의 비탈면에 일반적으로 사용한다. 2. 시공과 함께 피복되므로 침식되기 쉬운 토질에 사용한다.

5. 구조물에 의한 비탈면 보호공법

(1) 돌쌓기공, 블럭 쌓기공

1) 적용성

① 1 : 1 이상의 급구배 비탈면에 사용

② 비탈면의 풍화, 침식을 방지하고 토압, 수압에 견뎌야 한다.

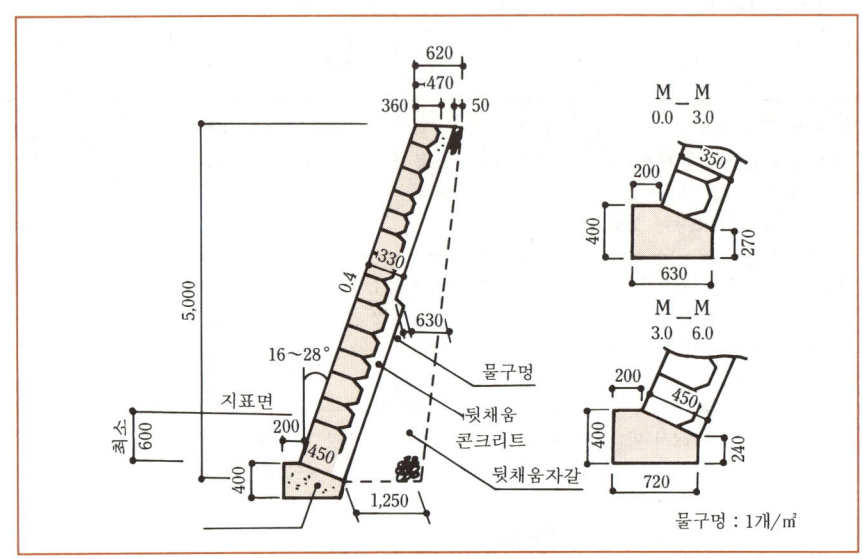

(그림 1) 돌쌓기공의 표준단면

(2) 현장 타설 콘크리트 격자공법

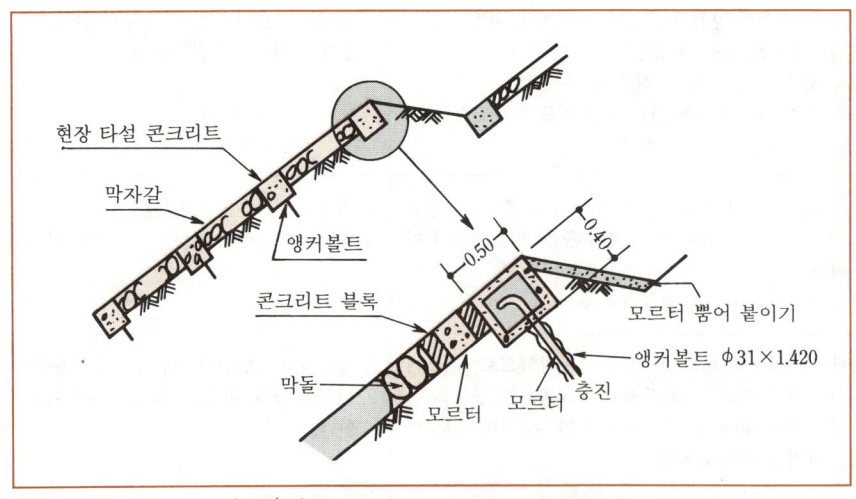

(그림 2) 현장타설 콘크리트 격자공의 예

1) 적용성

① 용수가 있는 풍화암면이나 장대 비탈면의 장기 안정에 염려가 되는 곳

② 콘크리트 Block 격자공으로 붕괴할 염려가 있는 곳에 사용된다.

(3) 돌붙임공, 블럭붙임공

1) 적용성

① 비탈면의 풍화, 침식방지 목적으로

② 1 : 1 이상의 완구배 비탈면에

③ 점착력이 없는 토사

④ 붕괴되기 쉬운 비탈면에 사용.

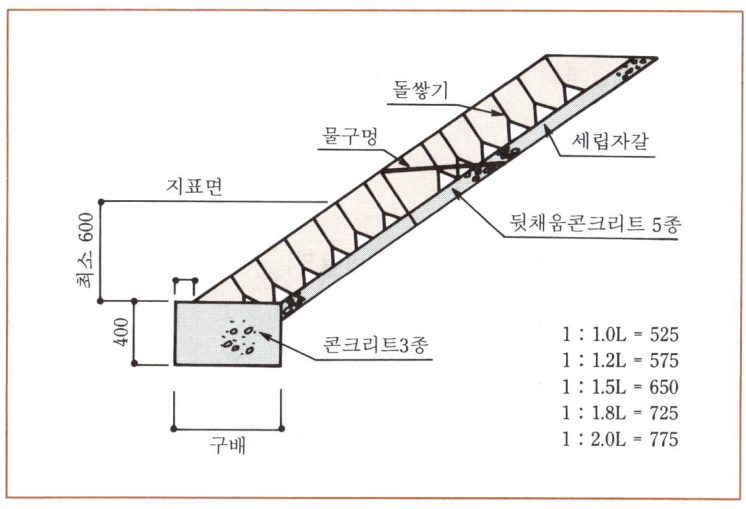

(그림 3) 돌붙임공의 표준단면

(4) 콘크리트 붙임공

1) 적용성

① 절리가 많은 암석이나

② 낭떠러지 등에서 붕낙의 염려가 있는 경우 사용

③ 철근 콘크리트 붙임공의 구배 : 1 : 0.5

　무근 콘크리트 붙임공 : 1 : 1

④ 급구배, 비탈면 경우 철근, 철망, 앵커로 보강 요망.

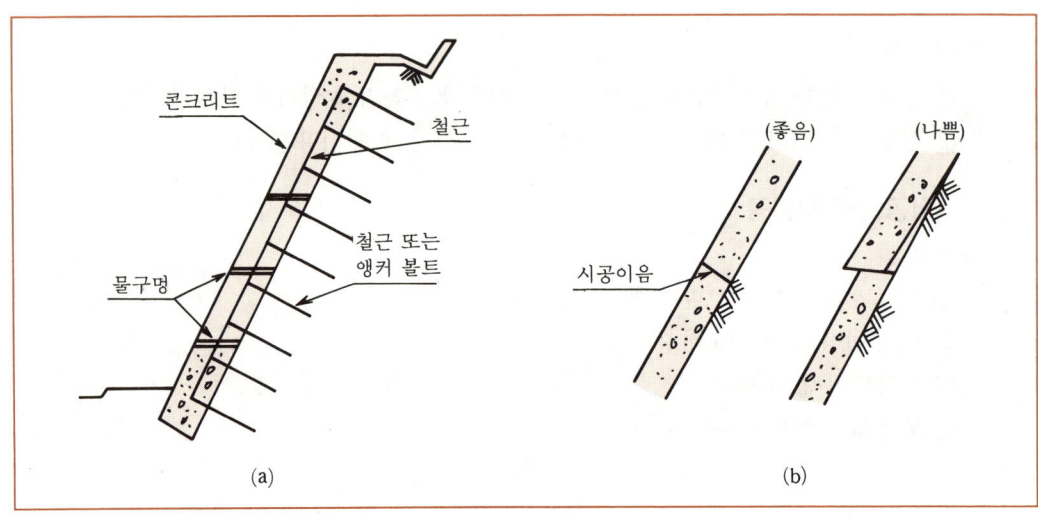

(그림 4) 콘크리트 붙임공과 시공이음

(5) 콘크리트 블럭 격자공
  1) 적용성
    ① 용수가 있는 장대 비탈면이나 땅깎기 비탈면
    ② 표준 구배보다 급한 흙쌓기 비탈면에서
    ③ 식생으로 안정상 문제가 있을 때
    ④ 구배가 1 : 0.8 보다 완만한 비탈면에서 시공.
    ⑤ 특히 용수가 많은 비탈면에 도수로를 설치한다.

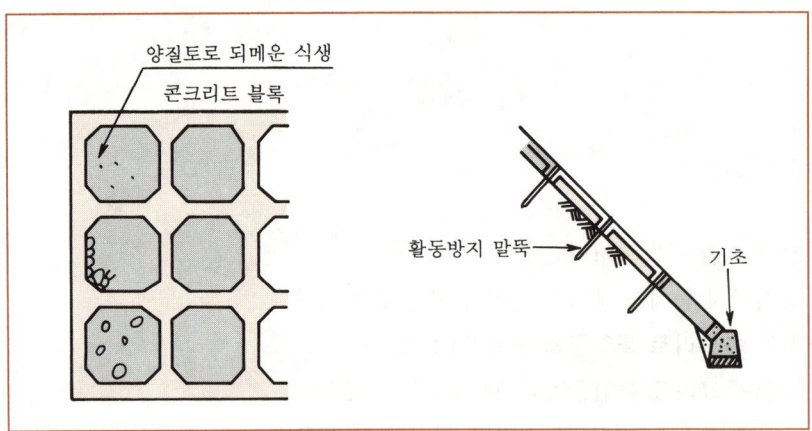

(그림 5) 콘크리트 블록 격자공의 예 (a)

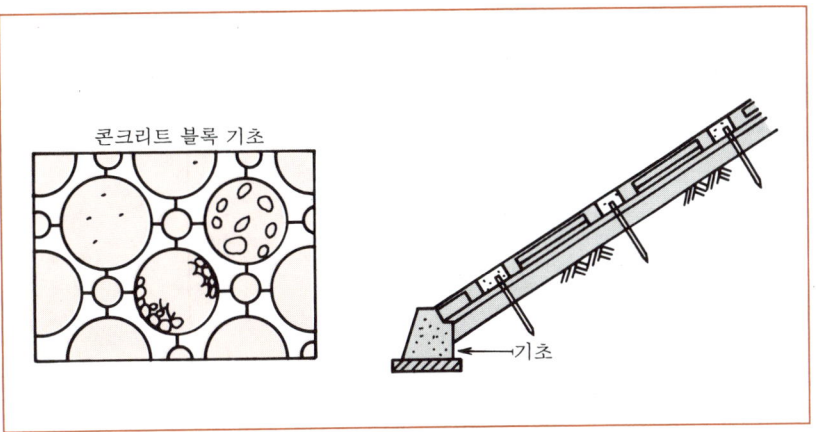

(그림 5) 콘크리트 블록 격자공의 예 (b)

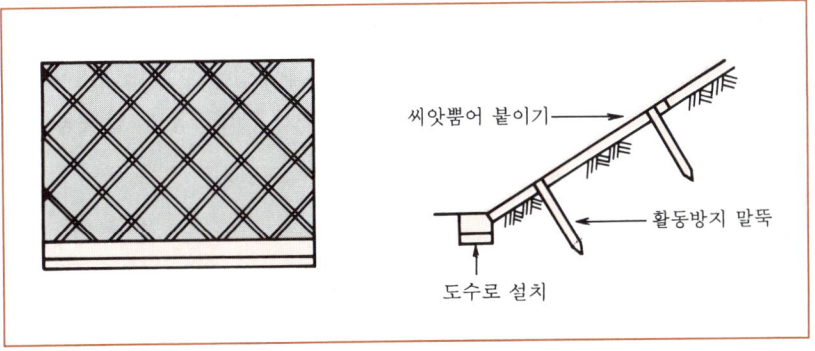

(그림 6) 콘크리트 블록 격자공의 예(C)

(6) Mortar 및 콘크리트 뿜어 붙이기공
  1) 적용성
    ① 비탈면에 용수가 없고
    ② 붕낙의 위험성은 없으나
    ③ 풍화되기 쉬운 암석
    ④ 호박돌 섞인 토사 등에서 식생이 곤란한 곳
    ⑤ 두께
      ㉠ Mortar 뿜어 붙이기 경우 : 5~10cm
      ㉡ 콘크리트 뿜어 붙이기 경우 : 10~20cm

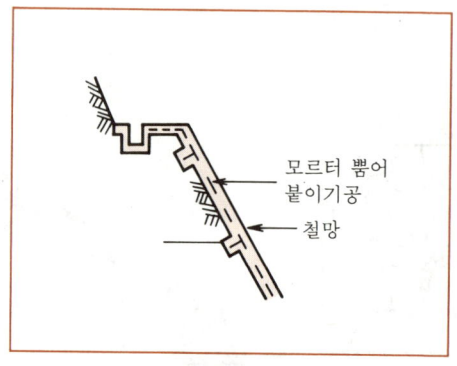

(그림 7) 모르터 뿜어붙이기의 예

(7) Anchor공
  1) 적용성
    ① 경암 또는 연암 비탈면에서
    ② 암반의 절리 등에 있어서 붕괴의 염려가 있을 때에 암반에 붕락개소를 붙들어맨다.
    ③ 단독 사용보다는 타공법과 조합시공하는 경우가 많다. (옹벽, 말뚝공, 현장타설 콘크리트 격자공)

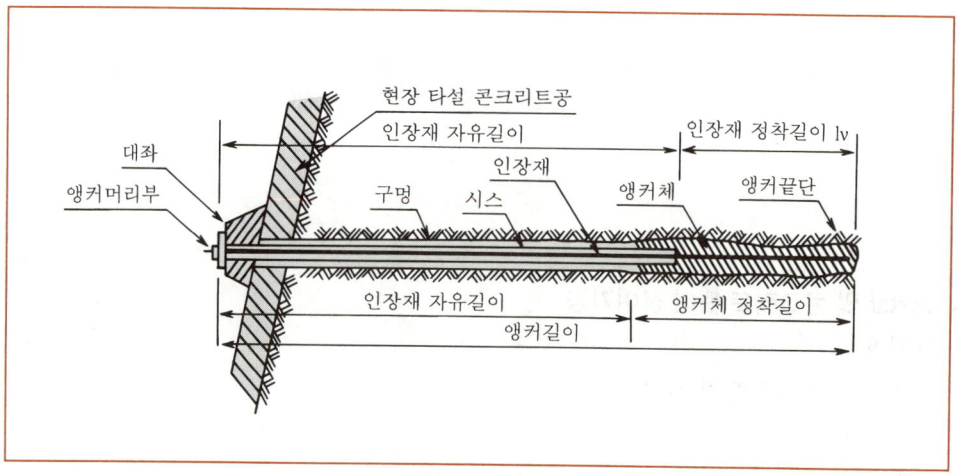

(그림 8) 앵커의 구조와 명칭

    ④ Anchor 각도 : $\beta \leq 45°$ 가 바람직하다.

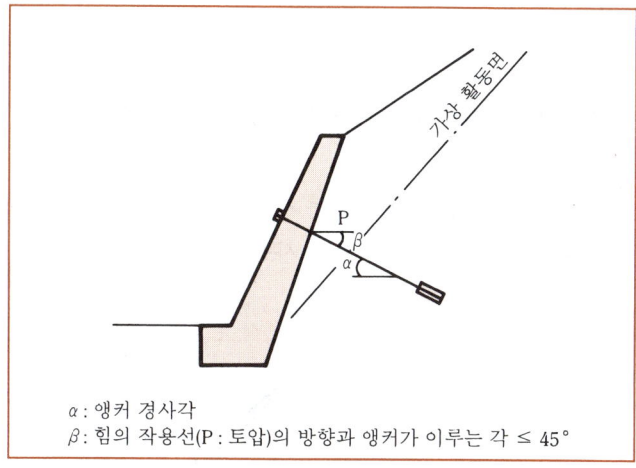

(그림 9) 앵커의 각도

(8) **Rock Bolt 공**

1) 적용성

① 불연속면을 경계로 한 여러층을 일체화해서 보강하는 것을 목적으로 실시

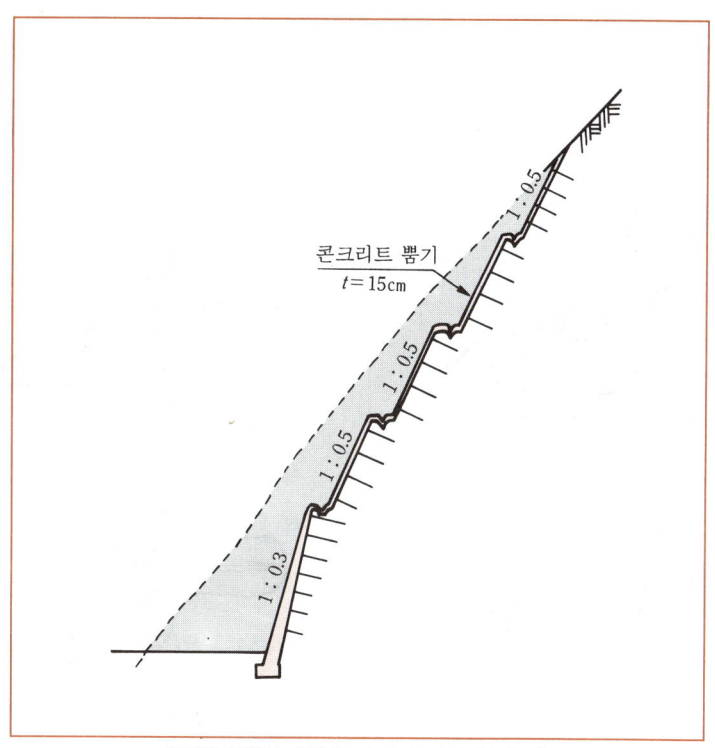

(그림 10) 비탈면 Rock Bolt공의 설계 예

(9) 돌망태공(Gabion)
  1) 적용성
    ① 비탈면에 용수가 있어서 토사가 유출할 위험성이 있는 경우
    ② 붕괴된 곳을 복구할 때
    ③ 동상으로 비탈면이 붕괴 위험성이 있는 경우
    ④ 흙쌓기 비탈면이 수로와 접하는 경우에 사용

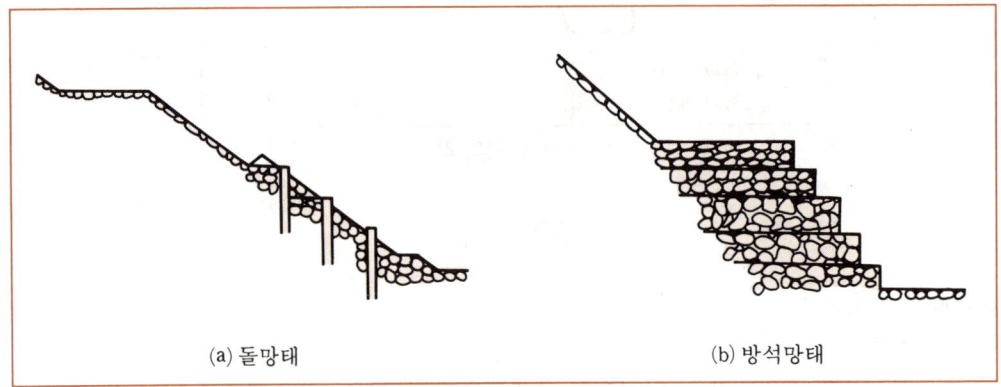

(그림 11) 비탈면 돌망태 및 방석망태의 예

(10) 보강토 공법

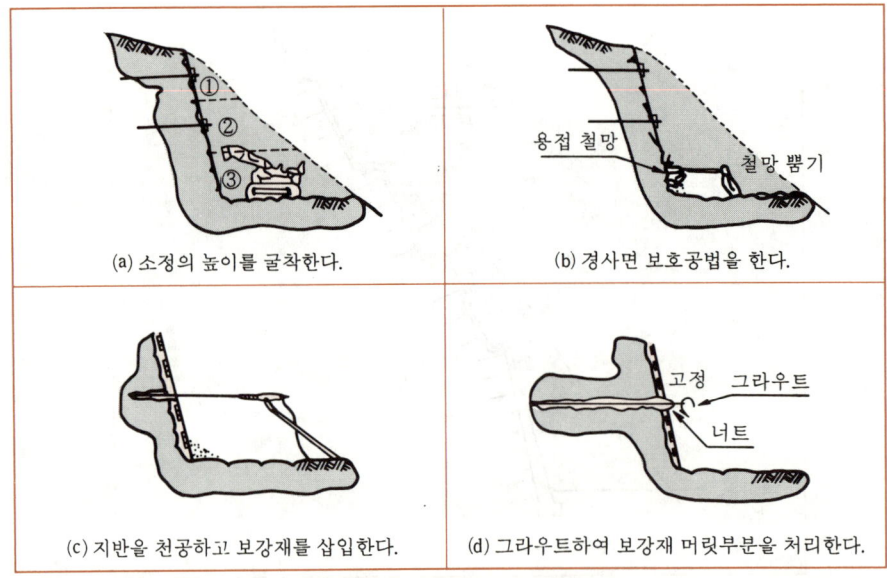

(그림 12) 보강토 공법의 시공방법

6. 결론

(1) **비탈면 보호공법 선정시 고려사항**

    1) 시공성

    2) 안정성

    3) 경제성

    4) 미관 고려한다

(2) 비탈면 공사에서 설계 → 시공 중 → 시공 후 → 유지관리 단계에서 가장 중요한 것은 배수 설계 → 시공이므로 정밀 시공이 요구되며

(3) 산사태, 비탈면 붕괴의 주된 원인이 강우에 의한 우수 침투임을 고려한 현장에서의 시공관리가 대단히 중요함.(사면안정과 연계시켜서 암기)

> **89. 토공 법면의 붕괴시 응급대책과 영구대책(주로 인공사면 : 노상＋제방의 경우)**

1. 개 요

- 토공 법면이 붕괴시 응급대책의 목적은 재해를 최소한 줄이는데 있고
- 영구대책은 비용경감과 2차 재해의 방지에 있다.
- 붕괴 발생시 행하는 조사

    1) 시찰

    붕괴가 일어날 징후가 있으면 침하상황, 비탈면 보호공의 형태상태를 조사 이를 통해서 붕괴의 상황과 범위, 활동면의 위치, 2차 재해의 위험을 파악한다.

    2) 계측

    지표면 변위계, Level 등을 이용해서 붕괴가 진행중인가, 정지되었는가를 확인하고 붕괴상황을 정확히 파악한다.

    3) 정보

    지형도, 토질은 기시행한 토질조사 결과, 공사기록, 강우량 등을 조사한다.

    4) 토질 조사

    항구대책 설계하기 위해서 토질조사 실시한다.

【토질 조사시 유의사항】
- 조사 Boring의 위치는 활동면이 잘 나타날 수 있도록 한다.
- 활동면의 위치, 토질상황, 지하수, 표면수 조사
- 소규모의 재해에서는 Sounding 실시하여 활동면 조사

이하 본고에서는 비탈면 붕괴시 응급대책과 영구대책에 대해서 아래와 같이 기술토록 한다.

(1) **응급 대책공**

　1) 배토공

　2) 응급배수공

　3) 압성토공(Counter Balance)

　4) 흙막이공

(2) **영구 대책**

　1) 옹벽공

　2) 말뚝공법

　3) Soil Nailing 공법

　4) Anchor 공법

2. 응급 대책공

(1) 배토공

붕괴의 징후가 나타나면 곧바로 예상되는 원호 활동면보다 더 긴거리까지의 흙을 제거하여 상재하중을 제거한다.

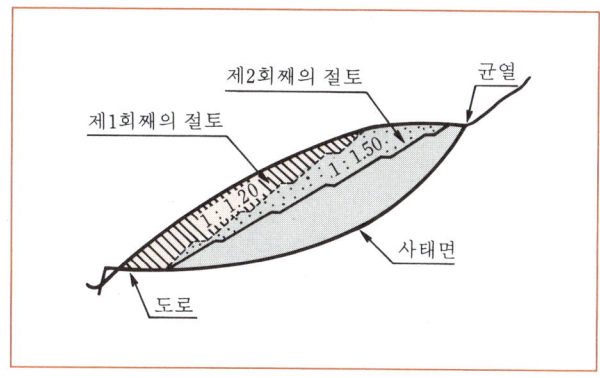

(그림 1) 배토공의 시공

(2) 응급 배수공

1) 강우 등의 지표수의 유입으로 인한 붕괴 촉진 방지를 위해서 Crack 부분을 Cement Mortar로 충진하고 비닐 등으로 응급배수공을 설치한다.
2) Soil Cement 배수구 설치한다.

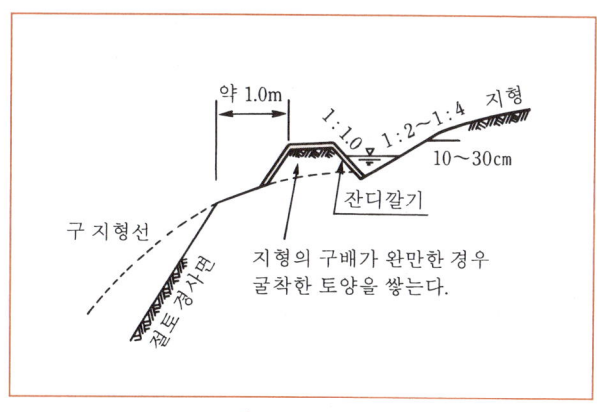

(그림 2) 소굴 배수구

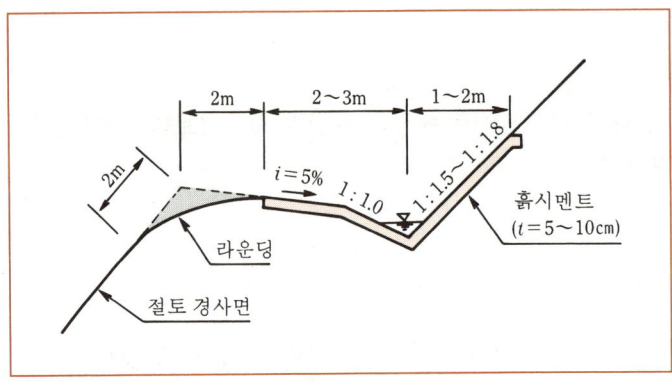

(그림 3) Soil Cement의 배수구

(3) 압성토공
비탈면의 하부에 압성토 실시한다. 배수처리에 유의한다.

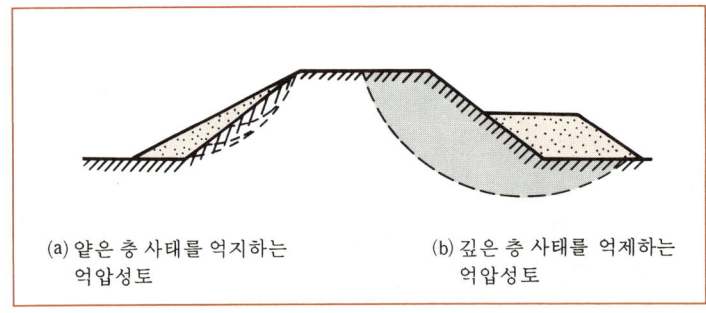

(그림 4) 압성토

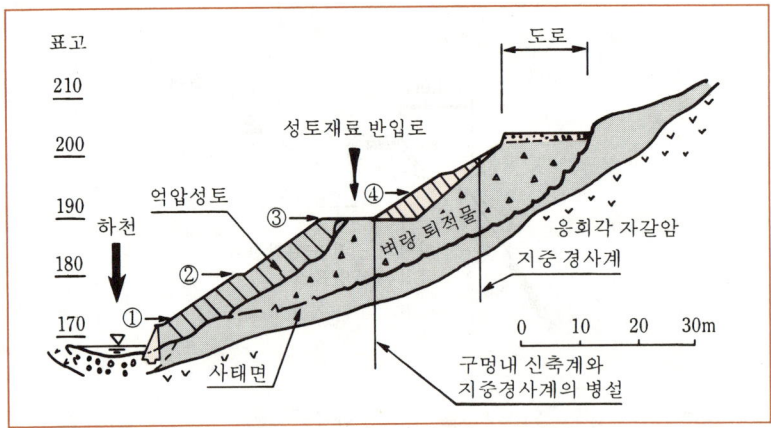

(그림 5) 하천 침식에 의한 벼랑 퇴적물 사면의 붕괴방지위한 압성토시공

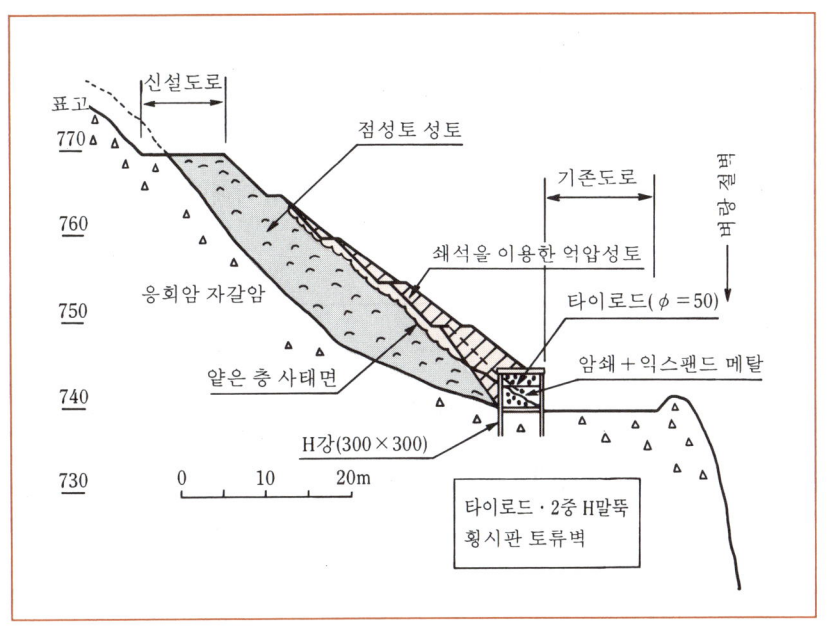

(그림 6) 성토 사면 표층 붕괴에 대한 압성토

(4) 흙막이공

중소규모의 비탈면에서는 흙, 마대 등을 비탈면에 쌓아서 압성토와 같은 효과를 갖게 한다.

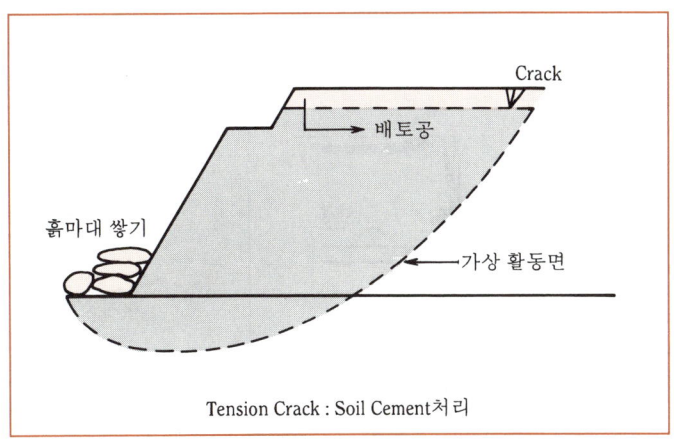

(그림 7) 붕괴징후가 있는 경우 응급대책공

3. 영구 대책공
응급대책 실시후 어느정도 안정화가 된 다음 영구대책을 실시한다.

(1) 옹벽공
옹벽 시공시에는 기초굴착에 의해서 사면파괴 발생에 유의해야 한다.

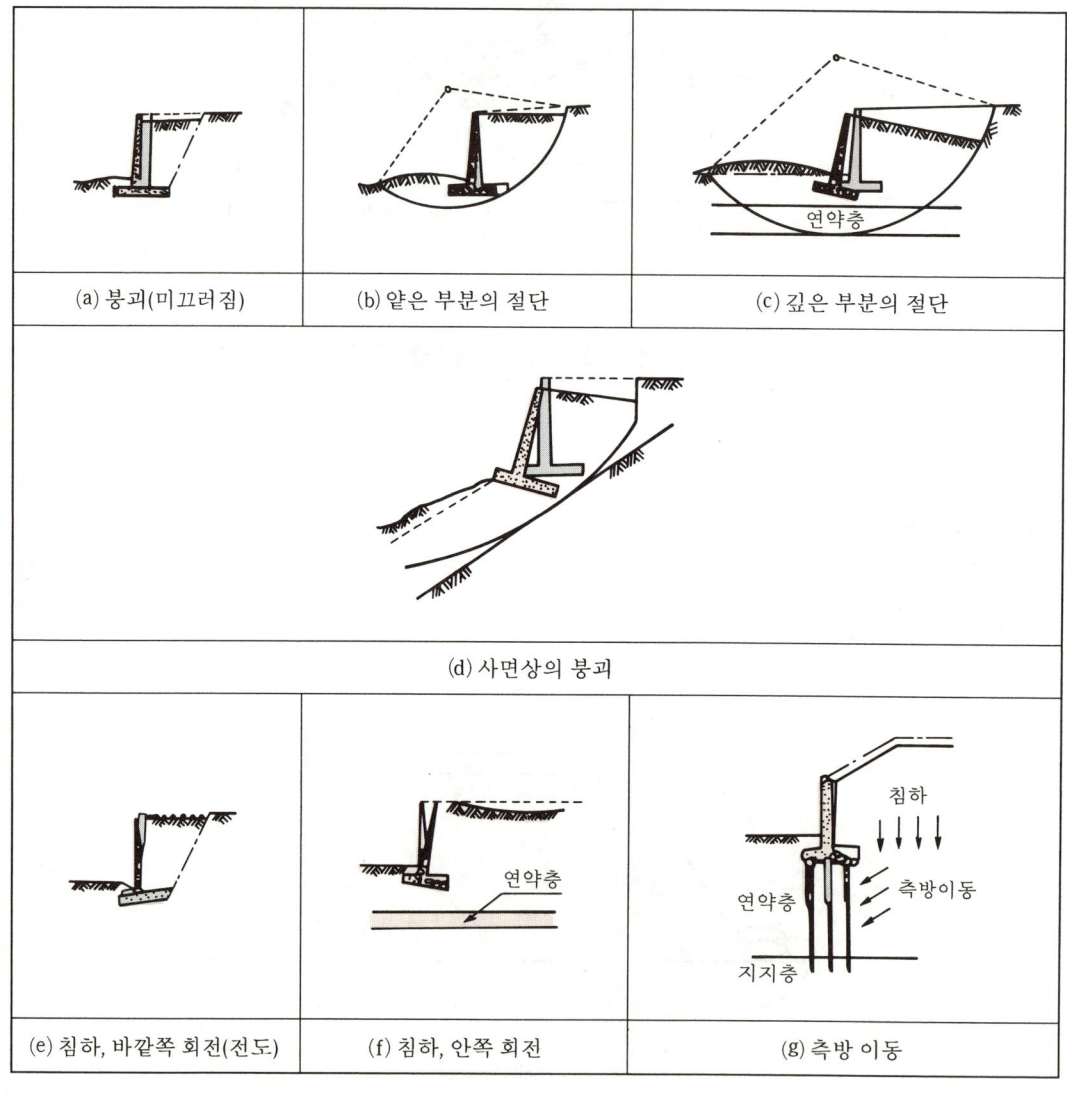

(그림 8) 옹벽의 파괴형태

(2) **말뚝공법**
   1) 말뚝의 시공으로 인한 지반 자체 강도 증가시키기 위한 목적과
   2) 활동 예상층을 견고한 지반층에 붙들어 매는 쐐기역할을 하기 위한 공법으로서
   3) 타입식과 설치식이 있다.

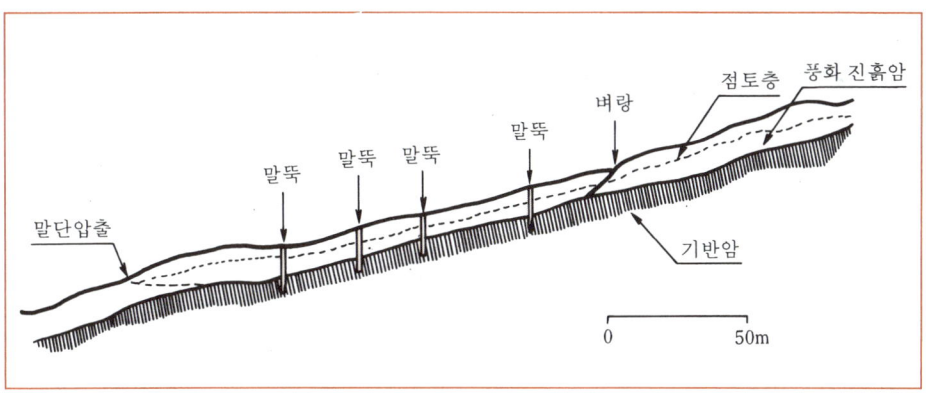

(그림 9) 산사태 억지말뚝의 다단 시공 예

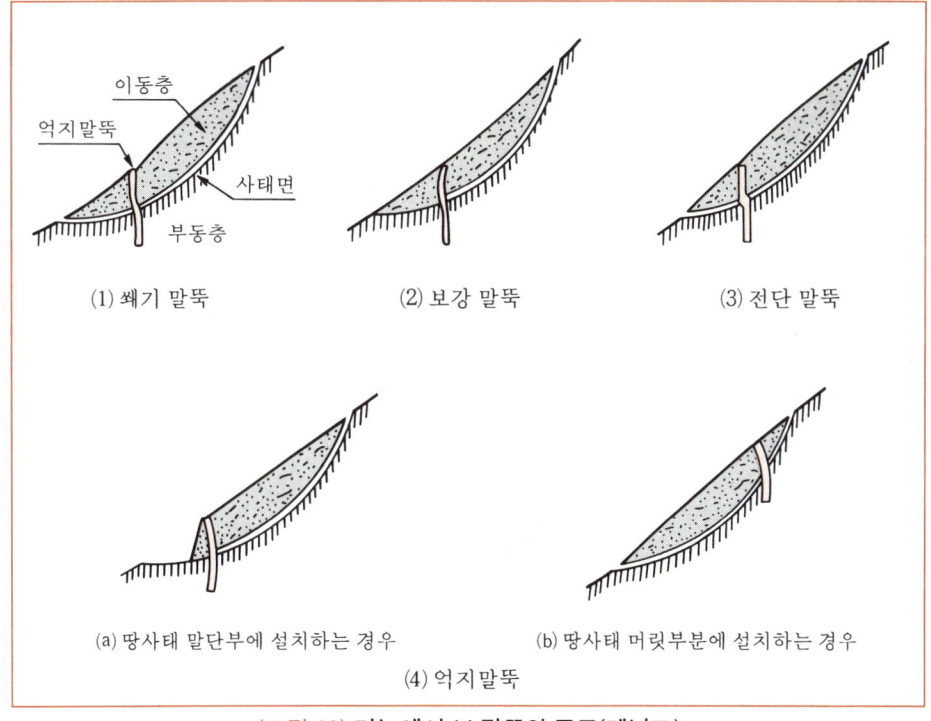

(그림 10) 기능에서 본 말뚝의 종류(개념도)

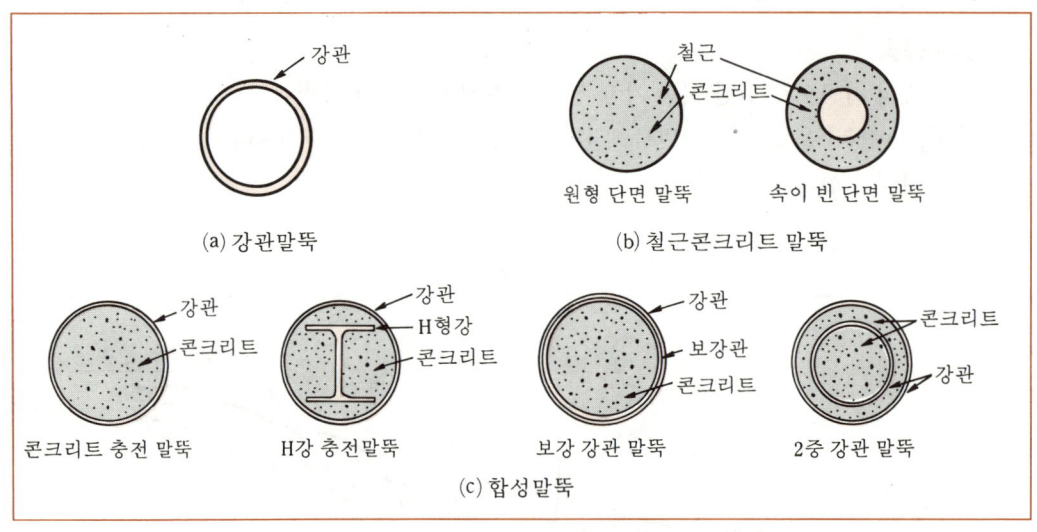

(그림 11) 주된 산사태 방지말뚝

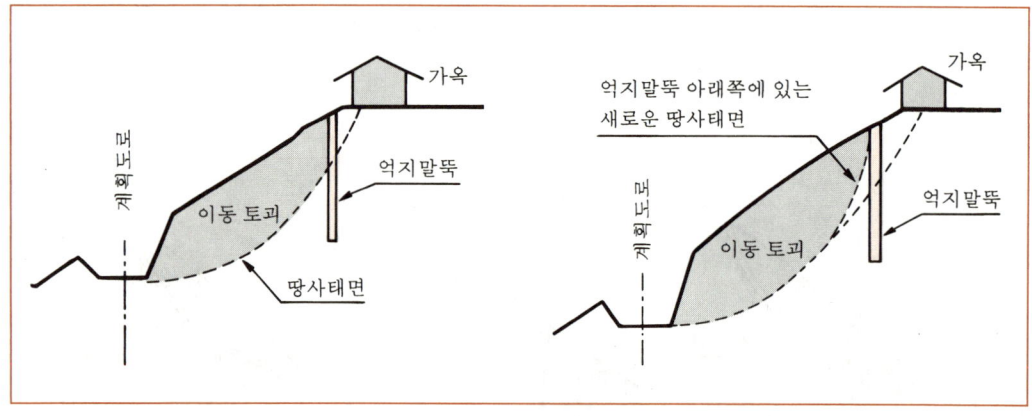

(그림 12) 억지말뚝공법

(3) Soil Nailing 공법(54회)

1) 재료

① 쏘일 네일링

② 네일 : D25, L = 0.5~0.8H

③ 쇼크리트 : T = 15cm

④ Wire Mesh : $\phi 4.8 \times 100 \times 100$

⑤ 연결철근 : D16

⑥ Plate : 150×150×12

2) 시공순서

1단 굴착 → 1차 쇼크리트 → 천공 및 네일설치 → 2차 쇼크리트 → 2단 굴착으로 이어치기 로 시공하는 Top-Down방식의 시공순서가 된다.

3) 적용성

① 대구경 천공이 없고 장비가 소형이다. (크롤러 드릴)
② 단일공법으로 공종이 간단하고 시공관리가 용이하다.

4) 장점

① 시공이 용이하다.
② 시공 중 토질조건의 변화에 대처가 용이하다.
③ 네일간격이 작아 국부적인 품질에 문제가 발생할 경우 전체 안전에 미치는 영향이 상대적으로 적다.
④ 암벽처리에 용이하다. (건축구조물 공사에 용이)
⑤ 토공사 공기에 가시설공기가 포함되므로 공기단축의 효과가 뛰어나다.

5) 단점

① 정밀한 공사관리가 필요
② 단계별 굴착과 보강이 동시에 이루어지므로 품질관리가 철저해야 한다.

6) 단면도

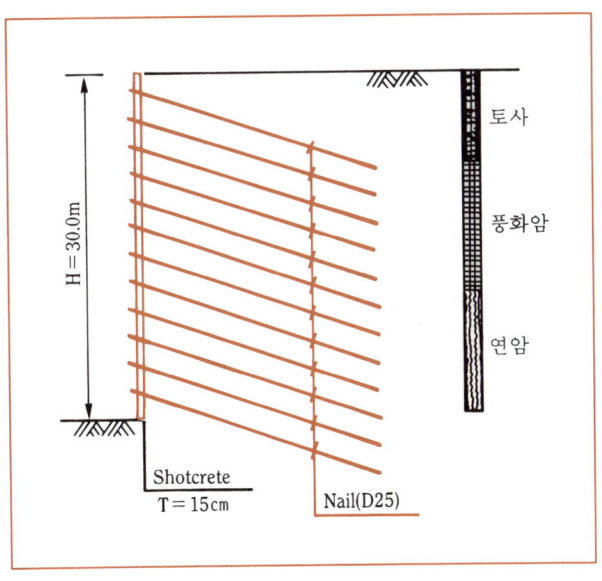

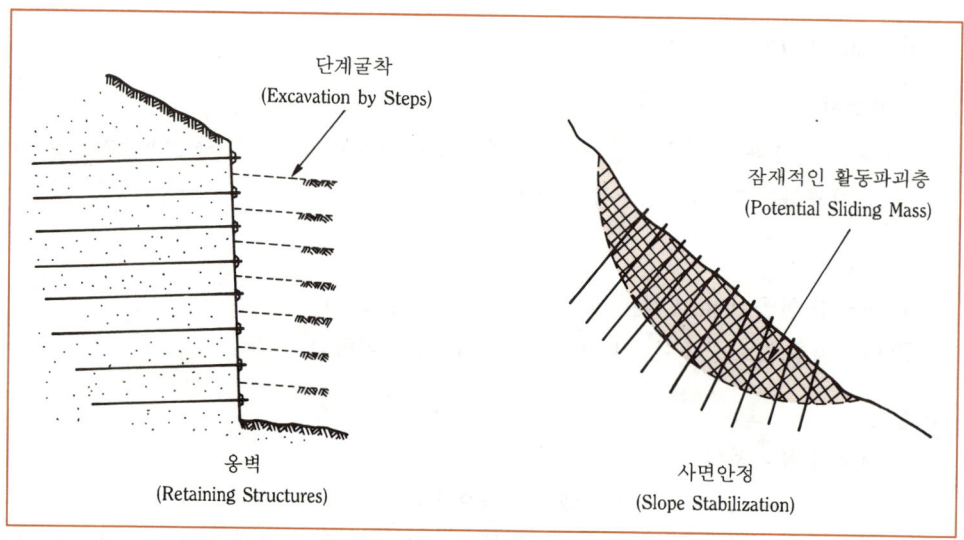

(그림 13) **Soil Nailing 공법**

(4) **Rock Bolt, Rock Anchor, Ground(Earth) Anchor공법**
   1) 단면

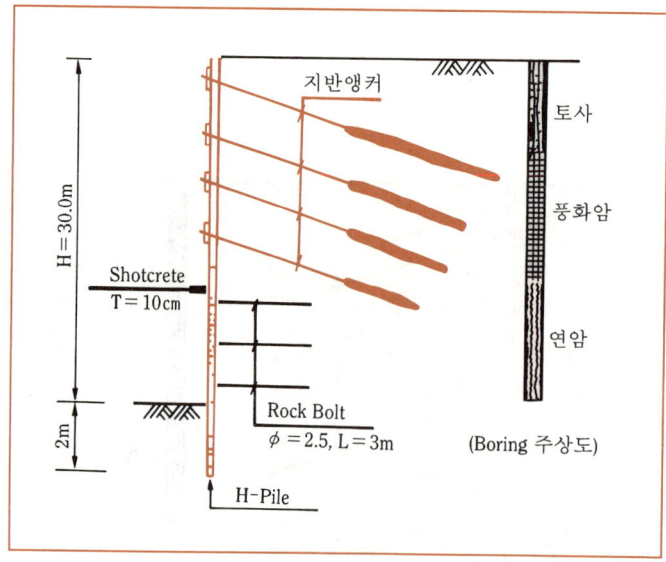

(그림 14) **Ground Anchor 공법**

2) 적용 공법 및 제원
  ① 지반 앵커
    ㉠ 엄지말뚝 : H300×200×9×14, 1.5m간격
    ㉡ 띠장 : H300×300×10×15, 2.5~3.0m간격
    ㉢ 토류판 : 150×150×1,450
  ② Rock Bolt
    ㉠ Rock Bolt : ϕ 25, L = 3.0m
    ㉡ Resin Shotcrete : T = 100mm
    ㉢ Plate : 150×150×6

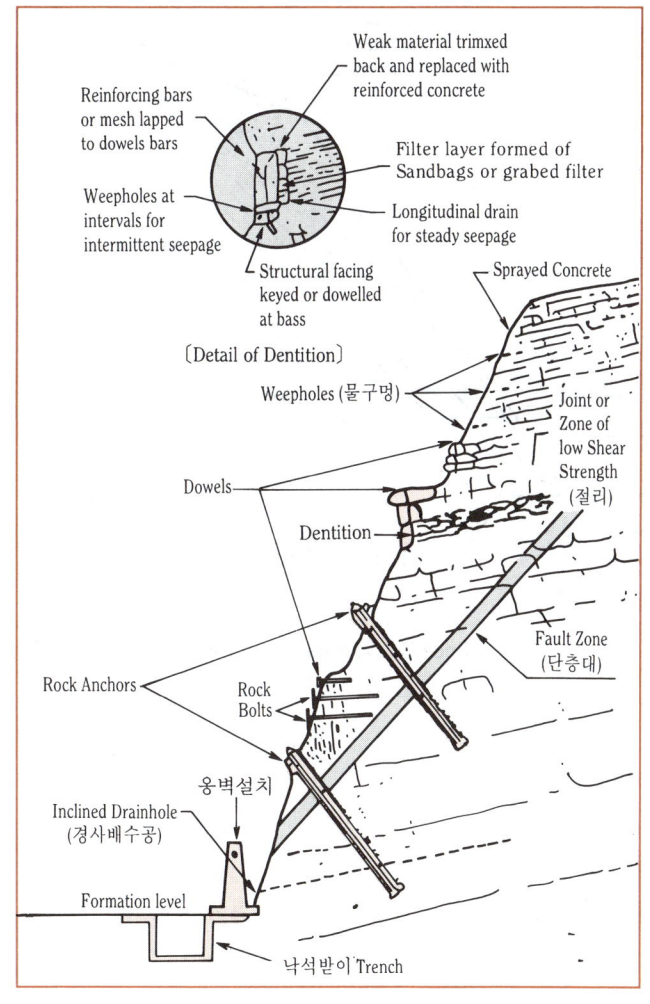

〈그림 15〉 Rock Bolt + Rock Anchor 공법

3) 공법개요

지반 앵커공법과 Rock Bolt공법을 복합 병행처리로 엄지말뚝 시공후 굴착 및 띠장 설치 후 앵커 시공으로 이어지는 Top-Down방식이다. 굴토면 하부의 연암층은 엄지말뚝 좌굴 방지용 Rock-Bolt로 대치

4) 시공성

① 엄지말뚝 시공을 위한 대규모 장비(T-4)가 사용된다.
② 두가지 공법을 병행 사용하므로 공종이 복잡하다.

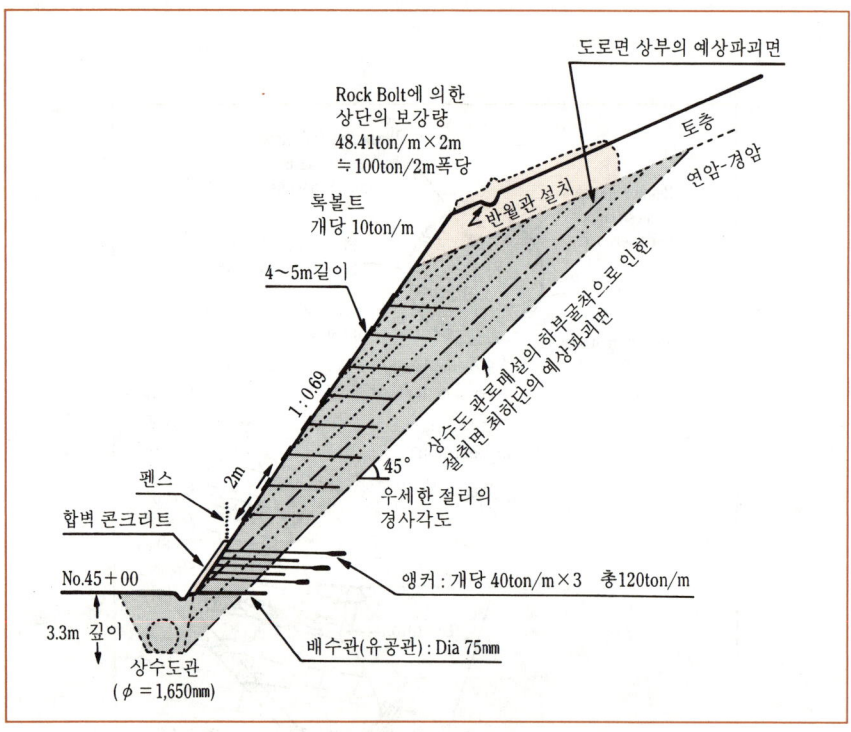

(그림 16) Rock Bolt와 Rock Anchor 시공도 예시

5) 장점

① 시공경험이 많다.
② 인장력이 확실한 경우 지반변형 억제효과가 뛰어나다.

6) 단점

① 강재를 사용하므로 대규모 장비가 동원되어 시공성이 떨어진다.

② 다공종이 필요하므로 품질관리가 어렵고 시공이 조잡해질 수 있다.
③ 앵커의 분담력이 상대적으로 높아 국부적인 품질에 문제가 생길 경우 전체 안정에 미치는 영향이 크다.
④ 터파기 완료후 강제용수가 용이하지 않다.

(5) 비탈면의 구배수정

안정계산 결과에 따라서 비탈면의 구배를 수정하여 시공한다.

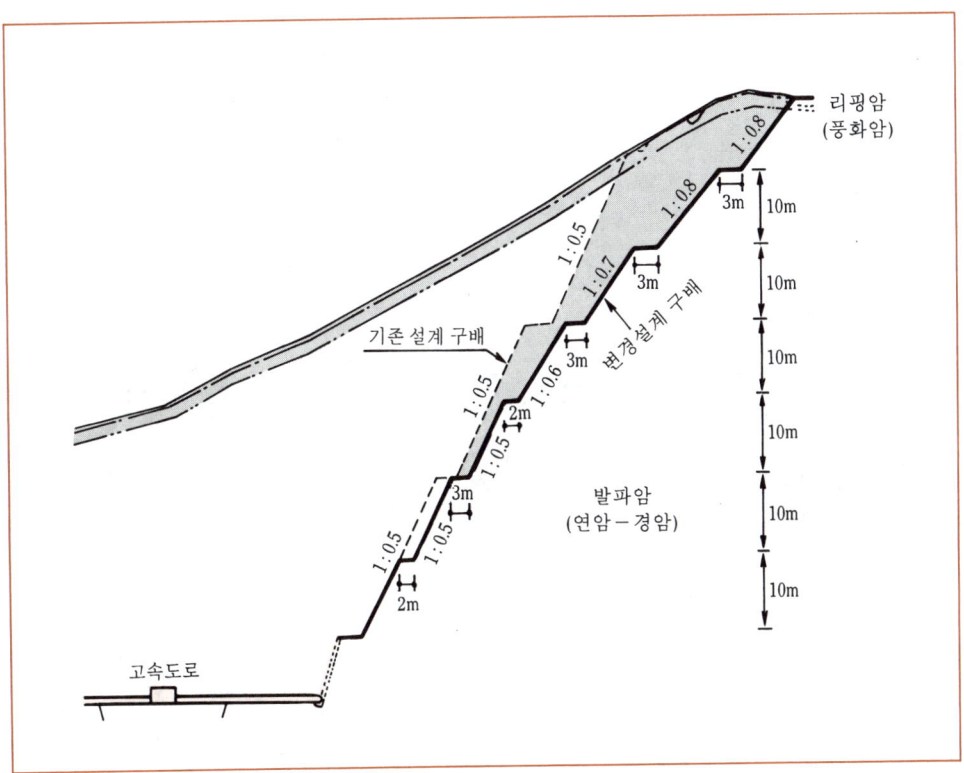

(그림 17) 비탈면 구배 수정예시

312 토목시공원론

〈그림 18〉 절취사면의 안정성 검토 및 대책

(a) 평사투영해석법을 이용한 사면안정성 검토

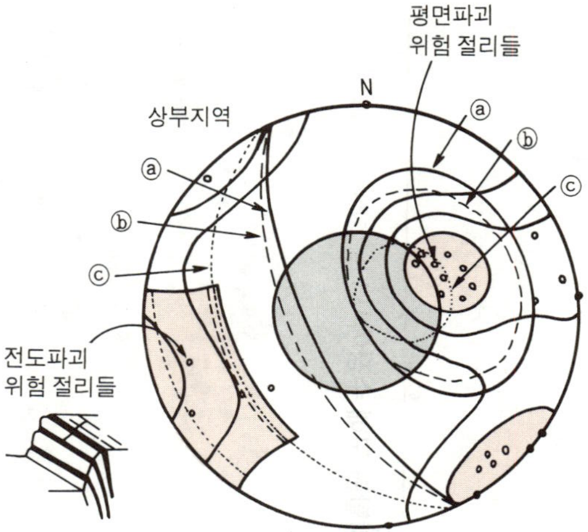

상부지역

평면파괴 위험절리들

전도파괴 위험절리들

절리의 경사방향이 절개면 반대쪽으로 경사되고, 절리의 경사각이 절개면 경사각보다 작은 절리들의 집합장소는 전도파괴를 야기시킨다.

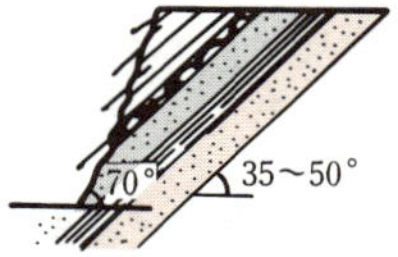

하부지역

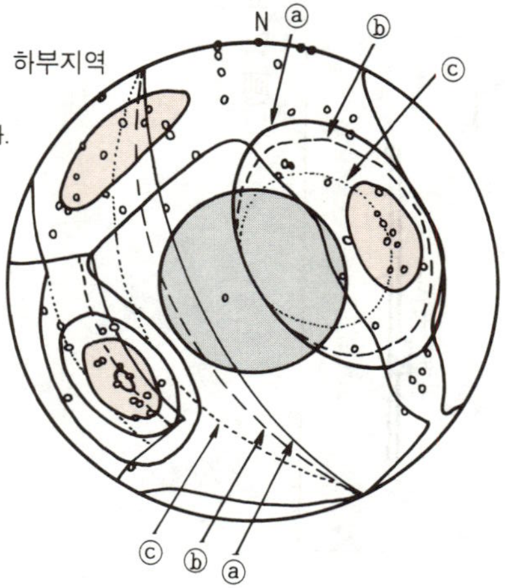

ⓐ
70(1:0.3)인 현재 절개면의 경사에서는 점선이 35~50°의 경사이 판상절리를 따라 서 도로쪽으로 붕괴 위험성이 있다.

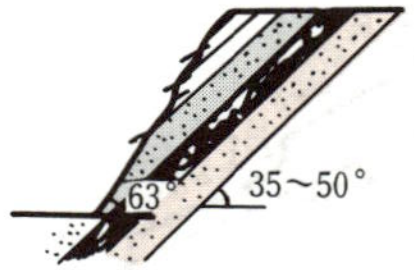

ⓑ
실시설계에서 제시된 63°(1:0.5)의 경사로 절개면을 형성할 때, 암선이 35~50° 경사의 판상절리를 따라서 역시 도로쪽으로 평면 및 쐐기파괴 위험성이 있다.

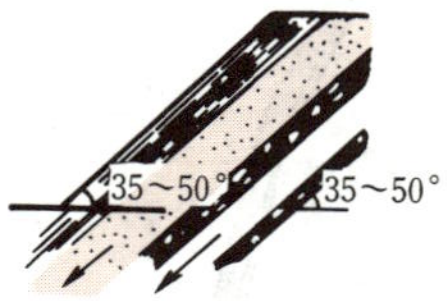

ⓒ
35~50° (1:1.4~1:0.8)경사로 설계하면 도로쪽으로 낙반 붕괴 위험성이 미리 거의 제거되므로 안전한다.

(b) 기존, 실시설계, 최종 검토된 사면구배

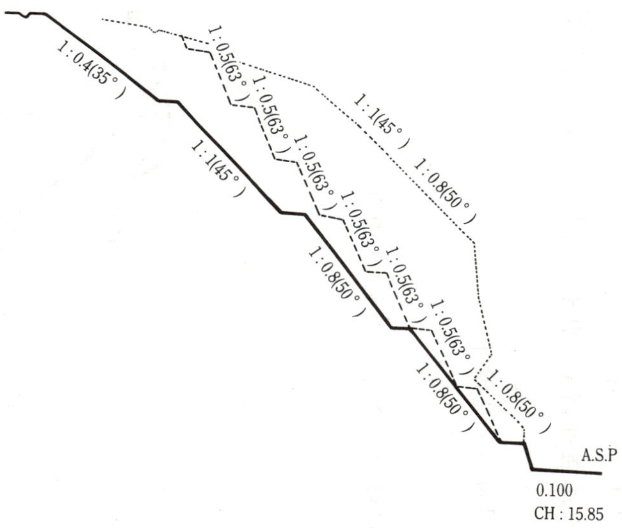

1:0.4(35°)
1:1(45°)
1:0.5(63°)
1:0.5(63°)
1:0.5(63°)
1:0.8(50°)
1:1(45°)
1:0.5(63°)
1:0.8(50°)
1:0.8(50°)
A.S.P
0.100
CH:15.85

(a) 현재있는 기준사면 : (————)
주목할 점은 현재 사면의 전반적인 경사는 본 무사제지역에서 우세하게 발달하는 판상절리에 의해서 영향을 받고 있다. 판상절리는 도로쪽으로 기울어져 있고, 이 경사각이도는 절개면 상부에서 하부로 경수록 점차로 급해지는데, 이 영역으로도 변화하는 경사각도와 거의 일치하게 현재의 지형이 발달하고 있다.

(b) 실시 설계사면 : (- - - -)
이 지역에서 발달하고 있는 절리가 암반사면의 안정성에 미치는 영향을 고려 안하고 일률적으로 설계하였다.

(c) 금번에 본 연구의 제업토에 의해서 추천되는 사면 : (———)
본 지역에서 제일 암반사면안정성에 위험요소로서 작용하는 판상절리의 영향을 고려하여 최적으로 합리적인 안정성 설계이다.

O : 절리의 방향을 극점으로 표시한 것, X : 두 절리의 교선을 극점으로 표시한 것.
◎ : 절리가 발달이 많은 방향을 Contour로 표시한 것.

〈그림 19〉 사면 구배수정 시공 예

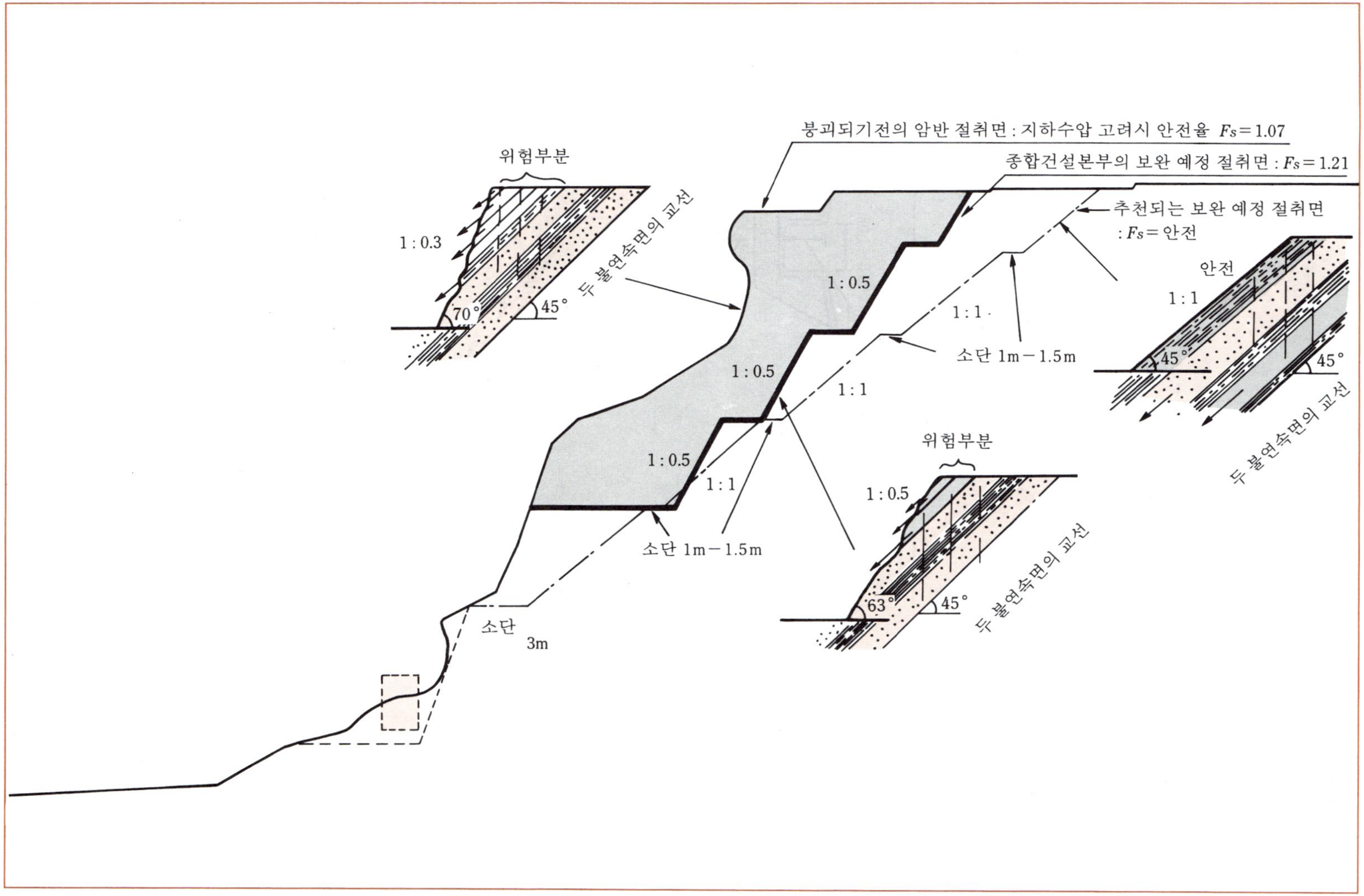

(6) 지하수 배제공

맹암거 시공해서 지하수 배제시킨다.

(7) 안정처리 (흙에 의한 원형복구)

1) 사질토 : Cement 안정처리

2) 점성토 : 석회 안정처리

3) 고함수비 점성토 : 생석회 처리

(8) 지표수 배제공

지표수의 배제를 위해서 흄관, V형 측구 이용, 집수로 배수로 설치

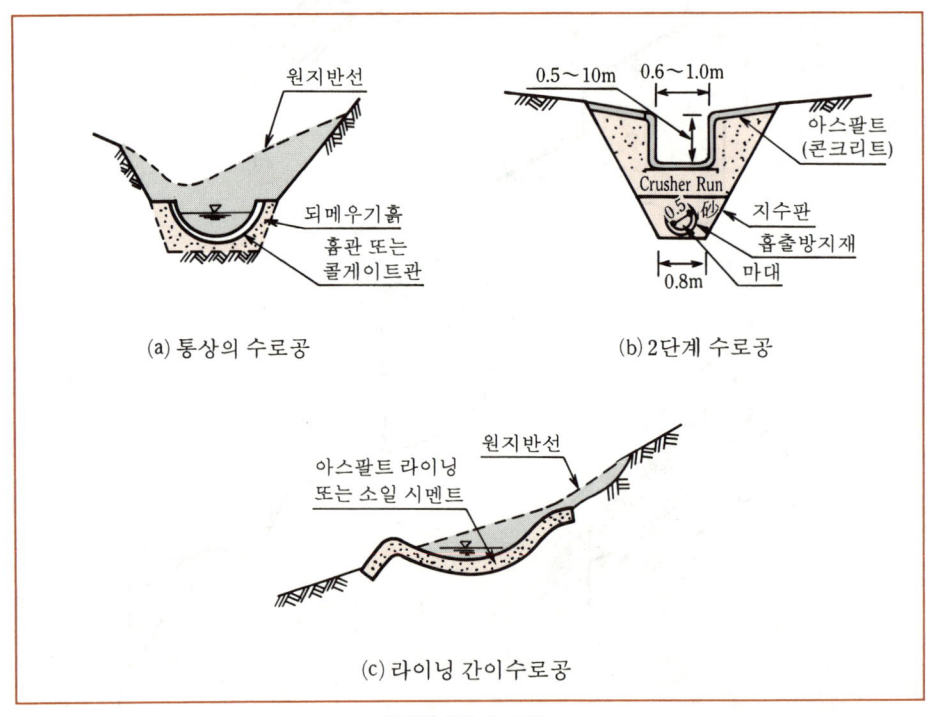

(그림 20) 수로공

(9) 보강토에 의한 성토공법(보강토 옹벽과 토목섬유의 조합 시공 예)

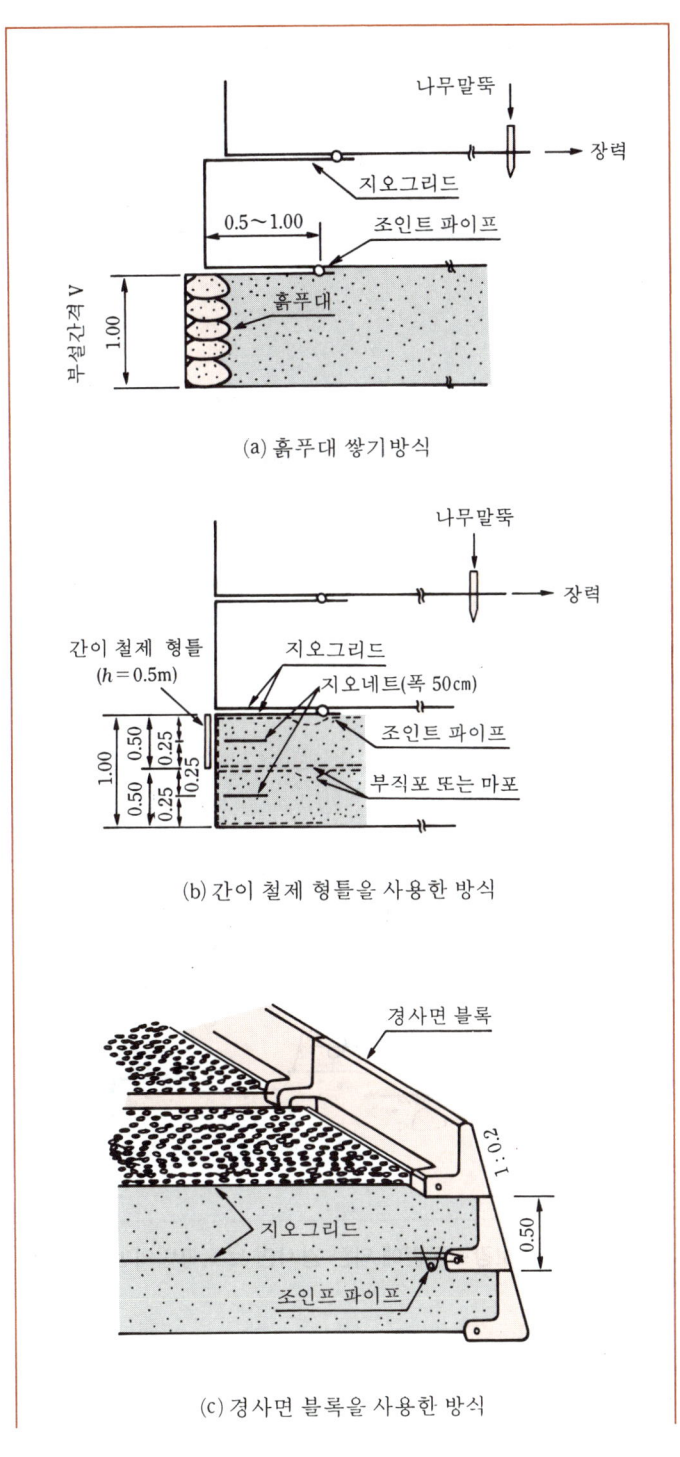

(a) 흙푸대 쌓기방식

(b) 간이 철제 형틀을 사용한 방식

(c) 경사면 블록을 사용한 방식

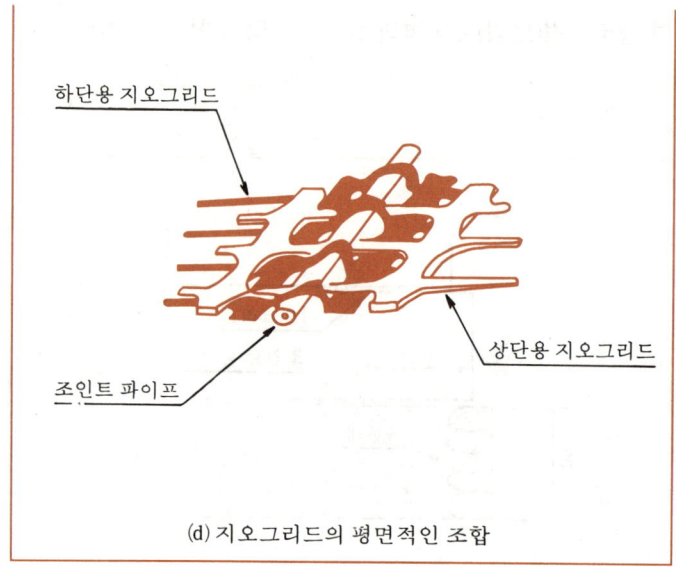

(그림 21) 급경사 보강 성토공법에서의 경사면 형성 방식

(10) 철근 보강토 공법

(그림 22) 철근 보강토공법에 의한 경사면 보호공법의 보호 효과

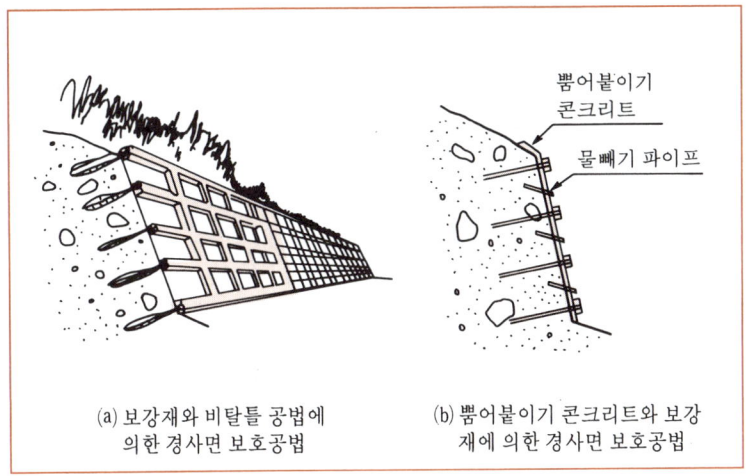

(그림 23) 철근 보강토공법에 의한 경사면 보호공법의 구조 예

(11) 연속장섬유 보강토공법(Texsol 옹벽)

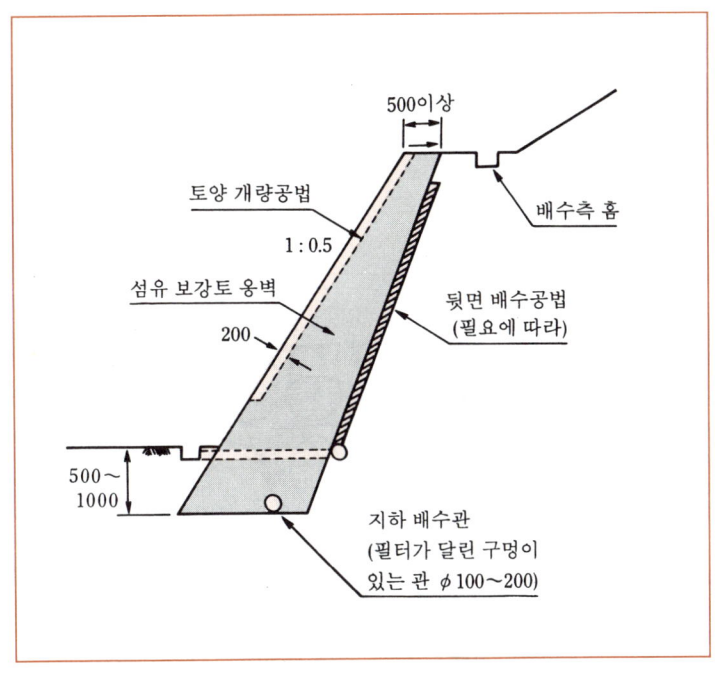

(그림 24) 섬유 보강토 옹벽 표준 단면도

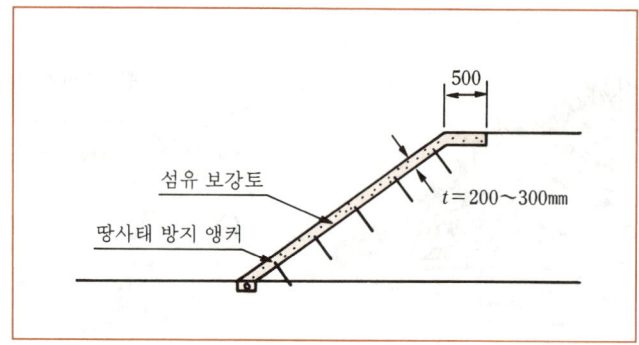

(그림 25) 섬유 보강토 경사면 보호공법

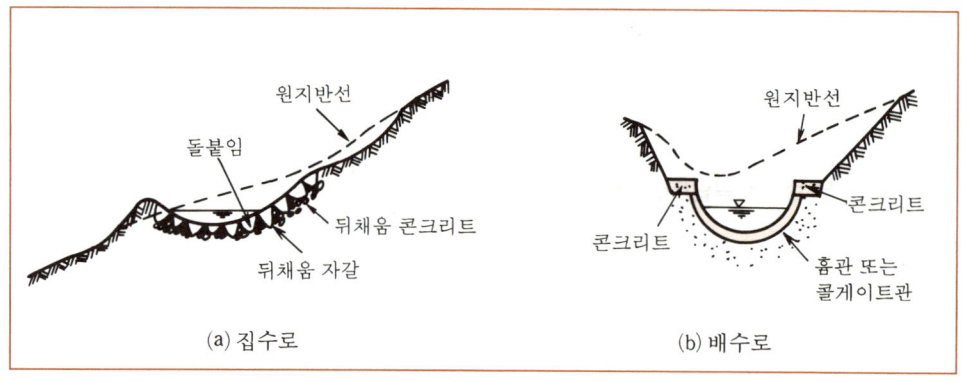

(a) 집수로   (b) 배수로

(그림 26) 집배수로

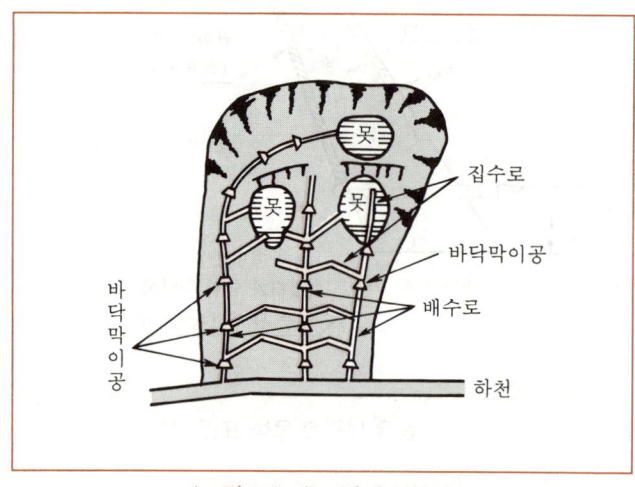

(그림 27) 지표 집배수로망

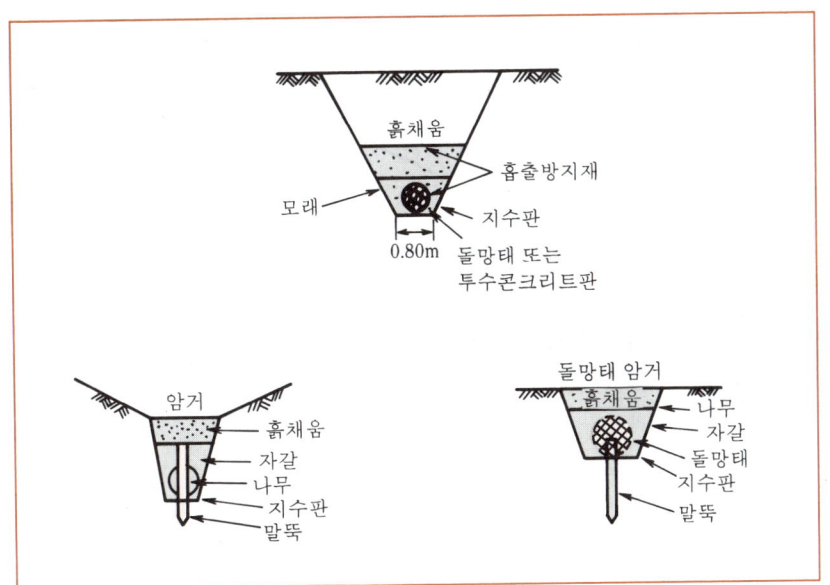

(그림 28) 맹암거 시공예

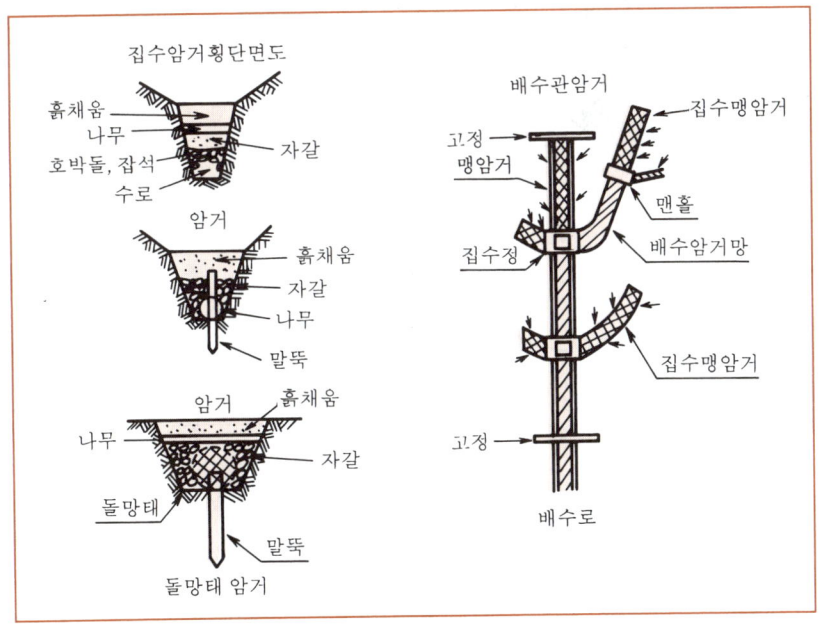

(그림 29) 암거의 예와 배수암거망

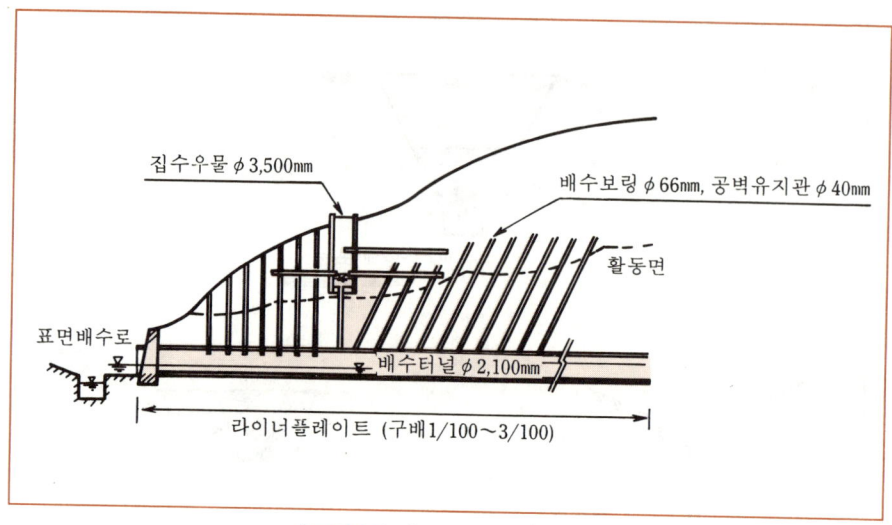

(그림 30) 배수터널공 표준도

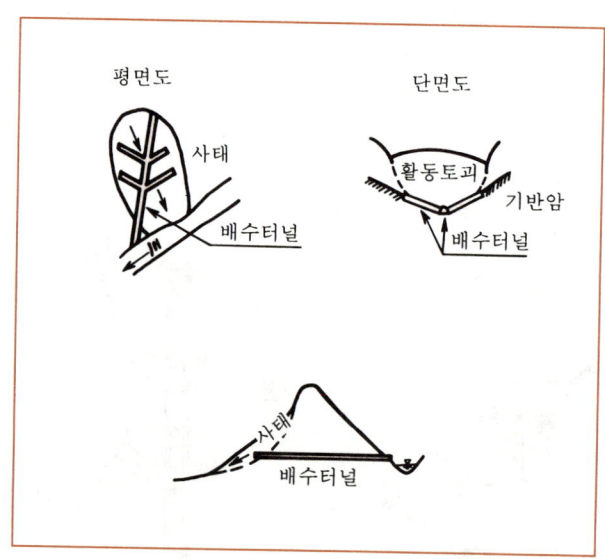

(그림 31) 배수터널의 계획

4. 결 론

(1) 최근들어 환경에 대한 중요성이 지적되고 있으므로 인구 밀집지역이나 도심지, 중요 구조물 부근에서의 작업으로 붕괴가 일어나지 않도록 위험구역을 별도로 지정해서 안정시공이

되게 한다.

(2) **법면 붕괴 방지대책의 조합 시공예 및 설계 변경대안**
   1) Texsol 옹벽
   2) 보강토 옹벽
   3) Rock Bolt와 Rock Anchor
   4) 옹벽공
   5) 배토공
   6) 압성토공
   7) Soil Nailing공법
   8) 철근 보강토 공법
   9) 말뚝공법
   10) Geosynthetic공법
   11) 흙푸대 공법

90. 비탈면 붕괴의 원인과 대책(노상+제방 등의 인공사면)

1. 개 요
- 비탈면 붕괴의 원인에는 주로 강우에 의한 표면수, 표면수가 비탈면에 침투해서 생기는 붕괴, 상부는 투수성 재료, 하부는 불투수성 재료로된 성토의 침수투수에 의한 붕괴로 구분된다.
- 따라서 비탈면 붕괴의 주원인은 강우에 의한 것이 대부분이므로 배수공, 식생공, 맹구등을 설치해서 방지해야 한다. (Stone Filled Drain Ditch)
- 이하 본고에서는 비탈면 붕괴의 원인과 대책에 대해서 아래와 같이 기술토록 한다.

(1) **비탈면 붕괴의 원인과 대책**
  1) 강우에 의한 표면수에 의한 세굴에 의한 붕괴
  2) 강우가 비탈면에 침투해서 생기는 붕괴
  3) 상부는 투수성 재료, 하부는 불투수성재료로 된 성토의 침투수에 의한 붕괴
  4) 성토내의 물에 의한 붕괴

2. 비탈면 붕괴의 원인과 대책

(1) **표면수에 의한 세굴에 의한 붕괴**
  1) 원인 : 세굴에 의한 붕괴에는 사질토에 많다.
  2) 대책
     ① 비탈면을 잘 다질 것(제일 중요)
     ② 비탈면을 식생으로 보호
     ③ 비탈어깨에 배수구 설치(Soil Cement)

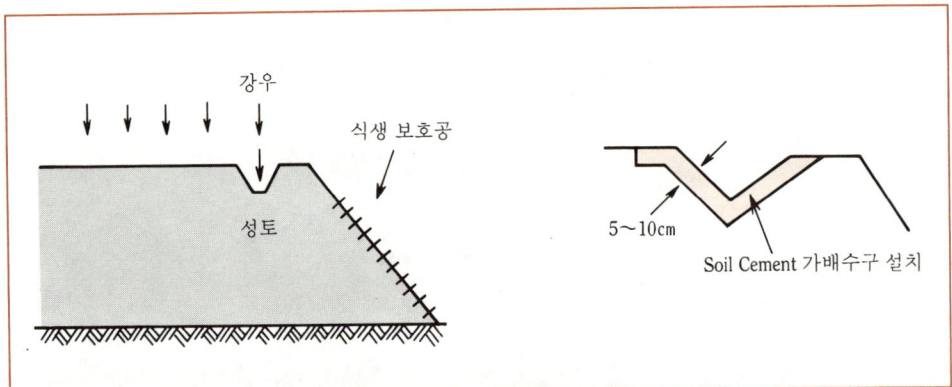

(그림 1) 세굴에 의한 붕괴 및 대책

(2) 강우가 비탈면에 침투해서 생기는 붕괴
   1) 비탈면 다짐 불량에 의해서 생기는 붕괴이며
   2) 대책
      ① 비탈어깨에 배수구 설치
      ② 비탈면을 충분히 다질 것

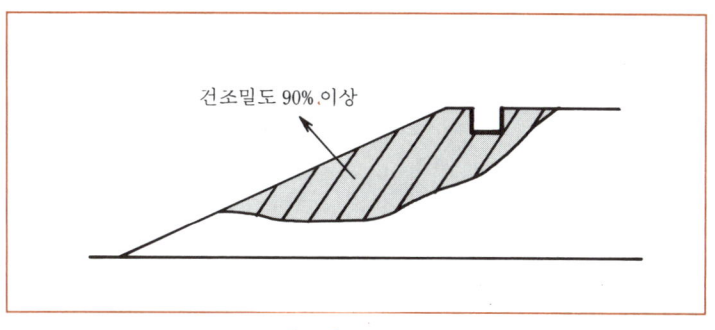

(그림 2) 원인

(3) 상부는 투수성 재료, 하부는 불투수성 재료로 된 성토에 침투수에 의한 붕괴
   1) 이와 같은 경우는 교통하중의 지지면에서는 좋은 것이지만
   2) 침투수에 의한 붕괴가 약점이다.
   3) 대책
      ① 막자갈의 수평층 또는 맹구 설치(Stone Filled Drain Ditch)

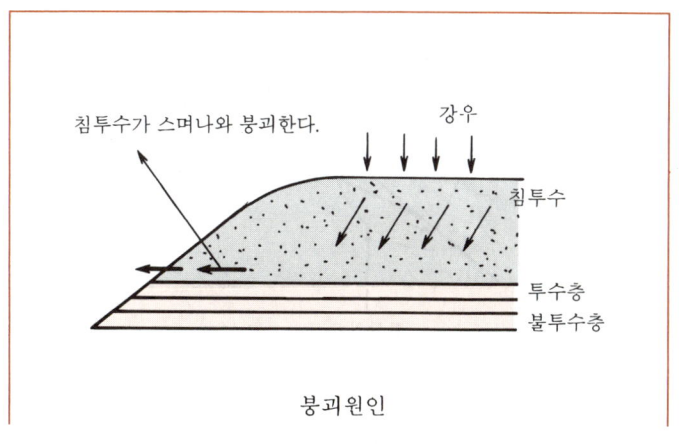

붕괴원인

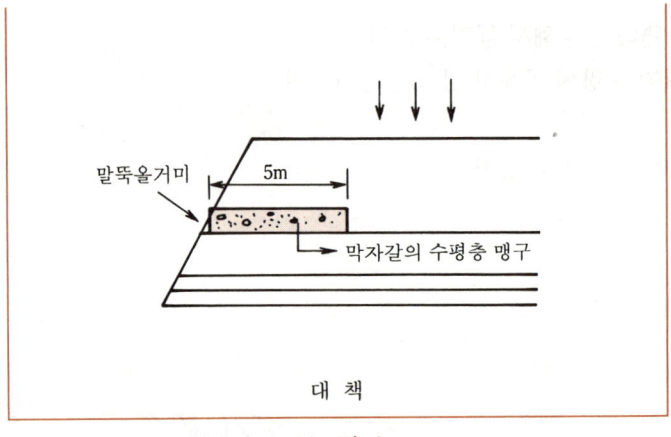

(그림 3)

(4) 성토내의 물에 의한 붕괴

1) 점성토와 사질토의 중간에 있는 입도로 성토한 경우에는
   ① 강우가 침투되기 쉽고
   ② 빠져 나가기 어렵고
   ③ 성토내의 수위가 상승해서
   ④ 큰 간극수압이 발생해서 붕괴된다.

2) 대책
   ① 막자갈용의 투수층 설치해서
   ② 성토내의 수위를 저하시킨다.

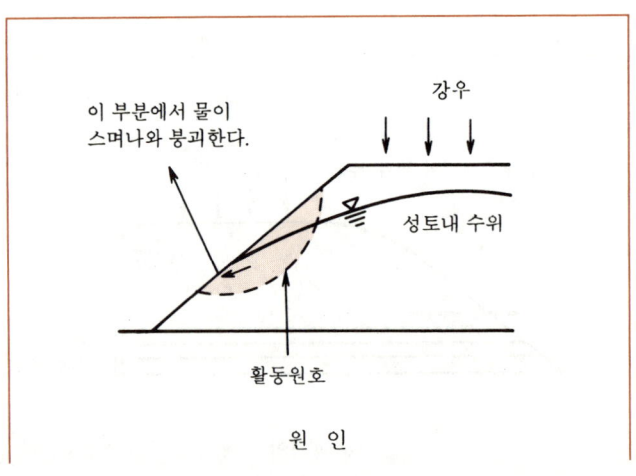

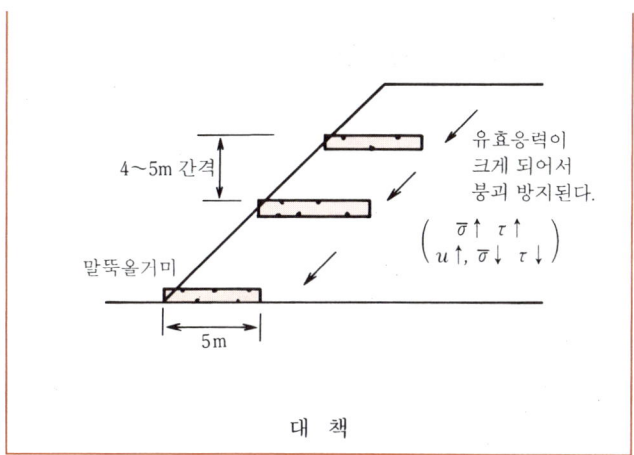

(그림 4) 성토내의 수압이 높은 경우 붕괴 원인과 대책

3. 결 론

- 성토비탈면 붕괴방지 위한 설계·시공시 중점관리 항목
    (1) 연약지반 처리
    (2) 재료
    (3) 다짐
    (4) 배수
    (5) 층따기
    (6) 구배
    (7) 소단
    (8) 동상깊이까지 치환

91. 성토 기초지반의 처리대책 (연약지반상의 성토 시공대책)

1. 개 요
성토 기초지반의 처리의 목적은 초목 등에 의해서(벌개제근 미비) 성토체의 예기치 않은 붕괴나 부등침하 방지를 실시하며 아래와 같이 기술토록 한다.

(1) 성토에서의 벌개제근
    1) 문제점
    2) 시공법
    3) 시공기계

(2) 성토 기초지반이 논(畓), 습지인 경우의 처리
    1) 문제점(Trafficability + 다짐곤란)
    2) 대 책(부사층의 시공 → 모래, 막자갈 이용)

2. 성토에서의 벌개제근

(1) 문제점
    1) 벌개제근 불량시 부등침하 발생
    2) 사면 붕괴된다.

(2) 시공법(대책)
    1) 성토 높이 3m 이하인 경우
       ① 3m 이하의 경우는 초목은 모두 제근하며

    2) 성토고가 3m 이상인 경우
       ① 지름이 50cm 이상의 것은 모두 제근하지만
       ② 그 이하의 것은 남겨둬도 좋다는 규정도 있다.

(3) 시공기계 : Bulldozer 사용한다.

3. 성토 기초지반이 논(畓), 습지인 경우 (= 연약지반상의 성토시공)

(1) 문제점
    논이나 습지에는 표층에 얇은 연약층이 존재하므로
    1) Trafficability의 확보가 곤란하다.
    2) 다짐 작업이 곤란

(2) 대책

1) 고성토의 경우
① 성토의 제1층을 1m 정도로 쌓고 (Trafficability 증진)
② 제2층째부터 충분히 전압하면(다지면) 된다.
③ 제1층만 성토하는 것으로 끝날 경우는 그림 1과 같이 0.5~1m 정도 도랑을 파서 강모래, 자갈을 채워 배수시켜 건조시 성토하면 된다.

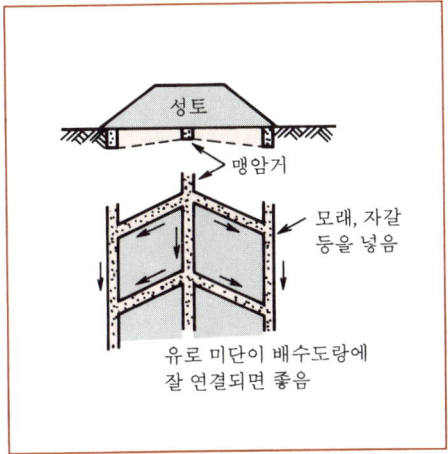

(그림 1) 답지 등의 성토기초지반의 배수

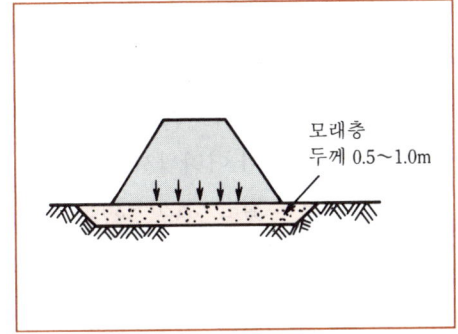

(그림 2) Sand Mat 공법

2) 저성토인 경우
① 부사층으로 배수(그림 2) 하든지
② 양질의 재료로 치환
③ 부사층은 모관수의 상승 차단시킨다.
④ 연약층이 두꺼울 때는 토질조사해서 연약지반처리 대책을 수립한다.

4. 결 론

• 성토 기초지반 처리시 중점관리항목
(1) 연약지반처리공법의 선정 ➡ 시공 ➡ 개량효과 확인
(2) 시공중 붕괴방지 대책으로 ➡ 계측실시한다.
(3) 시공중 배수시설 정밀시공한다.

92. 성토 작업방법 (흙쌓기 방법)

1. 개 요
흙쌓기 방법을 대별하면 수평층 쌓기, 전방층 쌓기, 비계층 쌓기 등의 세가지로 분류할 수 있다. 이하 본 소고에서는 흙쌓기 방법에 대해서 아래와 같이 기술토록 한다.

2. 흙쌓기 방법(종류)
(1) **수평층 쌓기** : 수평층으로 쌓는 방법
  1) 두꺼운층 쌓기 : 60~100cm 쌓아 올라간다.
  2) 얇은층 쌓기 : 20~30cm 정도 쌓아 올라간다.
  3) 두꺼운층 쌓기 문제점
    ① 다짐두께가 두꺼우면 다짐이 곤란하고
    ② 다짐도 측정이 어려워서 품질관리상 문제가 있어
    ③ 일반적으로 얇은 층(20~30cm) 쌓기를 한다.

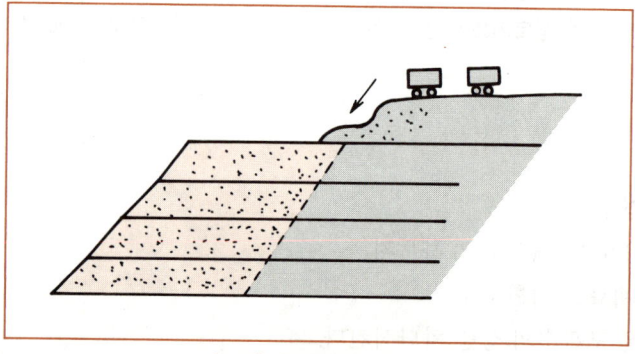

(그림 1) 수평층 쌓기

(2) **전방층 쌓기**
  1) 시공법
    ① (그림 2)와 같이 전방에 흙을 침하하면서 쌓는 방법
    ② 경사지게 쌓아 올린다.
    ③ 경사면은 자연경사가 되어서 유리하지만 공사 중에 압축이 적음으로서 완성후에 침

하가 크다.

2) 용도
    ① 공비가 싸고
    ② 시공속도가 빨라서
    ③ 도로, 철도 등의 낮은 성토에 유리

3) 사용기계
    ① Dump Truck : 시공중 압축을 촉진시키기 위해서 Dump Truck을 사용하는 것이 가장 유리하다.

(그림 2) 전방층 쌓기

(3) **비계층 쌓기**

1) 시공법
    ① (그림 3)과 같이 본바닥 위해 기계식 비계 가설해서
    ② 그 위에 Rail을 부설하고
    ③ Trolley로 운반 침하하는 방법

2) 용도
    ① 높은 축제 쌓기
    ② 대성토 : 저수지의 토공에 적합

3) 장비 : Trolley
4) 문제점 : 시공후에 침하가 크다

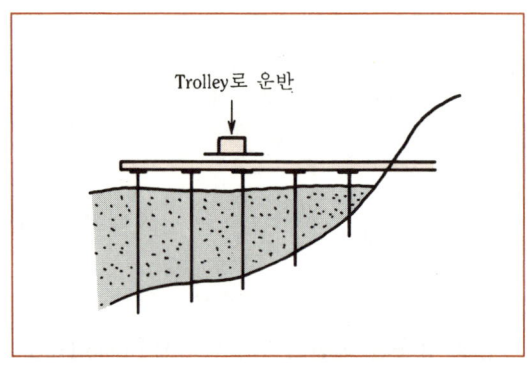

(그림 3) 비계층 쌓기

(4) **물다짐 공법(Hydraulic Fill)**
계류 혹은 하해, 호소에서 Pump로 송니관내에 물을 보내서 큰 수두를 가진 물을 Nozzle로 분출시켜서 절취토사를 물에 섞어서 이것을 송니관으로 흙댐까지 운송하는 것이다.

(5) **절토와 성토(유용토 쌓기)**
토량의 균형을 취하기 위해서 동일 장소에서의 절토량을 동일 장소에 성토하는데 Bulldozer를 이용해서 작업한다.

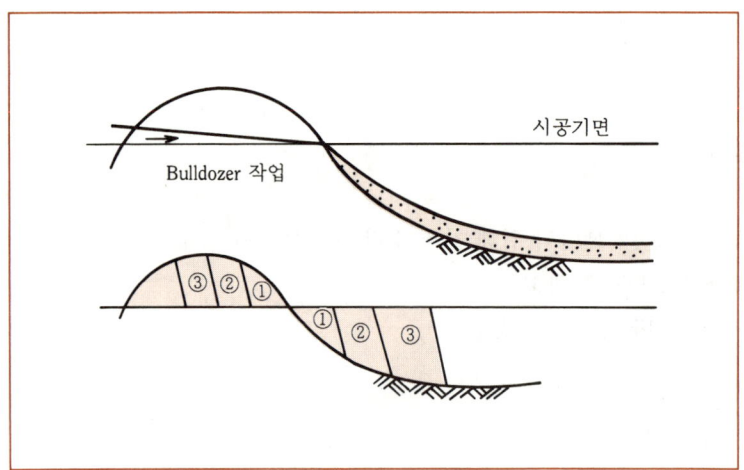

(그림 4) 유용토 쌓기

93. 저성토에서 포장이 파손하는 원인과 대책

1. 문제 발생
일반적으로 성토높이가 큰 경우는 연약지반에 미치는 교통하중에 영향이 적은데다가 성토하중에 의해 지반의 균질성과 변형에 대한 저항성을 더하기 때문에 교통하중에 의한 노면의 변형이나 부등침하는 극히 적다. 그러나 저성토에서는 공사 개시후에 노면의 기복이 발생하여 포장이 파괴하는 현상을 나타내는 경우가 많다.

2. 원 인
(1) 연약층에 접하는 성토가 낮기 때문에 노상부가 충분히 다짐이 되지 않아 노상의 지지력을 얻기가 어렵다.
(2) 지하수위가 상대적으로 높아서, 노상 부근까지 상승하기 때문에 노상의 지지력이 저하되기 쉽다.
(3) 교통하중이 성토내에서 충분히 분산되지 않고, 연약지반에 도달하여, 지반의 변형침하를 촉진시킨다.
(4) 교통하중에 의한 진동이 그대로 연약지반에 전달되기 쉽다.
(5) 지반 상층부분의 불균일성이 성토에 영향을 미친다.

3. 대 책
(1) 강성이 높은 성토구조로 할 것
(2) 성토내의 배수를 양호하게 할 것
(3) 기초지반의 표층에 가까운 부분의 침하를 감소시키며, 또한 강도를 균일화시키고 높일 것

4. 방 법
대책 (1), (2)에 대해서는 성토재료에 양질의 것을 선택하여 충분히 다진다. 대책(3)의 방법으로는 다음과 같은 공법이 있다.

(1) **Sand Mat 공법**
압밀배수를 촉진시키고, 성토내에서의 지하수 상승을 방지하기 위하여 적용한다.

(2) **부설재 공법**
지반이 국부적 전단 변형을 방지하기 위하여 지반면에 전단강도, 또는 인장력이 큰 재료를 부설하고, 성토하중의 분산지지를 꾀한다.

(3) 재하중 공법

미리 교통하중에 상당하는 하중이상의 여성토를 시공해 둠으로써, 개통후의 교통하중에 의한 침하의 감소를 꾀한다. (그림 1, 참조)

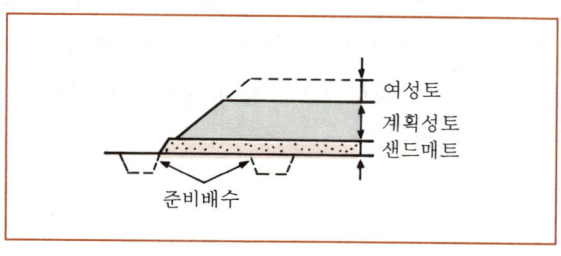

(그림 1) 재하공법

(4) 치환 공법

교통하중에 의한 영향이 큰 표층부분을 양질 재료로 치환하고, 교통하중에 의한 침하의 감소를 꾀한다. (그림 2. 참조)

저성토 샌드매트 1.5~2.0m 정도 (양질토로 치환)

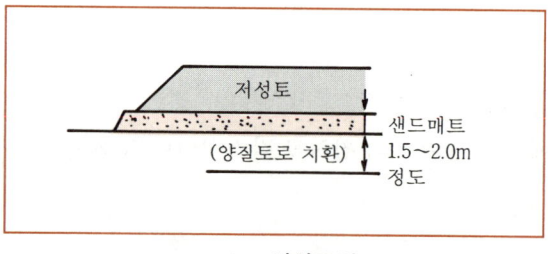

(그림 2) 치환공법

(5) 모래 다짐말뚝(Sand Compaction Pile) 공법, 석회파일(Pile) 공법

모래 다짐말뚝이나 석회파일 등을 타설하여 표층에 가까운 지반을 개량하고, 교통하중에 의한 침하의 감소를 꾀한다. (그림 3, 참조)

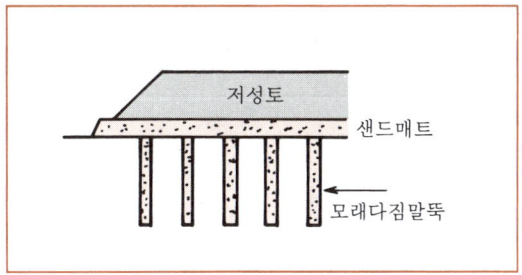

(그림 3) 모래다짐말뚝공법(SCP)

5. 결 론

- 저성토 붕괴방지 대책
    (1) 연약지반 처리
    (2) 재료선정
    (3) 층다짐 실시
    (4) 구배설계
    (5) 층따기
    (6) 동상방지 차단층 설치
    (7) 배수공 정밀시공

94. 고성토(흙쌓기 높이 15m이상인 경우) 설계, 시공대책(대성토시공대책)

1. 서 론

(1) 흙쌓기 높이가 15m를 넘는 경우에는 흙쌓기의 안정에 대해서 과거의 실적을 잘 조사하고 지형, 지질, 용수, 지지력 등 기초지반의 상황, 도로 계획고(토량 평형), 붕괴할 경우의 영향과 복구의 어려움, 현지 발생재의 유효 이용 등을 종합적으로 검토해서 흙쌓기의 구조를 결정한다.

(2) 고성토의 설계 및 시공에 있어서는 흙쌓기의 압축침하 및 안정에 대해서 보다 세심한 주의가 필요하다. 특히, 비탈 하단에 주요 도로, 철도 등의 중요한 시설이 있는 경우나 불안정한 기초지반 위에 고성토하는 경우, 또는 고함수비 점성토로 고성토하는 경우 등에 대해서는 세심한 주의가 필요하다.

2. 설계 및 시공상의 유의사항

(1) 안정 검토
고성토의 안정을 도모하기 위해서는 기초지반의 개량, 흙쌓기 재료의 선정, 지하배수 대책의 철저, 비탈면 보호공의 강화, 배수대책의 완비 등의 대책이 필요하다. 또한 시공에서는 거동 관측을 포함한 안정대책을 세우는 것이 중요하다.

(2) 기초지반
흙쌓기부의 붕괴 사례 중에는 불안정한 기초지반인 경우에 부주의한 고성토를 실시하여 흙쌓기부가 붕괴될 수 있기 때문에 연약지반, 경사지반, 사면활동 등 불안정한 기초지반 위에 고성토하는 경우는 사전에 보다 세밀히 조사해 둘 필요가 있다. 또한, 시공단계에서도 현장을 잘 조사하여 기초지반을 파악하는 것이 중요하다.(그림 1 참조)

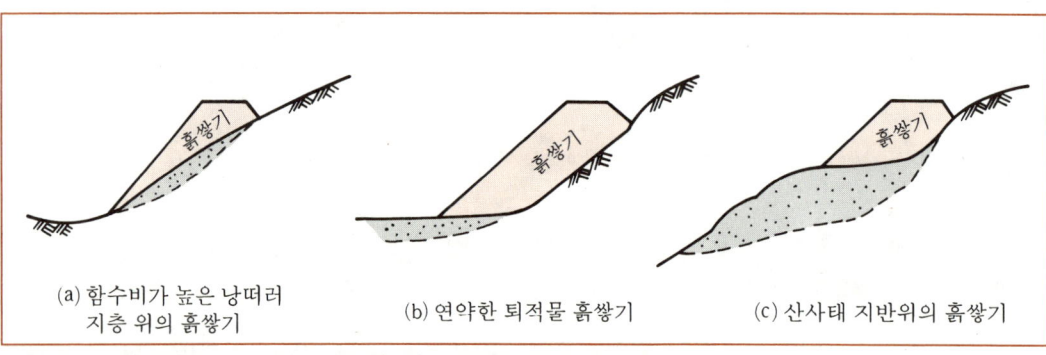

(a) 함수비가 높은 낭떠러 지층 위의 흙쌓기   (b) 연약한 퇴적물 흙쌓기   (c) 산사태 지반위의 흙쌓기

(그림 1) 불안정한 기초지반의 흙쌓기

(3) 고성토의 구조 검토시 주의사항

1) 비탈면 구배
① 비탈면 구배는 흙쌓기의 안정을 결정하는 요인이고
② 완만한 구배일수록 흙쌓기는 안정하지만 현지 조건과 건설비의 관계를 충분히 검토해서 결정할 필요가 있다.

2) 흙쌓기 재료의 유효 이용
① 흙쌓기 재료는 도로 선형이 결정될 때에 기초지반의 지질조건으로 자연히 결정되는 것이지만 여러가지 성질을 갖는 현지 발생재를 흙쌓기 각 부의 적재적소에 배분하여 안정성이 높은 흙쌓기로 하는 것이 바람직하다.
② 따라서, 투수성이 좋은 재료(암편 등)를 최하부(배수층) 필터층에 사용하도록 배려한다.

3) 배수 대책
① 고성토의 배수처리는 흙쌓기의 안정, 시공중의 차량의 진입, 공용후의 침하, 붕괴방지에 중요한 영향을 미치는 것이고
② 관련 각 항을 참조한 후에 구조에 맞는 설계 및 시공을 하도록 한다.
③ 특히, 배수처리는 끝부분이 중요하므로 확실히 하도록 한다.

3. 결 론

● 고성토 시공시 보강토(Reinforced Soil 공법) 적용방안
    (1) 보강토 옹벽
    (2) 연속 장섬유 보강토 Texsol공법 시공
    (3) Geosynthetic(토목섬유) 시공
    (4) EPS경량 성토시공

> **95. 장대 비탈면 시공대책(땅깎기 높이 20m 이상의 비탈면)**

1. 서 론

땅깎기 높이가 20m 이상의 장대 비탈면은 비탈면 전체의 지질이 균질하고 견고한 것은 드물게 나타나며, 단층 등의 약선을 수반하고 있는 것이 많기 때문에 안정에 관해서 지질, 지하수 상황 등을 보다 상세히 조사하여 설계해야 한다.

2. 장대 비탈면 설계, 시공대책

(1) 장대 비탈면을 설계하는 경우에는 정확하고 상세한 정보를 알기 위한 조사를 행하는 것이 중요하다. 특히, 단층이나 지하수는 비탈면의 안정에 큰 영향을 주는 경우가 많기 때문에 보링조사 외에 지표 답사나 탄성파 탐사 등의 조사를 통한 아주 세밀한 검토가 필요하다.

(2) 장대 비탈면은 시공중의 붕괴나 상태 변화 및 추정 암반선의 변경 등이 발생한 경우, 재시공이 많고 또 관리에서는 점검이 곤란한 것과 보수시 대규모적인 안전대책을 필요로 하여 비경제적인 경우가 많다. 따라서, 시공성과 용지 폭 등을 고려하여 설계하는 것이 중요하다.

(3) **설계 비탈면 구배와 보호공**
   1) 장대 비탈면에 있어서도 통상의 지질이라면 각 소단마다 원지반 토질 조건에 부합된 표준 비탈면의 구배를 적용하면 좋다.
   2) 부득이 장대 비탈면이 발생하는 경우는 말뚝이나 옹벽 등으로 소비탈면으로 하는 방법이 고려된다.
   3) 이 경우, 두 안을 비교한 후에 현지의 토량 배분 계획, 용지 상황, 환경대책, 유지관리면 등을 감안하여 경제적인 설계가 되도록 충분히 검토할 필요가 있다.

(4) **소단**
   1) 장대 비탈면의 소단은 유지관리상 통상의 비탈면에 비해 그 필요성과 중요도가 크다.
   2) 또한 폭이 넓은 소단은 소규모적인 상태변화에 대해서 토사를 멈추는 역할을 하거나,
   3) 보수용 작업대로 되기 때문에 장대 비탈면에서는 수직 높이 20~30m마다 폭 3~4m정도의 소단을 설치하는 것이 바람직하다.
   4) 최하단부의 소단은 측구를 포함해서 3.2m를 설치하고, 리핑암과 발파암의 사이는 1.0m 소단을 설치하는 것으로 한다.
   5) 또한, 암반의 특성이 급격히 변화하는 곳에 1.0m의 소단을 설치할 수도 있다.
   6) 땅깎기 높이 20m마다 3.0m의 소단을 설치하고, 반원관(ϕ330mm)을 설치하고, 풍화암 구간에서는 2.5m이하일 경우는 리핑암과 토사의 경계에만 소단을 설치하고,

7) 2.5m이상일 경우는 최상부 소단과 리핑암과 토사의 경계에 소단을 추가 설치한다.

3. 장대비탈면 붕괴방지 대책공법

(1) Rock Bolt

(2) Rock Anchor

(3) Soil Nailing

(4) 유공관 설치

(5) 옹벽설치

(6) Wire Net(와이어망 설치)

(7) 낙석받이 Trench 설치

(8) 구배 변경 시공

(9) 배토공

(10) Earth Anchor시공

4. 결 론

- 대절토 등 장대 비탈면 시공관리 주안점

    (1) 불연속면의 방향성 등 고려해서 보강공법 선정

    (2) 단층·파쇄대는 대규모 용수가 출현될 가능성이 크므로 배수공 시공 및 전문가 의견 진단후 시공한다.

    (3) 암사면 안정해석을 정밀하게 한다.

        1) 평사 투영법에 의한 해석방법

        2) 불연속면의 구조적 특성에 의한 해석방법

            ① 원형파괴

            ② 평면파괴

            ③ 쐐기파괴

            ④ 전도파괴

96. 땅깎기(절토) 비탈의 표면수 및 용수의 처리대책

1. 서 론
(1) 표면수나 용수에 비해 비탈면이 세굴되든가 붕괴될 염려가 있는 경우에는 비탈 어깨나 소단에 배수를 설치하여야 한다.
(2) 특히, 용수에 대해서는 용수지점, 용수량 등을 고려해서 설비의 선정 및 배치에 유의하여야 한다.

2. 설계 시공시 유의사항
(1) 비탈면은 기상조건에 따라 여러가지 피해를 받으나, 가장 많은 것은 우수의 흐름에 의한 침식이며, 배수가 충분하면 재해를 방지할 수 있는 경우가 많다.
(2) 따라서, 비탈면의 배수설비는 되도록 처음에 시공하는 것이 바람직하다.
(3) 배수구를 설계할 때에는 배수구에 물이 넘치거나 배수구의 측면이나 표면이 세굴되는 경우가 있으므로 주의를 하여야 한다.
(4) 또한, 종배수구, 경사 배수구 등을 만들 경우에는 흐르는 물이 비탈면이나 노면으로 넘쳐 세굴되지 않도록 적당한 조치를 취해야 한다.
(5) 특히 다음과 같은 지형, 지질에서는 용수에 주의하여야 하며, 또한 적설지에서는 융설기에 다량의 용수가 발생하기 때문에 주의가 필요하다.

  【안정검토가 필요한 절토 비탈면】
  1) 침식에 약한 토질
  2) 상부에 투수성의 재료(단구자갈, 홍적세 산모래 등)가 있고 하부에 불투수층(제 3기 이암 등)이 있는 경우
  3) 단구, 부채꼴 땅의 말단부
  4) 붕적토 지대
  5) 투수층과 불투수층이 접해 있을 경우

(6) **용수처리 방법**
  1) 비탈면으로 침출하여 나온 것을 비탈 표면에서 처리하는 경우와
  2) 비탈면 심부의 침투수를 물빼기 보링이나 집수정으로 비탈면 밖으로 배출하는 경우가 있다.

① 비탈면 심부의 침수처리의 예 (그림1)

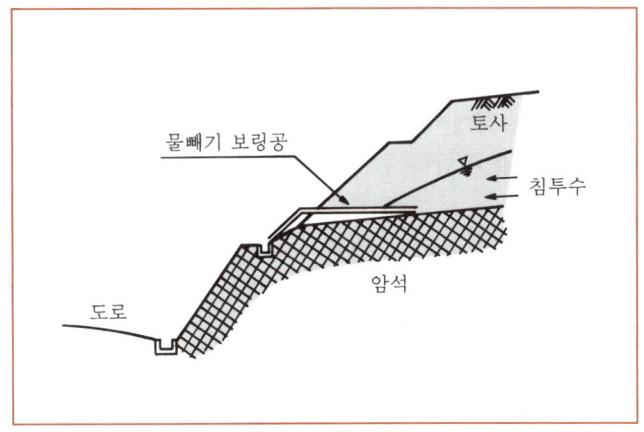

(그림 1) 물빼기 보링공의 설치 예

② 비탈 표면에서의 용수처리 예 (그림 2)

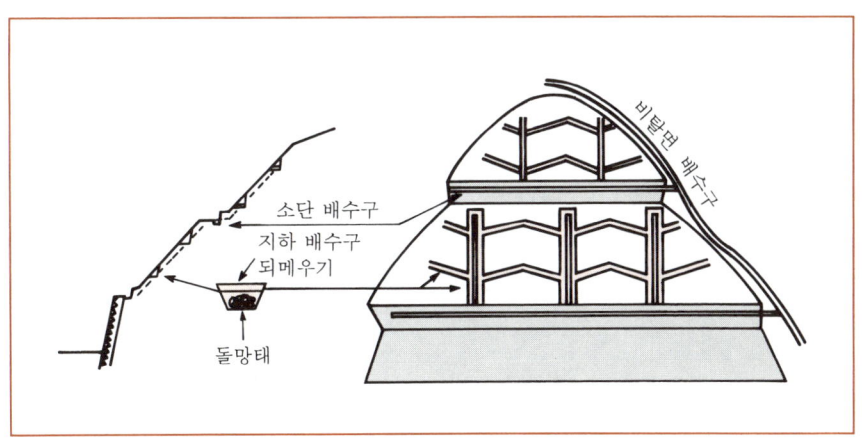

(그림 2) 지하배수구의 설치 예

3) 비탈 표면의 용수 처리공은 용수 위치를 잘 조사하여 체수층에 따라서 정확히 배치할 필요가 있다.

4) 사용하는 재료는 돌망태나, 유공관 등으로 막히지 않는 것을 사용한다.
5) 물빼기 보링공은 앙각 5° 이상으로 천공하여 유공관(Profrated Pipe)을 삽입한다. 유공관 단부 부근은 돌망태나 콘크리트벽으로 보호해도 좋다.
6) 한랭지에서는 용수처리가 지표면 부근에서 동결하여 용수의 배출을 저해하거나 유공단부 부근의 원지반이나 보호공을 파괴하는 경우가 있다.
7) 따라서, 동결이 심한 지역에서는 특히 유공관 단부의 매설 심도나 종말처리 위치, 방법 등에 대해서 검토할 필요가 있다.

3. 결 론

용수처리가 잘못된 경우 대규모 절토사면 붕괴가 예상되니 대절토전 암반조사를 해서 단층·파쇄대 등을 확인하고 사전에 대책을 수립한 후 절토공법 등 선정해야 한다.

97. (흙쌓기 재료로서) 암버럭으로 성토시 주의사항

암버럭을 흙쌓기 재료로 사용할 경우에는 아래와 같은 점에 유의하여 시공하여야 한다.

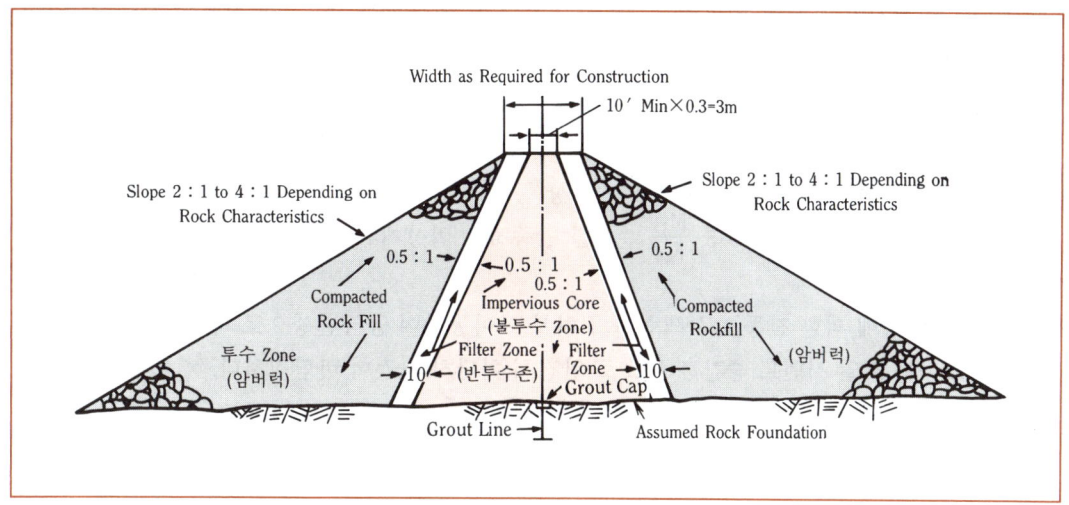

(그림 1) Typical Maximum Section of an Earth-Core Rockfill Dam Using Central Core. 288-D-2800
【Rockfill Dam 단면도】

1. 상부 노체 완성면 아래 50cm 이내에서는 직경 15cm 이상의 암버럭은 사용할 수 없다.
2. 암버럭의 최대 입경은 60cm 이하로 하나 (표 1)에 표시한대로 대형 다짐기계를 사용하는 전제로, 한층당 마무리 두께는 암버럭 최대 입경의 1.0~1.5배를 목표로 하여 시험시공후 결정할 수 있다.

(표 1) 암버럭 재료를 사용하는 다짐기계

마무리 두께	다 짐 기 종(기진력 표시)	비 고
30cm 이하	진동롤러-5t 이상(단, 진동롤러가 적합치 않은 재료에 대해서는 타이어롤러 : 15t 이상)	진동륜이 2륜인 것에 대해서는 공칭기진력을 1륜에 맞도록 하여 평가한 것
30~60cm	진동롤러-13t 이상	
60~90cm	진동롤러-20t 이상	

3. 또 층의 두께를 얇게 시공할수록 흙쌓기의 품질은 향상되므로 시공층의 두께 결정에 있어서는 가능한한 얇게 되도록 주의를 기울여야 한다.
4. Slaking이 발생하기 쉬운 연암재료를 사용한 흙쌓기 중에는 완성후 장기간에 걸친 지하수위 변동 등의 작용을 받아 세립화 되어 압축침하를 일으키는 경우도 있으므로
5. 압축성이 큰 암버럭에 대하여서는 압축을 적게 받는 개소에 사용을 검토하고
6. 큰 압축침하가 생기지 않도록 충분한 다짐을 하여야 한다.
7. 암버럭의 다짐도는 토사와 같은 건조밀도에 의한 다짐도 관리가 곤란한 재료이므로 이러한 재료에서는 시험시공을 하여 평판재하시험이나 타스크 메타(Task Meter)에 의한 밀도나 표면 침하량 등에서 다짐기계나 다짐횟수를 결정하여야 한다.
8. 암버럭으로 시공되는 흙쌓기부의 마지막층은 작은 조각이나 입상재료, 소일시멘트 중간층 등을 두어 공극을 충분히 차단할 수 있도록 메워야 한다.
9. 암버럭으로 시공되는 흙쌓기부 상부에는 노상 등의 세립재($\frac{R_{15}}{F_{85}} < 5$)를 시공하는 경우에는 해설 (그림 2)에서와 같은 $\frac{M_{15}}{F_{15}} > 5, \frac{M_{15}}{F_{85}} < 5$ 를 만족하는 입상재료(입도조절 중간층)로 충분히 메울수도 있으나,
10. 상부 교통하중에 의한 진동으로 세립자가 하부로 이동하여 공극발생으로 하자 원인이 되므로 이 방법보다는 소일 시멘트 중간층 등으로 완전히 차단하는 것이 바람직하다.

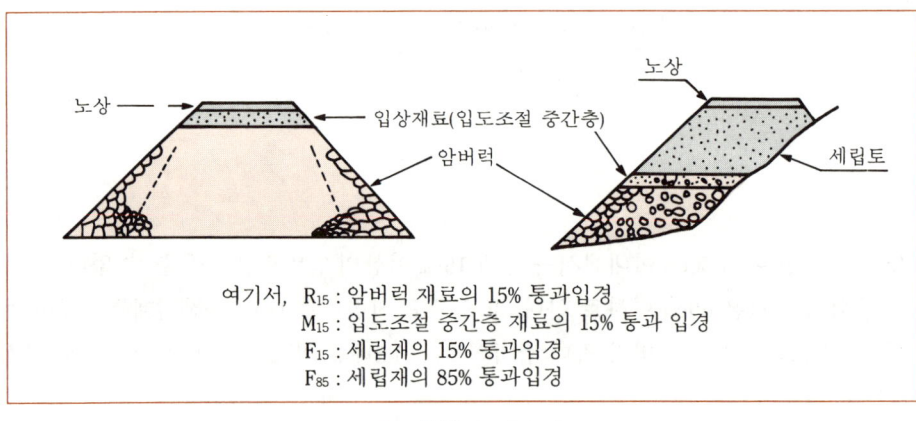

여기서, R_{15} : 암버럭 재료의 15% 통과입경
M_{15} : 입도조절 중간층 재료의 15% 통과 입경
F_{15} : 세립재의 15% 통과입경
F_{85} : 세립재의 85% 통과입경

(그림 2) 흙쌓기 시공 예

11. 암버럭과 기타 재료를 동시에 포설해야 할 경우 암버럭은 외측에, 기타 재료는 중앙부에 포설하여야 한다.
12. 세립토가 유출될 경우에는 암버럭 등의 조립재와 혼합하여 사용하거나 또는 세립재와 조립재

를 현장에 반입하여 분리하지 않도록해서 시방 두께대로 균등하게 포설하여 다져야 한다.
13. 다짐장비는 되도록 무거운 것. 기진력이 큰 것(25t 급 타이어 롤러 또는 4t급 피견인식 진동롤러 정도이상)을 사용하는 것이 바람직하다.

요약 **암버럭 쌓기 시공대책**
(1) 공극은 돌부스러기로 채운다.
(2) 최대입경
   60cm로 하되 60cm×1.5=90cm로 하는 경우는 시험 시공해서 결정한다.
(3) 다짐장비
   ① 기진력이 큰 Bulldozer로 하거나
   ② 진동 Roller 5t~20t 이상으로 하되 마무리 두께에 따라서 시강규정에 준하여 다짐한다.
(4) 마무리층 시공대책
   ① Soil Cement로 불투수 처리한다.
   ② 콘크리트 타설, 불투수 처리한다.
(5) 암버럭은 외측에 기타 재료는 중앙에 포설하고 다진다.

98. 암성토와 토사성토를 구분 다짐하는 이유와 다짐 시공시 유의사항 및 품질관리

1. 서 언

(1) 일반적으로 Fill Type Dam(Rock Fill Dam) 시공시 암성토, 토사성토 구분해서 다짐한다.

(2) **암재료와 토사 혼합 다짐시 문제점**
　　1) 전단 강도 감소
　　2) 차수성 저하 (Dam)
　　3) 우수에 의한 차수재(Core 재)유출 → Piping 현상 → 누수 → 제방 파괴
　　4) 교통 하중 반복(단차, 균열 발생, 포장파손, 지지력 상이, 강성차이로 포장 파손)
　　5) 다짐 곤란, 점착력 C 값 저하

(3) 일반적으로 Dam, 제방 체제 다짐시 습윤측(OMC+3%)으로 다질때에 k 값이 적어진다.

【기술 내용】
　　1) 암성토와 토사성토 구분해서 다짐하는 이유
　　2) 다짐시 유의사항(시공관리)
　　3) 품질관리상 차이점
　　　① 암성토
　　　② 토사성토
　　4) 결론

2. 다짐 시공시 유의사항 (시공관리)

(1) **재료**
　　1) 암성토 ─┬─ 공극채움 돌부스러기 확보
　　　　　　　 └─ 최대 입경 : 60cm 이하

　　2) 토사성토 ─┬─ 최대 치수 : 100mm(10cm) 이하
　　　　　　　　 ├─ $C_u > 10$
　　　　　　　　 ├─ $C_c = 1 \sim 3$
　　　　　　　　 ├─ Trafficability 확보가 가능하도록
　　　　　　　　 ├─ ϕ, C 값이 (강도정수) 큰 흙
　　　　　　　　 ├─ 압축성이 적은 재료
　　　　　　　　 ├─ k 값이 적은 재료
　　　　　　　　 └─ τ 가 큰 흙(전단강도가 큰 흙)

(2) 다짐 장비
   1) 암성토 ― 중량이 무겁고 기진력이 큰 장비
            └ Bulldozer, 진동 Roller
   2) 토사성토 ┬ 시험시공후 결정하나
             ├ 사질토 : 진동다짐
             └ 점성토 : 전압식 다짐

(3) 다짐도 확보
   1) 암성토 : Interlocking에 의한 전단강도 증대
   2) 토사성토 : $\gamma_{dmax} \leftrightarrow$ OMC 상태로 다져서 k 감소시키고 τ 증대
      Zero Air Void Curve에 가깝게 다짐

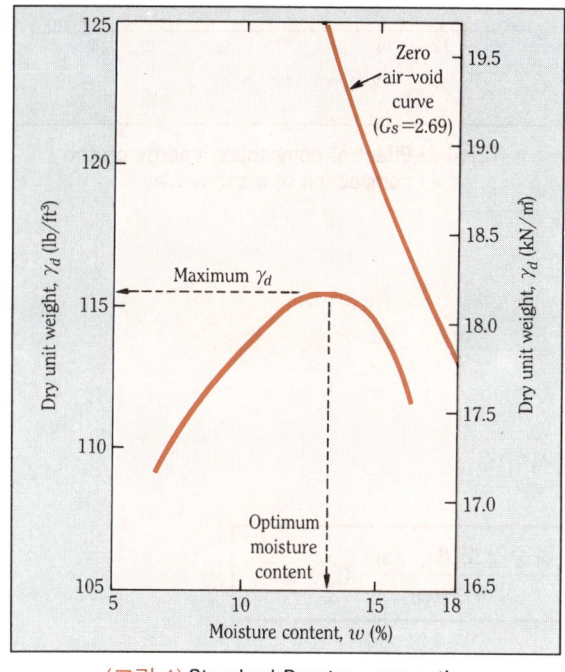

(그림 1) Standard Proctor compaction test results for a silty clay

(4) 1층 다짐 두께
   1) 암 : 최대 입경 60cm×1.50배 두께로 시험 시공해서 결정
   2) 토사성토 : 다짐후 두께 20cm 기준 시험 시공 후 결정

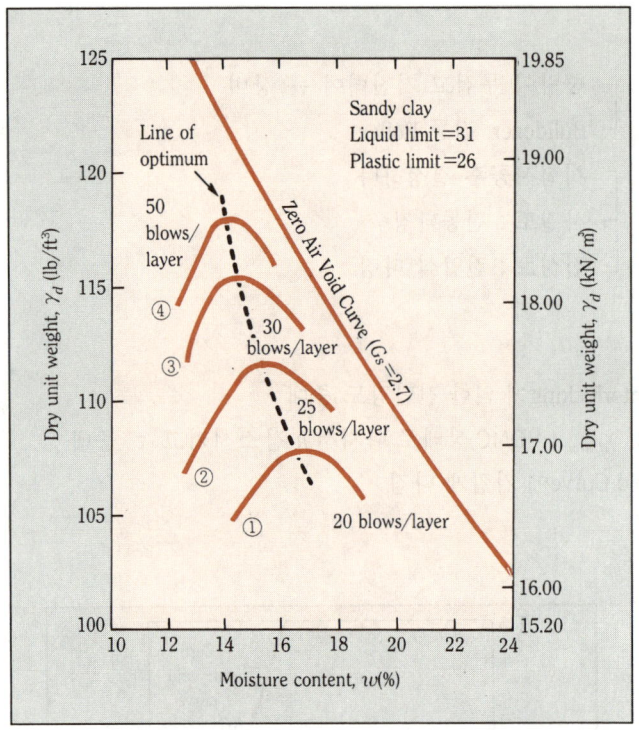

〈그림 2〉 Effect of compaction energy on the compaction of a sandy clay

3. 품질 관리 기준

(1) 암성토

1) PBT (평판 재하 시험)

$$K치 = \frac{하중강도\ (kg/cm^2)}{침하량(cm)}\ (kg/cm^3)$$

2) 대형 전단시험

3) 다짐 기종 / 회수

(2) 토사성토

1) 건조밀도 ($RC = \dfrac{\gamma_d}{\gamma_{dmax}} \times 100\%$)

2) 포화도, 공극율 ($S_r = 85 \sim 98\%$, $V_a = 1 \sim 10\%$) : RC 적용이 곤란한 경우

3) 강도로 규정 (CBR+PBT+Cone 지수) : 암버력, 호박돌

4) 상대밀도($D_r = \dfrac{e_{max}-e}{e_{max}-e_{min}} \times 100\%$) : 모래

5) 변형량(Proof Rolling)

6) 다짐회수, 다짐장비로 규정 : 암버력, 호박돌

4. 결 론

(1) Rock Fill Dam에서 Dam Core재와 (차수성 재료) 투수성 재료인 암버력은 구분해서 다지며 Filter재(반투수재) 정밀시공으로 Piping 방지.

(2) Rock Fill Dam은 차수성이 확보되어야 하므로

(3) 다짐시 차수 목적으로 k 값이 (투수성)이 적게 다지기 위해서는 OMC + 3%인 습윤측으로 다진다.

(4) 도로 토공의 경우
편절 편성부 노체부에서 암버력과 흙을 섞어서 다지는 경우 시방서에 명시되어 있는 경우 교차시켜서 다진다.

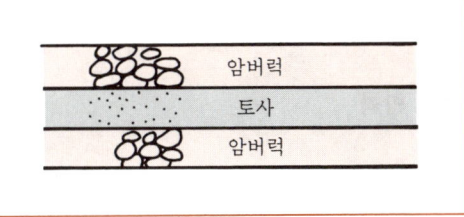

99. EPS(Expanded Polystyrene Foam = 발포 폴리스틸렌)를 이용한 경량 성토공법의 종류, 적용성, 특징, 조사, 경제성, 시공성 (= Expanded Polystyrene Foam For Embankment Construction)

1. 서 언

최근 경제 발전에 따른 산업의 고도화로 교통량 급증으로 인한 교통 체증현상에 따라서 도로를 확장하는 경우 토사사면 안정공, 교대 뒤채움공, 연약지반 상의 성토, 성토시의 도로 확장공사에서 EPS 경량 성토공법을 적용하는 경우가 많으며, 초경량재료로써 시공성, 경제성면에서 공법의 장점이 많아 최근 우리나라 서해안 고속도로에서 시험시공을 거쳐 향후 발주공사는 EPS 공법으로 발주가 기대된다.

2. EPS 사용을 위한 지반 조사 항목

(1) 토압계산에 필요한 토질정수 (토압)
(2) 기초 지지력 계산 및 압밀 침하 검토에 필요한 토질정수
(3) 안정성 검토에 필요한 토질정수(사면안정)

3. EPS 공법의 주요한 설계 검토 항목

(1) 지지 지반의 안정
(2) 사용된 방호벽(옹벽)의 안정 (활동, 전도, 침하, 변형)
(3) 부재의 안정성 검토
(4) 부상
(5) 기존 구조물과의 접합방법, 배수시설
(6) EPS Block의 축조방법, 충격에 대한 구체적 설계 검토

4. EPS 공법의 특징

(1) 초경량성 : 토사중량 $\times 1/100$
(2) 내압축성
(3) 자립성
(4) 내수성
(5) 시공성

5. EPS의 이용 가능성에 대한 전망

   (1) 재래의 경량재로서 해결할 수 없는 공사에 적용
   (2) 다른 경량재료와 가격 경쟁력에서의 우위성
   (3) 침하와 안정이 문제되지 않는 곳에서 사용

6. EPS 공법의 적용성과 기대효과 (= 공법의 장점)

용 도	모 식 도	특징 경량성	특징 자립성	특징 시공성	공법의 장점 (기대효과)
연약지반상의 성토		○		○	• 침하 경감 • 지반대책 저감 • 유지관리 저감
구조물 매립		○	○		• 침하 경감 • 지반대책 저감 • 유지관리 저감
교대 및 옹벽 뒤채움		○	○		• 상재하중 및 토압 저감 • 구조물 부재단면 저감 • 부등침하 저감
가설도로		○		○	• 시공성 향상(공기단축) • 지반처리 저감 • 철거, 복구의 간소화
경사지에서의 성토		○	○	○	• Sliding 안전율 확보 • Sliding 대책공 저감 • 용지감소
자립벽		○	○	○	• 최소한의 용지 확보 • 벽면 구조물의 간소화

용 도	모 식 도	특 징			공법의 장점 (기대효과)
		경량성	자립성	시공성	
성토 및 조성지 확보		○	○	○	• 가설구조물 영향감소 • 침하 방지 • 용지 감소
Land Slide 지역의 성토		○		○	• 하중경감에 따른 억지력 저감 • Sliding 안전률 향상
재해 복구시 성토		○		○	• 성토의 조기복구 • 가설 복구 및 복구로써 적용 가능
매설관 기초 및 낙석방지		완충성 일체화 하중경감			• 매설관 부등침하 방지 • 기설 구조물에의 하중 경감

7. 결 언

> EPS 공법 공사비 = Sand Drain 공사비 × 1.14배

(1) EPS는 초경량성 재료로서 자립성이 우수하고 반복중량이나 Creep 등에서 우수한 물리적 특성
(2) 도로 성토에 EPS = 20kg/㎤ 사용시 하중 경감에 의한 침하 방지 효과가 크다.
(3) 총공사비 중 × 90% = EPS 재료값이므로 Sand Drain과 비교시 1.14배 비싸다. 값싼 EPS의 생산체계 연구
(4) EPS는 Sand Drain 공법에 비해 잔류 침하량이 적다
(5) **우리나라에서 사용전망**
   1) 도로포장
   2) 교대 뒷채움
   3) 연약지반 성토

100. 절토에서의 벌개제근과 준비배수의 목적과 시공대책

1. 개 요
절토공에서의 벌개제근과 준비배수는 절토사면의 안정을 위해서 대단히 중요하다. 이하 본고에서는 절토의 벌개제근과 준비배수에 대해서 아래와 같이 기술한다.

(1) 벌개제근
  1) 목적
  2) 시공법

(2) 절토부에서 시공단계의 배수 목적
  1) 성토재료를 위한 배수
  2) Trafficability 확보 위한 배수
  3) 재해방지 배수

(3) 절토 공법
  1) Bench Cut(층따기 공법)
  2) 폭파에 의한 암석 굴삭 (발파 천공)
  3) 폭파에 의하지 않는 암석 굴착(유압 Ripper)

2. 벌개제근
(1) 목적
  1) 부등 침하방지 :
     성토중에 유입된 초목, 나무뿌리와 부식해서 공동(Cavity)이 생겨서 일어나는 함몰, 부등 침하 방지

(2) 시공법
  1) 표토제거 두께 : 30cm
  2) 벌개제근의 범위
     ① 절토의 비탈어깨 : 0.6~1m 외측까지
     ② 여유가 없는 경우(용지) : 비탈어깨에서 끝낸다.

3. 준비배수의 목적

(1) 성토재료를 위한 배수
1) 재료의 함수비를 저하시키는 것으로서
2) 시공기계의 Trafficability 확보, 다짐위한 것이다.
3) 시공법 : 본바닥에 깊은 도랑 파서 배수(지하수, 강우의 배수)

(2) Trafficability 배수
1) 종횡단 구배를 하향구배로 해두면
2) Bulldozer, Scraper의 작업 능력이 향상된다.
3) (그림 1)과 같이 운반로 양쪽에 도랑을 파두면 본바닥의 함수비도 저하되며 Trafficability 도 증가한다.
4) 이 도랑은 절토공 완료시 맹구로서 이용되는 경우도 있다.

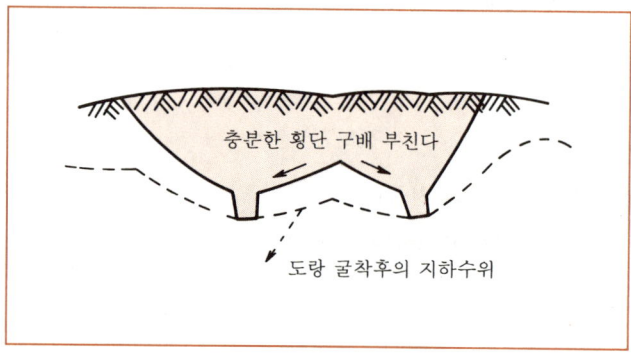

(그림 1) Trafficability 체제위한 배수

(3) 방재를 위한 배수

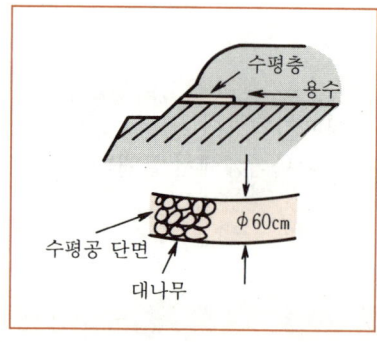

1) 비탈어깨에 측구파서 본바닥 표면의 물이 시공중의 비탈면에 흘러내리지 않도록 한다.
2) 방법
   ① Soil Cement 보존하는 방법
   ② Concrete 측구
3) 비탈면의 용수 : 수평배수공 설치 집수한다.

4. 절토 공법

(1) Bench Cut 공법 : 층따기 시행한다.
(2) 폭파에 의한 암석 굴착
(3) 폭파에 의하지 않는 암석 굴착

101. 절토공(절토사면) (대규모 절토구간에서 조사사항, 현장시험의 종류, 최적 공법 선정, 선정 이유 기술)

1. 서 언
- 절토란 설계서에 명시된대로 땅을 파는 작업을 말한다.
- 기초지반처리(벌개제근) → 땅깍기 하며
- 절토 공법 선정시 환경, 미관을 해치지 않도록 하고 유용여부를 위한 조사, 대절토구간인 경우 가급적 Tunnel로 설계하는 것이 바람직하다. (환경훼손방지, 예산절감)

【기술 내용】
   (1) 조사 및 현장시험
   (2) 암석 절취공법의 종류, 특징
   (3) 절토공사 유의사항
       1) 절토부 지반처리
       2) 원지반이 암인 경우의 노상
       3) 절토면의 토질이 다른 경우
       4) 토사 절취부인 경우
       5) 절토부 지하수 처리 대책

   (4) 다짐관리
   (5) 굴착 토사 처리
   (6) 안정검토가 필요한 절토(유의할 절토)
       1) 절리가 많은 암(균열이 많은 암)
       2) 지하수위가 높은 경우
       3) 풍화가 심한 비탈면

   (7) 절토 사면 구배 설계기준
   (8) 사면 구배 설계시 고려사항

2. 절토부 토질조사 및 현장시험 【41회, 49회】
   (1) 목적
       1) 절토사면 안정, 대책 검토
       2) 낙석 위험성 여부 판단
       3) 시공성 검토

4) 성토재료로서 유용성 판단

(2) 예비조사 항목과 현장시험

  1) 현장 조사(Reconissance)

  2) Boring(예정심도 2m 까지 조사)

  3) 탄성파 탐사(대규모 절토구간) : Rippability 결정(1.5km/sec 이하)

  4) 토질시험(C_u, LL, PL, PI, w, G_s)

  5) 성토재료로 이용가능 여부 확인

(3) 상세조사

  1) 절토사면 안정성 검토시 행하는 조사

    ① Boring(100~150m 간격)

    ② 토질시험(Undisturbed Sample 채취, Land Slide 부근 전단 특성)

    ③ 풍화정도(Boring, 토질시험)

    ④ 침식정도(Boring, 시료채취)

  2) 굴착토의 조사

    ① 비중시험(G_s)

    ② CBR

    ③ Atterberg 한계(PL, LL, SL, PI 등)

    ④ 1축, 3축 압축시험

    ⑤ 압밀시험(C_c)

    ⑥ 입도시험(C_u, C_c)

3. 암석 굴착 공법의 종류별 특징 (장, 단점) 및 선정 이유

(1) 기계적인 방법

  1) TBM(Hard Rock Tunnel Boring Machine)

    ① q_u값 : 100~1000kg/cm²

    ② 장대 터널에 유리(경제성 투수)

    ③ 장비가격이 고가이고

    ④ 후속장비(Back-up Systme)가 대규모

    ⑤ 고도의 기술이 필요하다.

  2) Breaker에 의한 방법

    ① Backhoe에 Breaker를 장착하여 암석 굴착하는 공법으로서 현장에서 이용이 용이하나

    ② 소음 진동이 문제된다.

3) 유압 Jack 공법
   ① 장점
      ㉠ 비석이 적고
      ㉡ Gas가 없고
      ㉢ 연속 작업이 가능
      ㉣ 시공성이 우수하다.

   ② 단점
      ㉠ 공사비가 고가이다.
      ㉡ 파쇄후 마무리면 보완작업이 필요하다.

(2) 발파에 의한 굴착공법
   1) 팽창성 파쇄 공법
      ① 장점
         ㉠ 비석이 적고
         ㉡ 취급이 간편
         ㉢ 무소음, 무진동
         ㉣ 안전 시공가능
         ㉤ 도심지 발파에 유리

      ② 단점
         ㉠ 온도에 민감하고
         ㉡ 35℃ 이상이나 -5℃ 미만인 경우 즉, 한중, 서중시 온도가 높거나, 극히 추운 경우 성능이 저하된다.
         ㉢ 반응 대기시간이 필요하고
         ㉣ 파쇄후 마무리 작업이 필요하다.

   2) 선균열 발파
      ① 장점
         ㉠ 공기가 짧고
         ㉡ 공사비가 저렴
         ㉢ 미관이 좋고
         ㉣ 발파한후 기존암반에는 악영향(균열)을 주지 않는다.

      ② 단점
         ㉠ 비석이 많고
         ㉡ 비석에 대한 방호시설이 필요

3) 미진동 발파
    ① 장점
        ㉠ 시공이 간편하고
        ㉡ 공사비가 싸고
        ㉢ 무소음, 무진동으로
        ㉣ 민원이 문제되는 곳에 유리

    ② 단점
        ㉠ 비석 방호시설이 필요
        ㉡ 고도의 기술을 요한다.

〈그림 1〉 Mechanical Rock Excavation Systems

(그림 2)

(그림 3) Road Header : 부분 단면굴착기계

4. 암석 굴착 공법 선정시 고려사항

　　(1) 기반암의 굴착 난이도
　　(2) 굴착 장비의 조합
　　(3) 굴착난이도 조사 방법
　　　　1) 지구 물리 탐사법(Shock Wave Velocity 측정)
　　　　2) Bulldozer나 Backhoe 장비 사용하는 방법
　　　　3) 지반조사 결과 이용하는 방법
　　　　4) 인력(삽이나 Auger 이용)으로 조사

　　(4) 지반조건, 지하수 조건
　　(5) 소음진동 문제(민원 발생 여부)
　　(6) 굴착 속도(공기)
　　(7) 버럭 처리방법
　　(8) 안정성
　　(9) 시공성
　　(10) 경제성

5. 절토 공사시 유의사항

　　(1) 절토부 지반 처리
　　(2) 절토부 지하수 처리
　　(3) 다짐관리(PBT, CBR, RC)
　　(4) 굴착 토사 처리(유용 여부)
　　(5) 절리가 많은 암
　　(6) 풍화가 심한 비탈면
　　(7) 지하수위가 높은 경우

6. 결 론

　　【대규모 절토구간에서 시공관리 요점】
　　　　(1) 불연속면의 방향성, 연속성, 간격, 틈새, 투수도 등을 고려하여 절취방법, 안정성 검토하여 안전시공에 유의하고
　　　　(2) 특히 대절토를 유용토로의 가능성을 검토하여 경제성을 개선토록 한다.
　　　　(3) 자연경관이 훼손되지 않도록 향후 Tunnel로 선형을 설계토록 하는 것이 바람직하며 이의 실현을 위한 정부에서의 예산 반영이 고려되어야 한다.

102. 절토부 지반 처리대책

1. 원지반이 암인 경우의 노상공 시공대책

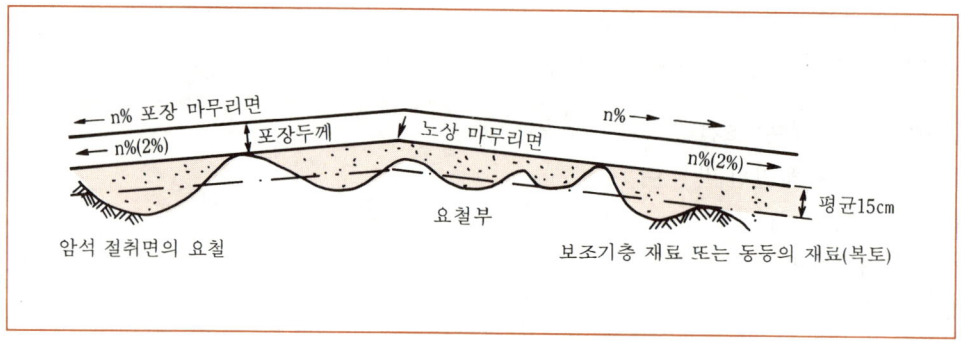

(그림 1) 원지반이 암인 경우의 노상

(1) 대책
1) 절취부가 암반인 경우 암석 절취면을 노상 마무리면으로 정하나
2) Ripping 또는 발파로 인해서 凹凸이 생긴 경우는 보조기층재료 부설하고 다짐한다.
3) 암반에 입상재료 포설시 마무리후 밀림현상이 발생하며, 이유는 두 재료가 상이하기 때문이며 반드시 Proof Rolling을 실시한다.

2. 절토면의 토질이 다른 경우의 노상공 시공대책

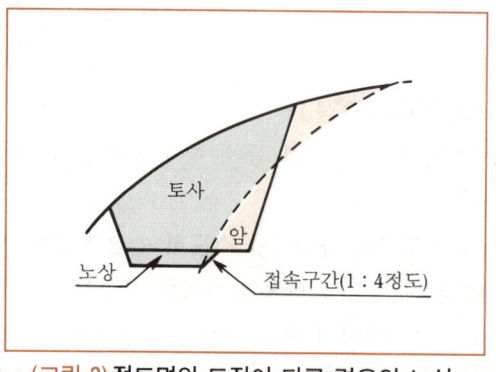

(그림 2) 절토면의 토질이 다른 경우의 노상

(1) 대책
1) 원지반의 토질이 달라서 필요로 하는 노상두께가 다른 경우 경계부 1 : 4의 경사로 접속 구간 설치
2) 다짐도 검사는 CBR, Proof Rolling, PBT 로 한다.
3) 원지반이 노상재료로서 적합한 경우 15cm 정도 긁어 일으켜(Rake) 다짐함.
4) 불량토의 경우 치환 다짐

3. 토사 절취부의 경우
(1) 대책
1) 절취부의 재료가 성토재료의 품질관리 기준치에 미달할 경우 토성시험 (G_s, C_u, C_c, w 등)과 CBR 시험 실시하고
2) 설계 CBR 값을 만족시키는 층까지 치환(모래, 자갈) 한다.

103. 특히 유의해야 할 절토 (안정검토가 필요한 절토) 대책

1. 붕적토, 풍화가 심한 비탈면 절토 대책

   (1) 지하수위 저하

   (2) 옹벽 설치

   (3) 말뚝박기

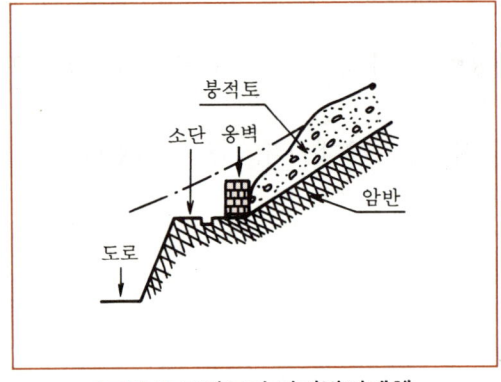

(그림 1) 붕적토의 파괴방지대책

2. 사질토, 침식하기 쉬운 토질

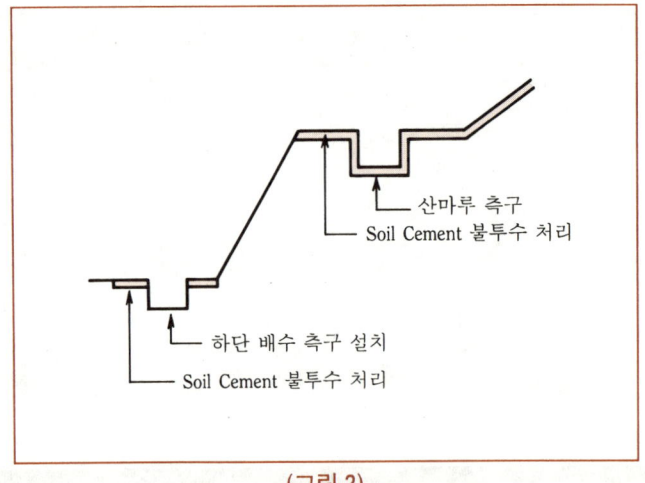

(그림 2)

(1) **대책**
    1) 비탈면 상단, 하단에 배수구 설치
    2) 소단 배수

3. 균열, 절리가(Joint) 많은 암

(1) **대책**
    1) 비탈 구배 완만하게
    2) 불연속면의 방향에 따라 안정 검토

4. 지하수위가 높은 경우

(1) **대책**
    1) 집수정 설치
    2) 지하배수(맹암거, 유공관 설치, Filter 층 설치)

104. 암석굴착공법의 종류, 특징, 굴착공법의 선정시 고려사항

1. 굴착성 조사 (Exploration of Excavation)

(1) 굴착의 난이도 조사방법

1) 인력에 의한 조사 : 삽이나 Auger 이용(공사중)
2) 장비에 의한 조사 : Bulldozer나 Backhoe 사용하여 조사(공사중)
3) 지구 물리탐사 결과를 이용하는 방법(공사초기나 공사수주시)
   ① Refraction Survey 방법
   ② Uphole Survey 방법 : 각 층의 Shock Wave Velocity를 측정하여 (그림 1)에 표시해서 굴착의 난이도 결정

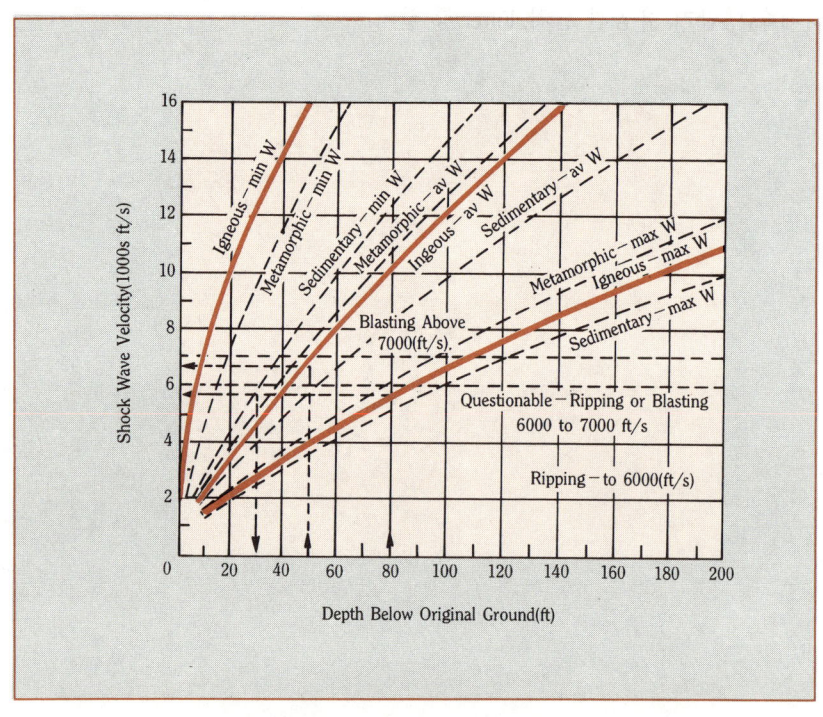

(그림 1) Relationship Between Seismic Shock-Wave Velocities and Depths Below Groud Surface(Church 1981)
(지구물리탐사결과를 이용 굴착의 난이도 조사하는 방법)

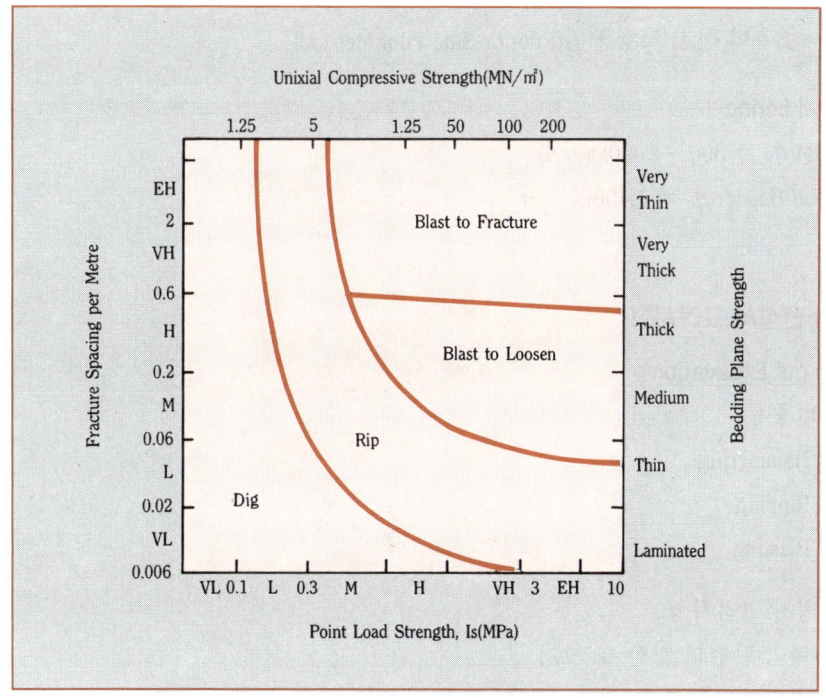

〈그림 2〉 Rock Quality Classification in Relation to Excavation (Bell, 1992)

2. 암굴착 공법의 종류

(1) Hammering

Crawler장비에 유압타격해머 장착하여 굴착(Hydraulic Impact Hammer)

(2) Ripping : Bulldozer에 장착해서 굴착

1) Seismic Refraction Velocity를 이용하는 방법
2) 수정 CSIR방법
3) Excavability Index(N) 이용방법(파속도가 2~3km/sec 사이에 있을 때)

(3) 발파(Drill & Blast)

1) Open Cut Excavation
2) Tunnel 굴착공법
   ① 전단면 굴착공법 : TBM
   ② 분할단면 굴착공법
      ㉠ Bench Cut 공법
      ㉡ 가 Invert 공법(Temporary Invert Method)

ⓒ 측벽 선진 도갱공법(Pilot or Side Pilot Method)

(4) **Tunnel Boring**
   1) TBM($q_u = 500 \sim 1,000 \text{km/cm}^2$)
   2) Road Header($q_u = 1,400 \text{kg/cm}^2$)

3. 굴착공법 선정시 고려사항

(1) **Open cut Excavation**
   1) 공법종류
      ① Hammering
      ② Ripping
      ③ Blasting

   2) 선정시 고려사항
      ① 굴착 단면의 형상 및 크기
      ② 굴착암의 강도, 풍화도, 절리발달의 정도
      ③ 사용 가능한 장비들의 성능

(2) **Tunnel Excavation**
   1) Tunnel굴착의 경우에는
      ① 발파방법(Drill & Blast)과
      ② 전단면(TBM) 또는
      ③ 부분단면(Road Header)이 사용될 수 있다.

   2) 고려사항
      ① Tunnel 단면의 형상
      ② 공기 고려한 Tunnel의 굴착속도
      ③ 버럭(Mucking) 처리방법과 순서
      ④ 굴착 Tunnel의 안정성
      ⑤ 굴착 단면의 상태
      ⑥ 여굴의 정도
      ⑦ 지보(Shoterete, Rock Bolt) 및 Concrete Lining System
      ⑧ 지반조건(점토, 모래, 다층지반)
      ⑨ 지하수(용수)조건
      ⑩ 굴착지역의 주변 환경영향 요인(소음, 진동, 공해유발, 민원문제)
      ⑪ 단층(Fault), 일축압축강도(q_u)

⑫ 불연속면(Discontinuity)의 방향, 연속성, 강도, 충진물질, 투수간격
⑬ Dirll & Blast공법(강도가 여러 종류이고 몇개의 단층대를 지나는 경우나 최종 단면이 원형이 아닌 경우 대구경인 경우에 Drill & Blast 공법 적용한다)

4. 굴착공법의 종류별 특징

(1) Hammering(Hydraulic Impact Hammer + Crawler 장비)

1) 시공법 개요

Crawler 장비의 붐대에 유압 타격해머(Hydraulic Impact Hammer)를 장착해서 굴착

(표 1) Classification for Intact Rock (Anderson & Papineau, 1989)

Hammer Enerygy	Class	Rock type	Rock Description	Rock Compressive Strength	
				(psi)	(kPa)
300 to 750	407 to 1,017	Shale Slate	Very Low Strength	< 4,000	< 27,580
500 to 15,00	678 to 2,034	Sandstone Limestone	Low Strength	4,000 to 8,000	27,580 to 55,160
1,000 to 3,000	1,356 to 4,068	Limestone	Medium Strength	8,000 to 16,000	55,160 to 110,320
2,000 to 6,000	2712 to 8,136	Limestone	High Strength	16,000 to 32,000	110,320 to 220,640
> 5,000	> 6,780	Granite	Very high Strength	> 32,000	> 220,640

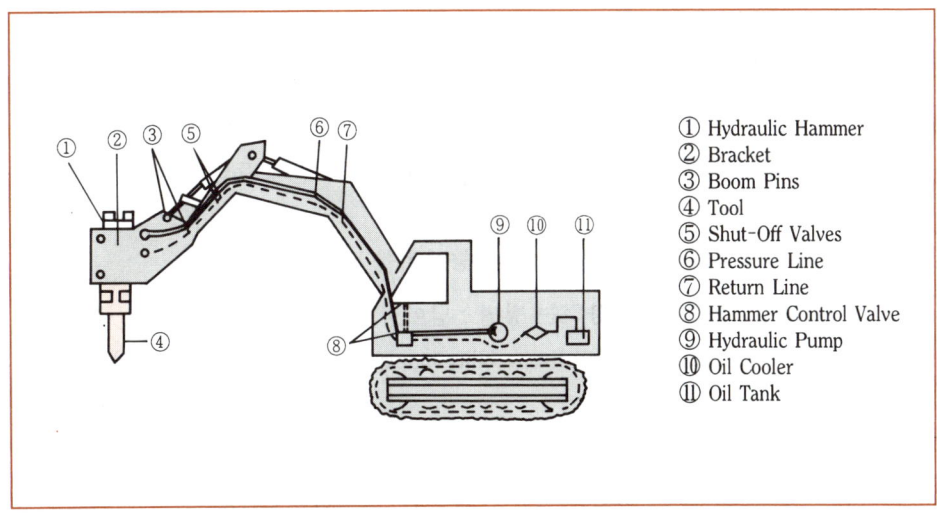

(그림 3) Typical Hydraulic Hammer Installation on an Excavation (Snderson & Apineau, 1989) : 유압해머

2) 적용성
① 도심지 공사에서 소음진동이 문제되는 경우
② Drill & Blast의 적용이 곤란한 경우

3) 특징
① 소음, 진동이 적다
② 도심지 공사에 유리하다.

(2) Ripping(리핑)
1) **시공법 개요** : Bulldozer에 Ripper를 장착해서 굴착
2) **적용성** : 풍화암의 경우 탄성파 속도 1.5km/sec인 경우
3) Ripping의 난이도(즉, Ripperbility)에 영향을 미치는 요소
① 암의 종류(연암, 경암, 풍화암)
② 암의 Intack 강도
③ 풍화도
④ 암의 경도(Hardness)
⑤ 불연속면(Discontinuity)의 상태 및 발생빈도

4) Ripping의 난이도(Rippability)를 결정하는 방법
① Seismic Refraction Velocity를 이용하는 방법
② 수정 CSIR에 의한 방법(파속도가 2~3km/sec 사이에 있는 경우) : 남아공화국의 Weaver가 제시한 방법으로 CSIR방법과 같이
㉠ Seismic Velocity
㉡ 암의 경도
㉢ 풍화도
㉣ 절리간격
㉤ 절리의 연속성
㉥ 절리 충진물의 6항목에 대한 평점(RMR)을 매겨 전체 등급 결정후에 각 등급에 따라서
㉦ 리핑 난이도(Rippability) 및 사용 가능장비를 선정한다.
③ Excavability Index(N)이 이용하는 방법 : 남아공화국의 Kirsten이 1982년에 제시한 방법으로 NGI의 Q-System과 같이 Excavability Index(N)을 다음과 같이 결정한다.

$$N = M_s \frac{RQD}{J_n} \times J_s \times \frac{J_r}{J_a}$$

여기서, M_s : Mass Strength Number
RQD : Rock Quality Designation
J_n : Number of Joint Sets
J_s : Joint Space and Orientation Number
J_r : Joint Roughness Number
J_a : Joint Alteration Number

㉠ 상기 정수들에 대한 평점표는 Bell(1992)을 참고하기 바란다.
㉡ Excavability Index(N)값이 결정되면 이 값의 크기에 따라서 Ripping의 난이도가 결정될 수 있다.

〈표 2〉 Rippability Rating Chart

Rock Class	I	II	III	IV	V
Description	Very Good Rock	Good Rock	Fair Rock	Poor Rock	Very Poor Rock
Seismic Velocity(m/s)	> 2,150	2,150~1,850	1,850~1,500	1,500~1,200	1,200~450
Rating	26	24	20	12	5
Rock Hardness	Extremely Hard Rock	Very hard Rock	Hard Rock	Soft Rock	Very Soft Rock
Rating	10	5	2	1	0
Rock Weathering	Unweathered	Slightly weathered	Weathered	Highly Weathered	Completely Weathered
Rating	9	7	5	3	1
Joints Spacing(mm)	> 3,000	3,000~1,000	1,000~300	300~500	< 50
Rating	30	25	20	10	5
Joint Continuity	Non-Continuous	Slightly-Continuous	Continuous-No Gouge	Continuous Some Gouge	Continuous with Gouge
Rating	5	5	8	0	0
Joint Gouge	No separation	Slight Separation	Separation < 1mm	Gouge < 5mm	Gouge < 5mm
Rating	5	5	4	3	1
Strike and Dip Orientation	Very Unfavourable	Unfavourable	Slightly Unfavourable	Favourable	Very Favourable
Rating	15	13	10	5	3
Total Rating	100~90	90~70t	70~50	50~25	< 25
Rippability Assessment	Blasting	Extremely Hard Ripping and Blasting	Very Hard Ripping	Hard Ripping	Easy Ripping
Tractor Selection	-	DD9G/D9G	D9/D8	D8/D7	D7
Horsepower	-	770/385	385/270	270180	180
Kilowatts	-	575/290	290/200	200/135	135

(3) 발파(Drill & Blast)

  1) Open Cut Excavation

    ① Drilling 방법

      ㉠ Rotary Crushing

      ㉡ Rotary Cutting

      ㉢ Percussion Drilling

      ㉣ Top Hammer Drilling(THD) : 깊이에 제한 받는다.

      ㉤ Down the Hole Drilling(DHD) : 깊이에 제한받지 않는다.

    ② 천공성(Drillability)에 영향 미치는 요인

      ㉠ 광물의 경도

      ㉡ 입자의 크기

      ㉢ Cementing의 크기

      ㉣ 마모성

      ㉤ 불연속면의 존재 등

    ③ 발파(Balsting)

      ㉠ Standard Tunneling(Drill & Balst)

        Stopping : 터널굴착에 주로 이용

      ㉡ Bench Blasting : Open Cut Excavation에 주로 이용

    ④ 심빼기 발파의 종류

      ㉠ Angle Cut(V-cut)

      ㉡ Parallel Cut(Burn Cut)

      ㉢ Delayed Blasting

    ⑤ 발파의 장단점

      ㉠ 장점

        • 경험이 많다

        • 장비비가 저렴하다

        • 모든 기반암에 적용이 가능하다

      ㉡ 단점

        • Cycle Time 중에서 손실이 많다

        • 여굴(Over Break)이 많이 생김

        • 따라서 콘크리트 비용 증가

        • 기반암에 손상초래(Fractured Zone)

        • 발파진동이 커서 도심지에서 집단민원 발생

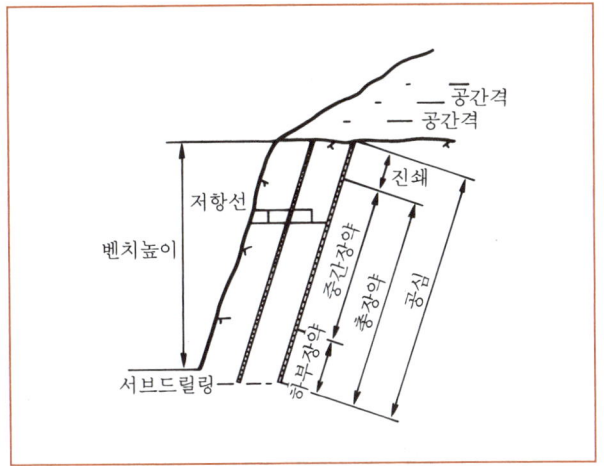

(그림 4) 계단식 발파의 모식도

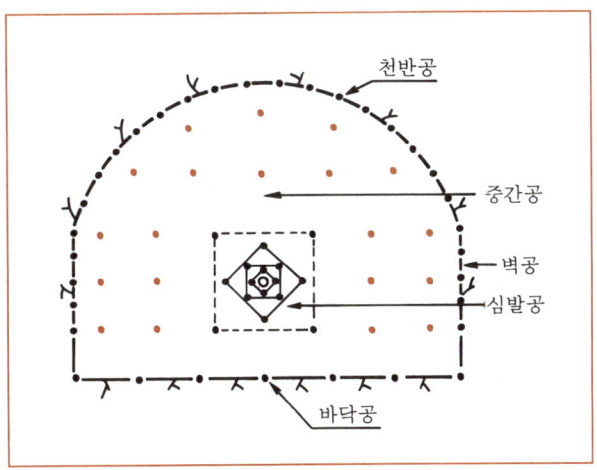

(그림 5) 발파공의 명칭

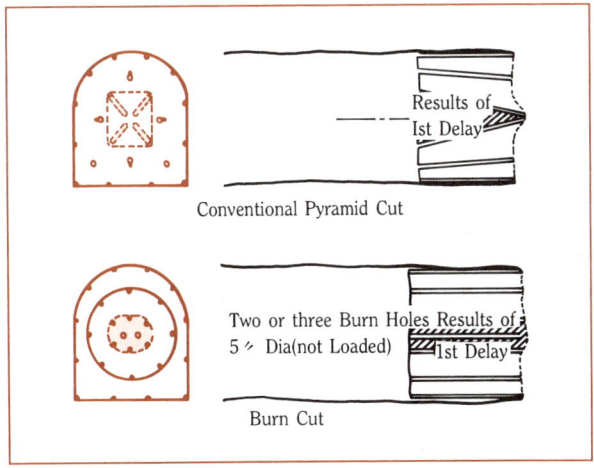

(그림 6) Drilling and Balsting(OMTC, 1976)

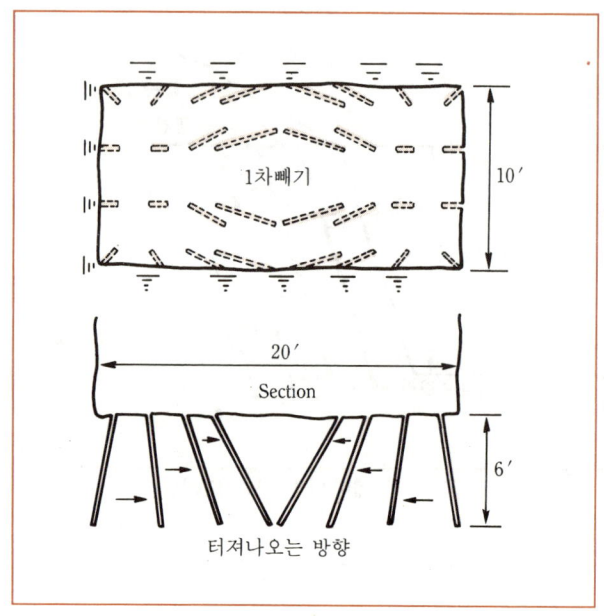

(그림 7) V-Cut for Shaft-Sinking(Bickel & Kuesel, 1982)

(4) 터널 굴착방법

1) 분할단면 굴착공법
   ① Bench Cut(Long Bench Cut + Short Bench Cut)
   ② 가 Invert 공법
   ③ 측벽 선진 도갱공법

2) Bench Cut
   ① 공법의 개요 : 단면분할을 몇단으로 할 것인가에 따라서 Bench 공법과 수단 Bench 공법으로 구분하며 Bench의 길이에 따라서 Short Bench, Long Bench, Mini Bench로 구분한다.
   ② 장점
      ㉠ 상하반 병행작업이 가능하다
      ㉡ 굴진 도중 지반변화에 대처가 용이하다.(단면분할 및 단면길이 조정 등)
      ㉢ 대단면의 경우 단면 분할함으로써 일반적인 장비운용이 용이하다.
      ㉣ 막장의 안정성 확보가 용이하다
   ③ 단점
      ㉠ 시공범위가 한정되는 일이 많다.

ⓛ 경사로를 만들지 않으면 버럭이 두 번 적재된다.

3) 가 Invert공법(Temporary Invert Method)
   ① 개요 : 통상 중단면 이상에서 지반의 변형을 적극 억제하면서 시공성을 높이기 위해서 Bench의 길이를 길게 할 필요가 있을 경우에 상부의 소정량의 Shotcrete를 타설하여 가 Invert를 형성시켜가며 굴진하는 공법이다.

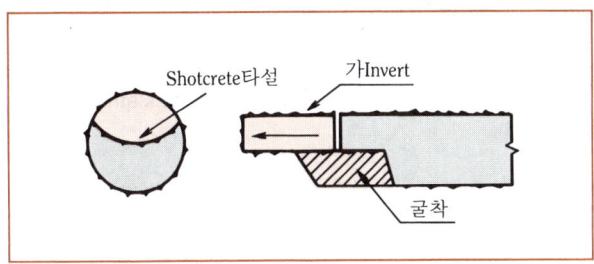

〈그림 8〉 가Invert 공법(Temporary Invert Method)

   ② 가Invert의 특징
      ㉠ 장 점
         • 상반 Bench의 길이를 크게 할 수 있으므로 상반 작업공간을 넓게 할 수 있다.
         • 상반 통과후 하반을 시공하면 경사도가 필요없다.
      ㉡ 단 점
         • 상반 시공속도가 크게 저하될 가능성이 크다
         • 즉, 가 Invert의 타설시간, Shotcrete가 일정한 강도에 도달하는데 소요되는 시간, 굴착장비의 통행으로부터 가 Invert를 보호하기 위해 버럭 되메우기 시간 등 시간손실이 많다.
         • 별도 Shotcrete가 필요하므로 경제성이 떨어진다.

4) 측벽 선진 도갱공법(Pilot or Side Pilot Method)
   ① 개요
      ㉠ 대단면에서 지반이 연약한 경우 및 도시 Tunnel에서 지표침하를 극소화할 필요가 있는 경우에 채택되며
      ㉡ 측벽도갱의 Shotcrete가 하나의 Tube를 형성하여 하중을 분담함으로써
      ㉢ 연약지반에서도 침하를 적게할 수 있으며
      ㉣ 또 Tube가 터널 중앙부의 지반과 밀착되어 있으므로 측압에 의한 측벽의 이동을

억제하는 것이 가능하다.

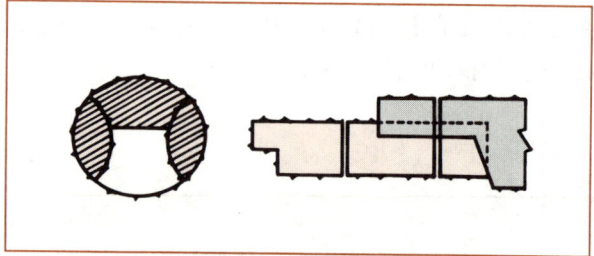

(그림 9) 측벽 선진 도갱공법(Side Pilot Method)

② 장점
  ㉠ 대단면 시공에서도 침하를 최소화 할 수 있다.
  ㉡ 용수가 많은 경우 측벽도갱으로 배수가 용이하다.
③ 단점
  ㉠ 공사비가 비싸다
  ㉡ 도갱내벽 철거에 많은 경비와 시간이 소요된다.

5) TBM(Hard Rock Tunnel Boring Machine)
  ① 공법의 개요
    ㉠ Cutter에 가해지는 수직력과 (Thrust Force)
    ㉡ Torque에 기반암(Bed Rock)를 편상으로 뜯어내는 공법임.
  ② TBM의 구조
    ㉠ 본체(Cutter의 회전체) : TBM Body
    ㉡ 집진기(Dust Collector) ┐
    ㉢ 유압설비   │
    ㉣ 변압설비   │
    ㉤ Air Compressor   ├ Back-Up 장비
    ㉥ 지보장비(Rock Bolt, Shotcrete장비) │
    ㉦ Blet Conveyor(버럭처리) │
    ㉧ California Switch Station │
    ㉨ Locomotive(기관차)   ┘

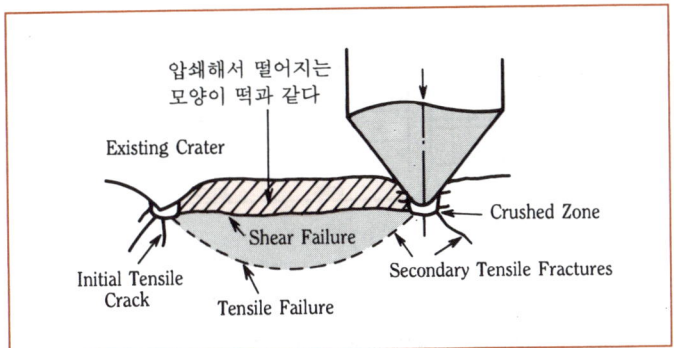

(그림 10) Mechanism of Failure Rock by Cutter

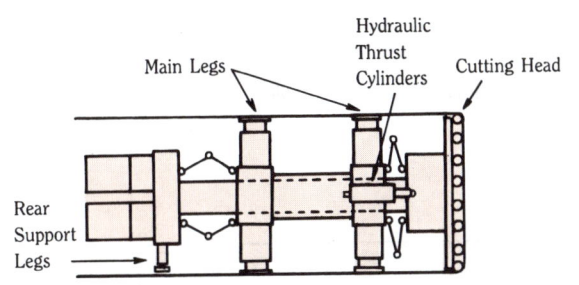

Step 1 : Strart of boring Cycle, Machine clamped, rear support legs retracted

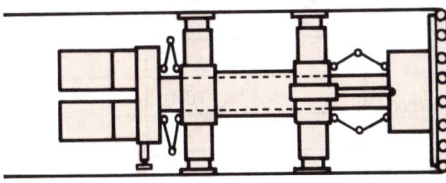

Step 2 : End of boring cycle. Machine clamped, head extended, rear support legs retracted

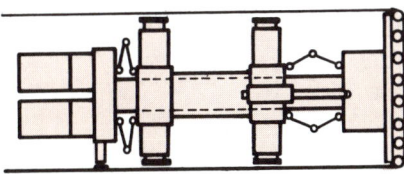

Step 3 : Start of reset, Machine unclamped rear support legs extended

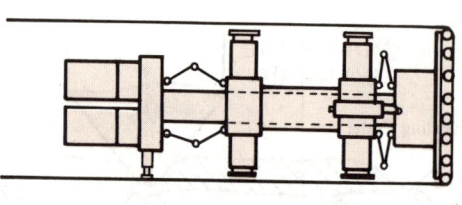

(그림 11) Method of Advanced of a Rock Tunnelling Machine (Bickel & Kuesel, 1982)

③ 국내 TBM 보유현황 : 40대
  ㉠ 대단면의 굴착시 : TBM(터널 확공기) 사용 남산 2호터널에 Dia. 12.30m로 시공완료
  ㉡ 시공속도 : Drill & Blast 공법×3배
④ TBM 공법의 특징

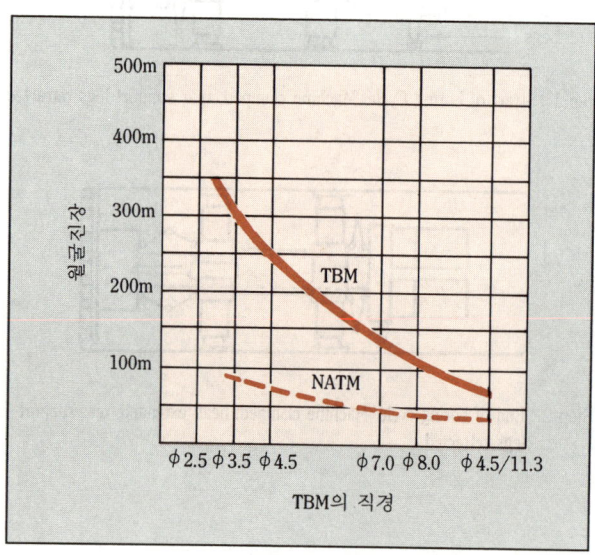

(그림 12) 국내 터널 굴진장 비교도

㉠ 장점
  • 연속작업이 가능하다.
  • 시간당 굴진장이 길다

- 최종 굴착상태가 좋다.
- 여굴이 적다
- Extra Support가 필요없다.
- 굴착진동이 적어서 민원문제 소지가 없다.

ⓒ 단점
- 굴착단면의 형상(원형으로)이 일정하다.
- 암의 일축압축강도 $q_u = 1,400kg/cm^2$까지 시공능률이 좋다.
- 혼합 지반조건에서는 적용이 어렵다. (다층지반 = 흙과 연암, 경암의 변화빈도가 심한 지역)
- 장비비가 비싸서, 초기 투자비가 비싸다. (굴진장이 2~3km이상 되어야 경제적)
- 파쇄대 지역(Fractured Zone)에서 파쇄암이 Cutter 사이에 끼여 돌지 않는 경우가 있다.

6) Road Header(부분 단면굴착)
① 공법의 개요
ⓐ Crawler 장비에 탑재한 Boom의 끝단에 소형의 회전용 Cutter Head를 장착해서 굴착하는 장비이다.
ⓑ 붐대가 상하좌우 움직일 수 있어 굴착단면내에 어느 곳이나 굴착이 가능하다.

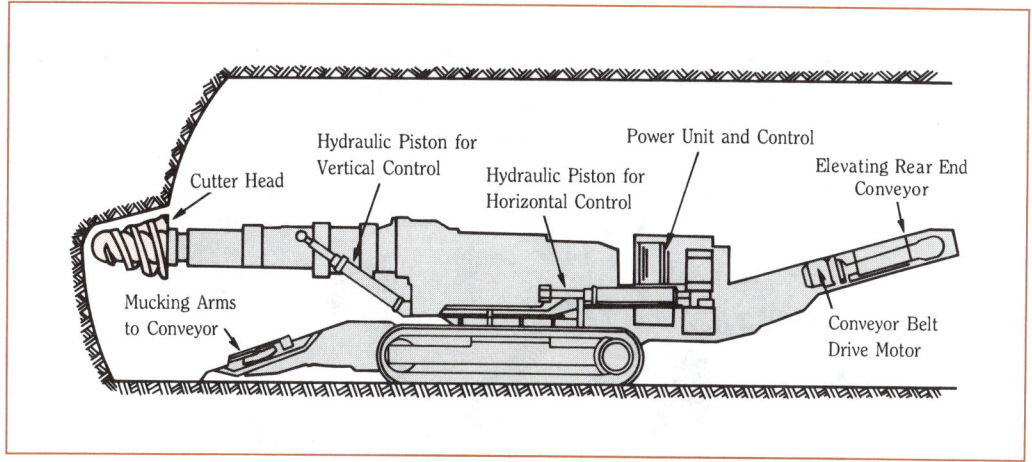

〈그림 13〉 Part-Face Tunnelling Machine(부분 굴착 : Road Header)

② 장 점
ⓐ 연속작업이 가능하다.

    ⓒ 굴착 진동이 거의 없다.
    ⓒ 다층지대에 유리
    ⓔ 초기 투자비가 TBM에 비해서 싸다.
    ⓜ 굴착단면이 Blasting공법보다 좋다.
③ 단 점
    ⓐ q_u = 1,400kg/cm² 이상인 암에서는 곤란하다.
    ⓒ 굴착속도가 전단면 TBM 보다 느리다.

5. 결 론

【시공관리 주안점】
(1) 암석 굴착성 조사(Exploration of Excavation)
(2) 암석 굴착공법 선정시 고려사항
(3) 불연속면(Discontinuity)의 방향성과 연속성
(4) 단층(Fault)
(5) 파쇄대(Fractured Zone)
(6) 다층지반의 경우
(7) 용수지대의 경우

(Jumbo Drill 시공전경도)

105. 발파(Drill & Blast)에 의하지 않는 암석 굴착공법

1. 개요

발파공법은 일반적으로 단시간에 많은 양의 암석을 굴착하는 반면 특히, 도심지에서 소음, 진동, 안전사고 등의 건설공해가 문제되므로 발파에 의하지 않는 암석 굴착방법인 팽창성 파쇄방법, 완제 파쇄방법 등을 이용하거나 기계에 의한 암석 굴착을 시행한다. 이하 본고에서는 기계에 의한 암석 굴착을 중심으로 아래와 같이 기술하고자 한다.

(1) **조사**
 1) 암석분류(압축강도 : 암석채취, Boring, 탄성파 속도)
 2) Boring
 3) 물리탐사, 탄성파 탐사, 전기탐사(지하수위 상태 파악)
 4) 용수상황
 5) 기타 주변환경 제약에 대한 조사

(2) **공법 선정**
 1) 발파에 의한 방법
 2) 제어 발파공법(Line Drilling, Cushion Blasting, Presplitting, Smooth Blasting)
 3) 팽창성 파쇄공법
 4) 기계 굴착에 의한 방법
  ① Breaker에 의한 방법
  ② Ripper에 의한 방법
  ③ 고압 분류수에 의한 암석 굴착(Jet Piercing)

(3) **발파 Pattern 결정**
 1) 발파 진동시험
 2) 화약 Energy
 3) 소음 측정

2. 조사

(1) **암석 분류** : 압축강도
 1) 암석채취(Boring)
 2) 탄성파 속도

(2) **Boring**

    (3) 물리 탐사
        1) 탄성파 탐사
        2) 전기 탐사 : 지하수위 상태 파악

    (4) 용수측정
    (5) 기타 주변환경, 환경제약 등에 대한 조사

3. 공법 선정
    (1) 발파에 의한 방법(Bench Cut)
        1) 심빼기 발파
        2) 갱도 발파

    (2) 팽창성 파쇄공법(무소음, 무진동 공법)
    (3) 제어 발파
        1) Line Drilling
        2) Cushion Blasting
        3) Presplitting
        4) Smooth Blasting

    (4) 기계 굴착공법
        1) Breaker에 의한 방법
        2) Jet Piercing에 의한 방법
        3) Ripper에 의한 방법

4. 발파 Pattern 결정
    (1) 발파 진동시험
    (2) 화약 에너지
    (3) 소음 측정

5. 기계 굴착방법
   기계에 의한 암반 굴착방법은 안정성과 경제성이 수반되므로 이용 가능성이 크다.
   (1) **Ripper에 의한 암석 굴착**
        1) 종류
            ① Hinge형 Ripper

② 평행형 Ripper
③ 조절형 Ripper

2) 가장 많이 사용하는 Hinge형 Ripper는 Ripper 축대 관입깊이에 따라서 Ripper 날의 절취각도가 변한다. 이와 같은 날의 절취 각도변화가 파쇄율에 나쁜 영향이 있다해서 절취각도가 변하지 않는 평행형 Ripper, 조절형 Ripper가 있다.
3) Ripper에 의한 암반 굴착 가능성을 Ripperbility라고 하는데 암반의 탄성파 속도에 의해서 결정된다.

(2) Breaker에 의한 암석 굴착
1) Breaker는 강제의 정을 공기압력과 유압에 의해 암반에 관입시켜서 파괴하는 공법이다.
2) 소형은 인력으로
3) 대형은 Backhoe에 장착해서 암석, Concrete를 파쇄한다.
4) 시간이 충분하면 모든 암반에 적용 가능하다.
5) Breaker는 소음, 진동이 문제된다.
6) Breaker에서 5m 떨어진 곳의 소음 Level : 96hon, 진동 Level : 75dB이다.

(3) Jet Piercing(고압 분류수)에 의한 암석 굴착
1) 수력에 의한 암석 굴착방법으로써
2) 연암의 천공, 사면 절토에 적합
3) 시공 : ϕ 1m 정도의 Nozzle로 고압수로해서 암반에 금이 가면 그 틈새에 고압수를 압입하면 암반이 파괴된다.

(4) 기계적 파쇄공법의 적용한계
1) Ripper나 Breaker를 사용하는 Tractor의 크기에 따라서 변하나
2) 그 한계는 풍화암에서 연암정도이다.
3) Ripperbility
① Ripper에 의한 암반 굴착 가능성을 Ripperbility라고 하는데
② 이 Ripperbility는 보통 암반의 탄성파 속도(km/sec)에 의해서 결정된다.

6. 팽창성 파쇄제 의한 암반 파쇄

(1) 개요
도시형 파쇄는 진동, 소음의 영향이 공사장 주변에 미치지 않도록 하기 위해서 발파공법이 아닌 **파쇄공법**을 채용한다.

(2) 파쇄원리
파쇄제의 주성분인 산화칼슘(CaO)이 수화 팽창반응에 의해서 수산화칼슘 $Ca(OH)_2$이 되어

팽창 압력이 발생한다. (300~400kg/cm²)이 팽창 압력에 의해서, 암석, 암반, Concrete 등의 물체가 파쇄된다.

(3) 팽창성 파쇄제의 종류
1) Calmmite
2) S-마이트
3) Gunsizer(건 사이져) : 밀폐 구멍에서 발생하는 Gunsizer의 압력은 1,500~3,000kg/cm²

(4) 팽창성 파쇄제의 성능
1~12시간에 3,000t/m²의 팽창 압력 발생, 파쇄 능력이 대단히 커서 암반이 파쇄된다.

7. 완제 파쇄재의 종류
- Calmmite
- Blister(발포정)
- S-파쇄제
- CRS 등이 있으나 어느 것이나 석회계 규산염 화합물을 주체로 한 것이다.

(1) 팽창압 : 24시간에 3,000ton/cm²이고 모든 Concrete와 암석을 파괴할 수 있다.

(2) 완제 파쇄제 공법의 특징
1) 위험물이 아니므로 화약류와 같은 법적 규제가 없다. 따라서 책임자 인허가가 필요없고 보관 취급이 간편하다.
2) 파쇄시 소음이 적고, 진도, 비석(Scattering Stone), 분진, Gas 발생이 없다. 따라서 안전하고 무공해 공법이다.
3) 시공시 화약류와 같이 구멍 폐쇄작업이 필요없고 완제 파쇄제 충진만으로 되므로 작업이 가능하다.
4) 공경구멍 깊이 → 구멍 간격 → 구멍 각도를 적절히 설계하면 계획적 파쇄가 가능하다.
5) 인가 밀집지대나 환경상의 제약이 커서 중기계나 화학류 사용이 불가능한 경우에 가장 적당함.
   ■ S-Mite나 Calmmite는 약제에 의해서 모두 팽창성 파쇄제이다.

(3) Calmmite의 종류
1) 캡슐형
2) 덩어리

(4) Calmmite의 시공순서
1) 파쇄 대상과 조건 확인

2) 파쇄 설계

  3) 천공

  4) Calmmite의 종류 결정

  5) Calmmite의 충진

  6) 양생

  7) 균열 발생 및 확대

  8) 2차 파쇄

  9) 파쇄작업 완료

(5) **Calmmite의 설계**

  1) 파쇄 대상물 용적 : $V(cm^3) = 가로 \times 세로 \times 높이$

  2) Calmmite 총사용량 : $W = V \times C \, (kg/m^3)$

  (C : 캄마이트 단위사용량으로 암의 종류에 따라 상이하나 $2 \sim 5 kg/m^3$)

  3) 천공조건 결정

  4) 공경 결정 : 최적 공경은 38mm이다.

(6) 공경은 암석의 종류에 따라 공경비 구멍간격, 구멍길이가 틀려진다.

천공조건		공경	구멍간격	구멍길이
전 석	연 암	4cm	60cm	파쇄대상물 높이의 70~90%
	경 암		50cm	
Concrete	무 근	4cm	60cm	파쇄대상물 높이의 70~90%
	R C	4cm	30cm	
Bench Cut	연 암	4cm	60cm	파쇄높이의 105%
	경 암		30cm	

8. 결 론

【기계식 암석 굴착공법 시공관리 주안점】

  (1) 소음·진동에 의한 민원 방지대책으로 저소음·저진동 공법 선정한다.

  (2) 민원과 관련 도심지 근접시공시 주변 건물 피해 방지대책 강구

  (3) 방음 Cover 등 설치하여 소음, 진동방지 및 최소화한다.

106. 기계에 의한 암석 굴착공법

1. Ripper에 의한 암석 굴착
(1) 가장 많이 사용되는 Hinge형 Ripper는 Ripper 축대 관입길이에 따라서 Ripper의 절취각도가 변한다. 개량형으로 평행형 Ripper, 조절형 Ripper가 있다.
(2) Ripper에 의한 암석 굴착능력을 Ripperbility라고 하는데 Ripperbility는 탄성파 속도에 의해서 결정된다.

2. Breaker에 의한 암석 굴착
(1) 강제의 정을 Backhoe에 장착시켜서 암반을 파쇄하는 공법으로써
(2) 소형은 인력으로 한다.
(3) 소음, 진동이 문제된다. 도심지 5m 거리, 소음 Level:95hon, 진동 Level:75dB

3. 고압 분류수에 의한 암석 굴착(Jet Piercing)
(1) 수력에 의한 암석 굴착공법으로써
(2) 연암의 천공, 도랑깍기, 사면 절토에 쓰인다.
(3) 고압수를 암석에 대면 금이가고 그 틈새에 고압수를 압입하면 암반이 파괴된다.

4. 수중 암반 굴착방법
(1) **준설선에 의한 암반 굴착(Dredger)**
  Dipper 준설선에 Power Shovel을 달아서 압축강도 250kg/cm²으로 사암 등 굴착

(2) **중추식 쇄암선**
  1) 선체 중앙부 구멍에서 해저를 향해서 30ton의 중추를 낙하시켜서 암반을 파쇄한다.
  2) 적용 : 수심 20m 정도의 사암, 혈암

(3) **맥키난테리 수중 암쇄기**
  1) Hammer의 충격 Energy에 의한 방법으로써
  2) 균열이 발달된 사암, 풍화암이 파쇄되었다.

107. 도심지 발파작업에 대한 재해원인 및 대책

1. 개요
(1) 최근 도시 재개발과 지하철공사, 도로 확장공사 등 도심지내에서의 건설공사로 발파작업이 불가피하여
(2) 가능한한 발파작업을 하지 않는 공법을 연구해야 하며
(3) 부득이 발파를 해야 할 경우 재해, 환경오염이 최소가 되도록 사전조사와 대책공법을 선정해야 한다.

이하 본고에서는 도심지 발파작업에 대한 재해 발생원인과 대책에 대해서 아래와 같이 기술토록 한다.

2. 재해의 원인
(1) 천공시 착암기에 의한 소음, 진동, 분진발생
(2) 폭파시 폭음과 진동, 분진, 유독 Gas 발생
(3) 버럭 적재, 하차시의 소음, 진동
(4) 소음 Level이 65~70dB, 진동 Level 55~60dB일 때 고정피해가 나타나며
(5) 분진은 발파시 10~300ppm정도 발생해서 대기에 확산 → 풍속에 의해서 피해를 준다.
(6) 발파시 폭음과 충격에 대한 인명 피해

3. 대책
(1) **소음**
  1) 소음 방지벽 설치
  2) 방음 Cover등 설치

(2) **진동**
  1) 발파 폭음의 방지를 위해서 발파장소에 젖은 가마니를 덮는다.
  2) 방호벽 설치

(3) **분진대책**
  1) 집진방법 대책 강구
  2) 발파공에 모래나 점토로 Stemming(전색)한다.

(4) **발파 공해 방지용 폭약 사용**
   1) 제어 폭약
   2) Concrete Breaker
   3) 팽창성 파쇄제 (Calmmite)

(5) **기타 공법 연구**
   소음 진동이 적은 공법개발, 비전기식 뇌관을 사용하는 방법이 있다. (Emulite : 한국화약)

4. 결 론

도심지 발파로 인한 재해를 최소화하고 환경에 미치는 영향을 고려해서 발파작업전 특히 아래 사항에 유의한다.

(1) 발파계획 수립
(2) 피해 예상지역에 대해서는 사전대책 강구
(3) 폭약의 종류, 암석의 성질, 지형상태, 천공배열 및 일일 발파의 굴진속도, 효과에 대해서 기록, 연구 검토하여 계획에 반영
(4) 폭약 저장관리 : 1일 사용후 잔량 보관 철저(경찰서에 필히 반납조치 등)
(5) 피해 발생시 보관, 복구대책 강구
(6) 발파 재해기록을 남겨 참고자료가 되게 한다.
(7) 화약류 등의 관리는 총포화약류 관리법에 준하여 시행한다.

108. 절토사면 구배, 성토사면 구배 및 소단의 설치기준 (법면 경사기준을 성토, 절토, 토질, 암질, 침투류 유무로 구분) : 구배 설계기준

1. 서 언

(1) **사면 설계기준**

  1) 현재 절토 및 성토시 사면구배 및 소단을 설정하는 기준이 여러 기관에서 마련 시행되고 있다.

  2) 이하 절토사면, 성토사면 구배 설계기준을 토사지반, Ripping암, 발파암에 대해서 기술하고

(2) **사면안정 해석법의 종류**

  1) 한계 평형이론
  - Bishop 간편법 ─┐
  - Janbu 간편법이 있다. ─┘ 비선형법

  2) 무한사면 해석법
  - Sliding Block 또는 Wedge 해석법 ─┐
  - $\phi u = 0$ 법 ─┤ 선형법
  - Fellenius 법 ─┘

2. 절토사면 구배 결정시 고려사항

(1) 토질 특성 파악(퇴적토, 잔적토, 붕적토)

(2) 암반의 경우 불연속면, 절리의 방향 파악, 암의 주향과 경사가 사면구배와 어떻게 교차하는지 판단, 구배에 따라서 암의 절취면에서 파괴형태가 달라질 수가 있다.

(3) 사면이 높을 경우 정신적 부담에 대한 경향도 고려할 것

(4) 위험한 단면에 대해서는 안정해석 실시

3. 성토사면 구배 결정시 고려사항

(1) **성토 기초지반의 특성 고려** : 연약지반에 성토시 문제점 3가지 고려

  1) 침하
  2) 안정
  3) 활동파괴

(2) 지하수위의 영향고려
   1) 과잉간극수압에 의한 지반 파괴 고려
   2) 전응력 해석
   3) 유효응력해석에 의한 사면안정 해석 실시

4. 소 단

사면내 소단은 대략 5~6m 마다 1~1.5m 폭의 소단을 두는 것이 좋다.

5. 각 기관별 사면 설계기준 (토질, 암질, 침투류 유무에 따른 구배기준)

(1) 절토사면 구배 기준

토질구분		사면높이 (m)	사면 구배			
			건설교통부	한국도로공사	한국토지개발공사	대한주택공사
토 사 (사질토, 점성토)		5m 이상	1 : 1.5	1 : 1.5	1 : 1.5	1 : 1.5
		0-5m	1 : 1.2	1 : 1.2	1 : 1.2	1 : 1.2
리핑암 (풍화암)		5m 이상	1 : 0.7	1 : 1.0	1 : 1.0	1 : 1.2
		0-5m				1 : 1.0
발파암	연암	5m 이상	1 : 0.5	1 : 0.5	1 : 0.5	1 : 1.0
		0-5m				1 : 0.8
	경암	5m 이상				1 : 0.8
		0-5m				1 : 0.5

(2) 성토사면 구배 기준

토·질구분	사면높이 (m)	사면 구배			
		건설교통부	한국도로공사	한국토지개발공사	대한주택공사
토 사	6m 이상	1 : 1.8	1 : 1.8		
	0-6m	1 : 1.5	1 : 1.5		
	5m 이상			1 : 2.0	
	0-5m			1 : 1.5	
• 입도분포가 좋은 모래 및 자갈섞인 모래 • 사질토 및 굳은 모래	6m 이상				1 : 2.0
	3-6m				1 : 1.8
	0-3m				1 : 1.5
• 입도분포가 나쁜 모래 • 연약한 점성토	6m 이상				별도적용
	3-6m				1 : 2.0
	0-3m				1 : 1.8

(3) 소단 설치기준

기 관 명	소 단 설 치 기 준	
	절 토	성 토
건 설 부	토사 : 5m마다 폭 1m 소단 4% 횡단 구배 리핑암 : 7.5m 마다 소단 발파암 : 20m 마다 폭 3m 소단	6m 마다 폭 1m 소단
한 국 도 로 공 사	발파암 : 20m 마다 폭 3m 소단 기타 : 5m 마다 폭 1m 소단	6m 마다 폭 1m 소단
한 국 토 지 개 발 공 사	5m 마다 1-1.5m 폭 필요시 10m마다 폭 1.5m 소단과 배수공	
대 한 주 택 공 사	5-10m 마다 폭 1-1.5m 소단 설치하고 5-10% 횡단구배	6m마다 폭 2m 소단을 성토고의 1/2보다 약간 낮은 위치에 설치

6. 결 론

사면 설계시 우수, 용수 처리대책으로

(1) **배수시설**

   1) 맹암거(Stone Filled Trench)

   2) Filter 설치

   3) 비닐깔기(응급처치)

(2) **고성토 대책** : 보강토 옹벽 등 설치한다.

(3) **고성토시 배수대책**

   1) Filter를 설치한다.

   2) 소단설치

   3) 사면어깨에 불투수 처리

   4) U형 측구 설치

109. 성토 비탈면 구배 설계기준

1. 성토 비탈면 안정계산
   (1) 표준구배에 따르기도 하나
   (2) 안정계산에 의한다.

$$SF = \frac{\Sigma Cl + \Sigma W_i \cos\theta \tan\phi}{\Sigma W_i \sin\theta} \geq 1.2 \text{ 이상}$$

2. 표준 구배(경험적인 표준치)
   (1) 대체적인 현장 적용 구배
      1) 토사 : 1 : 1.50
      2) 모래 : 1 : 2
      3) 점토 : 1 : 3

3. 일반적인 표준 구배
   (1) 소단이 있는 경우

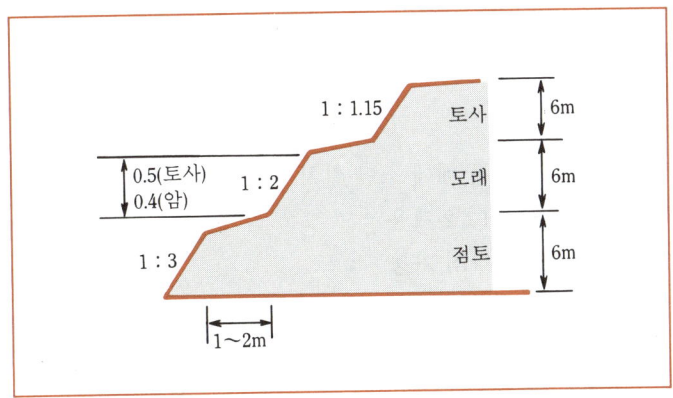

      1) 매 6m마다 소단 설치

2) 소단폭 : 1~2m
3) 소단 높이
   ① 토사 : 0.5m
   ② 암 : 0.4m

4) 소단 설치 목적
   ① 수세약화
   ② 비탈면 안정
   ③ 세굴방지

4. 특히 고성토의 경우 (H = 10m 이상)

(1) 용지폭, 토공량 절감 목적으로
(2) 하부로 갈수록 완만하게 해준다.
(3) 또는 보강토 옹벽 설치

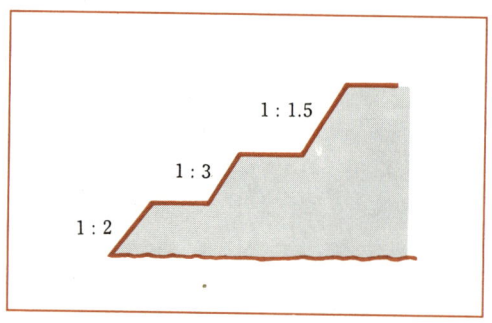

(4) 대책
   1) 우리나라의 경우 : 1 : 1.50 구배에 소단 설치
   2) 구라파의 경우 : 1 : 1.80~1 : 2 채용
   3) 구배가 1 : 2 정도면 Roller 다짐 가능

5. 성토 비탈면 구배 결정시 주의사항

(1) **사질토 부분** : 배수구 설치
(2) **2종 이상 서로 다른 재료 사용시**
   1) 상부 : 조립재료

2) 하부 : 세립재료

3) 경계부 : 배수구 설치(세굴방지용)

(3) **모래지반 성토 대책** : 표면 피복하여 침식 방지

6. 결 론

사면 설계시 우수, 용수 처리대책으로

(1) **배수시설**

1) 맹암거

2) Filter 설치

3) 비닐깔기(응급처치)

(2) **고성토 대책** : 보강토 옹벽 등 설치한다.

(3) **고성토시 배수대책**

1) Filter 를 설치한다.

2) 소단설치

3) 사면어깨에 불투수 처리

4) U형 측구 설치

110. 절토 비탈면의 표준구배와 절토비탈면의 형식

1. 개요
절토의 경우는 토질, 지질, 지하수위 등 현지의 상황이 복잡하여 이론적으로 구배를 정하기 힘들때가 많으므로 경험적으로 정할 때가 많다.

(1) **절토 비탈면의 형식**
　1) 단일 비탈면 구배를 취하는 방법
　2) 비탈면 구배를 토층(암층, 사암, 사질토)에 따라서 변화시키는 방법
　3) 소단 부치는 방법

2. 절토 비탈면의 형식

(1) **단일 비탈면 구배를 취하는 방법(절토고 : 7~10m 이하)**
　1) 절토고가 7~10m 이하의 균일한 경암에 적당
　2) 절토고가 7~10m 이상의 절토고가 되면 부스러진 돌이 배수구를 메우든가, 도로면에 낙하할 우려가 있다.
　3) 절토사면의 표준구배
　　① 토사 : 1 : 1
　　② 리핑암 : 1 : 0.5
　　③ 발파암 : 1 : 0.3 으로 한다.

(2) **비탈면 구배를 토층에 따라서 정하는 방법**
　1) 암질과 토질이 균일치 않는 경우에 각 층에 적합한 구배로 하는 방법이다.

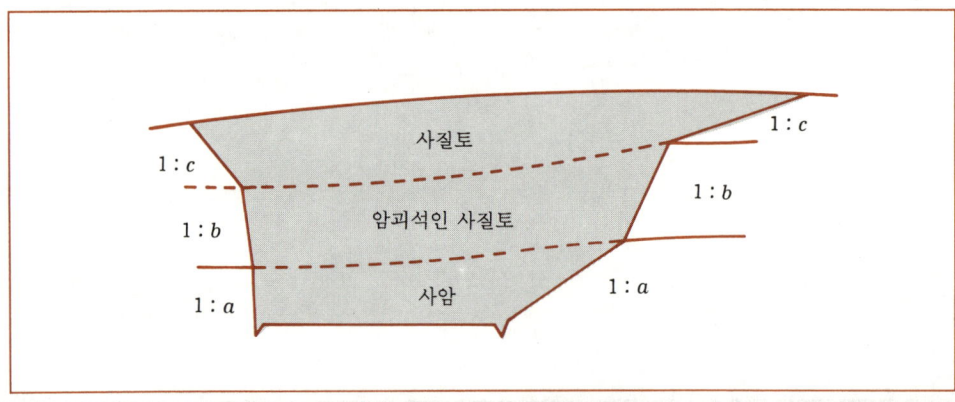

(그림 1) 토층에 따른 비탈면 구배

(3) 소단(Side Berm)을 부치는 방법
   1) 절토고가 7~10m 이상인 경우
   2) 암질이 변하는 경우에 각 층에 적합한 구배를 부치고 → 소단을 만드는 경우
   3) 절토면에는 그림 1과 같이 7m 마다 폭 1~1.5m 의 소단을 붙인다.
   4) 소단의 설치 목적
      ① 강우, 용수 등이 비탈면 유하시 유수의 수세를 약화시키는 목적과
      ② 비탈면 전체의 안정을 높이기 위해서 둔다.

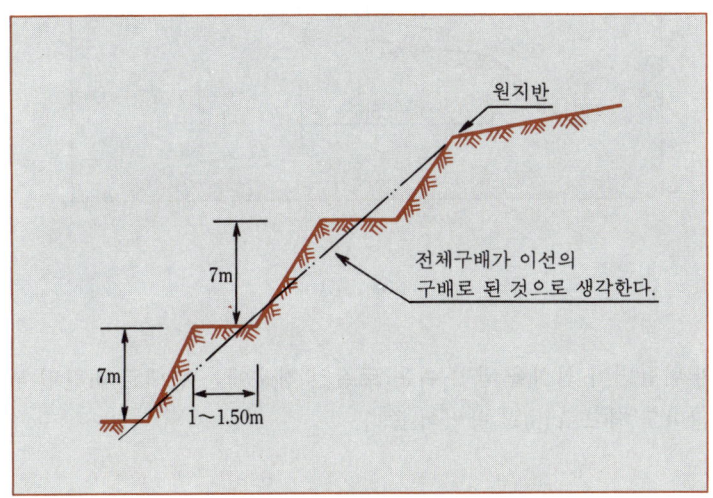

(그림 2) 소단 (Side Berm) 두는 방법

   5) 토층이 틀리는 경우
      ① 토층이 틀리는 경우 용수를 고려해서 토층과 암반, 투수성과 불투수성의 토층과의 경계 등에 둔다.

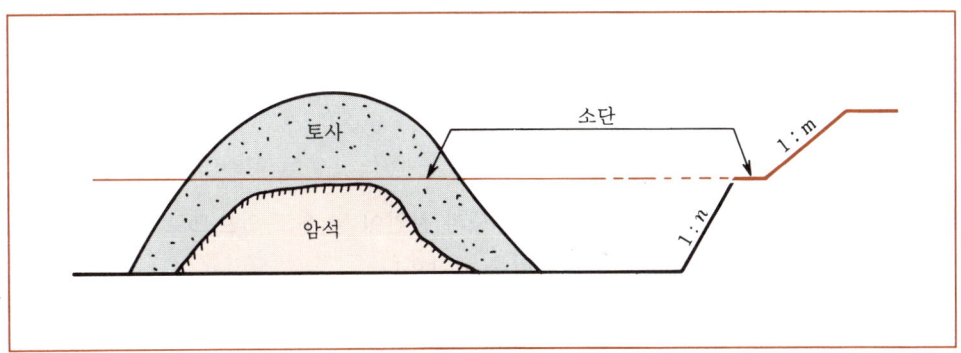

(그림 3) 토층이 틀리는 경우

6) 소단에는 0.5~10%의 횡단구배를 붙이는 것이 보통이다.
　① 소단 하부의 비탈면이 유수에 의한 침식받기 힘든 토질의 경우는 수세를 약화시켜서 유하시켜도 되므로 (a)의 방법

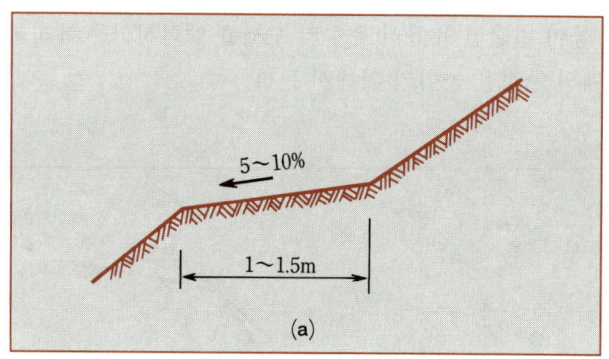

　② 하부의 비탈면이 침식을 받기 쉬운 토질인 경우에는 반대로 비탈면 위로 물을 유하시키지 않아도 되므로 (b)의 방법이 좋다.

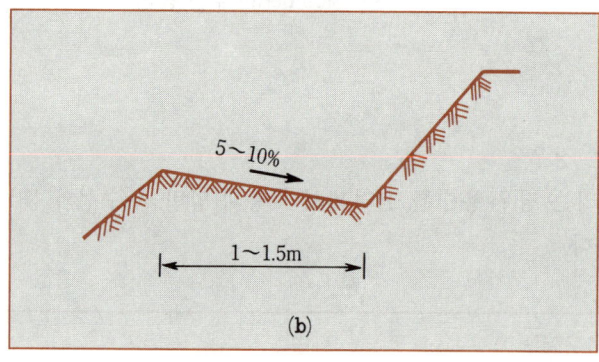

　　㉠ 이 경우에는 소단에 물이 고여서 붕괴 원인이 될 수도 있으므로 소단에 물의 침투를 막도록 (c)도와 같이 배수설비를 해야한다.
　　㉡ 종단구배 붙여서 배수를 촉진시킨다.

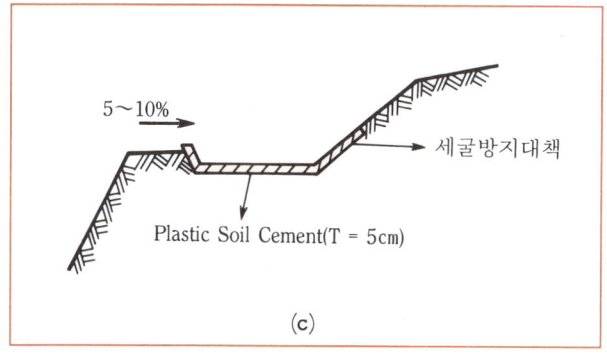

↑ Texol(연속장섬유보강토) 옹벽 시공전경도

111. 절토 비탈면 구배

1. 서 론
(1) 절토의 경우 토질, 지하수위, 현지상황 등이 복잡해서 이론적으로 구배를 정하기가 곤란할 때가 많으므로
(2) 현장에서 토사, 풍화암, 발파암, 애추지역 등에 따라서 경험적으로 정하는 경우가 많다.
(3) **절토 비탈면 형식**
　1) 단일 비탈면 구배를 취하는 방법
　2) 토층에 따라서 변화시키는 방법(토사, 풍화암, 발파암)
　3) 소단 붙이는 방법 (H = 10m 이상)

2. 절토 비탈면 형식
(1) **단일비탈면 구배(표준구배)**
　1) 토사 : 1 : 1
　2) Ripping 암(풍화암) : 1 : 0.5
　3) 연암(발파암) : 1 : 0.3

(2) **토층에 따라서 변화시킨 구배**

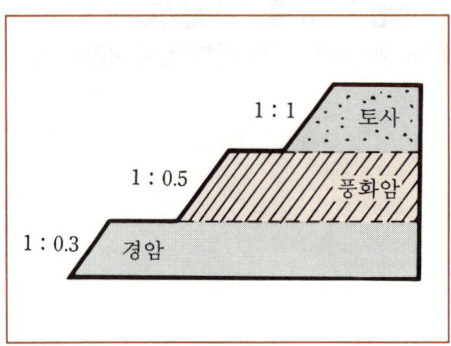

(3) **소단 붙이는 경우 (절토고 H = 10m 이상인 경우)**
　1) 적용
　　① 절토고가 H = 10m 이상인 경우

② 암질이 변하는 경우
③ 토층이 같은 경우
   ㉠ 직고 : 7m 마다
   ㉡ 폭 : 1.5m 폭으로 설치

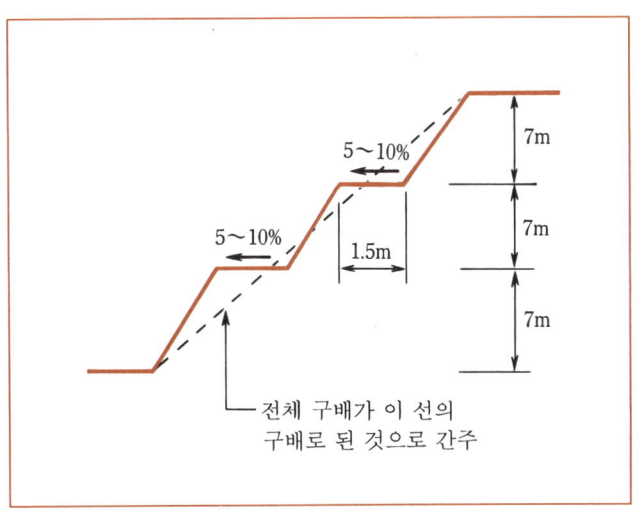

④ 토층이 틀리는 경우

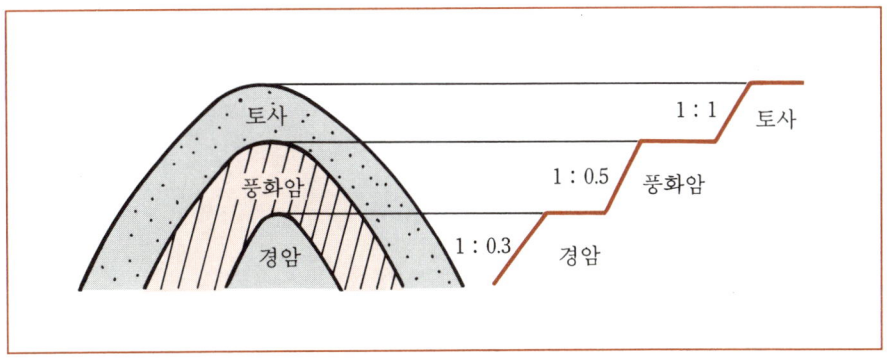

3. 구배 결정시 유의사항 (절토)

(1) **균열이 많은 암** : 균열경사까지 완만하게

(2) **침식에 약한 흙** : 배수시설
(3) **전단강도가 적은 흙** : 완만하게

112. 토공장비의 분류(대단히 중요)

1. 토공장비의 분류

(1) Tractor계 계열 장비
   1) Bulldozer
   2) Scraper
   3) Shovel 계
   4) Loader

(2) 운반 장비
   1) Dump Truck
   2) Belt Conveyor
   3) Cable Way
   4) Trolley

(3) 정지 장비
   1) Grader
   2) Motor Grader

(4) 다짐 장비
   1) Bulldozer
   2) Road Roller (Tandem Roller, Macadam Roller)
   3) Tamping Roller
   4) Tire Roller
   5) 진동 Roller
   6) 진동 Compactor
   7) 진동 Tire Roller
   8) Rammer
   9) Tamper

113. 공종별 건설기계의 조합 (토공기계의 조합)

1. 토공기계의 조합 원칙
　(1) 조합 작업의 감소
　(2) 작업 능력의 균형화
　(3) 조합 작업의 병열화

2. 기계 결정 순서
　(1) 주작업 선정
　(2) 주작업의 작업능력을 결정하고 여기에 적합한 기계 선정
　(3) 주작업과 균형을 이루는 후속작업의 기종, 다수 결정
　(4) 조합작업 중 변화가 큰 공종의 작업 지연 방지대책 수립

3. 공종별 (작업 종류에 따른) 건설기계의 조합

공 종	굴 착	적 재	운 반	성 토	다 짐	마 감
1. 축제공사	Bulldozer	Drag Line Power-Shovel	Belt-Conveyor	Dozer	Dozer	Dozer
2. 도로공사	Bulldozer	Power-Shovel	Dump Truck Belt-Conveyor	Dozer	Roller	Motor Grader
3. 정지공사	Bulldozer Motor-Scraper	Power-Shovel Motor-Scraper	Motor-Scraper Dump Truck	Dozer Scraper	Dozer Roller	Motor Grader
4. Dam 공사	Bulldozer Motor-Scraper	Power-Shovel Motor-Scraper	Belt-Conveyer Dump Truck	Dozer M-Scraper	Dozer Roller	Motor Grader
5. 기 초	Power-Shovel	Power-Shovel				
6. Tunnel	TBM	Rock-Shovel	Belt-Conveyer			
7. 원석채취공사	Drill	Power-Shovel	Dump Truck			

114. 토성에 따른 장비선정 (토질에 따른 적용 가능장비, 공종별 장비 선정 기준)

1. 서 언

(1) 토공작업의 분류

1) 기초지반 처리(벌개제근, 기초지반 처리)
2) 절토
3) 성토
4) 운반
5) 사토
6) 정지
7) 다짐 (성토 = 흙쌓기 다짐공)

2. 토질별 적용 장비 선정기준

(1) 벌개제근

1) 잡초, 표토제거 : 소형 Dozer, Motor Grader
2) 잡목, 전석제거 : Dozer, Rake Dozer

(2) 절토(Cutting)

1) 보통 토사(굴착 운반)
   ① Dozer
   ② Bucket Dozer
   ③ Motor Scraper (39회)
   ④ Backhoe + Dump Truck (조합시공)
   ⑤ Shovel + Dump Truck (조합시공)
   ⑥ Track Loader + Dump Truck (조합시공)
   ⑦ Motor Grader : 도로 측구 굴착, 노면 절취
   ⑧ Trencher : Trench 굴착

2) 경질토, 사리 등
   ① Dozer : 굴착, 집토, 단거리 운반
   ② Bucket Dozer : 굴착, 단거리 운반
   ③ Scraper와 Push Dozer 조합시공 : 굴착, 운반, 사토정리
   ④ Shovel : 굴착, 상차

⑤ Backhoe : 굴착, 상차

⑥ Track Loader : 굴착, 상차

⑦ Trencher : Trench 굴착

⑧ Drag Line : 해상작업(항만공사)

⑨ Slag Line : 한 장소에 고정되어 Rail 상을 이동하며 굴착

3) 암석굴착

① 유압식 Ripper : 암파쇄

② 발파(Smooth Blasting) : 화약 폭파

③ 팽창성 파쇄 공법

④ Cushion Blasting

⑤ TBM(Hard Rock Tunnel Boring Machine), Jumbo Drill

(3) 구조물 기초 터파기

1) Dozer : 구조물 기초면적이 넓을 때

2) Shovel + Track Loader : 기초면적이 좁은 곳

3) Backhoe

4) Drag Line : 하상, 해상 작업

5) Clamshell :

① Open Caisson 기초 굴착

② Slurry Wall 기초 굴착

④ 협소한 굴착

6) Backhoe + Breaker : 암반, 전석층 굴착

(4) 배관공사 트렌치 굴착(협소한 장소 굴착)

1) Trencher : 통신관로

2) Backhoe : 관로(UPVC, DI PIPE 등), 도로측구

(5) 되메우기(구조물 뒤채움)

1) Dozer

2) Backhoe : 구조물 뒤채움

3) Loader (Wheel or Track Loader)

(6) 수중 굴착 (준설선의 종류 : 【40회, 42회】)

1) 점토, 모래, 자갈 굴착

① Pump 선

② Grab 선(토운반과 조합)

③ Drag Line(Barge 위 작업)

④ Slag Line(Barge 위 작업)

2) 다져진 점토, 자갈 : 점토, 모래, 자갈 굴착과 동일

(7) 상차(Loading)

1) Dozer : 상차대 만들어서 절취 상차

2) Wheel Loader : 토사 상차, 골재장

3) Power Shovel : 굴착과 상차(토사)

4) Backhoe(=Poclain) : 굴착 상차(토사)

5) Clamshell, Drag Line : 굴착 상차(토사)

(8) 토사 운반

1) Dozer : 단거리

2) Bucket Dozer : 단거리

3) Scraper : 중거리 굴착, 운반, 정지 병용

4) Loader : 현장내 소운반

5) Trolly : 소규모 매립공사

(9) 암석 운반

1) Dump Truck

2) Track Loader(=Payloader)

(10) 사토장 정지, 정지작업

1) Bulldozer

2) Motor Grader

3) Scraper

(11) 다짐

1) 토사, 쇄석, 막자갈

① Bulldozer

② Road Roller

③ Tire Roller

④ Compactor

⑤ Tamping Roller

2) 버럭다짐

① Bulldozer

② Rammer
③ Tamping Roller

3. 결 론

(1) 건설기계 선정시 고려사항
1) 시공성
2) 경제성(기계의 능력과 작업량, 감가상각비)
3) 표준기계로 선정(구입, 임대, 조합, 유지관리비, 전매 등에 특수기기보다 유리)
4) 대규모 공사에는 용량이 큰 표준 기계 선정
5) 기계의 용량과 기계비(용량이 커지면 기계비는 적어짐)

(2) 토공기계의 조합
1) 기계 조합의 원칙
   ① 조합 작업의 감소
   ② 작업능력의 균형
   ③ 조합 작업의 병렬화

(3) 장비관리 선정 원칙
1) 전용성이 크고
2) 범용성이 큰 장비로서
3) 고장이 나지 않도록 관리하고
4) 휴지나 대기시간이 없이 가동율을 최대한 높이는 것이 원가 절감의 첩경임.

115. 기계화 시공계획시 고려사항과 기계화 시공계획의 순서

1. 기계화 시공의 목적

(1) 품질 향상 (Quality)

(2) 비용 싸게 (Cost)

(3) 시공속도 향상시킨다 (공기 짧게)

2. 기계화 시공계획시 고려사항 (토공기계 선정시 고려해야 할 토질 조건)

(1) **토질**

　1) 암석

　　① 탄성파 속도

　　　㉠ Bulldozer의 Ripperbility 판정

　　　㉡ 굴착기계 선정에 이용

　　　㉢ 천공속도 산정에 이용

　　② Ripperbility

　　　㉠ 암석 Ripping 가능성

　　　㉡ 탄성파 속도 1.5km/sec 이하의 암석은 Ripping 가능

　　　㉢ Ripperbility는 탄성파 속도로 판정한다.

　2) 흙

　　① 토량 변화율의 L 값과 C 값

　　② 토량 환산계수 (f)

　　③ Trafficability : 주행성능을 말하여 Cone 지수 q_c로 판정

(2) **작업효율**

(3) **작업능률 3대 요소**

　1) 시간당 작업량 크게

　2) 1일 작업시간의 증대

　3) 월평균 가동율의 증대

3. 기계화 시공계획의 순서

   (1) 사전 조사

      1) 공사 조건 파악
         ① 현장 설명
         ② 계약서
         ③ 설계도서
         ④ 현지 상태

   (2) 기본 계획

      1) 기본 구상의 입안
         ① 주요 공종의 시공법
         ② 주요 기계의 선정

      2) 공기, 개략공비의 산출
      3) 구상과 검토 산정

   (3) **상세 계획** : 기본 구상에 대한 세부 계획으로서

      1) 공기검토
      2) 기계 자재 계획
         ① 최적 기종
         ② 형식의 선정
         ③ 대수 선정

      3) 공사비 산출

   (4) 관리 계획

      1) 기계의 운용계획
         ① 조달방법
         ② 정비체제
         ③ 인원 배치 → 작업 편성 → 지도 교육체제

      2) 실행예산 작성

4. 결 론

   (1) 기계화 시공계획의 주안점

      1) 장비의 전용성이 큰 장비
      2) 장비의 범용성이 큰 장비

3) 장비 가동율을 높게하고

4) 고장 대기시간 최소화 (정비 확실히)

(2) 표준기계가 특수기계보다 유리한 점

1) 구입, 임대 조달이 쉽다

2) 특수기계보다 전용성이 커서 표준기계가 경제적임.

3) Spare Part(부품) 값이 싸다

4) 구입이 용이하다.

5) 비교적 전매가 쉽다.

(3) 기계 선정시 고려사항

1) 시공성, 경제성, 신뢰성 : 일반적인 선정

2) 경제적인 선정

3) 표준기계와 특수기계

4) 공사 규모

5) 기계용량과 기계비

Chapter 2

건설기계
(Construction Equipment)

↑ Hard Rock Tunnel Boring Machine with Back up System

1. 기계화 시공의 개요

1. 기계화 시공의 의의

(1) **기계화 시공의 목표**
   1) 시공의 질을 향상시킨다.
   2) 시공 단가를 절감시킨다.
   3) 시공 속도를 향상시킨다.

(2) **기계화 시공의 효과**
   1) 인간을 노동력으로부터 해방시킨다.
   2) 인력 시공으로 불가능한 공사를 가능하게 한다.
   3) 노동력의 부족에 대처하여 성력화를 꾀한다.
   4) 구조물의 질을 향상시킨다.
   5) 공기를 단축한다.

(3) **기계화 시공의 추진 요구사항**
   1) 공사의 표준화, 대형화
   2) 구조물의 표준화, 규격화
   3) 건설 자재의 표준화, 규격화
   4) 공기의 적정화
   5) 설계, 적산, 관리의 합리화

(4) **기계화의 경향**
   1) 고능률
      ① 대형화
      ② 전문화
      ③ 고속화

   2) 조작의 단순화
   3) 내구성 증대

(5) **기계화 시공 능률의 향상**
   1) 기계 종사자
      ① 운전기사, 정비공의 엄선
      ② 기계 종사자의 조직의 제도화

2) 기계
   ① 적정한 기계 선택

3) 설비 및 관리
   ① 최대의 능률과 효율을 얻을 수 있는 최신 설비
   ② 사람, 기계, 설비 등의 무리없는 합리적 관리

(6) **기계 시공의 장래 전망**
   1) 전망
      ① 국민생활 향상과 사회구조의 변화로 건설 사업량의 증대
      ② 고도의 건설기술의 추구와 시공의 합리화 요청

   2) 생산성의 향상
   3) 시공기계의 개발, 개량
   4) 공해문제
      ① 시공법의 개량
      ② 발주자, 시공자, 제작회사가 함께 해결

↑ 에어 콤프레셔

2. 공종별 토공 기계의 분류

토공작업은 벌개제근, 굴착, 적재, 운반, 부설, 함수량 조절, 다짐, 도랑파기 등으로 분류된 토공기계를 작업 종류별로 나누면 (표 1)과 같다.

(표 1) 토공기계의 작업 종류별 분류

작업의 종류	토공기계의 분류
벌개제근	불도저, 레이크 도저, 트리 도저, 모터 그레이더
굴착	쇼벨계 굴착기(파워 쇼벨, 백호, 드래그 라인, 크람셀), 로더(트랙터 셔블), 불도져, 리퍼 유압식, 엑스카베이터, 브레이커
적재	쇼벨계 굴착기, 로더, 버켓식 엑스카베이터
굴착, 적재	쇼벨계 굴착기, 버켓식 엑스카베이터, 휠 엑스카베이터, 로더
굴착, 운반	불도저, 스크레이퍼
운반	불도저, 덤프 트럭, 벨트 컨베이어, 기관차와 토운차, 가공삭도
부설	불도저, 모터 그레이더
함수량조절	살수차
다짐	롤러(타이어 롤러, 탬핑 롤러, 진동 롤러, 로드 롤러), 불도저, 진동콤팩터, 래머, 탬퍼
정지	불도저, 모터 그레이더
도랑파기	굴착기(유압식 백호), 트렌쳐

↑
Pay Loader + Backhoe 조합장비

↑
Backhoe 0.7㎥

3. 기계화 시공 계획순서

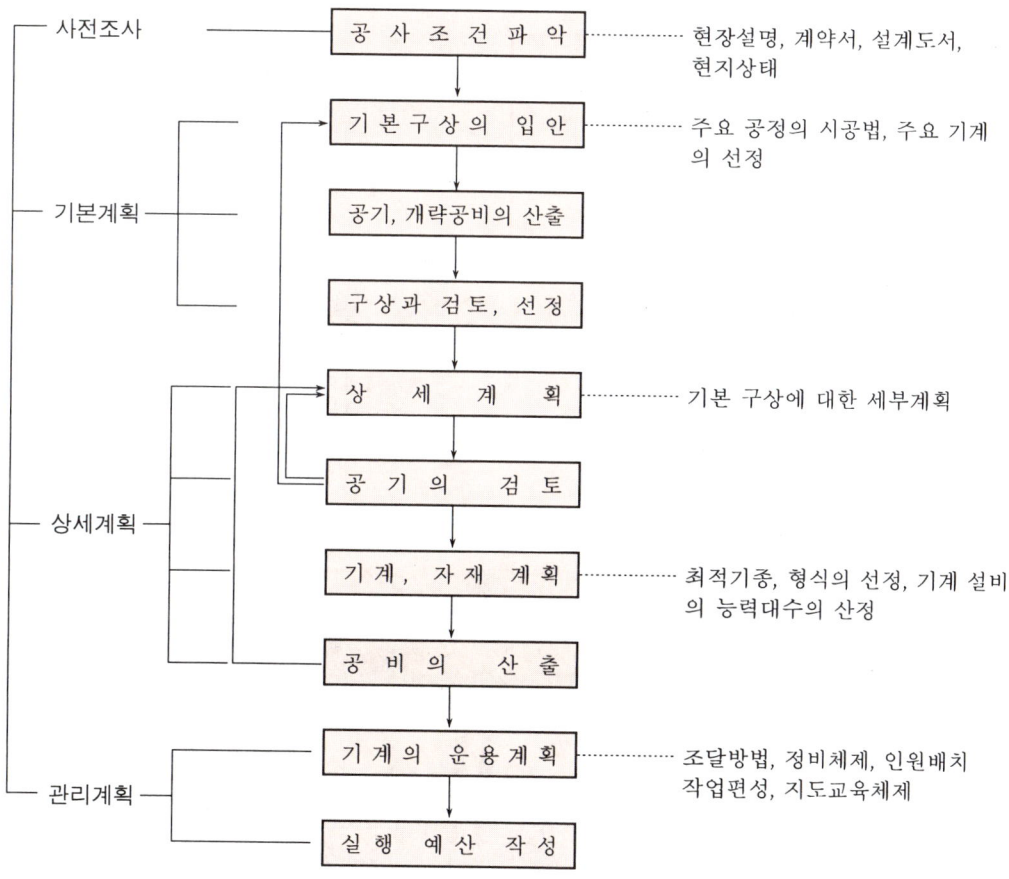

4. 기계의 작업능력 산정식

일반적으로 기계 작업능력은 다음 식으로 표시된다.

$$Q = C \times N$$
$$= (q \times f) \times N \times E$$
$$= (q \times f) \times \frac{60}{C_m(\text{분})} \times E_1 \times E_2$$
$$= (q \times f) \times \frac{3,600}{C_m(\text{초})} \times E_1 \times E_2$$

여기서, Q : 시간당 작업량(㎥/hr, ㎡/hr, m/hr, t/hr)
C : 1회의 작업량($q \times f$)
N : 시간당 싸이클 수($\frac{60}{C_m(\text{분})}$, $\frac{3,600}{C_m(\text{초})}$)
q : 1회의 표준 작업량
f : 토량 환산계수
E : 작업효율($E_1 \times E_2$)

↑ Crane(기중기)

↑ 험지용 Crane

5. 토공기계 선정시 고려할 토질조건(기계 시공계획시 고려사항)

1. 토 질

(1) 암석

1) 탄성파 속도 : 불도저의 리퍼빌리티(Ripperbility)의 판정, 굴착기계 선정, 천공속도 산정 등에 이용한다.
2) Ripperbility : 리퍼로서 단단한 흙, 암석 등을 굴착할 수 있는 능력을 말하는 것으로서, 탄성파 속도 1.5km/sec 이하의 암석은 리핑이 가능하다.

(2) 흙

1) 토량 변화율

$$L = \frac{흐트러진\ 상태의\ 토량(㎥)}{자연상태의\ 토량(㎥)}$$

$$C = \frac{다져진\ 상태의\ 토량(㎥)}{자연상태의\ 토량(㎥)}$$

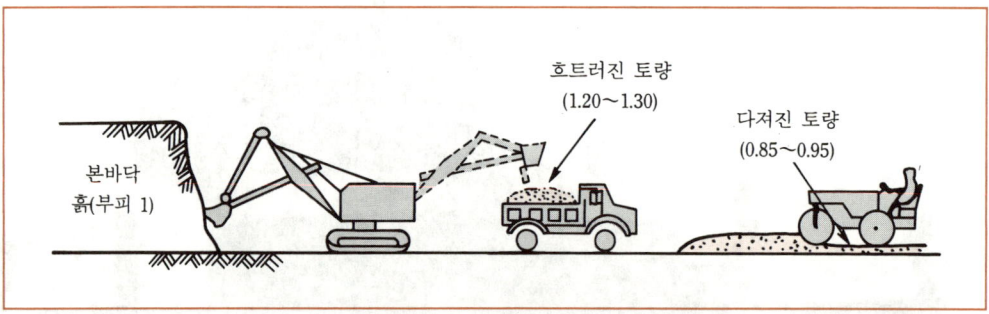

(그림 1) 흙의 체적변화

(표 1) 토량의 변화

토질 또는 지질		본바닥에 대한 부피비	
		흐트러진 토량의 변화율(L)	다져진 토량의 변화율(C)
암 석	경암	1.70~2.00	1.30~1.50
	보통암	1.55~1.70	1.20~1.40
	연암	1.30~1.70	1.00~1.30

토질 또는 지질		본바닥에 대한 부피비	
		흐트러진 토량의 변화율(L)	다져진 토량의 변화율(C)
돌덩어리 호박돌	돌덩어리, 호박돌	1.10~1.15	0.95~1.05
자갈, 자갈질 흙	자갈	1.10~1.20	1.10~1.05
	자갈질 흙	1.15~1.20	0.90~1.00
	굳어진 자갈질 흙	1.25~1.45	1.10~1.30
모 래	모래	1.10~1.20	0.85~0.95
	돌덩어리, 호박돌 섞인 모래	1.15~1.20	0.90~1.00
모 래 질 흙	모래질 흙	1.20~1.30	0.85~0.90
	돌덩어리, 호박돌 섞인 모래질 흙	1.40~1.45	0.90~0.95
점 질 토	점질토	1.25~1.35	0.85~0.95
	자갈 섞인 점질토	1.35~1.40	0.90~1.00
	돌덩어리, 호박돌 섞인 점성토	1.40~1.45	0.90~0.95
점 토	점토	1.20~1.45	0.85~0.95
	자갈 섞인 점토	1.30~1.40	0.90~0.95
	돌덩어리, 호박돌 섞인 점토	1.40~1.45	0.90~0.95

2) 토량 환산계수 : 토량 환산계수(f)는 (표 2)와 같다.

(표 2) 토량 환산계수(f)

기준이 되는 q \ 구하는 Q	자연상태의 토량	흐트러진 상태의 토량	다져진 후의 토량
자연상태의 토량	1	L	C
흐트러진 상태의 토량	1/L	1	C/L
다져진 후의 토량	1/C	L/C	1

3) 트래피커빌리티(Trafficability) : 건설기계의 주행성능을 흙의 측면에서 판단하는 것으로서 콘(Cone)지수로 나타낸다.

$$q_c ≒ 4N \text{ (사질토)}$$
$$≒ 2N \text{ (연약점토)}$$
$$q_c ≒ 10C \text{ } (C : \text{흙의 점착력})$$

〈표 3〉 기종별 주행 가능한 콘지수

종 류	콘지수 q_c(kg/cm²)
불 도 져	4~7
습 지 도 져	2~4
스크레이퍼	4~5
덤 프 트 럭	10이상

2. 작업효율

(1) 현장 작업 능률계수

$$\text{현장 작업 능률계수}(E_1) = \frac{\text{실 시공량}}{\text{표준 시공량}}$$

1) 자연적 조건
  ① 기상의 영향(함수비 등)
  ② 지형, 지질 등에 의한 기계 적응성 여부
  ③ 현장 조건

2) 기계적 조건
  ① 기종 선정, 기계 배치, 조합의 양부
  ② 기계 유지, 수리의 양부
  ③ 기계의 능력

3) 인위적 조건
  ① 시공법 및 취급
  ② 운전원, 감독자의 경험
  ③ 현장 환경

(2) 작업 시간율

$$\text{작업시간율}(E_2) = \frac{\text{실 작업시간}}{\text{운전시간}}$$

1) 조사 및 조정시간
   ① 운전원의 현장조사
   ② 기계의 조정과 조정비

2) 대기시간
   ① 기계의 작업대기
   ② 장애물 제거를 위한 대기
   ③ 감독원의 지시대기
   ④ 연락 대기
   ⑤ 연료 보급대기
   ⑥ 기상으로 인한 대기

3) 인위적 손실 시간
   ① 운전원의 숙련도 차이
   ② 생리적 정지

3. 작업 능률 증대의 3대 요소

(1) 시간당 작업량(Q)의 증대
1) 1회 작업량 크게
2) 주행속도 빠르게
3) 운반거리 짧게
4) 다른 기계와의 병행 작업
5) 작업 관리

(2) 1일 작업시간(H)의 증대
1) 실작업시간 증대
2) 작업시간 이외의 작업시간 제거

(3) 월 평균 가동률(B)의 증대
1) 작업 가동률 저하 요인 분석, 대책
2) 기계 투입계획과 기종 선정

- 운전중량 ······················· 8,550kg
- 인양능력 ······················· 8,000kg
- 최대붐길이 ····················· 21.3m
- 치수(L×W×H) ····· 7,680×2,180×3,310mm

(SC8H)

- 운전중량 ······················24,500kg
- 인양능력 ······················25,000kg
- 최대붐길이 ····················· 31.0m
- 치수(L×W×H) ····· 11,840×2,149×3,420mm

(SC25H-2)

- 운전중량 ······················39,000kg
- 인양능력 ······················50,000kg
- 최대붐길이 ····················· 40.15m
- 치수(L×W×H) ····· 13,620×2,820×3,750mm

(SC50H-2)

↑ 유압식 크레인

- 운전중량 ······················36,000kg
- 인양능력 ······················35,000kg
- 최대붐길이 ······················· 40m
- 치수(L×W×H) ····· 6,468×3,350×3,175mm

(CX350C)

- 운전중량 ······················46,900kg
- 인양능력 ······················50,000kg
- 최대붐길이 ······················· 52m
- 치수(L×W×H) ····· 7,000×3,300×3,280mm

(CX500C)

↑ 크롤라 크레인

6. 기계의 주행저항

1. 진동 저항(Rolling Resistance)

기계의 진동 저항은 다음 식에 따라 구한다.

$$R_r = \mu_r \cdot W$$

여기서, R_r : 진동저항(kg)
W : 차륜이 받는 총무게(t)
μ_r : 진동 저항계수(kg/t)

2. 경사 저항

경사 저항은 다음 식과 같다.

$$R_g = W \times 10(\text{kg/t}) \times S$$

여기서, R_g : 경사저항(kg)
W : 총무게(자중+하중)(t)
S : 경사(%)

따라서, 경사 1%일 때, 총무게 1t당 1% 또는 10kg의 증감이 있다.

3. 공기 저항

차량이 주행할 때 받는 공기 저항은 다음 식으로 구한다.

$$R_a = \lambda A v^2$$

여기서, R_a : 공기저항(kg)
λ : 공기저항계수(건설기계에서는 보통 0.07로 가정한다)
A : 차량 정면의 투영 면적 ≒ 앞바퀴의 간격 × 차량높이
v : 주행속도(m/s)

4. 가속 저항

가속 저항은 다음 식으로 구한다.

$$R_i = \frac{W}{g} \cdot a$$

여기서, R_i : 가속저항(kg), W : 기계의 총무게(kg)
g : 중력가속도(9.81m/sec^2), a : 기계의 가속도(m/sec^2)

7. 불도저(Bull Dozer)의 특징 및 작업량 산정

1. 종류 및 특성

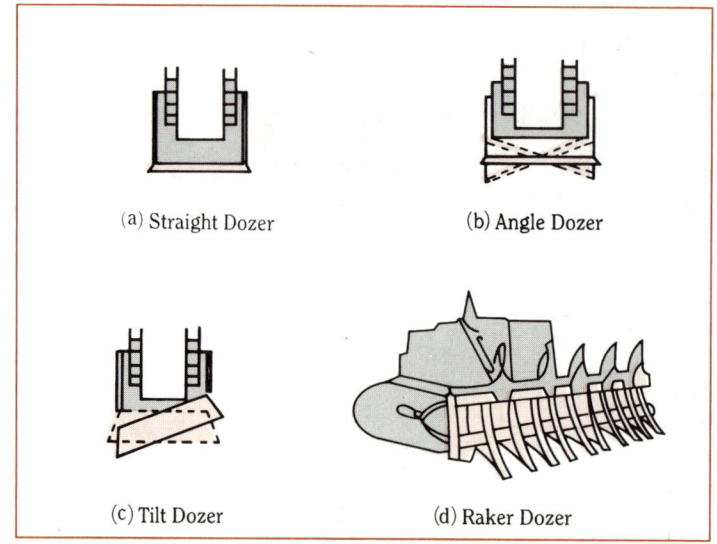

(그림 1) 불도저의 종류

(표 1) 불도저의 종류 및 특성

분 류	형 식		특 성
주행형식에 의한 분류	무한 궤도식	보 통 형	소형(3t)~대형(70t) 접지압 0.4~1kg/cm² 토사의 굴착, 운반, 토사처리 등에 적합
		습 지 형	소형(3t)~대형(17t) 접지압 0.3~1kg/cm² 비교적 취약한 작업에 적합
	타이어식		무한 궤도식에 비하여 기동성 좋음 취약지, 부지정지에서의 작업성 나쁨 굴착력 나쁨
배토판의 작업장치에 의한 분류	스트레이트 도저		배토판이 진행방향에 수직 굴착압토에 유리
	앵글도저		배토판이 진행방향에 대하여 일정 각도를 갖고 있으며 사면 굴착, 도랑파기, 매립 등에 유리
	U 도저		배토판의 형상이 U자로 매립량이 많음
	틸트 도저		배토판이 수평면과 일정각, 사면, 도랑파기에 유리
기타에 의한 분류	레이크 도저		운반된 흙속의 나무뿌리나 큰 돌을 골라낸다
	습지용 도저		접지압이 0.2kg/cm²정도로 연약지반용이다
	수중 도저		수상에서 원격조정방식과 수중 다이버 조정방식이 있다

2. 작업량 산정식

불도저의 시간당 작업량은 다음 식으로 구한다.

$$Q = \frac{60 \times q \times f \times E}{C_m}$$

여기서, Q : 불도저의 1시간당 작업량(㎥/hr)
 q : 1회 작업량(㎥) = 날판의 용량(q_0)×운반거리계수(e)
 f : 토량환산계수 ($f=1$로 하면 흐트러진 상태의 토량, $f=1/L$로 하면 자연상태 토량, $f=L/C$로 하면 다져진 상태의 토량으로 산정한 값이 된다)
 E : 작업효율(토질과 현장조건에 따라 달라지며, 0.25~0.8정도이다.
 C_m : 싸이클 시간

$$C_m = \frac{l}{V_1} + \frac{l}{V_2} + t$$

여기서, l : 작업거리(m)
 V_1 : 전진속도(m/분)
 V_2 : 후진속도(m/분)
 t : 기어변속시간(분) (t = 0.25분)

↑ SD 6/6P 소형 도져 + 습지도져

DX6PL	DX6P
● 운전중량 ············· 5,950kg ● 엔진출력 ······· 63ps/2,100rpm ● 최대견인력 ············ 10,600kg ● 브레이드길이 ··········· 2,850mm ● 접지압 ············ 0.175kg/cm^2 ● 치수(L×W×H) ··· 4,040×2,435×2,535mm	● 운전중량 ············· 6,405kg ● 엔진출력 ······· 63ps/2,100rpm ● 최대견인력 ············ 10,489kg ● 브레이드길이 ··········· 2,642mm ● 접지압 ············· 0.22kg/cm^2 ● 치수(L×W×H) ··· 4,021×2,337×2,534mm

↑ 소형 Dozer ↑

SD15P	SD15PL
● 운전중량 ············· 19,000kg ● 엔진출력 ······ 187ps/1,900rpm ● 최대견인력 ············ 19,400kg ● 브레이드길이 ··········· 3,970mm ● 접지압 ············· 0.32kg/cm^2 ● 치수(L×W×H) ··· 5,500×3,000×2,990mm	● 운전중량 ············· 20,000kg ● 엔진출력 ······ 187ps/1,900rpm ● 최대견인력 ············ 19,400kg ● 브레이드길이 ··········· 4,410mm ● 접지압 ············· 0.23kg/cm^2 ● 치수(L×W×H) ··· 5,925×3,500×2,980mm

↑ 중형 Dozer ↑

제2장 건설기계 429

- 운전중량 ············· 24,000kg
- 엔진출력 ············· 240ps/2,100rpm
- 최대견인력 ············· 46,910kg
- 브레이드길이 ············· 3,720mm
- 접지압 ············· 0.77kg/cm^2
- 치수(L×W×H) ······ 5,495×2,620×3,130mm

DX25

- 운전중량 ············· 30,913kg
- 엔진출력 ············· 289ps/2,000rpm
- 최대견인력 ············· 56,000kg
- 브레이드길이 ············· 4,130mm
- 접지압 ············· 0.89kg/cm^2
- 치수(L×W×H) ······ 6,462×2,775×3,450mm

DX30

↑ 중형Dozer ↑

8. 유압식 리퍼

1. 리퍼의 특징
(1) 공사의 안전도가 높다.
(2) 공사비가 절감된다.
(3) 공사의 능률화가 가능하다.
(4) 파쇄석의 이용도가 높다.

↑ 유압식 리퍼 Dozer

2. 작업량 산정식

$$Q = \frac{60 \times A_n \times l \times f \times E}{C_m}$$

여기서, Q : 운전시간 1시간당 파쇄량(㎥/hr)
l : 1회의 작업거리(m)
A_n : 1회 리핑의 단면적(㎡)
f : 토량환산계수
E : 작업효율
C_m : 1회 싸이클 시간(분) ($C_m = 0.05l + 0.25$) (분)

3. 리퍼 작업과 도저 작업을 병행하는 경우

일반적으로 리퍼 작업이 끝나면 다음은 도저 작업을 하게 되고, 다시 이와 같은 작업이 반복된다. 이때의 시간당 작업량은 다음과 같이 된다.

(1) 1대의 불도저로 리퍼 작업과 도저 작업을 조합시공할 경우

$$Q = \frac{Q_r \times Q_B}{Q_r + Q_B}$$

여기서, Q : 시간당 리퍼 도저의 합성 작업량(㎥/hr)
Q_r : 시간당 리퍼 작업의 작업량(㎥/hr)
Q_B : 시간당 도저 작업의 작업량(㎥/hr)

(2) 1대의 리퍼외 여러대 Dozer로 조합시공할 경우

$$Q = \frac{Q_r(Q_B + nQ_b)}{Q_r + Q_B}$$

(단, $Q_r \geq Q_n$)

여기서, Q_n : 리퍼 도저 1대와 도저 n대의 조합 합성 작업량(㎥/hr)
Q_r : 시간당 리퍼의 작업량(㎥/hr)
Q_B : 시간당 리퍼 도저의 도저 작업량(㎥/hr)
Q_b : 불도저의 도저 작업량(㎥/hr)
n : 도저 작업하는 불도저의 대수(대)

9. Scraper의 특징과 Push Dozer와의 조합 시공원칙

1. 종류 및 특성

(1) 모터 스크레이퍼

운반거리 300~1,500m, 굴착, 운반, 포설 등의 작업에 사용한다.

(2) 피견인식 스크레이퍼

1) 운반거리 : 50~300m
2) 적용성
① 하천 개수공사
② 재해 복구공사에 사용한다.

(a) 땅깎기, 싣기   (b) 흙운반   (c) 흙펴기(포설)

(그림 1) 스크레이퍼의 작업

2. 작업량 산정식

모터 스크레이퍼의 시간당 작업량은 다음 식으로 구한다.

$$Q = \frac{60 \times q \times f \times E}{C_m}$$

여기서, Q : 모터 스크레이퍼의 1시간당 작업량(㎥/hr)
         q : 1회 운반 토량(㎥) = 적재함의 용량(q_0) × 적재계수(e)
         f : 토량환산계수
         E : 작업효율(0.6~0.85)
         C_m : 싸이클 시간(분)

3. Push Dozer에 의한 적재

(1) Push Dozer의 크기

타이어식 스크레이퍼는 일반적으로 Push Dozer를 사용하여 적재 작업을 하고, 이 때 사용하는 Push Dozer의 특성은 스크레이퍼에 적합한 것이어야 한다.

〈표 1〉 Scraper의 크기에 따른 Push Dozer의 조합 예

No.	모우터 스크레이퍼의 평적 용량(m^3)	푸시 도저의 크기
1	5.4	15~16t급
2	11.5	19~27t급
3	16.1	
4	20.6	32t급

(2) Motor Scraper의 대수

1대의 푸셔(Pusher)가 작업할 수 있는 스크레이퍼의 대수는 다음 식으로 구한다.

$$\text{Motor Scraper 대수} = \frac{\text{모터 스크레이퍼의 싸이클 타임(Cms)}}{\text{Push Dozer의 싸이클 타임(Cmd)}}$$

10. 쇼벨계 굴착기(Shovel계)의 종류별 특징

1. 종류 및 특성

(1) 파워 쇼벨(Power Shovel)
   기계 위치보다 높은 곳의 굴착에 사용한다.

(2) 백호(Back Hoe, 일명 Drag Shovel)
   기계 위치보다 낮은 곳의 굴착, 옆도랑파기 등에 사용한다.

(3) 드래그 라인(Drag Line)
   지면보다 낮은 곳의 굴착, 준설, 자갈채취 등에 사용한다.

(4) 크램셀(Clamshell)
   구조물의 기초 굴착, 수중 굴착 등의 협소한 장소의 깊은 굴착과 홈파기 작업에 사용한다.

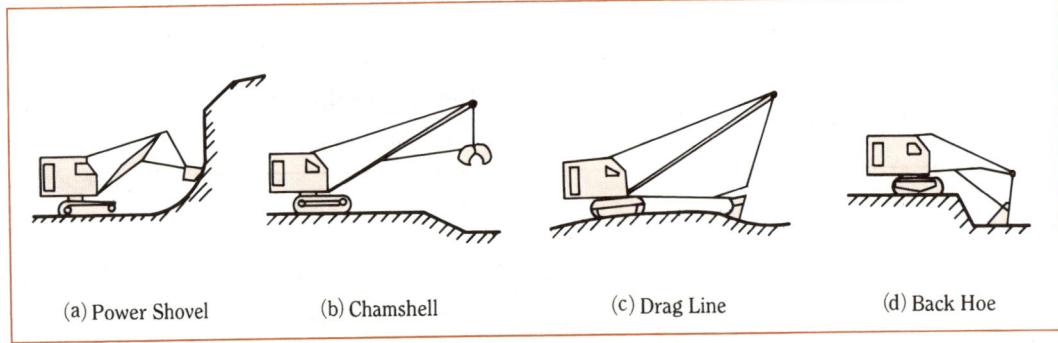

(a) Power Shovel   (b) Chamshell   (c) Drag Line   (d) Back Hoe

(그림 1) Attachment에 따른 쇼벨계 굴삭기의 종류

(표 1) Shovel계 굴착기의 작업 적성 비교

No.	작업종류	파워쇼벨	백호우	크람셀	드래그라인
1	일반적인굴착	A	B	B	B
2	정 지	C	C	C	A
3	매 립	D	B	B	B
4	도 랑 파 기	C	A	B	D
5	원 치	-	-	C	C
6	경 사 면 절 토	A	B	D	C
7	건축물 지하실	D	A	A	C

A : 가장 능률적으로 사용 가능, B : 적합치 않으나 대역 가능, C : 계속 사용 불경제적, 임시대역 가능, D : 사용치 않은 것이 합리적

2. 작업량 산정식

Shovel계 굴착기의 시간당 작업량은 다음 식으로 구한다.

$$Q = \frac{3,600 \times q \times K \times f \times E}{C_m(초)}$$

여기서, Q : 쇼벨계 굴착기의 1시간당 작업량(㎥/hr)
  q : 버킷의 용량(㎥)
  K : 버킷계수(현장조건에 따라 다르며, 0.55~1.2 정도임)
  f : 토량 환산계수
  E : 작업효율(0.2~0.85)
  C_m : 싸이클 시간(sec)

↑ Backhoe 1.0㎥

11. 버킷(Bucket)계 굴착기

1. 종류 및 특성

(1) 버킷 래더(Bucket Ladder) 굴착기

  1) 연질 토질에 알맞으며, 주로 하천 조사, 수로 설치, 자갈 채취 등에 사용한다.

  2) 굴착 깊이는 4~6m 정도이며, 작업 능력은 50~120㎥/hr이다.

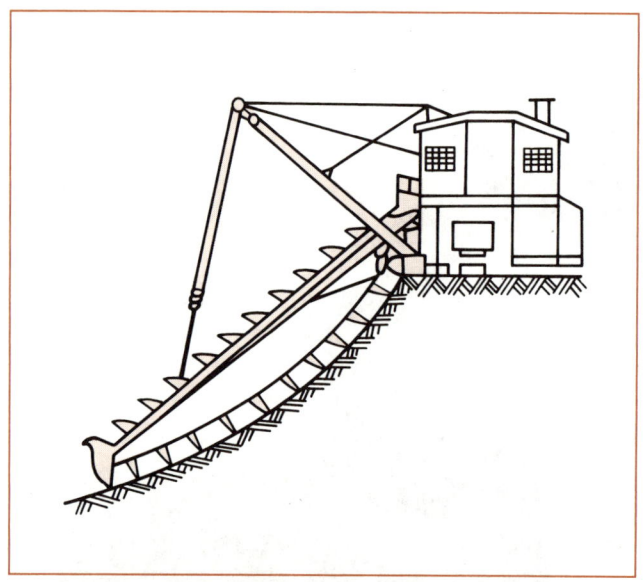

(그림 1) 버킷 래더(Bucket Ladder) 굴착기

(2) 버킷 휠 엑스카베이터(Bucket Wheel Excavator)

  토사, 점토, 연암 굴착에 적합하며 도로 건설, 매립 조사의 토취 등에 사용한다.

(3) 트랜쳐(Trencher)

  1) 굴착 능력은 폭 35~60cm, 깊이 1.5~2m 정도이며, 굴착 속도는 20~200m/hr이다.

  2) 이 굴착기는 하수도랑, 가스관, 석유 송유관, 암거 등을 굴착할때 사용한다.

2. 작업량 산정식

버킷 굴착기의 시간당 작업량은 다음 식에 따라 구한다.

$$Q = 60 \times q \times n \times K \times f \times E = \frac{3{,}600 \times q \times K \times f \times E}{C_m(초)}$$

여기서, Q : 시간당 굴착량(㎥/hr)
q : 버킷의 용량(㎥)
n : 1시간 통과하는 버킷의 수
K : 버킷계수
f : 토량 환산계수
E : 작업효율
C_m : 싸이클 시간(초)

12. 타워(Tower)계 굴착기의 종류, 용도, 적용성

1. 종류 및 용도

(1) 슬랙 라인(Slack Line)

  1) 하천의 저수부지 굴착 등 다른 기계의 접근이 어려운 장소의 굴착에 적당하며, 홍수시에도 기계가 피해받지 않는 특징이 있다.
  2) 버킷 용량은 1~2㎥, 작업 능력 15~40㎥/hr, 소요 동력 60~15kW이다.

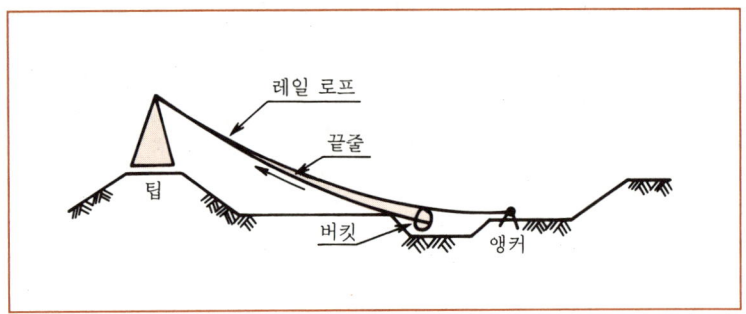

(그림 1) 슬랙 라인

(2) 드래그 스크레이퍼(Drag Scraper)

  슬랙 라인에 비하여 주로 소규모 공사에 사용된다.

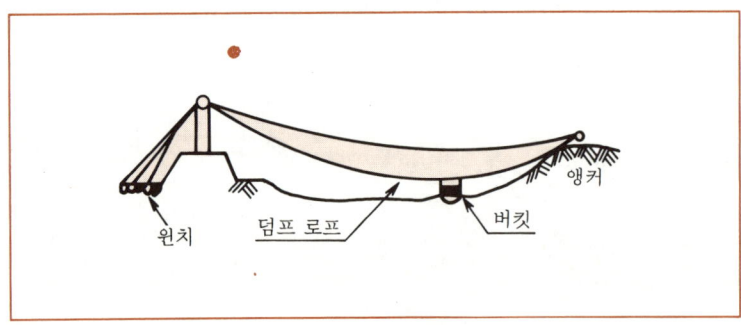

(그림 2) 드래그 스크레이퍼

2. 작업량 산정식

타워계 굴착기의 시간당 작업량은 다음 식에 따라 구한다.

$$Q = \frac{3{,}600 \times q \times E \times f \times K}{C_m(초)}$$

여기서, Q : 시간당 굴착량(㎥/hr)
　　　　q : 버킷의 용량(㎥)
　　　　f : 토량 환산계수
　　　　E : 작업효율
　　　　K : 버킷계수
　　　　C_m : 싸이클 시간(초)

13. 적재기계의 종류, 특징, 적용성

1. 종류 및 특성

적재 기계(Loader)는 트랙터 쇼벨(Tractor Shovel)이라고 하며, 분류 및 특성을 (표 1)과 같다.

(표 1) 적재 기계의 분류 및 특성

분류	형 식	특 성
주행장치에 의한 분류	무한 궤도식 (Crawler Loader)	타이어식에 비하면 굴착력이 좋으므로 굴착 및 적재 작업에 사용되며, 연한 토질에서는 불도저의 작업을 대신할 수 있다. 일명 트랙터 쇼벨이라 한다.
	타이어식 (Tire Loader)	굴착작업은 거의 불가능하나 기동성이 좋으므로 흐트러진 상태의 재료에 대한 적재작업에 능률적으로 사용된다. 일명 타이어식 트랙터 쇼벨이라 한다.
	반무한 궤도식 (Semi-Crawler Loader)	특수한 작업조건일 때에 사용되고 일반적인 공사에서는 사용하지 않는다.
	궤도식 (Rail Loader)	탄광 등의 갱내에서 적재작업할 때에 사용한다. 일명 Muck Shovel 또는 Rocker Shovel이라고 한다.
적재방법에 의한 분류	후론트 헤드 로더(Front Head Loader)	일반적으로 타이어식을 많이 사용하고 있다.
	오버 헤드 로더(Over Head Loader)	터널(Tunnel), 탄광 갱내 등의 협소한 작업조건에서 사용한다.
	사이드 덤프 로더(Side Dump Load)	오버헤드로더와 마찬가지로 협소한 작업조건에서 사용한다.
	스윙 로더 (Swing Loader)	본체의 이동없이 적재작업이 가능함으로 작업능률이 좋고 어떠한 작업에도 적용한다.
	투 웨이 로더(Two Way Loader)	굴착이 수반되는 적재작업에 효과적으로 사용할 수 있다.
	연속식 로더	흐트러진 흙, 모래, 골재, 석탄 등을 연속적으로 적재하는데 작업률이 좋다.

2. 작업 능력 산정

로더의 시간당 작업량은 다음 식에 따라 구한다.

$$Q = \frac{3{,}600 \times q \times K \times f \times E}{C_m(\bar{\mathbb{A}})}$$

여기서, Q : 트랙터 셔블의 1시간당 굴착량(㎥/hr)
 q : 버킷의 용량(㎥)
 K : 버킷계수(0.55~1.2)
 f : 토량환산계수
 E : 작업효율(0.25~0.7)
 C_m : 싸이클 시간(초)
 $\boldsymbol{C_m : m \cdot l + t_1 + t_2}$
 m : 주행장치에 따른 계수(초/m) (무한 궤도식 = 2.0
    차륜식 = 1.8)
 l : 운반거리(m)
 t_1 : 버킷에 흙을 담는데 걸리는 시간(초) (5~45초)
 t_2 : 기어변속 및 대기시간(초) (14초)

↑ Loader

↑ Loader(FL330-I)

↑ Loader(FL230-I)

↑ Loader(365)

- 운전중량 ················ 15,805kg
- 엔진출력 ················ 180ps/2,200rpm
- 버켓용량 ················ 2.8m³
- 덤프높이 ················ 2,770mm
- 치수(L×W×H) ······ 7,790×2,898×3,340mm

(LX282)

- 운전중량 ················ 9,900kg
- 엔진출력 ················ 117ps/2,400rpm
- 버켓용량 ················ 1.7m³
- 덤프높이 ················ 2,650mm
- 치수(L×W×H) ······ 6,800×2,460×3,190mm

(LX10)

- 운전중량 ················ 19,905kg
- 엔진출력 ················ 260ps/2,100rpm
- 버켓용량 ················ 3.5m³
- 덤프높이 ················ 2,859mm
- 치수(L×W×H) ······ 8,356×3,082×3,450mm

(LX352)

- 운전중량 ················ 12,855kg
- 엔진출력 ················ 160ps/2,300rpm
- 버켓용량 ················ 2.3m³
- 덤프높이 ················ 2,688mm
- 치수(L×W×H) ······ 7,330×2,718×3,250mm

(LX232)

- 운전중량 ················ 27,755kg
- 엔진출력 ················ 295ps/2,100rpm
- 버켓용량 ················ 4.3m³
- 덤프높이 ················ 2,993mm
- 치수(L×W×H) ······ 9,240×3,460×3,680mm

(LX30)

↑ Payloader →

14. Dump Truck(운반장비)

1. 작업량 산정

덤프 트럭의 시간당 작업량은 다음식으로 구한다.

$$Q = \frac{60 \times q \times f \times E}{C_m(분)} \ (㎥/hr)$$

여기서, Q : 덤프 트럭의 1시간당 흐트러진 상태의 작업량(㎥/hr)
q : 흐트러진 상태의 트럭 1회 싣기의 양(㎥) $q = \frac{T}{r} \times L$
T : 덤프트럭의 최대 싣기 무게(t)
r : 자연 상태의 흙이나 돌의 단위무게(t/㎥)
L : 토량의 변화율
f : 토량의 환산계수
E : 작업효율(0.9)
C_m : 싸이클 시간(분)
$C_m : t_1 + t_2 + t_3 + t_4$
t_1 : 싣기 시간(분) (싣기 기계의 싸이클 타임과 싣기횟수에 따라 정해짐)
t_2 : 왕복시간 (분) (= $\frac{운반거리}{운반시의 주행속도} + \frac{운반거리}{빈차의 주행속도}$)
t_3 : 내리는 시간(0.5~1.5분)
t_4 : 대기시간 (0.15~0.7초)

2. 덤프 트럭의 대수

적재 기계에 대한 덤프 트럭의 조합 대수는 다음 식에 따라 구한다.

$$N = \frac{Q_s}{Q} = \frac{적재\ 기계의\ 시간당\ 작업량}{덤프\ 트럭의\ 시간당\ 작업량}$$

여기서, N : 덤프 트럭의 대수
Q_s : 싣기 시계의 1시간당 작업량(㎥/hr)
Q : 덤프 트럭의 1대의 1시간당 작업량(㎥/hr)

3. 조합대수의 검토

(1) $Q \times N > Q_s$ 이면 덤프 트럭에 여유가 있다.
(2) $Q \times N < Q_s$ 이면 굴착 적재기계에 여유가 있다.

15. Motor Grader의 종류, 용도, 특징

1. 종 류

(1) 분류(Blade(날) 길이에 따라)

1) 대형(3.6m)
2) 중형(3.1m)
3) 소형(2.5m)

2. 용 도

정지, 절삭, 재료깔기, 옆도랑파기, 비탈면처리, 재료혼합 등

3. 시간당 작업량

모터 그레이더의 시간당 작업량은 다음 식으로 구한다.

(1) 작업량을 면적으로 표시할 경우

$$A = \frac{60 \times D \times W \times E}{P_1 C_{m1} + P_2 C_{m2} + \cdots P_i C_{mi}}$$

$$Q = \frac{60 \times l \times D \times H \times f \times E}{P \times C_m}$$

여기서, A : 1시간당 작업량(㎡/hr)
Q : 1시간당 작업량(㎥/hr)
D : 1회의 작업거리(편도 m)
W : 작업량 전체의 폭(m)
E : 작업효율
P_1 : 작업장 전체의 폭을 V_1속도로 행하는 작업횟수
C_{m1} : 작업속도 V_1때의 싸이클 시간(분)
H : 굴착 깊이 또는 흙고르기 두께(cm)
l : 블레이드의 유효길이(m)
f : 토량 환산계수
P : 부설횟수

↑ Motor Grader 3.66m

16. 다짐 기계의 종류, 특징, 적용성(토질별 장비선정 요령, 선정 이유)

1. 종류 및 용도

(1) 전압식

1) 불도저 : 예민비가 높은 점성토에 적당하다.
2) Road Roller
   ① Macadam Roller ⎫ 노상, 기층의 다짐, 입상 재료의 다짐에 알맞다.
   ② Tandem Roller ⎭
3) Tire Roller : 노상, 기층의 다짐, 거의 모든 토질에 가능하다.
4) Tamping Roller : 록필 댐, 축제, 도로, 비행장 등 대규모 토공에 적당하며, 함수비가 높은 점성토에 알맞다.

(2) 진동식

1) 진동 Roller : 사력질 재료, 경연암, 비응집성 재료에 적합하다.
2) 진동 Compactor : 사질토, 좁은 지역 다짐에 사용한다.

(3) 충격식

1) Rammer : 좁은 장소 다짐에 적합하다. 다짐 효과가 낮고, 불균일되기 쉽다.
2) Tamper : 접속부의 다짐 효과가 크고, 시공이 균일하다.

2. 작업량 산정

(1) 롤러

롤러의 시간당 작업량은 다음 식에 따라 구한다.

$$Q = 1,000 \times V \times W \times E \times D \times \frac{f}{N}$$

$$A = 1,000 \times V \times W \times E \times \frac{1}{N}$$

여기서, Q : 시간당 다짐 토량(㎥/hr)
A : 시간당 다짐 면적(㎡/hr)
W : 롤러의 유효다짐 폭(m)
D : 파는 흙의 두께(m)
f : 토량 환산계수
N : 소요 다짐횟수
V : 다짐 속도(km/hr)
E : 작업효율

(2) Plate Compactor

플레이트 콤팩터의 시간당 작업량은 다음 식에 따라 구한다.

$$Q = 1{,}000 \times V \times W \times D \times E \times \frac{f}{N}$$

$$A = 1{,}000 \times V \times W \times E \times \frac{1}{N}$$

여기서, Q : 시간당 다짐 토량(㎥/hr)
A : 시간당 다짐 면적(㎡/hr)
W : 롤러의 유효다짐 폭(m)
D : 파는 흙의 두께(m) (D = 10cm)
f : 토량 환산계수
N : 소요 다짐횟수(N = 3회)
V : 다짐 속도(km/hr)
E : 작업효율(0.4~0.8)

(3) Rammer

Rammer의 시간당 작업량은 다음 식에 따라 구한다.

$$Q = \frac{A \times N \times H \times f \times E}{P}$$

여기서, Q : 시간당 작업량(다짐상태) (㎥/hr)
A : 1회당 유효 다짐면적 (㎡)
N : 1시간당 타격 횟수(회/hr)
H : 다짐 두께(m)
f : 토량 환산계수
E : 작업효율(0.3~0.7)
P : 중복 다짐횟수(57회)

Tamping Rammer

17. 건설기계 선정시 고려사항

1. 일반적인 고려사항

(1) 시공성
   1) 대상 토질, 지형에 알맞는 것
   2) 작업량 처리에 충분한 용량을 가지고, 효율이 좋을 것
   3) 자동화, 성력화에 적정할 것

(2) 신뢰성
   1) 요구하는 품질을 얻을 수 있을 것.
   2) 건설된 구조물을 훼손하거나 품질을 손상하지 않을 것.

(3) 경제성
   1) 운전 경비가 적게 들고, 공사 단가가 적을 것
   2) 유지, 보수가 쉽고, 신뢰성이 클 것
   3) 조달이 쉽고, 전용성이 쉬울 것

2. 표준 기계와 특수 기계(표준기계가 특수기계에 비해서 유리한 점)

(1) 구입, 임대 등의 조달이 쉽다.
(2) 특수 기계는 타공사에 전용하기 어려우므로, 표준 기계가 경제적이다.
(3) 보수, 부품값이 싸고, 구입하기 쉽다.
(4) 비교적 전매가 쉽다.

3. 공사 규모와 기계 선정

(1) 대규모 공사에는 대용량의 표준 기계 사용
(2) 소규모 공사에는 임대 장비나 수동 장비를 사용하는 것이 경제적이다.

4. 기계의 용량과 기계비

(1) 기계의 용량이 커짐에 따라 기계비는 적어진다.
(2) 대형화될 수록 고성능화하고, 공사 단가도 싸진다.

18. 토공 기계의 선정(공종별 토공기계의 선정 요령)

1. 토공 작업의 종류에 따른 선정

토공 작업의 종류에 따른 적당한 토공 기계는 (표 1)과 같다.

(표 1) 공사 규모에 따른 표준 토공 기계

No.	기 종	작업종류(공종)	작 업 규 모	표 준 규 격
1	불도저 (Bulldozer)	유압 리퍼 작업	중규모 이하	19t 급
			대 규 모	32t 급
		굴삭 압토(운반)	중규모 이하	19t 급
			대 규 모	32t 급
		집토(굴삭, 보조)	중규모 이하	19t 급
			대 규 모	32t 급
		습지, 연약토 작업		13t 급
2	스크레이퍼 (Scraper)	스크레퍼 작업	소 규 모	5.4~9.0㎥
			중 규 모	11.0~18.0㎥
			대 규 모	18.0㎥ 이상
3	굴 삭 기 유 압 식 백 호	굴착·적재작업	소 규 모	굴삭기(유압식 백호) 0.4㎥
			중 규 모	굴삭기(유압식 백호) 0.7㎥
			대 규 모	굴삭기(유압식 백호) 1.0㎥
4	덤프트럭 (Dump Truck)	덤프 트럭 운반	소 규 모	덤프 트럭 8t 이하
			중 규 모	덤프 트럭 8~15t
			대 규 모	덤프 트럭 15t 이상

2. 토공 작업의 규모에 따른 선정

토공 작업의 규모에 따른 표준 토공 기계를 예시하면 (표 1)과 같다.

3. 주행로의 지지력에 따른 선정

주행로의 지지력에 따른 적당한 토공기계는 (표 3)과 같다.

4. 운반거리에 따른 선정

운반 작업에서의 적용 기계는 운반거리, 운반로의 상황에 따라 다르며, 운반거리에 따른 적당한 기계의 표준은 (표 2)와 같다.

(표 2) 운반거리에 따른 표준 기계 예

작업구분	운반거리	표준
절토, 압토	평균 20m	불도저
토운반	60m 이하	불도저
	60~100m(조합기계사용)	불도저
		쇼벨계 굴착기(백호, 쇼벨, 드래그 라인, 크램셸)+덤프 트럭
		로더+덤프 트럭
		굴착기(유압식 백호)+덤프 트럭
		피견인식 스크레이퍼
	100m 이상	쇼벨계 굴착기(백호, 쇼벨, 드래그 라인, 크램셸)+덤프 트럭
		로더+덤프 트럭
		굴착기(유압식 백호)+덤프 트럭
		피견인식 스크레이퍼
		모터스크레이퍼

5. 토질에 따른 선정

토질에 따른 적합한 다짐 기계는 (표 3)과 같다.

(표 3) 토질에 따른 표준 기계

No.	다짐기계의 종류	암괴 호박돌 자갈	자갈질토	모래	모래질토	점토 및 점질토	자갈섞인 점토 및 점질토	연약한 점토 및 점질토	단단한 점토 및 점질토
1	로드 롤러	B	A	A	A	B	B	C	C
2	자주식 타이어	B	A	A	A	A	A	C	B
3	롤러 견인식								
4	타이어 롤러	B	A	A	A	A	A	C	B
5	탬핑 롤러	C	C	B	B	B	B	C	A
6	진동 롤러	A	A	A	A	C	B	C	C
7	콤팩터	A	A	A	A	C	B	C	C
8	램 머	B	A	A	A	B	B	C	C
9	불 도 저	A	A	A	A	B	B	C	A
10	습지불도저	C	C	C	C	B	B	A	C

19. 토공 기계의 조합 원칙

1. 기계 조합의 원칙
(1) 조합 작업의 감소
(2) 작업 능력의 균형화
(3) 조합 작업의 병렬화

2. 기계 결정 순서
(1) 주작업을 선정한다.
(2) 주작업의 작업 능력을 결정하고, 여기는 적합한 기계를 선정한다.
(3) 주작업의 작업 능력과 균형을 이루는 후속 작업의 기종, 대수를 정한다.
(4) 조합 작업 중 공정별 큰 변화를 가져오는 작업의 지연 방지대책을 세운다.

3. 조합 기계의 예
건설 공사의 특성상 기계의 조합사용시에는 각 공사의 성격별로 여러가지 형태로 나타나게 되며, 그 대표적인 것을 나타내면 (표 1)과 같다.

(표 1) 작업 종류에 따른 건설기계의 조합 예

No.	공종명 / 작업명	굴 착	적 재	운 반	성 토	다 짐	마 감
1	축제공사	BD	DL, PS	BC	BD	BD	BD
2	도로공사	BD	PS	DT, BC	BD	R	MG
3	정지공사	BD, MS	PS, MS	DTM, SBC	BD, MS	BD, R	MG
4	댐 공사	BD, MS	PS, MS	DT, MS, BC	BD, MS	BD, R	MG
5	기초공사	PS	PS	DT	-	-	-
6	터널공사	DP, TBM	RS	BC, L	-	-	-
7	원석채취공사	D	PS	DT	-	-	-

BD : Bulldozer DL : Drag Line BC : Belt Conveyer DS : Dozer Shovel TBM : Tunnel Boring Machine
PS : Power Shovel R : Roller류 MG : Motor Grader DT : Dump Truck
MS : Motor Scraper L : 기관차 D : Drill RS : Rocker Shovel

20. 적재 기계와 Dump Truck의 조합(경제적인 조합)

1. 덤프 트럭의 용량 선택

- 운반 기계의 용량과 적재 기계의 작업 능력이 적기를 이루지 못하면 작업 능률이 떨어지고 운반 단가가 높아지게 된다.
- 그러므로 Dump Truck과 적재 기계를 조합하여 사용할 때에는 Dump Truck의 크기가 작업능률과 운반경비에 미치는 영향을 고려하여 Dump Truck의 용량을 결정하여야 한다.
- Dump Truck의 용량이 크면 다음과 같은 장점과 단점이 있다.

(1) **장점**
  1) 소요 대수가 적어지므로 운반 기계에 대한 총 투자 및 유지, 관리비가 적게 든다.
  2) 운전원수가 적기 때문에 운전비가 싸게 든다.
  3) 대수가 적어서 운행을 계획적으로 실시하기 쉽고, 또 상호간의 사고 발생 등의 위험이 적다.
  4) 적재함이 커서 적재하기 쉽다.

(2) **단점**
  1) 적재 기계의 용량이 작을 경우에는 적재 시간이 길어져 비경제적이다.
  2) 적하중량이 커서 운반 중 위험도가 높고, 운반로의 구축비나 유지, 수리비가 많이 든다.
  3) 적재 기계와 작업량에 대한 Dump Truck 대수의 균형을 잡기가 어렵다.

2. 경제적인 용량의 산정

- (그림 1)은 Dump Truck의 싣기 시간을 제외한 싸이클 타임(t_m)과 각 로더의 용량(q)에 대한 덤프 트럭의 경제적인 용량(Q_e) 선정 도표이다.
- 이 도표에서 다음과 같은 것을 알 수 있다.

  (1) 같은 로더의 용량에서, Dump Truck의 운반거리가 멀수록(t_m이 클수록) 덤프 트럭의 경제적인 용량은 커진다.
  (2) 같은 Dump Truck의 싸이클 타임(t_m)에서 로더의 용량이 클수록 덤프 트럭의 경제적인 용량은 커진다.
  (3) 같은 Dump Truck의 경제적인 용량에서 덤프 트럭의 t_m이 커질수록 로더의 용량은 작아지게 된다.

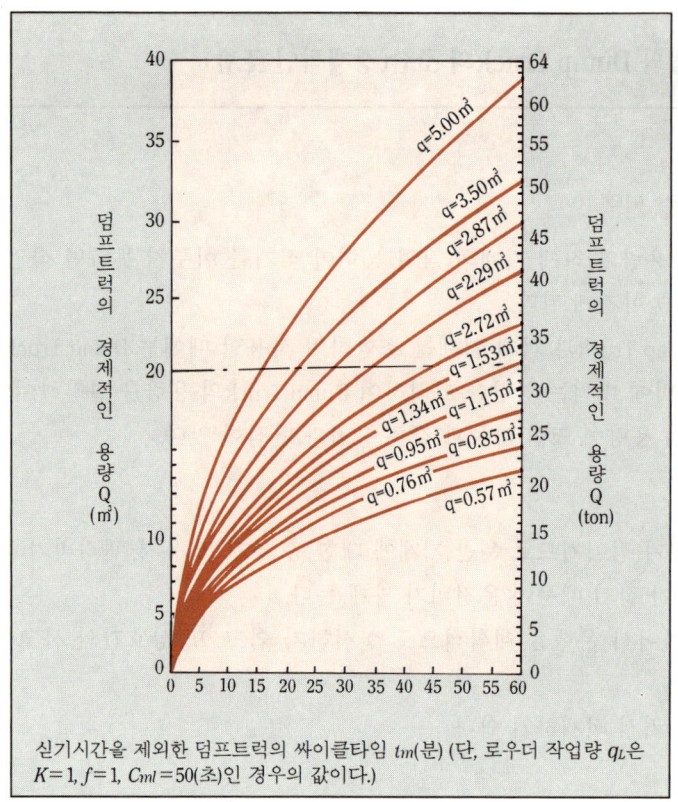

(그림 1) Dump Truck의 경제적인 용량

3. Dump Truck의 용량과 운반 단가

- (그림 2)는 트럭의 용량과 운반 단가와의 관계를 덤프 트럭의 각 싸이클 타임(t_m)별로 구한 것으로 로더의 작업량(q_L)은 로더의 용량 $q = 1.72(㎥)$, $K = 1, f = 1, E_t = 1, C_{ml} = 50(초)$일 때의 값으로 그린 것이다.
- (그림 3)은 Dump Truck의 용량과 운반 단가와의 관계를 Loader의 용량(q)과 덤프 트럭의 싸이클 타임(t_m)별로 구하여 그린 것이다.

(1) (그림 2)에서 덤프 트럭의 용량이 경제적인 용량 Q_e(그림에서 ×표시한 것)보다 작을 수록 운반단가에 미치는 영향은 상당히 커지며, 반대로 경제적인 Q_e보다 커져도 운반 단가는 증가한다. 대략 Dump Truck의 용량이 경제적 용량의 50%이하가 되면 운반단가는 크게 저하된다.

(2) (그림 3)에서 Dump Truck의 용량과 로더의 용량이 클수록 운반 단가는 저하된다.

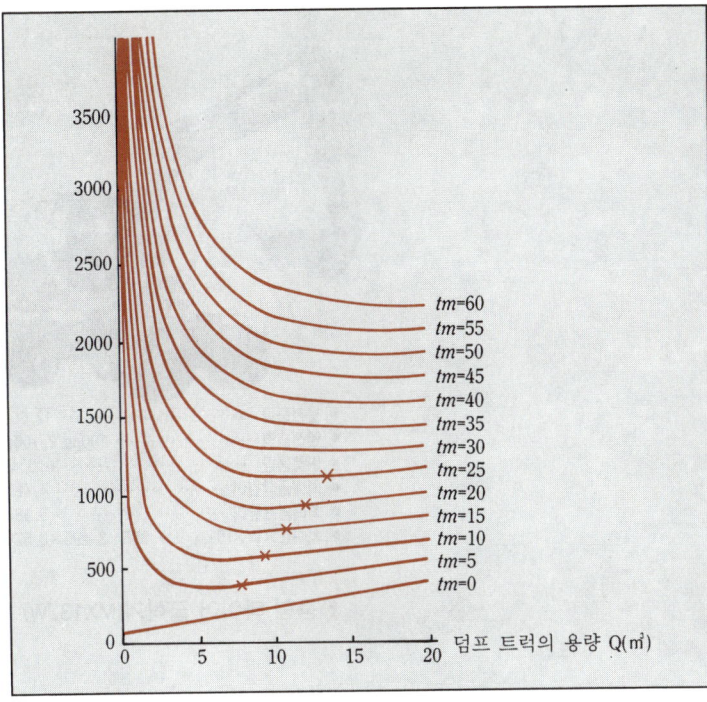

단, ① Loader의 작업량 q_L은 $q=1.72㎥$, $K=1$, $E_e=1$, $f=1$, $C_{ml}=50$(초)일 때의 값이다.
② ×표는 Dump Truck의 경제적인 용량 Q_e (운반단가최소)를 표시한 것이다.

(그림 2) 싸이클 타임에 따른 Dump Truck의 용량과 운반 단가와의 관계

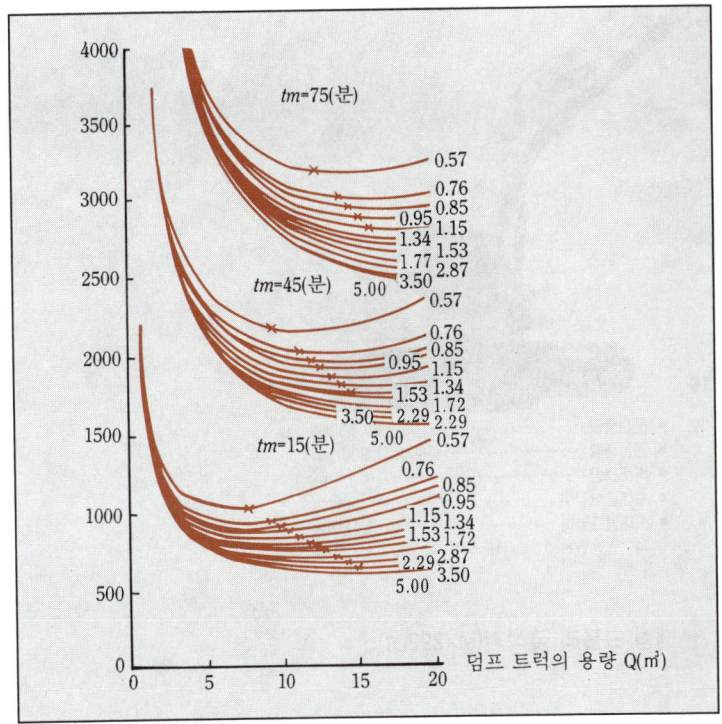

단, ① Loader의 작업량 q_L은 $q=1.72㎥$, $K=1$, $E_e=1$, $f=1$, $C_{ml}=50$(초)일 때의 값이다.
② ×표는 Dump Truck의 경제적인 용량 Q_e (운반단가최소)를 표시한 것이다.

(그림 3) Loader의 용량과 싸이클 타임에 따른 Dump Truck의 용량과 운반 단가와의 관계

- 운전중량 ······················· 12,000kg
- 엔진출력 ················· 100ps/2,100rpm
- 버켓용량 ························ 0.45m³
- 최대굴삭깊이 ····················· 4,480mm
- 최대덤프높이 ····················· 5,380mm
- 치수(L×W×H) ····· 7,355×2,495×3,570mm

↑ 중형 타이어 굴삭기(MX132W)

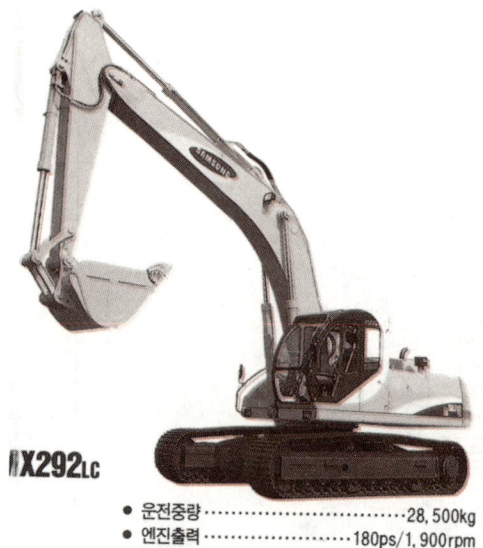

- 운전중량 ······················ 28,500kg
- 엔진출력 ················· 180ps/1,900rpm
- 버켓용량 ························· 1.1m³
- 최대굴삭깊이 ····················· 7,500mm
- 최대덤프높이 ····················· 7,120mm
- 치수(L×W×H) ···· 10,540×3,190×3,370mm

↑ 대형 크롤라 굴삭기(MX292LC)

21. 토공 장비의 종류

- 토공용 건설기계는 장비의 형식과 작업 공정에 따른 분류를 할 수 있다.
- 우선 장비의 형식에 따른 분류를 해 보면 가장 종류가 많고 다양한 것이 트랙터(Tractor) 계열이다.
- 장비의 기본 동작은 전진과 후진을 하는데 있지만 많은 부가장비(Attachment Equipment)를 부착하여 사용의 용도를 다양화하고 다목적하게 쓰일 수 있도록 하였다.

1. Tractor 계열 장비

(1) Tractor의 형식에는 이동하는 방법에 따라 **무한 궤도식(Crawler Type), 타이어식(Wheel Type), 복합식(Semi-Crawler Type)** 이 있다. 무한 궤도식과 Tire식의 적용성을 비교해 보면 다음 표와 같다.

(표 1) Crawler Type과 Wheel Type의 적용성 비교

No.	작업분류 형식	무한 궤도식	Tire
1	토질에 대한 영향	적 다	많 다
2	연약지반의 작업	쉽 다	어 렵 다
3	정지가 않된 경사지 작업	쉽 다	어 렵 다
4	평탄하게 굴착하는 작업	쉽 다	어 렵 다
5	등판작업 능력	크 다	적 다
6	유리한 작업 거리	단 거 리	장 거 리
7	유리한 작업 속도	비교적 저속	비교적 고속
8	기동성	적다(노면파손)	크 다
9	하부 정비 및 보수	어 렵 다	쉽 다
10	연속적인 부하	쉽 다	어 렵 다
11	암산에서의 작업	쉽 다	어 렵 다

(2) 위 표와 같이 각 작업별 적용성이 틀리는 바, 무한 궤도식(Crawler Type)은 힘과 모든 작업에 적응능력이 크나 Tire식에 비하여 기동성과 속도에서 떨어진다.

(3) Tractor의 성능에 대해서는 최대 견인력, 운전 정비중량, 평균 접지압으로 표시한다.

(4) **최대 견인력** : 양호한 지표면의 조건에서 발휘할 수 있는 최대의 견인력
(5) **운전 정비중량** : 연료를 가득 채우고 유압유, 냉각수 등을 규정대로 넣은 상태에서 운전자 1명의 무게까지 합한 장비의 중량 : 전장비 중량이라고도 한다.
(6) **평균 접지압**(kg/cm²) : 운전 정비중량을 접지면적으로 나눈 수치이다.

$$\text{평균 접지압} = \frac{\text{운전정비중량(kg)}}{\text{접지면적(cm}^2\text{)}} \text{ (kg/cm}^2\text{)}$$

2. 불도져(Bulldozer)

Tractor에 부착하는 부품에 따라 그 특성과 용도가 변하는 Dozer 계통의 장비를 보면

(1) **틸트 도져(Tilt Dozer)**
삽날의 중앙을 축으로 삽날끝을 위아래로 움직일 수 있다.

(2) **앵글 도져(Angle Dozer)**
삽날의 좌우를 전·후방으로 움직여 흙을 Grader처럼 한쪽 방향으로 밀 수 있다.

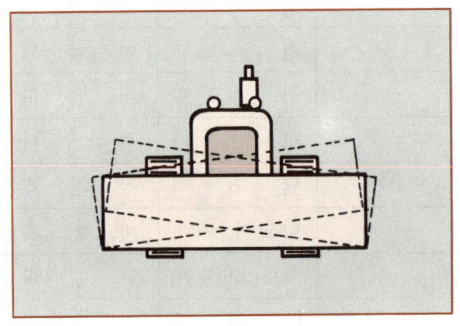

(그림 1) Tilt Dozer

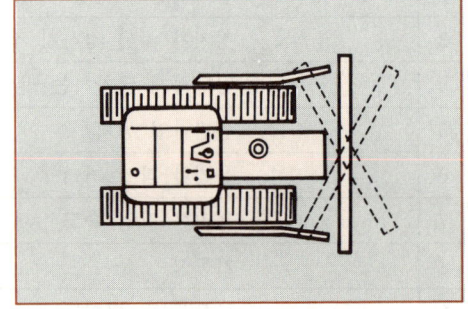

(그림 2) Angle Dozer

(3) **레이크 도져(Rake Dozer)**
나무의 뿌리를 뽑거나 전석 등의 제거 및 지상 청소용으로(Site Clearing) 쓰이며 흙은 밀어내지 않고 잡물만 제거할 수 있다.

(4) U 도져(U Dozer)
삽날을 U형으로 만들어 양날 끝의 흙의 흩어짐을 막는다.

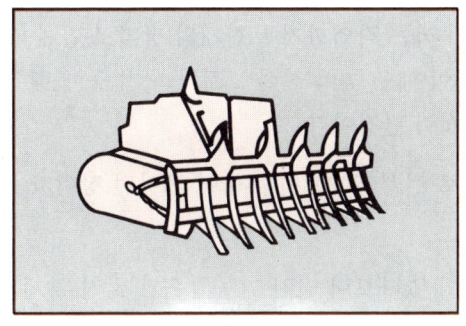

(그림 3) Rake Dozer

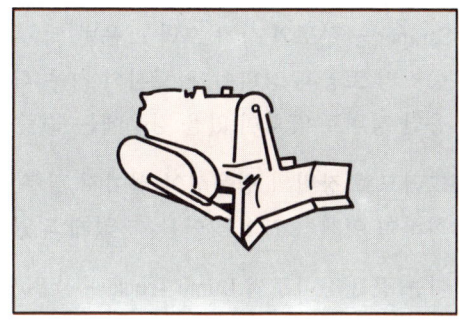

(그림 4) U-Dozer

(5) V 도져(V Dozer)
삽날을 V형으로 만들어 수목의 절단 등 벌개용(Grubbing Up)으로 쓰인다.

(6) 진동 도져(Vibro Dozer)
진동봉을 여러개 부착하여 콘크리트를 다질 수 있게 한 장비로 Concrete Dam에서 다짐 등에 쓰인다.

(7) 푸쉬 도져(Push Dozer)
Scraper의 푸쉬용으로 삽날부위를 보강한 도져

(8) 습지 도져
습지나 연약지반에서의 작업이 가능하도록 무한궤도의 접지 면적을 넓힌 것.

(9) 버켓(Bucket) 도져
배토판부에 버켓을 부착하여 근거리 운반이 가능토록 한 도져

(10) 스크랩 도져(Scrap Dozer)
기능상 스크래퍼와 무한 궤도식 도져를 합친 것으로 Dozer에 비해 운반거리가 멀고 또한 무한궤도의 접지압이 낮아 연약지반의 성토 등에 유용하다.

- 위와 같이 트랙터에 부착물(Attachment)을 다양화 하여 여러 용도로 쓰일 수 있도록 장비가 제작되어 나오고 있으나 일반적인 토공현장에서 범용할 수 있는 장비를 사용함이 타당하고 특수 장비는 그 목적에만 맞게 제작되므로 다량의 물량이 확보되어 경제적일 때는 그에 맞

는 장비를 주문제작하여 쓸 수도 있다.

3. 스크래퍼(Scraper)

- Scraper는 절토와 상차 그리고 운반 및 흙을 퍼서 까는 작업까지를 한개의 장비로 할 수 있는 중거리 토공용 장비이다. 토사의 경우 작업효율이 매우 높아 신설 도로나 택지 등에 매우 유용한 장비로 암석이 있을 경우에는 쓸 수 없는 것이 단점이다.
- 그러므로 장비의 범용성이 떨어져 경부고속도로 건설 및 그 이후 들어 쓰이던 장비가 노후화하여 이제는 거의 찾아볼 수 없게 되었다.
- 이는 운반장비로써 Dump Truck과 같은 범용성이 없다보니 년간 가동일수가 많지 않게되고 경제적인 측면에서 자동 도태되었다고는 하나 신설도로 택지 등에서는 매우 유용한 장비여서 카풀제도(Car Pool System)와 같이 운용되어지면 좋을 것이다.
- 스크래퍼는 자주식과 피견인식이 있으며 피견인식은 Tractor 견인이 많다.

(1) 자주식

1) 싱글 엔진형(Single Engine Type) : 엔진이 앞에만 있는 형
2) 트윈 엔진형(Twin Engine Type) : 앞의 트랙터와 뒷부분에 엔진이 이중으로 있는 형
3) Two Bowl Tandem Scraper : 마치 스크래퍼(Scraper) 두대를 이어 놓은 형상의 보울이 두개 있는 형
4) 엘레베이팅 스크래퍼(Elevating Scraper) : 보울(Bowl)의 에프론(Apron)에 흙을 굴착 상차할 수 있는 사다리형 엘리베이터가 부착된 형

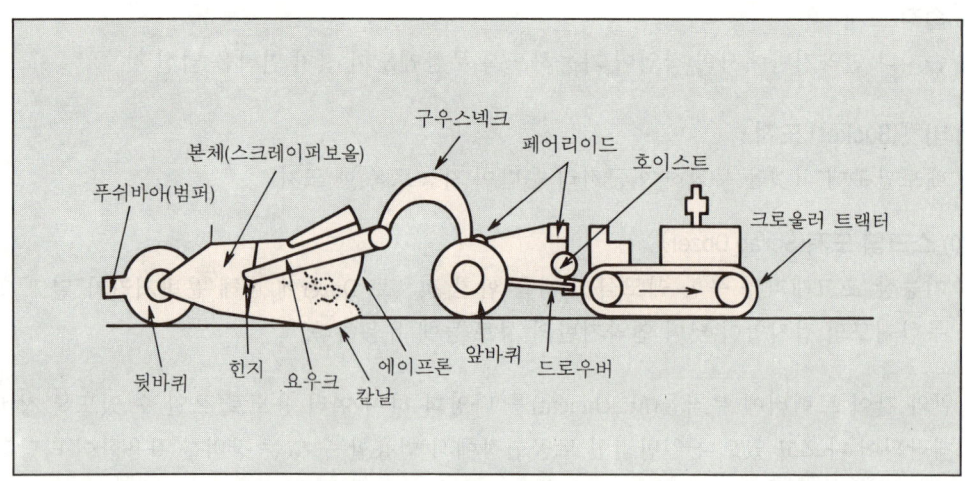

(a) 적입

(b) 운반(귀로는 공차로 동자세)

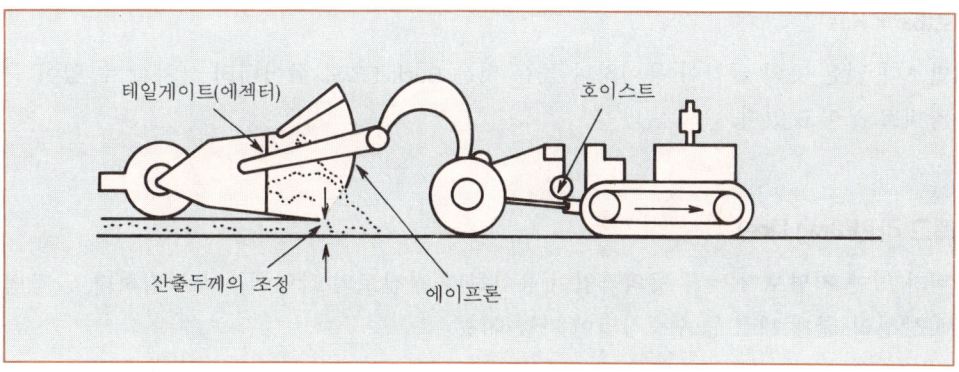

(c) 산출하여 고르기

(그림 5) 피견인식 Scraper의 작업동작

22. 쇼벨(Shovel)계 굴착기계(굴착장비)

Shovel계의 굴착장비는 그 부착물에 따라 여러 형태로 불리어지며 그 작업 능력도 다양하다.

1. 쇼벨(Power Shovel)
장비가 있는 지면보다 높은 곳의 굴착작업에 편리하며 Crawler Type과 Tire Type이 있다.

2. 백호(Back Hoe)
지면보다 낮은 곳의 굴착이 용이하나 높은 것은 Bucket으로 긁어내려 상차할 수 있어 근래에는 주장비로 쓰이고 있다.

3. 드래그 라인(Drag Line)
장비가 있는 지면보다 낮은 곳의 작업이 용이하나 경질토의 작업에는 부적합하다. 굴착범위가 넓어 하상정리, 골재 채취 등 수중작업이 가능하다.

4. 크램쉘(Clamshell)
- 수중 굴착, 호파(Hopper)작업, Caisson 기초의 내부 굴착 등 깊고 협소한 장소의 굴착에 유리함.
- 근래 Shovel과 Backhoe는 케이블식에서 유압식으로 발전하여 쇼벨계 기계라기보다는 독자적인 발전을 하고 있으며 특히 Backhoe는 국내의 굴착장비의 주종을 이루고 있다.
- 또, 부착물에 따라서는 어스 드릴(Earth Drill), 크레인(Crane), 파일 드라이버(Pile Driver) 등으로 사용되며 Grab Bucket을 달아서 사용할 수 있다.

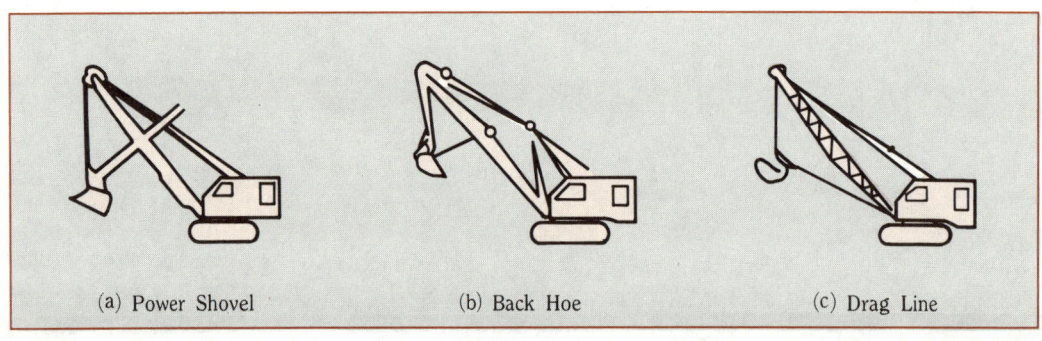

(a) Power Shovel   (b) Back Hoe   (c) Drag Line

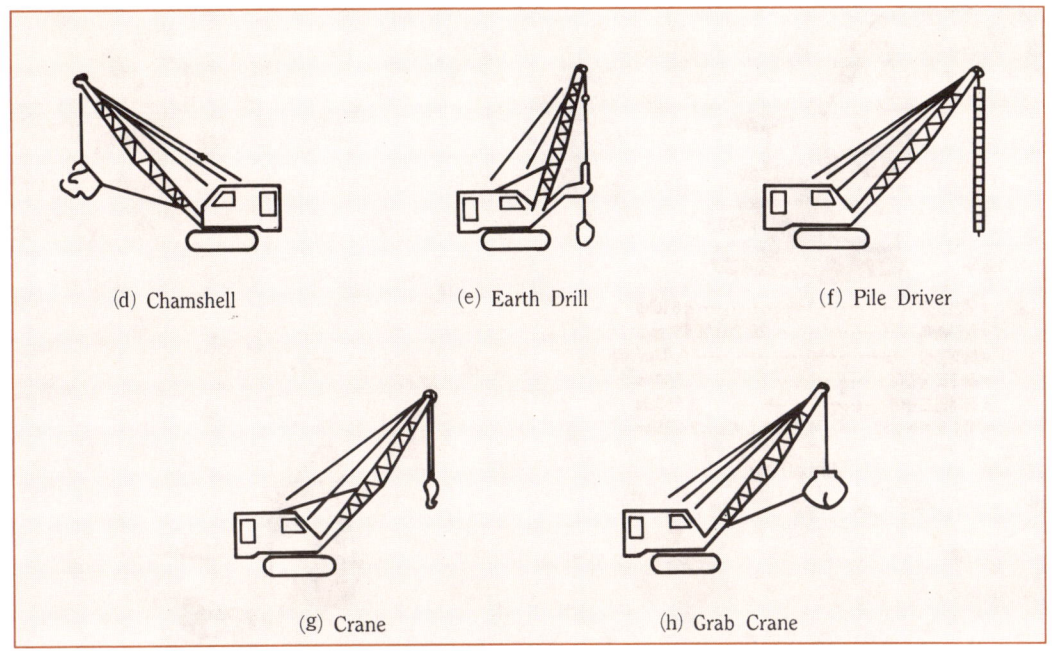

(그림 1) Shovel계 장비의 부착장치(Attachment)에 따른 각종 장비

↑ 백호 (0.7㎡)

- 운전중량 ······················· 2,610kg
- 엔진출력 ······················· 26.2ps/2,450rpm
- 버켓용량 ······················· 0.07m³
- 최대굴삭깊이 ··················· 2,560mm
- 최대덤프높이 ··················· 3,260mm
- 치수(L×W×H) ··············· 4,720×1,470×2,335mm

(Minix 026)

↑ 소형 굴삭기 →

- 운전중량 ······················· 2,965kg
- 엔진출력 ······················· 26.2ps/2,450rpm
- 버켓용량 ······················· 0.09m³
- 최대굴삭깊이 ··················· 3,070mm
- 최대덤프높이 ··················· 3,685mm
- 치수(L×W×H) ··············· 5,040×1,520×2,335mm

(Minix 030)

- 운전중량 ······················· 34,300kg
- 엔진출력 ······················· 250ps/1,700rpm
- 버켓용량 ······················· 1.35m³
- 최대굴삭깊이 ··················· 7,600mm
- 최대덤프높이 ··················· 8,190mm
- 치수(L×W×H) ··············· 10,970×3,290×3,395mm

(Mx352LC)   ← 중형 크롤라 굴삭기

중형 크롤라 굴삭기 ➡

- 운전중량 ··· 42,500kg
- 엔진출력 ································· 300ps/2,000rpm
- 버켓용량 ··· 1.7m³
- 최대굴삭깊이 ···································· 7,740mm
- 최대덤프높이 ···································· 7,610mm
- 치수(L×W×H) ········· 11,950×3,340×3,390mm

- 운전중량 ··· 43,000kg
- 엔진출력 ································· 300ps/2,000rpm
- 버켓용량 ··· 1.7m³
- 최대굴삭깊이 ···································· 7,740mm
- 최대덤프높이 ···································· 7,610mm
- 치수(L×W×H) ········· 11,950×3,470×3,390mm

(MX422) (Mx452LC)

- 운전중량 ·· 4,900kg
- 엔진출력 ···································· 55ps/2,500rpm
- 버켓용량 ··· 0.145m³
- 최대굴삭깊이 ···································· 3,720mm
- 최대덤프높이 ···································· 3,560mm
- 치수(L×W×H) ············· 5,770×1,885×2,545mm

(Mx3A)

⬆ 소형 굴삭기

- 운전중량 ··· 21,800kg
- 엔진출력 ································· 138ps/2,100rpm
- 버켓용량 ··· 0.8m³
- 최대굴삭깊이 ···································· 6,810mm
- 최대덤프높이 ···································· 6,720mm
- 치수(L×W×H) ··········· 9,760×3,040×2,990mm

중형 크롤라 굴삭기 ➡   (Mx222LC)

- 운전중량 ······················· 4,950kg
- 엔진출력 ················· 55ps/2,500rpm
- 버켓용량 ······················· 0.145m³
- 최대굴삭깊이 ···················· 3,420mm
- 최대덤프높이 ···················· 3,850mm
- 치수(L×W×H) ······ 5,800×1,920×2,820mm

(Mx3w-2)

↑ 소형 굴삭기

- 운전중량 ······················· 13,000kg
- 엔진출력 ················ 100ps/2,100rpm
- 버켓용량 ······················· 0.445m³
- 최대굴삭깊이 ···················· 5,510mm
- 최대덤프높이 ···················· 6,230mm
- 치수(L×W×H) ······ 7,795×2,600×2,850mm
　　　　　　　　　　/7,095×2,600×2,895mm

(Mx132LC)

중형 크롤라 굴삭기 ↑

23. 로우더(Loader) (상차 장비의 종류 및 특징)

- 로우더는 트랙터 장비에 흙을 굴착·상차할 수 있는 장치를 부착하여 집적되어 있는 재료나 부드러운 흙의 상차에 많이 쓰이고 있으며 특히, 콘크리트 **플랜트**나 아스콘 플랜트에 많이 쓰이고 있다.
- 무한궤도에 장착된 Track Loader는 원지반을 굴착, 상차할 수 있다.
- 이동방법에 따라 휠 로우더(Wheel Loader), 트랙 로우더(Track Loader), 혹은 트랙터 쇼벨(Tractor Shoevl)이라고 하며 상차의 방법에 따라

1. **Loader** : 전면 상차
2. 스키드 로우더(**Skid Loader**) : 지게차와 비슷한 역할
3. 오버헤드 로우더(**Over Head Loader**) : 터널의 막장 등 좁은 공간에서 작업
4. 사이드 덤핑 로우더(**Side Dumping Loader**) : Bucket을 옆으로 뉘여 상차
5. 스윙 로우더(**Swing Loader**) : 붐이 회전할 수 있는 Loader 등 용도에 따라 개발되어 있으며 3-Way 로우더나 또 전면에 도져와 같은 배토판을 부착하여 병용하여 쓸 수 있게 되어 있는 장비도 있다.
6. **Skid Loader** 작업장치

콜드 플레이너(Cold Planer)

백 호(Backhoe)

포 크(Fork)

산업용 그래플(Industrial Grapple)

브레이커(Breaker)

오 거(Auger)

트랙(Track)

트렌쳐(Trencher)

스위퍼(Sweeper)

제설장치(Snow Blower)

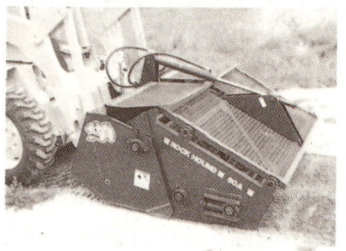
록하운드(Rockhound)

나무이식장치(Tree Transplanter)

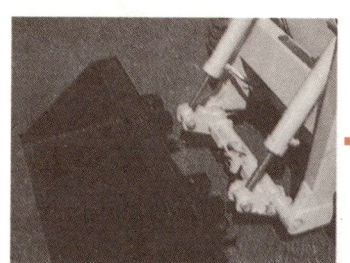

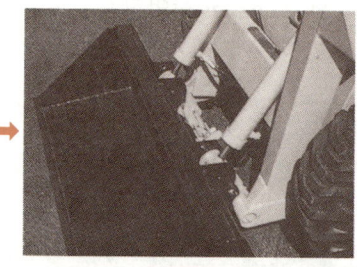

작업장치의 교환

24. 운반 장비의 종류, 특징

1. 덤프 트럭(Dump Truck)

가장 보편적이고 널리 쓰이는 운반 장비로 다양한 규격이 있으며 제일 많은 종류가 후방 덤프(Rear Dump Truck)이나 작업장의 상황이나 용도에 따라서

(1) 후방 덤프 트럭(Rear Dump Truck)
(2) 측방 덤프 트럭(Side Dump Truck)
(3) 리프트 덤프 트럭(Lift Dump Truck)
(4) 하방 덤프 트럭(Bottom Dump Truck)

2. 벨트 콘베이어(Belt Conveyor)

(1) 건설공사 장비 등에 가장 많이 쓰이는 것은 크라싱 플랜트(Crushing Plant), 아스콘 플랜트(Asphalt Concrete Plant), 콘크리트 배치 플랜트(Concrete Batch Plant) 등이며, 골재 등의 연속적인 운반에는 가장 유용한 장비이다.
(2) 또, 트랜쳐(Trencher)나 터널 보링머신(Tunnel Boring Machine) 등에도 유용하게 쓰이며
(3) 콘크리트 타설, 댐공사 등에서도 많이 쓰인다.
(4) 또 운반의 목적에 따라서는 10km이상되는 장거리 Conveyor Belt가 이용된다.

3. 삭도 운반(Cable Way)

길을 만들 수 없는 산간이나 계곡 등에는 삭도를 설치하여 물건을 운반하거나 댐공사시 양안을 연결하는 삭도를 설치, 콘크리트 등 자재를 운반하는데 쓰이고 있다.

(1) 삭도 운반
   1) 단송식
   2) 교송식
      ① 단선식
      ② 복선식

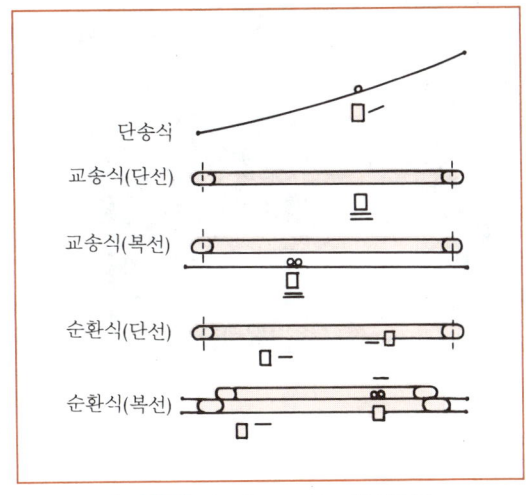

(그림 1) 삭도(Cable Way)의 종류

3) 순환식
    ① 단선식
    ② 복선식

4. 토운차(Trolly)

토공이 기계화 시공되기 이전에 가장 많이 쓰이던 운반 기계이나 궤도를 부설해야 되고 하차장이 고정되어 불편한 관계로 기계화된 운반 기계에 밀려 좁은 단면의 터널 굴착, 광산 등에서 쓰이고 있다.

25. 정지 장비(Motor Grader)의 종류, 특징

　Dozer, Mortor Grader, 삽날 붙은 Compactor 등 여러 종류의 장비가 상황에 따라 쓰여지고 있으나 정지를 위해서만 만들어진 장비는 Grader다.

1. 모터 그레이더(Morter Grader)의 용도
　(1) 부드러운 토사의 절취나 정지작업, 사리도의 보수 등에 쓰이며
　(2) 도로공사에 정지 및 화이날 작업 등에 필수적으로 쓰이는 장비
　(3) Mortor Grader의 규격은 삽날의 길이에 따라 구분한다.
　　1) 소형 : 삽날의 길이 2.5m 또는 1.80m이다.
　　2) 중형 : 삽날의 길이 3.7m

- 운전중량 ············· 14,262kg
- 엔진출력 ············· 170ps/2,200rpm
- 브레이드길이 ········· 3,658mm
- 최대주행속도 ········· 47.2km/h
- 치수(L×W×H) ······ 8,555×2,380×3,355mm

(SG15)

↑ 모터 그레이더

26. 다짐 장비의 종류, 특징

1. 서 론

토질의 전단강도를 높이는 것 중 가장 널리 쓰이는 것이며 적당한 **함수비**에서 흙을 다지는 방법이다. **토질**에 맞는 **다짐장비**를 선정하여 효율적인 두께의 흙을 다져 원하는 **밀도**를 얻는 것이 가장 경제적이며 이는 토질의 시험에 의하여 적정 수치를 찾아내야 한다.

(1) 흙을 반죽하는 모양으로 다지는 방법(Kneading Compaction)
(2) 수직 정하중을 가하여 다지는 방법
(3) 진동하여 다지는 방법
(4) 충격을 주어서 다지는 방법
(5) 폭발력을 이용하는 방법 등이 있으며 이 중의 한개 내지는 몇개의 방법을 병용(조합시공)하여 다짐의 효과를 높이는 것이다.

2. 다짐 기계의 종류

(1) 탬핑 로라(Tamping Roller)
(2) 스무스 휠 로라(Smooth Wheel Roller)
(3) 공기 타이어 로라(Pneumatic Tire Roller)
(4) 진동 로라(Vibrating Roller)
(5) 자주 진동판 또는 슈(Self Propelled Vibrating Plates or Shoes)
(6) 인력 추진 진동판(Manually Propelled Vibrating Plates)
(7) 인력 추진 콤팩터(Manually Propelled Compactor)
(8) 깊은 모래다짐을 위한 진동 콤팩터(Vibrating Compactor for Deep Sand) 등이 있다.

3. 다짐 장비

(1) 스무스 휠 로라(Smooth Wheel Roller)
   1) 마카담 로라(Macadam Roller or Three Wheel Roller)
   2) 탠덤 로라(Tandem Roller)
   3) 삼축 탠덤 로라(Three Axle Tandem Roller)
   4) 견인식 스무스 로라
   5) 자주식 스무스 로라

(2) 탬핑 로라(Tamping Roller)
  1) 양족식 로라(Sheeps Foot Roller)
  2) 자주식 탬핑 로라(Self Propelled Tamping Roller)
  3) 그리드 로라(Grid Roller)

(3) 타이어 로라(Pneumatic Tire Roller)
(4) 진동 로라(Vibrating Roller)
  1) 스무스 휠 진동 로라(Smooth Wheel Vibrating Roller)
  2) 양족식 진동 로라(Sheeps Foot Vibrating Roller)
  3) 탠덤 진동 로라

(5) 소일 콤팩터(Soil Compactor)
(6) 램머(Rammer)

(표 1) 각종 다짐기계의 성능

기 종	중량(t)	적성 작업, 토질	다 짐 기 준			
			다짐두께	다짐회수	롤러 속도	다짐밀도
탠덤로라	10	롬질토, 점성토, 아스콘 마무리 작업	20cm	5~8	2.1~2.8	90%
마카담로라	10	쇄석기층, 롬질토, 점성토, 막자갈	15~20	5~8	1.5~2.8	90%
	10	아스콘 초기 전압	8~10	4~6	1.5~2.8	90%
탬핑로라	20	실트질토, 보통토, 점토버력 혼합기층				
타이어로라	12	롬질토, 점성토, 사질토	25~30	5~8	4	
	3.5	롬질토, 점성토, 사질토	30	6	4~5	
		아스콘 중간다짐	10	4~6	3~5	
스무스진동로라	3.5	보통 토사, 사질 토사	20~30	4~8	2.1	90%
램 머	0.1	협소한 장소의 다짐	10~20	-	-	-
진동로드로라	1.7	사질토, 보통 토사	20~30	3	0.4	90%
		쇄석기층	10~25	8~10	0.4	90%
불 도 져		토사 성토, 버력 성토	20~30	-	2~3	

27. 장비의 선정 요령(공종별, 토질별 장비의 선정 요령)

1. 장비의 선정 개념

(1) 토공용 기계의 선정은 해당 공사가 요구하는 시공법, 능률, 작업 조건, 성질 등을 파악하여 가장 능률적인 장비를 선정, 최저의 공사비로 공사를 끝낼 수 있도록 하는데 있다.

(2) 시공 목적을 달성하기 위한 시공법 및 시공장비는 여러가지가 있을 수 있으므로 신중한 비교 검토가 있어야 될 것이며, 동종의 장비라도 각 기계의 특성이 틀리고 같은 기능을 가진 장비라도 각종의 조건에 따라 그 능력의 차이가 날 수 있으므로 이러한 관점에서 검토가 되어져야 한다.

(3) 그러나 중요한 것 중의 하나는 장비를 선정하다보면 그 공종에는 100% 유용한 장비이나 물량이 많지 않을 경우 그 공종의 완료와 동시에 철수해야 된다면 전체적인 경비는 올라갈 것이다. 이 경우 한 공종의 단가는 조금 높아지더라도 그 공종에 투입된 장비가 범용성이 있어 딴작업에도 즉시 투입될 수 있다면 결과적으로 전체 비용은 싸진다는 결론이다.

(4) 그러므로 장비의 선정에는 그 공종의 물량과 공정상의 공기 및 범용성이 동시에 검토되어 전체공사의 균형을 찾는 장비의 선정이 되어야 한다.

2. 공종에 따른 사용 가능 장비

토공 작업은 대체적으로

(1) 벌개제근(Site Clearing Grubbing Up)
(2) 절토(Cutting)
(3) 상차(Loading)
(4) 운반(Trausportation)
(5) 사토 정지
(6) 다짐으로 구분한다면 각 공종별 적용 가능한 장비를 다음과 같이 구분한다.

〈표 1〉 각 공종별 적용 가능 장비

No.	작업 구분		적용 가능 장비	적 요
1	벌개제근	잡초 및 표토제거	소형 도저, 모타 그레이드, 백호	잡초 및 표토를 제거
		잡목,전석표토제거	도저, 레이크 도저	보통의 벌개제근, 큰나무뿌리, 전석 등의 제거
2	절토	보통 토사	도저	보통 토사의 절토 및 단거리 운반
			버켓 도저	굴착 및 운반
			스크랩 도저	굴착 및 운반
			모타 스크래퍼	굴착 및 운반

No.	작업구분		적용 가능 장비	적 요
2	절토	보통 토사	쇼벨(덤프와 조합)	절토 및 상차
			백호(덤프와 조합)	절토 및 상차
			트랙로다(덤프와 조합)	굴착, 상차
			모타 그레이더	도로의 측구굴착, 사리도 보수, 노면절취
			트랜처	트랜치 굴착
		경질토 사리 등	도저	굴착, 집토, 단거리 운반
			버켓 도저	굴착, 단거리 운반
			스크랩 도저	굴착, 단거리 운반
			스크래퍼(푸쉬 도저 병용)	굴착, 운반, 사토정리
			쇼벨	굴착, 상차
			백호	굴착, 상차
			트랙 로더	굴착, 상차
			트랜처	트랜치 굴착
			드래그 라인	굴착범위가 넓어 하상작업 등에 유리
			슬래그 라인	한 장소에 고정되어 레일상을 이동하며 굴착
		암석	로다, 유압리퍼, 유압브레이카	가능한 암을 파쇄
			발파	화약에 의한 폭파
			약액에 의한 파쇄	천공후 팽창제 주입 암파쇄
3	구조물의 기초 터 파 기		도저	구조물의 기초가 넓은 곳
			쇼벨, 트랙 로더	구조물의 기초가 넓은 곳
			백호	터파기 작업에는 최적이나 붐의 길이에 한도가 있어 더 깊을 경우 2단 작업 등 고려 하상 굴착 등
			드래그 라인	협소한 곳의 굴착, 우물통 내부 굴착 등
			크람쉘	
			브레이카, 화약 발파	암반이나 전석층의 터파기
4	협소한 장소의 굴착	깊지 않은 터 파 기 배 수 구	트랜처	토사구간의 관로 터파기
			백호	각종 구조물, 관로 터파기
			모타 그레이다, 도저	도로의 측구, 광장의 배수구 등
		깊은 터 파 기	트랜처	굴착 깊이 제한
			백호	굴착 깊이 제한
			크람쉘	트랜처나 백호작업이 안되는 곳
5	되메우기	구조물 뒷채움 등	도저, 모타 그레이더	넓은 작업장, 관 부설후 등
			백호	각종 구조물 뒷채움
			로더(휠, 트랙)	약간의 운반이 필요한 경우 유용함
6	수중굴착	점토, 모래 자 갈	펌프선 ─┐	배송 파이브 설치 대량, 장거리 배송
			그래브선 │ 준설선	토운선과 조합
			드래그 라인 ─┘	육상 또는 Barge선 위에서 작업
			크람쉘	육상 또는 Barge선 위에서 작업
			슬래그 라인	고정 위치에서 이동 레일 범위만 굴착

No.	작업구분		적용 가능 장비	적 요
6	수중굴착	다져진 점토 자갈	그래브선	토운선과 조합
			테이퍼선	토운선과 조합
			바켓선	토운선과 조합
			크람쉘	육상 또는 바지선 위에서 작업
			드래그 라인	육상 또는 바지선 위에서 작업
7	상차	토석	도져	상차대를 만들어서 절취 상차
			휠 로더	토사 상차, 골재장, 플랜트장의 소운반 등
			트랙 로더	토석 상차
			파워 쇼벨	굴착 상차, 토석 상차
			백호	굴착 상차, 토석 상차
			드래그 라인, 크람쉘	굴착 상차, 토석 상차
			콘베이어 벨트	도져와 조합, 연속 작업 가능
8	운반	토사	도져	단거리 운반
			버켓 도져	단거리 운반
			스크랩 도져	주행속도 10km/hr 이하나 요철지, 연약지반에 유리
			스크래퍼	중거리 운반용으로 굴착, 운반정지를 동시에 함
			덤프 트럭	중장거리 운반
			벨트 콘베이어	콘크리트 타설 등
			트로리	터널, 소규모 매립공사
			로다	작업장내의 소운반
			삭도(Cable Carrier)	산악지역, 하천, 횡단 등
		암석	도져	
			덤프 트럭	
			트로리, 콘베어 벨트	
			트랙 로더	
9	사토,사토정리 및 정지		도져	토석의 정리 및 정지
			모타 그레이더	토사의 정지, 사리도 보수
			스프레더	
			스크래퍼	사토시 두께 조절하여 포설
			스크랩 도져	사토시 두께 조절하여 포설
10	다짐	토사, 쇄석 막 자갈	로드 로라	
			타이어 로라	
			탬핑 로라	
			콤팩타	
			램머	
			플레이트 콤팩터	
			도져	
		버럭	탬핑로라	

No.	작업구분		적용 가능 장비	적 요
10	다짐	버력	콤팩터 램머 도저	

3. 토공 장비 선정

(1) (표 1)과 같이 각 공종별로 적용할 수 있는 장비들을 열거하였다.

(2) 이론상으로는 어떤 공종의 최소 경비는 최적의 장비의 기종과 규격을 선정했을 때 이루어진다. 이는 실제로도 같은 결과를 얻을 수 있다.

(3) 그러나 그 공종의 수량이 얼마나 되는지 또는 자사가 보유한 장비가 있는지 그렇지 않으면 시장에서 **임차**하여 쓸 수 있는 장비인지를 우선 확인해야 될 것이며

(4) 또한 그 장비가 **타공종**에 같이 사용될 수 있어서 **작업의 공극**이 생길 경우 여타의 작업에 투입될 수 있는지가 검토되어야 한다.

(5) 투입되었던 장비가 그 공사가 끝난 후 창고에서 잠자야 한다면 이는 자산의 손실이 될 것이다.

(6) 그러므로 장비는 지역의 특성과 공사물량, 그리고 연결되는 공사 등 여러가지 측면을 고려하여 장비의 **휴차시간**이 적도록 범용성이 있는 장비를 선정하는 것이 좋다.

(7) 레이크 도져(Rake Dozer)의 경우 수목이나 전석, 나무뿌리, 덤불 등을 처리하는데 최적의 장비이나 우리나라의 경우 광범위한 면적의 벌개제근이 있는 것도 아니고 또한 밀림지역도 아니어서 **벌개제근**만 끝나며 이 장비는 쓸모가 없어진다. 그러므로 이 장비가 국내에서 볼 수 없는 이유인 것이다.

(8) 장비선정의 기본을 말하기 위해 Rake Dozer 예를 들었지만 기종과 규격 등을 현장의 여건에 맞게 신중히 선택해야 한다.

(9) 이는 장비의 **조합**과도 관계되는 문제로 **범용성**과 조화를 우선적으로 공사물량과 비교되어 검토함이 좋다.

28. 토공 장비의 작업량 산정의 기본식

장비의 작업은 주위여건에 따른 모든 인자들이 작업능률에 영향을 미치므로 이 요소들의 영향이 최소화되게 관리하는 것이 장비작업의 능률을 최대화하는 것이다.

1. 작업량 산정의 기본식

$$Q = \frac{60 \times q \times f \times E}{C_m}$$

※ **참고** : $1/Q = hr/㎥$가 되어 장비대수 계산시 이용한다.

여기서, Q : 시간당 작업량(㎥/hr)
q : 1회 작업의 기준량(㎥)
f : 토량 환산계수
E : 작업효율
C_m : 싸이클 타임(min)

윗 식에서 보는 바와 같이 $q \cdot f \cdot E$와 C_m은 상대적 수치이다. 따라서 Q는 $q \cdot f \cdot E$가 커지면 같이 크고 C_m이 작아지면 Q는 커진다. 그러므로 작업량 관리의 주안점을 찾을 수 있을 것이다.

29. 장비의 작업 요령(굴착작업→상차작업→운반작업)

1. 굴착 작업

(1) 일차적으로 도면의 시공기면(Formation Level)을 확실하게 파악하여 더 깎거나 비능률적인 작업이 되지 않도록 한다. 또한 작업중의 배수에 유의하여 강우 또는 지하수가 자연배수가 되도록 작업장을 정리하여 작업능률을 높일 수 있도록 한다.

(2) (그림 1)과 같이 좋은 예와 나쁜 예를 간단히 표시하였으나 실제 작업관리에 있어서 강우후 작업개시 가능시간과 장비의 가동능률에 현저한 차이가 난다.

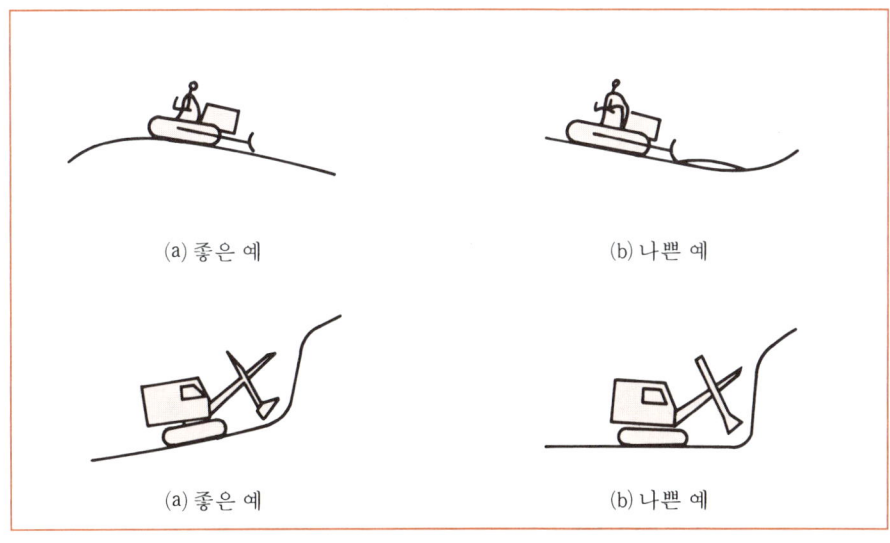

(그림 1) 장비작업과 배수

2. 도저에 의한 굴착 작업 요령[42회]

단거리에서 굴착과 운반을 동시에 할 수 있는 범용성이 있는 장비이다. 현장의 작업능률을 높이기 위해서는 높은 곳에서 낮은 곳으로 미는 작업을 해야 한다.

(1) **단독작업과 병열작업**

도저가 현장여건에 따라서는 단독으로 작업할 수 있으나 작업장이 넓고 조건이 좋을 때는 2대 또는 수대가 동시에 병열작업을 하여 작업효율을 높일 수 있다. 이 때 장비의 규격, 성능, 운전자의 능력 등이 비슷할 때 가장 효율적인 작업을 할 수 있다.

(2) 사면 작업(Side Hill Cut)

산허리를 가로질러 도로를 부설할 경우 다음의 도면과 같은 작업으로 이루어 질 수 있다.

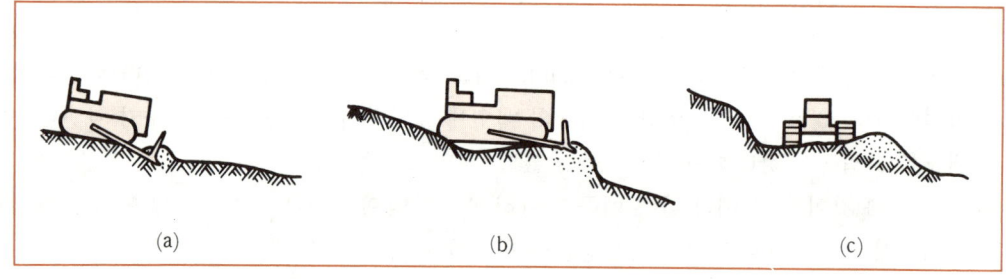

(그림 2) 사면 작업(예 1)

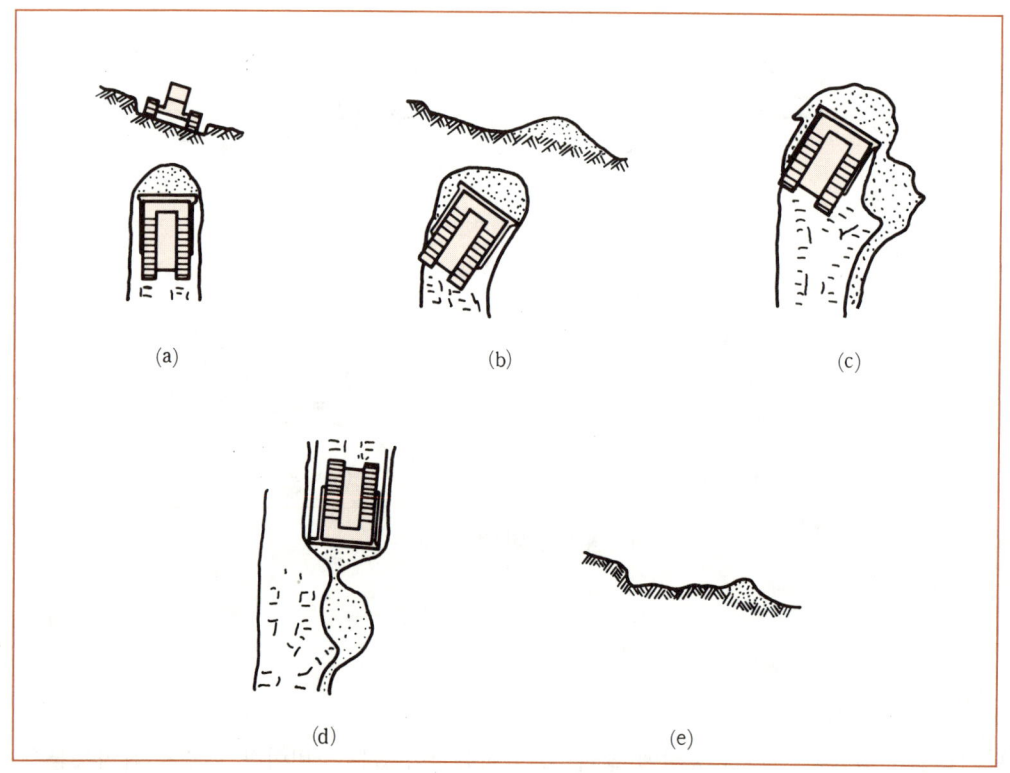

(그림 3) 사면 작업(예 2)

(3) 도져에 의한 상차 요령

(그림 5)와 같이 상차대를 만들어 굴착과 상차를 동시에 할 수 있다.

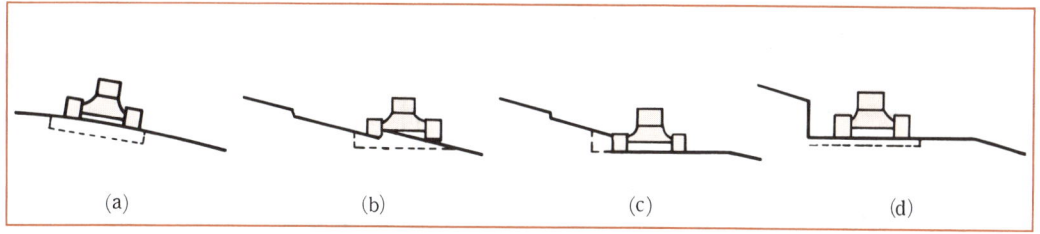

(그림 4) 사면 작업(예 3)

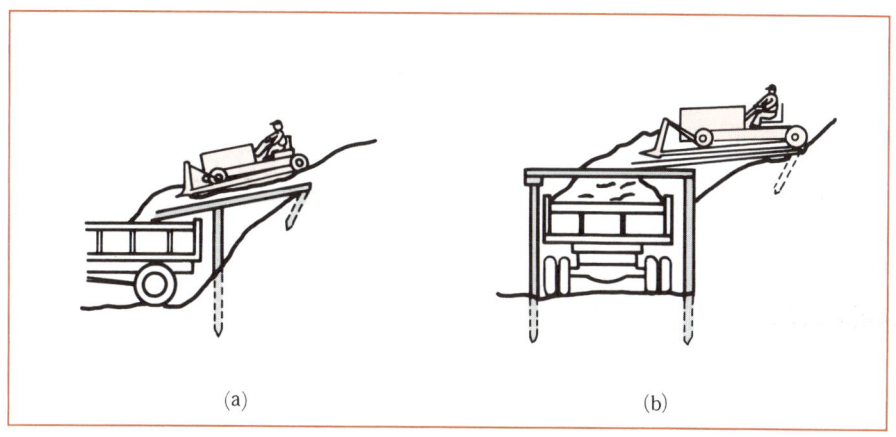

(그림 5) 도져에 의한 상차작업

3. 로다에 의한 굴착 상차 요령

(1) 무한 궤도식 또는 차륜식 로다에 의해 굴착 상차하는 방법으로 휠 로다는 집토 또는 저장되어 있는 흙이나 부드러운 토사지반의 굴착 상차가 가능하다.

(2) 무한 궤도식 로다(Track Loader, Tractor Shovel)는 원지반을 굴착 상차할 수 있다. 특히, 암석의 상차에 유용하다. (그림 6)은 로다의 굴착 상차의 동선을 보여준다.

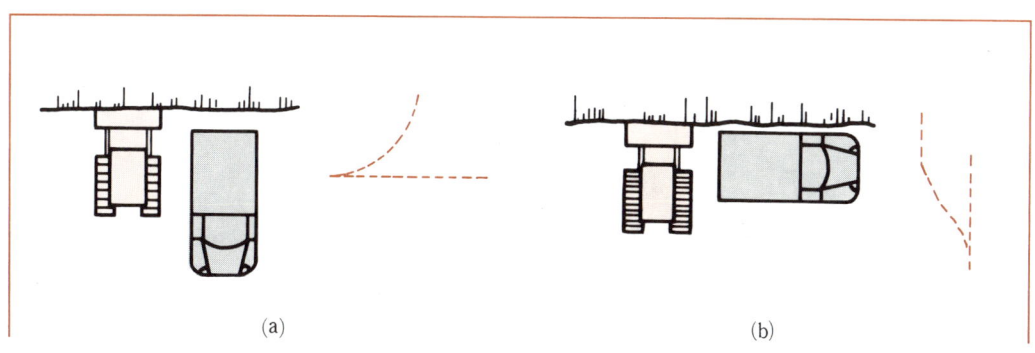

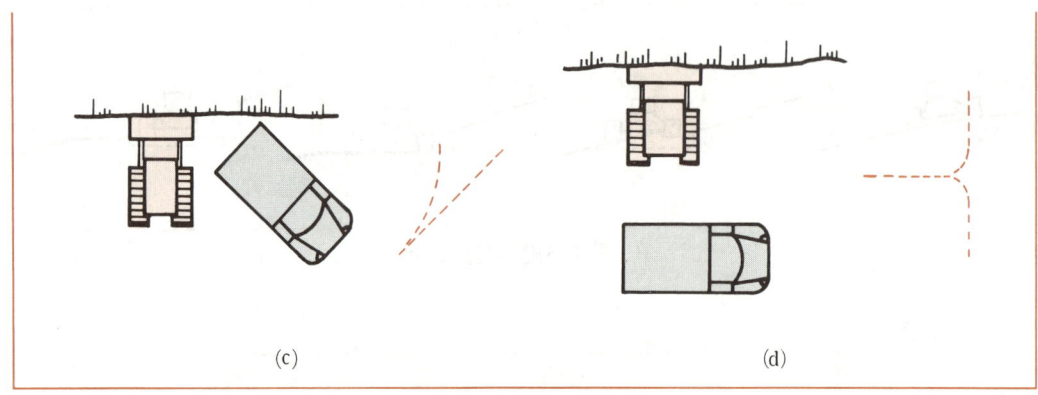

(그림 6) 로다의 굴착 상차

4. 파워 쇼벨에 의한 굴착

(1) 지반보다 낮은 곳의 굴착작업

지반보다 높은 곳의 굴착은 쉬우나 낮은 곳에서는 (그림 7)과 같이 작업장을 만든다.

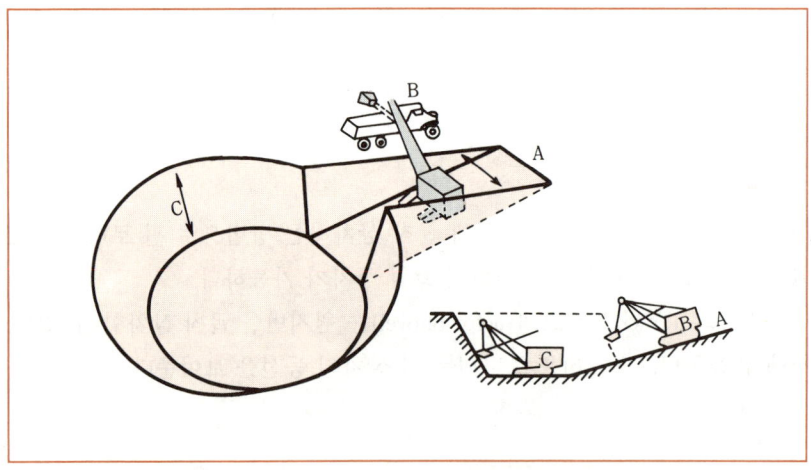

(그림 7) 지반보다 낮은 곳의 굴착작업

(2) 직진 굴착

(그림 8)에서 보여주는 바와 같이 (a)의 위치에서 전방으로 직진 굴착하고, (b) 덤프 트럭이 쇼벨의 선회각 90° 이내에 들어오지 못할 경우 (c)와 같이 옆으로 옮긴다. 이 경우 덤프나 쇼벨이 굴착면에서 떨어져 있는 높은 굴착에도 안전하다.

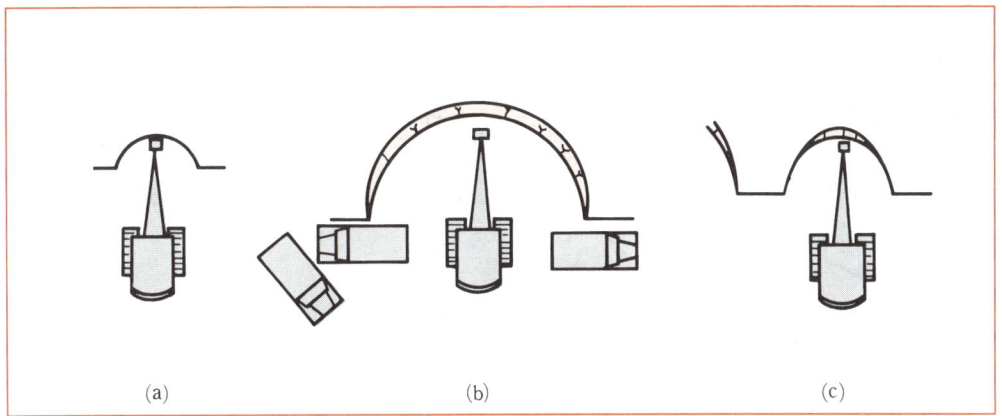

(그림 8) 직진 굴착의 요령

(3) 쇼벨의 병진 굴착

(그림 9)에서와 같이 절토면에 팽팽하게 굴착 상차해 나가는 방법이다.

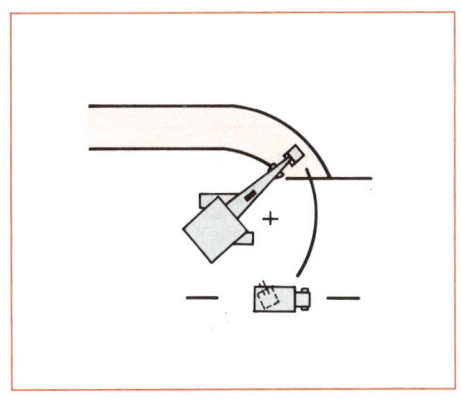

(그림 9) 병진 굴착

(4) 쇼벨에 의한 벤치 컷트(Bench Cut)

대절토를 능률적으로 굴착하는데 있어서 최적의 굴착고를 유지하여 작업의 능률을 최대로 하기 위하여는 벤치 컷트식 굴착이 유리하다. (그림 10)에서와 같이 산허리를 굴착하여 도로를 만들 경우 이와 같은 공법을 사이드 힐 벤치 컷트공법(Side Hill Bench Cut Method)이라 한다. 또 요컷팅의 경우 (그림 11)에서 보는 바와 같이 굴착하며 이를 박스식 벤치 컷트공법(Box Bench Cut Method)이라 한다.

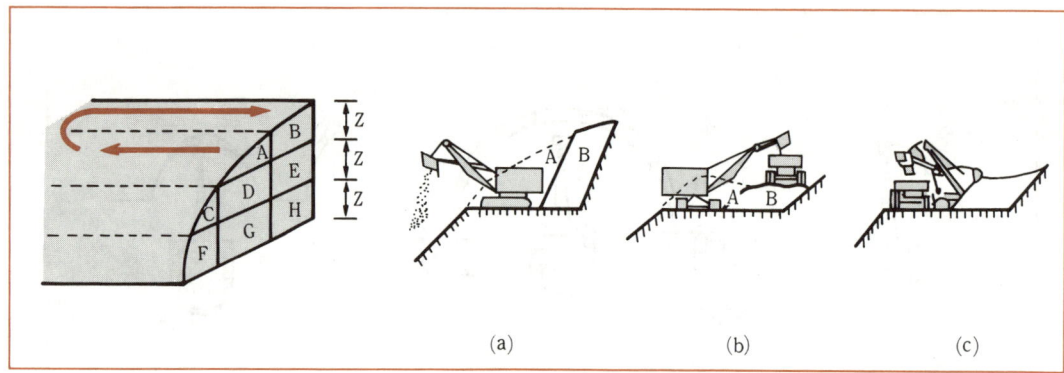

(그림 10) Side Hill Bench Cut

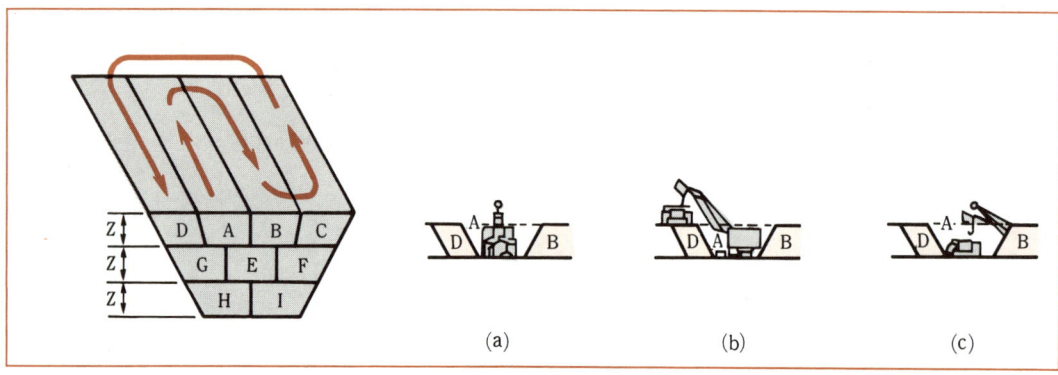

(그림 11) Box Type Bench Cut

5. 백호에 의한 굴착

백호는 지면 아래의 굴착에 유용하며 절성토 법면의 정리, 트랜치 굴착 등에도 쓰이는 범용성 있는 장비이다.

6. 기타, Clamshell, Drag Line 등의 굴착 장비들이 있다.

30. 운반 작업요령

1. 서 론

운반기계는 도로를 이용한 운반, 철도 운반, 와이어 로프, 벨트 콘베이어, 체인 등을 이용한 운반 등으로 분류할 수 있다. 또 관로나 수로에 의한 방법도 있다.

(1) **도로를 이용한 운반** : 덤프 트럭 등 토공장비에 의한 운반
(2) **철도를 이용한 운반** : 철도, 트로리 등
(3) **와이어 로프** : 가공색도, 크레인류, 호이스트(Hoist), 엘리베이터 등
(4) **벨트, 체인** : 벨트 콘베이어, 바켓 엘리베이터, 에프론 콘베이어 등
(5) **관로 이용** : 송기, 송수, 송유, 스크류, 콘베이어 등
(6) **수로 이용** : 토운선, 화물선, 바지선 등

2. 운반 방법 선정 조건

(1) **운반물** : 운반물의 성질이 운반 방법 결정에 큰 요인이 된다.
(2) **운반 거리 및 운반 경로** : 운반 거리와 운반 경로 즉, 시점에서 종점까지의 경로의 조건에 따른 운반 방법 결정.
(3) **총 운반량과 공기** : 운반량에 대한 공기에 맞는 장비 선정
(4) 기타 **운반로의 트래피카빌리티(Trafficability) 기상조건**, 시방서 관련 공법 등에 따른 운반방법 결정

3. 운반차의 주행

운반차의 주행은 흙의 트래피카빌리티, 주행등의 차량이 받는 저항 견인력 및 운전원이 받는 정신적 요인 등에 좌우된다.

(1) **흙의 Trafficability** : 노면이 차량의 주행에 저항하는 능력
(2) **주행 저항** : 차량의 주행에 따른 각종 저항, 로링 저항, 구배 저항, 가속 저항, 공기 저항 등
(3) **견인력**
(4) **운반로의 선형과 주행속도**

4. 공사현장의 운반

(1) 운반 기계의 선정

공사현장의 운반로는 절토면 또는 성토면을 이용하므로 보통의 도로 등에 비하여 좋지 않다.

1) 일반적으로 구배가 급하며 공사의 심도에 따라 구배는 완화된다.
2) 기복이 많고 노면 요철이 심하다.
3) Trafficability가 좋지 않아 주행 저항이 크다.
4) 공사 진척에 따라 노선이 변한다. (성토구간에서는 다짐효율을 높이기 위해 경로를 바꾼다.)
5) 현장내에 있으므로 다른 작업에 의해 방해받을 수 있다.

그러므로 그에 맞는 장비를 선택하거나 운반로를 개선하여 장비를 투입한다.

(2) 운반의 경제성

일반적으로 공사용 도로의 상태가 좋지 않을 경우나 이에 대한 투자를 적절히 하여 운반 장비의 효율을 높일 경우 투자보다 얻는 수익이 많을 경우는 당연히 도로를 보수하고 투자에 대한 회수는 작업의 효율성으로 한다.

↑ 굴착 → 적재 → 운반과정

31. 굴착장비와 운반장비의 효율적인 장비조합에 대하여 기술하시오.

1. 서 론

(1) 장비의 작업에 있어서 한 장비와 일관된 공정을 완성할 수 없으므로 타장비와의 조합된 시공이 필요한 것이 거의 대부분의 경우이다.
(2) 장비의 조합은 각 장비의 장단점을 비교하고 완료해야 할 작업의 물량, 공기 등을 종합적으로 판단하여 어떤 종류의 장비와 규격을 합리적으로 결합 조합작업을 하므로써 최대의 효율을 얻을 수 있는가를 검토해야 한다.
(3) 장비의 기종 선정이 잘 되었더라도 규격이 맞지 않으면 어느 쪽이던 불필요한 여유시간이 발생하고 그 만큼의 작업량 저하로 나타난다.
(4) 장비의 조합에서는 주장비의 작업이 불필요한 여유없이 진행되므로 종속장비의 기종 및 규격선정이 중요하다.
(5) 또한 조합장비의 효율을 크게 감소시키는 것이 장비의 고장이다. 철저한 정비와 마모율이나 고장율이 높은 부품은 사전에 정비하여 정비시간을 줄이고 특히 주장비의 고장은 전체 작업의 중단을 초래하므로 철저한 장비 및 대비책을 강구하여 작업효율을 높이므로 경비의 최소화를 기할 수 있다.

2. 조합원칙

(1) 20만㎡ 정도의 산을 굴착하여 노반을 형성하고자 할 때 적절한 장비의 계획과 이에 따른 조합을 검토해 본다면, 각 조건에 따라서 장비의 조합을 달리할 수 밖에 없다.
(2) 우선 벌개제근에 투입되는 장비부터 선정하면 투입 가능한 장비 중 어느 것을 선택할 것인가? 범용성있는 도우저가 타당할 것이다.
(3) 그 다음에 굴착에 필요한 장비는 많지만 운반장비와 조합을 이루어야 하므로 운반거리에 따라 결정되어져야 한다. 60m정도 이내일 때는 도우져에 의한 작업이 되겠지만 운반거리가 1.5km정도까지는 스크래퍼의 투입을 고려해야 할 것이다. 토질의 정도에 따라서는 푸쉬도우저와 조합 시공되어야 하며 그 이상의 거리일 때는 덤프트럭과의 조합시공이 되어야 할 것이므로
   1) 도우저 집토에 의한 로다의 상차 덤프운반
   2) 파워쇼벨에 의한 굴착상차 덤프운반
   3) 백호에 의한 굴착상차 덤프운반
   4) 상차시설에 의한 도우저의 굴착상차 덤프운반
(4) 이 경우 가장 결정적인 요소는 공사비를 최소화 할 수 있는 조합이 어떤 경로인가가 될 것

이다.
(5) 공사비는 최소화가 되더라도 구할 수가 없는 장비의 조합이라면 쓸모가 없다.
(6) 즉, 적정한 토질에서의 스크래퍼 작업은 공사비가 많아 절감되나 현재 국내에서는 구할 수가 없는 장비로 공공기관의 품에서도 제외되었다.
(7) 그 다음은 장비의 규격이다. 공사물량과 비교하여 어느 정도 규격의 장비를 쓸것인가이다.
(8) 이는 주어진 공기와도 결부되는 것으로 적정한 작업물량이 있을 경우 장비가 대형화하는 것이 공사비의 절감이 된다.

3. 조합장비의 가동율

(1) 장비란 최고성능의 장비와 최고의 작업을 하더라도 100%의 능률을 올릴 수는 없다.
(2) 더우기 장비를 조합운영 할 경우에는 낮은 효율의 장비가 전체 작업을 지배하게 된다.
(3) 주작업과 종속작업에 있어서 주작업 장비의 효율감소는 전체 공사의 지연을 가져올 수 있으므로
(4) 주작업 장비의 효율을 높이고 종속작업 장비를 이에 맞게 배치하므로 전체공사의 효율을 높이고 주장비의 고장 등에 대비하여 신속한 정비와 적정한 대체가 이루어져 가동율을 높이도록 한다.

4. 조합장비의 균형

(1) 조합장비의 능력이 균형을 이루지 못할 경우 공사원가는 상승한다.
(2) 파워쇼벨과 덤프트럭의 조합에서 덤프의 용량을 15t으로 고정해 놓고
(3) 쇼벨의 규격을 조정할 경우 (표 1)과 같은 결과를 볼 수 있다.

(표 1) 15톤 덤프 사용시 Shovel의 크기에 따른 운반경로의 비교

쇼벨의크기	시 간 당 작업량(㎥)	시 간 당 쇼벨경비(원)	덤프대수	시 간 당 덤프경비(원)	1㎥당 경비(원)		
					상 차 비	운 반 비	계
0.38	58	371	2	777	371	777	1,148
0.57	83	264	2	543	264	543	807
0.76	96*	279	2	469	279	469	748
0.76	107	251	3	632	251	632	883
1.15	146	191	3	463	191	463	654
1.52	176*	161	3	384	161	384	545
1.52	184	154	4	490	154	490	644

쇼벨의크기	시간당 작업량(㎥)	시간당 쇼벨경비(원)	덤프대수	시간당 덤프경비(원)	1㎥당 경비(원)		
					상차비	운반비	계
2.30	214	154	4	421	154	421	575
3.06	238	152	4	379	152	379	531

* 덤프의 운반능력 관계로 쇼벨의 작업능력이 떨어짐

5. 조합장비의 현장관리(결론문구)

(1) 앞에서 기술한 바와 같이 장비의 조합에서 가장 중요한 요소들인 가동률 제고와 장비의 능력을 균형있게 하는 것이 가장 효율적인 작업이 된다.
(2) 또 작업량의 상황을 개선하여 주장비와 종속장비 개개의 능률을 재고시키는 것이다.
(3) 운반로의 개선, 사토장의 정리 등은 운반장비의 싸이클 타임을 줄일 것이고 굴착장비의 하향작업, 배수작업 등은 굴착장비의 능률을 높이며, 상차장의 정리 등도 작업능률을 향상시켜 공비를 절감하는 요인이 될 것이다.
(4) 이상 장비의 조합에 대하여 원칙만 기술하였으나 현장의 주공종들은 장비의 조합시공이 많으므로 좀 더 연구 검토가 되어야 할 것이다.

↑ 무한궤도식 백호(굴착＋적재장비)

> **32. Crusher의 종류에 대하여 설명하시오. (골재의 생산설비)**

1. Rock Crusher(쇄석기)의 분류

  (1) 1차 쇄석기(Primary Crusher)

    1) Jaw Crusher : 압축력으로 파쇄

    2) Gyratory Crusher : 압축력으로 파쇄

    3) Impact Crusher : 충격력으로 파쇄

    4) Hammer Crusher : 충격력과 마찰력으로 파쇄

  (2) 2차 쇄석기(Secondary Crusher)

    1) Cone Crusher : 충격력을 같이하는 압축력에 의해 파쇄

    2) Roll Crusher : 압축력을 주로 하되 마찰력도 가해진다.

    3) Hammer Mill : 충격력, 압축력, 전단력의 합성력으로 파쇄

  (3) 3차 쇄석기(Tertiary Crusher)

    1) Triple Roll Crusher : 압축력과 마찰력으로 파쇄

    2) Rod Mill : 충격력, 마찰력, 압축력의 합성으로 파쇄

    3) Ball Mill : 마찰력과 전단력의 합성으로 파쇄

2. 파쇄기 Crusher의 용도

  퇴적 사리 또는 석산에서 채굴한 암석을 파쇄하여 굵은골재 모래를 생산하는 기계

3. 쇄석기에서 파쇄할 때 사용하는 힘

  (1) 압축력(Compression)

  (2) 휨(Bending)

  (3) 충격(Impact)

  (4) 전단(Shear)

  (5) 비틀림(Torsion)

  (6) 마찰력(Abrasion)

4. 기계의 특성

  (1) Concrete 중력식 Dam에서는 대단히 중요한 골재생산 기계이며

(2) 도로공사, 교량, Dam, 항만, 공장, 발전소 건설공사의 Plant 설비와 관계가 있다.

5. Crusher의 작업순서

연속 공급하는 Feeder → 조쇄 → 중쇄 → 분쇄 → 입경별로 분급하는 분급기 → 세정기 → 골재생산 Plant → 사리 채취기

EXCEL CRUSHOLOGY EARTH-SHATTERING

← Crusher ↑

33. Trafficability(장비의 주행 성능)의 설명

1. 용 도
토공기계의 선정시 이용되는 지표로써 주행의 난이의 정도를 Trafficability라고 한다.

2. 추정방법
(1) 원추관입시험에 의한 콘지수(Cone Index)에 의한 방법
(2) 흙의 입도 분포나 함수비 등의 성질에서 추정하는 방법

3. 장비의 주행이 가능한 콘지수의 최소치(q_c : kg/cm²)

(1) 습지 Bulldozer : 4 이하라도 작업이 가능
(2) 중형 Bulldozer : 5~7
(3) 대형 Bulldozer : 7~10
(4) 피견인식 Scraper : 7~10
(5) 자주식 Scraper : 10~13
(6) Dump Truck : 15이상 필요

4. q_c, C.N치로 부터 q_c 추정하는 방법

(1) $q_c ≒ 10C$(점성토)
(2) $q_c ≒ 4N$(사질토)

〈초습지 도저〉

이상적인 습지슈의 장착으로 0.32kg/cm²(SD15P), 0.23kg/cm²(SD15PL)까지 접지압을 최소화시켰으며, 또한 최저의 차체 중심으로 안정된 바란스와 함께 강력한 견인력으로 스피다한 습지작업성을 보장

34. Bulldozer의 작업에 대하여 설명하시오.

1. Dozer 시공원칙

(1) **착토**

운반시 배토판의 양단에서 갈려 나오는 흙을 언덕모양으로 남겨두고 도랑의 벽으로 활용한다.

(2) **Bulldozer 작업의 능률적 공법**

1) 도랑식 압토공법(Slot Type)
2) Bulldozer 2대를 배토판의 양단을 가지런히 하여 병렬압토하면(Parallel) 크게 작업능률이 오른다.

↑ 24ton급 대형 Dozer : 삼성DX25

35. 토공 기계 선정시 고려해야 할 토질조건

1. Trafficability

(1) 흙의 종류나 함수비에 의해 달라지는 주행성능으로서
(2) Cone지수로 나타내며 Cone Penetrometer로 측정한다.

q_c : 각 장비의 주행에 필요한 최소 콘지수

No.	장 비 명	q_c(kg/cm²)
1	초습지 Dozer	2 이상
2	습지 Dozer	3 이상
3	중형 Dozer	5 이상
4	대형 Dozer	7 이상
5	Dump Truck	12 이상

2. Rippability

(1) Dozer에 Ripper를 달아 굴착할 수 있는지의 여부
(2) 탄성파 속도나 Test Hammer로 추정한다.

장 비 명	탄성파 속도(km/sec)
21ton급 Ripper Dozer	1.5 이하
32ton급 Ripper Dozer	2.0 이하
43ton급 Ripper Dozer	2.5 이하

3. 암괴의 상태

암괴가 조밀한가 전석인가의 여부를 판정하여 폭파 또는 Ripper로 제거할 것인가를 고려한다.

4. 다짐기계의 적용성

(1) 토질에 따라 다르므로 시험시공에 의해 결정
(2) Road Roller : 보조기종, 기층 등의 자갈섞인 모래의 다짐과 마무리 작업에 적당
(3) Bull Dozer : 예민비 높은 점성토
(4) Tamping Roller : 예민비 낮은 점성토, 댐 Core 다짐에 적당
(5) Tire Roller : 고함수비의 점성토를 제외하고는 모두 적용 가능
(6) 진동 Roller : 깬자갈 등의 사질토
(7) 진동 Compactor, Tamper : 예민비가 높은 점토를 제외한 모든 토질로써 협소한 지역에 적당

↑ 타이어 롤라(RX152T)

TANDEM VIBRATORY ROLLER
탄뎀 바이브레팅 로라

1톤 · 2톤 · 3톤 · 4톤 · 5톤

MODEL
2 + 2
2 + 4 A
3 + 3
3 + 7 A
4 - 6 II
4 + 9 A

SPECIFICATIONS:

	Straight Frames			Articulated Double Drum Drive		
	2+2	3+3	4-6II	2+4A	3+7A	4+9A
OPERATION:						
Engine	24 HP	43 HP	51 HP	37 HP	51 HP	60 HP
Travel Speed	5 mph	6 mph	8 mph	6 mph	6 mph	8 mph
CAPACITES:						
Diesel Fuel	10 gal.	12 gal.	18 gal.	15 gal.	10 gal.	18 gal.
Hydraulic Oil	9 gal.	20 gal.	22 gal.	9 gal.	20 gal.	22 gal.
Water	45 gal.	90 gal.	100 gal.	45 gal.	52 gal.	100 gal.
DIMENSIONS:						
Length	104"	114"	124"	102"	112"	122"
Width	45"	51"	52"	45"	51"	52"
Height	64"	70"	77"	64"	70"	79"
Wheelbase	71"	76"	89"	69"	74"	97"
Curb Clearance	7.75"	10"	12"	7.75"	10"	12"
Frame Overhang	1.75"	1.75"	1.75"	1.75"	1.75"	1.75"
Truning Radius	110"	121"	169"	89"	101"	112"
WEIGHT:						
Empty	4,600 lbs.	6,600 lbs.	9,200 lbs.	4,800 lbs.	6,600 lbs.	9,200 lbs.
Loaded	5,230 lbs.	7,000 lbs.	12,000 lbs.	5,400 lbs.	7,000 lbs.	12,000 lbs.
Front Drum	1,870 lbs.	2,800 lbs.	4,200 lbs.	1,890 lbs.	2,448 lbs.	4,224 lbs.
Rear Drum	2,260 lbs.	4,200 lbs.	7,800 lbs.	3,528 lbs.	4,560 lbs.	7,824 lbs.
FRONT DRUM:						
Thickness	.625"	.625"	.75"	.625"	.625"	.75"
Width	34"	40"	40"	42"	48"	48"
Diameter	26"	30"	36"	26"	30"	36"
Oscillation	15 deg.	15 deg.	15 deg.	15 deg.	15 deg.	15 deg.
REAR DRUM:						
Thickness	.625"	.625"	.75"	.625"	.625"	.75"
Width	42"	48"	48"	42"	48"	48"
Diameter	26"	30"	36"	26"	30"	36"
COMPACTIVE EFFECT:						
Static Equivalency	2.6-4.9 tons	3.5-70 tons	4.6-10.5 tons	2.7-7.2 tons	3.5-10.5 tons	4.6-15.0 tons
Vibration (VPM)	3,100	3,100	3,100	3,100	3,100	3,100
Centrifugal Force per drum	4,500 lbs.	7,000 lbs.	9,000 lbs.	4,500 lbs.	7,000 lbs.	9,000 lbs.
Total Applied Force	9,730 lbs.	14,000 lbs.	19,700 lbs.	14,400 lbs.	21,000 lbs.	30,000 lbs.
Static Load-front	55 PLI	61 PLI	105 PLI	45 PLI	51 PLI	88 PLI
Dynamic Load-front	80 PLI	95 PLI	163 PLI	84 PLI	95 PLI	163 PLI
Dynamic Load-rear	N.A.	N.A.	N.A.	152 PLI	197 PLI	275 PLI
	187 PLI	241 PLI	350 PLI	191 PLI	241 PLI	350 PLI

with optional vibratory rear drum

Tandem Vibrating Roller

진동로라

The better Tandem Vibratory Roller

The better solution for compaction jobs
W 1103 D / PD

with smooth- or pad foot drum

The complete program

↓ **진동롤라(RX102V)**

↑ 진동 Roller 10.2ton

↓ 주요제원

항 목		단위	제원	항 목		단위	제원
중량	총 중 량	kg	10.200	엔진	정격출력	PS/rpm	120/2.500
	전륜부하	kg	5.500		밧 데 리		24V, 100Ah
	후륜부하	kg	4.700	구동 계통	트랜스밋션		유압식, 기계식(무단 변속가능)
규격	전 장	mm	5.660		디퍼렌셜		자동제어 타입
	전 폭	mm	2,390		파이날드라이브		유성치차식 기어
	전고 차양포함	mm	2.910	진동 계통	트랜스밋션		유압식(Hydrostatic)
	축 간 거 리	mm	2.990		진 동 기		편심 샤프트식
	최저 지상고	mm	445	롤 및 타 이어 용도	전 (롤)	－	진동
속도	저 속	km/h	0~7.7		후 (타이어)	－	구동
	고 속	km/h	0~26.2	규격	롤·폭×직경	mm	2.150×1.530
진동	진동수(VPM)	소진폭(1/2)	1.700/2.400		타이어규격	－	23 1-26-8PR
		대진폭(1/2)	1.300/1.800	완충 장치	롤	－	리버충격흡수식
	원심력 (kg)	소진폭(1/2)	8.500/17.00		타 이 어	－	고정식
		대진폭(1/2)	11.000/21.000	브레이크 장치	작동브레이크	－	유압 및 기계식
	최소 회전반경	m	5.6		주차브레이크	－	기계식 내부확장식
	등판능력	도	18.7	조향장치			
엔진	모 델		Isuzu '6BD1'	탱크 용량	연료탱크	ℓ	240
	형 식		4행정 6기통 디젤		유압유탱크	ℓ	55
	배 기 량	cc	5.785				

- 운전중량 ················· 10,200kg
- 엔진출력 ················· 120ps/2,500rpm
- 최대기진력 ··············· 21,000kg
- 주행속도 ················· 26.2km/h
- 치수(L×W×H) ····· 5,660×2,390×2,910mm

(RX102V)

로드 Roller

- 운전중량 ················· 15,300kg
- 엔진출력 ················· 92ps/1,800rpm
- 타이어수(전/후) ··········· 4/5개
- 주행속도 ················· 19.3km/h
- 치수(L×W×H) ····· 5,018×2,065×3,235mm

(RX152T)

36. 건설장비의 경제적 수명(Economic Life for Construction Equipment)

1. 유지 보수비
(1) 건설장비를 새로 구입했을 때 모든 부품은 물론 제반상태도 매우 양호하지만 사용시간과 더불어 장비는 각 부품과 함께 점차 그 성능이 저하된다.
(2) 주의 깊은 유지보수의 시행은 부품의 마모는 어느 정도 방지하겠지만 결국 부품은 훼손되고 부수비율은 장비수명과 함께 증가하게 된다.
(3) 일반적으로 유지보수비는 일상정비비와 공장정비비로 분류한다.

2. 장비 운전비용
(1) 만약 장비운전비용 기록이 유지되고 있다면, 어떤 특정기간 동안 장비가 사용된 후에,
(2) 이 장비를 향후 계속적으로 사용할 경우의 시간당 비용이 그 시점까지의 시간당 평균비용보다 더 많은 것을 마침내 이 기록이 보여 줄 것이다.
(3) 즉, 어떤 장비의 소유와 운전으로 인한 시간당 비용이 과거의 시간당 평균비용보다 크다면 이것은 이 장비가 경제적 수명에 달했다는 것을 의미하며 장비는 대체되는 것이 좋다.
(4) 장비주가 그의 사업을 재무적으로 건전하게 유지하려면 반드시 비용기록을 유지하여야 한다.
(5) 장비소유로 인한 비용과 운전비용을 파악하지 못하고 경제적(적가) 입찰을 할 수는 없는 것이다.

3. 장비 소유와 운전비에 대한 시간당 비용 산출방법
(1) 장비소유와 운전비에 대한 시간당 비용 산출방법에는 두 가지가 있다.
(2) 첫째 방법은 장비구입가, 유지보수비, 윤활유비, 연료비, 기타 소모품비 등을 정확하게 기록하는 것이다.
(3) 이것으로 평균시간당 비용을 산출할 수 있다.
(4) 둘째 방법은 장비소유와 운전에 대한 평균시간당 비용에 장비고장으로 인한 시간당 비용을 가산하는 방법이다. 후자는 Shovel이나 Loader 등 장비에 유효하다.
(5) 가령 Shovel과 같은 적하용 장비가 고장났을 때 트럭과 같은 운반장비의 비용은 적하장비의 고장과는 상관없이 계상되기 때문이다.
(6) 주장비의 경제수명을 결정할 때에는 이 장비의 고장이 영향을 주는 모든 비용을 고려하는 것이 좋다.

4. 경제적 수명

(1) 고장시간을 고려하지 않은 경제적 수명(Dragline에 대한 설명)

1) (그림 1)은 가격이 50,000,000원, 용량 1.5㎥의 Dragline의 소유와 운전에 대한 시간당 비용 결정법을 그래프를 이용하여 표시한 것이다.

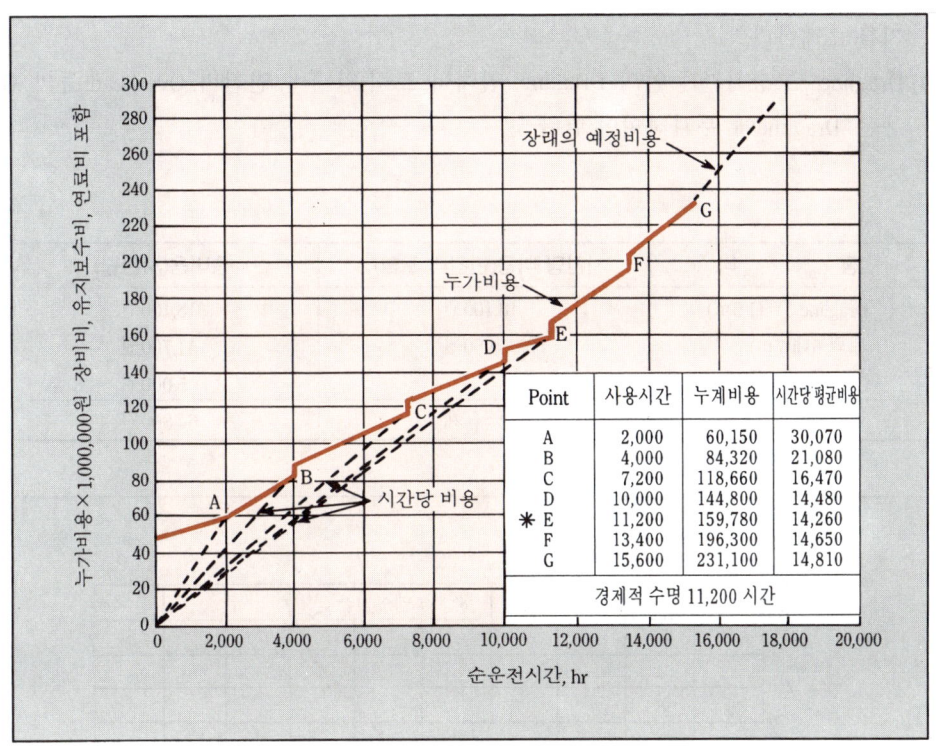

(그림 1) 장비의 경제적 수명, 고장시간 불고려(Drag Line에 대한 고장수명을 고려하지 않은 경제적 수명 설명)

2) 평균 시간당 비용은 어떤 특정시간내에서의 잔존가를 고려하지 않고 결정하였다. 잔존가의 감안은 평균시간당 비용의 감소를 초래한다.
3) G점까지는 기록에 의한 것이고 C점 이후는 추정에 의한 것이다.
4) 그림에서 최저 시간당 비용(14,260원)은 순운전시간이 11,200시간일 때에 일어난다.
5) 즉, 11,200시간까지가 경제수명이다.
6) 그러나, 만약 동종 사업에 대한 장래전망에 의문이 있거나 장비구입 자금의 준비가 없을 경우, F점이나 E점까지 장비를 운용하더라도 시간당 비용의 심각한 증가는 없을 것이다.
7) 그러나, G점 이후부터는 비용증가율이 더욱 커질 것이니 주의 검토가 필요하다.

(2) 고장시간을 고려한 경제적 수명

1) Dragline이 트럭에 적재하는 경우와 같이 한 장비가 다른 장비를 위해 작업할 때 시간당 비용은 단독 운행시 보다 더욱 심각하다.
2) 만약 6대의 Tractor-Scraper 중 한대가 고장이라면 작업량의 6분의 1이 줄지만 작업은 계속 할 수 있다.
3) 그러나 한 대의 Dragline이 6대의 트럭에 적재하는 경우 Dragline의 고장은 전작업의 중지를 초래한다.
4) Dragline 고장시간 동안의 Dragline 임대비, 트럭 임대비, 인건비, Overhead 등의 제반 비용은 Dragline에 부과하여야 한다.

장 비	시간당 비용(인건비 포함)	총비용(시간당)
Dragline 1대(1.5㎥)	18,100원	18,100원
트럭 6대(7㎥)	6,950원	41,700원
Overhead		5,000원
	합 계	64,800원

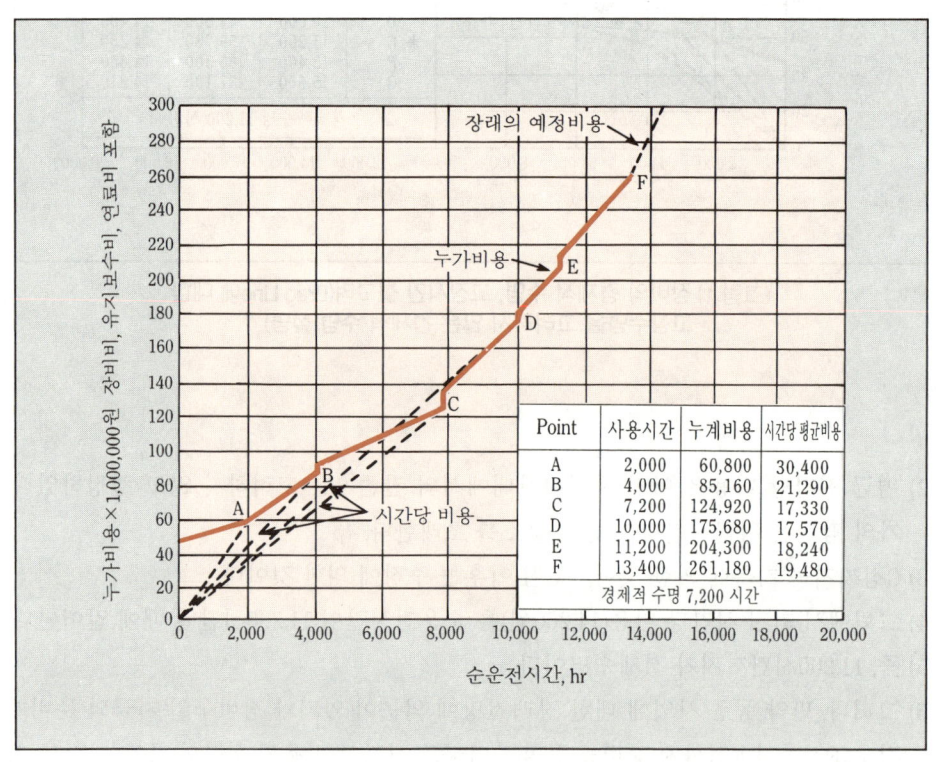

(그림 2) 장비의 경제적 수명, 고장시간 고려(Drag Line에 대한 고장수명을 고려한 경제적 수명 설명)

5) 이와 같은 경우의 Dragline의 경제적 수명은 단독운행시 보다 빨리 오게된다.
6) (그림 2)는 (그림 1)의 Dragline에 대해 고장시간을 고려한 결과이다. (그림 2)에 적용된 비용은 아래와 같다.
7) Overhead와 트럭 운전비는 Dragline 고장시에 한하여 계상하였다. 그러나 이것은 트럭을 임대하였을 경우, 임대조건에 따라 계상방법이 달라질 수 있다.

5. 맺음말

(1) 건설기계의 경제적 수명이란 시간당 장비 사용비가 최저 비용이 되는 시점에서의 수명을 의미하므로
(2) 이 때, 장비소유주는 전매하고 신규장비로 구입하는 것이 경제성 및 공사단가가 적게 된다.

← 해상파일 항타 장비

Chapter 3

토류벽 · 가물막이
(Earth Retaining Structure)

1. 흙막이(토류벽) 공법의 종류 및 특징

1. 개 요

- 흙막이공은 가설공사 중에서도 가장 중요한 부분으로서 **도로 교통 기능의 확보**, 연도 가옥 및 주민에 대한 영향, 대책, 토질 조건과 굴착 심도에 따른 시공의 난이도 등의 견지에서 전체 공사의 **공사비, 공기, 안전성** 등을 좌우하는 관건이되므로 그 **조사 ➡ 계획 ➡ 설계 ➡ 시공**에 대해서 신중히 해야 한다.
- 흙막이공은 일반적으로 H말뚝 흙막이판식과 강널말뚝 방식을 채용하고 있으나
- **굴착심도가 15m이상** 되면 강관널말뚝식, Slurry Wall(주열식＋벽식) 등을 채택하고 있다.
- 이하 본고에서는 흙막이공에 대해서 아래와 같이 기술한다.

> (1) **공법의 종류 및 특징**
>   1) H말뚝 흙막이판 공법 : 개수성
>   2) 강널말뚝 공법
>   3) 강관 널말뚝 공법
>   4) Slurry Wall 공법 : 대규모 차수성 토류벽
>   ① 주열식
>   ② 벽식
>
> (2) **지지방식에 의한 분류**
>   1) 버팀대(Strut)식
>   2) Earth Anchor
>   3) Top Down
>
> (3) 시공관리(토류벽의 계측)
> (4) 시공계획
> (5) 공법 선정시 고려사항
> (6) 말뚝빼기 및 박기 공법의 종류 및 특징

2. 원리별 대책 공법의 종류

(1) 흙막이벽을 구성하는 재료별 분류

(2) 각종 흙막이의 일반 호칭

(3) 지하수와의 관련

(4) 지보공과의 관련

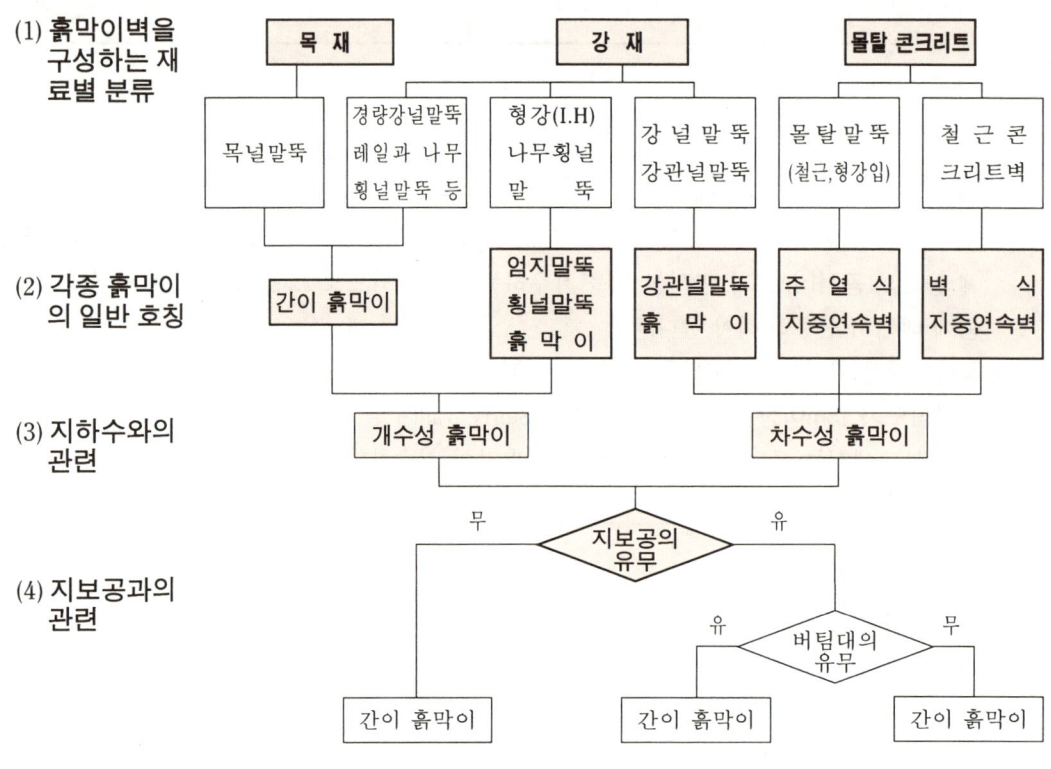

(그림 1) 원리별 대책공법

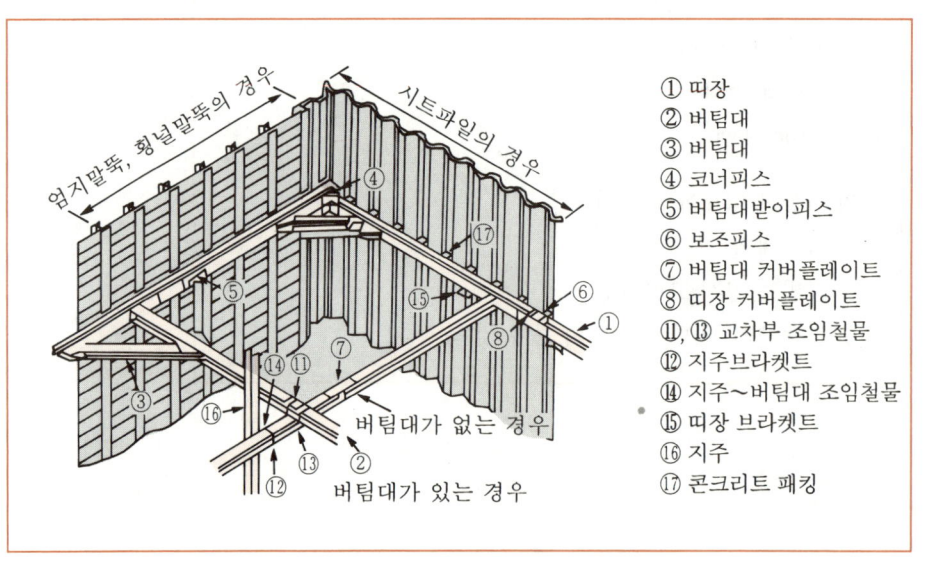

(그림 2) 강제 규격식 조립 흙막이 시공의 예

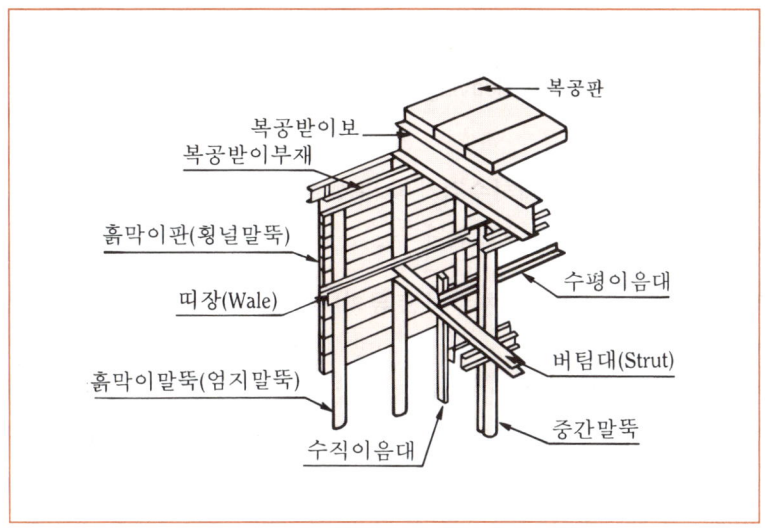

(그림 3) 가설 구조물 각 부의 명칭

3. 흙막이 공법의 특징

(1) H-말뚝 흙막이판 (개수성 토류벽)

1) 시공법
   ① H-형강을 소정의 간격으로 박고 굴착의 진보에 따라서 토류판을 끼워서 토압을 받게 하고
   ② 흙막이 판을 거쳐서 말뚝에 작용하는 토압은 말뚝 전면에 설치한 띠장으로 전달되고
   ③ 띠장은 버팀대에 의해서 지지되는 구조이다.
   ④ 최소 근입심도 1.50m, H말뚝 간격 : 1.50m 정도

2) 특징
   ① 장점
      ㉠ 말뚝의 간격이 크므로 공사 **속도**가 빠르다.
      ㉡ 시공관리가 쉬우므로 **공사비**가 싸다.
      ㉢ 흙막이 벽의 배면의 **공동(Cavity)** 등의 지반상태 점검이 용이하다.
      ㉣ **굴착심도**에 따라서 말뚝의 단면, 간격, 흙막이판의 **단면을 변화**시킬 수 있다.
      ㉤ **매설물**이 있는 경우 이를 피해서 설치 가능하다.
      ㉥ 말뚝을 **이어박기**가 쉽다.

   ② 단점
      ㉠ **지하수**가 많은 경우에 지하수 처리를 하지 않으면 흙막이벽 **배면의 토사**가 유출되

어서 사고의 원인이 된다.
ⓒ 연약지반에서 Boiling, Heaving이 발생하여 사고의 문제가 발생한다.

③ 적용성
㉠ **점토층, Loam층** 및 **지하수위**가 낮은 사질지반
ⓒ **Pump 배수**가 가능하다고 판단되는 경우의 흙막이공에 시공한다.

(2) 강널말뚝(Steel Sheet Pile) 공법(차수성 토류벽)

1) 시공법
① 강널말뚝을 박아서 **토압**을 지지하고 이것을 띠장, **버팀대**로 지지하는 구조로서
② H말뚝 흙막이판(**횡널말뚝**)으로는 그 목적을 달성하기 어려울 때 또는 시공 자체가 곤란한 경우 적용한다. (근입 심도 최소 : 3m(수압고려))
③ 단면계수가 큰 것을 사용한다.(강성 EI가 큰것사용)

2) 장점
① 흙막이벽의 **수밀성**이 좋으므로 **지하수위**가 높은 경우
② 연약지반에서도 **근입 깊이**를 깊게하면 **Boiling**과 **Heaving**을 방지할 수 있다.
③ 공사비가 저렴하다.

3) 단점
① 벽체의 강성(EI)이 작아서, 변형이 크므로 흙막이벽 **배면**의 영향이 크다.
② 연직하중을 지지하고자 할 때에 문제된다.

4) 적용성
① **지수목적**일 때
② **지하수위**가 높고, H말뚝 흙막이 판으로서 **굴착장소의 배수**가 곤란한 경우.
③ **연약지반**의 흙막이공에서 적용.

(3) 강관 널말뚝 공법(차수성 토류벽)

1) 시공법
① 강관널말뚝 공법은 강널말뚝의 **강성(EI)** 부족을 보완하기 위해서 개발된 것으로서 시가지 또는 **수중**의 **대형 지하 구조공사**에 또는 물막이 공으로 사용한다.
② 연결부의 처리, **편기**, **비틀림**(Buckling : 좌굴파괴), **경사**에 주의해야 한다.

2) 장점
① 벽체의 강성(EI)이 커서 토류벽 배면의 영향이 적다.
② **수밀성**이 좋으므로 **지하수**가 많은경우 사용할 수 있다.
③ 기초 구조로써 사용이 가능하다.

3) 단점
   ① 이음부의 지수공에 실패하면 **수밀성**이 현저히 저하한다.
   ② Shield용 수직갱 등 **깊은 장소**의 흙막이에 적합
   ③ 수중작업에서 **수심**이 깊은 경우의 물막이공

(4) 주열식 지하 연속벽 공법(차수성 토류벽)
   1) 시공법 : **현장타설 말뚝**을 연속으로 시공해서 벽체 구축 토류벽으로 이용하는 공법이다.

   2) 장점
      ① 벽체의 **강성**(EI)이 크다.
      ② 벽체가 **차수성**이므로 지하수위가 높은 경우 이용된다.
      ③ 말뚝의 길이를 자유롭게 조절할 수 있다.
      ④ 단독 말뚝의 연속이므로 시공시간의 제약이 있어도 시공이 가능하다.

   3) 단점
      ① **사력층, 호박돌층**에서는 시공이 곤란하다.
      ② 말뚝의 위치, **연직성**(수직도)이 정확해야 하고,
      ③ 주열의 정도가 나쁘면 틈에서 흙막이벽 배면의 **토사**가 **유출**해서 **사고**의 원인이 된다.
      ④ 공사비가 비싸다.

   4) 적용성
      ① **연약지반**의 흙막이공에 유리하다.
      ② 주변 건물에 **인접**해서 토류벽 설치시 이용된다. (근접시공에 유리하다)

(5) 벽식 지하연속벽(대규모 차수성 토류벽)
   1) 시공법 개요
      니수로서 벽체의 **붕괴**를 방지하면서 굴착후 **철근망태**(Rebar Cage)를 삽입한 후 수중 **Concrete** 타설 지하벽을 축조하여 흙막이벽 등 형성하는 공법이다.

   2) 장점
      ① 벽체의 강성(EI)이 커서 **지하수**가 많은 경우 유리.(용수, 지하수에 유리)
      ② **영구 구조물**(지하주차장)로 이용할 수 있고
      ③ **깊은 심도**에서 시공 가능하다.
      ④ 적용 지반의 범위가 넓고
      ⑤ **무소음, 무진동** 공법(저소음, 저진동공법으로 도심지 근접시공에 유리하다)

   3) 단점
      ① 고도의 기술과 **경험**이 요구된다.

② 안전시공과 품질확보를 위해서 **연속시공**이 필요하다.
③ 흙막이벽의 **시공상황의 확인**이 곤란하다.
④ 니수의 관리, **폐액 관리**가 어렵다.
⑤ 흙막이벽 만으로 사용할 경우 공사비가 비경제적이다.

4) 적용성
① 연약지반에서 수압, **토압**이 큰 경우(특히 **용수**가 많은 지역에서 근접공사)
② Shield용 수직갱 등 깊은 장소의 흙막이공에 유리하다.
③ 주요 구조물의 방호벽
④ 주변 지반 침하가 예상되는 경우
⑤ 좁은 부지내에서 구조물 전체를 겸용하는 흙막이공에 유리하다.

4. 토류벽의 시공관리 항목(계측)

(1) 흙막이벽의 변형 계측
(2) 흙막이벽 지보공의 계측
(3) 주변 지반의 침하계측, 관측
(4) 흙막이벽면과 말뚝 하단의 회전에 대한 계측
(5) 지하 매설물의 침하계측, 관측
(6) 지하수위, 배수량 계측
(7) 주변 지반의 균열 계측
(8) 흙막이 벽면의 누수, 분출수 계측

5. 굴착저면의 안정성 검토 (안정대책)

(1) **구조적 측면에서의 안정성 검토**
1) 토압에 대한 안정 검토
① 전단력(활동)

$$F_s = \frac{P_p}{P_a} \geq 1.50$$

② 전단력(전도)

$$F_s = \frac{M_p}{M_a} \geq 1.50$$

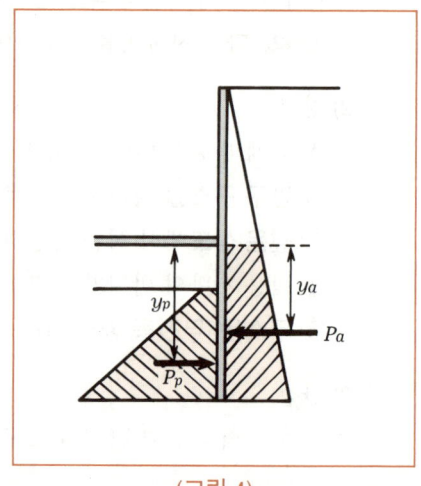

(그림 4)

2) Boiling 검토(모래지반의 경우)
   ① Boiling이란 모래지반 굴착시 토류벽 내외의 수위차에 의해서 굴착저면의 모래 입자가 지하수(양압력)와 더불어 부풀어 오르는 현상.
   ② 안정검토

$$F_s = \frac{\gamma'(H+2d)}{H} \geq 1.20 \quad \text{또는} \quad F_s = \frac{W}{U} > 1.5$$

여기서, γ' : 흙의 수중 단위체적중량
       d : 근입깊이

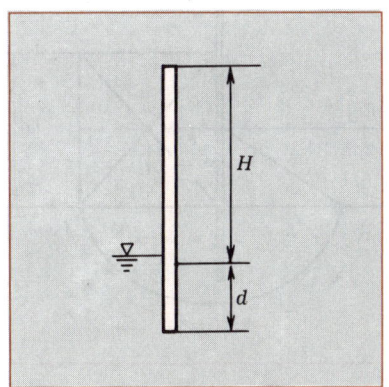

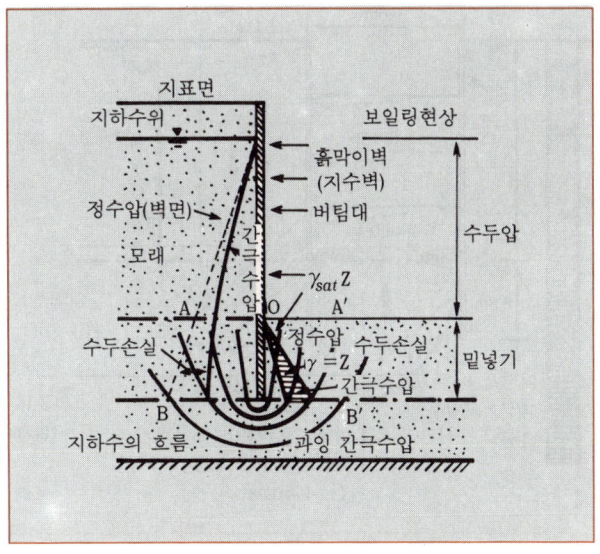

(그림 5) **Boiling현상의 설명도**

3) Heaving 대책

① Heaving이란 연약한 **점토층**을 굴착시 토류벽 내외의 **흙의 중량 차이**에 의해서 굴착저면의 **점토**가 지지력을 잃고 부풀어 오르는(**융기**) 현상.

② 안정 검토

$$F_s = \frac{S_u(\pi + 2\theta)}{h + \gamma' hd} > 1.5$$

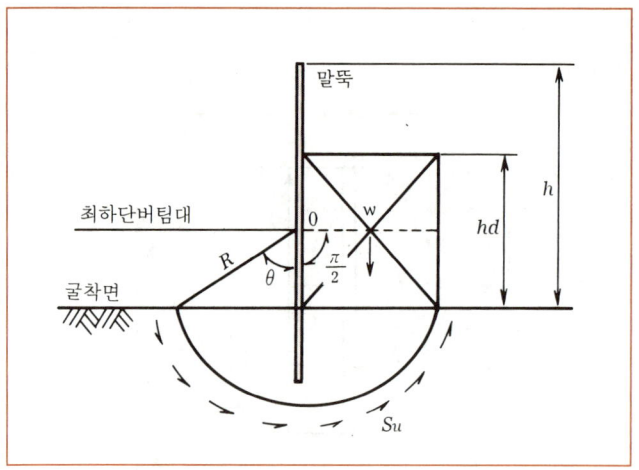

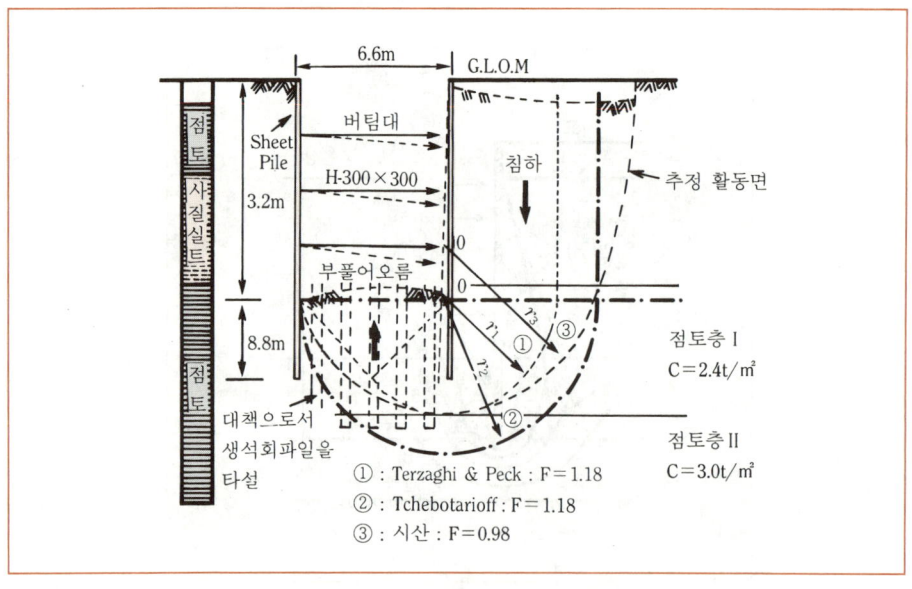

(그림 6) 점토지반의 Heaving현상

(2) Boiling, Heaving 방지대책

1) 토압이나 **수압**을 **저하**시키는 공법 차수 공법 병행시공 : SGR, LW 공법 등
2) Pile의 **근입 깊이**를 깊게한다.
3) 굴착 기초 저면의 **외적 보강**을 한다.

 ① 굴착 저면 고결
  ㉠ Grouting
  ㉡ 동결 공법
  ㉢ 약액 주입(LW, SGR 등)

 ② 굴착저면에 Anchoring한다.

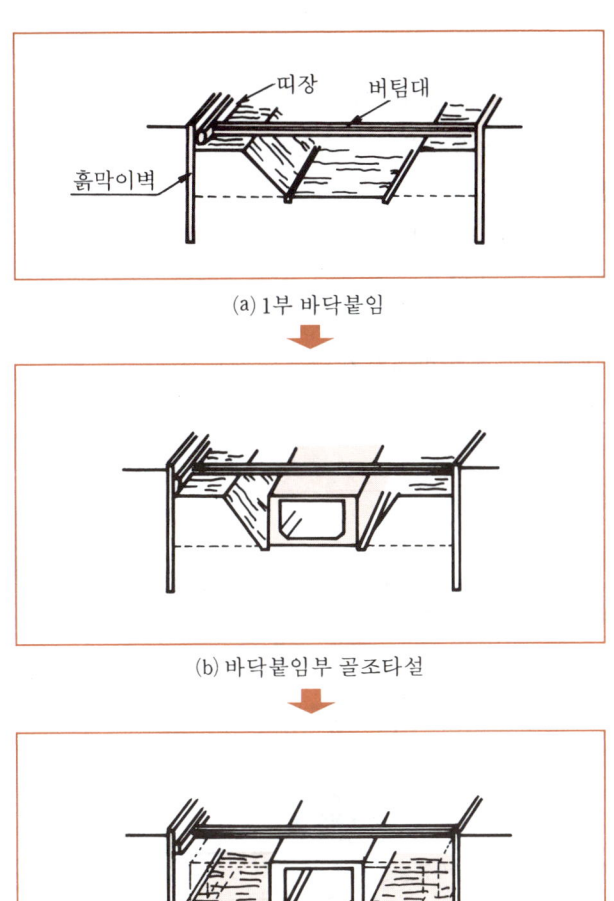

(a) 1부 바닥붙임

(b) 바닥붙임부 골조타설

(c) 잔여의 터파기

(그림 7) Heaving 방지를 위한 부분 터파기

4) 바닥 파기를 **부분 굴착**한다.

5) 바닥 굴착시 **Island 공법**을 채용해서 널말뚝 **전면**에 **중량**을 부여한다.

(3) 시공시 안정대책

1) 흙막이벽 시공 대책

① 지하 매설물 방호(상하수도, Gas관 폭발)

② Boiling, Heaving 대책

③ 지하수 또는 토사 유출 대책 강구(SGR, LW, 약액 주입, 동결 공법)

2) 굴착공사의 시공관리

① **선 보강후**(Earth Anchor, Strut) 계획적 굴착을 실시해서 무리한 **토압**이나 **수압** 발생 방지

② 기설치된 **보강재**에 편심 방지

③ 노면 배수, 표면수 처리 정밀시공
- 상하수도 우수가 굴착배면 내부 침투방지
- 굴착배면의 침투 방지

④ 구조물 완료후 가설 **보강재** 철거시 목재 **버팀목** 등을 설치하고→되메우기 실시하면서→점진적으로 철거(해체)

⑤ 구조물 시공후 즉시 되메우기 실시

⑥ 굴착된 상태를 오래도록 방치하지 않토록 한다.

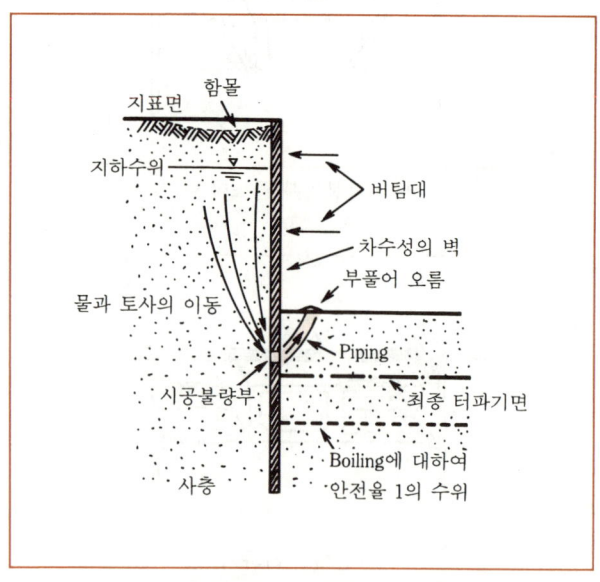

(그림 8) 토류벽 불량부분의 토사유실

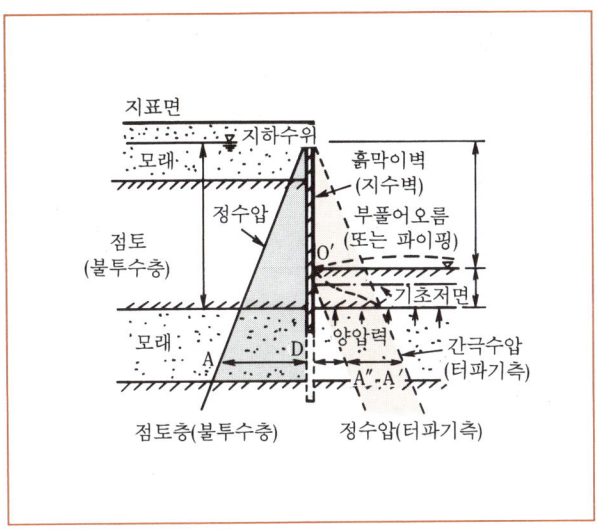

(그림 9) 터파기에 수반하는 양압력의 발생

6. 결 론

(1) 상기에서 토류벽에 대하여 종류, 특징, 굴착저면의 안정성 검토, 토류벽의 계측(시공관리) 시공시 안정 대책에 대해서 기술하였다.

(2) 토류구조물 공사 붕괴원인을 착공전 조사, 계획, 설계, 시공상의 원인으로 분류하면 아래와 아래와 같다.

구분	계획상의 원인			시공상의 원인			
	조사	계획	설계	흙막이벽의 시공 불량	흙막이기구의 시공 불량	터파기공사의 시공 불 량	지하수, 우수 처리의 불량
사고원인	① 지반조사 ② 토질조사 ③ 지하수조사 ④ 지형조사 ⑤ 인접구조물 조사 ⑥ 지하매설물 조사	① 흙막이벽의 선택, 부적당 ② 부재형식의 선택, 부적당 ③ 지하수대책 ④ 지반침하대책 ⑤ 터파기 계획	① 토압과 수압 등의 외력판 정 부적당 ② 히빙에 대한 검토불비(피복선택을 포함) ③ Boiling에 대한 검토 ④ 사면안정에 대한 검토 ⑤ 부재설계 계산 ⑥ 이음, 맞춤부분의 설계 ⑦ Piping	① 여분파기 ② 타설 불량에 의한 벽의 변형 혹은 파괴 ③ 불량부에서의 지하수 및 토사 유출 ④ Heaving ⑤ Boiling ⑥ 매설물의 파손 ⑦ Piping	① 부재의 유동(페킹불량을 포함) ② 부재의 불량 ③ 이음, 맞춤부의 시공불량 ④ 시공 지연에 의한 벽의 변형 ⑤ 시공 지연에 의한 과대한 응력 발생 ⑥ Heaving	① 무계획한 터파기에 의한 과대한 토압, 수압의 발생 ② 동상에 의한 설계조건 변화 ③ 상기 중 하나의 이유에 의한 히빙 사면 파괴의 조작 ④ 되메우기 불량에 의한 주변부에의 영향	① 배수 공법의 불량에 의한 보링, 파이핑의 발생 ② 지수공법의 불량에 의한 Boiling, Piping의 발생 ③ 상기 공법의 불량에 의한 벽배면토사의 유출 ④ 시공 지연에 의한 상기 중 하나의 현상 발생

구분		계획상의 원인			시공상의 원인			
		조사	계획	설계	흙막이벽의 시공불량	흙막이기구의 시공불량	터파기공사의 시공불량	지하수, 우수 처리의 불량
사고원인				⑦ 시공중의 설계 ⑧ 시공조건 변화에 대한 고려				⑤ 우수처리 불량에 의한 토사 유출
사고형태	① 배면지반의 이동과 침하 ② 벽의 변형과 파괴 ③ 부재의 변형 혹은 파괴 ④ 배면지반의 일부 혹은 전면붕괴 ⑤ 주변 구조물의 부등침하 혹은 도괴 ⑥ 주변 도로와 매설물(케이블, 가스, 상하수도)의 파괴 ⑦ 前記 중 하나의 현상에 의한 본체공사의 피해 ⑧ 前記 중 하나의 현상에 수반하는 인사사고							

↑ 토류벽 굴착전경

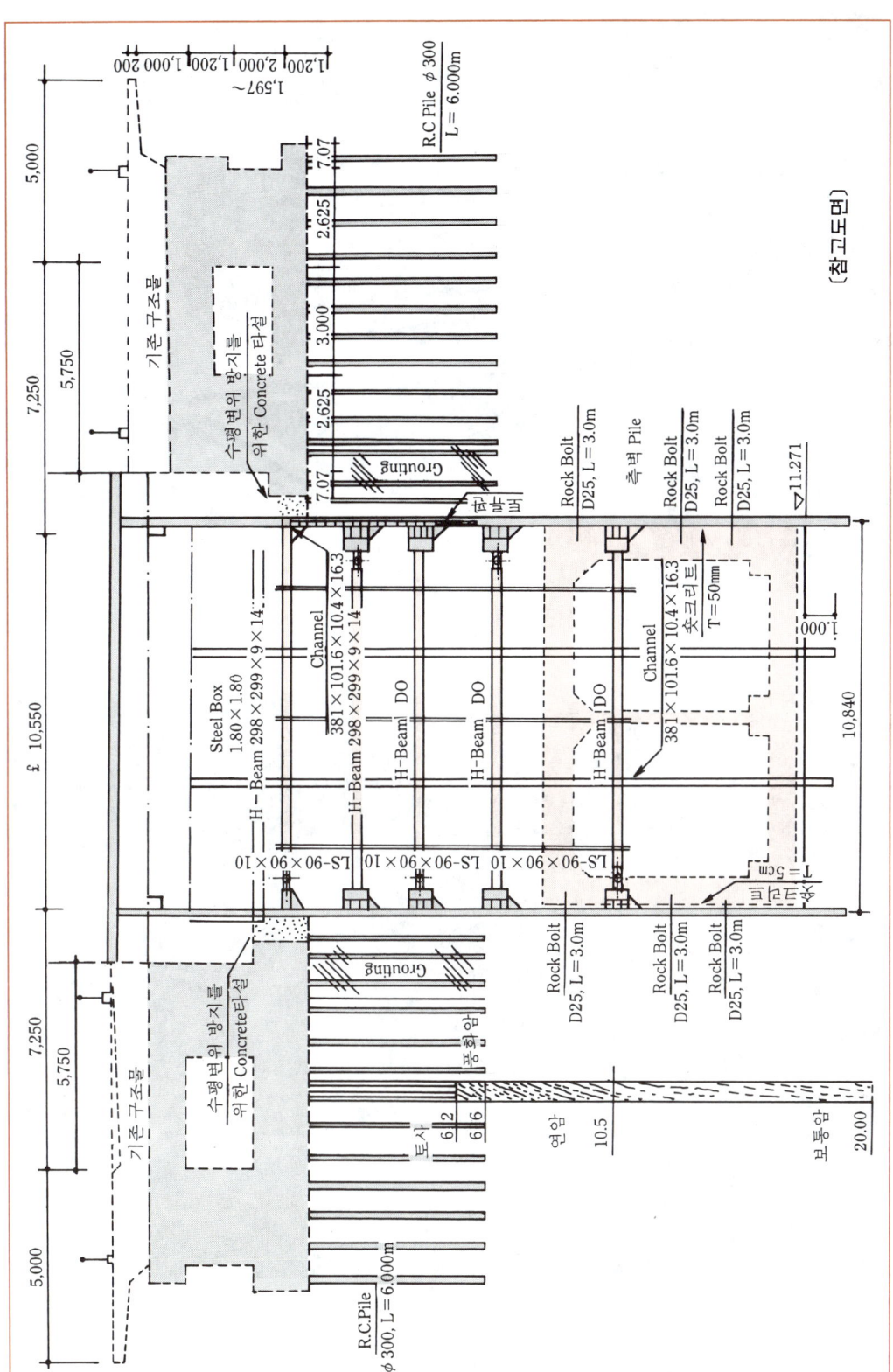

(그림 10) ○○교 1단계 시공계획 단면도 (참고도면)

⬆ **Sheet Pile 시공사례** ⇨ AN UNDERGROUND GARAGE IN DIFFICULT SOIL CONDITIONS

⬆ **Sheet Pile 시공사례** ⇨ PUMPING STATION
This project was required to prevent the permanent waterlogging of 43 hectares of arable farm land due to land settlement caused by the deep mining of the SILKSTONE SEAM at the nearby KELLINGLEY COLLIERY, which is situated to the east of LEEDS.

↑ Sheet Pile 시공사례 ⇨ METRO CONSTRUCTION
The rapidly increasing public transport needs of its residents, created by the city's development, led the City of TOULOUSE to build its first underground line

↑ Sheet Pile 시공사례 ⇨ DETENTION TANK
To prevent flooding of 59 residential properties an underground detention tank 100m long by 25m wide and on average 5m deep was designed to provide 11,600㎥ of storge capacity

↑ Sheet Pile 시공사례 ⇨ UNDERGROUND CAR PARK

↑ Sheet Pile 시공사례 ⇨ FLOOD PROTECTION WALL

↑ Sheet Pile 시공사례 ⇨ MARINE WALL

↑ Sheet Pile 시공사례 ⇨ MITTELLANDKANAL EMBANKMENT

↑ Sheet Pile 시공사례 ⇨ LANDFILL
Originally it was planned to use an impermeable diaphragm wall as a means of enclosing this landfill site, but unfavourable soil conditions made this impossible.
Instead a sheet piled wall made from 7.5m-9m long sealed triple U-shaped piles was adopted. Driving work to complete the landfill enclosure, a closed sheet pile ring measuring 900 mettres in length, lasted from 3 November to 23 December 1987.

2. 지보형식에 의한 토류벽 공법을 분류하고 특징, 적용성, 시공시 유의사항

1. 서 론

(1) 밀집 시가지의 **흙막이공법**은 대지가 좁기 때문에 많은 제약조건을 받지만 그 중에서도 얕은 굴착공사의 경우에는 **자립공법**, **수평 띠장공법**, **부분 아일랜드공법** 등을 병행하여 시공하는 예가 많은데 깊은 굴착공사를 할 때에는 Strut공법, Earth Anchor공법, Trench Cut공법, Top-Down공법 등이 있다.

(2) 그러나, 상기 공법 중 Trench Cut 공법 및 Earth Anchor 공법은 **대지가 좁아 작업 공간 확보의 필요성**에 따라 주변 주민의 동의서가 필요하다.

(3) 따라서, 흙막이공법의 지보형식은 대지조건과 공법의 적용성을 면밀히 검토한 후 선정하여야 함.

2. 지지방법에 따른 공법 비교

No.	공 법	대지형성		굴착심도		지하수의 영향	지반의 침하	주민의 동의	공기	공사비
		좁은대지	부정형 대지	얕은굴착	깊은굴착					
1	비탈깎기 오픈컷 공법	×	○	◎	×	×	×	△	○	○
2	자립공법	○	○	◎	×	△	△	○	○	○
3	수평버팀대 공법	○	△	○	○	○	○	○	○	○
4	아일랜드 공법	×	○	○	×	△	○	○	×	○
5	트랜치컷 공법	×	△	○	○	○	○	○	×	△
6	어스 앵커 공법	○	○	○	○	△	△	×	○	○
7	역타공법	○	○	×	◎	○	◎	○	○	○
8	비고	◎ : 양호 ○ : 보통 △ : 충분한 검토 요망 × : 적용불가								

3. 지보형식에 의한 적용 조건

No.	지보형식	적응조건
1	자 립 공 법	굴착이 비교적 얕고(수 m 이하), 양질지반이어야 한다. 용지의 여유가 없고 수직으로 굴착할 필요가 있는 경우
2	Bracing 공법	굴착 평면적이 중규모 이하(일반적으로 일변이 50m이하) 평면형상이 부정형인 경우 양질지반에서 연약지반까지 적용범위가 넓다.

No.	지보형식	적응조건
3	Earth Anchor 공법	굴착 평면적이 넓고(일반적으로 일변이 50m이상), 평면형상이 부정형인 경우 양호한 Anchor 정착층이 있고 지하수가 그다지 높지 않다. 토류벽 외측 대지에 충분한 여유공간이 있다. 토류벽의 상대변에 고저차가 상당히 있다.
4	Top-Down 공법 (역타설)	주변지반의 변위를 극소화하고자 할때 굴착 평면이 넓고 굴착 깊이가 깊을 때(20~40m)
5	Island 공법	굴착 평면이 넓고, 건물형이 부정형이고, 굴착깊이가 얕을 때 유리하다. 양질지반이어야 한다. 공기에 여유가 있어야 한다.

4. 지보형식에 의한 토류벽 공법의 특징 및 시공시 유의사항

	구 분	버팀대(Strut)공법	Earth Anchor 공법	Top Down 공법
1	Typical Section	Strut	Anchor	Slab / Pile
2	주 재 료	H-Beam ┌ Wale+Strut └ Center Pile	H-Beam ─ Wale Earth Anchor ┌ PS강선 또는 Strand └ Bracket Anchor Head	H-Beam ─ Post 철근, 레미콘(보, Slab)
3	개착식 시공여부	Open Cut이 불가능	Open Cut이 쉽다	Down Ward이므로 Open Cut이 불가능
4	장 점	• 양질지반에서 연약지반까지 적용범위가 넓다. • 폭이 좁은 경우 경제적임 • 보강이 용이하다. • 재질이 균등하고 재사용이 가능하다.	• 토공 및 구조물 시공이 용이하다. • 굴착 평면이 넓은 경우 경제적 • 좌우 토압이 불균형할 경우 불리 • 정착장 부위의 지층이 단단한 경우 Prestress를 작용시켜 인접 지반 침하를 최소화할 수 있다.	• 토류벽 극소화(인접 구조물 보호, 연약지반) • 지상층과 지하층 동시 시공가능(공기 단축) • Strut, Earth Anchor 시공 불가시 최적임(깊은 심도에 경제적) • 도심지, 소음, 분진, 진동 등 공해 감소

구 분		버팀대(Strut)공법	Earth Anchor 공법	Top Down 공법
5	단 점	• 부지가 넓을 경우 수축 및 이음부의 좌굴 등으로 시공이 곤란(50m이상 공사비 과다) • 토공 구조물 시공이 어렵다. • 사고 위험이 많다. • 많은 양의 강재 설치 및 해체로 공기지연 • 지하 층고가 높은 경우 사장 강재가 많다.	• 인접 대지 동의를 얻어야 한다. • 시공시 지하수 유입(방수요, 주변 지반 침하유발) • 전석층이 깊은 경우 불리 • 인접 건물에 지하층이 있는 경우 적용 불가 • 정확한 시공이 되지 않거나 정착장 부위 토질이 불확실한 경우에는 위험	• Slab를 작업공간으로 활용 가능한 전천후 작업 • Post 시공을 요함 • 철골 구조물에만 적용 가능 • 토공 굴착이 어렵다 • 환기 및 조명 시설을 요함. • Slab 두께를 크게 하여야 한다.

5. 결 론

(1) 밀집된 도심지 근접 시공의 경우

1) 얕은 굴착의 경우 2가지 공법을 병용하여 시공하는 방법이 있다.
   ① 자립공법
   ② 수평 띠장공법
   ③ 부분 Island 공법 병용

2) 깊은 굴착의 경우 채택 공법
   ① Strut(버팀대식) : 작업 공간이 넓은 경우
   ② Earth Anchor식 공법 : 작업 공간이 좁은 경우
   ③ Trench Cut 공법 : 작업 공간이 좁은 경우
   ④ Top Down 공법 : 안전한 시공을 하고져할 때, 가격이 비싸다.

(2) 지하수위가 높고 도심지 근접 시공의 경우 채택 공법

1) 지하 연속벽공법이 차수성이 좋고
2) 주변 건물의 기존 말뚝(Pile)에 주면 마찰력을 감소시키는 등의 기초 세굴방지에 유리하다.

3. U-Turn Anchor(제거식 앵커)와 기존 Anchor의 차이점 설명

1. U-Turn Anchor

(1) **U-Turn Anchor의 시공법 개요**

1) 이 공법은 이미 앵커의 시공 목적이 달성되어 불필요하게 된 앵커의 인장강재를 제거하고,

2) 지중의 기제 장해물이 되지 않게 하기 위해 개발된 앵커공법이다.

3) 이 공법의 시공법은, Earth Anchor의 시공법에 특수가공을 한 인장강재를 사용할 뿐이며 특히 시공법의 차이는 없다.

2. Anchor의 인장강재를 제거하는 방식에 따른 공법의 분류

(1) **기계적인 제거공법**

1) T.K식 앵커
2) MCC 제거공법
3) 죽중식(竹中式) 철거앵커

(2) **역학적인 제거공법**

1) 림벌앵커
2) 슬라이딩 워찌앵커
3) 본드레스앵커
4) 프리그리핑 앵커
5) 심발 철거앵커

(3) **화학적인 제거공법**

1) PS 커트 앵커
2) 서모크러셔 앵커

3. 기계적인 제거방법

(1) 기계적인 방법이란 앵커체와 이형 PS 강봉을 커프링으로 접속해 두고,

(2) 제거시에는 강봉을 조임방향과 반력의 방향으로 시회(施回)시켜

(3) 강봉을 커프링으로 부터 해제하는 방법이며

(4) 내력적으로는 60t 정도까지 있다.

4. 역학적인 제거방법

(1) 역학적인 방법이란, 미리 앵커체 조성용의 강선과 특수 피복한 뽑기용의 강기로 조립된, 인장강재(PC강선)를 사용하여
(2) 제거시에 뽑기용 강선에 인장력을 도입함으로써
(3) 앵커체에서 1대씩 뽑는 방법이다.

5. 화학적인 제거방법

(1) 화학적인 방법이란, 미리 인장강재와 인장 자유장부에 발열장치 또는 폭파장치를 붙여두고 제거시에 전기식의 점화장치를 이용하여, 각 기의 장치를 작동시켜 인장강재를 당기고, 재를 인장재 부착 장부에서 절단하여, 인장강재를 뽑은 방법이다.
(2) 이 공법의 적용예에 관해서는 이하 그림으로 예시하여 설명한다.

6. U-Turn Anchor(제거식 앵커)의 적용 공종 예시

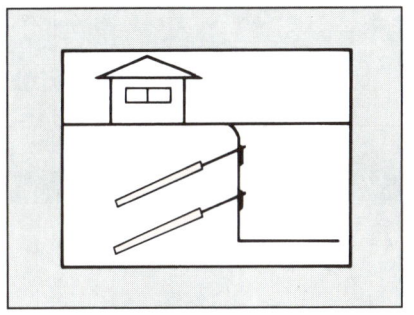

(그림 1) 인접 구조물 지하로 침입하는 경우

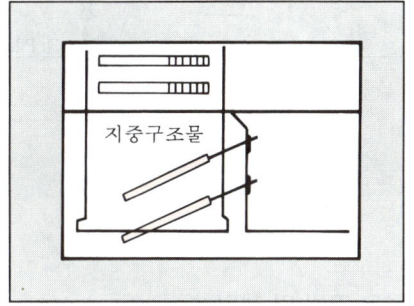

(그림 2) 인접장래 지중 구조물의 조성이 예정되는 경우

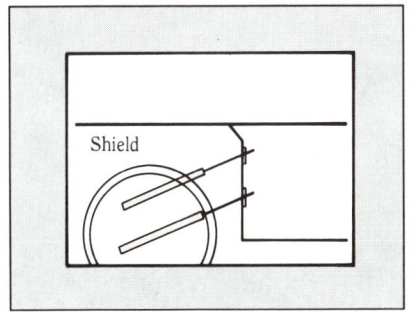

(그림 3) 장래 Shield 터널의 통과가 예상되는 경우

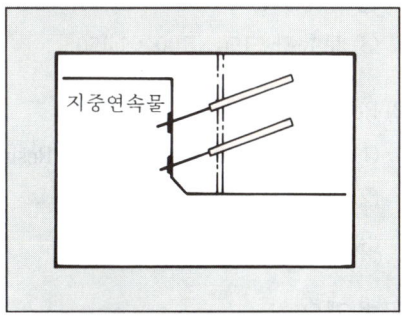

(그림 4) 토류벽 배면에 Slurry Wall 또는 Sheet Pile 등의 타입이 예상되는 경우

7. 기존 Earth Anchor의 특징 · 시공법 개요

(1) 대표 단면

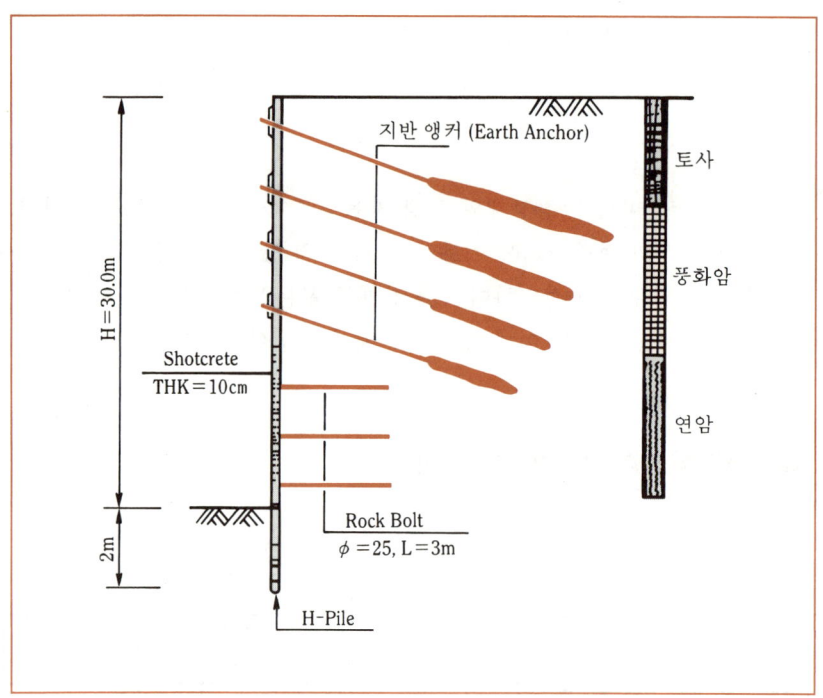

(2) 적용 공법 및 제원

  1) 지반앵커

   ① 엄지말뚝 : H300×200×9×14, 1.5m간격

   ② 띠장 : H300×300×10×15, 2.5~3.0m간격

   ③ 토류판 : 150×100×1,450

  2) Rock Bolt

   ① Rock Bolt : ϕ 25, L = 3.0m, Resin을 충진한다.

   ② Shotcrete : T = 100mm

   ③ Plate : 150×150×6

(3) 공법 개요

  1) 지반 앵커공법과 Rock Bolt공법을 복합 병행처리로 엄지말뚝 시공후 굴착 및 띠장설치후

앵커시공으로 이어지는 Top-Down방식이다.
2) 굴착면 하부의 연암층은 엄지말뚝 좌굴방지용 Rock-Bolt로 대치한다.

(4) 시공성
1) 엄지말뚝 시공을 위한 대규모 천공장비(T-4)가 사용된다.
2) 두가지 공법을 병행 사용하므로 공종이 복잡하다.

(5) 장점
1) 시공경험이 많다.
2) 인장력이 확실한 경우 지반변형 억제효과가 뛰어나다.

(6) 단점
1) 강재를 사용하므로 대규모 장비가 동원되어 시공성이 떨어진다.
2) 다공종이 필요하므로 품질관리가 어렵고 시공이 조잡해질 수 있다.
3) 앵커의 분담력이 상대적으로 높아 국부적인 품질에 문제가 생길 경우 전체 안정에 미치는 영향이 크다.

(Slurry Wall 시공순서 전경도)

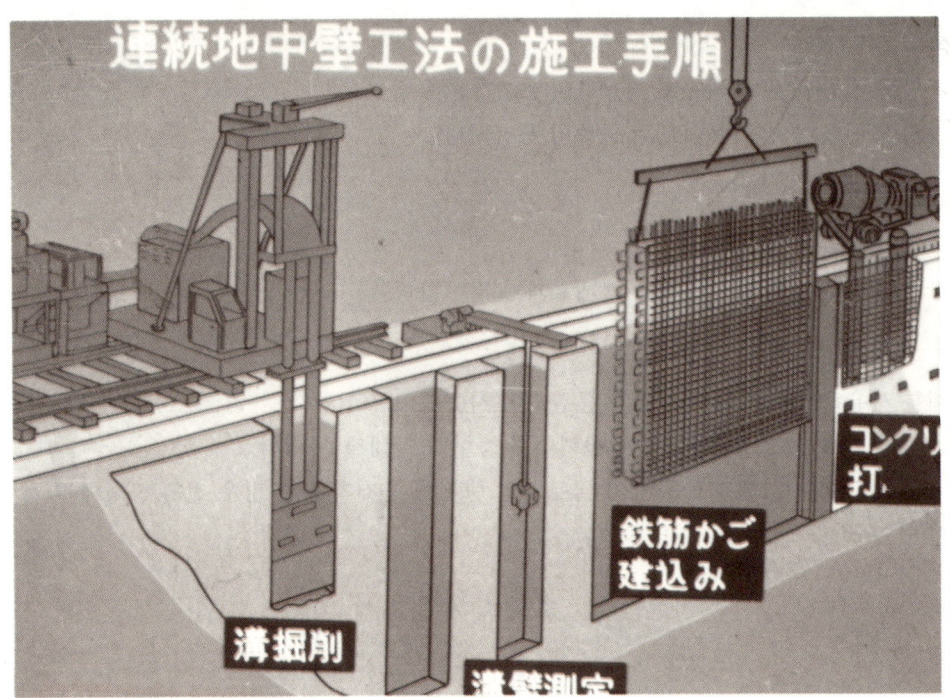

↑ Guide Wall + 버팀대

↑ Trench 굴착

↑ 철근망 조립

↑ 철근망 운반

↓

↑ 철근망을 Trench내부에 근입

4. 지하연속벽 공법(Slurry Wall) (연약지반＋지하수위가 높은 경우＋대규모 차수성 토류벽)

1. 개 요

- 지하연속벽 공법이란 Bentonite Slurry에 의해서 Trench의 안정을 유지한 후 콘크리트를 쳐서 만든 지하벽(차수벽)으로서 특히 지하수위가 높은 경우 유리함.
- 유럽에서 개발된 공법으로, 무소음, 무진동 공법으로서 현재 사회적인 문제점으로 대두되고 있는 건설 공해 대책 공법으로서 그 역할이 지대하며 특히 도심지 대규모 차수성 토류벽(벽식)에서는 지반 침하 방지에 그 효과가 크다. 이하 본고에서는 Slurry Wall 공법중 벽식에 대해서 아래와 같이 기술코저 한다.

> (1) 공법의 종류
> (2) 공법의 특징
> (3) 용도
> (4) 굴착 방식에 의한 공법의 분류
> (5) 벽식 공법의 시공순서
> (6) 지하벽 시공에 사용하는 기계, 기구
> (7) 시공계획 작성
> (8) 시공관리 요령
> (9) 사고와 그 대책(문제점 및 대책)
> (10) 계측관리

2. 공법의 종류

(1) 벽식
(2) 주열식

3. 공법의 특징 및 문제점(단점)

(1) **장점**

1) 저소음, 저진동 공법으로서 기계화 시공으로 건설 공해대책으로 유효한 공법이다.

2) 재래 흙막이 공법에 비해서 (엄지말뚝, 가로널 말뚝, 강널말뚝, 주열벽) 깊은 굴착에 유리하다.
3) 강성(EI)이 커서 큰 토압에 견디며, 지표면 침하 근접공사(건물 옆)에 유리하다.
4) 수직 정도가 재래 흙막이 공법보다 유리하다.
5) 지수성이 높아서 지하수 대책에는 유효하다. (토류벽 배면의 용수, 지하수위가 높은 경우)
6) 단면 형상을 구조 목적에 맞춰서 자유로 선택할 수 있기 때문에 합리적인 벽을 축조할 수 있다.

(2) 단점(문제점)
1) Smooth Wall을 만들기 어렵다.
2) 지반 안정액의 관리에 세심한 주의를 요한다. (지하수 오염 등)
3) 재래식 공법에 비해서 고가이다.
4) 굴착된 Trench의 상태를 확인하기 어렵다.
5) 저공해 공법이나 폐액처리에 문제가 있다.
6) 본 공법이 적용되는 지질 조건은 대단히 복잡한 경우가 많으므로 사전 조사에 의해서 정확히 예측하는 것이 어려우므로 공법선정이나 굴착기를 선정하는데 고도의 기술과 경험이 필요하다.

4. 용도 (사용목적)

(1) 건축 구조물의 지하실
(2) 지하 주차장, 상가
(3) 지하 철도, 지하통로
(4) 공동구, 암거
(5) 차수벽, 방호벽
(6) 안벽(Quay Wall), 호안
(7) 지하 Tank

5. 인접 구조물 및 지하 매설물 조사

(1) 주변 지반의 침하가 제한된 지역(그림 1)
(2) 주변 구조물의 안전 보완 요구지역 (그림 2)
   1) 주변 구조물의 허용 침하량 산정
   2) 변형의 예측으로 확실한 지지공법 적용

3) Underpinning도 가능

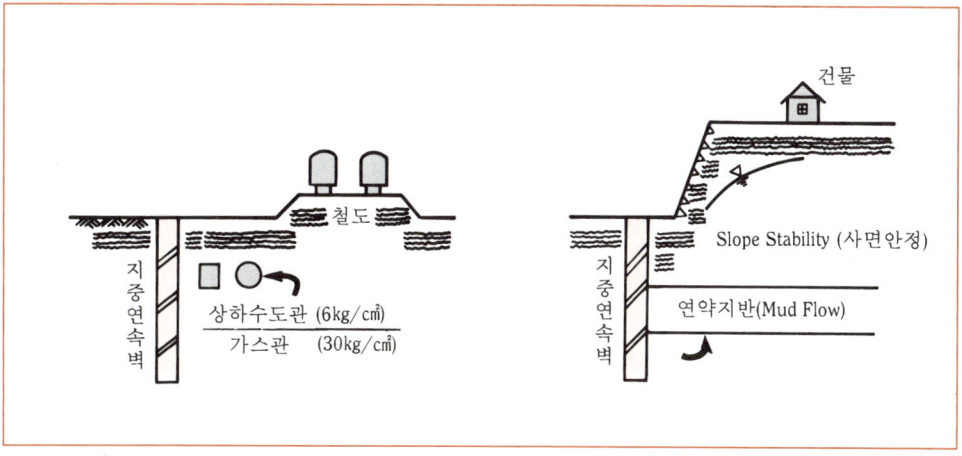

〈그림 1〉

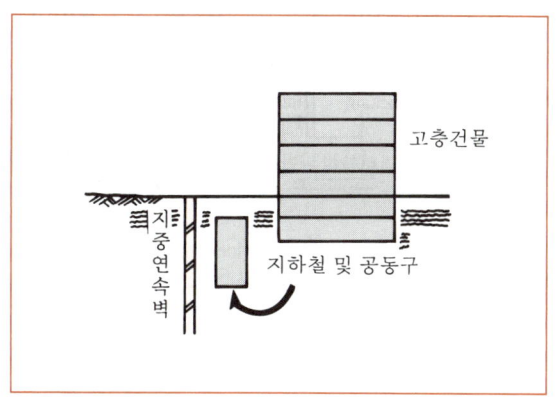

〈그림 2〉

6. 굴착방식에 의한 분류

(1) 굴착기계

1) Bucket식(Clamshell식)

2) 충격식(Percussion식, 긁어내는 식)

3) 회전식 : 회전식 Bit

7. 벽식 공법의 시공순서

    (1) 준비 작업(Guide Wall 설치, Platform 설치)

    (2) 굴착(Hammer Grab, Clamshell, Percussion, Rotary 방식)

    (3) Bentonite니수 투입(공내수위를 지하수위 보다 1.5m 높게 유지)

    (4) 철근 바구니(Rebar Cage)넓게 한다.

    (5) Tremie공법으로 콘크리트 타설

    (6) Joint시공(Stop End Tube 방식과 Single Key Joint 방식)

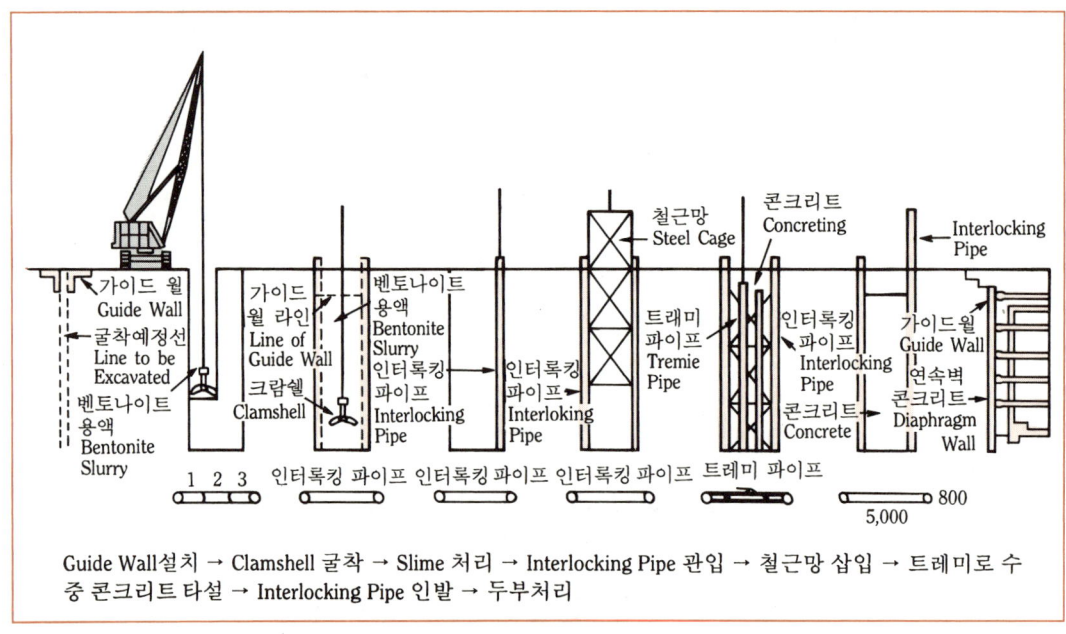

(그림 3) **Slurry Wall 시공순서**

8. 시공기계

    (1) 굴착공(굴착기계, Bucket식, 충격식, 회전식)

    (2) 철근 가공기(철근 가공기계, 철근 절단기)

    (3) 콘크리트공(Tremie관, 이음용 강관)

    (4) 이동 및 운반(Crawler Crane : 철근 바구니 넣기, 이음용 강관 빼기, Tremie관 설치)

    (5) 용접기, 초음파 측벽 측정기(수직정도 관리용) 안정액 관계 설비기기

9. 시공 계획서 작성 요령

설계도, 공사시방서, 기타 자료에 의거 다음과 같은 항목에 관해서 시공계획을 세운다.

(1) 지질, 지하수, 배설물, 근접 구조물 기타의 지상, 지하의 장애물 등의 조사
(2) 사용기계의 선정과 배치, 운반 계획
(3) 가설비계획, 잔토 제거 계획
(4) 동력용 배수, 배관, 배선과 공사용 도로의 동선 계획
(5) Guide Wall의 형상, 구조, 치수, 위치의 계획
(6) Element(Panel)의 배치→시공순서의 계획
(7) 지하벽 공사의 공정 및 각 작업의 Time Study
(8) 굴착방법, 안정액의 배합, 혼합, 니수 처리 계획
(9) Slime 처리 계획
(10) 철근 가공, 저장, 운반, 세우기 계획
(11) 시공이음의 구조, 제작, 설치 계획
(12) 콘크리트 배합, 운반, 타설, 양생 계획
(13) 안전 보호설비 계획
(14) 품질 및 시공관리 계획
(15) 예상되는 사고 대책 검토

10. 시공관리 요령

(1) **굴착기 이동 설치**

Guide Wall 위치 확인(Guide Wall 목적 : 지표면 붕괴방지, 우수 침투 방지) 굴착기의 수직성, 수평성, 방향성 검토

(2) **굴착**

1) 굴착폭, 깊이, 수직각 정도의 관리
2) 토질, 용수의 관리
3) 작업시간의 관리
4) 기기의 점검
5) 운전관리
6) 배출토, 토사장의 관리

(3) **Slime 처리**

1) Slime 제거 방법 (Air Lift, Reverse 방식, Mortar에 의한 바닥 후비기)
2) Slime 두께 검측 (새끼에 의한 방법, 전기장치 후비는 방법)

(4) 철근 바구니 넣기

    1) 달아 올리기 : 얽어서 사용, 달아맨 강도의 확인

    2) 세우기 : 수직성의 확인, 바구니와 바구니의 접속부 확인, 상단 높이의 확인

    3) 제작 : 치수, 철근지름, 배근 간격 확인, Spacer 확인, Tremie관 수입여부 확인, 용접확인

(5) 이음

    1) Interlocking Pipe

    2) 수직도

    3) 강관의 강도 확인

    4) 세우기 심도 확인

    5) 박리제 확인

(6) Tremie관 설치

    1) Tremie관 Joint부의 확인

    2) Tremie관 길이의 확인

(7) 콘크리트

    1) 콘크리트의 품질관리

    2) Tremie관의 점검

    3) Tremie관의 배치

    4) 타설 높이의 측정

    5) 타설중 철근바구니의 부상

(8) Interlocking Pipe 끊기 및 인발

    1) 인발 기준에 의한 시공관리

    2) 사용 Interlocking Pipe의 청소

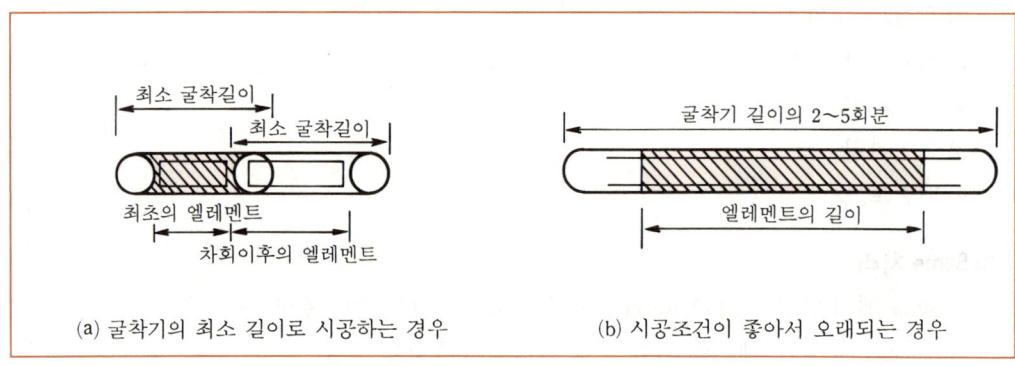

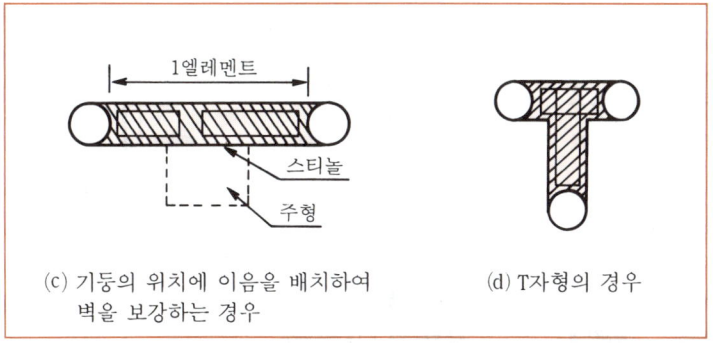

(그림 4) 구축물의 형식·구조에 맞춘 Element나누기의 예

11. 사고와 그 대책(시공시 문제점과 대책)

(1) Guide Wall의 파괴, 변형(Guide Wall의 역할 : 공벽붕괴 방지, 우수침투 방지)

1) 원인
① Guide Wall의 강성 부족
② Guide Wall의 밑넣기 부족
③ 연약지반에 설치시 지반 붕괴 또는 세굴
④ Guide Wall 내측의 버팀대 불비
⑤ Guide Wall에 걸리는 하중 과다(굴착기, Crane, 철근 바구니)

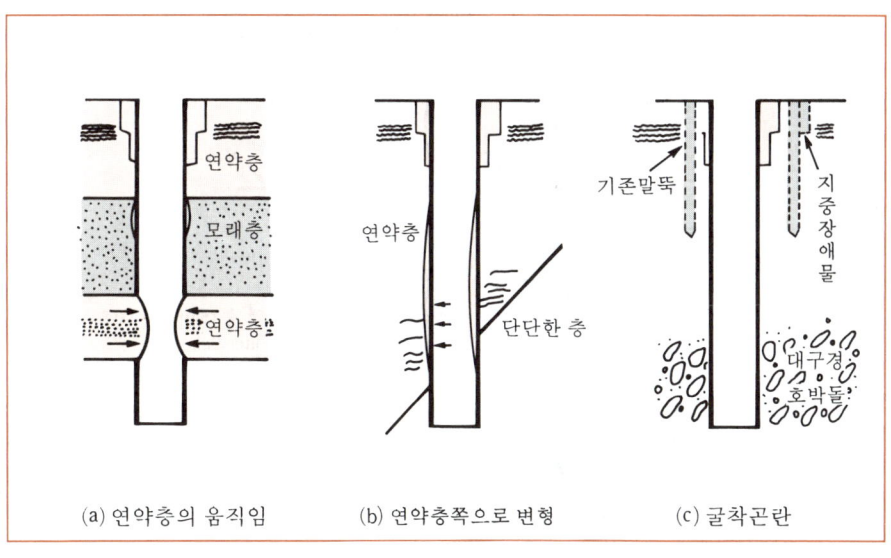

(그림 5)

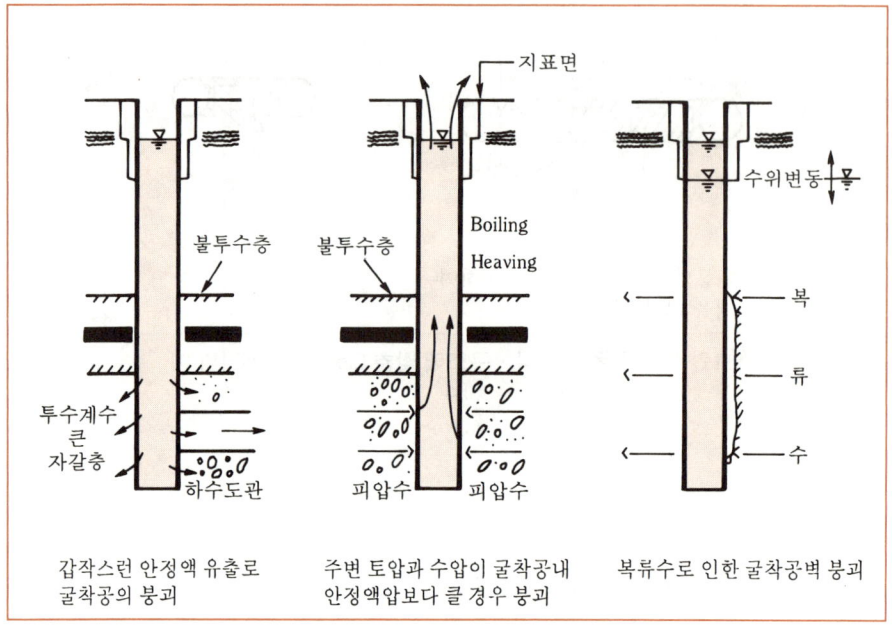

(그림 6)

(2) 굴착 벽면의 붕괴

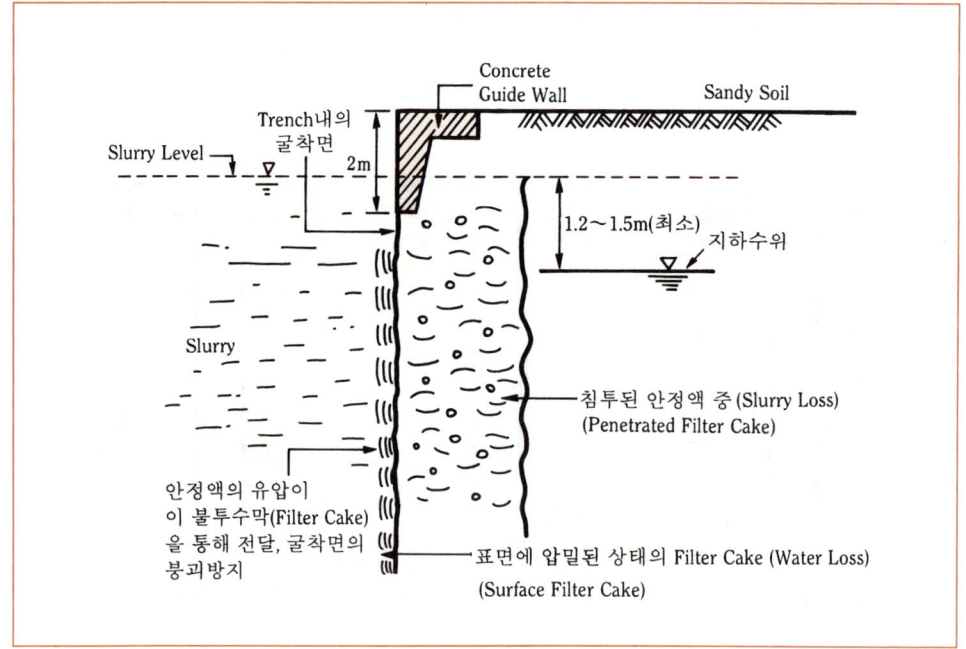

(그림 7) Bentonite 안정액의 차수역할

1) 안정액의 급격한 일수
2) 안정액의 사용, 배합 등 관리의 불량
3) 강우에 의한 지하수 급상승 또는 우수가 Trench에 유입
4) Trench 벽면에 과대한 토압 발생시 안정액의 비중을 크게 하든지, 토압 경감을 위해서 강널말뚝 등의 흙막이 공사를 보조적으로 실시한다.
5) Element(Panel) 길이 과대

(3) 굴착용구의 Trench내 도괴 및 Jamming
인양시 무리한 인양작업에 의해서 굴착용구의 Wire가 끊어지지 않도록 Slime 제거에 의해서 원인을 제거하고 인양한다.

(4) 철근 바구니의 변형과 파괴 : 변형 방지의 보강근 설치.

(5) 철근 바구니를 세우는 데 곤란한 점
   1) 원인
      ① Spacer 불량한 경우
      ② Slime 침전되는 경우
      ③ 벽면이 굽어지는 경우

   2) 대책
      ① 수직정도 확인
      ② 안정액 관리
      ③ Slime 처리

(6) 콘크리트 타설중의 사고
   1) Tremie관의 밑넣기 부족
   2) 콘크리트 치기 속도가 빠른 경우
   3) 콘크리트 타설 중단시 Tremie관의 Jamming

(7) Interlocking Pipe의 인발 불능
   1) 원인
      ① 인양시기 잘못
      ② Pipe의 경사
      ③ 이음부의 파손

   2) 대책
      ① 인발시기 : 콘크리트 타설 3시간 후에 인발
      ② Pipe의 경사 수정
      ③ Pipe의 이음부는 인발시 큰 하중이 작용하므로 사전 강도 정밀하게 확인

④ 인발에 사용하는 Crane, 유압 Jack, Vibro 말뚝 인발 기계를 준비해 둔다.

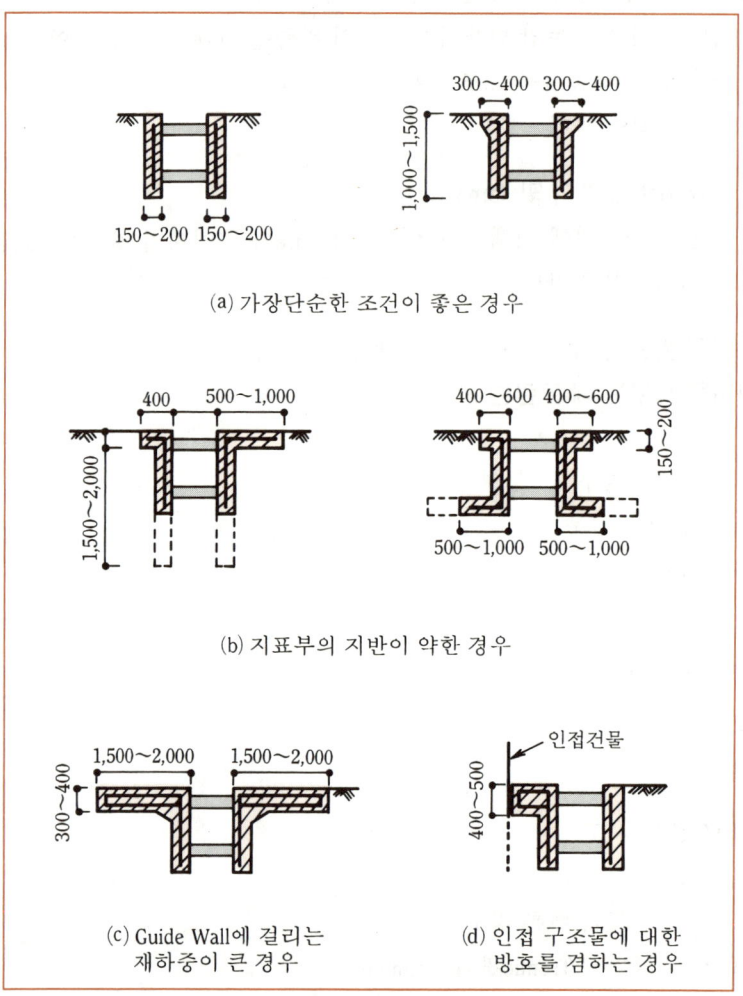

(그림 8) 각종 Guide Wall의 단면

(8) **Joint 불량에 의한 누수 사고**

1) 원인

   콘크리트 타설중에 이음부에 Slime이 집적되어서 콘크리트가 이음과 충분히 부착되지 않았을 때 누수가 발생한다.

2) 대책

   ① 누수량이 적은 경우 : 방수 Motar로 Sealing처리

② 누수량이 많은 경우 : 수압이 높은 경우는 Hose 또는 Pipe 누수 제거→주위를 Sealing 하고 배수면에서 약액 주입에 의해서 지수한다.

③ 불량부의 간극이 크고 대량의 토사가 유입되는 경우 : 수압 토압 경감시킨 후 즉시 약액 주입해서 지수하고 약액 주입의 경우 지하벽에 과대한 압력이 발생해서 2차 파괴가 발생하지 않게 벽면의 상태를 관측한다.

12. 품질관리

(1) 굴착의 수직도 관리
(2) Slurry 누수 관리
(3) Concrete 타설 관리
(4) 시공후 품질 관리 : 시공후 Boring에 의해서 강도 확인

13. 주열식

(1) **종류**

  1) 재료에 따라서
    ① 철근 Mortar 기둥
    ② 철골 Mortar 기둥
    ③ 철근 Concrete 기둥
    ④ Soil Element 기둥
    ⑤ Precast 철근 콘크리트 기둥

  2) 설계방법에 따라서
    ① 현장 타설
    ② 매입말뚝 공법(중굴, Preboring 압입, Jet)
    ③ Mortar 주입

  3) 주열의 배치 방법
    ① 접점 배치
    ② 엇댄 배치
    ③ Overlap 배치
    ④ 독립 배치

  4) 품질 관리
    ① 수평위치
    ② 연직도

③ 주입재의 품질
④ 시공시간

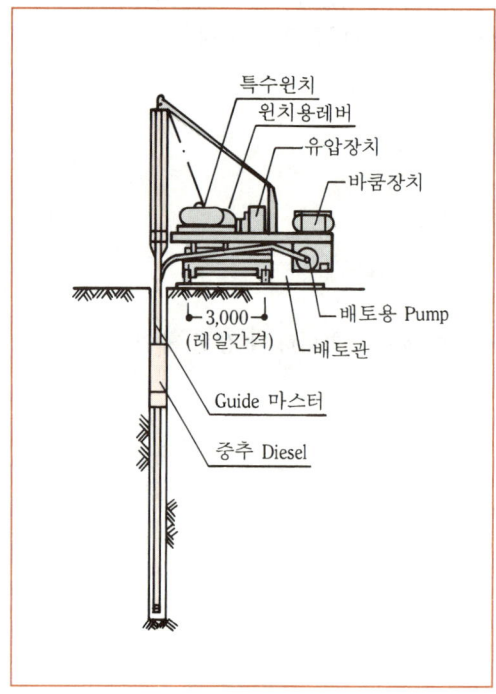

(그림 9) TM 굴착기

14. 계측관리(종류별)

(1) 계측의 목적
1) 기존 구조물의 안정성
2) 시공시 안정성

(2) 계측항목
1) 주위 기존 구조물
① 변위
㉠ 연직 변위
㉡ 수평 변위
② 경사

③ 구체의 응력

2) 토류벽
① 본체
㉠ 토압
㉡ 수압
㉢ 변형

② Wale 및 Strut
㉠ Wale의 변형, 응력
㉡ Strut의 축력, 변형

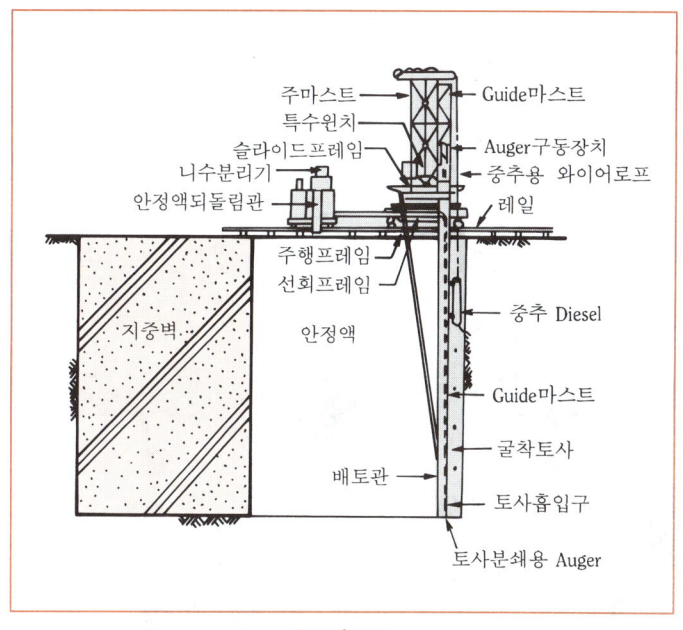

(그림 10)

15. 결 론

(1) 토류벽 공법의 종류

1) 개수성 토류벽 : H-Pile 토류판벽
2) 차수성 토류벽
① Slurry Wall(벽식)
② 강 Sheet Pile
③ 강관 주열식 등이 있으나

(2) 공법 선정시, 시공성, 경제성, 민원문제가 문제되므로
(3) **Slurry Wall 공법**
  1) 용수가 많은 경우
  2) 토류벽 배면에 지하수위가 높은 경우
  3) 건물옆에서 근접 시공해야 하는 경우
  4) 민원문제, 특히 주변 건물 침하방지, 균열방지에 대단히 유리한 공법임.

(4) **토류벽 공법의 설계변경 대안**

구 분	설계 변경 대안
1안	H-Pile 토류판 + SGR 2열
2안	CIP + SGR 2열
3안	Steel Sheet Pile + SGR 1열
4안	Slurry Wall(벽식)

← Slurry Wall 굴착전경

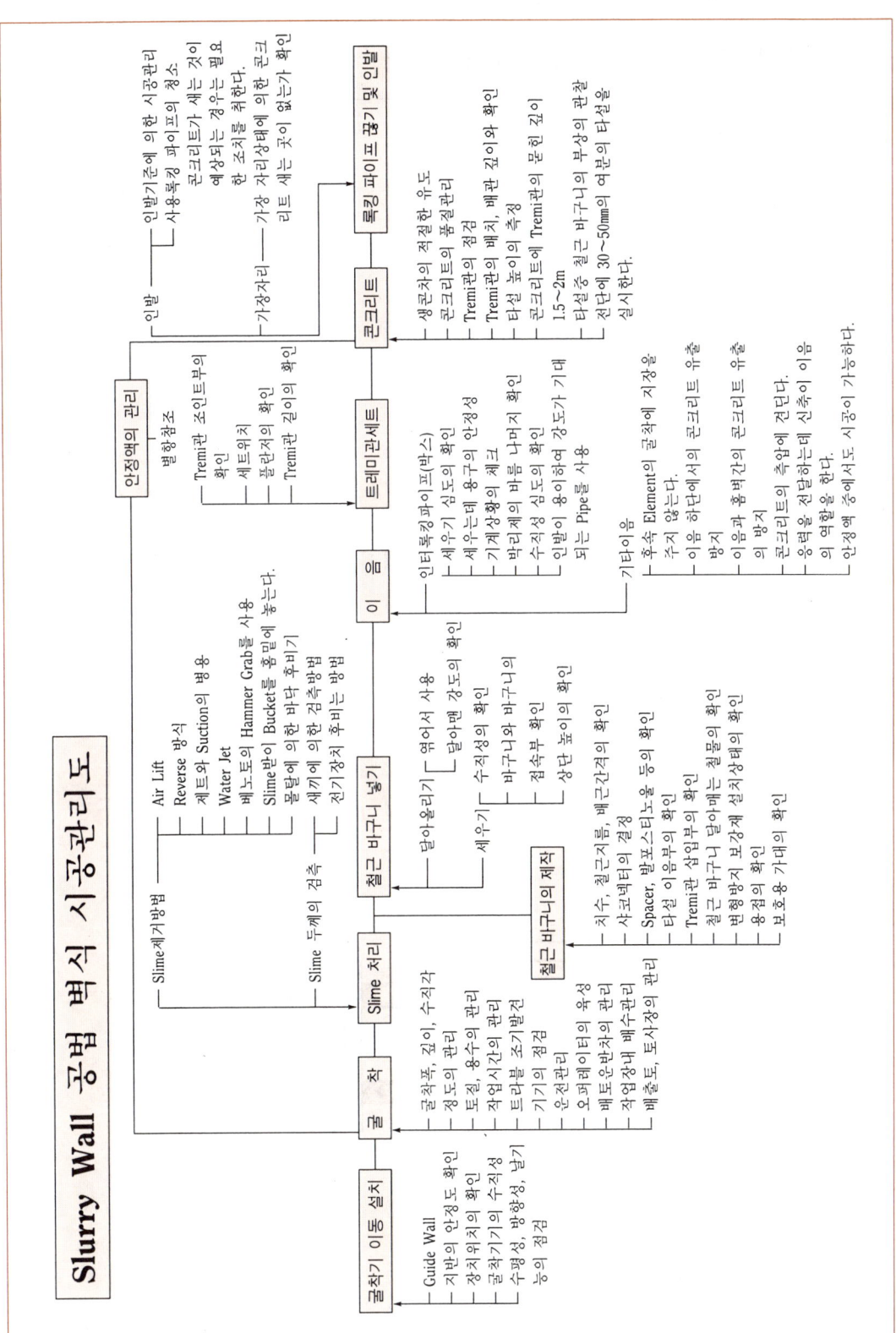

5. 지중 연속벽의 가이드 월(Guide Wall)의 역할

1. Guide Wall의 역할(Slurry Wall 공법)
(1) 지표부분의 붕괴를 방지하는 흙막이 역할
(2) Trench 굴착시 선형유지
(3) 굴착기와 철근 바구니의 지지대
(4) 안정액의 저류조
(5) 우수와의 차수벽
(6) 인접 구조물의 보강공사

2. Guide Wall의 폭
벽체 폭+10cm의 여유를 두어 굴착기의 상·하 이동에 대한 조작을 용이하게 한다.

3. Guide Wall의 단면 결정시 고려사항
(1) 표층의 토질
(2) 하중(중장비 및 기타 하중)
(3) 지반조건을 고려하여 토압으로 변위가 생기지 않게 버팀대를 설치해야 한다.

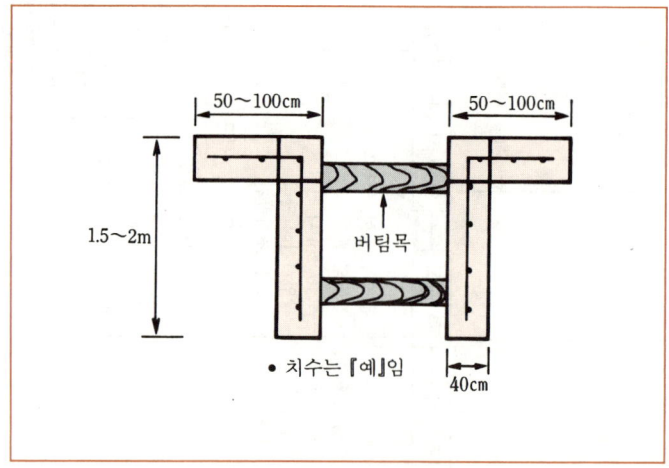

4. Guide Wall 시공시 유의사항

(1) **Guide Wall 내부 폭** : 굴착기의 Bucket 폭＋5cm(시방서 고려)
(2) **Guide Wall의 깊이(높이)** : 1～1.5m(표토 보호)
(3) **버팀대** : 각재나 Channel 사용

6. 널말뚝 시공시 Guide Beam(안내보) 설명

1. 서 론

육상 또는 해상에서 Steel Sheet Pile(강널말뚝) 시공시 Guide Beam을 설치하여 정확하게 선형유지하여 타입위치에 시공해야 한다.

2. Guide Beam 단면도

(1) 육상 시공시 Guide Beam의 단면도

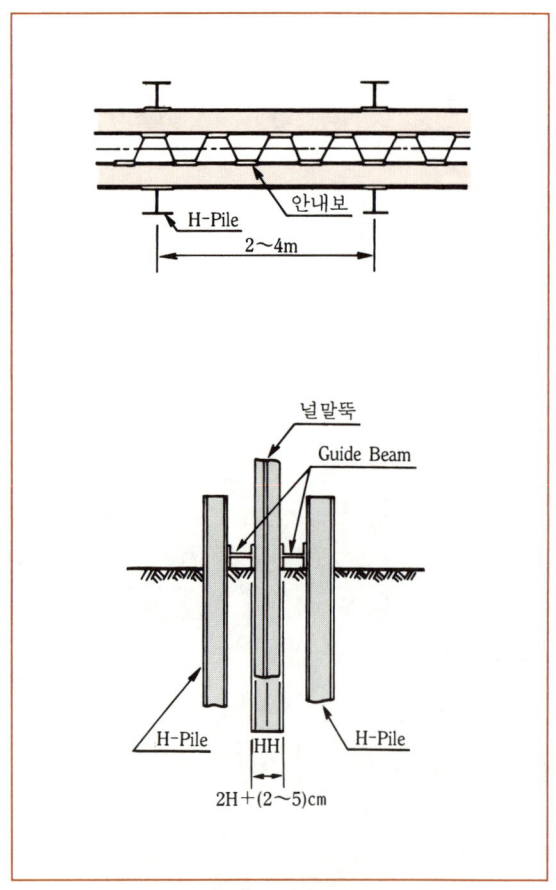

(그림 1) 육상 시공시 안내보 설치

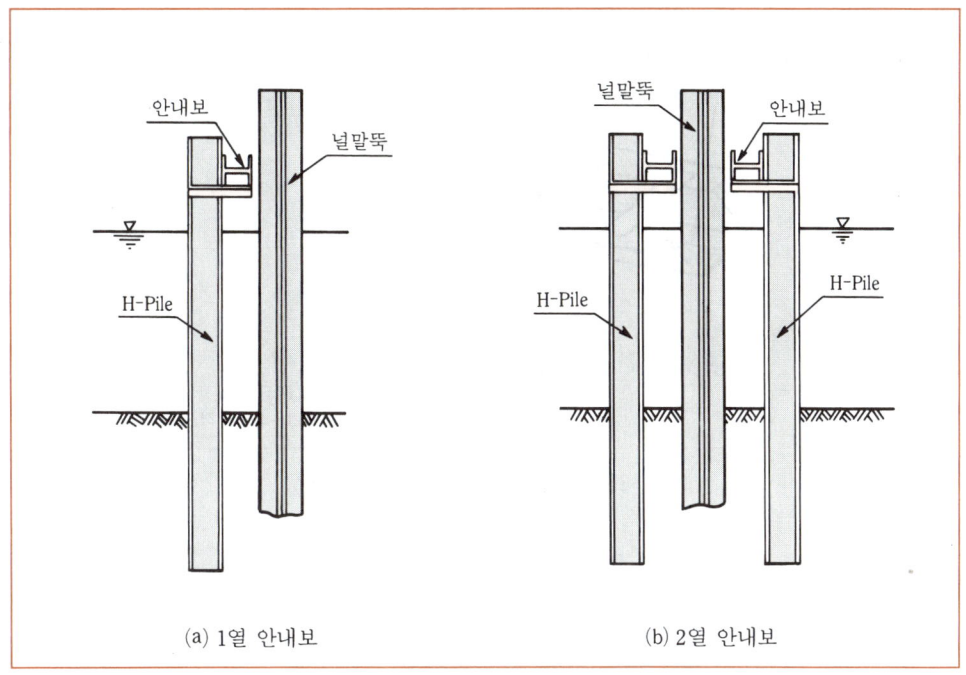

(그림 2) 해상 시공시 안내보 설치

3. Guide Beam 시공시 유의사항

(1) **안내보의 간격** : 2～4m

(2) **안내보의 규격** : 250～300mm의 H-Beam의 사용

(3) 1열의 안내보 설치를 원칙으로 하되 널말뚝이 긴 경우는 2열의 Guide Beam 설치한다.

(4) **2열 Guide Beam의 시공대책**

    1) 널말뚝 사이의 여유 : 2～5mm유지

    2) 타입시 Hammer와 Guide Beam에 걸리지 않도록 30～50mm 정도의 높이에 여유를 유지한다.

(5) **Z형 널말뚝의 경우 시공대책**

    1) Z형 널말뚝의 경우는 단면이 비대칭이므로

    2) 1본 치기로 하면 비틀림이 발생하여 (그림 3)과 같이 2본을 끼워서 맞춘후 동시에 타입하는 것을 원칙으로 한다.

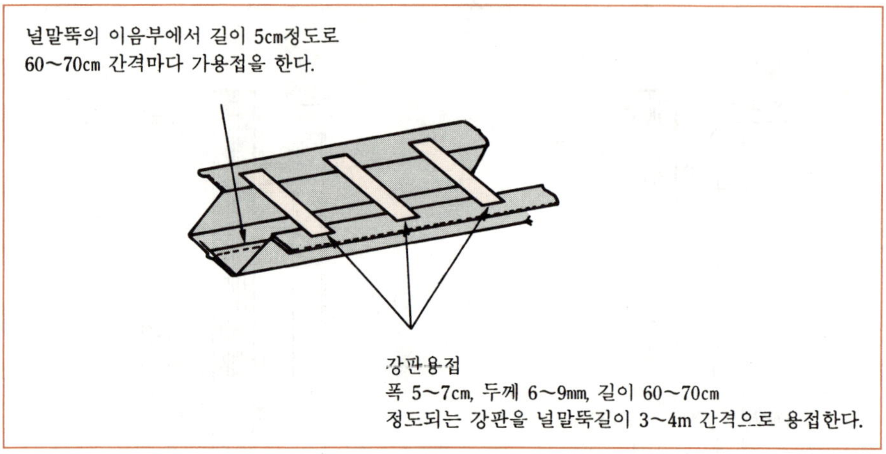

널말뚝의 이음부에서 길이 5cm정도로
60~70cm 간격마다 가용접을 한다.

강판용접
폭 5~7cm, 두께 6~9mm, 길이 60~70cm
정도되는 강판을 널말뚝길이 3~4m 간격으로 용접한다.

(그림 3) **Z형 널말뚝의 2본 이음 시공예**

7. 차수벽(Cutoff Wall) : Slurry Wall

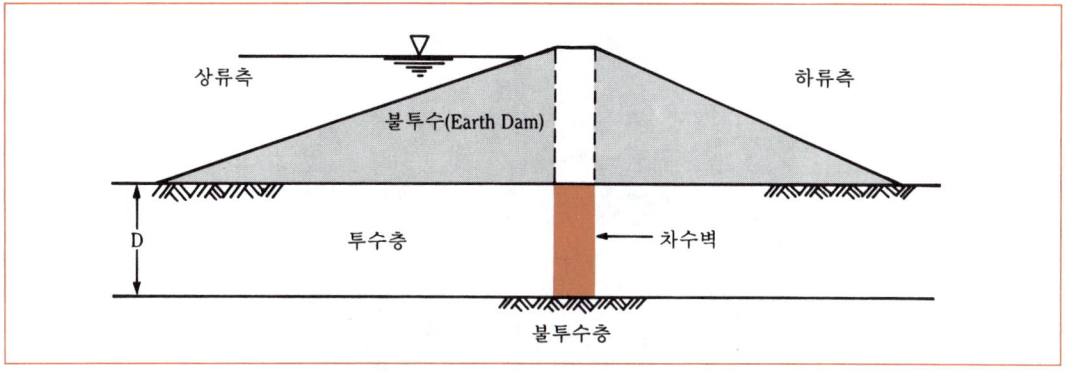

↑ 댐의 차수벽

1. 특 징

(1) 완벽한 차수
(2) 모든 지질 조건하에서 시공 가능
(3) 저렴한 차수공법
(4) 시공속도가 빠르다.

2. 용 도

(1) 댐의 차수벽
(2) 지하수 차수벽
(3) 오염 차폐벽

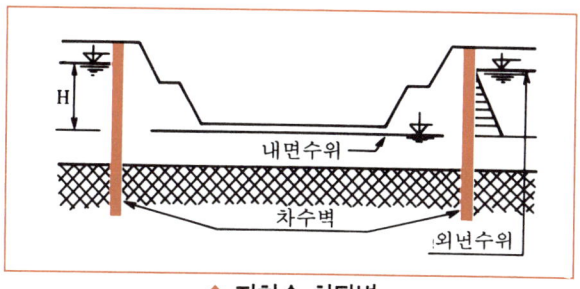

↑ 지하수 차단벽

> 8. 지하수위가 높고 주변 건물에 인접하여 지하철 공사를 Open Cut으로 굴착코져 할 때 적정 토류벽 공법을 선정. (Slurry Wall:근접시공에 대단히 유리)

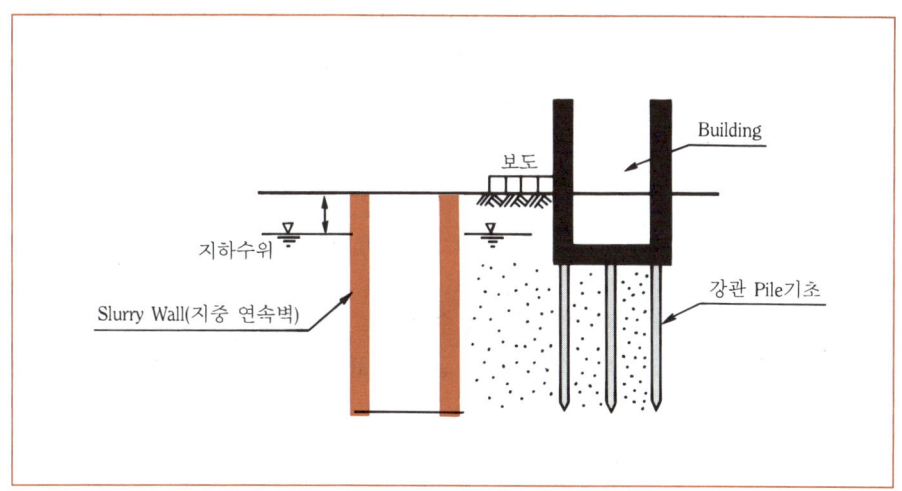

1. 지하 연속벽(Slurry Wall) 공법의 정의

  Bentonite Slurry 안정액의 정수압이 불투수막(Filter Cake)를 통해 Trench 측벽의 토압이나 지하수압을 지지하면서 Trench내에 철근 Cage와 콘크리트를 타설하여 만든 지하벽체로써 안정액의 관리가 시공의 품질을 좌우한다.

2. 지하 연속벽의 특징

 (1) **특징**

  1) 장점

   ① 소음, 진동이 낮다.

   ② 벽체의 강성이 높아 벽체 변형이 작기 때문에 주변의 지반이나 구조물에 유해한 침하를 적극 방지할 수 있다.

   ③ 차수성이 우수하다.

   ④ 임의 치수 및 형상을 구축할 수 있다.

⑤ 연약한 실트층에서 암반까지 적절한 굴착기계로 시공이 가능하다.

2) 단점

① 일반적인 토류벽 공법에 비해 상대적으로 고가이다.
② 장대한 판넬을 시공하거나, 굴착후 장시간에 걸쳐 굴착 Trench를 방치할 경우 또는 토질이나 지하수 상황에 따라 Trench의 붕괴 가능성이 있다.
③ 굴착후 Trench 바닥에 퇴적된 Slime으로 인하여 Concrete 타설후에 벽체가 침하하거나, 콘크리트속에 혼입될 경우 강도가 저하하게 된다. 또한, 시공 Joint부에 Slime이 부착이 될 경우 차수성에 문제가 발생한다.

3. 안정액의 역할

(1) 굴착면의 안정

1) 불투수의 Filter Cake를 통해 안정액의 정수압으로 지지한다.
2) 흙의 공극에 침투된 Gel 상태의 Cake와 굴착면 표면에 형성된 Surface Cake의 강도로써 굴착면 안정화
3) Trench내에 있는 안정액의 전단 저항력

(2) 차수 역할

1) 불투수의 Filter Cake에 의한 차수 역할

4. 안정액의 시험 및 적용

(1) 비중 시험

굴착토사에 의한 안정액의 오염량과 이들 제거 장비의 능률, 연약토질에서 굴착면 안정토 검토, Pumping 및 Tremie콘크리트 타설시 안정액의 회수율의 판단 등에 이용.

(2) 사분 측정(Sand Content) : 안정액 재사용성의 판단

(3) 여과시험(Fluid Loss Test)

굴착면에 안정액의 불투수막(Filter Cake)형성을 측정하여 Trench 안정과 주위 지층에 미치는 영향에 판단

(4) pH 시험

안정액의 화학적 오염을 측정하여, 토사나 지하수 및 시멘트에 섞여 있는 Salts가 오염되면 안정액이 침하하며 불량의 Filter Cake이 형성되어 공사중에 문제가 발생된다.

5. 시공 순서

(1) Guide Wall설치
1) 실제 구조물 구축의 Guide 역할을 하게 되므로, 굴착 작업중 굴착기의 충격에 저항할 수 있어야 하며, 내측으로 변위가 생기지 않도록 지보공을 설치해야 한다.
2) 폭은 굴착기 Bucket폭보다 약 5cm정도 더 크게 시공.
3) 깊이는 1.0m~1.5m정도 시공

(2) Trench 굴착
1) Crane에 Clam Shell을 달고 Bentonite용액을 주입하면서 굴착한다.
2) 한 Panel 길이는 통상 5~6m정도이며 통상 40m 깊이 정도가 일반적이다.
3) Panel은 1차 Panel, 2차 Panel, 3차 Panel(폐합 Panel)등으로 구분한다.
4) 굴착시 암반이 출현할시에는 Chisel로 파쇄 굴착한다.

(3) Descending과 Air Lifting 작업
1) 굴착이 완료되면 Trench내에 있는 Bentonite용액을 Cleaning한다.
2) Mud Pump나 Compressor를 이용하여 Air Lifting방법으로 Bentonite용액에 혼합된 부유물과 Sludge를 깨끗이 Cleaning한다.

(4) 철근 Cage설치
Descending이 완료된 Trench내에 각종 Sleeve 및 Dowel Bar 등을 설치한 철근망을 투입한다.

(5) Tremie콘크리트 타설
1) 철근망 중앙부에 Tremie Pipe를 연결하여 굴착 바닥에서 15cm전까지 통상 설치하고 바닥에서부터 상향으로 Concrete를 타설한다.
2) 콘크리트 타설후, 초기 경화가 이루어질 때(약 4~5시간) Stop End Tube를 인발하기 시작하며 4~56시간내에 완전 제거토록 한다.

6. 시공시 유의사항(시공관리)

(1) 굴착시
1) Guide Wall 설치는 연속벽 두께와 연직도 유지에 큰 역할을 담당하게 되므로 정밀시공되어야 한다.
2) Guide Wall의 높이는 지하수위보다 최소 1.2m 이상 높게 설치한다.
3) 연직도 관리는 굴착시 가장 유의하여야 하며, 연직도 측정방법은 추에 의한 방법과 공벽 측정기에 의한 방법이 있다.
4) 굴착후 Cleaning작업으로 토사 암편의 찌꺼기를 제거하여야 하며, 사분 측정(Sand Content)으로 관리한다. 모래량의 현장관리 기준치는 2~5% 정도이다.

(2) 철근망 제작시

1) 철근 배근이 설계도와 일치 여부를 확인하여 특히 인장 및 전단보강 철근의 배치가 올바른지 확인한다.
2) Sleeve, 정착구, 간격재 설치여부, Tremie Pipe 설치가 용이한가 확인한다.

(3) 콘크리트 타설시

1) 수중 콘크리트 타설이 되므로 안정액의 비중이 콘크리트와 용이하게 치환되어 회수할 수 있는 비중관리가 되어야 한다. (현장 비중관리치 : $1.03 \sim 1.05 g/cm^3$)
2) Panel 길이가 긴 경우 Tremie Pipe의 추가 설치하고 콘크리트의 Slump는 $18 \sim 20cm$ 정도로 하여 유동성이 좋게 한다.
3) 콘크리트 타설 Tremie Pipe는 항상 콘크리트 속에 $2 \sim 3m$정도 근입되게 한다.

9. 토류벽의 계측

1. 개 요
(1) 흙막이 공사의 관리는 눈으로 보는 관리와 계측관리가 있으며
(2) 계측 관리로는 대규모 공사에서 자동계측에 의해서 관리하는 경우가 많으며,
(3) 이하 본고에서는 흙막이 구조의 계측에 대해서 아래와 같이 기술하도록 한다.
(4) **계측관리 항목**
 1) 흙막이벽의 변형 계측
 2) 흙막이 지보공의 변형 계측의 관측
 3) 주변 지반의 침하 변형 계측
 4) 말뚝 하단부 회전 변형 계측
 5) 지하 매설물 침하 변형 계측
 6) 근접 구조물 변형 계측
 7) 지하수위 배수량 변형 계측
 8) 주변 지반 균열 변형 계측
 9) 흙막이벽면의 누수 및 분출수 변형 계측

2. 계측관리 항목
(1) **흙막이벽의 변형 계측**
 1) 벽의 두부 수평 변위
 2) 벽의 수직 방향 변위
 3) 벽의 침하 융기

(2) **흙막이 지보공의 계측**
 1) Wale (띠장)부재의 변형
 2) Strut 부재의 변형
 3) Strut 하중 측정
 4) 각 부재의 접합부
 5) 엄지말뚝(H형)의 변형 및 침하

(3) **주변 지반의 침하 계측 관측**
 1) 흙막이 및 굴착공사의 주변 침하 계측 관측하여
 2) 공사 진행 상황과 그에 따른 영향 파악

3) 흙막이의 안정성, 근접 구조물 및 지하 매설물의 안정성 검토

(4) **흙막이벽면과 말뚝 하단부의 회전 관측**
1) 흙막이벽면 누수에 따른 주변 지반이 함몰
2) 굴착저면의 Boiling 관측
3) 굴착저면의 Heaving 관측

(5) **지하 매설물의 침하 계측 관측**
1) 지하 매설물(상·하수도관, Gas관, 전기 통신구)의 침하 계측 실시 및 그 기능 손상 방지
2) 상수도관의 파손에 의한 주변 지반 함몰
3) Gas관 폭발에 의한 주변 지반 함몰

(6) **근접 구조물의 변위 계측 관측**
1) 구조물의 침하
2) 구조물의 표면과 내부상황
3) 공사 착공전 사전기록들을 남겨서 공사진행에 따른 변화 상황 관측

(7) **지하수위 배수량 계측** : 주변 우물 고갈

(8) **주변 지반의 침하 균열 관측** : Level에 의해서 주변 지반의 침하 계측

(9) **흙막이벽면의 누수, 분출수 계측 관측**
1) 벽면으로 부터 누수가 있는 경우 그 부분에 용기를 받쳐서 물을 받아서 토입자가 섞여 있는지 판정해서
2) 토입자가 나온 경우 → 벽면 안쪽에 공동(Cavity)이 생겼을 우려가 있으며,
3) 상하수도의 누수 가능성이 있으니 수질 검사로 대책 검토.

3. 결 론

문제가 생겼을 경우 전문가의 의견을 듣는다. 이 분야에 종사하면서 평소 느낀 몇가지 문제점을 요약하면 아래와 같다.

(1) **사전 조사 철저**
1) 지반 조사
2) 토질 조사
3) 지형 조사
4) 지하 매설물 조사
5) 인접 구조물 조사

(2) 전문 기술자에게 의뢰
1) 설계시 비전문기술자에 의한 경우 사고는 재산과 인명 피해로 막대한 예산이 추가 소요되므로,
2) 반드시 토질 전문 기술자에게 의뢰, 설계→시공한다.

(3) 계측의 필요성
1) 특히 강성 및 연성 흙막이, 흙막이 지보공에 작용하는 토압, 수압, 주변 침하는
2) 기록의 축적에 의해서 보다 경제적이고 안전한 설계법이 개발될 수 있다고 생각하는 바이다.

10. Braced Cuts(토류벽의 가구 예시)

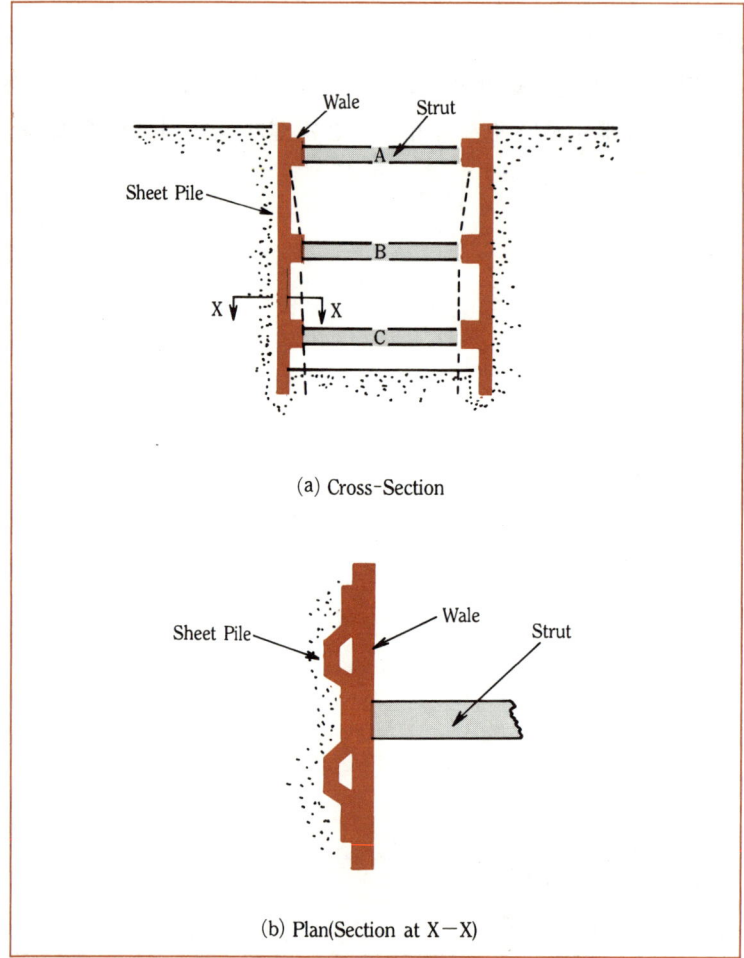

(그림 1) Braced Cut

It frequently happens during the construction of foundations that open trenches with vertial soil slopes are excavated. Although Most of these are temporary in nature, the sides of the cuts have to be protected by proper bracing systems. Figure 1 shows one of several methods of bracing system generally adopted in construction practice. The bracing consists of sheet piles, wales, and struts.

11. 굴착공사에 따른 지반파괴 유형 및 건물의 파손형태 예시

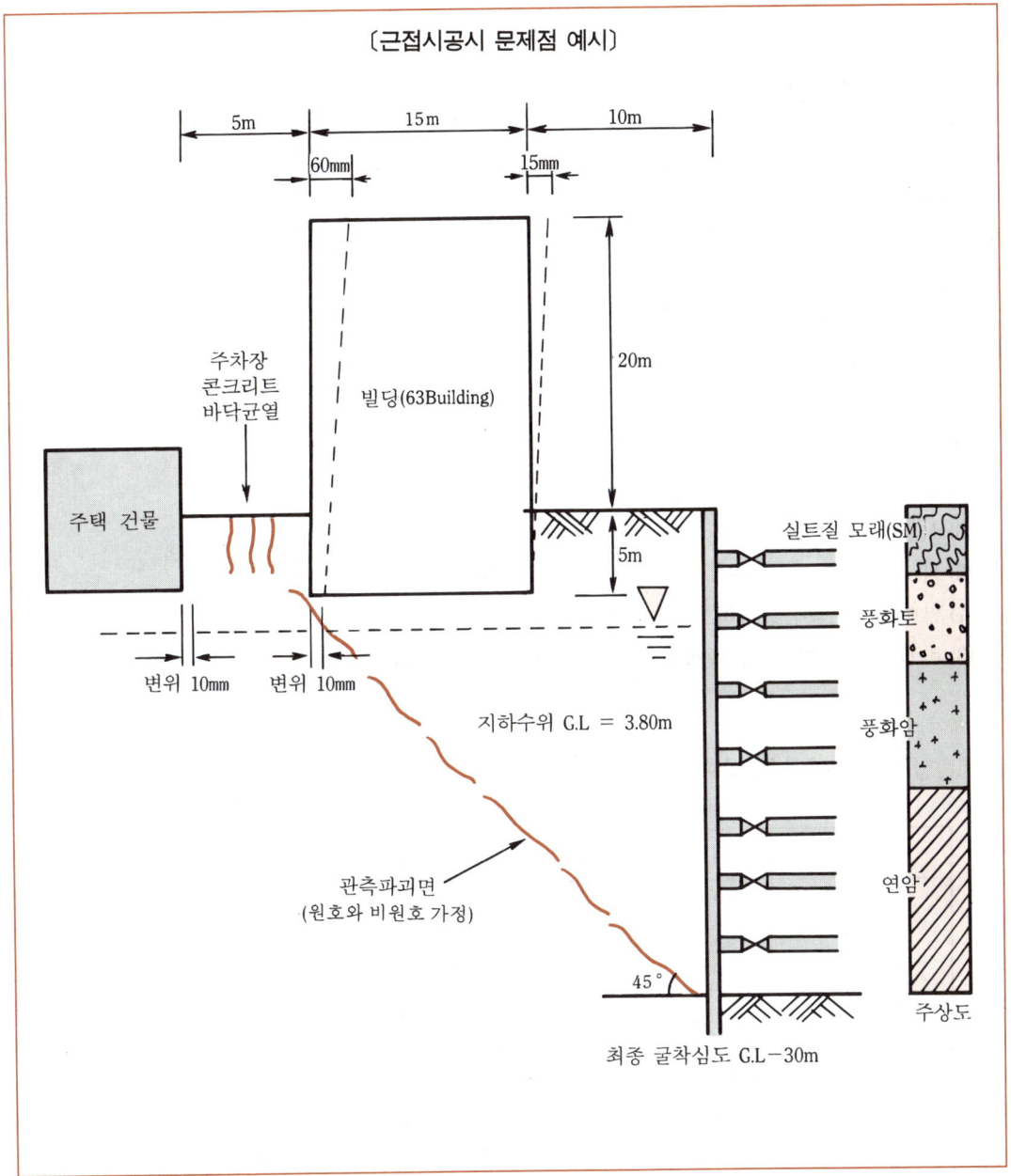

〔근접시공시 문제점 예시〕

12. 토류벽의 계측의 목적, 계측기의 설치위치, 항목, 계측기기명

1. 계측의 목적

(1) 설계, 시공에 반영(Follow Up = Feed Back)
(2) 안정성 파악
(3) 경제성 향상
(4) 지하수위 변동, 토류벽 변위, 지섬 반력, 토압, 수압 변화, 주변 지반 및 구조물 침하 변위를 측정한다.

2. 계측기 사용시 문제점 및 개선 방향

(1) 계측기가 비싸다.
(2) 계측기 타설시 Manual대로 설치하며,
(3) Sale회사 담당자에게 자문을 구한다.
(4) 영점 조정 확실하게 할 것.
(5) 시방서, 현장 조건에 따라서 계측의 결과는 유동성 있게 활용
(6) 싸고 정확히 쓸수 있는 계측기 개발이 시급하다.
(7) 많이 사고 많이 설치하고
(8) 비싼 것은 적게 사서 적게 설치, Flexible하게 운용한다.

3. 계측항목, 측정내용 및 계측기

측정항목	계측항목	측정사항	계 측 기
흙관리 구조물의 관리	흙막이 벽의 계측	• 토압 • 수압 • Bending Stress • 변형	Soil Pressuremeter Piezometer 공극수압계 등
	Wale, Strut 및 Earth Anchor의 계측	• Strut : 축력 변형 및 온도변화 • Wale : 축력 변형 및 온도변화 • Earth Anchor의 응력	Load Cell Strain Gauge 등
주변 지반 및 구조물 관리	주변 지반의 변위 계측	• 배면 지반 변형	Inclinometer (경사계) Extensometer 등
	주변 구조물의 변위 계측	• 구조물 침하, 경사, 이동	Tiltmeter, Crack Gauge Strain Gauge 등

측정항목	계측항목	측정사항	계 측 기
지하수위 관리	지하수위 계측	• 지하수위 변동	Piezometer 등
소음 및 진동의 관리	소음, 진동 계측	• 진동에 의한 주변 건물에 대한 영향	Sound Level Meter Vibroscope 등

4. 계측기 설치 위치 그림 설명

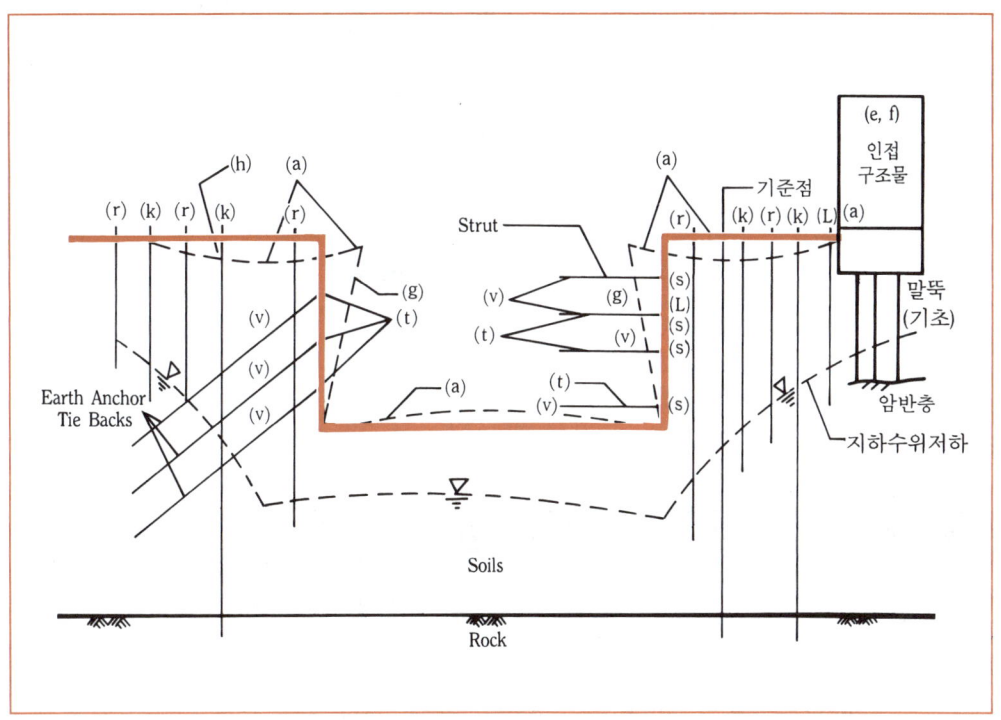

(그림 1) 흙막이벽 구조물과 인접지반에 대한 계측항목 및 계측계획 단면도

(a) 표면 침하계	Precise Leveling	(r) 간극수압계(수위계)	Piezometer
(f) 연직추	Pendulum	(v) 변형율 측정계(부착식)	Strain Gauge
(e) 건물 경사계	Tiltmeter	(t) 어스앵커 반력계	Load Cells
(L) 내부 경사계	Inclinometer	(s) 토압계(전응력계)	Pressure Cells
(g) 측방 경사계	Convergence Meter		
(k) 연직 침하계	Vertical Extensometer		
(h) 변형 측정계(매설식)	Strain Meter		

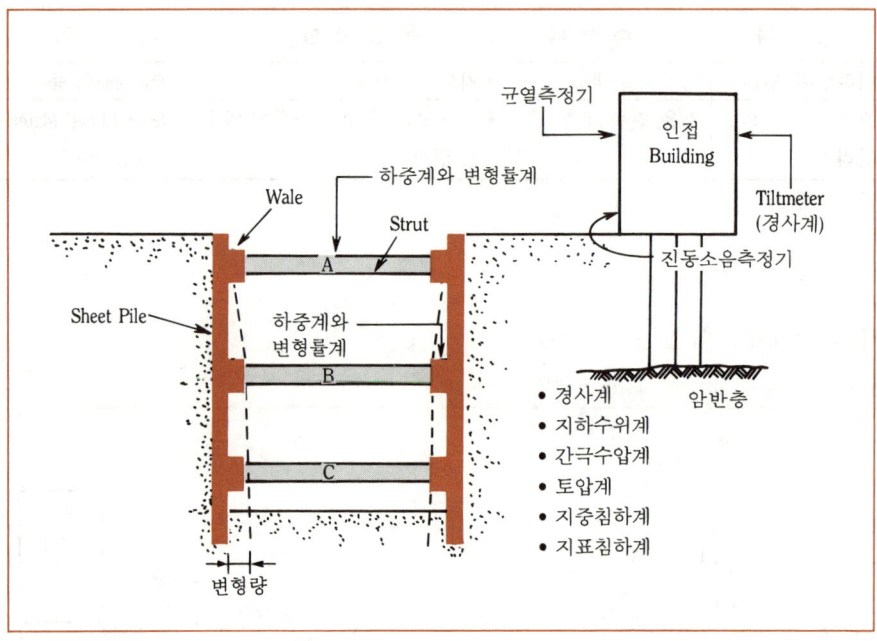

(그림 2) 계측기 설치위치 그림 설명

5. 계측종류별 용도 및 설치 위치

종 류	설 치 위 치	설 치 방 법	용 도
① 경사계	토류벽 또는 배면지반	굴착 심도보다 깊게 부동층까지 천공	굴착진행시 각 과정의 인접지반 수평변위량과 위치, 방향 및 크기의 실측과 이를 이용, 토류 구조물 각 지점의 응력 상태 판단 가능
② 지하수위계	토류벽 배면지반	대수층까지 천공	지하수위 변화를 실측하여 각종 계측자료에 이용, 지하수위의 변화 원인분석 및 관련된 대책 수립(계절적 차이 크다)
③ 간극수압계	배면 연약지반	연약층 깊이별	굴착에 따른 과잉 간극수압의 변화를 측정 안정성 판단
④ 토압계	토류벽 배면	토류벽 종류에 따라 다름	주변 지반의 하중으로 인한 토압의 변화를 측정하여 토류 구조체가 안정한지 여부 판단
⑤ 하중계	Strut 또는 Anchor부위	각 단계별 굴착시 설치	Strut, Anchor 등의 축하중 변화상태를 측정하여 이들 부재의 안정상태 파악 및 원인 규명에 이용

종 류	설치위치	설치방법	용 도
⑥ 변형률계	토류벽 심재, Strut, 띠장, 각종 강재 또는 Concrete	용접 또는 접착제	토류 구조물의 각 부재와 인근 구조물의 각 지점 및 타설 콘크리트 등의 응력변화를 측정하여 이상 변형 파악 및 대책수립에 이용
⑦ Tiltmeter	인접 구조물의 골조 또는 벽체	접착 또는 Bolting	주변 건물, 옹벽, 철탑 등 인근 주요 구조물에 설치하여 구조물의 경사변형 상태를 실측, 구조물 안전 진단에 활용
⑧ 지중 침하계	토류벽 배면, 인접 구조물 주변	부동층까지 천공	인접 지층의 각 층별 침하량의 변동상태를 파악, 보강대상과 범위의 결정 또는 최종 침하량을 예측
⑨ 지표 침하계	토류벽 배면, 인접 구조물 주변	동결심도 보다 깊게	지표면의 침하량 절대치의 변화를 측정, 침하량의 속도 판단 등으로 허용치와의 비교 및 안정상태를 예측
⑩ 균열 측정기	균열 부위	균열부 양단	주변 구조물, 지반 등에 균열 발생시 균열 크기와 변화를 정밀 측정하여 균열발생 속도 등을 파악, 다른 계측 결과 분석에 자료 제공
⑪ 진동 소음 측정기		필요시 측정	굴착, 발파 및 장비작업에 따른 진동과 소음을 측정하여 구조물 위험예방과 민원 예방에 활용

6. 굴착공사에 의한 지반 파괴 형태

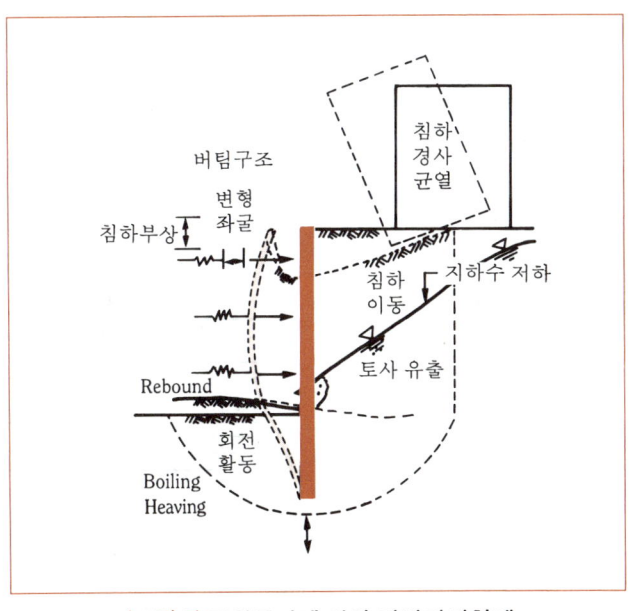

(그림 3) 굴착공사에 의한 지반파괴형태

7. 흙막이 구조물의 파괴형태

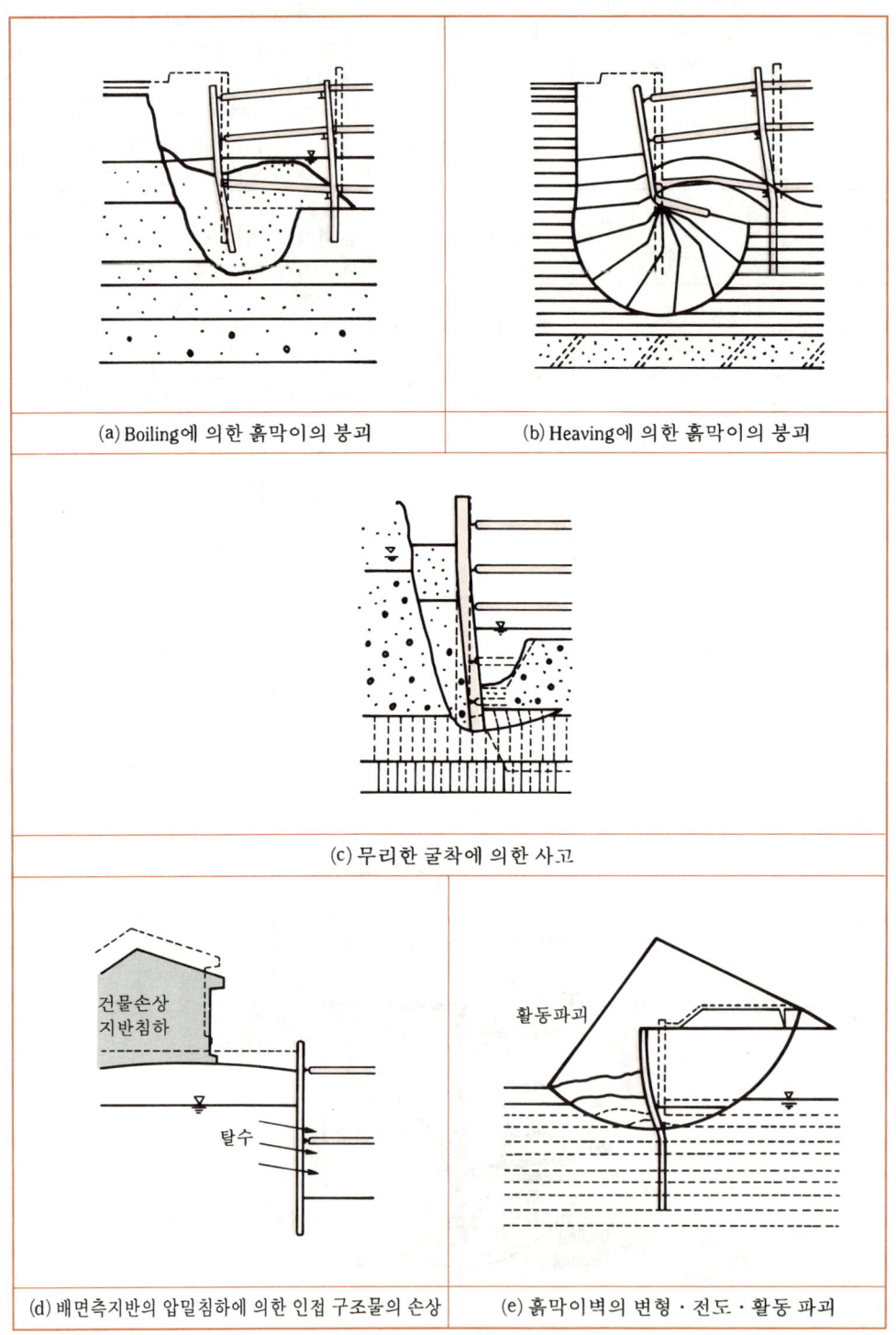

(그림 4) 흙막이 구조물의 파괴형태

8. 결 론

(1) 토류 구조는 가설공사이므로 초기 계측이 대단히 중요함.
(2) 향후 연구 개선방향(전술한 Item No. 2 활용해서 기술)
(3) 계측기기를 싼값에 생산, 이용할 수 있는 생산체계 연구.
(4) **연약지반에서 굴착시 문제점과 인접 구조물의 손상**
   1) 도심지 근접시공에서 토류 구조의 선정시 고려사항
     ① 소음·진동·분진
     ② 인접 구조물의 손상을 최소화 할 수 있는 공법 선정(예 : Slurry Wall)
     ③ 인접 구조물의 손상을 최소화 할 수 있는 공법
        ㉠ Slurry Wall
        ㉡ Top-Down

   2) 계측치를 설계, 시공에 반영하여 안전시공한다.
   3) 인접 구조물의 안정에 대한 평가, 분석, 수행한다.
   4) 무리한 굴착을 피한다. (단계 굴착)
   5) 공법을 조합하여 시공(H-Pile 토류공법＋Earth Anchor 또는 Slurry Wall＋Top Down 등)

13. 굴착에 의한 주변 지반과 매설물에 주는 영향의 검토방법 (근접 시공시 주변 환경에 미치는 영향 검토방법)

1. 서 론

(1) 주변 지반의 변형이나 매설물의 영향 검토를 하는 경우, 최근에는 컴퓨터의 발달에 의해 일반적으로 FEM해석이 사용되고 있다. 그러나 얻어진 값은 반드시 정확하다고는 할 수 없으며, 입력조건의 설정이나 해석 결과의 평가에 대해서는 과거의 데이타나 경험을 참고로 하는 것이 좋다.

(2) 지하 구조물 등을 구축하는 경우, 지반의 굴착이 반드시 뒤따른다. 이러한 굴착에 의해 지반에 변형이 생기고, 주변에 기설 구조물이 존재하면 무엇인가의 영향을 주게 된다.

(3) 이와 같은 사실이 생기기 때문에 구조물의 계획, 설계시에 사전에 주변 지반의 변형이나 주변 구조물에 대한 영향에 대해서 예측하는 것이 필요한 경우가 있다. 그러나, 그 예측방법은 지반과 구조물의 상호작용의 문제이며, 자연히 한계가 있다.

(4) 최근에는 컴퓨터의 발달이나 보급에 수반하여 지반 및 구조물의 변형을 예측하기 때문에 유한 요소해석법이 일반적으로 이용되고 있다. 흙의 응력변형관계에 대해서는 선형(탄성)뿐만 아니라 탄소성, 비선형, 점탄성의 가정이 가능하며, 또 전응력해석뿐 아니라 유효응력해석이 실시되며, 지하수의 이동에 관해서는 침투류 해석이 실시되어 왔다.

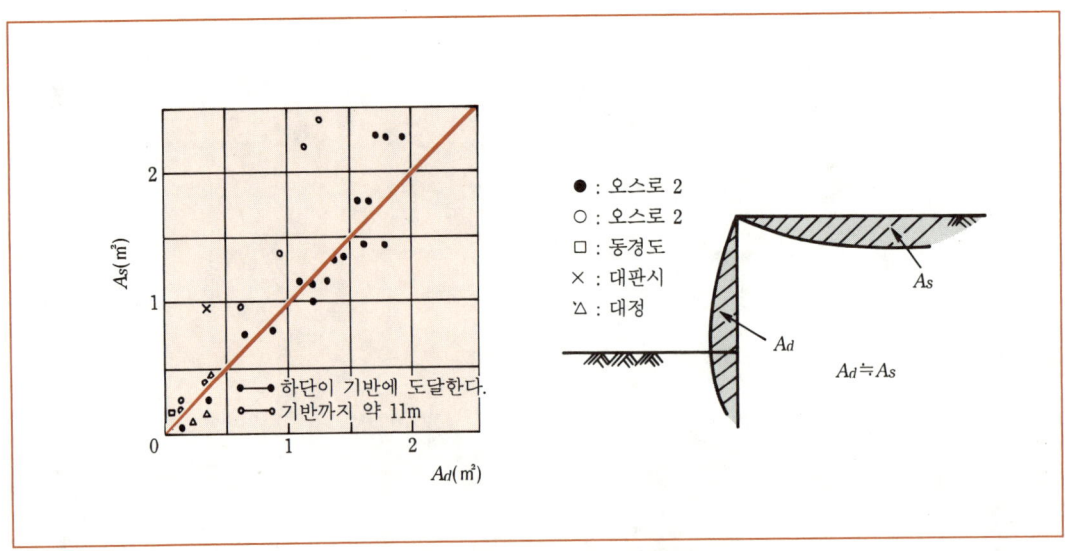

(그림 1) 벽체변위와 지표침하

(5) 이와 같이 해석수법은 각별한 진보를 하고 있으나 실지반의 복잡성이나 지질 데이터의 제약때문에 유한 요소법에서 얻어진 값의 평가는 대단히 어렵고 반드시 정확하다고는 할 수 없으므로, 과거의 데이터나 경험을 참고로 하는 등의 배려가 필요하다.

(6) 또한 개착공법의 경우, 지표면 침하량의 간단하고 쉬운 추정방법을 소개한다. 이 방법은 흙막이벽의 변형총량과 지표면의 침하총량이 거의 같다는 것을 이용하여 흙막이벽을 보는 모델로써 취급하고, 흙막이벽의 변형을 구하여 지표면 침하를 추정하는 방법이다.

2. 지하 굴착시 근접 구조물(매설물)에 대한 영향 검토방법

검토방법의 종류로써는 매설물의 크기(강성)등을 고려하여 다음과 같이 대별한다.

(1) 근접 구조물(매설물)에 지반 변형을 강제 변형으로 입력하는 방법

1) 적용성
   ① 주로 매설물의 규모, 강성이 작고, 굴착에 의한 지반의 변형에 따라서 지반의 거동에 영향이 없는 경우에 이용

2) 영향 평가방법
   ① 존재를 무시한 지반만의 모델에 대해서 유한요소법(이하 FEM이라 부름)을 적용하여 지반 변형을 구하든가 혹은 간이로는 등방등질의 탄성론, 흙막이벽 설계시의 탄소성 계산 및 압밀계산 등에 의해 지반의 변형량을 구하고 매설물을 탄성 바닥상의 보의 모델로 바꾸어 이것을 위해서 구한 지반 변형량을 강제 변형으로 입력하여 매설물의 검토를 한다.
   ② 대상 구조물에서는 예를 들면, 매설관의 종방향 응력, 말뚝기초의 응력 및 터널(소단면)의 종방향 응력 등을 구할 때에 사용된다.

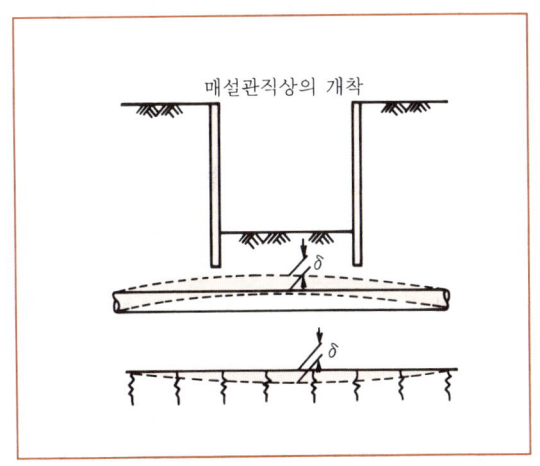

(그림 2) 지반변형을 강제변형으로써 푸는 경우

(2) 근접 구조물(매설물)과 지반을 일체로서 해석하는 방법

1) 적용성
   ① 주로 매설물의 규모, 강성이 중정도(1과 3의 중간)에서 굴착에 의한 지반의 변형과 구조물과의 변형이 다르며, 상호작용을 무시할 수 없는 경우.

2) 영향 평가방법
   ① 일반적으로 2차원의 FEM을 사용하며 지반, 매설물 및 신설 구조물을 일체모델로써 취급한다.
   ② 각종 공법에 따라서는 각 조건에 의해 봉합요소(NATM의 록볼트 등을 표현), 조인트 요소(구조물과 지반의 박리나 활동 등을 표현) 등을 고려하여 검토를 한다.

3) 대상 구조물
   ① 터널(기설)상의 개착공사 및 터널(기설)에 근접하는 터널공사 등의 경우로 터널 횡단방향 응력이나 종단방향 응력(터널규모나 강성이 중정도)을 구할 때에 사용된다.

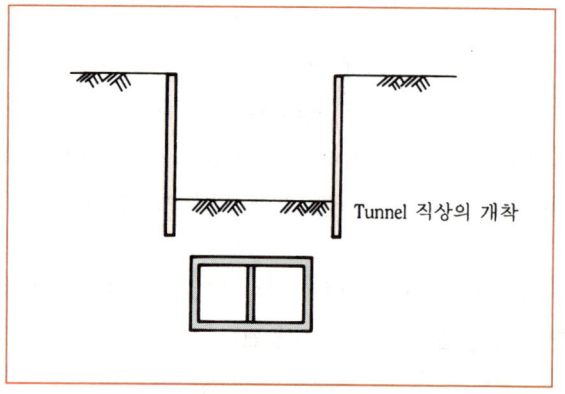

(그림 3) 구조물과 지반을 일체로써 해석하는 경우

(3) 근접 구조물(매설물)에 하중으로써 입력하는 방법

1) 적용성
   ① 주로 매설물의 규모, 강성이 크고
   ② 굴착에 의한 지반 변형이 생기더라도 구조물의 변위, 변형이 대단히 작고
   ③ 지반과 구조물의 상호작용이 무시되는 경우

2) 영향 평가방법
   ① 이 방법에서의 해석은 매설물에 이용한 구조 모델이 사용되며, 그것에 신설 구조물의

공사에 의한 지반응력의 변화분을 하중으로써 준다.
② 예를 들면 매설물 위를 굴착하는 경우에는 굴착에 의한 배토량을 굴착저면에 상향으로 작용시켜서 그 하중에 의한 매설물에의 압력변화를 부스네스크의 식에 의해 구하고, 이 하중을 매설물에 작용시켜서 계산한다.
③ 매설물 가까이에서 약액주입을 하는 경우에는 약액주입에 의한 주입압을 그대로 하중으로써 입력하여 검토한다.

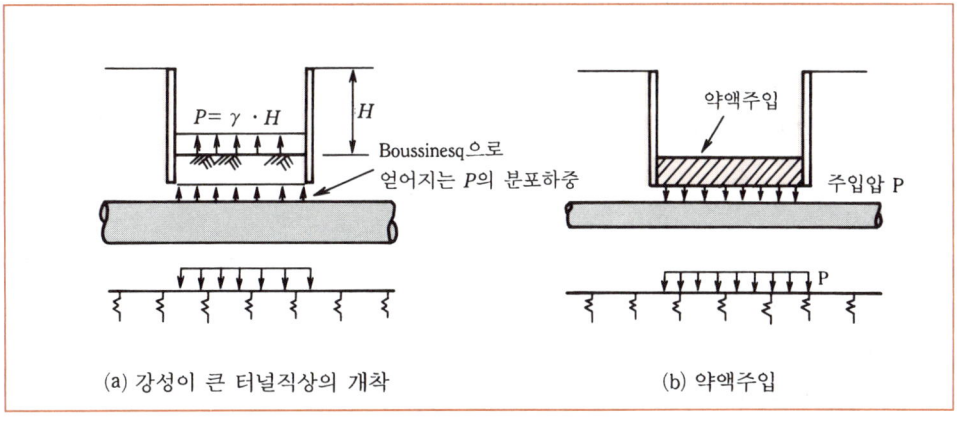

(그림 4) 하중으로써 입력하는 경우

3. 결 론

(1) 이상에 따라 굴착에 의한 주변 지반이나 기설 구조물에 주는 영향의 예측수법에 대해서 말해왔으나
(2) 실 시공에 있어서 맞지 않는 경우가 극히 많으므로 해석결과를 과언하는 것은 피하고
(3) 과거의 실측 데이터를 참고로 하는 동시에 <u>실시공에 있어서는 적시 적절한 계측을 실시하여 안전에 노력해야 한다.</u>

14. 기존 구조물에 근접하여 개착공사나 말뚝박기 공사시 예상되는 하자원인과 대책

1. 서 론

최근 건설공사의 급증으로 지하 구조물의 규모가 커지면서 **토류벽 공사**와 **기성 말뚝**을 직항타 지반의 **이완현상**으로 인한 인접 **도로 침하**와 주변 건물의 이동, 경사 균열로 인한 민원이 다발로 발생하는 사례가 많으므로 건설공해인 **소음**, **진동** 및 **근접시공시 문제점**을 해결할 수 있도록 지반 조사 ➡ 사전 환경영향 평가 등을 실시하여 안전시공에 임해야 한다.

2. 토류 구조물(Open Cut) 계획단계에서 검토 항목

   (1) 지질 조사
   (2) 토질 조사
   (3) 지형 조사
   (4) 인접 구조물 조사
   (5) 지하 매설물 조사
   (6) 지하수의 변화 조사
   (7) 소음, 진동 분진등의 환경영향 평가
   (8) 경제성
   (9) 공기
   (10) 공사 규모에 따른 장비 선정(Gas관 등)

3. 토류 구조물 설계, 시공시 검토 항목

   (1) 토압, 수압 외력에 대한 안정 검토
   (2) Boiling(모래)
   (3) Heaving(점토)

4. 토류 구조물 시공시 예상되는 하자원인

   (1) Boiling, Heaving에 의한 토류벽 붕괴 : 복수
   (2) 부재의 **단면력** 부족으로 인한 붕괴 : 단면 강성 증대
   (3) 지하 매설물 **파손**으로 인한 토류벽의 붕괴 ➡ 인접건물의 전도 파괴 및 함몰 : 지하 매설물 정밀 조사

(4) 무리한 굴착에 의한 H-Pile의 붕괴 : **극력 부분굴착**
   (5) 지하수가 많은 경우 건물의 붕괴 : SGR/LW/CIP 공법을 조합시공해서 지하수 이동 방지

5. 말뚝 박기 공사시 예상되는 하자원인 대책

   (1) 토성 변화
   　　1) 점토의 경우 : 말뚝 둘레에는 B내지 2B의 폭으로 **교란된 영역**이 생겨 **포화된 점토**의 강도가 저하된다.
   　　2) 모래지반 경우 : **상대밀도**가 증가된다.
   　　3) 토성 변화에 대한 시공대책 : **말뚝박기 순서**를 준수한다.

   (2) 지반에 말뚝이 박힘으로 인한 2가지 영향
   　　1) 포화된 점토지반과 촘촘한 모래지반의 경우 : 땅이 부풀어 오름(**융기현상**)
   　　2) 말뚝이 박힌 지반내에서는 **높은 횡압**이 발생한다.
   　　　　① 횡압의 크기
   　　　　　　㉠ 포화 점토지반의 경우 : 전횡압 = 전연직하중×2배
   　　　　　　㉡ 모래 지반의 경우 : 유효횡압 = 연직유효횡압×1/2

6. 기성말뚝을 Hammer로 박기시 문제점

   1) 인접 구조물에 진동과 충격을 주어 건물의 물리적 피해(**균열** 등) 준다.
   2) 포화 사질토 지반의 경우 : **액상화 현상**이 발생 지지력이 감소된다.
   3) 더욱이 느슨한 모래지반의 경우 **말뚝**의 **진동**이 **지반**의 **함몰**을 가져올 수 있다.

7. 도심지 근접 시공에 대한 하자방지 대책

   (1) 토류벽공사시 시공대책
   　　1) 도심지 근접시공시 : 지하연속벽 공법을 시공(대규모 차수성 토류벽)
   　　2) 연약지반이나 지하수위가 높은 경우 : 지하연속벽 공법(대규모 차수성 토류벽)
   　　3) 시공중 Boiling · Heaving 발생 : 복수 · 복토한다.
   　　4) 토류벽 근처에 중량물을 쌓아놓지 말것.
   　　5) 굴착시 극력 부분 굴착
   　　6) 토압이 커지는 경우 대책 : Earth Anchor 또 Top-Down(역타공법) 공법 선정
   　　7) H-Pile 토류벽인 경우 : Earth Anchor 병용하여 조합 시공

8. 공사가 주변에 미치는 주요 영향

NO.	주변환경에 미치는 영향 발생원인	매개체물	말뚝의 설치공법에 의한 구분 주 요 피 해 (장해)	타입말뚝	매입말뚝	현장타설말뚝
1	소 음	대 기	① 일상생활에의 장해	◎	△	
			② 생리적장해	○	△	
			③ 공공시설(학교·병원 등)에의 장해	○	△	
			④ 가축에의 생리적 장해	△	△	
2	진 동	지 반	① 소음의 ①-④에 동일	◎	△	
			② 지반의 변동(침하, 균열, 함몰 등)	○	△	
			③ 매설물 파괴	○	△	
			④ 구조물(가옥·공작물 등) 파괴	△	△	
3	지하수변동	지반 또는 지하수	① 진동의 ①-④에 동일	△	○	
			② 지하수의 오염	△	○	
			③ 우물물의 고갈·오염	△	△	
4	배수·폐수처리	지반(하수구)	① 지하수·하천의 오염·오탁	△	○	
			② 주변(도로·인접지 등) 오염	△	○	
			③ 처리장(토사장)에서의 장해	△	○	
			④ 하수의 기능장해(막힘, 용량부족)	△	△	
5	지반변동	지 반	① 진동의 ①-④와 동일	○	△	
			② 교통장해	○	△	
6	쓰레기·먼지·기름,가스,연기 악취 등의 문제점	대기 또는 지반	① 일상생활에의 장해·오탁	○	△	
			② 생리적 장해	△	△	
			③ 동식물에의 장해	△	△	
			④ 구조물 그외 주변의 오염	○	○	
7	교 통 방 해		① 교통 정체·장해(우회·위험성 증대 등)	△	△	
			② 대기오염	○	△	

① 영업방해에 대해서는 모든 경우에 일어날 수 있다.
② 피해를 미치는 빈도 ◎ : 반드시 있다. ○ : 때때로 있다. △ : 거의 없다.

9. 말뚝의 타입에 의한 주변지반 및 구조물의 변동

No.	지반의 변위·변형	대 상 지 반	구조물에 생기는 변형
1	액상화와 이에 의한 침하	느슨한 모래지반	침하, 경사, 측방이동
2	다짐에 의한 침하	느슨한 모래지반	침하, 경사
3	흙의 제거에 의한 측방이동	점성토지반 또는 단단한 모래지반	경사, 측방이동
4	흙의 제거에 의한 솟아오름		경사, 부상

10. 기성 말뚝박기시 하자원인과 대책

	파 손 사 고	말뚝재료 · 선단형상 · 타입방법	지 반 조 건
강관말뚝	국 부 좌 굴	두부보강 링 하부에 응력집중이 일어나 좌굴된다. 말뚝의 경사, Gap등의 불비에 의한 편타	지지지반 혹은 중간모래층이 매우 단단한 경우 무리하게 타입하면 약한 부분에서 응력집중이 일어난다.
	원형단면좌굴	말뚝의 두께가 얇은 경우, 해머의 용량 선정이 적합하지 않은 경우	자갈층 등을 타입할 때, 과잉간극수압 혹은 제거한 흙의 압력에 의해 좌굴한다.
	선단부의 벗겨짐	말뚝의 두께가 얇은 경우, 말뚝두부와 Cap주위가 나쁜 경우	선단부가 전석, 유목, 부속 등에 맞아서 벗겨진다.
기성콘크리트말뚝	두 부 파 손	말뚝의 경사, Cap과 두부 주위가 나쁜 경우, 해머의 용량이 적합하지 않은 경우, 쿠션 재료의 불비	지지지반이 경사져 있는 경우, 말뚝선단부가 미끄러지고, 말뚝이 기울어져 편타된다.
	수 평 균 열	연약층에 타입할 때 과대한 용량의 해머를 사용한 경우	연약지반을 관통할 때 반사파동에 의한 인장응력이 작용한다.
	휨 균 열	선단형상이 Pencil형 Chow의 경우, 경사지지 지반에 대해서 미끄러지기 쉽게 휘어짐이 작용한다.	지지지반이 경사져 있는 경우, 선단부가 미끄러져 그것에 의해 말뚝에 휨이 작용한다.
	선단부 파손	Pencil형 Chow가 Punching Shear에 의해 가운데 공간부분으로 비쳐 보인다.	선단지반이 매우 딱딱한 경우, 말뚝 선단부가 파괴된다.
	이음부분파손	이음새부분의 용접불비	선단부에 장해물이 있는 경우, 말뚝에 휨이 작용하며, 이음새부분에서 파손된다.

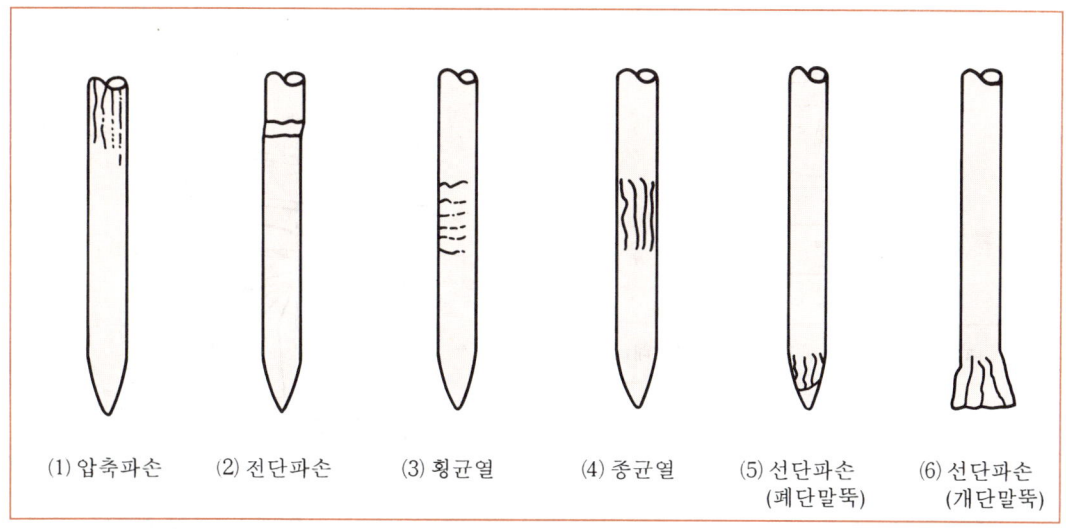

(1) 압축파손   (2) 전단파손   (3) 횡균열   (4) 종균열   (5) 선단파손 (폐단말뚝)   (6) 선단파손 (개단말뚝)

(그림 1) 말뚝의 파손 예

11. 주요 현장타설말뚝(3공법) 시공시의 공해발생원

공 법	소 음	진 동	잔토 및 폐기흙탕물
RCD 공법	크레인·레미콘으로부터의 발생음이 가장 크고 30m 떨어져서 70phon 정도	레미콘의 타설시에 지반이 단단하지 않으면 진동이 일어난다. 스탠드파이프 삽입시에 바이브로해머를 사용하면 진동한다.	함수비가 큰 잔토가 발생한다. 비중이 큰 폐기흙탕물이 굴착토량의 70~120% 발생한다.
올케이싱공법 (BENOTO)	위의 내용에 첨가해 배토시에 해머 그랩 머리부분과 Crown의 충돌 금속음이 발생한다. 굴착기의 끊이지 않는 엔진 소리도 크다.	레미콘타설시, 해머 그랩 낙하시의 진동.	잔토의 함수율은 적고, 폐기 흙탕물의 양도 적다.
어스드릴공법	굴착기·크레인·레미콘으로부터의 발생음이 가장 크고, 30m떨어져서 70phon 정도	레미콘 타설시의 진동이 가장 큰 정도이고, 잭을 사용할때의 리버스공법과 같은 정도.	Bentonite를 포함한 잔토 폐기흙탕물이 발생한다.

12. 흙막이의 파괴형태 예시

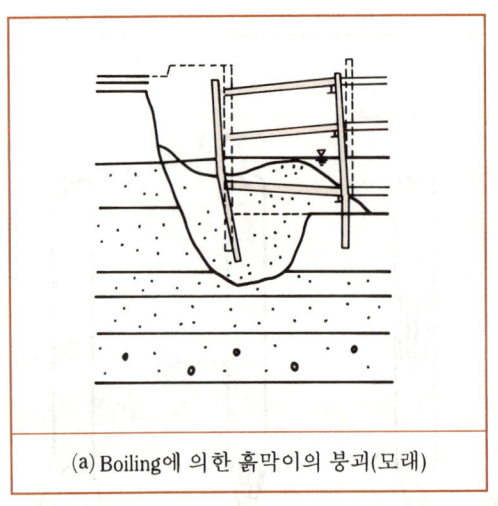

(a) Boiling에 의한 흙막이의 붕괴(모래)

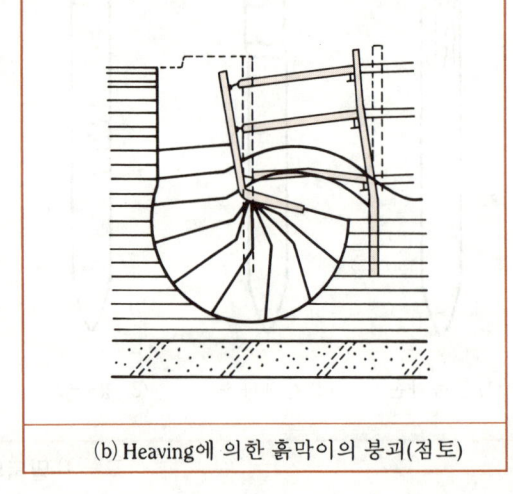

(b) Heaving에 의한 흙막이의 붕괴(점토)

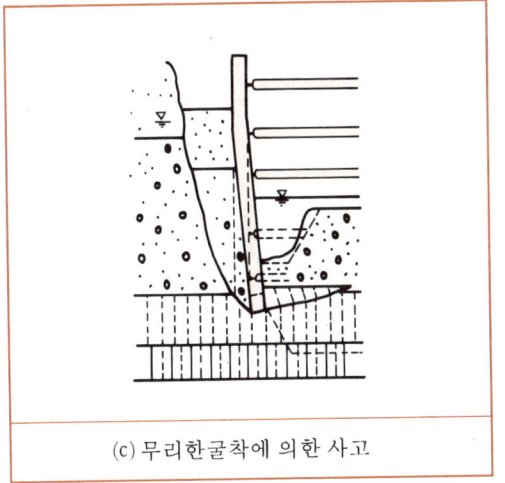
(c) 무리한굴착에 의한 사고

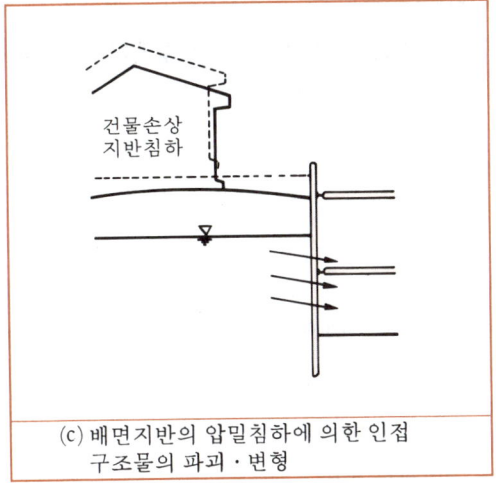
(c) 배면지반의 압밀침하에 의한 인접 구조물의 파괴·변형

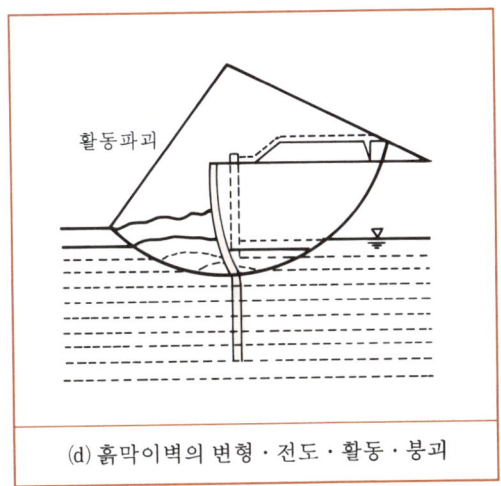
(d) 흙막이벽의 변형·전도·활동·붕괴

13. 결 론

(1) **Open Cut공사시 시공관리 주안점**

   1) 정밀조사 실시하여

   2) 특히 도심지 근접시공시 차수성 토류벽으로 시공화

(2) **말뚝박기시 시공관리 주안점**

   1) 무소음, 무진동 공법으로 시공한다.

   2) 박기시 토성 변화를 고려해서 공법선정하고 박기순서를 지킨다.

15. 지하철 붕괴 원인 및 대책(토류벽 시공 불량에 의한 붕괴)

1. 개 요
이에 의한 공식적인 발표가 없어서 상세한 사고 원인을 무엇이라 단정할 수는 없으나 본고에서는 비교적 유형적으로 생기기 쉬운 사고 원인과 그 대책에 대해서 터파기 흙막이 공사를 중심으로 사고 원인과 그 대책에 대해서 아래와 같이 기술하고자 한다. (부산 지하철)

(1) 계획상의 원인
   1) 조사 불비
   2) 계획 불비
   3) 설계상의 불비

(2) 시공상의 원인
   1) 흙막이벽의 시공 불량
   2) 흙막이 가구의 시공 불량
   3) 터파기 공사의 시공 불량
   4) 지하수, 우수처리의 불량

(3) 발생하는 재해 현상
(4) 주요한 사고 원인과 대책
   1) 지반 조건에 좌우되는 문제
   2) 흙막이 가구의 구조상의 문제
   3) 주로 시공상의 문제

2. 계획상의 원인
(1) 조사 불비
   1) 지반조사 미비
   2) 토질 조사 미비
   3) 지하수 조사 미비
   4) 지형 조사 미비
   5) 인접 구조물 조사 미비
   6) 지하 매설물 조사 미비

(2) 계획 불량
   1) 흙막이벽의 선택 부적당

2) 가구 형식의 선택 부적당
   3) 지하수 대책 불비
   4) 지반 침하 대책 불비
   5) 터파기 계획의 불비

(3) **설계상의 불량**
   1) 토압과 수압 등의 외력 판정 부적당
   2) Heaving(점토지반)에 대한 검토 미비
   3) Boiling(모래지반)에 대한 검토 미비
   4) 사면 안정에 대한 검토 미비
   5) 가구, 설계 계산의 미비
   6) 이음, 맞춤 부분의 설계 미비
   7) 시공 조건 변화에 대한 고려 미비

3. 시공상의 원인(흙벽, 흙)

(1) **흙막이벽의 시공 불량**
   1) 여분파기
   2) 타설 불량에 의한 벽에 변형 또는 파괴
   3) 불량부에서의 지하수 및 토사 유출
   4) Heaving의 조작
   5) Boiling Piping의 조작
   6) 매설물의 절손

(2) **흙막이 가구의 시공 불량**
   1) 가구의 이동(Strut+Wale+엄지말뚝 등)
   2) 부재의 불량
   3) 이음, 맞춤부의 시공 불량(Bracing+Bracket 등)
   4) 시공 지연에 의한 벽의 변형
   5) 상기중 하나의 원인에 의한 Heaving 발생
   6) 가구 이동의 부적당

(3) **터파기 공사의 시공 불량**
   1) 무계획한 터파기에 의한 과대한 토압, 수압
   2) 동상에 의한 설계 조건 변화
   3) 2)에 의한 Heaving, 사면 파괴 발생

4) 되메우기 불량에 의한 주변부에의 영향

(4) **지하수, 우수처리 불량**
1) 배수공법의 불비에 의한 Boiling발생
2) 지수공법의 불비에 의한 Boiling발생
3) 1) 2)의 불비에 의한 배면토사의 유출
4) 우수처리 불비에 의한 토사 유출
5) 시공지연에 의한 상기중 한가지 사고 발생

4. 발생하는 재해의 현상
(1) 배면 지반의 이동과 침하
(2) 벽의 변형과 파괴
(3) 가구의 변형 또는 파괴
(4) 배면 지반의 일부 또는 전면 붕괴
(5) 주변 구조물의 침하 또는 파괴
(6) 주변 도로와 매설물의(Gas, 상하수도관, Cable) 파괴
(7) 상기중 하나의 원인에 의한 본체 공사의 파괴
(8) 상기중 하나의 원인에 의한 인사사고

5. 흙막이의 파괴형태 예시

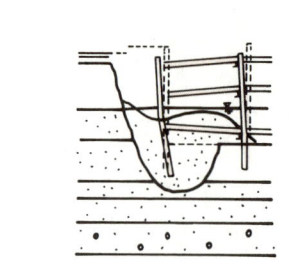
(a) Boiling에 의한 흙막이의 붕괴

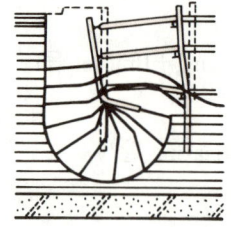
(b) Heaving에 의한 흙막이의 붕괴

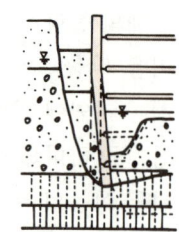
(c) 과잉굴착에 의한 사고

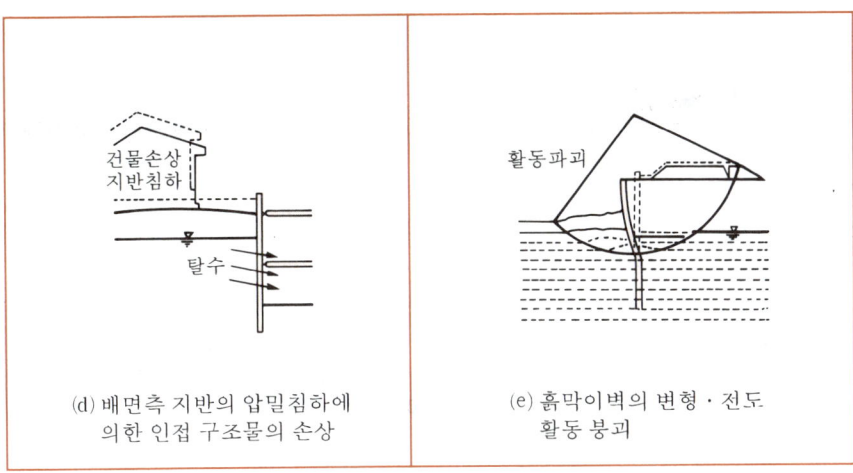

(그림 1) 흙막이의 파괴형태 예시

6. 앵커 널말뚝의 파괴형태 예시

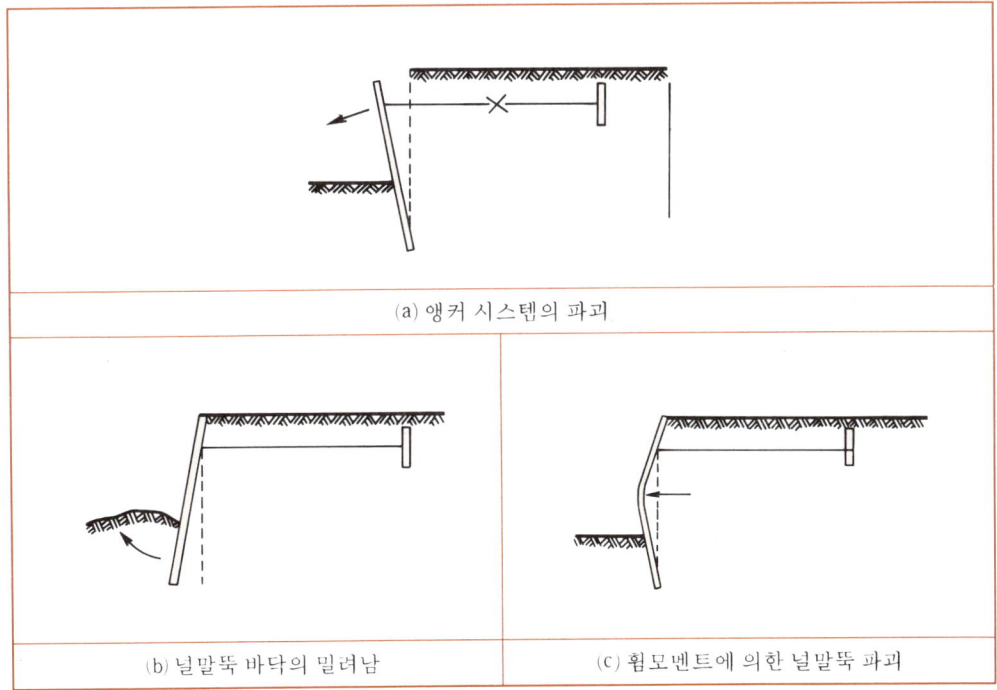

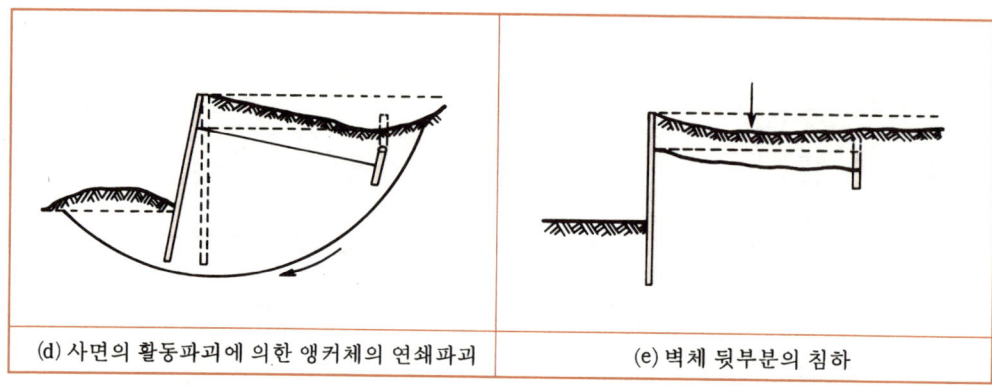

(그림 2) 앵커 널말뚝의 파괴형태

7. 주요한 사고 원인과 대책

상기에서는 사고 원인의 유형화에 대해서 기술했다. 여기서는 비교적 큰 사고에 연결되기 쉽다고 생각되는 계획상, 시공상, 고려되는 원인 및 그 방지 대책에 대해서 간단히 기술하고자 한다.

(1) 사고 원인
   1) 지반 조건에 좌우되는 문제
   2) 흙막이 가설 구조물의 구조상의 문제
   3) 주로 시공상의 문제

(2) 대책
   1) 토압, Boiling, Heaving에 대한 안정 검토
   2) 버팀의 유동에 의한 띠장(Wale)의 변화
   3) Bracing은 단단히 부착한다.(좌굴변형방지)
   4) 흙막이 가구는 헐겁지 않도록 시공한다.
   5) 무계획한 터파기에 의한 흙막이벽의 변형 또는 도괴 사고가 없도록 한다.
   6) 지중 연속벽 시공시 벽과 벽의 이음 부분, 수중 Concrete의 품질관리 유의.

8. 결 론

(1) 상기에서 지하철 공사의 붕괴 원인, 시공대책에 대해서 기술하였다. 지하철 공사의 붕괴 사고를 사전 방지 하기 위해서는 흙막이벽 계측, 지중 연속벽을 정밀 시공하여, 재해를 미연에 방지해야 한다.

(2) **계측관리 항목**
    1) 흙막이벽의 계측
        ① 벽의 두부 수평 변위
        ② 벽의 수직 방향 변위
        ③ 벽의 침하, 융기

    2) 흙막이 지보공의 계측
        ① 띠장 부재의 변형
        ② Strut 부재의 변형
        ③ Strut 하중의 측정
        ④ 각부재의 접합부
        ⑤ 엄지 말뚝의(H형) 변형, 침하
        ⑥ 주변 지반의 침하 계측, 관측

    3) 주변 지반의 침하 계측
    4) 흙막이벽면과 말뚝 하단의 회전에 대한 관측(Boiling, Heaving, 토압, 수압 등)
    5) 지하 매설물의 침하 계측
    6) 근접 구조물의 변위 계측
    7) 지하수위 배수량 계측
    8) 흙막이벽면의 누수, 분출수의 관측 계측

16. 토류벽의 올바른 역할을 위한 시공관리 요령

1. 개 요

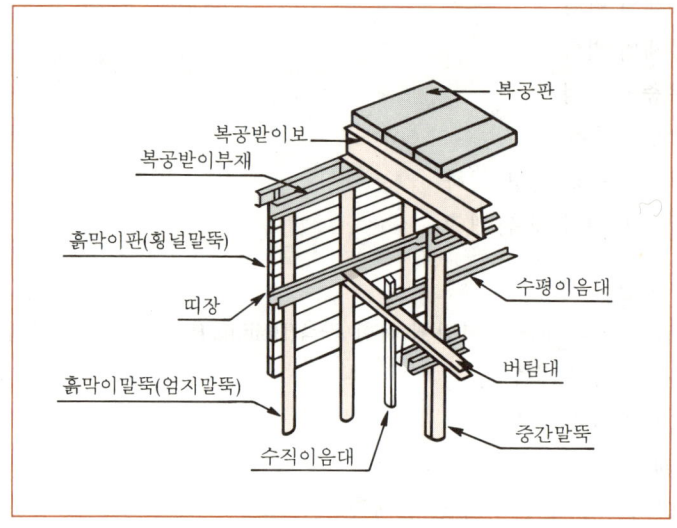

(그림 1) H-말뚝 흙막이 공법 입체도

- 터파기 흙막이공사는 분해하면 터파기공사와 흙막이공사로 구분된다. 터파기공사는 구조물의 지하부분의 흙을 굴착, 제거하는 작업이며 흙막이공사는 굴착에 의한 주변 지반의 붕괴를 방지하기 위한 작업으로서, 작업순서는 아래와 같다.
- 정지(깎아내기) → 장해물 철거(보호) → 흙막이벽 시공 → 배수 → 터파기 → 흙막이재 가설 → 흙막이재 철거 → 되메우기 이하 본고에서는 토류벽 구조물의 올바른 역할을 위한 시공관리 항목에 대해서 아래와 같이 기술코저 한다.
- 조사→계획→설계→시공 순으로 기술하면,

(1) **조사**
  1) 지반 조사
  2) 토질 조사

3) 지하수 조사

   4) 지형 조사

   5) 인접 구조물 조사

   6) 지하 매설물 조사

(2) **계획**

   1) 흙막이벽의 선택

   2) 가구 형식의 선택

   3) 지하수 대책

   4) 지반 침하 대책

   5) 터파기 계획

(3) **설계**

   1) 토압과 수압 등의 외력 판정

   2) Boiling 검토

   3) Heaving 검토

   4) 사면 안정 검토

   5) 하중 검토(사하중, 활하중, 충격, 토압, 수압, 온도변화)

   6) 흙막이 설계 검토

      ① 재료(강재)

      ② 노면 복공(복공판, 도리받이)

      ③ 엄지말뚝(지지력, 밑넣기 길이 검토)

      ④ 엄지말뚝 단면 계산

      ⑤ 엄지말뚝 간격

      ⑥ 중간말뚝 간격

      ⑦ 띠장, 버팀대 (하중 간격) 귀잡이

      ⑧ 토류판

(4) **시공계획 작성시 고려할 사항(상세계획)**

   1) 터파기 계획

   2) 배수, 지수 계획

   3) 흙막이벽, 가구 부재 설계도

   4) 비계다리 시공 계획도

   5) 터파기, 잔토 처리 계획도

   6) 지하 매설물 방호계획

   7) 흙막이 부재, 해체, 철거도

8) 되메우기 계획도
9) 흙막이벽 해체 계획도
10) 기초공사 계획
11) 거푸집 공사 계획
12) 철골 세우기 계획

(5) 시공시
1) 흙막이벽의 시공(여분 파기, 지하수 토사 유출, 매설물 절손)
2) 흙막이 가구의 시공(가구 유동방지, 부재의 강도, 이음, 맞춤부 시공 지연에 의한 벽의 변형, 시공 지연에 의한 과대한 응력 발생)
3) 터파기 공사(무계획한 터파기에 의한 과대한 토압, 수압 발생, 사면파괴)
4) 지하수 우수처리 (배수공사 불비에 의한 Boiling, Heaving, 지수공법불비에 의한 Boiling, Heaving, 배수 지수에 의한 벽배면 토사유출 방지, 시공지연에 의한 Boiling, Piping발생, 토사유출, 우수처리 불비에 의한 토사유출 방지)

2. 조 사

(1) 지반 조사
(2) 토질 조사
(3) 지하수 조사
(4) 지형 조사
(5) 인접 구조물 조사
(6) 지하 매설물 조사(상하수도, 가스관, 하수관, 전기통신, 정보)

3. 계 획

(1) 흙막이벽의 선택
(2) 가구 형식의 선택
(3) 지하수 대책
(4) 터파기 계획

4. 설 계

(1) 토압, 수압에 대한 외력 판정
(2) Boiling 검토
(3) Heaving 검토

(4) 사면 안정 검토
(5) 하중 검토
   1) 사하중
   2) 활하중
   3) 충격
   4) 토압
   5) 온도 변화

(6) **흙막이 설계 검토**
   1) 재료
   2) 노면복공, 복공판, 도리받이
   3) 흙막이 말뚝 지지력
   4) 흙막이 말뚝 밑넣기 부분의 안정계산

(7) **띠장, 버팀대 계산**
   1) 띠장은 버팀의 작용도 하므로 휨과 압축력 받는 부재로 설계된다.
   2) 띠장 단면은 하중분담법으로 구한 단위 길이 당의 토압이 버팀을 기점으로 하는 단순보에 등분포로 하중이 작용하는 것으로 계산한다.

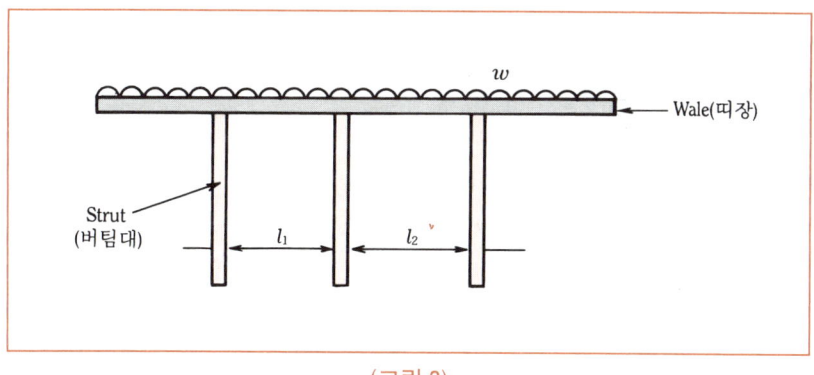

〈그림 2〉

① 버팀대에 작용하는 축력 : N

② $N = \dfrac{W(l_1+l_2)}{2}$

(8) **띠장 및 버팀대(Strut)의 간격**
   1) 띠장의 수직간격 : 3m

① 띠장의 제1단째의 띠장 넣는 길이 : 흙막이 말뚝머리로 부터 1m이내에 제1단째 Wale 설치

2) 버팀간격
   ① 수평 : 5m
   ② 수직 : 3m

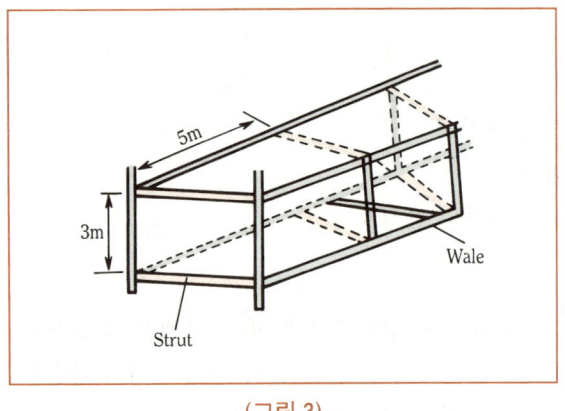

(그림 3)

3) 띠장의 이음간격 : 6m 이상
4) 귀잡이
   ① 띠장의 Span 작게 하기 위해서
   ② 버팀대의 좌굴 길이 작게 하기 위해서
   ③ 귀잡이에 작용하는 축력 : $N = 0.7(l_1+l_2)w$

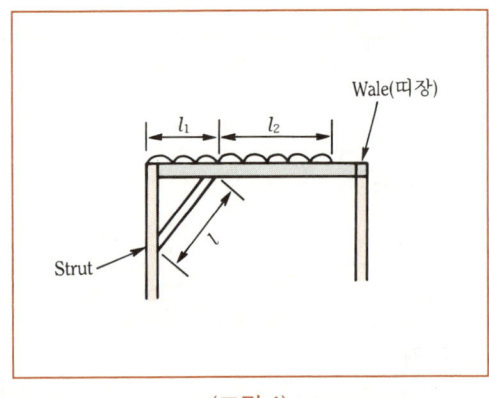

(그림 4)

④ 밑넣기 검토는 : 굴착의 어느 단계에서 제일 밑의 버팀(Strut)에 대한 주동 토압 M_A와 수동 토압 M_p에 의한 Moment의 균형에서 밑넣기 길이를 검토하는 것으로 그림에서

$$\boxed{\frac{M_p}{M_A} = \frac{P_p \cdot y_p}{P_a \cdot y_a}}$$

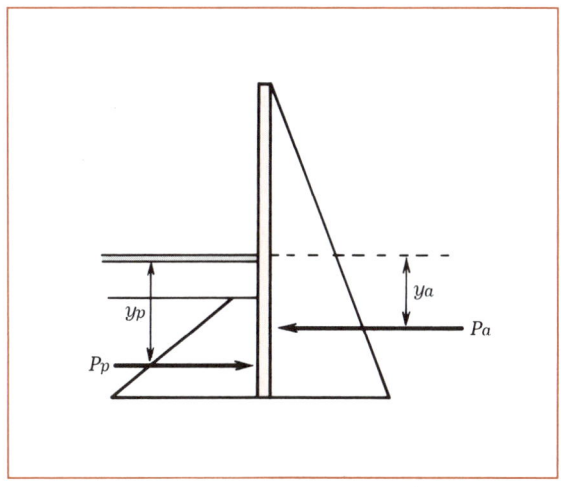

(그림 5) 모멘트의 균형

⑤ 흙막이 말뚝의 단면계산은, 토압에 의한 휨에 대해서 설계
⑥ 흙막이 말뚝의 간격 : 1.5m가 표준이다.
⑦ 중간 말뚝
　㉠ 버팀의 좌굴방지
　㉡ 복공 도리받이의 제하중을 받는다.
　㉢ 중간 말뚝은 복공 도리받이에 재하되는 제하중에 의한 **축방향 수직력**에 대해서 설계된다.

(9) **흙막이판(토류판)**
  1) 토류판은 최종 굴착 깊이에서의 토압 강도에 따라서 계산될 판두께를 굴착 전면에 사용하며,
  2) 그 양단이 4cm이상 또는 판두께 이상 흙막이 말뚝의 Flange에 걸리게 한다.
  3) $M = \dfrac{Wl^2}{8}$

여기서, M : 토류판에 작용하는 Moment
W : 굴착 완료시의 토압강도(kg/cm²)
l : 흙막이 판의 계산 Span으로 흙막이 말뚝의 Flange간 거리

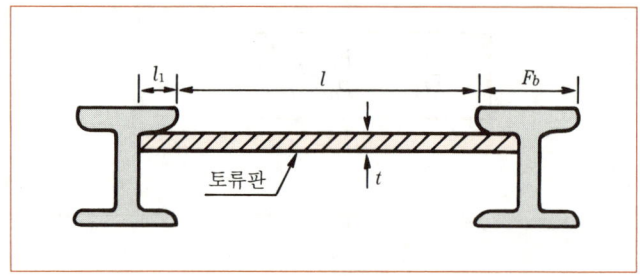

l_1 : 판두께 이상 또는 4cm이상
F_b : Flange 폭

5. 시공계획 작성시 고려사항

  (1) 터파기 계획
  (2) 배수, 지수 계획
  (3) 흙막이벽, 가구 부재 설계도
  (4) 비계 다리 시공 계획도
  (5) 터파기 잔토 처리 계획도
  (6) 지하 매설물 방호 계획도
  (7) 흙막이 부재 해체 철거도
  (8) 되메우기 계획도
  (9) 흙막이벽 해체 계획도
  (10) 기초 공사 계획
  (11) 거푸집 공사 계획
  (12) 철골 세우기 공사

6. 시공시 유의사항

  (1) **흙막이벽의 시공**
   1) 여분파기
   2) 지하수
   3) 토사 유출 방지
   4) 매설물 절손 방지

(2) **흙막이 가구의 시공**
　　1) 가구 유동 방지
　　2) 부재의 강도
　　3) 이음, 맞춤부
　　4) 시공 지연에 의한 벽의 변형
　　5) 시공 지연에 의한 과대한 응력 발생

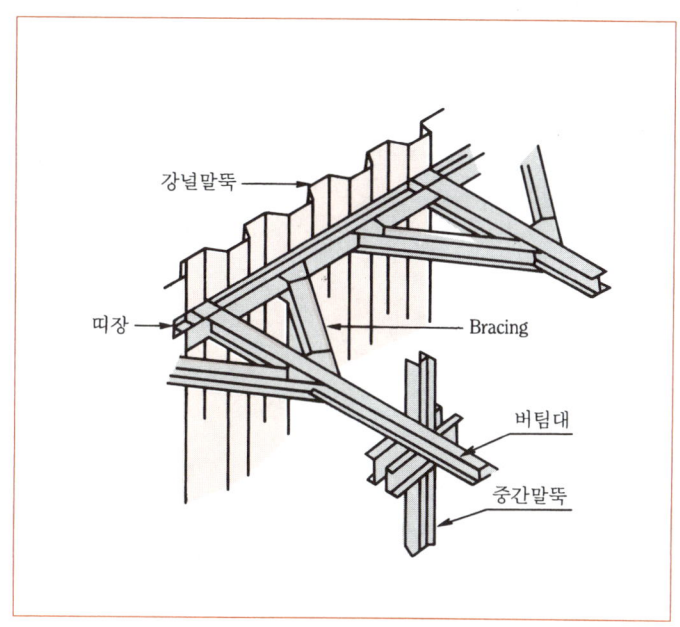

(그림 6) 강널말뚝의 시공 입체도

(3) **터파기 공사**
　　1) 무계획한 터파기에 의한 과대한 토압, 수압
　　2) 무계획한 터파기에 의한 과대한 사면 파괴

(4) **지하수 우수처리**
　　1) 배수공 시공불량에 의한 Boiling, Heaving
　　2) 지수공 시공불량에 의한 Boiling, Heaving
　　3) 배수공법, 지수공법 시공불량에 의한 벽배면 토사 유출
　　4) 우수처리 불량에 의한 토사 유출

5) 배수공법
   ① 중력 배수
      ㉠ 표면배수
      ㉡ 지하배수
      ㉢ Deep Well
   ② 강제배수
      ㉠ Well Point
      ㉡ 전기 침투 공법
      ㉢ 진공 흡인 공법
   ③ 장점
      ㉠ 측압경감
      ㉡ 시공 안정성 향상
   ④ 단점
      ㉠ 우물고갈
      ㉡ 하수구 폐쇄 등
      ㉢ 지반 침하

6) 지수 공법
   ① 전면적 지수
      ㉠ 강널말뚝
      ㉡ 지중 연속벽
      ㉢ 주열 공법
   ② 국부적 지수
      ㉠ 주입 공법
      ㉡ 동결 공법
   ③ 특징
      ㉠ 지반 침하 등 인근에의 영향이 적다.
      ㉡ 측압이 크다.
      ㉢ 벽에서의 누수나 Boiling 등 지하수 대책이 중요하다.

17. 토류벽 재료에 의한 분류(공법개요, 재료, 적용성, 목적, 특징기술)

1. 서 론

(1) 흙막이벽은 **지질**, **지하수**의 요인과 함께 공사기간 → 공사비용 → 지지방식 등을 고려하여 결정할 필요가 있다.

(2) 밀집 시가지에 있어서는 중장비의 제약으로 강성이(EI) 낮은 일반적인 토류벽을 채용하기 쉽다.

(3) 그러나, 인접 건물이 근접해 있는 수가 많기 때문에 **인접 건물**의 **기초**와 **구조**에 따라서 **지반**의 **변위**를 억제하기 위하여 강성이 높은 흙막이벽이 요구된다.

(4) 이와 같이 흙막이벽은 환경조건 → 시공방법 → 시공장비 등의 다각적인 검토가 필요한데 밀집 시가지의 토류벽 적용에 대하여 비교하면 다음 표와 같다.

2. 토류벽 공법별 특징

No.	공법 구분	H-Pile+토류판 공법	CIP+보조Grouting공법	SCW 공법	Sheet Pile 공법	지하 연속벽 공법 (Slurry Wall)
1	시공방법	H-Pile을 항타 또는 천공후 삽입하여 터파기를 진행하면서 목재 토류판을 H-Pile 사이에 끼워 넣어 벽체를 형성하고 차수는 Grouting을 실시하여 차수벽을 형성한후 굴착하는 방법	천공장비를 이용하여 Casing설치 및 천공한 후(φ400), 현장타설 Concrete Pile을 연속적으로 타설하여 흙막이를 형성하는 공법	3축 Auger를 이용하여 천공(φ550)후 시멘트, 생석회, 소석회 Slag등 개량재를 저압으로 토사와 혼합, 교반한 후 H형강을 건입하여 흙막이를 형성하는 공법	Sheet Pile을 Diesel Hammer 또는 Vibro Hammer로 지상에서 연속적으로 타입하여 흙막이벽을 형성하는 공법	Bentonite를 사용한 안정액(Slurry)으로 공벽을 유지하면서 굴착(THK=600-1000)한후 철근망 건입후 콘크리트를 타설하여 가설 흙막이 또는 본 구조물 영구 벽체로 사용하는 공법
2	시공평면	Grouting / H-Pile	Grouting / C.I.P	SCW	Sheet Pile	Stop End Tube / Overcutting
3	시공단면	Grouting	보조Grouting / C.I.P	S.C.W	Sheet Pile	지하 연속벽

No.	공법 구분		H-Pile+토류판 공법	CIP+보조Grouting공법	SCW 공법	Sheet Pile 공법	지하 연속벽 공법 (Slurry Wall)
4	굴 착 심 도		20m 내외	20m 내외	25m 내외	20m 내외	40m 이내
5	토류벽 재료		H-Pile, 토류판, Grout	H-Pile, 조골재, 철근, Grout	H-Pile, Soil Cement	Sheet Pile	철근, 콘크리트
6	적 용 토 질		모든 지층, 비교적 조밀한 사질토 및 암반층, 단단한 점토지반	자갈층, 호박돌, 전석 및 암반층을 제외한 모든 토질	자갈층, 호박돌, 전석 및 암반층을 제외한 모든 토질	자갈층, 호박돌, 전석 및 암반층을 제외한 모든 토질	모든 지층(암반 시공은 Hydro Mill시공→공사비고가)
7	차 수 성		△	△	○	○	◎
8	토류벽 강성		×	△	△	○	◎
9	시 공 시 장 단 점	장점	• 시공경험이 많다. • 경제적이다. • 보강이 신속하다. • 구조물 시공이 용이하다. • 공기 유리	• 경제적임 • 협소구간 시공 가능 • 단면크기에 비해 강성이 큼 • 얕은 굴착에 유리	• Silty Sand 지층에서 개량강도 양호 • H형강 응력제 삽입으로 강성 증대 • 무소음, 무진동 시공 • 공기가 빠르고 경제적 • 불균일한 평면 형상에서 쉽게 시공	• 차수효과 양호(실트, 느슨한 모래) • 강성이 크다. • Sheet Pile재사용으로 경제적 • 단면형상이 다양하고 재질이 균등하여 용도 다양	• 차수효과 확실 • 전지층 적용 가능 • 토지 이용률이 높다. • 무진동, 무소음 시공 • 고강성으로 안전성이 높다. • 본체 구조물로 이용 가능 • 주변 침하가 없다.
		단점	• 암층, 자갈, 전석층 시공 • 지층 조건상 Grouting으로 차수 효과 불확실 • 주변 지반 변위 발생 우려가 큼 • 강성이 적음 • 하자 발생요인이 많음 (근입부 차수성)	• Overlap 시공이 불가능하므로 벽체 차수성 불량 • 수직 정도에 유리 (깊은 굴착 불리) • Hole 자립을 하여 Casing 또는 이수를 사용한다.	• 수직 정도에 유리 (깊은 굴착 불리) • 응력제 삽입 및 Lap 시공에 유의 • 암반, 전석층 시공비고가 • 가설 벽체로만 사용 가능 • SCW 시공 구간과 암반, 전석섞인 퇴적층 연결부 차수불량	• 소음 및 진동으로 민원 발생우려(도심지에서 부적합) • 암반, 전석층 시공불가 • Sheet Pile 인발시 주변지반에 영향이 큼 (배면 지반 이동) • 이음 능률과 정밀도에 문제	• 숙련된 기술 필요 • 넓은 작업장 필요 • 공기 및 공사비 측면에서 불리 • 벽체와 Slab접합부 처리에 철저한 시공관리 요망 • Joint Bentonite 잔류에 의한 누수 가능성

3. CIP+SGR 2열 시공 평면도

➡ p.603쪽 도면 참조

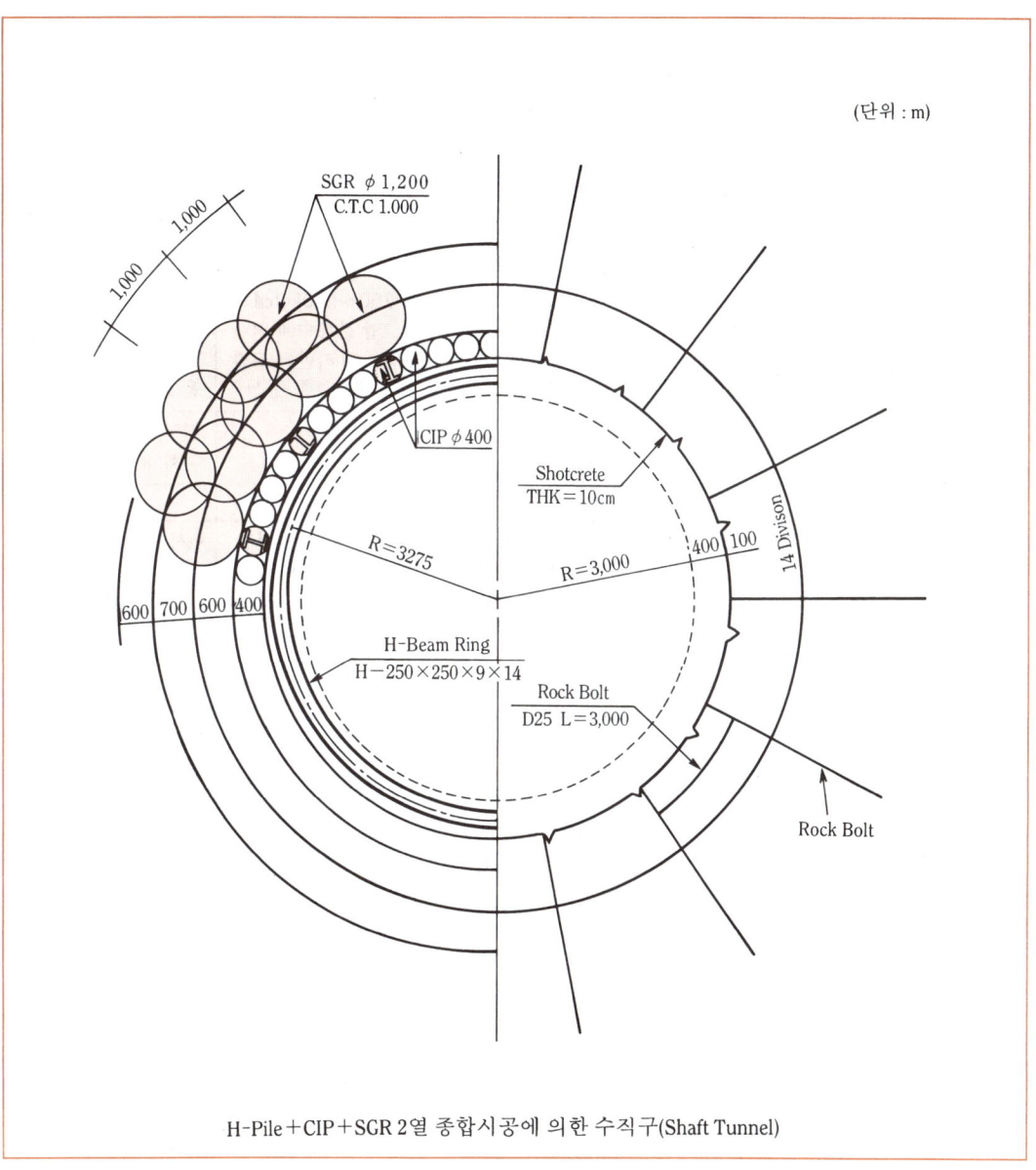

(그림 1) 굴착 시공단면도

18. 차수공법의 비교.(지수공법)

No.	구분 / 공법	LW 주입	복합약액주입(S.G.R)	고압 분사주입(J.S.P)	Micro Pile (Mini Pile)
1	공법개요	천공후 지중에 Manjet Tube 설치와 Seal 주입 및 별도 주입관에 의한 1.5Shot 방식으로 LW를 주입	천공후 지중에 이중주입관을 설치하고 2.0 Shot방식에 의한 급결, 완결재의 복합 주입으로 목적범위내 균일한 지반개량	천공과 주입시 Rod의 계속적인 회전과 동시에 200~500kg/㎠의 초고압 분류수에 의한 주입재와 지반의 교반으로 개량주를 형성	천공후 Hole내에 응력재(철근, 강관)와 주입관을 설치하고 압력주입으로 소형말뚝의 형성과 말뚝주변의 지반을 보강하는 공법
2	보강 및 주입 재료	Water Glass, Cement	Water Glass, Cement 약재	Cement, 혼화재	철근, 강관, 시멘트 혼화재
3	목적	지반보강 및 지수	지반보강 및 지수	지반보강 및 지수	지반보강
4	장점	• 공극이 다소 큰 지반에서의 지반보강 효과 • 시공실적이 많고 장비 간편 • **주입압력(10kg/㎠)**	• 주입관 설치가 용이 • 급결과 완결 주입이 자유로운 복합 주입 • 차수효과 양호 • 시공 경험이 풍부 • 저압 주입 • 주입재가 용액, 현탁액 등 다양하여 공사 목적에 따라 침투 및 액상주입에 의한 지반을 균일하게 개량 (완결재 비율이 높으면 강도증가)	• N < 50의 미고결층 개량 효과 양호 • 타공법에 비해 개량 강도가 크다.	• 시공이 간편 • 공사 목적에 따라 다양하게 적용 • 지반 보강은 양호하나 차수효과는 기대할 수 없다. • 건물이나 매설물 보강 및 Under Pinning 용으로 적용가능
5	단점	• Gel-Time 조절 안됨 (2~3분) • 세사층 이하의 지층에서의 주입효과 불확실	• 타공법에 비해 개량 강도가 다소 떨어지므로 연약지반에서는 개량 Zone이 커진다. • **주입압력(10kg/㎠)**	• 수압이 크게 작용하는 현장 여건에서는 시공효과 불확실 • 주입중 많은 량의 Slime이 발생 • 타공법에 비해 고가	• 차수를 위해서는 별도의 주입공법 필요 • 심도가 깊을시에는 공사비 증가

(주) SGR : Space Grout Rocket System

1. LW 공법

차수+보강효과 우수

2. SGR 공법

차수효과 우수

3. JSP 공법(Jumbo Special Pattern)

보강효과 우수

19. JSP(Jumbo Special Pattern)

1. 개 요

지반중에 시멘트 밀크를 200kg/cm²를 고압으로 그라우트 및 Air 회로가 있는 이중관을 통하여 Air와 동시에 그라우트를 분산시켜 토립자와 교란 밀크를 혼합 고결시키는 공법이다.

2. 특 징

(1) **장점**
  1) 확실한 시공효과를 기대할 수 있다.
  2) 별도의 토류벽이 필요없다.
  3) 적용되는 지반의 범위가 넓다.
  4) 주로 구조물의 **기초 보강**에 적합하다.

(2) **단점**
  1) 천공과 주입장치의 설치가 곤란하다.
  2) 공과 공사이의 **연결부**가 취약하다.
  3) **손실율**이 많다.
  4) **초고압 투입**으로 인한 **인접 건물** 및 **지하 매설물**에 피해를 줄 가능성이 있다.
  5) 공사비가 고가이다.

3. 공법의 개요

(1) JSP공법은 Pump의 주입압력을 **200kg/cm²**와 7kg/cm²의 Compressor 압력을 **이중관 롯드**의 하부 Nozzle로 지반 경화제인 Cement와 동시에 **회전, 분사**하여 원지반을 교란, 절삭시켜 강력한 **원주상**의 **개량체**가 형성되게 하는 공법이다. 이때, 절삭된 원지반토의 일부는 배토된다.

(2) Jet Grout공법은 초고압 Pump로 **300kg/cm²**의 압력으로 지반 경화제인 **Cement Milk**를 단관 또는 이중관 롯드를 통하여 Nozzle로 분사되어 지반을 교란, 절삭시키므로 Cement가 원지반과 혼합되어 **강력**한 **원주형**의 **개량체**가 형성되는 공법이다.
  1) Compressor를 사용하지 않고 Cement Milk만을 주입하는 경우와
  2) Compressor를 사용하여 Air와 Cement Milk를 병행하여 주입하는 두가지 방법이 있다.

(3) JSP공법이나 Jet Grout공법은 공기와 물의 힘으로 지반을 교란 절삭하여 그것을 지표에 배출함에 따라 지중에 **인위적인 공간**을 만들어 그 곳에 **경화제를 충진**하는 **치환 공법**이다.

4. JSP 및 Jet Grouting(현장) 장비조합 및 설치

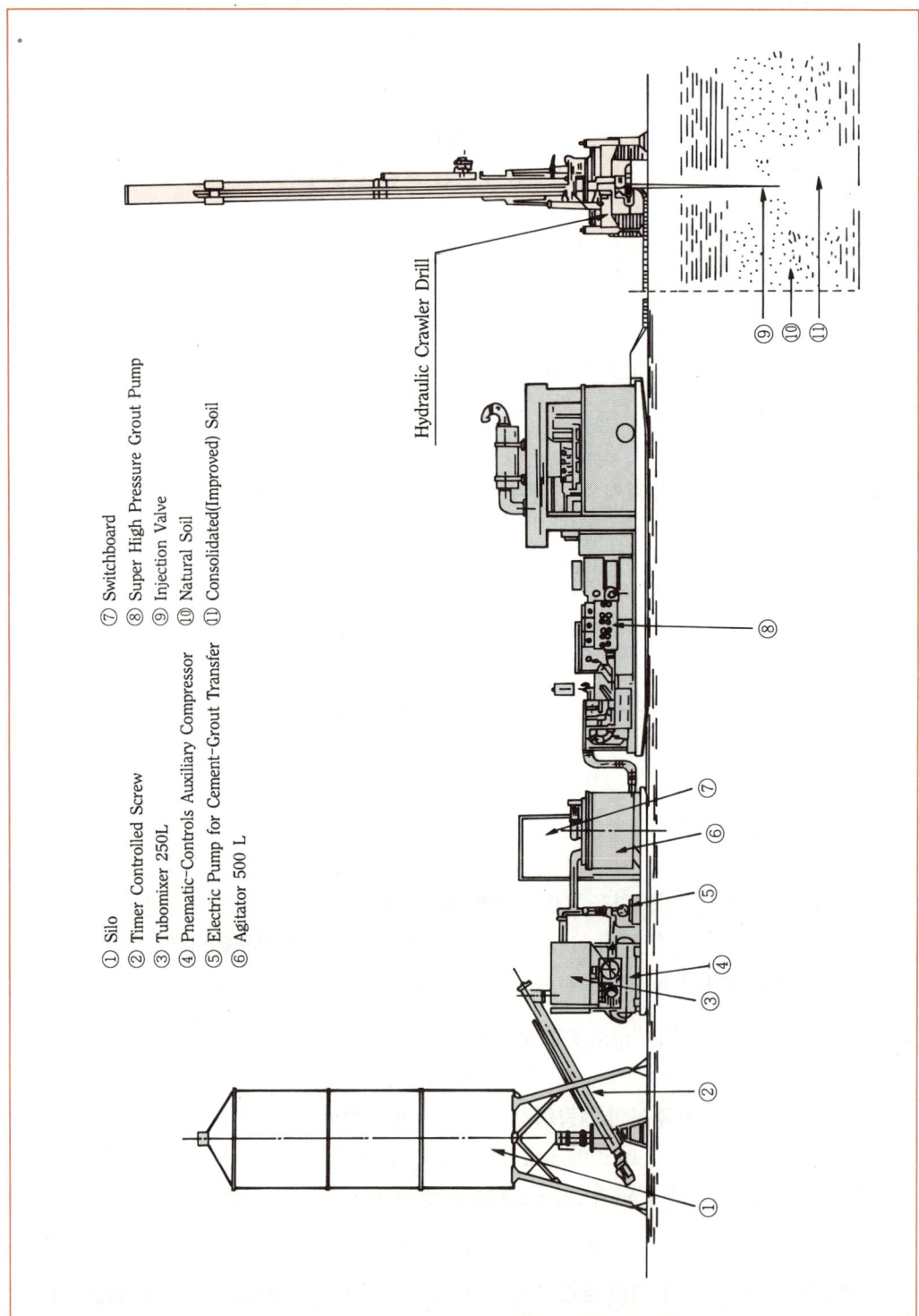

① Silo
② Timer Controlled Screw
③ Tubomixer 250L
④ Pnematic-Controls Auxiliary Compressor
⑤ Electric Pump for Cement-Grout Transfer
⑥ Agitator 500 L
⑦ Switchboard
⑧ Super High Pressure Grout Pump
⑨ Injection Valve
⑩ Natural Soil
⑪ Consolidated(Improved) Soil

(그림 1) JSP & JET Grouted Column

5. JSP/Jet Grouting의 시공순서

(1) 공삭공(천공)
지반조건에 따른 Rod의 회전속도 Spindle Stroke 소정의 방향, 계획심도로 천공한다.
(ϕ50mm)

(2) 공삭공 완료
계획 심도까지 천공이 완료되면 JSP 및 Jet Grout 시공상태로 롯드 회전을 바꾸어 맞춘다.

(3) JSP 및 Jet Grout 개시
Air Jet를 시동하고 천공수 주입을 Cement Milk 주입으로 바꾸면서 JSP 및 Jet Grout를 개시한다.

(4) JSP 및 Grout 시공중
Rod를 서서히 회전함과 동시에 인장하면서 JSP 및 Jet Grout시공을 한다.

(5) JSP 및 Jet Grout 시공완료
소정의 위치까지 JSP 및 Jet Grout 시공이 완료되면 장소를 옮긴다.

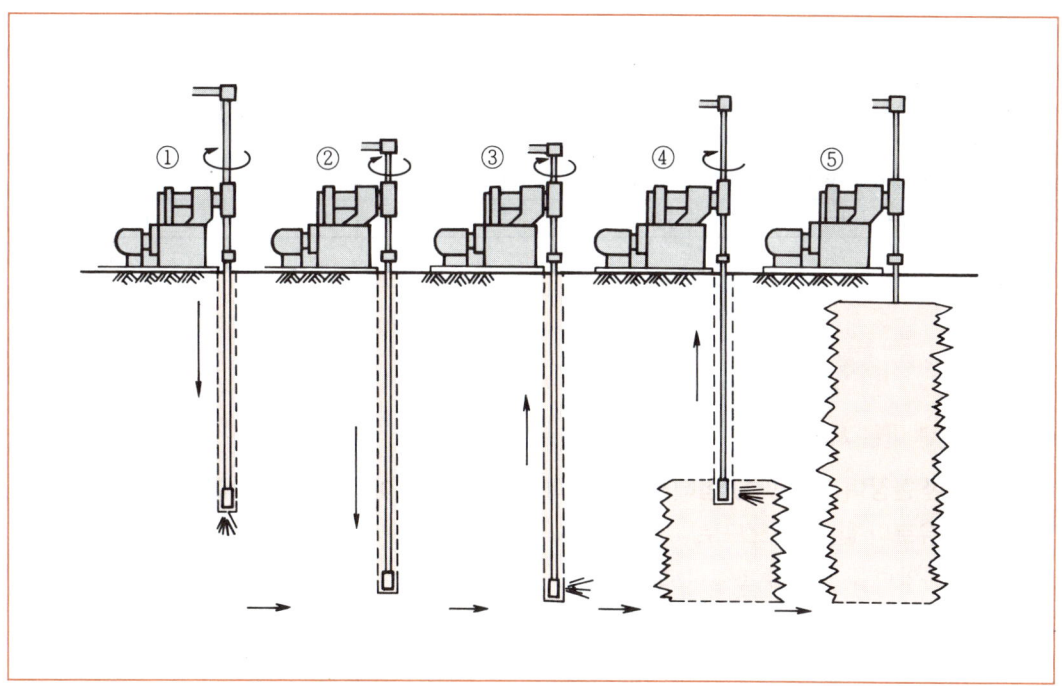

(그림 2)

6. 지층별 제원표

(1) JSP

(회전분사식 기준)

구 분	단 위	점성토 N=0~2	점성토 N=3~5	사질토 N=0~4	사질토 N=5~15	사질토 N=16~30	사 력	호박돌	비 고
유 효 경	m	1.0	0.8	1.2	1.0	0.8	0.8	0.8	
양 관 속 도	분/m	7	8	7	8	9	9	9	분사시간
단위분사량	ℓ/분	60	60	60	60	60	60	60	
분 사 량	ℓ/m	462	528	462	528	594	594	594	양관속도×1.1
Cement	kg/m	351	401	351	401	451	451	451	분사량×0.76′
물	ℓ	351	401	351	401	451	451	451	
일축압축강도	kg/cm²	20~40		100~200			100~200		기초보강용

(2) Jet Grouting

	구 분	A	B	C	D	E	F	G
N치	사 질 토	N≤30	30<N≤50	50<N≤100	100≤N<150	150≤N<175	175≤N<200	200≤N
	점 성 토	-	N≤5	5<N≤7	-	7<N≤9	-	N≤10
인도	개량직경(m)	2.0	2.0	2.0	1.6	1.4	1.2	1.0
	1분당(m/분)	0.0625B	0.05	0.05	0.04	0.04	0.04	0.04
	1m당(분/m)	16	20	20	25	25	25	25
고재	토출량(m³/분)	0.18	0.18	0.18	0.14	0.12	0.12	0.10
	사용량(m³/m)	3.0	3.7	3.7	3.6	3.1	3.1	2.6

7. 현장여건에 따른 시공방법

(1) 어떠한 현장여건, 어떠한 형태의 시공성에도 문제없다. 아래 그림과 같이 천공 및 분사방향을 자유로이 할 수 있으므로
   1) 분사압력을 적절히 조절하고
   2) 분사시간을 적절히 조절하고
   3) Rod회전시간(rpm)을 적절히 조절하므로서
   4) 구조물의 연속벽체
   5) 수평, 수직방향 또는 경사방향의 차수벽, 기초 Pile 및 보강구조체 등 다양한 시공성을 갖는다.

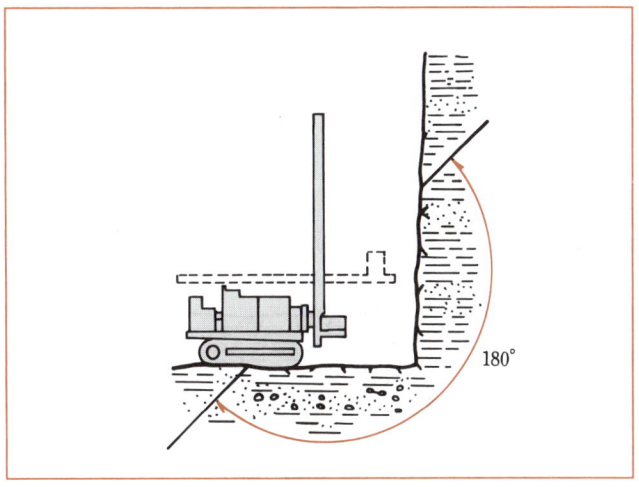

(그림 3)

(2) 기존 구조물의 기초보강을 한 다음 터널 굴착한다.

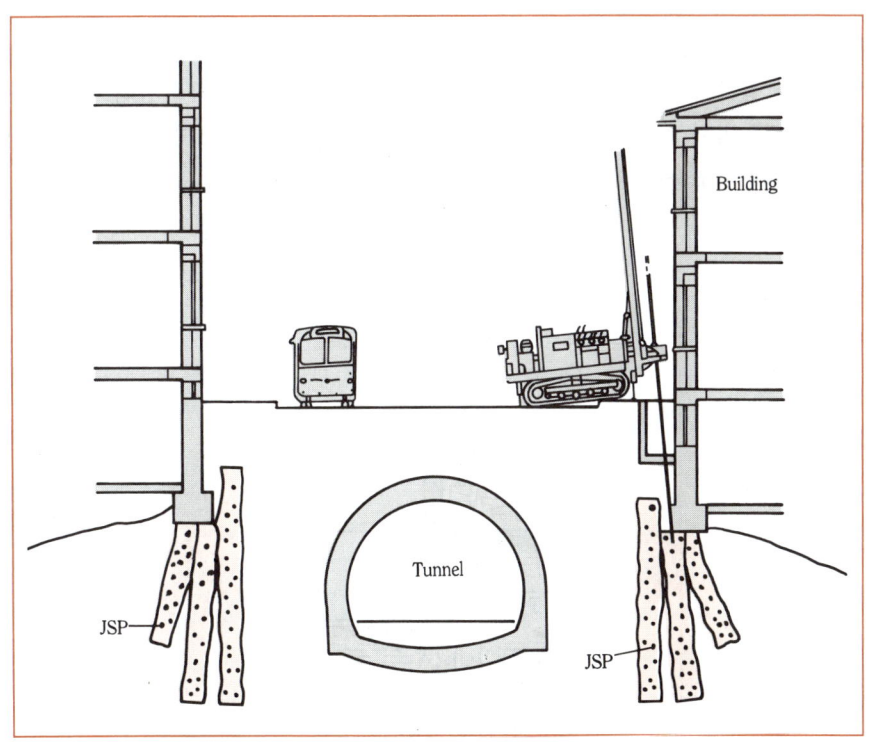

(그림 4)

(3) Jet Grouted Column의 반경(R_a)

Jet Grouted Cloumn의 반경(R_a)은 분사압력(P), 분사시간(t)에 따라 결정되며 또한 현장 토질의 전단강도(τ_0)에 크게 영향을 받는다.

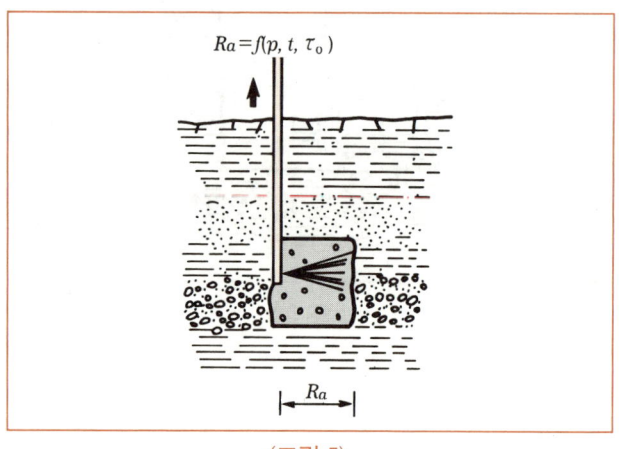

〈그림 5〉

(4) 인접 구조물에 영향을 주지 않는다.

토질을 교란, 절삭시켜 Soil Cement체로 만드는 초고압분사는 분사시점의 수평방향으로 R_a (주입혼합반경) 범위 안에서만 영향을 주므로 지상까지는 응력상의 변형을 일으키지 않으며 따라서 인접 구조물에 대한 손상을 주지 않는다.

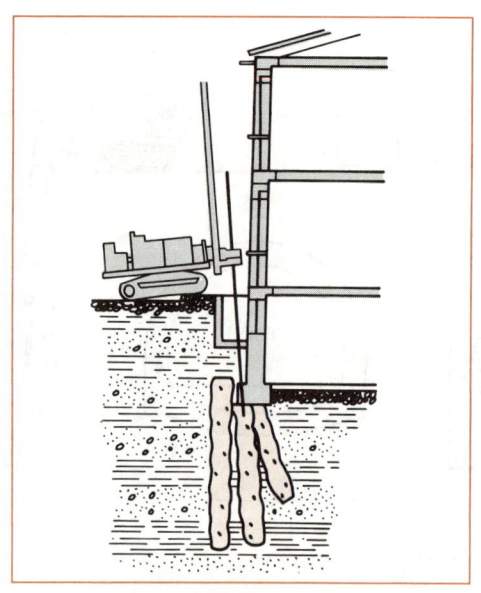

〈그림 6〉

(5) 지반 지질의 상태에 따라 터널상부의 측벽보강을 Jet Grouting으로 한다. (지상시공)

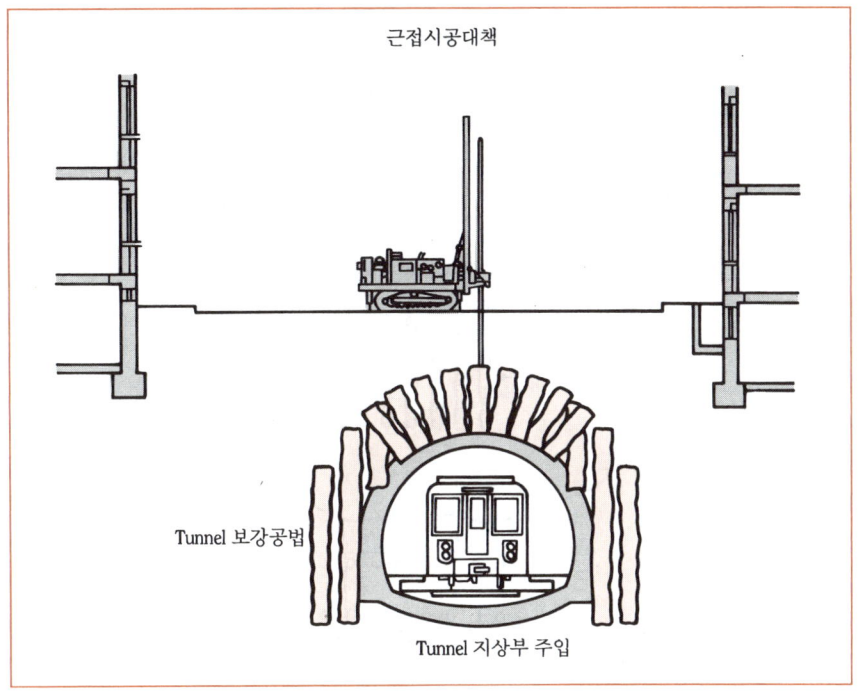

(그림 7)

(6) 지반 지질의 상태에 따라 터널내에서 수평각도로 Jet Grouting한다.

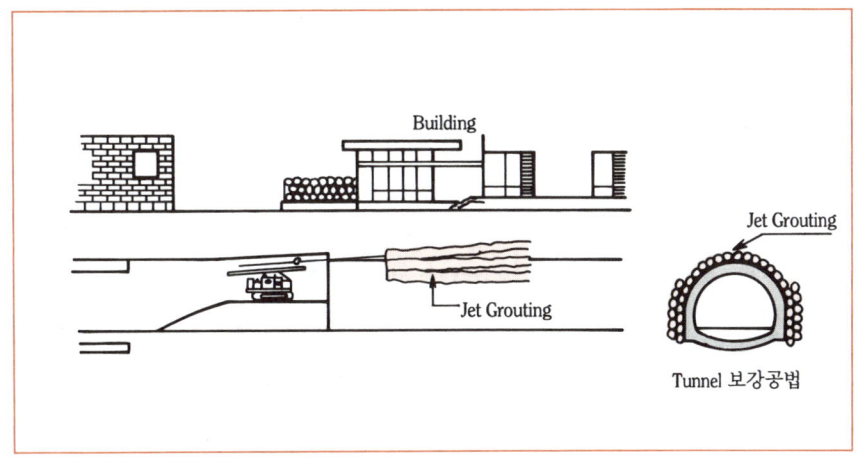

(그림 8)

(7) 교각기초를 위한 Jet Grouting

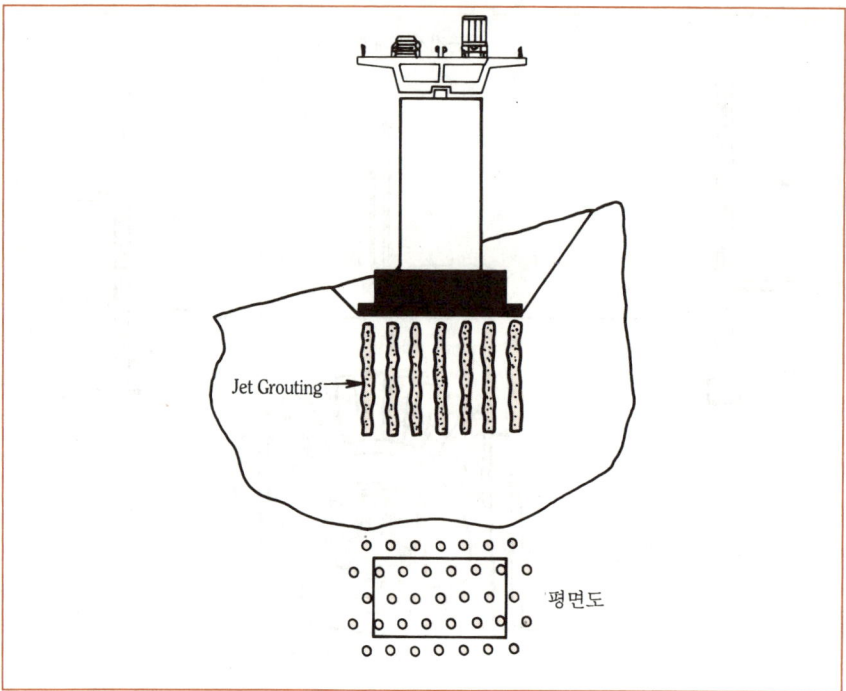

(그림 9)

(8) 기존 건물 기초보강 Jet Grouting

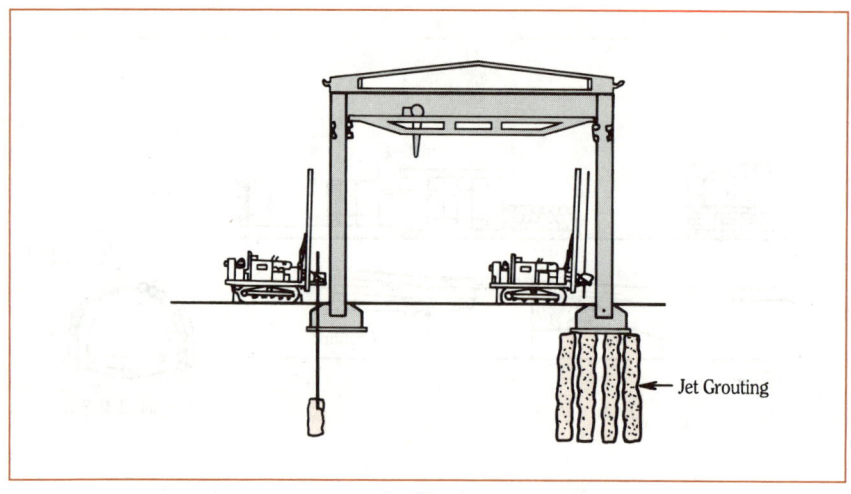

(그림 10)

(9) 제방기초보강 Jet Grouting

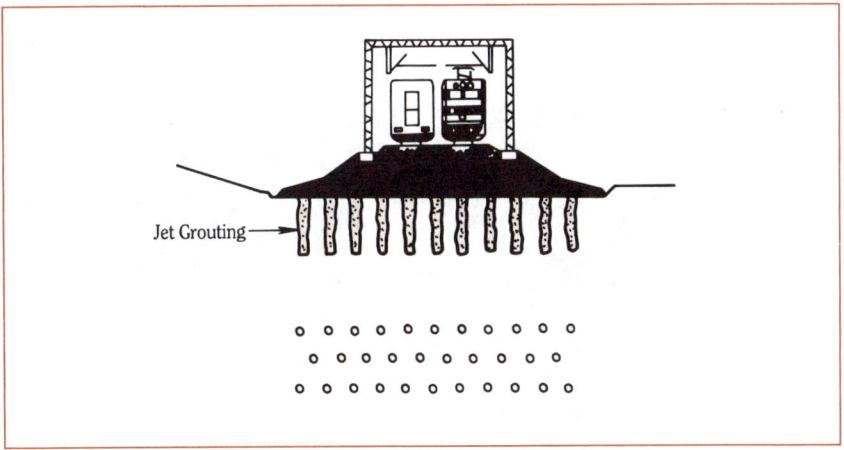

(그림 11)

(10) 옹벽 기초보강 Jet Grouting

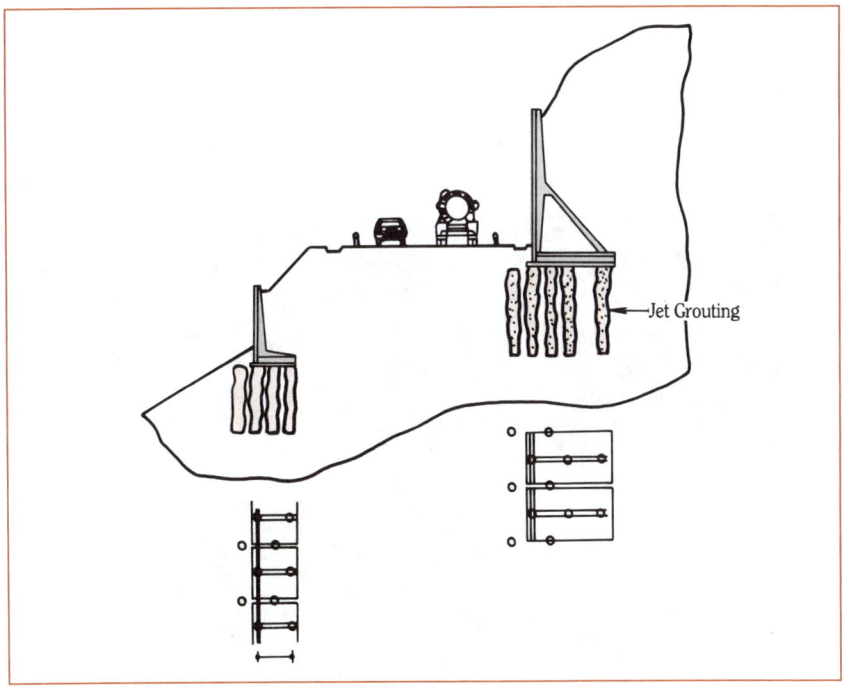

(그림 12)

↑ JSP 및 JET Grouting 공법(지반보강 및 차수)

8. JSP 공법의 적용 범위

   (1) 구조물 기초처리

↑ 교각 기초보강 공사

(2) Underpinning 및 세굴보강

← 교각 기초보강 및 세굴방지 공사 →

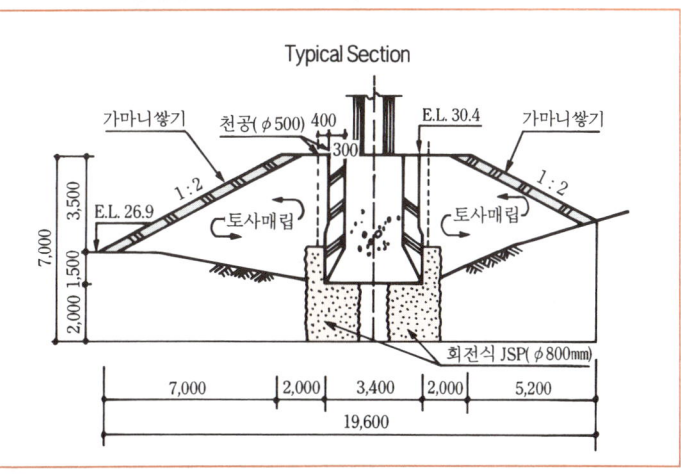

(3) 주열식 차수벽 및 토류벽 보강

↑ 평화의 Dam의 축조를 위한 Coffer Dam공사 ↓

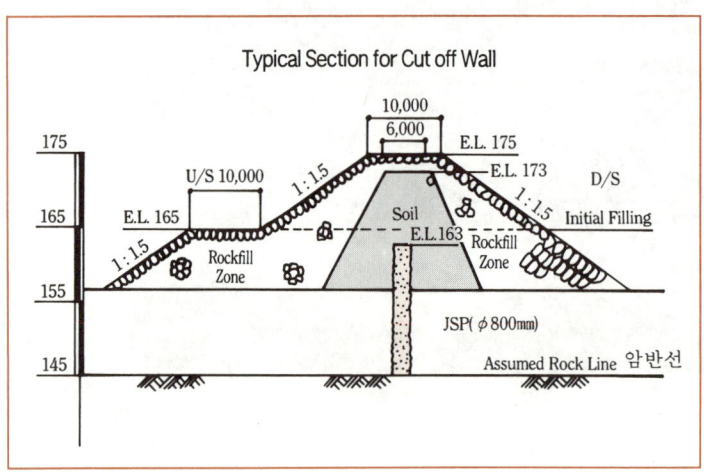

20. RJP(Rodin Jet Pile) : 초고압분사 주입공법

1. 시공법 개요

(1) 초고압수 분류체(Aqua Jet)와 공기 분류체·초고압 경화 분류체(Abrasive Jet)와 공기 분류체를 다중관 Rod의 선단에 장착된 다중 Monitor를 통해 합류시키는 방식으로

(2) 압축공기로 에워싼 청수를 초고압(300~600kg/㎠)으로 분사하여 지반을 1차 절삭·교반시키고 다시 압축공기로 에워싼 Cement를 초고압으로 분사(100±10ℓ/분)하여 지반을 2차 절삭·교반하면서 Rod를 회전·상승시켜 토질에 따라 φ2,000㎜이상의 원주상 개량체를 지중에 만드는 경제적인 새로운 공법이다.

↑ RJP 분사시험

2. 시공순서

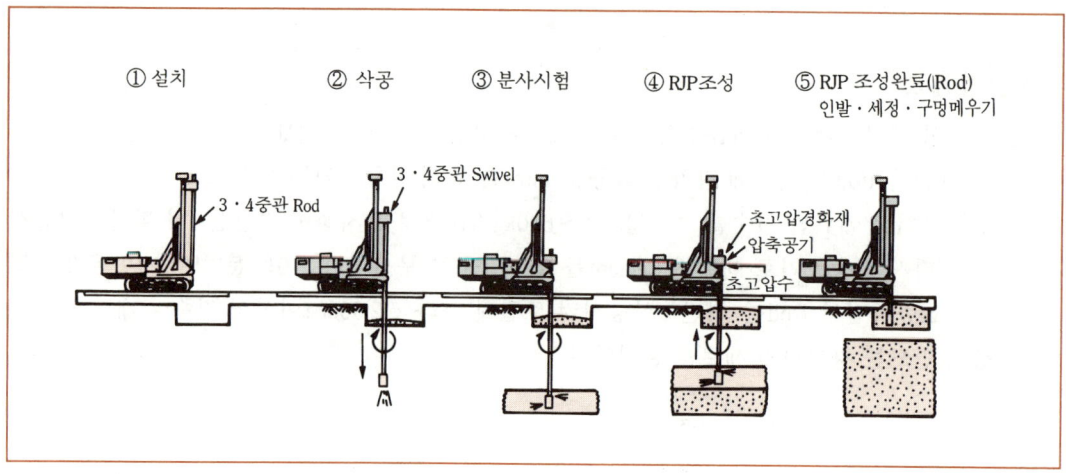

3. 장비배치도

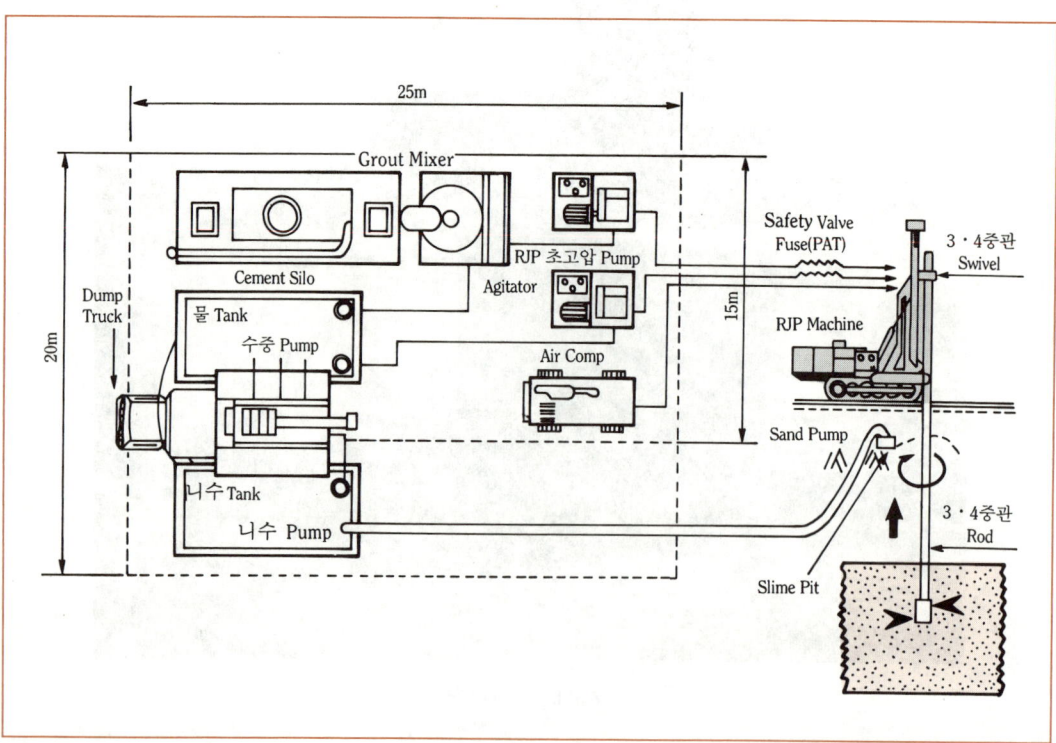

4. 지층별 제원

구분	단위	점성토				사질토				사력층	호박돌	비고
		0<N≤1	1<N≤3	3<N≤5	5<N≤8	0<N≤4	4<N≤15	15<N≤30	30<N≤50			
유효경	m	2.7	2.4	2.0	1.6	2.7	2.5	2.3	2.0	1.8	1.8	
양관속도	분/m	30	30	30	30	30	30	30	30	30	30	
단위분사량	ℓ/분	100±10	100±10	100±10	100±10	100±10	100±10	100±10	100±10	100±10	100±10	
분사량	ℓ/m	3,000	3,000	3,000	3,000	3,000	3,000	3,000	3,000	3,000	3,000	
Cement	kg/m	2,280	2,280	2,280	2,280	2,280	2,280	2,280	2,280	2,280	2,280	
물	ℓ	2,280	2,280	2,280	2,280	2,280	2,280	2,280	2,280	2,280	2,280	
일축압축강도	kg/cm²	10~30				30~80				50~100		입도조성에 따라 증감

5. 특 징

(1) 다중 Monitor에 의해 1차, 2차 또는 수회의 **파쇄**, **교반**으로 **파쇄** Energy의 효율이 극대화 된다.
(2) **초고압 니수 Pump** 사용으로 대단면 개량이 단시간내 가능하다.
(3) 다중관 ROD의 회전, 상승속도 조정으로 개량 단면의 선택이 자유롭다.
(4) 고품질, 경제적이며 공해가 없다.

6. 적용범위

(1) **교각기초** 보강
(2) **Coffer Dam** 및 Dam **차수벽**
(3) 터널갱구 방호(Tunnel)
(4) 도로 및 사면 보호
(5) Shield 갱구 방호
(6) 각종 Tank 기초
(7) 지하 토류벽
(8) 안벽(Quay Wall) 기초
(9) Forepiling 및 기초 보강
(10) **잔교식 부두** 변위 방지

(11) Heaving 방지용 지반개량

↑ Clinker Silo 기초공사

7. 적용범위의 도면 예시

(1) 고가도로 교각기초

(2) Storage Tank 기초

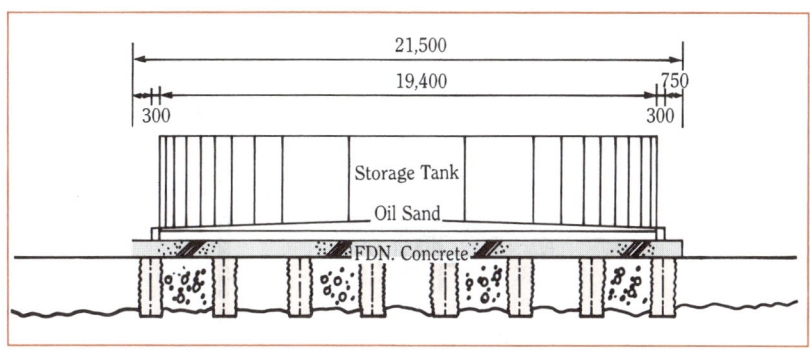

(3) 지하 토류벽

(4) Tunnel 갱구방호

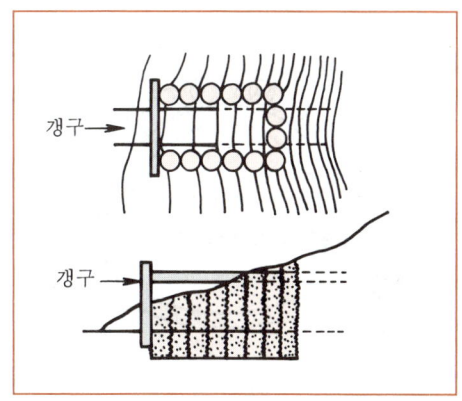

(5) 지중 보호벽

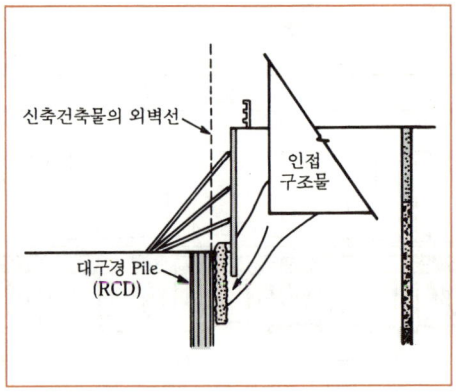

(6) 탑기초

(7) **Forepoling 및 기초보강**

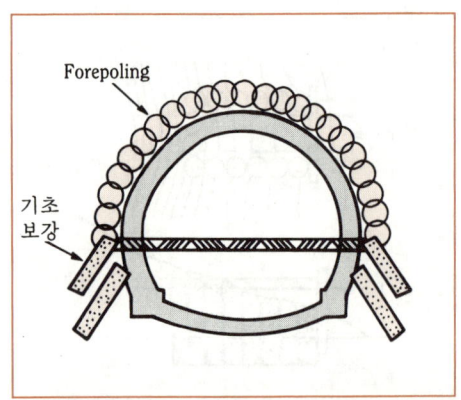

(8) 교각기초 보강 및 세굴방지

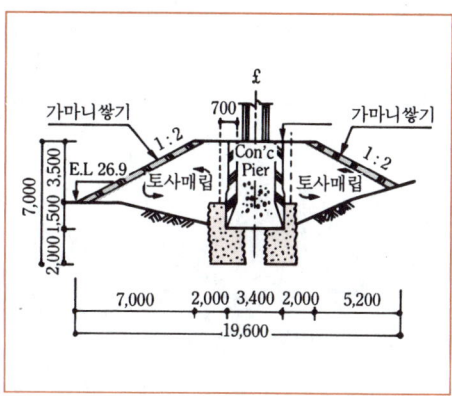

(9) 도로 및 사면보호

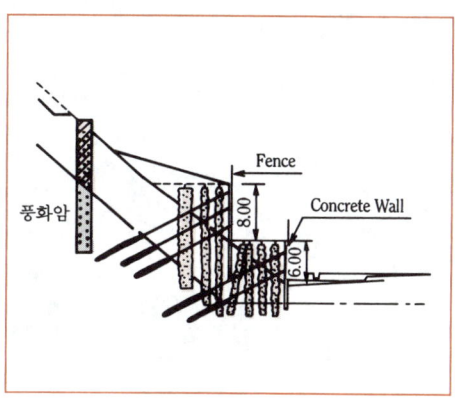

(10) 안벽기초(Quay Wall)

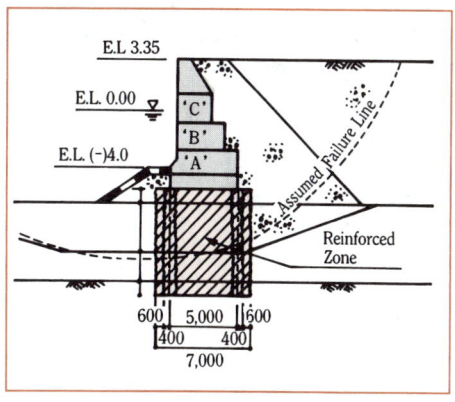

↑ 마산항 철강 제품부두 지반개량공사

← 아파트 Underpinning공사

21. SGR(Space Grout Rocket System) 공법

1. 개 요

이중관 로드에 특수 Rocket 선단장치를 결합시켜 대상지반에 유도공간을 형성, 완결에 가까운 Gel-Time을 가진 약액 또는 약액과 시멘트 혼합액을 사용하여 연약지반을 개량하는 공법으로 주 재료는 규산소다, 촉진제, 시멘트가 있으며 주 시공장비로는 보링기와 믹싱 플랜트가 있다.

2. 특 징

(1) 장점
   1) 유도공간을 형성하여 균일한 작업효과를 볼 수 있다.
   2) 주입 압력이 적어 지반의 교란이 적다.
   3) 급결성, 완결성, 그라우트의 연결적인 복합주입이 용이하다.
   4) 주입관의 회전없이 박킹효과가 높다.
   5) 스텝마다 확실한 주입을 기대할 수 있다.
   6) Gel-Time 조정으로 약액분산 범위의 조절이 가능하다.

(2) 단점
   1) 점토층에는 균일하게 액상보다는 맥상으로 주입된다.
   2) 토류벽으로써 일반적인 강도는 기대하기가 곤란하다.
   3) 차수효과는 양호하나 토류벽으로써의 강도는 기대할 수 없다.
   4) 그라우팅 시공후 다시 토류벽 설치가 필요하므로 굴착에 따른 폭우 등의 재해에 대처할 수 없다.

3. SGR 시공방법

SGR 공법에 의한 Grout 주입방법은 다음과 같다.

(1) 이중관 롯드의 내관으로 천공수를 보내어 소정의 지반심도까지 천공을 한다.
(2) 천공후 외관에 압력수를 보내면서 롯드를 1Step 들어올리면 특수 선단장치(Rocket)가 돌출한다.
(3) 그 다음 내관, 외관을 함께 그라우트의 주입관으로 전환(Switch)시키고, 1Step마다 Rod를 올림에 따라 형성되는 유도공간(Space)을 통하여 넓은 벽면으로부터 대상지반의 전방위로 조용하고(고압에 의한 교란없이) 또 서서히 침투시킨다.

(4) 상승방식

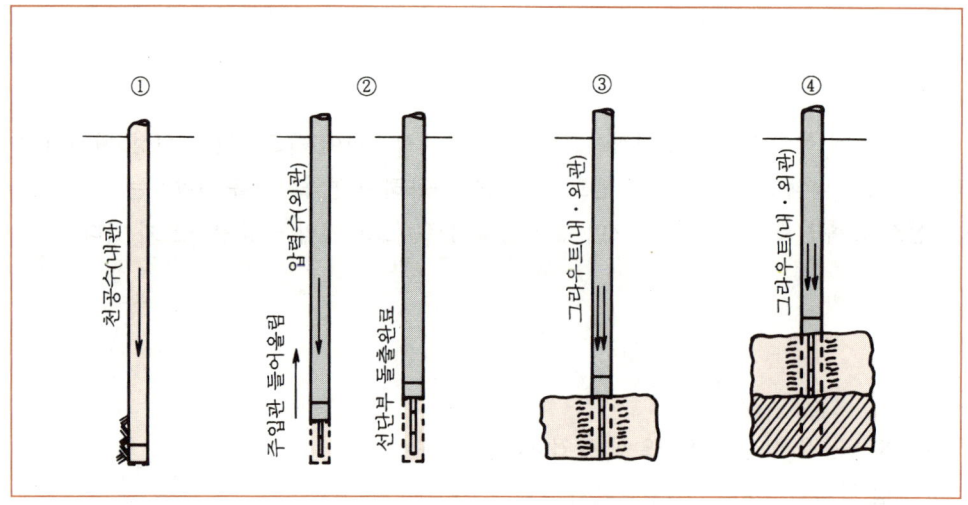

(5) 시공순서

1) 주입관 설치 : 이중관 Rod의 내관으로 부터 천공수를 보내어 제 1 Step의 깊이까지 천공한다.
2) 특수 선단장치의 작동 : 외관으로 압력수를 보내면서 Rod를 제 1 Step 올려 특수 선단장치를 돌출시킨다.
3) 제 1 Step의 주입 : 제 1 Step의 압력수를 그라우트로 바꾸어 제 1 Step에 주입한다.
4) 제 2 Step의 주입 : 제 1 Step의 주입을 끝내고 제 2 Step에 주입한다.

4. 주입율

표준지반과 주입율의 관계는 아래표를 기준으로 하며, 토질 및 간극율에 대하여는 설계시의 실제 조사자료에 기초를 둔다.

토 질	조 건	간 극 율(η)	충 진 율(α)	주 입 율
점 성 토	극연~연	50~70%	60~70%	≤ 50
사 질 토	세립사	45	80~100	≤ 45
	중립사	40		≤ 40
	조립사	35		≤ 35
사 력	력함유 50%이하	35	90~100	≤ 35
	력함유 50%이상	30		≤ 30

- $\lambda = \eta \times \alpha (1+\beta)$
- 손실율 β는 통상 5~10%로 한다.

5. SGR 공법용 Grout

Grout	형	분류	Gel-Time	1일후 일축압축강도 (Homogel)	(Sandgel)	비고
SGR-1호 SGR-2호	A형	무기계 표준강도 처방(용액형)	Short Middle	0.5kg/cm²	4kg/cm²	
SGR-3호 SGR-4호	B형	무기계 고강도 처방(용액형)	Short Middle	1kg/cm²	6kg/cm²	
SGR-5호 SGR-6호	C형	유기계 초고강도 처방(용액형)	Short Middle	2kg/cm²	10kg/cm²	
SGR-7호 SGR-8호	D형	무기계 Cement 강도(현탁형)	Short Middle	4.0kg/cm² (5일후)	25kg/cm² (28일후)	
SGR-9호 SGR-10호	E형	무기계 지수강도(용액형)	Short Middle	0.4kg/cm²	3.6kg/cm²	
SGR-11호 SGR-12호	F형	무기계 M/C강도(현탁형)	Short Middle	6.0kg/cm² (5일후)	25kg/cm² (28일후)	상품명: 3M-1,3M-2

6. 기계장치 및 특수 선단장치

SGR 공법에 사용하는 기계장치는 아래의 주입 계통도가 나타내는 바와 같이 다음과 같은 장점을 가지고 있다.

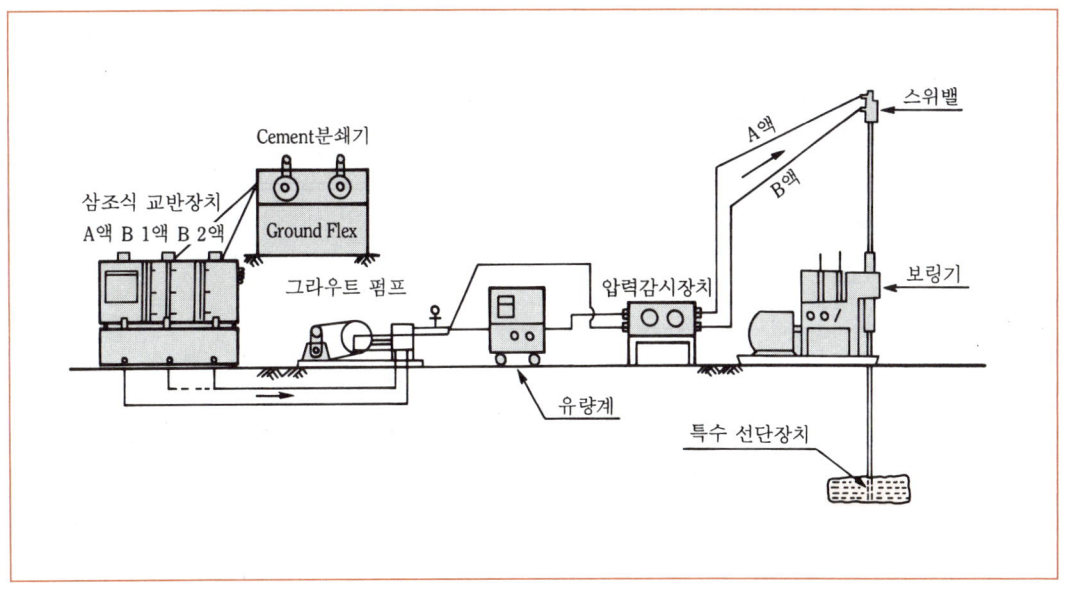

(1) 교반장치는 A액(Water Glass) 1조와 B액(경화제) 2조의 3조식으로 구성되고 복합주입이 쉽게 된다.

(2) 그라우트 Pump는 저압방식으로서 환경보전면에서도 안정하다.

(3) 롯드는 이중관방식이다.

(4) 롯드 하부에 사진에서 보는 바와 같은 특수 선단장치(Rocket)를 달고 작업한다.

(5) 간단한 기구로 되어있기 때문에 조작, 정비가 간편하다.

7. 주입후 효과 확인

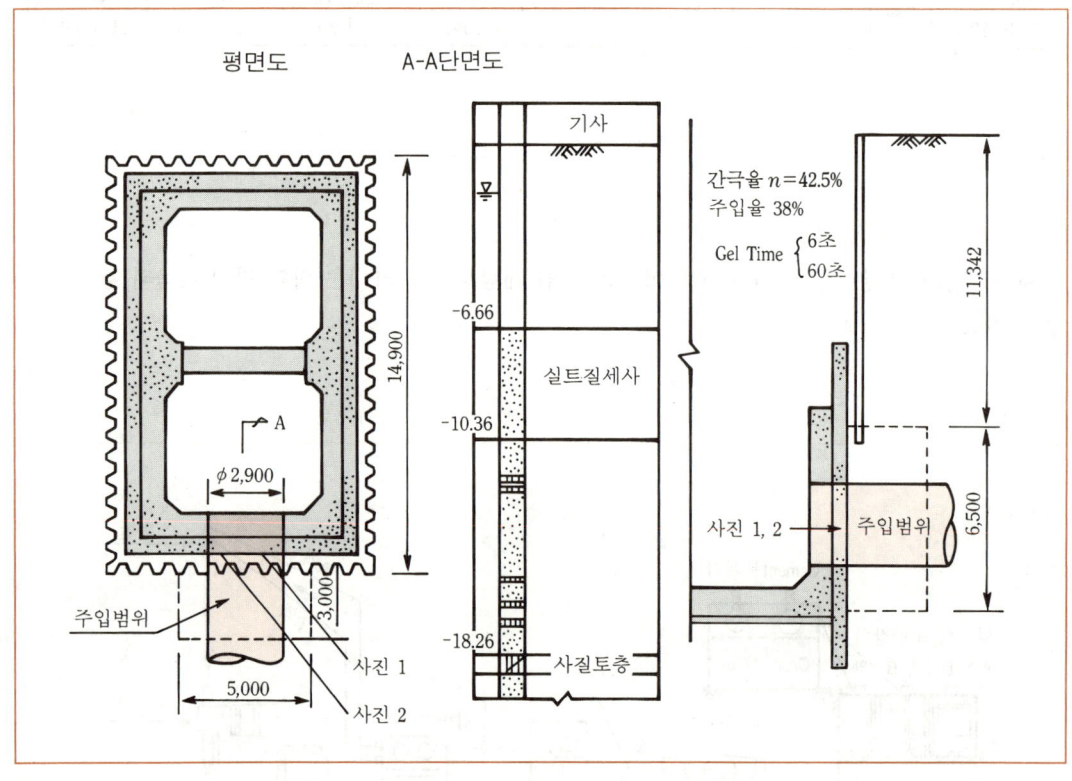

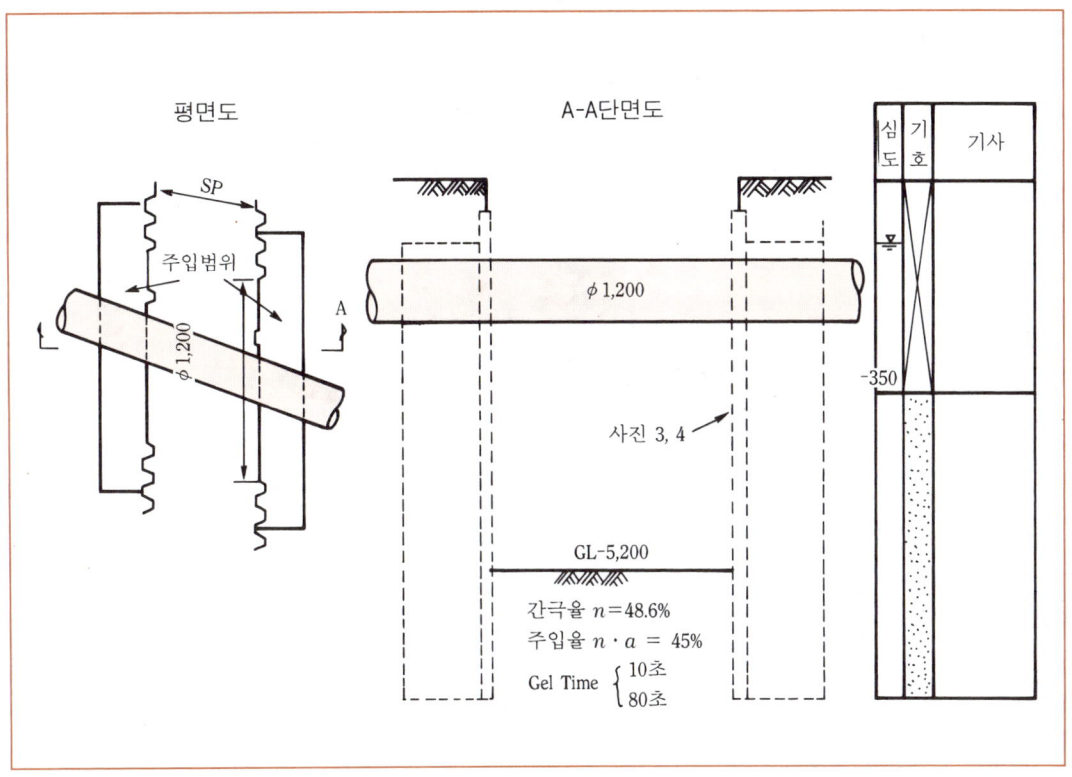

↑ Space Grouting Rocket System(SGR)

◆ **스페이스 그라우트 공법 : 주입효과 확인**
  〈Space Grouting Rocket System〉

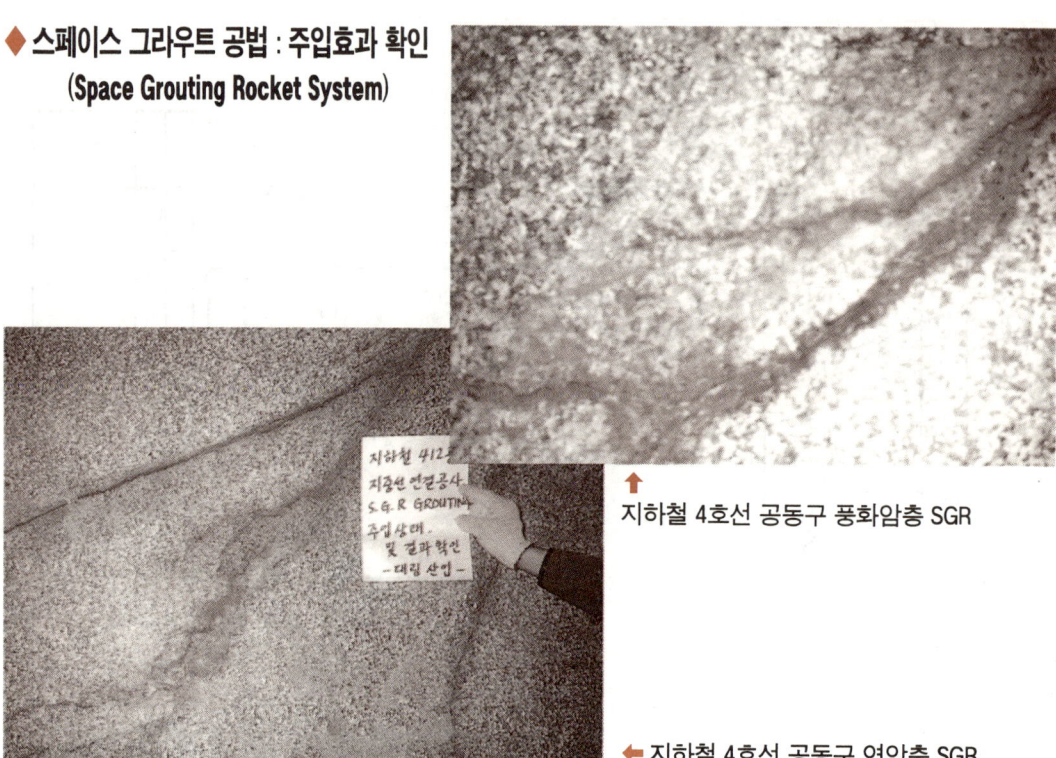

↑ 지하철 4호선 공동구 풍화암층 SGR

← 지하철 4호선 공동구 연암층 SGR

↓ 광양제철 3기 해수취수 SGR

↑ 광양제철 3기 해수취수 사석층 SGR

제3장 토류벽·가물막이

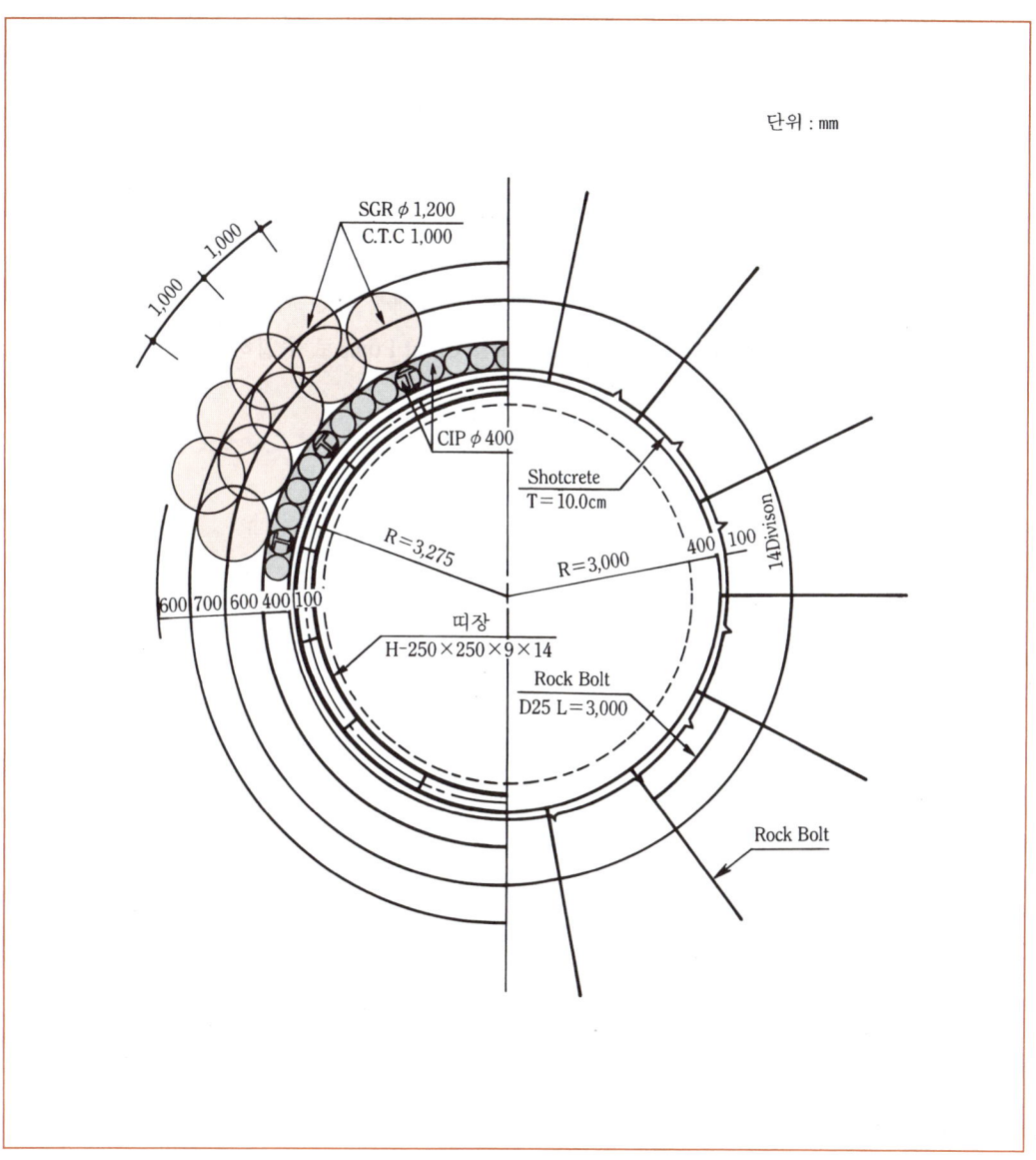

↑ SGR 평면도

22. CIP 공법(Cast In-Place-Pile)

1. 서 론

(1) CIP(Cast-in-Place Pile)공법은 Earth Auger Machine에 의해 소정위치에 항공(航孔)을 파고 다음에 그 구멍에 철근망(또는 H-Beam)을 삽입한 다음 골재를 충진하고

(2) 미리 설치한 주입 Hose를 통하여 Cement Milk를 Grout Pump로 주입하여 현장타설 콘크리트 말뚝을 조성하는 공법이다.

2. 시공순서

(1) 줄파기(지장물 확인)
(2) Casing(공드럼) 설치
(3) CIP공 천공
(4) H-Beam을 공내 삽입, Milk 주입 Hose 동시에 부착
(5) 골재 충진
(6) Cement Milk Grouting한다.

3. 시공단계별 개요

(1) **줄파기** : 지하 매설물 확인(가스관＋상하수도관＋케이블)

(2) **Casing(공드럼) 설치**
  CIP공 천공 및 주입시 항공 상부의 표토층 붕괴를 방지하기 위하여 CIP공마다 Casing(공드럼) 설치 및 항공(航孔)벽의 붕괴 방지를 위하여 Casing을 설치한다.

(3) **CIP공 천공**
  토사층에서는 Swing Bit를 사용하여 천공하며 시공벽이 붕괴되는 지층에서는 공벽붕괴를 방지하기 위하여 천공수에 Bentonite 및 Cement Paste를 Mixing하여 천공수로 사용한다.

(4) **철근망(Rebar Cage) 제작 및 삽입**
  1) 시공도면에 의거 주철근과 띠철근을 제작한 철근망을 천공한 구멍에 삽입한다.
  2) 철근망에 Cement Milk 주입을 위한 Hose를 부착한다.

(5) **굵은 골재충진**
  굵은 골재는 25mm이하의 골재를 항공에 균일하게 충진한다.

(6) **Cement Milk Grouting**
  미리 설치된 주입 Hose에 Grout Pump를 연결하여 Cement Milk를 주입한다.

4. C.I.P공 천공 주입심도
  (1) CIP공의 시공심도는 풍화암층 심도까지 실시한다. (단, T-4천공시 암반층에서도 가능하다.)
  (2) CIP공의 천공규격은 400mm직경으로 한다.

5. C.I.P공의 천공순서
  CIP공의 천공순서는 주입효과를 높이기 위하여 격간격으로 실시한다.

6. CIP 평면도 및 시공상세도

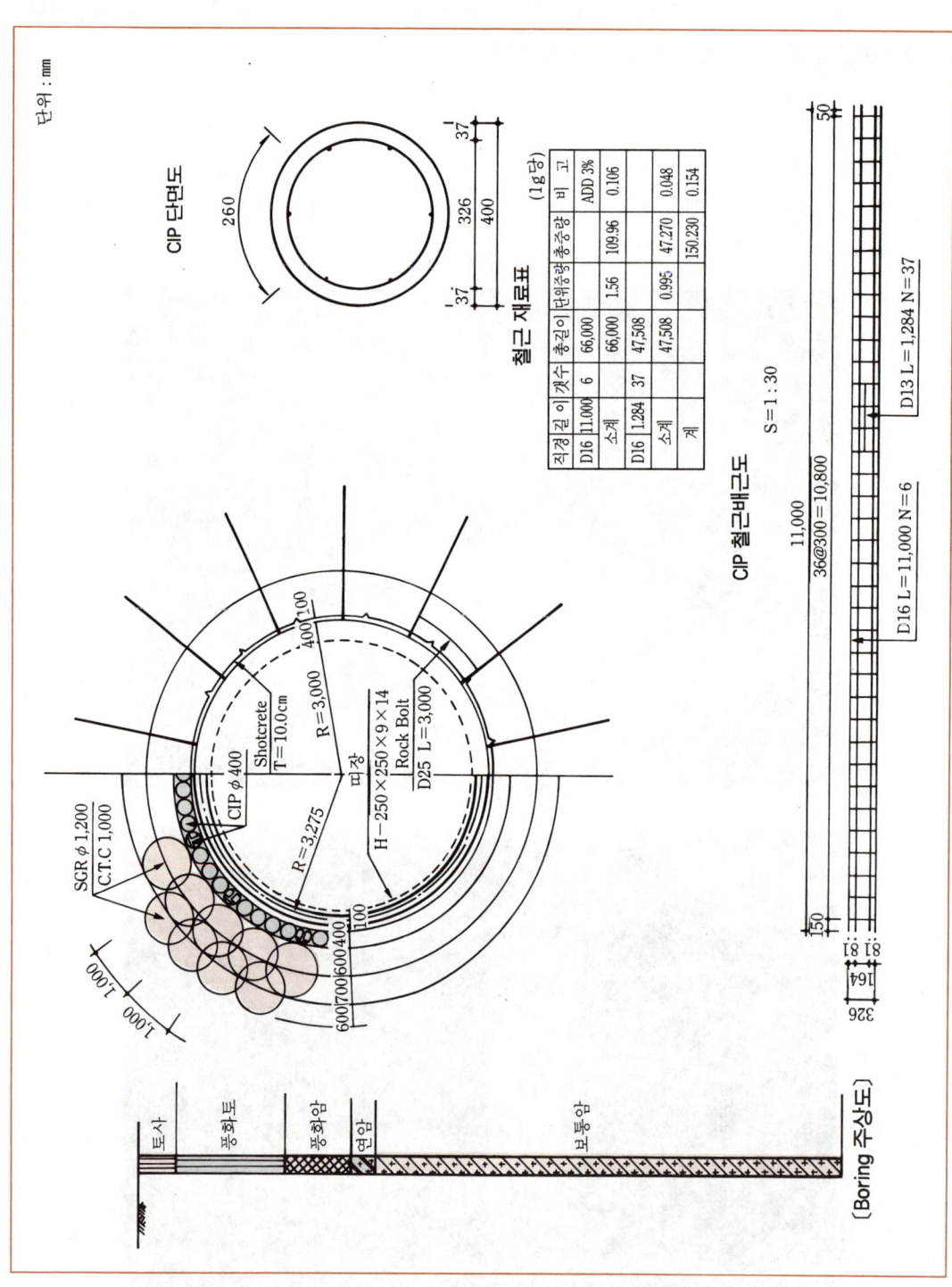

23. L. W 공법

1. 서 론

(1) L.W공법이란 독일의 Jahde Hande 교수가 Water-Glass(규산소다) 용액과 시멘트 현탁액을 혼합하여 지반중에 주입시켜 지반강화와 지수의 양목적을 기하기 위하여 개발한 약액주입공법(L.W)공법의 일종이며

(2) 일본 국철기술연구소 통구방랑박사가 터널 누수방지공법용으로 L.W공법의 결점을 보완하여 대량 일시시공이 가능한 개량형 불안전 Water-Glass공법(iLW공법)이 개발되었다.

(3) 현재 약액주입공법중에서 가장 광범위하게 대량시공되고 있는것이 iLW공법이다.

2. L. W 공법의 장점

(1) 약액주입공법 중에서 고결물 강도가 높다.
(2) 주입장비, 주입자재가 모두 국산품으로 타공법에 비해 공비가 저렴한 공법이다.
(3) 주입재를 소정의 위치에 균일하게 일정범위 주입이 가능하므로 확실한 주입효과가 있다.
(4) 동일개소에 상이한 종류의 주입재를 반복주입 할 수 있다.
(5) 주입후 필요하다고 인정되는 개소에 쉽게 재주입 할 수 있다.
(6) 천공과 주입의 작업공종을 분리하여 진행시킬 수 있으며 작업의 단순화, 성력화를 기할 수 있고 철저한 시공관리가 된다.

3. L. W 공법의 특성

(1) L. W 공법의 화학반응

시멘트의 주성분인 규산3석회($3C_aO \cdot SiO_2$)와 Water-Glass속의 규산 Ion(SiO_3^-)

$$Na_2SiO_3 + CaSiO + Na_2SO_4$$

(2) L. W 공법의 침투범위

1) L. W공법의 침투범위는 아래 그림과 같이 모래는 균일 침투주입이 원칙이고 주입 관리 공정기술에 따라 거의 고결되지만 Silt질 세사층에는 고결과 맥상주입에 의한 고결이 된다.

2) 또 시멘트의 량에 따라 주입결과가 달라지게 된다.

① 시멘트량(대)→Gel Time 속결→침투범위(소)→강도(대)

② 시멘트량(소)→Gel Time 지연→침투범위(대)→강도(소)

(표 1) 각종 Grout의 적용범위

Grout	자갈	모 래		Silt
		굵은 모래	가는 모래	
시멘트 그라우트 (현탁액)	▬▬▬▬▬▬			
LW그라우트 (반현탁액)	▬▬▬▬▬▬▬▬▬▶			
GW그라우트 (용액)	▬▬▬▬▬▬▬▬▬▬▬▬▶			
유효입경 D_{10}mm	5.0 2.0 1.0 0.5 0.1 0.05 0.01 0.005			
투수계수 (K=cm/sec)	10^0	10^{-1}	$10^{-2} \sim 10^{-3}$	10^{-4} $<10^{-4}$

※ 화살표로 표시된 구간은 균일 침투주입이 불가능하여 맥상주입이 되는 구간표시임.
※ 침입기술에 따라 시공가능한 구간표시임.

(표 2) 현장주입 결과에서 판명된 지반개량 적용 범위

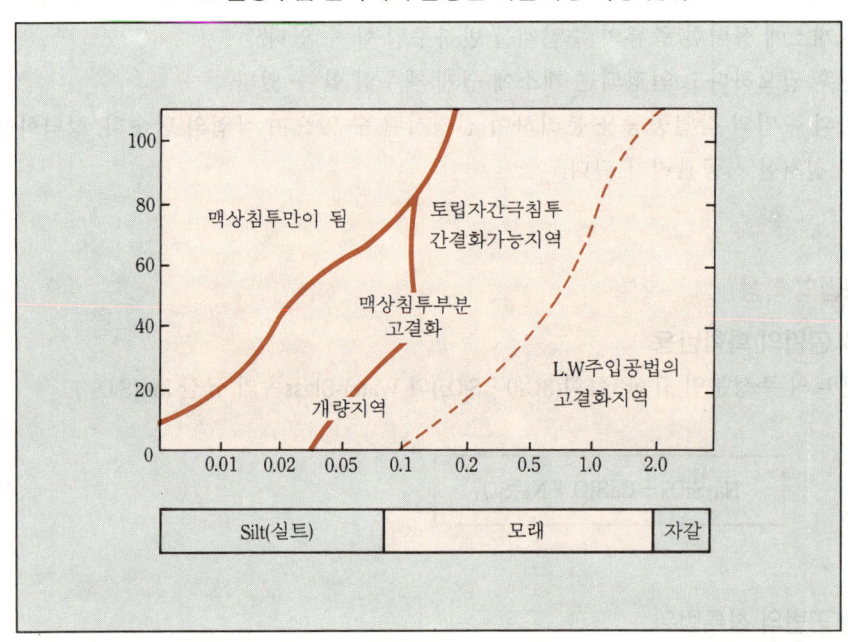

(3) L.W 공법의 강도와 경화시간과의 관계

1) L.W 공법의 시공시 강도, 경화시간과의 관계는 시멘트량에 따라 결정된다. (표 3)

2) 시멘트량과 Homogel의 일축압축강도와의 관계는 (표 4)와 같다.

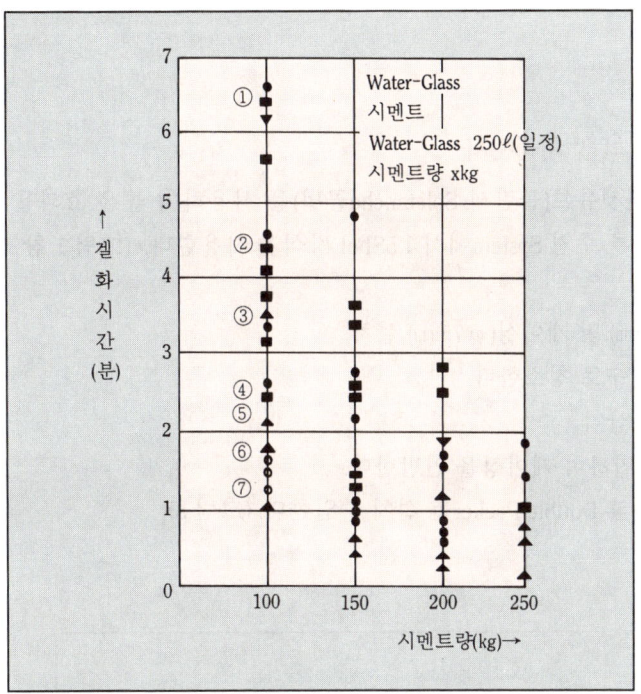

(표 3) iLW 시멘트량 및 액온과 Gel화 시간과의 관계

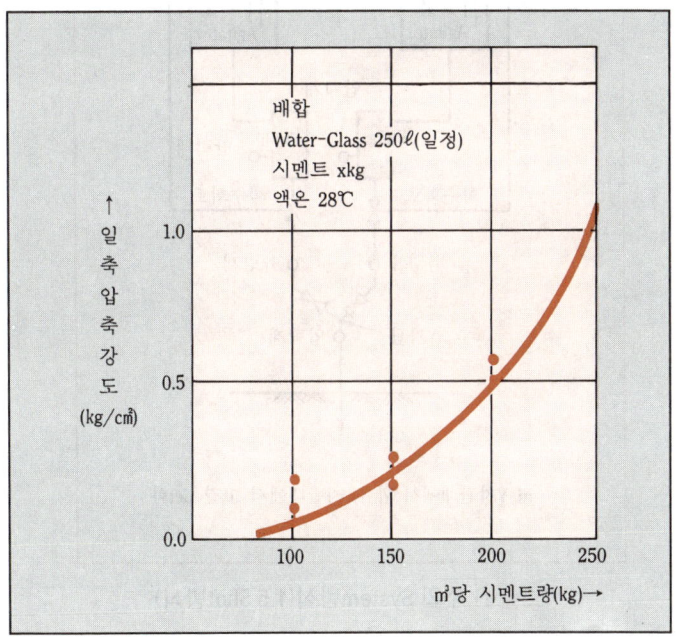

(표 4) L. W의 시멘트량 변화에 따라 Homogel의 일축압축강도 수중양생 20시간

No	1■	2	3●	4×	5△	6○	7▲
액온	5°±2°	10°±2°	15°±2°	20°±2°	25°±2°	30°±2°	40°±2°

4. L.W 공법의 주입방식 및 시공순서

(1) 주입방식은 멘젯튜브(불란서 Soletanche공법)을 사용하여 높은 효과를 올리고 있다. 또한, 경화시간에 따른 주입 System에서 1.5Shot 방식을 사용한다. (그림 1 참조)

(2) **시공순서**

   1) 천공(ϕ100mm) 및 케이싱(ϕ75mm) 설치

   2) 공내를 압력수로 청소한다.

   3) Manjet Tube 삽입

   4) Seal제를 주입하며 케이싱을 인발한다.

   5) 24시간 경과후 Double Packer를 설치 주입한다. (그림 3)

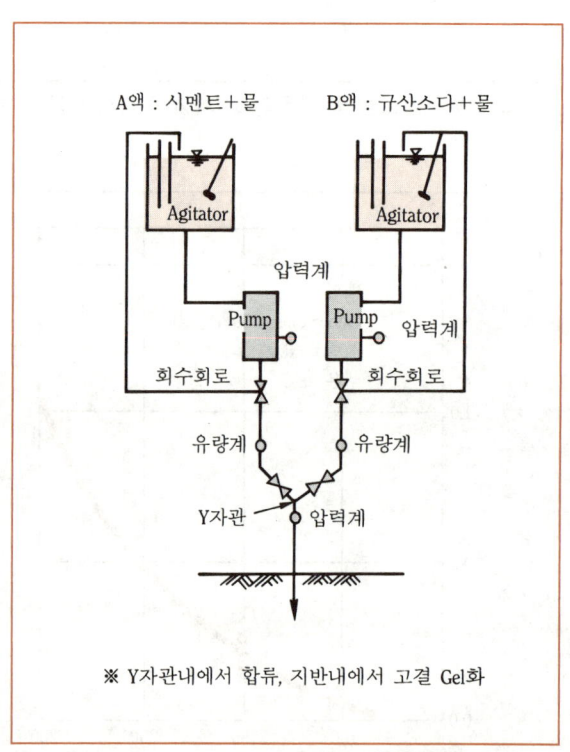

(그림 1) 주입 System방식(1.5 Shot방식)

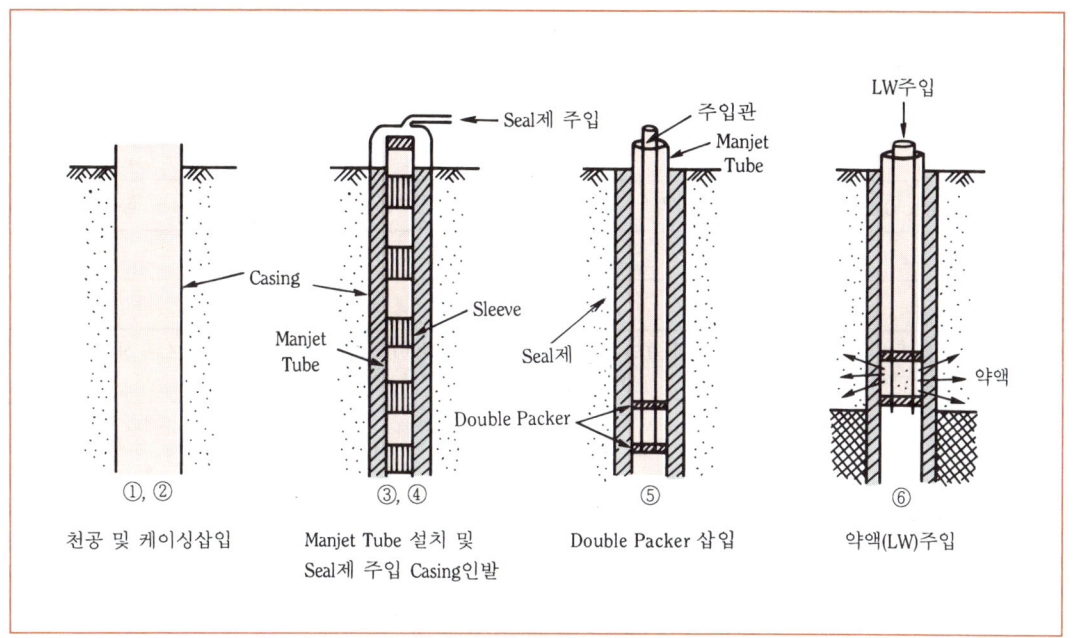

(그림 2) 시공순서도

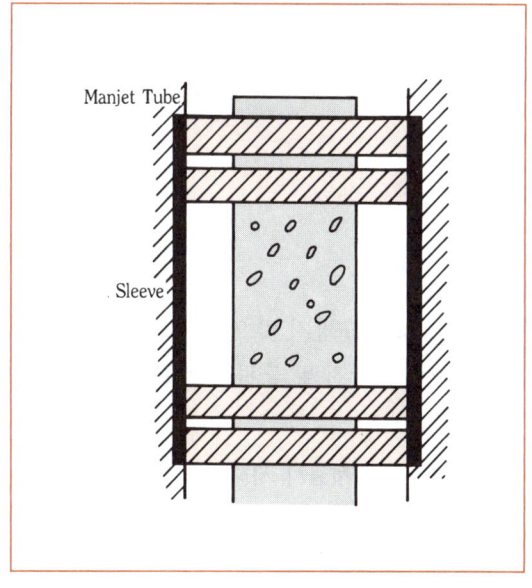

(그림 3) Double Packer 상세도

5. L.W 공법의 표준배합

(1) 터널 복공배면 누수방지, 충진용

(㎥당)

A액		B액		
Water-Glass(ℓ)	물(ℓ)	Cement(kg)	Bentonite(kg)	물(ℓ)
250	250	250	25	420
500		500		

※ 터널복공배면주입은 단순주입이며 그라우트액의 분산현상과 변화과정이 정량주입되므로 상기표의 배합비를 많이 채택함.

(2) 지반 주입시(차수 및 지반보강)

(㎥당)

A액		B액		
Water-Glass(ℓ)	물(ℓ)	Cement(kg)	Bentonite(kg)	물(ℓ)
350	150	200	20	430
500		500		

※ 지반주입은 대개 지층조건이 심도별 층별로 불균일한 변화가 있으므로 복합주입시공이 원칙이며 변화가 있으므로 복합주입의 중심자재는 iLW Grout액이 대체로 됨.

6. L.W 공법의 적용범위

(1) 터널
1) 기존 터널 복공배면주입
2) 신설 터널 복공배면주입으로 누수방지 및 연약대보강
3) Earth Tunnel(토사터널) 용출수 방지 및 붕괴지반 고결

(서울시 지하철)

A액		B액		
Water-Glass(ℓ)	물(ℓ)	Cement(kg)	Bentonite(kg)	물(ℓ)
315	185	200	22	430
500		500		

(2) 쉴드(Shield) 공법
   1) 쉴드 공법용 수직갱(Shaft)배면 누수방지 및 발진구 지반 고결
   2) 쉴드 공법 배면충진 및 보강

(3) Dam
   1) 노후화된 각종 댐 누수방지 및 보강
   2) 기초사력댐 누수방지 및 보강
   3) 댐 기초의 Consolidation Grout, Curtain Grout 및 단층 Seam대 등의 관공로 폐기 및 누수보강 등
   4) 토류벽 보강
     ① 건축기초 토류벽 배면부 보강 및 지수공
     ② 지하철 토류벽 배면보강 및 누수방지공
     ③ 옹벽 기초 및 배면보강
   5) 교량기초
     ① 교량 Pile기초 침하부 보강주입
     ② 교대부 기초보강 및 전도방지공
   6) 각종 구조물 기초
     ① 각종 구조물 기초의 침하전도 방지용 보강공
     ② 구조물 기초 인접 굴착시 탈수, 침하현상 방지 등 다용도로 주입공법 중에서 가장 많이 시공되고 있다.

7. 약액주입공법에서의 토질별 주입율

(1) 사력층의 경우는 시멘트 유액, 또는 Water-Glass(현탁액)을 사용한다.
(2) 이 표는 표준적인 것임, 토질조사의 결과에 따라 간극율, 투수계수 등에 의한 주입목적, 주입제 등에 따라 적시판단이 필요하다.

(표 5) 지질, 암반, 토반 토질의 N치, 투수계수, 간극율

토	질	N치	투수계수(Cm/sec)	간극율(%)
사력	느슨함	4~10	10^4	45~50
	보통	10~30	10^0	35~40
	조밀	30~50	10^4	30~35
사질토	느슨함	4~10	10^{-2}	45~50
	보통	10~30	$10^{-2} \sim 10^{-3}$	35~40
	조밀	30~50	$10^{-3} \sim 10^{-4}$	30~35

토 질		N치	투수계수(Cm/sec)	간극율(%)
점성토	느슨함	0~4	$10^{-4} \sim 10^{-5}$	60~75
	보 통	4~8	$10^{-4} \sim 10^{-5}$	50~60
부 식 토		0~5	$10^{-4} \sim 10^{-3}$	70~90

(표 6) 토반의 종류에 따른 재료의 점성별 Grout율(α)의 개략치

토질의 종류	Grout 재료의 점성		
	1~2cp	2~4cp	4cp 이상
굵은 모래	1.0	1.0	0.9
가는 모래	1.0	0.9	0.7
사질Loam	0.9	0.7	0.6

(표 7) 토질의 종류에 따른 주입 충진율·주입율

토 질		N치	간극율 n (%)	α (%)	주입 충진율			주입율
					시멘트유액	Water-Glass 현탁	Water-Glass 용액	
점성토	느슨함	0~1	70	40	-	31	9	28
	보 통	4~8	60	30	-	23	7	18
	조 밀	8~15	50	20	-	16	4	10
점성토	느슨함	0~10	50	60	-	17	43	30
	보 통	10~30	40	60	-	14	46	24
	조 밀	30이상	30	50	-	11	39	15
사력	느슨함	10~30	50	60	(60)	(60)	-	30
	보 통	30~50	35	60	(60)	(60)	-	21
	조 밀	50이상	25	60	(60)	(60)	-	15

24. SCW(Soil Cement Mixing Wall)공법

1. 공법의 개요
　　SCW 전용으로 개발된 특수 다축 Auger로, 토사 굴착시 Auger선단으로부터 Cement Milk, Bentonite액을 주입, 토사와 혼합하여 1-Element의 벽을 조성하고 Element를 연속적으로 겹치게 시공하여 하나의 완성된 벽체를 지중에 만드는 공법이다.

2. 특 징
　　(1) 차수성이 높다.
　　(2) 수직도가 양호
　　(3) 공기가 단축
　　(4) 벽조성시 두께 조절이 가능
　　(5) 다목적용으로 사용 가능
　　(6) 분진, 소음, 진동이 적다.

3. 적용범위
　　(1) 지하 굴착 가시설
　　(2) 토류벽
　　(3) 차수 및 누수 방지벽
　　(4) 구조물 기초 보강
　　(5) 연약지반 개량
　　(6) 해안 매립지의 염수 침수 방지벽
　　(7) 항만, 하천 구조물의 기초 세굴방지
　　(8) 응력재 삽입시 다목적 이용 가능

4. Soil Cement 배합·강도

토 질	배 합(㎥)			일축압축강도(kg/㎠)
	Cement(kg)	BENTONITE(kg)	물(ℓ)	
점성토	250~400	5~10	500~800	7~20
사질토	250~350	10~20	550~700	20~80
사질토	250~350	10~20	550~700	6~120

5. 표준단면도

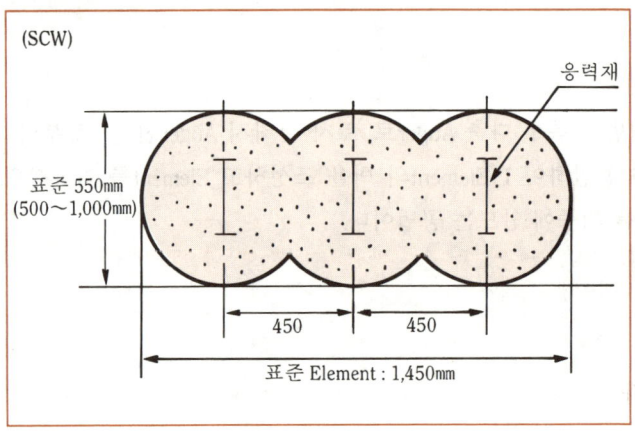

6. 시공 전경도

7. 시공사례 예시

↑ 충무 마리너 보트 정박장

25. K.W 공법(Key Wall Method, 니수고화공법)

1. 시공법 개요

K. W 공법이란 Precast Concrete판+Key Soil 공법을 말하는 것이다. 다시 말하면 Key Wall을 의미하는 것이다.

2. Key-Soil 공법

(1) 지중에 굴착한 도랑(Trench)에 Bentonite 용액을 주입하여 도랑의 벽면을 유지하는데 Bentonite 니수를 그대로 도랑 속에서 고화시켜 하나의 Wall로 만드는 공법이다.
(2) 고화하는 방법은 니수중에 2종류(A, B제)의 경화제를 투입하여 이들을 균질로 교반하기 위하여 Air Blow를 사용한다.
(3) 고화된 Key-Soil은 비투수성의 점토상 물질로서 (표 1)과 같은 성질을 가진다.

(표 1) Key-Soil의 성질

단위체적중량	$\gamma = 1.1 \sim 1.3 \, gr/cm^3$
일축압축강도	$*q_u = 0.5 \sim 20.0 \, kg/cm^2$ (조정가능)
투수계수	$K = 1.0 \times 10^{-7} \, cm/sec$ 이하
Geltime	$3 \sim 15 \, min$
강도발현	1일($q_u \fallingdotseq 0.2 \sim 1.0 \, kg/cm^2$)

* Key-Soil의 표준강도는 밑파기 시의 그것도 생각하여 $3 \sim 4 kg/cm^2 (30 \sim 40 t/m^2)$이다.

3. K.W 공법의 특징

(1) Precast Concrete판의 사용에 의하여 끝손질 정도 및 벽강도의 안정성이 대단히 우수한 지중 연속벽이 얻어진다.
(2) 소음, 진동, 주변의 지반 등의 공사공해가 없어진다.
(3) Key-Soil은 지수성이 높으므로 약액주입 등의 보조공사는 일절 불필요하다.
(4) 그리고 Key-Soil은 화학적으로 무해하므로 안전하고 또 안전하게 지수벽을 만들 수 있다.

3. K.W 공법의 시공순서 예시

시공순서는 아래(그림 1)과 같다.

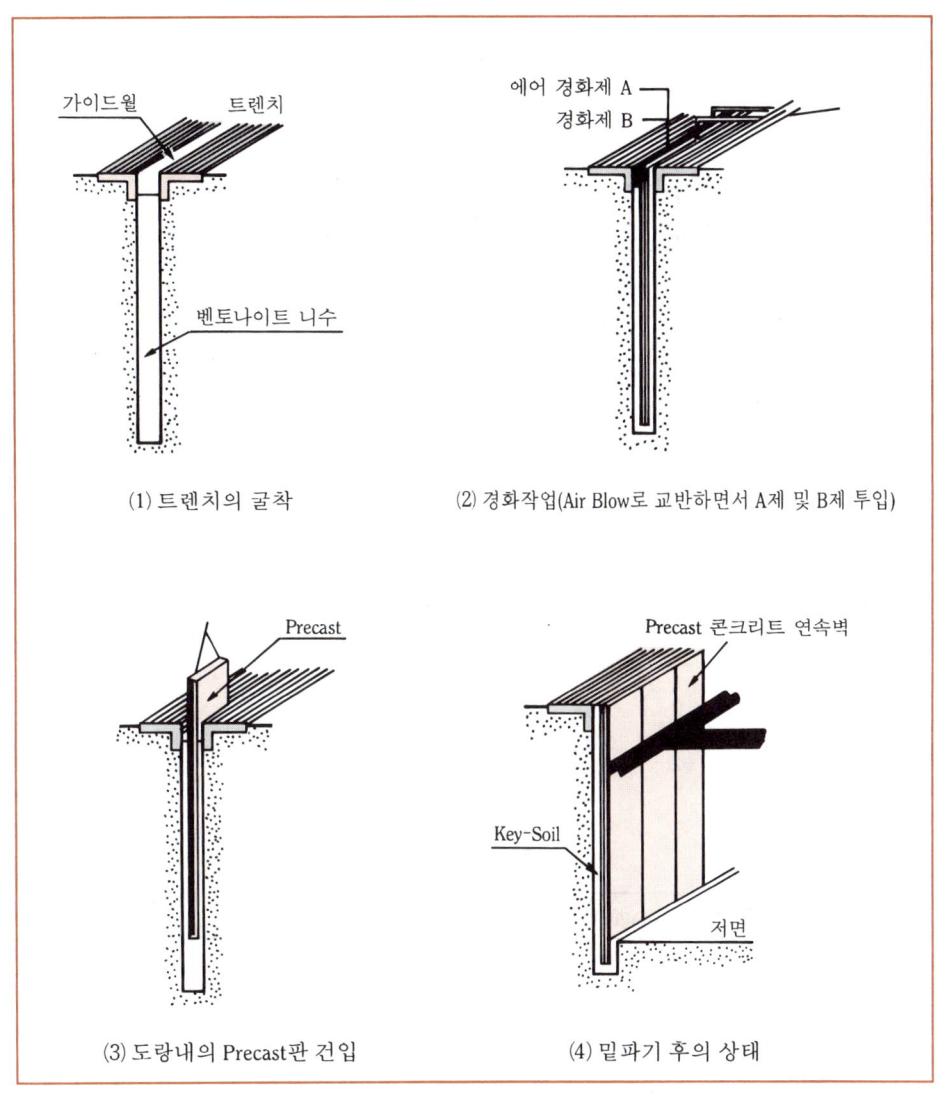

(그림 1) K. W 공법의 시공순서

26. 계측기 설명

Magnetic Extensometer Pipe Installation

Settlement Reference Point Installation

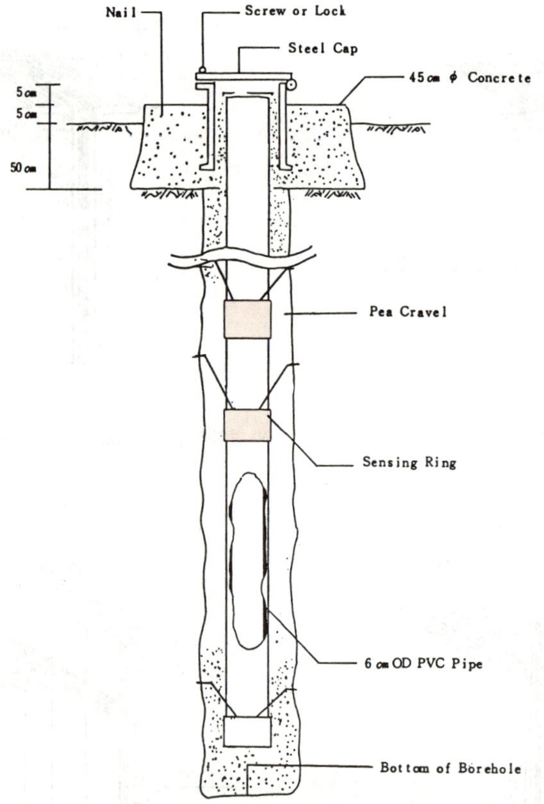

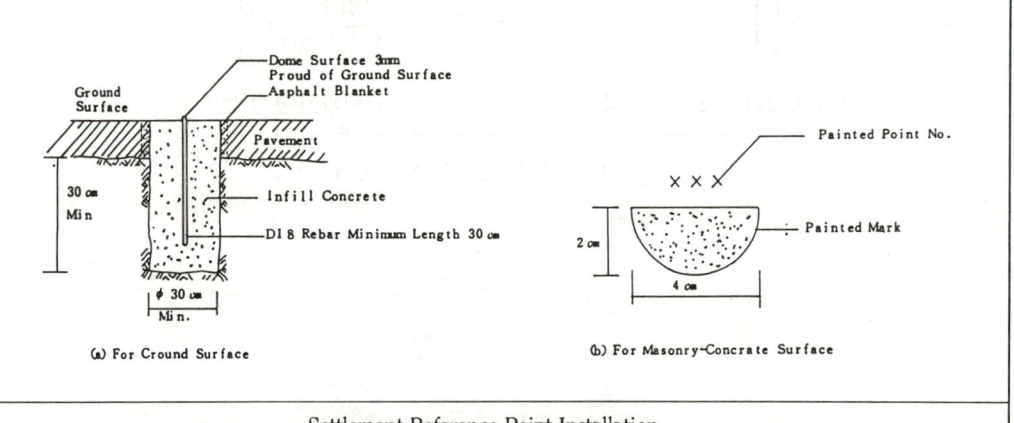

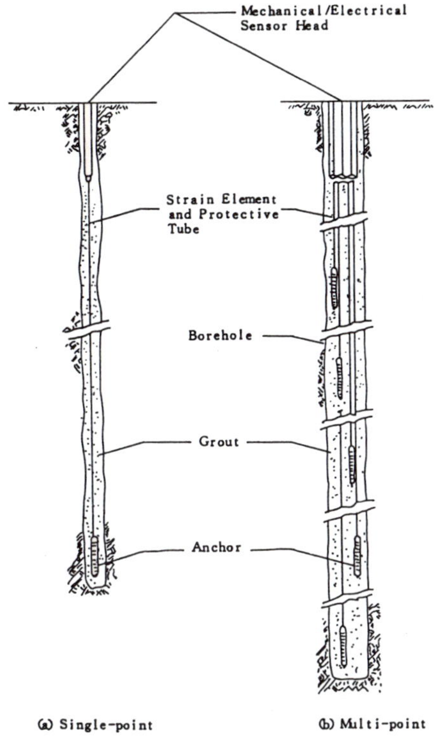

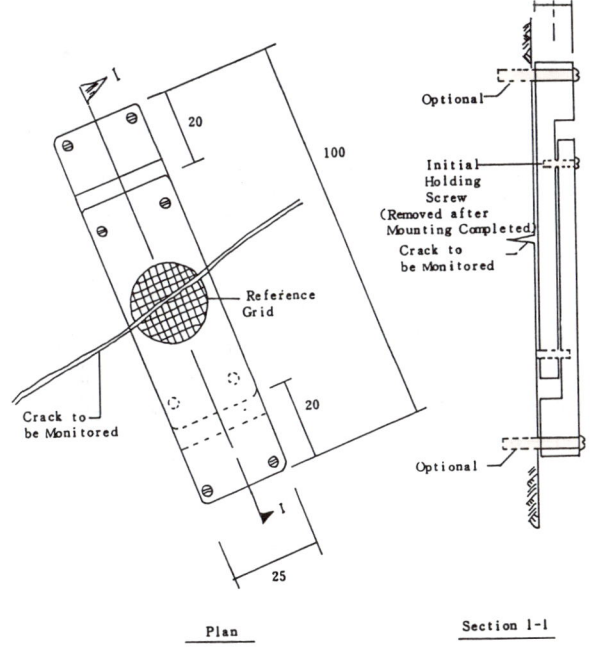

Rod Extensometer Installation

Crack Gauge Telltale Installation

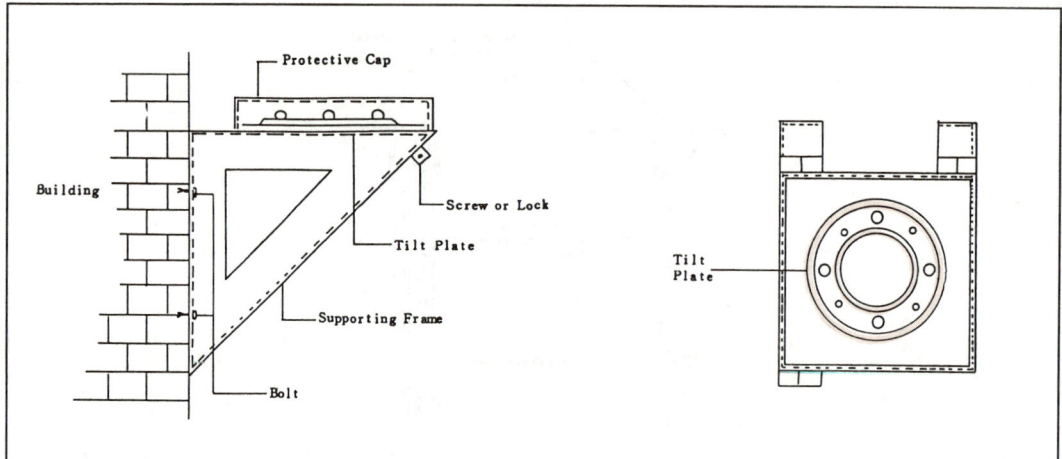

Tilt Plate Installation

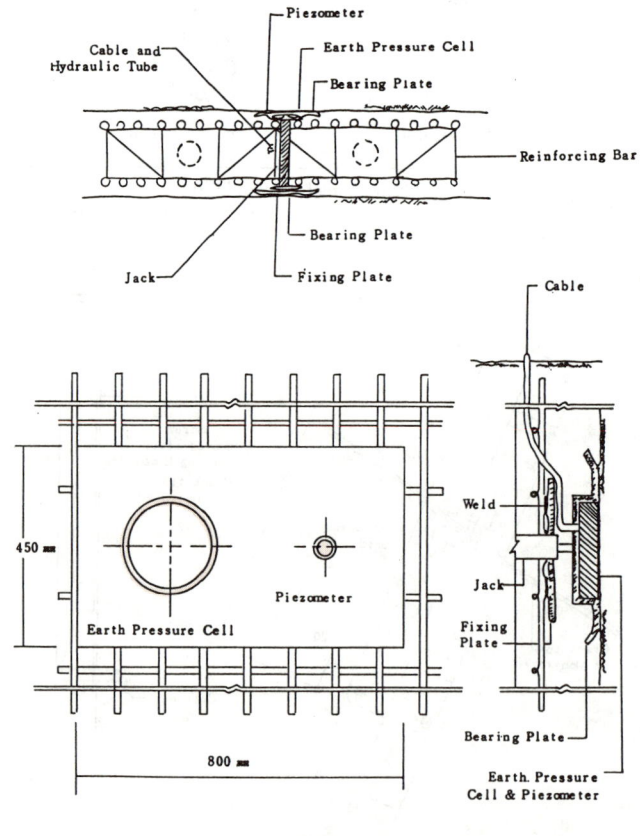

Combined Earth Pressure Cell and Piezometer Installation at Concrete/Earth Contact

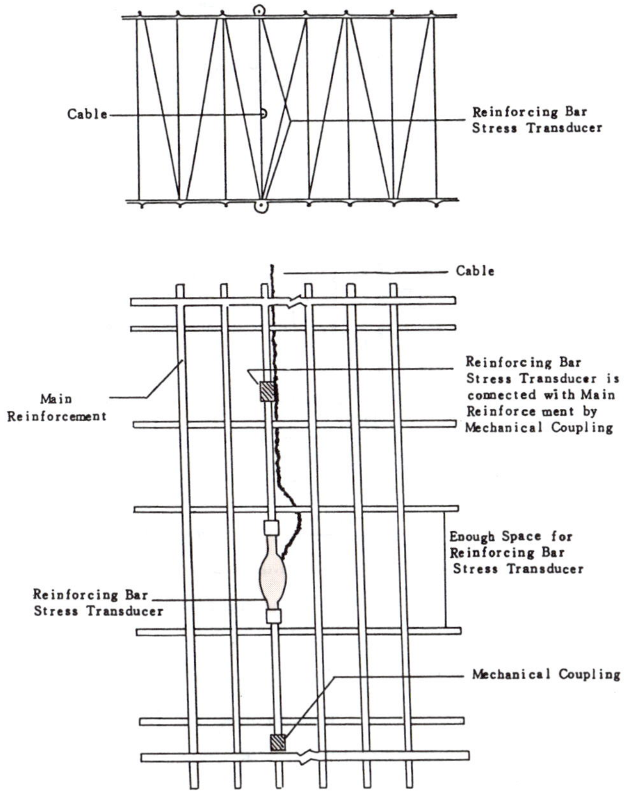

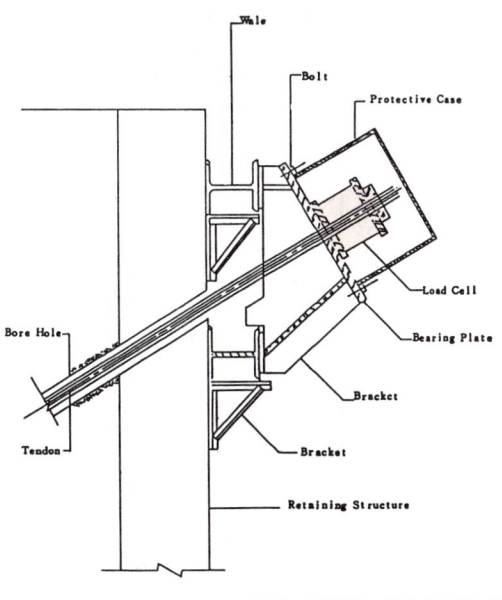

Reinforcing Bar Stress Transducer Installation

Center Hole Load Cell Installation

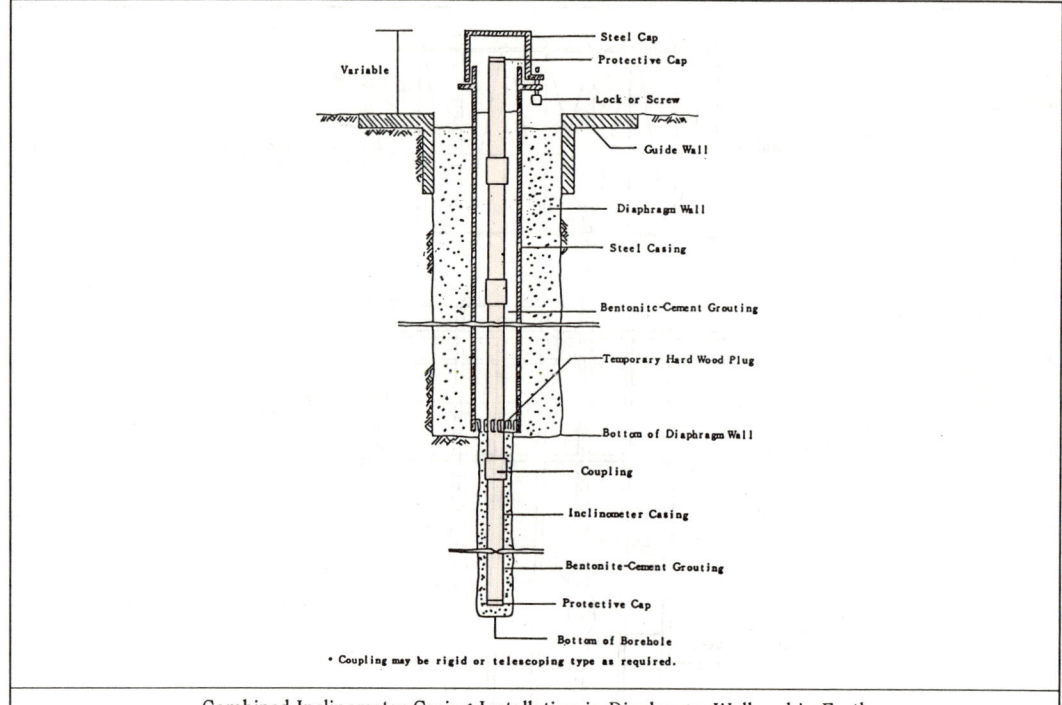

Combined Inclinometer Casing Installation in Diaphragm Wall and in Earth

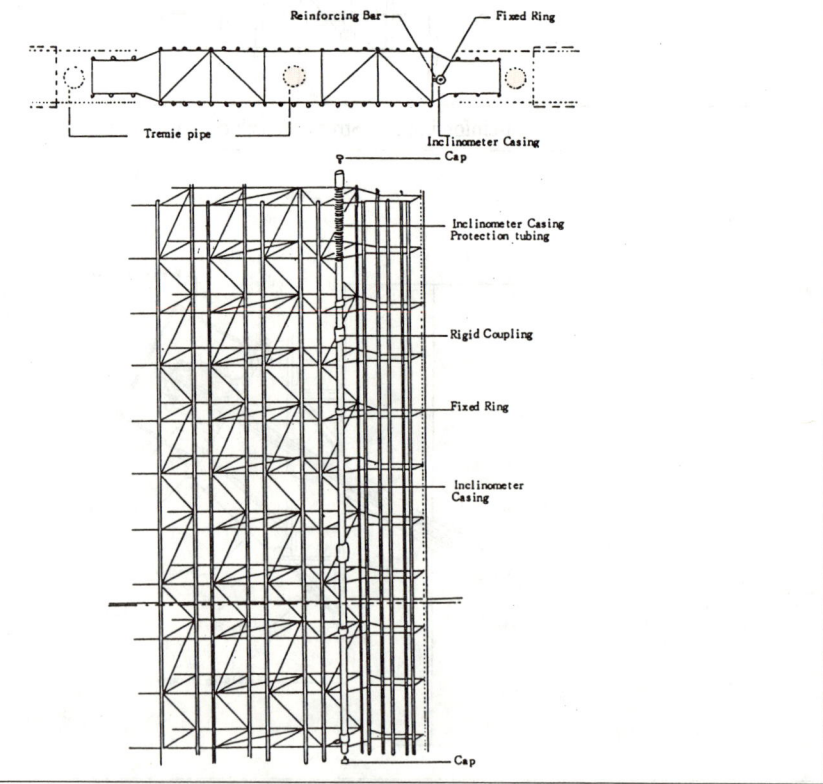

Inclinometer Casing Installation in Diaphragm Wall

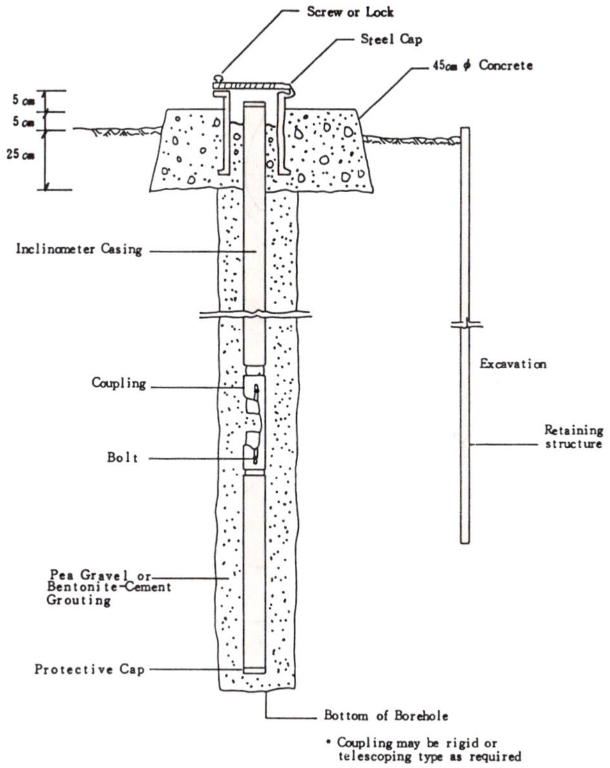

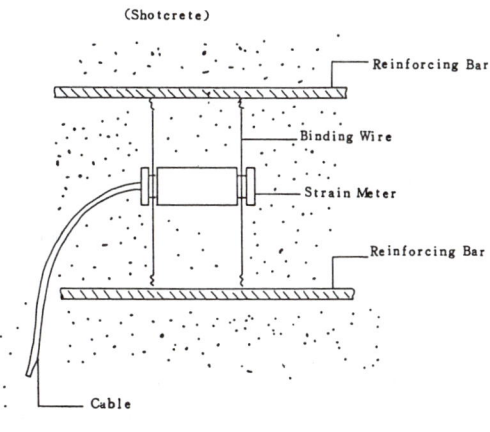

Inclinometer Casing Installation in Earth

Concrete Strain Meter Installation in Tunnel

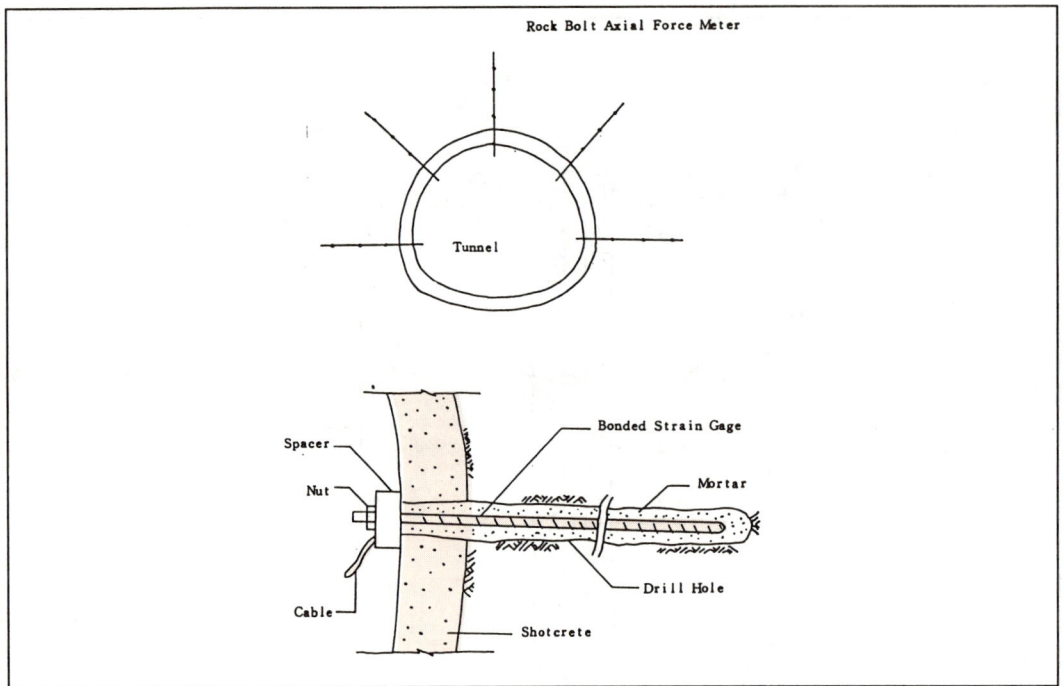

Rock Bolt Axial Force Meter Installation

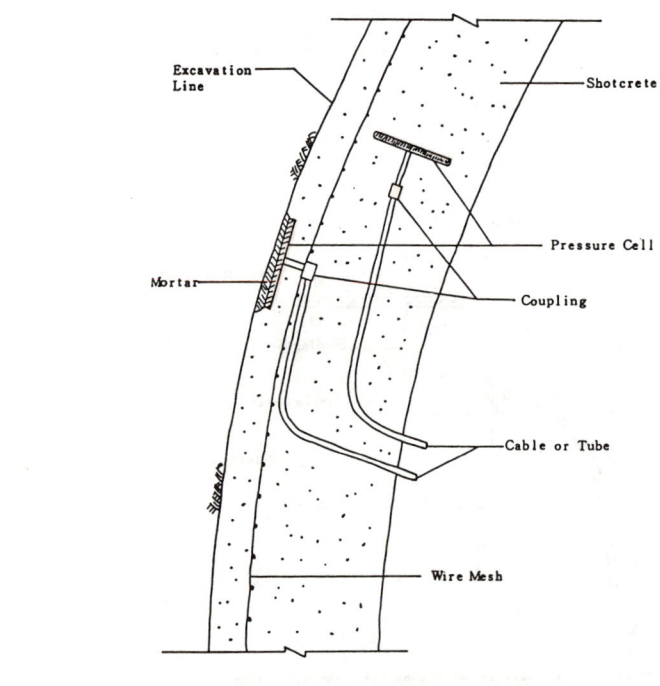

Pressure Cell Installation in Tunnel Lining

27. 가물막이 공법(가체절 공법)의 종류 및 특징에 대하여 (Dam, 하천, 항만과 연계시켜 암기)

1. 개 요

가물막이는 하천이나 해안 등에서 구조물을 축조할 때 이 지역을 Dry한 상태로 만들어 공사를 추진 하기 위한 가설 구조물로서, 토압, 수압 등의 외력에 견디는 강도, 수밀성이 있어야 하고 가설 구조물로서 철거가 쉽고 경제적이어야 한다.

【기술내용】
(1) 시공 계획상 유의사항
(2) 설계 시공시 유의사항
(3) 공법 선정시 유의사항
(4) 가물막이 공법의 종류 및 특징
　1) 자립형
　　① 토사 축제
　　② 강널말뚝에 의한 것(Steel Sheet Pile)
　　　㉠ 1단 물막이(한겹 Sheet Pile식)
　　　㉡ 2단 물막이(두겹 Sheet Pile식)
　　　㉢ Cell형 물막이(직선형 강널 말뚝)
　　　㉣ Ring Beam 공법
　　③ Caisson 식
　　④ 강판 Cell(Corrugated Cell)
　2) 버팀대형 Steel Sheet Pile
　　① 한겹 Steel Sheet Pile
　　② 두겹 Steel Sheet Pile
　3) 특수공법
　　① 강관 널말뚝
　　② 강관 널말뚝 우물통

2. 시공계획시 고려사항

(1) 토질 조사

(2) 유속, 유량, 홍수위 조사
(3) 조류, 파도, 풍향 조사
(4) 부근의 준설공사 등 조사

3. 설계시 유의사항
(1) Strut
　　Wale
　　Steel Sheet Pile의 단면 검토
(2) 밑넣기 깊이 검토
(3) Boiling에 대한 검토(부풀어 오르는 범위 $= \dfrac{\text{밑넣기 깊이}}{2}$)
(4) Heaving에 대한 검토(점성토)
(5) 토압에 대한 검토
(6) 수압에 대한 검토

4. 공사 선정시 유의사항
(1) 지수성이 있는가 ?
(2) 토압, 수압, 파도 등의 외력에 대해서 안전한가?
(3) 시공은 용이한가?
(4) 철거는 용이한가?
(5) 주위 환경에 대한 공해는 없는가?
(6) 물막이 내부의 작업 난이도는?
(7) 경제성 검토(본 공사 시공을 위한 가설공사로서의 물막이 공사비는 적절한가?)

5. 공법의 종류, 적용성, 특징, 시공시 유의사항
(1) 자립형
　　1) 토사축제(수심 3m)
　　　① 적용성
　　　　㉠ 수심이 얕고
　　　　㉡ 공기가 짧을 때 사용
　　　　㉢ 수심 3m까지

　　　② 특징
　　　　㉠ 구조가 단순하다.

ㄴ 재료 입수가 용이하다.
  ㄷ 용지가 넓으면 용이하게 시공된다.
  ㄹ 투수성의 토사인 경우 전면에 Vinyl Sheet깐다.
③ 시공시 유의사항 : 장기공사에서는 지수 널말뚝을 제방내 넣는다.

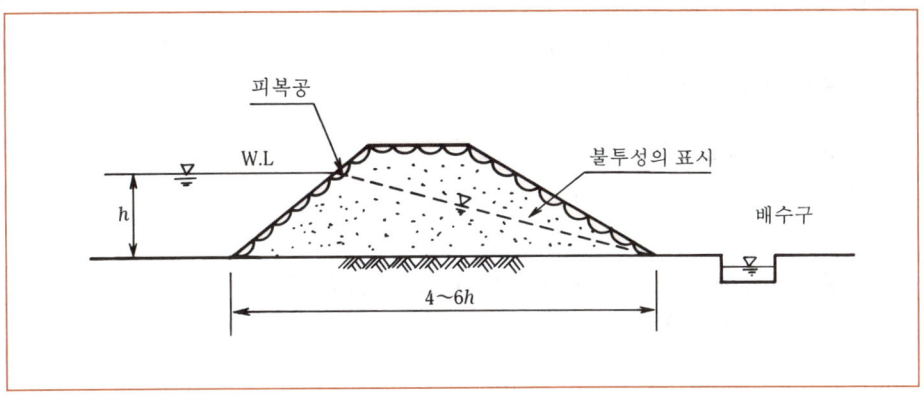

(그림 1) 자립형

2) 한겹 Sheet Pile식(1단 물막이) 수심 5m
  ① 적용성 :
    ㄱ 경제적이므로
    ㄴ 지반이 좋은 소규모 공사에 사용하고
    ㄷ 수심 5m정도

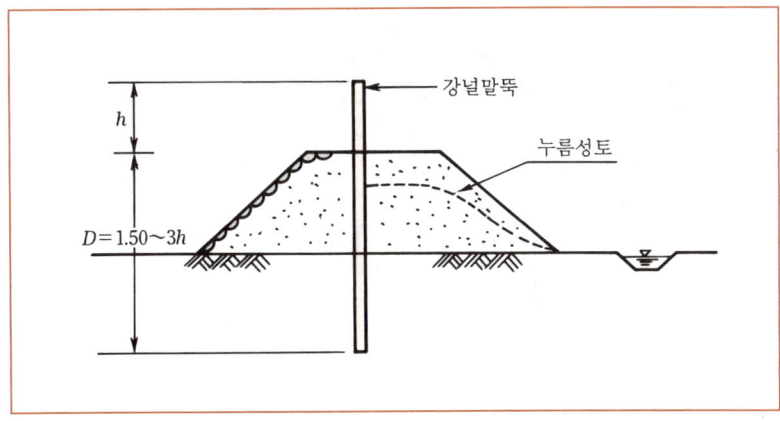

(그림 2) 한겹 Sheet Pile식

② 특징 :
  ㉠ 강널말뚝의 휨 강성과 밑넣기부의 횡저항에 의해서 수압에 저항한다.
  ㉡ 누름 성토를 병용하던가 강관말뚝을 사용하면 깊은 수심에 적합하다.

③ 시공시 유의사항 :
  ㉠ 한겹 Sheet Pile로 수압, 토압에 저항하므로 강도를 신중히 검토한다.
  ㉡ 특히 밑넣기 깊이 검토
  ㉢ 물막이 정부가 변위되기 쉽고,
  ㉣ 줄이 나쁘게 되기 쉽다.

3) 두겹 Sheet Pile식(2단 물막이 수심 10m)
  ① 적용성 :
    ㉠ 대규모 물막이 공사에 사용하며,
    ㉡ 물막이 내에 버팀대 등의 버팀공사를 할 수 없을 때
    ㉢ 수심 10m 정도까지

  ② 특징 :
    ㉠ 널말뚝이 투입되는 어느 장소에서도 물막이가 된다.
    ㉡ 지수성이 우수하다(1단 물막이에 비해서)
    ㉢ 구조적으로 안정하다.
    ㉣ 물막이 정부가 작업 바닥이 된다.

  ③ 시공시 유의사항 :
    ㉠ 중간 토사 채움까지는 외력(파도)에 약하다.
    ㉡ 지수성을 높이기 위해서 한쪽 널말뚝을 길게하는 수가 있다.
    ㉢ Tie Rod의 절단사고에 유의한다.

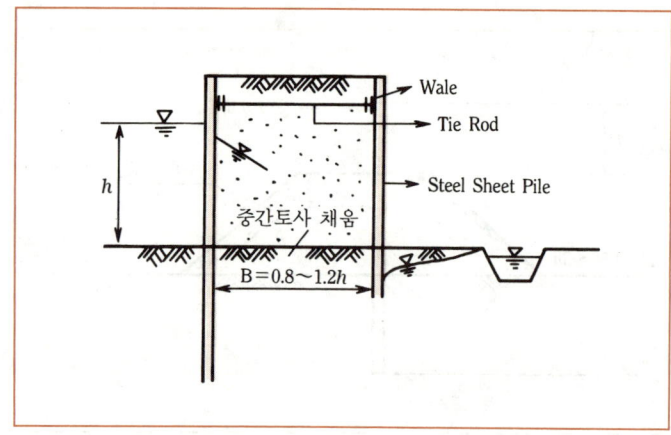

(그림 3) 두겹 Sheet Pile식 가물막이(수심 10m까지)

4) Cell형 물막이(직선형 강널말뚝) 수심 10m
   ① 적용성 :
      ㉠ 물막이 수심이 깊고
      ㉡ V형 강널말뚝으로는 강성이 부족할 때
      ㉢ 암반 등이 얕고, 강널말뚝의 투입이 곤란할 때
      ㉣ 수심 10m정도까지 가능

   ② 특징 :
      ㉠ 강 Cell이 독립되어서 있어서 안정성이 좋다.
      ㉡ 수밀성이 좋다.
      ㉢ 지지층이 깊은 경우에도 시공된다.
      ㉣ 버팀대, 띠장(Wale)이 불필요

   ③ 시공시 유의사항
      ㉠ 시공이 어렵다.
      ㉡ 중간채움 완료까지 파도(외력)에 약하다.
      ㉢ 직선 널말뚝은 Lease재가 없고 경제성이 없다.

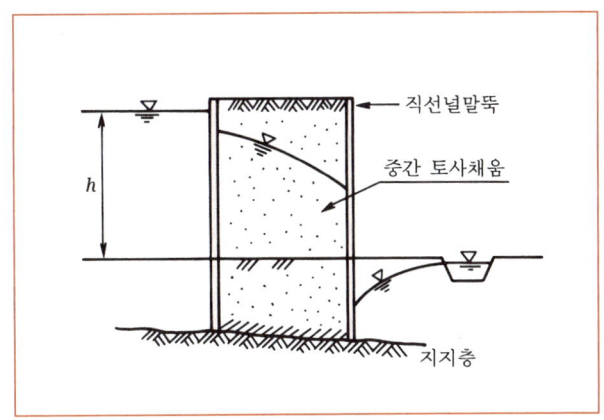

〈그림 4〉 Cell형 물막이

5) Ring Beam식(수심 10m)
   ① 적용성 :
      ㉠ 경제적으로 시공 속도가 빠르다.
      ㉡ 교각 기초에 많이 사용
      ㉢ 수심 5~10m

② 특징 :
　　㉠ 원형으로 투입하는 강널말뚝을 버팀대를 사용하지 않고 Ring Beam의 축만으로 지지한다.
　　㉡ 작업 중간이 넓다.
　　㉢ Prestress에 의해서 수밀성이 좋다.
③ 시공시 유의사항 : 시공 관리의 미묘함을 요구하므로 사용을 피함이 좋다.

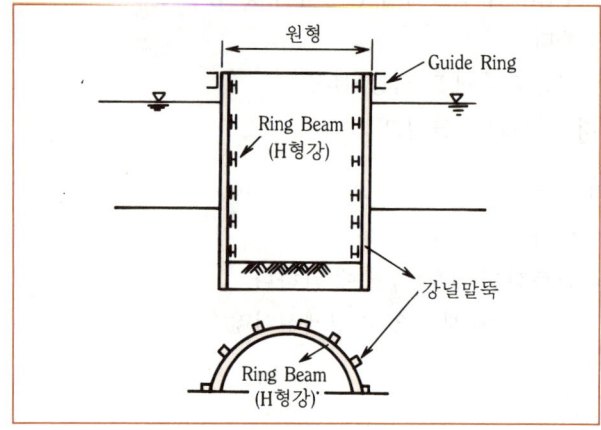

(그림 5) Ring Beam식

6) Concrete Caisson식(수심 10m이상)
　① 적용성 : 수심이 깊어서 널말뚝의 투입이 안될 때
　② 특 징 :
　　㉠ 안정성이 있으며, 공기는 빠르다.
　　㉡ 공사비가 비싸다.

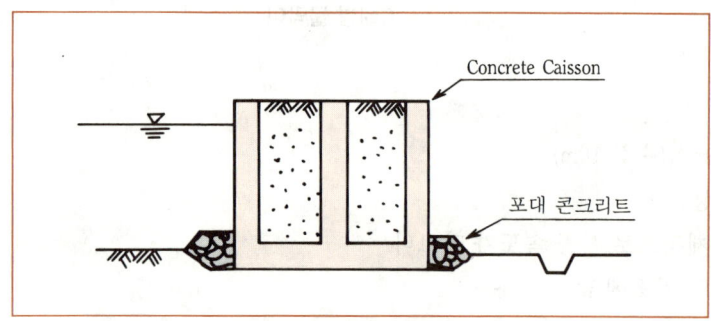

(그림 6) Concrete Caisson식

③ 시공시 유의사항 :
　　㉠ 저면에서 침투성 처리에 유의
　　㉡ Caisson의 예항 조건의 검토

7) 강판 Cell공법(수심 10m)
① 적용성 :
　　㉠ 공기 단축을 목적으로 할때
　　㉡ 가설 호안 등에 사용

② 특징 :
　　㉠ Cell에 운반용의 Crane선이 필요
　　㉡ 시공이 간단하고
　　㉢ 경제적이고
　　㉣ 안정성이 높다.

③ 시공시 유의사항 : 중간채움, 누름성을 시공하지 않으면 불안정하다.

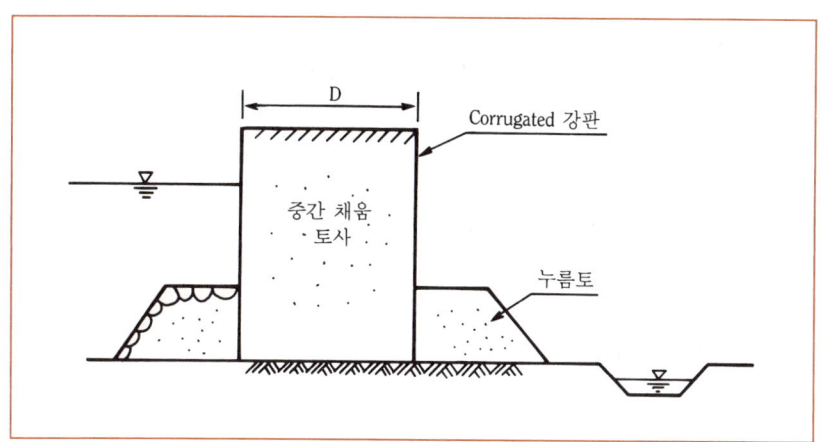

(그림 7) 강판 Cell공법

(2) 버팀대형 가물막이(수심 10m이상)
1) 1단 물막이(한겹 Sheet Pile식)
① 용도
　　㉠ 교각 기초 공사에 많이 사용된다.
　　㉡ 수심 5~10m

② 특징 : 흙막이와 같은 구조이다.
③ 유의사항
　㉠ 버팀대 중간 말뚝이 본구조물 시공에 방해가 되지 않게 한다.
　㉡ 철거시의 안정성과 시공시의 검토
　㉢ 흙막이 경우보다 수압에 대한 외력이 크므로 시공관리에 주의해야 한다.

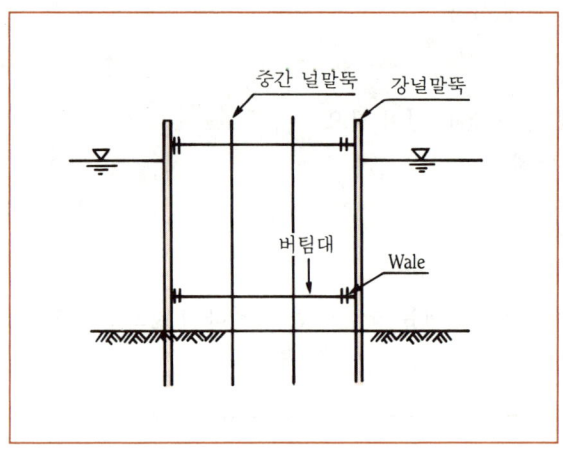

(그림 8) 버팀대형 가물막이

2) 2단 버팀대형 가물막이(수심 10m이상)
　① 용도
　　㉠ 유속이 큰 곳, 수심이 깊은 곳에서 사용
　　㉡ 교각 기초 및 Pump장

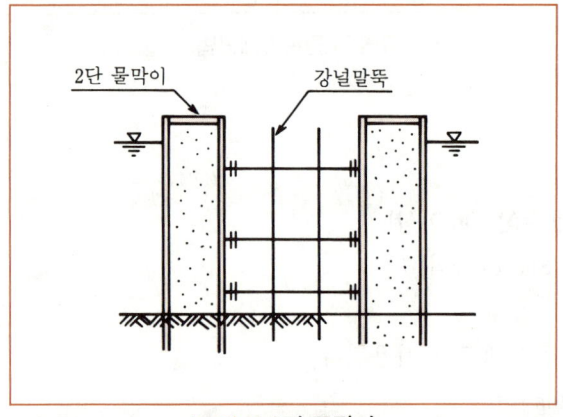

(그림 9) 2단 물막이

② 특징 :
　㉠ 1단 물막이 보다 수밀성, 강도가 크다.
　㉡ 1단 물막이 보다 깊은 굴착에서 사용
　㉢ 물막이 위는 작업장으로 사용

③ 주의사항 : 1단 물막이와 동일

3) 강관널말뚝(수심 10m 이상)

① 용도 :
　㉠ 수심 10m 이상의 물막이
　㉡ 수중 1단 물막이 가능

② 특 징 :
　㉠ 강널말뚝과 달리 단면을 자유로 선택할 수 있다.
　㉡ 널말뚝과 말뚝의 기능을 동시에 발휘한다.
　㉢ 방수이음이 가능하다.

③ 주의사항 :
　㉠ 강관널 말뚝의 전용은 불가
　㉡ 고가이다.

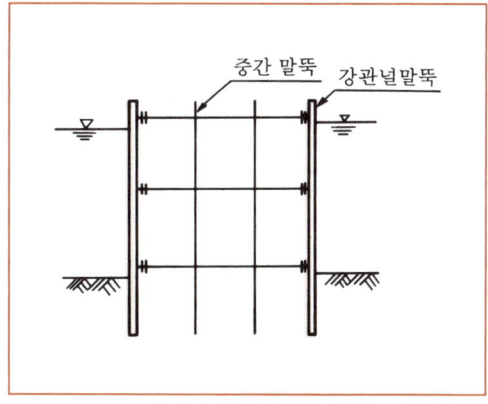

(그림 10) **강관 널말뚝**

6. 결 론

【시공전 검토 사항】

(1) Boiling

(2) Heaving

(3) 수압, 토압
(4) 인근 현장 시공 현황
(5) 부재 검토(단면 검토)
(6) 기상조건(파도, 파고, 수심, 파랑)

28. 가물막이 구조의 올바른 역할을 위한 시공관리 항목

1. 개 요
- 가물막이(가체절)는 토압, 수압 등의 외력에 견디는 강도와 수밀성이 요구되나 가설구조물로서 철거되기 쉽고 경제적이어야 한다.
- 수중 물막이 공법은 지상공사와 달라서 결함이 중대 재해의 원인이 되므로(인사 사고, 공기 지연 등)
- 시공 계획이나 현장 상황의 판단과 과거의 시공 실적을 충분히 연구하여 신중하게 대처해야 한다.

【기술내용】

(1) 공법 선정시 유의사항
 1) 가물막이내를 완전히 지수할 수 있는가?
 2) 토압, 수압, 파도 기타 외력에 대한 안정성 구조인가?
 3) 가설 물막이의 구축은 용이하게 시공 되는가?
 4) 철거는 간단하게 실시 되는가?
 5) 시공의 안전성은 어떤가?
 6) 가설공사로서 가물막이 공사비 공기는 본공사 비용에 비해서 경제성이 있는가?

(2) 계획상의 유의사항(사전조사)
 1) 토질 조사
 2) 수위, 유속 유량 조사
 3) 조위, 조류, 파도, 풍향, 풍속 등 조사
 4) 부근의 준설공사 등의 조사

(3) 설계시 유의사항(구조적 안정성 검토)
 1) 버팀대(Strut), Wale, 널말뚝의 단면 검토
 2) 널말뚝의 밑넣기 길이 검토
 3) Heaving에 대한 검토
 4) Boiling에 대한 검토

2. 공법 선정시 유의사항

3. 계획상 유의사항(사전 조사)

4. 설계시 유의사항

(1) 버팀대(Strut) 띠장의 검토

1) 버팀대 $P = W \cdot l$

$$\sigma = \frac{P}{A} < \sigma_a \ (kg/cm^2)$$

여기서, W : 띠장에 작용하는 1m당의 하중(t/m)
l : 버팀대 간격(m)
A : 버팀대 단면적

버팀대는 압축부재이다.

(2) 띠장(Wale) : 띠장은 버팀대를 지점으로 하는 단순보로 한다.

$$M = \frac{Wl^2}{8} \ (t \cdot m)$$

$$\sigma = \frac{M}{W} < \sigma_a \ (kg/cm^2)$$

여기서, W : 띠장 단면계수(cm³)

(3) 널말뚝의 밑넣기 길이 검토 : 최소 밑넣기 길이는 3m로 한다.

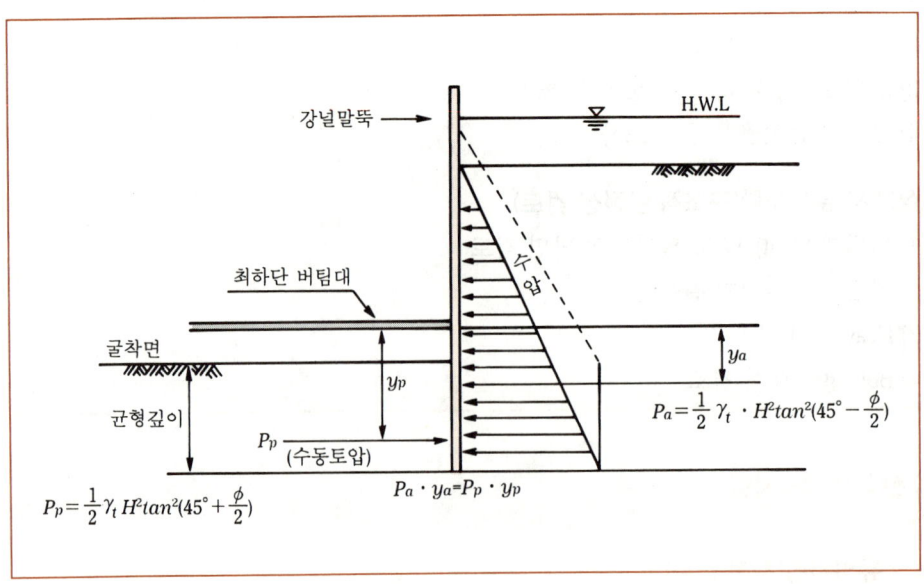

(그림 1) y_p : 널말뚝 모멘트 산정 Span

(4) Heaving에 대한 검토(점성토)

1) Heaving이란 가물막이내 외측 흙의 중량의 차이에 의해서 굴착내부 저면이 부풀어 오르는 현상.
2) 안전율은 1.20이상으로 한다.

$$F_s = \frac{S_u(\pi + 2\theta)}{h + \gamma' hd} \geq 1.20$$

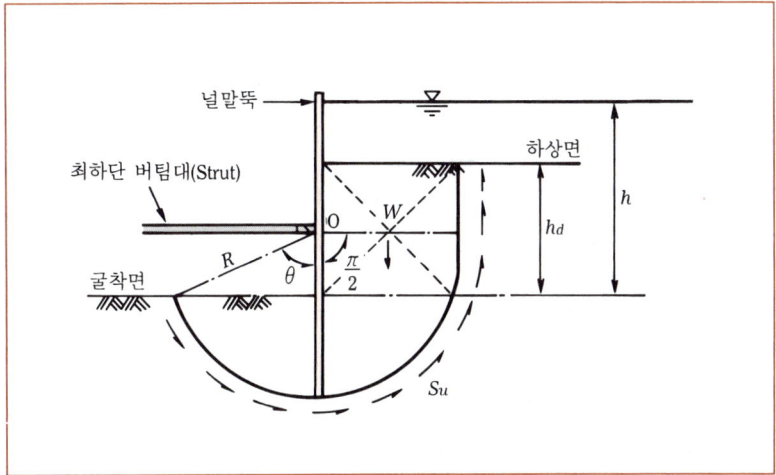

(5) Boiling 검토

1) Boiling이란 느슨한 모래지반 굴착시 가물막이 내외의 수위차에 의해서 가물막이 내부의 흙이 부풀어 오르는 현상.
2) 부풀어 오르는 범위는 경험적으로 널말뚝 밑넣기 깊이의 1/2 즉,
   ① 이부분의 흙의 중량

$$W = \frac{D_L}{2} \cdot D_L \cdot \gamma_s'$$

   ② 상향의 과잉수압 U는 유선망에서 구한다.

$$U = \frac{1}{2} \cdot D_L \cdot \gamma_w \cdot h_a \,(h_a : 평균수압 \frac{h}{2} 취한다)$$

③ Boiling에 대한 안전율

$$F_s = \frac{W}{\overline{U}} = \frac{D_L \cdot \gamma_s{'}}{h_a \cdot \gamma_w} \geq 1.50$$

여기서, D_L : 근입깊이
$\gamma{'}$: 흙의 단위중량
γ_w : 물의 단위중량
W : 토사의 중량
$\overline{U}$: 양압력

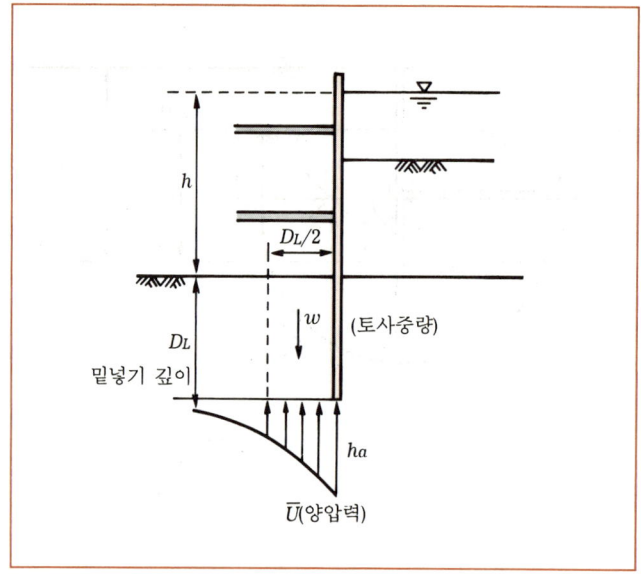

5. 결 론

【가물막이 공사시 시공관리 주안점】

(1) 수압에 대한 전도파괴 방지대책

  1) Steel Sheet Pile의 근입 깊이 깊게한다.
  2) 부분 굴착한다.

(2) Boiling, Heaving이 발생하지 않도록 대책강구

  1) 근입 깊이 깊게(최소 1~2m)
  2) 부분 굴착한다.

(3) Boiling, Heaving 발생시 응급대책

   1) Boiling의 경우 : 복수

   2) Heaving의 경우 : 복토 시행한다.

> **29.** 지하 구조물을 시공할 때에 토류벽 배면의 지하수위가 굴착면보다 높은 경우 용수 대책 및 지수 공법으로 시공하는 이유(배수공법+지수공법) (지하 배수공법의 종류)

1. 개 요

(1) 종래의 터파기 공사에 대한 지하수의 처리는 주로 배수공법에 의하였다.

(2) **그러나 배수공법에 의하면**
    1) 주변 지반의 압밀에 의한 구조물의 부등침하
    2) 우물의 고갈
    3) 배수에 의한 하수도의 폐쇄 등 인근에 피해를 주는 결점이 있으므로 지수공법을 병용 시공한다.

(3) **지수공법 채용시 문제점**
    1) 외력으로서의 토압외에 수압도 가해지기 때문에
       ① 흙막이 부재 단면이 크게 되며
       ② 차수벽면에서의 누수방지등 배수해서 터파기하는 경우보다 시공관리가 어려워지는 문제점이 있다.

> 【기술내용】
> (1) 지수공법으로 시공하는 경우
> (2) 배수공법의 종류 및 특징
> (3) 지수공법의 종류 및 특징

2. 지수공법으로 시공하는 이유

(1) 주변 지반이 압밀에 의한 구조물의 부등침하 방지
(2) 우물의 고갈 방지
(3) 배수에 의한 하수도의 폐쇄 방지
(4) 주변 구조물의 변위 방지

3. 배수공법의 종류

(1) **중력 배수공법**
- 표면 배수
- 지하 배수
- Deep Well 공법

(2) **강제 배수공법**
- Well Point 공법
- 전기 침투 공법
- 진공 흡인 공법

4. 지수공법의 종류

(1) **전면 지수공법**
- 강널말뚝 공법
- 지중 연속법(Slurry Wall)
- 주열 공법

(2) **국부적 지수공법**
- 주입공법(Cement Milk 약액)
- 동결 공법

5. 배수공법의 특징

(1) **장점**
1) 측압의 경감(가구비의 경감)
2) 시공 안전성의 향상
3) 용수로 인한 Boiling, Heaving 방지
4) Trafficability 증진
5) 토공량 감소

(2) **단점**
1) 수위저하에 의한 주변지반의 부등 침하
2) 우물의 고갈
3) 하수구 폐쇄
4) 변위 발생

(3) **시공시 유의사항**
1) 대지내외의 수위 저하 상황 관측
2) 채용한 배수공법이 토질 및 지하수량에 적당한가를 터파기 공사의 조기에 판단해서 대책 수립할 것

3) 불시의 정전에 대책 수립(발전기 준비)
4) 우기 및 태풍시의 일시적 호우(Storm Water)에 대한 대책
5) 예비 Pump(Steel by Pump) 설치한다.
6) 수위 저하에 따른 주변지반 침하, 우물고갈 대책수립

6. 중력 배수공법

(1) **원리** : 흙속에서 자연적으로 용출, 유출되는 물을 굴착 저면에서 양수 배제하는 공법
(2) **표면 배수** : Trench등을 이용 배수하는 공법
(3) **지하 배수공법**
   1) 맹암거, 수평 배수공, 수직 배수공 이용 배수하는 공법이며,
   2) 맹암거 배수시 : Filter재의 선정에 유의
   3) 수평, 수직 배수공 : Tunnel 등에서 침투수로 인한 안정성이 문제될 경우는 배수 Tunnel 설치 유도 배수한다.

(4) **Deep Well 공법**
   1) 시공법
     ① 현장 타설 Concrete 말뚝 등의 굴착기계 사용(Percussion Boring법, Rotary식 Boring법)
     ② 투수층을 0.5~1m로 착공
     ③ 그 사이에 $\phi 30 \sim 60 cm$의 Stainer가 달린 Pipe를 삽입한 다음,
     ④ Pipe와 굴착 구멍 사이에 모래로 충전하고
     ⑤ 수중 Pump로 배수한다.

   2) 적용성
     ① 비교적 깊은 곳까지 투수성이거나
     ② 넓은 면적에 걸쳐서 지하수위 저하코져 할 때
     ③ 강제 배수 공법 보다 경제적이고(Well Point 공법보다)
     ④ 투수 계수가 클 때
     ⑤ 우물이 깊어서(지하 수위가 깊어서) Well Point 공법으로 시공이 곤란할 때

   3) Filter재 선정시 유의사항
     ① Filter재 선정 요건

         ㉠ $\dfrac{F_{15}(\text{Filter 재료})}{B_{85}(\text{대상지반})} < 5$

         ㉡ $\dfrac{F_{15}}{B_{15}} > 5$

ⓒ $\dfrac{F_{85}}{D(\text{Strainer공의 직경})} < 2$

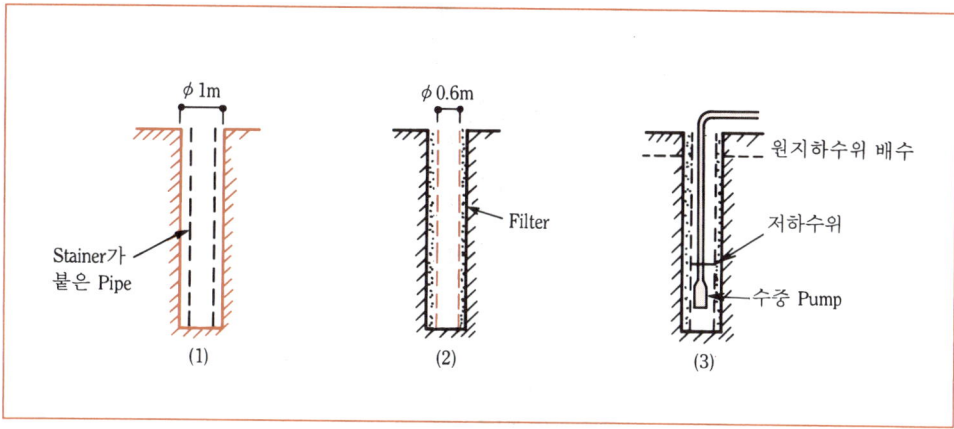

(그림 1) Deep Well 시공순서도

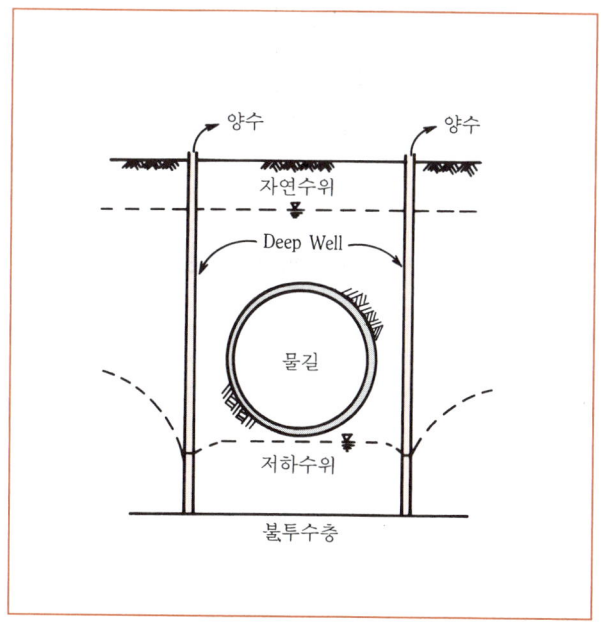

(그림 2) 수도의 Deep Well

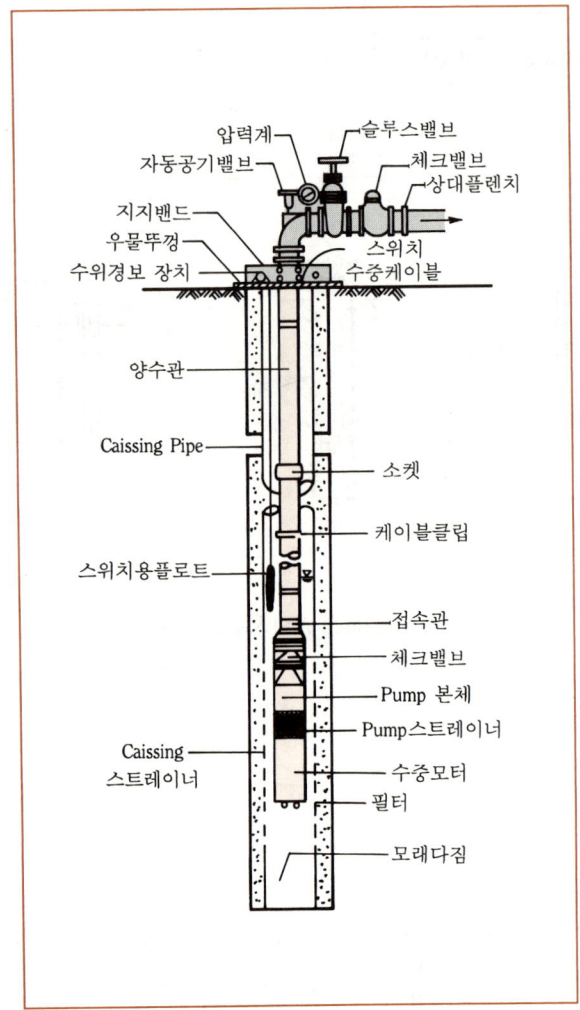

(그림 3) Deep Well의 구조

7. 강제 배수공법

(1) Well Point 공법

　1) 시공법

　　① Well Point 집수관 여러개 투입

　　② 양수정호의 Curtain만들고

　　③ 진공시켜서

　　④ 공극수 탈수하는 공법

2) 적용성
  ① 사질 지반에 유리하고
  ② 투수 계수가 작을 때(k = 1×10^{-2}cm/sec 이하)
  ③ Well Point는 1단에서 내리는 수위가 6m이므로
  ④ 깊거나 다단식으로 설치가 곤란할때는 적용 불가
  ⑤ 자갈, 호박돌 등이 많은 경우 적용이 곤란하다.

3) 시공시 유의사항
  ① 품질에 따라서 다르지만 6~7m까지 배수 양정이 가능하고
  ② 그 이상은 2단배치한다.
  ③ 지반침하 대책세우고, ┐
     우물 고갈대책   │
     하수도 폐쇄 대책 수립 ┘
  ④ Well Point의 Level은 동일 Level로 한다.

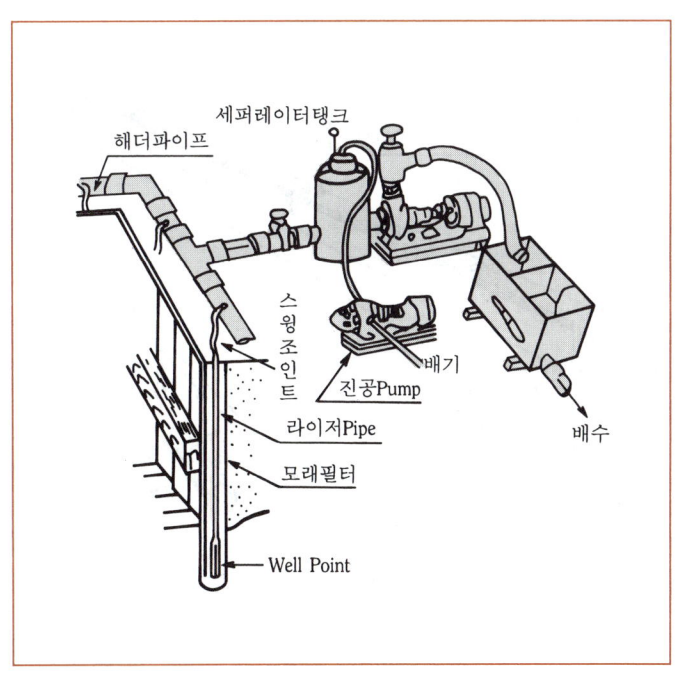

(그림 1) Well Point 시스템

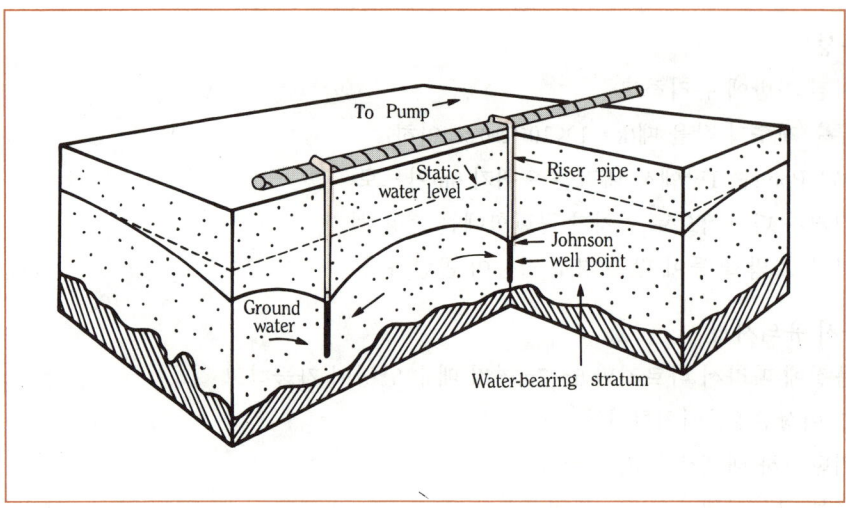

(그림 2) 지하수위 저하에 따른 각 Well간의 상호작용

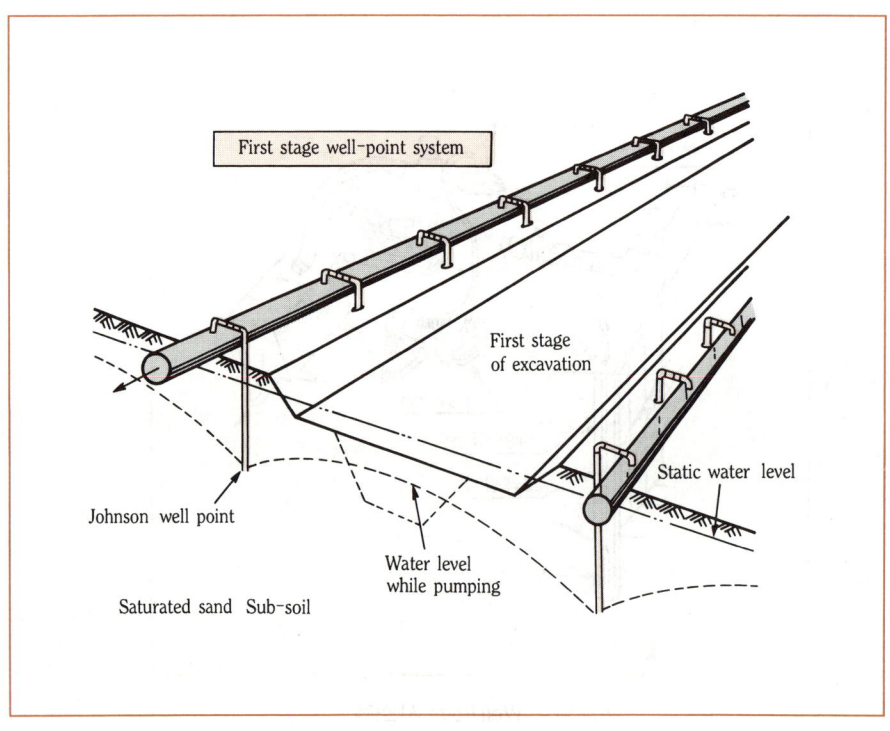

(그림 3) 1단계 Well-Point System

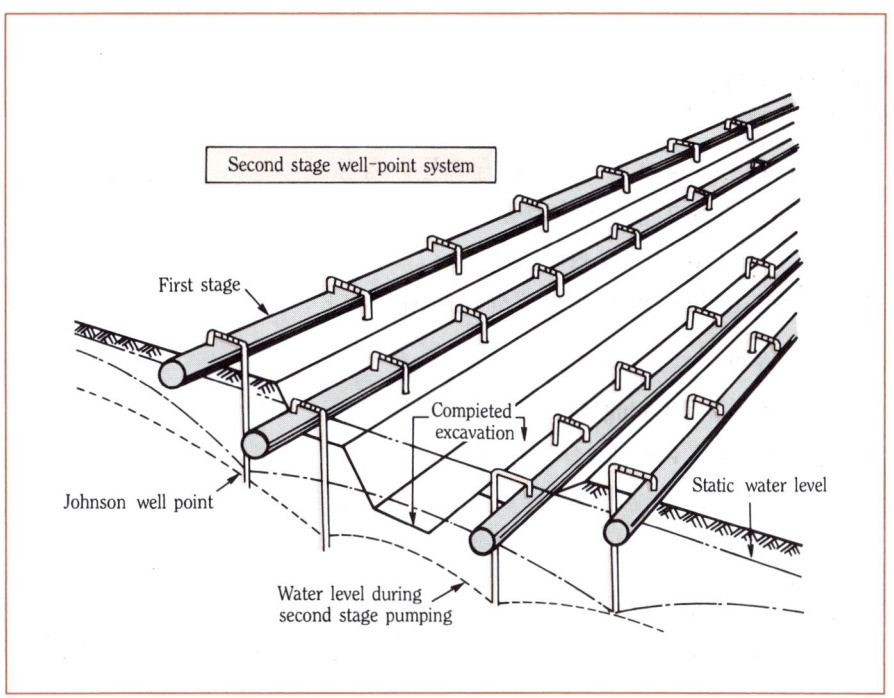

(그림 4) 2단계 Well-Point System

8. 지수 공법

(1) 장점
1) 지반 침하 등 인근에 영향이 적다.
2) 측압이 크다(가구비 증대)
3) 벽에서의 누수 Boiling 등 지하수 대책이 필요
4) 약액 등에 의한 지하수 이·폐수에 의한 오염

(2) 지수공법 시공시 유의사항
지수공법에 대해서는 터파기 시에는 이미 주요한 지수공사는 완료된 것이므로 그 효과의 확인이 주요한 시공관리 항목이 된다.
1) 터파기 중 벽배면에서 용수나 Piping에 대해서는, 벽 배면에 지수용의 약액주입
2) 강널 말뚝의 경우는 물린 부분에 Concrete Packing 처리하고
3) 연속 지중벽의 경우는 ─┬─ 이음부분
　　　　　　　　　　　　├─ 굴착의 수직도와 기하학적 관리
　　　　　　　　　　　　├─ Slurry 이수 관리
　　　　　　　　　　　　└─ Concrete 타설 관리

9. 지수 공법의 종류 및 특징

(1) 전면적 지수공법

1) 강널말뚝 공법
① Sheet Pile을 지중에 박아서 토류 구조물을 형성
② 시공이 간단하고 공사비가 저렴
③ 건설 공해(소음)가 문제된다.
④ 이음부분은 Concrete Packing해서 지수 처리한다.

2) Soil Cement 벽
① Auger로 지중을 Boring해서
② 여기에 H-형강, I-형강을 삽입한 후
③ 공내의 안정을 위해서 Cement 혼합 주입하는 공법
④ 지수성이 높고 공사비가 지중 연속벽 공법에 비해 싸다.

3) 지중 연속벽(Slurry Wall)
① Bentonite Slurry에 의해서 Trench의 안정을 유지한 후 콘크리트 쳐서 만든 지하벽으로서
② 차수성이 우수하고
③ 시공순서
 ㉠ 준비작업, Guide Wall 설치
 ㉡ 굴착 : ┌ Hammer Grab, Clam Shell
  ├ Percussion Boring
  └ Rotary Boring
 ㉢ Bentonite 니수 주입
 ㉣ 철근 Cage 설치
 ㉤ Concrete 타설
 ㉥ Joint 시공 : Stop End Tube 방식

4) 동결 공법
① 지중에 매설된 동결관 등에 의해서 흙의 간극수를 일시적으로 고결시켜서
② 지반의 강도와 차수성을 향상시키고
③ 그 사이에 목적의 공사를 실시하는 공법이다.
④ 공법의 종류
 ㉠ Gas 방식
 ㉡ 블라인 방식이 있다.

10. 결 론

(1) 도심지 근접시공에서 지하수위가 높은 경우는 일반적으로 토류벽에서 연약지반이라고 정의하여 이러한 조건에서 시공하는 경우 현장에서 아래와 같이 조합시공하는 것이 바람직하다.

(2) **설계변경 대안**

구 분	설계변경대안(조합시공)
1안	H Pile 토류판벽 + SGR 2열
2안	CIP + SGR 2열
3안	Steel Sheet Pile + SGR 1열
4안	Slurry Wall(벽식)

(3) 공법 선정시 현장소장은 민원이 야기되는 경우 공사중단이 되어 → 공사원가가 상승하는 경우 → 오히려 더 큰 문제점이 발생하므로 어떠한 경우에도 지하수의 이동이 없도록 토류벽 배면지반의 지수를 정밀하게 시공해야 한다.

> **30.** 도심에서 토류벽 배면의 지수 목적으로 주입 공법을 시행코져 한다. 시공 관리상 유의사항(지수 공사를 주입 공법으로 시행하는 이유 및 시공시 유의사항)
> (➡ 약액 주입공법에 대하여 기술하면 된다)

1. 개 요

약액 주입공법이란 지반내에 주입관을 삽입 이것을 통해서 화학약액을 지중에 압송, 충진시켜 일정한 시간이 경과한 후(Gel Time, Setting Time) 지반을 고결 시키는 공법으로써,

  (1) **목적**
    1) 지반의 불투수화 (차수 또는 지수 목적)
    2) 지반 강도를 목적으로 한다.

이하 본고에서는 지수공사를 주입공법으로 시공하는 이유와 시공시 유의사항에 대해서 기술코져 한다.

  (1) 지수공사를 주입 공법으로 시행하는 이유
  (2) 시공시 유의사항

2. 지수 공사를 주입공법으로 시행하는 이유

  (1) 지반 침하 등 인근에의 영향이 적다.
  (2) 측압이 크다.
  (3) 벽에서의 누수나 Boiling 등 지하수 대책에 유리
  (4) 우물 고갈 방지

3. 지수 공법 시공시 유의사항(시공관리)

  (1) 강널 말뚝에 의하는 경우 이음 부분에 Concrete Packing 처리 철저
  (2) 연속 지중벽인 경우
    1) 이음 부분
    2) 굴착의 수직도 관리
    3) Slurry 니수 관리
    4) Concrete 타설 관리에 주의

  (3) 터파기 배면에 누수가 있을 때(용수나 Piping) 벽배면에 지수용의 약액 주입

(4) 지하수 오염 대책

(5) 지반 융기에 대해 주의

(6) 작업 완료후 효과 확인

4. 결론

(1) 도심지 근접시공에서 지하수위가 높은 경우 지반침하, 건물의 이동 → 경사 → 침하가 발생할 경우 → 민원이 크게 발생하여 → 공사 중단되면 → 공사비가 동시에 증가되어 문제점이 크게 되므로 공법선정시 아래사항을 고려할 수 있슴.

(2) **토류벽 공법의 설계변경 대안**

구 분	설계변경대안(조합시공)
1안	H Pile 토류판벽 + SGR 2열(LW)
2안	CIP + SGR 2열(LW)
3안	Steel Sheet Pile + SGR 1열(LW)
4안	Slurry Wall(벽식) + JSP + LW

31. 토류벽에서의 배수 공법, 지수 공법(용수대책)

1. 개 요
- 종래의 터파기 공사에 대한 지하수의 처리는 주로 지하 배수 공법에 의하여 시행하였으나 배수 공법의 문제점에는
    - (1) 주변 구조물의 부등침하
    - (2) 우물의 고갈
    - (3) 하수도의 폐쇄 등
    - (4) 인근에의 피해가 있다. 이와 같은 피해를 줄이기 위해서 지수 공법을 채택하는 경우가 있다.
- 이하 본고에서는 배수 공법과 지수 공법에 대해서 아래와 같이 기술한다.
    - (1) 배수 공법의 특징
    - (2) 배수 공법 시공시 유의사항
    - (3) 지수 공법의 특징
    - (4) 지수 공법의 시공시 유의사항

2. 배수공법의 특징
(1) 장점
   1) 측압 경감
   2) 가구비의 경감
   3) 시공 안정성 향상

(2) 단점
   1) 지반의 부등 침하
   2) 우물의 고갈
   3) 하수구 폐쇄 등

3. 배수공법 시공시 유의사항
(1) 채용한 배수 공법이 토질 및 지하수량에 적당한지 터파기 공사 조기에 판단하여 대책 수립
(2) 대지 내외의 수위 저하 상황 관측
(3) 불시의 정전에 대한 대책(발전기 준비)
(4) 태풍, 강우 등 일시적 호우에 대한 대책

(5) 주변 지반의 침하 대책
(6) 우물 고갈 대책 수립
(7) 지하 매설물 방호대책

4. 지수공법의 특징

(1) 장점
1) 지반 침하 등 인근에의 영향이 적다.
2) 측압이 크다.
3) 가구비 증대
4) 벽에서의 누수나 Boiling 대책이 중요

(2) 단점
1) 약액주입에 의한 지하수 오염
2) 약액주입에 의한 지하 매설물 손상
3) 약액주입에 의한 주위 지반의 융기 → 부등침하

5. 지수공법 시공시 유의사항

(1) 강널말뚝에 의한 경우
　이음 부분에 Concrete Packing 처리 철저

(2) 연속 지하벽의 경우
1) 이음 부분
2) 굴착의 수직도 관리
3) Slurry 니수 관리
4) Concrete 타설의 관리에 주의

(3) 지하수 오염(약액 등)에 주의
(4) 지반 융기에 대해 주의
(5) 작업 완료후 효과 확인

6. 배수공법의 종류 및 특징

(1) 중력 배수
1) 표면 배수(Trench 이용)
2) 지하 배수(맹암거＋수평 배수공＋수직 배수공)

3) Deep Well 공법

(2) **강제 배수공법**

1) Well Point 공법(투수 계수가 작을 때 $k = 1 \times 10^{-2}$ cm)
2) 전기 침투 공법
3) 진공 흡인 공법

7. 배수공법의 종류별 시공법 특징 및 시공시 유의사항 기술

8. 지수공법의 종류

(1) **전면 지수공법**
1) 강널말뚝공법
2) 지중 연속벽(Slurry Wall)
3) 주열공법

(2) **국부적 지수공법**
1) 주입공법(Cement Milk)
2) 동결공법

9. 결 론

토류벽 공사시 배면지반 지수공법 설계변경 대안

구 분	공법의 조합시공 방법
1안	H Pile 토류판벽 + SGR 2열
2안	CIP + SGR 2열
3안	Steel Sheet Pile + SGR 1열
4안	Slurry Wall(벽식)

32. 토류벽 공사시 주변지반의 침하 원인과 대책

1. 개 요
　　지하 구조물을 축조하기 위해 실시하는 토류벽 공사시 발생되는 피해로는 진동과 소음, 침하, 지하수의 고갈 등을 들 수 있다.
　　이 중 제일 큰 피해를 주는 것은 침하로서 이 침하를 방지한다는 것은 거의 불가능한 일이나 원인과 대책을 강구하므로써 피해를 최소화할 수 있다.

2. 침하 발생의 원인
　　(1) 주위 매설물의 뒷채움의 불량에서 오는 압축 침하
　　(2) Sheet Pile 등이 토류벽 변위에 따른 배면사의 이동과 침하
　　(3) 배수시 토사유출에 의한 침하(토류판 사이)
　　(4) 배수에 따른 점성토의 압밀침하
　　(5) Heaving에 의한 지반침하
　　(6) 토류판 설치시 뒷채움 토의 시공불량에 의한 침하
　　(7) Sheet Pile 인발 후의 처리 불량에 의한 침하

3. 굴착 토류공사에 따른 인접 구조물의 침하 원인
　　(1) 인접 구조물의 기초 깊이가 토류벽 심도보다 낮으면 위 2, 의 침하발생 원인과 같다.
　　(2) 인접 구조물의 기초 깊이가 토류벽 심도보다 크고 Pile 기초인 경우
　　　　1) 배수시 토사유출(Pile나 Pier 주위)에 따른 침하
　　　　2) 토류벽 변위에 따른 배면사의 이동으로 인해 발생하는 Pile이나 Pier 기초 주위의 토사유출에 기인한 침하
　　　　3) 배수의 압밀침하에 따른 Negative Skin Friction에 따른 인근 구조물 침하
　　　　4) Heaving에 의한 Pier나 Pile 주변 지반에 침하함에 의해 일어나는 구조물 침하
　　　　5) Sheet Pile 등의 인발후 되메우기 불완전으로 인한 지반 이완이 Pile이나 Pier에 영향을 줌으로 인한 침하

4. 침하 방지 대책
　　(1) 경제성과 현장 조건을 감안, 적정 토류 공법을 선정한다.(침하의 크기 : 지중연속벽 < Sheet

Pile < H-Pile 식 토류판)
(2) 제1단 굴착시 침하가 크므로 토류판 두부에 Tie Back Anchor, 수평토류벽 지보공을 설치한다.
(3) Strut에 Preloading을 가한다.
(4) 토류벽 부근에는 중차량의 진입을 금지한다.
(5) 토류판 설치 배면에는 깬자갈과 모래 이합물 등으로 뒷채움 하거나 Concrete를 타설한다.
(6) 수면 이하에서 지하수 배출과 토사유출이 생기면 즉시 Grouting한다. (LW 및 JSP공법)
(7) Sheet Pile이나 H-Pile을 인발한 후에는 즉시 Grouting한다.
(8) 인근 구조물의 시공상태를 파악, 관리

5. 결 론

(1) **토류벽 배면의 지반침하 방지대책 공법**
현장에서 조치할 수 있는 지반침하 방지 설계변경 대안은 아래와 같다.

(2) **설계변경 대안**

구 분	지하수위가 높은 경우 설계변경 대안
1안	H Pile 토류판벽 + SGR 2열
2안	CIP + SGR 2열
3안	Steel Sheet Pile + SGR 1열
4안	Slurry Wall(벽식)

> **33.** 1. 설계시보다 현장 Boring이 깊은 경우 토류벽(가시설, 대책 및 계획)
> 2. 지하수위가 높은 기초지반에서 토류벽 설치하면서 깊은 굴착시 유의사항
> 3. 지하철 공사의 개착식 공법 구간에서 지하 5~25m의 암굴착시 유의사항

1. 개 요

개착식 공법 구간에서 지하 5~25m의 암 굴착시 우선 아래와 같이 기본 계획에 입각한 실시 계획을 작성 시행해야 한다.

(1) 기본 계획
  1) 기본 계획도(흙막이 계획서)
  2) 검토 조건
   ① 흙막이 형식의 선택
   ② 흙막이 벽의 선택(개수성 토류벽, 차수성 토류벽)
   ③ 구조 형식의 선택
   ④ 주변 구조물의 방호계획
   ⑤ 구조 계산에 입각한 흙막이 벽의 설계

(2) 실시 계획
  1) 종합 계획서
   ① 터파기 계획
   ② 배수, 지수 계획

  2) 상세 계획
   ① 흙막이 벽, 가구 부재 설계도(이음, 맞춤, 부재 단면 통합)
   ② 교대 비계다리, 시공 계획도
   ③ 터파기 및 잔토 배출 계획도
   ④ 지수 또는 배수 계획도
   ⑤ 인근 구조물 보양 계획도
   ⑥ 매설관 등 가설받이 방호 계획도
   ⑦ 흙막이 부재 해체, 철거 계획도
   ⑧ 되메우기 계획도
   ⑨ 흙막이 벽 철거 계획도

이하 본고에서는 개착식 공법(Open Cut) 구간에서 터파기시 유의사항에 대해서 아래와 같이 기술코져 한다.

> (1) 굴착 저면의 안정성 검토
>   1) 구조적 측면에서의 안정성 검토
>   ① 토압
>   ② Boiling
>   ③ Heaving
>
>   2) Boiling, Heaving 방지대책
>
> (2) 시공시 안전대책
>   1) 흙막이벽 시공 철저
>   2) 굴착공사의 철저한 관리
>
> (3) 계측 관리
> (4) 배수공법 및 지수공법
>   1) 배수공법시 주의사항
>   2) 지수공법 시공시 주의사항

2. 굴착저면의 안정성 검토

(1) **구조적 측면에서의 안정성 검토**

1) 토압, 수압

2) Boiling

3) Heaving

(2) **Boiling, Heaving 방지 대책 강구**

1) 극력 부분 굴착한다.

3. 시공시 안정대책

(1) 흙막이 벽의 정밀시공

(2) 굴착시공 정밀관리

4. 계측 관리

(1) 흙막이 벽의 계측(토압, 수압, 변형 측정 : 토압계, 공극 수압계)

(2) Wale, Strut 및 Earth Anchor의 계측(Strut, Wale의 축력 측정 : Load Cell, Strain, Gauge)

(3) 주변 지반의 변위측정(배면 지반 변형 : 경사계)

(4) 주변 구조물의 변위 계측(구조물 침하, 경사 이동 : Tiltmeter, Crack Gauge, Strain Gauge)
(5) 지하수위 계측(지하 수위 변위 : Piezometer 등)
(6) 소음·진동 관리(소음·진동 계측 : Sound Level Meter, Vibroscope 등)

5. 배수공법 및 지수공법

(1) 배수공법 시공시 유의사항
1) 채용한 배수 공법이 토질 및 지하수량에 적당한가를 터파기 공사의 조기에 판단해서 대책 수립할 것.
2) 대지 내외의 수위 저하 상황 관측
3) 불시의 정전에 대한 대책-발전기 준비
4) 태풍, 우기 등 일시적인 호우에 대한 대책
5) 수위저하에 따른 주변 지반의 침하나 우물 고갈 대책 수립

(2) 지수공법 시공시 유의사항
지수공법에 대해서는 터파기 시에는 이미 주요한 지수공사는 완료된 것이므로 그 효과의 확인이 주요한 시공 관리상의 업무가 된다.
1) 터파기 중 벽의 근방에서 부분적으로 Piping과 같은 현상이 발생시→벽 배면에 지수용의 약액을 주입
2) 강널말뚝의 경우 : 물린 부분의 시공불량 등은 Concrete Packing 처리
3) 지중 연속벽·주열벽의 경우는
   ① 이음 부분
   ② 콘크리트 부분에 Slime처리에 따른 시공불량 개소 등 조치 강구

6. 결 론

(1) 흙막이 벽의 시공시 실시계획 작성시 특히 아래 사항에 대해서 충분히 검토해야 한다.
1) 지반조건(토질, 토층구성, 지하수)
2) 지중 매설물(위치, 깊이, 구조)
3) 대지 주변 상황과 흙막이 벽과 본체 구조의 위치 관계
   ■ 흙막이 공사의 사고원인 중 『설계상의 원인』을 기술한다.

(2) 설계시보다 지하수위가 높은 설계변경 대안
1) Slurry Wall 공법(벽식)
2) CIP+SGR 2열
3) H Pile 토류판벽+SGR 2열

4) Steel Sheet Pile + SGR 1열 시공한다.

34. Steel Sheet Pile(강널말뚝)의 특징 · 용도 및 시공사례

1. 특 징

(1) **신뢰할 수 있는 품질**
강널말뚝 KWSP는 당사 포항공장의 최신예 설비로 엄중한 품질관리하에 제조되고 있으며, 재질, 형상도 신뢰성이 높다.

(2) **시공성**
1) 시공이 간편하며 공기를 단축할 수 있다.
2) 접촉부의 수밀성이 우수해 차수효과가 뛰어나다.
3) 연속벽형의 강성체로서 차수벽과 토류벽 역할을 동시에 할 수 있고 내구성이 우수하다.
4) 지질에 따라서 강널말뚝의 규격과 길이를 자유로이 선택할 수 있다.

2. 용 도

강널말뚝은 아래와 같은 용도에 쓰여진다.

(1) **가설공사용** : 차수벽, 토류벽, 가호안, 가물막이, 가축도
(2) **영구 구조물** : 안벽, 물량장, 호안, 도류제, 도크, 돌핀, 방파제, 옹벽, 교대, 교각, 지수벽

3. 타입 가능길이(Available Penetration Depth)

(1) 강널말뚝의 타입은 타격력이 강널말뚝의 타입저항력보다 클 때 가능하게 된다.
(2) 타격력이 강널말뚝의 장주 좌굴하중에 도달하게 되면 강널말뚝의 변형이 생기게 되어 타입이 곤란하게 된다.
(3) 따라서, 각 길이에 있어서의 장주 좌굴내력이 강널말뚝의 타입저항력보다 큰 것이 필요하게 된다.

(단위 : m)

형	동시 타입매수	N치					
		10	20	30	40	50
II	1 校打	14	11	5		
	2 校打	17	13	6		
III	1 校打	18	14	10	7	
	2 校打	21	16	10	7	
III$_A$	1 校打	20	15	9	7	
	2 校打	23	17	10	7	
IV	1 校打	24	19	16	12	
	2 校打	28	22	15	11	
IV$_A$	1 校打	25	20	15	11	
	2 校打	29	21	14	10	
V$_L$	1 校打	27	21	18	14	10
	2 校打	34	26	17	12	9
VI$_L$	1 校打	30	23	20	15	11
	2 校打	37	28	18	13	10

(4) 대략 경험적으로 다음과 같이 요약할 수 있다.
   1) 강널말뚝 형수의 약 5배가 그 형의 강널말뚝의 타입가능 길이
   2) 강널말뚝 형수의 약 10배가 그 형의 강널말뚝의 타입가능한 N치

4. 기준틀(Guide Beam)

(1) 육상시공, 해상시공을 불문하고 강널말뚝 타입시 미리 기준틀을 설치해서 정확한 타입위치와 시공시의 강널말뚝의 안정을 확보하는 것이 필요하다.
(2) 기준틀은 Guide Pile을 2~4m 간격으로 법선에 평행하게 2열로 박아, 그 내측에 Guide Beam을 붙인다.
(3) Guide Beam, Guide Pile은 250~350 Size의 H형강이 많이 사용되고 있다.

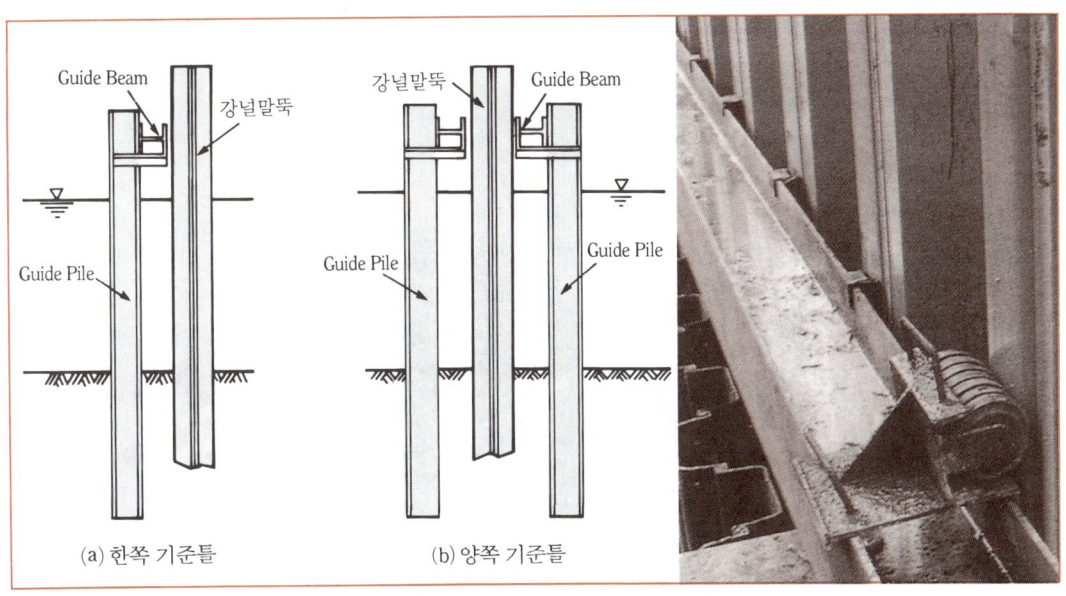

(a) 한쪽 기준틀   (b) 양쪽 기준틀

↑ 해상시공시의 기준틀

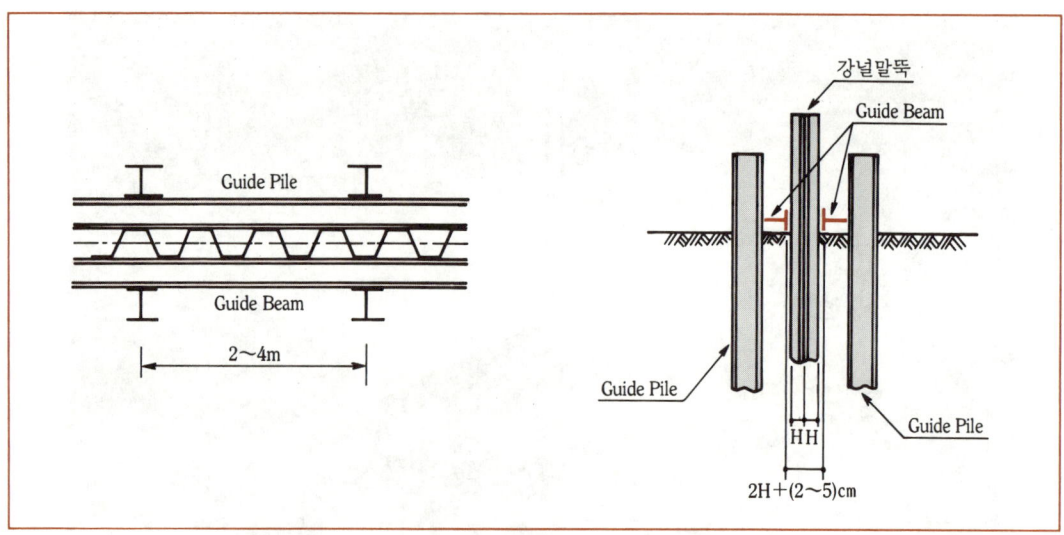

↑ 육상시공시의 기준틀

5. 시공사례(Case Studies)

(1) 국내(Domestic Area)

↑ 항만의 부두공사

교량기초용 가물막이공 →

제3장 토류벽·가물막이 **695**

↑ 어항의 안벽공사

↑ 원통형 가물막이공

↑ 강널말뚝을 이용한 교각보강

안벽공사 ➡

우물통공사 ➡

↓ 유로공(流路工)

(2) 해외(Oversea's Area)

← 홍수범람 방지벽(독일)

운하제방 보호공(독일) →

← 도로개착부 보호공(독일)

↑ 2층 지하차고(독일)

↑ 대형 가물막이 공사(벨기에)

Chapter 4

사면안정
(Slope Stability)

연속장 섬유를 혼입시켜 사면표토의 보강 및 녹화

1. 사면안정(산사태 원인 및 대책, 사면 붕괴 원인, 비탈면 붕괴원인)

1. 서 론
- 대부분 사면 붕괴의 원인은 호우, 강우, 융설, 지진, 배수 불량에 의해서 일어나며,
- **사면안정 해석시 고려사항**
  1) 지반조사
  2) 설계(구배, 법면)
  3) 대책 공법 선정
  4) 토취장 선정
  5) 시험 성토하여 시공한다.

- 사면 붕괴 현상
  사면 붕괴현상은 중력의 작용에 의해서 전단 응력 발생→직선 또는 원호상의 반무한적 파괴가 일어나는 것으로서,
- 여기서는 토사사면과 암석사면에 대하여 기술하고,
- 특히, 암석사면의 붕괴는
  1) 불연속면(Discontinuity)이나
  2) 암석경사(Dip) 또는
  3) 절리(Joint)를 따라서 일어나기 때문에 불연속면의 방향 → 연속성 → 강도 → 충진물질 →간격→틈새→투수 고려 안정 해석한다.

(1) **기술 내용**
  1) 사면 붕괴의 주된 원인
  2) 사면의 붕괴 형태
     ① 토사사면
     ② 암반사면

  3) 사면 붕괴의 종류
     ① 조성사면 붕괴
        ㉠ 절토사면
        ㉡ 성토사면
     ② 자연사면 붕괴
        ㉠ 급경사지 붕괴
        ㉡ Land Slide적인 붕괴

　　　　ⓒ 산사태(Land Slide)
4) 자연사면의 붕괴
　　① 토사로 형성된 자연사면의 붕괴 원인 및 대책
　　　　㉠ 단순사면 (유한사면) (Uniform Slope)
　　　　㉡ 무한사면 (Infinite Slope)
　　② 암석 자연 사면의 붕괴 형태, 원인 및 대책
5) 설계, 시공시 유의사항
6) 원리별 대책 공법의 종류, 특징

① 응 급 대 책 공	② 항 구 대 책 공 (억지공법)
지표수 배제공	옹 벽 설 치
지하수 배제공	철 책 공 법
지하수 차단공	말 뚝 공 법
배 토 공	Soil Nailing 공법
압 성 토 공	Rock Anchor/Rock Bolt

7) 법면 보호공

① 식생에 의한 보호공	② 구조물에 의한 보호공
떼 붙이기공	Concrete Block공
식 생 공	돌쌓기
식 수 공	Concrete Block 붙이기공
파 종 공	Shotcrete
	편책공
	Concerete 격자 Block공

8) 사면 붕괴시 행하는 조사
　　① 시찰
　　② 계측
　　③ 정보
　　④ 토질 조사
　　⑤ 성토재료 시험
　　⑥ 암분류 시험

9) Land Slide와 Land Creep의 차이점(비교)

구 분	Land Silde	Land Creep
원 인	호우·융설·지진	강우, 융설 지하수위 상승
발 생 시 기	호우중	강우후 어느 정도 시간이 지난 후
지 질	풍화암/투수성 좋은 사질토	파쇄대/제3기층/연질암 지대
지 형	경사 30° 이상 급경사면	5°~20°의 완경사면
토 질	불연속층	점성토/연질암을 Sliding면으로 한다.
발 생 상 태	속도 : 빠르고 순간적	느리고, 연속적
활 동 토 괴	활동토괴가 교란된다.	원형에 가깝다.
발 생 규 모	작다.	크다
Sliding면 구배	급경사	완경사
대 책 공 법	• 법면보호 : 식생공·식수공 • 옹벽공 : 보강토 옹벽 • 배수 : 유공관, U형측구	배수 : • 표면배수 • 지하배수 • 수평보링 • 강관말뚝공법 • 말뚝공 • 압성토 • 지하수 차단공 • 옹벽

2. 사면 붕괴의 주된 원인

(1) **호우, 융설, 지진, 진동**

함수량 증가 → 단위 중량 증가 → 토압 증가 → 간극수압 상승 → 전단응력 증가 → 전단강도 상실 → 붕괴

(2) **시공시**

1) 배수 불량
2) 다짐 불량

(3) **동결융해**
(4) **구배설계 잘못**
(5) **성토재료 불량**

3. 사면 붕괴 형태

(1) 토사 사면

1) 무한사면 : 직선 활동—완만한 사면에 이동이 서서히 발생.

2) 유한사면

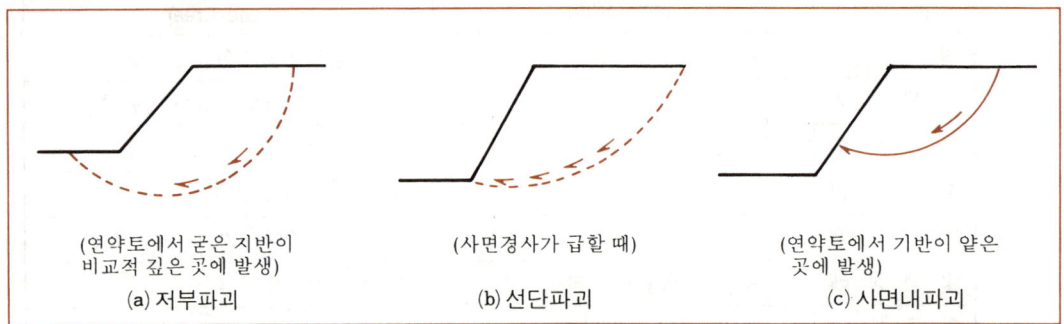

(그림 1) 유한사면 파괴활동(1) (원호활동)

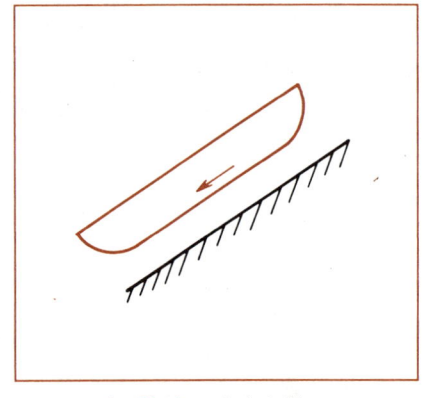

(그림 2) 무한사면 활동

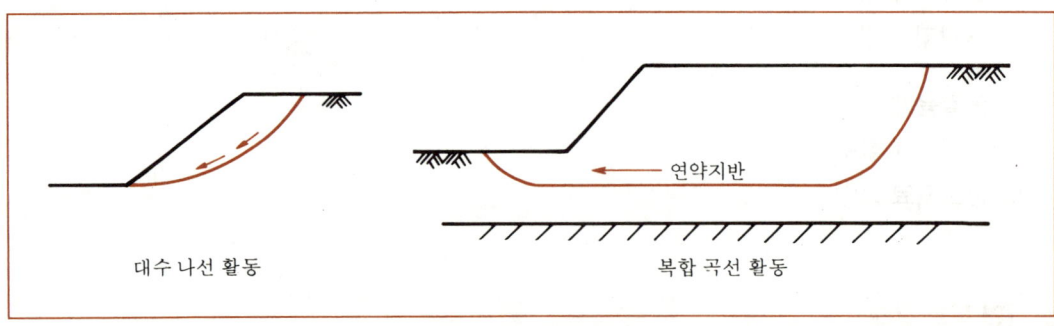

(그림 3) 유한 사면 파괴 형태 (2)

① 원호활동
　㉠ 저부 파괴 : 굳은 기반이 깊을 때
　㉡ 선단 파괴 : 경사가 급할 때
　㉢ 사면내 파괴 : 굳은 기반이 얕을 때
② 대수 나선 활동 : 토층, 토성이 불균일할 때
③ 복합 곡선 활동 : 얕은 토층이 얕은 곳에 위치할 때 발생한다.

(2) 암석 사면 붕괴 형태

1) **원호파괴**(Circular Failure) : 불연속면이 불규칙하게 발달한 경우
2) **평면파괴**(Plane Failure) : 불연속면이 한 방향으로 발달한 경우
3) **쐐기파괴**(Wedge Failure) : 불연속면이 교차하는 경우
4) **전도파괴**(Toppling Failure) : 불연속면이 절리 방향과 반대인 경우

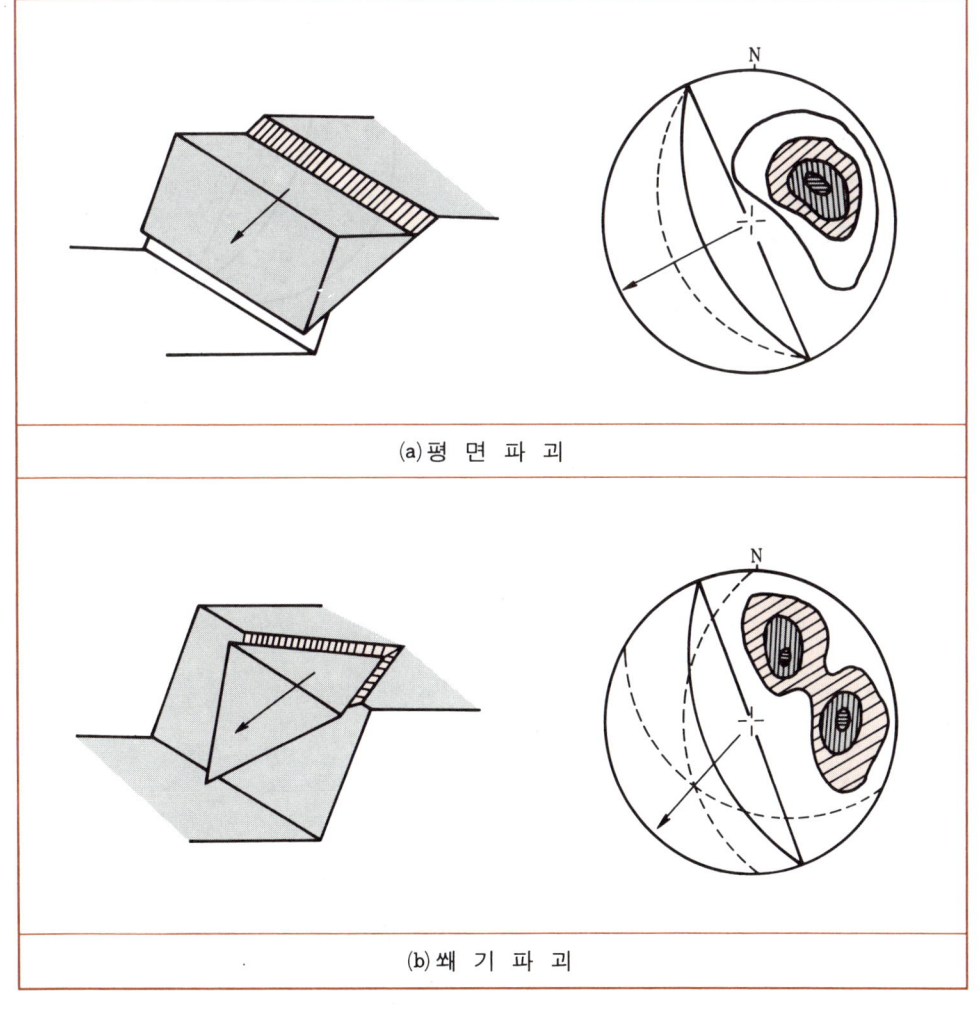

(a) 평 면 파 괴

(b) 쐐 기 파 괴

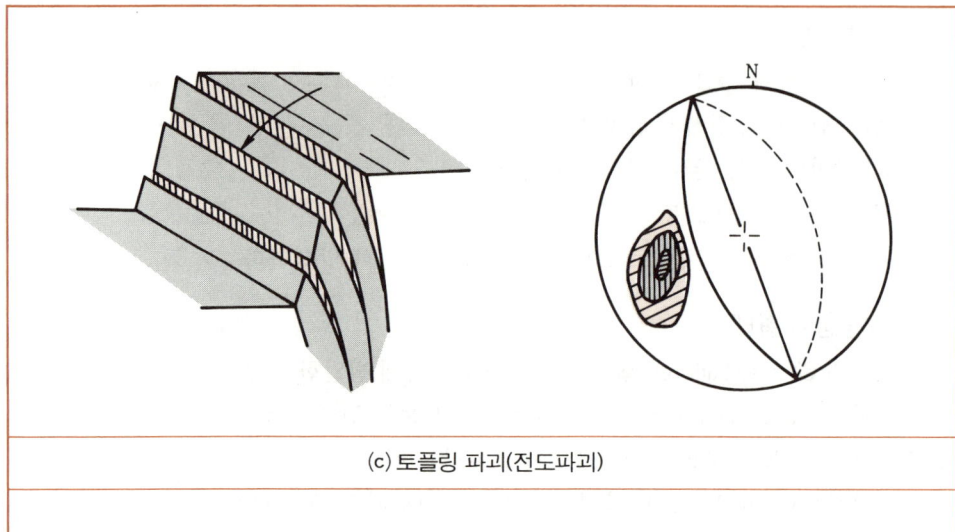

(c) 토플링 파괴(전도파괴)

 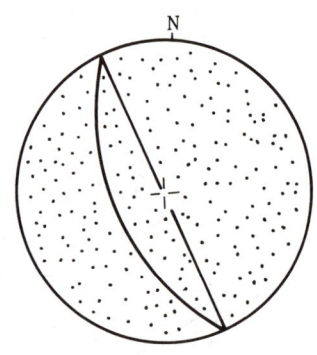

(d) 원 호 파 괴

【스테레오네트에서】
* 실선으로 표시된 대원 : 사면의 대원
* 점선으로 표시된 대원 : 불연속면의 대원으로서 극분산의 등밀도선의 중심점에 해당되는 평면의 대원
* 화살표 : 활동방향

(그림 4) 암반사면의 붕괴형태

4. 사면 붕괴의 종류

(1) 조성사면 붕괴

1) 절토사면

① 얕은 표층 붕괴 : 사질토, 표층, 풍화암

② 깊은 절토 붕괴 : 점성토, 애추, 파쇄대

③ 깊고 광범위한 Land Slide적인 붕괴 : 애추, 절리가 발달한 암

2) 성토사면
① 얕은 표층 붕괴 : 사질토, 화강토, 마사토
② 깊은 성토 붕괴 : 점성토, 지하수위 높은 사질토
③ 기초지반 포함한 붕괴 : 연약지반

(2) 자연사면 붕괴
1) 급경사지 붕괴 : 풍화된 사면
2) Land Slide적 붕괴 : 제3기층에 생기는 깊고 광범위한 붕괴
3) 산사태 : 유하거리가 길고 암을 포함한 토사가 물과 일체가 되어 급속히 유하한다.

5. 단순사면의 파괴 조건식(단순사면의 활동원인)

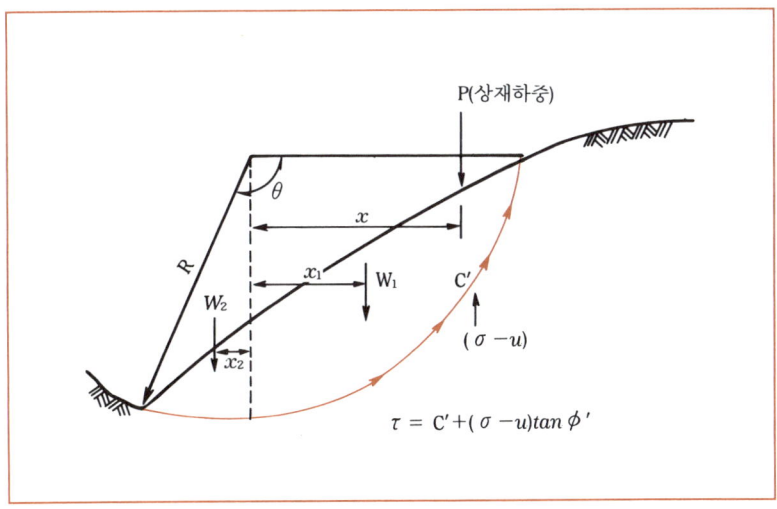

(1) 활동 조건식

$$W_1 x_1 + Px > W_2 x_2 + R^2 \theta \left[C' + (\sigma - u) \tan \phi' \right]$$

(2) 활동원인
1) 장기에 걸친 호우에 의해서

2) 지반 흙의 함수비 증대(W↑) → 포화 상태가 되면
3) $W_1 > W_2$: W_1이 W_2보다 훨씬 커지고
4) 우변의 강도 정수 $\phi'\ C'$ 는 작아지며↓
5) U(간극 수압)은 커지므로 위의 조건식이 성립된다.
6) 또한 P와 같은 상재하중이 가중되어서 활동이 촉진되어 파괴된다.

(3) 단순사면 활동 방지대책
   1) 사면 상단에 불투수성 도수로 설치
      ① 도수로 아래에 사면 덮개(비닐) 설치
      ② 사면 선단 부분에 예상 활동면 보다 깊게 억류 말뚝 설치
      ③ 강우 직후에 사면 상단 부근에 중량물 통과 통제

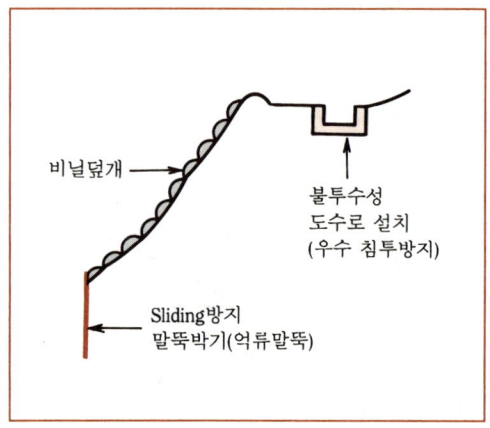

6. 설계·시공시 유의사항

(1) 절, 성토부 구배 선정시 안정 검토
(2) 배수 처리시설
(3) 성토 재료 선정
(4) 층다짐(박층다짐) 정밀시공 및 단계성토
(5) 보호, 보강공 즉시 실시

7. 원리별 대책 공법의 종류 및 특징

(1) 응급 대책공

1) 지표수 배제공
    ① 지표수를 집수하여 측구로 배제하고
    ② 비닐 등으로 덮는다.

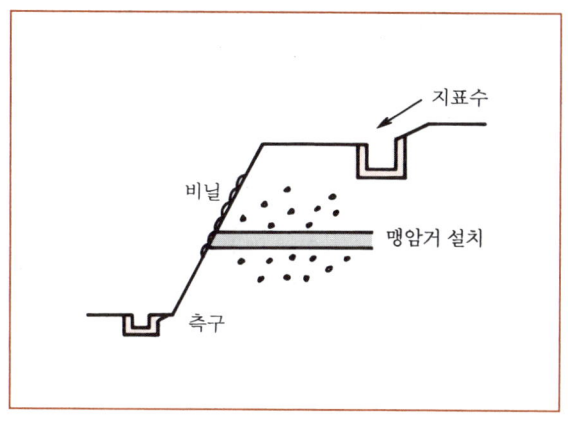

〈그림 5〉

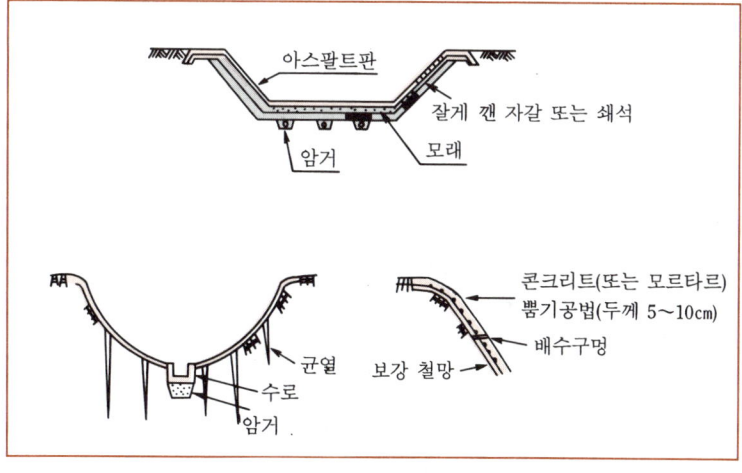

〈그림 6〉 침투방지공법

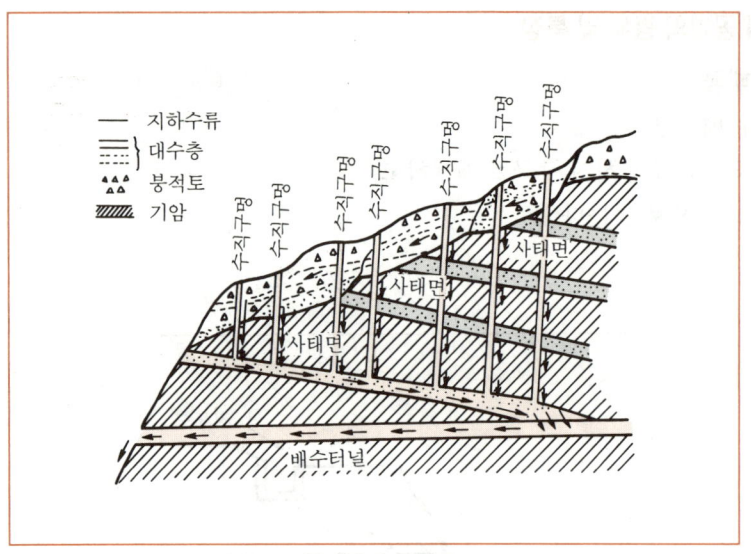

(그림 7) 입체 배수공법

2) 지하수 배제공
   ① 지하수위 저하
   ② 공급수압 상승방지
   ③ 유공관 등 매설해서 배수한다.

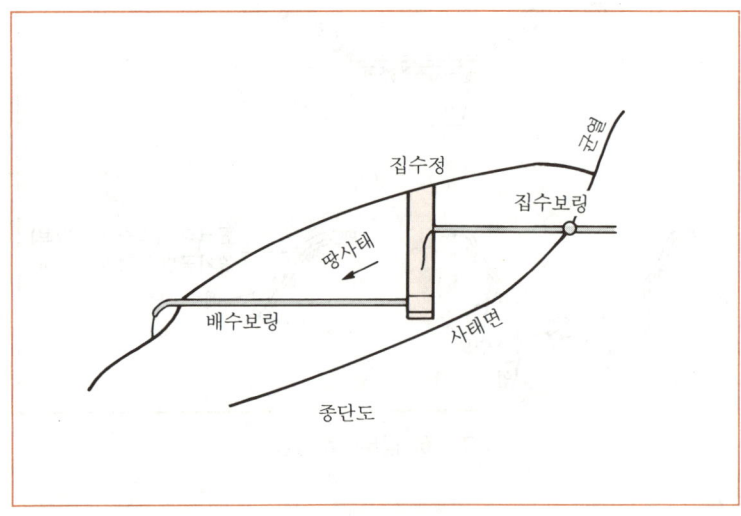

(그림 8) 집수정

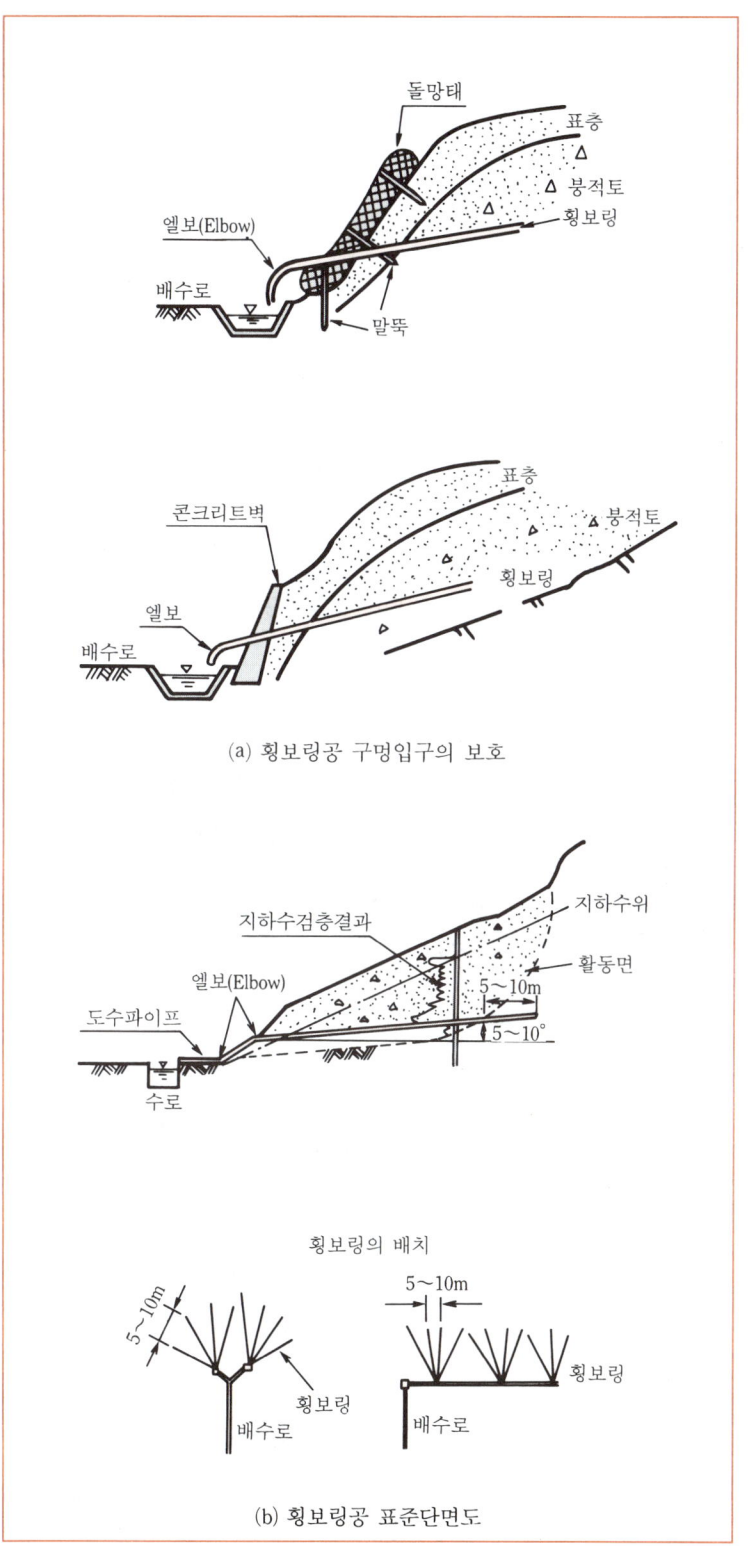

(그림 9) 지하수 배제공

3) 압성토공법
　① Sliding 발생 하부에 압성토 실시한다.
　② 용지보상에 문제가 없는 경우에만 적용 가능

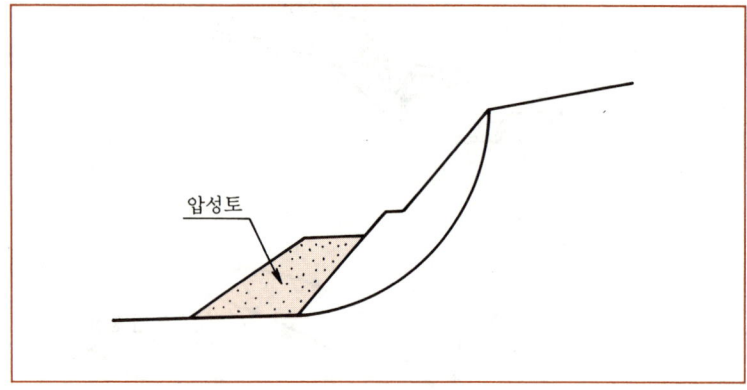

〈그림 10〉 압성토공

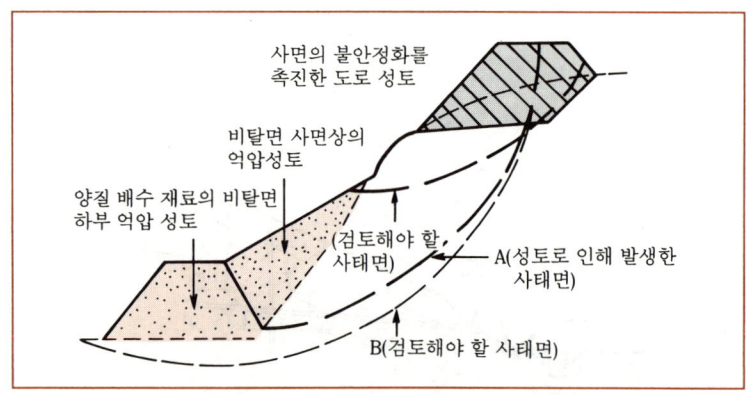

〈그림 11〉 압성토를 채용한 경우에 검토해야 되는 사태

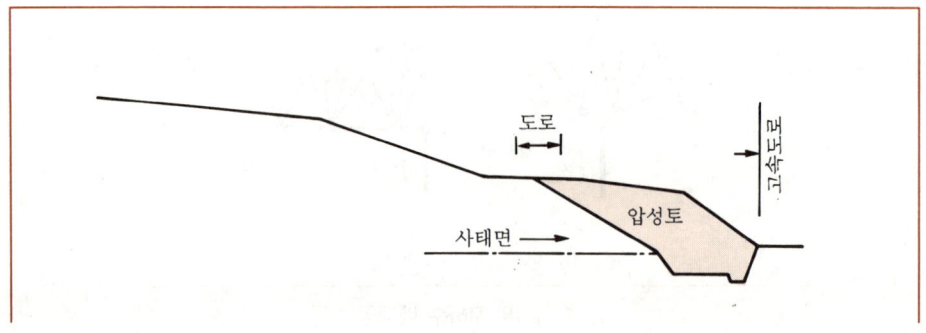

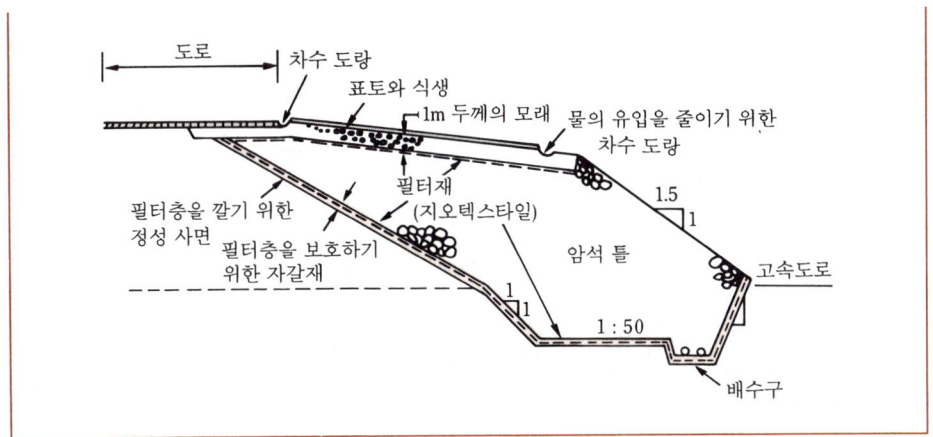

(그림 12) 압성토 시공대책 예시

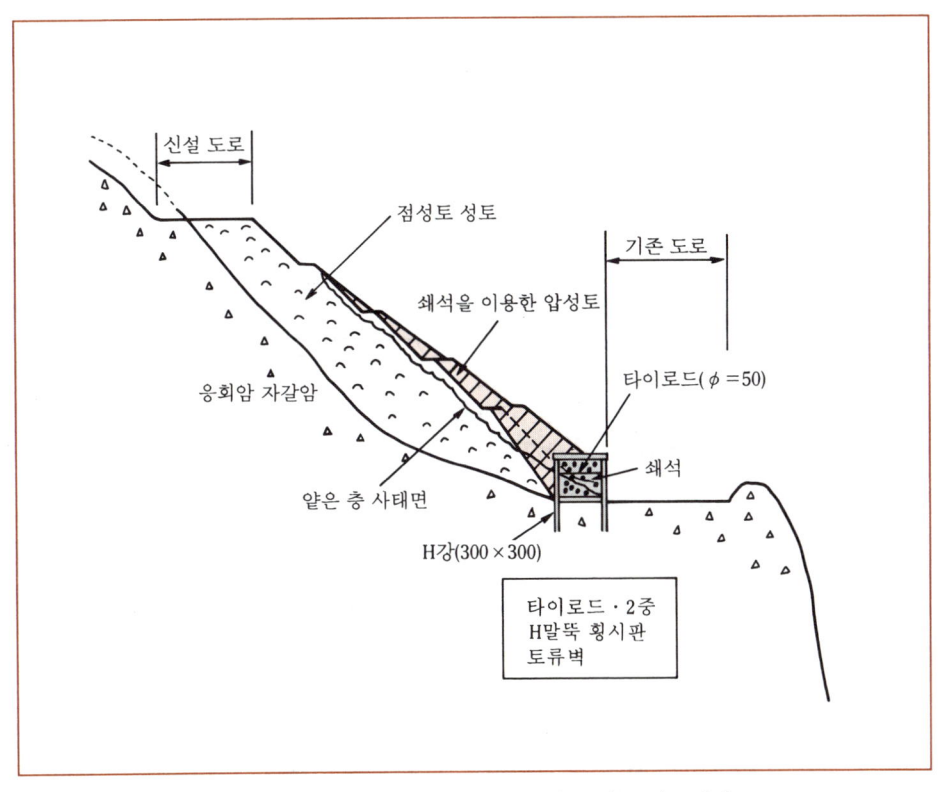

(그림 13) 성토사면 표층 붕괴에 대한 압성토 시공대책

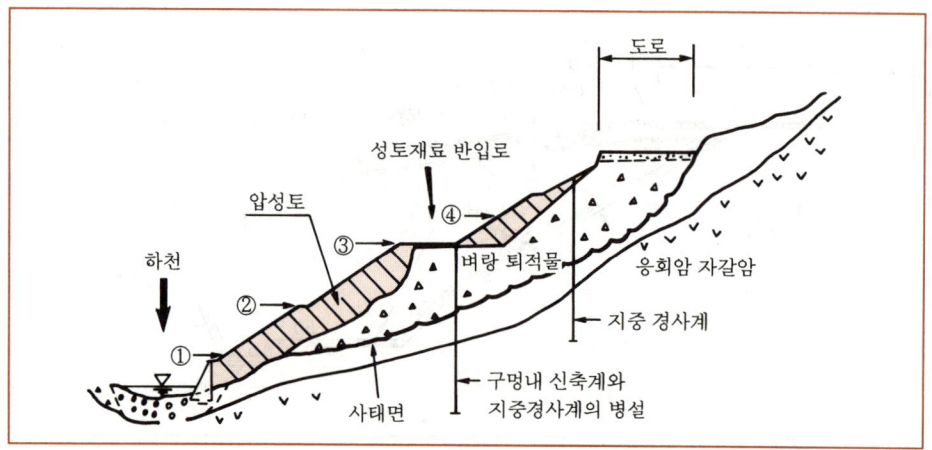

(그림 14) 하천 침식에 의한 벼랑 퇴적물 사면의 산사태 대책공법

4) 지하수 차단공
 ① 약액 주입 및 지하 차수벽을 설치해서
 ② 지하수를 차단한다.

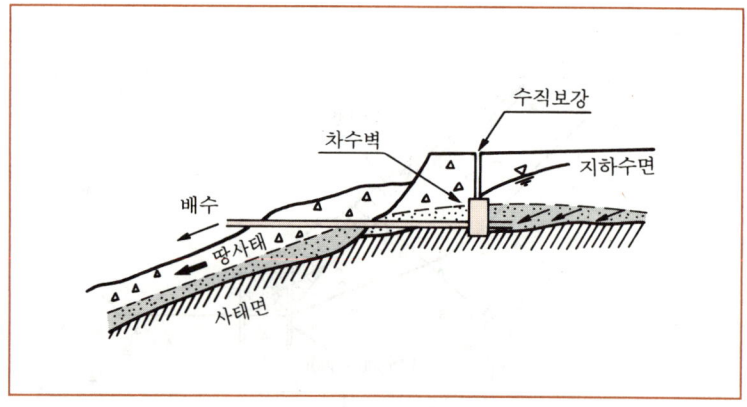

(그림 15) 지하수 차단공법

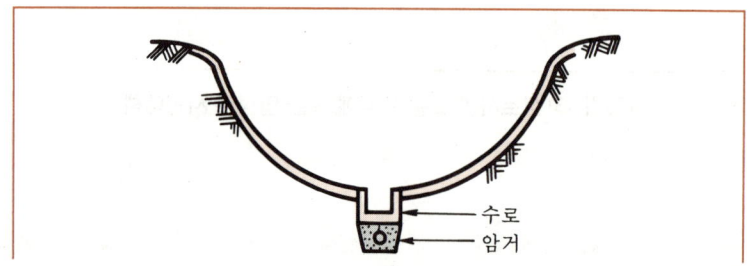

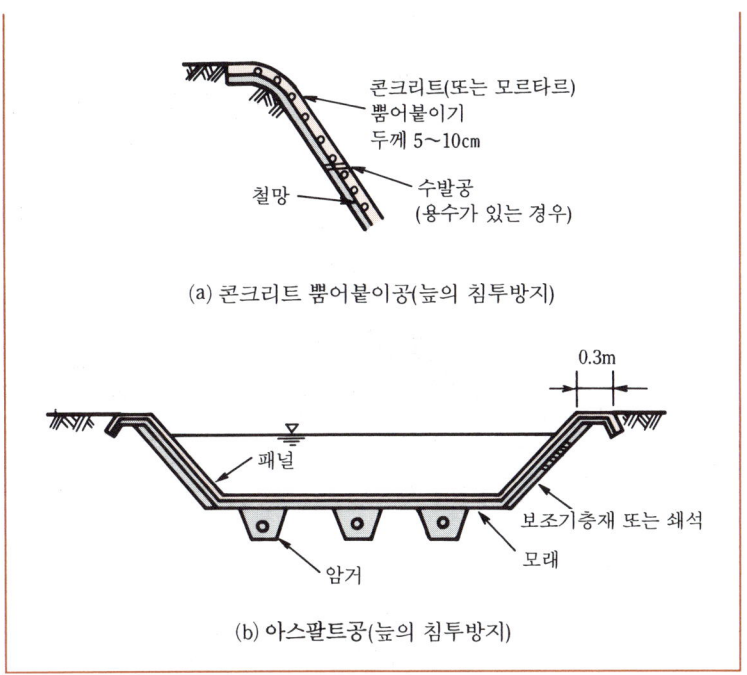

(그림 16) 침투방지공의 실시 예

5) 배토공
① Sliding이 예상되는 흙을 제거해서
② 전도 Moment를 감소한다.

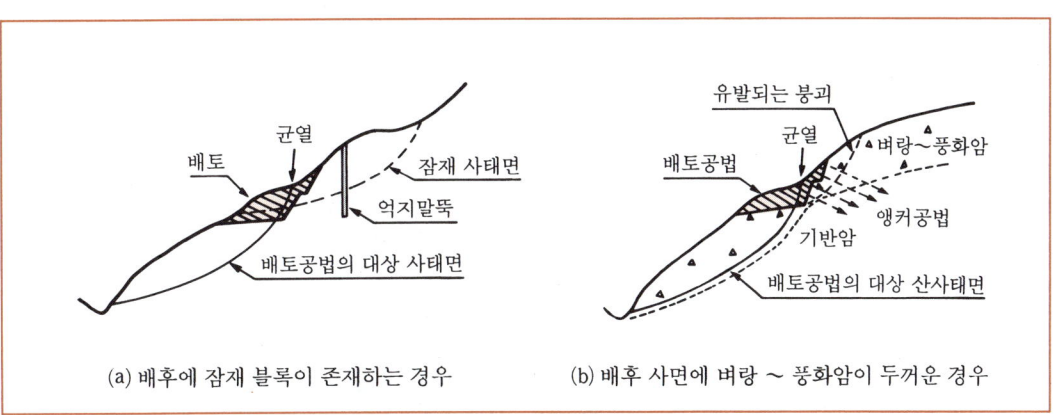

(그림 17) 배토공법이 부적절한 산사태 형상

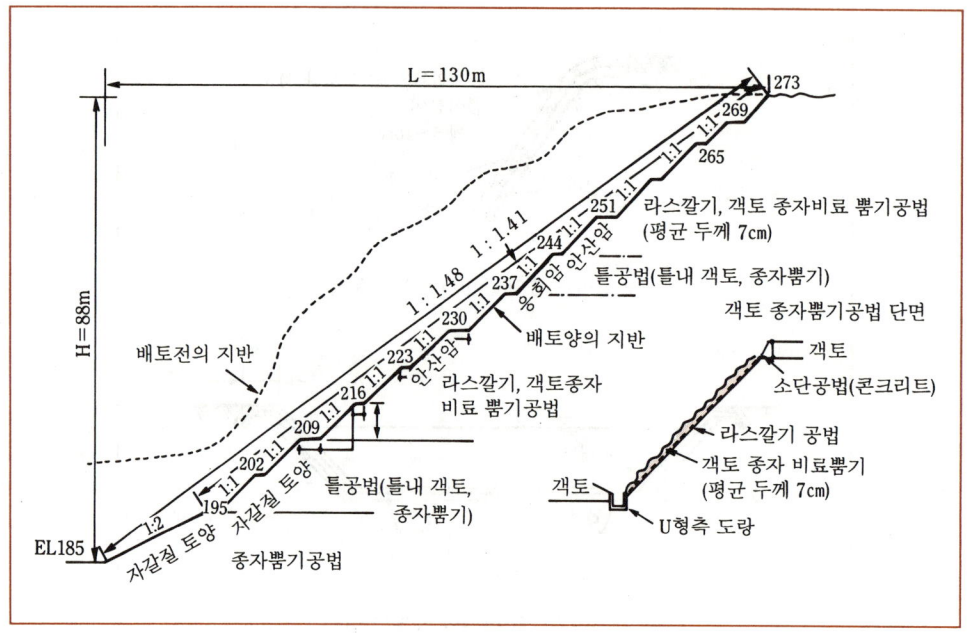

(그림 18) 산사태 지역에서의 배토공법 시공대책

(2) 영구대책(항구대책 및 억지공법)
  1) 옹벽 설치
    ① 사면높이가 낮거나
    ② 식생이 필요할 때
    ③ 사면구배를 급하게 하고져 할 때
    ④ 옹벽 설치(보강토옹벽 또는 Cantilever 옹벽)

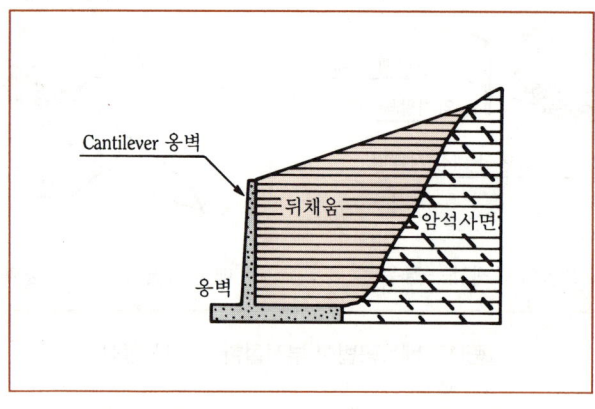

(그림 19) 뒤채움식 옹벽 설치후 성토로서 배면경사를 완만하게 조정

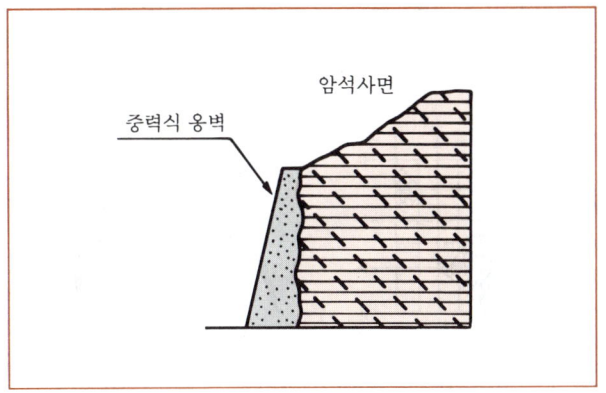

(그림 20) 암석사면에 직접 콘크리트 구조물을 설치하는 경우

2) 철책(Steel Fence) 및 Wire Mesh공법
　① 낙석방지 및 진동에 의한 소규모 붕괴가 예상되는 경우에 철책 설치한다.

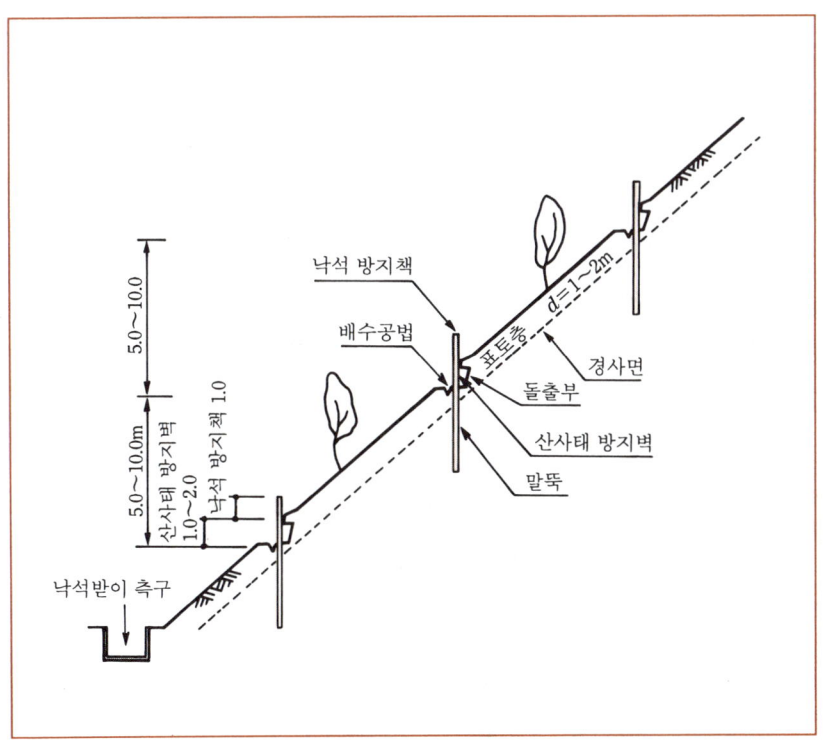

(그림 21) 낙석방지대책 공법

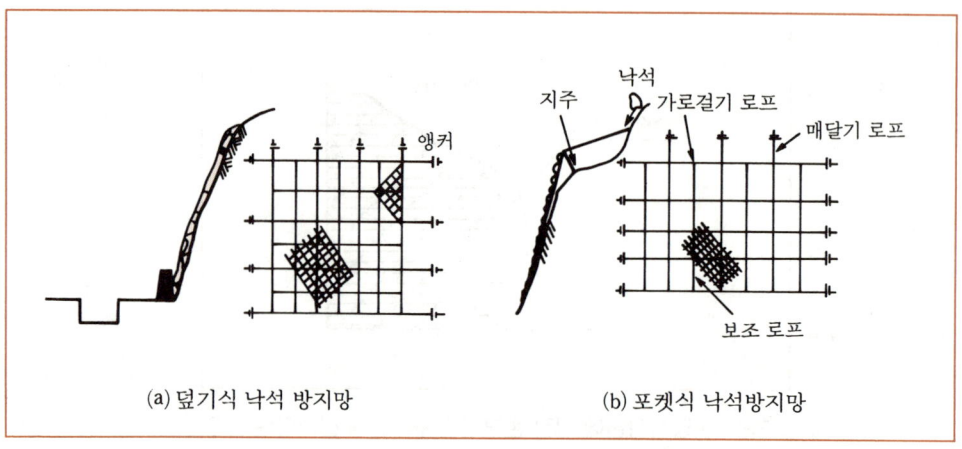

(그림 22) 낙석방지망(Wire Mesh)의 시공대책

3) 말뚝공법
   ① 활동예상층을 견고한 층에 붙들어 매는 역할과
   ② 지반의 전단강도를 크게 한다.

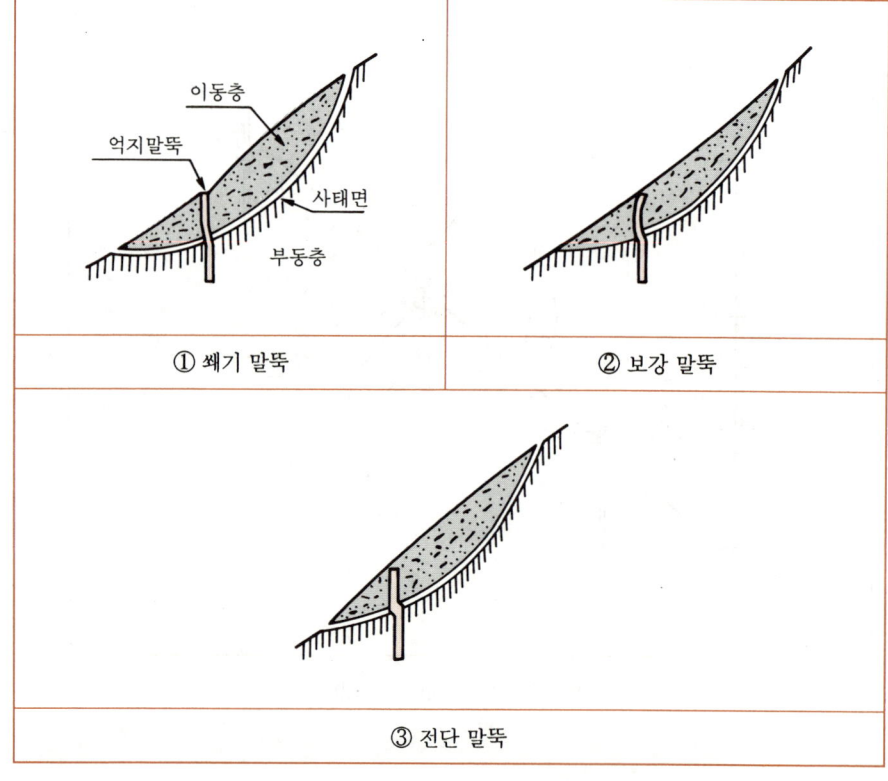

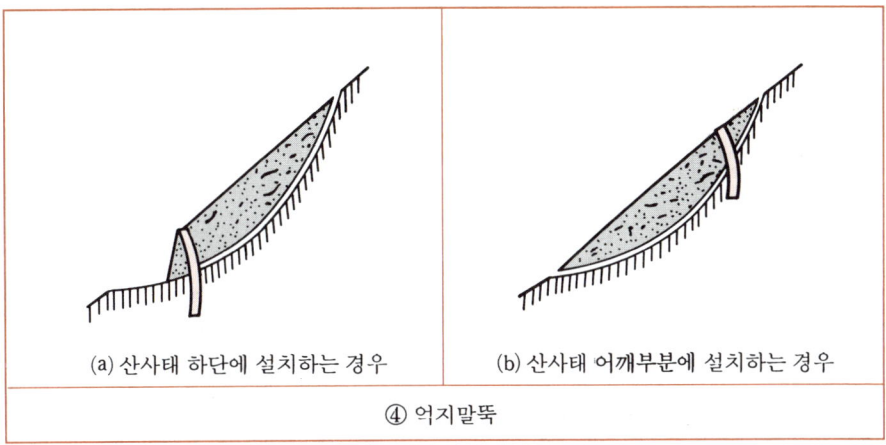

(a) 산사태 하단에 설치하는 경우   (b) 산사태 어깨부분에 설치하는 경우

④ 억지말뚝

(그림 23) 말뚝의 기능

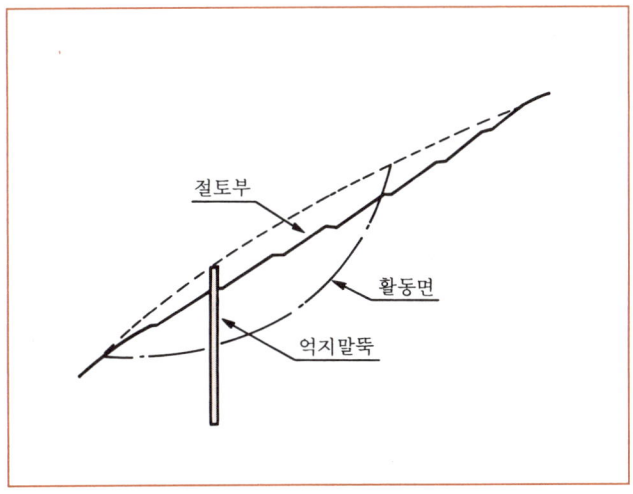

(그림 24) 말뚝공법의 원리

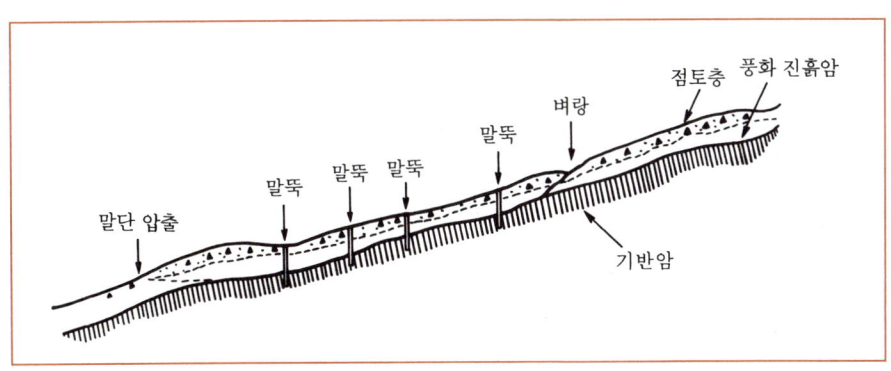

(그림 25) 다단 말뚝 시공도

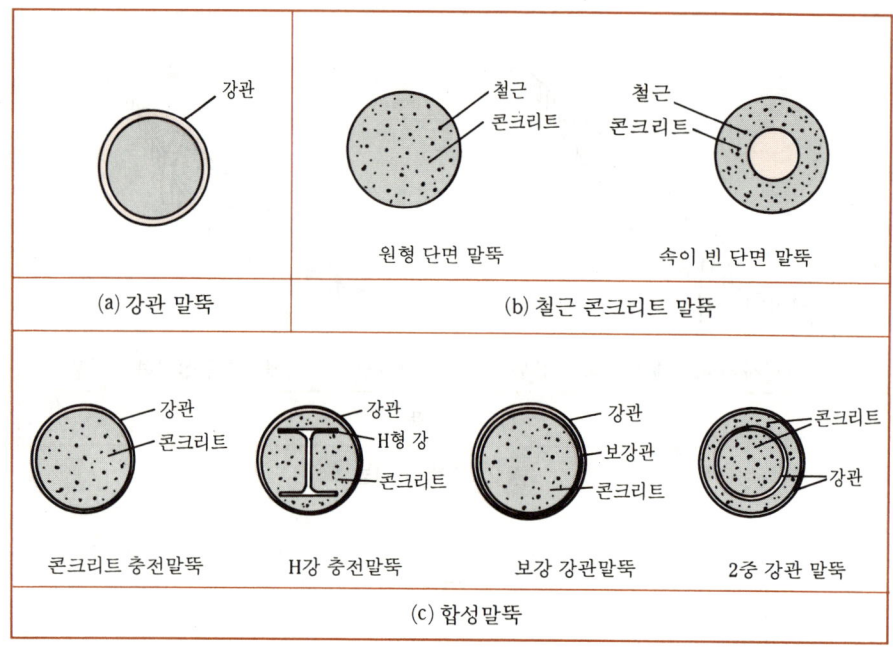

(그림 26) 산사태 방지 말뚝

4) Soil Nailing 공법 + Texsol 공법의 조합시공
   ① 비탈면에 강철봉($\phi 25mm$ 철근) 타입해서 전단저항을 크게 한다.
   ② 활동면이 깊지 않을 때 시공한다.

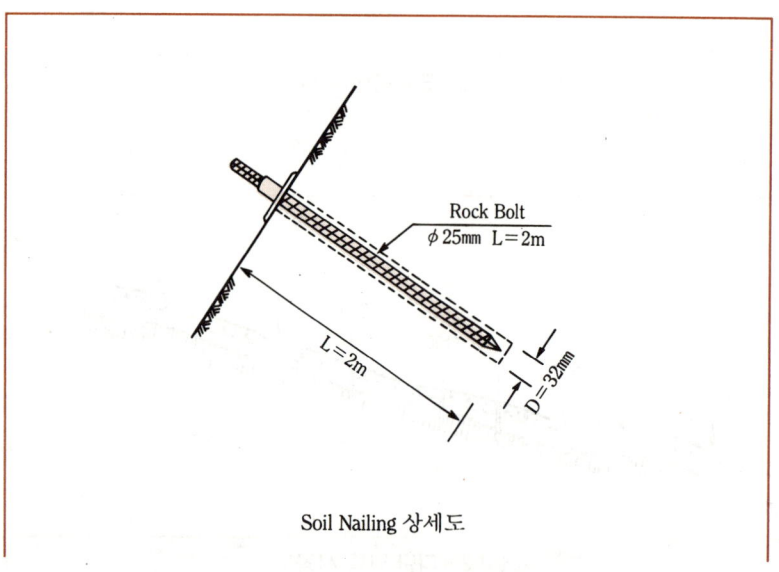

Soil Nailing 상세도

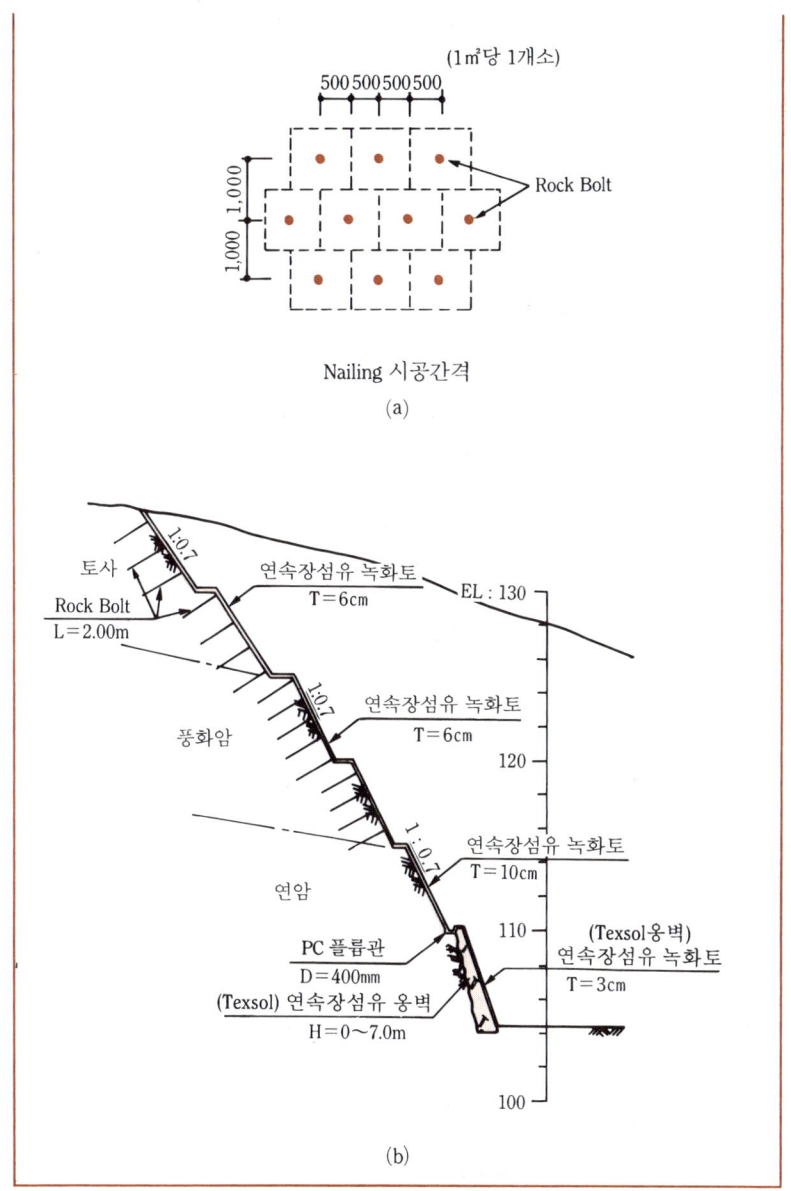

(그림 27) Soil Nailing에 의한 산사태 방지공 시공 상세도

5) Rock Anchor
  ① 대규모 암석붕괴가 예상되는 경우
  ② 활동예상층이 깊은 경우에 시공하며
  ③ 느슨한 층을 견고한 층에 붙들어 매는 원리다.

6) Rock Bolt
① 소규모 암석붕괴 방지
② 붕락개소를 견고한 심층부에 붙들어 매는 원리다.

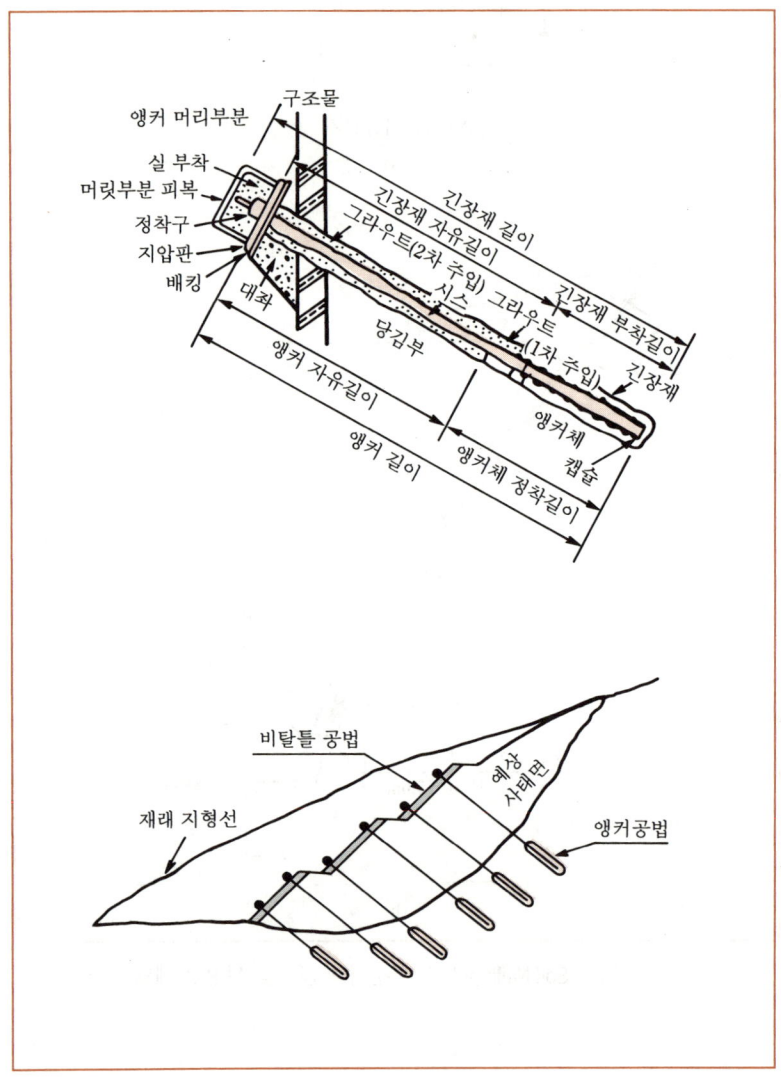

(그림 28) Ground Anchor

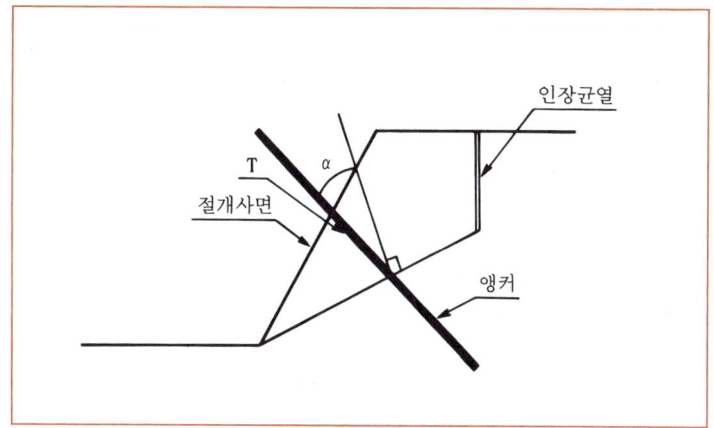

(그림 29) 앵커 보강력

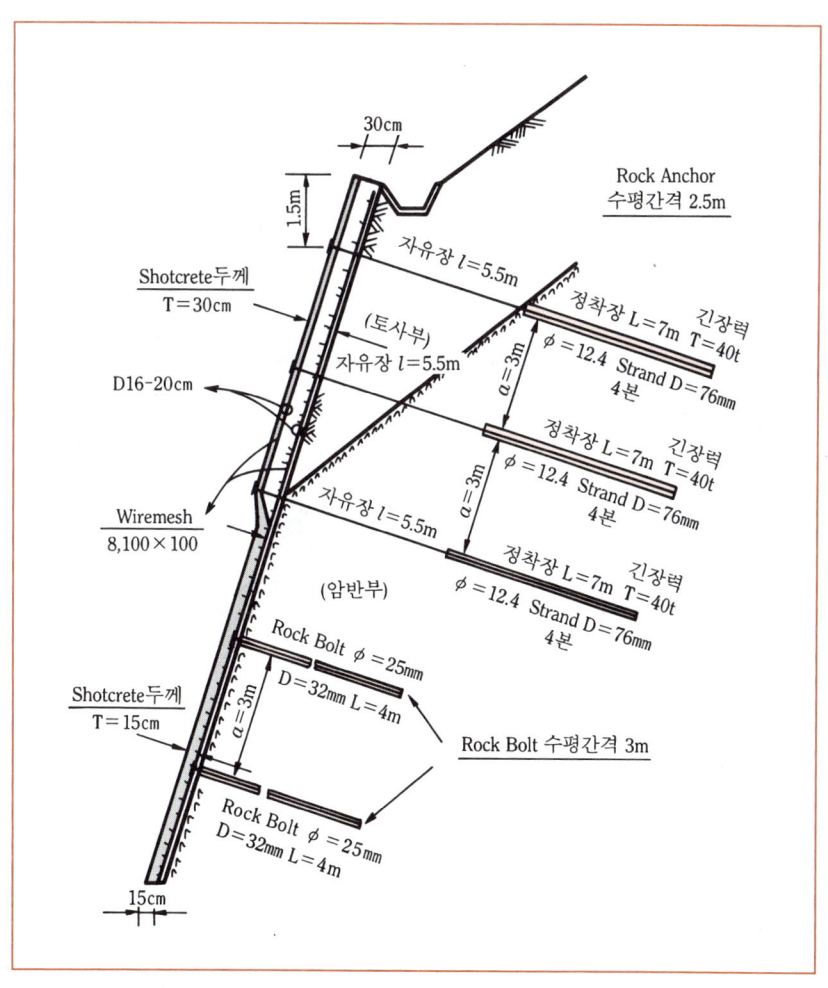

(그림 30) Anchor에 의한 산사태 방지공 시공상세도

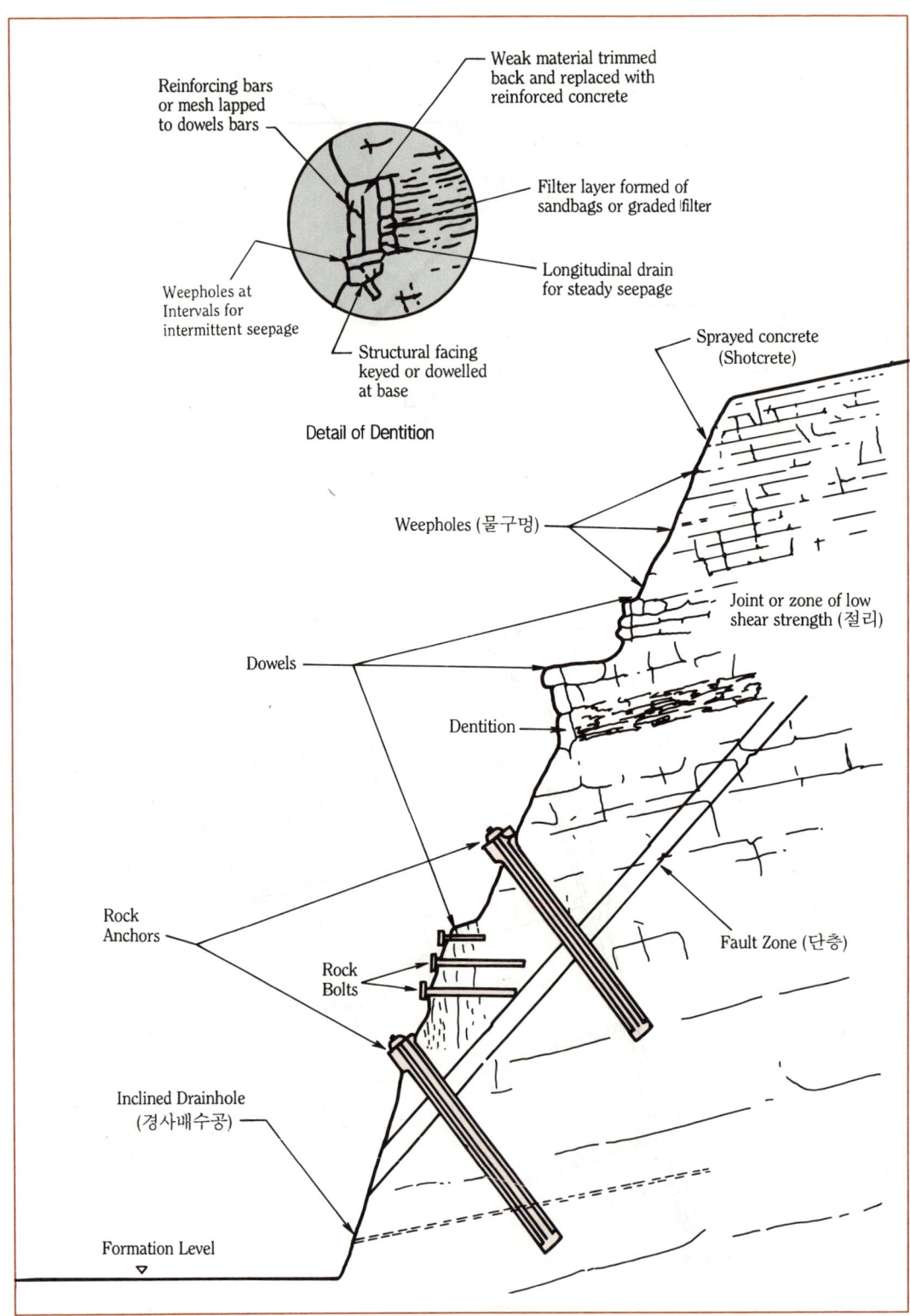

(그림 31) Rock Bolt와 Rock Anchor 시공대책

7) 지하 굴착공사시 사면붕괴(Land Slide) 방지대책 공법

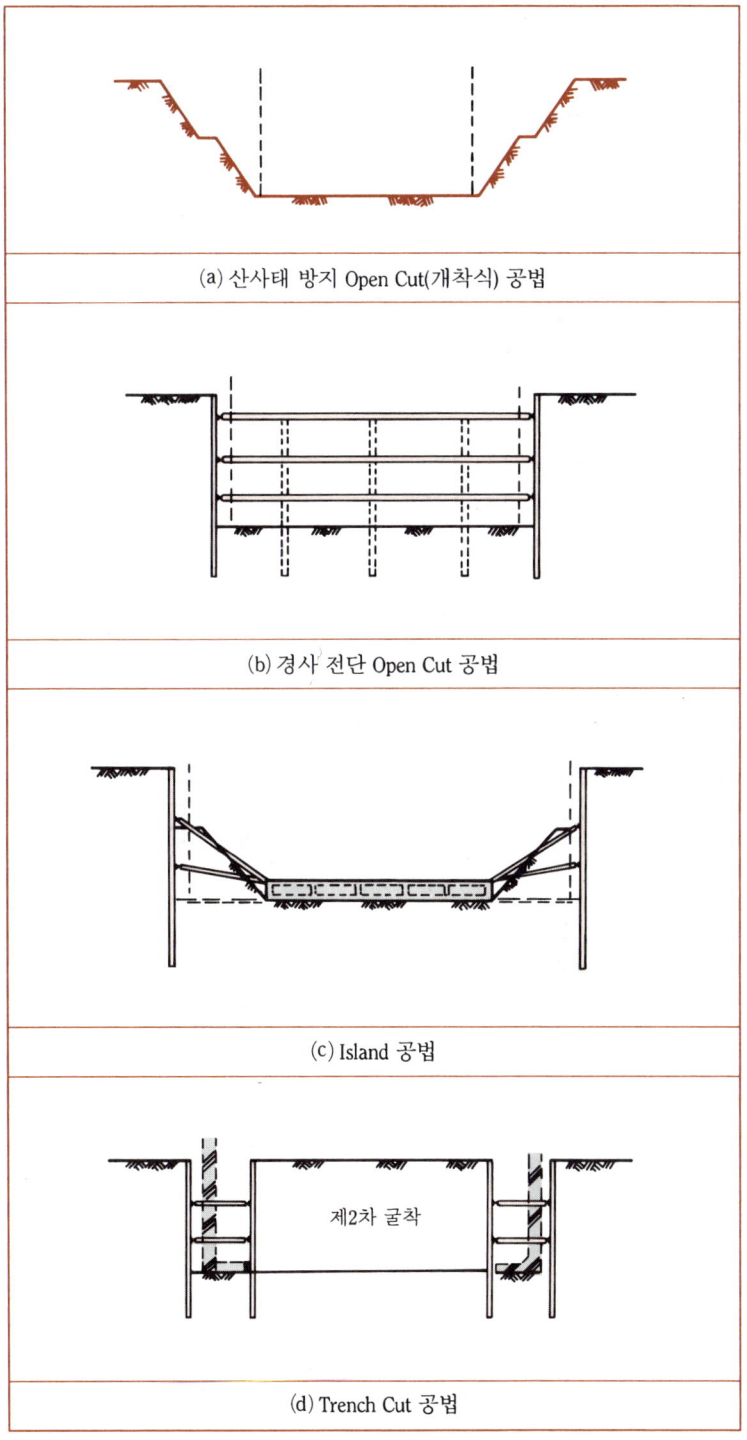

(a) 산사태 방지 Open Cut(개착식) 공법

(b) 경사 전단 Open Cut 공법

(c) Island 공법

(d) Trench Cut 공법

(그림 32) 굴착 형식의 예

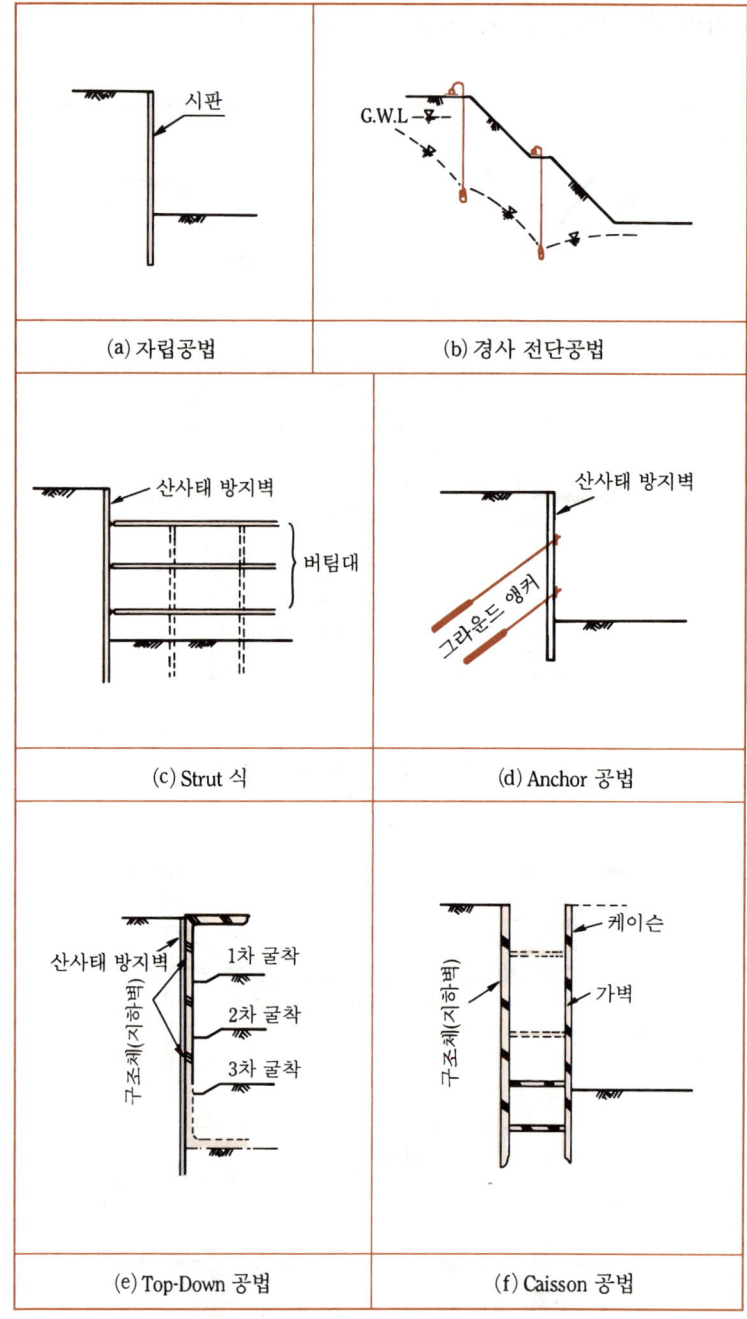

(그림 33) 산사태 방지공법의 시공대책

8) Shotcrete에 의한 방지공법
  ① Shotcrete의 재질변화

변화종류	현 상	추정되는 변화 원인	대 책
Crack	• 수축균열 발생 • 귀갑모양의 크랙 발생	• 양생이 불충분, 품질불량 • 경과년수가 길어짐에 따른 열화, 시공시기가 부적당	• 균열의 Sealing • Slope Net나 낙석 방지책 설치
박 리	• 부분면적의 박리 • 표면층 골재가 벗겨져 작은 단에 퇴적하고 강풍시 날림	• 시공시기가 부적당 • 배합이 부적당	• 뿜어 붙이기 • 치환한다.
공동화	• 배수공에서 토사가 유출해서 내부가 공동화	• 지반과의 밀착이 나쁘고 안쪽에 물이 들었다. • 풍화되기 쉬운 암석에 많다.	• 치환하여 준다.

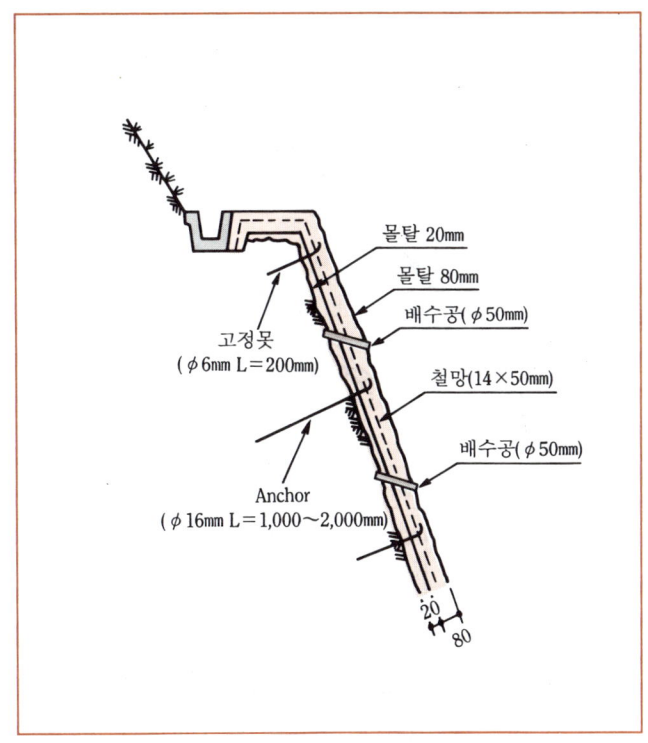

(그림 34) Shotcrete공법의 표준 단면도

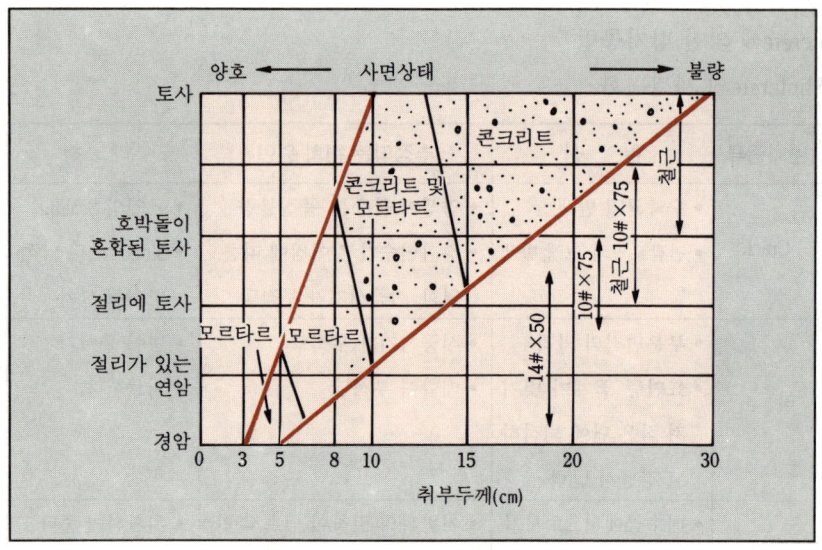

(그림 35) 사면상태와 Shotcrete 두께

9) 녹생토 공법

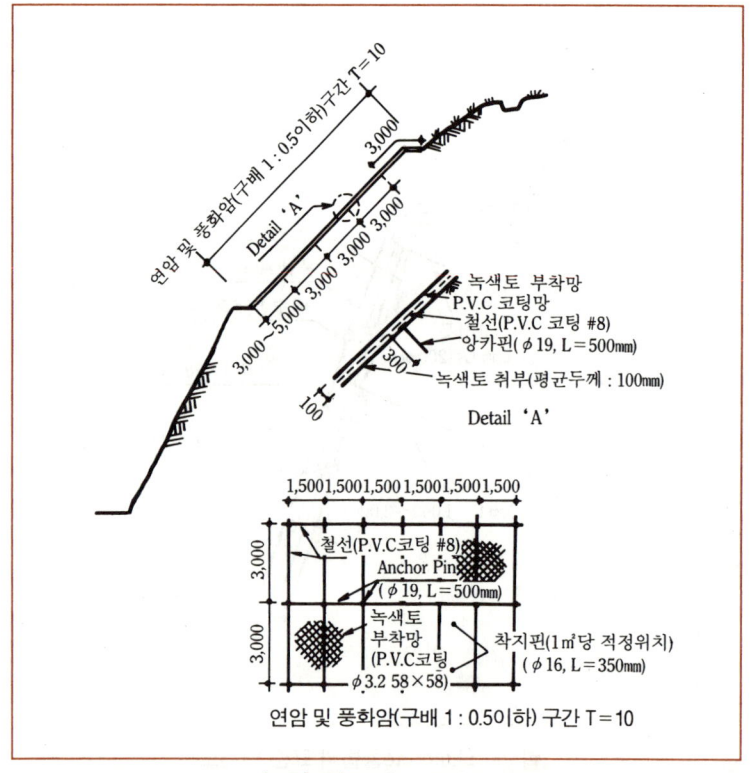

(그림 36) 녹생토 공법

8. 사면 붕괴시 행하는 조사

(1) **시찰** : 2차 재해유무 파악 한다.

(2) **계측** : Level 및 지표면 변위계 이용 → 활동정지 진행 여부 파악한다.

(3) **정보**

    1) 지형도

    2) 지질도

    3) 강우량

    4) 공사기록 조사

(4) **토질조사**

    1) Sounding(PBT/SPT)

    2) Boring

(5) 성토재료 시험(G_s, w, PI, LL, PL SL, γ_d)

(6) 암분류시험(풍화도법+절리간격+Muller+RQD+균열계수+RMR+Q-System)

(7) 물리탐사+탄성파 탐사+전기탐사

9. Land Slide와 Land Creep 비교

구 분	Land Slide	Land Creep
원 인	호우·융설·지진	강우, 융설 지하수위 상승
발 생 시 기	호우중	강우후 어느 정도 시간이 지난 후
지 질	풍화암/투수성 좋은 사질토	파쇄대/제3기층/연질암 지대
지 형	경사 30° 이상 급경사면	5°~20°의 완경사면
토 질	불연속층	점성토/연질암을 Sliding면으로 한다.
발 생 상 태	속도 : 빠르고 순간적	느리고, 연속적
활 동 토 괴	활동토괴가 교란된다.	원형에 가깝다.
발 생 규 모	작다.	크다
Sliding면 구배	급경사	완경사
대 책 공 법	• 법면보호 : 식생공·식수공 • 옹벽공 : 보강토 옹벽 • 배수 : 유공관, U형측구	배수 : • 표면배수 • 지하배수 • 수평보링 • 강관항공법 • 말뚝공 • 압성토 • 지하수 차단공 • 옹벽

10. 결 론

(1) 사면 붕괴원인

1) 전단응력을 증가시키는 요인(외적 원인)
   ① 지표면 경사각 증대
   ② 함수량 증가
   ③ 지진, 진동, 발파 : 충격
   ④ 건물, 불, 눈, 우수 : 외력
   ⑤ 굴착에 의한 흙의 제거
   ⑥ 인공 또는 자연력에 의한→지하공동(Cavity) 형성
   ⑦ 인장응력에 의한 균열(Tension Crack)
   ⑧ 균열중의 수압

2) 흙 자체의 전단강도 감소시키는 요인
   ① 흡수에 의한 점토 팽창
   ② 간극 수압의 작용 : 유효응력 감소

$$\tau = \overline{c} + \overline{\sigma} \, tan\overline{\phi}$$
$$= \overline{c} + (\sigma - u) tan\overline{\phi}$$

   ③ 다짐 불량
   ④ 수축, 팽창, 인장, 균열
   ⑤ 동결융해
   ⑥ 지진, 발파, 진동에 의한 전단응력 감소

3) 원리별 대책공법의 분류

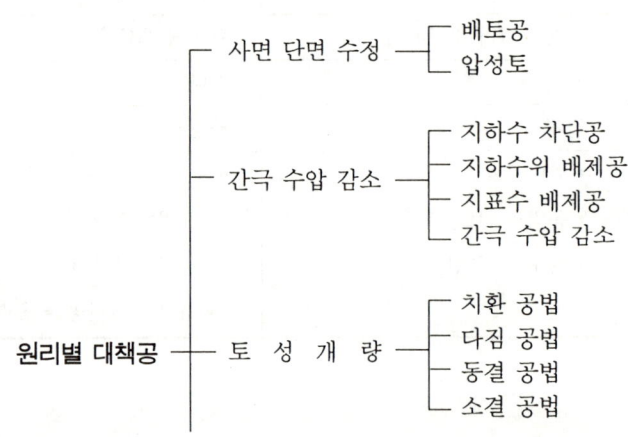

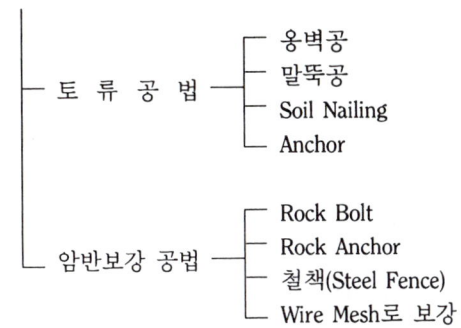

(2) 사면안정 해석방법

1) 파괴 성상과 해석조건

① 사면파괴의 성상

㉠ 사면의 종류

㉡ 활동면의 형상

㉢ 사면파괴의 원인

㉣ 사면파괴의 형태

② 사면안정 해석의 조건

㉠ 유효응력해석법과 전응력해석법

㉡ 단기 안정문제와 장기 안정문제

㉢ 최소 안전율

㉣ 하중조건

2) 토질사면의 안정해석법

① 무한사면의 안정해석법

㉠ 안전율의 계산

㉡ 안정수와 한계사면 높이

② 단순사면에 대한 마찰원법

㉠ 마찰원에 의한 도해법

㉡ 안정도표

③ 원호활동면에 대한 분할법

㉠ Bishop의 일반 분할법

㉡ Fellenius의 간편 분할법

④ 복합활동면에 대한 분할법

㉠ Janbu의 일반 분할법

　　　　　ⓒ 쐐기법
　　　⑤ 지진에 대한 안정해석법
　　　　　㉠ 진도법
　　　　　ⓒ 간편분할법
　　　　　ⓒ 일반분할법

3) 암반사면의 안정해석법
　　① 암반사면의 파괴형태
　　　　㉠ 두 불연속면의 상관성
　　　　ⓒ 파괴형태의 추정

　　② 평면파괴(Plane Failure)
　　　　㉠ 평면활동의 지질조건
　　　　ⓒ 평면활동에 대한 안정해석

　　③ 쐐기파괴(Wedge Failure)
　　　　㉠ 쐐기의 형상과 활동조건
　　　　ⓒ 마찰쐐기의 안정해석
　　　　ⓒ 쐐기의 일반해석

　　④ 토플링 파괴(Toppling Failure : 전도파괴)
　　　　㉠ 토플링의 형식
　　　　ⓒ 토플링의 조건
　　　　ⓒ 토플링에 대한 극한 평형해석

2. Earth Anchor와 Soil Nailing 공법의 개요 · 시공성 · 특징

구 분	기 존 방 법(Earth Anchor)	Soil Nailing 공법
① 대표단면	H=30.0m, Shotcrete T=10cm, Rock Bolt φ=25, L=3m, H-PILE, 지반앵커, 토사/풍화암/연암, 2m	H=30.0m, Shotcrete T=15cm, NAIL(D 25), 토사/풍화암/연암

② 적용공법 및 재원	• 지반앵커
	  엄지말뚝 : H300×200×9×1.4, 1.5m간격
	  띠장 : H300×300×10×15, 2.5~3.0m간격
	  토류판 : 150×100×1450
	• Rock Bolt
	  Rock Bolt : φ25, L=3m, Resin Shotcrete : T=100m,
	  Plate : 150×150×6
		• 쏘일네일링
		  네일 : D25, L=0.5~0.8H
		  쇼크리트 : T=15cm
		  Wire Mesh : φ4.8×100×100
		  연결철근 : D16
		  Plate : 150×150×12

③ 공법개요	지반앵커 공법과 Rock Bolt공법을 복합 병행처리로 엄지말뚝 시공후 굴착 및 띠장 설치후 앵커 시공으로 이어지는 Top-Down 방식이다. 굴토면 하부의 연암층은 엄지말뚝 좌굴방지용 Rock-Bolt로 대치	• 쏘일네일링 공법으로만 처리 1단굴착 → 1차쇼크리트 → 천공 및 네일설치 → 2차 쇼크리트 → 2단굴착으로 이어지는 Top-Down방식
④ 시공성	• 엄지말뚝시공을 위한 대규모장비(T-4)가 사용된다. • 두가지 공법을 병행사용하므로 공종이 복잡하다.	• 대구경 천공이 없고 장비가 소형이다. (크롤러 드릴) • 단일 공법으로 공종이 간단하고 시공관리가 용이하다.
⑤ 장 점	• 시공경험이 많다. • 인장력이 확실한 경우 지반변형 억제효과가 뛰어나다.	• 시공이 용이하다. • 시공중 토질조건의 변화에 대처가 용이하다. • 네일간격이 작아 국부적인 품질에 문제가 발생할 경우 전체 안정에 미치는 영향이 상대적으로 적다. • 암벽처리에 용이하다. (건축구조물공사에 용이) • 토공사 공기에 가시설공기가 포함되므로 공기단축의 효과가 뛰어나다.
⑥ 단 점	• 강재를 사용하므로 대규모 장비가 동원되어 시공성이 떨어진다. • 다공종이 필요하므로 품질관리가 어렵고 시공이 조잡해질 수 있다. • 앵커의 분담력이 상대적으로 높아 국부적인 품질에 문제가 생길경우 전체 안정에 미치는 영향이 크다. • 터파기 완료후 강제회수가 용이하지 않다.	• 정밀 공사관리가 필요 • 단계별 굴착과 보강이 동시에 이루어지므로 품질관리가 양호해야 한다.
공사시간	• 굴착 토공공기 +60일	굴착 토공공기 +15일
예상공사비	20억 6천만원(토공비 제외)	16억 2천 8백만원(토공비 제외)

3. 사면절취 굴착에 의한 사면붕괴·산사태의 발생 메카니즘

1. 일본에서는 경제발전에 따라 국토 전체에 걸치는 부지조성이나 도로건설 등의 산지개발이 진행되고 있어 이것에 기인한 사면붕괴·산사태 등의 재해가 발생하고 있으며, 이것이 큰 사회문제로 되고 있다.
2. 즉, 산지개발에 있어서 사면절취굴착에 의한 자연상태에 있어서는 안정되어 있는 산체의 균형을 무너뜨리고 그 결과로써 재해를 발생시키고 있는 예도 많다.
3. 그러나, 이와 같은 산체의 경우에 있어서도 이들 개발 개소의 지형, 지질상황을 충분히 조사·파악하고 안정성을 유지하기 위하여 설계·시공·보수를 실시하면 재해방지는 불가능하지 않다.
4. 사면절취굴착에 의한 사면붕괴·산사태 발생 메카니즘으로는 다음의 것이 생각된다.
   (1) 굴착 제거한 부분의 주변 암반은 상재하중 제거에 의하여 응력해방이 실시되고, 암반에 느슨함이 발생하여 강우 등의 지표수 침투가 용이하게 된다. 특히, 이것이 구산사태지나 구붕괴지내라면 구미끄러짐면의 수리조건이나 지반물성을 변화시키는 경우가 있으며, 이것에 의하여 구산사태나 구붕괴지 활동을 재발시키는 경우가 있다. (그림 1.(a))

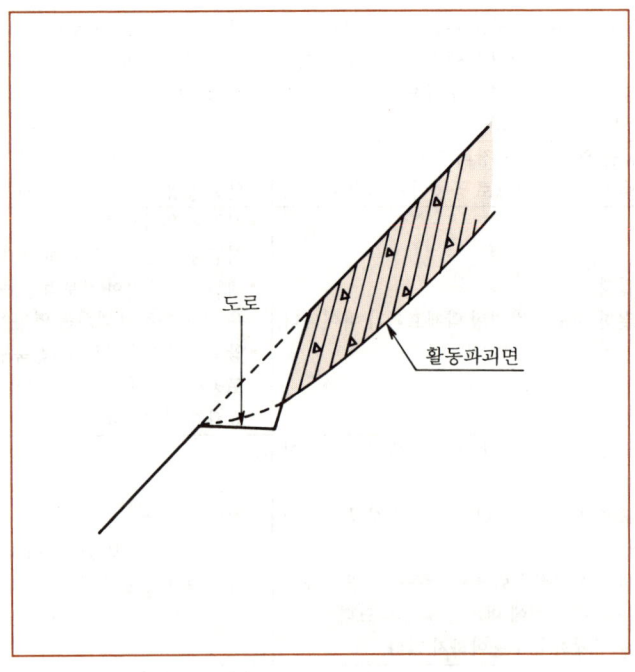

(a) 구이동지괴각부의 굴착제거에 기인하는 경우

(2) 구사면 붕괴지·구산사태지 내에서 도로부설 등을 위하여 사면절취굴착을 하면 그 위치에 따라서는 구미끄러짐과 연결되는 새로운 미끄러짐면 형성을 용이하게 하는 경우가 있고, (그림 1.(b)) 또한, 굴착위치가 구이동지반의 각부(脚部)에 해당하는 경우에는 밑의 받침 부위를 잃어서 발을 걸어채인 양상이 되어 미끄러짐을 유발시키는 경우가 있다.

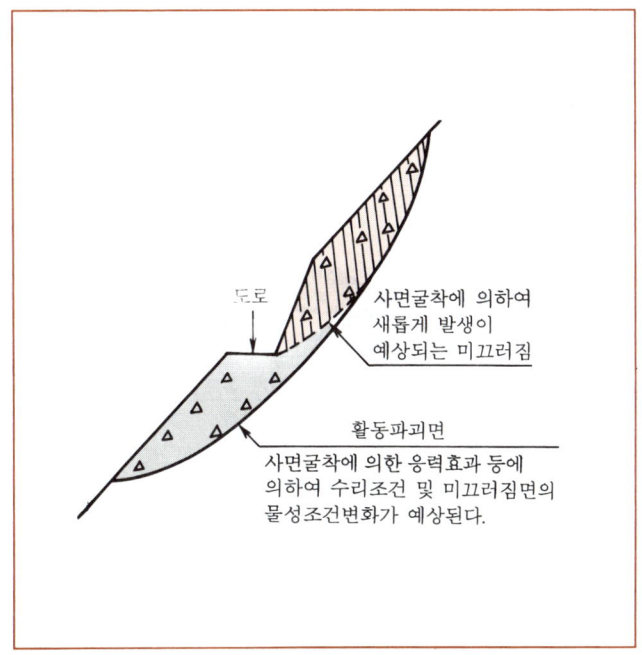

(b) 구이동지괴사면의 절취굴착에 기인하는 경우

(3) 부설된 도로 및 조성된 부지에서는 이들에 모이는 빗물 및 표류수를 배수하는 U자구(字溝) 등의 설비를 부설하는 것이 일반적이지만, 이들 설비가 부설되어 있지 않은 경우 또는, 충분히 기능하지 않는 경우, 이들 배수가 지반에 침투하여 사면붕괴·산사태를 유발하는 원인이 되는 경우가 있다. 특히, 구산사태지, 구붕괴지내 및 성토위에 부설된 도로에서는 이 배수를 요인으로 하는 붕괴가 자주 보인다. (그림 1.ⓒ)

(4) 사면굴착 대상으로 되는 산체의 지층이나 암체나 같은 방향이거나 같은 방향의 단층·파쇄대가 존재하는 경우의 사면굴착은 소위 활동 위험지반의 발을 걸어차는 양상이 되어 사면붕괴·산사태를 유발하게 된다. (그림 1.ⓓ)

(5) 사면붕괴·산사태 개소에 있어서 이동지반의 활동을 방지하기 위해서는 이동지반의 각부(脚部)에 누름성토를 실시하는 경우가 있다. 이 경우 누름성토 재질이 점토질 재료와 같은

투수성이 작은 경우에는 이동지반의 활동면을 유하하는 지하수의 배출을 폐쇄시키는 경우가 있으며, 이것에 의하여 이 면의 간극수압이 상승하고 활동하기 쉽게 되는 경우가 있다. (그림 1.(e))

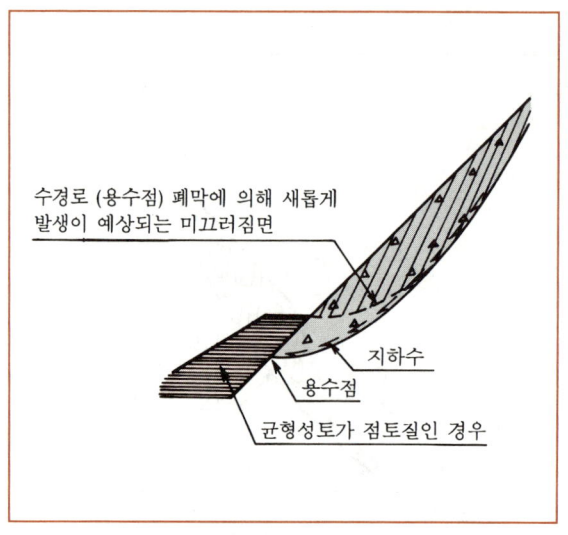

(c) 균형성토에 기인하는 경우

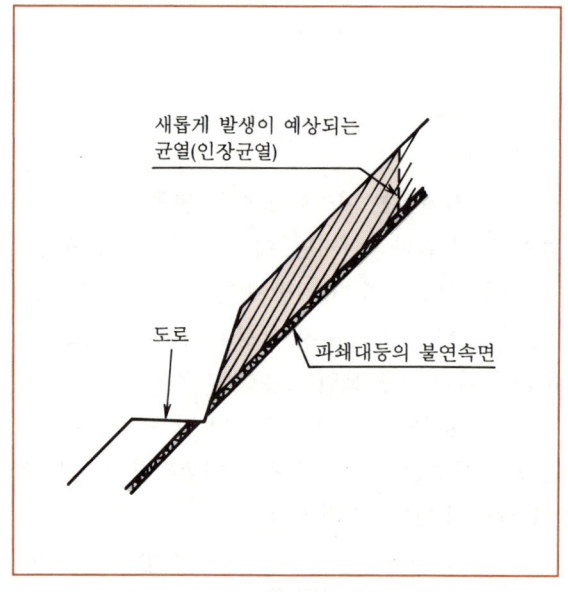

(d) 미끄러짐면 상부지괴의 다리를 걷어차는 경우

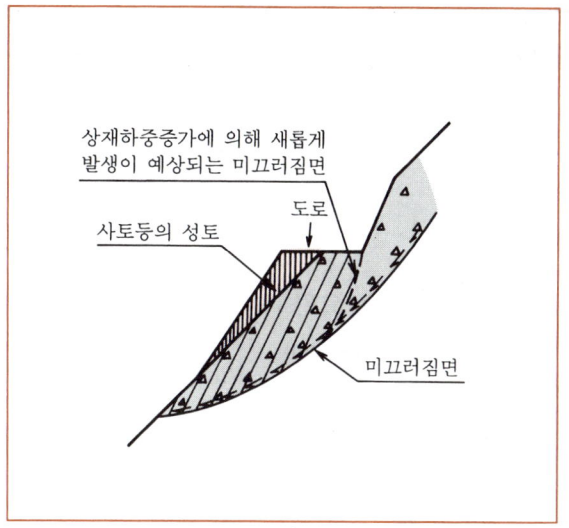

(e) 사토등 성토에 기인하는 경우

(그림 1) 절취에 굴착하는 사면붕괴·산사태의 발생

4. 도로공사에서 암반 절토부의 사면 안정공법 선정(암사면 안정공법과 암사면 안정 해석 방법 설명)

【기술 내용】

(1) 암반사면의 안정성에 영향을 미치는 요인
   1) 불연속면의 방향(Orientation : Strike/Dip)
   2) 불연속면의 간격(Spacing)
   3) 불연속면의 연속성(Persistence)
   4) 불연속면의 틈새(Aperture)
   5) 불연속면의 충진 물질(Filling)
   6) 불연속면의 투수(Seepage)
   7) 불연속면의 종류수(Number of Sets)
   8) 암괴의 크기 및 형태(Block Size & Shape)

(2) 암반사면의 붕괴 형태
   1) 원형 파괴(Circular Failure)
   2) 평면 파괴(Plane Failure)
   3) 쐐기 파괴(Wedge Failure)
   4) 전도 파괴(Toppling Failure)

(3) 암반사면 안정공법(보강공법)
   1) 철책(Steel Fence, Wire Mesh 설치하는 방법)
   2) 옹벽 설치
   3) Rock Bolt, Rock Anchor
   4) 식생공, 석공, Shotcrete 타설 공법
   5) 표면 배수공, 지하 배수공 설치
   6) 경사각을 낮추는 방법
   7) 사면의 높이를 낮추는 방법
   8) 뜬돌을 미리 떨어내는 방법
   9) 지하수의 유로 만드는 방법
   10) 낙석받이 Trench 파는 방법

(4) 암반 사면 안정해석방법
   1) 평사 투영법

2) 암반의 불연속면을 대상으로 한 구조적 해석방법 (원형파괴＋평면파괴＋쐐기파괴＋전도파괴)

1. 개 요

(1) 한국에서 발생하는 『산사태』는 그 지역에 따라서 발달하는 지형, 풍화 발달 상태, 불연속면의 발달상태, 배수처리 상태, 식생 상태 등에 따라서 영향을 받는다.
(2) 흙지반과 관련된 산사태(Land Slide)는 빈번히 발생하지만 심한 침식으로 인해서 비교적 얇은 토층(1~3m 두께)만 잔류하고 있으므로, 토층 산사태의 규모는 작은데 반해서(소규모)
(3) 암반과 관련된 산사태는 규모가 크고 많이 발생한다. 이와 관련 본고에서는 암반 절토부의 사면 안정공법 선정에 대해서 아래와 같이 기술코저 한다.
   (1) 암반 사면의 안정성에 영향을 주는 요인
   (2) 암반 사면의 붕괴 형태 및 특징
   (3) 암반 사면 보강 공법

2. 암반사면의 안정에 영향을 미치는 요인

(1) 불연속면의 방향
1) 주향과 경사로 표시하는데 붕괴 가능성 및 붕괴 형태를 표시하는 것으로서
2) 주향 : 불연속면 상에서 존재하는 수평선의 방향이고
3) 경사 : 불연속면의 최대 경사각이다.

(2) 불연속면의 간격
1) 인접한 불연속면 간의 수직거리인데
2) 암반 붕괴시 평면 파괴인가, 전도 파괴인가 하는 붕괴 형태를 결정하는 요소이다.

(3) 불연속면의 연속성
1) 불연속면이 연장되는 정도인데
2) 불연속면의 전단 강도 추정시 중요한 요소이다.

(4) 불연속면의 강도
불연속면 부근에 있는 암석의 일축압축강도로서 수치가 크면 불연속면의 전단강도가 커진다.

(5) 불연속면의 틈새
1) 인접한 불연속면의 수직거리로서
2) 틈새가 크면 불연속면의 전단 강도가 감소한다.

(6) **불연속면의 충진 물질**
   이 물질은 일반적으로 모암보다도 강도가 약하다.

(7) **불연속면의 투수**
   수압은 암반의 유효 응력을 감소시킨다.

(8) **불연속면의 종류수**
   암반 붕괴형태를 결정한다.

(9) **암괴의 크기 및 형태**
   암반 보강에 대한 지표를 제시한다.

3. 암반사면의 붕괴 형태 및 크기(암반사면 안정 해석방법)

암반사면의 붕괴형태는 사면에 발달해 있는 불연속면의 발달상태에 따라서 결정된다.

(1) **원형 파괴(Circular Failure)**
   불연속면이 불규칙하게 많이 발달해서 뚜렷한 구조적 특징이 없으면 토층과 같은 원형 파괴이고,

(2) **평면 파괴(Plane Failure)**
   불연속면이 한 방향으로 발달하고 있으면 평면 파괴

(3) **쐐기 파괴(Wedge Failure)**
   불연속면이 교차되는 곳(두 방향으로 발달)은 쐐기 파괴

(4) **전도 파괴(Toppling Failure)**
   불연속면의 경사 방향이 절개면의 경사방향과 반대이면 전도파괴가 일어난다.

이와 관련 암반 사면의 안정성 검토는 암석의 강도에 의하는 것보다 불연속면의 발달상태를 조사해서 판단한다.

4. 암반사면 보강 공법

- 상기와 같이 사면 안정성 검토 후에 주변 여건에 맞는 경제적이고 시공성 있는 공법을 선정해야 한다.
- 공법 선정시 적용성을 기술하면 아래와 같다.

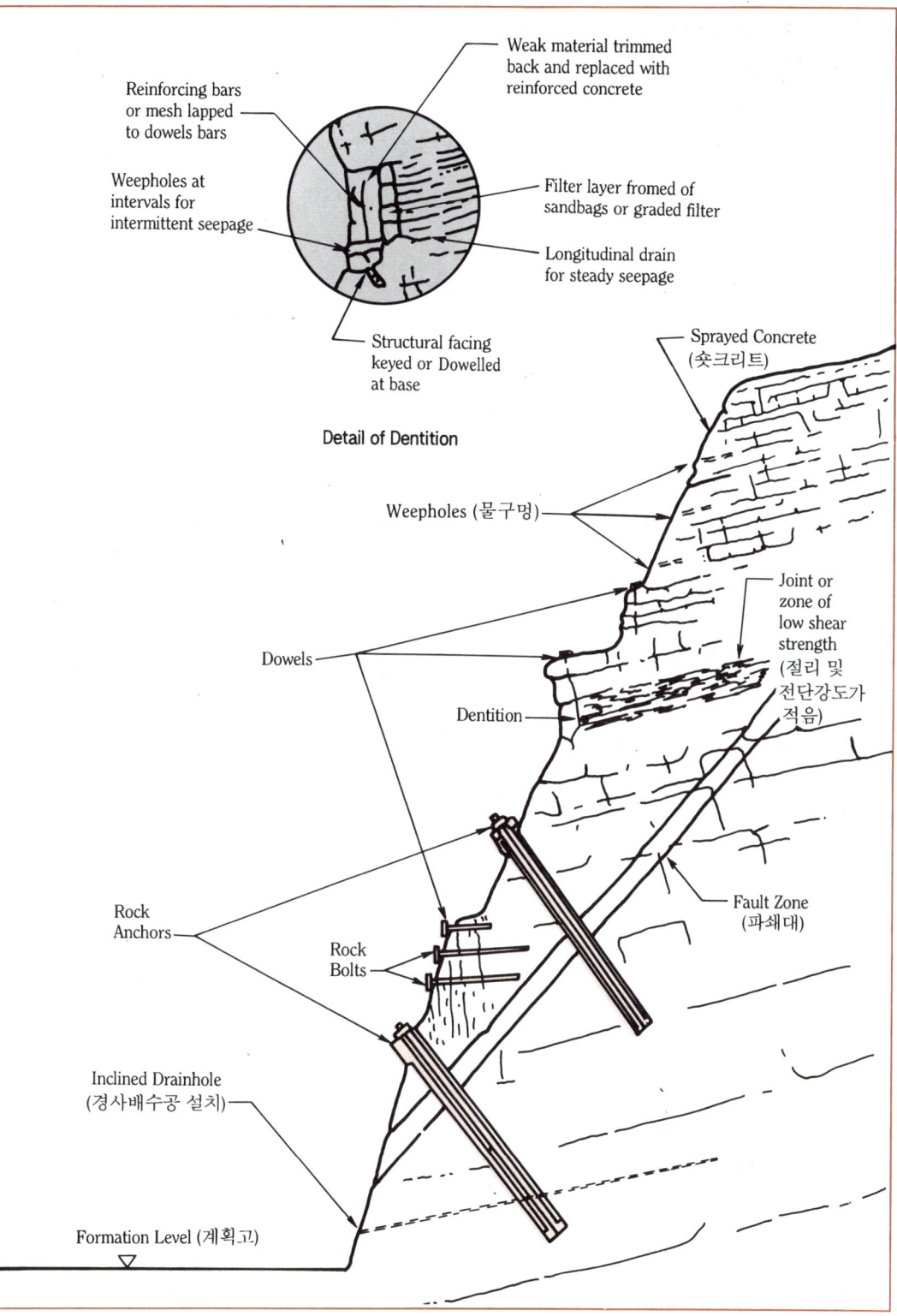

(그림 1) 암반사면 보강공법

(1) Steel Fence 설치(철책공법) 또는 Wire Mesh 씌우기 공법
    1) 사면 안정에는 큰 문제가 없으나, 도로변과 같이 지반 진동이 있을 경우에 지표면에서 소규모 붕괴가 예상되는 경우
    2) 사면 상부에서 암괴나 암편의 낙석이 예상되는 경우

(2) 옹벽을 설치하는 방법
    1) 사면(비탈면)의 높이가 비교적 낮고
    2) 상부에 식생공이나 석공 등이 필요한 경우
    3) 암반의 굴착량을 줄이기 의해서 사면의 구배를 급하게 할 경우

(3) Rock Bolt, Rock Anchor 공법
    1) 암반의 상태가 양호하나 불연속면의 전단력이 문제될 경우
    2) 판상 절리나 주상절리와 같이 불연속면의 발달이 비교적 규칙적인 경우
    3) 주변 여건상 시공법 적용이 곤란한 경우
    4) 쐐기 파괴나 전도 파괴와 같이 부분적으로 불안한 사면

(4) 식생공, 석공, Shotcrete 공법
    1) 풍화가 많이 된 경우
    2) 불규칙한 절리가 발달되어 사면을 전부 보호할 필요가 있을 때
    3) 지표수의 유입을 방지할 필요가 있을 때

(5) 표면 배수공, 지하 배수공
    1) 지하수의 유입이나 지하수위의 변동이 심한 경우
    2) 불연속면의 수압만 줄여도 사면 안정성에 지장이 없는 경우
    3) 다른 목적의 배수 시설을 이용할 수 없는 경우

(6) 경사각을 낮추는 방법
    1) 풍화대나 붕적층 등 인위적인 방법으로서 전단력을 증대시키기 곤란한 경우
    2) 중요한 시설물 주변의 사면(비탈면)으로서 영구적 안정대책이 필요한 경우

(7) 사면의 높이를 낮추는 경우
(8) 뜬 돌을 미리 떨어내는 방법
(9) 지하수의 유로를 만드는 경우
(10) 낙석받이 트렌치를 파서 낙석의 운동에너지 흡수

5. 퇴적암·변성암·화성암의 붕괴형태 예시

(1) 퇴적암에서의 붕괴유형

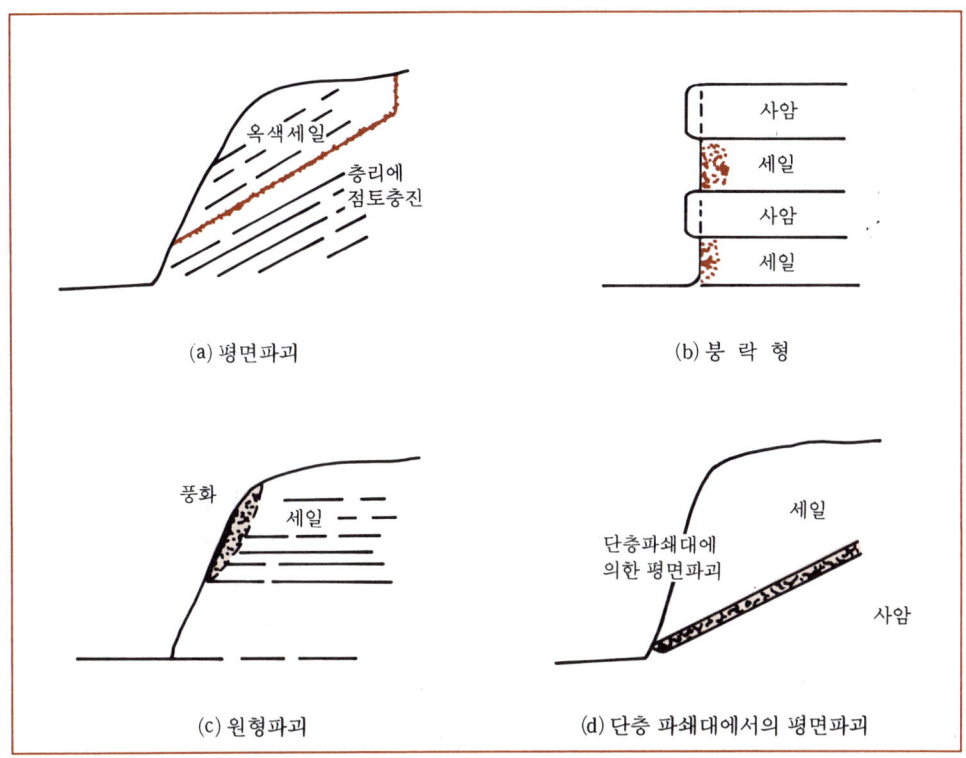

(2) 변성암에서의 붕괴유형

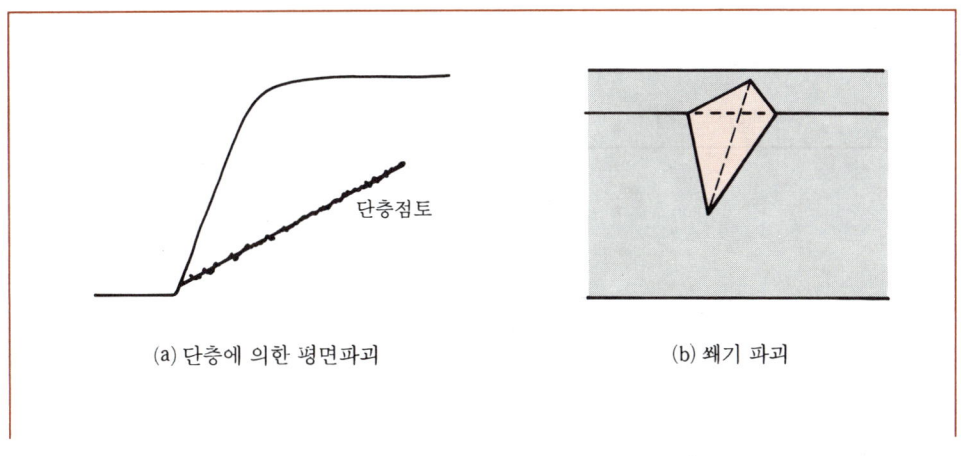

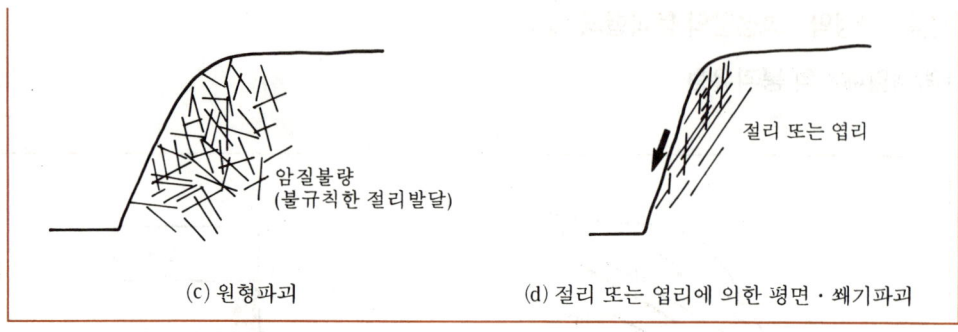

(c) 원형파괴   (d) 절리 또는 엽리에 의한 평면·쐐기파괴

(3) 화성암에서의 붕괴유형

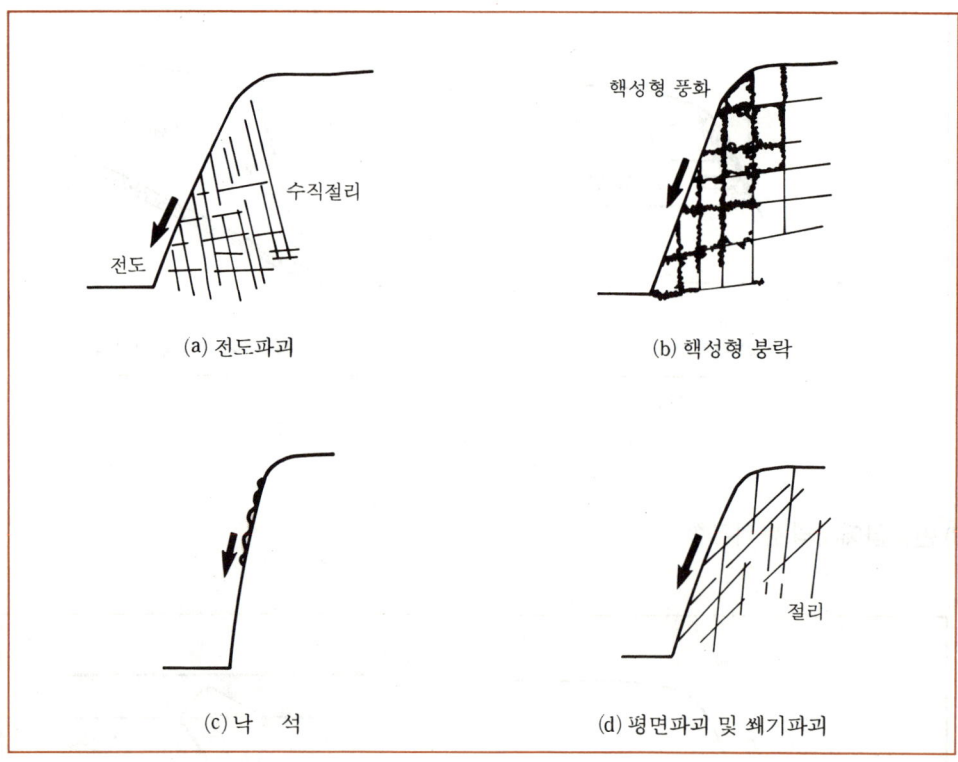

(a) 전도파괴   (b) 핵성형 붕락

(c) 낙 석   (d) 평면파괴 및 쐐기파괴

6. 결 론 (불연속면을 대상으로한 암반사면 안정 해석방법)

(1) 평면파괴의 조건(Plane Failure)

    1) 절리와 절개면의 경사방향이 같고

2) 절리와 절개면의 주향이 비슷(±20°의 주향차이 이내)
3) 절개면의 경사 > 절리의 경사 > 절리의 마찰각($\beta_a > \alpha > \phi$)
4) 붕괴되는 암괴의 양쪽 측면이 절단되어서 암괴가 무너지는데 측면의 영향이 없어야 한다.

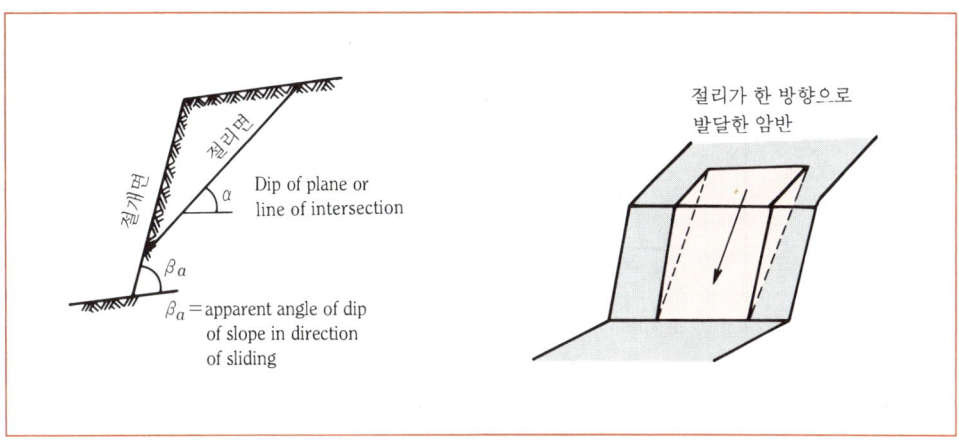

(그림 2) 평면파괴

(2) **전도 파괴조건(Toppling Failure)**
1) 절개면과 절리면의 경사방향이 달라야 한다.
2) 절개면과 절리면의 주향차이가 ±30°이내
3) (90°−절리의 경사)+절리의 마찰각 < 절개면의 경사 즉, $(90° - \alpha) + \phi < \beta_a$

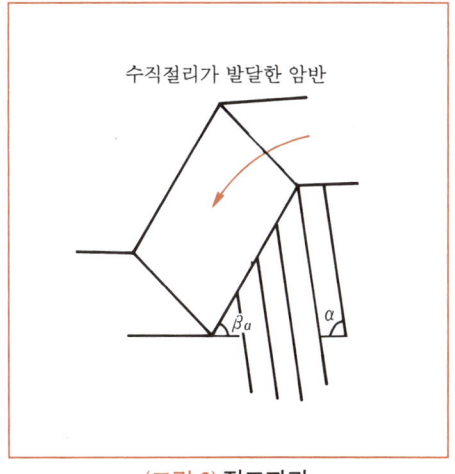

(그림 3) 전도파괴

(3) 쐐기 파괴조건(Wedge Failure)
   1) 절리의 교선과 절개면의 방향이 같고
   2) 절개면의 경사 > 두절리 교선의 경사 > 절리의 마찰각 즉, ($\beta_a > \alpha > \phi$)

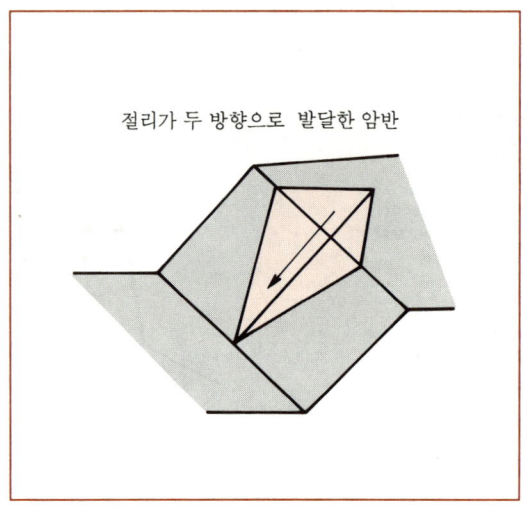

〈그림 4〉 쐐기 파괴

↑ Road Header 시공 전경도

5. 암사면 안정 대책공법

1. 서 론

(1) 암절취 사면의 안정성을 개선하기 위한 공법은 예상되는 사면 붕괴의 형태에 따라
   1) 암사면 안정화(Stabilization)공법과
   2) 암사면 보호(Protection)공법 등으로 구분된다.

(2) 암사면 안정화 공법의 효과는 불안정 암체의 활동력 감소 또는 저항력 증대로부터 얻어지는데, 이 활동력과 저항력의 증감은 극한 평형법을 이용한 사면 안정해석에 의하여 잠재 활동면이 결정된 후에야 정량화될 수 있다.

(3) 그러나, 2차 토플링 붕괴(Secondary Toppling Failure)가 예상되는 경우에는 수치해석적 방법을 이용한 응력-변위 분석에 의해 안정화 공법이 결정되기도 하며, 암체의 풍화속도를 줄이는 안정화 공법과 같이 안정화 효과를 정량적으로 평가할 수 없는 경우도 있다.

(4) 암사면 보호공법은 낙석문제 해결을 위해 이용되며 낙석수치모형해석(Rockfall Modelling)에 의해서 보호 공법의 효과를 예측하기도 한다.

2. 암사면 붕괴형태에 따른 일반 대책

- 암 절취사면의 안정성은 우선적으로 사면의 기하학적 형태에 의해 결정되므로, 절취사면의 안정성은 그 절취방법에 따라 달라질 수 있다.

- 예를 들면, 사면높이와 기울기를 감소시키거나 사면내의 불안정 물체 등을 제거하고 소단을 설치함으로써 사면의 안정성이 증대된다.

- 절취에 의한 안정화 효과를 정량화하려면 미리 예상되는 붕괴의 형태를 판단할 수 있어야 하는데,

- 암사면의 붕괴 형태를 대체로 불연속면을 따라 발생하는 활동 파괴(그림 1), 불연속면으로 둘러싸인 암괴의 토플링 및 활동파괴(그림 2), 암체 내에서의 임의 원호 활동파괴(그림 3), 그리고 2차 토플링에 의한 파괴(그림 4) 등으로 분류된다.

- 위에 열거한 붕괴 형태 중에서 앞의 3가지 경우에는 극한 평형법으로 사면 안정을 해석하고,

- 네번째 경우에는 응력-변위 해석법을 이용한다. 응력-변위 해석법으로 진단하여 안정화 공법을 채택하는 경우에는 안정화 공법 시행 전과 후의 응력상태를 비교하여 안정화 효과를 정량화 할 수 있다.

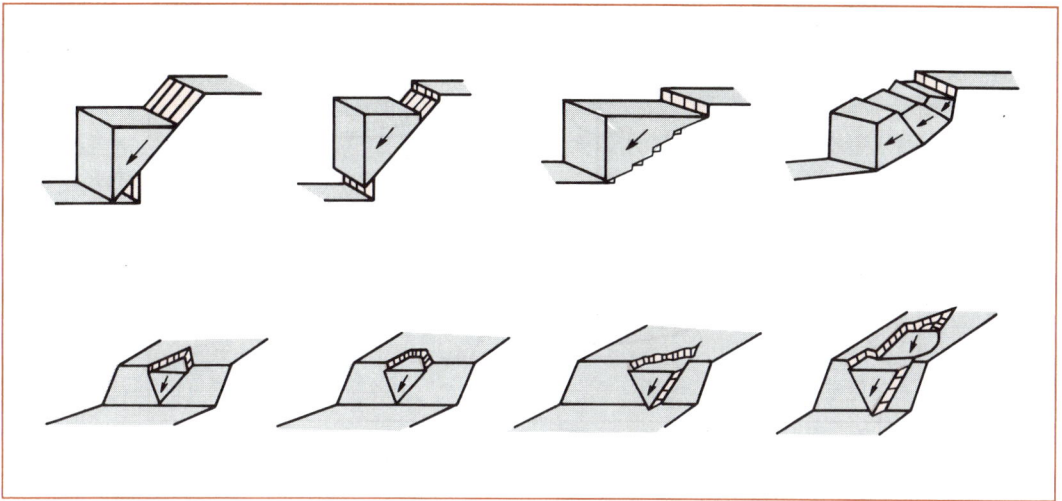

(그림 1) 불연속면을 따라 발생하는 활동 파괴

(그림 2) 불연속면으로 둘러싸인 암괴의 전도 및 활동파괴

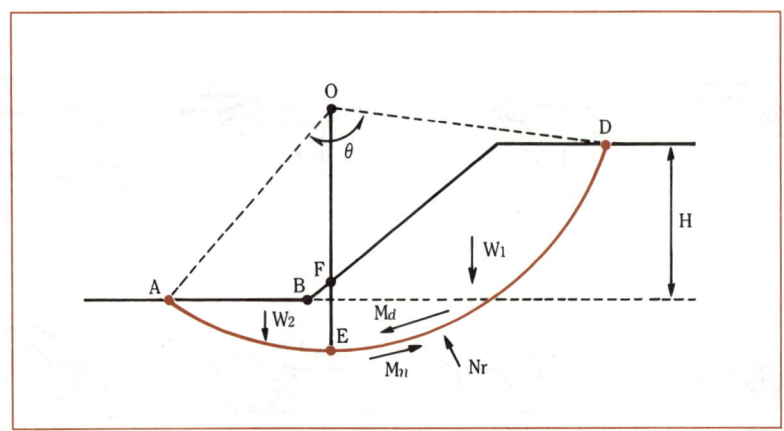

(그림 3) 암체내에서의 임의 원호 활동파괴

(그림 4) 2차 토플링에 의한 파괴

(1) 불연속면에서의 활동파괴

1) 불연속면에서의 활동파괴가 예상되는 경우에는, 사면높이의 감소 또는 기울기의 완화로

사면의 안정화를 꾀할 수 있는지 확실하지 않다.
2) 일반적으로, 불연속면의 전단 저항력이 단순히 잔류 마찰 성분에 의해 발휘되는 때에는 배수조건하에서 불연속면 위의 암체를 완전히 제거하기 전에는 안전율이 변하지 않으며, 비배수조건 하에서의 사면높이 감소 또는 기울기 완화는, 경우에 따라서, 안전율의 저하를 초래하기도 한다. (Hoek & Bray, 1981)
3) 그러나 불연속면에서 점착력이 발휘되거나 전단 변형시 팽창변형(Dilatancy)과 표면파괴(Asperity Failure)가 발생하는 경우에는 사면높이와 기울기의 감소 등으로 안정성 효과를 얻을 수 있다.
4) 불연속면에서의 점착력은 불연속면이 계속되지 않는다. 즉, 일부분이 붙어있다고 가정하는 경우에만 그 존재가 인정되며, 점착력을 고려하면 고려하지 않을 때보다 안전율이 100%이상 증가할 수도 있으므로 신중하게 판단하여야 한다. (ISRM, 1978).
5) 팽창변형과 표면파괴에 의한 불연속면의 강도 증가는 불연속면의 요철정도와 암편의 압축강도에 의해 좌우된다.

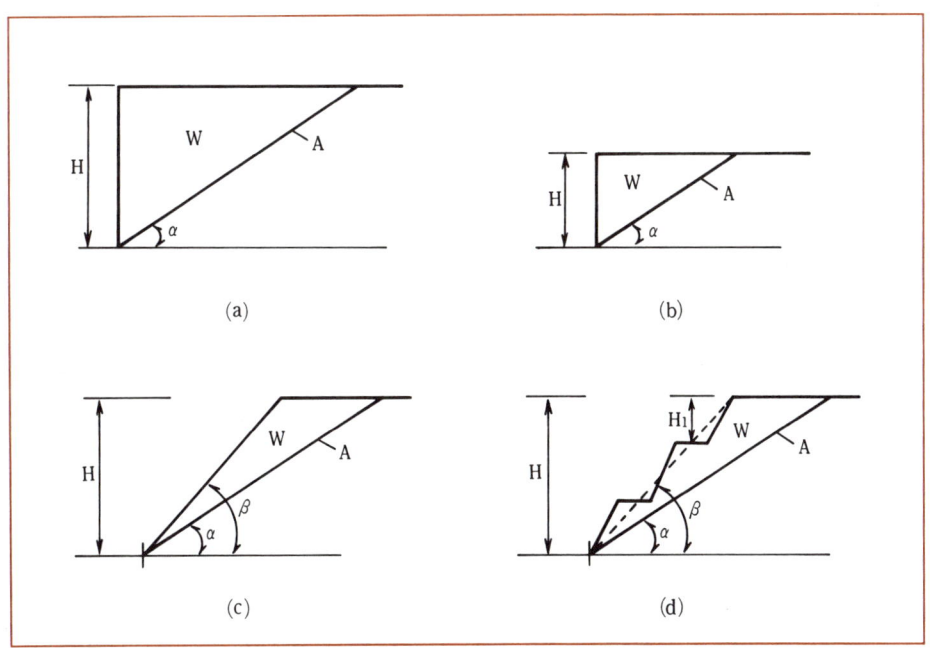

(그림 5) 사면높이, 기울기, 소단설치가 안정화에 미치는 영향

6) 사면 높이의 감소, 기울기의 완화, 그리고 소단(Berm)의 설치 등이 암 사면 안정화에 주는 영향을 예제를 통하여 알아본다. (Giani, 1992)

(1) 기본 사면은 30m 높이의 연직벽이며 불연속면은 45°경사를 가지고 사면 앞쪽 모서리를 지나며 (그림 5(a))
(2) 첫번째 비교사면은 사면 높이만 10m로 축소한 경우이고 (그림 5(b))
(3) 두번째 비교사면은 기울기만 60°로 완화시킨 경우이며 (그림 5(c))
(4) 세번째 비교사면은 (그림 5(d))와 같이 사면 평균 기울기는 60°이고 소단을 2단 설치한 경우이다.

ⓐ 각각의 경우에 대하여 Mohr-Coulomb과 Barton의 파괴이론에 입각한 강도 정수로부터 다음의 식을,

$$F(c, \phi) = \frac{C_{app} \cdot A + W \cos \alpha \, \tan \phi_{app}}{W \sin \alpha}$$

$$F(Barton) = \frac{W \cos \alpha \tan(\phi_r + JRC \log(JCS/\sigma_n))}{W \sin \alpha}$$

이용하여 사면 안정을 구하면 Mohr-Coulomb의 결과는 0.98, 1.37, 1.25, 1.25이고, Barton의 결과는 1.00, 1.13, 1.04, 1.04이다.
ⓑ 위의 결과로 부터 사면 높이의 감소와 기울기의 완화, 그리고 소단의 설치 등으로 안정성 증대 효과를 얻을 수 있음을 확인하였다.
ⓒ 소단을 설치하는 사면의 경우에는 1개 소단까지의 작은 사면에 대한 안정성 검토와 전체 사면의 평균 기울기에 대한 안정성 검토가 필요하다.
ⓓ 소단의 폭은 암 사면보호의 관점에서 낙석과 관련하여 결정된다.

(2) 토플링(Toppling)과 활동 복합파괴

1) 절리가 심하게 발달된 암체 사면에서 흔히 발생하는 토플링과 활동 복합파괴에서는 절리 간격에 따라 떨어져나가는 암괴의 크기와 모양이 결정된다.
2) 사면의 1단 높이, 소단 폭, 그리고 각 단의 사면각 등 단면형태 설계시 토플링이나 활동파괴가 일어나지 않도록 그 크기를 결정하고, 암체 상태가 나쁠수록 발파영향이 최소가 되도록 제어 발파를 시행한 후 사면의 면정리(Scaling & Trimming)를 정밀하게 해야 한다.

(3) 원형 사면파괴(Circular Failure)

1) 석고석, 염암(Salt), 활석 등과 같은 암으로 된 사면은 경우에 따라서 원형 사면 파괴를 일으키는데, 이 때의 방법은 토질역학의 유한 사면 극한 평형법과 동일하다.
2) 이와 같은 암 사면에서도 사면 기울기의 완화는 안정화 대책이 될 수 있는 반면에, 불안정한 물체를 제거할 때는 주의를 요한다.
3) 그 이유는 (그림 6)에 보인 바와 같이 불안정한 물체를 제거하면 그 뒤를 이어서 원호 파

괴가 계속될 가능성이 있기 때문인데

4) 이러한 경우에는 사면 앞쪽을 성토로 돋우고(압성토) 사면내의 지하수위 저하를 위하여 배수공법을 시행하는 것이 효과적이다.

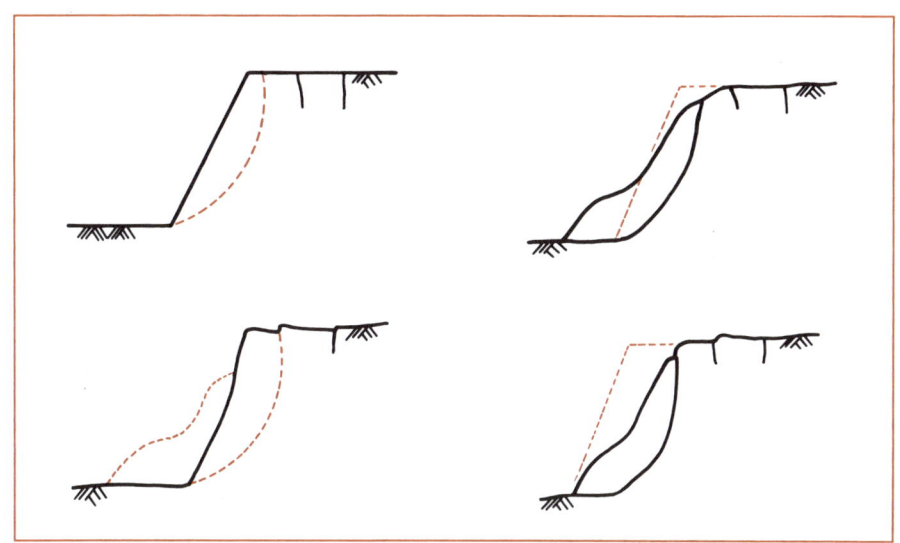

〈그림 6〉 불안정한 물체의 제거시 발생할 수 있는 사면의 활동

(4) 2차적으로 발생하는 토플링(Secondary Toppling Failure)

1) 2차적으로 발생하는 토플링의 경우는 (그림 4)에 보인 것과 같이 자연 침식이나 인공 굴착 등 여러가지 이유로 암사면의 불안정화가 초래된 다음에 2차적으로 토플링이 발생하는 것으로써, 토플링 방지를 위한 처방은 근본 대책이 되지 못한다.

2) 1차적 불안정화 요인은 매우 다양하며 응력-변위 해석에 의해 안정화 대책이 마련되는 경우도 있다.

3. 배수 공법

(1) 절리내에 있는 간극수의 존재는 사면 안정에 지대한 영향을 주기 때문에 사면 안정해석을 위한 입력 자료 중에 간극수압(Pore Water Pressure) 분포는 사면의 기하학적 형태와 더불어 가장 기본이 되는 요소이다.

(2) 사면 안정에 미치는 간극수의 영향을 알아보기 위하여 (그림 7)에 흔히 있을 수 있는 예를 도시하였다. 이 그림에 보인 사면에서는 연직방향의 인장 균열(Tension Crack)과 경사방향

의 절리로 둘러싸인 암괴의 안정성이 문제인데, (그림 7(a))는 암괴내의 간극수가 배제된 경우이고, (그림 7(b))는 간극수가 암괴내에 가득차 있는 경우이다.

각각의 경우에 대하여 아래와 같은 안전율 계산식으로 안전율을 계산한 결과 1.08과 0.87을 얻었다.

$$F = \frac{(W\cos\alpha - U - V\sin\alpha)\cdot\tan\phi}{W\sin\alpha + V\sin\alpha}$$

다소 극단적인 비교이기는 하지만 간극수의 영향으로 안전율이 약 20% 가량 감소하였음을 알 수 있다.

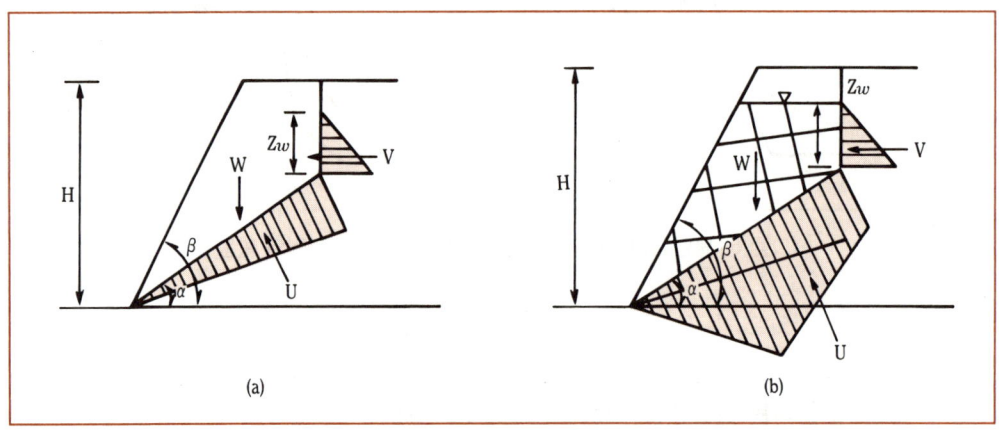

(그림 7) 불안정한 물체의 제거시 발생할 수 있는 사면의 활동

(3) 지하수를 다스리는 방법으로 크게 지표수 처리공법과 지하수 배제공법 등 두가지로 나눌 수 있다.

(4) **지표수 처리공법**
  1) 사면내 웅덩이에 고인 물 처리
  2) 지표수 유출이 원활하도록 하는 사면의 면 재정리
  3) 사면 정상부로부터 침투가 되지않도록 하는 표면 그라우팅
  4) 불안정한 사면의 지표수를 안정된 사면쪽으로 돌리기
  5) 사면의 식생처리 등이 있고

6) 지하수 배제공법에는 유공관 매설공법, 펌프, 우물공법, 그리고 배수터널 공법 등이 있다.
7) 유공관 매설공법에서는 유공관의 매설방향과 길이 등이 결정되어야 하는데, 이를 위하여 유한 요소해석법으로 지하수 침투 해석을 실시한다.
8) 2차원으로 지하수 침투 해석을 한 예를 (그림 8)에 나타내었다. (Louis, 1974)
9) (그림 8)에서는 유공관의 설치 방향에 따른 최상단 침윤선(Phreatic Line)의 위치변화와 유공관의 방향 및 길이와 배수관 효율상수(f_0)의 상관 관계도 도시하였다.

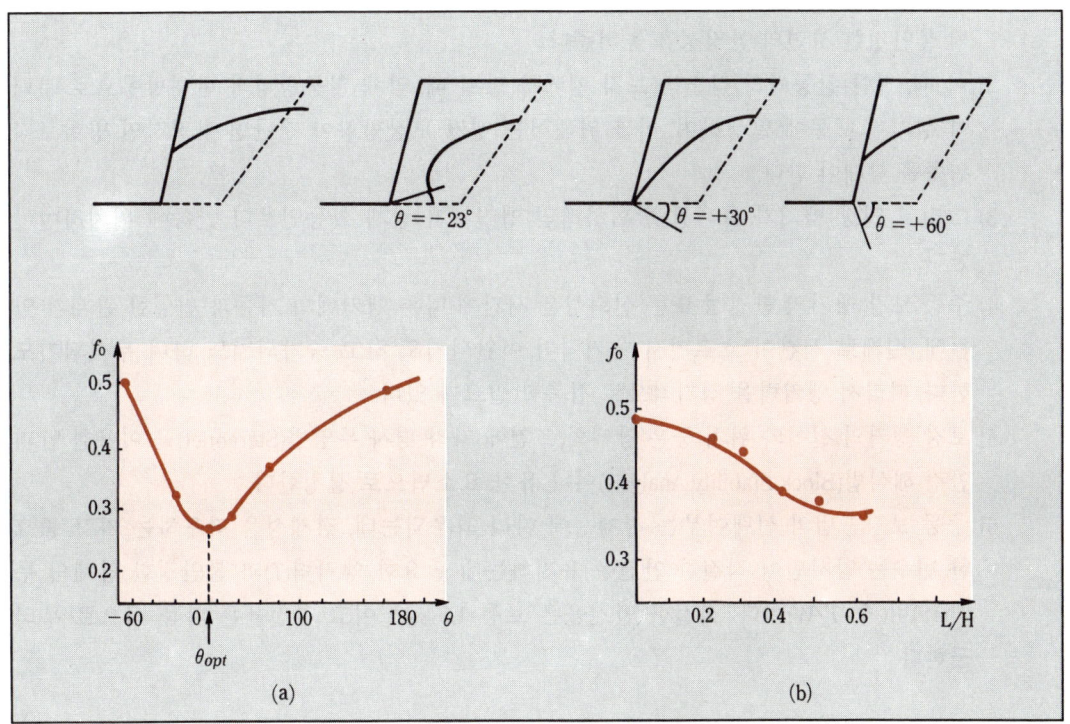

(그림 8) 지하수 침투해석 예

4. 사면 안정화 공법

- 사면 안정화 공법은 암체 자체의 지지 기능을 도와서 안정을 꾀하거나, 별도의 구조물을 이용하여 불안정화 암체를 지지하는 공법이다.
- 전자의 경우에는 Rock Bolt나 Cable Bolt를 암체에 삽입하여 암의 강성과 강도를 증가시킴으로써 효과를 발휘한다.

- 후자에서 언급한 별도의 구조물로써는 콘크리트 옹벽이 주로 사용되는데, 이 공법은 암벽으로부터 거의 이탈 상태에 있는 단일 암괴를 안정화시키는 데에만 한정적으로 쓰인다.
- Cable Bolt는 주로 Grouting으로 시공되는데 반하여, 록 볼트는 물리적으로 앵커시키거나 마찰로 지지되는 경우도 있다.
- Rock Bolt나 Cable Bolt는 시공시에 미리 당겨서 초기 인장력을 가하기도 하는데, 미리 당기는 경우에는 주동 보강(Active Reinforcement)이라고 하고 당기지 않을 경우에는 수동 보강(Passive Reinforcement)이라고 한다.

(1) 주동 보강공법(Active Reinforcement)

1) 주동 보강 앵커의 설치는 활동면의 연직응력을 증가시키고 전단 활동력을 감소시킴으로써 불안정한 사면의 안정성을 높여준다.
2) 이 때, 전단 활동력의 감소는 보강 앵커를 당길 때, 암체 활동방향과 반대방향으로 분력이 생기기 때문에 발생하며, 이를 위해서는 앵커 보강방향이 전단면에 직각인 방향보다 위쪽을 향해야 한다.
3) 그리고 인장 앵커가 효과를 발휘하려면 앵커체가 잠재 활동면보다 안쪽에 위치하여야 한다.
4) 주동 보강 앵커의 안전성 또는 신뢰성은 시간에 따른 앵커체의 거동과 긴밀한 관계가 있는데, 실제로 시간이 흐르면서 앵커력이 이완되기도 하고 증가되기도 하며 부식되기도 한다. 따라서 앵커력을 정기적으로 검측할 필요가 있다.
5) 보강 앵커의 길이와 위치 등은 암체의 조건에 따라 평사 투영법(Stereonet)을 이용한 암괴 안정 해석법(Block Stability Analysis)이나 유한 요소법으로 결정한다.
6) 주동 보강공법의 선택여부는 경제성에 따라 좌우되는데, 경제성을 좌우하는 가장 중요한 변수는 암사면이 적절한 안전을 유지하는데 필요한 앵커력(T)과 불안정한 암체의 무게(W)비(즉, T/W)이다. 적절한 안전율은 보통 1.5 정도이고 안전율은 다음 식으로 부터 구한다.

$$F = \frac{c \cdot A + (W \cos \alpha + T \cos \theta) \cdot \tan \phi}{W \sin \alpha - T \sin \theta}$$

윗 식의 기호 설명은 (그림 9)에 나타나 있다.

7) (그림 9)에서는 주어진 사면의 안전율을 1.3에서 1.5까지 높이는데 필요한 앵커력과 활동 암체의 무게비(T/W)가 도시되어 있다.
8) 이 예에서 보면 안전율을 1.3에서 1.5 높일 때 T/W는 0.28에서 0.36으로 증가하는데, 이와 같이 높은 비율은 활동 암체가 큰 경우에 이 공법이 매우 비경제적일 것을 예고하고 있다. (Panet, 1987)

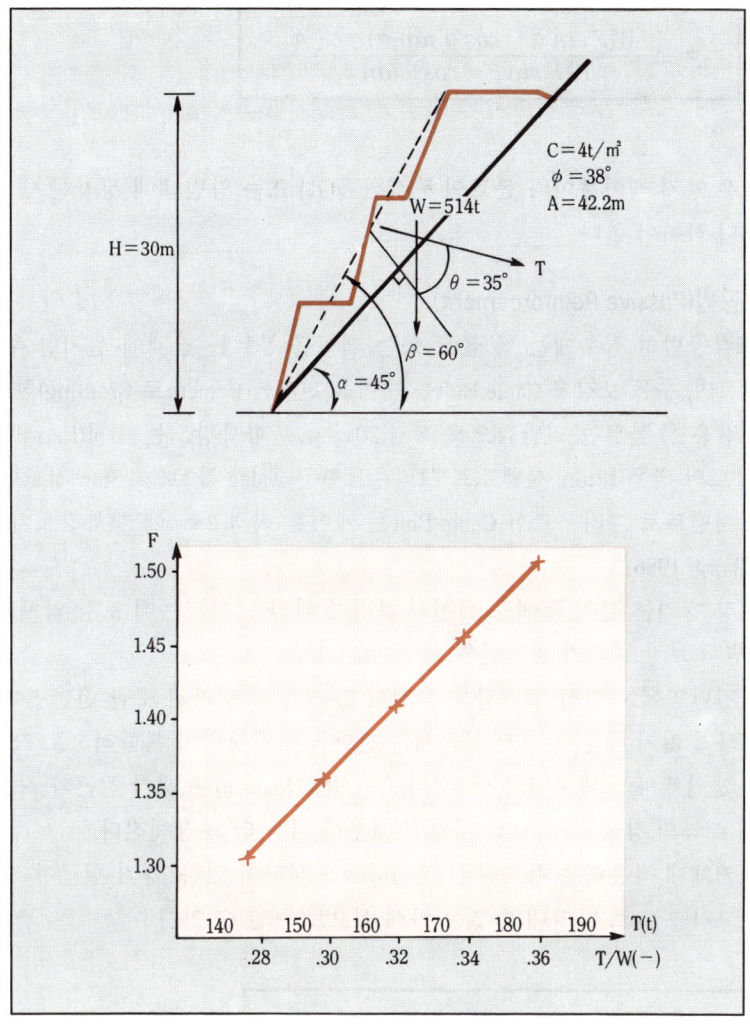

(그림 9) 앵커로 보강된 사면의 안정해석

9) 주동 보강공법의 설계시 고려할 사항
   ① 단위 두께의 사면 종단에 필요한 앵커 수
   ② 수평 간격
   ③ 초기 인장력
   ④ 앵커체의 제원(자유장, 정착장, 앵커 방향 및 앵커 길이 등)
   ⑤ 앵커 두부의 처리 방법(콘크리트 빔 또는 철제 빔 등) 등이며 단위 두께의 사면 종단에 필요한 앵커 수는 다음 식으로 결정된다.
   ⑥ 다음 식에서 T_S는 각 보강 앵커가 제기능을 발휘할 때 실제로 받는 인장력으로써 초기 인장능력보다는 작은 값이다.

$$F = \frac{W(F \sin \alpha - \cos \alpha \tan \phi) + c \cdot A}{T_s(F \sin \theta + \cos \theta \tan \phi)}$$

⑦ T_s값은 앵커 케이블이나 볼트의 탄성한계(T_e) 또는 암반내에 정착한 앵커체의 파괴강도보다 작아야 한다.

(2) 수동 보강공법(Passive Reinforcement)

1) 수동 보강공법의 경우에는 록 볼트 또는 케이블 볼트를 암체에 설치한 후 초기 인장을 하지 않으며, 수동 보강용 Cable Bolt는 케이블 전체를 Cement로 Grouting)한다.
2) 수동 보강용 록 볼트는 일반적으로 직경 20mm이고, 항복강도는 수지(Resin)로 그라우트한 Rebar 볼트의 경우 12ton, 시멘트로 그라우트한 Dywidag 볼트는 28ton 정도이다.
3) 그리고 시멘트로 그라우트한 Cable Bolt는 케이블 직경 28mm에 항복강도가 50ton가량 된다. (Stillborg, 1986)
4) 수동 보강 앵커는 설치 후에는 서서히 보강 효과가 발휘되는데 보강 암체에 전단변위가 발생하면서 보강 효과가 증가한다.
5) 암체의 전단면에는 항상 얼마간의 요철이 있고 수동 앵커체 또한 전단면에 직각 방향으로 설치하지 않기 때문에 앵커 철근에는 전단력과 인장력이 복학적으로 작용한다.
6) 그리고, 앵커체와 암체사이의 상호작용 기구(Mechanism)는 앵커 철근과 시멘트 그라우트재, 그리고 암의 강성 등이 서로 다르기 때문에 더욱 더 복잡해진다.
7) 수동 앵커체에 작용하는 응력은 (그림 10)에 도시되어 있다. 앵커 철근이 전단 저항에 기여하는 크기를 C_h로 나타내면 C_h는 아래 식으로 구할 수 있다.

$$C_h = R \cos(\alpha + \beta) \tan \phi + R \sin(\theta + \beta)$$

8) 윗 식의 기호는 (그림 10)에 설명되어 있다. C_h 값이 최대가 될 때의 θ (앵커체와 전단면의 직각방향이 이루는 각)값은 $\pi/2 - \delta$ 이다.
9) (그림 9)에 보인 사면에 수동 보강앵커를 설치할 때의 안전율은 아래 식과 같다.

$$F = \frac{W \cos \alpha \tan \phi + nC_h}{W \sin \alpha}$$

10) 윗 식에서 점착력 항이 생략되었는데, 그 이유는 수동 토압 앵커는 암체의 전단변위가 발생한 후에야 보강 효과가 발휘되며, 이 때에는 점착력이 상실된다고 보기 때문이다.

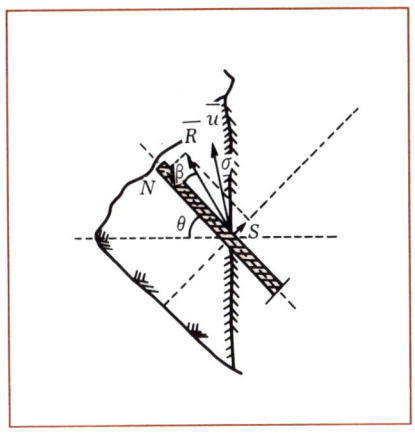

(그림 10) 수동앵커체에 작용하는 응력

5. 사면 보호공법

(1) 사면 보호공법의 설계를 위해서는 우선적으로 사면형태와 낙석특성 (Rockfill Characteristics)을 정확히 알아야 한다.

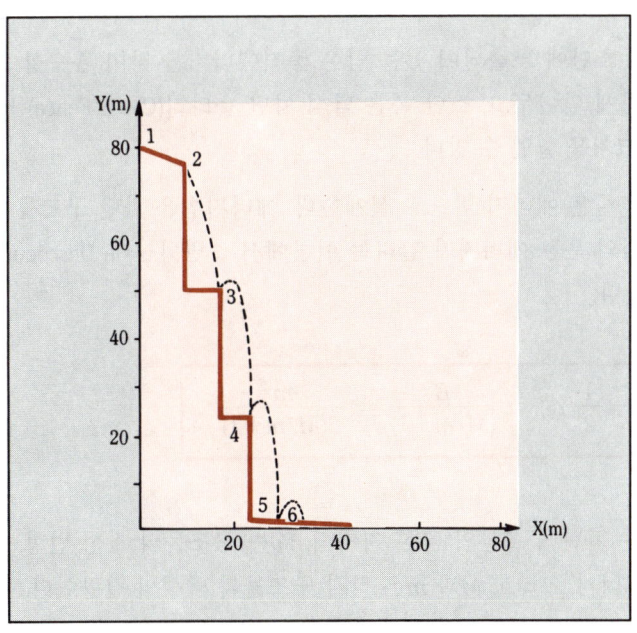

(그림 11) 낙석 수치모형 해석 결과의 예

(2) 낙석 특성은 낙석수치모형해석(Rockfall Modelling, 그림 11. 참조)을 통하여 예측할 수 있는데 그 내용을 열거하면,
   1) 낙석의 최대 가능 이동거리
   2) 낙석이 튀어서 떨어질 때의 수평거리
   3) 낙석 이동 궤적의 종단
   4) 낙석이 낙하, 튀김, 미끄러짐, 그리고 구르기 운동 중에 소비하는 에너지 등이다.
   그리고, 낙석 특성은 사면 형태, 암반의 반발계수(Coefficient of Restitution) 및 마찰 성질, 그리고 낙석의 제반 물리적 성질(모양, 크기 등)에 영향을 받는다.
   5) 낙석 발생 현장의 답사 또는 현장 낙석 시험, 그리고 낙석의 크기 등을 결정하는데 필요한 암체의 절리상태 관찰 등을 시행하여 낙석 수치모형을 그 현장에 맞도록 조정하는 것이 바람직하다.

(3) **낙석으로부터 우리를 보호하는 방법**
   1) 낙석이 발생하는 장소로부터 우리의 생활권을 충분히 멀리한다.
   2) 피해가 발생하기 전에 낙석이 정지하도록 소단을 충분히 넓게 둔다.
   3) 낙석의 운동에너지를 흡수할 수 있는 장애물(또는 방해물, Barrier)을 설치한다.
   4) 낙석이 발생해도 크게 문제가 되지 않는 구역에서는 낙석을 촉진시키기 위한 도랑을 굴착한다.
   5) 낙석의 운동에너지를 흡수할 수 있는 방공호(Shelter) 구조물을 설치한다.

(4) 낙석 궤적내의 소단에 노출되어 있는 암은 충격에너지를 많이 흡수할 수 있도록 암버럭이나 흙을 느슨하게 덮어두고, 소단 폭은 낙석 차단 울타리(Catch Fence) 또는 망(Catch Net)을 설치한 후 그 크기를 줄일 수 있다.

(5) 낙석 차단 구조물은 에너지 법으로 설계한다. 에너지법은 차단 구조물을 변형시키는데 드는 일량과 낙석의 운동 에너지가 같다는 이론에서 출발하는데, Descoeudres(1988)가 제안한 식은 다음과 같다.

$$P_u(Y_u - \frac{1}{2} Y_e) = \frac{E}{(M/m+1)} = \frac{mv^2}{2(M/m+1)}$$

(6) 이 식에서 P_u는 차단 구조물의 극한 지지력, Y_u는 구조물의 소성 변형, Y_e는 탄성변형, E는 낙석의 충격 에너지, 그리고 M과 m은 각각 구조물과 낙석의 질량이다.

(7) 차단 구조물의 설계 기준은 낙석이 발생하여 이 구조물에 충격이 가해졌을 때 허용할 만한 변위가 일어나도록 하는 것이며, 앞에서 언급한 차단 울타리나 망은 작게는 100KN·m에서부터 크게는 1,200KN·m이상의 충격 에너지를 흡수한다.

(8) 낙석 에너지를 흡수하는 방어물의 하나로써 사면 하단부에 도랑(Ditch)을 설치하기도 한다. (그림 12)

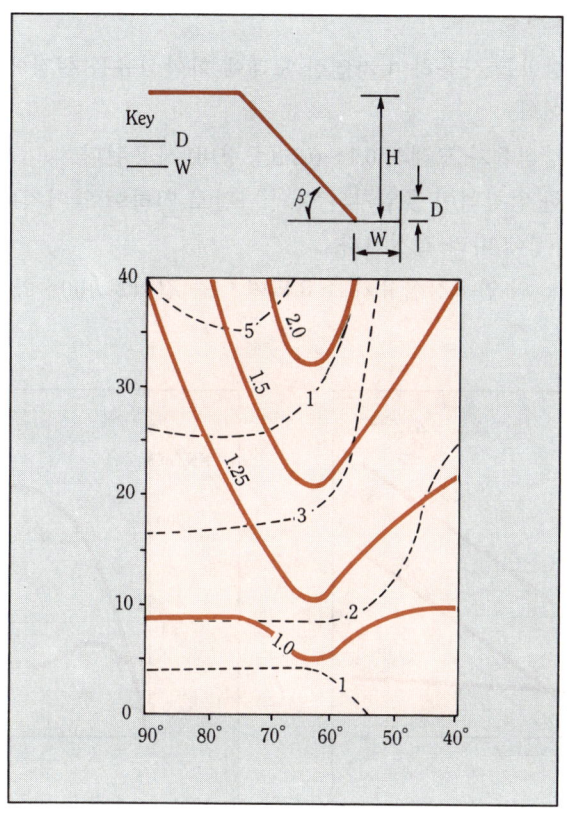

(그림 12) 사면 하단부 낙석 가둠용 도랑치수(Whiteside 1986)

(9) 지형 여건상 앞에서 언급한 여러가지 사면 보호공법의 적용이 모두 어려울 때는 차선책으로 낙석 방공호(Shelter)를 설치한다.
(10) 방공호는 콘크리트로 된 구조물로써 지붕 위에 충격 흡수용 흙을 덮는다.
(11) 이 방공호 구조물의 설치는 비용이 많이 들기 때문에 낙석 문제가 매우 심각한 경우에만 사용된다.

6. Texsol(연속 장섬유 보강토)공법 (보강토 : Reinforced Soil)

1. Texsol 공법의 공학적 특성

(1) Texsol은 특수한 장비를 사용하여 자연산 모래에 화학섬유를 현장에서 혼합하여 만드는 획기적인 건설재료이다.

(2) 여러가닥의 연속장섬유가 모래의 0.1~0.2%(중량비) 사용된다.

(3) 강도발휘에 중요한 점착력이 흙입자와 실의 마찰로 인하여 얻어지며, Texsol의 강도는 모래의 입도와 실의 특성에 따라 결정된다.

(4) Texsol 1㎥당 2~4kg의 연속장섬유가 소요되며 이는 길이로 100~250km가 된다.

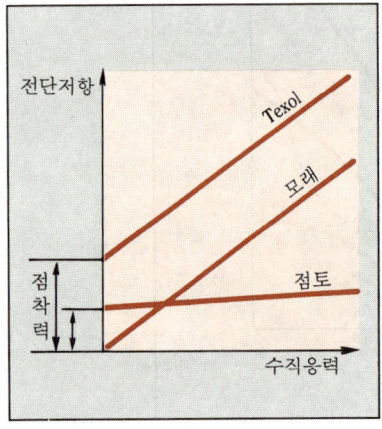

높은 점착력 섬유의 함량에 따라 10~30ton/㎡

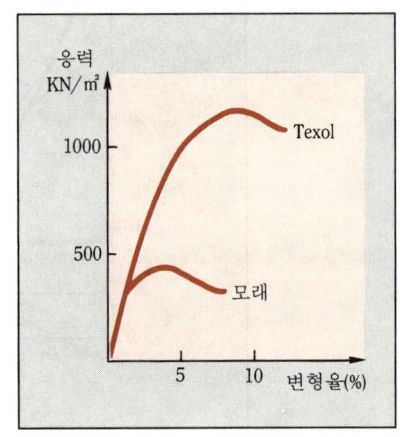

파괴전의 높은 허용 변형율

(2) Texsol의 특성

1) 원상태 모래에 비해 놀라운 강도 증가로 구조체 형성
2) 원상태 모래의 투수계수 유지로 표면식생 가능
3) 변형율 증가로 유연성 구조물 제작 가능

(3) Texsol 구조물의 장점

1) 수직에 가까운 경사각도로 시공
2) 거푸집, 뒷채움 없는 즉석 시공
3) 식재 및 식수가능
4) 설치 부지면적 절감

5) 각종 부지형상에 맞도록 형태조정 가능
6) 양생시간 필요없는 현장타설
7) 투수성 불변
8) 충격 및 소음 흡수
9) 내진 특성
10) 바람, 우수에 의한 침식 및 세굴방지

2. Texsol 공법의 공정

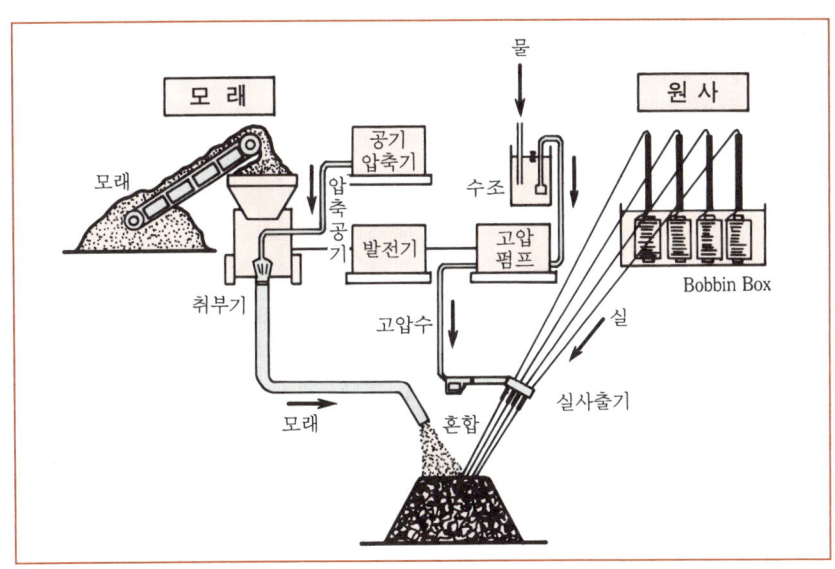

(1) Texsol의 시공은 현장에서 특수기계를 사용하여 모래와 장섬유를 고르게 혼합하는 공정인데, 섬유의 공급은 고압의 물 또는 공기에 의해 이루어지며, 모래는 압축공기 또는 고속의 Conveyor Belt에 의해 공급된다.

(2) 따라서 모래와 장섬유의 혼합은 2계통의 공급과정으로 이루어지며, 15~30cm의 층후로 분사된 혼합물을 다짐장비로 잘 다지도록 한다.

3. Texsol 옹벽 시공순서

(1) 1단계 : 원지반 절취
1) 절취면 수직에 가깝게 절취
2) 기초 터파기

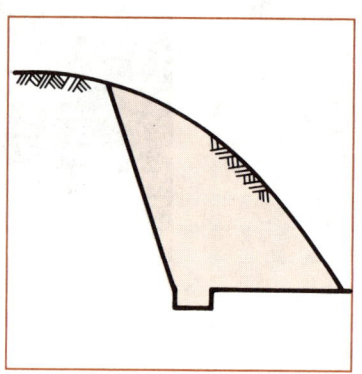

(2) 2단계 : Texsol 옹벽 타설
1) 배수필터 및 배수관 설치
2) 모래와 실 혼합, Texsol 옹벽 축조

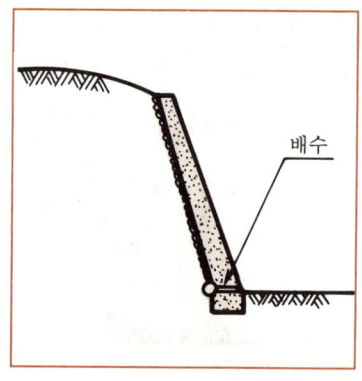

(3) 3단계 : Texsol 녹화토 취부

녹화토 및 비료, 잔디씨 등을 고압분사 취부

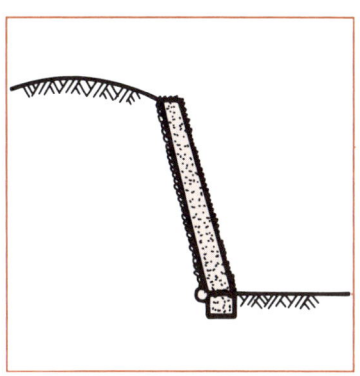

4. Texsol 공법의 효과

(1) Texsol의 강도가 높아 토압을 지탱하는 옹벽의 기능을 가진 구조물을 만들 수 있으며, 저판이 불필요하여 기존 옹벽보다 부지면적을 절감시킬 수 있다.
(2) 모래와 실을 사용하여 현장에서 직접 형성하므로 형상을 정하는데 자유롭고, 현장지형에 용이하게 적용할 수 있다.
(3) 구조체가 유연성을 지니고 있어 부등침하에 영향을 받지않아 성토지반 등의 연약지반에 사용하면 기초공사비가 절감된다.
(4) 표면에 식생이 가능하므로 법면을 녹화할 수 있으며, 잔디의 뿌리가 내리면 사면은 더욱 보강되는 상승효과가 있다.
(5) 자재가 모래와 화학섬유 두가지 뿐이므로 자재수급이 용이하다.
(6) 기계화 시공이고 양생기간이 필요없으므로 시공속도가 빨라 긴급공사에 적합하다.

5. Texsol 구조물의 용도

(1) 절·성토부의 사면보호
　　1) 토류벽 또는 옹벽
　　2) 경사면의 법면처리
　　3) 암사면의 식생
　　4) 바람이나 우수에 의한 침식방지

(2) 구조물 기초
  1) 내진 및 진동기계 기초
  2) 충격흡수 구조물(철도의 노상 Ballast)
  3) 방음벽
  4) 방호벽(군부대시설)
  5) 방화벽

6. Texsol 공법의 사용 예

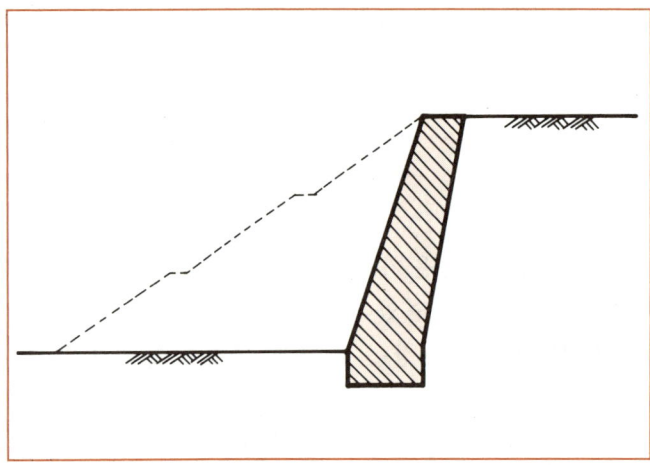

(1) 성토부 옹벽

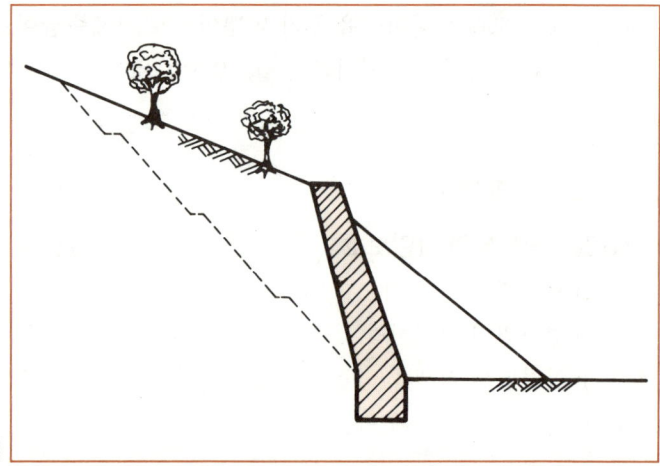

(2) 절토부 옹벽

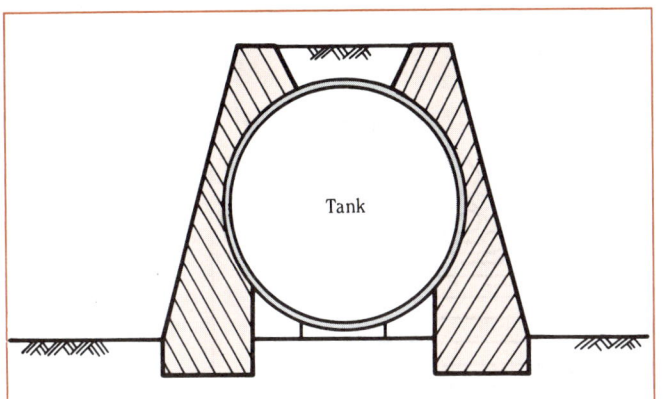

(3) 방폭 구조물

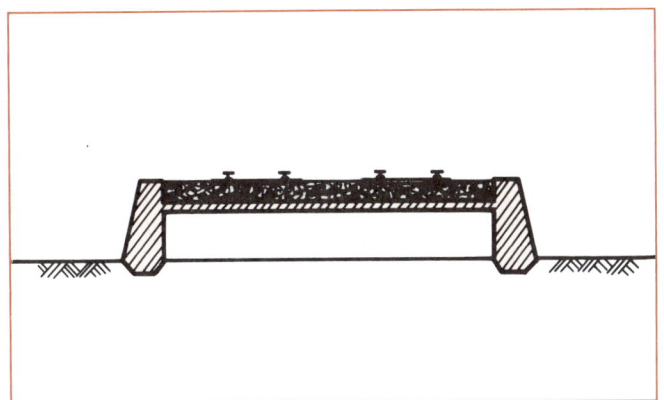

(4) 열차궤도 하부 기층 및 옹벽

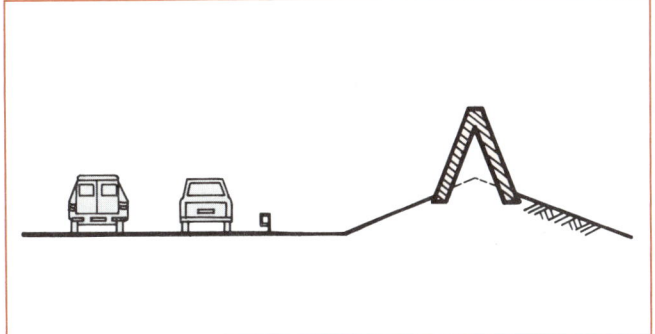

(5) 방음벽

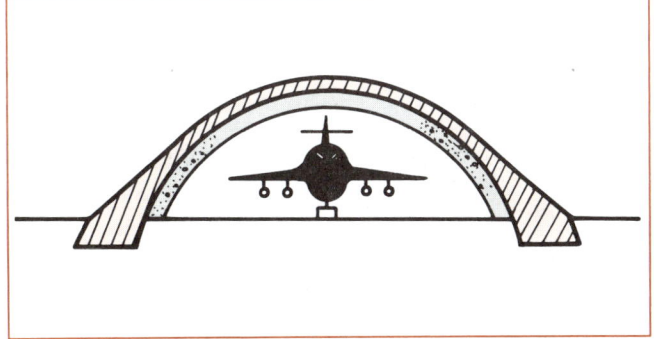

(6) 건물보호 및 위장

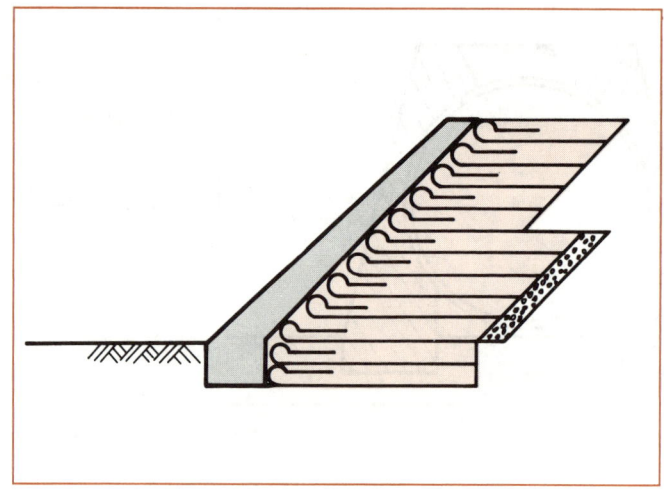

(7) 장대사면의 보호 및 암사면 녹화

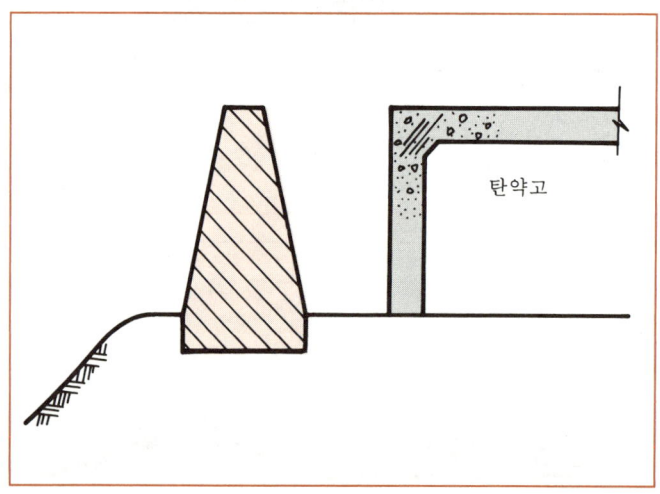

(8) 방호벽(방폭효과)

7. Texsol 공법과 타 공법과의 비교

(1) 콘크리트 옹벽

1) 경제성 : 자재의 종류가 많고 현장투입 인건비가 높아 공사비가 급격히 증가하는 추세이다.

2) 조경효과 : 미적감각이 전무하여 황량한 느낌을 준다.

3) 내구성 : 100년

4) 침하에 대한 안정성 : 적은 부등침하에도 균열이 생기므로 불량한 지반에서는 기초 공사비 과다

5) 자재수급
   ① 골재, 철근 등 자재 파동에 따른 원활한 자재공급이 어려우며, 지역에 따라 레미콘 공급이 곤란한 경우가 있슴.
   ② 자재수급 파동에 따라 공사비가 급증하는 추세에 있다.

6) 시공속도
   ① 기초 저판 시공을 위해 후면을 대량 굴착하여야 하며
   ② 거푸집 설치, 철근조립, 콘크리트 타설 등의 공정을 거친 후 양생을 위해 장기간 기다리는 등 공기가 많이 소요된다.

7) 인력수급 : 콘크리트 공사를 위한 철근공, 목공, 콘크리트 공 등 전문 기능인력이 소요됨으로 현장 투입인원이 많고, 종류가 다양하다.

8) 품질관리 : 공정이 단계가 많고 복잡하여 품질관리가 어렵다.

9) 보수 및 복구작업 : 부분보수가 어렵고, 장기간의 시간이 요구된다.

(2) Texsol 옹벽

1) 경제성 : 자재의 종류가 적고(모래, 실), 기계화 시공이므로 비용절감 효과가 점증하는 추세이다.

2) 조경효과 : Texsol 구조물 표면에 잔디식재가 가능하여 거리를 초원으로 만드는 놀라운 환경개선 효과가 있다.

3) 내구성 : 100년 (프랑스 및 미국 국립연구소 인증)

4) 침하에 대한 안정성 : 구조체가 유연성을 가지고 있어 부등침하에도 영향을 받지 않으므로 불량한 지반에서 효과 우수

5) 자재수급
   ① 모래는 현지 모래를 사용하므로 자재수급이 용이하며
   ② 골재 파동시 일부는 석분으로 대체 가능하다.

6) 시공속도
   ① 급구배 굴착이 가능하므로 굴착 토량이 적고 거푸집 설치 공정이 없으며
   ② 타설 즉시 강도가 발휘되므로 단기간에 대량시공이 가능하다.

7) 인력수급 : 조합장비에 따른 기계화 시공이므로 현장투입 인원이 적다.

8) 품질관리 : 공정이 단순하여 품질관리가 간단하다.

9) 보수 및 복구작업 : 단기간의 복구작업이 가능하고 부분보수가 용이하다.

8. Texsol 옹벽 시공과정

Texsol 구조물 시공후 전경 ➡

⬅ Texsol 옹벽 표면 녹화시공 전경

Texsol 옹벽 시공 완료후 전경 ➡

9. Texsol 옹벽 시공광경

Texsol 구조물 타설 ➡

⬅ Texsol 구조물 다짐전경

Texsol 옹벽 표면잔디 식재 ➡

10. 시공사례

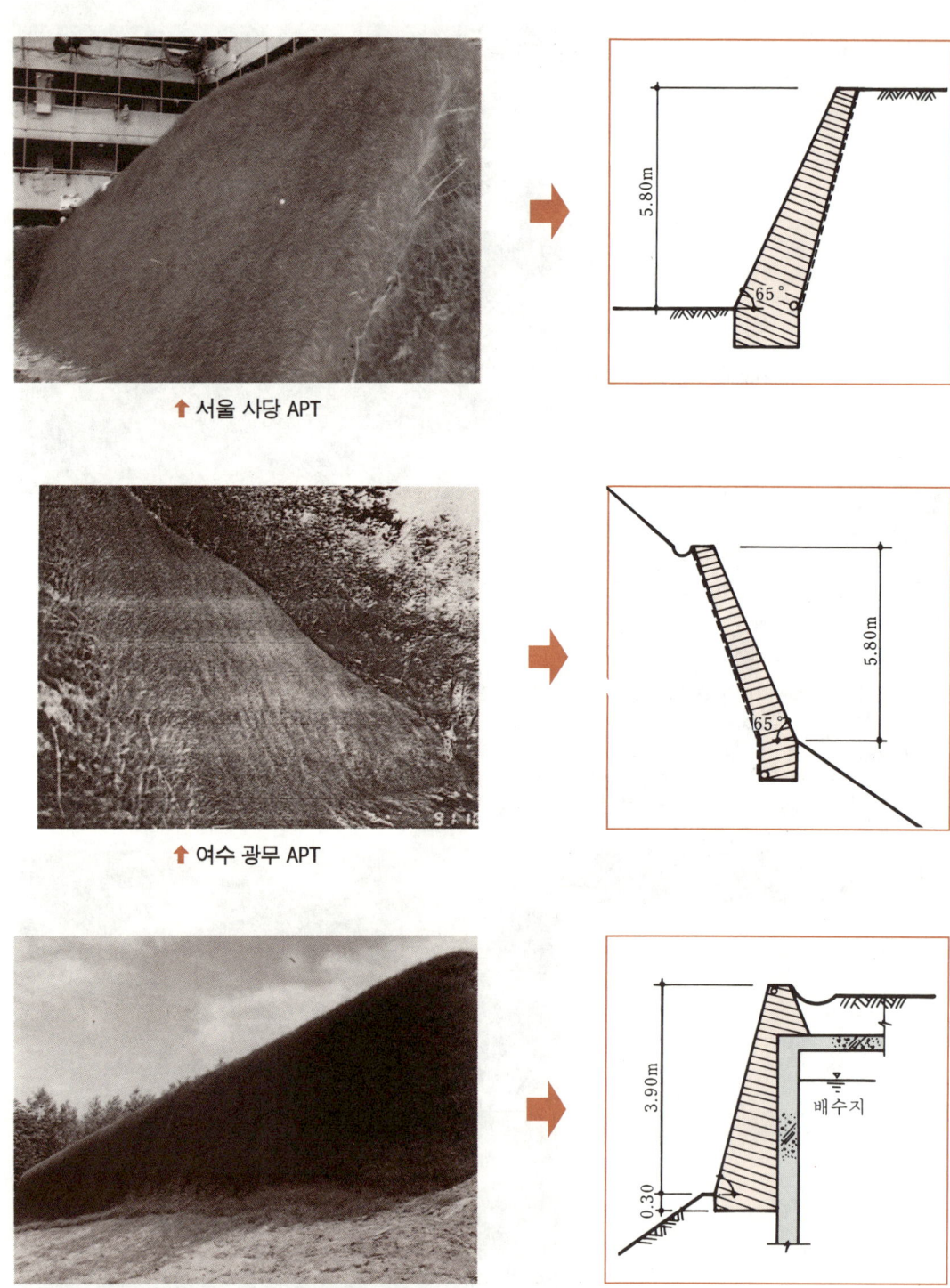

↑ 서울 사당 APT

↑ 여수 광무 APT

↑ 안양 명학 배수지(안양시)

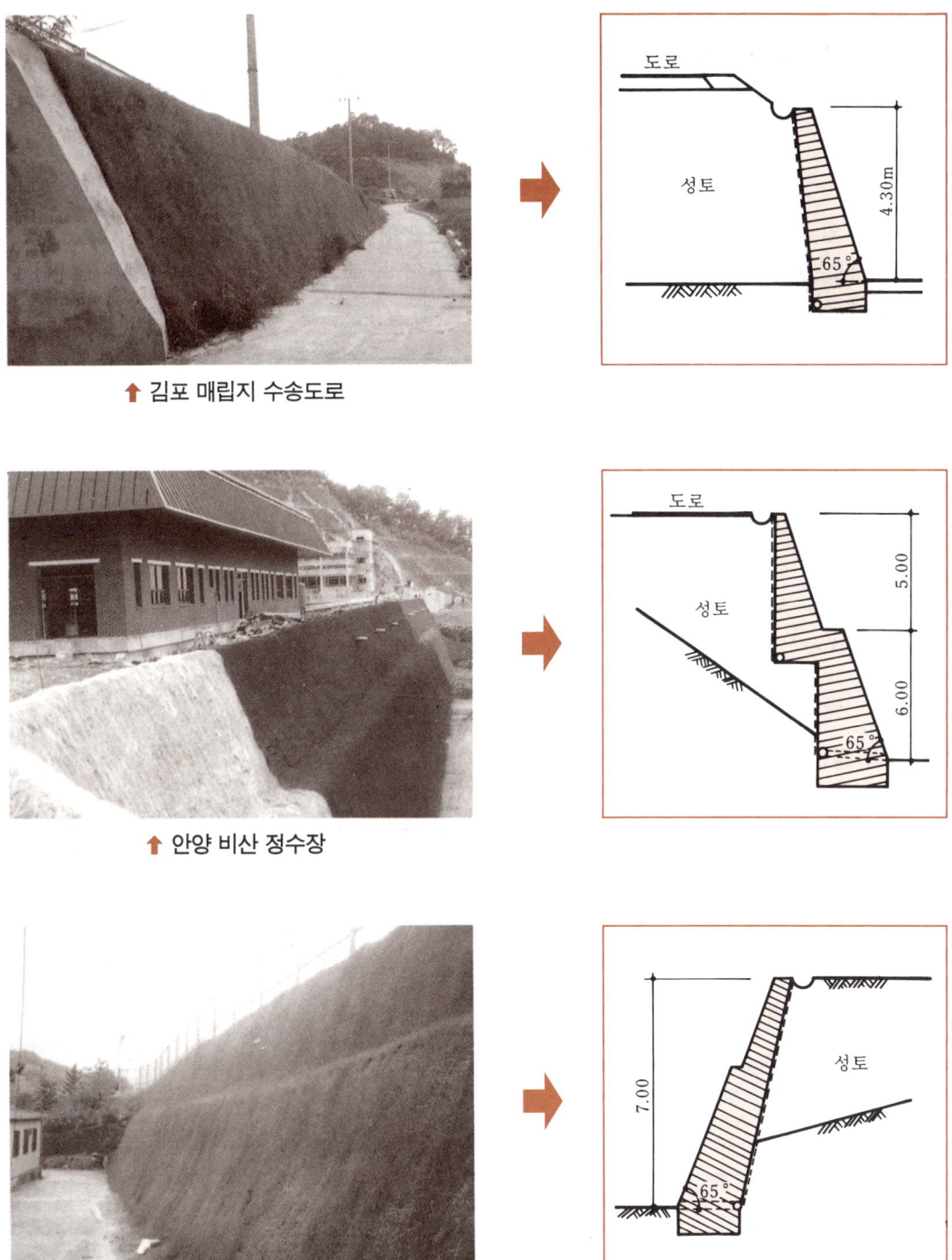

↑ 김포 매립지 수송도로

↑ 안양 비산 정수장

↑ 용인 자연농원 눈썰매장

7. 보강토 공법(Reinforced Soil : RS)

1. 서론

(1) 흙은 압축에는 어느 정도의 강도를 지니고 있으나 인장에는 약하다.

(2) 보강토 공법이란 흙에다 인장에 강한 섬유를 혼입 → 부설하면 성토체의 안정을 도모할 수 있다.

(3) 일반적인 보강토의 재료

    1) Geosynthetic(토목섬유)

        ① Geogrid

        ② Geomembrane

        ③ Geocomposite

        ④ Geotextile

    2) 보강토 옹벽

    3) 연속장섬유 보강토 공법

2. 보강토 공법의 분류 및 적용성

사용목적에 의한 분류	해설	모식도	공법 예	지금까지 적용된 주요 보강재									
				직포	부직포	수지네트	지오그리드	수지대	철강	띠강	철근	소지특수철	기타
벽식 보강공법	보강재에 벽면재를 부착시켜 수직에 가까운 벽면을 구축하는 방법	(벽면재/콘크리트 베이스/보강재)	테일 알메공법							○			
			요크식 공법							○			
			TRRL식 앵커공법								○		
			다수 앵커식 옹벽								○		○
			Tuss공법								○		
			지오그리드 등을 쓴 공법				○	○					
성토 기초의 보강방법	트랙픽커빌리티의 확보나 지지력의 증대를 목적으로 서 성토 밑부분에 보강재를 부설하는 공법	(성토/연약토) (성토 기초보강)	시트공법	○	○								
			로프 네트 공법			○							○
			수지네트 공법			○							
			파일네트 공법			○					○		
			매트리스 공법				○						
			철강에 의한 보강토 공법						○				
			띠강에 의한 보강토 공법							○			

사용목적에 의한 분류	해 설	모 식 도	공법 예	지금까지 적용된 주요 보강재								
				직포	부직포	수지네트	지오그리드	수지대	철강	띠강	철근	소지류강철	기타
성토본체의 보강방법	성토 경사면의 안정이나 성토와 구조물 사이의 단차를 방지하려는 목적에서 성토내에 보강재를 부설하는 공법	(보강재 / 성토본체의 보강)	필터공법	○									○
			부직포에 의한 보강토공법		○								
			층두께 관리재			○							
			급경사 성토공법				○						
			지오그리드를 쓴 공법				○						○
			장섬유 뿜어뿌리기 공법										
지형의 보강방법	철근류의 보강재를 지형에 삽입하여 자연 사면이나 경사면을 보강하는 공법	(보강재)	철근류 삽입공법								○	○	○
			망모양 철근삽입 공법								○	○	○

3. Geotextile의 기능과 현장 적용

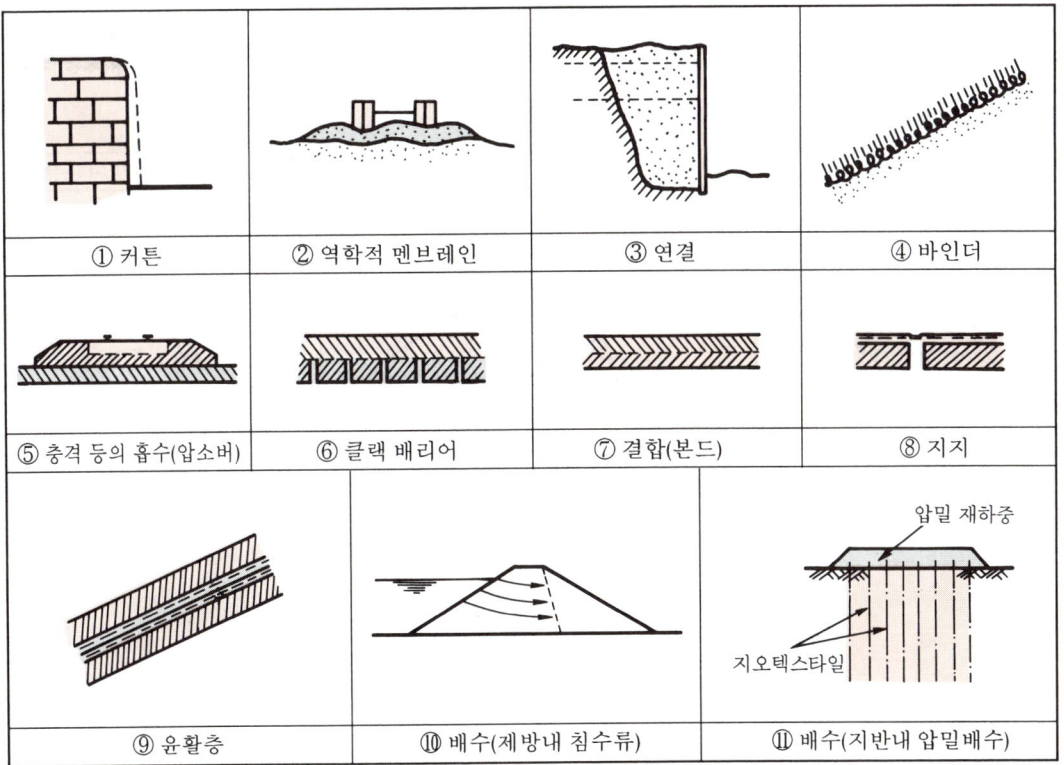

① 커튼 ② 역학적 멘브레인 ③ 연결 ④ 바인더
⑤ 충격 등의 흡수(압소버) ⑥ 클랙 배리어 ⑦ 결합(본드) ⑧ 지지
⑨ 윤활층 ⑩ 배수(제방내 침수류) ⑪ 배수(지반내 압밀배수)

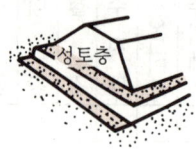 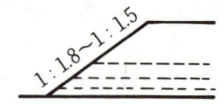 

ⓐ 보강공법(1층 내지는 많은 부설)　　ⓑ 완경사 성토의 보강　　ⓒ 급경사 성토공법
(성토 전체 흙을 성토부에 중점
적인 보강을 하는 경우가 있다)

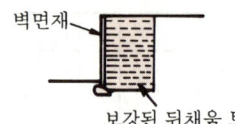  

ⓓ 수직 강토옹벽　　ⓔ 매트리스 기초공법　　ⓕ 붕적 사면 안정화를 위한
(지오그리드를 셀상태로　　말뚝 토압 구조체
조립하고 성긴 입자재
로 충전한다)

⑫ 보강(Geogrid에 의한 보강)

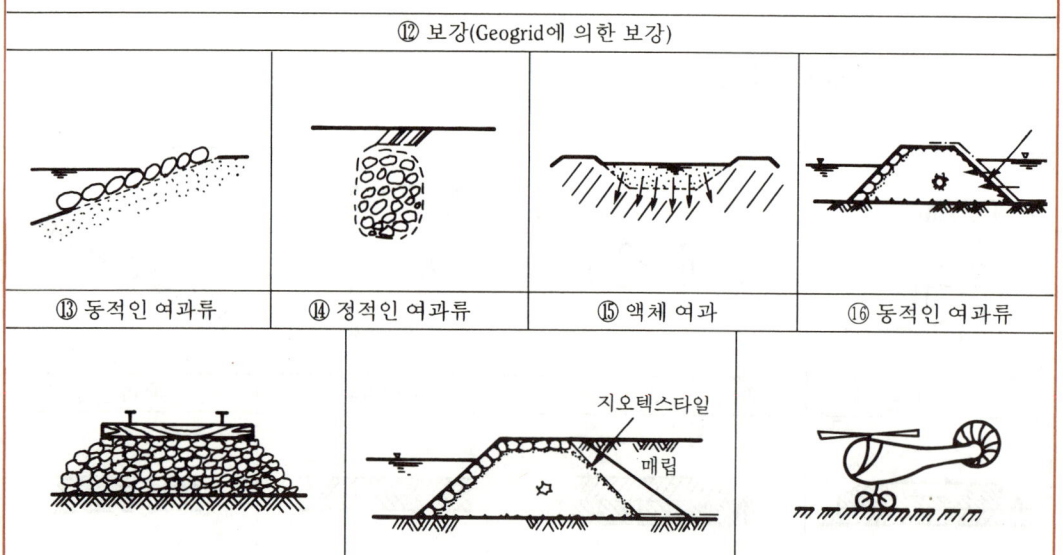

⑬ 동적인 여과류　　⑭ 정적인 여과류　　⑮ 액체 여과　　⑯ 동적인 여과류

⑰ 분리　　⑱ 호안에서의 분리　　⑲ 표면 처리

4. 급경사 보강 성토공법

(1) 흙푸대 쌓기 방식

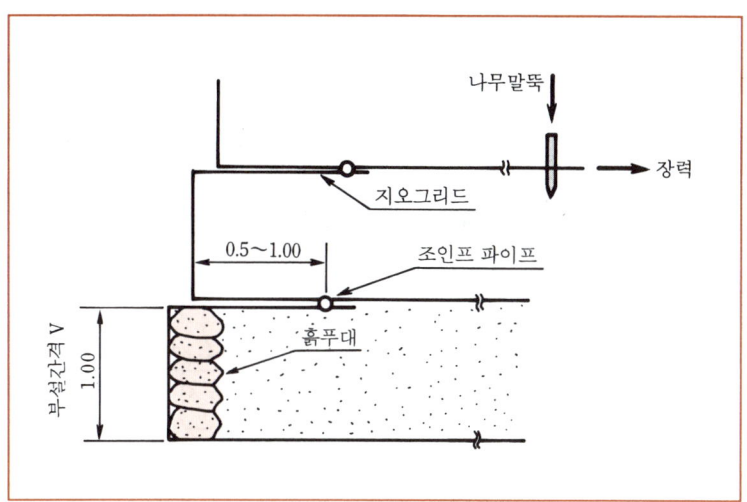

(2) 간이 철제형틀을 사용한 방식(Geogrid 설치하고 부직포로 성토체를 감는 방식)

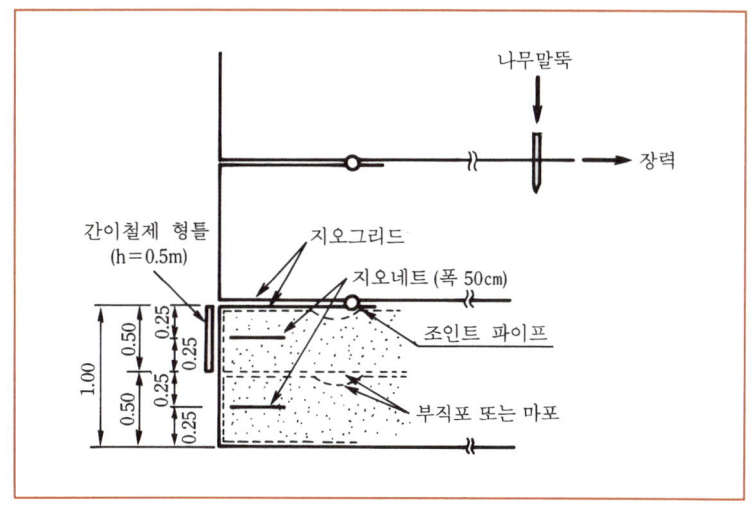

(3) 경사면 블록을 사용한 방식

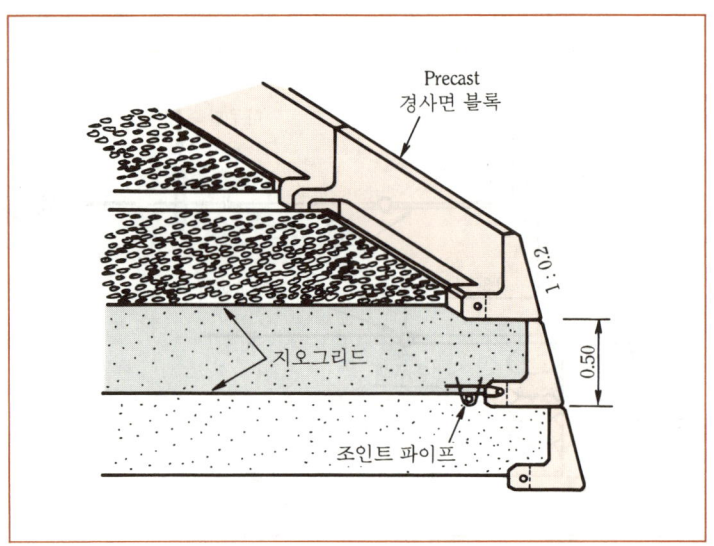

(4) 지오그리드의 평면적인 조합

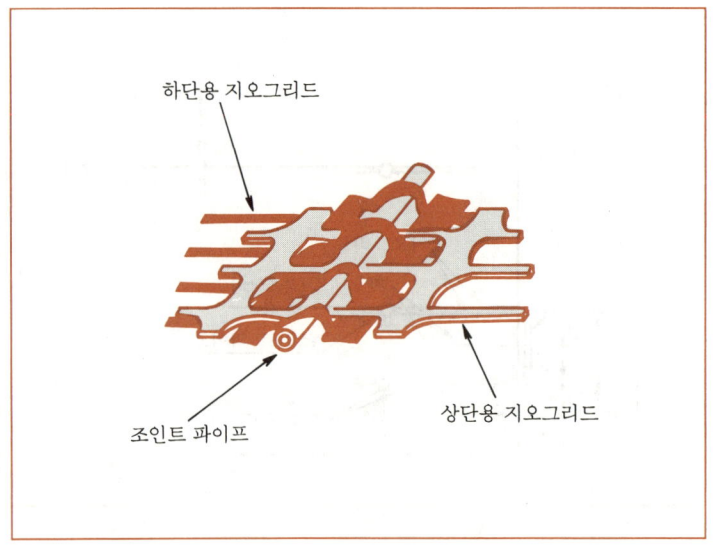

5. Geotextile에 의한 보강토 옹벽의 시공법 개요

(1) 블록 상태 벽면재에 의한 방식

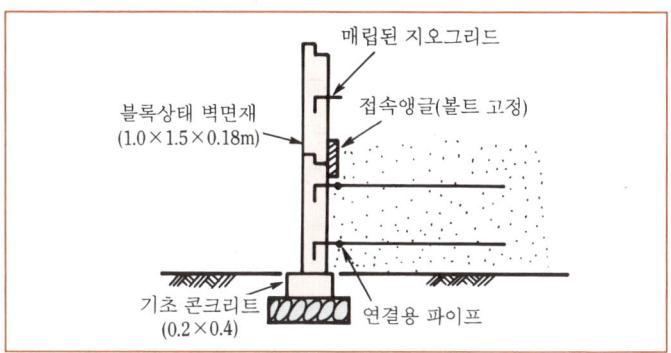

(2) 세로판 상태 벽면에 의한 방식

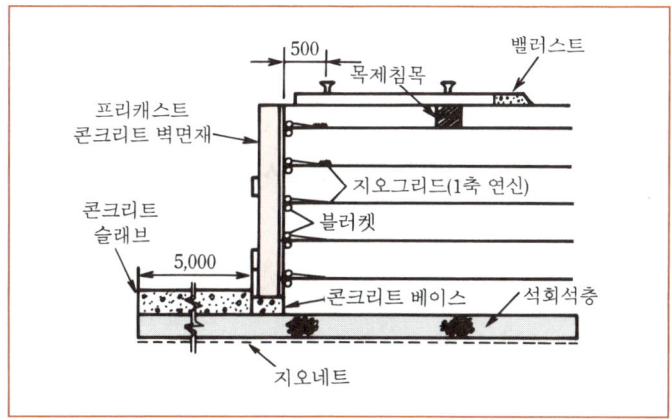

(3) 말뚝 가로화살표 판식 벽면재에 의한 방식

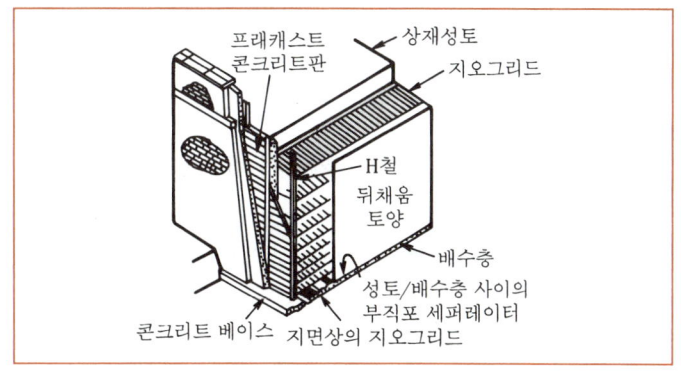

6. Texol 공법(연속장섬유 보강토 공법)

(1) 시공법 개요

1) Texsol 공법은 일명 연속장섬유 보강토 공법으로써 사질토에 연속장섬유를 혼합하고 → 이 섬유의 장력으로 전단강도를 크게 하는 공법이다.

2) 이 공법의 특징은 Geotextile에 의한 보강토는 주재료인 Geogrid Geomembrane 등을 성토 내에 평면으로 2차원적 인력으로 부설하는데 반하여 Texsol 공법은 연속장섬유와 모래를 특수기계를 이용하여 연속적으로 분사 → 혼합해서 전단강도를 증가시키는 3차원적인 보강토 공법이다.

(2) Texsol 공법의 특징

1) 점착력이 크다.
2) 변형에 대한 저항성이 크다.
3) 급경사의 성토가 가능하다.
4) 현장지형에의 시공성이 우수하다.
5) 좁은 공간의 시공이 가능하다.(기계가 소·대형으로 자유로운 제작이 가능하다)
6) 식생이 용이하다.
7) 주변 환경과의 조화가 가능하다.

(3) Texsol 공법에 사용되는 모래의 구비조건 및 품질시험 항목

1) 모래의 구비조건
   ① 최대 입경 : 20mm
   ② 세립토 함유량
      ㉠ Belt Conveyer식 : 10%이하
      ㉡ 공기반송 방식 : 5%이하

2) 품질시험 항목
   ① 입도시험
   ② 최적 함수비와 최대 건조밀도시험
   ③ 투수시험(투수계수)
   ④ 삼축압축 시험

(4) 연속장섬유의 구비조건

1) 선정기준 : 강도, 내구성, 수밀성, 유연성, 경제성이 커야 한다.
2) 주재료 : 폴리에스텔이 많이 사용된다.
   ① 굵기 : 150~300 Denier (1Denier ➡ 실 9000m분의 Gram중량이다)
   ② 파단강도 : 3.50gf/d이상
   ③ 파단 신축량 : 30% 이상

(5) Texsol옹벽(섬유보강토 옹벽)의 표준 단면도 및 설계법

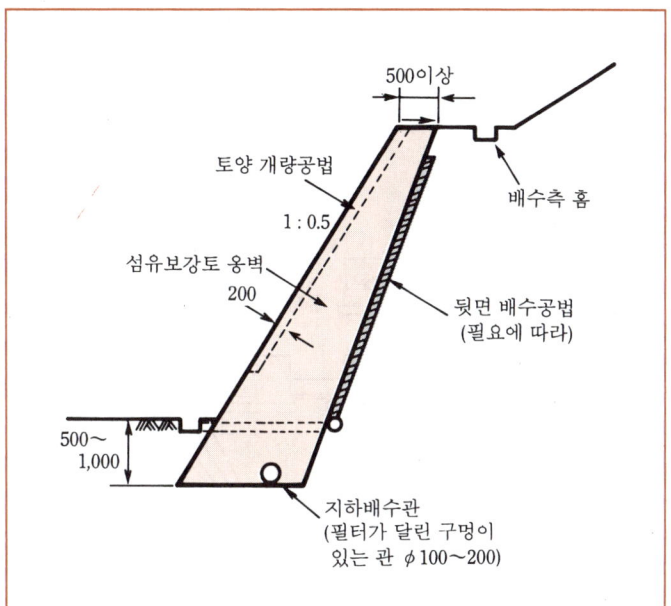

(그림 1) 섬유보강토 옹벽 표준단면도

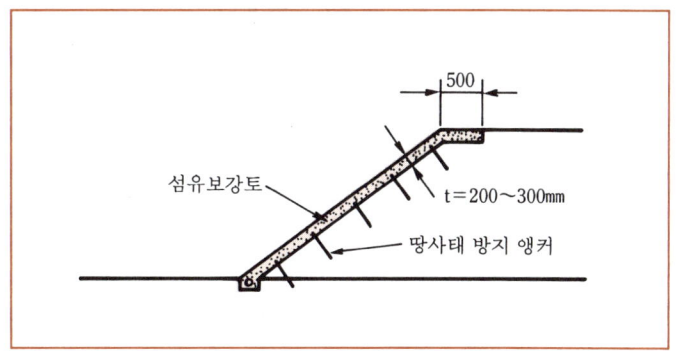

(그림 2) 섬유보강토 경사면 보호공법

1) 설계법
   ① 피복두께 : 200~300㎜
   ② 용수 및 침투수가 많은 경우 : 배면배수공 시공

③ 절토의 경우 급구배 경사면의 경우 시공대책
  ㉠ Anchor Pin 설치한다 : φ 16~25mm L = (섬유보강토 두께)×2배 이상
  ㉡ Anchor Cover를 1~2㎡에 1개씩 설치한다.

(6) 시공법 개요

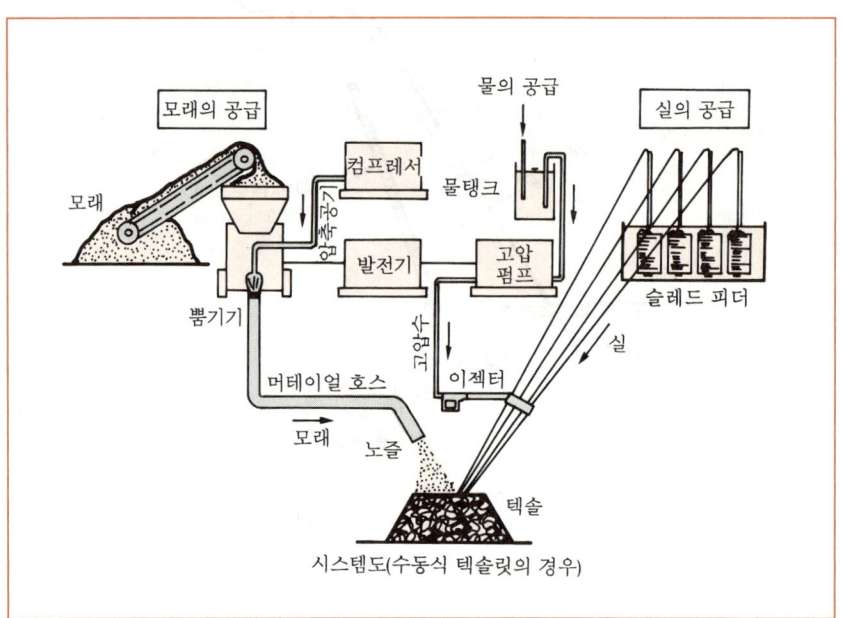

(그림 3) 시공 시스템도

1) 혼합기계 : 연속장섬유 공급기계와 모래를 공급하는 기계로 구성된다.
2) 연속장섬유의 분사방법 : 섬유의 공급장치에서 고압수 또는 압축공기에 의해 노즐에서 분사된다.
3) 모래의 분사·혼합
  ① 고속 Belt Conveyor로 섬유의 분사끝까지 운반되어 섬유와 직접 분사 혼합된다.
  ② 시공은 일정한 층두께가 되도록 분사·혼합하고 수차에 걸쳐서 고정한다.
4) 연속장섬유 보강토에서 시공기계의 선정

구조물 종별	시 공 조 건	시공기계
옹벽공법 지반 보강공법	지형적으로 시공할 수 있는 조건하에서 시공높이 H < 6m, 시공량이 1,000㎡정도 이상으로 최소 수평 두께가 50cm 이상인 경우	대형기계 (휠식)

구조물 종별	시 공 조 건	시공기계
옹 벽 공 법 비탈면 보호공법 지반 보강공법	지형적으로 시공할 수 있는 조건하에서 시공높이 H < 4m, 시공량이 300㎥정도 이상인 경우	소형기계 (크로라식)
옹 벽 공 법 비탈면 보호공법 지반 보강공법	지형적으로 기계시공을 할 수 없는 경우, 혹은 시공량이 300㎥ 정도 이하인 경우	수동기계

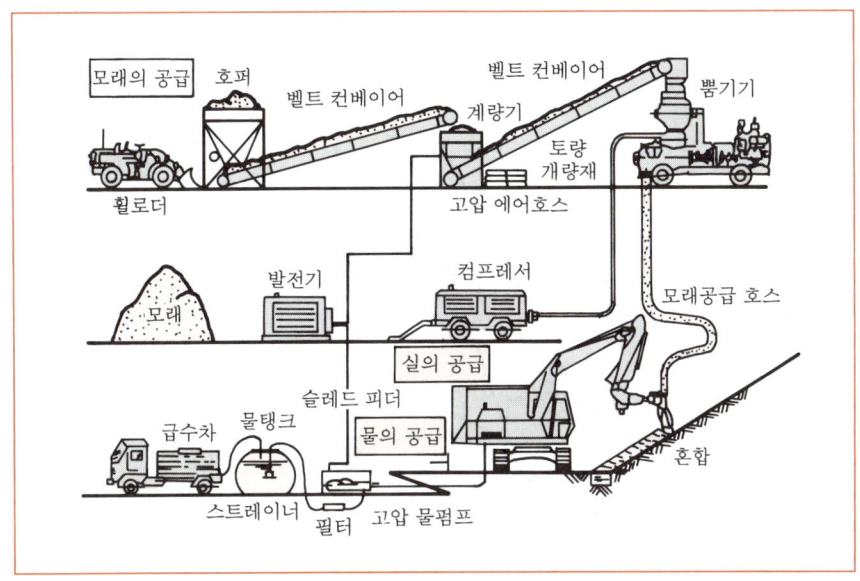

(그림 4) 기계배치도(소형기계)

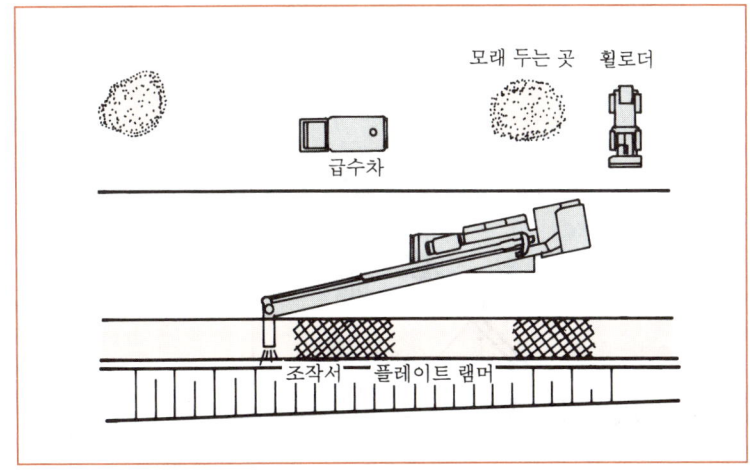

(그림 5) 기계 배치도(대형기계)

(7) Texsol의 품질관리

1) 섬유 혼합물 관리
2) 산사태 방지공에서는 옹벽을 설치하는 경우 고정도를 관리하는 것이 중요하다.

(8) 시공 단면도 예시

1) 절토 옹벽 공법의 경우 시공단면도 예시

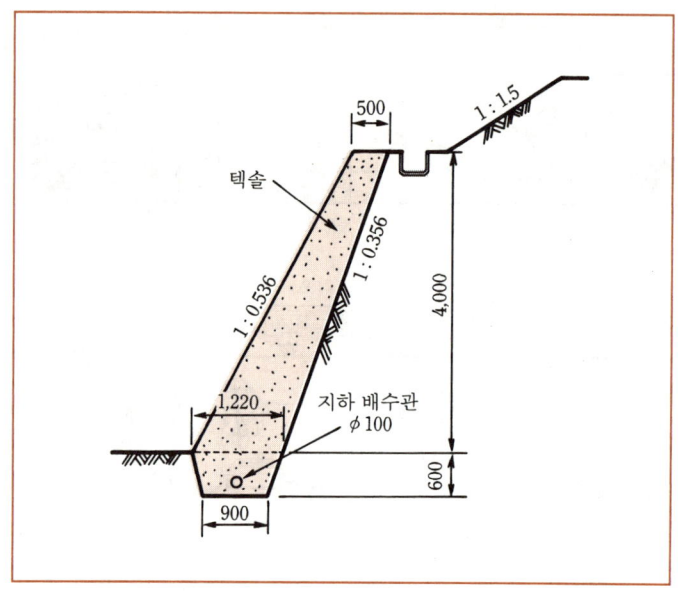

2) 절토 비탈면 보호공법의 경우 단면도 예시

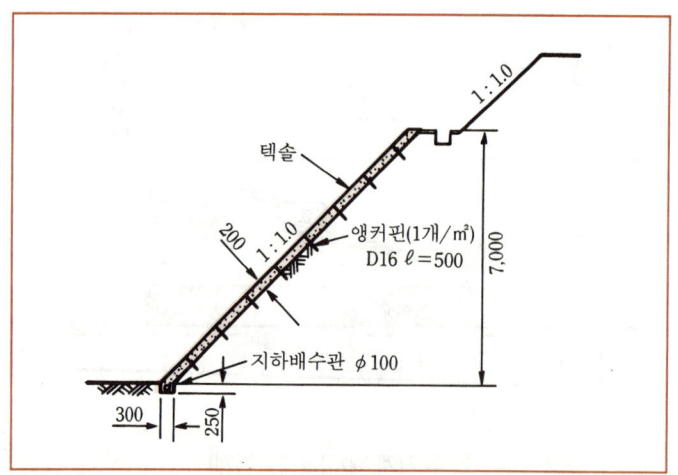

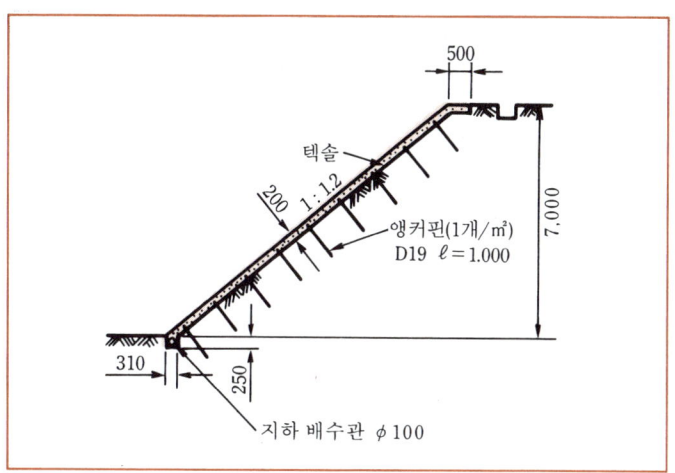

7. 결 론

(1) 성토공 시공에서 Texsol 및 Geosynthetic 재료를 이용하는 경우, 흙의 인장강도를 크게 하여 사면붕괴 및 산사태 방지에 효과가 크며, 특히 용지보상이 문제가 되는 현장에서는 급경사지에 보강토 공법을 적용하면 민원방지 및 공기관리 및 품질관리면에서 공법의 기대 효과가 크다.

(2) 향후 보강토를 현장에서 시공이 가능하도록 설계 → 발주단계에서 많이 적용할 수 있도록 경제성 향상에 대한 연구가 기대되는 공법이다.

Chapter 5

암석과 암반
(Rock and Rock Mass)

제5장 암석과 암반 **789**

한국의 지질도

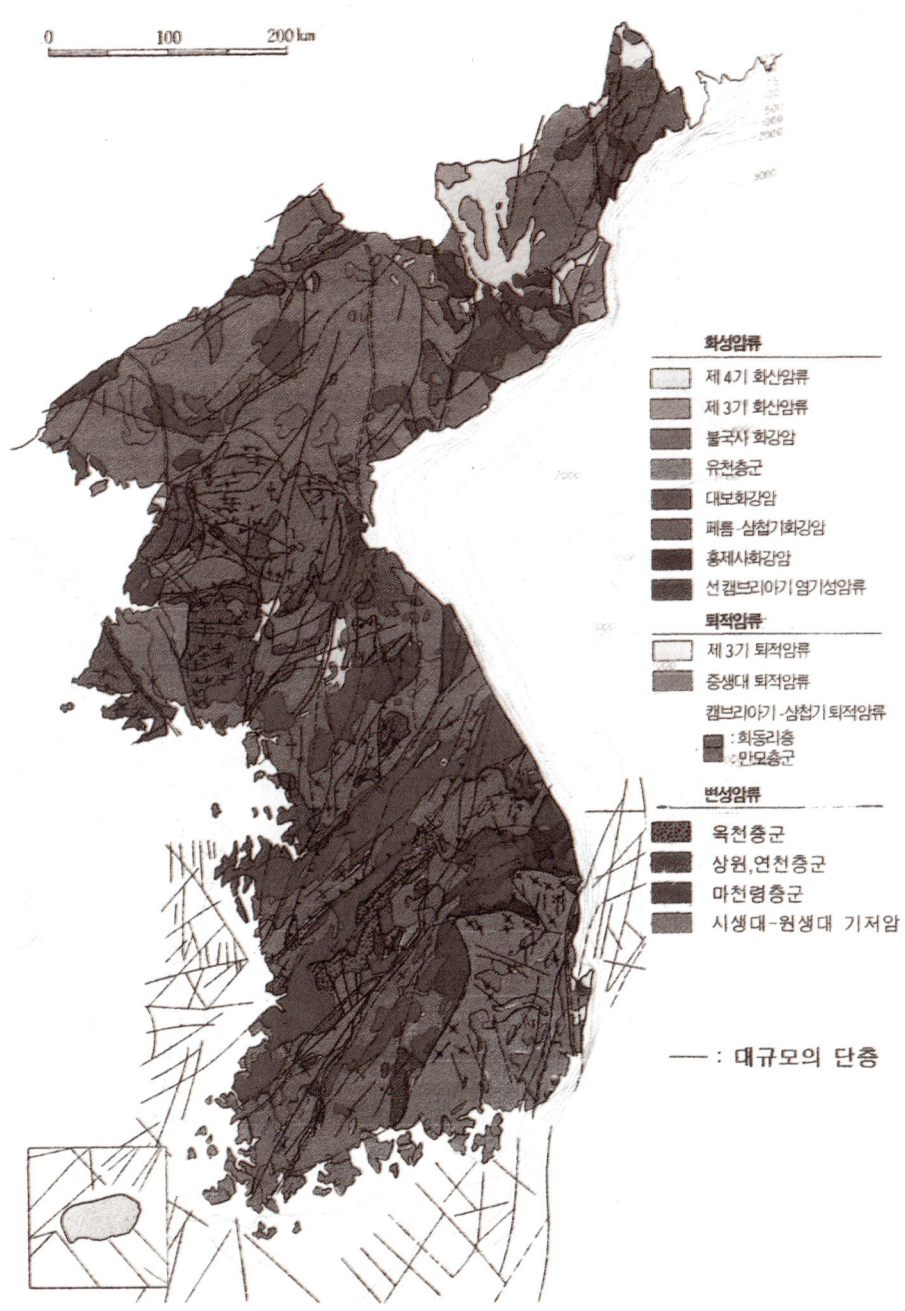

서울시 부근의 지질도

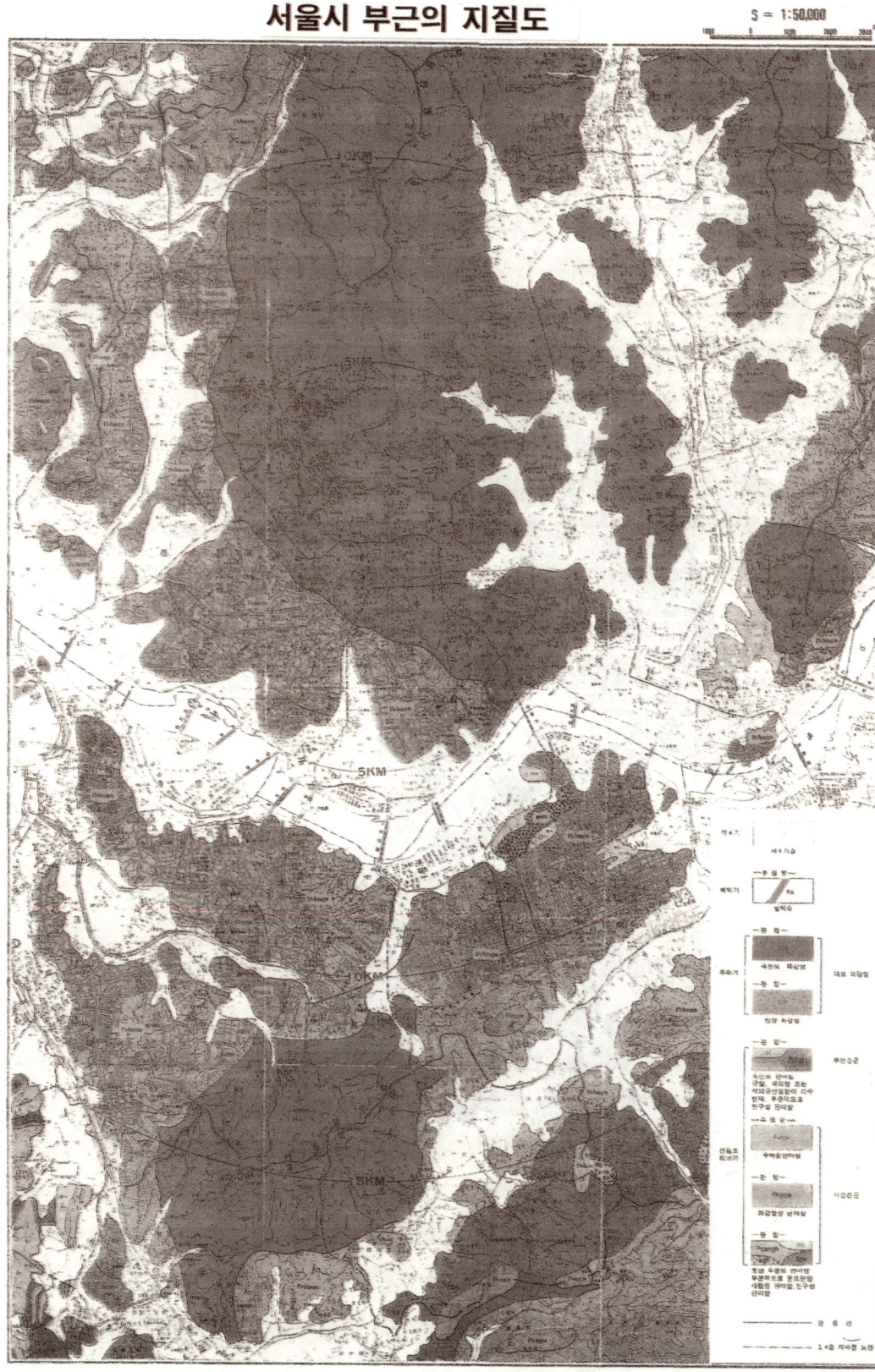

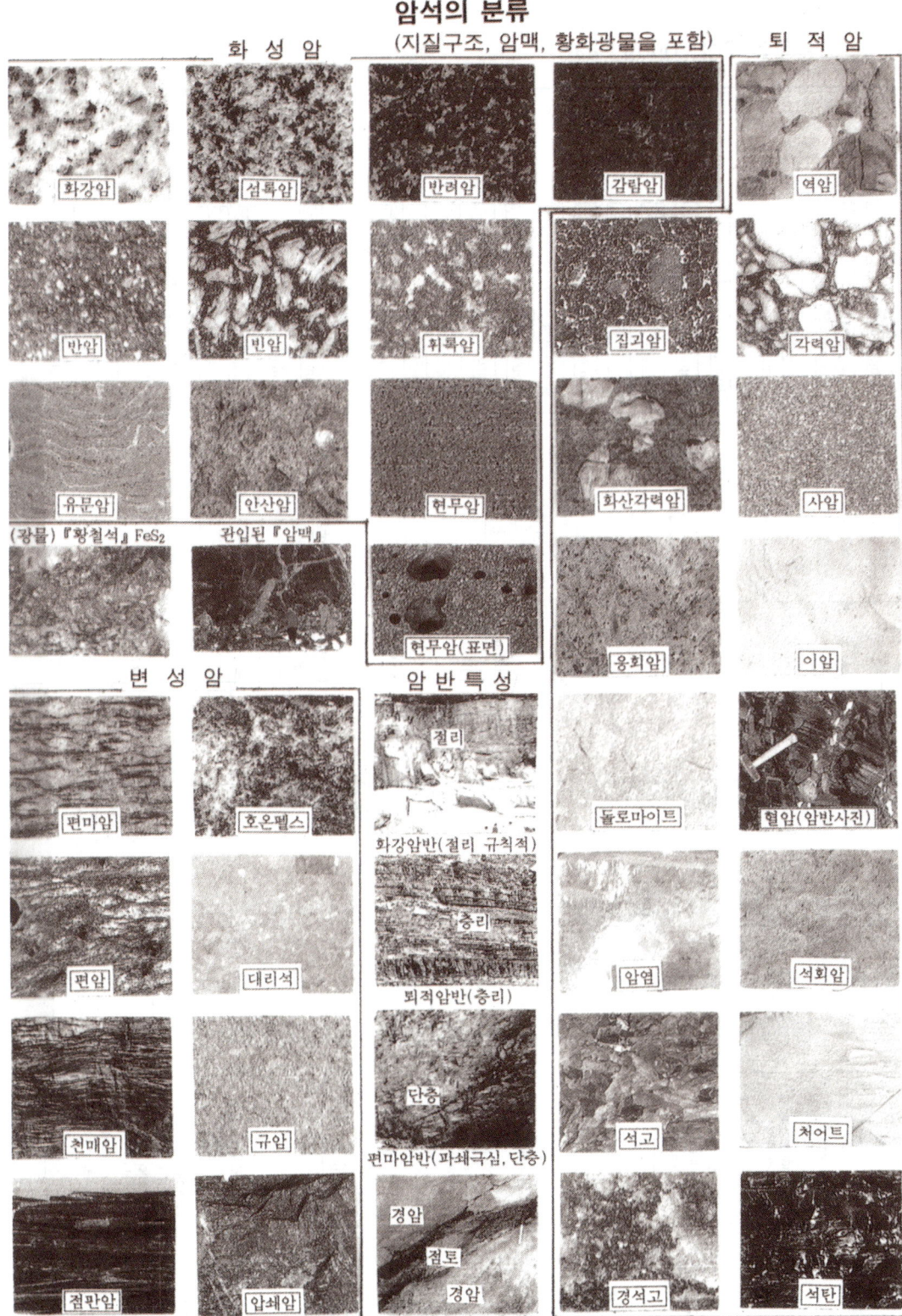

1. 암석분류 순서도(Flow Chart)

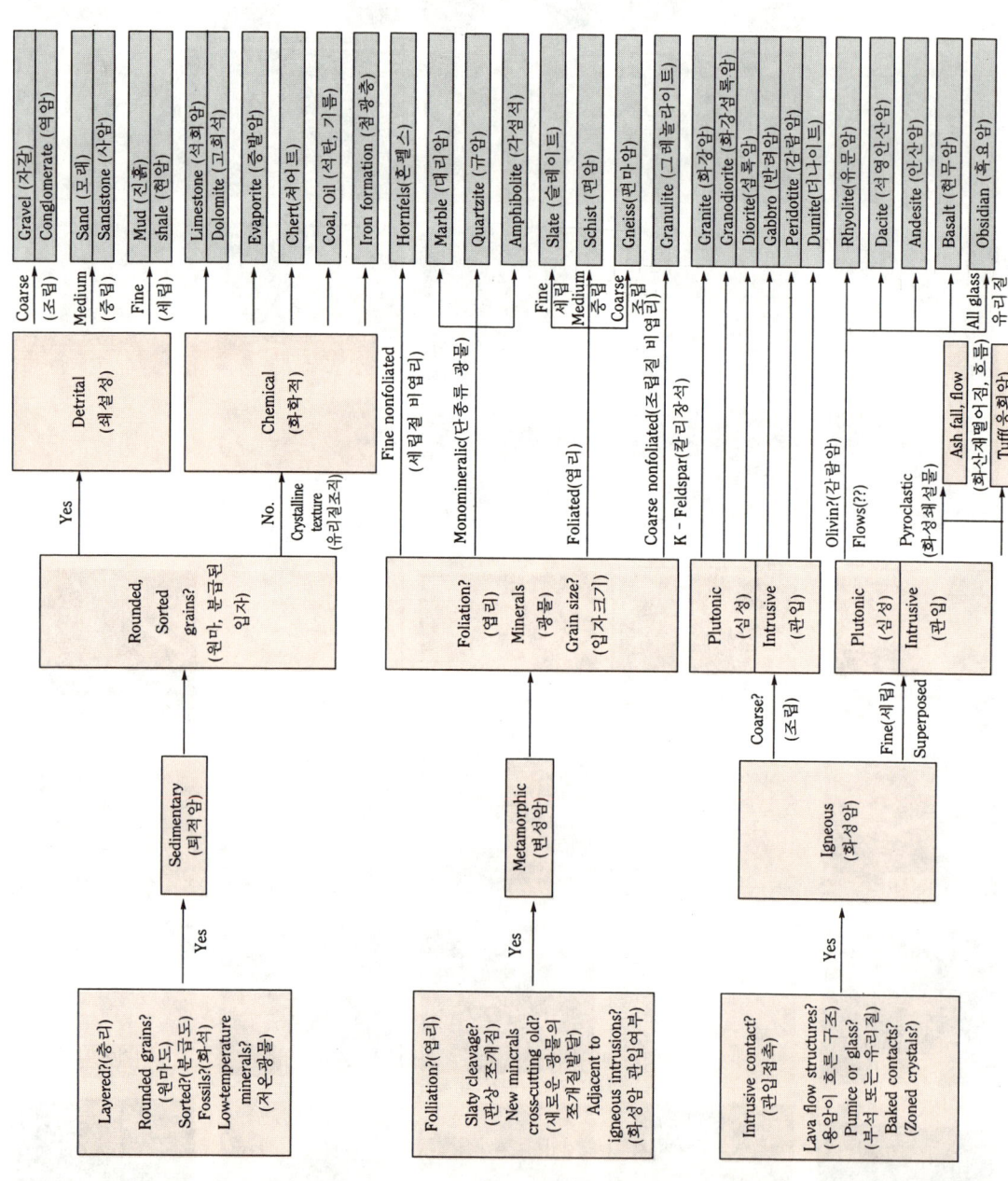

2. 현장의 암반 판별 분류법

1. 현장의 암반 판별 분류법

암석별	시추굴진상태	현장 판별 기준					Core 회수상태	실내시험		
		풍화변질상태	균열상태	Core상태	망치타격상태	침수상태	Core 회수율	압축강도	비중	흡수율
풍화암	Metal Crown Bit로도 용이하게 굴진 가능하며 때로는 무수 보링도 가능	암내부까지도 풍화진행 암의 구조 및 조직 남아있음	균열은 많으나 점토화의 진행으로 거의 밀착상태임	세편상 암반이 남아 있고 손으로 부수면 가루가 되기도 함.	손으로 부서짐	원형보존이 거의 불가능하며 세편상으로 분리됨	(%) 5 미만	1kg/cm² 미만	2.0 미만	(%) 15이상
연암	Metal Crown Bit로 용이하게 굴진 가능	암석부의 일부를 제외하고는 풍화가 진행	균열이 많이 진행되고 개율은 10cm 이상이고 점토협재	원형코아가 없음 임편상-세편상(골격상) 원형코아가 적고 원형복구 곤란	망치로 치면 가볍게 부서짐	세편상으로 분류되고 암괴로도 분류됨	5-20	100이하	2.0 미만	15이상
보통암	Metal Crown Bit로도 굴진가능하나 Diamond Bit를 사용하면 코아 회수율이 양호한 암반	균열을 따라 다소 풍화가 진행되고 장석 및 유색광물은 일부변색됨	균열일부는 점토를 협재함. 세편상태로 잘 부서짐. 균열내부는 30cm 내외	대임편상-단주상 10cm 이내이며 특히 5cm 내외의 코아가 많음. 원형복구 가능	망치로 치면 촉성을 내고 부서짐	암괴로도 분류하나 입자의 분산은 거의 없고 변화하지 않음.	20-40	100-500	2.5-2.0	5-15
경암	Diamond Bit를 사용하지 않으면 굴진하기 곤란한 암반	대체로 신선하고 균열을 따라 약간 풍화 변질됨. 암내부는 신선함.	균열이 적으며 균열간격은 50cm로 대체로 밀착상태이나 일부는 Open됨.	균열의 발연이 적으며 그 간격은 100cm로 밀착.	망치로 치면 금속성의 소리를 내고 잘 부서지지 않으며 튀는 경향을 보임	거의 변화하지 않음	40-60	500-1000	2.7-2.5	5미만
옥경암	Diamond Bit의 마모가 심한 암반 및 경암의 파쇄대로서 코아의 막힘이 없는 암반	대단히 신선하고 풍화변질을 받지 않음.	균열의 발연이 적으며 그 간격은 100cm로 밀착	주상-장주상 완전한 형태로 보유 1m당 5~6개(암편상 각주상으로 원형코아 적용)	상 동	상 동	60 이상	1000 이상	2.7 이상	5미만

1. 코아회수율은(회수된 코아길이/굴진 깊이) × 100
2. 압축강도 시험용 공시체는 직경 5cm 이상이며 높이는 직경 2배 이상
3. 높이가 직경의 2배 이상일 때는 KSF 2422에 따라 엄산함
4. 압축강도는 3개 시험하여 2개 이상이 기준에 들어감
5. 암분류 1~4에 따라 분류하여 대표적인 암석명 판별

3. 암반의 분류법과 판정기준

1. 서 론

암반 분류법은 암반의 구성과 구조를 보다 세밀하게 판정하여 토공을 진행하는데 토공 기계 선정의 효율적이고 합리적인 자료로 활용되는 것이다.

또한 시공중에 발생하는 낙반, 사면 활동, 쐐기 활동, Tunnel의 지보공 설치 등에 매우 중요한 요소가 된다.

2. 암반 분류 방법

(1) 절리 간격에 의한 분류법
(2) 풍화도에 의한 분류법(중요)
(3) Muller의 분류법
(4) RQD에 의한 분류법【43회】
(5) 균열계수에 의한 분류법
(6) 암반 평점에 의한 분류법(RMR = Rock Mass Rating)
(7) Ripping 가능성에 의한 분류법(Ripperbility)

3. 암반 분류 방법 및 판정 기준

(1) 절리간격에 의한 분류법(Spacing of Joint)

　1) 이는 절리의 간격을 mm 단위로 분류하여 평가하는 방법이다.
　2) 절리의 간격은 넓은 또는 좁은 간격
　3) 층리의 두께는 두꺼운 또는 얇은 두께로 표현한다.

절 리 (Joint)		간 격(mm)
극도로 좁다	(Extremely close)	< 20
매우 좁다	(Very close)	20~60
좁 다	(Close)	60~200
보 통	(Moderate)	200~600
넓다	(Wide)	600~2000
매우 넓다	(Very Wide)	2000~6000
극도로 넓다	(Extremely Wide)	> 6000

(2) 풍화도에 의한 분류법

1) 암석의 풍화와 변질의 정도는 풍화도 k로 나타난다.
2) Lilev(1966)의 제안식

$$k = \frac{V_0 - V}{V_0}$$

$$V_p = \sqrt{\frac{E}{e} \times \frac{1-L}{(1+L)\times(1-2L)}}$$

여기서, V_0 : 풍화 및 변질되지 않은 신선한 암석의 공시체를 전파하는 탄성파의 속도
V_p, V : 풍화 및 변질된 암석을 전파하는 탄성파의 속도
E : 암석의 탄성계수
e : 암석의 밀도
L : Poisson 비

3) Poisson비는 시편의 응력의 변화비이다.
4) 신선한 시편의 탄성파 속도와 풍화된 시편의 탄성파 속도 구해서 추정

풍화 및 변질의 정도	풍 화 도 (k)
신선한	0
약간 풍화된	0~0.2
중정도로 풍화된	0.2~0.4
상당히 풍화된	0.4~0.6
현저히 풍화된	0.6~1.0

(3) Muller법

1) Muller(1963)에 의하면 전술한 1), 2)와 같은 기본 개념을 적용하며,
2) 절리의 간격과 암질(풍화도)을 함께 표시해서 암반 분류

암 질 \ 절리의 간격	a 넓은	b 중위의	c 좁은	d 파쇄된
1) 신선한				
2) 약간 풍화된				
3) 풍화, 강도 저하된				
4) 강도가 심히 저하된				

3) (그림 1)에서 수평축 : 절리간격, 수직축 : 암석의 풍화와 변질에 따른 강도저하의 정도 표시
4) 암석은 풍화와 변질의 정도에 따라서 경도(Hardness), 강도, 비중 등이 감소하면서
5) 흡수율은 증대하면서 특성치가 저하되므로 화학적 성질의 변화량을 역학적 성질의 변화량으로 치환한 것으로 해석되는 것이다.

(4) RQD (Rock Quality Designation) 에 의한 분류법

1) $$RQD = \frac{10\text{cm이상되는 Core 길이의 합계}}{\text{Boring공의 길이}} \times 100\%$$

2) Boring 공의 길이는 5m마다 구분하는 경우가 많다.
3) Core는 NX비트(공경 약 75mm, Core경 53mm) 또는 그 이상의 치수로 채취된 직후의 Core를 말한다.
4) 코어 채취율(Core Recovery)

$$CR = \frac{\text{실제로 채취된 Core 연장}}{\text{조사 대상의 Boring 연장}} \times 100\%$$

CR은 채취조건 및 기술에 따라서 큰 차이가 있는 것이 결점이다.

5) RQD에 의한 암반 판정(분류기준)

암 질 상 태	RQD
매 우 나 쁜 (Very Poor)	0~25
나 쁜 (Poor)	25~50
대체로 좋은 (Fair)	50~75
좋 은 (Good)	75~90
매 우 좋 은 (Excellent)	90~100

(5) 균열계수에 의한 분류법(Coefficient of Fissures)

1) $$C_r = 1 - \frac{E_d(F)}{E_d(L)} \quad \text{혹은} \quad 1 - \left(\frac{V_p(F)}{V_p(L)}\right)$$

여기서, $E_d(L)$ 및 $V_p(L)$: 신선한 암석 시편에 대한 동적 탄성계수 및 초음파 속도
$E_d(F), V_p(F)$: 현장의 암반에 대한 동적 탄성계수 및 탄성파 속도

【균열계수에 의한 분류법】

등급	암질상태	균열계수 C_r	경험적 판정 기준
A	매우 좋은	<0.25	절리, 균열이 거의 없고 풍화, 변질없음.
B	좋 은	0.25~0.50	절리, 균열이 조금 있고, 균열표면만 풍화
C	중정도의	0.50~0.65	절리, 균열이 상당히 있고, 절리 충전물로 약간 균열부 풍화
D	약간 나쁜	0.65~0.80	절리, 균열이 뚜렷하고, 포화점토 충전물로 가득참, 암질은 상당부분 변질
E	나 쁜	>0.80	절리, 균열이 현저하고 풍화, 변질이 심함

🔑 암반의 균열계수와 암석 공시체의 일축압축강도 또는 초음파 속도의 관계로서 연암과 경암을 분류하는 방법이 있는데, 이는 1971년 일본의 4개소 고속도로 실적을 일본 도로 공단에서 정리한 자료이다.

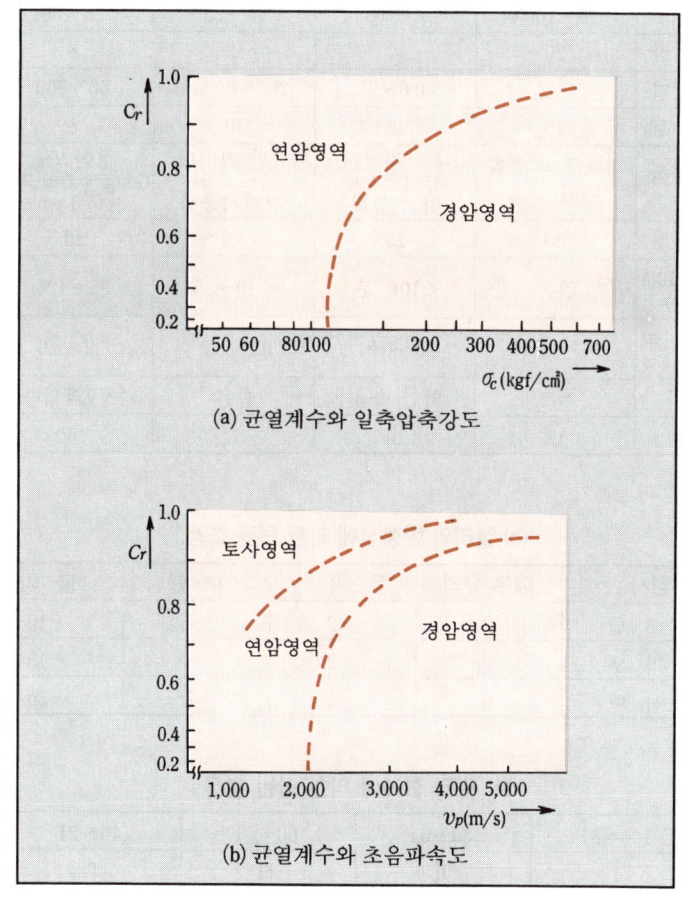

(a) 균열계수와 일축압축강도

(b) 균열계수와 초음파속도

(그림 1) 경암과 연암의 분류

(6) RMR(암반 평점에)의한 분류 (Rock Mass Rating)

1) Bieniaski(1974)의 제안 분류법이며,
2) 분류기준
   ① 암석의 일축압축 강도 (q_u)
   ② 채취된 Core의 질
   ③ 절리의 상태
   ④ 절리내부의 지하수 상태
   ⑤ 절리의 방위 등의 상태를 개별 채점해서 합산점수로 암반 평점해서 암반분류

(a) 암반 분류 매개변수와 평점 (1Mpa = 10kg/cm²)

No.	분류 매개 변수		평 점						
1	암석 강도	점재하지표	> 10 MPa	4~10	2~4	1~2	5~25	1~5	< 1
		일축압축강도	> 250 MPa	100~250	50~100	25~50			
	평 점		15	12	7	4	2	1	0
2	R Q D		90~100%	75~90	50~75	25~50	< 25		
	평 점		20	17	13	8	3		
3	불연속면의 간격		>2	0.6~2	200~600mm	60~200	< 60		
	평 점		20	15	10	8	5		
4	불연속면의 간격 (거칠기)		거칠다. 불연속, 밀착 신선	약간 거칠다. 간극<1mm 약간 풍화	약간 거칠다. 간극<1mm 강하게풍화	경면 또는 Gouge<5mm 또는 간극 1~5mm	연한 Gouge 5mm이상 또는 간극 1~5mm		
	평 점		30	25	20	10	10		
5	지하수	터널길이 10m 당의 용수	없음	<10ℓ/분	<10~25	25~125	>125		
		응력비 간극수압/최대응력	또는 없음	0.0~0.01	0.1~0.2	0.2~0.5	>125		
		일 반	건조	약간 습윤	습윤	중정도의 압력수	물문제가 중요		
	평 점		15	10	7	4	0		

(b) 절리의 방향성에 의한 평점 조정

절리의 주향·경사		매우 유리	유리	보 통	불 리	매우 불리
평 점	터 널	0	-2	-5	-10	-12
	기 초	0	-2	-7	-15	-25
	사 면	0	-2	-25	-50	-60

(c) 평점 합계에 의한 암반 분류

평 점	100~81	80~61	60~41	40~21	< 20
암반분류	I	II	III	IV	V
기 술	매우 양호	양 호	보 통	약간 약하다	약하다

(7) **Ripping 가능성에 의한 암반 분류법**
   1) 현장에서 실무자가 암반의 질을 추정하는 손쉬운 방법이다.
   2) 분류기준
      ① 연암 : Ripping 가능 영역
      ② 경암 : Ripping 불가 영역으로 판정

(8) **기타 암반 분류법**
   1) 한국 공업 규격 정부 표준 품셈
   2) 지질 조사 품셈

4. 결 론

용도에 적합한 분류방식의 선정
(1) 암반에 대한 분류방식은 공학적 목적과 용도에 따라서 달라진다.
(2) 예를 들면,
   1) Dam의 기초처리
   2) Tunnel의 지보공 설계
   3) 암반 사면의 안정 검토 등과 같은 다양한 구체적 문제에 대하여 건설 기술자가
   4) 기술적인 평가와 판단을 쉽게 하기 위하여 실험실 또는 현장에서 쉽게 시험할 수 있는 지수로서 암반을 명확하게 분류하는 방식을 선정하는 것이 긴요하다.

(3) **일반적으로 적용 빈도가 높은 것**
   1) 암석의 강도
   2) 절리의 간격, 상태
   3) 풍화의 정도
   4) 암반의 탄성파 속도
   5) 지층의 종류 등이다.

4. Lugeon 치(암반의 투수성 관련)

1. 정 의

(1) 암반의 투수성은 일반적으로 Lugeon치로 표시되며, 주입압이 10kgf/c㎡로 투수 구간 1m당 주입량이 1ℓ/min일 때 1 Lugeon으로서,

(2) 1 Lugeon = 1ℓ/min/m/10kgf/c㎡ 로 정의되고, Dam의 Grouting 효과 확인에 이용

2. 주입압력을 10kgf/c㎡ 까지 가압할 수 없을 때는 아래 식으로 환산된다.

$$L_u = \frac{10Q}{p \cdot l}$$

여기서, L_u : Lugeon치
P : 주입시의 전압력 kgf/c㎡
l : 투수구간장(m)
Q : 주입량(ℓ/min)

3. 그리고 암반을 균질 등방 투수성으로 가정하여 Darcy의 법칙을 적용하면 Lugeon치 L_u 를 투수계수 k (cm/sec)로 아래 식으로 환산할 수 있으므로

$1\ L_u = 1 \times 10^{-5}$ cm/sec 가 된다

$$k = 10^{-5} \times \left(\frac{1}{1.2\pi} \cdot \ln\frac{l}{r} \right) \cdot L_u$$

4. 투수시험

(1) 암반의 투수성상은 투수시험에 의하여 파악되지만,
(2) 이 투수시험에는 시추공 공내에 물을 압입하여 그 투수량을 측정하는 Lugeon 시험과 Darcy 법칙에 의거한 시험법이 있다.
(3) 이들 시험법에는 그 이론으로부터 각각 특징이 있으며
(4) 전자는 입상매질 지반에 적합하고 후자는 암반에 적합하다
(5) 각종의 투수시험방법을 (그림 1)에 제시한다.

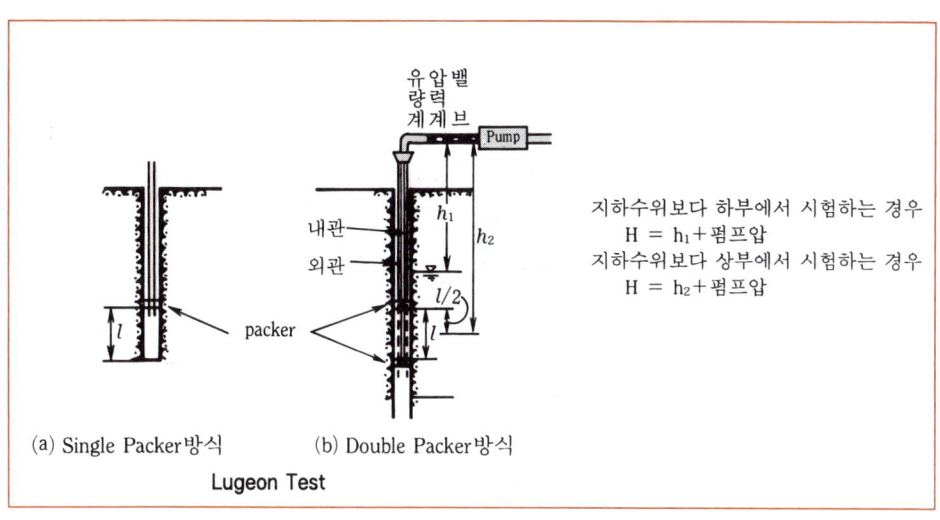

Lugeon Test

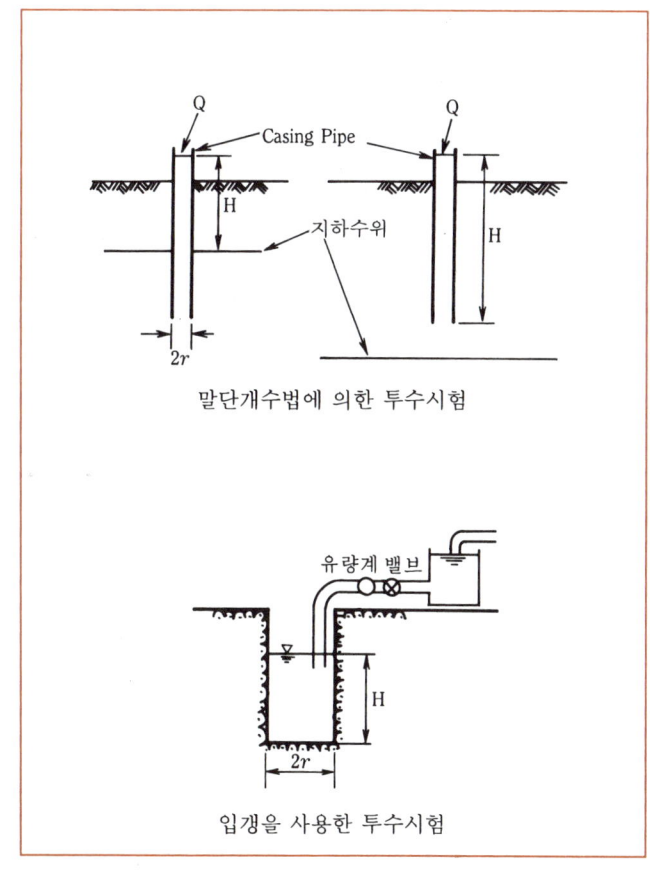

말단개수법에 의한 투수시험

입갱을 사용한 투수시험

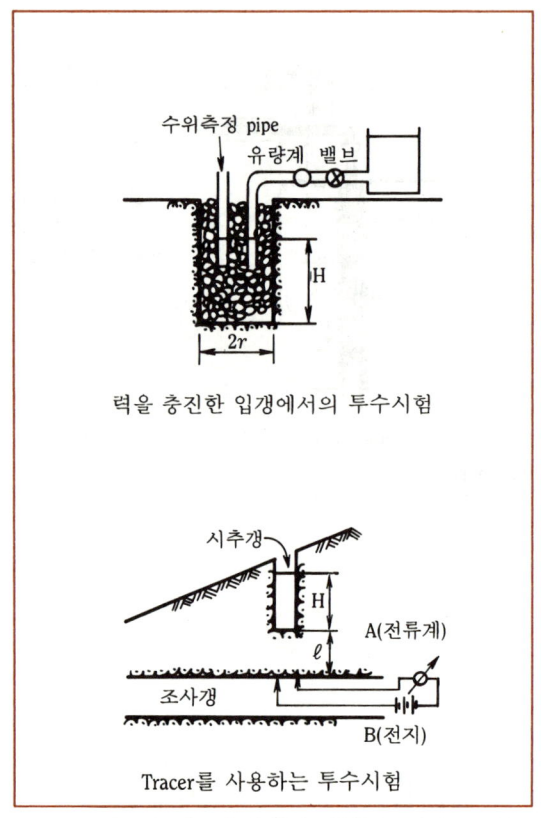

(그림 1) 투수시험

> 5. 암반에서의 문제점(불연속면의 상태가 굴착의 안정성에 가장 큰 영향 미친다.)

1. 서 언

(1) 암반과 암석 (Rock Mass 와 Rock)의 차이점(공학적 특성)

    1) 암석 : 불연속면이 없는 순수한 상태의 암을 암석(Rock)이라 하고, 강도, 경도, 경화, 요소로 파악

    2) 암반 : 불연속면을 포함한 현장의 자연상태로 존재하는 암을 암반(Rock Mass)이라 함.
       특성 : 불연속면의 방향, 연속성, 충진물질, 틈새, 투수

(2) 토목공사에서 암반의 거동이 복잡한 원인

    1) 암반의 불연속성(Discontinuity)

    2) 이방성(Anisotropy)

    3) 비균질성(Inhomogeneity)

(3) 암반(Rock Mass)의 역학적 성질에 영향을 미치는 요인

    불연속면의 상태 조건에 따라서 크게 영향을 받는다.

    1) 방향성(Orientation)

    2) 연속성(Continuity)

    3) 충진물(Fillings)

    4) 간격(Spacing)

    5) 틈새(Aperture)

    6) 절리군의 Set수 (Number of Joint Set)

(4) 이방성(Anisotropy)의 구별

    1) 광물 결정 입자간 이방성과

    2) 퇴적암이나 변성암에서 처럼 성인시에 형성된 ➡ 층리나 엽리 등에 의한 이방성으로 구별된다.

    3) 이방성을 갖는 기반암에 건설된 지하공간은 ➡ 그 거동이 방향성을 가져 예측이 어려워진다.

(5) 암반(Rock Mass)의 비균질성의 특성

    암반의 비균질성은 굴착 지역에 나타나는 암석들간의 차이, 풍화의 정도에 의해서 특징지워지는데 이들의 영향이나 해석이나 설계에서 고려해야 한다.

(6) 암반(Rock Mass)에서의 굴착방법 2가지

    1) 지표면 굴착(Surface Open Excavation)

2) 지하공동 굴착(Underground Excavation)

(7) 암반 (Rock Mass) 굴착에 영향을 미치는 요인
   1) 불연속면의 존재(절리, 층리)
   2) 풍화 정도
   3) 초기 지중 응력
   4) 지하수 용출

> 이중 불연속면의 규모나 거동이 암반 굴착에 빈번하게 영향 미친다. → 그 영향도 지대하다.

(8) 암반 굴착과 관련한 안정성의 문제를 깊이에 따라서 나누어 설명한다.
   1) 지표면 근처에서의 공사 (철도, 도로 등)
      ① 불연속면의 조건
      ② 풍화 정도가 굴착에 큰 영향 주지만

   2) (상당히) 깊은 심도에 건설하는 지하 시설물 굴착시 안정성 문제 : 굴착 부위의 응력 재분배에 대한 굴착 부위 암반의 응력이 중요한 요소가 된다.

> 이 1), 2) 양 극한 상태의 중간 경우는 불연속면의 상태가 굴착의 안정성에 심대한 영향을 미치는 것으로 알려져 있다.

2. 굴착을 위한 조사나 설계에서 불연속면에 관해 필요한 사항

(1) 방향성(Orientation)
(2) 연속성(Continuity)
(3) 간격(Spacing)
(4) 충진물(Fillings)
(5) 틈 새(Aperture)
(6) 절리군의 Set의 수(Number of Joint set)

3. 암반의 공학적 요소

불연속면의 관점에서 우리가 다루려고 하는 암반을 살펴보면,

(1) Intact Rock → 불연속면이 하나도 없는 암(Rock)
(2) 아주 심하게 균열이 간 암반 (Heavly Jointed Rock Mass)
   1) Single Discontinuity
   2) Two Discontinuity
   3) Several Discontinuity

(3) Intact Rock과 아주 심하게 균열이 간 암의 역학적 특질이 판이하게 다른 이유는 → 불연속면의 상태에 의해 영향을 받기 때문이다.

4. 불연속면의 존재가 암반의 공학적 요소에 미치는 영향
- Intact Rock의 강도(암석의 강도)
- 절리의 빈도
- 절리면의 전단 강도
- 절리의 방향
- 암반의 변형계수

(1) **Intact Rock의 강도(암석의 강도)**
   1) Intact Rock은 절리나 Hair Line Crack이 없는 암으로서, 대개 실험실 조건하에서 시험하는 시편을 의미한다.
   2) Intact Rock의 경우는 파괴시 Sound Rock을 따라서 파괴가 일어난다.
   3) Scale Effect (치수의 효과)
      ① Intact Rock의 강도는 실내 시험에서 주로 결정되며 이 값은 구성 암석이 가질 수 있는 최대 강도로 간주되고,
      ② 시편(Specimen)내에 포함되는 절리의 숫자가 증가함에 따라서 강도(Strength)가 저하하게 된다. → 이를 Scale Effect라 한다.
      ③ 공시체의 길이가 증가함에 따라서 강도가 현저히 감소되는 추세를 보이고 있다.
   4) Intact Rock의 강도 시험방법
      ① 일축압축시험
      ② 삼축압축시험
      ③ 인장시험으로 구하며
   5) 약식으로는 Point Load Test (점하중 시험법)에 의해서 구한 다음 일축압축강도로 환산할 수 있다.
   6) Intact Rock의 파괴 규준
      ① Intact Rock의 경우에는 절리에 의한 강도에 미치는 영향은 배제되어 있으나,

② 간극, Micro Crack, 입자 경계에서의 균열 등 Micro - Scale Discontinuity가 존재하고 입자 구성 물질들의 상이한 특성을 가지는 등 여러가지 요인으로 인해서 → 모든 종류의 여러가지 암과 상황에 적용되는 이론적인 파괴규준의 제시가 어려워 → 경험파괴 규준 등이 제시되고 있다.

(2) 절리의 빈도
 1) 절리 간격이 넓은 경우에는 굴착시 별 문제가 안되나 절리 간격이 좁으면 여러가지 문제가 예상된다.
 2) 절리의 간격, 빈도 조사방법
  ① Boring 조사
  ② Mapping(현장 지질조사) : 일정한 방향성 갖는 절리의 간격은 Mapping으로 조사
 3) 절리의 빈도가 토목 구조물의 안정성에 영향을 미치는 요인 (분류)
  ① 기반암(Bed Rock)의 역학적 성질에 영향을 미치는 것과
  ② 지질 구조적인 불안정성 (예 : 낙반되는 암괴)을 초래하는 것으로 나눌 수 있다.
 4) 지질 구조적인 불안정성 판단 방법
  ① 평사 투영법(Stereographic Projection)으로 판단한다.

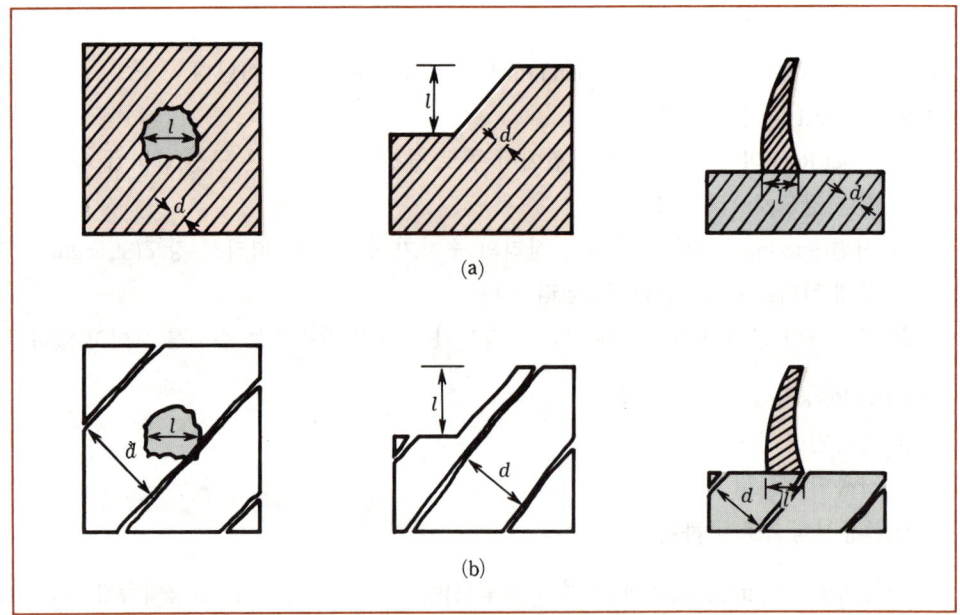

〈그림 1〉Spacing of Discontinuties in Comparison with the Engineering Structure Dimension : (a) Set of Discontinuities d <L, (b) Fault or Set of Discontinuities d ≥ L (Wittke, 1990)

(3) 절리면의 전단 강도

1) 절리면의 전단 강도에 영향을 미치는 요인
    ① 절리면의 거칠음
    ② 맞물림 상태 (Interlocking : 엇물림)
    ③ 충진물의 유무와 특성
    ④ 절리면을 구성하는 모암 (Wall Rock)의 역학적 성질
    ⑤ 절리면의 연속성과 크기, 길이에 의해서도 상당히 영향을 받는다.

2) 절리면의 전단 특성은
    ① 거칠음면이 전단 강도에 저항하여 Peak 전단강도에 도달하고 나면 거칠은 부분은 파쇄되고 면은 평탄해진다.
    ② 평탄해진 절리면에 더 이상의 전단이 진행되면 전단강도는 일정치의 잔류 강도 값에 수렴한다.
    ③ 전단시에 가해지는 힘의 일부는 거칠은 면을 따른 미끄러짐에 사용되고 나머지는 거칠은 부분을 파쇄하는데
    ④ 그 비율은 수직응력에 따라서 변화된다.
    ⑤ 거칠음면이 없는 절리의 경우에는 Peak 강도와 잔류 강도가 같은 거동을 보이게 된다.
    ⑥ 따라서 재료 자체의 기본적인 마찰 저항각 (또는 평탄한 절리면간의 접촉 마찰각)을 ϕ_b
    ⑦ 거칠음면의 경사각 i 라 하면
    ⑧ 거칠음면의 전단강도 τ 는 다음과 같다.

$$\tau = \sigma \tan(\phi_b + i)$$

여기서, τ : 거친면의 전단강도
ϕ_b : 재료 자체의 기본적인 마찰 저항각(30~35°)
i : 거칠음면의 경사각(현장값과 실험실값과 상당히 차이가 있다)

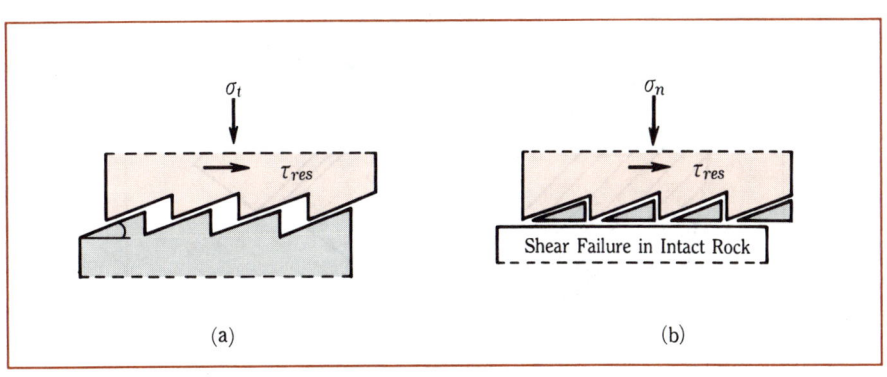

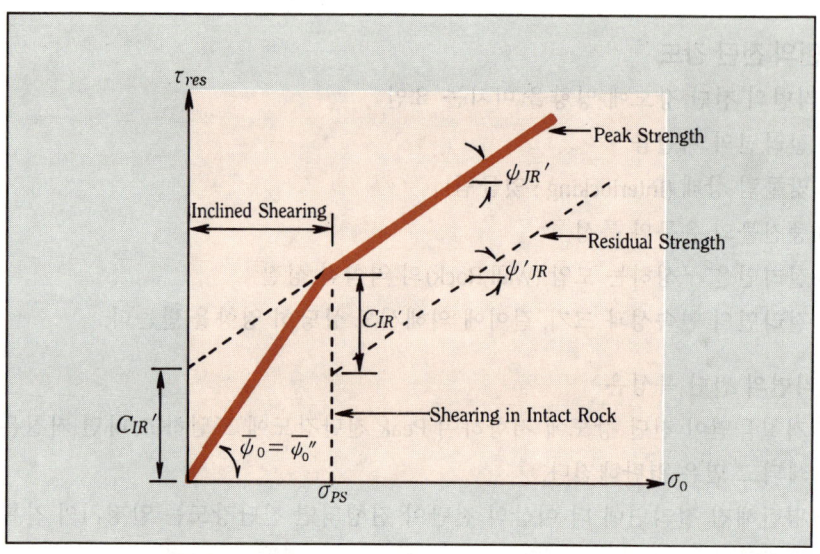

(그림 2) Differing forms of shear failure illustrated by the example of a reqular sawtoothed discontinuity :
(a) inclined shearing (b) shear failure in the intact rock (c) bilinear failure criterion (Wittke, 1990)

(4) 절리의 방향

　1) 절리의 (Joint) 방향은 Strike (주향)과 Dip (경사)로 나타낸다.

　2) 절리의 방향이 토목공사에 영향을 미치는(요인) 범위

　　① 암반의 사면 파괴 (파괴의 종류, 안정)

　　② Tunnel 굴착(낙반 위험성, Tunnel 방향 결정, Tunnel 형태 결정)

　　③ 응력 분포 (불연속면의 배치영향에 영향 받음)

　　④ 암의 강도 : 이방성(Anisotropy)특성을 나타나게 함.

　3) 주향과 경사

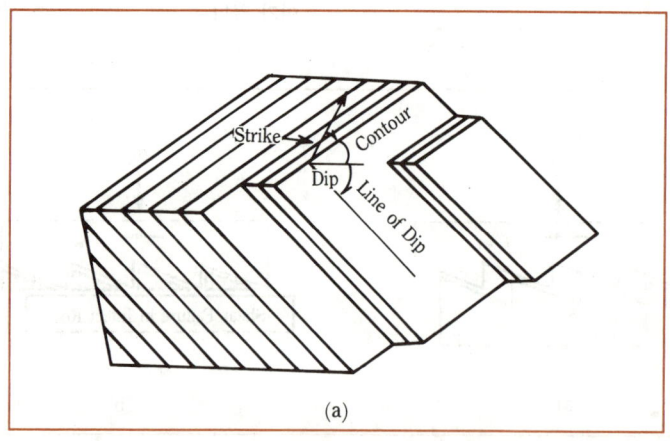

(a)

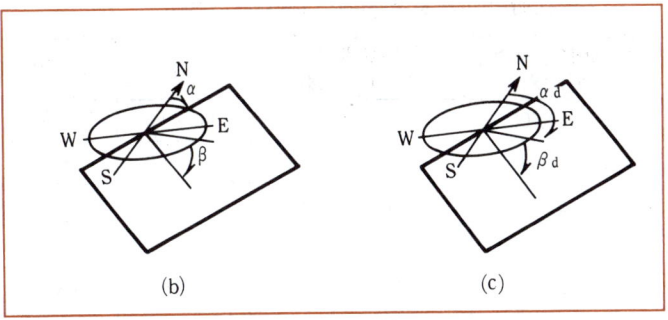

(그림 3) Orientation of Discontinuity : (a) Line of Dip and a Discontinuity
(b) Angle of Strike and Dip α, β
(c) Orientation of the Dip α_d, β_d(Wittke, 1990)

① 주향(Strike) : 절리면 상에서 존재하는 수평선의 방향이고
② 경사(Dip) : 절리면의 최대 경사각

(5) 암반의 변형계수

1) 암반의 변형성(압축성)에 영향 인자
  ① 암석의 특성과
  ② 불연속면의 분포 밀도
  ③ 불연속면의 방향성
  ④ 불연속면의 느슨함 등에 따라서 좌우된다.
  ⑤ 시험 공시체의 단면의 크기에 따라서 현저히 감소한다 : 그 이유는 공시체내 포함된 불연속면의 개수가 증가하기 때문이다.

2) 암반 변형계수 결정방법
  ① 원위치 측정
  ② 원위치 시험방법
    ㉠ 대규모 공사에서는
      - 평판재하시험 (PBT)
      - 공내재하시험
      - Flat Jack Test
      - Pressure Chamber Test

    ㉡ 소규모 공사
      - 과거 암석 시험자료를 근거로 산정하거나,
      - 탄성파 탐사를 수행 : 동탄성 계수를 구하여 보정
      - 암반의 동적 탄성계수를 이용 (기존자료 사용)

(표 1) 암반의 동적 탄성계수 (윤지선, 1990)

암 종	동적반복탄성계수 $E_d \cdot$ (kgf/cm²)	동탄성계수 $E_v \cdot$ (kgf/cm²)	$E_d\,E_s$	$E_v\,E_s$	$E_v\,E_d$
경 암	65,400~81,500	320,300	1.6~2.0	7~9	3.9~4.9
공암과 사암의 호층	3,700~4,800	66,700	0.6~1.0	12~16	14~18
사 암	11,000~23,000	130,000~160,000	2~4	8~10	6~12
세 립 화 강 석	13,500~30,300 11,500~25,600	93,000~174,000 109,000~204,000	1.3~4	1.3~4	9~17 10~20 6~13 8~18
이암과 사암의 호층	82,000~49,200 17,800~7,200 20,000~89,900	49,200 61,300 71,400	1~6 1~6 1.6~4	5.8~6 3.5~4.7 3.6~5.8	1~6 0.8~3.4 0.8~3.6
Gabbro	20,400~22,500	-	1.9~2.0	-	-
연 록 암	16,500~22,000	560,000	0.8~1.1	28	25~34
세립석영설록암	33,600~35,000	434,000	1.9	24	12~13
의 탄 암	230,000~250,000 120,000~130,000 50,000~60,000 270,000~290,000	430,000 445,000 415,000 305,000	1.9 1.3 1.7 1.3	1.7~4.3 4.5 12~14 1.3~1.7	1.8 3.6 7.7 1.1
점 판 암	220,000~250,000 110,000~125,000	385,000 445,000	1.5 1.3	1.5~2.5 5	1.6 3.9
세립석영설록암	22,000~24,000 17,000~21,000	- -	1.3 1.3~1.6	- -	- -

【주】 E_d 는 동적응력 20~30tf/m², 주파수 1~3Hz로서의 값, E_s 는 정적탄성계수, E_v 는 탄성파 속도에 의한 탄성계수

6. RQD (Rock Quality Designation)

1. 정의

(1) 암반 조사에서는 일반적으로 Boring Core를 채취한다.

(2) 암반에 대한 Core의 채취 상황은

    1) Boring 공법

    2) 암질

    3) 절리(Joint) 등에 따라서 크게 좌우되므로

(3) Deere(1966)는 아래식과 같이 RQD를 표시하고 분류했다.

2. RQD 계산식

$$RQD = \frac{10cm 이상되는\ Core\ 길이의\ 합계}{총\ 보링공의\ 길이} \times 100(\%)$$

여기서, Core : NX비트(공경 약 75mm, Core경 53mm)

3. RQD에 의한 분류법

암 질 상 태	RQD(%)
매우 나쁜(Very Poor)	0 ~ 25
나쁜 (Poor)	25 ~ 50
대체로 좋은 (Fair)	50 ~ 75
좋은 (Good)	75 ~ 90
매우 좋은 (Excellent)	90 ~ 100

4. 결론

(1) RQD는 토질에서 N치와 같이 설계에 많이 이용되고 있으나 문제점이 많은 분류법이며,

(2) 대책

    1) 풍화도에 의한 분류법

    2) RMR에 의한 분류법

    3) Ripping 가능성에 의한 분류법

    4) 절리간격에 의한 분류법으로 설계되어야 한다.

> **참고 │ 암분류법 선정시 고려사항**
>
> (1) 암반에 대한 분류방식은 공학적 목적과 용도에 따라서 달라진다.
>
> (2) Dam기초처리, Tunnel의 지보공의 설계, 암반 사면의 안정검토 등과 같은 구체적인 문제에 대하여 건설 기술자가 기술적인 평가와 판단을 쉽게 하기 위하여 실험실 또는 현장에서 쉽게 시험할 수 있는 지수로서 암반을 명확하게 분류하는 방식을 선정하는 것이 긴요하다.
>
> (3) RQD Core 채취 현황도
>
>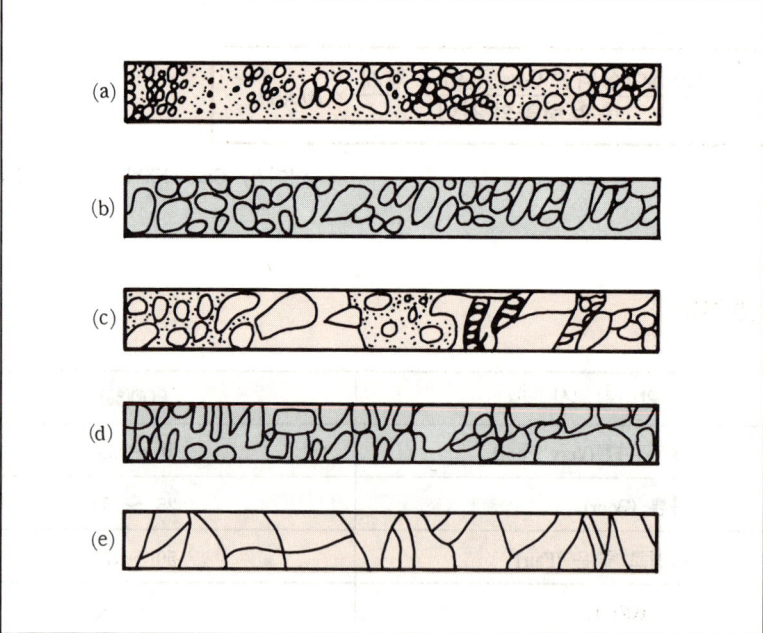
>
> (그림 1) RQD = 0인 암반에도 구분이 필요한 예

7. 암석의 Slaking 현상

1. 정 의
암석(Rock)이 건습의 반복에 의해서 ➡ 고결력을 잃고 ➡ 조직이 파괴되어 급격히 Slime(곤죽처럼)화하는 현상을 ➡ Slaking 현상이라고 한다.

2. Slaking 현상이 심한 암석
연암 등 미고결 암석에 대해서는 특히 Slaking 현상이 현저한 경우가 많다.

3. Slaking 시험 방법
(1) **우리나라의 경우**
기준이 정해진 것이 없어서 각 현장마다 알맞은 조건으로 시행하고 있다.

(2) **일본 토목학회 암반 역학위원회의 시험법**
【공시체】 일변 3cm의 입방체, 원주 또는 괴상 공시체 3개를 60℃로써 24시간 로속에서 건조시킨 후 실온으로 냉각시킨 공시체를 수침시켜 형상변화를 1, 2, 4 및 24시간 후에 관찰하여 그 형상변화 정도에 따라서 Slaking 지수(5구분으로 0에서는 변화없고 4에서는 완전히 Slime화)를 구한다.

8. 치수 효과(Size Effect) - 암석과 암반에서 치수 효과

1. 서 론
(1) 암석과 암반에서의 치수 효과란?
  암석과 암반의 크기가 변화함에 따라서 강도가 변화하는 현상을 강도에 관한 「치수 효과 (Size Effect)」라고 부르고 있다.
(2) 일반적으로 취성을 보이는 암석 등에 있어서는 치수가 증가함에 따라서 강도가 저하하는 성질이 있다.
(3) 이러한 성질은 작은 치수에 의해서 구한 시험 결과를 원치수의 현장에 적용한 경우에는 중요한 문제로 된다.

2. 치수효과 원인
(1) 암석(Rock)이나 암반(Rock Mass)중에 존재하는 크고 작은 잠재 Crack 때문에 발생하는 응력 집중과
(2) 그에 의한 진행성 파괴

3. 치수효과 해석방법
  확률론법 : 잠재 Crack 강도의 확률밀도 분포로 설명

9. 암석과 암반의 차이점 (Rock과 Rock Mass)

1. 암석(Rock)
(1) 암반을 구성하는 소재로써
(2) 일반적으로 다소의 잠재적인 균열을 함유하고 있지만
(3) 지질적 **불연속면**(Discontinuity)이 없는 암편이며
(4) 주로 암반노두 또는 Boring에서 채취되는 시험편을 말한다.
(5) 이러한 암석을 **신선한 암석(Fresh Rock)**이라 하며
(6) **분류** : 고결, 풍화, 변질된 정도에 따라서
   1) 연암(Soft Rock)
   2) 경암(Hard Rock)

2. 암반(Rock Mass)
(1) 암반의 공학적 의미는 토목공사의 대상이 될 정도의 공간적 크기를 갖는 자연의 암석(Rock) 집합체로써
(2) 일반적으로 지질적 분리면 또는 암반 **불연속면**을 갖는 **불균질성** 및 **이방성**의 **암체**이다. 그러나 **지질학**에서는 **암체**, **광산학**에서는 **암석**이라는 용어로 호칭되고 있다.

10. 암반의 구조와 관련된 용어

1. 불연속면(절리와 단층)

암반은 지각을 형성하는 암석의 집합체로써 지각변동(Diastrophism)에 의한 압축 및 인장, 기상작용에 의한 퇴적 및 침식 지열에 의한 가열팽창 및 냉각수축 등으로 인하여 다양한 불연속면(Plane of Discontinuity)을 갖고 있으며, 이러한 면은 구조상 매우 취약한 면이 되므로 약면(Weak Plane)이라고도 한다.

2. 불연속면의 구조요소를 성인에 따라 구분하면

(1) **절리(Joint)** : 암반에 작용한 응력으로 형성된 분리면을 절리라 함.
(2) **층리(Bedding)** : 퇴적암의 단위 퇴적경계면을 층리라 함.
(3) **벽개(Cleavage)** : 지층의 변형작용으로 퇴적암의 층리를 따라 평형 또는 방사상으로 할렬되는 경향을 가진면을 벽개라 함.
(4) **편리(Schistosity)** : 변성암의 변성과정에서 발달된 편상구조를 편리라 함.

3. 불연속면을 형상 또는 형태에 따라서 분류하면

(1) **균열(Fissure)** : 절리면이 완전히 분리된 상태를 말한다.
(2) **단층(Fault)** : 절리면이 상대적으로 이동한 이력이 있는 면을 말한다.
(3) **성층(Stratification)** : 층리면에 완전히 분리된 상태를 말함.
(4) **엽층리(Lamina)** : 특히 얇게 형성된 성층을 엽층리라 한다.
(5) **엽리(Foliation)** : 층리면이 평행하게 발달된 벽개면을 엽리라 한다.
(6) **정합(Conformity)** : 이층 퇴적층에서 하위층 위에 연속적으로 새로운 지층이 퇴적된 것을 정합이라 한다.
(7) **부정합(Unconformity)** : 상위층이 퇴적하기 전에 하위층이 세굴 또는 침강작용을 받은 후에 새로운 지층이 퇴적된 것을 부정합이라 한다.
(8) **부정합면** : 특히 부정합 관계의 경계면을 부정합면이라 한다.
(9) **협층(Seam or Parting)** : 암층에 얇은 이질암층이 끼어든 것을 협층이라 한다.
(10) **파쇄대(Fractured Zone)** : 단층면을 따라서 암석이 파쇄되어 풍화된 두꺼운 띠를 형성한 것을 파쇄대라 함.
(11) **구조선(Structural Line or Tectonic Line)** : 지각의 구조운동에 의하여 광역에 걸쳐 형성된 단층선을 구조선이라 함.

(12) **습곡(Fold)** : 층상구조의 암반이 지각운동으로 소성유동을 일으켜 파상으로 변형된 구조를 습곡이라 한다.

 불연속면의 틈에 함유된 기체, 물, 유기물질 등에 의한 물리적 또는 화학적인 풍화작용과 지열에 의한 변질작용은 암반(Rock Mass)의 구조상 매우 중요한 의미를 갖는다.

11. 절리(Joint)

1. 정 의
(1) 암반에 큰 응력이 작용하면 소성변형 또는 취성파괴가 일어난다.
(2) **취성파괴가 일어나는 조건**
   1) 응력조건
   2) 지하수의 존재
   3) 온도
   4) 변형속도
(3) 일반적으로 저온, 저구속압하에서 항복점 이상의 응력이 작용하면 취성파괴가 일어나고
(4) 이 때의 응력조건에 따라서 그림과 같이 규칙적인 파괴면이 형성되는 것을 절리(Joint)라고 한다.

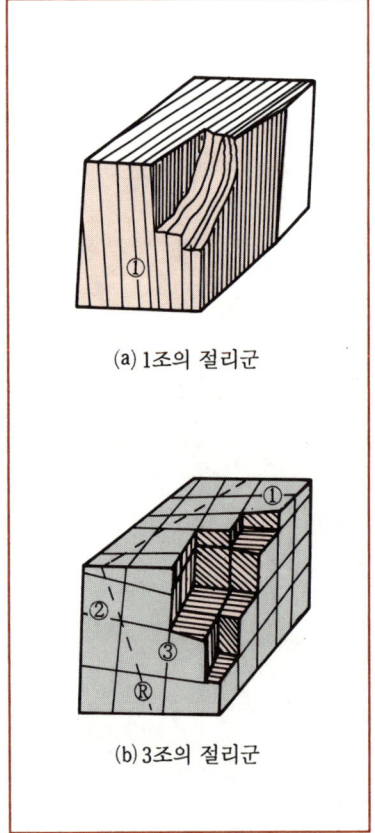
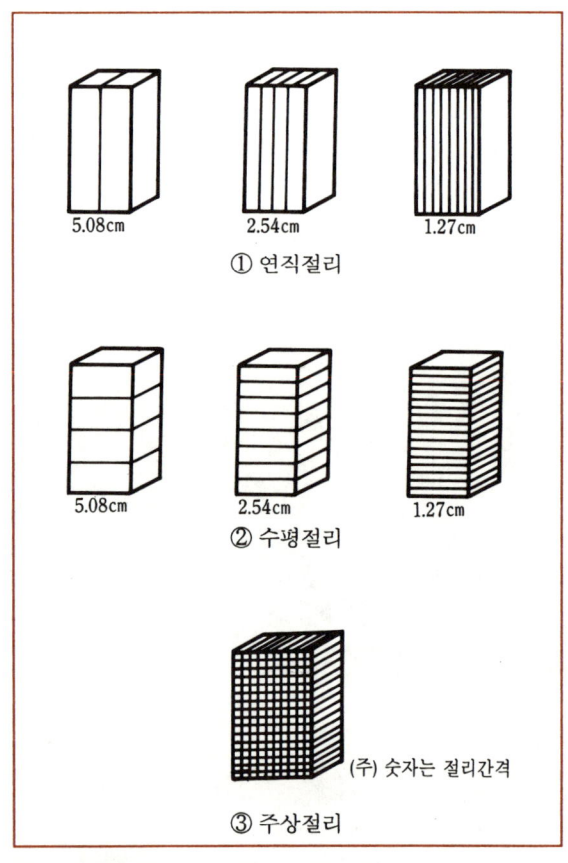

(그림 1) 암반모델

2. 절리형성에 관계되는 힘

(1) 암석의 자중
(2) 지각구조의 운동력
(3) 지진력
(4) Magma의 냉각에 의한 수축력
(5) 퇴적암의 건조에 의한 수축력
(6) 온도경사에 의한 열응력

3. 절리를 성인에 따라서 구분하면

(1) 수축절리(Contraction Joint) : 냉각 수축 또는 건조수축이 원인
(2) 신장절리(Extension Joint)
(3) 전단절리(Shear Joint)

4. 암반사면의 안정검토 내용(공법 선정시 고려사항)

암반사면의 안정검토 및 Tunnel의 지보공 설계 등에 절리는 대단히 중요함.

(1) 절리계의 방향
(2) 절리의 밀도
(3) 절리의 간격
(4) 절리면의 조도
(5) 지하수의 존재

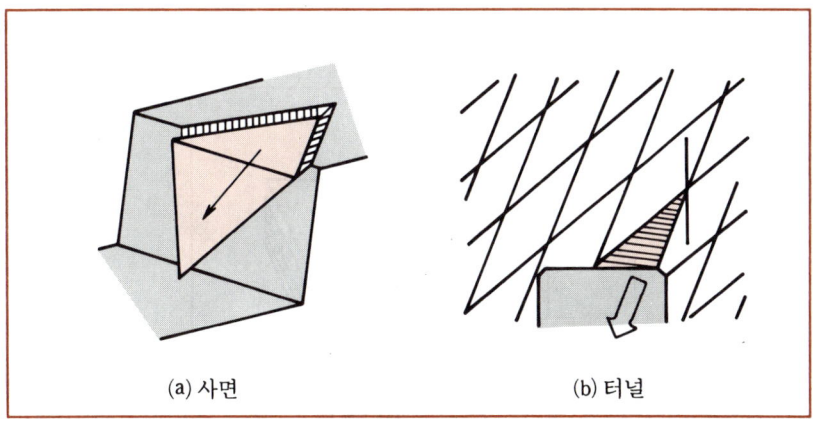

(a) 사면   (b) 터널

(그림 2) 절리계와 암반해석의 관계

12. 단층(Fault)과 파쇄대(Fractured Zone)

1. 단 층(Fault)
　지각변동에 따른 내부응력에 의하여 암반중에 파괴면이 형성되어 상대적 변위를 일으킨 것을 단층이라고 한다.

2. 파쇄대(Fractured Zone)
　단층면을 따라서 암석(Rock)이 파쇄되어 지하수 등으로 풍화된 띠를 형성한 것을 파쇄대라고 한다.

3. 단층이 형성되는 경우
　(1) 지각의 습곡운동(Folding)으로 지층이 수평방향의 압축력 받을 때
　(2) 또는 기반암(Basement Rock)의 융기(Upheaval) 및 침강(Submergence)으로 인장력을 받을 때 생긴다.

4. 단층의 종류
　(1) 정단층(Normal Fault)
　　최대 주응력축이 연직이면 지층은 인장응력을 받으므로 단층면은 연직과 $45° - \dfrac{\psi}{2}$ 의 경사를 이루면서 상반이 하향으로 활동하는 정단층이 된다. (Normal Fault)

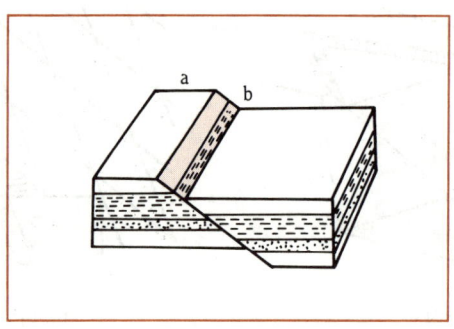

(그림 1) 정단층

(2) 역단층(Reverse or Thrust Fault)

최대 주응력축이 수평이고 **최소 주응력축**이 연직이면 지층은 **압축응력**을 받으므로 단층면은 연직과 $45° + \dfrac{\psi}{2}$ 의 경사를 이루면서 **상반**이 **상향**으로 활동하는 역단층(Reverse or Thrust Fault)이 된다.

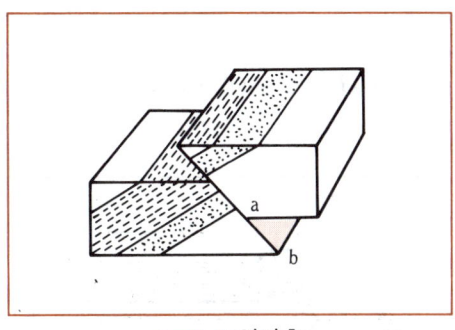

(그림 2) 역단층

(3) 수평단층(Strike Slip or Lateral Fault)

1) 최대 및 최소 주응력축이 모두 수평면상에 있으면 지층은 전단응력을 받으므로 단층면의 경사는 연직을 이루면서 암반이 수평방향으로 활동하는 수평단층(Strike Slip of Lateral Fault)이 된다.
2) 실제로 일어나는 지층은 기본형(정단층, 역단층, 수평단층)이 복합된 형태인 경우가 많다.

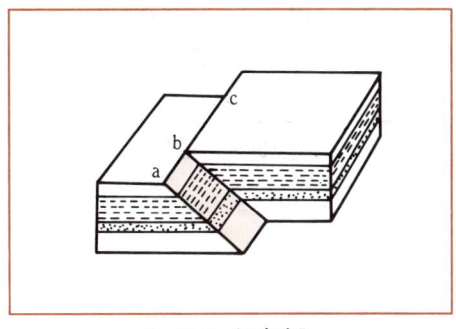

(그림 3) 수평단층

(4) 공역단층(Conjugate Fault)

그리고 일단 **단층면**이 형성되면 이면과 $90° - \psi$ 의 각도를 이루는 면은 **공역관계**가 되어

역시 **파괴조건**을 만족하므로 그림과 같이 대응하는 **단층**이 형성되는데 이를 공역단층(Conjugate Fault)라고 한다.

(5) **활단층(Live Fault)**

단층중에서도 현재에 **활동중**이거나 근래에 **운동한 흔적**이 있는 것을 Live Fault(활단층)이라고 한다.

(6) **사단층(Dead Fault)**

운동한 흔적이 없는 것을 사단층(Dead Fault)라고 한다.

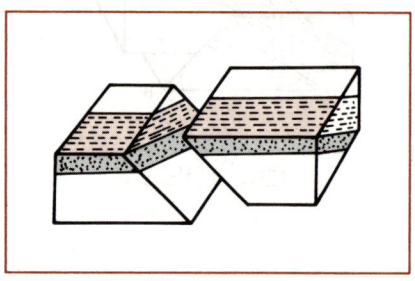

(그림 4) 사단층

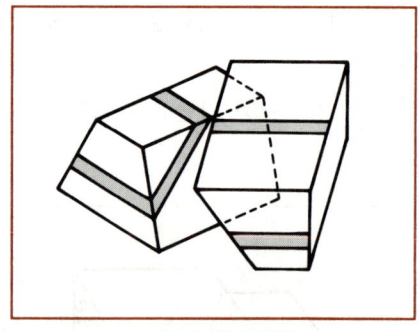

(그림 5) 회전단층

5. 단층의 문제점과 대책

(1) **문제점**

1) 단층이 아무리 **사단층**(Dead Fault)이라고 하더라도 지반응력의 **불균형 지진** 등 인공적인 대폭발 등이 일어나면 **단층이 활동을 재개**하여 활동층이 되는 경우가 많으며

2) 만약 단층을 가로질러 중요한 구조물이(Dam, 철도, 운하, 터널, 송유관, 교각, 원자력 발전소) 설치되는 경우에 단층면을 따라서 전단변형이 미소하게 일어나는 경우에도 대형사

고의 원인이 되므로 계획 ➡ 조사단계에서 **단층**을 피하여야 하며, 부득이한 경우에도 피해를 최소화하도록 **위치** 및 **방향**을 적절히 **선정**해야 한다.

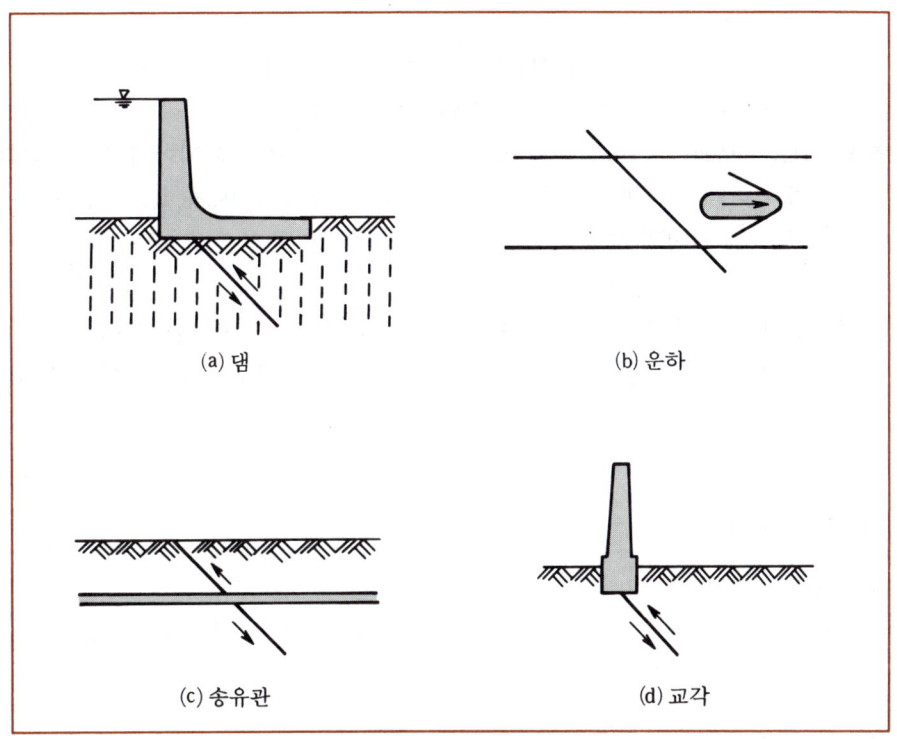

(그림 6) 단층 위에 설치된 구조물

13. 지질구조(불연속면, 습곡)의 분류 및 공학적 특성(절리, 단층, 습곡 설명)

1. 서언

(1) 암반의 공학적인 성질은 불연속면의 존재로 인하여 급격하게 변하므로, 불연속면은 각종 토목 구조물과 관련되어서 많은 문제점을 야기시키고 있다.

(2) 불연속면(Discontinuity Fracture)은 장력, 전단력 등에 의하여 파괴되어서 형성되는데, 인장 강도가 없거나 미약한 기계적인 파쇄면인 Joint, Weak Bedding Plane, Weak Schistosity, Weak Zone, Fault 등의 불연속면 모두를 포함하는 의미인데, 보통 작은 규모는 절리로써 큰 규모는 단층으로써 대별하여 사용하기도 한다.

(3) 불연속면(절리, 단층)은 암석 종류마다 발달 특성이 다르고, 또한 한지역에서도 절리의 발달이 급격히 변한다는 사실에 유념하여야 한다. 습곡은 지질구조의 일종이므로 간략히 서술한다.

2. 절리(Joint)

(1) **절리의 특징**

암반내에 규칙적으로 깨져있는 것으로 절리면을 따라서 현저하게 움직인 증거가 없다. 연장성은 수 cm∼수십 m 이다.

(2) **절리의 종류(그림 1)**

1) Shear Joint(전단 절리) : 압축에 의한 전단으로 생성
2) Tension Joint(인장 절리) : 압축에 의해서 야기된 인장력으로 생성
3) Sheeting Joint(판상 절리) : 지표면 상부의 물질이 침식됨에 따라서 상부하중의 감소로 인하여 지표면에 평행하게 발달 (그림 2)

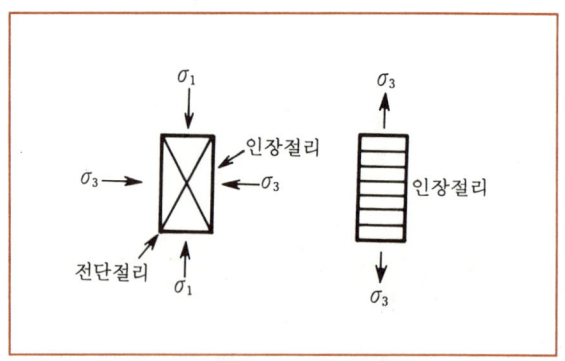

(그림 1) 절리의 종류

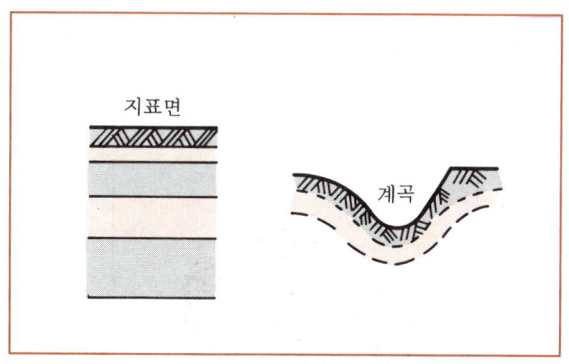

(그림 2) 판상절리의 형성

(3) 암석 종류별 절리의 발달형태(그림 3)

(a) 규칙적(예 : 화강암)
  : 소규모 암석붕괴

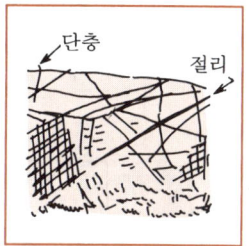

(b) 불규칙적(예 : 화강암)
  : 소규모, 대규모 암석 붕괴

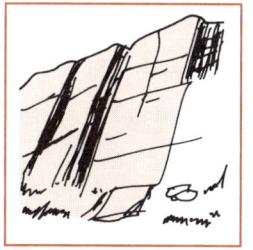

(c) 판상형태(화강암, 규암, 혈암, 점판암)

(d) 주상절리(현무암)

(그림 3) 암석별 절리발달 형태

1) 화성암 (그림 4)

① 심성암 : Magma가 심부에서 식을 때 수축되어서 생기는 절리로서 규칙적(보통은 3종류의 Joint Set를 형성)으로 발달한다.

② 화산암 : 지표면에서 Lava가 식어서 수축될 때 종종 6면체의 주상 절리발달(예 : 현무암)

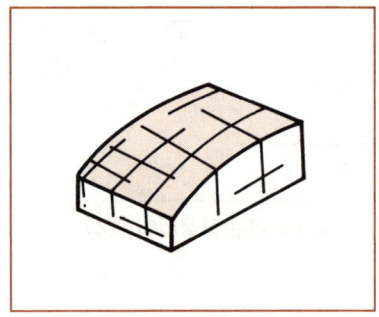

(그림 4) 화성암의 절리발달

2) 퇴적암(그림 5)
   절리의 발달이 많거나 적은 경우 등 다양하고, 층리가 약석면인 경우가 많다.

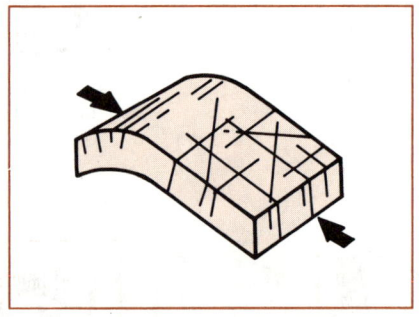

(그림 5) 퇴적암의 절리발달

3) 변성암(그림 3)

(4) **절리를 야외에서 조사하여 기재하는 방법**
   주향(Strike)과 경사(Dip)방법으로 측정하거나 경사(Dip)와 경사방향(Dip Direction)방법으로 측정할 수도 있다.

(5) **절리(층리 포함)의 지반공학적인 영향**
   도로나 댐, 터널공사시 암석의 낙반을 야기시키는 주요인이므로, 사전에 공사계획 단계나 시공과정에서 절리의 지반공학적인 특성이 고려되어야 한다.

1) 절리방향의 영향
   ① 사면의 불안정과 보강대책(그림 6)

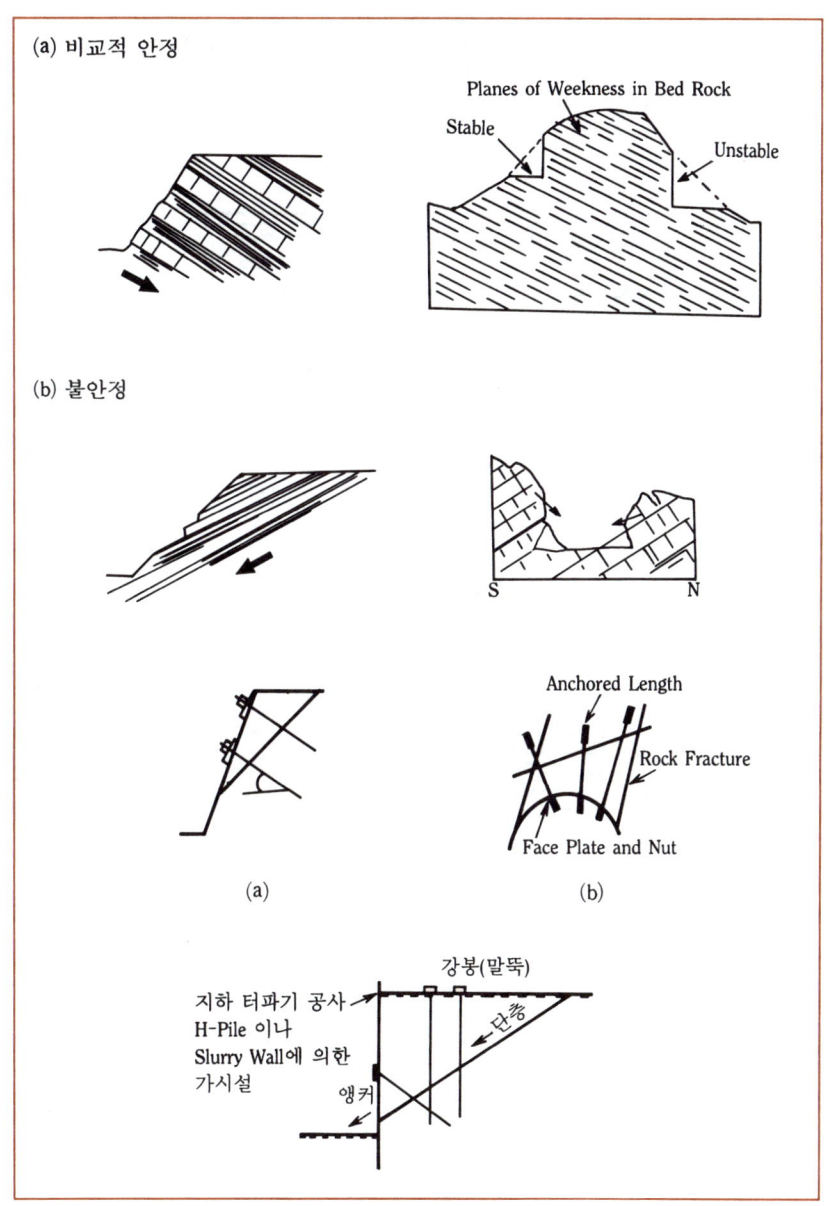

(그림 6) 사면의 불안정과 보강대책

② 터널의 불안정과 보강대책(그림 7)
③ 암반내 응력분포의 이방성(Anisotropy) (그림 8)

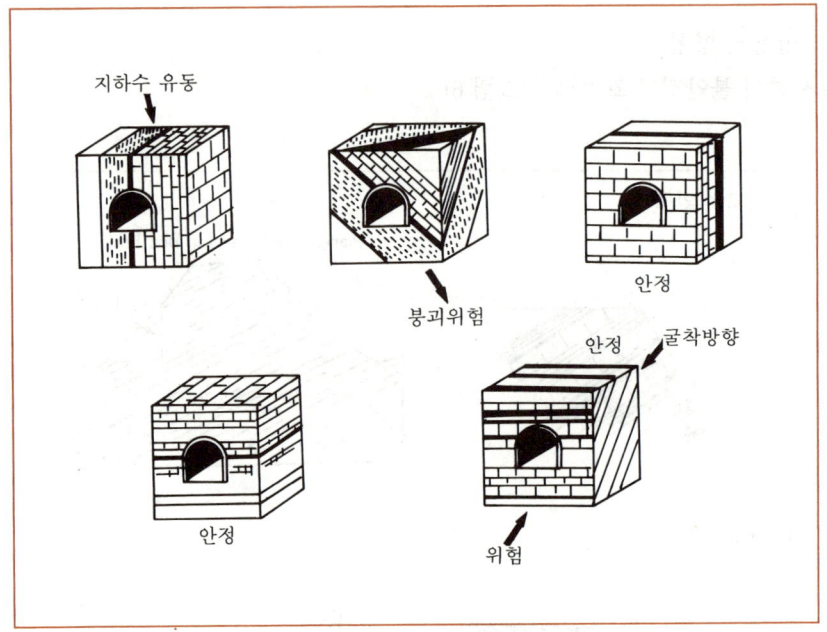

(그림 7) 터널의 불안정과 보강대책

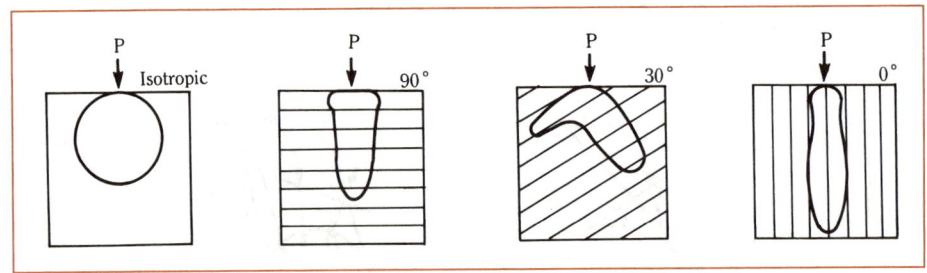

(그림 8) 암반내 응력분포의 이방성

④ 암반강도의 이방성 (그림 9)

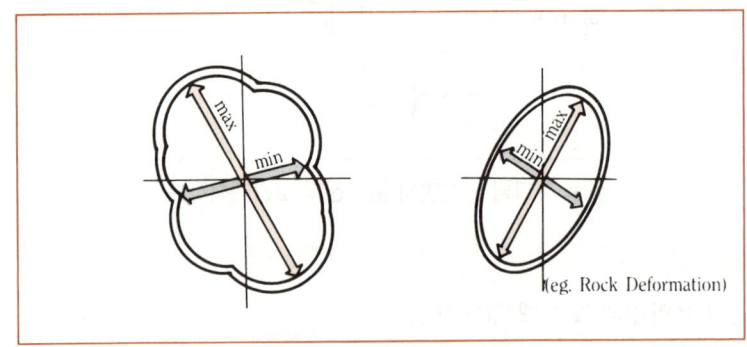

(그림 9) 암반강도의 이방성

⑤ 터널 공사시 Overbreak(여굴)의 방향과 규모를 결정하여, Lining Concrete비용의 과다를 결정한다. 그러므로 제어발파, 굴진장 조정, 분할 발파 등의 적절한 굴착방법 보완이 필요 (그림 10)

(그림 10) 터널굴착시 여굴의 과다

2) 절리 발달 빈도의 영향
   ① 암반의 지지력 계산(그림 11)
   ② 굴착 난이도 결정(그림 12)
   ③ 암반의 강도정수, 탄성계수, 투수성 판단 (그림 13, 14)

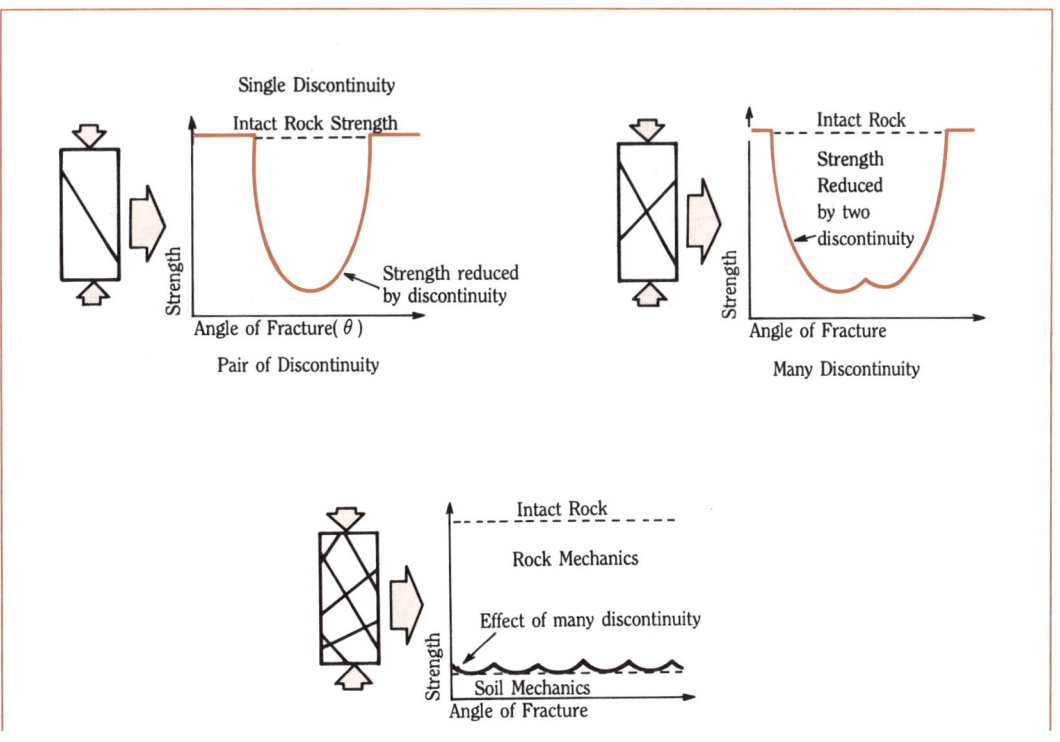

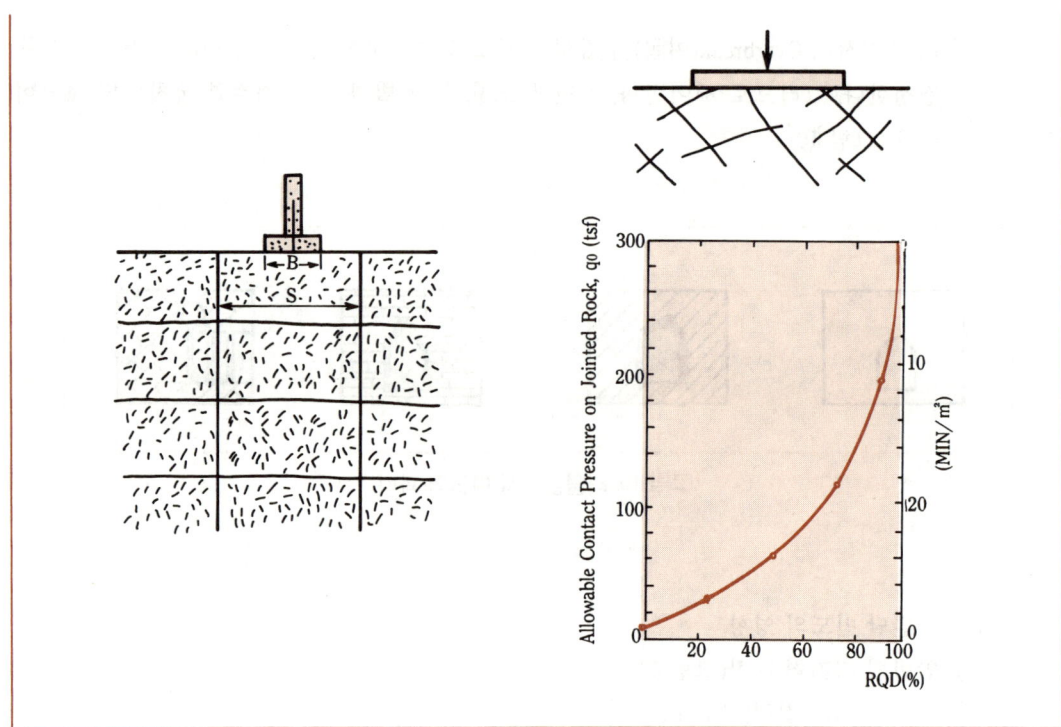

(그림 11) 암반의 지지력 계산

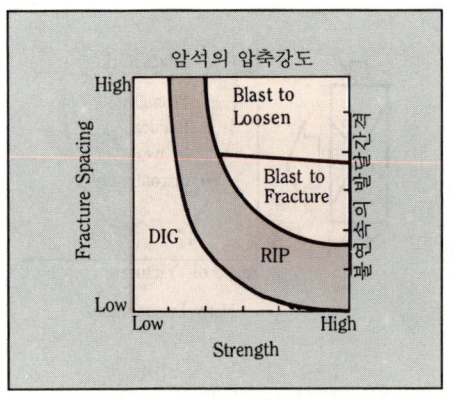

(그림 12) 굴착난이도의 결정

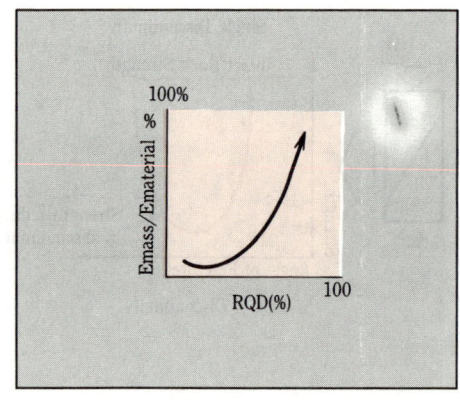

(그림 13) 암반의 강도정수, 탄성계수

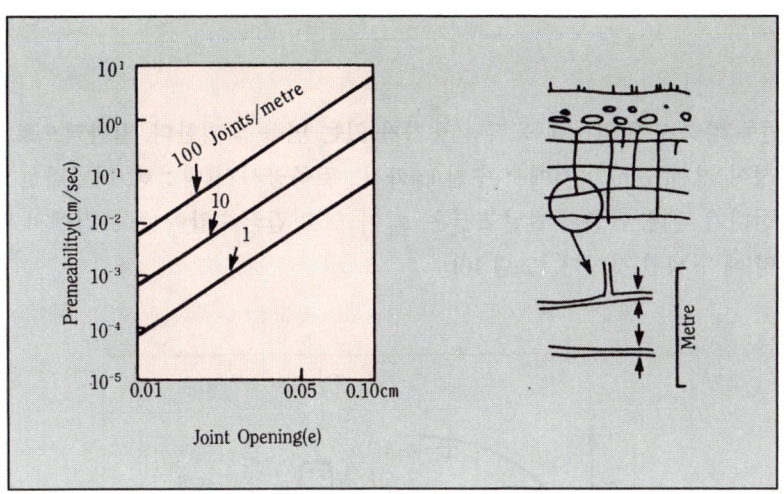

(그림 14) 암반의 투수성 판단(절리빈도, 절리틈새 벌어짐에 관련됨)

3) 그 밖의 절리 특성의 영향
① 암반 보강의 범위는 절리 주변 물질의 특성, 절리의 발달 위치, 절리의 발달 빈도 등에 따라서 결정된다. (그림 15)

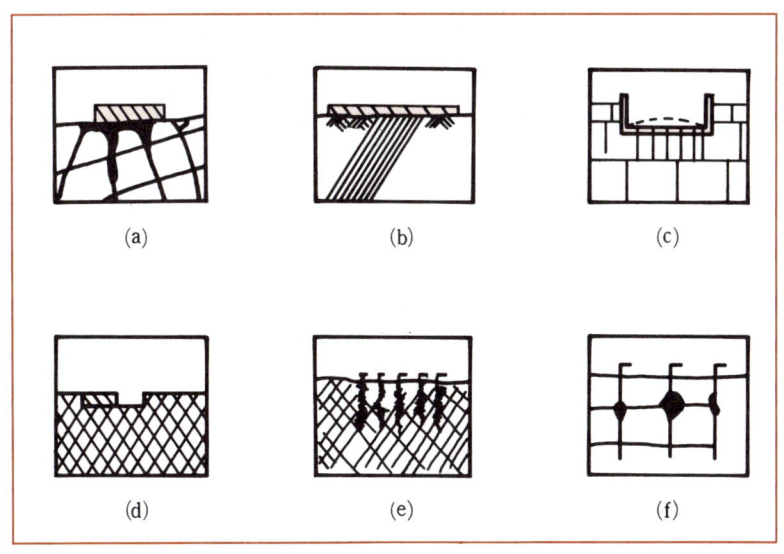

(그림 15) 암반 보강의 범위

3. 단 층(Fault)

(1) 성인

불연속면을 따라서 현저하게 움직인 증거가 있는 면을 의미한다. 일반적으로 절리에 비해서 연장성이 커서(수 m의 것에서 수천 km까지), 토목공사시(예 : 댐, 터널건설시) 단층이 중요한 약선대가 된다. 단층의 발달조건은 σ_3가 크고 간극수압이 큰 조건에서 비교적 Brittle한 상태일 때 형성된 것이다. (그림 16)

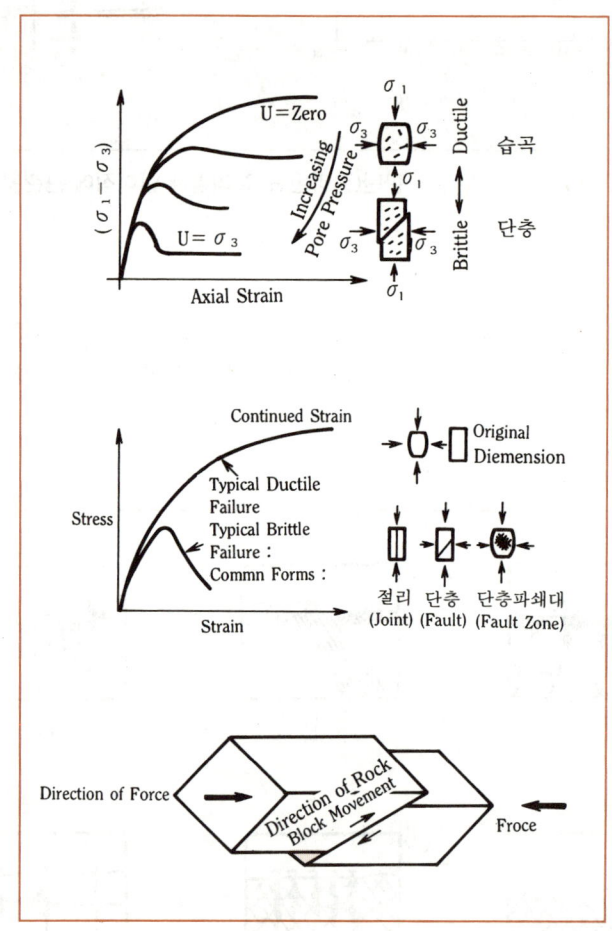

(그림 16) 절리, 단층, 습곡이 발달하는 하중 고려

(2) 종류

1) 정단층
2) 역단층

3) 주향이동 단층 (그림 17)

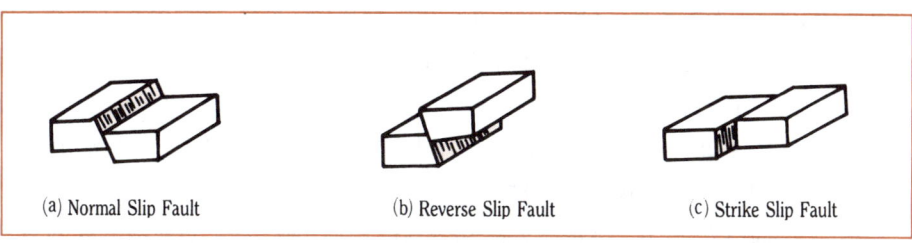

(그림 17) 단층의 종류

(3) 암석 종류별 나타나는 빈도

화성암과 퇴적암에서도 나타나지만, 특히 오래된 암석인 변성암에서는 빈번하게 발생하여서 각종 토목공사의 재해요인으로 작용한다.

(4) 단층의 증거

1) 직접 관찰 (그림 18)

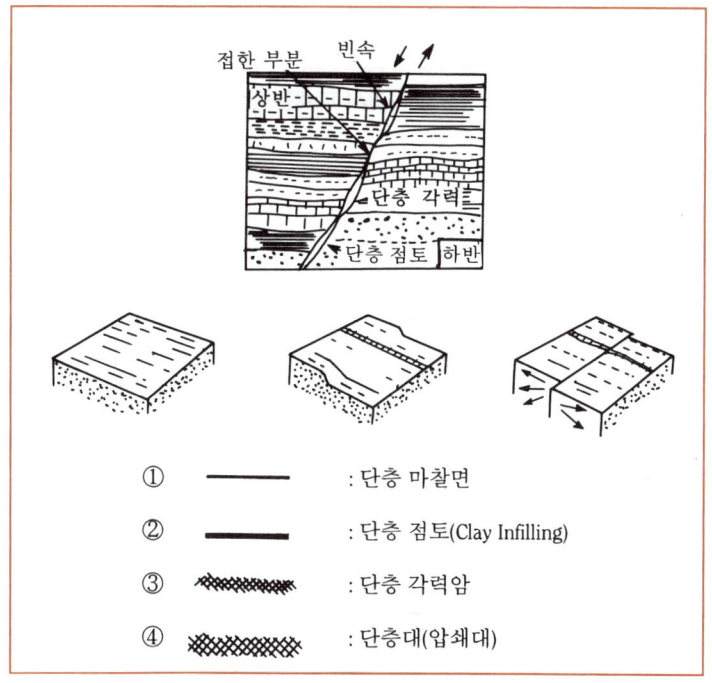

(그림 18) 단층면 사이의 형태

① Slicken Side(단층 마찰면) : 단층면에 존재하는 미끄러진 상태를 나타내는 반들반들한 면
② Fault Gouge(단층 점토) : 단층면에 끼워있는 얇은 Clay로써, 단층작용으로 인하여 원암 자체가 점토로 변질된 것으로서 Fault Clay라고도 부른다.
③ Fault Breccia(단층 각력암) : 단층 작용에 의해서 으깨진 단층면 부근에 있는 파쇄된 암석, 재결정된 암석은 압쇄암(Mylonite)이라 불리는데, 반들반들한 여러방향의 작은 단층 활동면들이 암석내에서 관찰된다.
④ Fault Zone(단층대) 또는 Shear Zone(압쇄대) : 여러 단층들이 밀접하여서 발달하고 있을 때 그 부분에 있는 파쇄된 지역을 Fault Zone이나 Shear Zone으로 부른다. (국내의 대규모 단층대는 북동방향으로 발달) 보통 단층대는 파쇄대로써 풍화가 심한 경우가 많다. (그림 19)

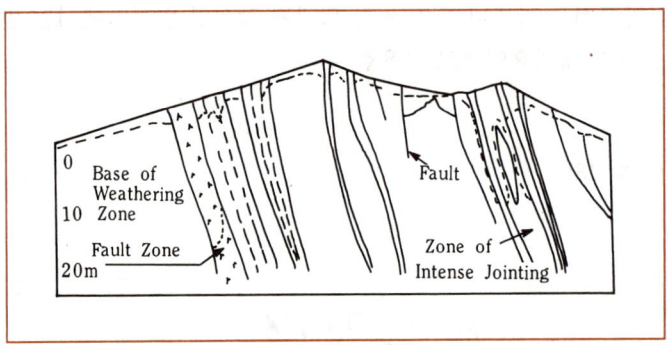

(그림 19) 단층을 따라서 파쇄풍화가 심하다

2) 간접 추측(그림 20)
 ① 선구조(단층 마찰면)의 방향성
 ② 지질 및 지형상의 불규칙한 특성(예 : 불규칙한 단층절벽(Fault Scarp)의 발달, 산능선이 불규칙하게 끊긴다. 물이 흐르는 계곡의 방향이 갑자가 휘어지거나 차단된다.)
 ③ 지진(Earthquake)이 자주 발생하는 곳

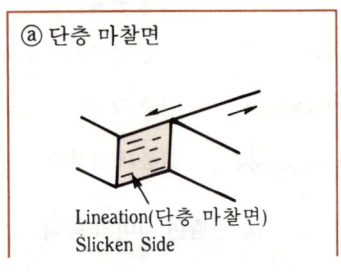

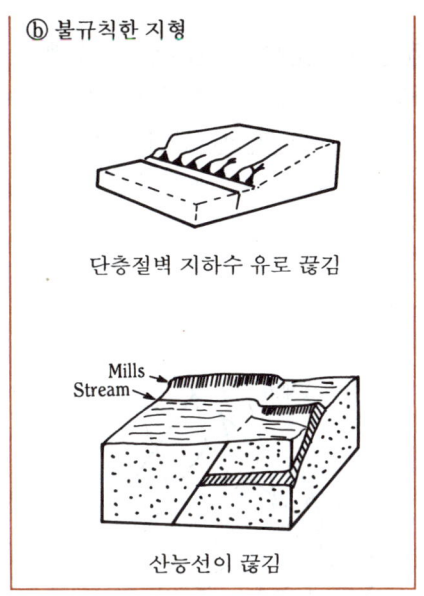

(그림 20) 단층의 간접 추측방법

(5) 단층의 지반 공학적인 영향

단층은 점토를 충진하는 경우가 많고, 또한 파쇄가 많이 된 암석이 존재하는 연장성이 큰 불연속면이므로 여러 <u>토목공사시 대규모 재해요소로써 작용한다.</u> (그림 21)

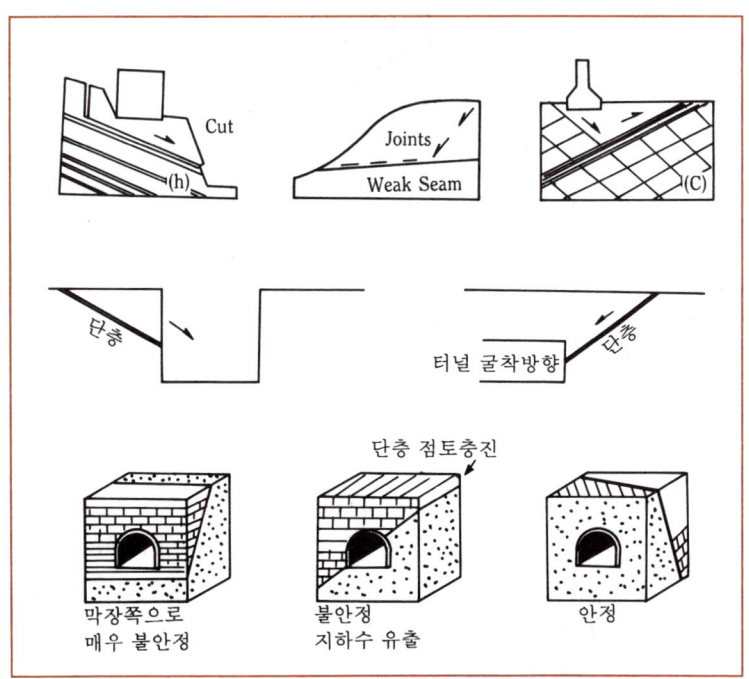

(그림 21) 빈번한 대규모 활동파괴의 주요인

1) 절취사면, 지하굴착, 터널 굴착시 활동파괴 가능성이 매우 높다. 일단 단층을 따라서 활동하게 되면 단층활동면의 전단강도는 최대강도(Peak Strength)에서 잔류강도(Residual Strength)로 작아지고, 또한 암괴들의 절리틈새가 벌어지게 되므로(특히 편마암반) 수압이 크게 발생하여 붕괴를 촉진한다. 초기에 적정대책 수립이 매우 중요하다. (그림 22)

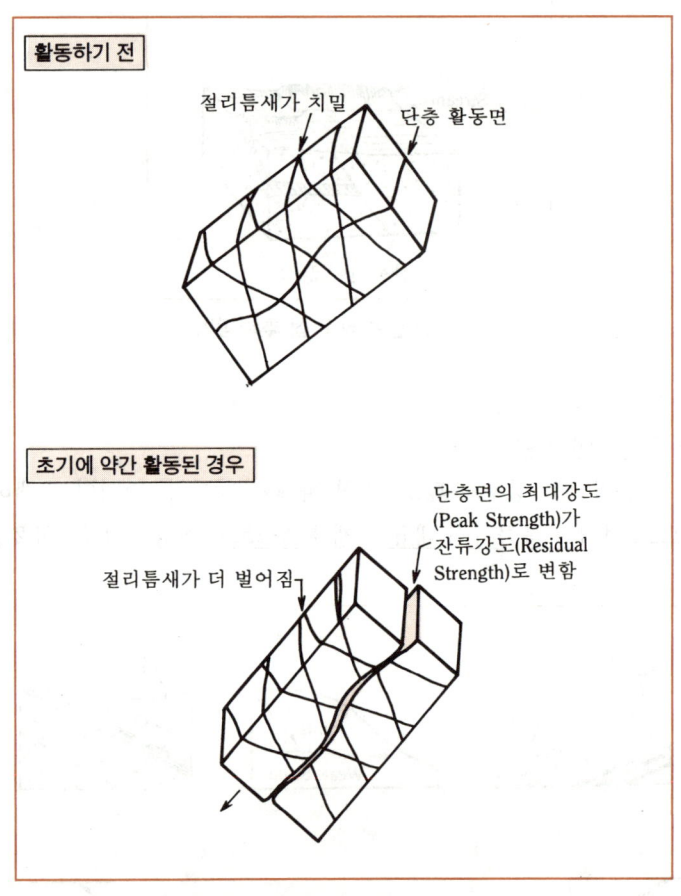

(그림 22) 단층면따라 활동 발생한 경우

2) 지하수 유로로써, 단층파쇄대를 따라 터널 굴착시 과도한 수압이 발생하므로 차수비용이 과다하고, 지하수위 하강에 따른 인접 구조물의 침하 피해를 야기시킬 수 있다. 또한 단층 틈새의 점토물질(Fault Gouge)이 점차로 씻겨 없어져서 지하수의 유동 통로가 확장되어서 장기적으로 터널 붕괴를 야기시킨다. (그림 23)

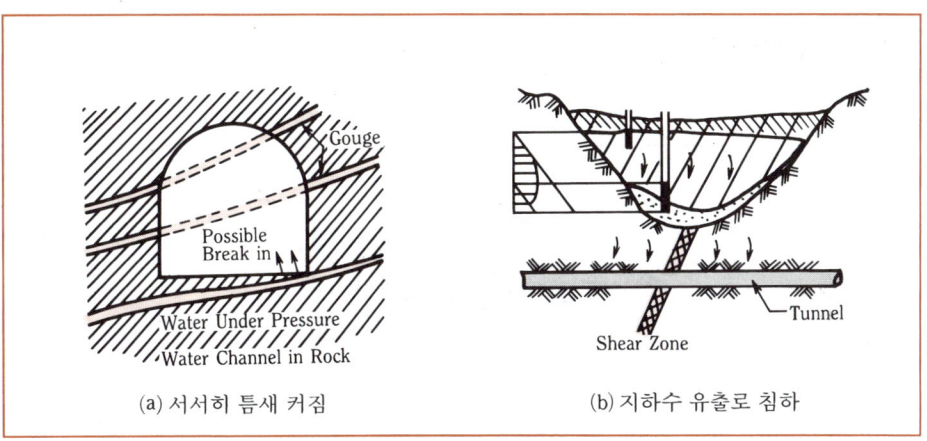

(그림 23) 지하수 유로(점토충진, 파쇄대)

3) 불투수층 역할

① 터널 굴착시 점토충진 단층(불투수층 역할)을 만나게 될 경우에는 지하수압차이가 급격히 커져서 지하수가 터널내로 갑자기 유입되어서 인명, 공사피해가 크다. (그림 24)

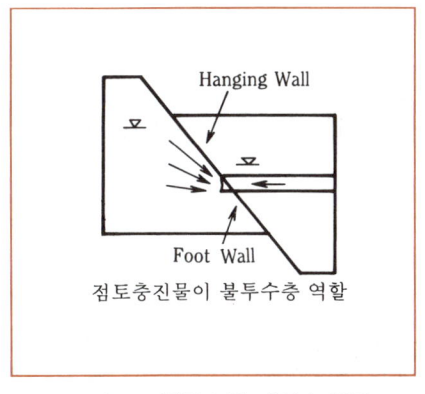

(그림 24) 갑작스런 지하수 유입

② 점토충진 단층과 관련된 사면 안정성 검토시에는 보통 점토가 10cm이상 - 수십 m 두께로 충진되어 활동 파괴면으로 작용하는 경우가 많으므로, 사면안정을 위한 시추조사시는「유압 지하수위」(「자유 지하수위」와 구별 요망)가 발생하는 위치를 파악하는 것이 시추조사로써 점토를 확인하는 것(보통은 시추중 점토회수가 안되는 경우가 많으므로) 보다도 활동 파괴면의 위치를 판단하는 보다 신뢰성있는 방안이 되는 경우가

많다. (그림 25)

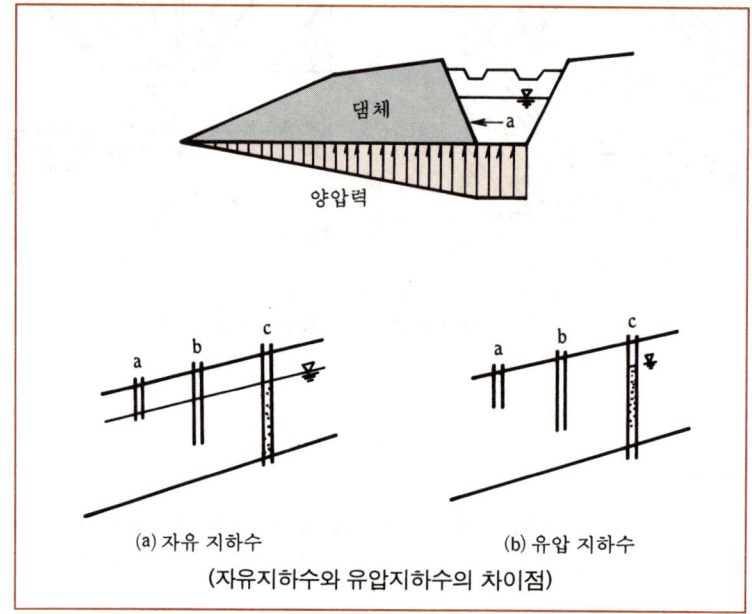

(그림 25) 점토층 진단층을 따라서 유압 지하수 분포

4) 댐기초의 불안정(활동 파괴가능성, 누수 가능성) (그림 26)

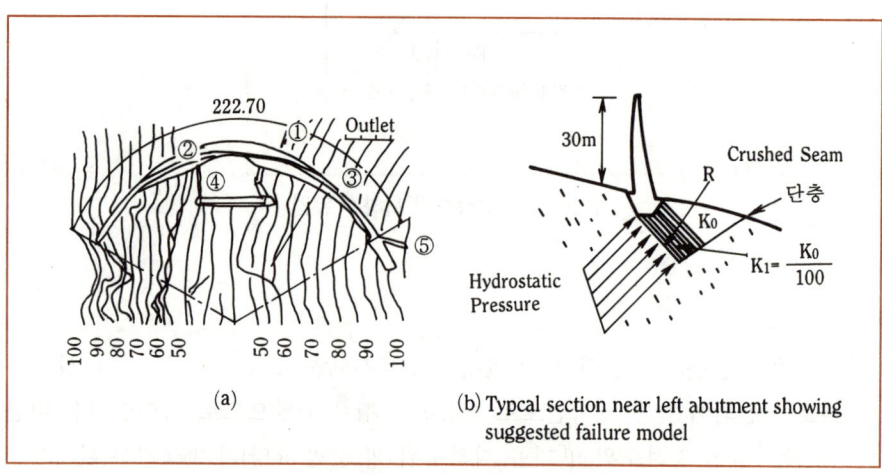

(그림 26) 댐기초의 불안정(활동파괴, 누수 가능성)

5) 단층은 전단력이 약하고 변형이 쉽게 일어나므로 구조물의 기초처리를 단층위에 할 경우, 단층 좌우로 부등침하 우려. (지반경도의 이방성) (그림 27, 28)

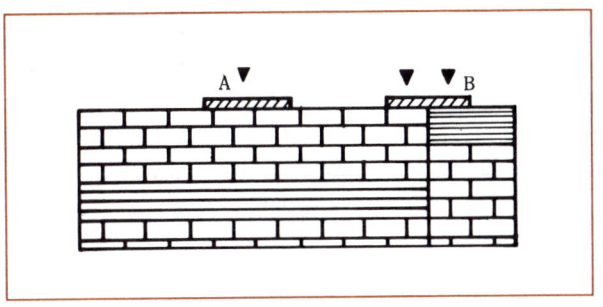

(그림 27) 구조물 기초의 부등침하

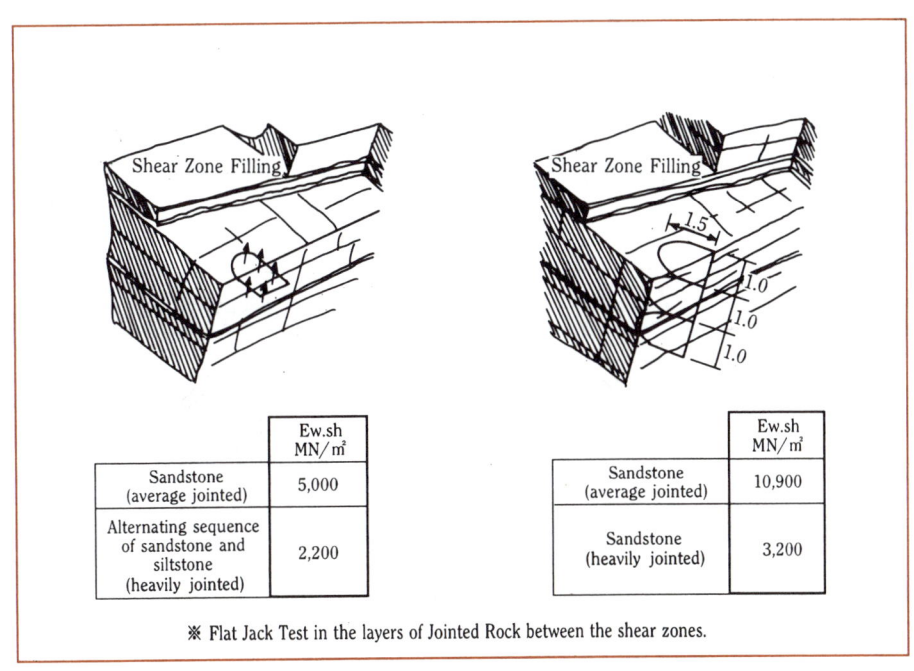

※ Flat Jack Test in the layers of Jointed Rock between the shear zones.

(그림 28) 단층을 따라서 지반강도(변형계수)의 이방성

6) 단층대(Fault Zone)에 기초처리를 할 경우, 지반 지지력이 매우 약하다. (그림 29) 터널 굴착시 암석이 파괴되어 있고, 지하수압이 심하여 터널지수 및 보강을 많이 하여야 하므로 소요비용이 매우 크다.

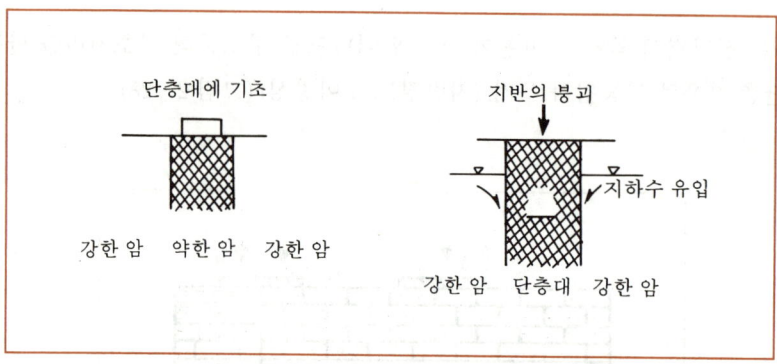

(그림 29) 약한 지반 지지력

4. 습곡(Fold)

(1) 성인

지각 내부에서 발생한 거대한 힘에 의해서 지층이 굴곡된 형태로 변형된 것이다.

(2) 특징

1) 배사구조
2) 향사구조를 지닌다. (그림 30)

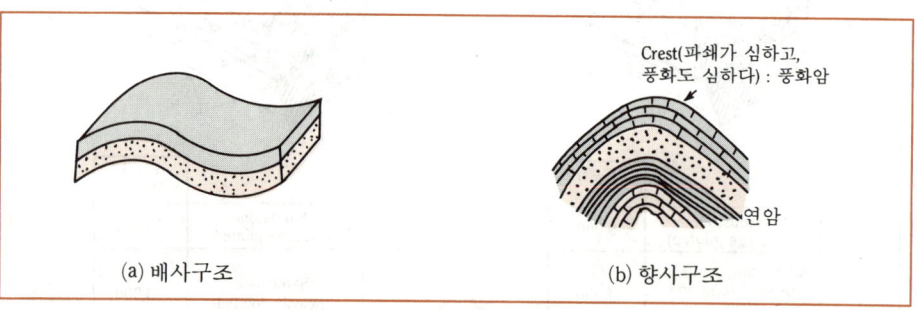

(그림 30) 습곡의 구조

(3) 암석 종류별 나타나는 빈도

주로 퇴적암 또는 변성암에서 관찰된다.

(4) 습곡의 지반공학적인 영향

1) 습곡의 꼭지(Crest)부근에 많은 작은 절리가 발달하고, 그곳으로 풍화가 많이 되어 그 부분이 주변 부분보다도 약한 지반을 형성할 수 있다. (그림 31)

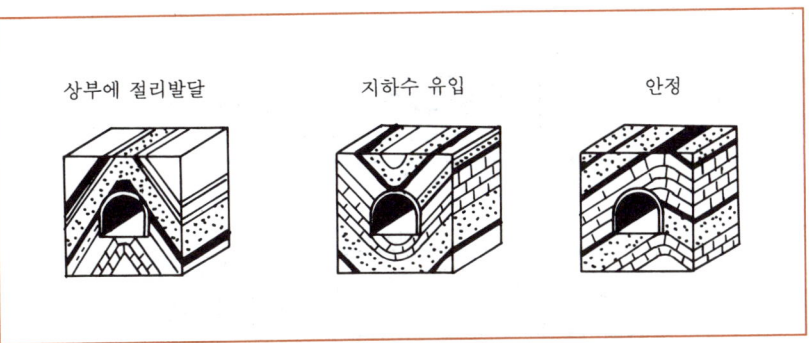

(그림 31) 습곡의 Crest인 터널상부는 지하수 유입

2) 습곡지역을 정면으로 터널 굴착시 Crest와 터널 상부방향이 일치하면 지하수의 유입문제가 심각하다. (그림 32)
3) 습곡지역을 측면으로 터널굴착시 배사구조가 향사구조보다도 지하수 문제에서 더 안전한다. (그림 32)

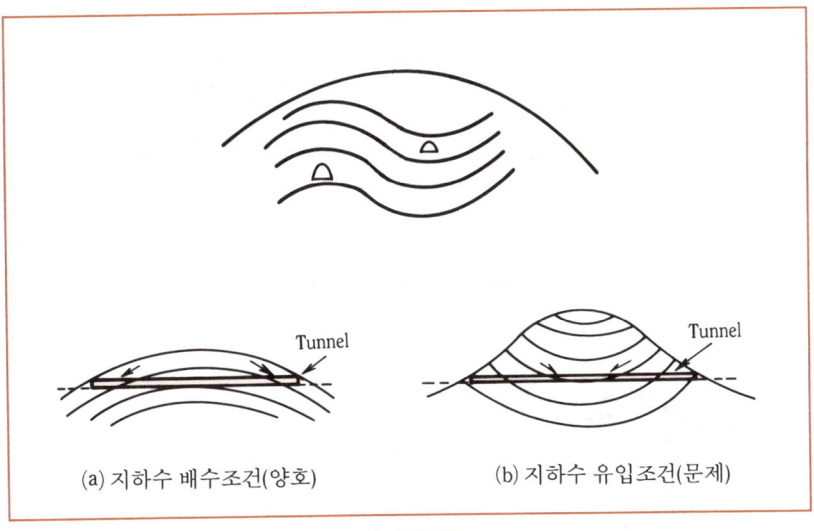

(그림 32)

4) 습곡으로 인하여 현장응력이 불규칙하게 분포할 수 있으므로 중요 구조물의 설계시에 현장응력을 측정하기 바란다. ((1) Overcoring Method, (2) Hydrofracturing Method 측정법 사용) (그림 33, 34)

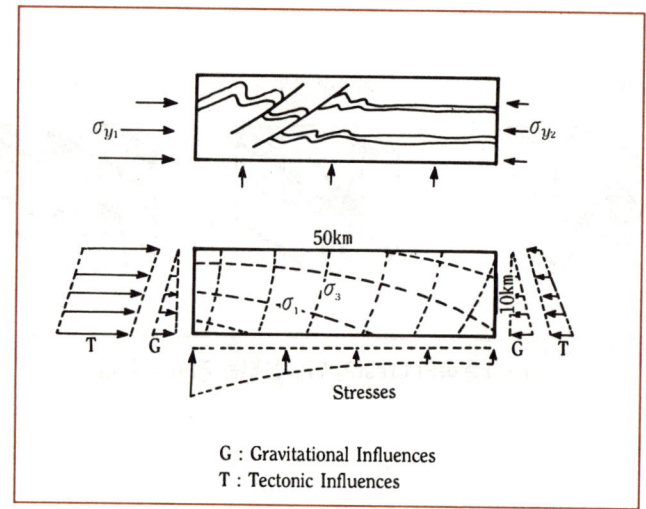

(그림 33) 습곡으로 인한 이방성 응력분포

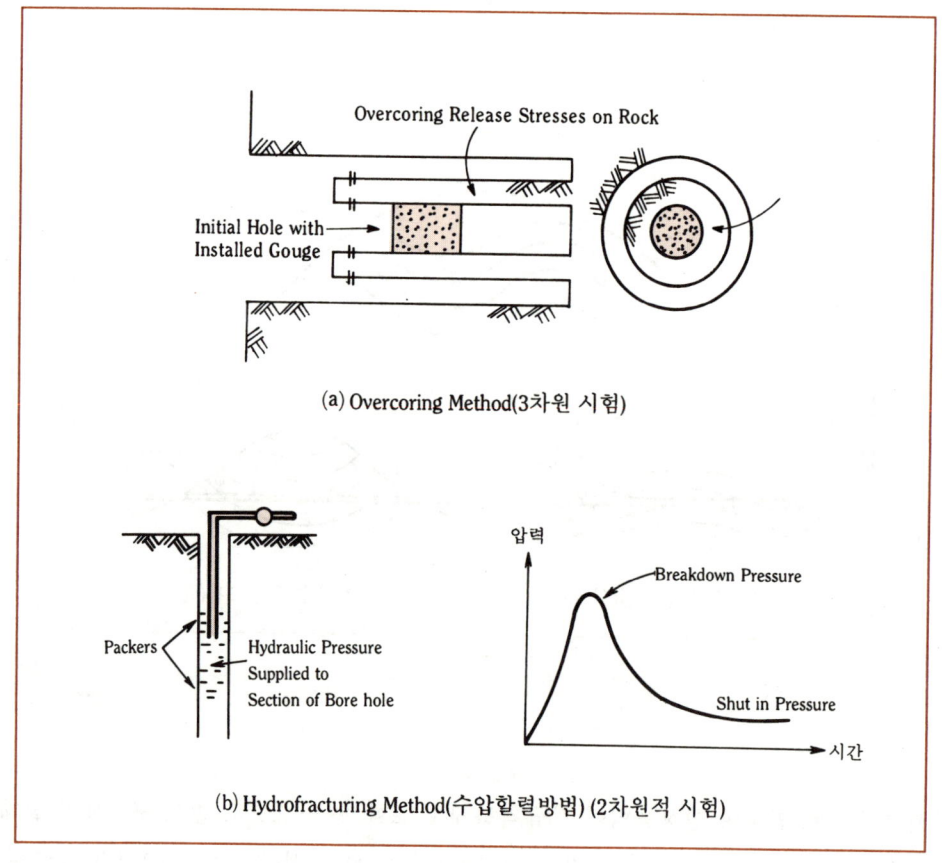

(그림 34) 현장응력 측정방법

5. 불연속면의 현장조사

(1) 조사 방법

1) 노출 암반면에서 조사(설계단계와 굴착 시공단계에서 수행) (그림 35)

① 선 조사법(Scanline Survey)
㉠ 노출 암반면에 임의의 선을 설정하고, 그 선을 끊는 모든 불연속면을 조사
㉡ 많은 지역에 걸쳐서 전반적인 불연속면의 특성을 신속히, 체계적으로 파악하는 방법
㉢ 시추 지질조사도 일종의 선 조사법

② 면적 조사법(Area Survey, Window Survey)
㉠ 노출 암반면에 일정한 면적을 설정하고, 그 면적내에 있는 모든 불연속면을 조사
㉡ 좁은 지역에 대한 정밀한 조사(Face Mapping)로써 절취사면이나 터널막장에서의 안정평가 및 록볼트와 앵커 등으로 보강 대책수립시에 사용하는 방법.

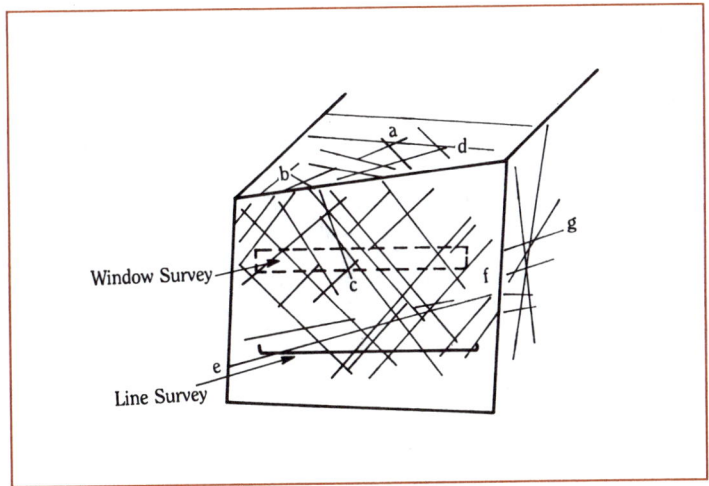

(그림 35) 노출된 암반면에서의 불연속면 조사방법

2) 시추 지질조사

시추한 국부적인 지점에서의 자료만 얻게 된다. 또한 일반적인 시추조사로써는 시추중에 시추코아가 회전되므로 인하여 중요 요소인 불연속면의 주향방향의 파악이 곤란하다. (경사는 파악 가능)

(2) 조사 요소 및 그 공학적 특성 (그림 36)

암반내에 분포하고 있는 절리를 조사시, 암반의 지질 공학적인 성질을 추정할 수 있을

정도로 충분히 정량적으로 서술되어야 한다. 암반의 공학적인 성질에 영향을 주는 절리의 성질 중에서 중요한 요소는 다음과 같다.

1) 절리의 방향(Orientation) : 현장에서 절리방향을 조사하고 실내에서 분석한다. 암반활동 파괴의 가장 중요한 요소이다.
   ① 현장에서 조사 기재방법 : 클리노미터(Clinometer)를 사용하여 다음 2가지 방법으로 추정
      ㉠ 주향/경사(Strike/Dip) : 주향은 절리면상에서 존재하는 수평선의 방향, 경사는 절리면의 최대 경사각(주의 : 경사방향도 꼭 언급해야 함)
         ■ 주향/경사 : N10E/30SE 또는,
      ㉡ 경사/경사방향(Dip/Dip Direction) : 수평에서 기울어진 절리면상에 있는 가장 급한 선의 경사와 정북으로부터 시계방향으로 측정된 경사방향으로 표시된다.
         ■ 경사/경사방향 : (25/145) 절리의 방향은 토목 구조물(예 : 절개면)에 관련된 절취면 불안정성과 과도한 변형에 중요한 요인이 된다.

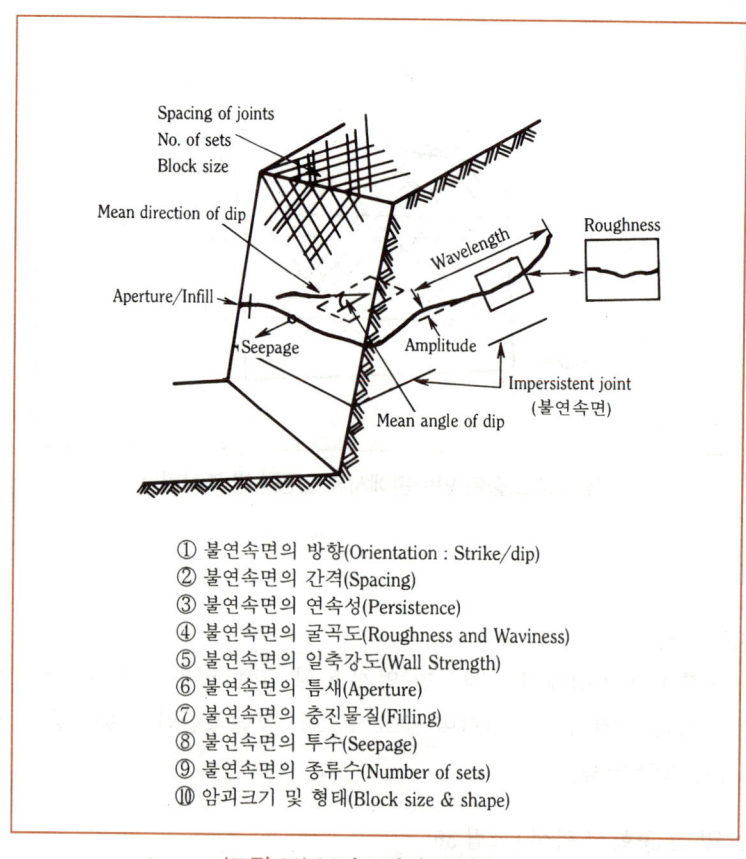

〈그림 36〉 불연속면의 조사요소

지층의 주향과 경사

(1) 수평으로 퇴적된 지층이 지각변동을 받아 기울어졌을 때, 그 지층이 놓여 있는 상태를 나타내기 위하여 주향과 경사를 측정한다.
(2) (그림 37 (a). ①)에서 어떤 지층면과 수평면이 만나서 생기는 교선 OP의 방향을 그 지층의 주향이라 하며, 지층면과 수평면이 이루는 각 ∠ROQ를 지층의 경사라 한다.
(3) 이 때, O에서 Q로 향하는 방향이 지층의 경사방향이 되며, 주향 OP와 반드시 직교한다.
(4) 주향의 표시는 주향선이 정북(N)을 기준으로 몇 도 동쪽으로, 또는 몇 도 서쪽으로 돌아가 있는가로 나타내며, 경사는 경사각과 경사방향을 동시에 표시한다.
(5) 예를 들면 (그림 37 (a) ①)에서 지층의 주향과 경사가 (그림 37. (a) ②)와 같은 조건으로 되어 있다면 주향은 N30°E, 경사는 40°SE로 표시되며,
(6) 만약 (그림 37. (a) ③)과 같다면 주향은 N40°W, 경사는 40°SW가 된다.
(7) 이 밖에도 몇가지 경우를 더 들어보면, (표 1)과 같으며, 실제로 주향과 경사를 측정할 때에는 클리노미터(Clinomter)나 브란톤 콤파스(Brunton Compass)를 사용한다.
(8) 주향과 경사를 재는 면은 퇴적암의 층리면, 절리면, 단층면 등 면과 관련된 모든 지질구조에 응용할 수 있다.
(9) 야외에서 측정한 주향의 값을 지도상에 표시할 때는 지도상의 진북과 자침이 가르키는 자북과의 차이점에 유의해야 한다.
(10) 우리나라에서는 자북이 진북에 대하여 약 6°서쪽으로 기울어져 있기 때문에 (표 2)와 같이 수정한 값을 사용해야 한다.

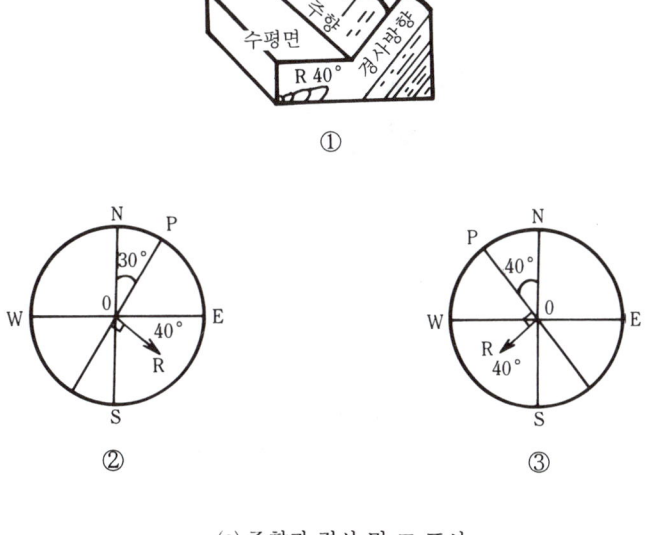

(a) 주향과 경사 및 그 표시

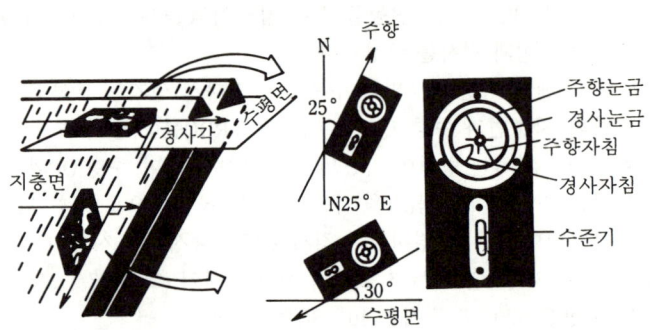

(b) 주향과 경사로 측정

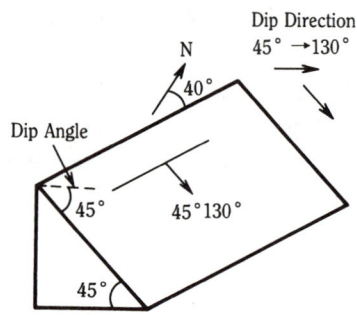

(c) 경사와 경사방향으로 측정

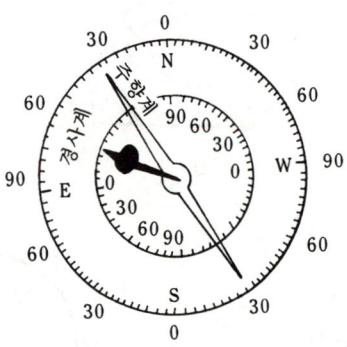

(d) 클리노미터 내부의 눈금읽기

(그림 37) 주향과 경사측정법

(표 1) 주향과 경사의 표시방법

주향·경사	표시방법	기 호
수평으로 놓인 지층	수평층	⊕
주향 : 북에서 동으로 25° 경사 : 북서로 50° 기울어짐	N 25° E 50° NW	25 50
주향 : 북에서 서로 25° 경사 : 북동으로 50° 기울어짐	N 25° W 50° NE	25 50
주향 : 북에서 동으로 60° 경사 : 수직	N 60° E 90°	60
주향 : 남북방향 경사 : 동으로 10° 기울어짐	N S 10° E	10
주향 : 동서방향 경사 : 북으로 20° 기울어짐	E W 20° N	20

(표 2) 우리나라 자북과 진북

측정된 주향	진북으로 고친 주향
NS	N 6° W
EW	N 84° E
N 30° E	N 24° E
N 50° W	N 56° W

② 실내에서 분석하는 방법 : 평사 투영법을 이용하여 절리의 분포(집중 및 분산경향)를 3차원적(입체적)으로 파악하는데, 평사 투영망 위에 절리의 방향을 표시하는 2가지 방법
㉠ 대원(Great Circle)
㉡ 극점(Pole)

2) 절리의 간격(Spacing)

인접한 절리간의 수직거리이고, 일반적으로 절리의 각 종류에 따라서 각각 평균 수직간격을 측정한다. 절리의 간격은 암반을 구성하고 있는 암괴의 크기를 결정하고, 암반의 공학적인 성질(예 : 암반 굴착정도, 파쇄특질, 투수율)에 영향을 준다. 터널굴착시 암반의 파괴와 변형은 굴착크기에 대한 절리발달 간격의 비율이 중요한 요소이고, 암반사면의 붕괴시 Sliding이냐 Toppling이냐 하는 낙반의 형태를 결정하는 요소이다.

3) 절리의 연속성(Persistence)

절리의 크기, 또는 절리가 연장되는 정도이고, 이는 암반의 공학적인 성질을 지배하는 중

요한 요소이다. 종종 노두의 노출이 암체의 일부분으로 제한되기 때문에 현장에서 절리의 연속성을 조사하는데 곤란한 경우가 있다. 암반사면과 댐사면의 안정성 검토시에 불안정한 것으로 고려되는 절리의 연속성 정도를 추정하는 것이 매우 중요하다.

4) 절리의 굴곡(Roughness)

절리 표면의 굴곡은 작은 규모의 Unevenness(요철)와 큰 규모의 Waviness(만곡)로 정의된다. 이 요철과 만곡은 절리면의 전단강도에 영향을 주기 때문에, 절리면의 전단강도를 추정하기 위하여 절리면의 굴곡을 조사하는데, 특히 절리면에 충진물질이 없는 경우에 그 추정은 상당히 정확하다. 요철의 정도는 Profile Gauge, Tilt Test, Pull Test로 추정하고, 만곡의 정도는 큰 막대판으로 추정한다.

5) 절리면의 강도(Wall Strength)

절리면 부근에 있는 암석의 압축강도로서 정의된다. 절리면의 강도는 절리면의 부근에서 종종 발달하는 풍화와 열수변질에 의해서 암괴의 내부에 위치하는 암석의 강도보다도 낮은 경우가 있다. 절리면의 강도는 칼로 긁거나 망치로 타격하여서 정성적으로 추정하거나, 정량적으로는 Schmidt Hammer로써 구할 수 있다. 절리면이 거의 벌어지지 않고 그 절리사이에 충진물질이 없는 경우에, 이 절리면의 일축압축강도는 절리의 전단강도에 중요한 영향을 미친다.

6) 절리의 틈새(Aperture)

한 절리에서 인접한 암석면 사이의 수직거리이고, 그 틈새에는 공기, 물, 점토 같은 물질로 충진되어 있다. 충진물질이 없는 경우 틈새의 정도는 현장투수실험으로 추정되어질 수 있다. 절리의 틈새정도는 절리면의 전단력(마찰력)을 감소시키는 요인이 된다.

7) 절리의 충진물질(Filling)

절리의 틈새를 충진하고 있는 물질이고(예 : Calcite, Clay, Silt, Sand, Fault Gauge, Breccia 등), 이 물질은 일반적으로 모암보다도 강도가 약하다. 절리 충진물질이 다양한 종류이므로 충진된 절리의 공학적인 성질은 (예 : 전단강도, 변형율, 투수율) 매우 다양하다. 특히, 절리 충진물질의 단기간이나 장기간의 공학적인 성질은 매우 다를 수 있으므로 토목공사시에 주의깊게 충진물질의 종류 및 두께와 공학적 성질이 조사되어야 한다.

8) 절리면의 투수(Seepage)

암반의 투수는 암석내의 공극을 통하여 이루어질 수 있으나(1차 투수율), 주로 절리를 통하여 이루어진다.(2차 투수율) 수압, 빙압과 나무뿌리의 쐐기압력 등은 암반의 유효응력을 감소시킴으로써 사면이나 지반의 안정성을 현격히 감소시킬 수 있다. 지하수위, 투수되는 위치나 경로도 조사, 기록한다.

9) 절리의 종류수(Number of Sets)

상호 교차하는 절리종류의 숫자로서 다음과 같은 공학적인 면에서 중요하다.

① 굴착시에 발파로 인하여 여굴량을 결정한다.
② 암반사면 안정성의 형태를 결정한다.
    ㉠ 절리 종류수가 많고 절리발달 간격이 매우 좁은 파쇄가 심한 암반사면은 토양사면 파괴와 같이 절리에 영향을 받지 않는 타원형태로 파괴될 수도 있다.
    ㉡ 절리가 한방향(Set)만 있으면 Plane Failure 또는 Toppling Failure이고 두, 세 Set가 있으면 Wedge Failure 가능성이 있다.
③ 터널의 안정성을 결정한다 : 3개 이상의 절리종류로 이루어진 암반은 한개나 두개의 절리종류로 이루어진 암반보다도 암반변형시에 더 많은 자유도를 지닌다.

10) 암괴의 크기(Block Size) 및 모양(Block Shape)
① 암괴크기 : 상호 교차하는 절리 종류들의 상호방향과 각 절리종류의 발달간격에 의하여 암괴의 크기가 결정된다. 암괴의 크기와 각 암괴간의 전단강도는 어떠한 응력하에서
    ㉠ 암반 공학적 거동을 결정함으로, 암괴의 크기는 암반의 거동에 관한 지표를 제시한다 : 큰 암괴로 이루어진 암반은 변형이 적고, 지하 굴착시에는 효과적으로 Arching과 Interlocking이 발달한다.
    ㉡ 또한 사면 안정성 해석시 매우 작은 암괴로 이루어진 암반은 토질과 같은 원호 활동파괴 형태도 보이고
    ㉢ 암석채굴이나 발파시에 암괴의 크기가 공사능률에 영향을 준다.
② 암괴모양 : 암반사면에서, 같은 절리경사에서도 암괴의 모양에 따라서 암괴가 활동파괴하거나 전도파괴한다.

(3) 조사 자료의 적용
앞서 열거한 절리(단층)의 특성 10가지 요소들을 현장에 적용할 때의 접근방법과 주의할 점을 암반사면을 대상으로 고려해본다.

1) 중요도 선택
① 평사 투영망을 이용한 암반사면의 해석시는 사면안정에 중요한 역할을 하는 절리의 2요소(절리방향, 마찰력)을 우선적으로 고려한다.
② 절리방향은 극점, 절개면 방향은 대원으로 표시한다. 절리의 방향이 제일 중요하고,
③ 그 다음이 마찰각이고 그 밖의 8요소들은 중요도가 낮다.
④ 그러나 현장조건에 따라서 비중이 낮은 요인이 제일 중요하고, 제일 중요한 절리의 방향이 비중이 낮게 고려되는 경우도 있다.

2) 적용방법
① 현장에 가보면 절리가 매우 불규칙하고 국부적으로 변화하므로 평사 투영망 이론을

적용하기가 난감해지는 경우가 있다.
② 절리특성이 서로 비슷한 몇개의 Zone(구역)으로 나누어서 정성적으로 안정성을 분석하고, 물론 전체적인 안정성도 판단하여야 한다.
③ 그 후에 중요 위험부위만 수치해석하여 보강하는데 적용한다.

3) 중요도 표시가 미흡
① 절리마다 각각 한 점으로 표시되므로 중요도가 감안 안되었다.
② 현장조사 자료를 충분히 고려하여 절리분포 컴퓨터 분석자료를 사용하여야지 절리방향 자료만으로는 위험한 해석을 할 수도 있다.

4) 위험지역내의 극점 표시 해석
① 평면파괴와 전도파괴 위험지역에 극점들이 동시에 모두 찍힌 경우를 가정해 볼 때 이게 무슨 의미일까?
② 절리방향 이외의 그 밖의 9개 요소에 의한 사면 안정영향도 충분히 고려하여서 실제 현장에 맞는 올바른 사면 안정성 판단을 하여야 한다.
③ 예를 들면 암괴가 판상이면 실제로는 평면파괴가 우세하고(물론 뒷절리에 지하수압이 발생하면 중요절리로서 역할일 수도 있지만) 입상이면 전도파괴가 우세하다는 것을 나타내는 것으로 해석할 수 있도록, 극점 자체의 방향성만으로의 해석에 얽매이지 않아야 한다.
④ 절리의 방향성에 의한 평사 투영법은 암반 사면안정성을 개략적(정량적)으로, 신속히 판단하는 하나의 방법이지 완벽한 수단은 아니기 때문이다.

14. 화성암, 변성암, 퇴적암의 굴착성 설명(규암의 시공상 특성을 설명하시오)

1. 서 론

(1) 암석의 분류

화 성 암	변 성 암	퇴 적 암
심성암(Plutonic Rock)	규암(Quartzite)	사암(Sand Stone)
화산 분출암(Volcanic Extrasive Rock)		역암(Conglomerate)
		혈암(Shale)
		점토암(Mudstone) = 이암

(2) 암석의 외형과 굴착 특성을 설명하면 아래와 같다.

2. 화성암의 공학적 특성

(1) **심성암**

1) 외형
① 심성암의 불연속면은 크기로 보아 미시적인 균열(Fissure)로 부터 굴착 노두에서 육안으로 구분할 수 있는 절리와 단층 등이 있다.
② 보편적으로 발견되는 불연속면은 표면부의 온도 저하나 오랜 풍화로 인하여 지표면이 깎여나가 하중이 제거되어 형성되어진 판상 절리로 최소 하중이 주어지는 면과 평행하게 절리가 열려 있거나
③ 표면이 점토로 코팅이 되어 있을 경우 암반 표면의 Interlocking의 결여 또는 점토 코팅으로 인한 마찰 저항각의 저하로 활동문제를 일으킬 수 있다.

2) 굴착
① 지표면으로부터 60m이내는 암반이 풍화되어 있거나 판상절리(Sheet Jointing)을 이루고 있어 굴착에 주의를 요하나 그 이하에서는 지하굴착에 이상적인 형태를 갖추고 있어 무지보 및 라이닝이 없는 상태로 수 km의 굴착이 가능하다.
② 그러나 굴착도중 절리가 밀집하여 형성되어 있거나 열수로 인하여 접촉변성(Hydro-thermal Alteration)이 일어난 부위에서는 추가지보가 필요할 때도 있다.
③ 심부 굴착시에는 높은 응력이 해방됨으로 인하여 굴착벽면과 평행하게 Slabbing이 발

생하거나 Popping(암반 파열)이 발생할 수 있다.
④ Slabbing의 경우는 헐거워진 Slab를 록볼트로 지지하여 굴착하고 Popping의 경우는 표면을 와이어 메쉬로 보강한 숏크리트나 록볼트 설치후 굴착하여야 한다.

(2) 화산 분출암

1) 외형
① 화산이 분출하면 화구로부터 낮은 지점을 향하여 용암(Lava)이 흐르게 되는데 이 용암류의 중앙부는 식은 용암의 등온선과 수직하게 주상절리형태를 이룬다.
② 분출암은 이 주상절리를 따라 블록형태로 균열을 발생시켜 계곡 사면부에 계단형태의 지형의 형성하여(그림 1) 자세히 보지 않으면 전체 계곡사면이 모두 순수(Intact)암반으로만 형성된 것처럼 보이게 한다.

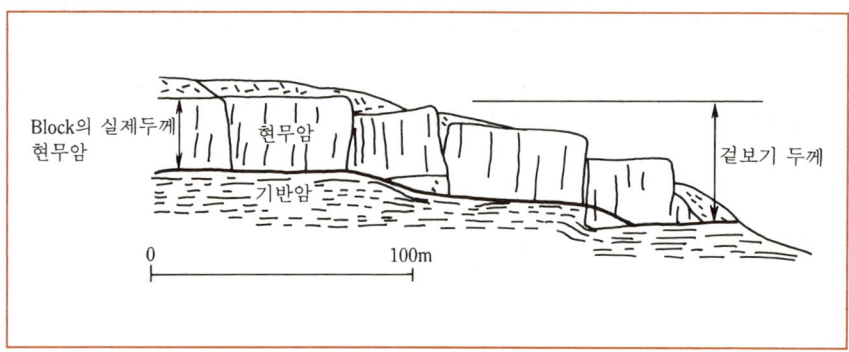

(그림 1) 주상절리를 따라 분리된 현무암 블록의 침하와 퍼짐형태

2) 굴착
① 화산암 지반의 굴착은 항상 많은 지하수 유출의 위험을 갖고 있다.
② 지하수는 흐름면에 평행하게 형성된 균열부를 따라 자유로이 흐를 수 있고
③ 습곡된 화산지질은 습곡형태에 따라 각각 분리된 지하수 구획을 갖고 있어 굴착에 의하여 이들 층이 노출되게 되면 포획된 물이 한꺼번에 흘러나오게 된다.
④ 심한 지하수 침투가 발생하는 지역에서는 터널막장에 고압 그라우팅을 수행하고서 굴착하여야 하며 충분한 지지를 필요로 한다.

 굴착
풍화되지 않은 현무암이나 안산암은 단단하고 조밀하여 TBM으로 굴착하기 어려워 천공발파 형식이 이용된다. 화산암에 터널을 굴착할 경우에는 잦은 절리로 인하여 낙하하는 암블록에

대비 터널벽과 천정에 숏크리트 타설을 계속하여야 한다. 또한 최근에 화산활동을 하였던 지역의 터널 굴착은 매우 어렵다. 이러한 지역의 굴착은 유독한 가스를 포함한 열수층을 건드리거나 접착(Cementation)이 진전되지 않은 화산재층이 노출되어 항상 위험을 내포한다.

3. 변성암의 공학적 특성

(1) 외형
1) 엽리가 있는 변성암은 대체로 4개 이상의 절리세트를 형성하고 있는데 이 중 대표적인 절리는 암반의 원래 층이 형성되어진 방향과 엽리에 평행한 방향이며 다른 둘 이상의 균열면이 임의 방향으로 형성된다.
2) 풍화가 진행될 때 이들 절리는 개방되어 점토나 Silt질 흙으로 코팅되고
3) 이들이 교차되어 굴착되어진 암반의 표면은 개별적이며 제거 가능한 블록으로 구성되게 된다.

(2) 전단 영역
1) 엽리면을 따라서는 변이가 있는 전단영역(Shear Zone)을 형성하는데 이는 엽리면을 통한 방향이 인장과 전단력에 특히 약하기 때문이다.
2) 이러한 절리나 전단면으로는 하수가 흘러 암반을 변화시키며 녹니석(Chlorite), 방해석(Calcite), 석영(Quartz) 등으로 2차 광물을 형성하여 취약한 불연속면이 된다.
3) 엽리 전단면의 크기는 두께가 수 cm에서 수미터에 이르고 세립으로 파쇄되어 있거나 으깨어져 있다.
4) 이러한 전단면은 점판암, 편암, 편마암 등의 대표적인 특징이다.

(3) 굴착
1) 변성암 중 엽리의 발달이 심하지 않은 암석은 화강암과 같이 좋은 대규모 지하 공간 구조물을 경제적이고 안정하게 설치할 수 있다.
2) 그러나 호상 편마암(Banded Gneiss) 등 엽리가 심한 암반은 안정문제를 일으킬 수 있고 매우 작은 구경의 터널에서도 천정면의 블록과 막장면의 불안정을 일으키기도 한다.
3) 엽리를 가진 암반의 특수한 문제로써 엽리와 작은 각도로 교차하는 터널 굴착시 엽리면의 작은 마찰 저항각으로 인하여 드릴 비트가 표면으로부터 심히 미끄러져 나가 터널이 나아가려는 방향에서 틀어지는 경우가 많게 된다.
4) 따라서 매번 굴진이 진행될 때마다 방향조정을 하여 얼라인먼트를 조정하여야 하므로 터널 벽면이 계단형의 심한 여굴이 발생하게 된다.
5) 또한 엽리 전단면에 노출될 가능성이 높아져 많은 지지를 필요로 하게 된다.
6) 규암(Quartzite)과 규암질 편성암은 매우 단단하여 드릴 비트의 심한 마모를 가져오게

> 되므로 TBM의 사용은 금물이다. 또한, 편암의 경우 토피가 두꺼우면 Squeezing이 발생하고 편리(Schistosity)방향과 터널 벽면이 직각이 될 때 가장 심하다.
> 7) 콘크리트 골재로써 엽리성 변성암은 적합치 않은데 그 이유는 운모성분이 취급하는 동안 떨어져 나와 세립분의 퍼센트를 늘려 골재 입도조정을 어렵게 하고 워커빌리티를 저하시켜 시멘트가 추가로 필요하기 때문이다.

4. 퇴적암의 공학적 특성

(1) 사암, 역암

1) 굴착
   ① 사암이나 역암내의 터널이나 지반굴착은 대부분 큰 문제없이 진행되어지나 사암을 형성하는 알갱이 간의 접착력(Cementatin)이 약하여 부스러지거나 석영 성분이 많고 매우 단단하게 결합되어 있을 경우에 문제가 발생한다.
   ② 전자의 경우 굴착면에서 단층 등을 만나 지하수층을 뚫게 되었을 때 심한 Caving을 발생시키고 굴착이 지연된다.
   ③ 또한, 석영 성분이 많은 사암의 굴착은 석영 분진을 발생시켜 허파에 누적되면 호흡장애를 일으키고 치명적인 건강의 손실을 가져올 수 있다.

(2) 혈암(Shale)과 점토암(Mudstone)

1) 외형
   ① 혈암과 점토암은 고화(Diagonesis)가 진행되어 입자 사이나 공극안에 규소(Silicate)나 탄소(Carbonate)광물로써 침전됨으로써 접착이 진전된 교착혈암(Cemented Shale)과 단순히 토피하중으로 인해 다져지기만한 다짐혈암(Compaction Shale)로 구분하여 볼 수 있으며
   ② 다짐 혈암의 경우 대기에 노출되면 열화되어 전단강도가 심히 감소되고 사면활동, 기초침하 등의 문제를 일으킨다.
   ③ 이 두 그룹의 분류는 단순히 육안으로는 어렵고 현장이나 실내시험으로 수행되는 건습반복시험(Slaking Test)으로 구분할 수 있다.

2) 굴착
   ① 다짐 혈암을 통한 터널굴착은 암반의 크립으로 인하여 단면이 축소되는 Squeezing지반에 대한 대비를 하여야 한다.
   ② Squeezing이 심할 경우 터널 지보재에 변형이 발생하고 단면이 축소되어 재굴착 및 지지가 필요하게 되며 TBM의 경우 터널면에 고착되어 움직이지 못하게 되기도 한다.
   ③ 이러한 암반에 라이닝을 너무 일찍 서두르면 라이닝 자체가 피해를 입고 손상되어지

기도 한다.
④ 터널 지반이 열화(Slaking)를 일으키기 쉬운 성질이 있을 경우는 암반이 노출되면 빨리 보호하여야 하는데 이는 Slaking이 발생한 후에는 지보재를 사용하는 것이 어려워지기 때문이다.
⑤ 예를 들어 록앵커 시공을 하려할 때 볼트를 넣기 위하여 천공한 구멍이 확대되어 고착되지 못하며 숏크리트의 암반면에 고착이 어려워 천정으로부터 탈락율이 많게 된다.
⑥ 만일 굴착암반이 Slaking되는 현상이 보이면 굴착을 계속 진행시키고 이후 라이닝을 하기보다는 라이닝을 구간마다 먼저 실시하면서 진행하는 것이 굴착 효율성은 떨어지나 안전하다.
⑦ 교착혈암(Cemented Shale)은 터널 천정, 막장, 벽면 등으로부터 층이 경사가 급한 경우 붕락이나 블록 활동을 일으켜 시공자에게 위험을 주고 더 큰 붕락을 초래하기도 한다.

15. 규암(Quartzite)의 시공상 특징

1. 서 론
　　Tunnel이나 Shaft, 지하공동 등의 지하구조물은 암반의 지질특성에 많은 영향을 받게된다. 본 소고에서는 암반의 지질특성이 지하구조물 건설에 미치는 영향을 암의 형성기원과 구조에 따라서 분류하고 규암 굴착시 시공상 특성에 대하여 기술코져 함.

2. 암석의 일반적인 분류
【발생원인에 따라서】
(1) **화성암(Igneous Rock)** : 심성암, 화산 분출암
(2) **변성암(Metamorphic Rock)** : 규암, 규암질 편마암
(3) **퇴적암(Sedimentary Rock)** : 사암, 역암, 혈암, 점토암

3. 규암(Quartzite)의 시공상 특성
(1) 규암질 편마암과 규암(Quartzite)은 매우 단단하며, Drill Bit의 심한 마모가 되므로 굴착이 곤란하다. 항만 등에서 큰 돌구하기가 어렵다.

(2) 또한 편암의 경우 토피가 두꺼우면 Squeezing 현상이 발생하고 편리(Schistosity)방향과 터널 벽면이 직각이 될 때 가장 심하다. 취성이고 강도는 크다. 붕락이 심하다.

(3) **콘크리트 골재로서 엽리성 변성암이 적합치 않은 이유**
　　운모성분이 취급하는 동안 떨어져나와 세립분의 퍼센트(%)을 늘려 골재 입도조정을 어렵게 하고 Workability를 저하시켜 시멘트가 추가로 필요하기 때문이다.

4. 접촉 변성암
(1) 규암(Quartzite : 석영으로 주로 구성)과 호온펠스는 풍화도 잘 받지 않고 암석 자체는 무척 강하여 시추가 어렵다. (탄성-소성)

(2) 규암의 암반내에 규칙적인 절리들이 많이 발달(암석이 균일한 석영으로만 되어 있고, Brittle한 성질이 있으므로)하여 파쇄가 심해 암반 사면형성이나 Tunnel굴착시 낙반의 위험이 많다. 석산에서 취성이 커서 큰 돌을 구하기가 어렵다.

16. 암반의 파쇄대(Fractured Zone)에 대하여 설명하시오.

　단층면을 따라서(Fault Zone) 암석이 파쇄되어 두꺼운 띠를 형성한 것을 Fractured Zone이라고 함.

17. 평사 투영법(Stereographic Projection)

1. 서 론

터널 굴착이나 암반 사면 절취시 시행하는 주변 암반의 안정성 분석은 암반내에 존재하는 단층 또는 절리와 같은 구조면을 얼마나 정확하게 판단 처리하느냐에 따라 그 결과의 신빙성이 좌우된다.

이러한 구조면을 공학자들이 효과적으로 해석하고 이용할 수 있는 방법으로 평사 투영법(Stereographic Projection)이 있는데, 이에 대해 간략하게 소개하고자 한다.

2. 주향과 경사

- 암반에서의 불연속면(단층, 절리)은 일반적으로 주향(Strike)과 경사(Dip)로써 나타난다. (그림 1)
- 주향이란 구조면에서 수평선을 그어 북쪽을 기준으로 해서 방향을 나타낸 것이고
- 경사는 면이 수평으로부터 기울어진 각을 나타내는 것이다. (그림 2) 예를 들면 N 30° E, 50° SE로 측정된 불연속면을 주향 방향이 북동쪽으로 30°이고, 경사는 남동쪽으로 50° 기울어진 면을 말한다.

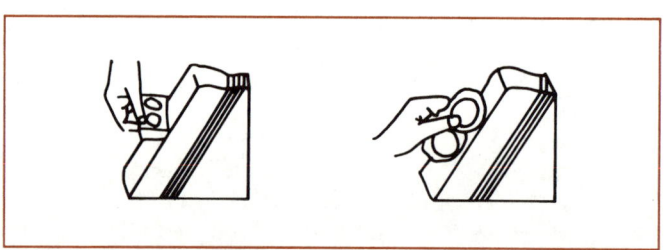

(그림 1) Bruton Compass를 가지고 주향과 경사를 측정하는 모습

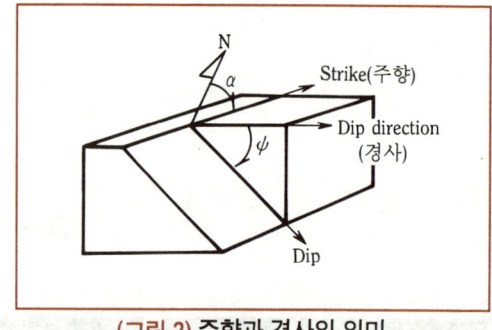

(그림 2) 주향과 경사의 의미

(1) 평면의 투영

평면은 자취(Trace)와 극점(Pole)으로 나타낼 수 있다.

평면 P_1 = 주향 N25°W/경사 30°/SW

1) 투영지 위에 북극 N으로부터 반시계방향으로 25°에 점 S를 표시한다.
2) 투영지를 25° 시계방향으로 돌려서 점 S가 북극점에 놓이도록 한다.
3) 투영지 위에 대원 P_1을 투영면에 대해 서쪽 방향으로 30° 기울어지게 그린다. (자취)
4) 원의 중심으로부터 지름을 따라 서쪽에서 동쪽으로 30°에 $\overline{P_1}$을 표시한다. (극점)
5) N이 원래의 자리로 가도록 투영지를 반시계방향으로 25° 돌린다. (그림 3)

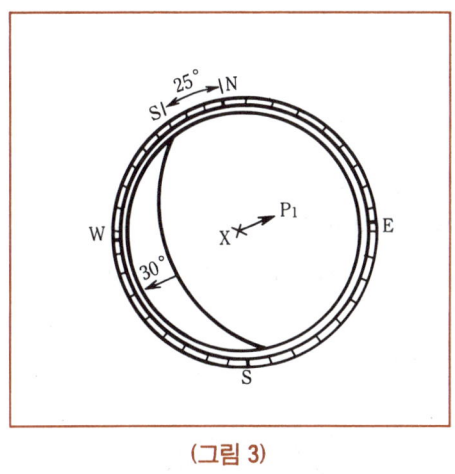

(그림 3)

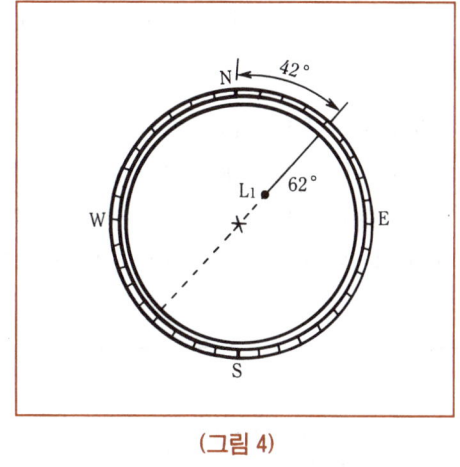

(그림 4)

(2) 선의 투영

선 L_1 : 선주향(Trend) N 42°E/선경사(Plunge) 62°

1) 투영지의 기준원상에 선주향 t를 표시한다. 투영지를 시계방향으로 48° 회전시켜서 투영망(Stereonet)의 동(E) 방향과 일치하도록 한다.
2) 동측(E)으로부터 중심방향으로 62°의 위치에 선의 투영인 L_1을 표시한다.
3) 투영지를 회전시켜 투영망의 북극에 N이 되돌아 오도록 한다. (그림 4)

(3) 한 평면에 포함된 선의 투영

일반적으로 한 평면내에 포함된 선의 위치(Attitude)은 면선각(Pitch)으로 나타낼 수 있다.
- 면선각(Pitch) : 임의의 선이 그 선이 포함된 평면의 주향과 이루는 사잇각

> 평면 P_1 위에 있는 선 L_2의 면선각 53° SW

1) P_1의 주향이 투영망의 북극에 일치하도록 투영지를 돌린다.
2) P_1의 대원 위에서 투영망의 남극으로부터 53°에 L_2를 표시한다. (그림 5)

(4) 두 선을 포함하는 평면의 주향과 경사

> 선 L_3 : 선주향 S 78° W/선경사 40°
> 선 L_4 : 선주향 N 42° E/선경사 62°

1) 투영지 위에 L_3과 L_4를 그린다.
2) L_3과 L_4를 동일한 대원 위에 놓이도록 투영지를 돌린 다음에 대원을 그린다.
3) 그려진 대원 P_2는 L_3과 L_4를 지나는 평면을 투영한 것이다.
4) 이 예제에서 구한 평면의 주향은 N67° E이고, 경사는 77° NW이다. (그림 6)

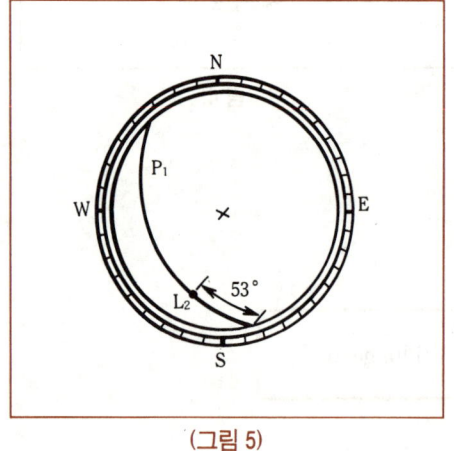

(그림 5)

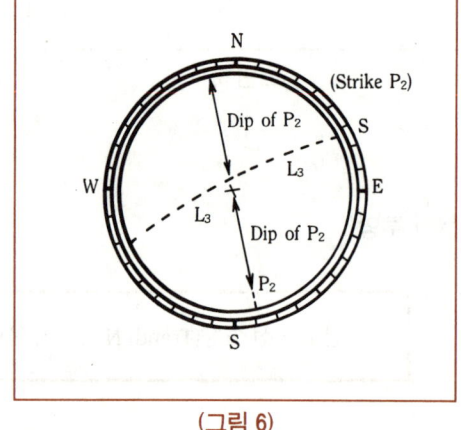

(그림 6)

(5) 두 평면의 교선

> 평면 P_3 : 주향 N 25° W/경사 30° SW

> 평면 P₄ : 주향 N 55°E/경사 48°SE

1) 투영지 위에 평면 P₃와 P₄를 그린다.
2) P₃와 P₄의 대원의 교점을 찾아서, 교선 L₅로 표시한다. 이 교선 L₅의 선주향과 선경사는 각각 S 29°W, 26°이다.
3) 이 교선 L₅는 또한 평면 P₅의 극점인 $\overline{P_5}$이며, 평면 P₅는 P₃와 P₄의 극점 $\overline{P_3}$와 $\overline{P_4}$를 지난다. (그림 7)

(6) **한평면 위로 주어진 선을 연직 투영**

한 평면 위에 주어진 선의 연직 투영은 그 평면과 직교하면서 주어진 선을 포함하는 평면의 자취(Trace)로써 나타난다. 한 평면과 직교하는 모든 평면은 그 평면의 극점(한 직선의 의미)을 포함하여야 하고, 그러한 평면들 중에서 주어진 선까지 포함하는 평면은 오직 하나 뿐이다.

> 평면 P₆ : 주향 N 40°E/경사 50°NW
> 선 L₆ : 선주향 N 59°E/선경사 46°

1) P₆의 극점 $\overline{P_6}$와 선 L₆를 그린다.
2) $\overline{P_6}$와 L₆를 지나는 대원을 그린다. 이 대원이 평면 P₇이다.
3) 평면 P₆와 P₇의 교선 L₇이 구해진다. 이 L₇이 P₆ 위로 선 L₆을 연직으로 투영한 선이다.
4) L₇의 선주향은 N19°E이고, 선경사는 24°이다. (그림 8)

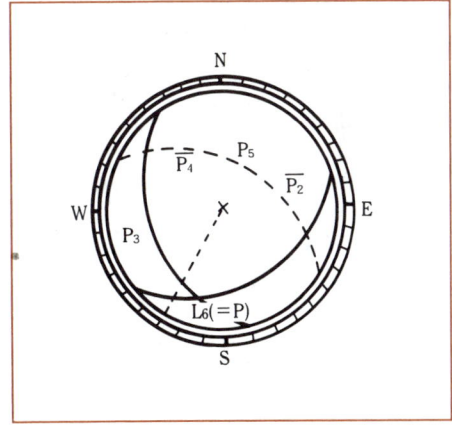
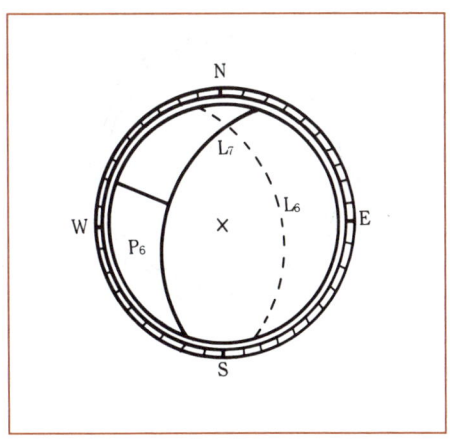

(그림 7)　　　　　　　　　　(그림 8)

(7) 두 선의 사잇각

> 선 L_6 : 선주향 N 42° E/선경사 30°
> 선 L_9 : 선주향 S 78° W/선경사 40°

1) 선 L_8과 L_9를 투영지에 그린다.
2) 두 선을 포함하는 평면을 찾아서 P_9로 놓는다.
3) 평면 P_8의 주향 방향이 투영망의 북극과 일치하도록 투영지를 돌린다.
4) 선과 선사이의 각도를 잰다
5) 이 예제의 사잇각은 74° 이다. (그림 9)

(8) 두 평면의 사잇각

> 평면 P_9 : 주향 N 25° W/경사 30° SW
> 평면 P_{10} : 주향 N 55° E/경사 48° SE

1) P_9와 P_{10}을 투영지에 그린다.
2) 두 극점 사이의 각도를 잰다.
3) 이 예제의 사잇각은 60° 이다. (그림 10)

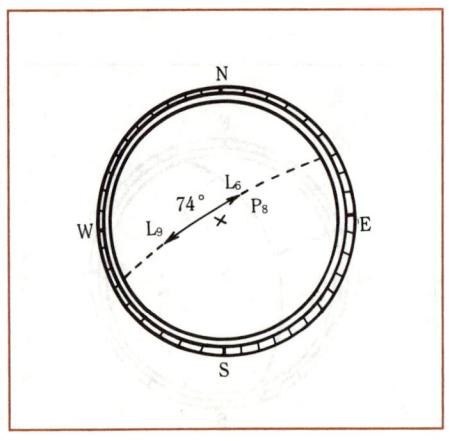

(그림 9)

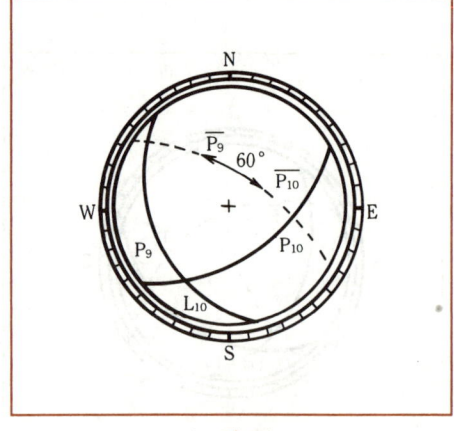

(그림 10)

(9) 평면과 선의 사잇각

> 평면 P_{11} : 주향 N 40° E/경사 50° NW
> 선 P_{11} : 주향 N 59° E/선경사 46°

1) 선 L_{11}을 평면 P_1을 위로 연직 투영한다. 투영된 선을 L_{12}로 놓는다.
2) L_{11}과 L_{12}사이의 각도를 잰다. 또는 L_{11}과 극점 $\overline{P_{11}}$과의 사잇각을 구한 다음에 90°에서 뺀다. (그림 11)

(10) 두 선 사잇각의 이등분

> 선 L_{13} : 선주향 N 42° E/선경사 30°
> 선 L_{14} : 선주향 S 78° W/선경사 40°

1) 두 선을 지나는 평면 P_{12}을 그린다.
2) 극점 $\overline{P_{12}}$와 선 L_{13}, L_{14}를 이등분하는 점을 지나는 대원을 그린다.
3) 이 평면 P_{13}은 L_{13}과 L_{14}사이의 각을 이등분하고, 평면 P_{12}에 수직한다. (그림 12)

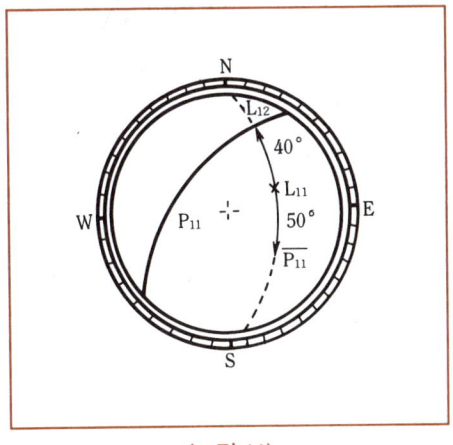

(그림 11)　　　　(그림 12)

(11) 주어진 선과 임의 각도만큼 떨어진 선의 궤적

> 선 L_{15} : 선주향 N 42° E/선경사 30°
> 떨어진 각도 : 40°

1) 한 번에 조금씩 일정하게 투영지를 돌려서 투영망의 대원 위에 L_{15}을 지나도록 놓는다. 그리고, 각 대원에 대해 L_{15}와 40° 만큼 떨어진 위치에 두 점을 표시한다.
2) 이렇게 해서 구한 각 대원 위에 두 점을 부드럽게 연결한 곡선이 구하는 궤적이다. (그림 13)

(12) 극점 밀도 도표(Pole Density Diagram)
야외에서 수십개 내지 수백개의 불연속면을 측정하여 각각의 극점을 투영지 상에 찍게 되면 많은 수의 극점이 산발적으로 나타나게 되어 이들을 통계 처리할 필요성을 갖게 되는데, 이런 이유로 모든 극점 데이타를 통계 처리한 결과를 투영지 상에 도시한 것이 극점 밀도 도표이다. (그림 14)

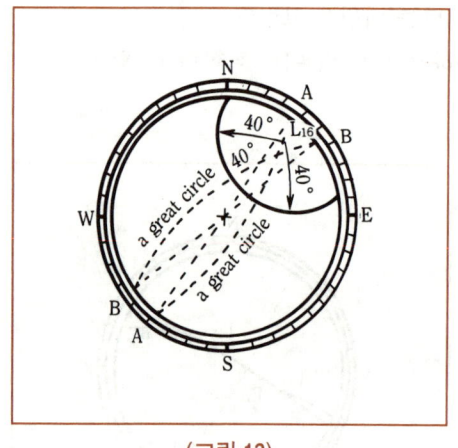

(그림 13)

(그림 14)

Chapter 6

연약지반
(Ground Modification & Soil Improvement)

1. 연약지반 개량공법(Soil Improvement)

1. 서 론

(1) **연약지반의 문제점**
   1) 침하
   2) 안정(지반의 활동파괴)
   3) 측방유동(Heaving : 융기)

(2) **대책**
   1) 계측을 하여
   2) 경제성을 높이고
   3) 안전한 시공이 되도록 한다.

(3) **점성토의 연약지반**
   1) 예민비가 크고
   2) 세립토(0.002mm)의 함유량이 크고
   3) 동상(Frost Heaving)에 의한 연화현상이 되는 지반으로써
   4) 함수비에 따른 전단강도의 변화가 심한 흙(Thixotropy현상과 Leaching현상)
   5) N치 < 4 이하인 점토

(4) **모래지반의 연약지반**
   1) 상대밀도가 작고
   2) C_u, C_c 가 불량한 입도로써
   3) 특히 포화 사질토나 퇴적연대가 짧은 느슨한 모래가 진동을 받으면
   4) (—)의 Dilatancy 현상에 의한
   5) 액상화가 일어나기 쉬운 지반이다.
   6) N치 < 10 이하

2. 조 사

Sampling	실 내 시 험	현 장 시 험

• 교란시료
  SPT, Test Pit(시험굴)
• 불교란 시료
  SPT, 시험굴
	• 흙분류
	  점성토 : 아터버그 한계
	  모래 : C_u, C_c
	• 흙의 토성시험
		(1) 동적 관입
		  • SPT(N치) : 모래
		  • 동적 원추관입시험 : 암버력, 모래
		(2) 정적 관입

Sampling	실내시험	현장시험

	• 함수비(w)
	• 비중(G_s)
	• 입도시험(C_u, C_c)
	• Atterberg 한계
	  LL, PL, PI
		• 휴대용 원추관입(PCPT) : 연약점토 경우
		• 화란식 원추관입시험(DCPT) : 일반 흙
		• 스웨덴식 관입(SS) : 모래, 자갈 제외한
		  모든 흙(점토에 적용)
		(3) 회전
		• Vane Shear Test(VST) : 연약점토
		(4) 인발
		• 이스키메타
		• 연약지반에 적용

3. 연약지반의 문제점

(1) **침하의 문제** : 장기 침하(부등침하)

(2) **안정의 문제** : 급속 시공시 → 활동 파괴 발생 → Heaving(융기)현상 발생

(3) **측방유동 주변 지반의 변형**

   1) 주변 지반 융기

   2) 측방유동으로 주변 구조물에 변형 초래

4. 점성토 연약지반의 공학적 특성

(1) **입경**

   1) 0.005mm 이하

   2) Kaolinite

   3) Montmorillonite

   4) Illite

   5) Chlorite

   6) Vermiculite 등의 비결정성 점토광물로 구성되어 있다.

(2) **Kaolinite**

   비교적 물리적, 화학적으로 안정되어 있으나 LL = 30~110

(3) **Montmorillonite**

   물과 상호작용이 활발하고 LL > 100~900으로 팽윤(Swelling : 물을 흡수, 체적 증가)이 큰 문제점의 점토이다.

(4) 유기물 함유량이 커서 → 압축성이 크고 → 강도저하가 큰 불량 토질

(5) $q_u < 0.25 \sim 0.5 \text{kg/cm}^2$
(6) **조립토의 경우** : N치 < 10 이하

5. 대책 공법 선정시 고려사항

(1) 구조물 특성
(2) 연약지반의 특성(연약층의 범위, 두께, 성층상태)
(3) 개량의 필요성
(4) 개량의 목적(강도증가, 침하촉진, 침하억지, 지수 액상화 대책)
(5) 시공성(시공 난이도, 재료의 구득의 용이성)
(6) 공기
(7) 경제성(타공법과의 비교)
(8) 향후 계획면과의 연계성

6. 연약지반의 계측관리 계획

(1) 계측의 목적
1) 안전 시공　　　　　　　　2) 경제성 향상
3) 설계, 시공에 반영(Feed Back)
4) 침하종료(압밀종료) 확인 : 연약지반 개량효과 확인

(2) 계측 항목
연약지반에서의 현장계측은 침하, 변형, 간극수압이 주된 계측 대상이 되며 계측 항목을 선정하는 요소는 다음과 같다.
1) 설계시 추정된 침하의 진행사항 파악
2) 단계별 재하 성토시의 재하 성토고 및 재하 속도 등의 안전관리(부지 외곽)
3) 확인 시추와 병행하여 Drain타입으로 인한 지반의 전단강도 증대 및 압밀 효과 확인
4) 인접 구조물(기존도로, 제방 등)의 변위에 대한 안정성 확보

이와 같은 선정요소를 고려하여 계측 항목을 선정하면 (표 1)과 같다.

(표 1) 계측 관리항목

관측항목	계기명	측정방법
침하	침하판	• 대상지점 원지반 지표면 침하량 측정 　○ 침하 진행 상황 파악 　○ 재하 성토 속도조절을 통한 안정관리 　○ 재하 성토 제거시기 판단

관측항목	계기명	측정방법

침 하	층별침하계	• 연약층 각층의 압밀량 측정
		  ○ 각 층의 침하진행 상황 검토
		  ○ 재하 성토 제거시기 판단

변 위	경사계	• 지반내 연직선 수평방향 변위
		  ○ 원지반의 활동파괴 예측
		  ○ 성토속도의 조절

간극수압	간극수압계	• 성토하중에 의한 지반내 간극수압의 변화 측정
		  ○ Drain공의 압밀도 및 효과 확인
		  ○ 침하진행 상황검토, 재하 성토 제거시기 판단
		  ○ 안정검토

	지하수위계	• 지반내 지하수위 변화 측정 ○ 과잉 간극수압 계산을 위한 정수압 측진

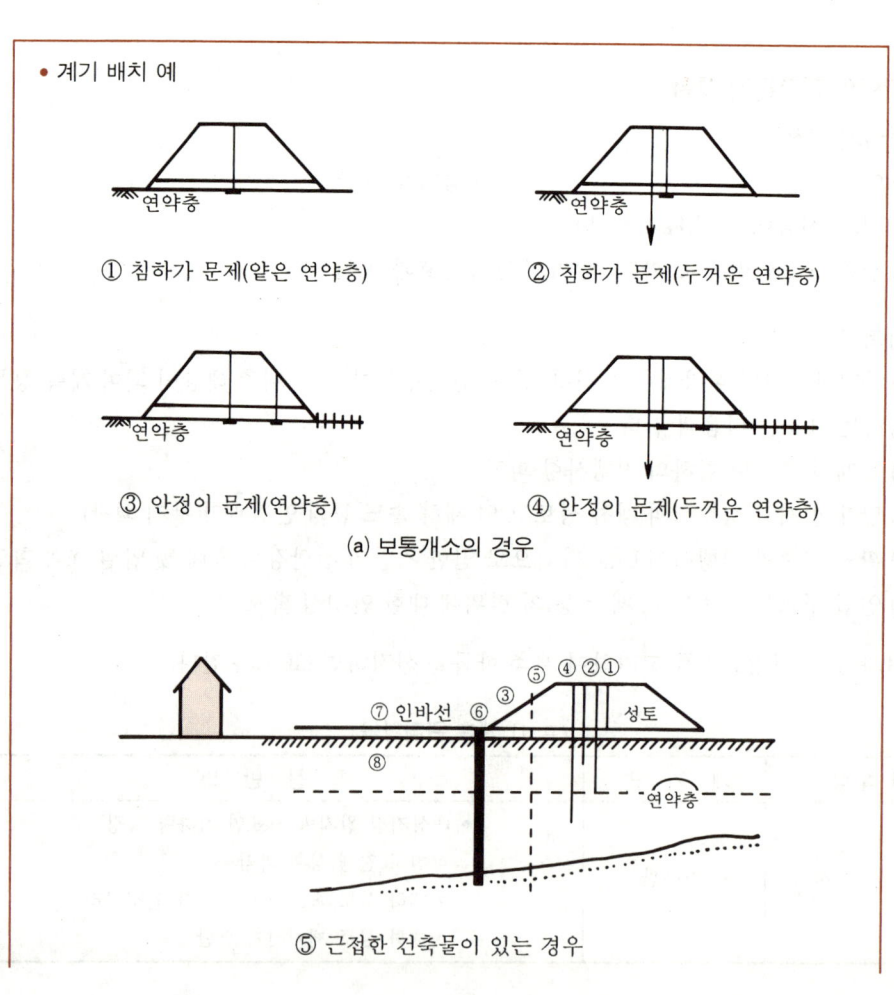

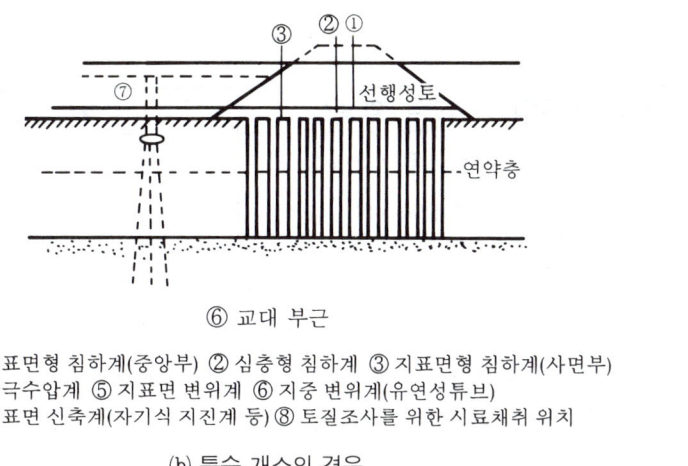

(그림 1) 각종 계측기의 구조와 설치사례

7. 대책 공법 선정시 검토항목

(1) 침하량(정규압밀점토의 경우)

$$S_c = \frac{C_c}{1+e_0} \cdot H \cdot \log \frac{P_0 + \Delta P}{P_0} \text{ (cm)}$$

(2) 침하시간

$$t = \frac{T_v \cdot H^2}{C_v} \text{ (일 또는 시간)}$$

(3) 압밀도

$$\overline{u} = 1 - \frac{u}{u_i}$$

8. 원리별 대책 공법의 종류(그림으로 설명)

점성토 지반(압밀 : 과잉간극수압 소산)	모래지반 (조밀한 모래층)
• 치 환 ─┬─ 강제치환(폭파 치환)·동치환공법 　　　 └─ 굴착치환(부분 굴착, 전단면 굴착) • 압 밀 ─┬─ Preloading(선재하공법) 　　　 └─ 압성토 • 탈 수 ─┬─ Sand Drain(SD) : 모래기둥 　(Vertical Drain) 　　　 ├─ Paper Drain(PD) : Card Board 　　　 └─ Pack Drain(PaD) : 모래주머니 • 배 수 ─┬─ Deep Well(중력배수) 　　　 └─ Well Point(강제배수) • 고 결 ─┬─ 생석회 말뚝공법 　　　 ├─ 동결공법 　　　 ├─ 소결공법 　　　 └─ 약액주입	• 진동다짐 ── Vibroflotation(수평진동) : VF • 다짐 ── Sand Compaction Pile(상하진동) 　　　　　　(SCP) 　　　　　　(Vibrocomposer) : VC • 폭파 다짐 • 전기충격공법 • 약액주입공법(SGR+LW+JSP) • 동압밀공법(암버럭, 사질토)

9. 결 론

(1) 우리나라 연약지반의 특성

　1) 연안과 하구를 중심으로 발달(금강, 만경강 하구, 낙동강 하구의 연약지반)

　2) 해성 점토층이 발달한 지역 : 김포지역 최대 30m, 서남해안 최대 20m

　3) 조수 간만의 차이가 심한 서해안 지역 : Silt질이 많이 분포

　4) 동해안, 남해안 : 대단히 연약한 점토층

　5) 내륙지방의 연약지반은 강하류 부근에 넓게 분포(하천 범람시 세립질이 층상을 이루며 퇴적되었다.)

　6) 우리나라 해성 점토의 OCR(과압밀비)은 1보다 작고 깊이에 따른 전단강도 증가가 없으므로 과소 압밀상태로 퇴적되었다고 할 수 있다.

(2) 향후 연구 개선방향

　1) 연약지반의 계측기사용, 결과의 이용에 대한 현장 기술자의 인식 개선 및 계측기 국내 생산체계 연구

　2) 재료의 개발(치환재료, 모래 대신 쓸 수 있는 대체 재료 개발)

3) 연약지반 개량에 관련된 장비의 개발
4) 쓰레기 매립지 등의 환경오염 대책 시급
5) 급속시공으로 인한 문제점(활동, 침하, 측방유동) 해결위한 계측기기의 활용 방안과 관련 발주공사에 대한 정부예산의 반영(정책 실현자의 의지가 중요)

2. 연약지반상에서 발생할 수 있는 일반적인 문제점

1. 서론

(1) 연약지반상에 여러가지 건설 공사를 할 때, 지반조사에서부터 지반 개량공법의 선정 및 개량 공법의 시공계획, 시공관리까지 세심한 주의가 필요하다.

(2) 각 과정별 구체적인 사항들은 뒤에서 언급하기로 하고, 여기에서는 연약지반상에 일반적으로 발생할 수 있는 문제점들에 관하여 알아보겠다.

(3) 흔히 발생하기 쉬운 문제점들로서는, 구조물 및 기초에 가해지는 부 마찰력에 의한 구조물의 변위나 침하, 침식이나 세굴, 침투수압 및 자중의 증가에 따른 사면의 변위와 파괴, Quick Sand(분사현상)나 Piping 등에 의한 사면 및 구조물의 변형과 파괴, 광역 지반 침하 영향에 의한 구조물의 변위과 파괴, 교통하중등의 진동하중에 의한 지반의 변위와 파괴, 지하수위 저하나 수량 및 수질의 변화에 의한 주변환경의 변화, Trafficability 부족에 의한 시공기계의 주행불능이나 기계의 전도, 지진시 지반의 액상화 문제, 전단강도 저하에 따른 구조물이나 지반의 이동변위와 파괴와 같은 것들이 있다.

2. 구조물별 주요 역할 및 발생가능한 문제

	종	류	주 요 역 할	발생 가능한 문제
재 하	성토 구조물	도로성토, 철도성토	교통 하중지지	• 지지력 부족 • 침하(부등침하) • 사면 안정
		조성 지반토	건물, 시설지지	
		하천제방, 해안제방, 조절지 제방	지수, 수방대책	• 우수(누수) • 사면안정 • 침하
		Fill Dam	저수	
	기초 구조물	교각, 교대, 수문, 지상탱크 건물, 기타시설	수직 및 수평 하중지지	• 연직, 수평 지지력 • 침하 • 수평변위 경사
		옹벽, 방파제, 안벽	토압 및 수압등의 하중지지	
굴 착	절토 구조물	도로절취, 철도절취	교통하중 지지	• 사면 안정 • 주변 침하
		조성지 절토	건물, 시공지지	
		수로, 하천	수로 단면 보호	
	지하 구조물	지하탱크, 하수시설, 지하시설	각종 공간 확보	• 부등침하 • 구조 각부의 변위 • 지표 침하
		각종 Pipe Line, Culvert, 통관 Syphon, 지하 Tunnel		

3. 지반조건의 문제 요인

주요요인	지반 조건 고려해야 할 항목	예상할 수 있는 문제점
토층 구성	• 각 토층의 분포상황 • 지지층의 심도, 지반면의 경사 • 연약층의 두께 • 배수층의 유무 • 사력층, 운석의 존재	• 복잡한 토층 구성의 경우에는 활동이 발생하거나 침하의 증가가 생긴다. • 시공 중 기반면에 따른 활동이 끝난후, 구조물의 침하나 파손의 영향, 또는 개량체의 안착, 개량심도 등에 영향이 생긴다. • 연약층이 두꺼운 경우에는, 지반개량이 어렵고 이차압밀에 의한 침하 등의 영향이 있다. • 중간사층이나 불투수층, 샌드심(Sand Seam)의 존재에 의해서 압밀 속도가 커지는 영향을 받는다. • 중간층이나 표층부근에 견고한 사력층, 운석이 존재하는 경우에는 지반개량에 많은 어려움이 있을 수 있다.
토층 성상	• 각 토층의 물리적 성질 • 각 토층의 강도, 변형특성 및 여러가지 강도 특성 • 각 토층의 압밀특성, 압축지수, 체적압축계수, 압밀계수 등	• 토층의 평가와 다른 경우에는 예상외의 침하와 변형이 발생한다. • 각 토층내에서 불규칙성이나 불균일성등에 의한 적정한 토성평가를 할 수 없는 경우가 일어날 수 있고 활동 파괴가 생길 수가 있다. • 시료 교란에 의해 강도 저하의 평가가 상이해질 경우에는 활동의 안전율이 뚜렷하게 달라지는 경우가 있다. • 실내와 현장에서의 차이에 의한 압밀속도 혹은 전 침하량이 실제의 침하현상과 다른 경우가 있다. • 각 토층내에서의 불균질성 등에 의한 적정한 토질평가를 할 수 없는 경우에는 과대침하 혹은 빠른 시간에 침하가 발생할 수가 있다. • 이차압밀 등에 의한 장기 변형이나 잔류침하등의 적정한 평가를 할 수 없는 경우에는 구조물의 유지관리상의 문제가 생길 수가 있다.
지하 수위	• 피압수의 존재 • 양수에 의한 광역의 지반침하 • 사력층의 투수성과 유속	• 지하수위의 급상승이나 지하수위 변동 등에 의한 광역 지반침하가 어떤 곳에서 그 침하를 고려하여 대책의 효과를 검토할 필요가 있다. • 투수층의 유속이 크고, 지반개량에 의한 도수의 효과가 기대한 것만큼 얻을 수가 없다.

4. 연약지반상의 성토, 굴착시 발생할 수 있는 문제점

		전 단 (안정)		압 밀 (침하)	
성토·구조물재하	기반 지반의 전단에 따른 성토의 변위 또는 파괴		과대침하 또는 부등침하에 따른 성토의 변위		
	기초의 지지력 부족에 의한 구조물의 변위 또는 파괴		과대침하 또는 부등침하에 따른 구조물의 변위		
	편재하중 또는 토압에 의한 구조물 및 기초의 변위, 경사 또는 파괴		구조물의 성토, 부등침하에 의한 단차, 변위		
	성토 또는 구조물 하중에 의한 측방 유동, 융기		성토, 구조물하중에 의한 측방지반 압밀침하 및 변위		
개착·지중굴착	전단에 따른 굴착사면의 붕괴와 히빙(Heaving)		팽창 기타 토압의 변화에 의한 굴착사면 흙막이벽의 변위		
	굴착지의 응력 해방 등에 따른 측방 또는 위쪽 지반의 변형		굴착시의 배수에 의한 지하수위 저하에 따른 주변지반의 침하		

3. 연약지반 지역에 교량의 교대 측방이동 억제공법(EPS+사항+연약지반 계측과 연약지반 처리+JSP)

【기술내용】

1. 연약지반에 설치한 교대기초의 안정성 검토

(1) 교대에 작용하는 횡토압에 대한 안전성 검토 항목
   1) 활동(Sliding)
   2) 전도(Overturning)
   3) 침하(지지력 : Bearing Capacity)

(2) 주동말뚝(Active Pile)과 수동말뚝(Passive Pile)의 차이점 설명(그림)
(3) 연약지반에 설치한 교대기초의 설계 흐름도

2. 지반개량공법(다층지반)의 선정

3. 교대의 변위발생에 대한 원인분석

(1) **주동말뚝의 안정성 검토내용**
   1) 말뚝의 허용지지력
      ① 연직 허용지지력
      ② 수평 허용지지력
      ③ 결과의 종합

   2) 말뚝에 작용하는 하중검토
      ① 수평력
      ② 수직력
      ③ 기초중심에서 모멘트

(2) **수동말뚝의 안정성 검토**
   1) 경험식에 의한 검토
   2) 사면안정 해석
   3) 수치해석

4. 교대기초의 안정성 검토

5. 교대측방 유동방지 대책공법 선정과 선정시 고려사항

6. 대책공법 선정안(검토안) : 1안, 2안, 3안

구 분	말뚝지지력 증가대책	하중 경감 대책
제 1 안	기초확대 · JSP 보강 · 강관말뚝 및 H-Pile추가	Box 구조물
제 2 안	기초확대 · JSP 보강 · H-Pile 추가	경량성토
제 3 안	기초확대 · JSP 보강 · H-Pile 추가	사면형성 및 교량설치

1. 서 론

(1) 연약지반에 설치하는 교대기초는 대부분 말뚝기초로 계획하는데 이 말뚝기초는 상부구조물이 하중 및 토압 뿐만 아니라 편재하중으로 인한 측방유동에 대하여도 안전하도록 설계하여야 한다.

(2) 하지만, 국내의 서해안과 남해안에 건설되는 고속도로 및 국도에서 교대의 측방변위 발생사례가 빈번하여 이에 대한 원인분석, 합리적인 설계 및 대책공법에 관한 심도깊은 논의가 요망된다.

(3) 본 고에서는 서해안 고속도로 K현장에 발생된 교량의 교대측방변위 발생사례를 중심으로 변위 발생원인을 규명하고

(4) 이를 토대로 연약지반에 설치한 교대기초의 합리적인 설계 및 시공방안을 마련하고자 한다.

2. 연약지반에 설치한 교대기초의 안정성 검토

(1) **교대에 횡토압으로 인한 안전검토** : 교량을 지지하기 위한 교대는 횡토압으로 인한
  1) 전도(Over-Turning)
  2) 활동(Sliding)
  3) 지지력(Bearing Capacity)에 안전하도록 설계되어야 한다.

(2) **주동말뚝(Active Pile)의 정의**
  (그림 1)에서 보인 바와 같이 상부하중을 말뚝이 받는 경우에는 말뚝이 변형함에 따라 말뚝 주변 지반이 저항하므로 지반에 하중이 전달된다. 이와 같이 말뚝이 움직이는 주체가 되는 경우를 <u>주동말뚝(Active Pile)</u>이라 한다.

(3) 수동말뚝(Passive Pile)의 정의

교대가 연약지반상에 축조될 경우, 뒷채움토 및 상재하중으로 인하여 하부지반에 편재하중으로 인한 측방유동이 발생할 가능성이 있으며, 기초말뚝이 측방토압을 견딜 수 없는 경우에는 상부 구조물이 수평방향으로 과도한 변형을 일으키게 된다. (그림 1)에 보인 바와 같이 말뚝의 주변지반이 변형하고 그 결과로서 말뚝에 측방토압이 작용하는 경우를 <u>수동말뚝(Passive Pile)</u>이라 한다.

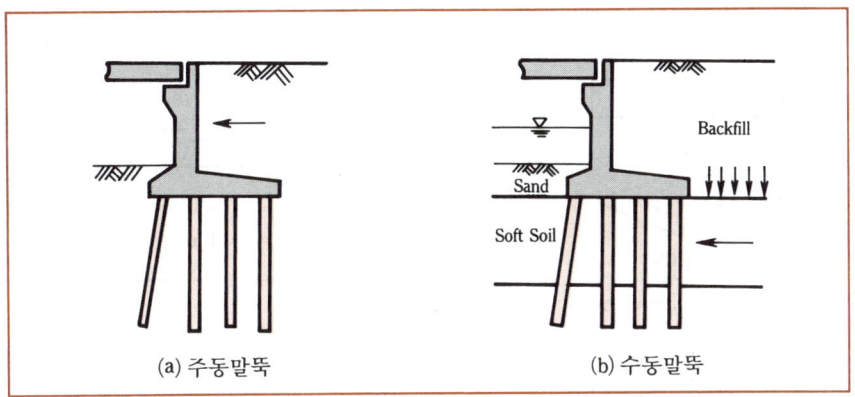

(그림 1) 수평력을 받는 교대기초 형태

(4) 일반적으로 하중이 말뚝두부에 작용할 경우 지반은 부동의 상태에서 말뚝의 이동에 저항하여 작용한다고 생각하여 말뚝을 설계하였다. (그림 2 (a))

(5) 그러나, 지반이 변형하게 되면 지반으로부터의 저항력은 상실하게 되고, 오히려 지반변형이 말뚝에 하중을 가중시키는 결과를 초래하게 된다. (그림 2 (b))

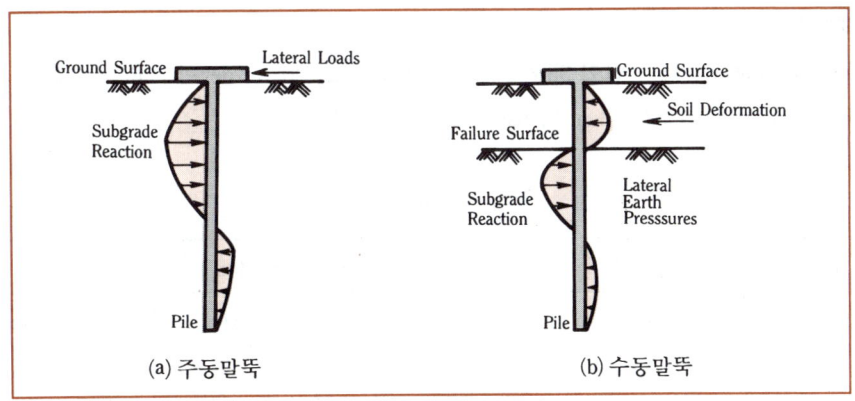

(그림 2) 수평력을 받는 말뚝

(6) 연약지반에 설치한 교대기초는 (그림 3)에 나타낸 것처럼 상부하중에 따른 주동말뚝의 안정검토 뿐만 아니라 뒷채움 성토하중으로 인한 측방유동 유무를 판단하여 수동말뚝의 안정성도 반드시 검토해야 한다. 그러나, 국내에서 연약지반에 설치한 교대의 경우에는 측방유동에 대한 검토가 제대로 이루어지지 않아 교대의 과도한 측방변위 발생사례가 빈번하게 나타나고 있다.

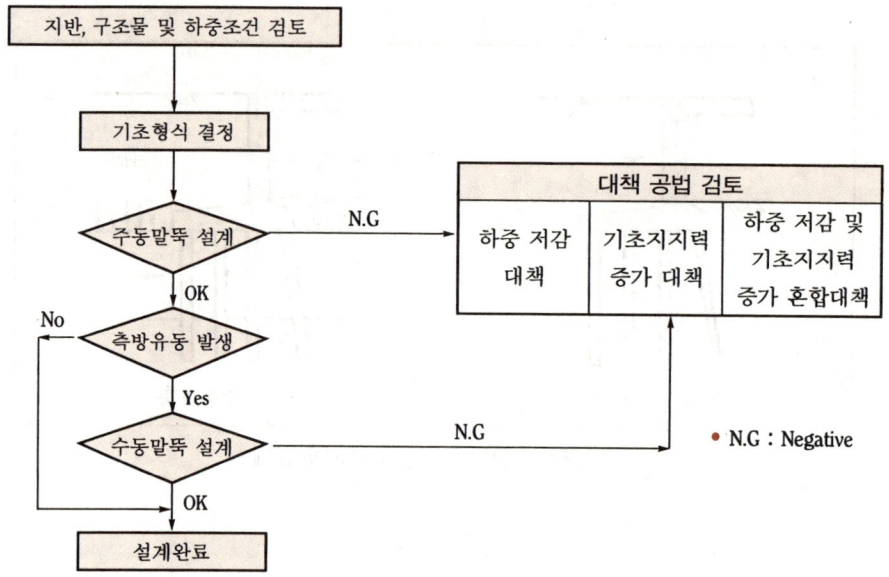

(그림 3) 연약지반에 설치한 교대기초의 설계 흐름도

3. 공사개요 및 지반조건

(1) 교량현황

철도를 교차하는 A교는 길이 35.2m, 폭 28.3m의 Steel Box Girder이고 Ramp-A를 교차 통과하는 B교는 길이 35.2m, 폭 28.8m의 Steel Box Girder이다.

(표 1) 교량현황

교량명	형 식	교장(m)	교폭(m)	비 고
A교	Steel Box	35.2	28.31	철도 Over
B교	Steel Box	35.2	28.82	Ramp-A Over

(2) 교대현황

A교와 B교의 교대는 뒤부벽식이며, 높이는 각각 14m와 12.8m이고 기초는 모두 직경 508mm 강관말뚝으로 길이는 20~28m 이다.

〈표 2〉교대현황

교량명	위 치	교대형식	교대높이(m)	말뚝종류	말뚝길이(m)
A 교	A1 (고정)	뒤부벽식	14.0	강관(ϕ508)	21~24
	A2 (힌지)	뒷부벽식	14.0	강관(ϕ508)	24~25
B 교	A1 (고정)	뒷부벽식	12.8	강관(ϕ508)	27~29
	A2 (힌지)	뒷부벽식	12.8	강관(ϕ 508)	24~28

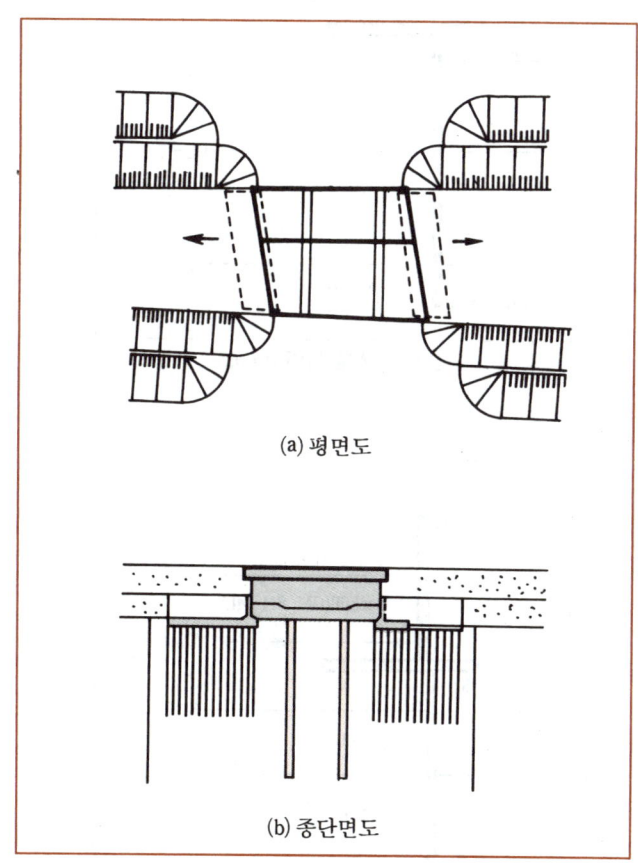

(a) 평면도

(b) 종단면도

〈그림 4〉B교 교량 및 교대 평면도

(3) 지반조건

1) 본 지역은 제4기 충적층이 넓고 깊게 분포하고 있으며 과거 중력이나 유수 등에 의하여 운반 퇴적된 점토 및 실트층이 연약지반을 형성하고 있고 기반암은 선캠브리아기의 경기 편마암 콤플렉스에 속하는 화강암질 편마암이 넓게 분포하고 있다.
2) 분포되어 있는 지층은 표토층, 퇴적토층, 풍화암과 연암순으로 구성되어 있으며 A교와 B교의 지반 Profile은 (그림 5)와 (그림 6)에 나타내었다.

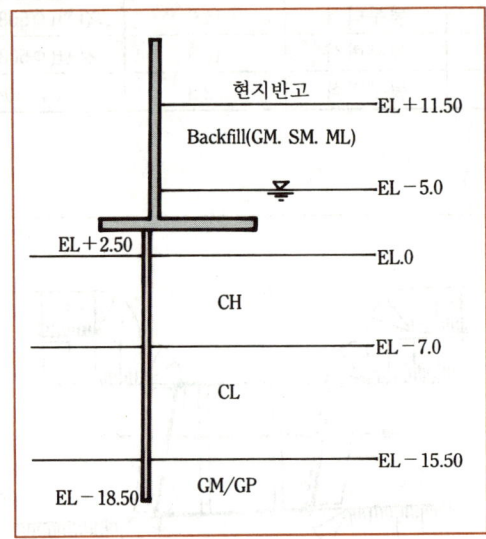

(그림 5) A교 지반 Profile

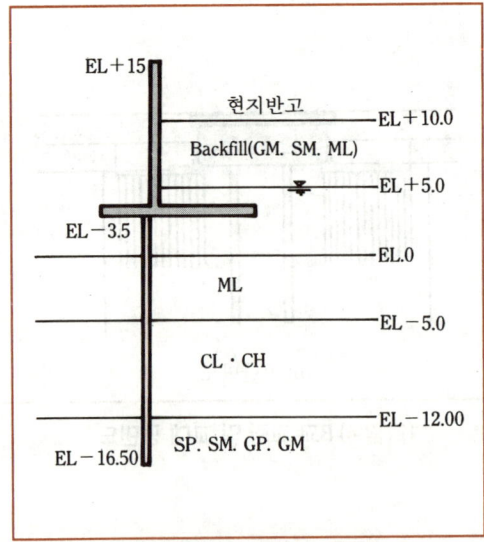

(그림 6) B교 지반 Profile

3) 설계시 조사되었던 초기 지반정수와 변위 발생후 현재 지반정수를 비교하기 위하여 A교 2공, B교 3공의 추가 현장 및 실내시험이 실시되었으며 지반의 비배수 전단강도 분포를 (그림 7)과 (그림 8)에 나타내었다.
4) 설계시 지반의 비배수 전단강도는 깊이에 따라 아래 식으로 나타내었다.

$$Su = 1.75 + 0.037D$$

여기서, Su : 비배수 전단강도(t/㎡)
D : 심도(m)

5) (그림 7)에 나타낸 바와 같이, A교는 1~5 t/㎡에서 1~12 t/㎡으로, B교는 1~15 t/㎡으로 비배수 전단강도가 증가하였다.

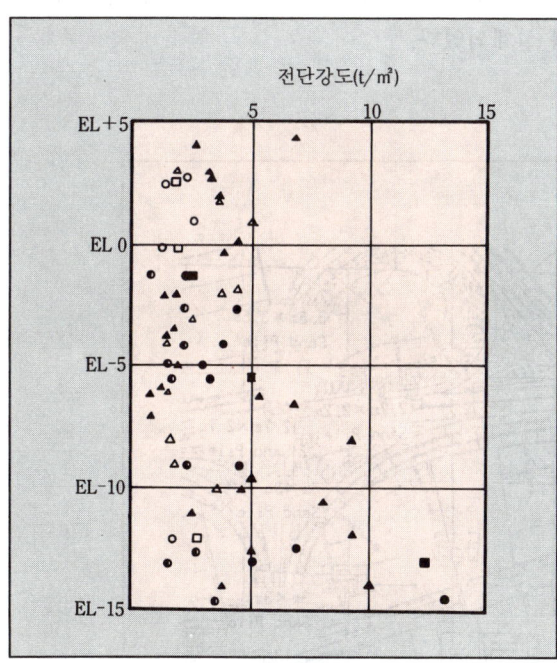

(그림 7) A교 지반의 비배수 전단강도

6) 기초 연약지반 개량공법 설계시 배수거리 3m에서 50% 압밀에 3개월, 70~80% 압밀이 진행된 것으로 추정할 수 있다.
7) 기초조사에서는 소성지수(Plasticity Index, PI)가 19%, 추가조사에서는 20~30%정도인 것

으로 조사되었으므로, 아래 식으로 비배수 전단강도 증가량을 추정한다.

$$\frac{\Delta Su}{P'} = 0.11 + 0.0037PI$$

여기서, ΔSu : 비배수 전단강도 증가량
P' : 상재하중

상기 식을 토대로 판단하면 비배수 전단강도 증가량이 2-5t/㎡정도로, 추가 지반 조사 결과와 비교해 볼 때, (그림 7)에 나타낸 바와 같이 현재 지반은 원상태에서 70~80% 정도의 압밀이 진행되어, 비배수 전단강도가 증가된 상태인 것으로 판단된다.

(4) 지반개량공법 시공현황

기초지반은 약 20m정도의 깊이까지 분포하는 점토(CL)로서 N치는 1~8정도이며, (그림 9)에 보인 바와 같이 깊이 11~14m, 2~3.5m간격 정사각형 배열의 Sand Drain공법과 Sand Compaction Pile로 지반을 개량하도록 설계되었다.

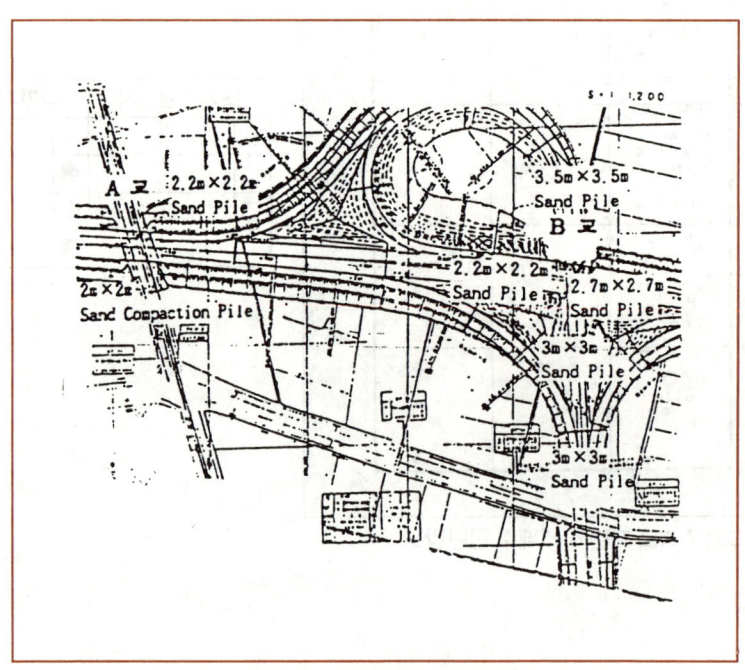

(그림 8) 연약지반 개량공법 현황

4. 변위 발생현황

(1) 교대 및 Shoe(받침) 변위발생 일지

교대의 변위발생은 시공 후 2개월 후 부터 측정되어 '93. 3월에 우천 후 급격히 증가하였으며, A교는 힌지단이 100mm, 고정단이 50mm정도이며, B교는 힌지단이 50mm정도 변형하였다.

(표 3) 교대 및 Shoe(받침) 변위 발생일지

월 별	내 용	변 위 량	
		교 대	Shoe(받침)
'93. 2. 30 변위 발생 발견			
'93. 2. 20~3. 20	변위량 Check	A교 A1 : 1.3~8.4mm A교 A2 : 31.2~33.1mm B교 A1 : 0.1~4.0mm B교 A2 : 20.7~27.5mm	A교 A1 : - A교 A2 : 33mm B교 A1 : - B교 A2 : 25mm
'93. 3. 23~3. 31	'93. 3. 23~3. 25 우천후 변위량 급격히 증가	A교 A1 : 25.7~29mm A교 A2 : 30~30.3mm B교 A1 : 0.6~1.0mm B교 A2 : 30~31.1mm	A교 A1 : A교 A2 : 32mm B교 A1 : B교 A2 : 34mm
		A교 A1 : 27~37.4mm A교 A2 : 61.2~63.4mm B교 A1 : 0.7~5.0mm B교 A2 : 51.4~58.6mm	A교 A1 : A교 A2 : 65mm B교 A1 : B교 A2 : 59mm

(2) 현장조치 현황

교대의 변위발생후 추가변위를 방지하기 위하여 뒷채움토 일부를 제거하고, 압성토를 실시하였다.

(표 4) 현장조치 현황

구 분		조 치 내 용
A 교	Abutment No. 1	① 뒷채움 및 노체 제거 (H = 3.7m. L = 20.0m) ② 교대 안쪽 앞채움 실시 (H = 2.8m, L = 18.0m)
	Abutment No. 2	① 뒷채움 및 노체 제거 (H = 2.2m. L = 10.0m) ② 교대 안쪽 앞채움 실시 (H = 2.8m, L = 5.0m)
B 교	Abutment No. 1	① 뒷채움 및 노체 제거 (H = 2.1m. L = 20.0m) ② 교대 안쪽 앞채움 실시 (H = 2.5m, L = 17.5m)
	Abutment No. 2	① 뒷채움 및 노체 제거 (H = 3.2m. L = 20.0m) ② 교대 안쪽 앞채움 실시 (H = 2.5m, L = 17.5m)

5. 교대의 변위발생에 대한 원인 분석

(1) 개요

1) A교 및 B교 교대의 과도한 변위발생 원인은 횡토압으로 인한 교대의 전도 및 활동으로 인한 <u>주동말뚝 파괴</u>, 기초하부에 존재하는 연약지반의 측방유동(혹은 사면파괴)으로 인한 수동말뚝 파괴 혹은 두가지 혼합파괴 등의 가능성을 생각할 수 있다.
2) 상기 원인들을 정확하게 분석하기 위하여 주동말뚝과 수동말뚝의 안정성을 각각 검토한다.
3) <u>주동말뚝의 안정성 검토</u>는 아래의 내용을 조사하였다.
   ① 교대의 하중조건 분석
   ② 말뚝의 연직 및 수평 허용지지력 검토
   ③ 수동 말뚝의 안정성은 아래의 내용을 검토한다.
      ㉠ 경험식에 의한 측방유동 발생유무 검토
      ㉡ 사면안정해석
      ㉢ 유한요소해석
   ④ <u>주동말뚝과 수동말뚝의 안정성 검토</u>를 통하여 교대의 변위발생 원인을 규명하고 적절한 대책공법을 제시하고자 한다.

(2) 주동말뚝의 안정성 검토

1) 말뚝의 허용지지력
   ① 연직허용지지력
      ㉠ <u>단항의 극한 지지력</u>은 이명환 등(1992, 말뚝의 설계하중 결정방법에 대한 비교)이 제안한 아래의 Meyerhof 수정식으로 산정하였다.

$$Q_u = 30NA_p + \frac{1}{5}\overline{N_s}A_s + \frac{1}{2}\overline{N_c}A_c \text{ (t)}$$

여기서, Q_u : 말뚝의 극한 지지력(t)
N : 말뚝 선단지반의 N치
A_p : 말뚝의 선단면적(㎡)
$\overline{N_s}$: 말뚝 둘레 모래층의 평균치
A_s : 모래층 말뚝의 주면 면적
$\overline{N_c}$: 말뚝 둘레 점토층의 평균 N치
A_c : 점토층 말뚝의 주면 면적

$$N = 40, \quad A_p = \frac{\pi (0.508)^2}{4} = 0.2 \text{㎡}$$
$$\overline{N_s} = 40, \quad A_s = \pi (0.508 \times (2.5)) = 4.0 \text{㎡}$$
$$\overline{N_c} = 5, \quad A_c = \pi (0.508 \times (18.5)) = 29.5 \text{㎡}$$

$$\therefore Q_u = 30(40)(0.2) + \frac{1}{5}(40)(4.0) + \frac{1}{2}(5)(29.5)$$
$$= 240 + 32 + 73.8 = 345.8$$

$(Q_u) = 80 + 11 + 24 = 115$ ton

ⓒ 군항효과 및 부마찰력 고려시 도로교 표준시방서에서 제안한 안전율 1.5로 계산한 말뚝의 허용지지력이 단항의 허용지지력(안전율 3)보다 크므로, 본당 허용지지력을 115ton으로 산정하였다.

② 수평허용지지력
  ㉠ 단항의 수평 허용지지력은 Broms방법으로 산정하였는데, Broms는 지반을 순수 사질토지반(C = 0)이거나 순수 점성토(ϕ = 0)의 경우로 나누었고 말뚝에 대하여는 두부 구속조건으로 자유와 고정, 말뚝길이에 대하여는 짧은 말뚝과 긴 말뚝으로 구분하였다.
  ㉡ 본 고에서는 선단부근의 사질토와 자갈층을 단일화된 점토층으로 단순화하였으며, 말뚝두부 구속조건은 교대 저판과 말뚝두부가 고정된 것으로 하였다.
  ㉢ 말뚝의 탄성계수 E = 2.1×10^7 ton/㎡, 단면 2차 모멘트 I = 0.44×10^{-3} m⁴, 강관말뚝의 항복응력 f_y = 2.5×10^4 ton/㎡, 지반반력계수 K_u = $67 S_u$ = 67×20 = 13ton/㎡의 입력자료를 이용하여 Broms방법으로 구한 단항의 수평 허용지지력은 본당 7.74ton이다.
  ㉣ 말뚝간격 대 직경의 비가 3일 때, Prakash(1990)가 제안한 군효과는 0.4이므로 수평 허용지지력은 3ton으로 산정하였다.

③ 결과종합 : 말뚝의 허용지지력은 부마찰력 작용시기를 고려하여 단기와 장기조건으로 정리하여 (표 5)에 수록하였다.

(표 5) 말뚝의 본당 허용지지력

구 분	조 건	수 직	수 평
단 기	단 항	115 ton	8 ton
	군 항	115 ton	3 ton
장 기	군 항	115 ton	4.5 ton

2) 말뚝에 작용하는 하중검토
  ① 기초지반이 연약지반이므로 뒷채움토 하중으로 인하여 압밀침하가 발생하며 이로 인하여 기초 뒷굽을 경계로 부등침하로 인한 부마찰력이 유발된다.

② 이 부마찰력은 교대기초에 연직하중으로 작용하므로 말뚝지지력에 추가로 반영하여야 한다.
③ (그림 9)에 나타난 바와 같이 파괴면을 평면으로 가정하여 부마찰력을 산정하였다.

$$F = \mu \cdot E$$
$$E = \frac{1}{2} K_{or} H^2$$

여기서, F : 부마찰력
E : 정지토압
μ : 마찰계수($= \tan \phi$)
H : 14m(A교), 12.8m(B교)

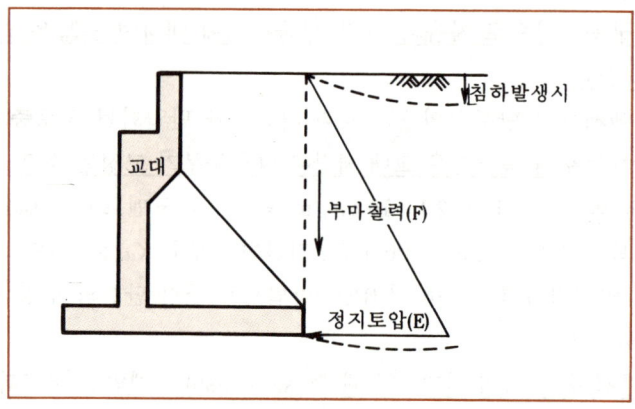

(그림 9) 교대에 작용하는 하중

④ A교 및 B교의 단위폭당 부마찰력은 각각 51ton, 42.6ton이며, 상부하중, 교대 및 토사자중과 횡토압(Coulomb 토압곡선)으로 부터 산정한 수직력, 수평력 및 모멘트를 정리하여 (표 6)에 수록하였다.

(표 6) 교대에 작용하는 하중(단위 폭)

교량명	구 분	설계시 구조 계산서	검 토	
			뒷채움토의 부마찰력 무시	뒷채움토의 부마찰력 고려
A 교	수직력	306 ton	269 ton	320 ton
	수평력	46 ton	49 ton	49 ton
	기초중심에서 모멘트	49 t·m	27 t·m	-210 t·m
B 교	수직력	271 ton	241 ton	283.6 ton
	수평력	38 ton	41 ton	41 ton
	기초중심에서 모멘트	23 t·m	39 t·m	-146 t·m

⑤ 교대기초의 안정성은 기초지반의 침하완료시기와 관계되므로 단기와 장기로 나누어 검토한다. 말뚝 1본에 작용하는 축력 및 수평력은 아래식으로 산정하였다.

$$P_v = \left(\frac{V}{n} \pm \frac{Mx_i}{\Sigma x_i^2}\right) \times a$$
$$P_H = \left(\frac{H}{n} \times a\right)$$

여기서, V : 단위 폭당 수직력
M : 단위 폭당 모멘트
H : 단위 폭당 수평력
n : 말뚝본 수
a : 말뚝열간 간격

⑥ 침하발생전의 단기 안정검토시에 말뚝에 작용하는 본당 최대수직력은 A교 89ton, B교 73ton이고, 장기 안정검토시에는 교대 뒷채움의 부마찰력을 고려하여 산정된 본당 최대 수직력은 A교가 117ton, B교가 98ton이다. A교와 B교의 본당 최대 수평력은 12ton과 10ton이다.

3) 주동말뚝의 안정성 분석
① 부마찰력이 작용하기 전의 <u>단기조건에서는 군효과를 고려하면 연직 허용지지력</u>이 115ton, 수평 허용지지력이 3ton 이므로 <u>수평방향은 허용범위를 초과한다.</u>
② <u>장기 안정검토시에는 교대 뒷채움의 부마찰력을 고려하여 산정된 본당 최대 축력</u>이 A교가 117ton, B교가 98ton으로 증가되며, 허용지지력은 연직 허용지지력이 115ton, 수평 허용지지력이 4.5ton이므로 수직방향은 허용치에 가까우나, 수평방향은 허용범위를 초과한다.
③ 말뚝에 작용하는 하중과 말뚝의 허용지지력을 비교한 결과 단기안정 및 장기안정 검토시에 수평하중이 허용치를 초과하는 결과를 얻었다. 수평 허용지지력의 경우 설계시 구조계산에서 제시한 본당 88ton은 너무 과다계산되었으며, 수평하중이 본당 최대 10~12ton으로 말뚝의 극한하중에 이르러 교대에 과도한 변위를 발생시킨 직접적인 원인중의 하나인 것으로 추정된다.

(3) 수동말뚝의 안정성 검토
1) 경험식에 의한 검토
① 편재하중을 받는 말뚝기초로 된 연약지반의 교대는 측방유동으로 인하여 말뚝에 과도한 변형이 발생할 수 있으므로 일본 도로공단에서 제안한 방법으로 검토한다. 측방유동 가능성을 아래식으로 산정한다.

$$F = \frac{Cu}{\gamma HD} \times 10^2$$

여기서, Cu : 연약층의 평균 비배수 전단강도(t/㎡)
γ : 성토재의 단위중량(t/㎡)
H : 성토고(m)
D : 연약층 두께
파괴기준 : $F > 4.0$: 측방유동 없음
$F < 4.0$: 측방유동 없음

② 상기 식으로 산정한 A교 및 B교의 측방유동 가능성은 (표 7)에 정리한 바와 같이 모두 발생 가능성이 있는 것으로 나타난다.

(표 7) 측방유동 가능성 평가

심 도(m)	A교		B교	
	초 기	현 재	초 기	현 재
F 값	0.678	1.437	1.129	2.861
판정	유 동	유 동	유 동	유 동

2) 사면안정 해석
  ① 불안정한 사면지반에 말뚝기초를 사용한 교대의 경우에 뒷채움토에 의한 편재하중으로 인하여 기초말뚝과 교대에 수평변위가 발생하는 사례가 종종 발생한다.
  ② 이 경우 교대배면의 뒷채움토는 하부 원지반의 편재하중을 작용시키게 되므로 결국 하부 연약지반은 측방유동이 발생하게 되며 기초말뚝을 측방유동으로 인하여 측방토압을 받게 된다.
  ③ 그러나 기초말뚝은 지반의 측방유동에 저항하여 사면의 안정성을 증대시키는데 기여한다.
  ④ 말뚝이 설치된 사면의 안정문제는 지반과 말뚝의 상호작용문제로 기초말뚝의 안정과 사면안정의 두가지 해석이 모두 실시되어야 한다.
  ⑤ 결국 기초말뚝을 사용한 교대의 전체 안정은 사면과 말뚝 모두의 안정이 확보되었을 때만 가능한 것이다.
  ⑥ 본 과업에서는 사면과 수동말뚝의 안정성을 검토하기 위하여, 극한 평형을 고려한 사면안정해석법(Program : STABL)을 이용하였다.
  ⑦ 해석에 이용한 지반정수를 A교는 (표 8)에 B교는 (표 9)에 나타내었다.
  ⑧ STABL을 이용한 해석조건은
    ㉠ 초기 지반조사 결과에서 구한 지반정수
    ㉡ 성토완료 후 압밀이 진행된 추가조사에서 구한 지반정수의 2가지 지반조건에 말

뚝의 저항력을 고려한 경우와 고려하지 않는 경우를 조합하여 해석을 수행하였다.

(표 8) A교 해석단면

심 도(m)	초기 지반상태			현재 지반상태		
	γ_t (t/㎥)	ϕ	S_u(t/㎡)	γ_t (t/㎥)	ϕ	S_u(t/㎡)
+16.5~0	1.7	30	0	1.7	30	0
0~-7	1.8	0	2.0	1.8	0	3.2
-7~-15.5	1.84	0	3.0	1.94	0	7.4
-15.5~	2.0	35	0	2.0	35	0

(표 9) B교 해석단면

심 도(m)	초기 지반상태			현재 지반상태		
	γ_t (t/㎥)	ϕ	S_u(t/㎡)	γ_t (t/㎥)	ϕ	S_u(t/㎡)
+15.5~0	1.7	30	0	1.7	30	0
0~-5	1.93	25	0.5	1.93	30	0.5
-5~-12.5	1.87	0	2.0	1.87	0	5.2
-12.5~	2.0	35	0	2.0	35	0

⑨ 지반강도 산정시 Sand Pile에 의한 지반강도 증가는 무시하였다.
⑩ 말뚝의 저항력을 고려하는 경우의 안전율(F_s)은

$$F_s = \frac{M_r}{M_d} = \frac{M_{rs} + M_{rp}}{M_d}$$

여기서, M_{rs} : 파괴면의 전단 저항 모멘트
M_{rp} : 말뚝의 저항 모멘트
M_d : 활동 모멘트

⑪ 말뚝의 저항모멘트는 NAVFAC DM.7에서 제시한 방법을 이용하여 산정하였다.
⑫ 다만, 본 현장의 경우 지반이 워낙 연약하여 말뚝의 수평이동이 과다할 경우, 사실상 말뚝의 저항력이 거의 없을 수도 있을 것으로 보아, 초기 조건에 대하여는 말뚝의 저항력을 무시하고 안정성을 검토하였으며, 압밀이 진행된 현재의 상태에서는 이를 고려하였다. (계산결과는 (표 10)과 (표 11)에 수록)
⑬ 해석결과는 (표 10)과 (표 11)에 수록한 바와 같이 A교의 경우는 성토완료 직후의 안전율이 0.83이므로 사면이 파괴에 이르렀으며,

(표 10) A교의 사면안정 해석결과

	초기 지반 정수	현재 지반정수
말뚝 고려치 않음	0.83	0.89
말뚝 저항 고려	0.98	1.16

(표 11) B교의 사면안정 해석결과

	초기 지반 정수	현재 지반정수
말뚝 고려치 않음	0.87	1.32
말뚝 저항 고려	1.02	1.52

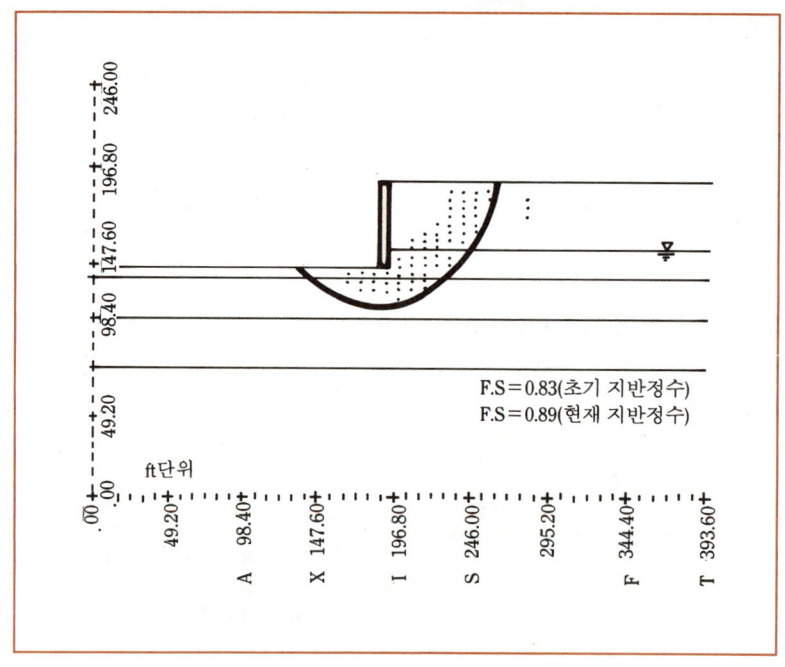

(그림 10) A교 사면활동 해석 결과

⑭ 추가 지반조사로 구한 지반정수를 이용하여 구한 안전율도 1.16으로 사면이 불안정한 상태이다.

⑮ B교의 경우는 성토완료 직후의 안전율이 0.87로 사면이 불안정한 상태이나, 압밀이 진행된 현재의 지반정수를 이용하여 구한 안전율이 1.52로 사면이 안정한 상태이다.

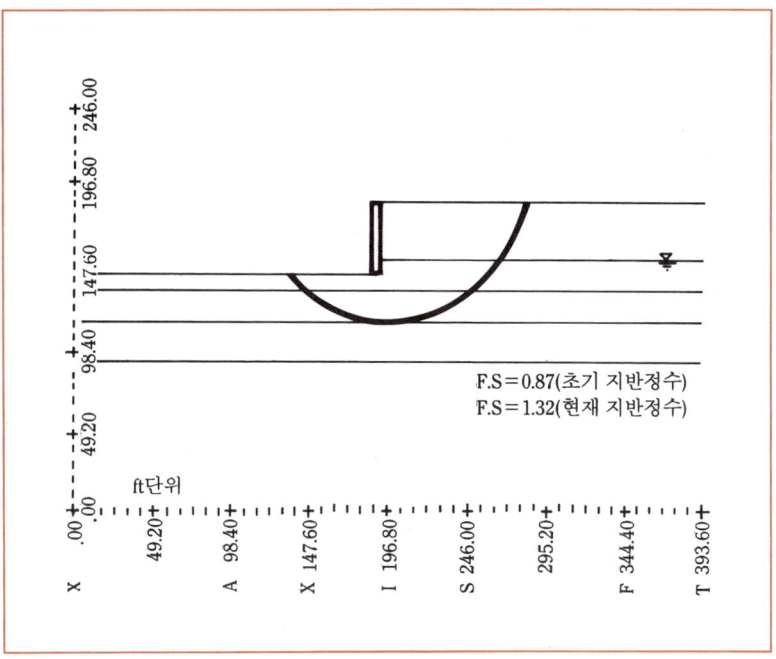

(그림 11) B교 사면활동 해석 결과

3) 수치해석
① 수치해석은 유한차분법으로 이루어진 지반구조물 해석 Program인 'FLAC(3.20)'을 이용하였으며, 지반 구성모델은 Mohr-Coulomb Model을 사용하였다.
② 해석과정은 기초지반에 말뚝 및 교대를 설치한 후 실제 시공상태를 고려하여 뒷채움의 성토단계를 나누지 않고 1단계로 하였다.
③ 기초지반과 성토지반을 2,500여개의 Solid 요소로 모델링하였고 말뚝 및 교대는 Beam 요소로, 교량 상부 Slab는 Support축 요소로 모델링하여 교대상부 변위를 제어하도록 하였다.
④ 해석경계는 교량길이(35m)정도를 좌우로 확보하였고, 좌우경계는 수평변위를, 하단경계는 상하변위를 구속하였다.

(표 12) A교 지반정수

심 도(m)	γ_t (t/㎥)	ϕ	C_u (t/㎡)	E(t/m)	v
+16.5~0	1.7	30	0	800	0.33
0~-7	1.8	0	2.0, 3.2*	250, 350*	0.33
-7~-15.5	1.94	0	3.0, 7.4*	350, 900*	0.33
-15.5~-30.0	1.8	35	0	3,000	0.33
-30.0~	2.0	35	5.0	30,000	0.33

(주) * : 초기 지반정수와 현재 지반정수

〈표 13〉 B교 지반정수

심 도(m)	γ_t (t/㎥)	ϕ	C_u (t/㎡)	E(t/m)	v
+15~0	1.7	30	0	800	0.33
0~-5	1.93	25	0.5	5000, 1,200*	0.33
-5~-12.5	1.87	0	2.0, 5.2*	250, 350*	0.33
-12.5~-30.0	1.8	35	0	3,000	0.33
-30.0~	2.0	35	35	30,000	0.33

(주) * : 초기 지반정수와 현재 지반정수

⑤ 해석조건은 (표 12)와 (표 13)에 나타낸 바와 같이 초기 지반조사에서 구한 지반정수를 이용한 성토완료 직후와 추가 지반조사에서 구한 지반정수를 이용한 현 상태를 택하였으며, 성토높이는 도로표면으로 가정하였다.

〈표 14〉 유한요소 해석결과

	지반정수	말뚝부두의 수평변위(cm)	모멘트(t·m) 평균	모멘트(t·m) 최대	전단력(ton) 평균	전단력(ton) 최대	축 력(ton) 평균	축 력(ton) 최대
A교	초기	31.4	56.3	101	22.3	41.7	87.8	168.4
A교	현재	17.8	34.7*	59.4	14.5*	32.2	56.7	125.2
B교	초기	27.4	54.1	88.4	21.6	45.8	72.0	162.4
B교	현재	8.5	23.7*	37.4	12.7*	27.6	45.3	108.9

(주) * : 단면 검토하중(×1.6 : 말뚝 열간 간격)

⑥ (표 14)에 나타낸 바와 같이 A교와 B교의 말뚝두부 변위는 최대 31.4cm와 27.4cm로, 측방유동에 의해 말뚝에 과도한 토압 및 변위가 발생한 것으로 추정된다.

〈표 15〉 말뚝 제원

두 께	탄성계수(t/㎡)	단면적(㎡)	단면 2차 모멘트(m⁴)
t = 9mm	2.1×10^7	0.0141	4.39×10^{-4}
t = 7mm(강관외 벽부식 2mm)	2.1×10^7	0.0109	3.38×10^{-4}

⑦ 말뚝에 작용하는 모멘트는 A교 35t·m, B교 24t·m로 (표 15)의 말뚝제원을 이용하여 산정한 휨응력은 (표 16)에 나타낸 바와 같이 허용치를 초과하였으며, 전단응력은 허용범위내이다.

(표 16) 말뚝에 작용하는 응력

말뚝 부식 고려 여부		휨응력(kg/cm²)*	전단응력(kg/cm²)**
A교	무	3,205(N.G.)	165(OK)
	유	4,139(N.G.)	213(OK)
B교	무	2,189(N.G.)	144(OK)
	유	2,826(N.G.)	186(OK)

(주) * : 말뚝의 허용 휨응력 $\sigma_{ca} = 1,500 kg/cm²$
 ** : 말뚝의 허용 전단응력 $\tau_{ca} = 800 kg/cm²$

⑧ 유한요소는 해석시에 상부 Slab의 구속효과를 적절하게 고려할 수 없었고, 해석 경계 설정 및 말뚝을 Beam 요소로 모델링한 오차 등으로 인하여 변위 및 휨모멘트의 크기는 다소 과대평가된 것으로 평가된다.

(4) 교대기초의 안정성 분석

1) 본 과업의 대상인 A교 및 B교 교대의 과대변형 발생의 중요한 직접적인 원인은 말뚝의 수평 허용지지력 부족과 하부지반의 사면활동에 의한 측방유동이 말뚝에 하중으로 작용해 발생한 것으로 판단된다.
2) 성토직후 사면은 파괴상태였고, 말뚝에 허용치를 초과하는 모멘트가 작용하여 과다한 변위가 발생한 것으로 판단된다.
3) 변형이 발생한 시기를 토대로 판단할 때, A교와 B교는 시공 후 3개월 내에 변형이 발생하기 시작하였으므로 시공직후의 단기 안정문제이며, 이는 말뚝의 수평지지력 부족
4) 즉, 주동말뚝의 수평 허용지지력 초과로 인한 교대의 전도파괴와 하부지반의 사면파괴가 발생하여 측방유동으로 인한 말뚝의 과대변위, 즉 수평말뚝의 파괴로 인한 두가지 원인이 복합된 것으로 판단된다.

6. 대책공법

(1) 대책공법 선정시 고려사항

1) A교 및 B교 교대의 측방변위를 처리하기 위한 대책공법의 검토는 변위발생 원인과 밀접한 관련이 있으며 하부지반 압밀로 인한 부마찰력 등의 장기 안정도 효과적으로 처리하여야 한다.
2) 교대변위 발생의 주된 원인은 뒷채움토의 상재하중 작용으로 하부지반에 측방유동이 발생하여 수동말뚝에 과도한 측방변위를 유발한 것과 교대의 횡토압에 대한 주동말뚝의 수평지지력 부족도 복합적으로 작용한 것으로 추정된다.
3) A교 및 B교의 현 상황은 아래와 같다.
   ① 하부지반은 시공 직후에 사면파괴가 발생하였으며

② 이로 인해 말뚝은 측방유동에 의해 항복상태에 이른 것으로 추정되며
③ 말뚝의 수평지지력이 부족하고
④ 현재 하부지반은 압밀이 70~80% 정도 진행되어 비배수 전단강도가 2~5t/㎡ 정도 증가하였고,
⑤ 압밀이 70~80%정도 진행된 현 상태의 비배수 전단강도를 이용한 사면검토 결과, A교는 사면이 불안정하고, B교는 안정한 상태인 것으로 판단된다.
⑥ 그러나, 말뚝에 작용한 모멘트가 과다하여 말뚝이 휨파괴에 도달하였을 가능성이 크고 양 교량 모두 현재 교대 전면에 압성토가 실시되어 있으나 이를 제거하면 불안정한 상태로 될 수 있으므로, 이를 보강할 수 있는 방안이 필요하다.
⑦ 대책 공법은 아래의 내용을 보강하여야 한다.
　㉠ 교대에 작용하는 횡토압 경감방법
　㉡ 사면안정을 위한 하부지반의 강도증진 및 하중경감 방법
　㉢ 교대기초의 지지력 확보를 위한 보강방법

(2) 대책공법 선정

1) A교 및 B교 대책공법은 <u>하중경감 및 말뚝지지력을 증가시킬 수 있는 방법</u>이 검토되었으며, (표 17)에 나타낸 3가지 방법을 검토하였다.

(표 17) 대책공법 검토안

구 분	말뚝 지지력 증가	하중 경감
제1안	기초확대, JSP보강, 강관말뚝 및 H-Pile 추가	Box 구조물
제2안	기초확대, JSP보강, H-Pile 추가	경량성토
제3안	기초확대, JSP보강, H-Plle 추가	사면형성 및 교량설치

2) <u>제1안</u>은 (그림 12)에 나타낸 바와 같이 교대 기초부를 확대하고 뒷채움재를 제거한 후 Box구조물을 시공함으로써 하중경감 효과를 기대하는 방법이다.
3) <u>교대기초의 보강</u>은 교대기초 하부 앞, 뒤로는 시공성을 고려하여 <u>H-Pile</u>을 시공하며, 기초의 안정성을 유지하기 위하여 (그림 13)에 나타낸 바와 같이 <u>교대기초에 JSP공법으로 Underpinning</u>을 실시한다.
4) 또한, <u>Box구조물 하부</u>에는 측방변위를 최대한 억제하기 위하여 대구경 강관을 항타 관입한다.
5) <u>기초 확폭시</u>에 기존 구조물과의 일체화를 위하여 <u>표면 Chipping 및 Shear Bolt</u>를 설치하여야 한다.
6) <u>본 1안</u>은 전체적인 사면안정에는 문제가 없으나, 시공후에 어느 정도의 측방유동을 피할

수 없어 근본 원인제거책은 될 수 없을 것으로 판단된다.

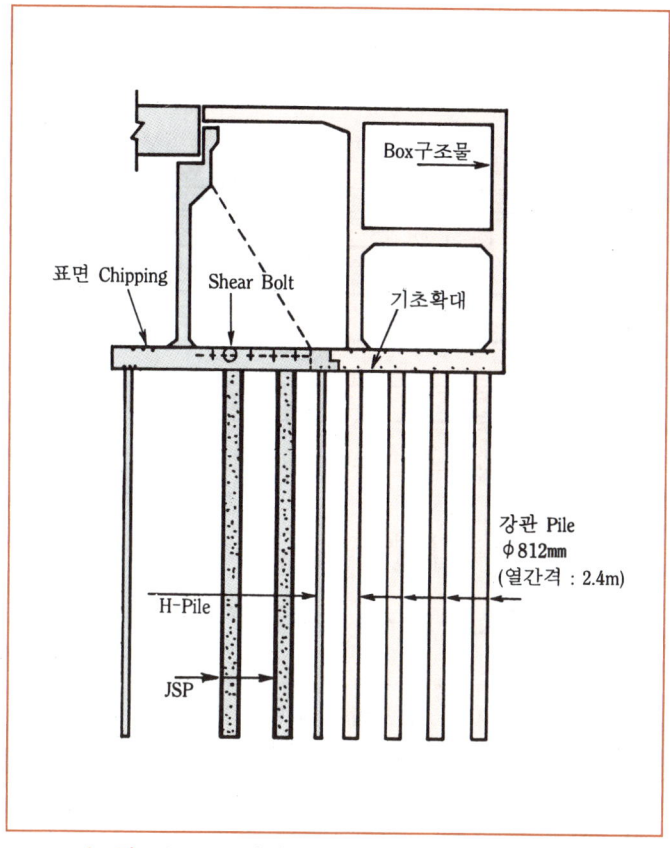

(그림 12) A교 보강안(제1안 : 강관말뚝＋Box구조물)

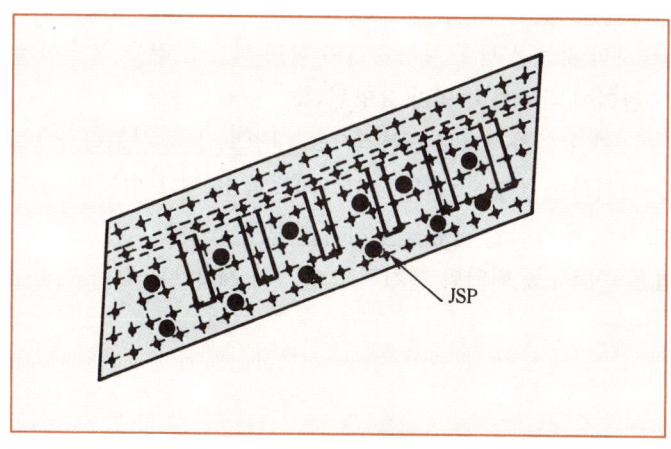

(그림 13) JSP 배치도(A교)

7) 제 2안은 (그림 14)에 나타낸 바와 같이 뒤채움토를 제거하고 경량성토(EPS)로 시공하는 방안으로 교대기초부에 대한 보강방법은 제1안과 동일하다.

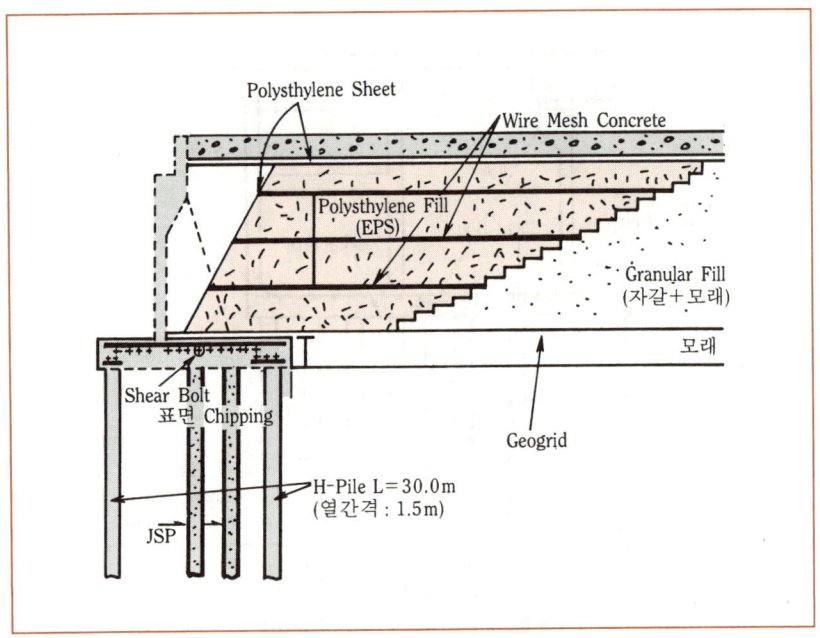

(그림 14) A교 보강안(제2안 : 경량성토)

8) 이 대책공법은 측방유동에 의한 변위를 근본적으로 제거하는 방안이며, 보강공사비도 비교적 저렴하나 국내 시공실적이 없다는 단점이 있다.
9) 그러나, EPS를 이용하여 시공한 실적은 유럽이나 일본에는 충분하므로 시공실적이 충분히 있는 기술자의 자문을 받아 보강하여야 하며 파손될 경우, 보수시에 성토하는 일이 없도록 유지·관리에 각별한 주의가 요망된다.
10) 제 3안은 제 2안과 마찬가지로 근본적으로 배면토압 및 성토하중으로 인한 측방유동의 근본원인을 제거하는 공법으로 (그림 15)와 (그림 16)에 보이는 바와 같이 교대배면을 사면으로 형성하고, 추가적인 교량을 설치하는 보강안이다.
11) 이 보강법은 측방유동 원인이 제거되므로 거의 제 2안과 같은 안정성을 유지할 것으로 판단된다.

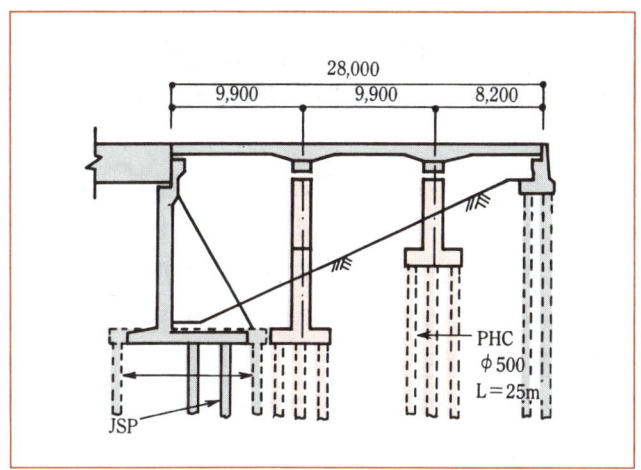

(그림 15) A교 보강안(제3안 : 교대 배면 교량설치)

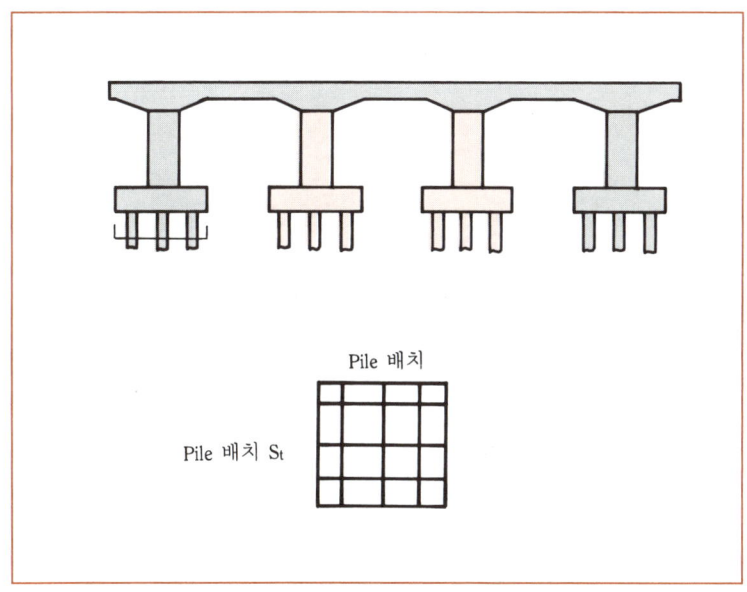

(그림 16) A교 보강안(제3안 : 교각 정면도)

7. 결론 및 제언

(1) 연약지반상에 설치된 교대기초는 필수적으로 **상부하중** 및 **횡토압**에 대한 **주동말뚝**과 측방유동에 대한 수동말뚝이 모두 안전하도록 연약지반 개량공법, **성토시기**, **지반조건** 및 측방유동 등의 종합적인 검토를 통하여 경제성 및 시공성을 향상시키도록 설계하여야 한다.

(2) 연약지반에 설치한 교대의 측방변위 발생은 **성토 편재하중**으로 인한 기초지반의 **측방유동**에 대한 합리적인 검토부재와 말뚝의 **횡방향 지지력** 과다산정에 주로 기인한 것으로 판단된다.

(3) 측방변위 발생후의 대책공법은 **기초지지력**을 증가시킴과 동시에 하중을 경감시키는 방법(경량성토, Box 구조물, 접속 Slab 등)이 고려될 수 있으나, Box 구조물 설치는 **측방유동의 근본원인 제거책**은 아닌 것으로 판단된다. 차후에 연약지반에 설치하는 교대는 계획단계에서 교량을 Approach Slab(대책공법 3안)로 연결하여 교대 뒷편에 **성토하중**이 측방유동을 일으키지 않도록 설계하는 것이 바람직하다.

(4) **수동말뚝**의 설계법에는 아직도 많은 논란이 있는 바, 이번의 문제들을 계기로 하여 보다 심도깊은 연구가 요망된다.

4. 연약지반 개량(Ground Modification)

1. 서 언
(1) 연약지반은 함수비가 높고 일축 압축강도가 작은 점토, Silt 및 유기질토, 느슨하게 쌓인 포화 사질토 지반을 총칭한다.
(2) 최근 서해안에 인공적으로 매립 성토된 연약한 인공지반
(3) **연약토의 정의**
  1) 세립토 : 0.002mm 이하의 점토
    ① 비표면적이 커서 계면 활성이 크므로 물리화학적 작용이 활발한 흙이다.
    ② 면모화 구조(Honey Combed Structure)를 갖는 경우가 많아서 압축력을 받으면 토립자의 재배열에 일어나며 변형이 발생하고 공극이 적어서 압밀에 의한 탈수에 시간이 걸린다.

  2) 조립토
    ① 포화 사질토의 경우 압축받으면 과잉 간극 수압이 발생해서 액상화(Liquefaction) 현상이 일어난다.
    ② 상대밀도가 낮은 흙

2. 연약지반의 문제점 3가지 (설계, 시공상 문제점)
(1) **안정의 문제**
  1) 원인 : 급속 시공시 활동파괴 발생, Heaving현상이 수십 m에 이르는 경우가 있음.
  2) 대책 : 완속 시공

(2) **침하 문제**
  1) 원인 : 장기 압밀 침하
  2) 대책 : 계측(침하판 설치 침하측정)

(3) **측방유동(측방변형)**
  1) 원인 : 주변지반의 융기(Heaving)
  2) 대책 : 토압계, 수압계 매설하여 계측

3. 연약지반의 판정 기준

구조물의 종류	지반 상태							판 정
	토 질	층두께(m)	N치	q_u(t/㎡)	q_c(t/㎡)	장기허용 지내력 (t/㎡)	함수비	
도 로	유기질토		2이하	2.5이하	12.5이하			연약지반(초연약)
	세립토		2~4	2.5~5	12.5~25			연약지반(연약)
	조립토		4~10	5~10	25~50			연약지반(보통)
고속도로	이탄토		4이하	5이하			100이상	연약지반
	점성토		4이하	5이하			50이상	〃
	사질토		10이하	5이하			20이상	〃
철 도		2이상	0					〃
		5이상	4이하					〃
		10이상	10이하					〃
필 댐			20이하	15이하		·		〃
건 축			10이하			10이하		〃

4. 연약지반이 형성되는 지형 및 환경조건

(1) 상류부에 침식, 운반되는 세립토, 광물질 유기물질이 존재
(2) 퇴적토를 형성하는 식물의 번성과 부패, 퇴적 작용이 있는 환경
(3) 퇴적토를 운반하는 유수의 속도가 거의 정체되어 있어 세립토 퇴적이 가능한 곳
(4) 퇴적이 새롭고 흙덮개, 지하수위의 변동 또는 침전 등 화학작용에 의한 선행 압밀을 받고 있지 않은 곳
(5) 퇴적층이 30m보다 얇고 지하수위가 높게 유지되어온 곳

이상과 같은 조건이 만족되면 연약지반이 형성되며 연약지반은 대략 다음과 같은 지대이다.
   (1) 호소습지
   (2) 배수지
   (3) 매립지
   (4) 삼각주
   (5) 해안사주
   (6) 저습지

5. 우리나라 연약지반의 특성

(1) 우리나라는 연안과 하구를 중심으로 연약지반이 발달되어 있다.(금강, 만경강 하구, 낙동강 하구 연약지반)

(2) 해성 점토층이 발달한 지역

1) 김포지역 : 최대 30m
2) 서남해안 : 10~20m
3) 특히 조수간만의 차가 심한 서해안 : Silt질
   동해안, 남해안 : 대단히 연약한 점토층
4) 예) 속초, 명주의 액성한계 LL = 120% 넘는 곳도 있다.
5) 내륙지방의 연약지반 : 강하류 부근에 넓게 분포, 주로 하천 범람시 세립질이 층상을 이루며,
6) 우리나라 해성점토의 OCR(과압밀비) < 1

$$\boxed{\begin{array}{l} OCR = \text{Over Consolidation Ratio} \\ \quad\quad\ = \dfrac{P_0(\text{선행압밀응력})}{P'(\text{현재의 유효응력})} < 1 \end{array}}$$

7) 우리나라 해성점토의 특성
   ① OCR < 1
   ② 전단 강도의 증가가 없으므로
   ③ 과소압밀 상태로 퇴적되었다고 할 수 있다.

6. 연약지반의 공학적 특성

(1) 연약지반의 일반적인 공학적 특성

1) 강도가 약하고
2) 압축성이 큰 연약토로 구성
3) 세립토의 경우(0.002mm 이하의 점성토를 세립토)
   ① SPT의 N치 : 2~4
   ② 일축압축강도 $q_u = 0.25~0.5 kg/cm^2$ 이하

4) 조립토의 경우
   ① 느슨한 포화 사질토로서
   ② 상대 밀도가 작고
   ③ SPT의 N치(4~6이하의 경우로 하며) : 모래지반의 경우 N < 10, 점토지반 N < 4
   ④ 액상화가 일어난다.

7. 점성토 연약지반의 공학적 특성

(1) 점토의 성질

1) 점토는 입경이 0.005mm 이하로 Kaolinite, Montmorillonite, Illite, Chlorite, Vermiculite 등의 결정성 점토광물로 Allophane과 같은 비결정성

2) Kaolinite와 Montmorillonite의 특징
   ① Kaolinite : 비교적 물리 화학적으로 안정되어 있다.
   ② Montmorillonite : 비표면적이 넓어 물과 상호작용이 활발하고, 팽윤(Swelling)이 큰 문제점이 많은 점토이다.

3) 점토의 구조 관찰 방법
   ① X-Ray 분석법
   ② 시차 열분판 (DTA)
   ③ 전자 현미경 관찰 등으로 구조를 볼 수 있다.

4) 연약토를 구성하는 요소
   ① 유기물 함량이 크다.
   ② 유기물을 함유하게 되면 자연 함수비와 공극비 ($e = \dfrac{V_v}{V_s}$) 가 크게 되며,
   ③ 강도가 저하되는 등 공학적으로 불량한 토질이다.
   ④ 모래의 공극비 e = 0.54~0.82
      모래의 공극율 n = 0.35~0.45
   ⑤ Loam 및 점토 e = 0.67~1, n = 0.4~0.5

5) 토립자의 비중
   점토의 구성광물의 종류와 유기물의 함량에 따라서 비중이 달라진다.

흙	비중	흙	비중
Kaolinite	2.60~2.80	자갈, 모래	2.65~2.75
Montmorillonite	2.35~2.70	점토 및 점성토	2.60~2.70
Illite	2.64~2.65	유기질 점토	2.30~2.65
Chlorite	2.60~2.96	이탄토	2.30 이하
화산재질 점토	2.70~2.80		

6) Consistency(연경도)
   ① 연약토가 외압을 받았을 때에 유동 또는 변형하는 정도를 나타내는 것으로서,
   ② 액성 한계와 소성 한계로 표시한다.
   ③ 흙의 액성 한계의 증가요인

㉠ 점토의 함유량이 증가할 때 증가
　　㉡ 유기물의 함유량이 증가할 때 증가하고
　　㉢ 구성 광물에 따라서 변하여
　　㉣ 흡착되어 있는 ion의 종류에 따라서 변한다.
　④ 액성한계가 크다는 의미 : 점토의 압축성이 크다는 뜻

Atterberg 한계 (Mitchell. 1976)

점토광물	액성한계 (%)	소성한계 (%)
Montmorillonite	100 ~ 900	50 ~ 100
Kaolinite	30 ~ 110	25 ~ 40
Illite	60 ~ 120	35 ~ 60
Chlorite	44 ~ 47	36 ~ 40
Allophane	200 ~ 250	130 ~ 140

8. 점성토의 역학적 성질

(1) 압밀 특성

1) 점성토는 압밀에 의해 침하가 발생하며 침하량은 대단히 크다.
2) 침하량 계산은 압축지수를 이용한다.
3) 압축지수를 LL (액성한계)로 부터 구하는 식
　① 정규압밀 점토 $C_c = 0.009(LL-10)$
　② 반죽된 점토 $C_c = 0.007(LL-10)$
4) Azzouz, et al(1976)의 압축지수는 LL, W_n(자연 함수비), 자연 공극비(e_n)로 나타낸다.
　① $C_c = 0.37(e_n + 0.003)$
　② $C_c = 0.37(W_L + 0.004)$
　③ $C_c = 0.37(W_n + 0.34)$
5) 연약 점성토의 압축지수 : 0.4이상으로 크다.
6) 연약점토의 2차 압밀량은 1차 압밀량이 큰 점토일수록 크며 유기질토는 특히 크다.

$$\text{2차 압축계수} = C_{ae} = \frac{\Delta e}{\Delta \log t}$$

① 자연점토의 경우 $C_{ae} = (0.05 \pm 0.02)C_c$

② 이탄토의 경우 $C_{ac} = (0.07 \pm 0.02)C_c$

7) 팽창지수(C_s) = 압축지수 $\times (\dfrac{1}{5} \sim \dfrac{1}{10})$

(2) 전단특성

1) 연약점토의 전단강도는 대단히 낮으며($0.25 kg/cm^2$)
2) 예민비(S_r)는 높으며
3) 충적 점토의 예민비 : 5~15 정도 ($S_r = \dfrac{q_u}{q_{ur}}$)
4) 연약 점토의 비배수 전단 강도 증가율($\dfrac{C_u}{P}$)은 예민비가 클수록 감소하는 경향이 있으며 $\dfrac{C_u}{P} = 0.5 \sim 1$의 범위에 있다.
5) 또한 비배수 전단 강도 증가율($\dfrac{C_u}{P}$)은 PI(소성지수)가 증가할수록 증가한다.

【Skempton의 식】

$$\dfrac{C_u}{P} = 0.11 + 0.0037 PI$$
$$= 0.004 W_L \ (W_L > 40\%)$$

여기서, PI : 소성지수
W_L : 액성한계

6) 퇴적토는 퇴적방향이 연직이므로 이방성 응력을 받으며 퇴적되어 이방성을 갖는 경우가 많다.
7) 연직방향 비배수 전단강도는 수평방향 비배수 전단 강도보다 크며 Kaolinite의 경우 그 비는 0.8정도이다.
8) 비배수 전단강도 시험 결과 이방성은 비소성 예민 점토인 경우 크고, 예민비가 낮은 소성 점토의 경우 작다.
9) 점토의 비배수 전단 강도와 선행응력 경험(과압밀비)
   점토의 비배수 전단강도는 선행압밀 응력 경험, 즉 OCR(과압밀비)의 영향을 크게 받으며 OCR이 클수록 크다.

$$OCR^m = \dfrac{(C_u/\sigma_{vc}')oc}{(C_u/\sigma_{vc}')nc}$$

여기서, σ_{vc}' : 연직 유효응력
$m(0.85 \sim 0.75)$: 계수로서 OCR이 클수록 작다.

9. 연약지반 처리공법 선정시 고려사항

고려사항	내 용	고려사항	내 용
구조물 특성	구조형식, 규모, 기능, 중요도	지반개량공법 특 성	설계정도, 시공능력, 시공의 난이도, 시공기계나 재료구입의 난이도, 효과판정의 난이도
연약지반특성	연약토의 종류, 연약토의 범위, 심도, 지반 전체의 성층상태, 지지암의 심도와 각층의 공학적 특징		
		공기나 환경면의 제약	공기, 오탁, 진동, 소음
개량의 필요성	일반적 개량, 항구적 개량	경 제 성	시공법과의 비교
개 량 목 적	강도증가, 침하촉진, 침하억지, 액상화 대책, 지수	기 타	설계변경의 난이도, 향후 계획면과 연속성

10. 대책공법 선정, 설계·시공 흐름도

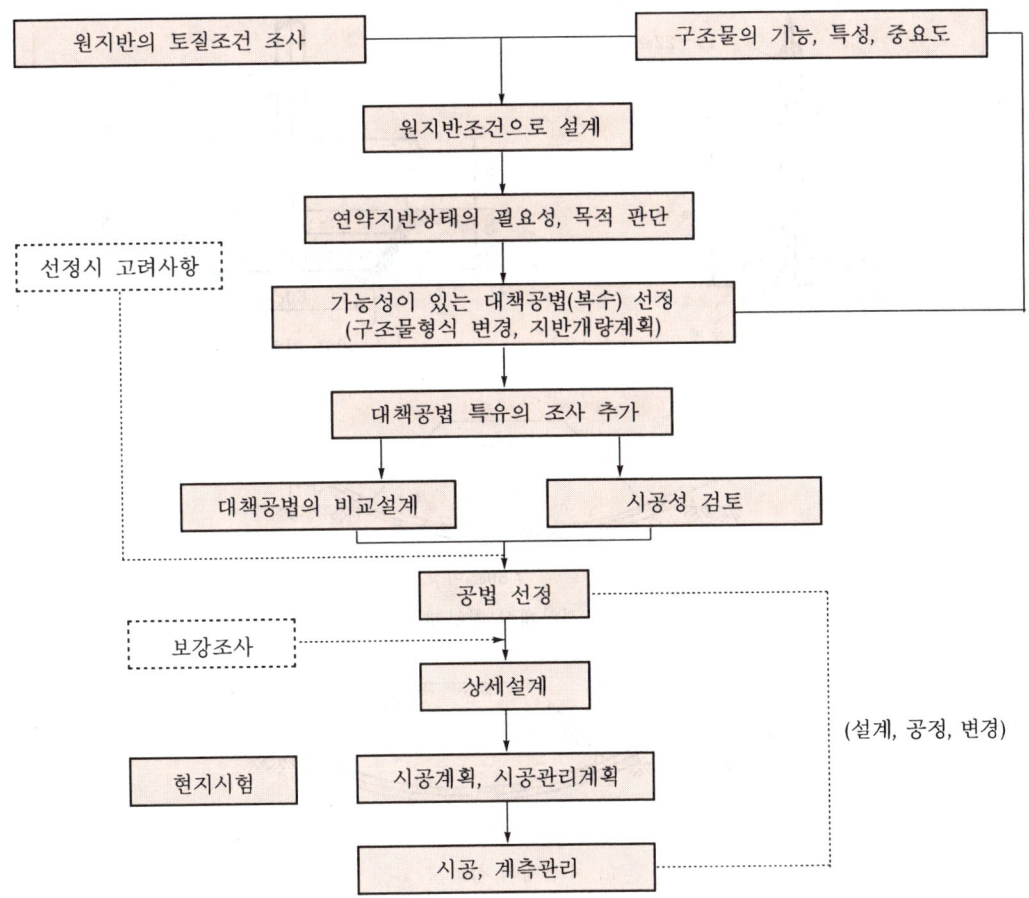

11. 연약지반 침하 측정방법 【40회】 : 연약지반 시공관리(침하관리)

측정방법에 의한 분류	측 정 기	설 명
레벨에 의한 측정	지 표 면 침 하 계	지표면에 침하판을 설치함
	심 층 침 하 계	심층부에 앵커침하판을 설치함
지중앵거방식에 의 한 측 정	차 동 식 침 하 계	심층부동점과 지표의 상대침하를 구함
	연 속 식 침 하 계	포텐시오 미터의 축회전을 지표에서 전기적으로 측정함
	침하측정용관측정	단관식 및 이중관식이 있음
층 별 침 하 의 측 정	크로스암식침하계	성토자체의 각 층의 침하를 구함
	침하소자식침하계	보링공벽에 고정된 침하소자 및 검출기로 측정함
	앵커와이어·다중관에 의한 다점식침하계	보링공벽에 고정된 앵커부의 상대변위를 와이어 또는 관의 상대 침하로 구함
연통관의 원리를 이용한 측정	연 통 관 식 침 하 계	높은 정도의 침하측정이 원격지에서 가능함
수압계에 의한 측정	수 압 식 침 하 계	기준수조와 측정점의 상대침하를 수압으로 검출함
경사계에 의한 측정	수 평 경 사 계	부분하중에 의한 지표면 침하를 수평단면으로부터 구함

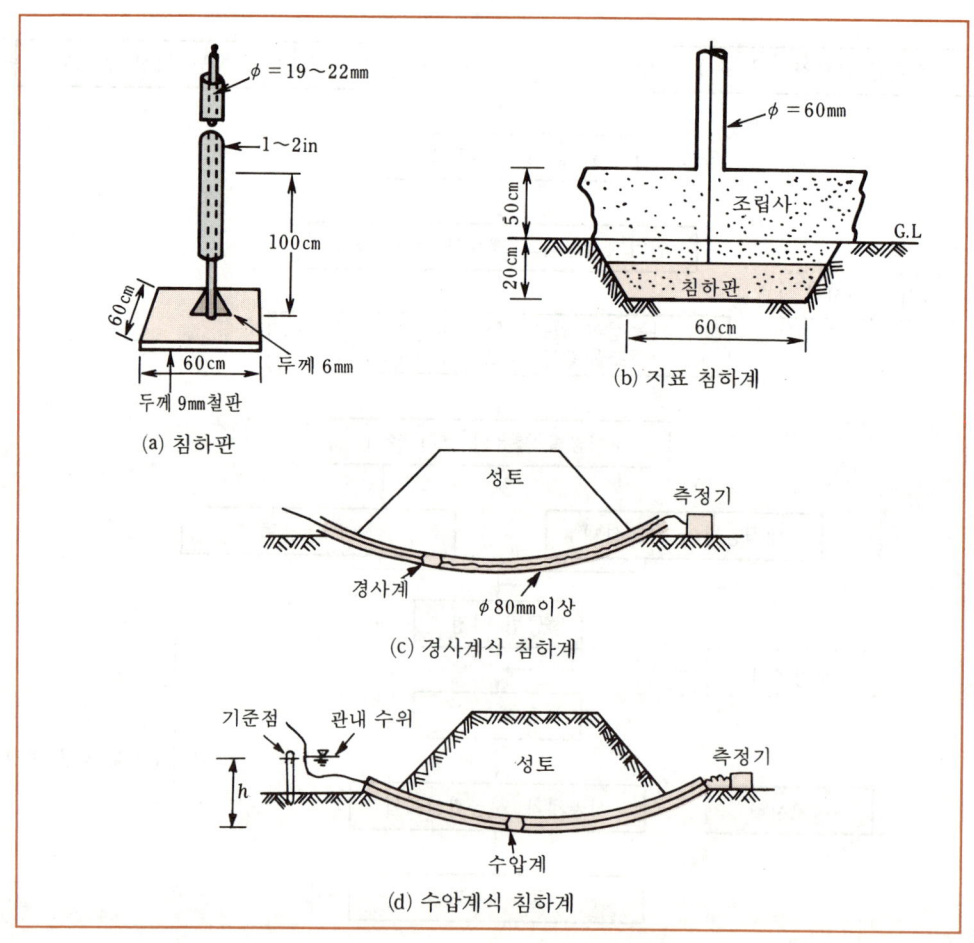

(a) 침하판
(b) 지표 침하계
(c) 경사계식 침하계
(d) 수압계식 침하계

12. 연약지반 측방 유동 측정방법

(1) 측방 유동 현상은 토압, 수압, 수평하중, 지반활동, 진동 등에 의한 수평방향 변위와
(2) 경사로 나눈다.
(3) 측방유동에 대한 측정방법은 일반적으로 2점간의 상대적 수평거리의 변화를 구하는 방법과
(4) 경사각을 측정해서 변위량으로 환산하는 방법으로 대별된다.
(5) 측방 유동 측정방법

측정방법에 의한 분류	측 정 기	설 명
거 리 측 정	지표면침하계	트랜싯 또는 테이프에 의하여 측정함.
	지표면신축계	2점간에 불변강선을 치고 상대변위를 구함
	테이프신축계	일정장력의 테이프로 2점간을 측정함
경 사 측 정	현 추	지표면의 각도변화를 감지함
	부자식변위계	연직매설된 파이프의 휨을 측정함
	기포관식경사계	기포관으로 높은 정도의 경사를 측정함
	진자식경사계	진자의 변위로 경사를 측정함
	지중변위계	높은 정도, 안정성으로 광범하게 이용됨
변 형 측 정	지중변형계	활동면의 확인에 사용함.

13. 연약지반 처리공법 장·단점

대상공법	장 점	단 점
1. Pre-Loading 공법	1. Pre-Load를 성토후 다시 제거해야 함으로 토공작업이 많지만, 토공단가의 절대치가 적으므로 타의 공법에 비하여 공사가 저렴하다. 2. 예정한 하중 및 그 이상의 하중을 사전에 기함으로써 아주 확실한 공법이며, 이론상 예측할 수 없는 여러가지의 미지의 현상을 Cover할 수 있다. 3. 타공법은 처리속도가 타설기계의 능력에 따라 한정되지만, 재하공법은 연약층 두께에 무관하게 처리할 수 있다. 4. Sand Pile 등의 압밀을 촉진시키기 위한 대책공법은 2차 압밀침하에 대한 효과는 없으나 재하공법은 잔류침하에 대한 처리공법으로서는 특히 유효하다.	1. 토취장이 원거리일 때는 공사비가 비싸게 든다. 2. 성토의 안정에 의문이 있는 경우에는 불안정된 요소를 더욱 증가시키게 된다. 3. 재하성토의 침하진행을 알기 위하여 어느 기간까지는 방치할 필요가 있으므로 공정상 타의 구간에 까지 제약을 줄 수가 있다. 4. 압밀종료 시간이 길게됨으로 압밀계수가 작고 연약층 두께가 두꺼운 지역에서는 대단히 많은 공기가 필요하다. 5. 재하중의 제거시기 등의 판단은 침하 등의 측정결과에 따라 실시됨으로 침하계 등의 각종 계기의 설치 및 측정 등의 모든 작업이 필요하다.
2. Sand Drain 공법	1. 단기간에 압밀을 촉진시켜 연약지반을 안정화 시킨다. 2. 단계하중 재하로 지반을 파손시키지 않고 깊은 연약층까지 확실한 시공이 용이하다.	1. 함수비가 높은 연약토 중에서 Sand Pile이 도중에서 절단되거나 소정의 지름을 유지하기 어렵다. 2. 침하량이 큰 경우에는 침하에 의하여 Sand Pile에 변형이 발생한다.

대상공법	장 점	단 점
2. Sand Drain 공법	3. Sand Pile의 지름과 간격의 조정으로 공사기간을 단축할 수 있으므로 후속공사에 지장을 감소시킬 수 있다. 4. 압밀침하의 방지로서는 타공법에 비하여 우월하다. 5. Pre-Loading 공법에서 발생하는 연약지반의 과잉 공극 수압을 초기에 배제시킨다.	3. Sand Pile의 시공에 의하여 지반의 교란과 회복에 불명확한 점이 많다. 4. Drain용 모래의 선정에 제약을 받으며 재료입수가 용이하여야 가능하다. 5. Paper Drain 공법에 비하여 시공속도가 늦고 공비가 비싸다.
3. Paper & Board Drain 공법	1. 두께지가 공장생산품이므로 품질이 균일하여 Drain효과가 일정하다. 2. 중량이 가볍고 운반취급이 용이하다. 3. 타설기가 가볍고, Sand Drain의 시공이 불가능한 초연약지반까지 시공가능하다. 4. 지중에서 단면이 불균일하게 되지 않고 Sand Drain 보다 시공관리가 간단하며 시공속도가 변속하다. 5. 공비가 아주 저렴하다.	1. 투수성 재료로서는 모래보다 우월성이 없으며, 지반중에 타설하면 측압 및 압밀의 영향으로 투수성이 저하한다. 2. 재료강도, 특히 습윤시의 강도가 약하여 절단의 염려가 있다. 3. Sand Drain에서는 부분적인 모래치환으로 강도의 증가를 생각할 수 있으나 Paper Drain에서는 그러한 효과가 없다. 4. 지반중에 장해물이 있을 경우에는 시공불가능일 때가 많다. 5. 해저지반에서는 시공할 수 없다.
4. Vibrocomposer 공법	1. 지름이 크고 비교적 잘 다져진 사주가 점성토중에 일정한 간극으로 조성됨으로서 복합지반(Clay Sand Column System)이 형성되어 지반 전체로서의 전단저항이 증대하고 지지력 증가 및 Sliding 파괴의 방지에 기여한다. 2. 사주측으로 재하중의 응력집중 효과에 의하여 압밀침하를 저감시킨다. 3. 밀실한 Drain 효과에 의하여 잔류침하를 조기에 종료시킨다. 4. 복합지반의 기능으로 부등침하를 저감시킨다. 5. 모래를 진동 또는 충격에 의하여 지중에 압입함으로 사지반을 한계공극비 이하로 다져 지진시 및 진동시의 유동화를 방지한다. 6. 어떠한 지반에도 적용할 수 있으며 안정화에 시간을 요하지 않는다.	1. 표층 1~2m 부분에서는 구속성이 적으므로 충분한 다짐을 달성할 수 있다. 2. Silt 이하 점성토의 함유율이 20% 이상의 사질토에서는 다짐효과가 감소된다. 3. 투입사량 및 다짐시간의 측정 등의 시공관리가 어렵다. 4. 복합지반의 형성에 대한 신뢰성에 의문이 있다.
5. Vibro-Flotation 공법	1. 지반을 균일하게 다지며, 따라서 다짐 후에는 지반전체가 상부하중을 지지한다. 2. 깊은 곳의 다짐을 지표면에서 할 수 있으며, 지하수위의 고저에 영향을 받지 않고 시공할 수 있다. 3. 다진 후의 지반은 압축성이 감소하고 지지력이 증대하는 외에 투수계수가 감소한다. 4. 상부구조가 진동하는 것과 같은 것에는 특히 효과가 있다. 5. 시공속도가 비교적 빠르며 안정화에 시간을 요하지 않는다.	1. Silt 이하 점성토의 함유율이 30% 이상인 토질에서는 신뢰성이 없다. 2. 표층 1~2m 부분에서는 구성이 적으므로 충분한 다짐을 달성할 수 없다. 3. 투입사량 및 다짐시간의 측정 등의 시공관리가 어렵다. 4. 설계시공에 필요한 기초적 Data가 부족하여 특히 시험공사의 필요성이 있다.

14. 결론

(1) 원리별 대책공법의 향후 연구 및 기술향상 대책

    1) Vertical Drain 공법 : 재료교체 (부직포, 헥스레인재), 연속성 향상 대책

    2) 다짐공법 : 다짐 효율향상, 다짐 Energy 억제 연구

    3) 보강공법 : Geotextile의 인장력 증대 연구

    4) 경량 성토공법 (EPS) : Expanded Polystyrene Foam 활용 검토

(2) 국내 연약지반 안정처리 문제점 및 대책 개선 방안

No.	항목	문제점	개선방안
1	계획	1. 조사비 투자 소규모 2. 조사 전문가 부족 3. 조사 자료 장기 보관 안됨	1. 조사비 투자 증대 2. 전문 조사자 양성 3. 조사자료 보관체계 구축
2	설계	1. 과거 설계 답습 2. 신공법의 설계인식 부족	1. 설계방법의 정립 2. 신공법에 의한 정보화 체계 구축
3	시공	1. 시험시공 결여 2. 시공자료 체계적 보관 미흡	1. 시험시공 예산 배정 2. 시공자료 보관체계 구축 3. 시공방법의 체계화
4	기타	1. 기술도입 회피 2. 연구 투자비 소규모	1. 과감한 신기술 도입 2. 연구비 투자증대

5. Geosynthetics(토목섬유)의 종류, 특징 및 기능

1. 서 언

토목 합성물질인 Geothynthetics는 1960년대초부터 Geotextile의 Filter기능을 이용하여 Piping방지 목적으로 사용하기 시작하여 최근 토공 및 기초공학 분야에서 배수재, Filter재, 분리재, 보강재 등으로 사용되고 있다.

2. Geosynthetics의 종류

 (1) Geotextile
 (2) Geomembrane
 (3) Geogrid
 (4) Geocomposite

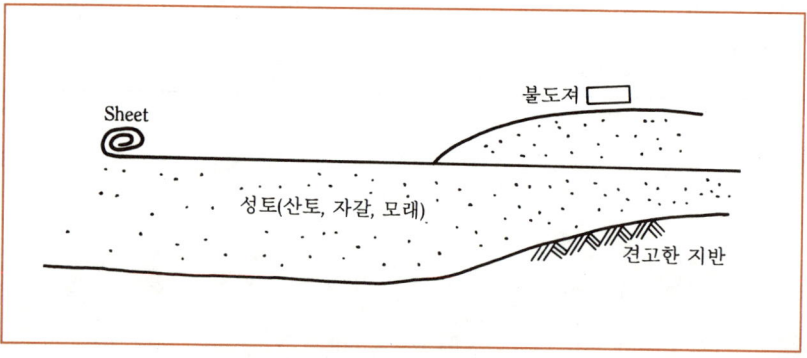

(그림 1) **시 공 법**

6. 서해안 점질토 연약지반 침하 측정방법 및 대책공법 기술 (대단히 중요 : 필히 암기)

1. 서 언

(1) 연약지반이란 주로 점토나 Silt와 같은 미세한 입자의 흙이나 간극이 큰 유기질토 또는 이탄, 느슨한 모래 등으로 이루어진 토층으로 구성되어 있으며, 지하 수위가 높고 제체 및 구조물의 안정과 침하 및 측방유동의 문제가 발생하는 지반을 말한다.

(2) 연약지반의 판단 기준

구 분	이탄 및 점토질 지반		사질토 지반
층두께	10m 미만	10m 이상	–
N 치	4 이하	6 이하	10 이하
q_u (kg/cm²)	0.6 이하	1 이하	–
q_c (kg/cm²)	8 이하	12 이하	40 이하

【Note】 『q_c』는 네덜란드식 삼중관 콘 관입 시험의 콘지수이다.

이하 본 소고에서는 아래와 같이 기술코져 함.
 (1) 연약지반의 문제점
 (2) 침하 측정 방법(계측)
 (3) 점성토, 연약지반의 대책공법 산정시 고려사항 및 대책공법
 (4) 결 론

2. 연약지반의 문제점

(1) **안정** : 활동 파괴, 지반 융기, 흙의 전단강도 저하.
(2) **침하** : 탄성침하, 장기침하
(3) 주변지반의 변형 (**측방유동**)

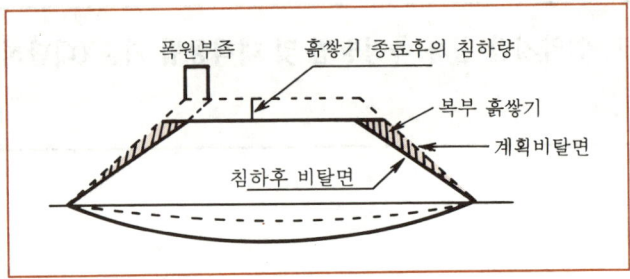

(그림 1) 제체의 침하에 따른 문제

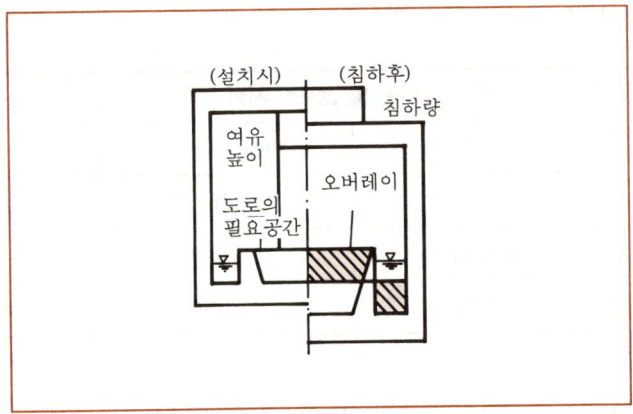

(그림 2) 횡단 구조물의 침하문제

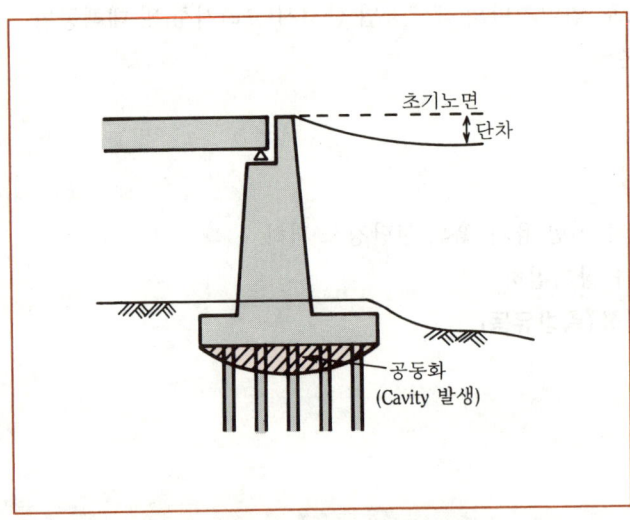

(그림 3) 교대 접속부의 침하문제

3. 침하 측정 방법(연약지반 시공관리)

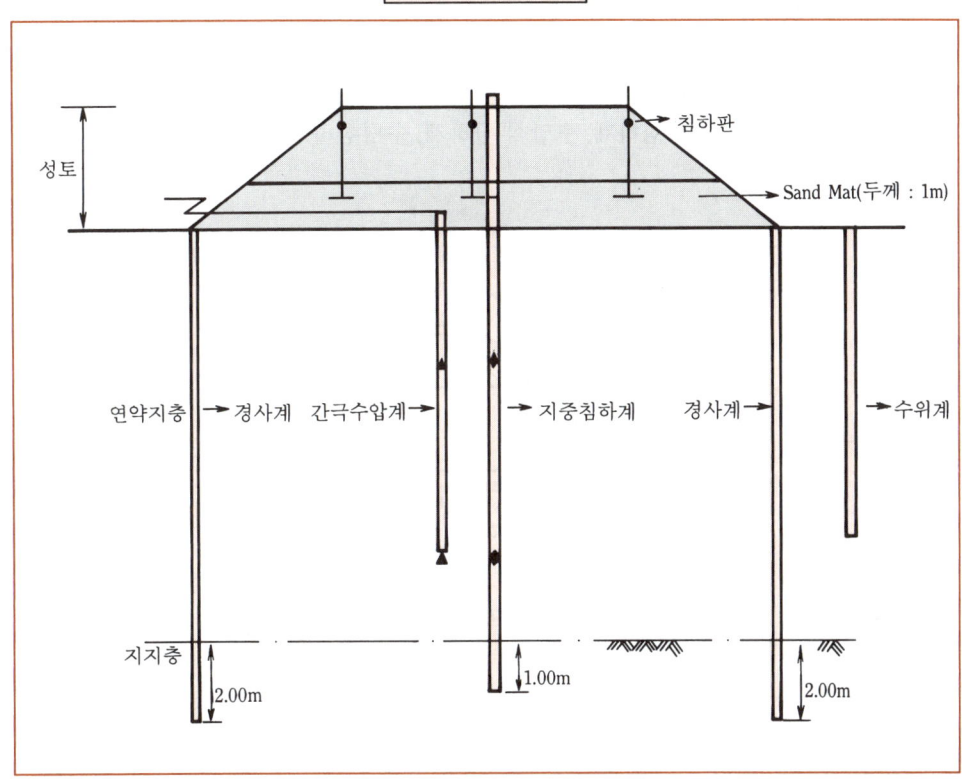

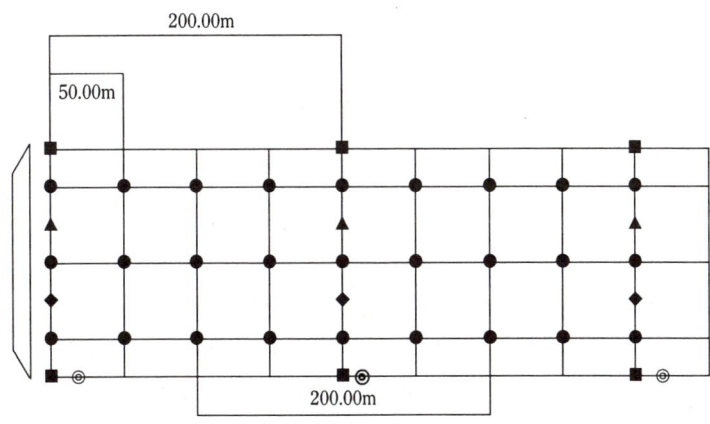

(1) 계측 항목

1) 침하 측정

① 지표면 침하 측정

㉠ 대상 지점의 전 침하량을 측정한다.

㉡ 성토 속도의 조절, 선하중 제거 시기 결정을 위함

㉢ 측정기기 : 지표면 침하계, 수압식 침하계, 수평침하계

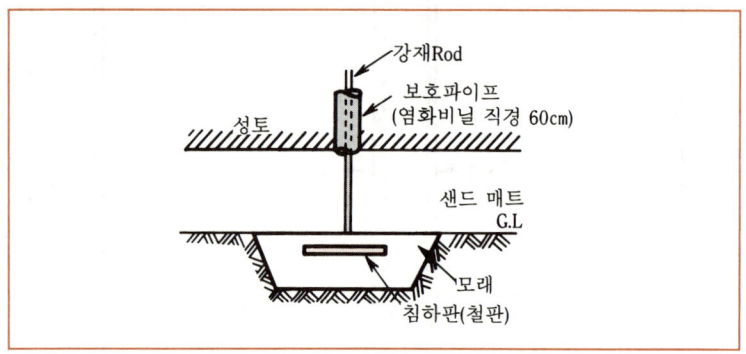

(그림 4) 지표면 침하계

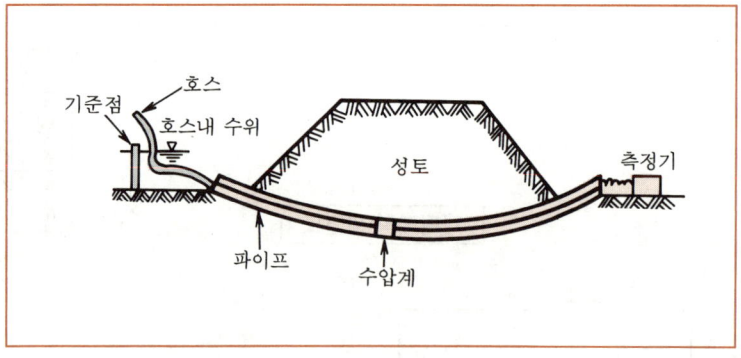

(그림 5) 수압식 침하계

② 심층 침하 측정

㉠ 연약층이 두꺼운 경우 심부의 각 층의 침하량을 측정한다.

㉡ 성토 속도 조절, 선하중 제거시기 결정 등에 그 결과를 이용한다.

㉢ 측정기기 : 심층형 침하계, 차동식 침하계, 연속식 침하계, 앵커식침하계, 침하소자

식 침하계

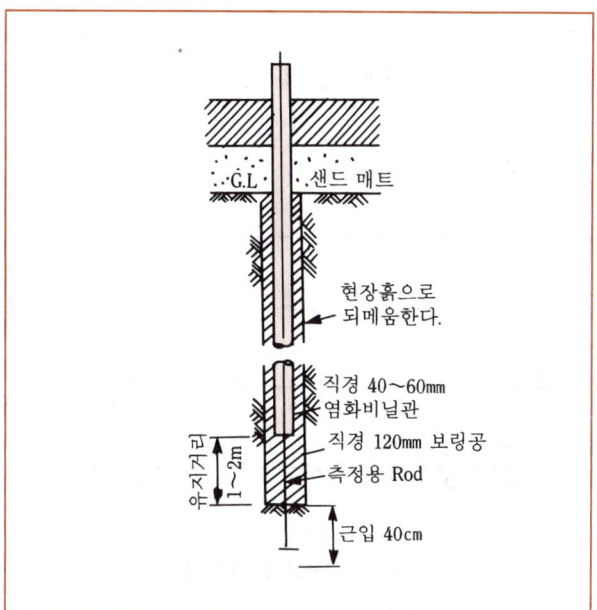

(그림 6) 심층형 침하계

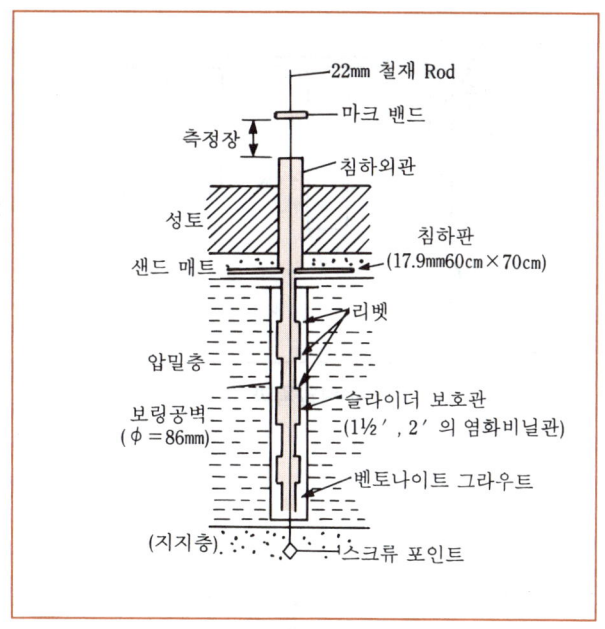

(그림 7) 차동식 침하계

2) 변위 측정
  ① 변위 측정
    ㉠ 지표면의 수평방향 이동량, 성토단부의 침하, 융기를 측정한다.
    ㉡ 주로 구조물의 안전을 확인할 목적으로 설치하며 활동 파괴의 예지, 측방유동 등을 관측하여, 성토작업의 안전성을 확보, 성토 속도의 조절에 그 결과를 이용한다.
    ㉢ 측정기기 : 지표면 변위 말뚝, 지표면 신축계, 테이프 신축계

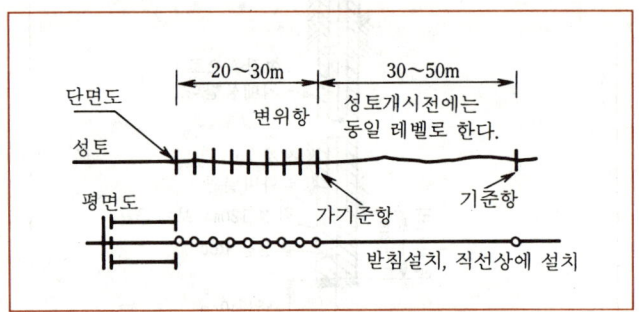

(그림 8) 지표면 변위 말뚝

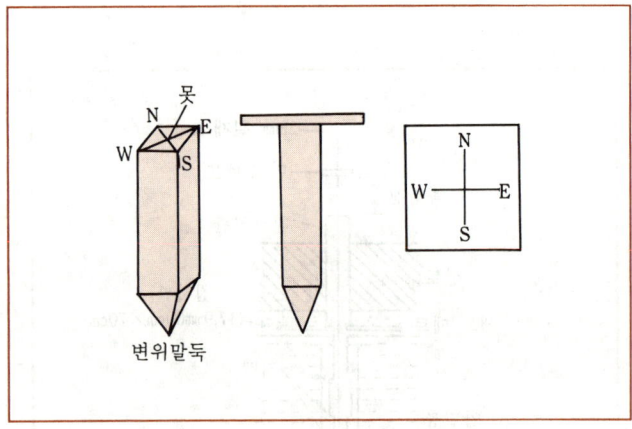

(그림 9) 변위말뚝과 변위판

  ② 지중 변위 측정
    ㉠ 성토 법면 단부의 연직 방향으로 지중의 수평변위를 측정한다.
    ㉡ 성토 속도의 조절, 지중의 유동량과 활동면을 확인하기 위하여 사용한다.
    ㉢ 측정기기 : 지중변위계, 지중경사계

③ 경사의 측정
  ㉠ 지표면의 각도 변화를 측정한다.
  ㉡ 측정기기 : 지표면 경사계, 추(사게브리), 부식변위계

3) 토압 측정
연약지반상의 성토공사에서는 샌드파일의 하중 분담율을 확인하기 위하여 샌드파일 위에 작용하는 토압을 측정하는데 사용하는 정도이며 일반적인 시공관리시에는 사용하지 않는다.

4) 간극 수압 측정
  ① 측정기기 : 간극수압계 매설
  ② 목적 : 압밀 진행상태, 침하 및 대책공법의 효과 확인

4. 침하 변위 추정방법

(1) 1차원 압밀
(2) Lambe의 응력 경로법
(3) FEM(유한 요소법)에 의한 침하, 변형계산

5. 연약지반 대책공법 선정시 고려사항

(1) 구조물 특성 (형식, 기능, 규모, 중요도)
(2) 연약지반 특성 (연약토의 종류, 연약층의 범위, 심도 성층상태)
(3) 개량의 필요성 (일반적 개량, 항구적 개량)
(4) 개량의 목적 (강도증가, 침하촉진, 침하억지, 지수 액상화 대책)
(5) 경제성 (타공법과의 비교)
(6) 공 기
(7) 환경면의 제약 (오탁, 진동, 소음)
(8) 기 타 (설계 변경의 난이도)

6. 원리별 연약지반 대책 공법

대책공법 및 주된 원리		공법 명칭	공법 개요	개량 목적	적용토질
1. 구조물형식변경		압성토 공법	성토본체가 측방으로 압출되려는 모멘트를 경감시켜 안정 확보	활동파괴 방지	점성토 유기질토
		하중경감 공법 (발포스치로폴 등)	하중을 경감시켜 안정확보 및 침하 저감 모색	침하 저감	
		보강토 공법 (Terre Armee 등)	성토 구조물내에 보강재를 부설하여 안정도모	성토의 파괴 방지	사질토 점성토
		널말뚝 공법	널말뚝으로 지반을 구속하여 안정도모	활동파괴 방지	〃
		각종 기초 공법	기초 구조물에 의해 외력을 지지층에 전달	주변지반의 변형 침하방지	유기질토
2. 제거, 치환		치환공법	취약층을 양질토로 치환	활동파괴방지, 침하저감	〃
3. 압밀 지반 특성 개선	압밀 배수	하중 성토 공법 (프리로딩 공법, 서차지 공법)	성토하중을 재하하여 과잉공극수압을 높여 지반의 압밀을 도모(유효 응력 증가)	잔류 침하 저감, 지반 강도 증가	점성토 유기질토
		대기압공법 (진공압밀공법)	공극수압을 진공으로 저하시켜 지반 압밀 도모		
		지하수위저하공법	지하수위를 저하시켜 지반 압밀 모색		
		연직배수 공법 (드레인, 플라스틱 보드 브레인)	연직배수로 배수거리를 단축시켜 압밀을 촉진한다.(재하성토, 대기압, 지하 수위 저하 등과 병용)	압밀촉진, 잔류 침하 저감, 지반 강도 증가	점성토 유질토
		생석회 말뚝공법	생석회의 흡수, 주상타설로 압밀 촉진	압밀촉진,	
		전기침투공법	전위차나 용액의 농도차를 이용하여 집수하여 압밀 도모	잔류 침하 저감, 지반 강도 증가	점성토
		쇄석말뚝공법	느슨한 모래지반에 지진시 공극압을 조기에 소산한다.	액상화 방지	사질토
		표층배수공법	배수로 등을 설치하여 표층배수를 촉진시켜 표층을 건조시킨다.	표층지반 강도 증가	점성토 유기질토
	다짐	샌드컴팩션파일공법 (Sand Compaction Pile)	모래말뚝을 강제압입하고 진동으로 느슨한 모래지반을 조밀하게 한다.	액상화 방지	사질토
		로드컴팩션(Rod Compaction)공법	진동봉을 지반으로 매입하여 다지면서 모래를 주입한다.	침하 저감	
		바이브로 후로테이션 (Vibro Floatation) 공법	상동	지반 강도 증가	
		중추 낙하 다짐 공법 (동압밀공법)	중추 낙하시 충격에 의해 느슨한 모래 지반을 조밀하게 한다.	침하 저감, 액상화 방지	사질토
		폭파공법, 전기충격공법	폭파나 방전충격으로 다진다.		
		표층 혼합 처리 공법	시멘트 등 안정재로 표층고화판을 형성한다.	차량 주행성 확보	점성토 유기질토

7. 결론

(1) 점성토의 역학적 성질

1) 압밀 특성
① 점성토는 압밀에 의해서 대부분의 침하가 발생하며 침하량도 대단히 크다.
② 정규 압밀 점토의 압축지수(C_c)

$$C_c = 0.009(LL-10)$$

③ 연약 점성토의 압축지수 : 대개 0.4이상

2) 전단 특성
① 연약 점토의 전단강도는 대단히 낮다.
 전단강도 : $0.25 kg/cm^2$ 이하
② 예민비가 높다.
 충적 점토의 $S_r = \dfrac{q_u}{q_{ur}} = 5\sim15$
③ 연약점토의 비배수 전단강도 증가율 (C_u/P)는 예민비가 클수록 감소하는 경향이 있으며 0.5~1 범위에 있다. 또 소성지수(PI)가 증가할수록 증가하며 Skempton 식은

$$\dfrac{C_u}{P} = 0.11 + 0.0037 PI$$

$$\dfrac{C_u}{P} = 0.004\,LL\ (LL > 40\%)$$

3) 우리나라의 연약지반
① 연암과 하구를 중심으로 발달 금강, 만경강하구, 낙동강 하구
② 해성 점토층이 발달한 지역
 김포지역 : 최대 30m
 남해안 : 10~20m
 속초, 명주 : 액성 한계 > 120%
③ 우리나라 해성점토의 특성
 OCR < 1
 깊이에 따른 전단강도의 증가가 없으므로
 과소 압밀상태로 퇴적

4) 점성토 연약지반의 특성
   ① 예민비가 높다. (Quick Clay)
   ② 함수비가 높다.
   ③ 평야부의 습지, 호소지역, 해안지역 산간의 협곡지역
   ④ 충적층
   ⑤ 인공매립 성토된 인공지반

7. 점성토 지반의 개량공법

1. 개 요
(1) 점성토의 지반 개량공법에는 주로 탈수에 의해서 → 간극수압을 저하시켜서 → 압밀침하를 촉진하는 공법이다.

(2) **연약지반의 규준**
   1) 점성토 : N < 4 이하 q_u : 0.6kg/cm² 이하   CBR : 2% 이하
   2) 사질토 : N < 10 이하 q_u : 1kg/cm² 이하
   3) Fill Dam : N < 20 이하

2. 공법의 종류
(1) **강제 압밀 공법**
   1) Preloading 공법(사전 압밀 공법)
   2) 압성토공법(Surcharge 공법)
   3) 비탈끝 재하공법

(2) **탈수 공법**
   1) Sand Drain 공법 ┐
   2) Paper Drain   ├ Vertical Drain 공법(연직배수)
   3) Pack Drain   ┘

(3) **배수 공법** : Well Point

(4) **화학적 흡인작용에 의한 공법**
   1) 전기 침투압 공법
   2) 생석회 말뚝 공법

(5) **화학 반응에 의한 흙의 강화공법**
   1) 소결공법
   2) 전기화학적 고결 공법
   3) 전기 용융법

(6) **기계적 방법** : 치환공법

3. 공법의 특징 및 적용성

(1) 치환공법 (기계적 방법)

1) 연약층의 일부나 전부를 제거하고 양질 재료로 치환하는 공법으로서,
2) 기계에 의한 굴착치환, 폭파치환, 강제치환 공법이 있다.
3) 적용성 : 양질의 사질토를 취득이 가능할 때, 연약층이 1~3m로 얕을 때 배출토를 처리할 사토장이 있을 때 적용

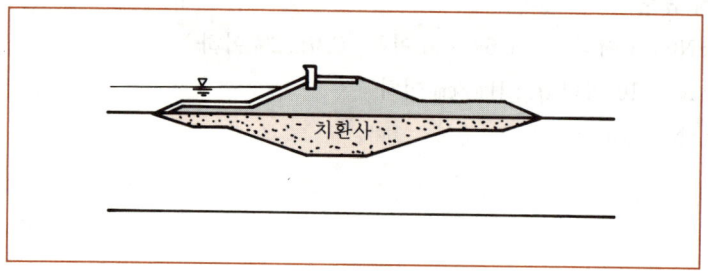

(그림 1) 간척제방의 예

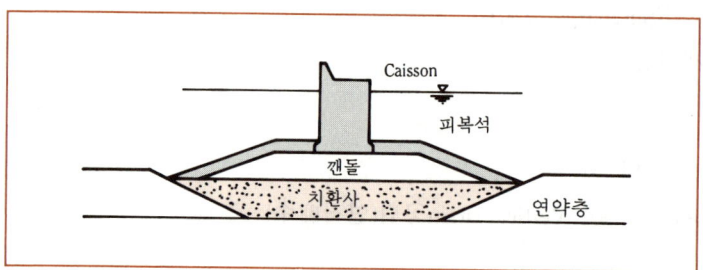

(그림 2) Caisson 방파제

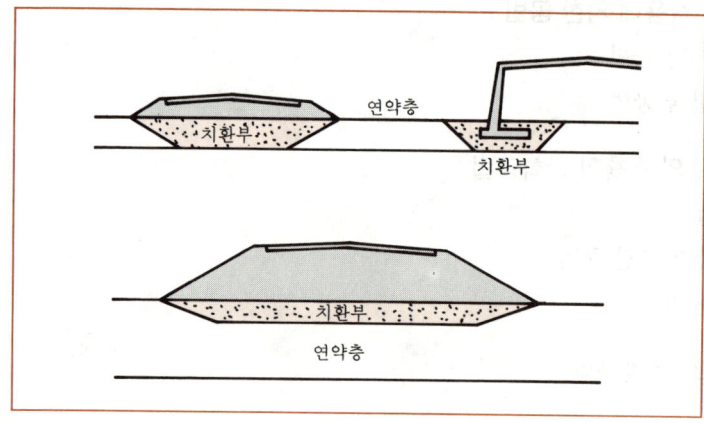

(그림 3) 도로성토의 예

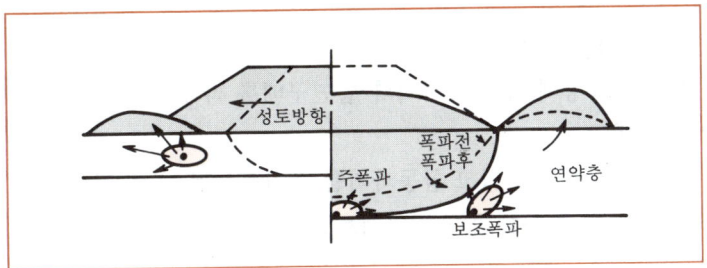

(그림 4) 폭파치환공법

4) 시공관리
   ① 부등침하 방지
   ② 지반개량 성과 파악
      ㉠ Cone Test
      ㉡ Sounding

4. 강제 압밀 공법 = 선재하공법

(1) Preloading 공법(사전압밀공) = 더돋기 공법 = 여성토 공법

1) 시공 : 구조물의 본체를 축조하기 전에 미리 재하해서 그 하중에 의해서 압밀을 촉진시키는 공법으로서,
2) 재하재료 : 재하는 성토가 일반적이나 물이나 대기압 또는 지하수위의 저하를 이용한다.
3) 적용
   ① 압밀에 의한, 침하촉진으로서 잔류 침하를 최소화해야 할 때
   ② 점성토 지반의 강도 증가로 전단 파괴를 방지해야 할 때
   ③ 공기가 충분할 때 적용한다.

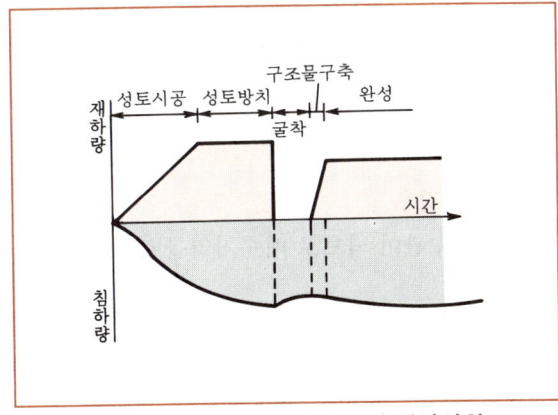

(그림 5) 프리로딩 공법에 의한 침하상황

(2) 압성토 공법(Surcharge 공법)

1) 시공법 : 성토의 측방에 압성토 하거나 법면구배를 작게해서 활동에 저항하는 모멘트를 증가시키는 공법
2) 적용 : 측방에 여유 용지가 있고 활동파괴를 방지하고져 할 때 적용한다.
3) 압밀에 의해 강도가 증가한 후에는 압성토를 제거할 수도 있다.

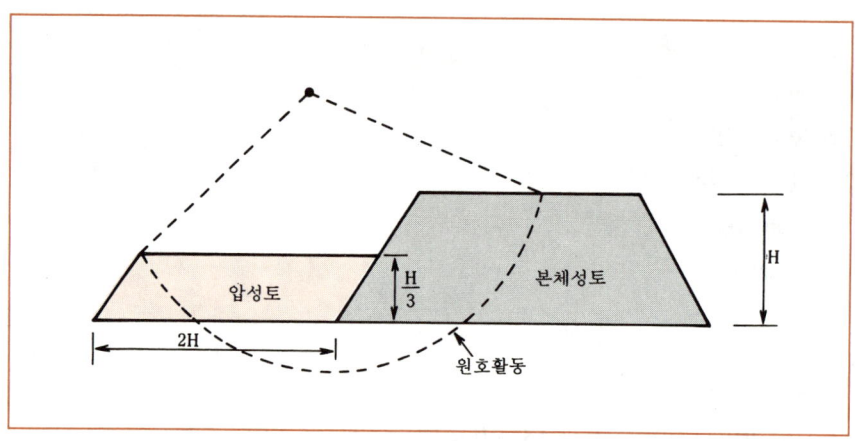

(그림 6) 압성토 공법

5. 탈수 공법

- Sand Drain 공법
- Paper Drain 공법

(1) Sand Drain 공법

1) 개요 : 연약한 점질토 지반에 주상의 투수층인 사주(Sand Pile)를 박아서 토관의 물을 모래기둥을 통해서 지표면에 탈수 시켜서 단기간에 지반을 압밀 강화하는 공법이다.

2) 적용
  ① 연약층이 두껍고
  ② 도중에 배수층이 없는 경우
  ③ Sand Pile을 박아서 배수관이 되므로 배수거리를 짧게해서 압밀을 촉진시키는 공법이다.

3) 시공법
  ① 우선 시공 지반상에 부사(Sand Mat) 50cm 부설

② 모래기둥(모래말뚝 = Sand Pile)의 설치
  ㉠ 중공강관을 지반에 관입하여,
  ㉡ 그 속에 모래 넣고
  ㉢ 중공 강관 빼내므로서
  ㉣ 지반중에 모래기둥 만든다.
③ 시공속도 : 6~7개/Hr
④ 강관직경 : 30~50cm
⑤ 강관의 관입방법
  ㉠ 압축공기에 의한 방법
  ㉡ Water Jet에 의한 방법

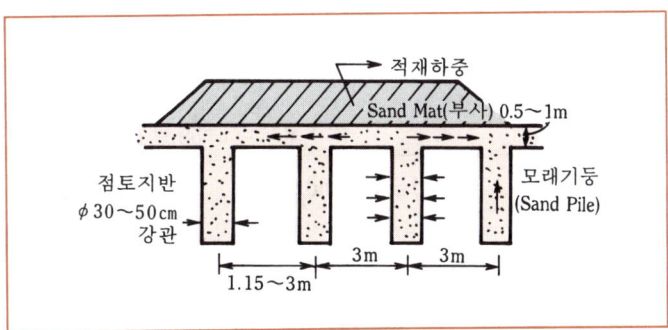

(그림 7) **Sand Drain공법**

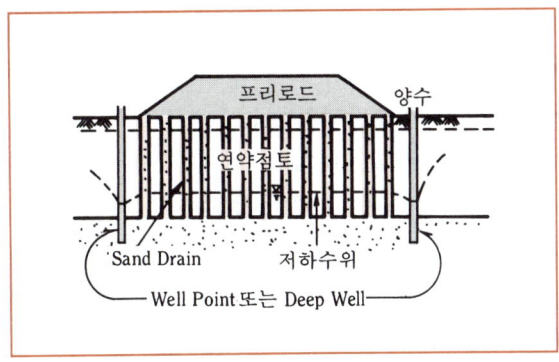

(그림 8) **Sand Drain**과 지하수 저하의 병용(조합시공)

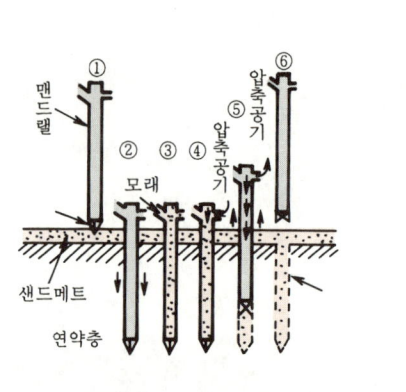 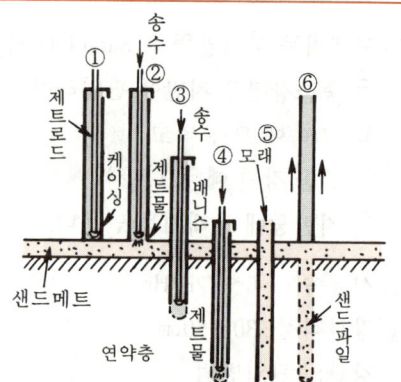

(그림 9) Sand Drain

(2) **Paper Drain 공법**

Sand Drain 공법과 같이 압밀 촉진을 위해서 적용되는 공법으로서,

1) 시공법

압입용 Mandrel에 Card Board 정착 ➡ 삽입 ➡ 빼올림 ➡ 다음 장소로 이동

2) 장 점 :

① 시공속도가 빠르다.
② 타설에 의해서 주변 지반이 교란되지 않는다.
③ Drain 단면이 깊이 방향으로 일정하다.
④ 간격을 짧게 시공할 수 있어 배수효과가 양호하다.
⑤ 공사비가 싸다.

3) Drain Paper(배수종이)

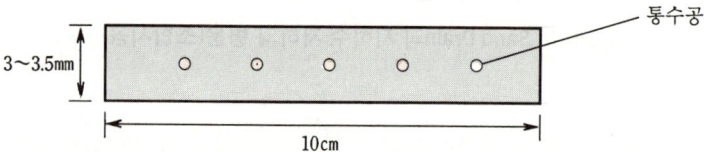

① 재료 : 펄프 섬유는 Epoxy수지, 멜라민수지 등이 고분자제 이용 Coating한 것으로 Geotextile 사용한다.
② Drain Paper의 구비조건
    ㉠ 주위 지반보다 투수성이 클 것
    ㉡ 종이의 투수성에 변화가 없을 것
    ㉢ 전단강도, 파단 신장율에 있어서 변형이 없을 것

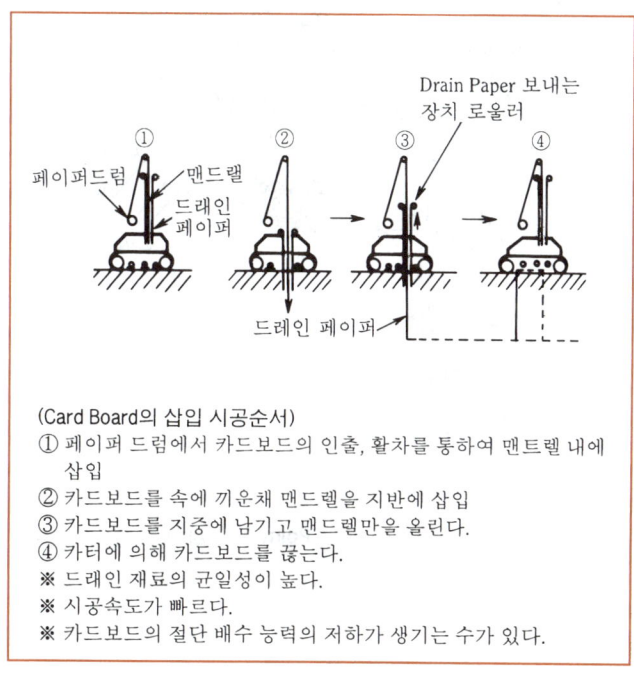

(그림 10) Paper Drain공법

6. 배수 공법

(1) Well Point 공법

지하수를 뽑아 올려 강제적으로 공극수를 탈수 압밀을 촉진시키는 배수방법

7. 화학적 흡인 작용에 의한 방법

(1) 전기 침투압 공법 (강제 배수공법)

물은 양극에서 음극으로 향해서 흐른다는 원리를 이용한 것

(2) 생석회 말뚝 공법 :
   지반중에 생석회 기둥을 축조해서, 이의 흡수에 의한 탈수나 화학적 결합에 의해서 지반을 결합시켜 지반 강도 증진, 침하 감소시킨다.

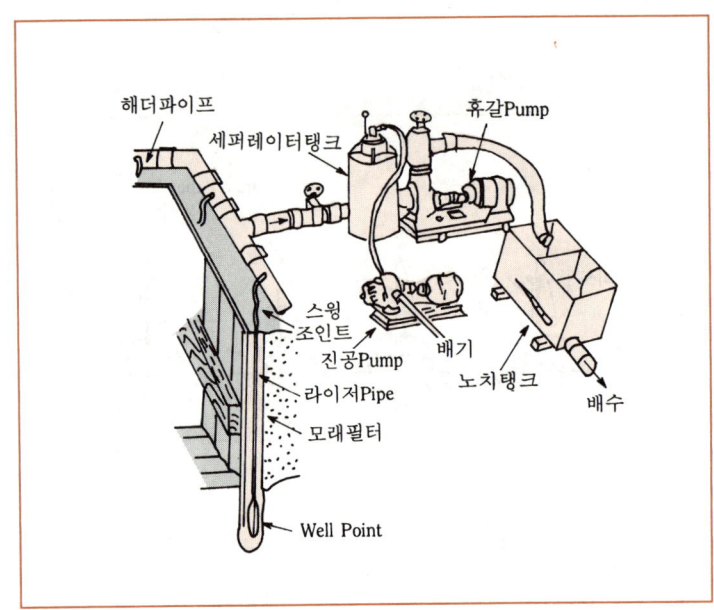

(그림 11) Well Point 시스템

8. 화학반응에 의한 흙의 고결 공법

(1) **소결공법**
   점토질의 연약지반 중에 연직 또는 수평 Boring공 설치하고 그 안에 연료 연소시켜 고결 탈수하는 공법

(2) **전기화학적 고결공법**
   전기 침투압 공법과 주입공법을 병용하는 공법

(3) **전기 용융법**

9. 결 론

(1) 시공관리 항목
    1) 침하 관리
    2) 강도 증진 관리
    3) 공극 수압 관리
    4) 재하량 상태 관리

(2) 연약지반 조사, 처리 대책
(3) 대책 공법 결정시 검토사항
(4) 대책 공법 결정시 고려사항

8. 동치환(Dynamic Replacement) 공법 (점성토지반 개량공법)

1. 동치환 공법의 개요

(1) 동치환 공법은 무거운 추를 크레인을 사용하여 고공으로부터 낙하시켜, 큰 에너지로써 연약지반위에 미리 포설하여 놓은 쇄석 또는 모래, 자갈 등의 재료를 타격하여 지반으로 관입시켜 대직경의 쇄석기둥을 지중에 형성하는 공법이다.

(2) 공사방법은 큰 에너지로 타격을 가하면 추는 지표의 쇄석을 지중으로 관입시키면서 추가 함몰됐던 자리에 다시 쇄석을 채우고 다시 타격으로 관입시키는 공정을 되풀이하여 지중에 대직경 쇄석 기둥을 설치하는 것이다. (그림 1)

(3) 동치환을 시행하면 쇄석기둥내에 큰 전단저항을 발휘하게 되며, 기둥 사이의 토사층도 크게 강도가 증가되는 현상을 보인다. 또한 주변 흙에 과잉 간극수가 잔류하고 있을 경우, 이 쇄석기둥은 과잉 간극수압을 배출하는 배수통로가 되므로, 압밀을 초기에 촉진하는 역할도 하게 된다.

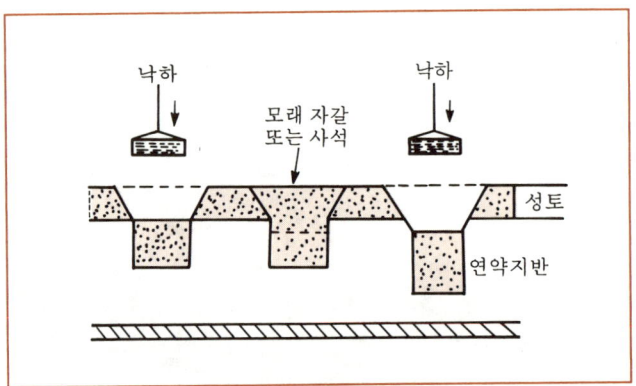

(그림 1) 동치환공법 시공도

2. 공법의 설계 및 시공

(1) 각 기둥의 지지력은 기둥 주변 토사의 강도에 의해 좌우된다.

$$Q = K_p \cdot P_{li}/F$$

여기서, Q : 기둥의 지지력
P_{li} : 주변 토사의 한계응력(동치환후의 Pressure Meter Test결과)
K_p : 수동 토압계수
F : 안전율

(2) 기둥의 유효반경은 동적치환을 통해 기둥이 형성되는 과정에서 Presser Meter Test를 통하여 현장에서 측정하여 확인하여야 한다.
(3) 이 때, 기둥의 변형계수와 주변 토사의 변형계수의 비를 측정하여 설계에서 가정된 강도가 발휘되는가를 검측하여야 한다.
(4) 동치환에 의한 쇄석기둥의 형상은 다음 조건을 만족하도록 단면을 결정한다.

$$4H_f > S - D_p < H_c$$

여기서, H_c : 기둥의 깊이
H_f : 기둥사이 Arch 형성층의 두께
S : 기둥사이의 간격
D_p : 기둥의 직경

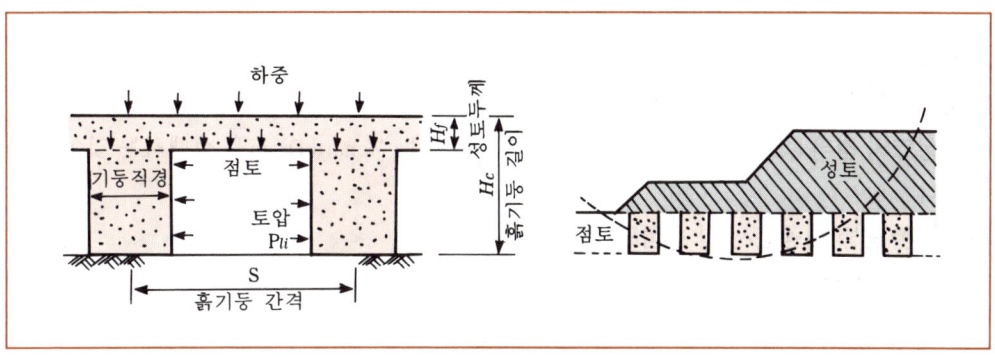

(그림 2) 동치환 단면도

(5) 동치환이 이루어져 지중에 강도가 대단히 높은 쇄석기둥이 형성되면 지반은 강도가 높은 쇄석지반과 토사지반의 복합지반으로 변화할 것이다.
(6) 이 때, 기둥사이 지반의 약점을 보완하기 위해 쇄석기둥과 같은 재료로써 아치현상을 만들기 위해 상부에 쇄석층을 형성하는 것이 본 공법의 중요한 개념이다.
(7) 상부 아치형성층이 형성된 후에는 기둥부위의 지지력과 토사부의 지지력이 면적비에 따라 복합적으로 가중 평균되는 개념으로 계산하여 사용한다.
(8) 즉, 기초의 지지력은 다음 식에 의거 계산한다.

$$\sigma F = \sigma_c \cdot A + \sigma_s \cdot (1-A)$$

여기서, σF : 동적치환 후 평균 지지력
σ_c : 기둥 부위의 지지력
σ_s : 기둥사이 토사부의 지지력
A : 기둥면적
$1-A$: 1개 기둥에 구속된 토사부 면적

(9) 침하량은 기둥 부위에서나 토사부에서 동일하여야 하며, 이는 또한 허용 침하량의 기준에 물론 합당하여야 한다.

(10) 그러므로 시공 후 침하량이 기둥과 주변 흙사이에 다르게 일어나는 현상이 발생치 않는다.

$$S = \sigma_c \times \frac{D_p}{E_c} = \sigma_s \times \frac{D_p}{E_s}$$

여기서, S : 침하량
σ_c : 주변 흙에 작용하는 응력
σ_s : 기둥에 작용하는 응력
E_c : 기둥의 탄성계수
E_s : 주변 흙의 탄성계수
D_p : 기둥의 깊이

3. 동치환 공법의 시공

(1) **점성토의 경우** : 4.5m 까지 가능
(2) **점성토의 경우** : 4.5m 이상되는 연약지반의 경우에는 Menard Drain을 선행하는 것이 필수적이다.
(3) **동치환 공법 시공순서 및 흐름도**
   1) 시공 흐름도

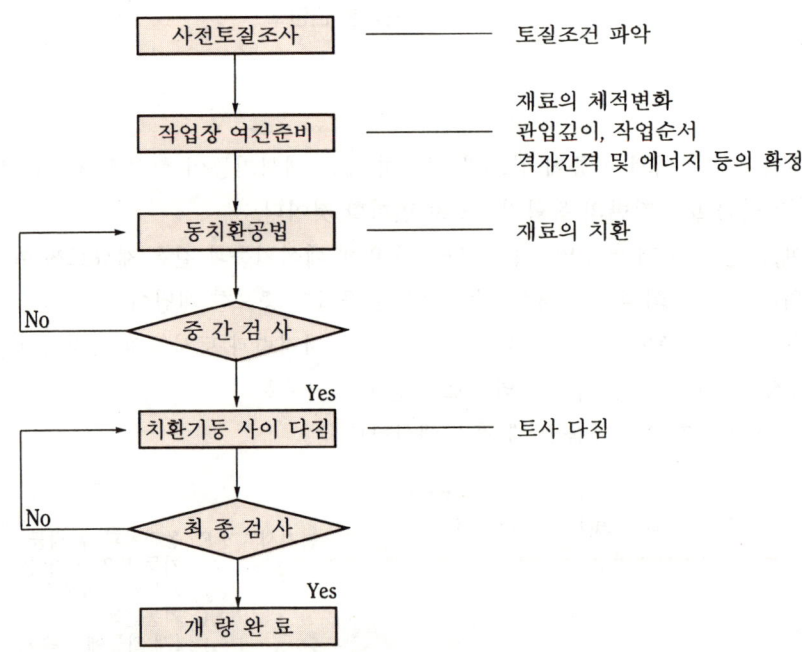

2) 시공순서 예시

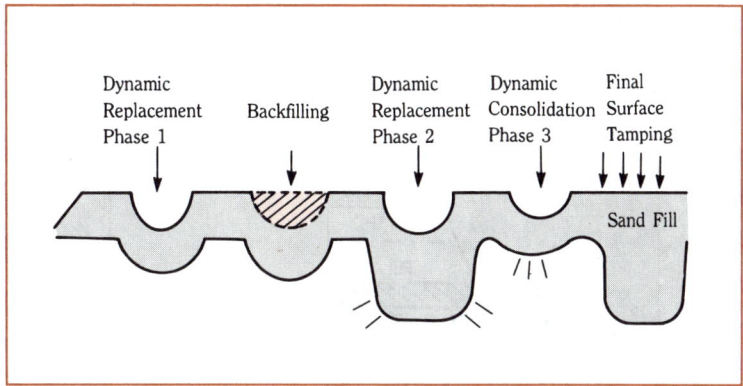

4. 동치환 공법의 적용성

(1) **적용성** : 점성토

(2) **원리**

1) 연약지반을 대상으로 다짐 에너지를 사용하면
2) 충격 에너지에 의해 포화 점성토내에 발생한 간극수압을 배출한다.
3) 연약층 심도가 얕은 경우
   ① 동치환 기둥이 처리 심도에 도달하므로 별도의 보조 수단없이 간극수압을 소산시킬 수 있다.
4) 연약층 심도가 깊은 경우의 대책
   ① Menard Drain 공법과 병용하여 동치환 기둥을 설치한 후 과재하중을 추가하면 동치환 기둥이 배수통로의 기능을 하고
   ② 하부의 연약층도 충격에 의해 균열이 발생하여 투수성이 커짐과 동시에 Menard Drain 을 통하여 과잉 간극수압이 신속히 소산되므로 연약지반 개량효과가 크다.

5. Menard Drain 동치환 공법의 혼용 공법 예시 (P.936 참조)

6. 결 론

(1) 동치환 공법은 점성토 연약지반에 쇄석기둥을 만들어 개량하는 공법으로써
(2) 경제성은 쇄석을 가까운 장소에서 싼 값으로 구득이 용이할 때 시공성, 경제성이 확보되므

로
(3) 공법 선정시 Sand Drain 공법이나 Paper Drain, Pack Drain 등과 경제성을 사전 검토하는 것이 대단히 중요함.

(그림) Menard Drain동치환 공법의 혼용공법 예시

↓ 동치환 공법 시공전경도

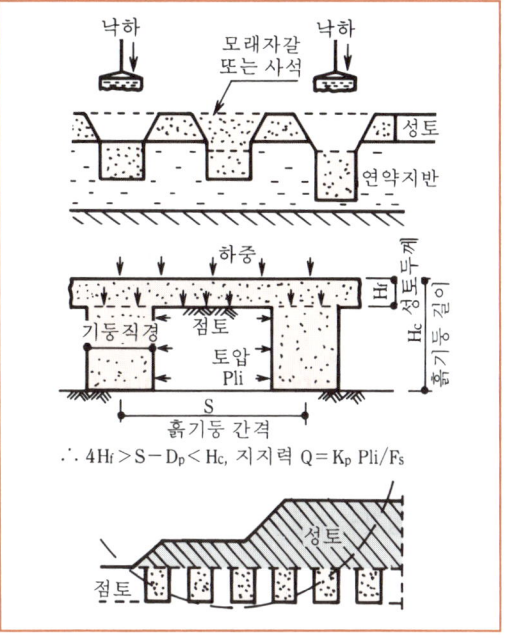

9. 연약지반(점토)의 1차 압밀(Primary Consolidation)과 2차 압밀(Secondary Consolidation) 설명 (1안)

1. 압밀의 정의
흙(압축성이 높은 포화 점성토지반)이 상재하중으로 인하여 간극수가 배출되면서 오랜시간에 걸쳐서 서서히 압축되는 현상을 **압밀**이라고 한다.

2. 1차 압밀(Primary Consolidaion)과 2차 압밀(Secondary Consolidaion)
(1) 점토층이 하중을 받아 간극수압이 소산되면서 압축되는 양을 1차 압밀이라 하고 Terzaghi의 압밀이론에 따른다.
(2) 과잉간극수압이 소산되고 난 다음 압축되는 양을 2차 압밀이라고 한다. (그림 1 참조)

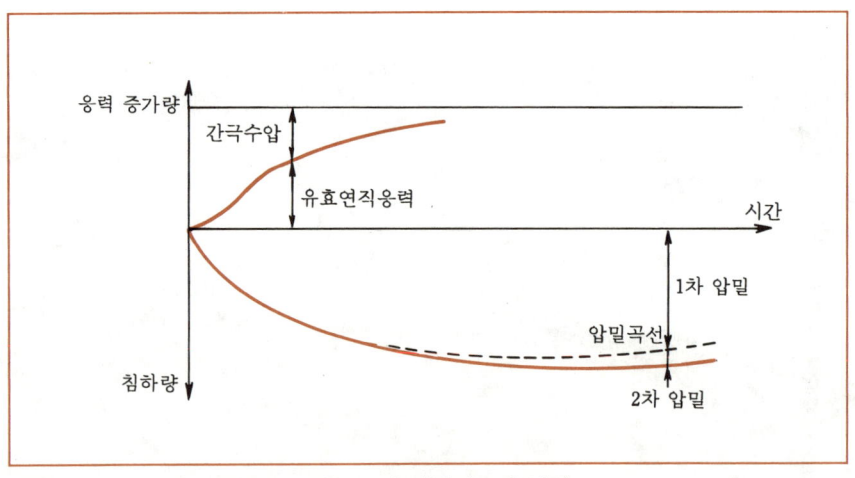

(그림 1) 1차 압밀과 2차 압밀

3. Terzaghi의 1차 압밀 이론
(1) **압밀침하**
과잉 간극수압의 소산에 따른 체적변형에 기인하므로 배수조건에 따른 시간의 의존성(Time Dependency)이 현저하며 Terzaghi의 압밀이론에 따른다.

(2) Terzaghi의 압밀이론

1) 물과 흙입자의 압축성은 무시한다.
2) 흙은 균질하고(Homogeneous) 포화되어 있다.
3) 흙의 압축은 1축적으로 행해진다.
4) 흙의 물의 이동은 Darcy의 법칙에 따르며 투수계수가 일정하다. ($Q = Aki$)

4. 2차 압밀(침하) : Secondary Consolidation 또는 Secondary Compression

(1) Terzaghi의 압밀이론이 적용되지 않고 점토의 Creep에 의해서 일어나는 '지연압축'이므로 시간 의존성(Time Dependency)이 뚜렷하다.
(2) 과잉간극수압의 소산이 끝난 후부터 일어나는 지연압축으로 Preloading(선재하)공법과 같이 재하에 의하여 침하시키는 공법의 일반적인 '침하곡선'형태는 아래와 같다. (그림 2참조)

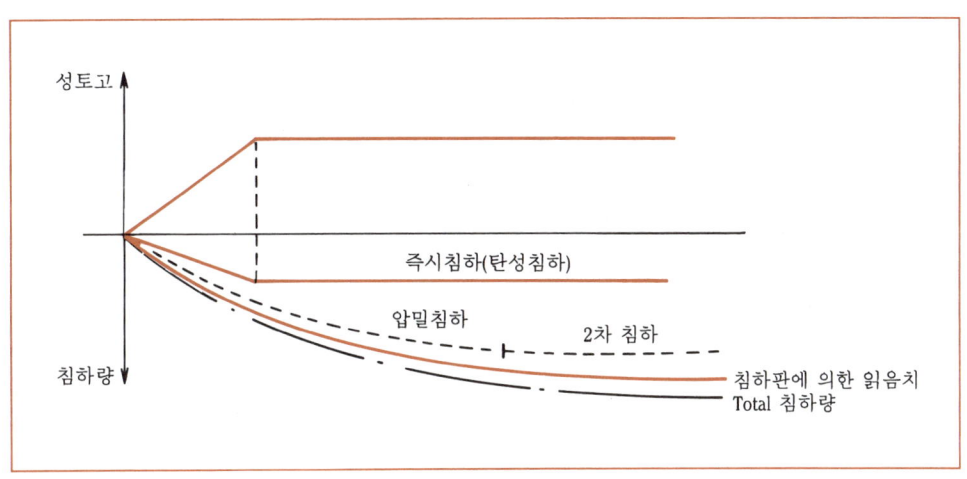

(그림 2) **침하곡선의 형태**

(3) 2차 압밀에 대한 이론은 많은 학자들이 Rheology로 설명하고 있으나 아직도 정립된 이론이 없다.
(4) 2차 압밀이 크게 일어나는 지반(흙) : Creep가 크거나 유기질이 많은 흙에서 크게 유발한다.
(5) (그림 3)은 어떤 하중을 받고 있는 흙시료에 대한 반대수지상에 그린 시간-침하량 곡선이다.
   1) 이 곡선을 보면 1차 압밀이 끝난 다음에 생기는 2차 압밀은 거의 직선을 보인다는 것을

알 수 있다.

2) 이 직선의 기울기로부터 2차 압축지수(Secondary Compression Index) C_α를 다음과 같이 정의한다.

$$C_\alpha = \frac{변형률}{대수로\ 표시한\ 시간차} = \frac{\Delta H/H_p}{\Delta \log_{10} t}$$

여기서, H_p : 1차 압밀이 완료된 후의 흙시료의 두께이다.

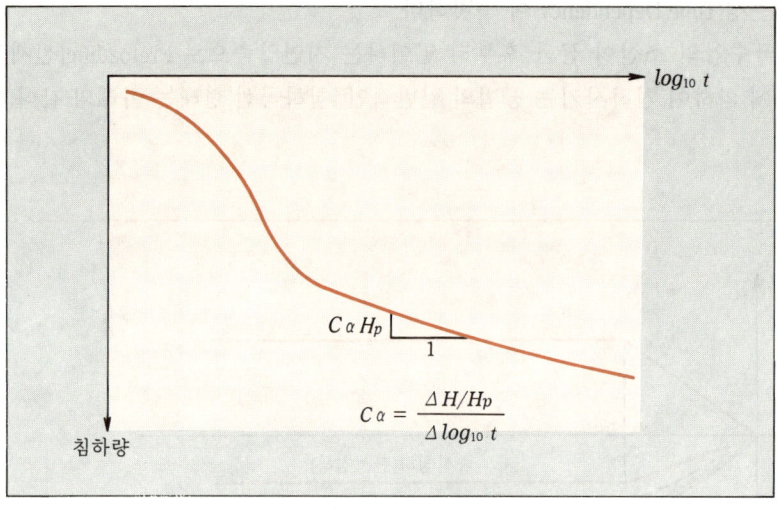

〈그림 3〉 2차 압밀계수의 결정

5. 1차원 압밀침하량 계산식

(1) 정규 압밀 점토의 압밀 침하량 S_c 계산식

$$S_c = \frac{e - e_0}{1 + e_0} \cdot H$$

$$S_c = m_v \cdot H \cdot \Delta P$$

$$S_c = \frac{C_c}{1 + e_0} \cdot H \cdot \log \frac{P_0 + \Delta P}{P_0}$$

여기서, e_0 : 압밀층 중간부의 초기 공극비
e : 압밀층 중간부의 압밀 종료시의 공극비
H : 압밀층의 두께
P_0 : 압축곡선에서의 e_0에 대한 초기 응력
ΔP : 압축응력의 중간부
C_c : 압축지수
m_v : $(P_0 + \Delta P)/2$의 응력에 대한 체적 압축계수

(2) 적용토질

하중이 점토 압밀층의 두께에 비하여 충분한 넓이를 갖고 있으며 1차원의 압축변형이 일어나는 것으로 볼 수 있으며 정규 압밀 점토의 경우 Sc는 (1)식과 같다.

6. 다차원 압밀 침하량

(1) 적용성

하중이 점토층의 두께에 비하여 충분한 넓이를 갖고 있지 않는 부분하중(Partial Load)인 경우에는 재하에 의한 응력이 분산하여 수평방향에 대하여 등분포가 아니므로 3차원 압밀문제로 취급하여야 한다.

$$S = S_i + S_c + S_s$$

여기서, S : 전침하량
S_i : 즉시 침하량(Immediate Settlement)
S_c : 압밀 침하량(Consolidation Settlement)
S_s : 2차 압밀 침하량(Secondary Consolidation Settlement)

(2) 즉시 침하(량)의 원인 (S_i)

순간적인 전단변형과 측방유동(Lateral Flow)에 의하여 비배수 조건에서 일어난다.

(3) 압밀 침하의 원인(S_c)

과잉 간극수압의 소산에 따른 체적변형 및 전단변형에 기인하므로 배수조건에 따른 시간 의존성(Time Dependency)이 현저하다.

(4) 2차 압밀 침하의 원인(S_s)

1) 공극수압이 소산한 후에 일어나는 Creep에 의한 지연압축이므로
2) 시간 의존성이 매우 현저하고 Terzaghi의 압밀이론에 일치하지 않은 부분이다.

> 주
> - 그리고 각 침하성분 S_i, S_c 및 S_s는 일반적으로 공학적 해석을 쉽게 하기 위해서 발생 시간대를 달리해서 개별적으로 순차적으로 발생하는 것으로 한다.
> - 즉시 침하량 S_i는 압밀현상과 무관하므로, Boussinesq의 방법에 따라 탄성론에 의하여 점토지반을 반무한 탄성체로 취급하여 계산한다.

10. 사질토 지반의 개량공법

1. 개 요

(1) 사질토의 연약지반은 상대 밀도(D_r)가 비교적 낮은 느슨한 사질지반으로서 진동에 의한 액상화나 침투 수류에 의한 분사현상 (Quick Sand)이 문제되는 지반이다.

(2) 사질토는 입자가 크고 점착력이 없으므로 외압에 의한 진동이나 충격에 의하여 입자가 차츰 재배열되어서 결국 밀도가 증대되므로 느슨한 사질지반 개량에는 가장 효과적인 방법이다.

(3) 입경이 크고 공극비가 작고 투수성도 양호하므로 다짐이 주된 공법이다.

(4) 또 사질토는 건조시키든가 포화시켜서 겉보기 점착력을 제거해서 다지기 쉽게 하는 것도 효과적인 수단이다.

2. 종 류

(1) **진동다짐 공법**
　　1) Vibroprobes 공법(VC)
　　2) Vibroflotation 공법(VF)

(2) 다짐말뚝 공법(Vibrocomposer 공법) : Sand Compaction Pile 공법(SCP)

(3) 폭파다짐 공법

(4) 전기 충격 공법

(5) 약액 주입 공법

(6) 동압밀공법 (Dynamic Consolidation) = 동다짐 공법 (Dynamic Compaction)

3. 공법의 특징, 시공법 적용성

(1) **Vibroflotation 공법(진동 다짐공법)** → 종파

　　1) 시공법 : 수평방향으로 진동하는 Vibrofloat를 이용 사수와 진동을 동시에 일으켜 느슨한 모래지반을 개량하는 공법이다.

　　2) 적용성 : 포화 또는 습윤상태의 사질토층의 개량에 적합하다.

　　3) 공법의 특징
　　　　① 지반을 균일하게 다질 수 있다.
　　　　② 깊은 곳의 다짐을 지면에서 할 수 있다.
　　　　③ 지하수위의 영향을 받지 않는다.

④ 공기가 빠르고 공사비가 싸다.
⑤ 상부 구조물이 진동할 때 특히 유리하다.

4) Vibrocomposer 공법과의 차이점
① Vibro-Composer는 전단파, Vibrofloat는 종파이므로 다짐효과는 → Vibrofloation이 유리하다.

5) 시공순서

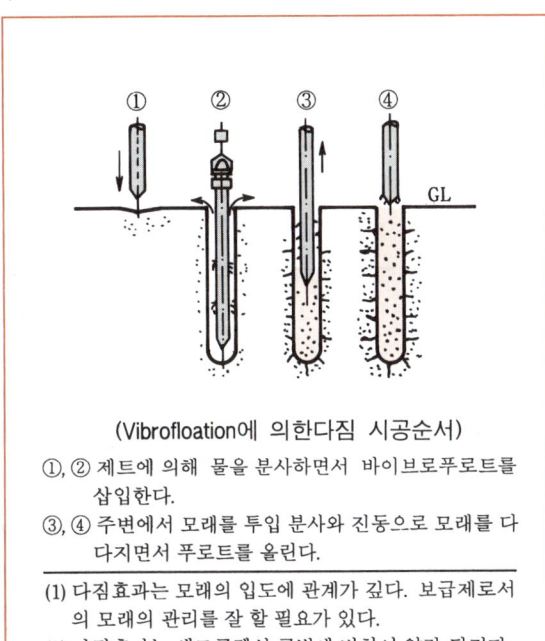

(Vibrofloation에 의한다짐 시공순서)
①, ② 제트에 의해 물을 분사하면서 바이브로푸로트를 삽입한다.
③, ④ 주변에서 모래를 투입 분사와 진동으로 모래를 다 다지면서 푸로트를 올린다.
(1) 다짐효과는 모래의 입도에 관계가 깊다. 보급제로서의 모래의 관리를 잘 할 필요가 있다.
(2) 다짐효과는 샌드콤펙션 공법에 비하여 약간 뒤진다.

6) 대상 : 각종 Tank, 건축 구조물, 도로 특히 지진시의 부상화 방지에 현저한 효과가 있음.
7) 시공심도 : 8m 정도

(2) **Vibrocomposer 공법(다짐말뚝 공법 Sand Compaction Pile 공법) : 채움재료**
1) 사질토 : 사력 사용
2) 점토질 : 쇄석 사용 (직경 20~75mm)
3) 시공법
① 지반에 다짐 모래 말뚝을 축조
② 연약층을 다짐에 의한 것과 모래말뚝의 지지력에 의해서 안정을 증가시키고 침하량을 감소시키는 공법

4) 시공법의 종류
   ① 타입에 의한 방법
   ② 진동에 의한 것
   ③ 모래 대신 쇄석을 사용한 것(점질토)

5) Vibrocomposer 공법의 시공순서
   ① Pipe를 지표면에 설치하고 선단부에 모래 마개를 넣는다.
   ② Pipe두부의 진동기를 작동시켜서 Pipe를 지중에 관입시키고 Water Jet를 병용한다.
   ③ 소정의 깊이에 관입되면 모래 투입하고 진동기를 진동시키면서 Pipe를 상하시켜 모래마개를 땅속에 밀어 넣는다.
   ④ Pipe를 진동시키면서 Pipe를 뽑아 올린다.
   ⑤ Pipe를 지상까지 뽑아 올려서 모래 기둥을 완성한다.

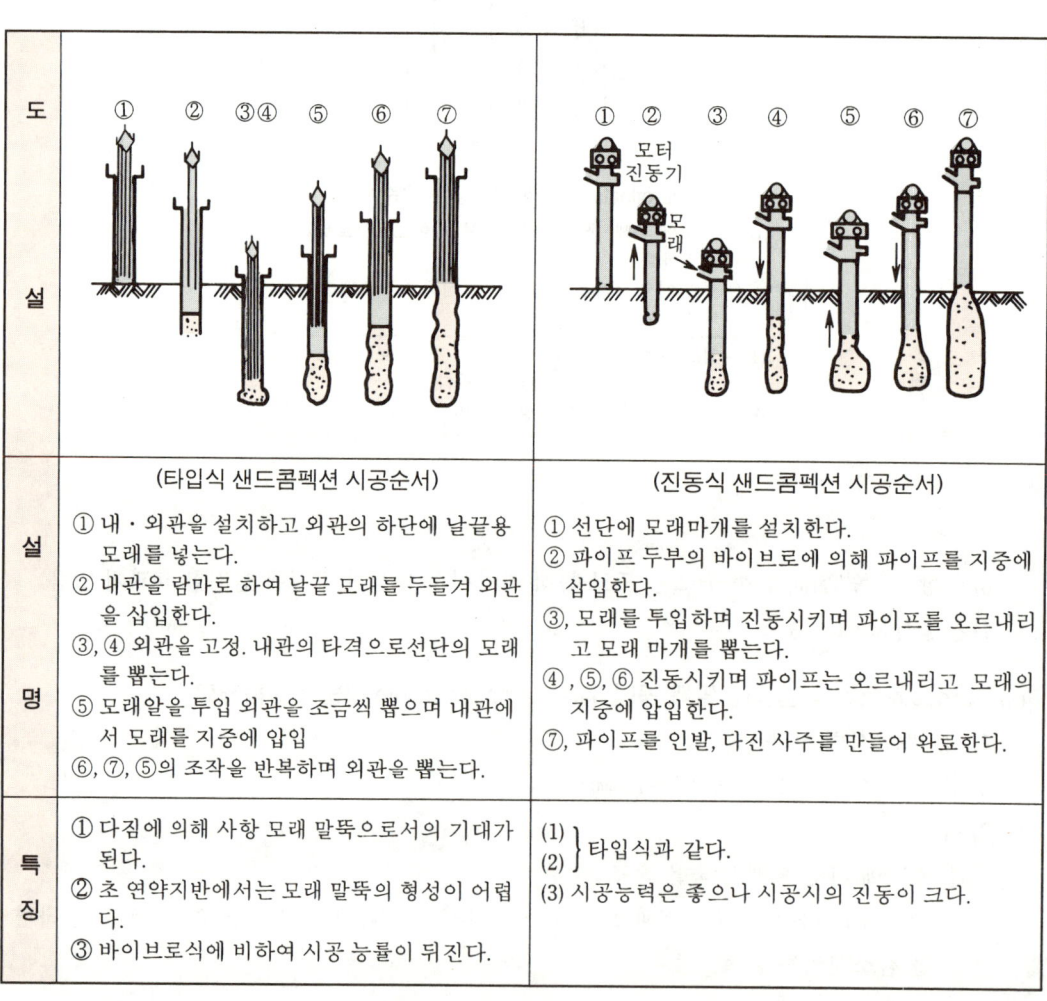

도설	(타입식 샌드콤펙션 시공순서)	(진동식 샌드콤펙션 시공순서)
설명	① 내·외관을 설치하고 외관의 하단에 날끝용 모래를 넣는다. ② 내관을 람마로 하여 날끝 모래를 두들겨 외관을 삽입한다. ③, ④ 외관을 고정. 내관의 타격으로선단의 모래를 뽑는다. ⑤ 모래알을 투입 외관을 조금씩 뽑으며 내관에서 모래를 지중에 압입 ⑥, ⑦, ⑤의 조작을 반복하며 외관을 뽑는다.	① 선단에 모래마개를 설치한다. ② 파이프 두부의 바이브로에 의해 파이프를 지중에 삽입한다. ③. 모래를 투입하며 진동시키며 파이프를 오르내리고 모래 마개를 뽑는다. ④, ⑤, ⑥ 진동시키며 파이프는 오르내리고 모래의 지중에 압입한다. ⑦. 파이프를 인발, 다진 사주를 만들어 완료한다.
특징	① 다짐에 의해 사항 모래 말뚝으로서의 기대가 된다. ② 초 연약지반에서는 모래 말뚝의 형성이 어렵다. ③ 바이브로식에 비하여 시공 능률이 뒤진다.	(1) 타입식과 같다. (2) (3) 시공능력은 좋으나 시공시의 진동이 크다.

6) 특징
   ① 기계적 고장이 적고
   ② 진동관입이므로 시공능률이 증대된다.
   ③ 소음이 적고
   ④ 자동기록 관리가 가능하다.

7) 적용 : 모래량이 70% 이상인 사질토 지반에 적용한다.

(3) 폭파다짐 공법

1) 시공법 : Dynamite를 폭파나 인공 지진을 일으켜 느슨한 사질지반을 다지는 공법

2) 적용성 : 경제적으로 광범위한 연약 사질토층을 대규모로 다지고져 할 때

3) 시공관리
   ① 진동 폭파가 인체에 해를 미치지 않게 한다.
   ② 시험시공을 하여 폭약 종류, 배치, 다짐도 등을 평가한다.
   ③ 폭파는 개량의 중심부에서 외측으로 행한다.
   ④ 다짐효과 판정
      ㉠ SPT(Standard Penertration Test) N치
      ㉡ Cone Test
      ㉢ Sounding

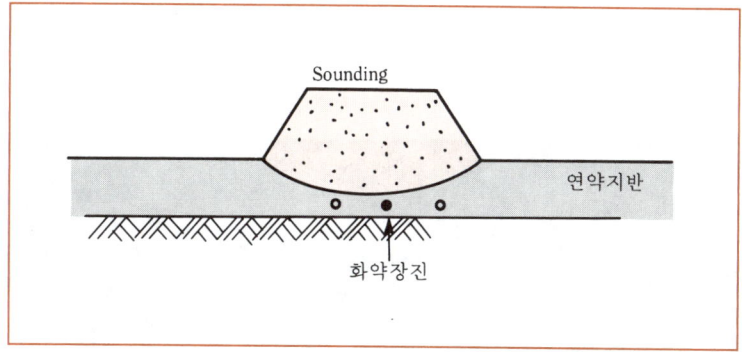

(4) 전기충격 공법

1) 공법 개요

Water Jet를 이용해서 지반 속에 방전 전극을 삽입한 후 → 이 방전 전극에 대전류를 흘려서 → 지반속에서 고압 반전을 일으키게 해서 그 때에 발생하는 충격력으로 사질지반을 다지는 공법

2) 적용조건
① 토피압이 크고
② 세립분을 40% 함유한 사질토 : N = 15 이하의 지하수위의 사질토를 N = 15~20까지 다진다.

(5) 약액 주입공법

1) 시공법 개요
약액 주입공법이란 단적으로 말해서 지반내에 주입관 삽입 → 이것을 통해서 화학 약액을 지중에 압송 충진시켜서 일정한 시간(Gel Time)이 경과한 후 지반을 고결시키는 공법으로서 지반의 불투수 또는 지반 강도 증진 목적으로 한다.

2) 용액형 약액주입 : 물유리계, 크롬리그닌계, 아크릴 아미드계, 요소계, 우레탄계

3) 시공법에 의한 분류
① 단관 주입방식 : Rod 공법, Strawer 공법
② 2중관 관입 공법 : Double Packer 공법, 2중관 Rod 공법, 특수 2중관 공법
③ 고압 분사 주입공법, Grout 분사법

(6) 동압밀 공법(Dynamic Consolidation)

1) 개요 : 지반에 추를 낙하시켜서 (20~300ton) 지반을 다지고 이때 발생하는 잉여수를 배수해서 전단강도 증가를 도모하는 공법

2) 적용 : 모래층이 깊지 않을 때 적용한다. 소음과 진동이 있으니 주위에 끼치는 영향을 검토해야 한다.

〈동압밀 공법 시공전경〉

4. 대책공법 선정시 고려사항

(1) **지반 조건**

　1) 토질

　　① 사질토 : Sand Compaction Pile 공법, 동압밀 공법, Vibroflotation 공법, 폭파 다짐 공법, 전기 충격 공법, 약액 주입공법

　　② 점성토 : 치환 공법, Preloading 공법, Sand Drain, Paper Drain, 배수 공법, 전기침투 공법, 생석회 말뚝 공법, 소결 공법, 전기화학적 고결공법

(2) **지반 구성** : 연약층 두께, 배수층 거리

(3) **구조물의 조건** : 구조물의 성격, 성토의 형상, 구조물 부위

(4) **시공 조건** : 공기, 재료 Trafficability, 시공 깊이, 주위에 미치는 영향

11. 동압밀 공법 (Dynamic Consolidation) : 동다짐 공법(dynamic Compaction)

1. 공법의 원리
(1) 개량하고자 하는 지반에 10~200ton의 중추를 10~40m 높이에서 낙하시켜
(2) 이 때 발생하는 큰 에너지로 충격을 가하면 100 내지 4,000t·m의 충격에너지가 발생하며
(3) 이는 탄성파로 지중에 전달되어 수평방향의 인장응력 발생으로 말미암아 수직방향의 균열과 유로 형성으로 충격으로 인한 과잉간극수압이 소산되어 지반의 압축을 촉진한다는 것이다.

2. 공법의 적용성
(1) 사질토
(2) 전석
(3) 폐기물

3. 설 계
(1) 개량 심도와 타격 에너지(C와 α 의 의미)
【Menard의 식】

$$D = C \cdot \alpha \sqrt{M \cdot H}$$

개량심도 = 토질계수(지반 Damping Factor)×낙하방법에 의한 계수×$\sqrt{\text{추의 무게}\times\text{낙하고}}$

4. 동압밀 시공장비의 종류
(1) Crawler Crane 50t~150t
(2) Backhoe
(3) 추

5. 타격 간격

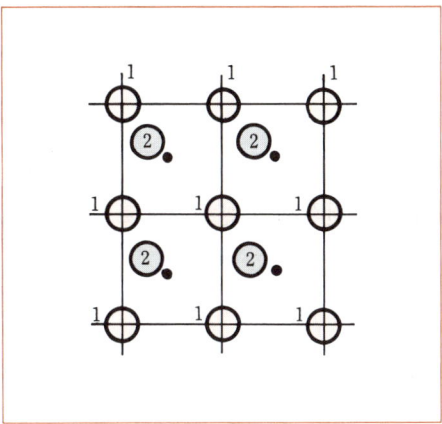

(1) 전면적에 걸쳐서 고르게 필요한 에너지를 공급하도록 격자망을 짜서 타격한다.
(2) **타격 순서**
   1) 첫번째 : 격자망 제1 씨리즈 ①을 타격
   2) 두번째 : 격자망 제2 씨리즈 ②를 타격 다진다.

6. 타격 회수

(1) $$\text{단위 면적당 소요 에너지} = \frac{\text{타격에너지} \times \text{타격횟수}}{\text{면적}}$$

(2) **타격횟수 결정** : 단위 면적당 소요 에너지는 항상 타격 에너지를 상회하도록 타격횟수를 결정해야 한다.

7. 정치기간

(1) 포화 점성토와 세립분이 많은 포화 사질토 등의 개량에서는 타격에 따른 과잉 간극수압 및 분사현상 (Quick Sand)이 발생한다.
(2) 이런 상태에서는 타격을 계속해도 개량효과를 기대할 수 없기 때문에 과잉 간극수압이 소산될 때까지 정치기간을 두어야 한다.

8. 인접 구조물에 미치는 영향

(1) 문제점
1) 진동
2) 소음

(2) 진동 방지 대책
1) 지표면에서 1.5~2.5m의 구덩이를 파서 구덩이내에 충격에너지를 가하는 방법으로서 보다 많은 에너지가 Love파로 전환되어 본질적으로 Rayleigh파의 강도가 감소되도록 하는 방법

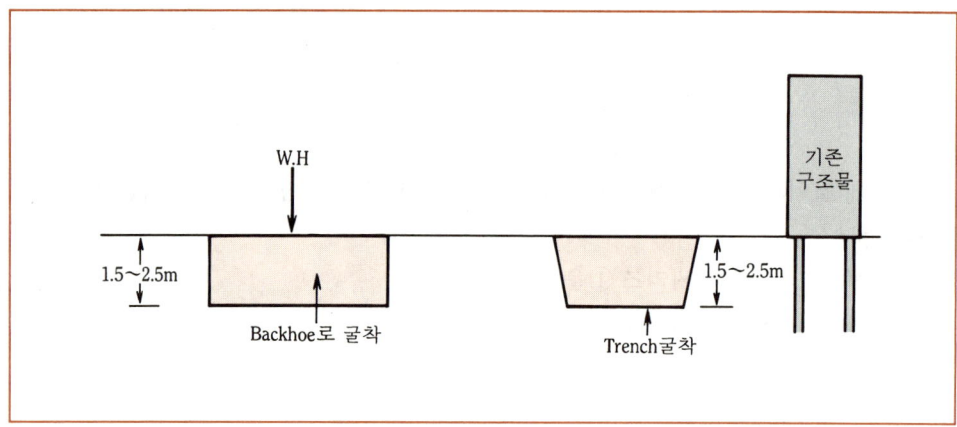

2) Trench를 파서 진동을 차단하는 방법
① 충격지점과 구조물사이에 Trench를 파서 완충지역을 만들어서 진동을 차단, 즉 Rayleigh파의 질점속도(V_r)를 감소시키는 방법이다.
② Trench(1.5~2.5m 높이)를 파면 충격지점과 구조물 사이에 불연속면이 발생하여 Rayleigh 파의 질점속도(V_r)는 현저하게 감소된다. (50% 감소)

9. 품질관리(시공 효과 및 개량 효과 검토)

(1) 표준 관입시험(N치)
(2) 메나드 프레셔메타 시험으로 지반의 강도 증진 효과 파악

10. 공법의 특징

(1) 모래, 자갈, 세립토, 폐기물 등 광범위한 토질에 적용이 가능하다.
(2) 깊은 심도까지 개량이 가능하다.
(3) 불균일성 지반에 대해서 유연하게 대처 가능
(4) 특별한 약품이나 재료가 불필요
(5) 지하수가 있으면 추의 무게를 무겁게 해서 효율을 높여준다.

11. 결 론

(1) **시공관리 주안점**
    1) 진동, 소음 방지
    2) 주변 건물 부등침하 예방
    3) 균열발생 방지대책으로
    4) Trench 파기

(2) **다짐 효과 대책** : 격자모양으로 다진다.

(3) **품질관리**
    1) SPT(N치)
    2) Pressure Meter Test로 확인

(4) **개량 심도 지배하는 요소**
    1) 추의 무게
    2) 낙하고
    3) 토성(토질계수)
    4) $D = C \cdot \alpha \sqrt{MH}$

↓ 동압밀공법 시공전경도

제6장 연약지반

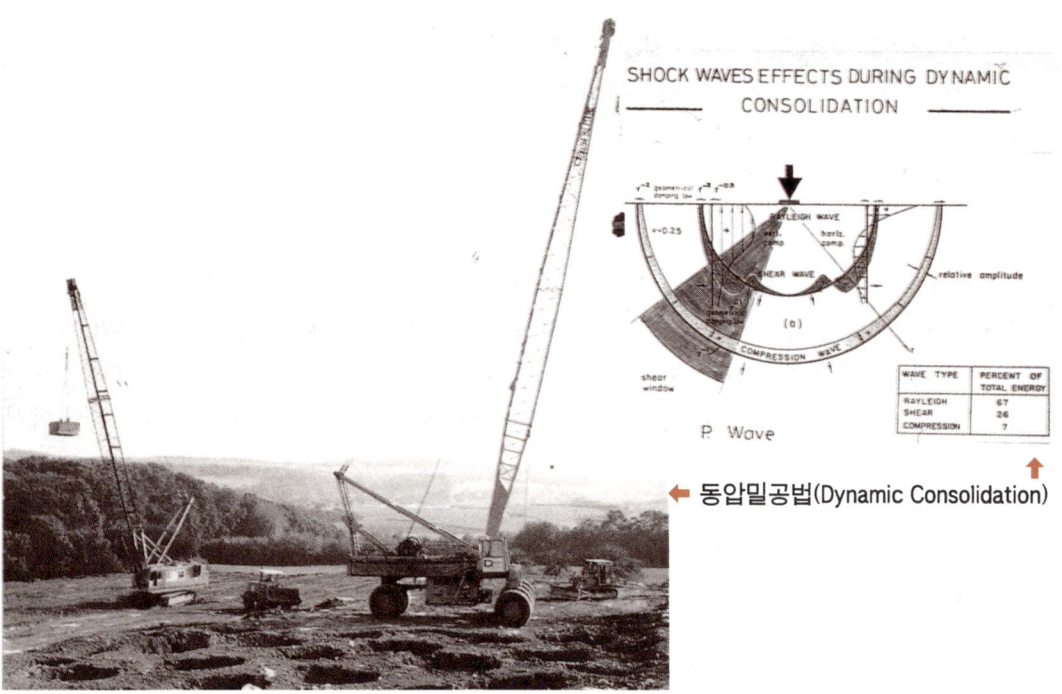

← 동압밀공법(Dynamic Consolidation)

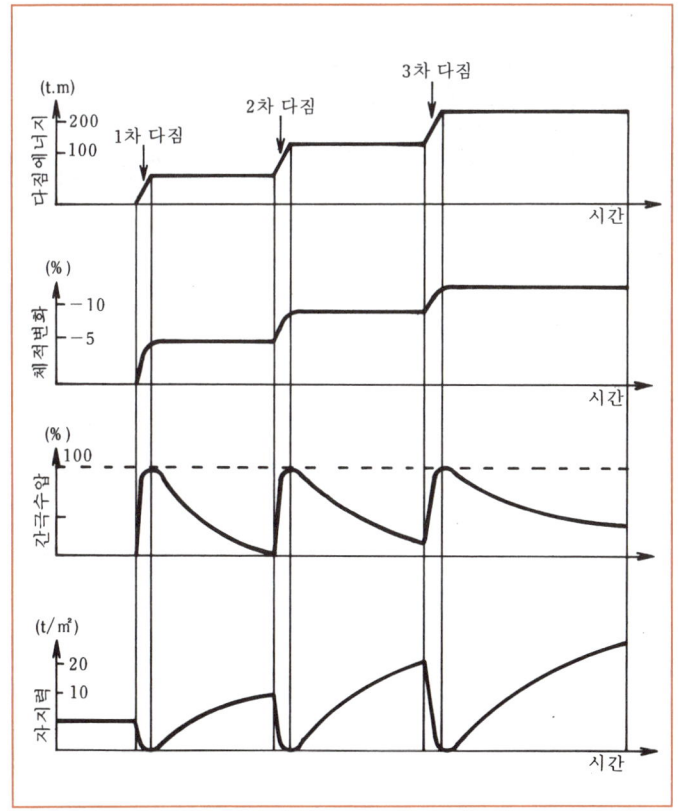

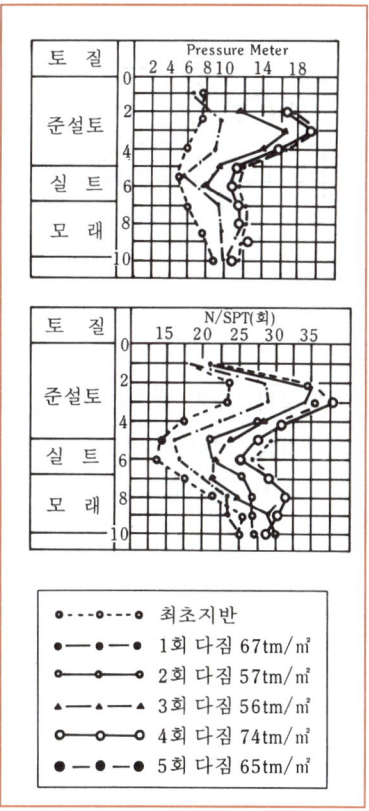

12. Sand Drain공법과 Paper Drain공법을 비교 설명하시오.
(연직배수공법 = Vertical Drain공법)

1. 서 언

연약지반은 함수비가 높고 일축압축강도가 작은 점토, Silt 및 유기질토 및 상대밀도가 작고 액상화 현상이 발생하기 쉬운 사질토 지반을 말하며, 이런 지반은 평야부의 습지 호소지역, 해안지역, 산간의 협곡지역 등에 비교적 최근의 지질시대에 퇴적한 충적층과 인공적으로 매립 성토된 연약한 인공지반을 말한다. 이하 본 소고에서는 Sand Drain공법과 Paper Drain공법에 대하여 아래와 같이 기술코져 한다.
 (1) 연약지반의 규준
 (2) 연약지반의 문제점과 대책
 (3) 연약지반 원리별 대책공법의 종류
 (4) Sand Drain공법과 Paper Drain 공법 비교

2. 연약지반의 종류

토 질	N 치	$q_u(t/㎡)$	$q_c(t/㎡)$
유기질토	2 이하	2.5 이하	12.5 이하
세 립 토	2~4 이하	2.5~5	12.5~25
조 립 토	4~10	5~10	25~50

3. 연약지반의 문제점

 (1) **침하** : 장기 침하
 (2) **안정** : 지반파괴에 대한 안정
 (3) **측방유동** : 융기

4. 연약지반의 계측

 (1) **침하 측정** : 지표면 침하계, 수압식 침하계
 (2) **변위 측정** : 지표면 변위 말뚝, 지표면 신축계
 (3) **토압 측정** : 토압계

(4) 간극수압 측정 : 간극수압계

5. 원리별 대책공법의 종류
   (1) **치환공법**
      1) 굴착 치환
      2) 강제 치환

   (2) **탈수 공법**
      1) Sand Drain(SD)
      2) Paper Drain(PD)
      3) Pack Drain(Pa.D)

   (3) **배수 공법**
      1) Well Point
      2) Deep Well

   (4) **고결 공법**
      1) 생석회 말뚝공법
      2) 심층 혼합 처리공법
      3) 약액주입 공법
      4) 전기 고결공법
      5) 동결공법
      6) 소결공법

6. Sand Drain공법과 Paper Drain 공법의 비교
   (1) **Vertical Drain 공법(연직배수공법)**
      1) Sand Drain
      2) Paper Drain

   (2) **Vertical Drain 공법의 원리**
      1) 지반중에 적당한 간격으로 연직방향의 배수층을 설치해서 수평방향의 배수거리를 짧게 해서 압밀침하히키고 강도증가를 일으키는 공법임.
      2) **적용성** : 점토지반 개량에 이용
      3) Drain 재료
         ① Sand

② Card Board

(3) Sand Drain 공법

1) 공법의 개요

Sand Drain 공법은 재하중에 의해서 생기는 압밀침하를 단기간에 진행시키고 또한 압밀에 따른 지반 강도 증대하도록 연약 점토 중에 Sand Pile을 박아서 강제 압밀배수시키는 공법임.

2) 설계

① Drain의 유효범위

㉠ 정삼각형 배치 경우 : $d_e = 1.05d$

㉡ 정사각형 배치 경우 : $d_e = 1.13d$

② Sand Pile의 직경과 간격

㉠ 직경 : 30~50cm

㉡ 간격 : 압밀에 소요되는 시간과 그 시간까지 도달하는 압밀도에 의해서 정한다.

(4) Paper Drain 공법

1) 공법 개요

원리는 Sand Drain공법과 동일, 다만 Sand Drain공법에서는 주상의 투수층이 Sand Pile이지만 Paper Drain공법에서는 Card Board Drain재이다.

2) 설계 : Paper Drain재의 등치 환산원의 직경

$$D = \alpha \frac{2A+2B}{\pi}$$

여기서, D : Drain Paper의 등치 환산원의 직경
A, B : Drain Paper의 폭과 두께
α : 형상계수($\alpha = 0.75$)

3) Paper Drain 공법의 특징 : Sand Drain과 비교할 때

① 장점

㉠ 시공속도가 빠르다.

㉡ 타설에 의해서 주변 지반을 교란하지 않는다.

㉢ Drain 단면이 깊이 방향에 대해서 일정함

㉣ 공사비 저렴

㉤ 경량으로 운반 취급이 용이

㉥ S.D에 비해 시공관리가 용이

② 단점
　㉠ 지반중에 장애물이 있을 때 시공불가
　㉡ 습윤시 재료강도가 약하다
　㉢ Sand Drain에서는 Sand Pile 자신이 부차적인 강도증가가 기대되지만 P.D에는 그런 효과가 없다.

7. 결 론

S.D와 P.D는 탈수공법의 대표적인 공법이며 점성토 지반개량에 이용되는 공법으로써 설계시 배치 간격 등 설계에 유의, Drain 재료의 구득의 용이성, 재료관리에 유의를 요함.

13. Pack Drain에 의한 연약지반 처리(Vertical Drain = 연직배수공법)

1. 공법의 개요
(1) 직경 12cm의 망대(Pack)에 채워진 자루 형태의 모래기둥을 만들어 압밀배수 촉진
(2) 배수 효과가 양호
(3) 배수기둥의 절단 가능성이 적고
(4) 주변 지반 교란이 적고
(5) 시공 깊이 깊게, 개량 가능 깊이 295m

2. 공법의 특징
(1) 강한 합성섬유 망대속에 모래를 채워서 배수기둥을 만들기 때문에 Drain의 설계 직경을 유지할 수 있다.
(2) Drain이 끊어지지 않고 어느 정도 지반의 변형에 대처할 수 있다.
(3) 시공관리가 용이(일정 깊이로 시공한 후 Drain 상단부가 50~100cm 지반에 노출되므로 → 설계대로 시공되었는지를 간단하게 판별할 수 있어서 시공관리가 용이하다.)
(4) Pack Casing이 동시에 4본을 시공하므로 시공 속도가 빠르다. 공기단축이 가능함.

3. 시공 장비
(1) **Pack Drain 항타장비로써 조합**
  1) Crawler형 Crane + Leader 30m
  2) 발전기(200~300KVA) : 1대
  3) Vibrohammer(60~90kW) : 1대
  4) Compressor(5~7.6㎥/min) : 1대
  5) Tractor Shovel
  6) Casing(30m×4본) : 1 set
  7) 망대(Pack) 재단공
  8) 망대 투입 및 Hopper 모래 조정인원 : 4인

4. 사용 재료
(1) **망대(Pack)** : 폴리 에칠렌 원사

(2) **모래** : 입도분포가 양호하고 깨끗한 모래

5. 계측관리

(1) 계측기의 종류
1) 지표 침하판 : 900×900×100mm 두께의 철판에 φ2.54cm의 강관 Pipe 침하봉을 용접부착해서 사용
2) 경사
3) 간극수압계
4) 지하수위계

6. 시공관리 중점 항목

(1) 항타 간격 유지
(2) 모래의 입도
(3) 기능공의 숙련도
(4) Pack 항타지역 지하 매설물 확인
(5) 강풍, 폭풍에 의한 장비전도 예방 대책
(6) 안전관리 대책

14. Pack Drain공법

1. 공법개요

(1) Sand Drain 압밀촉진 효과는 Drain의 직경과 간격의 2요소에 의해 좌우되는데 동일한 효과를 요구시 사용하는 모래의 양에서 볼 때 타설본수는 증가되나(1.8~2배) 간격이 좁고 직경을 작게 하는 것이 원칙이다.

(2) 그러나 일정한도 이하의 직경으로 시공시 배수 모래기둥의 절단위험이 있다. 이러한 원리를 이용하여 강인한 합성섬유 망대에 모래를 채워 넣어 연약지반속에 연속된 배수 모래기둥을 형성하므로써 성토하중에 의한 압밀배수를 촉진시키는 공법으로 동시에 4본을 타설할 수 있어 시간, 경제, 품질면에서 타공법에 비해 월등하다.

2. 개발 경위

(1) 1992년 2월 공법채택 검토(한국도로공사)
(2) 1992년 3월 일본 현장 견학(초석직원)
(3) 1992년 5월 국내 자체개발 계획 수립(초석)
(4) 1992년 6월 1차 시험시공(한국도로공사)
(5) 1992년 7월 장비개발 및 시공기술 습득 완료

3. 시공 효과

(1) 배수효과 증대
강인한 망대 속에 모래를 채워 넣으므로 작은 직경임에도 불구하고 절단이 거의 안되는 연속된 배수 모래 기둥을 유지시킬 수 있다.

(2) 시공관리 용이
타설 후 일정길이 Drain망대가 지면에 노출(50~100cm)되므로 육안으로 품질확인이 가능하다.

(3) 시공기간 단축
직경이 작아서(ϕ120㎜) 시공본수가 Sand Drain 보다 약 1.8~2배 증가하나 4본을 동시에 시공하므로 전체적인 시공기간은 단축된다.

(4) 공사비 절감
모래기둥의 직경이 작아 Sand Drain에 비해 모래사용량이 약 1/6정도이므로 배수기능에 적

합한 양질의 모래구입이 어렵거나 고가인 지역에서는 월등히 경제적이다.

1) Sand Drain : $V_S = \{\pi \times (0.406)^2\}/4 = 0.129 \, \text{m}^3/\text{m}$
2) Pack Drain : $V_P = \{\pi \times (0.12)^2\}/4 \times 1.9(\text{시공본수 증가분}) = 0.021 \, \text{m}^3/\text{m}$

$$\frac{V_S}{V_P} = 6.14$$

4. 타공법과의 비교

구 분	Pack Drain	Sand Drain	Paper Drain	비 고
개 요	직경 12cm의 망대속에 채워진 자루형태의 모래기둥을 만들어 배수압밀 촉진	연약지반속에 직경 40~50cm의 모래기둥을 만들어 배수압밀 촉진	9.5×0.3cm의 케미칼보드를 지반속에 투입하여 배수압밀 촉진	
배 수 효 과	양호	완전한 모래기둥 시공시 양호	보통	
배수기둥의 절단가능성	거의없음	있음	있음	
시 공 본 수	1.0	÷0.55	÷1.6	동일면적당 비율
모 래 사 용 량	1.0	÷6.0	-	〃
시 공 속 도	1.0	÷1.3	÷1.0	〃
공 사 비	1.0	÷1.0~1.5	÷0.7~1.0	〃
시 공 관 리	용이	곤란	용이	
시 공 깊 이 조 정	어려움	쉬움	쉬움	
국 내 시 공 실 적	적음	많음	많음	

5. 시공순서

(1) 케이싱 타설

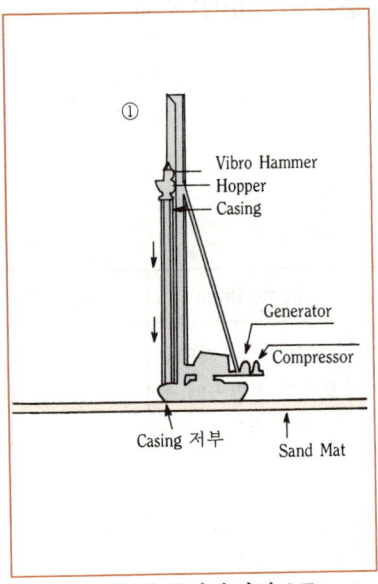

시공계획 위치에 바이브로
햄머를 이용하여 타설

(2) 망대관입

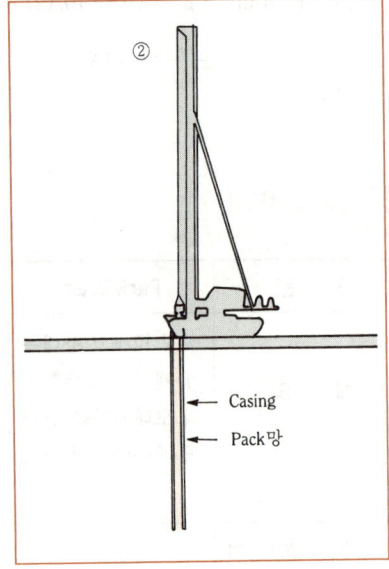

시공길이에 맞추어 절단된
망대를 넣고 호퍼에 고정

(3) 모래충진

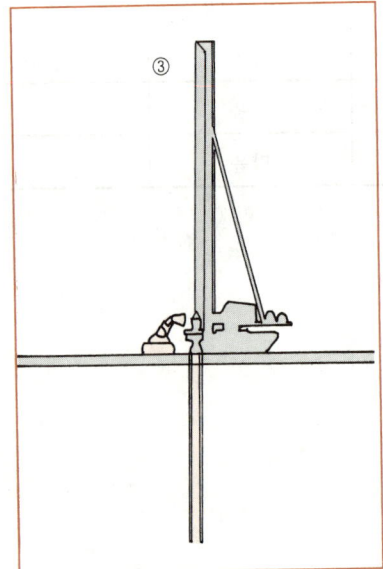

바이브로 햄머를 이용 진동을
가하면서 모래 투입

(4) 케이싱 인발

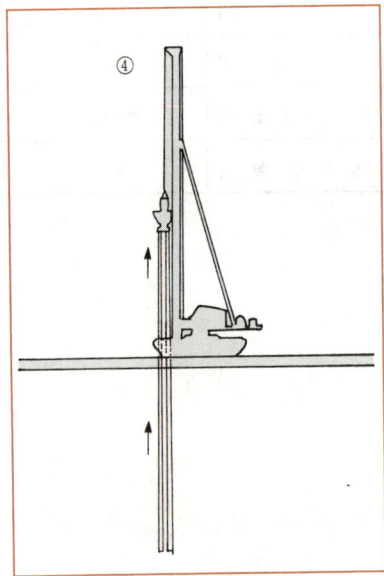

모래투입이 완료된 후 윗덮개를 닫고
압축공기를 소정 주입하면서 인발

(5) 모래말뚝 형성완료

(6) 완성된 모래말뚝

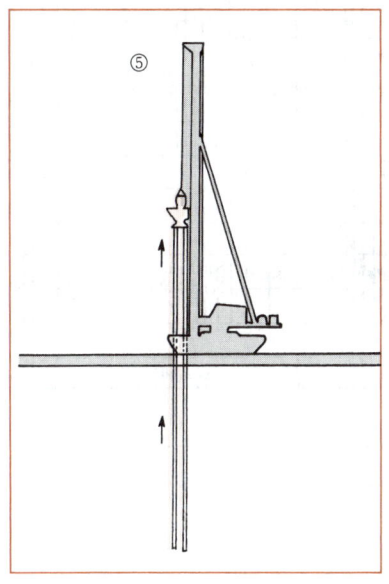
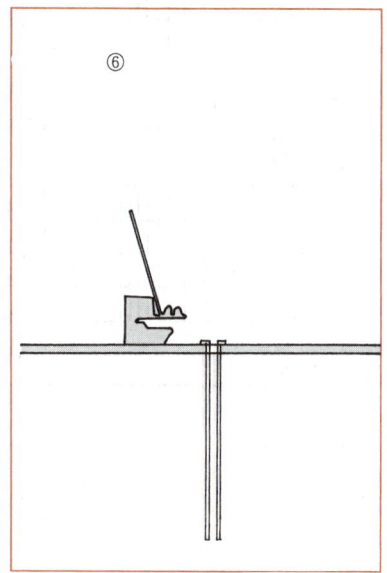

6. 사용 재료

(1) 사항 조성용 망대

1) 망대의 사용 원사는 폴리에틸렌 100%의 종횡 380데니르(원사의 굵기)를 사용한다.

2) 인장강도

구 분	종횡	표준 Type(심도 30m 이하)	특수 Type(심도 30m이상)
인장강도	종	115kg이상/5cm 폭(2중)	145kg이상/5cm폭(2중)
	횡	90kg이상/5cm 폭(2중)	90kg이상/5cm 폭(2중)
밀 도	종	2.5cm당 21본 1	–
	횡	2.5cm당 15본 1	–

(2) 모래

Drain용 모래는 조세립이 적당히 혼합되고 불순물을 함유하지 않은 청정사로 아래 범위내의 것을 원칙으로 한다.

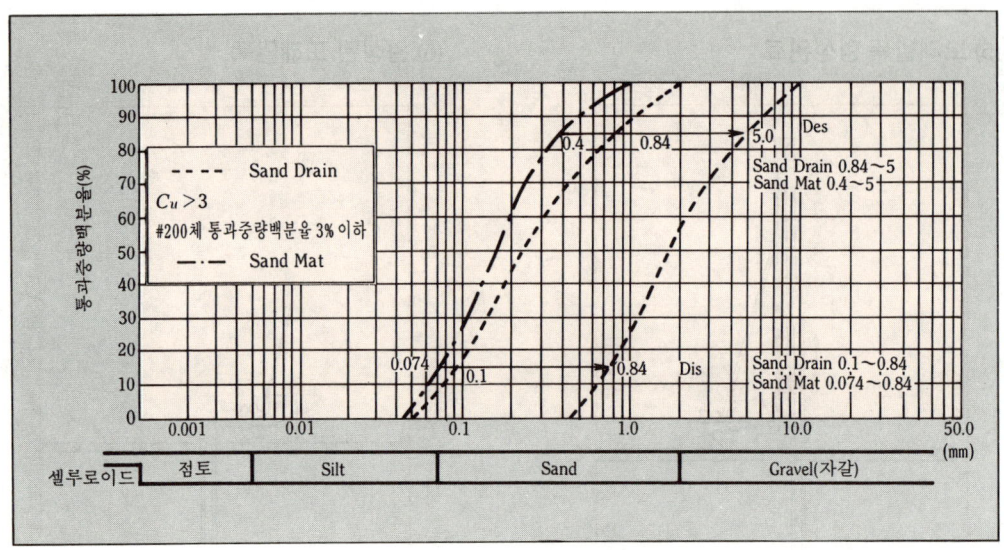

(그림 1) Drain용 모래 입도분포도

7. 설계기준

(1) Pack Drain의 설계는 종래의 Sand Drain과 동일한 방법의 Barron의 압밀이론에 기초하여 실시하되

$$압밀기간 : t = \frac{de^2}{Ch} \cdot Th$$
$$압밀도 : u = f(Th)$$

여기서, de : Drain 유효간격(cm)
Th : 압밀시간계수
Ch : 압밀계수(cm²/sec)

(2) 타설장치가 1.2m의 정방향으로 41본의 Sand Pile을 동시에 타설하는 것으로 되어 있어 이론 계산치로부터 임의의 간격이 필요한 경우 (그림 2)와 같이 4본 동시에 이동하여 그 간격을 조절하는 것이 필요하다.

(3) 따라서 Sand Drain을 타설 배치하는 경우 등간격으로 시공하는데 반해 Pack Drain은 배치가 (그림 2)와 같이 다소 Unbalance하다.

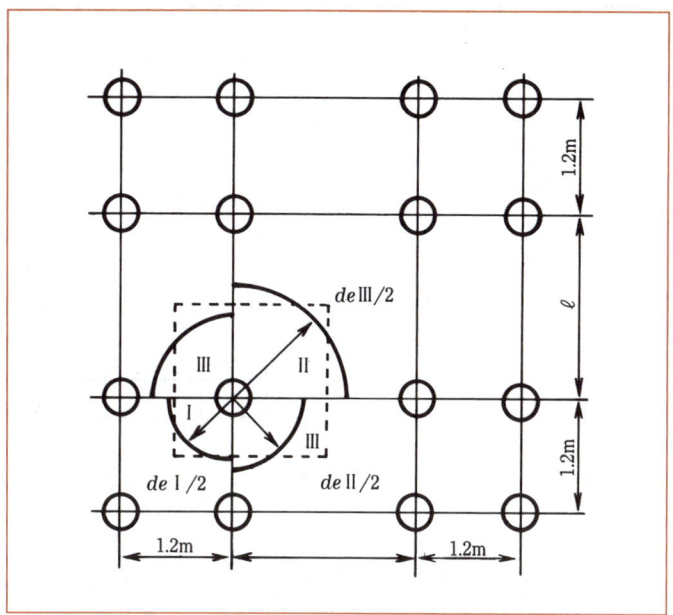

(그림 2) Pack Drain 시공배열 예

(4) (그림 2)에 의하여 Drain 1본의 부담면적을 고려하여 전체 평균압밀도를 구하면

$de \text{ I} = 1.128 \times 20$

$de \text{ II} = 1.128L$

$de \text{ III} = 1.128 \times \sqrt{120 \times L}$

$Th \text{ I} = \dfrac{Ch \times t}{de \text{ I}^2}$ $\qquad n = \dfrac{de \text{ I}}{12}$

$Th \text{ II} = \dfrac{Ch \times t}{de \text{ II}^2}$ $\qquad n = \dfrac{de \text{ II}}{12}$

$Th \text{ III} = \dfrac{Ch \times t}{de \text{ III}^2}$ $\qquad n = \dfrac{de \text{ III}}{12}$

(5) 분할된 Section당 압밀도를 구하여 다음식에 의해 평균치를 구한 전체의 압밀도는

$$U = \dfrac{A\text{I}U\text{I} + A\text{II}U\text{II} + 2A\text{III}U\text{III}}{A\text{I} + A\text{II} + 2A\text{III}}$$

(6) 실제 설계에 있어서는 압밀에 필요한 시간(t)과 압밀계수(C_v)가 결정되면 (그림 3)의 도표에 의해 바로 Pack Drain의 4본 동시(Set) 이동간격 ℓ 을 구한다.

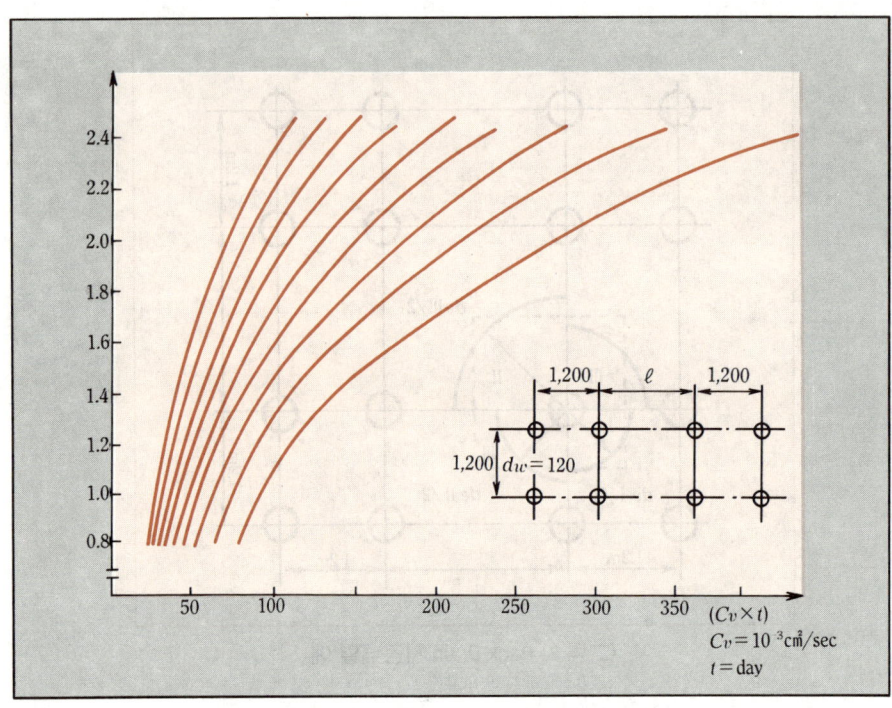

〔그림 3〕Pack Drain 공법 설계용 계산도

8. 적산 기준

(1) 장비조합

장비명	규격	단위	수량	장비명	규격	단위	수량
Crawler Crane	50ton	대	1	Vibro-Hammer	90kW	대	1
Generator	250kW	대	1	Leader	L=36m	Set	1
Casing	$\phi 120 \times 19t$	M		Hopper	1.5㎥	대	1
Pay-Loader(Tire)	1.34㎥	대	1	Air-Compressor	10.3㎥/min	대	1
Air-Hose	(3/4)″3b	M	60		365cfm		

(2) 작업조 편성

1) 수작업 반장 1인
2) 비계공 1인
3) 용접공 1인
4) 보통 인부 4인

(3) 시공능력

$$Q = \frac{60 \times L \times E}{CM}$$

1) 타설깊이 L = 말뚝깊이 + Sand Mat 두께
2) 표준 Cycle = 2 + 0.88L
3) 작업효율 E = 0.7

9. 결 론

　근래의 국내현장의 연약지반 처리공사는 대규모 공사가 대부분이므로 앞에서 서술한 각종 공법 중 현장조사와 답사를 통해 대상 구조물, 공사기간, 경제성 등을 감안하여 현장 여건에 최적의 개량공법을 택하여야 한다.

【검토사항】

(1) 대상 구조물
1) 규모의 대소
2) 기초의 종류
3) 기존 구조물에 대한 영향
4) 구조물의 중요성

(2) 공사기간
1) 후속 공종
2) 공법병행 가능 여부
3) 장비의 확보성

(3) 경제성
1) 단위면적당 시공비
2) 주변의 사용재료 매장량 및 사용의 용이성
3) 대체재료의 확보

(4) 기타
1) 정확한 토질조사
2) 장비의 주행성 및 시공성
3) 시공상 발생되는 민원여부
　① 소음 및 진동

② 지상 장애물 및 지하 매설물
③ 주변지반의 융기 및 탈수로 인한 붕괴여부
④ 기존 구조물의 변형

15. 연약지반 개량을 위한 선행재하(Preloading)에 대하여 설명하시오.

1. Preloading 공법

(1) 원리적으로 점성토지반 개량공법이며 압밀에 의해 미리 침하 종료시키는 공법이며, 공기가 길 때 이용 가능

(2) **특징**
   1) Preloading 공법은 완속 시공법의 경우와 동일하게
   2) 연약층이 두껍고, 투수성이 적은 점성토 지반에서는 방치기간을 장시간 요하므로 공기가 길 때에만 적용 가능함.
   3) 사전 압밀공법이라고도 한다.

(3) **Preloading 공법에 의한 침하 상황도 예시**

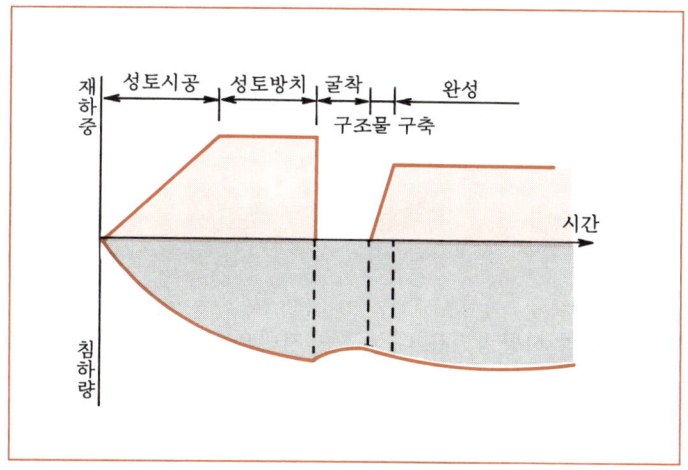

16. 생석회 말뚝공법(탈수·압밀공법)

1. 서 론
(1) 생석회 말뚝공법은 강력한 탈수·팽창력을 가진 생석회를 연약지반 중에 말뚝모양으로 타설하는 방법으로
(2) 흙 속에 물을 급속하게 탈수함과 동시에 말뚝 자신의 체적이 2배로 팽창하여 지반을 강제 압밀시킨다.
(3) 이의 탈수·팽창작용에 의해서 말뚝사이의 연약지반은 재하 성토없이 압밀 강화된다.
(4) 또 생석회 자신도 잠재적으로 수경성이 있고 압밀강화된 중간 지반과의 복합지반을 형성한다.

2. 생석회 말뚝공법의 효과
(1) 지지력의 급속증대
(2) 압밀침하의 저감
(3) 활동 파괴방지
(4) 기초 지반과의 진동경감

3. 시공법 개요
(1) **공법 선정시 주의사항**
    1) 지반개량공사에서의 시공방법은 대상하는 지반의 토질특성, 환경조건, 공기 등을 종합적으로 판단하여 선정하고 있다.
    2) 생석회 말뚝공법에서도 최근 도시 토목공사의 증가에 따라서 말뚝의 타설시에는 무공해 시공을 고려하고 케이싱 오거방식이 채용되는 경우가 많다.
    3) 이 방식은 케이싱 선단부근에 스파이럴을 붙여 정적인 회전구동으로 관입하는 저진동, 저소음 상태의 시공이 가능하며, 지반의 교란도 최대한 저감되는 것이 장점이다.
    4) 케이싱 오거방식의 표준 기계배치 그림 및 시공순서를 (그림 1), (그림 2)에서 제시하였다.

(2) **생석회 말뚝공법의 시공순서**
    1) 소정 위치에 타설기를 설치하고 수직으로 조정
    2) 케이싱은 회전하여 소정의 심도까지 관입
    3) 관입 완료후 케이싱의 회전을 멈추고 홉파로 생석회계 재료 투입
    4) 케이싱 상단의 기밀변을 잠그고 콤프레샤에 의해 케이싱내를 압기

5) 케이싱 내압이 소정의 값에 도달한 것을 확인한 후 케이싱을 회전(역회전)하면서 인발
6) 내압을 서서히 내리면서 케이싱을 뽑아올려, 시공완료
7) 다음의 타설위치로 이동
8) 특히 천층부의 개량은 20cm 정도의 케이싱을 사용하고 다연식으로 장치하여 단기간에 능률 높은 지반개량이 가능하다.

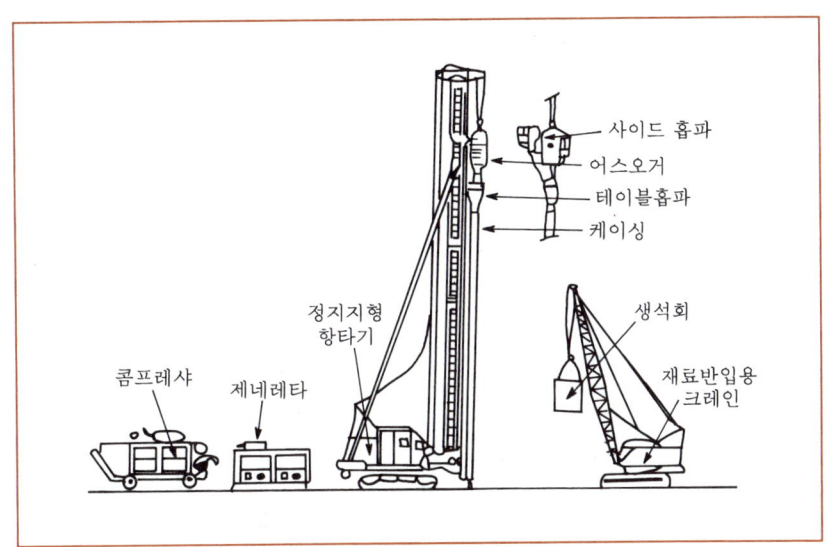

(그림 1) 생석회 말뚝공법의 표준 시공기계

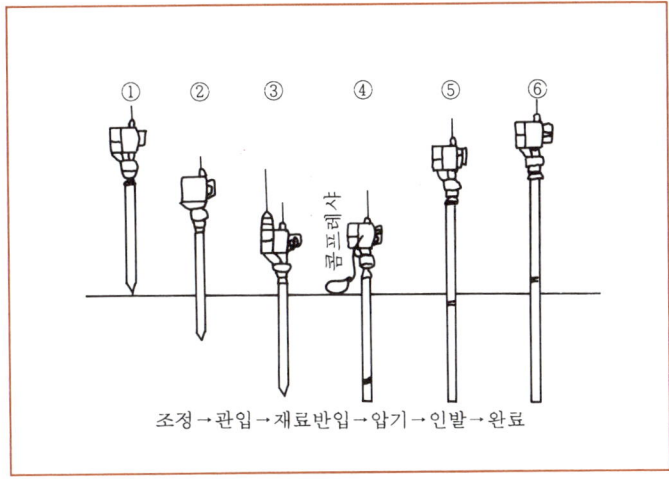

(그림 2) 생석회 말뚝공법의 시공순서

4. 시공관리(결론문구로 활용)

(1) 시공에 있어서는 어떤 방법으로 설계 의도대로 시공할 것인지는 매우 중요한 것이다. 시공 성과를 직접 확인할 수 있어야 시공관리가 잘 되는 것이다.

(2) 생석회 말뚝공법의 시공관리항목은 (표 1)과 같으며 주요사항을 요약하면 다음과 같다.

(표 1) 생석회 말뚝공법의 시공관리

분 류	관 리 항 목	관 리 의 요 점
공 사	생석회계 재료 ① 투입량 시공시 ① 공기압 ② 인발속도 ③ 타설길이 항두 ④ 지반변위	계측기에 의한 확인 시험시공으로 확인 시험시공으로 확인 심도계, 검측봉에 의한 확인 심도계, 검측봉에 의한 확인
효 과	중간변위 ① 원위치시험 ② 실내시험 생석회 말뚝 ① 원위치시험 ② 실내시험	 더치 콘 관입시험 보링시료(W, q_u, C_u, $e \sim \log P$) 평판재하시험, N치(SPT) 블록 샘플링 시료(W, q_u, E_{50})

17. 진공압밀(Vacuum Consolidation) 공법

1. 공법 개요

연약 점토층을 탈수에 의한 압밀을 촉진하기 위하여 지중을 진공상태로 만들어 대기압에 의해 하중을 작용시키고, 지중에 연성 주름관을 삽입시켜 이를 통해 형성된 진공상태가 지중등방성 압력을 발생시켜 등압밀 하중하에서 전단파괴가 발생치 않는 원리를 이용한 것으로서, 재래의 여성토에 의한 탈수공법으로 성토 하중으로 인한 전단파괴가 발생하는 것을 방지하였다.

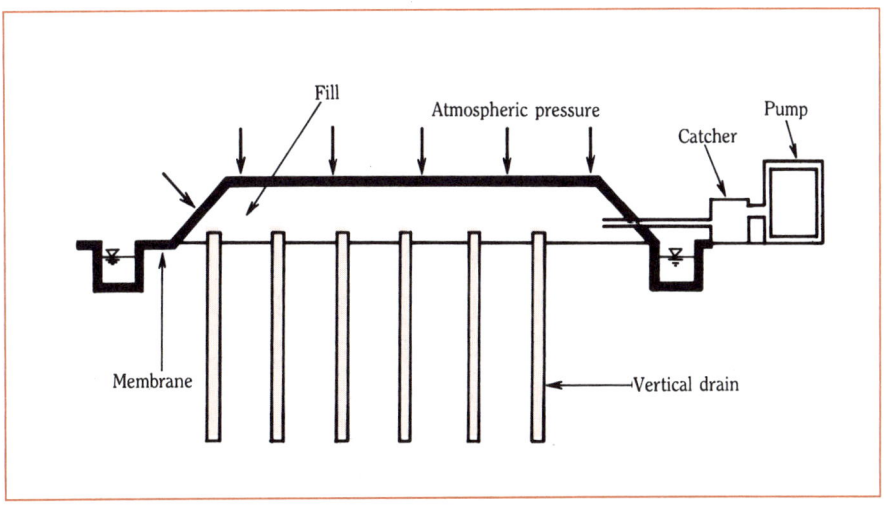

〈그림 1〉 진공압밀공법

2. 진공압밀 공법의 내용

(1) 연성 주름관(Cylindrical Drain)

　1) 제품명 : SOLPAC

　2) 외경 : 50.5cm ($\phi = 5.0$cm)

　3) Filter : 특수가공처리된 부직포

　4) Filter 투수계수 : 7×10^{-2}cm/sec

(2) Vertical Drain(SOLPAC) 타설

연약지반의 탈수촉진을 목적으로 Cylindrical Drain을 설계된 간격으로 개량 목표심도까지 타입하는 것으로서, 특수 RIG, Casing, Shoe를 사용하여 Vibro-Hammer에 의해 타설한다.

(3) Horizontal Drain(SOLPAC) 설치

표면 침하에 적응하면서 수평 배수 목적 띤 Vertical Drain에 연결하여 진공펌프에 의해 지중의 진공상태를 유지시킨다.

(4) 진공보호막 (PVC Membrane)

개량 예정지역 지표에 PVC 진공보호막을 설치하며, 가장자리는 Bentonite Trench를 설치하여 공기차단막을 형성한다.

(5) 차수지중벽 (Peripheral Wall)

진공압밀시 외부로부터의 차수를 목적으로 두께 80mm의 슬러리 월을 설치한다.

3. 진공압밀공법의 특징

(1) 상부지반이 초연약할 경우 성토하중 재하없이 대기압($7t/m^2$) 즉, 토사로 환산할 경우 4.5m 높이와 동일한 하중으로 전단파괴없이 압밀을 급속히 촉진시킬 수 있다.

(2) 깊은 심도의 연약층 하부에까지 진공시킬 수 있어 깊은 연약지층의 탈수에 의한 강도 증진에 적합한 공법이다.

(3) 진공으로 탈수시키므로 정적하중에 의한 자연배수보다 2~5배의 빠른 속도로 배수되므로 압밀기간이 일반 탈수공법에 비해 2배이상 단축될 수 있다.

(4) 재료구입이 용이하고 공사비가 샌드 드레인 공법보다 저렴하다.

(5) 진공펌프와 원통형 드레인에 의해 지중까지 하중을 가할 수 있으므로 압밀의 진행을 임의로 조정할 수 있어 확실한 압밀효과를 얻을 수 있다.

(6) 동남아(일본, 대만, 홍콩, 싱가폴, 인도네시아) 각지에서 진공재하 공법을 이용한 연약지반 개량공법을 이용하여 시공을 하고 있으며, 필요시 단기간에 국내 공사 착수가 가능하다.

(7) 잔류침하를 허용치 않으며 2차 압밀침하 영역까지 압밀을 시킴으로서 압밀침하에 대한 침하 대책 공법으로서는 확실한 방법이다.

(8) 원통형 드레인은 일반 드레인보다 배수기능 효과가 양호하며 진공재하를 추가로 적용시킬 수 있다.

18. 진공압밀공법(대기압 공법 : Vacuum Consolidation Method)

1. 진공압밀공법의 개요

(1) 흙의 간극수압(중립응력)의 감소에 의해 유효응력을 증가시켜 그 증가분의 응력을 압밀응력으로 이용하는 방법을 중립응력 저하공법이라고 하는데

(2) 간극수압을 저하시키는 공법으로는 진공압을 이용하는 방법, 지하수위를 저하시키는 방법 등이 있는데 전자를 진공압밀공법 또는 대기압공법, 후자는 지하수위공법이라고 한다.

(3) 진공압밀공법(Vacuum Consolidation Method)은 중립응력저하공법의 한 방법으로서 1950년대 초 Vertical 'Wick' Drain을 처음 개발한 스웨덴의 W. Kjellman에 의해 처음으로발표된 지하수위 변동없이 지반내의 간극수압을 저하시켜 압밀을 촉진시키는 방법이다.

(4) 즉, 연약점토층을 탈수에 의한 압밀을 촉진시키기 위하여, 지중을 진공상태로 만들어 대기압에 의해 하중을 작용시켜 지중에 연성 주름관을 삽입시켜 이를 통해 형성된 진공상태가 지중등방성 압력을 발생시켜 등압밀 하중하에서 전단파괴가 발생치 않는 원리를 이용한 것으로서,

(5) 재래의 여성토에 의한 탈수공법에서 성토하중으로 인한 전단파괴가 발생하는 것을 방지한 공법이다.

(6) 진공압밀은 여성토에 의한 전응력의 증가를 수반한 유효응력의 증가 대신에 일정한 전응력을 유지하면서 간극수압에 의한 유효응력의 증가를 가져온다.

(7) 1950년대 초 Kjellman에 의해 제안된 후 20년동안 부분적으로나마 진공압밀과 관련된 연구가 진행되어 왔으나(Halton et al. 1965, Holtz 1975), 아주 특별한 경우들(Landslide Stabilization)을 제외하고는 진공압밀이 Membrane 기술의 부족, 진공상태의 유지 어려움 등과 아직 비용면에서 여성토공법 등 기존의 공법보다 불합리함으로 인하여 크게 연구되지는 못했다.

(8) 그러나 장비의 발달과 제반 기술의 발전으로 진공압밀이 상당히 경제적이며 여성토공법의 대체공법으로 가능하게 되었다.

(9) 최근 중국(Choa 1989), 일본(Shinsha et al. 1991), 프랑스(Cognon 1991) 등지에서 현장에 적당한 드레인을 이용한 진공압밀이 실제로 시공되었는데, 진공압밀에 재래적 방법의 성토공법보다 시간적 단축이 우선 앞서고 진공효율 75%의 진공압밀로 일반성토고 4.5m의 효과를 나타냈다.

(10) 국내에서도 광양항 등지에서 연약지반 처리 등에 적용되었다.

2. 진공압밀공법의 응력상태 예시

아래 그림은 (a) 재하압밀 (b) 지하수위 저하공법 (c) 진공압밀공법에서의 응력의 상태를 나타내고 있다.

(1) Surcharging Preloading(재하압밀)

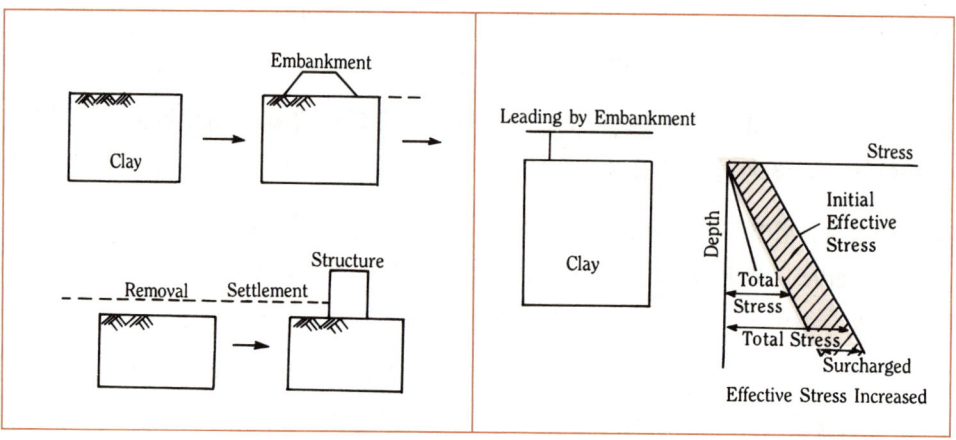

(2) Groundwater Lowering(지하수 저하공법)

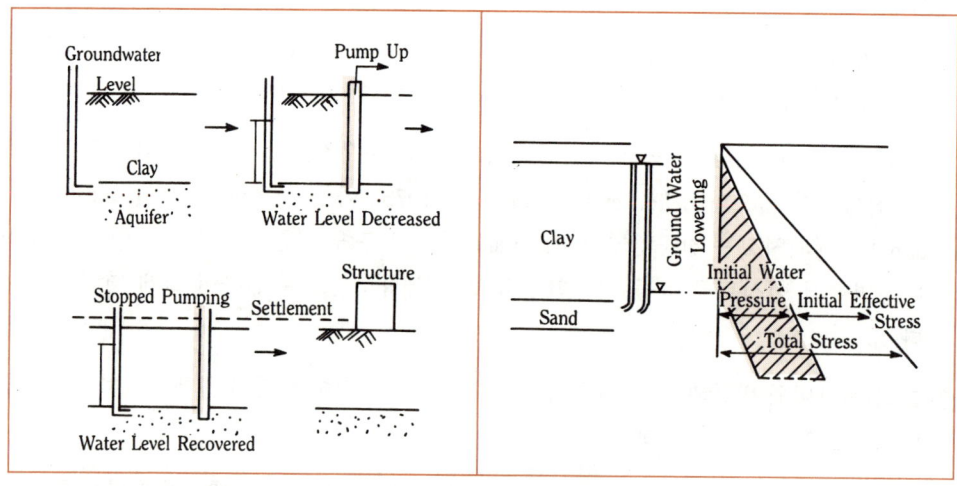

(3) Vacuum Preloading(진공압밀공법)

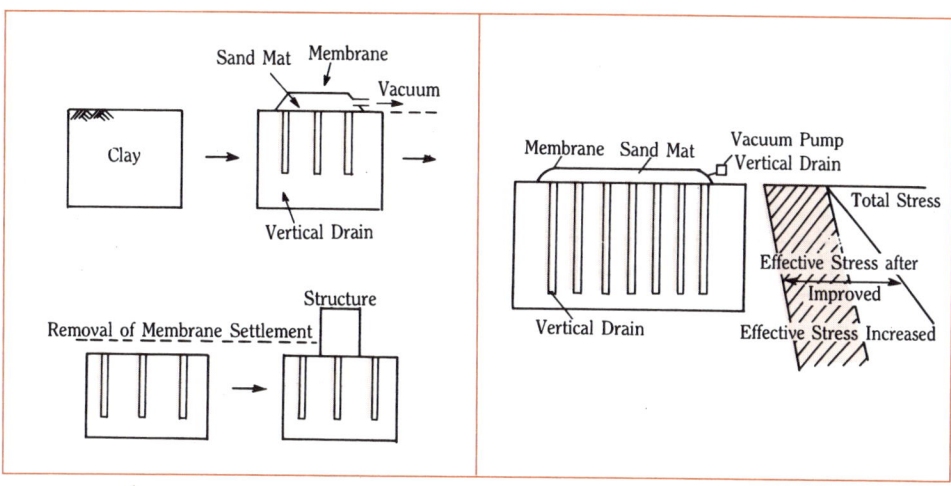

3. 진공압밀공법의 기본 이론

(1) 흙의 중립응력의 감소에 의해 유효응력을 증가시켜 그 증가분의 응력을 압밀응력으로 이용하는 방법을 중립응력 저하공법이라고 한다.

(2) 중립응력을 저하시키는 방법으로는 진공압을 이용하는 방법, 지하수위를 저하시키는 방법 등이 있는데 전자는 대기압공법 또는 진공압밀공법, 후자는 지하수위 저하공법이라고 한다.

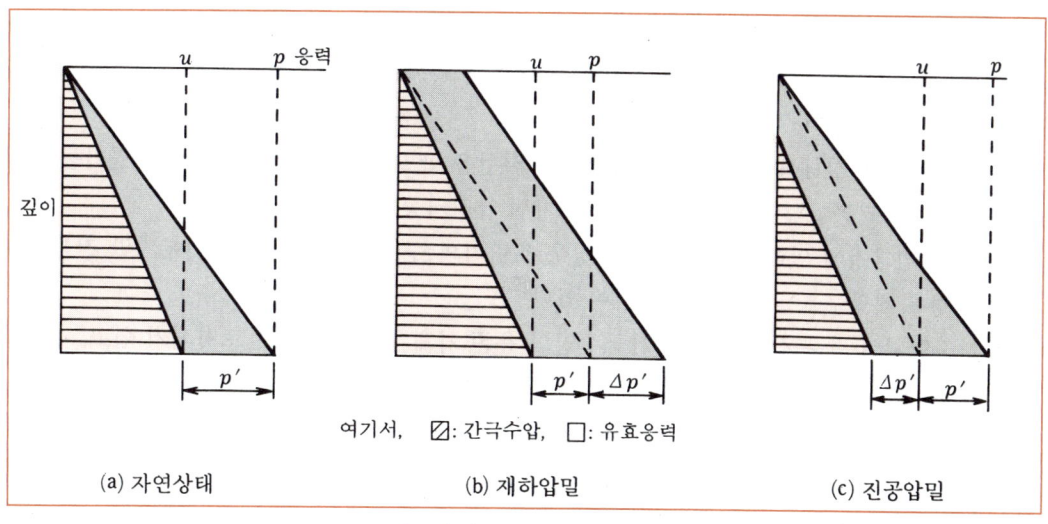

(그림 1) 지반의 응력변화

(3) 진공압밀공법(Vacuum Consolidation Method)은 중립응력저하공법의 한 방법으로서 1949년 Sweden의 W. Kjellman에 의해 처음 발표된 지하수위 변동없이 지반내의 간극수압을 저하시켜 압밀을 촉진시키는 공법이다.

(4) 재하압밀과 진공압밀의 가장 큰 차이점은 지반내의 응력변화 상태이다. 두 경우에 대해서 응력변화 상태를 비교해 보면, 재하압밀에 있어서는
(그림 1)에서와 같이 압밀종료시에 있어서

$$P + \Delta p' = (p' + \Delta p') + u \quad \cdots \cdots (1)$$

여기서, p : 재하전의 전응력
p' : 재하전의 유효응력
$\Delta p'$: 재하응력. 즉, 압밀응력의 증분
u : 간극수압

이 된다.

(5) 재하압밀에서는 압밀 완료후 전응력은 $\Delta p'$ 만큼 증가하게 된다. 한편, 진공압밀에 있어서는 간극수압을 자연상태에서 감소시킨 감소분을 Δu라 하면

$$\Delta u = \Delta p' \quad \cdots \cdots (2)$$

이다. 즉, 증가하는 압밀하중은 간극수압의 감소치와 같고, 재하압밀인 경우의 식 (2)에 대해서 진공압밀의 경우는 (그림 1)과 같이

$$P = (p' + \Delta p') + (u - \Delta u) \quad \cdots \cdots (3)$$

가 된다. 이 상태에서는 압밀에 작용하는 응력은 식 (1) 과 식 (3)의 경우 모두 $\Delta p'$ 만큼 증가한다. 그러나 재하압밀은 전응력이 $\Delta p'$ 만큼 증가하지만 진공압밀의 경우는 전응력에 변화가 전혀 없다.

(6) 그 외에 압밀상태에 있어서도 재하압밀은 시험용 압밀내에서 완전한 1차원 압밀거동을 나타내지만 진공압밀에서는 미소하지만 3차원 압밀거동을 보인다.

(7) 또, 압밀과정에 있어서 재하압밀의 경우 토립자의 구조가 평행구조를 이루지만 진공압밀의 경우 배향구조를 나타내는 경향이 있다.

(8) 진공압밀의 경우 감압에 의해 간극수압의 용존 기체가 빠져나와 불포화되기 쉽고, 기화열에 의해 시료의 온도가 저하되는 현상이 발생한다.

(9) 그리고, 진공압밀은 상부지반이 연약할 경우 재하성토로 인한 전단파괴없이 압밀을 촉진시킬 수 있고, 깊은 심도까지 개량할 수 있으며, 재하에 의한 압밀보다 배수시간이 훨씬 단축된다는 특징이 있다.

4. 진공압밀공법의 장·단점

(1) 장점

1) 처리하고자 하는 초연약지반 및 고함수비 상태의 지반에서 등방압밀효과로 깊은 심도까지 압밀효과가 확실하여 시공성이 양호하며
2) 초연약지반에서 재래의 탈수공법보다 많은 공사비가 소요되나 급속성토가 가능하고
3) 단기간 2차 압밀침하영역까지 지반개량이 가능하다.
4) 또, 외압에 의해서도 통수단면의 변형이 없으며 지중 과잉간극수를 소산시킬 수 있다.
5) 그리고 탈수시 정적하중에 의한 자연배수보다 빠르게 과잉간극수를 배출시킬 수 있다.
6) 이 밖에도 응력의 균등한 지반분포로 공기를 단축시킬 수 있고 연약지반의 계측관리가 매우 단순하여 시공 중 계량효과 확인이 가능하다.
7) 또, 공장에서 대량생산하는 경우 재료수급이 용이하고 종래 선행압밀공법 및 굴착 시공법보다 시공성 및 품질관리가 확실하다.

(2) 단점

1) 준설지역의 고함수비 상태의 지중 과잉간극수가 보드를 통한 배수처리 효과의 확인이 어렵고
2) 시공후 큰 침하발생으로 변형될 경우 지중 배수기능의 저하에 따른 압밀효과가 낮다.
3) 그리고, 계측관리 도입이 필수적이며 압밀재하후 개량효과가 기대치 이하일 경우 공기연장 및 추가공사비가 소요된다.
4) 또, 침하발생시 수평배수층의 Sand mat의 불규칙적인 거동으로 배수가 거의 불량하고 수직 Drain Board의 기능도 불량하다.
5) 그러나 진공압밀공법은 기밀의 유지에 따른 진공상태의 존속이 중요하다.

5. 진공압밀공법의 특징

(1) 상부지반이 초연약할 경우에 성토하중의 재하없이 대기압($7t/m^2$) 즉, 토사로 환산할 경우 4.5m 높이와 동일한 하중으로 전단파괴없이 압밀을 급속히 촉진시킬 수 있다.
(2) 깊은 심도의 연약층 하부에까지 진공시킬 수 있어 깊은 연약지층의 탈수에 의한 강도증진에 적합한 공법이다.
(3) 진공으로 탈수시키므로 정적하중에 의한 자연배수보다 2~5배의 빠른 속도로 배수되므로 압밀기간이 일반적으로 다른 탈수 공법에 비해 2배 이상 단축될 수 있다.
(4) 진공펌프와 Cylindrical Drain에 의해 지중까지 하중을 가할 수 있으므로 압밀의 진행을 임의로 조정할 수 있어 확실한 압밀효과를 얻을 수 있다.
(5) 잔류침하를 허용치 않으며 2차 압밀침하영역까지 압밀을 시킴으로써 압밀침하에 대한 침하대책공법으로서는 확실한 공법이다.

6. 진공압밀공법의 시공

【프랑스에서의 진공압밀공법 적용 예】

(그림 2)는 진공압밀 공법의 배수시스템을 보여주고 있으며, 진공압밀 공법에 있어서 다음과 같은 작업들을 수행했다.

(1) Workability의 확보와 배수층을 위해 연약지반 위에 60~80cm정도의 모래층을 타설했다.
(2) 직경 5cm의 Vertical Drain을 타설했다.
(3) Sand Mat 저면에 (그림 2)와 같이 수평배수 드레인을 설치했다.

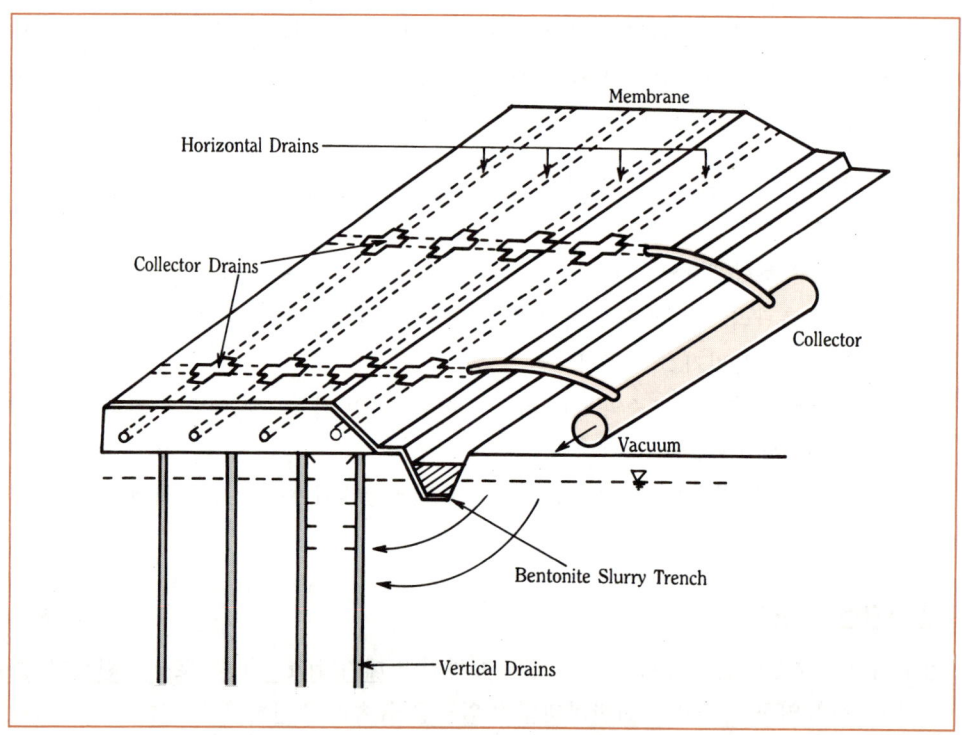

(그림 2) 진공압밀공법의 Drainage System

(4) 연약지반층 둘레에 지하수위보다 약 50cm아래 정도의 도랑을 파고 Sealing을 위해 Bentonite Slurry로 채웠다.
(5) 지표면을 Membrane으로 씌웠으며, 주변 도랑으로 내려 Bentonite Slurry로 막았으며, Membrane과 Slurry와의 Sealing을 위해 도랑을 되메우기 했으며, 물로 채웠다.
(6) 진공장치는 특별히 고안된 높은 효율의 진공펌프를 공기와 물을 동시에 빨아 들일 수 있게

하였으며, (그림 2)와 같이 도랑 밖으로 관을 이용해 설치했다.

7. 결 론

(1) 공법의 원리

1) 1950년대 초 스웨덴의 W. Kjellman에 의해 처음으로 제시된 이후 여러 연구들과 현장시공이 행하여져 온 진공압밀공법은 연약 점토층을 탈수에 의한 압밀을 촉진시키기 위하여
2) 지중을 진공상태로 만들어 대기압에 의해 하중을 작용시켜 지중에 연성 주름관을 삽입시켜 이를 통해 형성된 진공상태가 지중등방성 압력을 발생시켜 등압밀 하중하에서 전단파괴가 발생치 않는 원리를 이용한 것으로서
3) 재래의 여성토에 의한 탈수공법에의 성토하중으로 인한 전단파괴가 발생하는 것을 방지한 공법이다.
4) 진공압밀은 여성토에 의한 전응력의 감소를 수반한 유효응력의 증가 대신에 일정한 전응력을 유지하면서 간극수압의 감소에 의한 유효응력의 증가를 가져오는 공법이다.

(2) 특징

1) 상부 지반이 초연약할 경우에 성토하중의 재하없이 대기압($7t/m^2$) 즉, 토사로 환산할 경우 4.5m 높이와 동일한 하중으로 전단파괴 없이 압밀을 급속히 촉진시킬 수 있으며
2) 깊은 심도의 연약층 하부에까지 진공시킬 수 있어 깊은 연약지층의 탈수에 의한 강도증진에 적합한 공법이며
3) 진공으로 탈수시켜 정적하중에 의한 자연배수보다 2~5배 빠른 속도로 배수 압밀기간이 일반적으로 다른 탈수공법에 비해 2배 이상 단축될 수 있으며
4) 진공펌프와 Cylindrical Drain에 의해 지중까지 하중을 가할 수 있으므로 압밀의 진행을 임의로 조정할 수 있어 확실한 압밀효과를 얻을 수 있으며
5) 또한 잔류침하를 허용치 않아 2차 압밀침하 영역까지 압밀을 시킴으로써 압밀침하에 대한 침하대책공법으로서는 확실한 공법이란 장점들을 가지고 있다.

(3) 문제점

1) 현장시공시 Sealing의 문제와 진공펌프의 효율성 문제
2) 진공압밀이 끝날 때까지 지속적인 현장관리의 필요 등이 문제시 되며
3) 진공압밀공법의 적용 타당성여부를 결정하는데 있어서 신중성을 기해야 한다고 본다.

19. Geosynthetics(토목섬유)의 종류, 특징 및 기능

1. 서 언

토목 합성물질인 Geosynthetics는 1960년대초부터 Geotextile의 Filter 기능을 이용하여 Piping 방지 목적으로 사용하기 시작하여 최근 토공 및 기초공학 분야에서 배수재, Filter재, 분리재, 보강재 등으로 사용되고 있다.

2. Geosynthetics의 종류

 (1) Geotextile
 (2) Geomembrane
 (3) Geogrid
 (4) Geocomposite

3. Geosynthetic의 기능

 (1) 배수 기능
 (2) Filter 기능
 (3) 분리 기능
 (4) 보강 기능
 (5) 방수 및 차단 기능
 (6) 그 밖의 특수기능 (콘크리트 거푸집, 해양 오탁 방지재로서 Silt Protector, 연약지반 압밀촉진 배수재로서 Drain Board, 사면의 보호재로서 사용하고 있는 Geoweb)

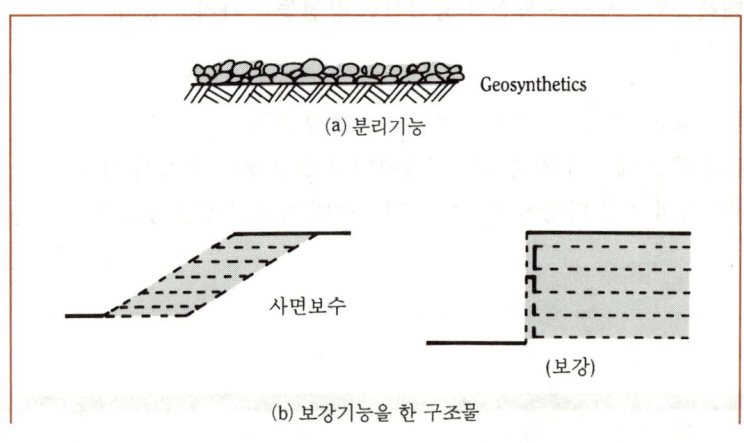

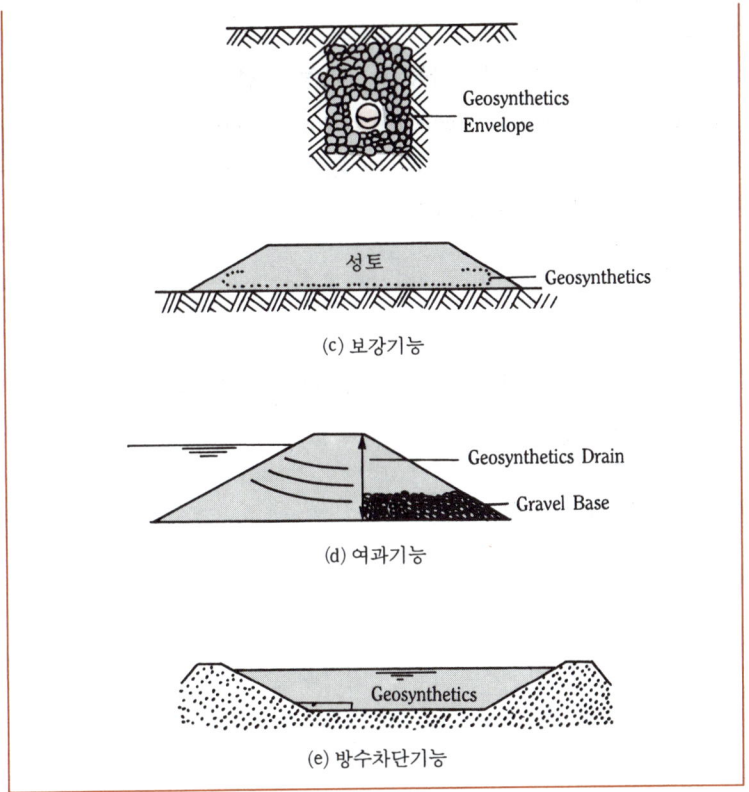

(그림 1) Geosynthetics의 기능

4. Geosynthetics의 종류별 특징

(1) Geotextile
1) Geotextile은 Geosynthetic의 주를 이루며,
2) 합성섬유로 만들어 진다.

(2) Geomembrane
1) Geotextile에 비해서 사용 빈도가 낮고
2) 소재 : 합성수지, 고무
3) 주기능 : 액체 및 수분의 차단 기능 및 분리 기능도 한다.

(3) Geogrid
1) Geotextile에 비해서 사용 빈도는 적으나,
2) Plastic으로 만든 격자모양의 구조물이다.
3) 주기능 : 보강기능, 분리기능

(4) **Geocomposite**

  1) 기 능 : 배수기능, Filter기능, 분리기능, 보강기능을 겸한다.
  2) 이는 Geotextile+Geomembrane, Geotextile+Geogrid, Geogrid+Geomembrane과 같이 혼합해서 사용하거나 또는 이들 중의 한가지와 흙, Plastic, Sheet, 강재 Cable, 강재 Anchor 등과 함께 혼합 또는 조합해서 사용한다.

5. 결 론

  (1) 국내에서도 Geosynthetic에 대한 장기적인 연구, 분석이 요망되며,
  (2) 국내의 기업간 공동의 기술개발 노력으로
    1) 경제적인 소재개발
    2) 시공법 개발이 활성화되어야 할 것임.

20. 토목용 안정 Sheet 공법

1. 개 요

　토목용 안정 Sheet 공법이란 화학섬유, 합성수지로 된 투수성, 불투수성 Sheet를 사용해서 침식방지, 배수 Filter, 보강 등의 표층안정 처리에 광범위하게 이용되는 각종 공법의 총칭
　　(1) 목적에 따른 분류
　　(2) 재료에 따른 분류

2. 목적에 따른 분류

　　(1) 호안방호(토사의 유출 방지)
　　(2) 매립지의 토사유출 방지
　　(3) 제체 단수
　　(4) 축제 법선 근고 공 : 세굴방지
　　(5) 구조물의 부등침하 방지
　　(6) 성토재료의 함몰과 혼합 방지(경계재)
　　(7) 연약지반 표층 처리
　　(8) 방조제 축조시 P.P Mat 깔고 다짐한다.

3. 재료에 따른 분류

　　(1) Nylon
　　(2) 비닐
　　(3) Polypropylene (P. P Mat)
　　(4) Polyester
　　(5) 각종 부직포
　　(6) 불투수성 Sheet

4. 공법별 시공법 특징

　　(1) **호안 방호 Sheet**
　　　호안의 기초 또는 본체 뒷채움재로서 사용한 사재료의 표면이나 경계부에 Sheet를 사용해서 세굴방지

(2) 해중 구조물 Sheet 공법
　　1) 축제 전에 해저에 투수 Sheet를 부설해서
　　2) 그 위에 기반 재료를 펴고
　　3) 편후에 해저 기반 중에서 함몰, 혼합을 방지하고
　　4) 기반용 Block의 부등침하 방지

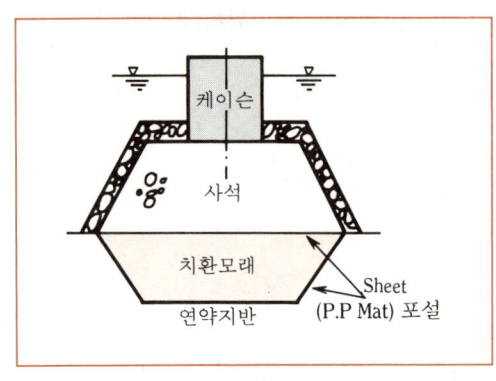

〈그림 1〉

(3) 차수 Sheet 공법
　　1) 제체 성토중 또는 법면부에 불투수 Sheet를 삽입해서
　　2) 누수를 방지하는 공법

(4) 연약지반 표층처리 공법(방조제＋제방 등)
　　1) 육상부에 사용하는 Sheet 공법으로서
　　2) 투수 Sheet를 연약지반상에 부설하고
　　3) 그 위에 모래, 산토, 자갈 등의 양질성토를 해서 가설 도로, 부지조성, 농토를 구축하는 것이다.

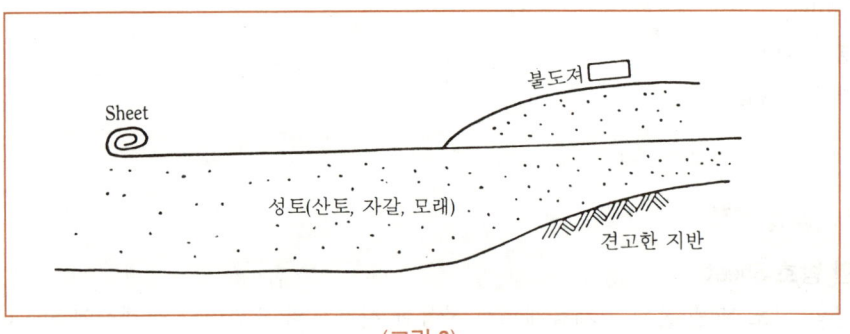

〈그림 2〉

부 록

현장실무 응용문제해설 + 용어해설 57회이후 ↔ 현재까지 문제 수록

- 이부록이 첨가 되었으므로 토목시공원론 上.中.下는 17회부터 현재까지 과년도 문제가 100% 수록된 것임.
- 57회 이후 출제된 문제를 과목별로 수록했슴.
- 부록에 수록된 57회 → 현재까지 수록된 문제는 원론 上.中.下의 각 장과 연계시켜 독파해야 함.

제1장 토공	제12장 도로
제2장 건설기계	제13장 터널
제3장 토류벽	제14장 교량
제4장 사면안정	제15장 댐
제6장 연약지반	제17장 항만
제7장 기초	제19장 시공관리
제8장 콘크리트	

C·O·N·T·E·N·T·S

제1장 토공

1. 경사면에 축조되는 반절토, 반성토 단면의 노반 축조시 유의사항　3
2. Boiling 현상　7
3. 유선망 (Flow Nets)　11
4. Sounding　13

제2장 건설기계

1. Crusher의 장비조합　15

제3장 토류벽

1. 지하 수위가 비교적 높은 자갈섞인 사질점토 지반에서 지하 굴토 토류벽 구조물을 CIP 벽체 및 Strut로 실시할 경우 시공방법과 문제점 대책 설명　19
2. 지하구조물 시공시 지표수, 지하수 및 진동이 공사에 미치는 영향 (1안)　23
3. 흙막이벽에 의한 기초굴착시 굴착바닥지반의 변형, 파괴에 대한 종류와 대책 설명　25
4. 점토지반에 대해 개착식으로 굴착할 때 엄지말뚝(H-Pile)을 설치하고 동바리(Strut) 없이 2~3m 굴착한후 Strut를 설치하고 계속 굴착할 경우에 다음에 답하시오.　29
   1) 굴착시 수직으로 굴착이 가능한 이유 설명
   2) Strut(동바리)를 안정적으로 설치하는 3가지 방법을 기술하시오.

5. PIP 토류벽 (Pact-In-Place) : 주열식 지하연속벽 공법　32

6. MIP 토류벽 (Mixed-In-Place)　35

제4장　사면안정

1. 대규모 사면붕괴 원인과 대책　39

2. 암반 대절토사면 시공시 유의사항과 공사관리에 필요한 사항 기술　45

3. 기시공된 암반사면의 안정성 검토를 한계 평형해석으로 검토하는 방법을 기술하고 검토한 결과 불안정으로 판정이 났을 경우 대책 공법 (암사면 보강 대책 공법 기술)　48

제6장　연약지반

1. Pack Drain　55

제7장　기초

1. 대구경 현장타설콘크리트 말뚝(BENOTO공법) 시공시 Slime 처리방식과 철근공상원인, 대책　58

2. 대구경 현장타설콘크리트 말뚝의 시공에서 철근의 겹이음과 나사이음 비교설명, 철근이음 시공성 개선방안 (대구경 현장타설 말뚝, 고교각(H≥30m))　62

3. 강관 말뚝의 Bolt식 두부보강방법 (BBM 공법 : Bolted Bonding Method of Steel Pipe Pile and Cap)　66

4. 얕은기초와 깊은기초의 분류　71

제8장 콘크리트

1. 1,000,000m³의 Concrete 공사시 주요 작업공정 및 관련장비의 규격과 대수를 산출하시오. (조건 : 공사기간 10개월, 1일 8시간, 월 25일, 운반시간 1시간, 규격은 자유) 75
2. 콘크리트의 피복두께(덮개) 78
3. 환경지수와 내구성 지수 81

제12장 도로

1. 콘크리트 포장두께 30cm 포설면적 30,000m²(300a)를 시공코저 할 때 장비조합 중심의 시공계획수립 84

제13장 터널

1. 차량이 통행하고 있는 하수 Box(3m×3m×4련 Box) 하부를 횡방향으로 신설 지하철이 통과할 경우 경제적인 (터널)굴착공법 설명 89
2. NATM의 계측 중 갱내관찰조사(Face Mapping)의 현장에서 적용요령과 필요성 기술 93
3. 터널 굴착시 제어발파(Control Blasting)공법의 종류를 들고 설명하시오. 97
4. Smooth Blasting 101
5. Swellex Rock Bolt 설명 104
6. 도폭선 (導爆線) 106

제14장 교량

1. 교량의 상부구조를 FCM(Precast Segmental Erection)공법으로 시공코저한다. 이 경우 현장에서 반복되는 Segment 가설함에 따라서 교량 상부가 완성된다. 1개의 표준 Segment 가설에 소요되는 공종을 기술하시오. 109
2. 강구조물의 기계적 연결방법 114

제15장 댐(Dam)

1. 홍수통제 위한 수자원 개발계획 (댐건설계획＋하천개수계획) (2안) 121
2. 남한강 중류지역에 대형 Rockfill Dam 건설할 때 유수전환계획과 담수계획수립 127
3. 중력식 콘크리트 Dam의 품질관리 요령 131

제17장 항만

1. 잔교식 접안 시설(안벽)공사에서 강관 Pile 항타시공계획 기술 137

제19장 시공관리

1. 현재 우리나라 건설분야에서 문제가 되고 있는 부실시공, 기존시설물 유지관리, 기술개발 등에 대한 문제점과 대책 기술 (1안) 142
2. 장마철 대형 공사장의 중점 점검사항 및 집중 호우시 재해 대비 행동 요령을 기술하시오. 145
3. 도심지현장에서 시공시 수질 및 대기오염 최소화 방안 148
4. GIS(Geo-Information System) = 지리 정보체계 (1안) 151

Chapter 1

투 하

1. 경사면에 축조되는 반절토, 반성토 단면의 노반 축조시 유의사항(30점)

1. 개 요
(1) 도로 공사에서 반절성토부, 확폭구간은 절토부와 성토부의 지지력 불균일, 간극비의 상이, 용수처리 미비 등으로 인하여

(2) 부등침하발생 → 도로포장파손의 원인이 되므로 주의하여 정밀시공하여야 한다.

2. 반절토, 반성토부 시공대책 예시도

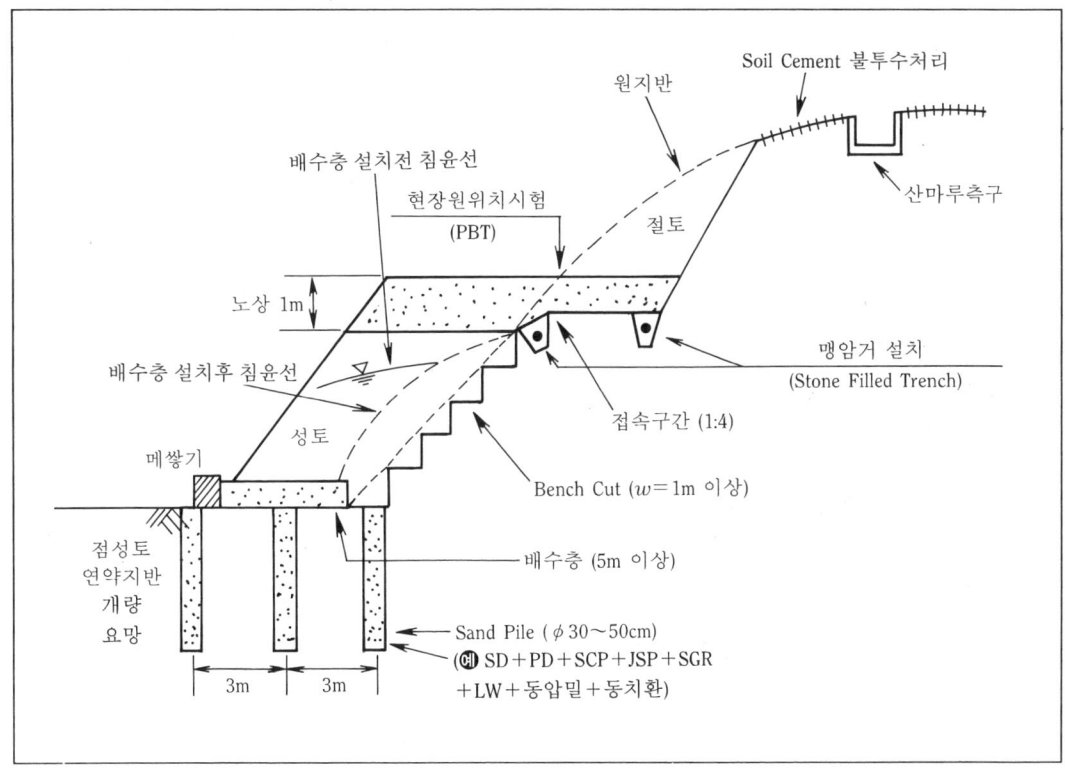

3. 반성토부 시공시 유의사항
(1) 연약 지반 개량

본인이 서해안 고속도로 현장에서 적용한 Sand Drain공법에 대하여 간략하게 서술하겠다.

4 토목시공원론

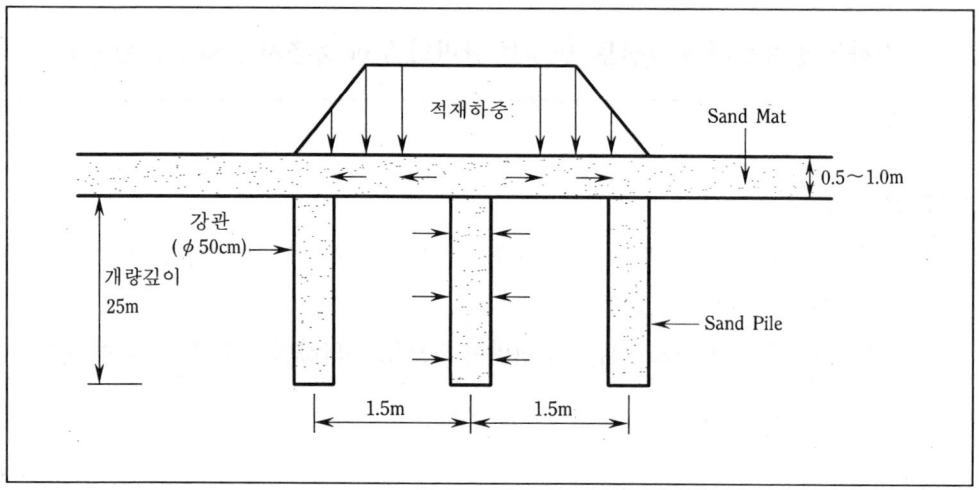

(2) 반성토부 재료 선정 기준

PI (소성지수)	10 이하
수침 CBR	10 이상
재료의 최대치수	100~150mm

(3) 시험 성토의 실시
   1) 반성토부 다짐기준의 결정
   2) 1회 다짐두께, 다짐후 두께, 다짐속도, 다짐장비 등

(4) **층 다짐 실시** → 다짐 정밀 시공

(5) **반성토부의 배수처리, 대책**
   1) 경계부에 맹암거 설치
   2) 성토부 하단에 배수층 설치(5m 이상)

(6) **층따기 실시** → 폭 = 1m 이상

(7) **반성토 사면 구배 및 소단 설치 기준**

일반적 현장적용 구배	1 : 1.5 ~ 1 : 3
소 단	H = 6m, w = 1m

(8) **동상 방지 대책 수립**
   1) 동상방지 차단층 정밀 시공
   2) 치환공법, 차단공법, 단열공법, 안정처리공법

(9) 반성토부 다짐도 판정

　　1) 건조밀도(Relative Compaction)로 규정

$$RC = \frac{\text{현장다짐 } \gamma_d}{\text{실내시험다짐 } \gamma_{max}} \times 100(\%)$$

　　① 노체 : 90% 이상
　　② 노상 : 95% 이상

4. 반절토부 시공시 유의사항

(1) 반절토부 사전 조사사항

암 분 류 시 험	RQD, RMR, 풍화도, 균열계수, Q-System
현장 원위치 시험	강도, 투수, 변형, 지압 측정, 탄성파 탐사
계　　　　측	변위, 공극수압, 응력, 하중, 소음, 진동 측정

(2) 벌개 제근 실시

(3) 반절토부 절토공법의 선정

기계적인 방법	① Breaker에 의한 방법 ② 유압 Jack공법
발파공법	① 팽창성 파쇄공법　② 선균열 발파 ③ 미진동 발파　④ Drill and Blost

(4) 반절토부 사면구배 기준

토사(사질토, 점성토)	1 : 1.5
리핑암(풍화암)	1 : 0.7
발파암(연암, 경암)	1 : 0.5

(5) 불량한 유용토사의 처리활용대책 수립

　　1) 입도 조정 공법
　　2) 안정처리 공법 : 시멘트, 석회, 역청, 화학적 안정처리해서 유용한다.

(6) 사토장(Disposal Area)의 선정

　　사토장면적, 운반거리, 진입로 상태를 고려

5. 반절토, 반성토 단면의 노반축조시 발생하는 건설공해방지대책수립

구 분	영 향 요 인
사회, 경제환경	• 인구 및 주거의 변화, 산업 • 교육 및 문화
생활환경	• 소음, 진동, 수질오염, 폐기물 • 토지이용, 토양오염, 대기질
자연환경	• 기상, 지형, 지질 • 동·식물 상태 변화

2. Boiling 현상 (20점)

1. Boiling의 정의

(1) Boiling이란 **모래지반**과 같이 투수성이 큰 지반에서 **지하수위** 이하를 굴착하는 경우에 굴착내외면의 **수위차**에 의해서 굴착저면의 **모래가 부풀어 오르는 현상**

(2) 부풀어 오르는 범위 = $\dfrac{DL}{2}$

2. Boiling에 대한 검토 방법

(1) 보일링에 대한 안전율

$$F_s = \frac{W}{u} = \frac{D_L \cdot \gamma'}{ha \cdot \gamma_w} \geq 1.50$$

여기서, $\gamma s'$: 모래의 수중 단위중량
D_L : 근입깊이

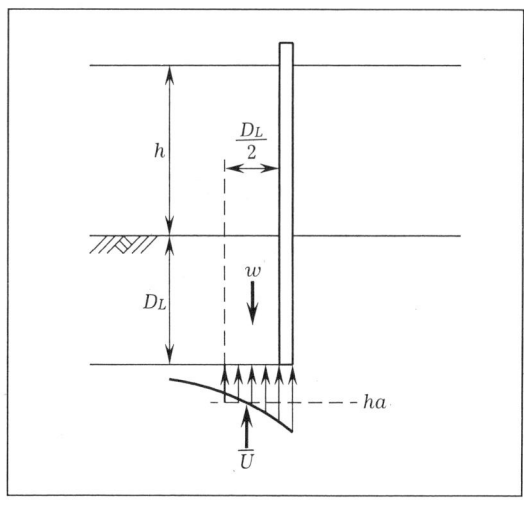

(그림1) Boiling예시 설명

(2) H-Pile이나 Sheet Pile의 근입깊이를 2~3m 깊게 박으면 Boiling이 방지된다.

3. 현장에서 Quick Sand → Boiling → Piping방지를 위한 공종별 시공대책

(1) 토류벽(흙막이) 공사에서 Boiling 방지대책

　1) H-Pile의 근입 깊이를 암반에 2~3m 깊게 박는다.

　2) 토류벽 배면에 약액 주입(SGR+LW+JSP)한다.

　3) Sheet Pile식 토류벽에서도 근입깊이 깊게하면 Boiling에 의한 **굴착 바닥면의 파괴 방지**할 수 있다.

(2) 가물막이 공사(가체절 공사)

　1) Sheet Pile을 암반에 2~3m 깊게 박는다.

　2) 혼착시 부분굴착한다.

(3) 하천 제방에서의 Boiling(Piping 방지 대책)

　1) Sheet Pile의 근입 깊이 깊게하고

　2) 연약지반처리 정밀시공

　　① 약액 주입 공법 (LW+JSP 등)

　　② Sand Compaction Pile 공법

　3) 호안공의 정밀시공

(4) 하천 제방에서 Quick Sand → Boiling → Piping 방지 종합 시공대책

　【하천 공사에서 Piping 방지 종합 시공 대책】예시 설명합니다.

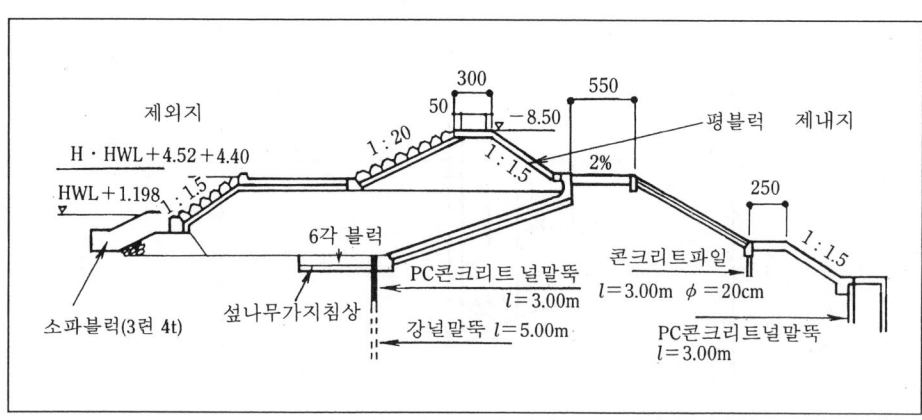

(그림 2) 제방에서 Piping 방지대책

(5) 현장 타설 콘크리트 말뚝기초 (RCD+BENOTO+Earth Drill)에서의 Boiling방지 대책

　1) 굴착 내면의 수위를 지하수위보다 2m이상 높게 유지한다. 즉, 정수압 $0.2kg/cm^2$으로 공벽붕괴 방지한다.

　2) 기계 굴착식 RCD 기초에서 Boiling에 의한 공벽붕괴 방지 방법 예시 설명

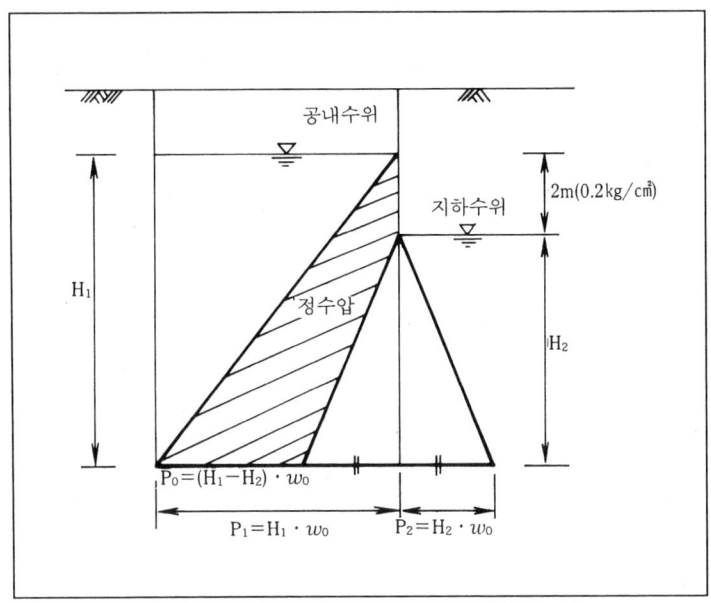

(그림 3) 정수압 0.2kg/cm² 의 의미

(6) 댐 공사에서 대책

   1) Curtain Grouting 정밀 시공한다.

4. 맺음말

(1) Boiling의 진전은 Quick Sand → Boiling → Piping의 과정을 거쳐서 결국은 지하굴착 관련 공사 등에서 모래지반이 상향의 침투력에 의해서 **파괴**되는 **형태**를 설명하는 용어임.

(2) **Boiling**에 의한 모래지반 파괴 방지대책

   1) 약액주입 (SGR＋LW＋JSP＋SCW＋PIP＋MIP)

   2) Sheet Pile 박기

   3) Dam에서는 Curtain Grouting 실시한다.

   4) 토류벽에 의한 지하굴착의 응급대책 : 복수한다.

참고 Heaving

1. Heaving이란
   점토지반을 굴착하는 경우 흙막이(물막이) 내외측의 **흙의 중량차**에 의해서 굴착내면의 흙의 부풀어 오르는 현상을 말한다.

2. Heaving 방지 안정검토 방법

$$F_s = \frac{S_u(\pi + 2\theta)}{h + \gamma' h_d} \geq 1.20$$

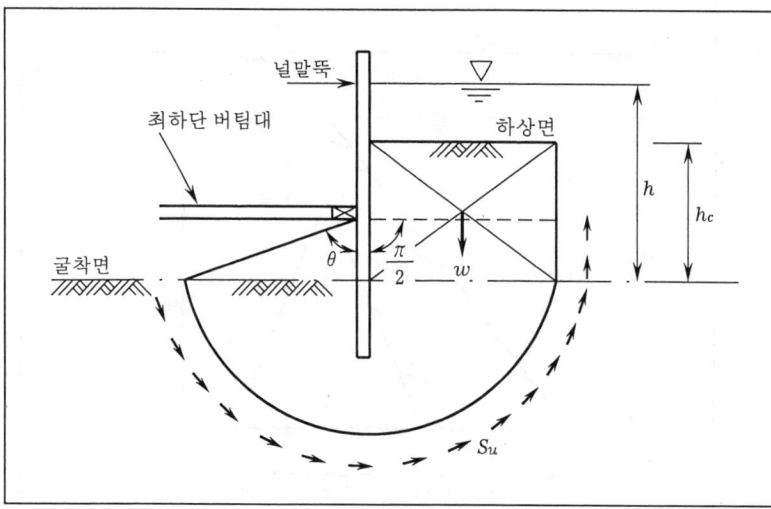

(그림 4) Heaving 현상

3. Heaving(융기현상) 방지 대책
   (1) 토압이나 수압을 경감시키는 방법 : 차수공법 변경(SGR/LW)
   (2) Pile 근입 깊이 깊게 암반에 2~3m 박는다.
   (3) 굴착 기초저면의 외적 보강
      ① 굴착 저면 고결시킨다. (Grouting 공법)
      ② 굴착 저면 Anchoring
   (4) 바닥파기를 부분 굴착하고 지하 구조물 시공
   (5) 바닥 굴착시 Island 공법을 채용해서 널말뚝 전면에 중량 부여
   (6) 연약지반에서 대책 : 압성토(복토한다)
   (7) 약액주입(SGR+LW+JSP)

【주】토류벽을 설치하면서 지하굴착중 Boiling과 Heaving발생의 응급대책
   1. Boiling : 모래지반에서 발생하고 복수한다.
   2. Heaving : 점토지반에서 복토한다.

3. 유선망(Flow Nets)

1. 유선망의 정의

(1) Fill Dam이나 하천제방 등에서는 그들 구조물의 **좌·우 수위차**에 따라서 수위가 높은 쪽으로부터 낮은 쪽으로 물이 **침투**한다.

(2) 이때 침투수압은 물이 흐르면서 물과 흙사이에 생기는 **점성저항**으로 인하여 각 **유선(Flow Line)**을 따라 수두는 계속적으로 손실되기 때문에 **손실수두**가 동일한 위치가 있을 수 있으며

(3) 이 위치를 연결한 선을 **동수두선**이라 하고 제체중으로 물의 분자가 침투하는 경로를 **유선**이라 하며

(4) 유선과 동수두선 2개의 **곡선군**으로 이루어지는 것을 **유선망(Flow Nets)**이라 한다.

(5) 일반적으로 **유선망(Flow Nets)**을 작도할 경우 유선을 그린 후 동수두선을 그리는데 이 때, 유선의 수는 4~5개 정도로 한다.

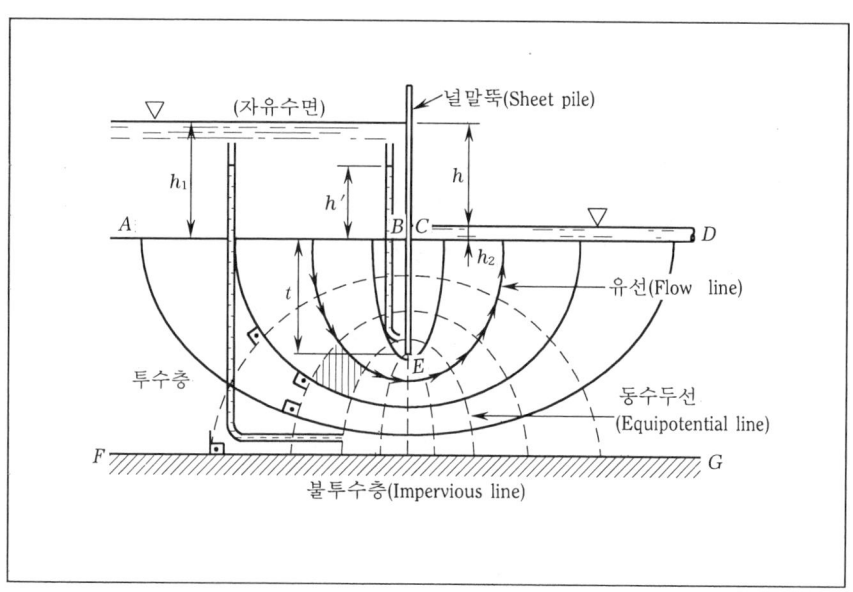

2. 유선망을 구하는 방법

(1) 유선망에 의한 방법

(2) 해석적 방법

(3) 모형시험에 의한 방법

(4) 전기적방법
(5) 수치해석방법

3. 유선망의 특징

(1) 각 유로의 **침투유량**은 같다.
(2) 인접해 있는 2개의 **동수두선**간의 **손실수두**는 모두 같고 일정하다.
(3) **유선과 동수두선**은 서로 **직교**한다.
(4) 유선망으로 되는 사각형은 이론상 **정사각형**이다.

4. 유선망의 결과의 이용

(1) 침투수압 ($J = i \cdot \gamma_w V$)
(2) 침투유량의 계산 ($Q = k \cdot h \cdot \frac{n_f}{n_d}$)
(3) Quick Sand 및 Piping 현상을 규명
(4) 유선망으로부터 간극수압과 **동수경사**를 결정할 수 있다.
(5) 수리구조물 기초에 작용하는 양압력(Up Lift Force)의 결정

5. 유선망의 경계조건

(1) 선분 AB를 따라 전수두가 동일하므로 **동수두선**이다.
(2) 선분 CD를 따라 전수두가 동일하므로 **동수두선**이다.
(3) 널말뚝을 따라 상류면에서 하류면으로 흐르는 BEC는 하나의 **유선**이다.
(4) 물이 상당히 먼거리로부터 흘러들어온다고 할 때 암반선을 따르는 FG도 하나의 **유선**이다.

【주】
① 유선(Flow Line) : 물입자가 투수층의 상류부터 하류쪽으로 흐르는 경로를 말한다.
② 등수두선(Equipotential Line) : 손실수두가 같은 선을 연결한 선을 말한다.
③ 유선망(Flow Nets) : 여러개의 유선과 등수두선으로 이루어진 그림을 유선망이라고 한다.
④ 유선망의 특징
 • 등수두선과 유선은 서로 직교한다. (Intersect)
 • 유선망에서 이루어진 요소는 거의 정방형(Square)이다.
⑤ 유선망 결과의 이용 5가지
⑥ 유선망의 경계조건(Boundary Condition) 4가지

4. Sounding

하중	동작	원위치시험명	선단형식	로드형식	전 공	연속성	측정치	측정치로 산출되는 강도정수	적응토질	유효심도 (가능심도)	특 징	비 고
압입	관입	표준관입 (Standard penetration)	스플릿스푼 샘플러 {대경: 35mm 내경: 51mm 전장: 81cm}	단관: 보링로드 ϕ 40.5mm (ϕ 42.0mm)	측정심도 까지 보링 필요	측정은 불연속, 측정간격은 최소 50cm	해머의 중량 64 kgf, 자유낙하고 76cm일 때 30cm 관입에 요하는 타격수(N)	모래의 상대밀도 D_r 및 내부마찰각 ϕ, 점토의 전단저항시, 점토의 일축압축강도 q_u, 또는 점착력 c, 사질지반 및 점토지반에 대한 허용응력	호박돌을 제외한 모든 토질, 집은 점토일 때는 수정이 필요	15~20m (50m)	모든 보링조사에 서 지지력판정, 특히, 사질토 및 경질점토에 적합	가장 일반적인 사운딩사용빈도는 매우 높음
		동적 콘 관입 (Dynamic cone)	론각도: 60° 론면적: 20cm²	단관: 보링로드 ϕ 40.5mm	불요	연속	표준관입시험과 같음	표준관입시험의 N치 $N_d \simeq (1 \sim 2)N$	위와 같음	15m (30m)	표준관입시험의 보조법, 신속	표준화된 시험 법이 없음
		(Dynamic cone)	론각도: 60° 론면적:	단관: 보링로드 ϕ 33.5mm	불요	연속	해머의 중량 30 kgf, 자유낙하고 35cm일 때 10cm 관입에 요하는 타격회수($N_{d35/10}$)	표준관입시험의 N치 $N_d \simeq 10N$	위와 같음	10m (15m)	위와 같음 (간이시험법)	위와 같음
		휴대형콘관입 (Portable cone)	론각도: 30° 론면적: 6.45cm²	단관: ϕ 16mm 이중관: ϕ 22m	불요	연속	인력압입으로 면적당 저항치 q_c(kgf/cm²)	점토의 일축압축강도 $q_u \simeq 5q_u$, 점토의 점착력 $q_c \simeq 10c$	매우 연약한 점토, 실트, 이탄 점토	5m (10m)	연약점성토의 점착력측정전용, 간이, 신속	
		네덜란드식 콘관입 (Dutch cone)	론각도: 30° 론면적: 10cm²	2관식: 2tf용 ϕ 28mm 10tf용 ϕ 36mm	불요	연속	q_c(kgf/cm²) 및 국부주면마찰력 f_s(kgf/cm²)	점토의 점착력 $q_c = 14 \sim 17c$, 표준관입시험의 N치 $N_c \simeq 4M$ (모래)	호박돌을 제외한 모든 토질	2tf용: 20 m(40m) 10tf용: 30 m(50m)	점성토의 점착력 측정용, 사력층의 지력 판정	미국 수로국 (WES)의 트래피커빌리디시험 기계 리디시험기의 개량형
		스웨덴식사 운딩 (Swedish sounding)	스크루포인트 ϕ_{max} 33mm	단관: ϕ 19mm	불요	연속	5, 15, 25, 50, 75, 100kgf 재하때의 침하량(W_{sw}), 100 kgf 재하때의 1m 당 반회전수(N_{sw})	표준관입시험의 N치 (다수의 실험식이 제안되어 있음)	연약점토, 실트, 이탄 점토	15m (30m)	표준관입시험의 보조법	
회전	간이베인	베인 (Vane)	베인 $D = 5cm$ $H = 10cm$	단관 ϕ 16mm	측정심도 까지 보링 필요	측정은 불연속	연속회전모멘트의 최대치 M_{max}	연약점성토의 전단강도 τ	연약점토, 실트, 이탄 점토	5m (10m)	연약점성토의 전단강도에 전용, 간이, 신속	
			베인 $H = 2D$ {d = 5~10cm}	보링용 로드: ϕ 16mm	불요	측정은 불연속	위와 같음	$$\tau = \frac{M_{max}}{\pi \left(\frac{D^2 \cdot H}{2} + \frac{D^3}{6} \right)}$$	위와 같음	15m (30m)	연약점성토의 전단강도에 대한 정축정전용	
인발		이스키미터 (Iskymeter)	저항 (면적각종)	와이어로드 ϕ 6mm	불요	연속	인발시에 작용하는 단위면적당 인발 저항 q(kgf/cm²)	베인의 전단강도 τ, 일축압축강도 q_u	연약점성토의 단강도 및 연축측정에 적합	15m (30m)	연약점성토의 전단강도의 변화측정에 적합	연속측시험이 가능

Chapter 2

건설기계

1. Crusher의 장비조합 (20점)

1. Crusher의 작업순서와 장비조합

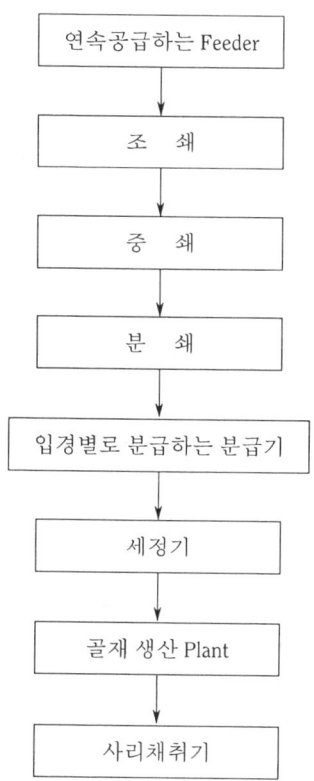

2. 댐 콘크리트의 경우 Crusher의 장비조합
   (1) 플랜트의 구성(예시)
      1) 댐(Dam) 건설용 골재생산 플랜트
         ① 파쇄조건
            ㉠ 원석종류 : 석산채취
            ㉡ 굵은골재 종류 : 150~80mm, 80~40mm
            ㉢ 40~20mm, 20~5mm
            ㉣ 잔골재종류 : 5mm이하
            ㉤ 생산능력 : 340ton/hr

(2) 장비조합

No.	기 계 명	대수	규 격
1	에이프론·피이더(Apron Feeder)	3	1,400×4,320mm, 75kw
2	다블·토굴·죠·크럿셔(Jaw Crusher, Double toggle)	3	1,070×1,220mm, 130kw
3	진동피이더(Vibrating feeder)	2	1,520×2,440mm, 5.5kw
4	벨트·스케일(Belt Scale)	1	벨트폭 990mm
5	트럭적재용(Bin)	1	150m²
6	진동피이더(Vibrating feeder)	2	1,220×1,830mm, 5.5kw
7	벨트·스케일(Belt Scale)	1	벨트폭 990mm
8	금속검출장치	1	
9	스크랏바(Scrubber)	2	1,830×4,800mm, 75kw
10	1차 스크린(1'st Screen)	2	1,520×4,880mm, 15kw
11	2차 스크린(2'nd Screen)	2	1,830×4,880mm, 11kw
12	3차 스크린(3'rd Screen)	2	1,830×4,880mm, 11kw
13	1차 분급기(1st Classifier)	2	1,220×8,000mm, 55kw
14	하이드로 콘·크럿셔(Hydro Cone Crusher)	2	250×1,300mm, 95kw
15	하이드로 콘·크럿셔(Hydro Cone Crusher)	2	100×1,520mm, 190kw
16	테이블·피이더(Table Feeder)	2	1,500mm ϕ, 2.2kw
17	로드·밀(Rod Mill)	1	2,440×4,570mm, 370kw
18	로드·밀(Rod Mill)	1	2,750×4,570mm, 480kw
19	2차 분급기(2'nd Classfier)	2	1,220×4,570mm, 5.5kw
20	전자피이더(Feeder)	11	1,220×1,524mm, 0.4kw
21	벨트·스케일(Belt Scale)	1	벨트폭 900mm
22	벨트·스케일(Belt Scale)	1	벨트 900mm

3. 도로공사용 골재생산 Plant 장비조합

(1) 도로공사용 골재 생산 Plant

1) 파쇄조건

① 원석종류 : 석산채취

② 생산능력 : 1차 → 500ton/hr

          2차 → 310ton/hr

(2) Crusher 장비조합

No.	기 계 명	대수	규 격
1	진동피이더(Vibrating Feeder)	1	2,130×5,,490mm, 37kw
2	싱글・토글・죠・크럿셔(Jaw Crusher, Single Toggle)	1	1,070×1,370mm, 150kw
3	진동스크린(Vibrating Screen)	1	2,130×4,880mm, 15kw
4	전동기식진동피이더(Feeder)	2	900×1,524mm, 1.5kw
5	금속탐지기	2	
6	진동스크린(Vibrating Screen)	2	1,520×4,270mm, 11kw
7	하이드로・콘・크럿셔(Hydro Cone Crusher)	2	250×1,520mm, 110kw
8	진동스크린(Vibrating Screen)	1	1,830×4,270mm, 11kw
9	임팩트・크럿셔(Impact Crusher)	1	1,400×1,600mm, 150kw

4. 콘크리트 골재생산 플랜트

(1) 파쇄조건

1) 원석종류 : 석산채취

2) 생산능력 : 1차 250ton/hr, 2차 150ton/hr

3) 골재용도 : 레미콘용

(2) Crusher의 장비조합

No.	기 계 명	대수	규 격
1	그리즈・피이더(Vib-grizzly Feeder)	1	1,200×3,000mm, 11kw
2	싱글・토글・죠・크럿셔(Jow Crusher, Single Toggle)	1	750×1,050mm, 75kw
3	진동피이더(Vibrating Feeder)	1	950×1,250mm, 1.5kw
4	콘・크럿셔(Cone crusher)	1	195×1,300mm, 110kw
5	임팩트・크럿셔(Impact Crusher)	1	150×1,000mm, 75kw
6	진동스크린(Vibrating Screen)	1	1,500×3,600mm, 11kw
7	진동스크린(Vibrating Screen)	1	1,200×4,200mm, 11kw
8	스파이럴 분급기(Spiral Classifer)	1	750×5,200mm, 3.7kw
9	전자피이더(Feeder)	5	0.4kw

Chapter 3

토 류 벽

> ***1.* 지하 수위가 비교적 높은 자갈섞인 사질점토 지반에서 지하 굴토 토류벽 구조물을 CIP벽체 및 Strut로 실시할 경우 시공방법과 문제점 대책 설명 (40점 필수)**

1. 개 요

(1) 흙막이벽은 **지질, 지하수**의 요인과 함께 공사기간 → 공사비용 → 지지방식 등을 고려하여 결정할 필요가 있다.

(2) **밀집 시가지**에 있어서는 중장비의 제약으로 **강성**이(EI) 낮은 일반적인 토류벽을 채용하기 쉽다.

(3) 그러나, **인접 건물**이 근접해 있는 수가 많기 때문에 **인접 건물**의 **기초**와 구조에 따라서 **지반**의 **변위**를 억제하기 위하여 강성이 높은 흙막이벽이 요구된다.

(4) 이와 같이 흙막이벽은 환경조건 → 시공방법 → 시공장비 등의 다각적인 검토가 필요한데 밀집 시가지의 토류벽 적용에 대하여 비교하면 다음 표와 같다.

2. CIP 시공단면도

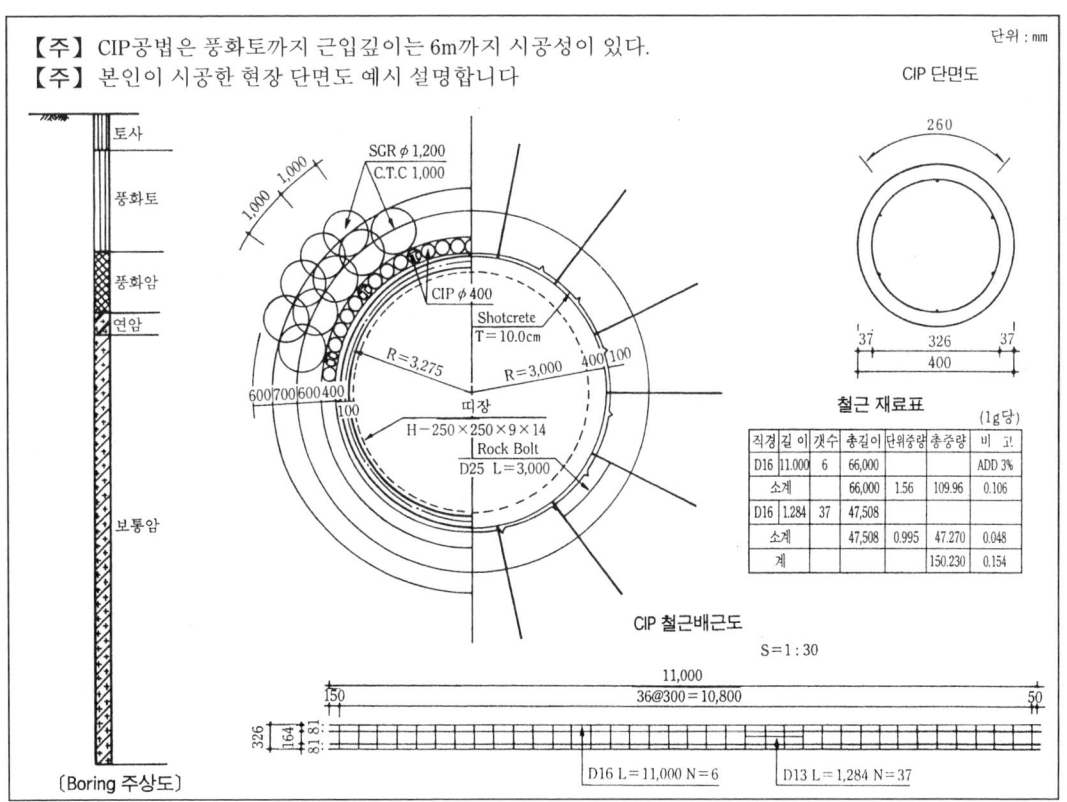

3. Strut식 시공 단면도 (H-Pile + 횡널말뚝식 시공단면도)

(본인이 지하철 6-1공구에서 경험한 개착식(Open Cut)의 시공단면도로 예시 설명)

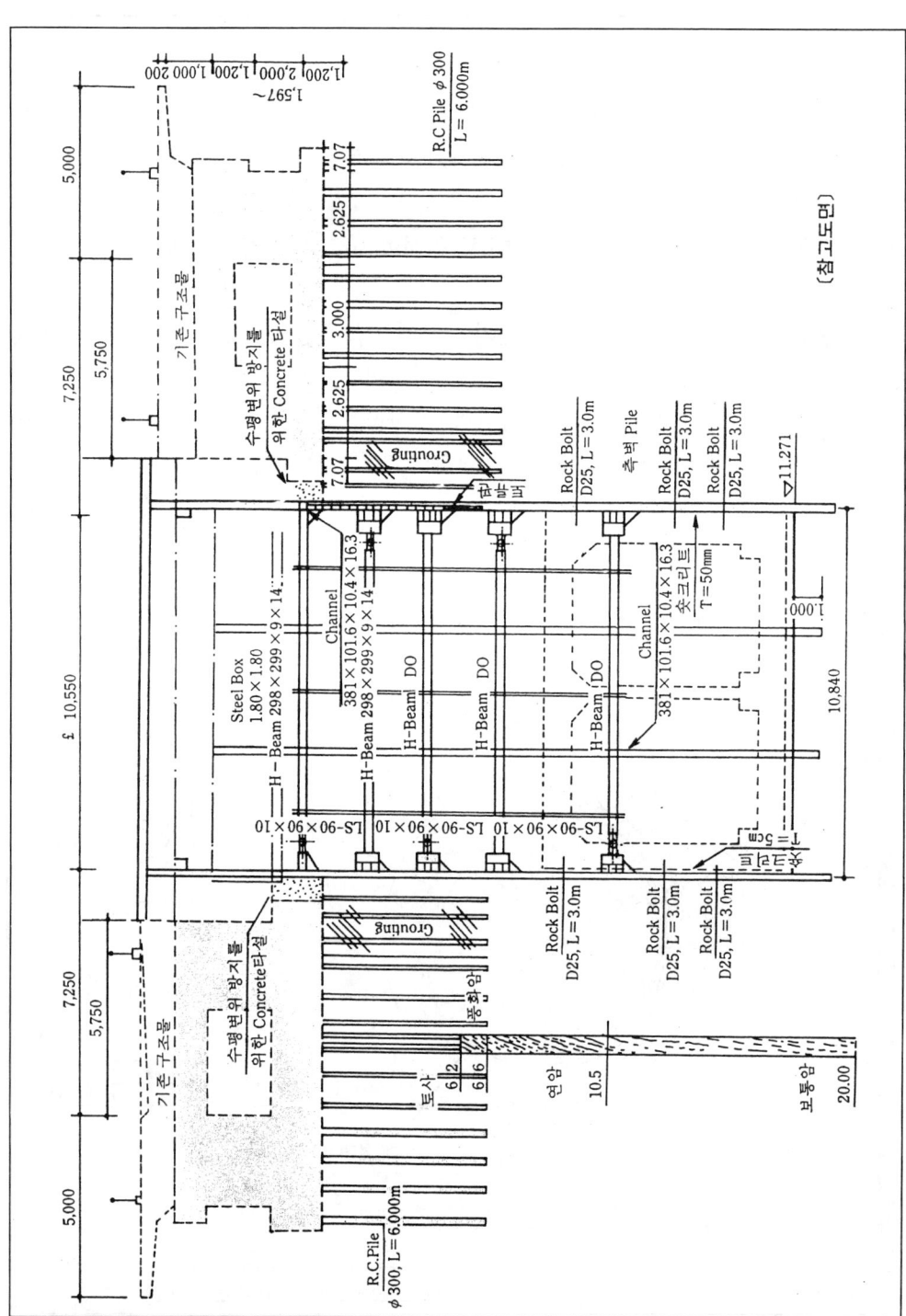

【그림 2) ○○교 1단계 시공계획 단면도

【주의】 시험장에서는 시공단면도도 과감하게 옆으로 크게 눕혀서 예시 설명해도 됩니다.

4. CIP와 Strut식으로 시공시 시공법 개요, 시공평면도, 시공단면도, 적용토질, 시공시 예상되는 문제점, 대책 설명

No.	공법 구분		Strut식 (H-Pile + 토류판식)	CIP + 보조 Grouting
1	시공방법		H-Pile을 항타 또는 **천공후** 삽입하여 터파기를 진행하면서 **목재 토류판**을 H-Pile 사이에 끼워 넣어 **벽체**를 형성하고 **차수**는 Grouting을 실시하여 **차수벽**을 형성한 후 굴착하는 방법	**천공장비**를 이용하여 **Casing설치** 및 천공한 후($\phi 400$), 현장타설 Concrete Pile을 **연속적**으로 타설하여 **흙막이**를 형성하는 공법
2	시공평면		(Grouting, H-Pile 도해)	(Grouting, C.I.P 도해)
3	시공단면		(Grouting, H-Pile 도해)	(보조 Grouting, C.I.P 도해)
4	굴착심도		20m 내외	20m 내외
5	토류벽 재료		H-Pile, 토류판, Grout	H-Pile, 굵은골재, 철근, Grout
6	적용토질		모든 지층, 비교적 **조밀한 사질토** 및 암반층, 단단한 점토지반	**자갈층, 호박돌, 전석 및 암반층**을 제외한 모든 토질
7	차수벽		△	△
8	토류벽 강성		×	△
9	시공시 장단점	장점	• 시공경험이 많다. • **경제적이다.** • 보강이 **신속하다.** • 구조물 시공이 용이하다. • 공기 유리	• 경제적임 • **협소구간** 시공 가능 • 단면크기에 비해 **강성이 큼** • 얕은 **굴착**에 유리
9		단점	• **암층, 자갈, 전석층** 시공 • 지층조건상 Grouting으로 **차수효과** 불확실 • **주변 지반** 변위 발생 우려가 큼 • 강성이 적음 • **하자발생요인이 많음**(근입부 차수성)	• Overlap 시공이 **불가능**하므로 벽체 차수성 불량 • **수직정도**에 유리(깊은 굴착 불리) • 굴착공벽의 자립을 하여 Casing 또는 니수를 사용한다.

5. 토류벽(흙막이)공사시 안전시공을 위한 설계변경 대안 공법

【토류벽 공사시 배면지반 지수공법 설계변경 대안】

No.	구 분	공벽의 조합시공 방법
1	1안	H Pile 토류판벽 + SGR 2열
2	2안	CIP + SGR 2열
3	3안	Steel Sheet Pile + SGR 1열
4	4안	Slurry Wall(벽식)

2. 지하구조물 시공시 지표수, 지하수 및 진동이 공사에 미치는 영향 (1안) (30점)

1. 지하수저하 영향 및 대책

(1) 원인

1) 흙막이벽 연결부, 차수공 시공불량위치에서 누수
2) 굴착저면에 고인물을 배제

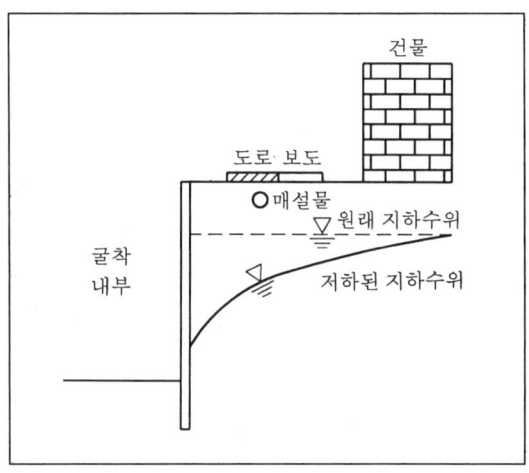

(2) 영향

1) 수위저하로 **단위중량**이 수중에서 **습윤단위중량**으로 바뀌게 되어 **1m** 수위저하시 약 0.8~1.0t/m³의 **유효응력**이 증가하게 됨.
2) **유효응력증가**(상하수도관, Gas관)로 하중증가가 생기게 되므로 **배면지반**에 **침하**가 발생되어 **도로, 보도, 지하매설물**과 건물에 **침하, 부등침하, 전도**, 연결부 **이탈**과 심한 경우 구조물 등에 **균열**이 생길 수 있음.
3) **사질토지반**은 굴착측 **수위저하**로 상향의 **침투압**이 생기면 Boiling이 발생할 수 있으며, 이 경우 근입부 근처 지반 파괴 → 변형 → 붕괴된다.
4) 굴착저면에 **점토층**이 있고 하부에 **조립토**가 있으면, **피압조건**이 되어 굴착과 더불어 **수위가 감소**하게 되면 피압에 의한 Heaving이 생겨 근입부가 취약해지고 심하면 토류벽의 **전체붕괴**가 될 수 있으며, 이렇게 되면 주변지반, 근접구조물이 파손된다.

(3) 대책

1) 토류벽을 **차수성**이 큰 **지하연속벽**, Soil Cement Wall(SCW) 등으로 하고 **근입깊이**는 불

투수층 또는 Boiling, Heaving을 검토하여 안전한 깊이(2~3m)로 함.
2) 토류벽 배면에 차수 Grouting인 LW, SGR, 지반보강을 가미한 JSP, SIG와 같은 **배면 Grouting을 실시함**
3) Boiling, Heaving을 방지하기 위해 굴착저면에 혼합처리, 또는 고압분사로 방지대책을 강구한다.
4) LW, SGR은 비교적 경미한 차수대책임을 주의하고 고압분사시는 양생까지 변위를 수반할 수 있음에 유의해야 함.

2. 진동영향 및 대책

(1) 원인
  1) 토류벽 설치를 위한 장비진동(T-4 천공기)
  2) 굴착면의 암반굴착시 진동(발파 및 Breaker 진동이 크게 된다)

(2) 영향
  1) **느슨한 모래**는 진동 또는 충격으로 간극수압이 상승하고 누적되면 **지반의 유효응력**이 감소해 전단강도를 상실하여 **액상화**(Liquefaction)가 발생될 수 있음. 이 경우 주**변 시설물**에 큰 피해가 예상됨.
  2) 또한, 진동으로 사질토가 다져지므로 **침하**가 생기게 됨.
  3) **점성토**는 **진동**으로 교란되고 **전단강도**가 **감소**하게 되며, **과잉간극수압발생** 후 **소산**으로 **압밀침하**가 발생됨.
  4) 이와 같은 이유로 지하수위 저하와 같은 영향이 발생하게 됨.
  5) 진동이 큰 경우 직접적으로 구조물에 **균열**, **파손**이 생길수 있음.

(3) 대책
  1) 토류벽 설치시 항타를 지양하고 천공 후 설치
  2) 진동이 적은 천공장비, 고주파 장비를 사용함(T-4 천공기는 피한다)
  3) 저폭속, 저비중 폭약사용
  4) 파쇄기(CCR : Cracker for Concrete and Rock)
  5) 팽창제
  6) 약장약 감소
  7) Cushion Blasting 으로 발파
  8) 주요 구조물시 **방진구** 설치
  9) 발파 등에 대해 **시험발파**를 하여 **허용진동치 이하**되게 관리해야 함.

3. 흙막이벽에 의한 기초굴착시 굴착바닥지반의 변형, 파괴에 대한 종류와 대책 설명 (30점)

1. 흙막이벽에 의한 기초굴착시 문제점

(1) 흙막이 벽체의 변형 및 파괴
(2) 지하수 유출로 인한 배면 토사 유출 → 지반 침하
(3) 굴착바닥지반의 변형, 파괴로 인한
(4) 주변 건물의 이동, 경사, 침하, 균열, 붕괴
(5) 도로 포장의 파손
(6) 지하 매설물(상·하수도관, Gas관) 등의 파손

2. 굴착 바닥 지반에 대한 안정성 검토

(1) 토압에 대한 안정 검토

　1) 활동(Sliding)

$$F_s = \frac{P_p}{P_a} \geq 1.5$$

　2) 전도(Overturning)

$$F_s = \frac{M_p(P_p \times y_p)}{M_a(P_a \times y_a)} \geq 1.5$$

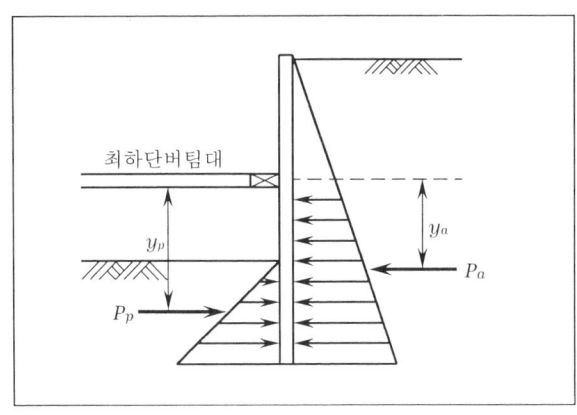

(2) Heaving에 대한 안정검토

$$F_s = \frac{M_r}{M_d} \geq 1.2$$

여기서, M_d : 히빙을 일으키는 Moment
M_r : 히빙에 저항하는 Moment

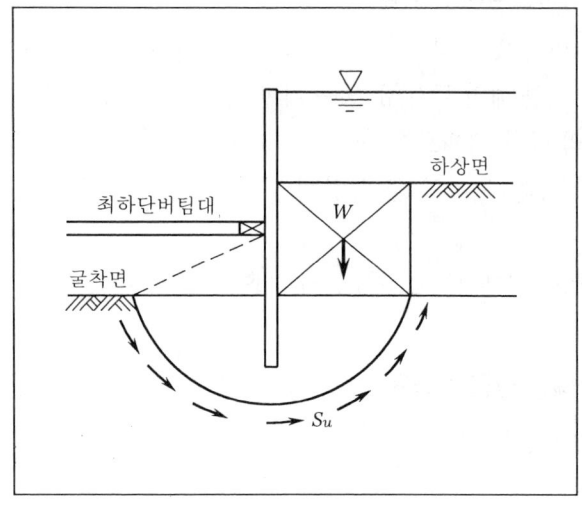

(3) Boiling에 대한 안정검토

$$F_s = \frac{W}{\overline{u}} \geq 1.5$$

여기서, W: 하향의 흙의 무게
$\overline{u}$: 상향의 양압력

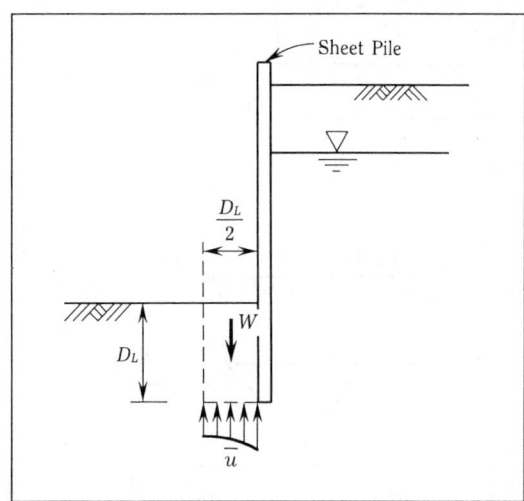

3. Heaving과 Boiling 방지 대책

(1) Pile의 근입장을 길게 한다.

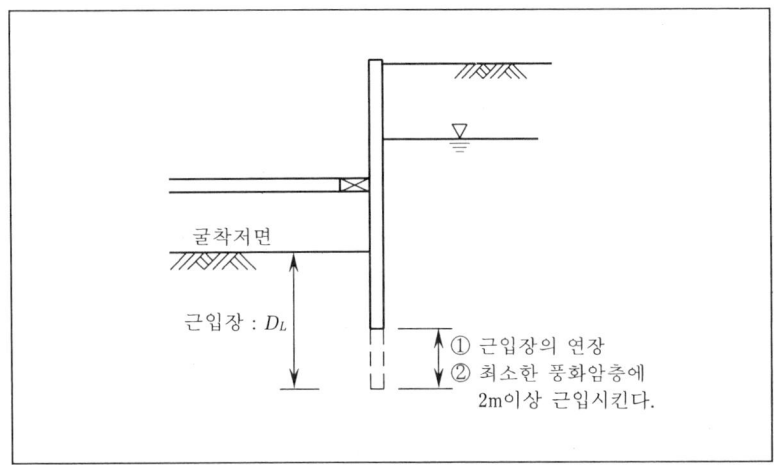

(2) 약액 주입에 의한 배면 보강 및 치수

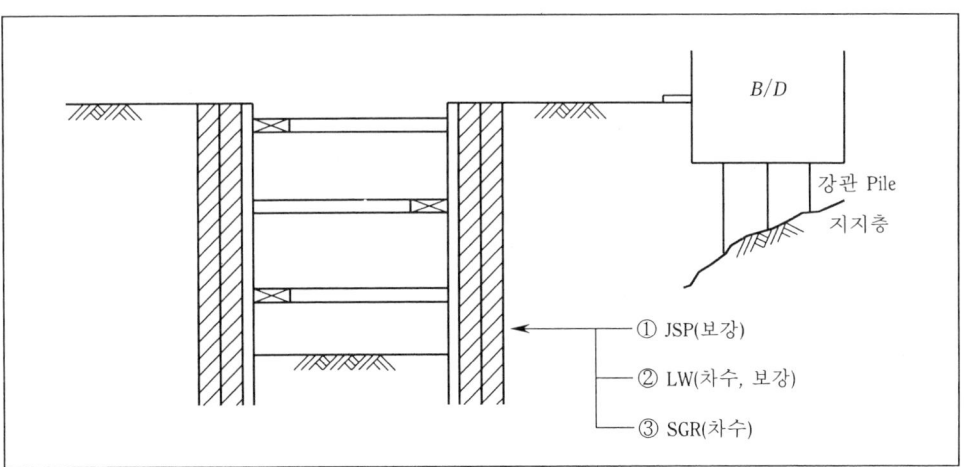

(3) 현장에서의 응급대책

    1) Heaving 발생시 : 복토   2) Boiling 발생시 : 복수

(4) 부분 굴착공법의 적용

    1) Island 공법   2) Trench 공법

(5) 흙막이벽 배면의 배토공

(6) 배면에 자재적재(Loading)금지

4. 굴착바닥지반의 변형, 파괴를 방지하기 위한 현장에서의 흙막이벽 설계 변경 대안

구 분	대 안
1안	H-Pile 토류판 + SGR 2열
2안	CIP + LW 2열
3안	Sheet Pile + SGR 1열
4안	Slurry Wall(벽식)

5. 굴착바닥지반의 변형, 파괴 관리를 위한 계측 계획 단면도

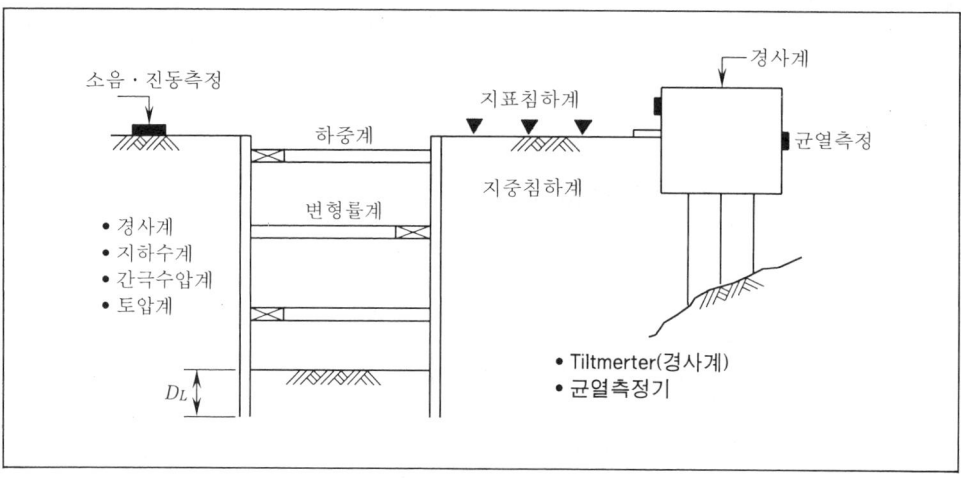

4. 점토지반에 대해 개착식으로 굴착할 때 엄지말뚝(H-Pile)을 설치하고 동바리(Strut) 없이 2~3m 굴착한후 Strut를 설치하고 계속 굴착할 경우에 다음에 답하시오.
  1) 굴착시 수직으로 굴착이 가능한 이유 설명
  2) Strut(동바리)를 안정적으로 설치하는 3가지 방법을 기술하시오.   (30점)

1. 개 요

(1) **점토지반**의 흙막이공은 **사질지반**보다 **토압**이 **크게** 작용되며 변형도 크게 발생되고 변형으로 인해 주변지반에 미치는 침하량도 크게 됨. 또한, **침하영향거리**도 굴착깊이의 약 2~4배 정도 미치므로 정밀시공이 되어야 하고 특히 동바리공인 Strut는 집중관리하여 안정한 구조물이 되도록 해야 함.

(2) 엄지말뚝, 띠장 보다 **버팀대**(Strut)의 변형, 좌굴로 인한 문제가 더 심각함을 인지하여 시공토록 해야하고, **Strut**(동바리)의 과도한 변형이나 파괴는 **흙막이공** 전체의 **붕괴**로 직결됨을 유의해야 함.

2. 점토지반에서 수직굴착이 가능한 이유

(1) 인장균열깊이

  1) 점토의 경우 어느 깊이까지는 부의 토압이 작용하게 되며 (−)토압이 작용하는 깊이를 **인장균열깊이**라 하며 수평토압을 0으로 하여 구할 수 있음.

$$\sigma_h = \gamma_t Z_c K_a - 2c\sqrt{K_a} = 0$$
$$\therefore Z_c = \frac{2c}{\gamma_t} \cdot \frac{1}{\sqrt{K_a}}$$

여기서, Z_c : 인장균열깊이(m) γ_t : 습윤단위중량(t/m³)
$K_a = \tan^2(45 - \frac{\phi}{2})$ C : 점착력(t/m²)

(2) 한계깊이(Hc)

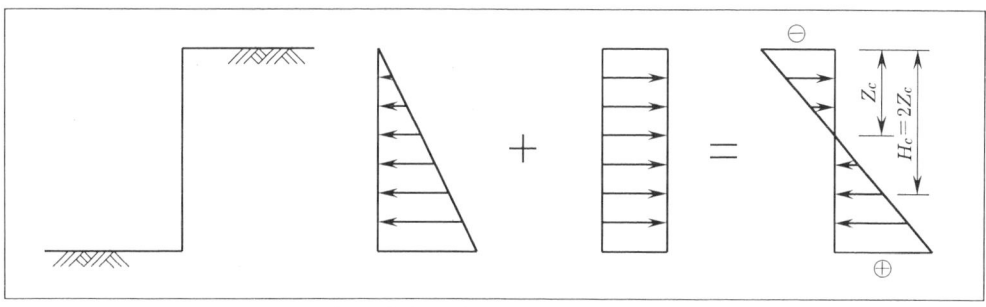

(그림 1) 인장균열을 고려한 토압분포도

1) (−)토압에 따른 전토압이 어느 깊이까지 0이 되게 되며 이 깊이를 한계깊이라 하며 이론상으로는 이보다 **얕은 깊이**까지는 **수직**으로 굴착 가능하여 **토류공**이 필요 없음.
2) Terzaghi는 경험을 토대로 **한계깊이** $H_c ≒ 1.3Z_c$으로 제안하였음.

(3) 적용토압

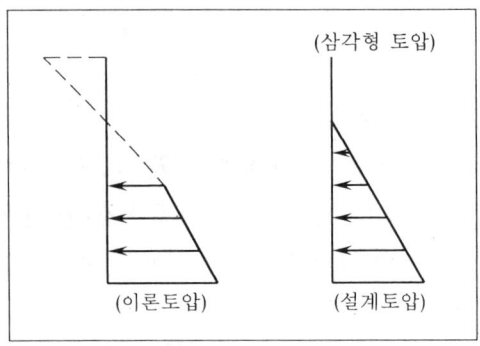

(그림 2) 이론토압과 설계토압

1) 한계깊이까지는 토압이 없으므로 **사다리꼴 토압 분포**가 될 수 있음.
2) 실제 적용토압은 Terzaghi 경험, **함수비변화**에 따른 **점토전단강도변화**, 안전측을 고려해 그림과 같이 **인장균열깊이**까지만 토압이 없는 **삼각형 토압**을 적용함.

3. Strut(버팀대) 설치방법

(1) 흙막이벽 주변만 Trench로 하여 설치

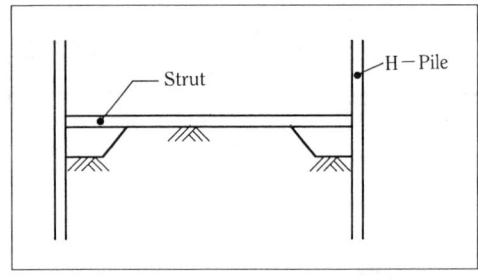

1) 흙막이 벽체의 변형도 줄일 수 있으며 Strut 설치에 따른 **지지지반**을 이용할 수 있고 **초기좌굴**을 막을 수 있음.
2) 중간말뚝, 수평 Bracing과의 용접 또는 **Bolting**시 **시공성**을 향상시킴.
3) **Trench**부로 배수, Braket 설치를 위해 보통 **50cm**정도 되게 **굴착**함.

(2) Strut가 좌굴방지 되도록 설치
   1) Strut는 **압축부재**로 좌굴이 되지 않도록 함이 중요함
   2) Strut는 개별 부재의 좌굴방지는 물론 흙막이공 전체 구조가 좌굴변형에 대해 안정되도록 해야 함.
   3) 특히, 연약지반, **점토지반**인 경우 **전체좌굴변형** 사례가 많이 발생됨에 유의해야 함.

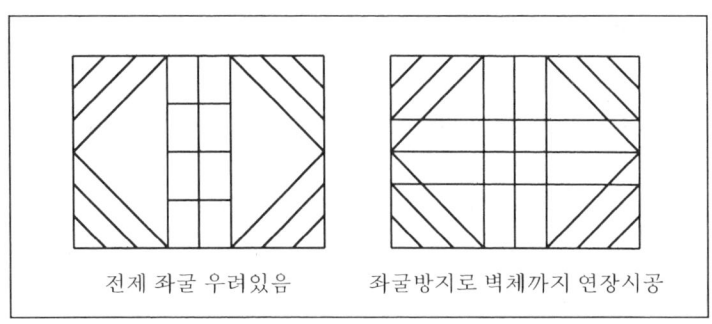

전제 좌굴 우려있음   좌굴방지로 벽체까지 연장시공

(3) Prestress에 의한 변위 감소를 위한 설치
   1) **점토지반**으로 굴착에 따른 변위가 클 수 있으므로 변위를 감소시키기 위해 Strut에 **Prestress**를 가함.
   2) 선행하중은 Screw Jack보다는 유압 Jack을 사용토록 하며 보통 **하중크기**는 설계하중의 50%정도로 함. (하중의 크기 = 설계하중×50%)
   3) **선행재하**로 변위를 줄일 수 있으며 이 경우 변위억제에 따른 **토압증가**를 감안하여 Strut 단면이 선택되어야 함.
   『주』여기서 Strut를 동바리로 명명했음

5. PIP 토류벽 (Pact-In-Place) : 주열식 지하연속벽 공법 (향후 예상문제)

1. PIP 시공법 개요

(1) 중공의 연속된 Auger Screw의 두부에 구동장치를 하여 Base Machine(보통 달아매는 능력 30~40ton의 Crawler Crane)에 장비한 Leader에 달아서 소정의 깊이까지 **회전**하며 **굴착**을 하고,

(2) 다음에 중공전 **Shaft** 선단부에서 Prepacked Mortar을 압입하며 차츰 끌어올려 Mortar 말뚝을 만든다.

(3) 후에 철골상자나 H-형강 등을 Mortar속에 세워 PIP말뚝을 완성한다.

2. 시공순서

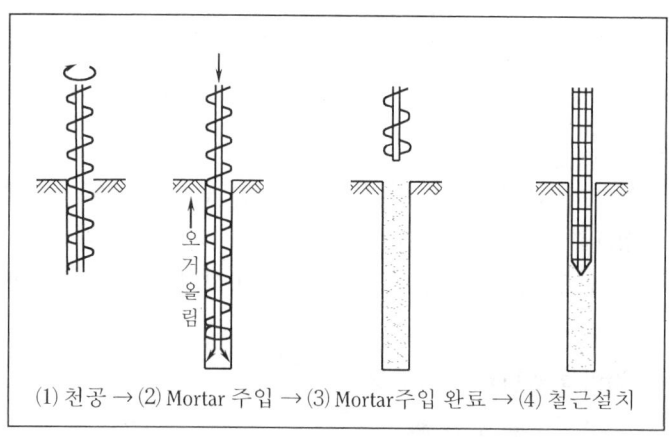

(그림 1) MIP 말뚝시공순서

(1) **굴착**

1) 굴착에 있어서는 Auger의 축선을 정확히 중심에 맞춰서 수직도를 유지하여 굴착한다.
2) 굴착속도는 2~3m/min의 표준이며 지질에 따라 적당한 주수를 하여 굴착하면 능률을 높일 수 있다.

(2) **Auger 인발 및 Mortar 주입**

1) 이 작업에서 가장 중요한 것은 Mortar의 주입량에 맞춰서 오거를 올리는 것으로
2) 보통 Auger Head가 Mortar 상면 보다 0.5m 정도를 유지하면
3) 공벽의 붕괴나 말뚝의 중단은 방지된다.

4) Mortar을 만들때의 재료투입순서는 물 → 혼화재 → 시멘트 → Fly Ash → 모래의 순으로 하며

5) 배합은 보통(C : F : S) = 1 : 0.4 : 2.8

6) 물·시멘트 비 : 46~50%

(3) 철근망 세우기

Mortar 주입이 완료된 후, 미리 준비한 철근 또는 H강 등을 Crane으로 세운다.

3. 장비투입계획

(1) 시공기계료는 30~40t Class의 Crawler Crane

(2) 그밖에 Earth Auger기계 (D-40H, D-60H, D-80H, D-120H형)

(3) Mortar Mixer기 ($0.25m^3$ 정도), Grout Pump ($0.1m^3$/min) 등이 필요하다.

4. PIP(Pack In Place) 특징

(1) 장점

1) Casing과 니수가 필요없다.

2) 구조물에 근접시공이 가능하다.

(2) 단점

1) 지수효과를 크게 하기 위해서는 약액주입을 할 필요가 있다.

2) 지지층의 확인이 확실하지 않다.

5. 시공가능심도 및 직경

(1) 시공심도

1) 보통의 경우 : 10~25m

2) 최대 굴착심도 : 35m

(2) 시공가능직경

1) ϕ 30, ϕ 35cm, ϕ 40cm, ϕ 45cm, ϕ 5cm, ϕ 60cm까지 가능하다.

6. 흙막이 벽의 배열 방식 3가지

(1) Zig-Zag형

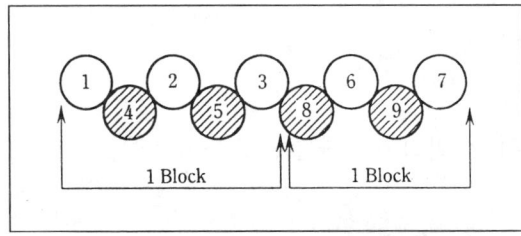

【주】 숫자는 말뚝시공 순서. 사선은 중간 삽입말뚝
(그림 2)

(2) 직선 Auger Over Lap형

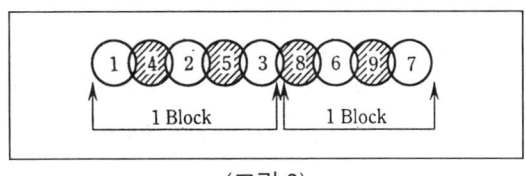

(그림 3)

(3) 접선형

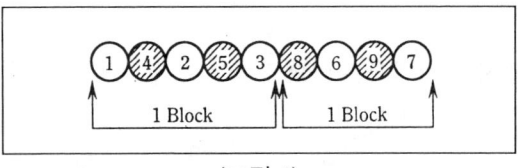

(그림 4)

6. MIP 토류벽 (Mixed-In-Place)

1. 시공법 개요
MIP(Mixed-In-Place) 말뚝 공법은 Soil Cement 말뚝을 지중에 연속적으로 맞겹쳐서 지수벽 또는 간단한 흙막이 벽을 조성하는 공법이며 **주열식 지하연속벽 공법**의 일종이다.

2. 시공관리순서

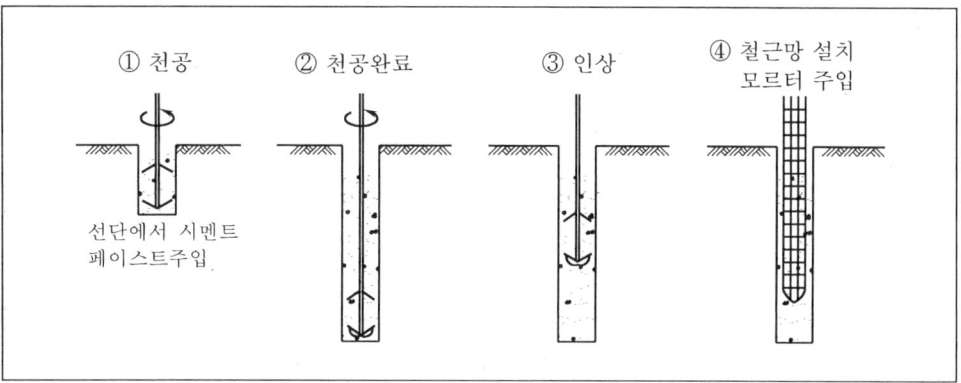

(그림 1) MIP 말뚝시공순서

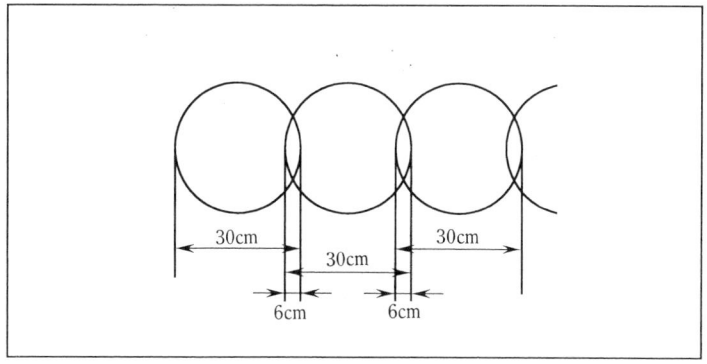

(그림 2) 말뚝단면의 Over-Lap

3. 적용토질
사질지반에 가장 유리하다.

4. 시공가능심도
(1) 보통 **6m**까지가 **지수효과**가 크다.
(2) 최대 굴착심도 **12m** 까지 가능하다.

5. 특 징
(1) 장점
1) 종래의 타입말뚝 공법과 비교하여 **소음·진동**이 극히 적다.
2) 강널말뚝 공법 등에 비하여 토압에 대한 변형량이 적고, 주변 구조물의 침하가 적다.
3) 현장조건에 대응하여 말뚝길이를 자유로 조정할 수 있다,
4) Mortar를 바탕에 가압 주입하므로 지반의 **보강**, **지수**에 효과가 있다.
5) 단독말뚝의 되풀이 공사이므로 시간적으로 제한이 이는 도로상 등의 시공이 가능하다.

(2) 단점
1) **자갈층, 호박돌층**에는 시공이 곤란하며 또 느슨한 사층이나 대수층에서의 시공시에는 공벽의 붕괴가 생기기 쉬우므로 주의를 요한다.
2) 수평방향의 철근접속이 불가능하기 때문에 강도가 약하고 본체구조물로서는 적당하지 않다.
3) 시공심도가 어느 정도 제한된다.
4) 시공자의 숙련도에 따라 품질관리의 차이가 크다.

6. 주열식 지하 연속벽 공법의 분류

원 리	시공방식(굴착방식)	주요한 공법명	비고
1. 현장타설 말뚝방식	Hammer Grab, 회전 Bucket	BENOTO공법, Earth Drill공법	①~⑥의 분류는 각기 주체가 되는 공법이며, 실제는 이 공법이 서로 병용되는 수가 많다.
	Rotary Grab 비트	Reverse 공법, BHP공법	
	Earth Auger	**PIP공법**, RGP공법, Auger Pile공법, TAW공법	
	선단비트교반	소일 Pile 공법, **MIP공법**	
2. 기계말뚝 방식	① 선굴공법	ONS공법, PC월 파일공법, 시멘트밀크 공법, A-SP공법	
	② 중굴공법	NC벽체 Pile 공법, TAIP공법	
	③ 압입공법	A-SP공법, 압입식 시멘트밀크 공법	
	④ 진동공법	TBI 공법	
	⑤ Jet공법	Jet Lift Pile 공법, TAIP 공법	

7. 말뚝의 배열과 시공순서 3가지 예시

(1) Zig-Zag형

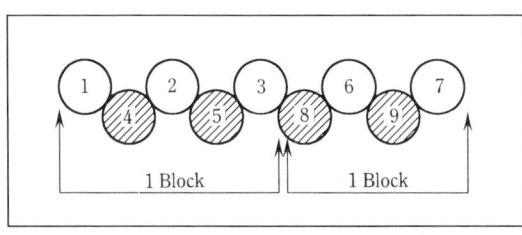

【주】 숫자는 말뚝시공 순서
사선은 중간 삽입말뚝

(그림 3)

(2) 직선 Auger Over lap형

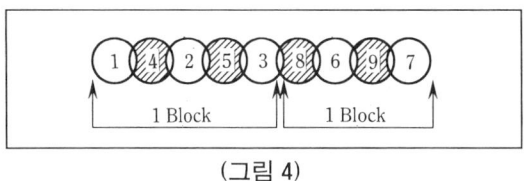

(그림 4)

(3) 접선형

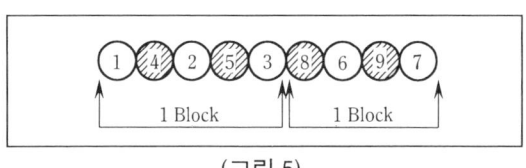

(그림 5)

8. 주열식 지하연속벽 (제자리 말뚝방식 즉, 현장 타설 말뚝 방식의 굴착방식) 굴착방식분류 5가지

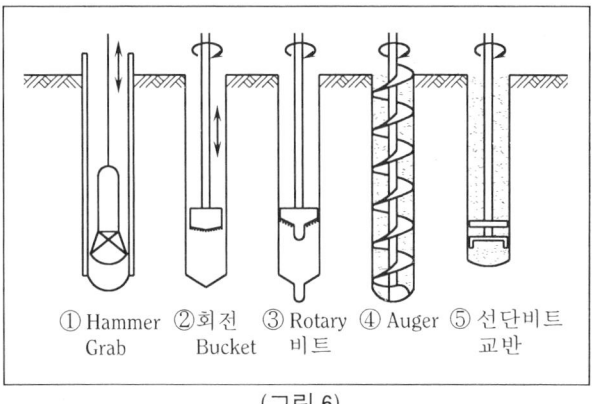

(그림 6)

Chapter 4
사면안정

1. 대규모 사면붕괴 원인과 대책 (40점)

1. 개 요
(1) 대부분 사면붕괴의 원인은 호우, 강우, 융설, 지진, 진동에 의해서 발생하며
(2) 특히, 배수 불량시 사면이 붕괴되는 경우가 많으므로 배수처리의 정밀시공이 요구되어진다.
(3) 암석사면의 붕괴는
   1) 불연속면(Discontinuity)
   2) 암석경사(Dip)
   3) 절리(Joint)을 따라서 발생하므로
(4) 불연속면의 방향 → 연속성 → 강도 → 충진물질 → 간격 → 틈새 → 투수의 구조적 특성을 고려. 안정해석한 후
(5) 암반 분류에 따라 보강대책을 수립해야 한다.

2. 대규모 사면 붕괴 원인

자연사면(토사)	자연사면(암반)	인공사면
• 호우, 강우, 융설 • 지진, 진동 • 배수 불량 • 구배 불량 • 소단 미 설치	• 구배 불량 • 배수 불량 • 소단 불량 • 동결 융해	• 연약지반 처리 불량 • 성토재료 불량 • 다짐 불량 • 배수 불량 • 급구배

3. 대규모 토사사면 붕괴형태

저부파괴	선단 파괴	사면내 파괴

4. 대규모 암석사면 붕괴형태

Circular Failure(원형파괴)	Plan Failure(평면파괴)
Wedge Failure(쐐기파괴)	Toppling Failure(전도파괴)

5. 일반적인 사면붕괴 방지 대책

(1) 응급 대책공

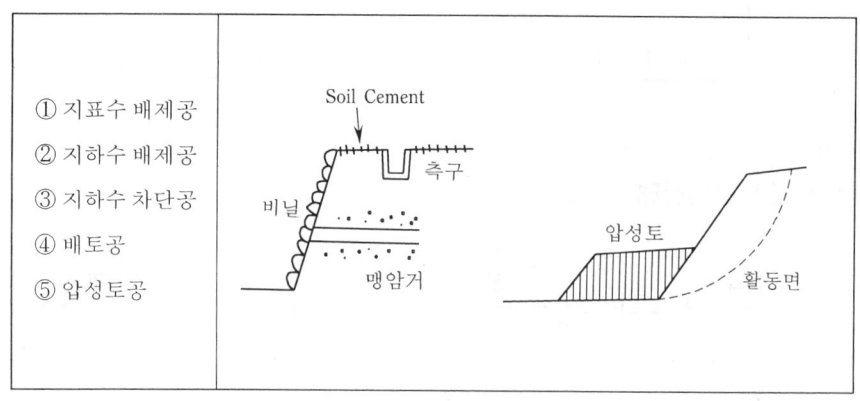

① 지표수 배제공
② 지하수 배제공
③ 지하수 차단공
④ 배토공
⑤ 압성토공

(2) 영구 대책공

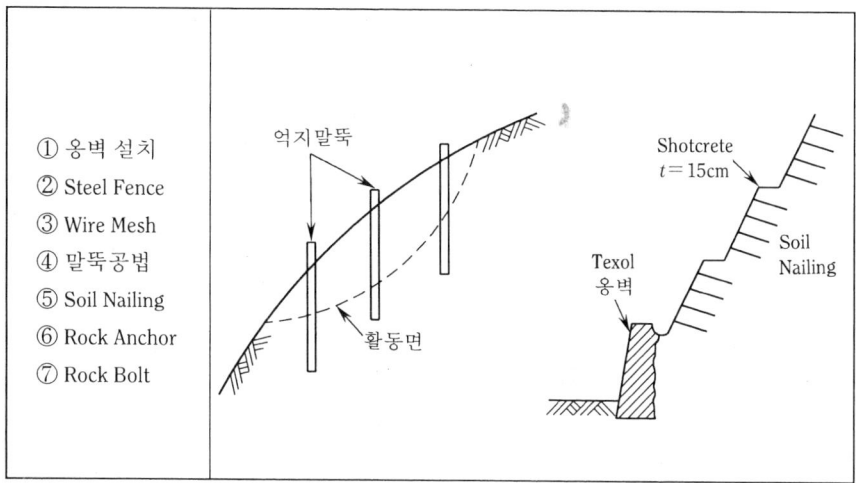

① 옹벽 설치
② Steel Fence
③ Wire Mesh
④ 말뚝공법
⑤ Soil Nailing
⑥ Rock Anchor
⑦ Rock Bolt

6. 법면 보호공법

(1) 식생에 의한 비탈면 보호공

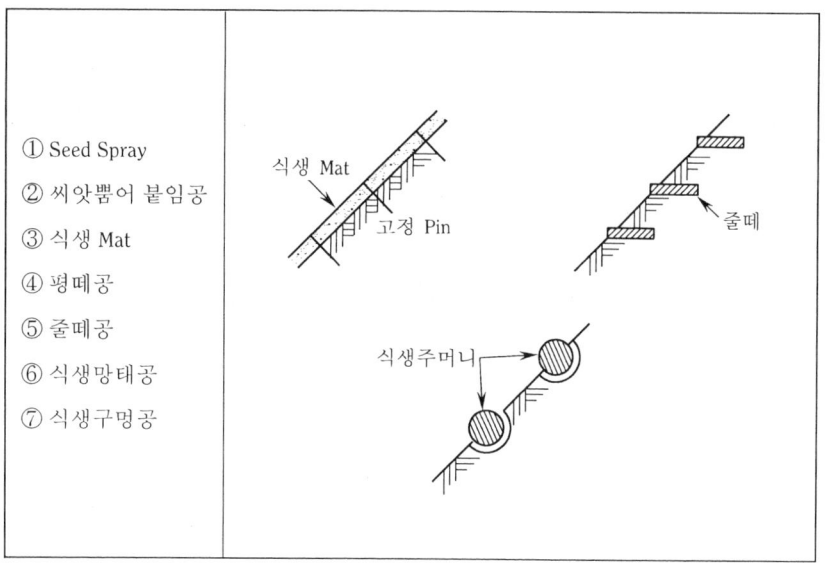

① Seed Spray
② 씨앗뿜어 붙임공
③ 식생 Mat
④ 평떼공
⑤ 줄떼공
⑥ 식생망태공
⑦ 식생구멍공

(2) 구조물에 의한 비탈면 보호공

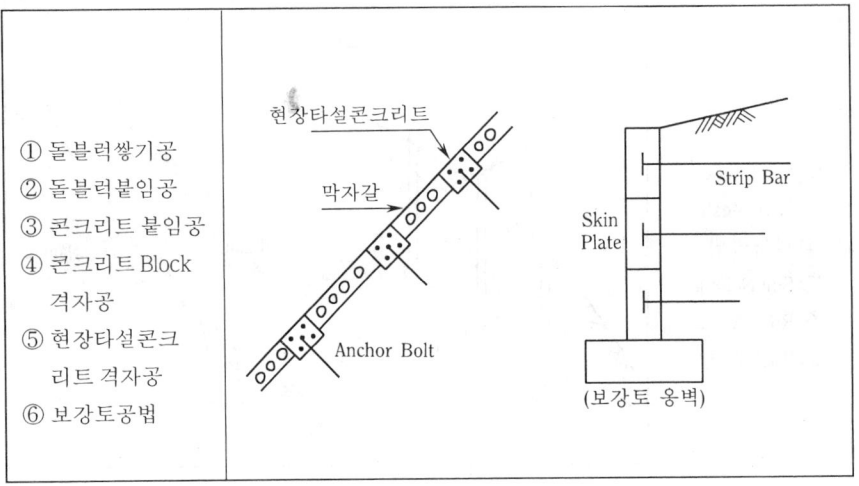

① 돌블럭쌓기공
② 돌블럭붙임공
③ 콘크리트 붙임공
④ 콘크리트 Block 격자공
⑤ 현장타설콘크리트 격자공
⑥ 보강토공법

7. 대규모 인공사면(대성토) 붕괴방지를 위한 보강토 공법의 적용

(1) Texsol 옹벽(연속장섬유 보강토)

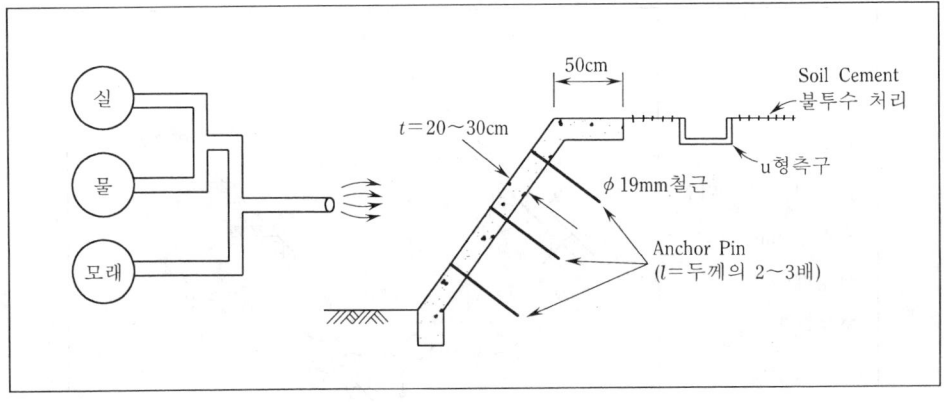

(2) 보강토 옹벽

　　Skin Plate + Strip Bar + 뒷채움재

(3) **Geosynthetics** (토목섬유)

　　Geotextile/Geocomposite 등

8. 대규모 암반사면의 종합시공대책

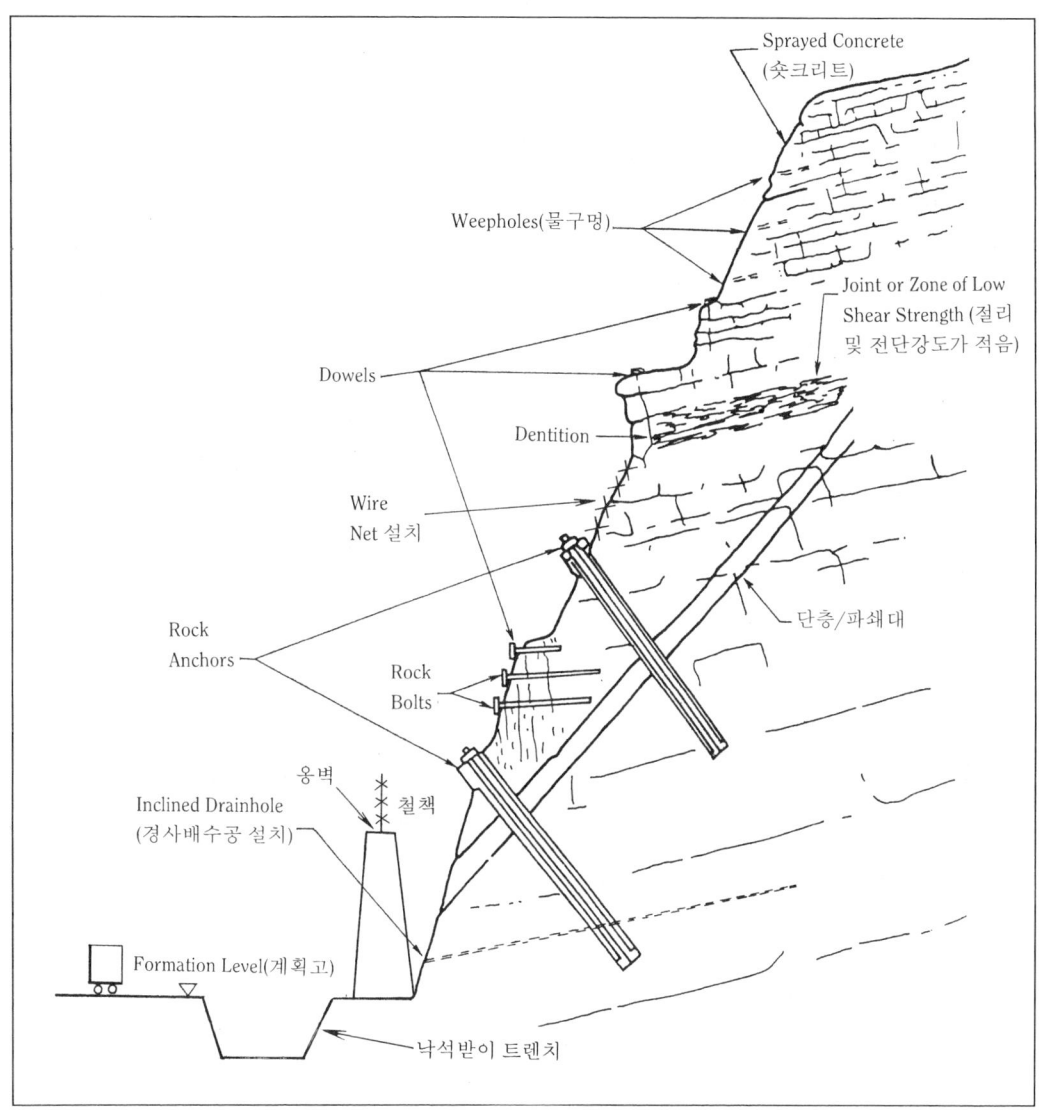

암반사면 보강공법

9. 우리나라 사면 설계, 시공상의 문제점과 대책

(1) 문제점

1) 구태 의연한 설계기준 : 일률적으로 63° 경사로 설계
2) 미흡한 감리 수준

3) 미봉적인 보강방법

(2) **대책**

1) 절리의 방향성을 고려한 합리적인 설계
2) 절리의 구조적 특성을 고려한 보강공법 적용
   - "낙석주의, 표지판이 없는 우리나라를 만듭시다!"
3) 암석과 암반에 대한 교육이 절실하다.
4) 암반 사면에서는 불연속면의 구조적 특성인 방향성 → 연속성 → 강도 → 충진물질 → 간격 → 틈새 → 투수도에 대한 현장소장의 이해/암반분류 능력을 위한 대대적인 교육이 필요하다.
5) 긴급사태 발생시 전문가에게 용역의뢰해야 한다.

2. 암반 대절토사면 시공시 유의사항과 공사관리에 필요한 사항 기술 (30점)

1. 개 요

(1) 도로공사시 암반 대절토사면의 붕괴는
　　1) 불연속면 (Discontinuity)
　　2) 암석경사 (Dip)
　　3) 절리 (Joint)을 따라서 발생하기 때문에
(2) 불연속면의 방향 → 연속성 → 강도 → 충진물질 → 간격 → 틈새 → 투수 등의 구조적 특성을 고려하여 안정 해석한 후
(3) 적절한 보강 대책을 수립해야 한다.

2. 암반 대절토사면 안정해석 방법

(1) 평사투영법
(2) 불연속면의 구조적 특성을 고려한 안정 해석법
(3) 한계 평형 해석법

3. 암반 대절토사면의 붕괴형태

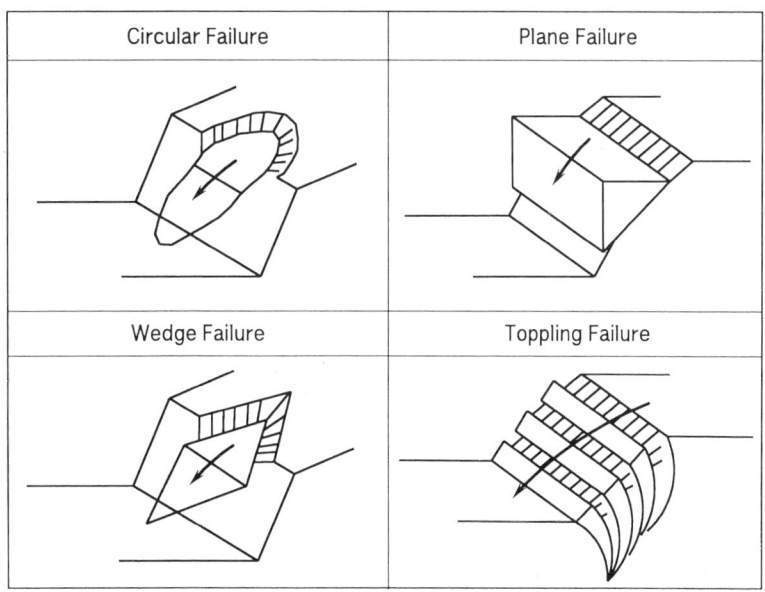

4. 암반 대절토사면 시공시 유의사항

(1) 암석 굴착공법의 선정

기계적인 방법	발파에 의한 방법
① TBM	① 팽창성 파쇄공법
② Breaker	② 선균열 발파
③ 유압 Jack공법	③ 미진동 발파
④ Road Header	④ Drill and Blasting

(2) 대절토사면 구배기준

암 반 구 분	사 면 구 배
리핑암(풍화암)	1 : 0.7
발파암(연암, 경암)	1 : 0.5

(3) 암반 대절토사면 보강대책 예시도

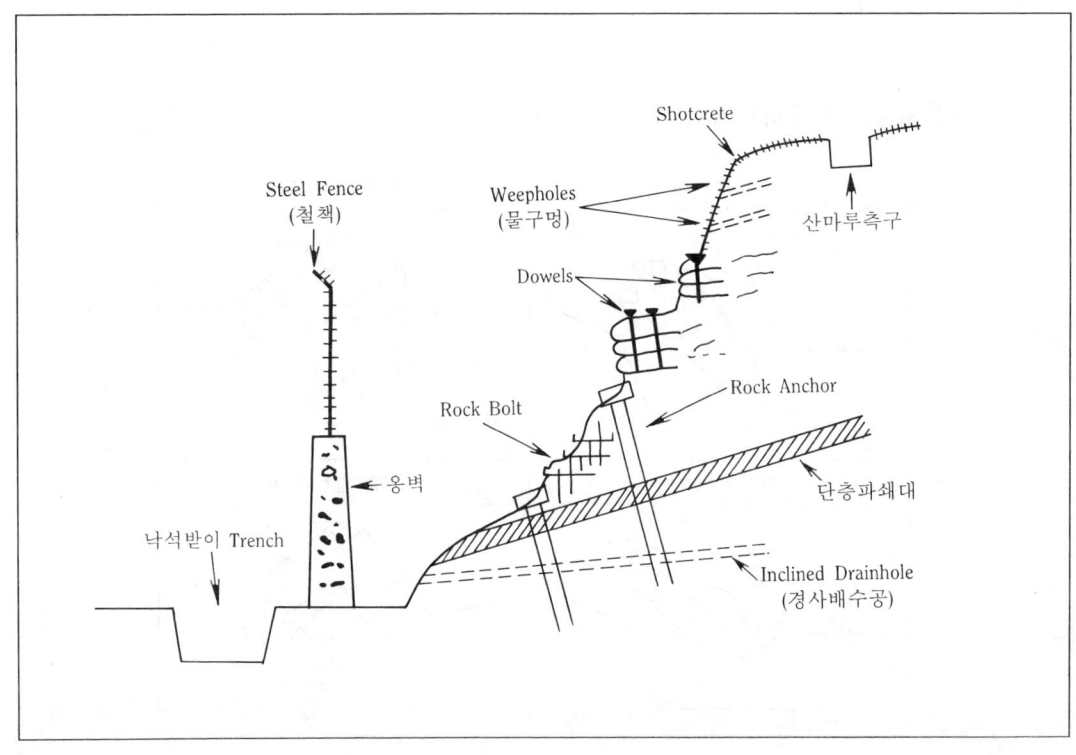

(3) 소단 설치 기준

암 반 구 분	소 단 기 준
리핑암(풍화암)	H=7.5m, W=2m 소단
발파암(연암, 경암)	H=20m, W=3m 소단

5. 암반 대절토사면 시공시 공사관리에 필요한 사항

(1) 암조사

암분류시험	원위치시험	계 측
① RQD	① 강도	① 변위 측정
② RMR	② 투수	② 공극수압 측정
③ 풍화토	③ 변형	③ 응력
④ 균열계수	④ 지압측정	④ 하중, 토압
⑤ Q-System	⑤ 탄성파 탐사	⑤ 소음, 충격계수

(2) 사토장(Disposal Area)선정

   1) 양 : 사토장 면적 확보

   2) 경제성 : 운반거리(Dump Truck)

   3) 진입로 정비, 먼지 통제(민원방지)

   4) 세륜시설 설치 : 민원 방지

(3) 건설공해 방지대책 수립

구 분	영향요인
① 사회, 경제환경	• 인구 및 주거의 변화, 산업 • 교육 및 문화
② 생활환경	• 소음, 진동, 수질오염, 폐기물 • 토지이용, 대기질
③ 자연환경	• 기상, 지형 • 동식물상

> **3. 기시공된 암반사면의 안정성 검토를 한계 평형해석으로 검토하는 방법을 기술하고 검토한 결과 불안정으로 판정이 났을 경우 대책 공법 (30점) (암사면 보강 대책 공법 기술)**

1. 암사면 한계평형 해석방법

(1) 개요

1) **평사투영법**은 불연속면의 주향과 경사, 절취면의 주향과 경사, 불연속면의 전단강도를 기본요소로하여 암반사면의 기하학적 안정성을 평가하는 방법임.
2) 따라서, 평사투영법의 안정성은 암사면이 붕괴된다면 붕괴형태를 판단하는 것으로 형태는 원형, 평면, 쐐기, 전도파괴가 있음.
3) 실제로 붕괴가능성은 한계평형해석에 의한 안전율개념을 검토하고 **기준안전율**로 판단할 수 있음

(2) **한계평형해석**

1) 한계평형상태는 암괴의 활동력과 저항력이 같은 상태로 활동이 막 생기려하는 상태로 정의 할 수 있으며
2) 이를 식으로 표현하면

$$안전율 = \frac{저항력}{활동력} = 1 \text{ 인 상태임}$$

3) 따라서, 한계평형해석은 암사면에서 **저항력**과 **활동력**을 구해 **안전율**을 산출하는 방법임.

(3) **검토방법(평면파괴로 설명함)**

1) (그림 1)은 절취면과 가상파괴면에 대해, (그림 2)는 파괴면에서의 응력조건을 나타냄.

2) 활동력 : $W \cdot \sin \alpha$

여기서, W : 암괴무게로 단면적 × 암반단위중량
α : 가상파괴면과 수평면의 각

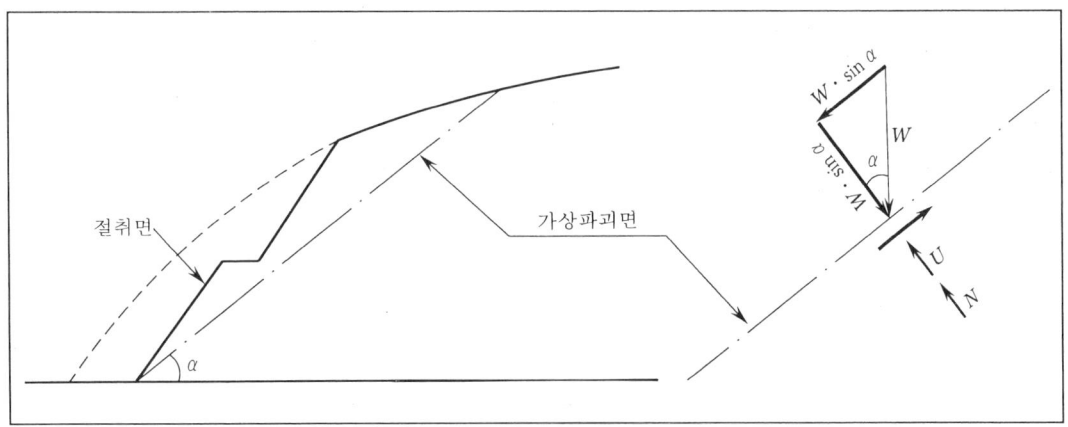

(그림 1) 한계 평행해석

3) 저항력 : $Cl+(W \cdot \cos \alpha - u)\tan \phi$

여기서, C : 불연속면의 점착력(보통≒0)
l : 파괴면길이
u : 파괴면에 작용하는 간극수압
ϕ : 불연속면의 전단저항각

4) 안전율 : $\dfrac{\text{저항력}}{\text{활동력}} = \dfrac{Cl+(W \cdot \cos \alpha - u)\tan \phi}{W \cdot \sin \alpha}$

2. 한계평형해석 결과 암사면 보강대책 공법의 선정시 고려사항(불연속면의 조사요소)

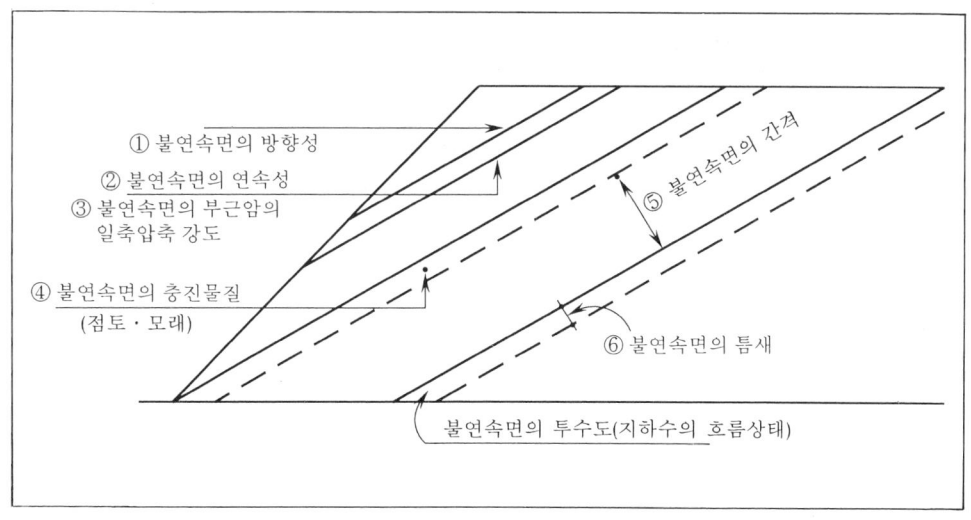

① 불연속면의 방향성
② 불연속면의 연속성
③ 불연속면의 부근암의 일축압축 강도
④ 불연속면의 충진물질 (점토·모래)
⑤ 불연속면의 간격
⑥ 불연속면의 틈새
불연속면의 투수도(지하수의 흐름상태)

(그림 2) 불연속면의 구조적 특성조사 항목

(1) 불연속면의 방향(Orientation)
    1) **주향**(Strike)과 **경사**(Dip)로 표시하는데 **붕괴 가능성** 및 **붕괴형태**를 표시하는 것으로서
    2) 주향(Strike) : 불연속면 상에서 존재하는 **수평선의 방향**이고
    3) 경사(Dip) : 불연속면의 **최대 경사각**이다.

(2) 불연속면의 간격(Spacing of Joints)
    1) 인접한 불연속면 간의 **수직거리**인데
    2) 암반 붕괴시 평면 파괴인가, 전도 파괴인가 하는 **붕괴형태**를 결정하는 요소이다.

(3) 불연속면의 연속성(Persistence)
    1) 불연속면이 **연장**되는 **정도**인데
    2) 불연속면의 전단강도 추정시 중요한 요소이다.

(4) 불연속면의 강도(Wall Strength : 0.025Mpa~250Mpa)
    불연속면 부근에 있는 암석의 일축압축강도로서 수치가 크면 불연속면의 전단강도가 커진다.

(5) 불연속면의 틈새(Aperture : 0.1mm~1m)
    1) 한 절리에서 인접한 암석면 사이의 수직거리이고
    2) 틈새에는 공기·물·점토가 끼어 있다.

(6) 불연속면의 충진 물질(Filling)
    이 물질은 일반적으로 모암보다도 강도가 약하다.

(7) 불연속 확인의 투수(Seepage)
    수압은 암반의 유효 응력을 감소시킨다.

(8) 불연속면의 종류수(Number of Sets)
    암반 붕괴형태를 결정한다.

(9) 암괴의 크기 및 형태(Block Size & Block Shape)
    암반 보강에 대한 지표를 제시한다. (불연속면의 방향+간격+굴곡도가 제일 중요한 역할을 한다.

3. 암반사면의 붕괴 형태 및 크기(암반사면, 안정 해석방법)
암반사면의 붕괴형태는 사면에 발달해 있는 불연속면의 발달상태에 따라서 결정된다.
(1) 원형 파괴(Circular Failure)
    불연속면이 **불규칙**하게 많이 발달해서 뚜렷한 구조적 특징이 없으면 토층과 같은 원형

파괴이고,

(2) 평면 파괴(Plane Failure)

불연속면이 **한 방향**으로 발달하고 있으면 평면 파괴

(3) 쐐기 파괴(Wedge Failure)

불연속면이 **교차**되는 곳(두 방향으로 발달)은 쐐기 파괴

(4) 전도 파괴(Toppling Failure)

불연속면의 **경사방향**이 절개면의 **경사방향**과 반대이면 전도파괴가 일어난다.

이와 관련 암반 사면의 **안정성** 검토는 **암석의 강도**에 의하는 것보다 **불연속면**의 발달상태를 조사해서 **판단**한다.

4. 암반사면 보강 공법

- 상기와 같이 사면 안정성 검토 후에 주변 여건에 맞는 경제적이고 시공성 있는 공법을 선정해야 한다.
- 공법 선정시 적용성을 기술하면 **(그림 2)** 같다.

(1) Steel Fence 설치(철책공법) 또는 Wire Mesh 씌우기 공법

    1) 사면 안정에는 큰 문제가 없으나, 도로변과 같이 지반 진동이 있을 경우에 지표면에서 소규모 붕괴가 예상되는 경우

    2) 사면 상부에서 암괴나 암편의 **낙석**이 예상되는 경우

(2) 옹벽을 설치하는 방법

    1) 사면(비탈면)의 높이가 비교적 낮고

    2) 상부에 **식생공**이나 **석공** 등이 필요한 경우

    3) 암반의 굴착량을 줄이기 위해서 사면의 구배를 **급**하게 할 경우

(3) Rock Bolt, Rock Anchor 공법

    1) 암반의 상태가 양호하나 **불연속면**의 **전단력**이 문제될 경우

    2) 판상 절리나 주상절리와 같이 **불연속면**의 **발달**이 비교적 **규칙적**인 경우

    3) 주변 여건상 시공법 적용이 곤란한 경우

    4) 쐐기 파괴나 전도 파괴와 같이 부분적으로 불안한 사면

(4) 식생공, 석공, Shotcrete 공법

    1) 풍화가 많이 된 경우

    2) **불규칙**한 절리가 발달되어 사면을 전부 보호할 필요가 있을 때

3) 지표수의 유입을 방지할 필요가 있을 때

(5) 표면 배수공, 지하 배수공

1) 지하수의 유입이나 지하수위의 변동이 심한 경우

2) 불연속면의 수압만 줄여도 사면 안정성에 지장이 없는 경우

3) 다른 목적의 배수 시설을 이용할 수 없는 경우

(6) 경사각을 낮추는 방법

1) 풍화대나 붕적층 등 인위적인 방법으로서 전단력을 증대시키기 곤란한 경우

2) 중요한 시설물 주변의 사면(비탈면)으로서 영구적 안정대책이 필요한 경우

(7) 사면의 높이를 낮추는 경우

(8) 뜬 돌을 미리 떨어내는 방법

(9) 지하수의 유로를 만드는 경우

(10) 낙석받이 트렌치를 파서 낙석의 운동에너지 흡수

5. 맺음말

(1) 암반 사면 안정해석(터널＋사면안정＋지하굴착시에)에서 가장 중요한 요소 3가지

1) 불연속면의 방향성(Orientation)

2) 불연속면의 간격(Spacing of Joint : 2m～6mm)

3) 불연속면의 굴곡도(Roughness)

(2) 암사면/터널 굴착시 모든 붕괴방지 대책 공법의 선정기준

1) RMR : 터널의 경우 보조지보재 선정＋보조공법의 선정 기준이 된다.

2) 한계평형해석 : 암사면 안정해석의 경우

【참고】 Limits of Spacing(불연속면의 간격)

(1) Extremely Wide : 2m 이상

(2) Very Wide : 0.6～2m 이상

(3) Wide : 0.2～0.6m

(4) Moderately Wide : 60mm～0.2m

(5) Moderately Narrow : 20～60mm

(6) Narrow : 6～20mm

(7) Very Narrow : 6mm이하

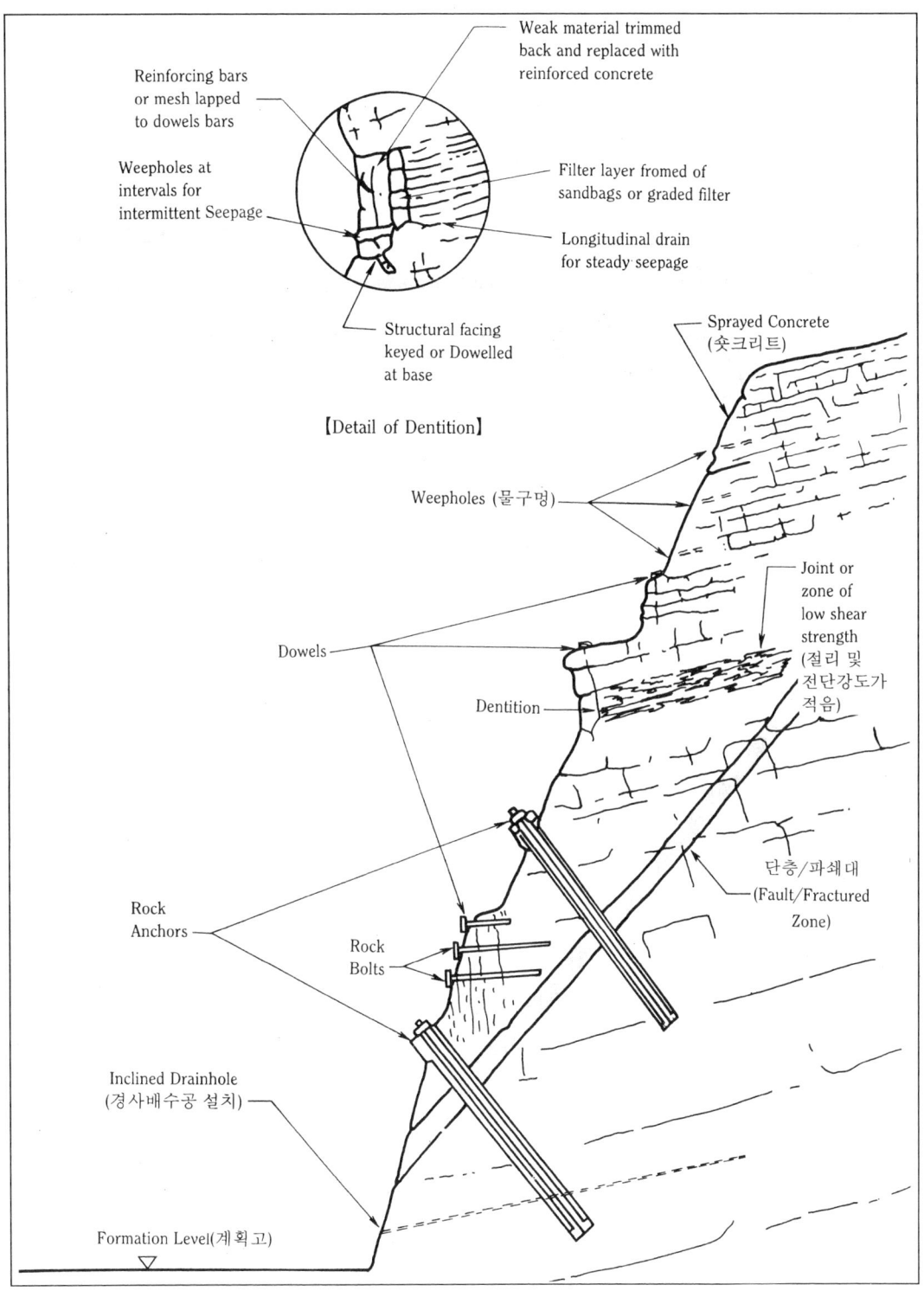

(그림 2) 암반사면 보강공법

Chapter 6

연약지반

1. Pack Drain

개량심도(개량깊이 = 압밀층두께 → 연약지반두께)별 점토지반 개량공법의 선정기준

【Vertical Drain 공법】

구분	Paper Drain	Pack Drain	Sand Drain	Menard Drain
공법개념도 (원리)	15~20m Sand Mat 연약층	25~30m Sand Mat 연약층	20~25m Sand Mat 연약층	30m이상 Sand Mat 연약층 / Menard Drain
	이들 공법의 기본원리는 투수계수가 작은 점성토지반에 연직의 배수층을 형성하여 배수거리를 단축시켜 압밀침하를 조기에 완료하고 지반의 전단강도 증가 및 잔류침하를 최소로 하는 공법이다.			
개요	Drain Board라는 합성수지제를 타입하여 배수로를 형성시킴	합성섬유로 된 포대 모래말뚝을 배치하여 연직방향의 배수로를 형성시킴.	연직의 모래말뚝을 설치하여 배수로를 형성시킴.	Menard Drain이라는 원형드레인을 타입하여 배수로를 형성시킴.
배수효과	타설심도가 깊을 때 유로내의 흐름 저항(Well Resistece)에 의한 배수능이 저하된다.	타설심도가 깊을 때 유로내의 흐름저항(Well Resistence)에 의한 배수능력저하 우려가 있음.	타설심도가 깊을 때 유로내의 흐름저항(Well Resistence)에 의한 배수능력저하 우려가 있음.	원형 드레인이므로 흐름 저항(Well Resistence)에 의한 배수능력저하 우려가 없음
시공	• 시공경험에 의하면 Q= 1000~2000m/일 • Mendrel식에 의한 타입 • 시공한계 : 국내에서 최고 시공 실적 36m	• 시공경험에 의하면 Q= 1000~2000m/일 • 연약층심도가 불규칙한 경우에 Casing길이 조절 하는데 많은 시간이 소요됨 • 시공한계 : 국내에서 최고 시공 실적 36m	• 시공경험에 의하면 Q= 400~800m/일 • 시공한계 : 25m	• 시공경험에 의하면 Q= 1000~2000m/일 • Mendrel식에 의한 타입 • 시공한계 : 국내에서 최고 시공 실적 45m
장점	• Drain Board가 공장제작되므로 품질의 균일성 확보가 용이 • Drain Board의 중량이 가벼워 운반·취급이 용이 • 국내의 시공실적이 풍부함. • 주행성 확보가 용이 • 얕은 심도에서 공사비가 저렴 • 비교적 공기가 짧다.	• Sand Drain공법의 결점을 보완한 것임 • Sand Drain에 비해 시공기간 1/2정도 단축(4축 동시 타설) • Sand Drain 공법에 비하여 횡력에 의한 드레인재의 절단의 우려 적음.	• 국내 시공실적 많음 • 상부 모래층이 존재하는 지역에서도 시공가능 • 모래말뚝 다짐을 병행할 경우 연약층을 배제함으로도 강도증진효과 기대할 수 있음. • 투수효과가 확실함.	• Menard Drain이 공장 제작 되므로 품질의 균일성 확보가 용이 • Menard Drain의 중량이 가벼워서 운반·취급이 용이 • 타입에 의한 지반교란 적으며 시공속도가 빠름. • Drain이 원형이서 심도가 깊어도 유로내의 흐름저항(Well Resistence)이 없음. • 배수유효기간 길다.
단점	• 심도가 깊어지면 유로내의 흐름저항(Well Resistence)이 커서서 통수능력 저하 • Mandrel을 뽑아낼 때 타설한 Drain이 함께 올라올 우려가 있음.	• 양질의 모래가 다량 소요됨 • 연약층 심도가 불균일할 때 시공깊이의 조절에 많은 시간이 소요된다. • 시공관리실적 적음(현재 국내 사용이 늘고 있으나 실적 적음)	• 양질의 모래가 다량 소요됨 • 공사비가 비싸다. • 시공부주의 및 침하진동도 중 배수통로(Sand Pile)설단으로 배수기능 상실 우려 있음	• 해외 시공실적은 많으나, 국제시공실적은 적음

단점	• 깊은 심도에서 **공사비**가 고가 • **배수유효기간**이 짧음	• **접지압**이 큼 • 심도가 깊으면 유로내의 **흐름저항**(Well Resistence)이 크다.	• 타설에 의해 **주변지반 교란** • **접지압**이 큼 • 심도가 깊으면 유로내의 **흐름저항**이 크다.	
검토 의견	• 각 공법마다 장·단점이 있으며 설계치를 만족시킬 수 있는 시공관리가 필요함. • 상부 매립층에 대한 시공성이 확보되어야 함.			
공사비 비율	1.0	1.3	1.6	1.15
직경	5cm	12cm	40cm	5cm
심도	15~20m	25~30m	20~25m	30m이상

Chapter 7

기 초

1. 대구경 현장타설콘크리트 말뚝(BENOTO공법) 시공시 Slime 처리방식과 철근공상 원인, 대책 (30점)

1. 대구경 현장 타설 콘크리트 말뚝기초의 분류/원리

대구경 현장타설 말뚝공법은 아래의 **기계굴착** 방법과 공벽유지 방법 등에 따라 여러가지 공법으로 개발되고 있다.

굴 착 방 식

굴착방식	공벽 보호방식	콘크리트 타설방식
① Percussion(Hammer Grab or Clam Shell) ② Rotary Circulation ③ Rotary(Drilling Bucket or Auger) ④ Vibration	① With Casing ② Without Casing ③ With Water Over Pressure ④ With Bentonite Slurry	① Poured(Tremie Pipe) ② Pumped(Pump Car)

2. 굴착장비와 공벽붕괴 방지위한 장비조합

(1) Pier 기초

- All Casing(BENOTO)
- RCD(Reverse Circulation Drill)
- Earth Drill
- Barrette

그러나, 상기 각 공법은 **굴착공법**과 **공벽유지** 방법이 서로 상이하므로 **지층조건**과 시공 심도에 따른 적합한 시공방법을 위해서는 각공법의 장점을 살려 **2가지 공법**을 **조합**하여 **적용**하는 것이 시공 효율을 극대화 할 수 있다. 즉,

(1) Earth Drill 병용 All Casing Method
(2) All Casing + RCD Method, etc

Barrette 공법은 지하연속벽 장비 및 시공방법을 이용하여 단면형상이 원형이 아닌 벽식으로 공사목적에 따라 다양한 형상으로 시공 가능한 특징이 있다.

3. 시공관리 요령(굴착시 Sime 처리방식과 철근망의 공상원인, 대책)

(1) 시공관리순서

1) 굴착 → 지지층 확인   2) 철근 바구니 세우기

3) Slime 제거→검사   4) Trémie관 세우기
5) 콘크리트 타설(소정의 높이+50cm까지 쳐 올린다)

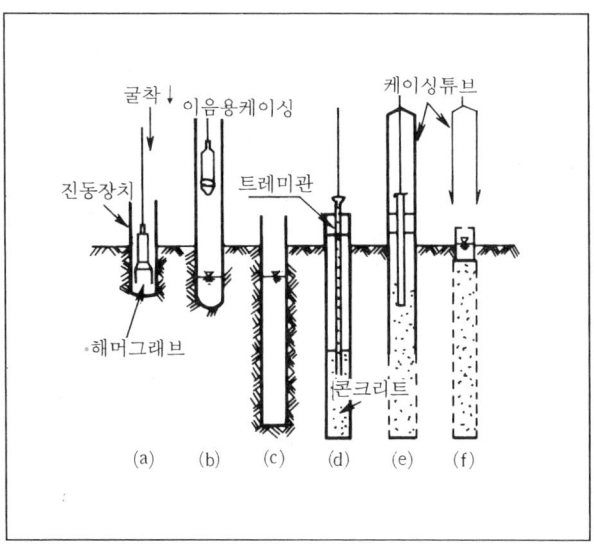

(그림 1) BENOTO 공법 시공순서

(2) 굴착시공관리 및 Slime 처리방식
1) 해머그랩(Hammer Grab)을 이용한 굴착은 **버켓식**이므로 **호박돌, 굵은 자갈** 등도 파 올릴 수 있다. 실제로 현장에서는 올 케이싱 공법을 적용하여 30cm정도까지의 경우에도 가능
2) 현장타설 말뚝 굴착시 공벽 붕괴방지는 굴착 구명속의 **수위관리**가 중요하며 지반의 종류와 말뚝깊이 등에 따라 **수위의 유지**를 **지하수보다** 높게 유지(**2m이상**)하여 **지하수위를 누르는 방법**을 택하였다.
3) 토사의 처리는 수분이 많이 포함되어 있어 수분을 제거한 후 운반
4) Chiesel로 1.0D 이상 굴착한 암석은 **Hammer Grab**로 걷어올리고 잔입자는 Slime과 같이 **Air Lifting**과 **Suction Pump**로 양수하여 맑은 물이 나올 때까지 배토 처리
  ① 굴착시 사용장비
    ㉠ Oscilater ㉡ Hammer Grab
    ㉢ Crane   ㉣ Air Lifting
    ㉤ Chiesel   ㉥ Suction Pump
    ㉦ 수조

(3) 철근공상방지 위한 철근망 조립 설치대책

1) **철근박스 조립**은 전용의 **철근가공장**에서 10~15m로 조립하여 **크레인**으로 수직으로 달아내려 굴착구멍에 조심스럽게 삽입하고 고정시킨 후 나머지 10~12m의 철근망을 연결
2) 삽입시 **Casing 벽면**과 간극을 유지하기 위하여 **Spacer**를 **부착**시킨 후 조심스럽게 수직도를 유지하여 안치
3) 철근 Box의 **공상방지용**으로 철근하부에 트레미가 충분히 삽입될 수 있도록 직경 **50cm 이상**의 **구멍**을 **뚫은 철판**을 **부착**
4) 추후 철판 대신에 철근으로 대체

(4) 수중 Concrete 타설

1) 수중 Concrete의 품질은 Concrete 타설높이와 Tremie를 해체하는 타이밍(시간조절)이 중요하며 너무 빠르거나 지연되어서는 안되고 물이 연결부나 선단쪽으로 침투하여 **Concrete**와 **혼합**되지 않도록 하여야 한다.
2) Tremie관은 **직경 30cm**의 **강재 Pipe**를 사용하였으며 연결 부위는 **Flange Bolt**로 조여 물이 침투하지 않도록 하였고
3) Tremie 선단이 **굴착하단부**에 밀착되면 Air Lifting으로 하단에 잔류한 미세한 **Slime**을 제거하고 **스트로폴 볼**을 Tremie관에 삽입하여 Concrete를 채우고 Tremie를 서서히 상승시키면서 스트로폴 볼을 뺀 후 콘크리트가 Tremie관에 가능한한 가득 채울 수 있도록 하고
4) 트레미관이 항상 Concrete에 **2m이상** 묻힌 상태에서 연속으로 타설, 특히 **공동(Cabity)**을 대비하여 **Casing** 인발시 **서서히** 하도록 주의를 기울임.

(5) 콘크리트 타설시 철근의 공상발생원인과 공상방지 대책

1) 철근을 설치한 후 Concrete를 타설하게 되면 Concrete의 **부력**에 의하여 **철근이 공상**하게 된다. 공상이 생기게 되면 도중에 중지하거나 다음에 대처하는 것이 대단히 곤란하게 된다.
2) 공상 발생 원인
   ① Casing의 불량
      ㉠ 청소가 불충분하다.　　　㉡ 세우는 정밀도가 나쁘다.
   ② 철근박스의 불량
      ㉠ 철근박스의 제작이 나쁘다.
      ㉡ 철근박스 세우기 수직도, **정밀도**가 나쁘다.
      ㉢ Casing Tube와의 **간격**이 적다
      ㉣ Spacer가 Casing Tube에 접촉되어 있다

③ Concrete의 불량
  ㉠ Concrete가 분리되어 굵은 골재만 집중되어 있다.
  ㉡ 연속타설이 안되어 유동성 저하된 경우
3) 대책
  ① Casing은 Concrete를 제거하고 깨끗이 **청소**한 후 사용
  ② 철근 Box를 제작장에서 가공조립할 때 Casing의 직경과 연계하여 정밀하게 조립하고 **연결부**는 충분히 **일체**가 되도록 한다.
  ③ 철근 삽입시 Spacer를 설치하여 Casing 벽면과 거리를 유지하고 **수직도 관리**에 만전을 기하였다.
  ④ **Slump 15cm**의 Concrete를 시간이 지체되지 않도록 **연속**으로 타설한다.
  ⑤ **철근망 하단부**에 **철판**을 붙혀 **공상**을 예방한다.

(6) 현장타설 말뚝과 Footing과의 접합

현장타설 말뚝의 **상부 0.7m~2.0m**는 Slime과 혼합될 소지가 있어 **제거**하고 노출된 철근이 손상되지 않도록 Concrete제거시 주의깊게 하였으며 Footing과의 **연결철근 길이**(36 ϕ)는 말뚝의 두부에서 L = (2,000/4×14) ϕ = 36 ϕ 가 되도록 함.

4. 시공시 문제점 및 현장소장이 시공관리시 개선사항

문 제 점	대 책
① 말뚝 선단 지반이 굴착에 의하여 **지중응력**이 **개방**되어 **요동과 충격**에 의하여 Pile선단지반이 **연약**해질 때	Pile선단을 **암반 1.0D이상** Chiesel에 의하여 굴착하고 암석편을 완전 제거
② 느슨한 모래지반에서의 **간극수압 상승**과 유효응력의 저하, 구속응력의 이완, 배면지반의 **교란**으로 인한 말뚝 주변이 연약함	Casing 선굴진과 후굴착 및 공내 지하수위 유지와 **충격** 및 **진동** 최소화
③ 공벽붕괴	All Casing으로 붕괴방지
④ Slump의 규정미달 및 트레미관의 이탈에 의한 재료분리	Slump 5cm 유지 트레미관을 콘크리트속 2.0m이상 묻힌 상태에서 **연속적으로 타설**
⑤ 선단지지력 저하와 혼합시 Concrete강도를 저하시키는 **Slime제거**	Air Lifting 및 Suction Pump 등의 방식으로 Slime 제거
⑥ **수직정도가 불량**하고 철근망 조립 및 연결이 불량하여 Spacer가 잘못 설치되고 Casing인발시 철근의 공상문제	철근망 **수직도**를 유지하고 충분한 결속과 정위치에 **Spacer**를 설치하여 철근 하부에 철근 설치
⑦ 모래층 등의 **투수성** 굴착시 Casing내의 수두가 원지반보다 낮을 경우 Casing 하부에서 **Boiling**이 발생하고 요농압입에 따른 Casing 주변의 물다짐으로 인한 **Casing매몰**	Casing **공내 수위유지**, 세사층의 두께가 클 경우 Casing압입과 인발시 조심스럽게 Casing을 움직인다.

> **2. 대구경 현장타설콘크리트 말뚝의 시공에서 철근의 겹이음과 나사이음 비교설명, 철근이음 시공성 개선방안 (대구경 현장타설 말뚝, 고교각(H ≥ 30m)) (30점)**

※ 대구경 현장타설 말뚝, 고교각(H > 30m)

1. 검토목적
【대구경 현장타설 말뚝, 고교각 높이 H=3m 시공경험을 바탕으로 기술】
- 구조물의 주철근 이음시 통상적으로 **겹이음방법**을 사용하고 있으나
- **나사 이음방법**을 적용함으로 철근 겹이음시 발생하는 철근의 낭비를 없애고,
- 철근이 **일직선**으로 **이음**이 이루어지도록 함으로써 조잡시공을 방지코자 함.

2. 기존 주철근 겹이음의 문제점
(1) 겹이음부의 강도는 다른 이음방법에 비하여 **겹이음부 주위**의 콘크리트 성질에 의하여 크게 영향을 받으므로 콘크리트의 **품질관리**를 확실하게 하여야 한다.
(2) 겹이음시 Zig-Zag로 배치가 이루어짐으로 인하여 인접철근의 결속이 어려움(H32의 경우 160cm 상단에서 겹이음이 이루어짐)
(3) 겹이음시 **철근의 순간격이 좁아** 콘크리트 타설의 어려움이 발생하고 **콘크리트 품질 저하** 요인이 된다. (주철근 D32@100 배근시 순간격은 36mm에 불과함)
(4) **고 교각**(H>30m)의 경우 **8m 장철근** 겹이음시 바람(Wind) 등에 의해 극히 위험한 상태에서 작업하여 시공성, **안전성**이 떨어짐.
(5) 겹이음에 의한 철근의 손실이 크다.
(6) 겹이음이 한 곳에 **집중되는 현상**을 **방지**하기 위하여 일반적으로 B급 이음을 적용함.

철근의 직경에 따른 겹이음 길이 (f_{ck} = 240kg/cm^2)

호 칭 (이형철근)	인장철근(B급 이음)	
	고강(SD-40)	연강(SD-30)
H 16 (D16)	50	37
H 19 (D19)	60	45
H 22 (D22)	78	58
H 25 (D25)	102	77
H 29 (D29)	129	97
H 32 (D32)	160	120

3. 부풀림 나사이음의 개요

단부 부풀림 나사이음은 철근의 이음부위 **단면적**을 크게하여 **강도**를 높일 목적으로 철근을 압착시켜 부풀린후 **나사식**으로 깎은 양쪽을 Coupler와 잠금 Nut를 이용하는 방법임.

(1) 나사의 가공순서

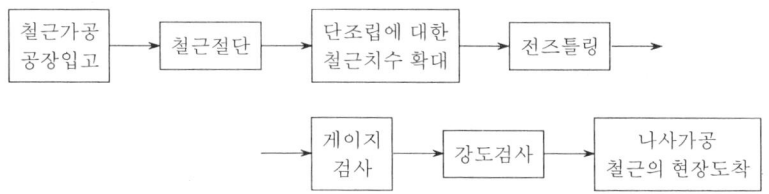

(2) 나사의 가공방법(단조법)

상온상태에서 압축기에 인입시켜 300ton의 유압으로 금형내에서 부풀림(냉간가공)

(3) Coupler 재질의 규격

1) 재질 : S450 (기계 구조용 탄소강)

2) 규격

인장철근(B급 이음)

철근지름	외경(mm)	길이(mm)	잠금너트길이(mm)	비 고
φ25	40	65	25	
φ29	45	75	30	
φ32	50	80	30	

(4) 기계적 이음장비

1) 가공장비 : 절단기, 압축단조기, 절단가공기, 롤링기

2) 시공장비 : Pipe Wrench, Jig(철근 뒤틀림 방지용)

4. 겹이음과 나사이음 비교

구 분	겹이음	나사이음	비 고
시공방법	• 철근을 어긋나게 배치한 후 이음부위를 결속선 U-Bolt 등을 이용하여 이음	• 철근을 **압착시켜 부풀림** • 철근을 **나사식**으로 깎아 커플러와 잠금너트를 이용하여 이음	

구 분	겹이음	나사이음	비 고
구조적 측 면	• 겹이음부의 주철근 순간격이 좁아짐 • 겹이음 길이로 인한 이음개소 증가	• 이음부의 주철근 순간격 확보가 겹이음보다 우수 • 겹이음보다 이음개소 감소	• 현장타설말뚝 ($L=30m$ 경우) • 겹이음 : 4개소 이음 • 나사이음 : 3개소 이음
시공성	• 시공속도는 보통 • 철근망 제작 오차로 인한 시공의 정확성 결여(현장타설말뚝 경우) • 해상부 시공시 U볼트체결로 인한 방청 손상 • 철근의 Zig-Zag 배치시 겹이음 길이에 의한 일정높이 동시작업이 어려움	• 겹이음보다 시공속도가 빠름(손으로 체결 가능) • 작업대의 설치로 인하여 철근망의 정확한 제작 가능 • 철근의 방청손상 가능성이 적다. • 철근의 Zig-Zag 배치시 연결부의 인근배치로 동시작업 가능 • 나사 가공장으로 운반해야 한다. (적치장→나사가공장→현장)	• 해상부 방청 철근 사용할 때 • 운반경로 1 Point 증가한다.

5. 검토 결론

(1) 현장타설콘크리트 말뚝기초의 경우

   1) **나사이음공법**이 경제적인 측면에서도 유리하고

   2) 품질이 확실히 보장되는 **신기술공법임**을 감안하고

   3) 현장의 **정밀시공**을 자연스럽게 유도하는 방안 (작업대를 미리 제작하여 철근의 간격을 일정하게 유지)으로 판단되어 향후 현장타설말뚝 시공시 **겹이음**에 대한 **대체 시공방안**으로 **나사이음**이 적합한 것으로 판단됨.

(2) **고교각의 높이 30m 이상인 경우**

   1) 교각의 **주철근** 연결시 일반적으로 겹이음 방식을 채택하고 있으나 고교각(H>30m기준) 시공시 바람(풍하중) 등에 의해 **안전사고** 및 철근의 체결상태가 불안정하여 **4m철근길이**로 시공하고 있어 금번 검토에서는 4m철근에 대해 겹이음 시공과 나사이음 시공에 대하여 비교하였음

   2) 고교각에서 4m **단철근 겹이음** 시공시 철근의 겹이음 개소 수가 다수 발생하여 철근의 강도유지 및 겹이음에 의한 철근의 **밀집배치 현상**으로 콘크리트 타설불량 및 **품질저하**

요인이 발생할 수 있으며,
3) 또한 Zig-Zag 겹이음시 인접철근이 **높은 지점**에서 겹이음 시공됨으로 인하여 **안전성**이 결여되어
4) 상대적으로 **시공속도가 빠르고, 품질관리** 및 **안전성**이 뛰어난 **4m 철근 나사이음공법**이 겹이음에 대한 **대체 시공방안**으로 적합한 것으로 판단됨.

> ### *3.* 강관 말뚝의 Bolt식 두부보강방법 (30점)
> (BBM 공법 : Bolted Bonding Method of Steel Pipe Pile and Cap)

1. 개 요
강관말뚝 **두부 보강공법**이란 교대나 교각 기초와 강관말뚝을 서로 연결시키는 방법이며, **내진 설계상** 안전성을 높이고, **수평변위**를 **적게** 발생시키는데 목적이 있음.

2. 현행 강관말뚝 두부보강 방법의 시공상의 문제점
  (1) 시공상 문제점
    1) 말뚝 항타 후, 인력으로 강관말뚝 절단에 따른 문제점 → 부실공사 원인
    2) 현장 용접에 대한 문제점
        ① 고급 용접 및 절단 기술자 필요
        ② 강관말뚝 두부에서 10m 아래 지점에 용접 : 용접하기가 매우 힘듬.
        ③ 용접부분에 품질관리가 어려움
        ④ 시공속도가 매우 느림 : 40~50분/본당
    3) 속채움 보강철근의 이동과 경사에 따른 문제점
        ① 강관내부에 **속채움 보강철근**을 삽입한 상태에서 Cement Mortar를 타설할 때, 속채움 보강철근이 **움직이고 기울어짐**
        ② Footing부와의 연결이 조잡, 부실시공된다.
  (2) 적용성 문제점
    1) 기초의 주철근 설치시, 속채움 보강철근에 걸림 : 주철근을 굽히거나 엉성하게 설치

3. 새로운 Bolt식 강관 말뚝 두부 보강방법의 장점
  【현행의 문제점을 해결하기 위한 대책으로 Bolt식 연결 공법 개발】
  (1) 현행 방식에서 힘들고 어려운 **현장용접작업**을 완전히 없애고 이를 Bolting으로 처리하였다.
  (2) 또한, **강관말뚝 두부보강 덮개판**을 **공장제품**으로 현장에 공급함으로써,
  (3) 공기가 단축된다.
  (4) 그리고 **경제적**이면서 **고품질** 및 **규격화**로 강관말뚝을 두부보강을 할 수 있다는 점에 착안을 둔 공법이 바로 '볼트식 강관말뚝 두부보강 공법' 이다.

4. 기존의 강관말뚝 두부보강 방법(TYPE-B)의 문제점

구 분	'83년 도로교표준시방서 (한국도로공사 '97년 3월까지 채택)	'92년 도로교표준시방서 (한국도로공사 설계사업소 '97년 4월 채택)
1. 도면 및 사진	(도면 및 사진)	(도면 및 사진)
2. 시공 개요	• 작업환경을 위해 쇄석 10cm 포설(Option) • 지반고에서 10cm 버림 콘크리트 타설 • 지반고에서 20cm를 남겨두고, 인력으로 강관말뚝 두부 절단 • 십자보강판 삽입하여 강관내부와 용접 • 원형 덮개판과 강관말뚝 바깥측면둘레에 필렛 용접(50mm) • 확대기초 철근 조립 및 콘크리트 타설	1. 작업환경을 위해 쇄석 10cm 포설(Option : 선택) 2. 지반고에서 10cm 버림 콘크리트 타설 3. 지반고에서 20cm를 남겨두고, 인력으로 강관말뚝 두부 절단 4. 말뚝두부에서 1.0m 아래에서 4개의 합판 걸림턱 용접 5. 합판 걸림턱에 합판 설치 6. 1, 2열의 미끄럼 방지턱을 강관 내부 전둘레에 Fillet 용접 7. 속채움 보강철근을 강관말뚝 내부에 삽입하여 콘크리트 타설 8. 확대기초 철근 조립 및 콘크리트 타설
3. 공법 특징	(장점) • 속채움 콘크리트 불필요 (단점) • 현장 용접 필요 • 용접 전문가 필요 • 확대기초 철근조립이 힘듬	(장점) • 없음 (단점) • 현장 용접 필요 • 용접 전문가 필요 • 속채움 콘크리트 양생기는 필요 • 확대기초 철근조립이 힘듬
4. 시공성 및 적용성	• 시공성과 적용성 보통 • 두부 정리 시간 = 20~30분/개	• 합판 걸림턱과 1, 2열 미끄럼 방지턱 : 현장 용접이 매우 곤란 • 속채움 보강철근을 강관 내부에 삽입하여 콘크리트 타설 : 속채움 보강철근 • 두부정리 시간 = (40~50분 + 콘크리트 양생기간) /개
공사비	• 고가	• 중지가

5. Bolt식 강관말뚝 두부보강방법의 시공법 개요, 특징, 적용성, 공사비 비교

구 분	볼트식 강관말뚝 두부보강(특허품) (한국도로공사 도로연구소(안), '98년 1월 시행)
도면 및 사진	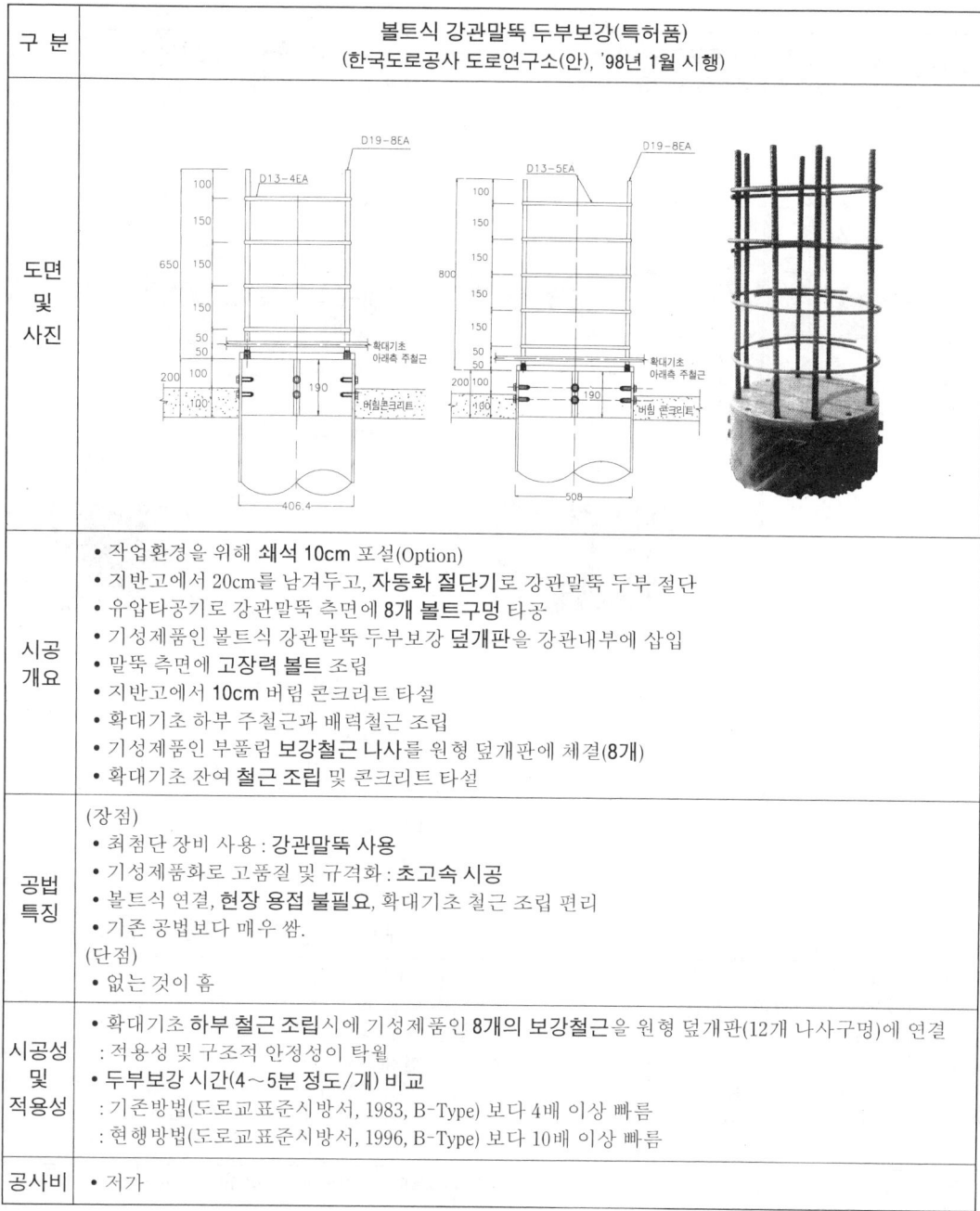
시공 개요	• 작업환경을 위해 **쇄석 10cm** 포설(Option) • 지반고에서 20cm를 남겨두고, **자동화 절단기**로 강관말뚝 두부 절단 • 유압타공기로 강관말뚝 측면에 8개 볼트구멍 타공 • 기성제품인 볼트식 강관말뚝 두부보강 **덮개판**을 강관내부에 삽입 • 말뚝 측면에 **고장력 볼트** 조립 • 지반고에서 **10cm** 버림 콘크리트 타설 • 확대기초 하부 주철근과 배력철근 조립 • 기성제품인 부풀림 **보강철근 나사**를 원형 덮개판에 체결(**8개**) • 확대기초 잔여 **철근 조립** 및 콘크리트 타설
공법 특징	(장점) • 최첨단 장비 사용 : 강관말뚝 사용 • 기성제품화로 고품질 및 규격화 : 초고속 시공 • 볼트식 연결, **현장 용접 불필요**, 확대기초 철근 조립 편리 • 기존 공법보다 매우 쌈. (단점) • 없는 것이 흠
시공성 및 적용성	• 확대기초 하부 철근 조립시에 기성제품인 **8개**의 보강철근을 원형 덮개판(12개 나사구멍)에 연결 : 적용성 및 구조적 안정성이 탁월 • 두부보강 시간(4~5분 정도/개) 비교 : 기존방법(도로교표준시방서, 1983, B-Type) 보다 4배 이상 빠름 : 현행방법(도로교표준시방서, 1996, B-Type) 보다 10배 이상 빠름
공사비	• 저가

5. 맺음말 및 앞으로 추진방향

현재 시행중인 강관말뚝 두부보강방법(도로교시방서 1996, B-TYPE)과 **볼트식 강관말뚝 두부보강 덮개판**(특허, 실용신안, 상표 특허 출원증, 1997 : 의장특허 출원, 1998 : 신기술신자재 출원

준비중, 1998 : 국제특허 출원준비중)에 대해 경제성, 시공성, 적용성 그리고 안정성을 검토해 본 결과는 다음과 같다.

(1) 볼트식 강관말뚝 두부보강 공법의 경제성과 수익성 검토

    1) 현재 시행중인 '97년도 설계사업소안보다 특허제품으로 D=406.4mm와 D=508.0mm의 **강관말뚝 두부보강**을 할 경우에는 각각 본당 14,908(원)과 12,934(원)을 **절감**시킬 수 있어서 **경제적**이다.

(1997년 4월 기준)

말뚝 직경, D	볼트식 강관말뚝 두부보강 공법(특허품)			현행 방법 (설계사업소안) 97년 4월	절감액/본 (=현행방법-특허료 감한 직접공사비)
	직접공사비	특허료(5%)	특허료 감한 직접공사비		
406.4mm	146,828	6,991	139,837 (209,756)	154,745 (232,118)	14,908(↓) (22,362 ↓)
508.0mm	181,591	8,646	172,945 (259,418)	185,879 (278,819)	12,934.0(↓) (19,401 ↓)

( ) : 총 공사비 = 직접공사비×1.5

    2) 공사비 절감액

       ① 1997년 4월 당시 강관말뚝 사용 계획 기준

         (문서번호 : 설계이 16210-4438, 97년 4월 22일)

       ② 산출근거 = (97+64)(공구)×40(개소/공구)×60(본/개소)×(22,362÷19,401)/2(원/본)

            = 80억원

    3) 본 **특허품**으로 **한국도로공사 현장**에 시공할 경우에는 **직접공사비의 5%**와 우리 현장 이외에서 시공할 때에는 **제품단가의 2.5% 특허료**을 받는 것을 고려한다면 본 공법은 수익성이 매우 좋다.

(2) 볼트식 강관말뚝 두부보강 공법의 시공성과 적용성 검토

    현장 용접 불필요와 기성제품화

    1) **시공속도**가 매우 빠름(4~5분/분 소요, 현행방법 보다 10배 빠름)

    2) 시공하기가 매우 편함

    3) 고급 기술자(**용접공**) 불필요

    4) 고품질 및 규격화

(3) 볼트식 강관말뚝 두부보강 공법의 안정성 검토

    구조검토와 실물크기의 볼트식 두부보강 덮개판의 인발 실내시험 결과를 이용하여 **볼트식 두부보강 덮개판**을 설계하였다.

(4) 앞으로의 추진 방향
   1) 기설계 중인 노선에 대해 특허(안)인 **볼트식 강관말뚝 두부보강 덮개판** 적용
   2) 미착공 노선 및 착공 후 강관말뚝 미시공 공구에 대해서 특허(안) 적용 시행

4. 얕은기초와 깊은기초의 분류

1. 얕은기초

(1) 정의

1) $\dfrac{D_f}{B} < 1 \sim 4$ 인 경우로서 구조물의 무게가 비교적 가볍든가 또는 **지지층이 얕고** 사질토 N>30, 점성토 N>20 인 좋은 토층이 지표면 부근에 있는 경우 상부구조물의 하중을 지반으로 직접 전달시키기 위하여 지반위에 설치하는 기초이다.
2) 사질토위에 기초를 설치할 경우 상대밀도가 실험실에서 구한 최대상대밀도의 최소한 60~90% 정도는 되어야 한다.

(2) 얕은 기초의 종류

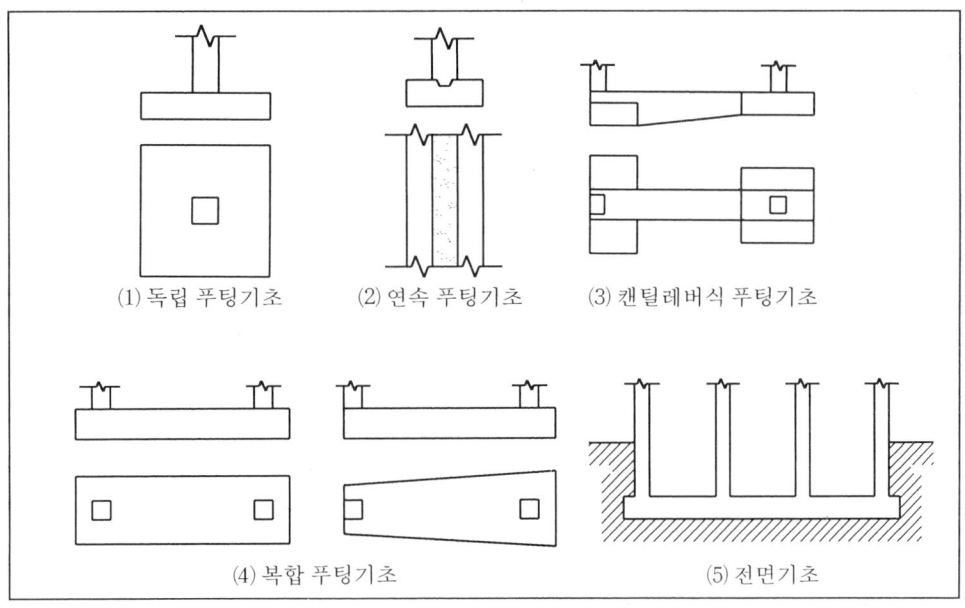

(1) 독립 푸팅기초 (2) 연속 푸팅기초 (3) 캔틸레버식 푸팅기초

(4) 복합 푸팅기초 (5) 전면기초

(그림 1) 직접기초의 종류

(3) 얕은 기초의 적용성

1) Footing 기초

① 독립푸팅기초 : 한 개의 기둥을 지지하는 확대기초
② 복합푸팅기초 : 2개 이상의 기둥을 지지하는 확대기초로서 연결보인 Strap이 크고 깊은 위치에 시공하는 경우에 적당하며 독립기초가 큰 하중을 지지하는데 필요한

충분한 공간을 차지할 수 없는 경우에 적용한다.
③ 캔틸레버식푸팅기초 : 복합푸팅기초의 일종으로 2개의 Footing을 Tie Beam(Strap)으로 연결시킨 기초로서 기초지반의 지지력이 클 때에는 복합기초보다 경제적이며 흙의 **허용지지력**이 크고 **기둥사이의 거리**가 **길 때** 사용한다.
④ 연속 Footing 기초 : 기둥수가 많은 경우나 하중이 벽을 통하여 전달되는 경우 이들을 띠 모양의 긴 Footing으로 지지하는 기초

2) 전면기초

기초지반의 지지력이 작은 경우나 개개의 Footing을 하나의 큰 Slab로 연결하여 지반에 작용하는 단위압력을 감소시켜 상부구조물을 단일 Mat로 지지하는 기초로서 Footing기초의 저면적이 커져서 그의 합계가 시공면적의 2/3를 초과하는 경우에는 전면기초가 경제적이다.

2. 깊은기초

(1) 정의

$\frac{D_f}{B} > 1\sim4$인 경우 구조물의 무게가 무겁든가 **지지층이 깊고** 지표면 부근에 **연약층**이 있는 경우 상부구조물의 하중을 말뚝이나 **Caisson**을 통해서 깊은 지지층에 지지시키는 기초형식

(2) 말뚝기초

지지층이 깊은 경우 푸팅의 설치에 지장이 없고 구조물하중이 극히 크지 않은 경우에 적당하며 지지력기구에 의하여 분류하면 다음과 같다.
1) 선단지지말뚝 : 잘 다져진 모래층, 사력, **암반** 등의 지지력이 좋은 지반에서 사용
2) 마찰말뚝 : **실트층, 점토층의 연약한 층**이 두꺼운 지반에 사용한다.
3) 다짐말뚝 : **느슨한 모래지반**을 말뚝에 의하여 치밀하게 다지는 경우에 사용한다.

(3) Pier기초(현장 타설콘크리트 말뚝기초 : 제자리말뚝)

지반에 직경 1m 이상의 수직공을 굴착한 후 그 속에 현장 콘크리트를 타설하여 만든 기초로서 굴착심도는 깊은 기초중에서 가장 깊으며 진동과 소음이 생기지 않으므로 도심지 공사에 적당하다.
1) BENOTO 공법
2) Earth Drill 공법
3) Reverse Circulation Drill 공법 (RCD 공법)
4) 전선회식 공법

(4) Caisson 기초

1) Caisson 기초란 육상 또는 수상에서 건조된 것을 Caisson 자중 또는 적재하중에 희하여 소정의 깊이까지 **침하**(Sinking)시켜서 상부하중을 지지하는 기초공법이다.
2) 하중의 크기가 크거나 지지층이 깊은 대형구조물 기초에 적당하며 깊은 기초중에서 지지력과 **수평저항력**이 가장 크다.
   ① Open Caisson : 기계식 굴착으로 교량기초에 적용
   ② Pneumatic Caisson : 인력굴착으로 교량기초에 적용
   ③ Box Caisson : PC 제품으로 항만의 방파제나 안벽에 사용
3) 적용성 : 교량기초에서 하상에 암반이 노출된 경우에는 Open Caisson기초로 시공한다.

3. 맺음말

최근에는 강관 Pile과 RCD/Open Caisson 기초가 건설공해 방지대책으로 유효하므로 많이 시공한다.

(1) 강관 Pile : 지지력이 좋고 사항에 유리하고 주변 근접시공에서 민원 최소화할 수 있다.
(2) Open Caisson 기초 : 기계식 굴착으로 안전관리가 좋다.
(3) RCD 기초 : 암반굴착이 가능하고 대구경+대심척에 유리하고 저소음+저진동 말뚝공법으로 건설공해가 적다.

Chapter 8

콘크리트

1. 1,000,000m³의 Concrete 공사시 주요 작업공정 및 관련장비의 규격과 대수를 산출하시오 (40점 : 필수)
(조건 : 공사기간 10개월, 1일 8시간, 월 25일, 운반시간 1시간, 규격은 자유)

1. 개 요
(1) 1,000,000m³의 Concrete 공사시 **주요 작업공정** 및 **관련장비의 규격과 대수**를 본인이 **발전소 건설 현장**에서
(2) 관리한 내용을 중심으로 예를 들어 아래와 같이 기술하고자 한다.

2. 1,000,000m³의 Concrete 공사시 주요 작업 공정표

공 종	규 격	단위	수량	월 1	2	3	4	5	6	7	8	9	10
① 터파기	백호 0.7m³	m³	800,000										
② 버림 Concrete 타설	$f_{ck}=1400kg/cm^2$	m³	200,000										
③ 철근가공조립	복잡	ton	1,500,000										
④ 거푸집 설치	3회	m²	1,200,000										
⑤ 구체 Concrete 타설	$f_{ck}=210kg/cm^2$	m³	800,000										
⑥ 되메우기	백호 0.7m³	m³	200,000										

3. 1,000,000m³의 Concrete 공사시 주요 작업 공정 및 관련 장비의 규격과 대수 산정

(1) 시간당 Cycle Time에 따른 작업량 (1,000,000m³ 완료하기 위한)

   10개월×8hr/일×25일/월 = 2,000hr

   1,000,000m³÷2,000hr = 500m³/hr

(2) 주요작업공정

   1) 레미콘 생산 (Concrete Batching Plant)

   2) 레미콘 타설 (Pump Car)

   3) 레미콘 운반 (Agitator Truck)

4. 주요 공정별 관련 장비의 규격과 대수

(1) 레미콘 생산
1) 관련 장비 : Concrete Batching Plane
2) 규격 : 100m³/hr
3) Concrete Batch Plant 대수 산정(5대 필요)
【항의 시간당 작업량 Q = 500m³/hr이므로/N = 500m³/hr ÷ 100m³/hr = **5대가 필요**】

(2) 레미콘 타설
1) 관련 장비 : Pump Car
2) 규격 : 100m³/hr
3) Pump Car 대수 산정(5대)
【항의 레미콘 생산규모 : Q = 500m/hr이므로/N = 500m³/hr ÷ 100m³/hr = **5대가 필요**】

(3) 레미콘 운반
1) 관련 장비 : Agitator Truck
2) 규격 : 10m³/hr
3) Agitator Truck 대수 산정(50대)
　① 운반거리 및 운반시간 1 hr이므로
　② 1대/1일 작업량 : 1×8hr×10m³/일
　③ Q = 500m³×8hr = 4,000m³/일
【N = 4000m³ ÷ 80m³/일 = **50대의 Agitator Truck이 필요하다**】

5. 댐 콘크리트의 경우 댐 건설용 골재 생산 Plant의 장비조합 예시설명

(1) 플랜트의 구성
1) 댐(Dam) 건설용 골재생산플랜트
　① 파쇄조건
　　㉮ 원석종류 : 석산채취
　　㉯ 굵은 골재종류 : 150~80mm/80~40mm/40~20mm/20~5mm
　　㉰ 잔골재종류 : 5mm이하
　　㉱ 생산능력 : 340ton/hr

(2) 장비조합

No.	기 계 명	대수	규 격
1	에이프론·피이더(Apron Feeder)	3	1,400×4,320mm. 75kw
2	다블·토굴·죠·크럿셔(Double toggle Jaw Crusher)	3	1,070×1,220mm. 130kw
3	진동피이더(Vibrating feeder)	2	1,520×2,440mm. 5.5kw
4	벨트·스케일(Belt Scale)	1	벨트폭 990mm
5	트럭적재용(Bin)	1	150m²
6	진동피이더(Vibrating feeder)	2	1,220×1,830mm. 5.5kw
7	벨트·스케일(Belt Scale)	1	벨트폭 990mm
8	금속검출장치	1	—
9	스크랏바(Scrubber)	2	1,830×4,800mm. 75kw
10	1차 스크린(1'st Screen)	2	1,520×4,880mm. 15kw
11	2차 스크린(2'nd Screen)	2	1,830×4,880mm. 11kw
12	3차 스크린(3'rd Screen)	2	1,830×4,880mm. 11kw
13	1차 분급기(1'st Classifier)	2	1,220×8,000mm. 55kw
14	하이드로 콘·크럿셔(Hydro Cone Crusher)	2	250×1,300mm. 95kw
15	하이드로 콘·크럿셔(Hydro Cone Crusher)	2	100×1,520mm. 190kw
16	테이블·피이더(Table Feeder)	2	1,500mm φ, 2.2kw
17	로드·밀(Rod Mill)	1	2,440×4,570mm. 370kw
18	로드·밀(Rod Mill)	1	2,750×4,570mm. 480kw
19	2차 분급기(2'nd Classfier)	2	1,220×4,570mm. 5.5kw
20	전자피이더(Feeder)	11	1,220×1,524mm. 0.4kw
21	벨트·스케일(Belt Scale)	1	벨트폭 900mm
22	벨트·스케일(Belt Scale)	1	벨트폭 900mm

2. 콘크리트의 피복두께(덮개) (20점)

1. 철근의 덮개(피복두께) 두는 이유 · 목적
철근을 소요 두께 이상으로 덮는 이유는
(1) 철근의 **산화방지**(부식방지) : 균열방지
(2) **내화구조**로 하기 위해서(화해를 받지 않도록)
(3) **부착 응력** 확보코져 한다.

2. 철근의 피복두께의 정의
철근의 피복두께 (Cover Thickness)란 **콘크리트 표면**과 그에 가장 가까이 배근된 **철근 표면** 사이의 **콘크리트 두께**를 말한다.

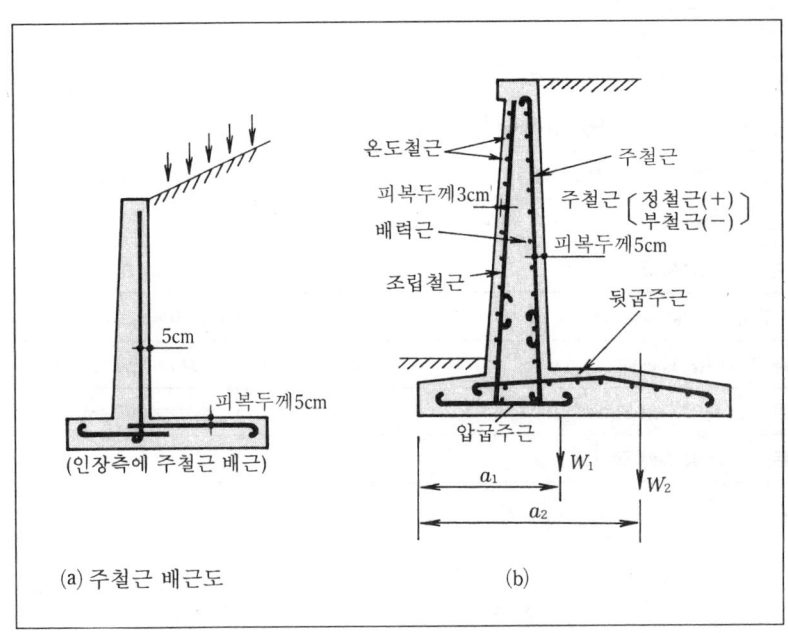

(그림 1) Cantilever옹벽의 철근 상세도

3. 구조물 종류별 피복두께 시방서 규정

(1) 일반콘크리트

기상조건	구 조 물				최소덮개	
흙에 접하지 않는 콘크리트	보와 기둥				4cm	
	Slab 벽체, 벽체 장선구조	기상작용 받지 않는 경우	D35이상	D35이하	4cm	2cm
		기상작용 받을 때	D35이하		3cm	
흙에 접하거나 심한 기상작용을 받는 경우	D16이상				6cm	
	D16이하				5cm	
콘크리트 치기로부터 흙에 접하거나 수중에 있는 경우(지하 구조물)					8cm	

【참고】

(2) 현장치기 Concrete

1) ① Concrete치기로부터 구조물 수명까지 흙에 접하거나 수중에 있는 흙에 접하거나 수중에 있는 Concrete : 8cm

　② 흙에 접하거나 심한 기상 작용 받는 경우
　　㉠ ϕ 10mm이상 : 6cm
　　㉡ ϕ 10mm이상 : 5cm

　③ 흙에 접하지 않는 경우
　　㉠ Slab, 벽체, 강선구조 : 2~4cm
　　㉡ 보, 기둥 : 6cm
　　㉢ Shell 철판 부재 : 2~3cm

2) 침식 및 화학작용 받는 Concrete
　① 벽체 : 6cm
　② 기타 부재 : 8cm
　③ Precast 벽체 Slab : 5cm
　④ 기타 : 6cm

3) 내화구조
　① 특히 내화를 필요로 하는 구조물에서는 화열의 온도, 지속시간 사용 골재의 성질 고려해서 덮개를 정한다.
　　㉠ Slab : 3cm 이상
　　㉡ 기둥, 보 : 5cm 이상, 이때 철망을 두는 것이 좋다.
　② 장시간 고열받는 굴뚝내면과 같은 경우 특수보호공하고 덮개 두껍게 한다.

> 4) 노출철근에 대한 보호
>   ① 철근 다발의 덮개 : 다발의 등가 지름 이상으로 하고
>   ② 영구적으로 흙에 접하는 구간 : 8cm
>   ③ 기타 : 5cm
> 5) Prestressed Concrete
>   ① 흙에 접하는 것 또는 수중 Concrete : 8cm
>   ② 기타(벽체, Slab, 보, 기둥) : 2~4cm

4. 하수처리장, 정수장 : 8cm

5. 취수펌프장 : 8cm

6. Slurry Wall, RCD, BENOTO, Earth Drill 기초 : 8cm 이상

7. 해양콘크리트 : 8cm 이상

8. 현장에서 철근의 피복두께 유지가 안된 경우 예상되는 문제점

(1) Hair Crack 발생

(2) 철근부식

(3) 염해, 중성화, 알카리 골재 반응에 의한 → 철근부식 → 열화촉진 → 균열 → 구조물 내구성 수밀성 → 강도저하 → 붕괴될 수 있으니 현장에서 정확하게 피복두께 유지해야 한다.

(4) 구조물생명이 다하는 그날까지 영구적으로 해수에 접하거나 흙속에 묻혀있는 경우는 필히 8cm 이상 피복두께를 확보하고 표면 피복 및 방수(철판 덮개 설치, 액체식 방수, Sheet 방수)등 시공한다.

(5) 특히, 해양콘크리트에서 철근부식 방지대책 계획수립

1) Epoxy Coated Rebar(서해대교)

2) 콘크리트 피복두께 두껍게 8cm 이상 유지한다.

3) 제염제 사용

3. 환경지수와 내구성 지수

1. 환경지수
(1) 환경지수란 환경오염의 정도를 나타내는 지수를 의미한다.
(2) 환경지수에 영향을 미치는 요인
　　1) 대기오염
　　2) 수질오염
　　3) 폐기물
　　4) 소음
　　5) 진동

2. 내구성지수(DF : Durability Index)
(1) 개요
　　1) 일반적으로 **동결융해** 시험결과로부터 다음에 나타낸 바와 같이 **내구성지수**를 구하여 콘크리트의 동결융해 저항성을 **평가**한다. 내구성지수가 클수록 내구성이 좋다고 판정된다.

$$\text{내구성지수 (DF : Durability Index)} = \frac{PN}{M}$$

여기서, P : 동결융해 N사이클에서의 상대동탄성계수(%)
　　　　N : P가 60%가 되었을 때의 동결융해사이클수
　　　　　　또는 시험종료사이클수(300사이클)
　　　　M : 시험종료사이클수(300사이클수)

(2) 콘크리트 동해와 W/C 관계(Page 117 그림 참조)

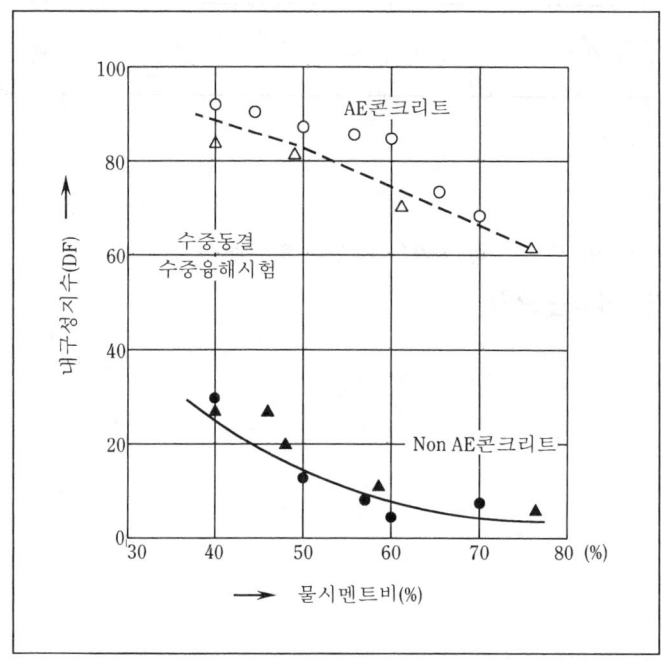

(그림 1) 콘크리트의 동해와 물시멘트와의 관계

Chapter 12

84 토목시공원론

> **1. 콘크리트 포장두께 30cm 포설면적 30,000m²(300a)를 시공코저 할 때 장비조합 중심의 시공계획수립 (30점)**

1. 콘크리트 포장 시공관리 순서별 장비투입순서

콘크리트 슬래브의 기계시공은 골재생산에서 교통개발까지의 시공순서는 아래와 같다.

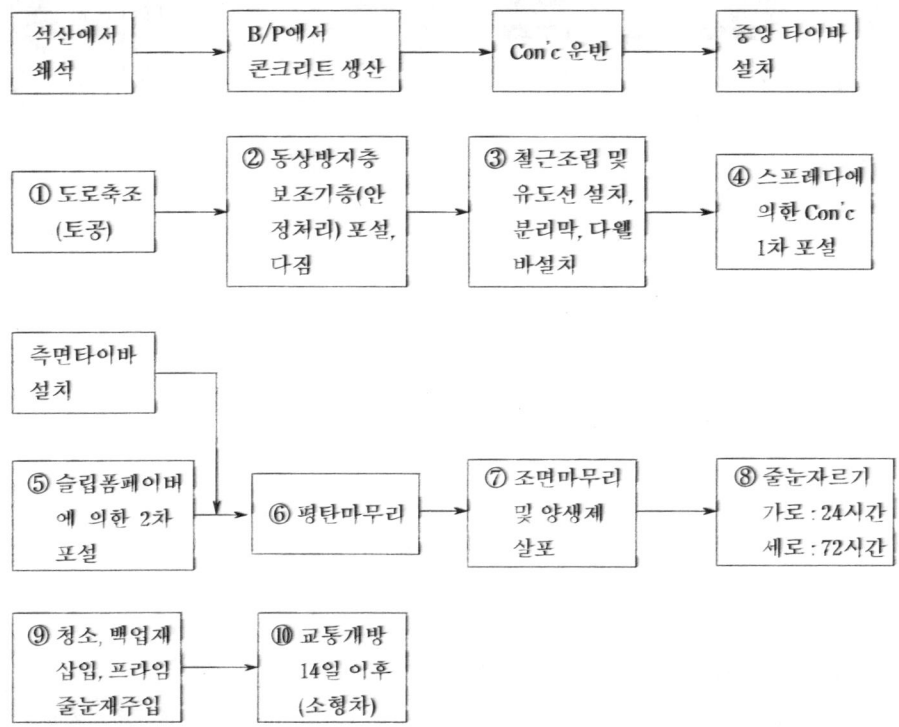

2. 본인의 장비 투입계획 작성기준

중부 고속도로 콘크리트 포장 경험 중심으로 산출합니다.

(1) 본선 Slab 2차선 포장
  ① 포장 두께 : 30cm   ② 폭 (2차선) : 7.95m

(2) 1일 작업량
  ① 1일 작업 가능 연장 : 300m/일   ② 1일 작업 면적 : 300m/일 × 7.95m = 2,385m²/일

(3) 공기 (총포설면적 = 30,000m²) 30,000m² ÷ 2385m²/일 = 12일 소요된다.

(4) Slip-Form Paver 1일 포설 능력 산출

1) 적정포설속도 : 0.5~1m/분 (0.8m/분)
2) 장비 효율 : 0.7~0.8 (0.75)
3) 1일 작업량 산출

   0.8m/분×60분×8시간×0.75 ≒ 300m/일

   300m/일×0.3m×7.95m = 715m³/일

3. 가설비 및 장비 투입계획 산출근거

(1) 콘크리트 플랜트의 설비

1) 플랜트설비는 **배치플랜트(Batch Palant), 시멘트 사일로, 골재 저장소, 변전소, 세차장, 침전조, 장비창고, 트럭계량소, 반입로, 중기작업장, 차량대기장, 시험실** 등이 있다.
2) 상기의 가설계획을 위하여 동력원조사, 급수원 조사, 부지확보, 출입운반로의 조사, 배수처리 조사, 공해 등에 관한 환경조사, 공사현장과의 거리등을 검토하고 가설물의 배치계획을 시행한다.
3) **레미콘공장**에서 콘크리트를 구입하는 경우에는 그 품질의 신뢰성, **공급능력** 등을 조사한다.
4) 또 노무계획에 의한 작업원 숙소, 직원숙소, 사무소, 시험실 및 전기, 수도, 전화 등의 가설계획을 세워 그 부지내의 건물의 배치 등을 결정한다.

(2) 플랜트의 공칭능력과 부지면적의 선정

플랜트의 소요부지는 필요로 하는 플랜트의 공칭능력 또는 믹서의 공칭능력(m³)을 검토하여 그 결과로부터 플랜트 규격에 알맞은 면적을 계산해야 한다.

(3) 콘크리트 플랜트 및 사일로(Silo) 소요대수 산정

1) 플랜트 소요능력

   ① 본선포장 및 빈배합콘크리트의 소요능력은 **페이버의 시간당 평균 포설능력**을 기준 산정함.

   ② 본선포장 : 174m³/hr = 0.85m/분×2.385m³/m

   ③ 빈배합콘크리트 : 95m³/hr = 1m/분×60분×1.26m³/hr÷0.8 (본선포장 : B/P효율 70% 빈배합콘크리트 : B/P효율 80%)

공 종	투입 장비	시간당 생산능력	산출 근거
콘크리트 포장(본선) $t=30cm$ $B=7.95m$ (2차선 기준)	• Spreader 1대 • Slip Form Paver • Texturing(조면마무리) 또는 Curing Machine (양생기계)	174	적정포설속도 0.85m/분 작업효율 0.7 m당 콘크리트량 2.385m^3/m (30cm×7.95m) 174m^3/hr=0.85m/분×60×2.385m^3/m÷0.7
Lean 콘크리트 포장(본선) $t=15cm$ $B=8.4m$ (2차선 기준)	• Asphalt Finisher 2대 • 탬램로라 1대 • 진동로라 1대 • 타이어로라 1대	95	적정포설속도 1m/분 작업효율 0.8 m당 콘크리트량 1.26m^3 (15cm×8.4m) 95m^3/hr=1.26m^3/분×60분÷0.8

2) 플랜트 소요대수

① 본선 및 중간층 동시작업하면 269m^3/hr의 플랜트가 소요되나

② 포장작업시는 동시작업의 빈도가 적으므로 본선 또는 중간층중 1개 공종만 작업하고 플랜트 1대 투입

③ 평균작업시의 플랜트의 소요대수

㉠ 본선포장 : 100m^3/hr

㉡ 중간층 : 90m^3/hr

㉢ 구조물용 : 60m^3/hr

3) 1일 평균 본선포장 및 빈배합콘크리트 시멘트 소요량

① 본선포장 시멘트 소요량(8시간작업)

㉠ 기준포설 : 715m^3/일

㉡ 시멘트량 : 365kg/m^3

㉢ 일평균 작업량 : 260ton/일 = 715m^3/일 × 0.365 ton/m^3

㉣ 빈배합콘크리트 시멘트 소요량(10시간작업)

기준포설 : 625m^3/일

시멘트량 : 135kg/m^3

일평균작업량 : 85ton/일 = 625m^3/일 × 0.135 ton/m^3

4) 사일로(Silo) 소요대수

① Silo 소요대수는 **일평균 소요 Cement량**과 **1일 여유분 시멘트**를 저장할 수 있는 용량을 기준한다.

② 본선포장 시멘트 평균소요량 260ton이나 1일 여유분을 고려하여 520ton

③ 중간층 시멘트 평균 소요량은 85ton이나 1일 여분을 고려하여 170ton
④ 1일 포장 작업시는 1개 공종의 플랜트가 2대 동시 투입하므로
⑤ 포장용 프랜트 2대 각각 1일 작업소요량의 1종, 2종 시멘트 사일로가 필요하다.
⑥ 사일로 소요대수
⑦ 본선포장 : 1종 100ton, 2종 260ton ┐
⑧ 중간층 : 1종 100ton, 2종 260ton ├ 합계 : 820 ton
⑨ 구조물 : 1종 100ton ┘

4. 콘크리트포장 시공시 인원 투입계획 예시 설명

구 분	투입 장비	소요인원	비고
콘크리트생산 및 운반	배치플랜트(2대) 덤프트럭(15 ton)	6명 소요덤프대수 기준	운반거리
포 설	Spreader Slip Form Paver 조면마무리기 포설기능공	1명 1명 1명 10명	
수축줄눈설치	줄눈절단기(2대)	4명	
관리인원	총괄, 품질, 중기, 측량, 양생	16명	

5. 장비사용계획

- 콘크리트포장용 장비계획은 **계획공기, 공사규모, 시공위치, 시공조건** 등을 고려하여 결정하여야 한다.
- 특히, **장비의 규격** 및 **성능**에 대하여는 사전에 검토가 이루어져야 한다.

(1) 콘크리트포장의 기계포설시 장비조합은 **스프레더**(Spreader)+**슬립폼페이버**(Slipform Paver)+**조면마무리** 및 **양생제살포기**(Texturing & Curing Machine) 등으로 하여 동일회사 장비로 하는 것이 좋다.

Chapter 13

터널

> *1.* 차량이 통행하고 있는 하수 Box(3m×3m×4련 Box) 하부를 횡방향으로 신설 지하철이 통과할 경우 경제적인 (터널)굴착공법 설명(30점)

1. 개 요
- 지하철 터널이 **하수 Box 하부횡단, 철도횡단**하는 경우나 특히 **도심지**에서 **터널 상부위에 고가 교각, 빌딩**이 있어 중요시설물 하부를 통과하는 경우에 대부분이 **토피**(Cover Depth)가 얇고, **연약지반**인 경우가 많으므로 **굴착전** 선보강하고 시공해야 한다.
- 지질이 암반인 경우에는 NATM 공법이 시공성이 좋다.
- 이하 본 소고에서는 이에 대한 설계변경 및 공법선정 대안을 제시하고 본인이 경험한 Messer Shield 공법을 중심으로 기술코저 합니다.

2. 하수 Box(3m×3m×4련) 하부 지하철 통과 시공단면도

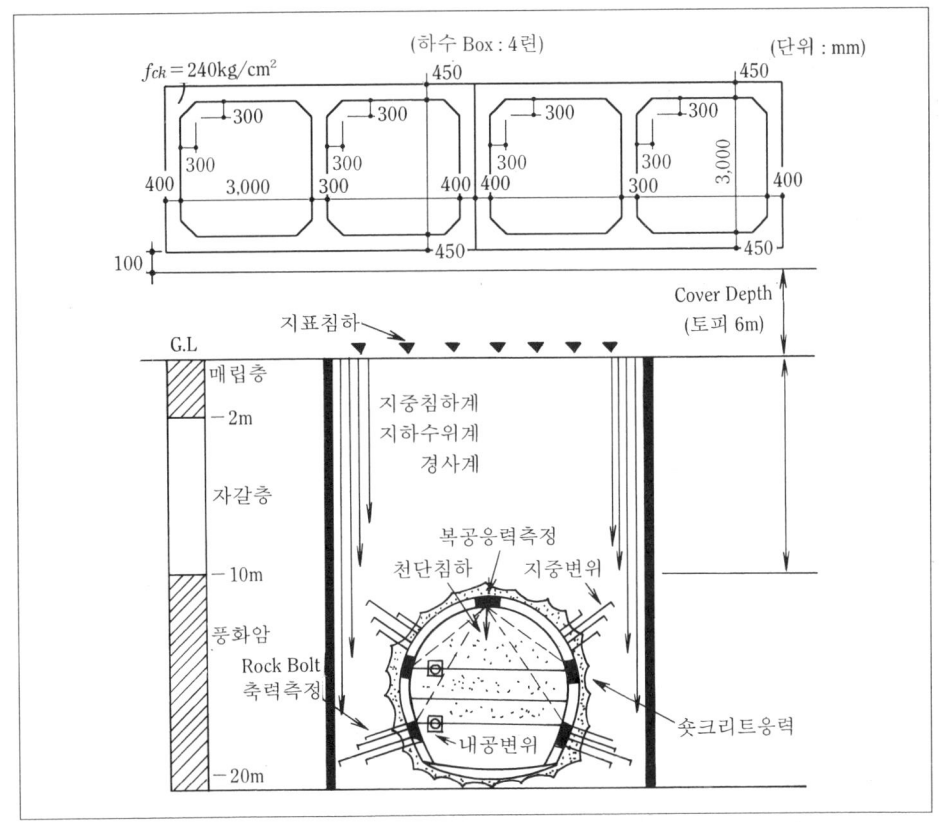

(그림 1) 시공단면도 예시

3 Messer Shield 시공법 개요

【본인이 전력구 터널에서 하수 Box 통과시 시공한 Boring 주상도 및 시공단면도 예시 설명】

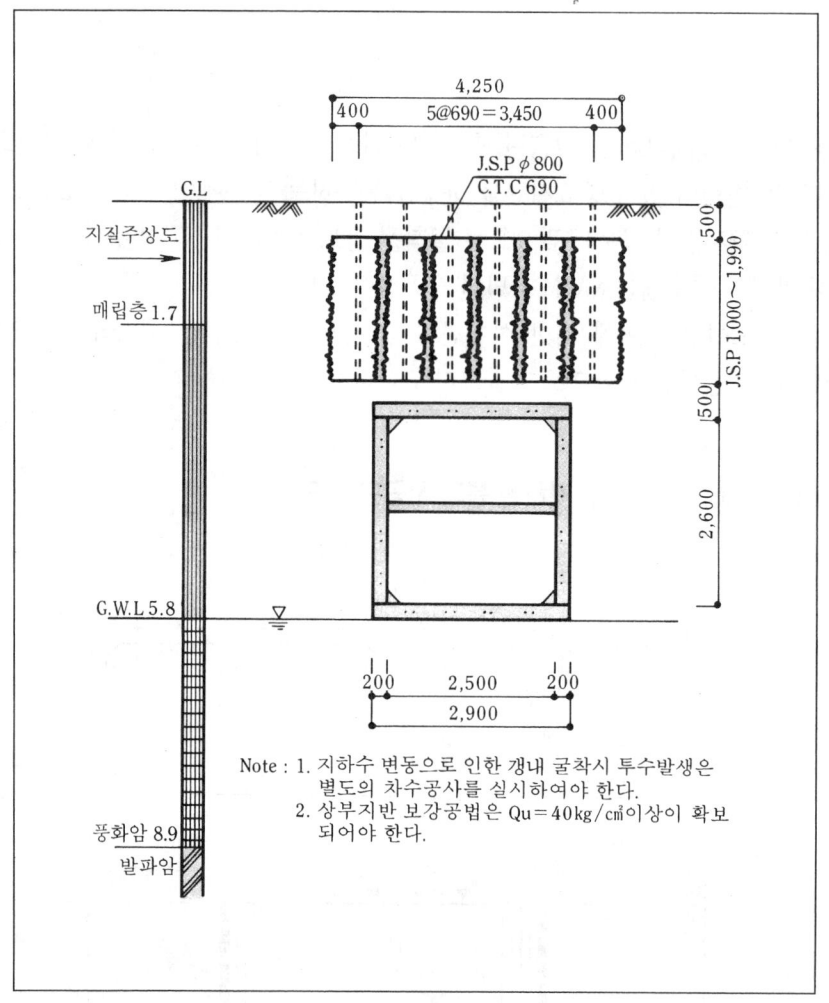

(그림 1) 시공단면도

4. 시공법 개요

(1) 본 공법은 재래의 끼움판을 대신한 공법으로서 1954년 서독(Heinrich Walb Rohl Stollen und Tunnel Bau)에서 특허를 얻은 것이다.

(2) Messer함은 **메스 나이프(Mess Knife, 거친 칼)**라는 의미이고 **터널형상**에 따라 조합한 특수 강판(뒤죽박죽한 끼움판)을 특수 재크로 1매씩 본바닥에 **끼움판**을 관입시켜서 도갱공간 에 안전하게 **굴착** 및 **동바리공**을 조립하는 등의 작업을 할 수 있는 공법을 Messer공법이

라 한다.

5. 시공순서

(1) Messer 끼움판의 **발진기지**로서 **갱구** 또는 **터널 중간**에 수 m 분씩 보통 **동바리공**보다 둘레가 크게 동바리공을 설치하고

(2) 이 수 m는 Messer 끼움판의 길이에 따라 변한다.

(3) (그림 2)에 있어서 외측 **동바리공**이 발진기지 동바리공이고 내측이 Messer지지틀이다.

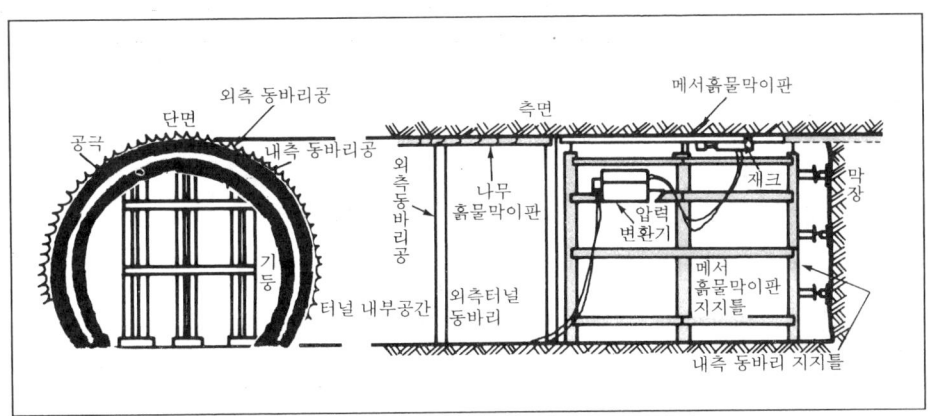

(그림 2) Messer공법의 기구

(4) 외측과 내측 **동바리공**의 공간사이에 Messer 끼움판을 차례로 압입시킨다.

(5) Messer판은 이것을 벌이는 외측 **동바리공**에 반력을 주어서 **Jack**로 밀어 전진시킨다.

6. 특징

(1) 단면성능이 대폭 증강된 Messer Plate 사용으로 **안전성**이 탁월하다.

(2) Stabilizer 사용으로 선형에 따라 굴진하며 임의의 단면적용이 가능하다.

(3) **유압 추진기** 사용으로 종래 공법에 비해 작업이 **신속**하다.

(4) 굴진후 **토류판**과 **굴착면**과의 **공극**이 없어 굴착면의 침하량이 매우 적다.

(5) 숙련공이 아니더라도 취급이 비교적 용이하고 **여굴**이 없어 경제적이다.

7. 적용범위

(1) N = 60 이하의 점토, Silt, 사질토 등의 토사층과 붕괴성이 없는 풍화암

(2) R = 50m까지의 곡선, 도심지에서의 교차되는 터널공사
(3) 단면의 형태(Box, 마제형), 크기에 관계없이 모두 시공

8. 맺음말

(1) 터널 통과구간의 지질조건이 **토사**인 경우에는 Messer Shield로 시공이 가능하다.
(2) 토질조건이 암반인 경우 시공대책
   1) NATM으로 시공한다.
   2) 이 경우 굴착전 RMR에 의한 암반 분류작업으로 **굴착공법선정, 보조공법선정, 보조지보재**가 선정된다.
(3) 특히, 연약지반을 통과하는 경우 NATM 굴착에서는 RMR에 의한 Face Mapping후 굴착전에 **보조공법**을 선시공하고 굴착해야 붕괴를 방지한다.
   【보조공법의 종류】
      1) Pipe Roof
      2) Mini – Pipe Roof
      3) 강관 다단 Grouting
      4) Soil Nailing(D30, D40, D50)
      5) Fore – Poling
      6) 약액주입(JSP+LW+SGR+PUIF)
(4) 토질조건에 따른 설계변경대안 공법예시
   1) 1안 : NATM+보조공법 적용(암반경우)
   2) 2안 : Messer Shield 공법(토사지반)
   3) 3안 : Front Jacking 공법(토사지반)

2. NATM의 계측 중 갱내관찰조사(Face Mapping)의 현장에서 적용요령과 필요성 기술(30점)

1. NATM 계측 중 A계층(일상계측) 항목
   (1) 갱내 관찰 조사 (Face Mapping by RMR)
   (2) 지표 침하 측정
   (3) 천단 침하 측정
   (4) 내공 변위 측정

2. 일반적인 NATM 계측계획 단면도

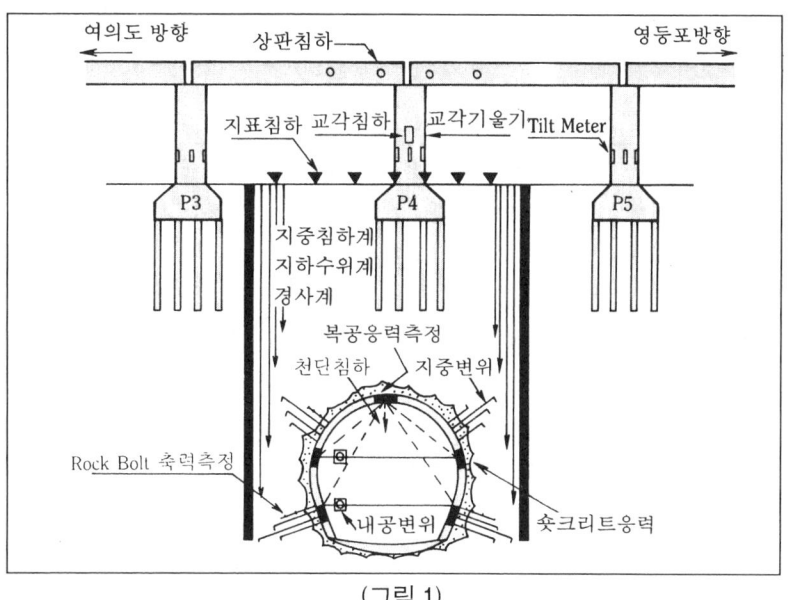

(그림 1)

3. Face Mapping의 목적 (필요성)
   (1) 시공관리(안전도모, 복공시기)
   (2) 주변 환경에의 영향관리(주변 구조물의 이동+경사+침하+균열)
   (3) 자료 수집
   (4) 설계 타당성 검토 → 굴착공법, 보조지보재, 보조공법 선정
   (5) 설계, 시공에 Feed Back(반영)

4. Face Mapping시 조사항목

(1) 암석의 일축 압축 강도(q_u)　　(2) 절리의 간격
(3) 절리의 상태　　　　　　　　　(4) 지하수 상태
(5) 풍화의 정도 등을 조사하여

　1) 매 막장마다 Face Mapping을 실시 → 설계 타당성을 검토하여 → 적절한 보조공법, 굴착 공법으로의 설계 변경을 통하여
　2) 시공성, 경제성, 안정성을 도모한다.

5. 현장 적용 사례

(1) **현장명** : 대전 지하철 ○○공구(대전역앞 중앙로)
　　시공사 : 대우건설(주)

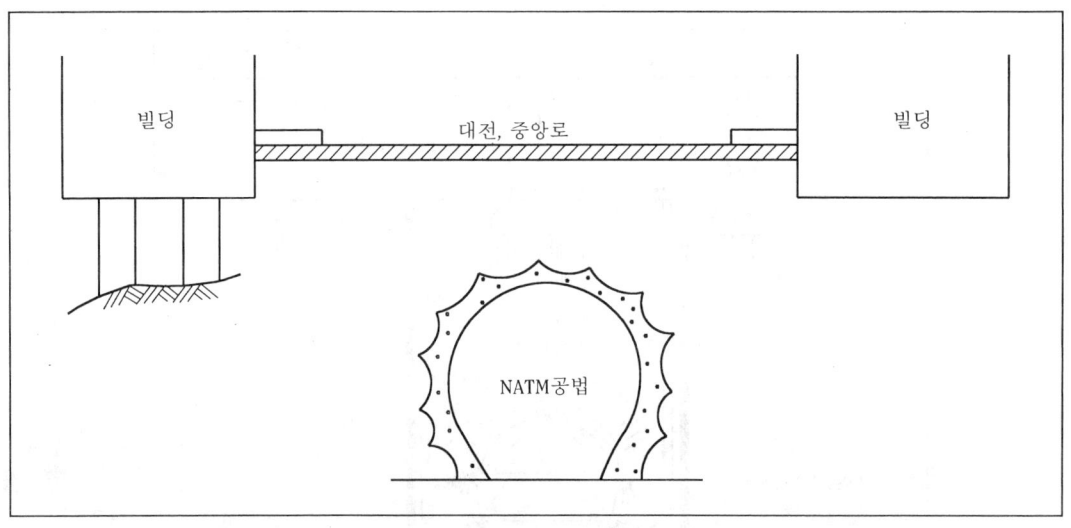

(그림 2)

(2) Face Mapping에 의한 설계변경

시기＼공법	지반조건	RMR	보강공법	굴착패턴
설계 변경전	경암	54 이상	• Grouting : 30공 • 강관보강 : 15공 • Forepoling : 미적용	• 굴진장 : 1.0m • 굴착방법 : 발파 • Rock Bolt : 4개 • Shotcrete : t = 15cm • 강지보 : H − 100×100

설계 변경후	연약대	40 이상	• Grouting : 100공 • 강관보강 : 30공 • Forepoling : 20공	• 굴진장 : 0.8m • 굴착방법 : 백호 • Rock Bolt : 6개 • Shotcrete : $t=20cm$ • 강지보 : H-125×125

6. 연약지반 터널보강공법 예시

(1) 강관다단 Grouting

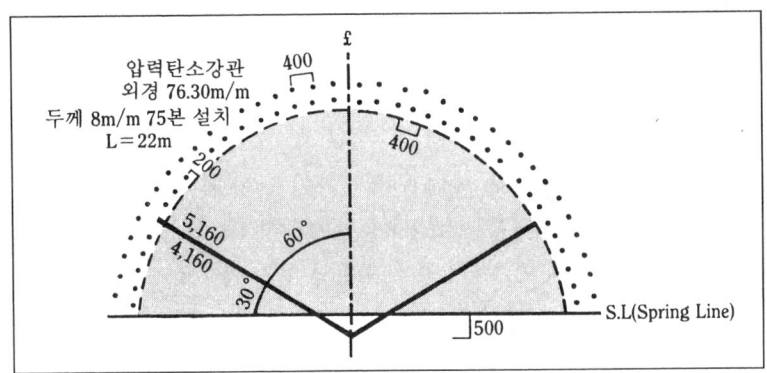

(그림 3) 강관 다단 Grouting 단면도

(2) JSP에 의한 보강

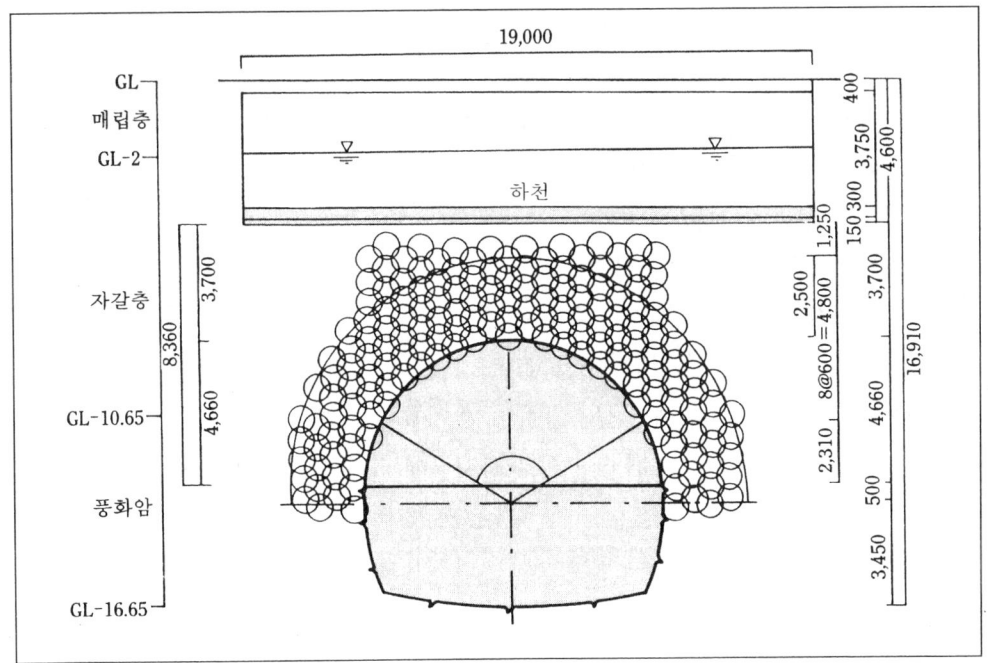

(그림 4) Jet Grouting 시공단면도

(3) Forepoling 설치 상세도

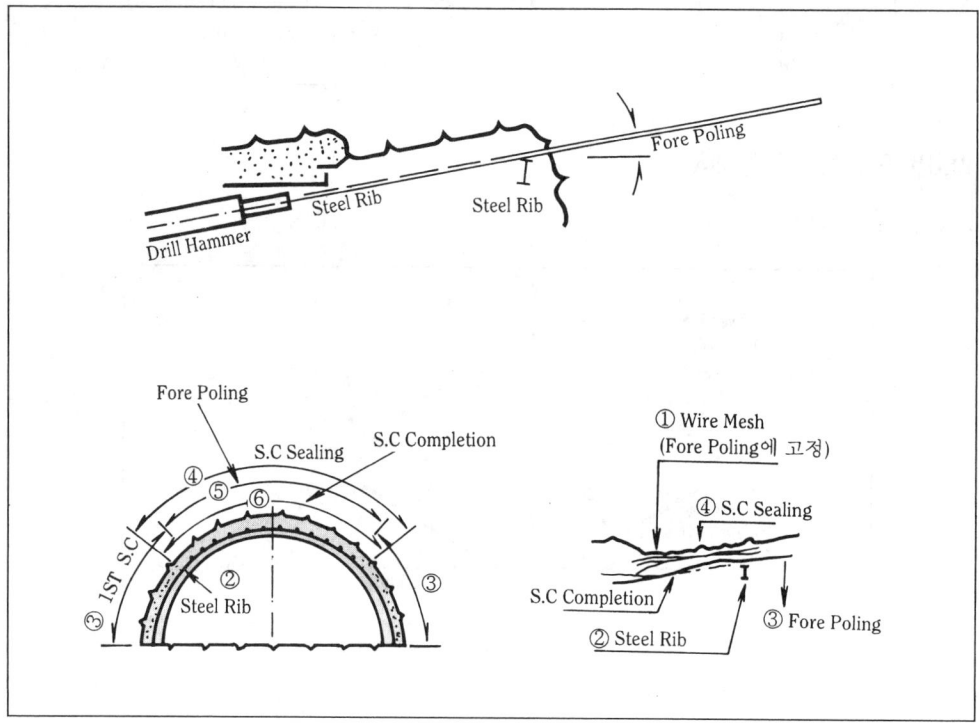

(그림 5)

7. 맺음말

【RMR에 의한 Face Mapping의 이용/주요성/현장적용요령】

(1) Tunnel에서 설계변경+공법 선정의 기준이 된다.

(2) 매 막장마다 Face Mapping 해서

　1) 굴착전 **선보강** : 보조공법으로 하고

　2) 굴착후 **보강** : 보조 지보재로 하고

　3) 터널에서 굴착공법을 선정한다.

(3) RMR에 의한 Face Mapping에서 **실수**하면 터널은 대규모 붕괴로 하늘을 보게되고 엔터프라이즈+전봇대+빌딩 등이 **터널** 속으로 빠져들게 되어 **최소 50억의 국민세금의 손실**이 발생하니 정밀 시공해야 한다.

3. 터널 굴착시 제어발파(Control Blasting)공법의 종류를 들고 설명하시오.

1. 개 요

(1) 마지막 채굴시 잔벽의 처리를 잘못하면 다음에 붕괴사고 등이 발생한다.
(2) 잔벽은 암질을 고려하여 60° 이하의 안전한 구배로 하고 각각 높이 20m마다에 폭 1~2m 이상의 계단(Bench)을 남겨두는 것이 좋다.

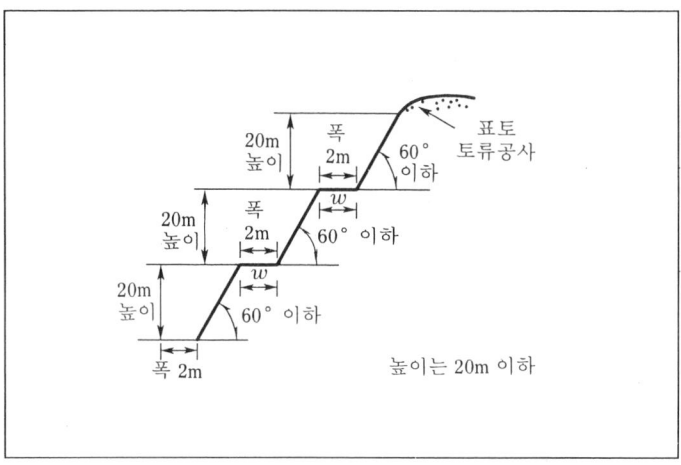

(그림 1) 법면의 구배와 단계

(3) 이 법면을 마감할 때에 암반을 상하지 않도록 하는 특수 발파법인 **Control Blasting**를 소개한다.
(4) Control Blasting 공법의 종류
   1) Line Drilling
   2) Cushion Blasting
   3) Pre-Splitting(선균열 발파)
   4) Smooth Blasting

2. 각 공법의 특징과 시공법

(1) Line Drilling
   1) 굴착 예정선에 보통 공경 50~75mm로 공경의 2~4배(100~300mm)의 공간폭을 두어서 천공하고 이 천공이 불완전하지만 **자유면**이 되어서 작용하며,

2) 공벽에서 Shock파를 발사시켜서 **파단면**을 **깨끗**하게 마무리 되도록 하는 것이다.

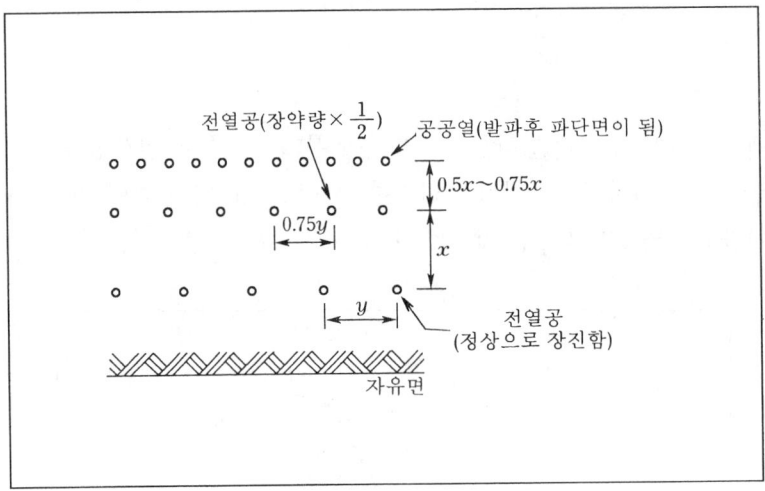

(그림 2) Line Drilling 시공법(평면도)

(2) Cushion Blasting
   1) 폭약의 경은 천공경의×1/2하고
   2) 최소 저항선이 > 공간폭이 되게 한다.
   3) 폭약은 Spacer를 써서 공내에 **분산** 장진하고
   4) Cushion Blasting 공열만을 제일 나중에 점화하고, 메지를 충분히 넣는 것이 좋지만 **경암**에서는 **무전색**이 **효과적**일 수 있다.

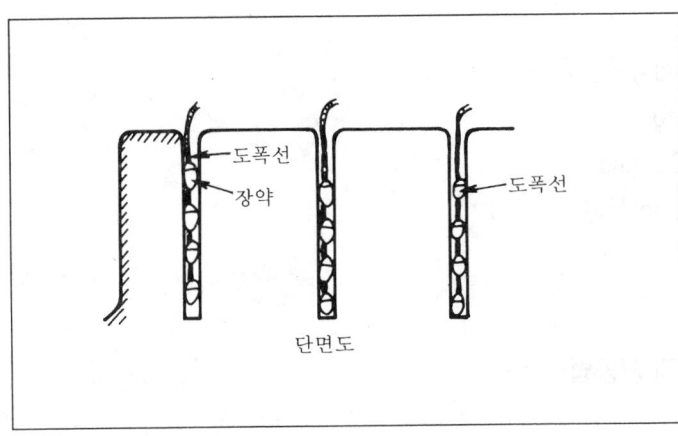

(그림 3) Cushion Blasting

천공경과 장약량과의 관계

공 경	공간격(cm)	하중(cm)	장약량(g/m)
50~60	90	120	120~360
75~90	120	150	190~740
100~110	150	180	370~1,200
125~140	180	210	1,100~1,500
150~160	210	270	1,500~2,200

(3) Pre-splitting(선균열 발파)

1) Control Blasting의 일종이나 다른 점은 전면의 주발파를 하기 이전에 점화하여 **후열**을 **먼저 균열**을 일으킨후 **전열**을 발파하는 것이다.

2) Pre-splitting 공은 Cushion 발파와 똑같이 천공중에 소약경을 **부분적**으로 **장전**하고 도폭선을 사용하여 기폭하는 것이다.

3) 천공간폭은 좁게하고 평행천공을 해야하며 1회의 천공장은 50~90mm의 공경으로 15m 이하가 한도지만 일반적으로 6~10m가 되도록 하는 것이 무난하다.

3. Control Blasting 공법의 특징

(1) 일반 발파공법에서는 피할수 없는 여굴을 감소시키기 위해

(2) 천공방법, 장약량, 발파순서를 정한다.

(3) 사면처리, 터널굴착에 이용

4. 제어발파의 경제적인 면

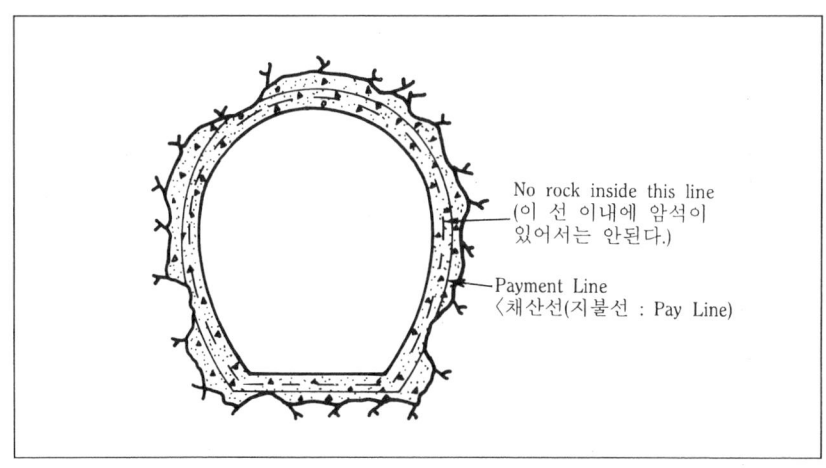

(그림 4) Water Tunnel

(1) 제어발파의 경제적인 이점은 주로 터널발파에서 나타난다.
(2) 단단한 암반에서, 여굴된 것을 터널밖으로 수송해야 하고,
(3) 터널의 1m당 1m³의 이론상의 Payment Line밖으로 **여굴**된 것은 1km당 1,000m³의 추가 버럭 처리가 필요하다.
(4) Lining(Shotcrete)이 필요한 Incompetent 암석에서는 상황이 더 심각하다.

5. 맺음말

【Control Blasting 공법의 효과】

(1) 여굴 방지 (Over Break)
(2) 안전 시공
(3) 버럭량이 적게된다.
(4) 소요의 설계단면을 원하는 형상대로 만들 수 있다.
(5) 상, 하수도 Trench 발파에서 경제적인 단면을 만들 수 있다.

4. Smooth Blasting (20점)

1. Smooth Blasting (Control Blast)의 설계순서

(1) 제어발파의 설계순서

도심지 터널에서와 같이 터널이 건물, 주요 토목구조물 등에 인접하여 시공되는 경우, 발파진동으로 인한 인접 구조물의 피해가 예측되는 경우에는 발파진동의 경감대책이 요구되며 이때에는 그 경감효과 및 경제성 등을 충분히 검토하여 최상의 방법을 선택하여 실시하여야 한다. 일반으로 이런 종류의 문제는 아래와 같은 절차에 의해서 시공해야한다.

(2) Control Blast 설계·시공 절차

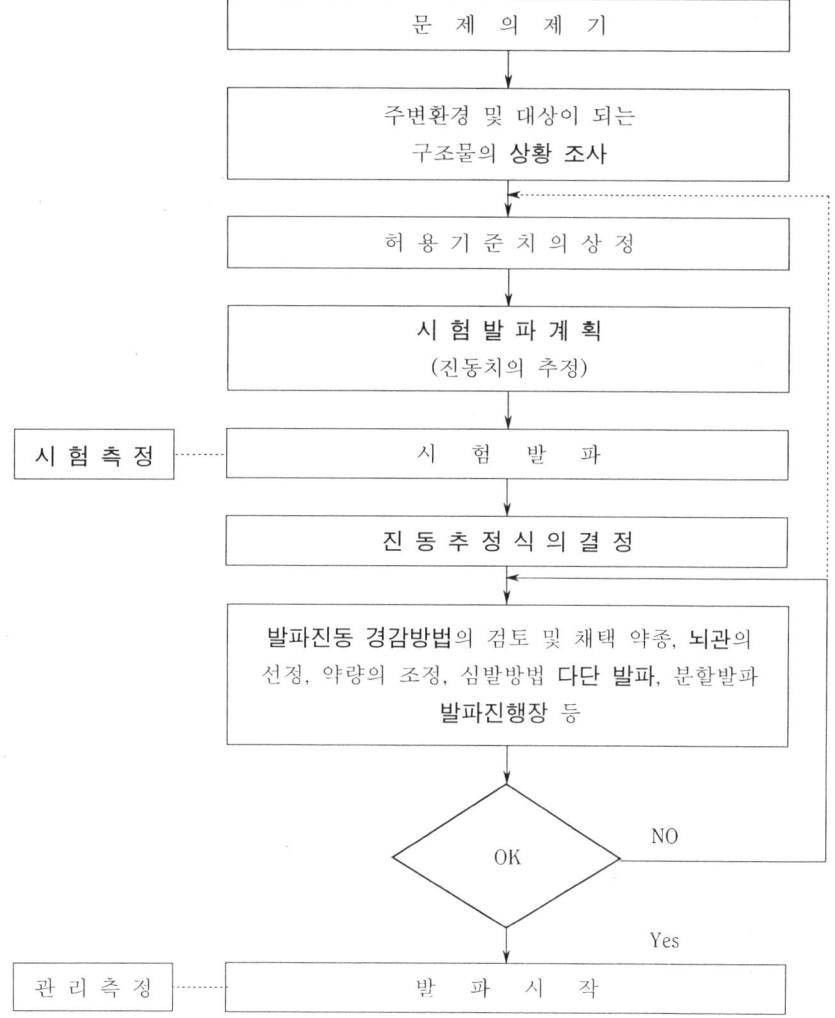

2. Smooth Blasting의 적용성 및 효과

(1) 모암(Bed Rock)의 손상을 최소화한다.
(2) 여굴(Over Break) 최소화한다. (일명 Perimeter Blasting이라고도 한다)
(3) Shotcrete량을 적게 할 수 있다.
(4) 소음·진동이 적어 **민원**을 최소화 할 수 있다.

3. Smooth Blasting의 특징 (장단점)

[Smooth Blasting의 특징 및 NATM에 있어서 작용효과]

Smooth Blasting 특징	신공법에 있어서 작용효과
(1) 지반의 손상이 적다. (2) 평활한 굴착면을 얻기 때문에 여굴이 적다. (3) 부석이 적다.	(1) 지반자체의 강도를 저하시키지 않는 것이 중요하다. (2) 굴착면에 있어서 굴곡은 응력집중을 초래하며 또 여굴은 불필요한 Shotcrete와 복공 Concrete 및 버력처리량을 증대시키는 원인이 된다. (3) 부석발생은 안전에도 지장이 있으며 그 처리에 다소간 인력도 소요된다. 또 부석에 시공된 Shotcrete는 의미가 없다.

4. Smooth Blasting의 장약방법

Smooth Blasting의 장약의 기본은 **Decoupling 장약**에서는 아래 (그림 1)에서 표시하는 바와 같이 통상 천공경(γ_h) 약경(γ_c)의 비로 표시하는 Decoupling 방식과 천공내 체적 V_h와 장약량의 체적 V_c의 비를 나타내는 체적 Decoupling 방식이 있다.

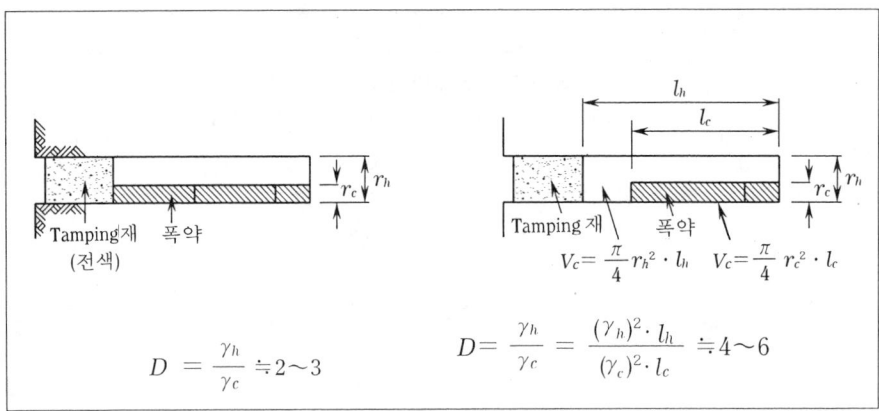

(그림1) Smooth Blasting 장약방식

$$\text{Decoupling 지수} = \frac{\text{천공지름}}{\text{장약의 지름}} \quad (2\sim3)$$

5. Smooth Blasting 심발방법

   (1) V-Cut

   (2) Burn Cut

   (3) Cylinder Cut가 많이 시용된다.

 * 심빼기 발파는 소음, 진동이 적고, 1회 발파량이 많고 특히 도심지에서 민원을 방지할 수 가 있다.

6. Smoothing Blasting의 현장에서 적용 공종

   (1) NATM Tunnel 굴착

   (2) NATM Tunnel 굴착

   (3) Open Caisson 기초굴착

   (4) 지하매설관의 Trench 굴착

   (5) 대규모 암사면 굴착

7. 맺음말

민원방지 효과가가 커서 공정관리 → 품질관리 → 안전관리에 유효한 공법이다.

5. Swellex Rock Bolt 설명 (20점)

1. Swellex Rock의 개요

Swellex Rock Bolt는 **마찰형 Rock Bolt**로서 Rock Bolt의 **표면**과 **지반**과의 **마찰력**을 활용하여 **봉합작용 → 보강작용 → 내압작용**을 발휘해서 막장을 **보강**하는 것이다.

2. Swellex Rock Bolt의 특징

(1) 설치가 신속하다.
(2) 중진형이나 병용형 Bolt에 비교할 때 기능공의 숙련도가 Rock Bolt의 품질에 크게 영향을 미치지 않는다.
(3) Swellex Bolt는 즉시 **지지기능**을 발휘한다.
(4) **진동**에 대한 저항력이 우수하다.
(5) **인력** 또는 **기계적인** 설치가 모두 용이하다.
(6) Standard Swellex Rock Bolt는 **10 ton**까지 **축력**을 발휘한다.
(7) Super-Swellex Rock Bolt는 경암에서 **20 ton**까지 **축력**을 받을 수 있다.

3. Swellex Rock Bolt의 원리

(1) **Swellex Bolt의 원리 예시**

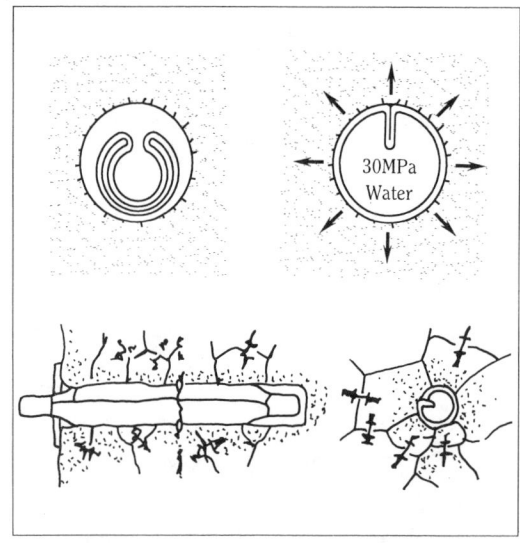

➜ 300kg/cm²의 **수압**으로 **팽창**시켜 철관을 원지반에 밀착시켜 Bolt 전길이의 마찰력과 **Interlocking** 효과로 즉시 **지지력** 발휘한다.
(주) 1Mpa = 10kg/cm²

(그림 1) Swellex Rock Bolt(마찰형 R/B)

(2) Swellex Rock Bolt의 지지원리(The Swellex Rock Bolt Reinforcement System For a Load Bearing Capacity of 10 ton)
   1) 마찰형은 **Rock Bolt**의 **표면**과 **지반**과의 마찰력을 활용하는 것으로
   2) 전면 접착형과 근본적으로 동일하다.
   3) 관중심 방향으로 구겨진 철관(Steel Tube)을 **천공홀**에 삽입한 후 **펌프**로 수압력(300kg/cm²)을 가하여 **팽창**시켜 **철관**을 원지반에 완전히 **밀착**시킴으로써 볼트 전길이의 마찰력과 상호물림 작용(Interlocking)에 의해 즉시 지지력 발휘가 가능하며
   4) **설치**방법이 간단하고 **신속**함
   5) 특히, **용수**가 많은 암반지역에 효과적이나 전단저항이 약한 단점이 있음

4. 터널굴진 Cycle에서 Rock Bolt 시공시기

천공발파 → 환기 → 버럭처리 → 강지보설치 → 1차 Shotcrete 타설 → **Rock Bolt** 박기(설치) → 2차 Shotcrete 타설 → Sheet 방수시공 → Lining Concrete (30~40cm 두께)타설

5. 일반적인 Rock Bolt 효과 · 분류 · 타설 Pattern 및 박기기준

효 과	분 류	타설패턴	박기기준
1. 봉합작용 (이완방지) 2. 보강 작용 (불연속면 보강) 3. 내압작용 (삼축응력 상태로유지)	1. 선단접착형 2. 전면접착형 ┌충진형 : 정착재주입 후 R/B 삽입 ├주입형 : R/B 삽입 후 정착재 주입 ├병용형 └마찰형 : Swellex R/B	1. Random Bolt 필요한부분만 설치 2. System Bolt 일률적으로 타설한다.	1. 길이≥, 2×타설간격 2. 길이≥, 3×절리간격 3. 길이≥, $\frac{1}{3} \sim \frac{1}{5}$ ×터널 굴착폭

6. 도폭선(導爆線) (20점)

1. 발파할 때 기폭(起爆方法)의 종류
   (1) 유선 기폭방법
   (2) 도폭선 기폭방법
   (3) 무선 기폭방법

2. 도폭선 기폭방법

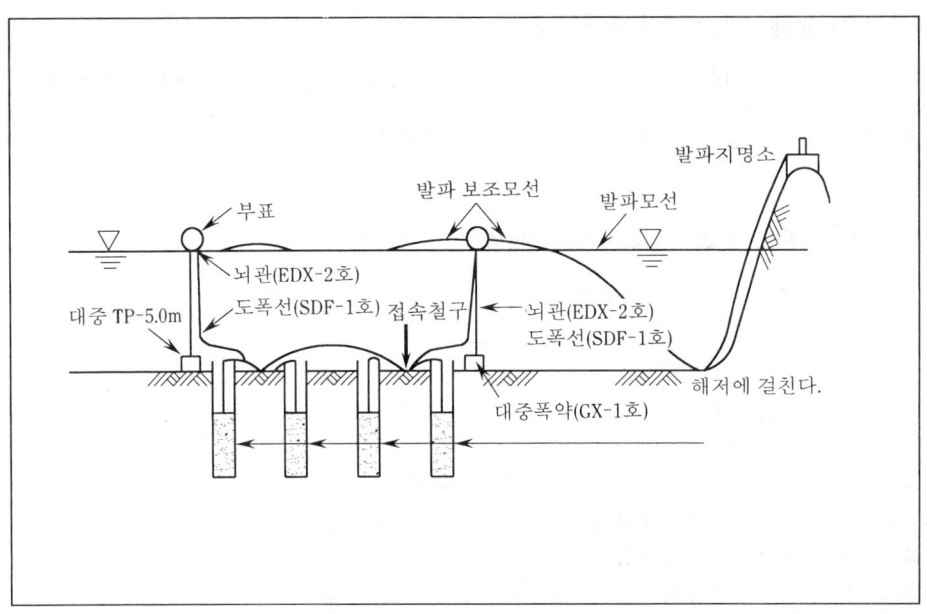

(그림 1) 도폭선 기폭방식 (4A)

(1) **도폭선**은 일종의 심지로서 폭약을 **폭파**시키고,
(2) 전기뇌관과 같은 예민한 기폭약이 사용되지 않으므로 안전하게 취급할 수 있다.
(3) 특히 수중발파에서 잠수부가 발파공에 직접 폭약을 장전하는 경우에는 도폭선 발파가 안전함.
(4) 도폭선의 취급, 조작 등은 수중발파(水中發破)나 육상발파(陸上發破)나 기본적(基本的)으로 다른 것은 없으나 **수중**(水中)에 사용할 때 특히 **도폭선의 피복의 손상**에 의하여 **방수불량부**(防水不良部)가 생기거나 **도폭선 동심**(同心)의 **교착**(交錯)이 생기기 쉽다.

(5) 어느 경우든지 **도폭선**의 **폭굉전파**가 이들의 이상위치에서 중단하여 완전히 발파(發破)가 되지 않으므로 주의하지 않으면 안 된다.

(6) **시험발파**(試驗發破)를 한다면 특수한 도폭선 **접속철구**(鐵具)를 간선(幹線)에서 기선(技線)의 각 분기점에 **배치**하여 수중(水中)에서의 결선(結線) 작업을 용이하게 또는 확실하게 함과 동시에 **중추**(重錘)의 역할을 주어 **도폭선**의 **교착**(交錯)을 **방지**하여야 한다.

Chapter 14

교 량

> *1.* 교량의 상부구조를 FCM(Precast Segmental Erection)공법으로 시공코저한다. 이 경우 현장에서 반복되는 Segment 가설함에 따라서 교량 상부가 완성된다. 1개의 표준 Segment 가설에 소요되는 공종을 기술하시오.

1. FCM 공법에서 1개의 Segment 가설에 소요되는 공종 및 시공관리 항목

 (1) 시공순서

   교각 주두부(Start Segment)설치 → 인접 구간 Segment 타설 → Key Segment 설치

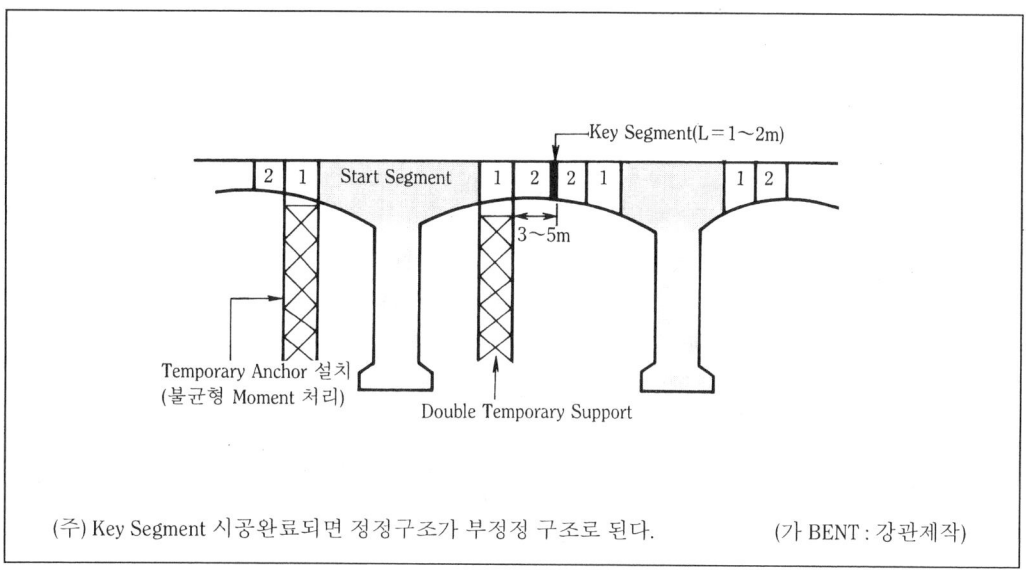

(주) Key Segment 시공완료되면 정정구조가 부정정 구조로 된다.   (가 BENT : 강관제작)

 (2) FCM(Free Cantilever Method : 외팔보공업) 시공계획 순서

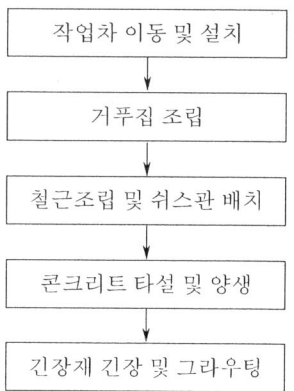

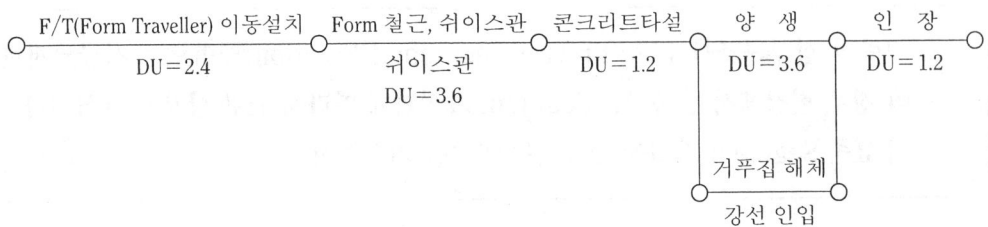

(3) 1개 Segment 제작·설치에 필요한 공종별 공기

1개 Segment의 길이는 3~5m로서 **1개의 Segment**에 필요한 공기는 보통 현장 관리기준으로 **10~12일**이 소요된다.

공 종	공 기 (일)	비 고
FT/(Form Traveller) 이동설치	2.4 (1)	
Form, 철근, 쉬이스관	3.5 (4)	
콘크리트 타설	1.2 (1)	
양 생	3.6 (3)	거푸집 해체 및 강선인입 병행작업
인 장	1.2 (1)	
계	12.1 (10)	

※ ( )는 현장관리 기준임.

(4) 콘크리트 타설순서 및 양생 기간

1) 콘크리트 타설순서

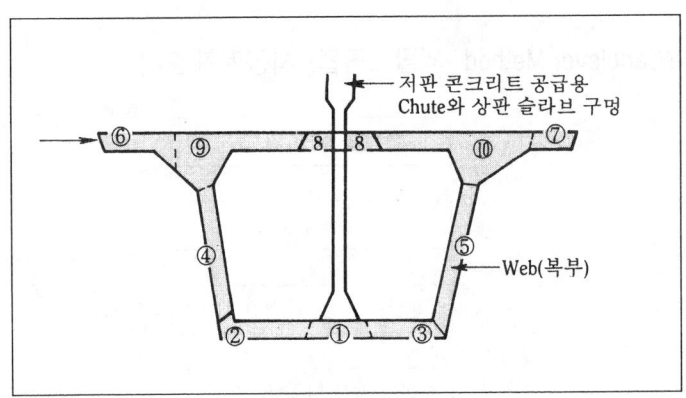

2) 양생기간

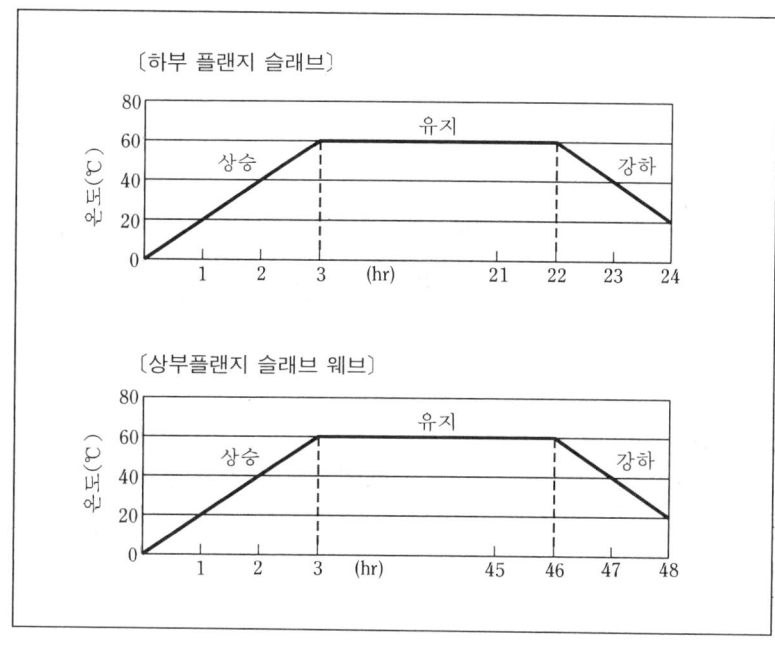

양생시간 및 온도

(5) PS강선의 긴장순서

BMD에 의해 대칭긴장하고, 반드시 계약도면과 Shop Drawing에 긴장순서가 명시되어야 함.

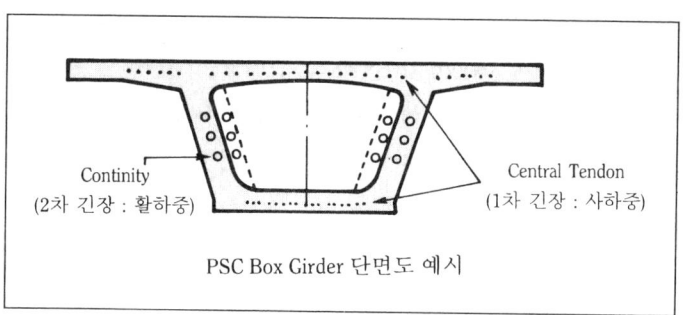

PSC Box Girder 단면도 예시

2. FCM 시공관리 요령

(1) Prestressing 시공관리(PS 강연선의 긴장)

   1) Spindle을 8cm 남겨두고 조립
   2) Longitudinal Tendon 및 Transversal Tendon은 설계인장 길이로 기준하며 Shear Tendon은

압력에 의해 측정하며 신장량의 허용차는 5mm이하여야 한다.
  3) f_{ck} = 320kg/cm² 이상이 확보된 후 긴장한다.
  4) 인장작업시 Jack에서 2m이상 떨어질 것.
  5) Tendon 절단시 절단기를 이용해야 한다.
  6) 곡률반경이 10.75m 이하로 굽힐 때는 냉간가공을 하여야하며 강봉단부에서 5cm 이내 부분은 피한다. (ϕ32mm 기준)
  7) 작업차의 Anchor는 설계계산에 기준한 힘을 인장한다. (부재력의 110%)
  8) Shear Tendon 저장시 **3마다 침목을 깔고 방청제**를 발라 보관한다.

(2) PSC부재의 Grouting 품질관리 기준
  1) Sheath관의 품질시험(누수시험 및 외력에 대한 저항 Test)
  2) W/C는 45%이하로 한다.
  3) 팽창율은 10%이하여야 하며 4%를 표준으로 한다. (KSF 2,433)
  4) 압축강도는 7일 225kg/cm² 28일이 300kg/cm² 이상으로 한다.
  5) 반죽질기의 Flow Time은 11초 이상이어야 한다.
  6) 혼합하여 30분이 지난 Grout는 사용할 수 없다.
  7) 인장후 조속한 시일내에 한다. (8시간후 7일내 실시)
  8) 압축공기를 불어넣어 Sheath내를 청소할 것
  9) Grouting 장비는 21kg/cm²이하의 압력을 발휘할 수 있을 것.
  10) 최소한 7kg/cm²압력으로 Grout할 수 있어야 하며 Pump에 넣기전에 2.0mm체로 걸러야 한다.
  11) 배출되는 그라우트는 유출시간이 최소 11초 이상이어야 하며 모든 구멍을 막은 후 최소한 7kg/cm²의 압력으로 최소한 **10초간 유지**한다.
  12) 팽창제로 알미늄분말을 사용시 1대 50의 비율로 산재나 부활성분말을 섞어사용하며 21도 때는 0.128kg 4도일 때는 0.198kg을 넣는다. (사용량은 1포당)

(3) **처짐관리** (Camber Control)상향의 처짐값이 가설당시에 설계기준에 맞도록 관리한다.

3. 강동대교에서 본인이 시공한 FCM시공 단면도

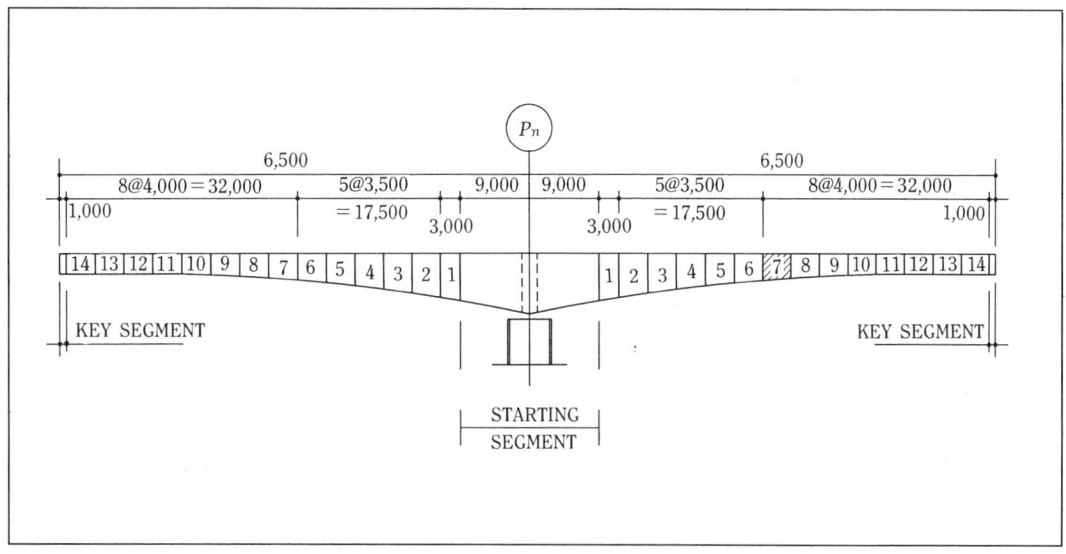

4. 맺음말

(1) 원효대교가 FCM에 의한 현장 방식으로 시공했으며, 함목 부위에 Overlay(덧씌우기)할 경우 추가 사하중에 의한 영향 검토후 필요시 기설치된 Additional Sheath 이용해서 추가 긴장 작업 실시하면 구조상 문제가 없다.

(2) FCM 공법 시공관리시 문제점

   1) Camber Control
   2) 응력 재분배
   3) Key Segment 접합
   4) Temporary Support(= Steel Prop)

(3) 향후 연구대상

   1) Form Traveller 설계법
   2) 주두부 Fixation시 공법 선정 및 계산방법
   3) Camber Control System 연구관리
   4) Key Segment 접합 방법
   5) 불균형 Moment처리(가설시와 시공중)
   6) 2차 응력의 최소화 방안 연구(처짐＋편심＋Creep＋건조수축)

> 2. 강구조물의 기계적 연결방법(30점)

1. 강구조물의 일반적인 연결방법의 종류

(1) 강교제작에 사용되는 용접법

1) SMAW(Shield Metal Arc Welding : 피복금속 아크용접)
2) GMAW(Gas Metal Arc Welding)
3) FCAW(Flux Cored Arc Welding)
4) SAW(Submerged Arc Welding : 잠호용접)
5) Stud Welding(스타드 용접)
6) Gouging
7) 절단법(가스절단＋프라즈마 절단＋레이저 절단법)

(2) High Tension Bolt(HTB)에 의한 기계적 연결법

HTB 이음의 종류	HTB의 시공방법	HTB 시공관리 항목
마찰접합	축력법	접합부 관리
지압접합	너트회전법	조임기계점검
인장접합	내력점법	HTB의 조임상태
	TS법	조임검사
	고력크립볼트 접합	

2. HTB(High Tension Bolt) 이음의 종류별 시공법

(1) 마찰접합

1) 이음부를 구성하는 양쪽 판에 높은 압력을 가했을 때 발생되는 **판사이의 마찰저항력**에 의해 **응력**을 **전달**하고자 하는 이음으로서
2) 인장강도가 100～120Kgf/mm³(F10T 기준)급의 고장력강으로 만들어진 볼트를 **높은 축력**으로 **체결**함으로써 결합이 완료된다.
3) 접합부의 마찰력 F는 다음 식으로 나타낼 수 있다.

$$F = \mu N$$

여기서, F : 마찰면 볼트 1본당 마찰력　N : 도입볼트의 축력
μ : 접합면의 미끄럼 계수

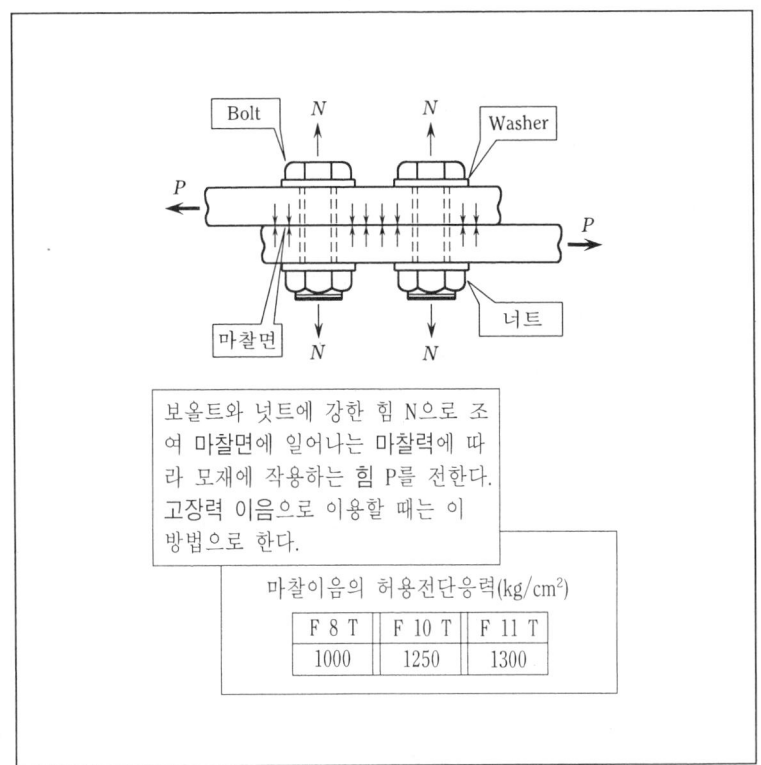

(그림 1) 마찰접합

4) 마찰면당 허용 마찰력(F_{ca})
  ① 볼트축력의 크기와 **판의 접촉면**의 거친정도, 발청상황 등 접촉면의 **미끄럼계수**의 대소가 접합부의 성능에 직접 영향을 준다.
  ② 도로교 시방서에서는 미끄럼 계수를 0.4로 하고 있으며, 미끄럼에 대한 안전율은 미끄럼 내력이 **강재**에 있어서 **항복점**이라 생각하여 강재의 **허용인장응력도**와 같게 1.7로 해서 볼트 1본당의 허용력으로 하고 있다. **마찰면당 허용마찰력**을 F_{ca}로 하면

$$F_{ca} = \frac{0.4N}{0.7}$$

(2) 지압접합
 1) 지압접합 : 통상의 HTB를 사용한다.
 2) 타입식 Bolt 접합 : Bolt축 부분을 거칠게 해서 **타력**에 의해 억지로 **삽입후 체결**하는 방식

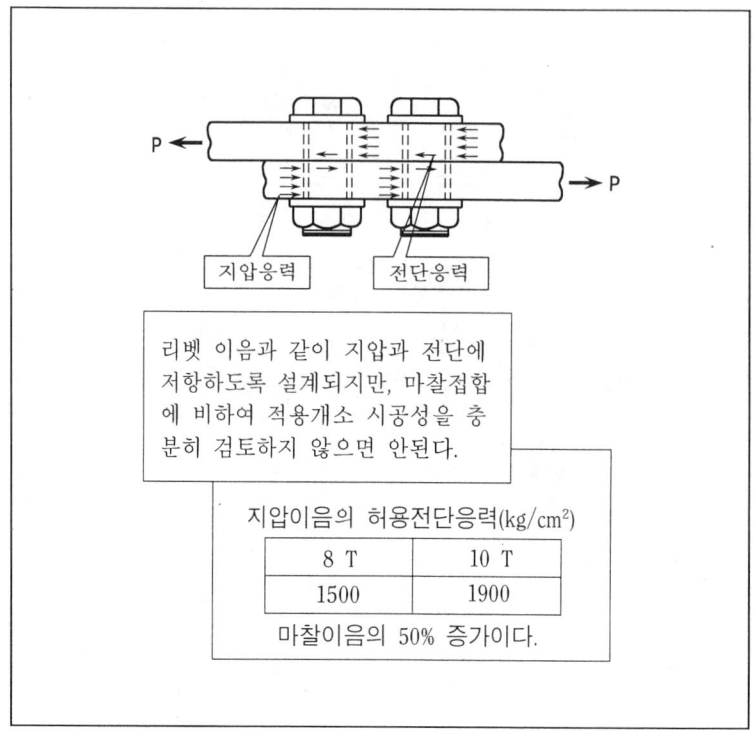

(그림 2) 지압접합

(3) 인장접합

1) 전술한 2가지 방법이 **볼트축**과 **직각방향의 힘**을 **전달**하는데 비해
2) **인장접합**은 **볼트축**과 **같은 방향의 힘을 전달**하는 **접합방식**으로 건축분야(철골)나 특수한 부분에만 적용하고 있다.

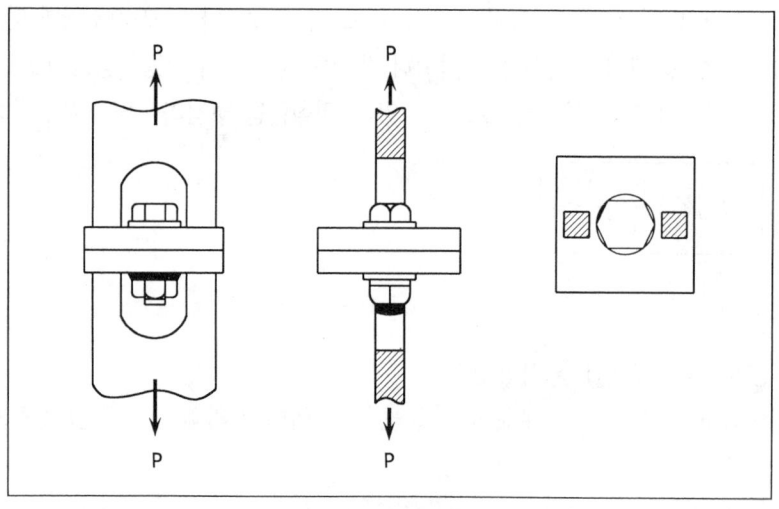

(그림3) 인장접합

3. HTB 시공방법 비교 설명

(1) HTB의 시공방법
   1) 축력법
   2) 너트 회전법
   3) 내력점법
   4) TS법(Torque Shear Type = TC법 : Torque Control법 = Torsha Bolt법)

4. HTB 시공방법에 따른 조임축력의 비교

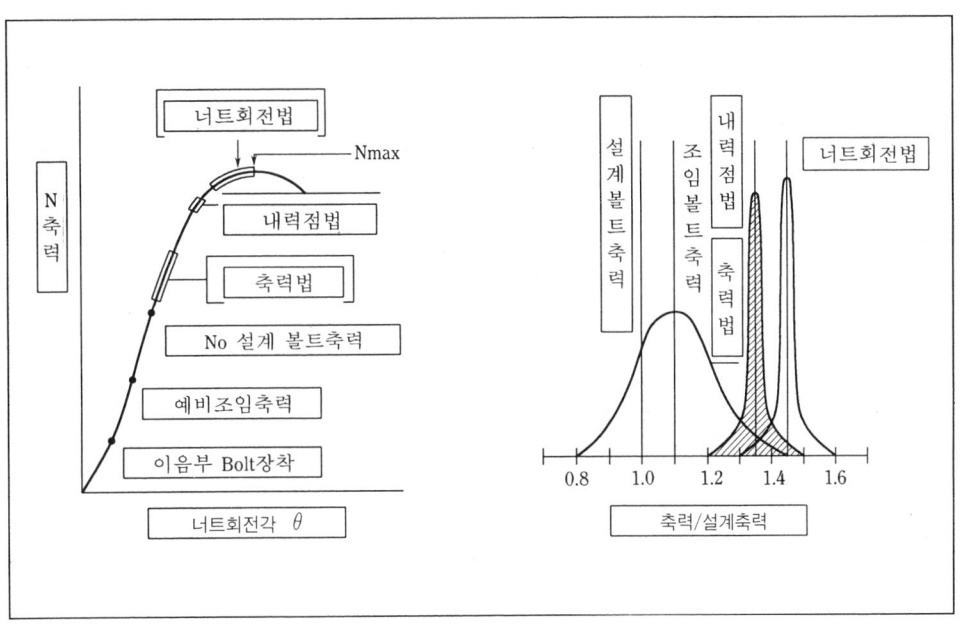

(그림 4) 시공방법에 따른 조임축력의 비교

5. TS법 (Torque Shear Type)

(1) TS법의 개요 : (Torque Shear Type = T.C법(Torque Control법) = Torsha Bolt법)
   1) 고장력볼트의 **Torque** 값 확보의 문제점을 보완한 것으로서 Bolt 나사부에 Pin Tail이 부착되어 있다.
   2) 전용 체결공구에 Pin Tail이 고정되어 **Nut**를 회전시켜 체결하며 소정의 축력에 달하면 Bolt의 **Pin Tail**부가 파단되며 체결이 완료된다.
   3) 따라서, 평균적인 Torque값 확보가 기대되며 일본에서는 보편적으로 사용되는 체결법이다.

(2) TS법의 체결순서

1) 볼트의 끝부분인 Pintail에 내측소켓을 끼우고 렌치(Wrench)를 눌러서 외측 소켓을 너트에 끼운다.
2) 스위치를 넣는다. 외측소켓의 회전 시 Pintail에 반력이 가해지며, 너트를 회전시켜 볼트를 체결한다.
3) 볼트에 소정의 축력이 가해지면 노치부(Notch)가 파단됨으로써 체결이 완료된다.
4) Pintail 방출 레버를 잡아당겨 내측 소켓에 있는 Pintail을 제거한다.

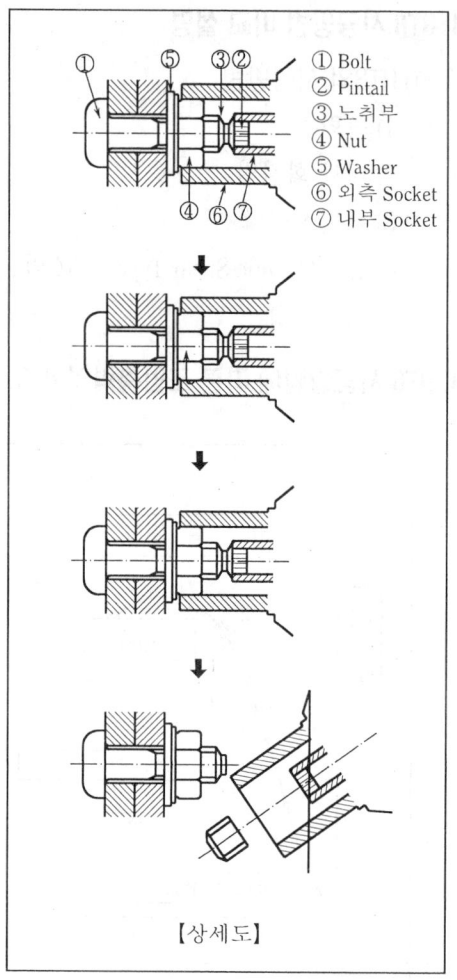

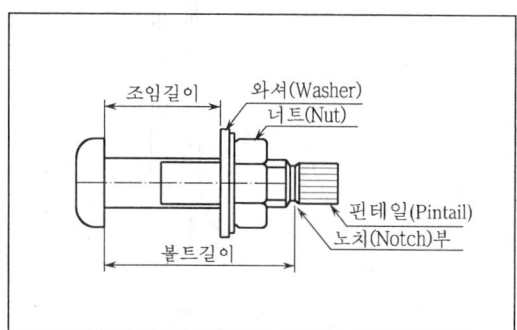

6. HTB의 시공관리 항목

(1) 접합면의 처리
(2) 접합부재의 조립
(3) 이음부의 틈
(4) Bolt구멍의 지름

참고 : 【HTB에 대한 KS 규격의 시험 및 규정표】

종류	샘 플	측 정 항 목	측 정 방 법	규 정
볼트	볼트 시험편	내력, 인장강도 연신율, 단면수축률	볼트제품으로부터 가공한 KS 4호 시험편을 인장시험기로 측정한다.	
	볼트제품	최소 인장하중	볼트제품의 자리면에 6° 또는 10°의 쐐기를 넣어 전용지그를 사용하여 인장시험을 한다.	
		경 도	볼트 머리부 측면 3곳을 측정하여 평균한다.	
		형상, 치수	캘리퍼스, 마이크로미터 등을 사용하여 측정한다.	KS B 1010 부표 1의 값을 만족할 것
		나사 정밀도	나사용 한계게이지로 측정한다.	소요 한계게이지 적합할 것
		외관 / 표면 거칠기	표면거칠기 표준시험편과 대비하거나 표면거칠기 측정기를 사용한다.	KS B 1010 부표 1의 값을 만족할 것
		외관 / 터짐, 홈, 끝굽음 나사산의 상처, 녹 등	육안으로 검사한다. 또한, 균열, 홈에 대해서는 침투탐상시험 또는 자분탐상시험을 한다.	사용상 유해한 것이 있어서는 안된다.
너트	너트제품	경 도	너트 자리면의 3곳을 측정하여 평균한다.	나사부의 이상이 없을 것
		보 증 하 중	너트에 볼트 또는 시험용 수나사 지그를 끼워 볼트의 최소인장하중을 가하여 나사부의 이상유무를 조사한다. 이 경우에는 쐐기를 사용하지 않는다.	KS B 1010 부표 2의 값을 만족할 것
		형 상, 치 수	캘리퍼스, 마이크로미터 등을 사용하여 측정한다.	KS B 1010 부표 1의 값을 만족할 것
		나사 정밀도	나사용 한계게이지로 측정한다.	소요 한계게이지 적합할 것
		외관 / 표면 거칠기	표면거칠기 표준시험편과 대비하거나 표면거칠기 측정기를 사용한다.	KS B 1010 부표 1의 값을 만족할 것
		외관 / 터짐, 홈, 끝굽음, 녹 등	육안으로 검사한다.	사용상 유해한 것이 있어서는 안된다
와셔	와셔제품	경 도	와셔 자리면의 3곳을 측정하여 평균한다.	H_{RC} 35~45
		형 상, 치 수	캘리퍼스, 마이크로미터 등을 사용하여 측정한다.	KS B 1010 부표 3의 값을 만족할 것
		외관 / 표면 거칠기	표면거칠기 표준시험편과 대비하거나 표면거칠기 측정기를 사용한다.	KS B 1010 부표 3의 값을 만족할 것
		외관 / 터짐, 홈, 끝굽음, 녹 등	육안으로 검사한다.	
세트	볼트, 너트 와셔의 세트	토크 계수치	볼트 축력은 축력계로, 토크는 토크미터로 각각 측정하여 토크계수치를 산출한다. 또한 볼트시험기를 사용하여 그 볼트-토크곡선으로부터 산출할 수도 있다.	

Chapter 15

댐(Dam)

1. 홍수통제 위한 수자원 개발계획(댐건설계획+하천개수계획)
   (2안) (40점 : 필수)

1. 홍수조절 위한 수잔원 개발계획의 내용

(1) 종합하천계획

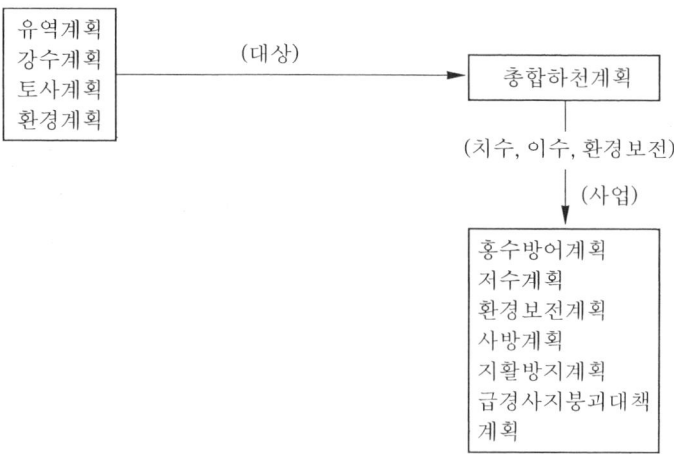

(그림 1) 종합하천계획

(2) 종합개발계획
   1) 본천측 개발방식
   2) 유역변경 방식
   3) 양수식 개발방식

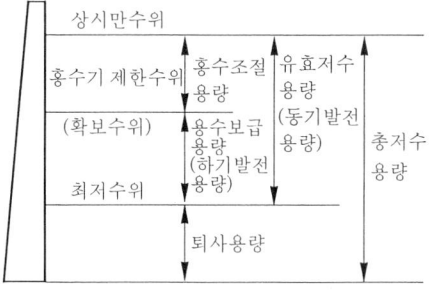 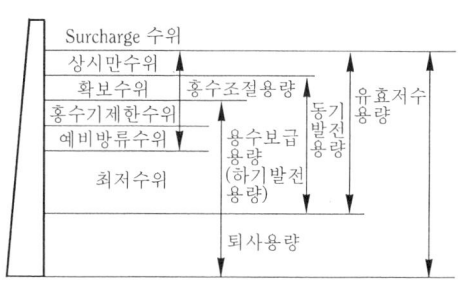

(그림2) 다목적 저수지의 용량배분

(3) 우리나라 수자원 개발현황/저수용량

   1) 소양강댐 : 2900백만톤(저수용량)

   2) 춘천댐 : 150

   3) 안동댐 : 1248

   4) 대청댐 : 1490

   5) 충주댐 : 2750

   6) 섬진강댐 : 466

   7) 남강댐 : 190

   8) 합천댐 : 790

   9) 주암댐 : 457

   10) 임하댐 : 595

(4) 우리나라 다목적댐의 수계분류

   1) 한강수계 : 소양강댐＋임하댐＋충주댐

   2) 낙동강수계 : 안동댐＋영천댐＋대천댐＋합천댐

   3) 영산강수계 : 동복댐

   4) 금강수계 : 대정댐

   5) 섬진강수계 : 주암댐

2. 홍수통제(Flood Control) 위한 하구둑 단면도 예시

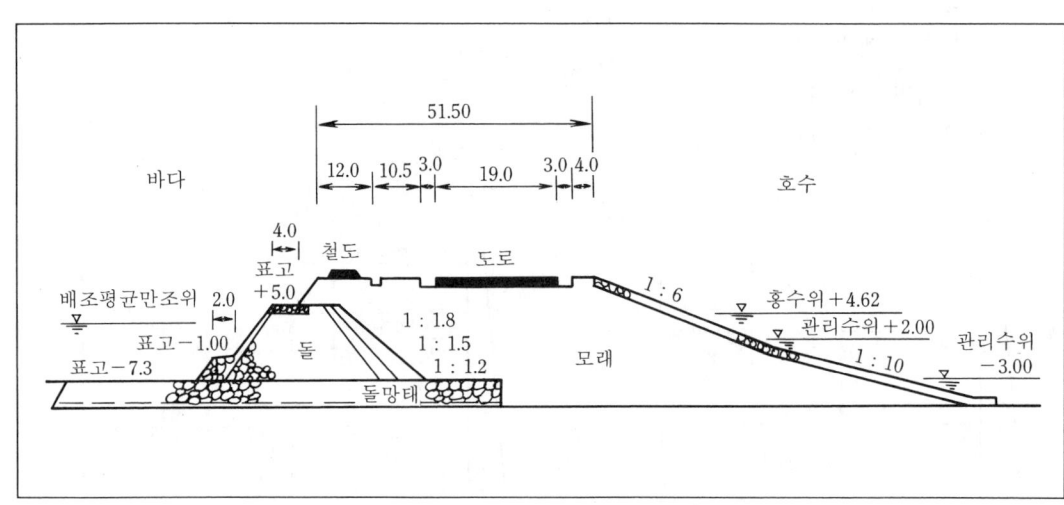

3. 홍수통제 위한 댐의 종류

    (1) 중력식 콘크리트댐

    (2) 아치댐

    (3) 중공중력댐

    (4) Rockfill Dam

4. 사방계획(砂防計劃)

    (1) 사방계획(砂防計劃)

        1) 사방계획을 세우려면 홍수시의 유사량을 추정하고 이 **유사량을 감소시켜 하류**에 해를 주지 않토록 연구하는 방법과 동시에 가장 경제적인 방법을 선택해야 한다.

        2) 홍수때 **유사량의 추정**은 다음과 같은 사항을 고려하여 **현지조사**를 거친 후 **사방계획**을 세운다.

    (2) 사방계획시 고려사항

        1) 붕괴하는 지점의 위치, 형상, 지질

        2) 붕괴지의 **잔류 사력량** 및 **확대 예정량**

        3) 붕괴의 시기 및 원인

        4) 붕괴지 부근의 **임상지형**(林相地形)

        5) **계류**의 형상과 **퇴적량, 예정 유하량**

        6) **댐지점**의 높이와 **저사량**, 현지의 조절량

    이상의 사항을 조사하여 **유사량**을 추정한 다음 **산사태 공사, 계류공사**에 의하여 감소되는 **유사량**과 하류 하천에서 **유하**할 수 있는 허용 **유사량**을 차인한 양이 **저사**(貯砂)**댐**, 또는 **하도** 자산의 **조절량**과 동일하게 계획한다.

5. 수자원 개발 계획을 위한 조사 · 설계 내용

    댐설계를 위한 주요 **조사항목**과 조사자료의 분석결과를 이용한 **설계내용**은 다음과 같다.

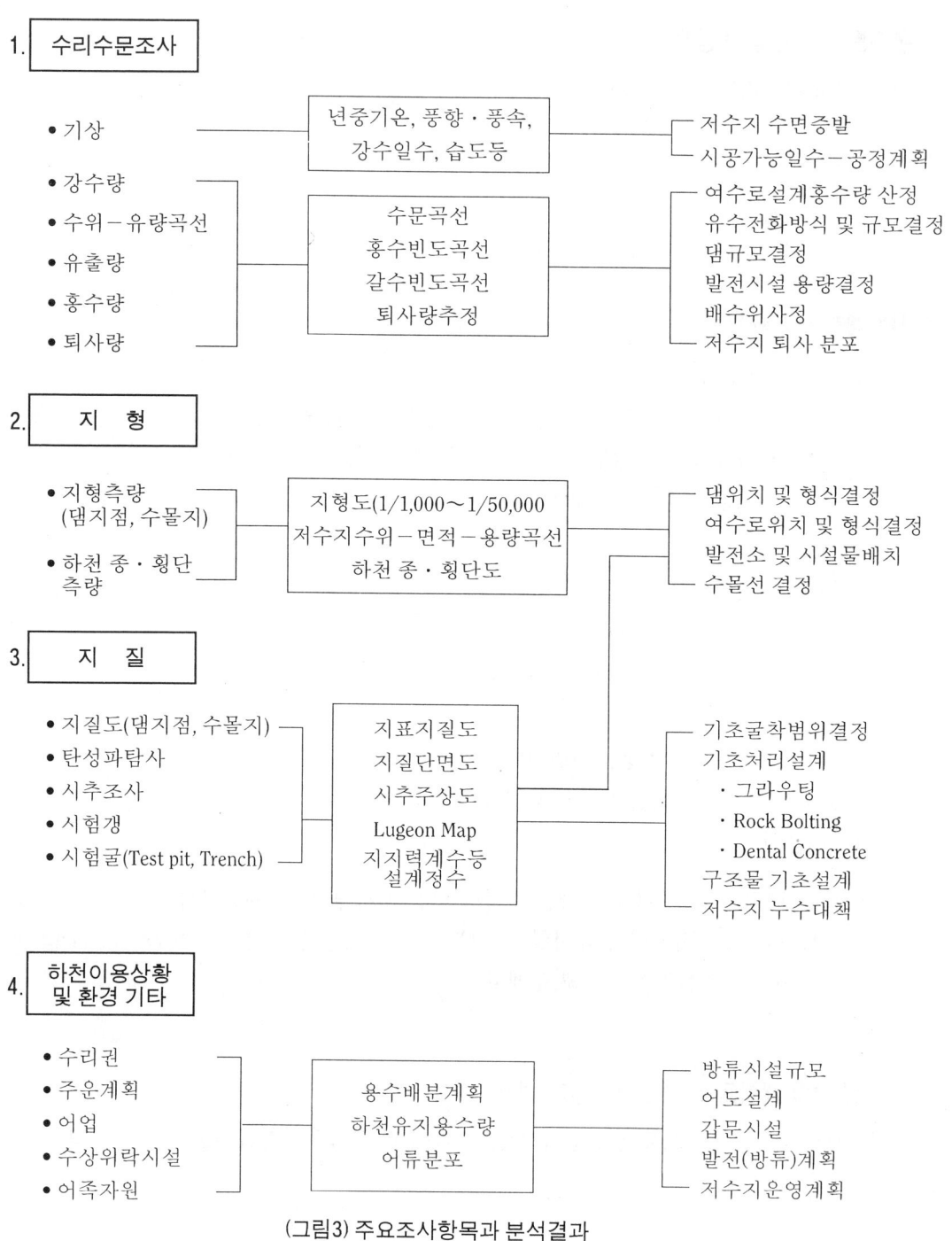

(그림3) 주요조사항목과 분석결과

6. 홍수 통제 위한 수자원개발 계획 1단계

댐규모 결정은 사업계획 수립에 있어서 가장 중요한 요소이며 원칙적으로 경제적·기술적으로 타당한 범위내에서 **수자원 개발효과**를 극대화 할 수 있도록 하여야 한다.

충주다목적댐사업에 있어서의 **댐규모 결정과정**을 예로들면 다음 (그림 4), (그림 5)과 같으며 최종결정된 **댐규모**와 **저수지 용량 배분계획**은 (그림 6)과 같다.

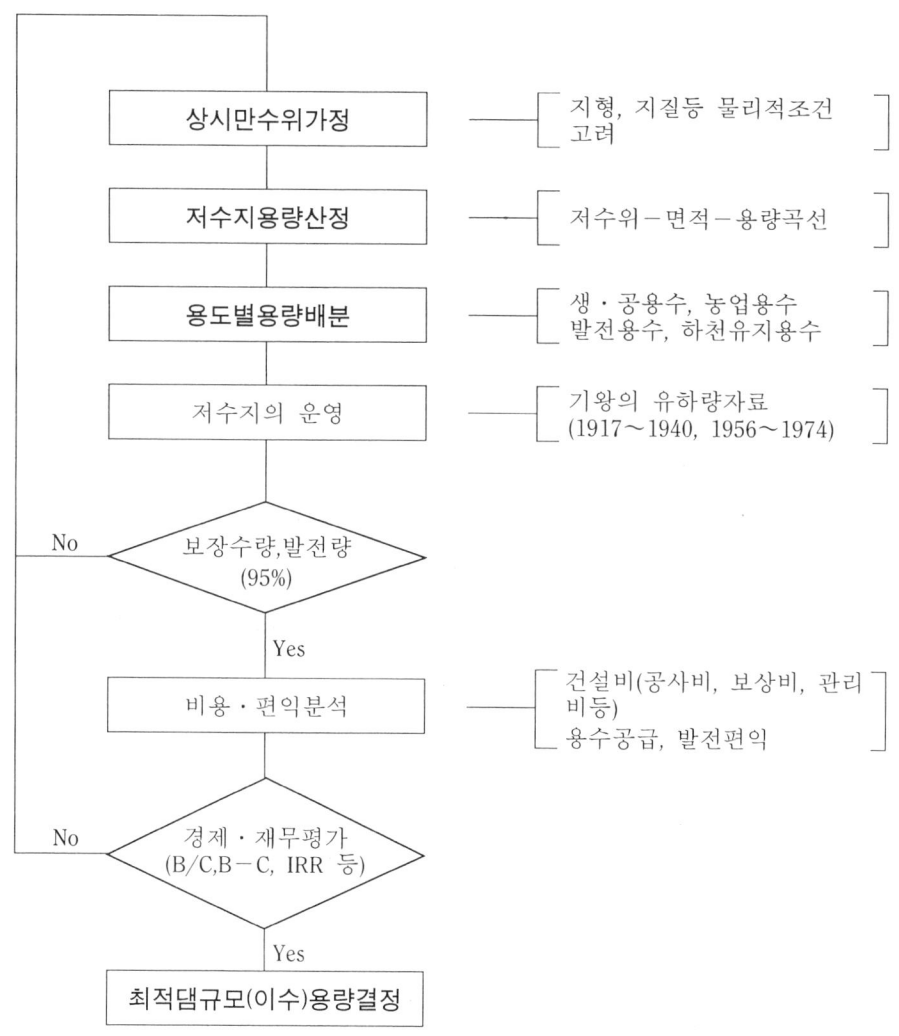

(그림4) 댐규모 결정 과정(1단계) : 용수공급 및 발전

7. 홍수조절을 위한 수자원 개발계획(댐개발계획) : 2단계

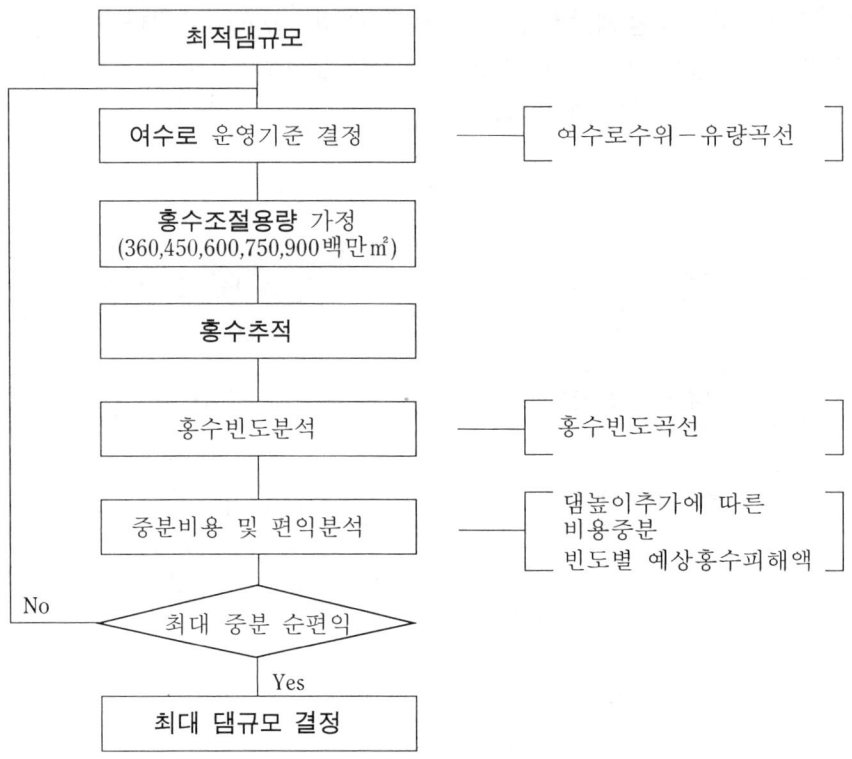

(그림5) 댐규모 결정 과정(2단계) : 홍수조절

2. 남한강 중류지역에 대형 Rockfill Dam 건설할 때 유수전환계획과 담수계획수립 (30점)

1. 개 요
(1) Dam 공사는 여러 가지 공종이 수년간 걸쳐서 시행되므로, 공종별 치밀한 시공계획을 작성해야 하며
(2) 특히, 갈수기에 공사진척이 많이 되도록, 강우일자와 연계시켜 시공계획을 수립한다.

2. Dam 공사 시공 계획(Zone형 Rockfill Dam인 경우)

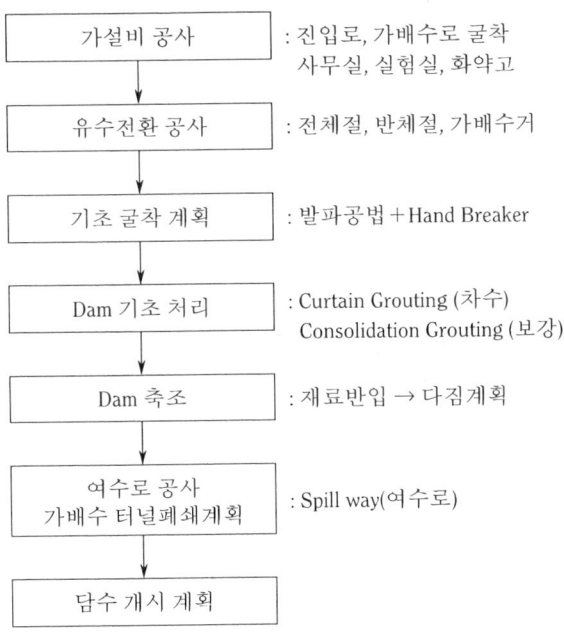

가설비 공사 : 진입로, 가배수로 굴착 사무실, 실험실, 화약고
유수전환 공사 : 전체절, 반체절, 가배수거
기초 굴착 계획 : 발파공법 + Hand Breaker
Dam 기초 처리 : Curtain Grouting (차수) Consolidation Grouting (보강)
Dam 축조 : 재료반입 → 다짐계획
여수로 공사 가배수 터널폐쇄계획 : Spill way(여수로)
담수 개시 계획

3. Dam의 유수전환방식의 종류

종 류	대 책
① 전체절 방식	하천폭이 좁은 계곡형 지형
② 반체절 방식	하천폭이 넓고 유량이 많지 않은 곳
③ 가배수터널 방식	전체절방식과 조합시공하여 많이 사용

4. 유수전환방식 선정시 고려사항

(1) 수심, 파도, 파랑, 파고

(2) Dam의 기초 지질 구조, 지형

(3) 유량, 유속

(4) 최대 홍수위 등

본인은, 문제에서 제시된 조건에서는 반체절 방식에 의한 유수전환이 적합하므로, 이에 대해서 서술하겠다.

5. 반체절 방식에 의한 유수전환 계획

(1) 반체절 방식 예시도

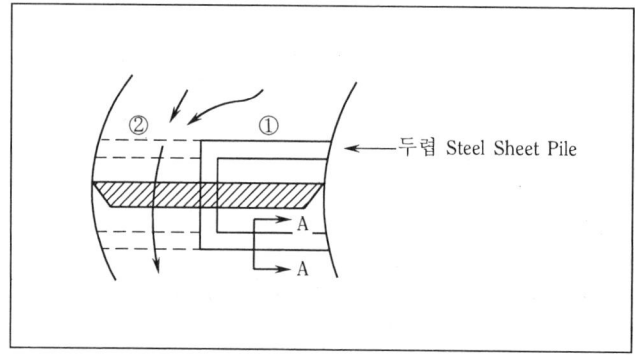

(2) 반체절 방식의 특징

적용성	① 하천폭이 넓은 경우 ② 유량이 많지 않은 곳 ③ 가배수 터널의 시공이 곤란할 경우
장 점	① 공사비가 낮고 ② 투입 자재비를 절감할 수 있다.
단 점	① 기초굴착에 제약이 있다. ② 댐축조에 제약이 있다. ③ 안전성이 낮다.

(3) Section Ⓐ-Ⓐ

1) 중간토사 채움을 신속히 행한다.

2) 이 때, Tie Rod의 절단에 주의

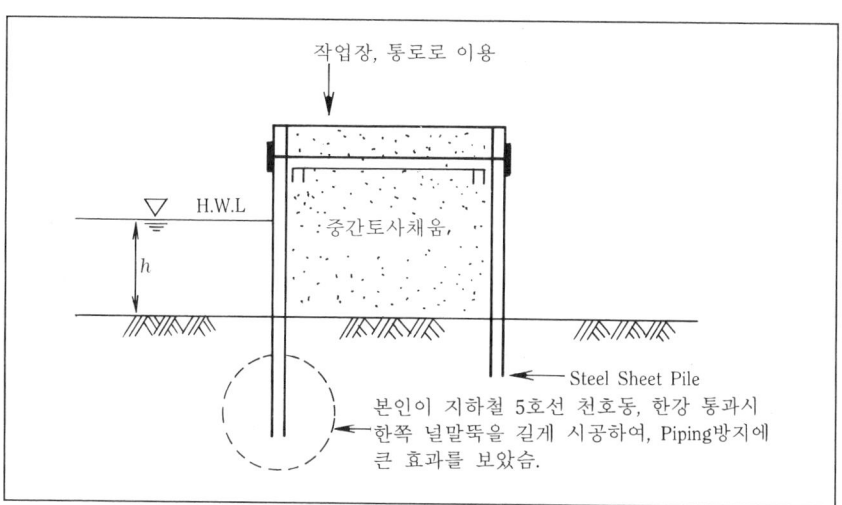

6. 유수전환 시공후 완성된 Zone형 Rockfill Dam 단면도

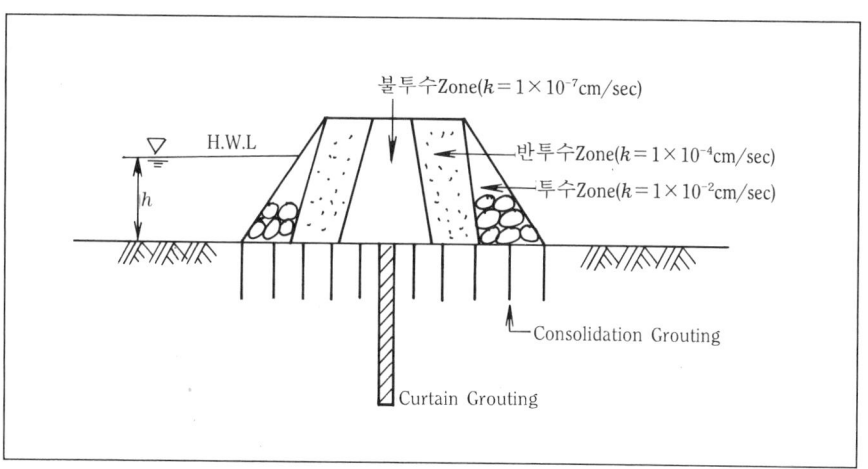

7. 담수계획

    (1) 상·하류의 Seepage Line(침윤선) 검토
    (2) 누수 확인 계획
    (3) 댐 사면 붕괴 확인 계획 (우안, 좌안)
    (4) 댐 수위가 급상승, 급강하 하지 않게 담수 (붕괴방지)

(5) 담수 계획시 고려사항
　　1) 장마철 피한다.
　　2) 담수시기의 선정은 100년빈도 강우량 검토
　　3) 매몰 지역의 주민 완전철거 되었는지 확인후 한다.
　　4) 국가 중요 시설물 이전 확인요망

(6) 홍수에 대비 담수계획
　　댐에 저장된 물을 Spillway로 방류시 수위가 급상승, 급강하 하지 않도록 홍수 통제소와 연락 취해서 해야 사면(우안, 좌안) 붕괴 방지할 수 있다.

(7) H.W.L, L.W.L → 층다짐할 때 H.W.L 까지는 다짐 정밀시공 안하면 담수시 누수 → 붕괴된다.

(8) 담수할 때 상기부분에 대한 점검이 안된 상태에서 하면 Quick Sand → Boiling → Piping에 의해서 댐이 붕괴된다.

(9) 담수시기 결정은 반드시 전문가와 상의한다.

8. 맺음말
【댐공사시 시공관리 주안점】
(1) 어떤 경우의 공법을 적용하든지 지상목표는 Quick Sand → Boiling → Piping에 의해서 Dam이 시공중 → 시공후에 붕괴되지 않도록 시공관리하는 것이 국가백년대계를 위해서 대단히 중요하다.
(2) Project Manager는 Piping의 원리를 확실하게 이해하고 시공에 임해야 할 것이다.

3. 중력식 콘크리트 Dam의 품질관리 요령(30점)

1. 중력식 콘크리트 댐에서 시공단계별 품질관리 계획

  (1) **유수전환계획** : 반체절 및 가배수터널 방식
  (2) **굴착(발파)** : Control Blasting(제어발파)
  (3) **암반 기초처리** : Piping 방지목적
     1) Consolidation Grouting
     2) Curtain Grouting

2. 충주댐에서 경험한 공사내용을 기준으로 해서 기술코저함.

3. 본 댐 및 여수로(Spill Way)에서 댐콘크리트 타설시 품질관리 항목

  본 댐 및 여수로 **기초 굴착**에 앞서 지질조사, 탄성파탐사, 보링조사, 투수시험, 시험굴조사 등의 조사결과를 이용하여 **댐기초**에 대한 **지질상태**를 파악하여 **기초굴착선**을 결정하였으며 본 댐 콘크리트 타설은 케이블크레인 2대를 사용하여 **902,000m³**을 타설하였으며 **충주댐** 축조시 공정 및 **품질관리**를 위하여 많은 노력을 기울였다.

No	구 분	댐콘크리트 품질관리 항목	비 고
1	본 댐 콘크리트	1. 골재크기 : 최대 150mm 2. 시멘트 : 수화열을 감소시키기 위하여 중용열시멘트 사용 3. 다짐장비 : Vi-Back, Portable Vibrator 4. 양생시설 : Block별 Sprinkler 설치 5. 냉각시설 : Lift 별 D25mm, 1.0∼1.5m 설치 Cooling Plant : 3개 설치	

2	콘크리트 타설	1. 타설전 조치사항
		 • 암반면 검사, 구조물 측량, 타설전 장비 등 검사
		2. 타설공정
		 ① 블럭은 가급적 **상류측**에서 시작
		 ② 1Lift 마감은 평면으로 마무리, 1/100경사(상→하류)
		 ③ 콘크리트 버켓은 가급적 **낮은위치** 타설(1m이하)
		 ④ 콘크리트 타설층 두께 : 50cm이상
		   암반타설시 주의사항은 그림참조
		 ⑤ Lift 타설은 최소 **72시간 경과후** 타설
		 ⑥ 신구 콘크리트 균열발생방지 블록별 Lift 차이
		   댐상, 하류방향 : 4 Lift
		   축방향 : 8 Lift
			(그림1) 참조
			타설순서
			
			(그림2) 참조

No	구 분	댐콘크리트 품질관리 항목	비 고
2	콘크리트 타설	⑦ 동절기 타설블럭이나 1개월이상 경과된 블록 　Half Lift(0.75m)로 타설 　2~3Lift를 Mortar 포설 후 타설 ⑧ 한중 콘크리트 온도 : 섭씨 10° 이상 유지 ⑨ 서중 콘크리트 온도 : 섭씨 25° 이하 유지 　Cooling Plant에서 생산된 냉각수 사용	
3	운반 및 Cycle Time	1. 운반장비 : Cable Crane 1, 2호기 및 기관차 2. Cable Crane 용량검토 　$(Q \times Cm)/(60 \times E) = 115 \times 5/(60 \times 0.8) = 12m^3$ 3. Cycle Time : 6.25분(5분/0.8 = 6.25분)	
4	냉각설비 (온도제어양생)	1. 콘크리트 혼합 양생중 수화열 냉각 2. 온도상승율 $$\Delta t = \frac{(h^2 \cdot T)}{L^2} \cdot \Delta tg$$ 　Δt : 콘크리트 타설시 상승온도 　H^2 : 열확산계수 　Δtg : Lift 별 온도차 　L : 콘크리트 타설 1단의 높이 　T : 시간간격 3. 콘크리트 타설의 **최고온도**와 **년평균기온**과의 **온도차가 20℃** 이내이어야 중용열 콘크리트 균열을 막을 수 있으므로 인공 냉각이 필요함 4. 관냉각 방법 및 냉각시기 　① 수온 섭씨 -5°, 관간격 1.5m : 5월, 9월 　② 수온 섭씨 -5°, 관간격 1.0m : 6월 　③ 수온 섭씨 -10°, 관간격 1.0m : 7~8월	

4. 콘크리트 타설순서

	상류 또는 하류면				
제1열	⑥	⑦	⑧	⑨	⑩
제2열	①	②	③	④	⑤
제3열	⑪	⑫			

(a) 평면도

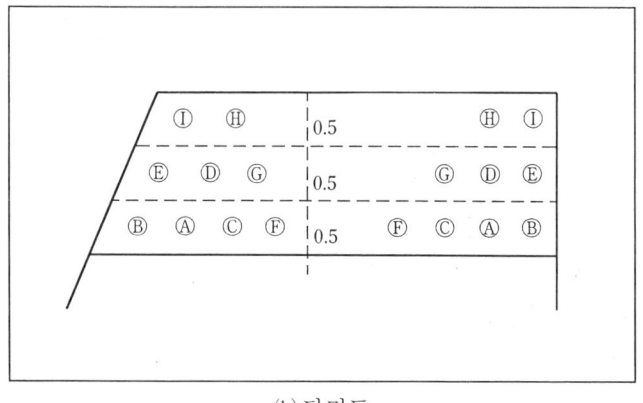

(b) 단면도

(그림 1)

5. 암반 접촉부의 타설방법

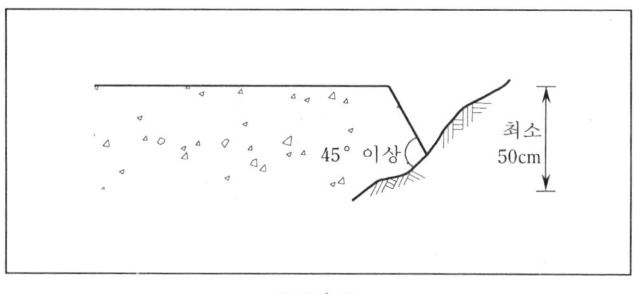

(그림 2)

6. 이음부(Joint)의 시공

  (1) 종류

    1) 수축이음

      ① 가로이음 : Dam 축선과 **직각방향**에 설치

      ② 세로이음 : Dam 축선과 **평행**하게 설치

    2) 시공이음 : 콘크리트 타설 Lift 사이에 설치한다.

  (2) 시공대책

    1) 가로이음과 세로이음 시공에는 Key를 **설치**한다.

    2) 세로이음에는 Joint Grouting를 실시한다.

    3) 이음부의 Key는 보통 **선행 타설 Block**쪽을 凹형으로 하고 있다.

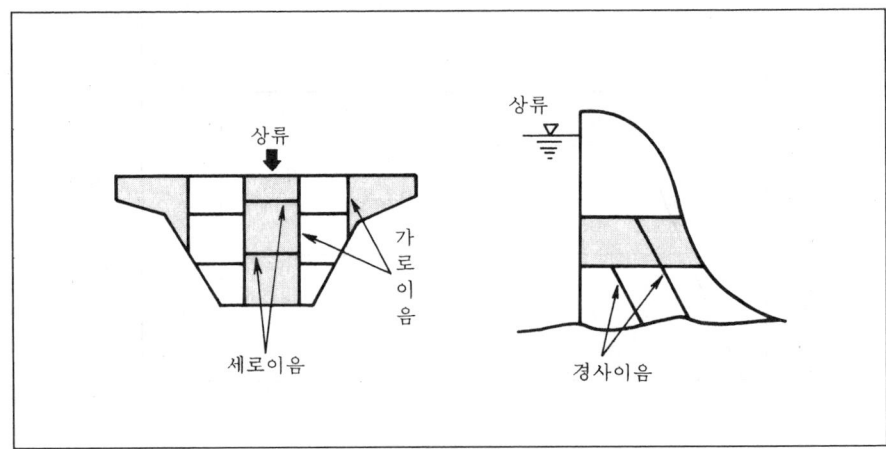

(그림 3) 이음(줄눈 : Join)의 종류

7. 지수 및 배수공

  (1) 가로이음 누수방지 대책

   1) 상류단 부근에 지수판 설치하고

   2) 지수판 배면에 배수공 설치(ϕ 15~20mm)

   3) 지수판 재료 : PVC 지수판과 동판 사용한다.

   4) 지수판 설치 위치

    ① Dam 상류면으로부터 0.3~1m 정도 하류측이며,

    ② 하부는 0.3m 정도 기초 암반내에 설치

  (2) 시공시 유의사항

   1) 지수판

    ① 지수판이 손상되지 않게 하고

    ② 양측 Block 에 충분히 매립되어 완전하게 부착되게 한다.

   2) 배수공

    ① 배수공은 반드시 **뚜껑** 설치하고(이물질 유입방지)

    ② 콘크리트 타설중에 콘크리트 Milk의 유입이 없도록 유의 시공

8. Crack 발생부 처리 대책

  (1) 초기 양생

  (2) 철근으로 보강

9. 맺음말

(1) Dam Concrete의 타설시 Mass Concrete 이므로 재료, 배합, 설계, 시공, 운반, 치기, 다지기 전 과정에 걸쳐서 극력 수화열이 적게하여 **온도 균열**방지가 시공관리의 주안점임

(2) 온도균열방지를 위한 온도균열지수 시방기준

$$온도균열지수 = \frac{인장강도}{온도응력} > 1.5$$

(3) 콘크리트 타설시기 : 아침, 저녁 서늘할 때 타설한다.

(4) Pre-Cooling 과 Pipe-Cooling의 정밀시공이 Mass Concrete에서는 가장 중요하다.

Chapter 17

항 만

1. 잔교식 접안 시설(안벽)공사에서 강관 Pile 항타시공계획 기술 (30점)

1. 개 요

(1) 대규모 접안 시설 공법의 분류

　1) Caisson식 안벽

　2) Block식 안벽

　3) 보통널말뚝식 안벽

(2) 잔교식 계선안의 분류

　1) 항식 잔교

　2) 원통, 각통식 잔교

　3) 교각식 잔교가 있음

2. 잔교식(강관말뚝식 : 직항) 안벽의 시공단면도 예시

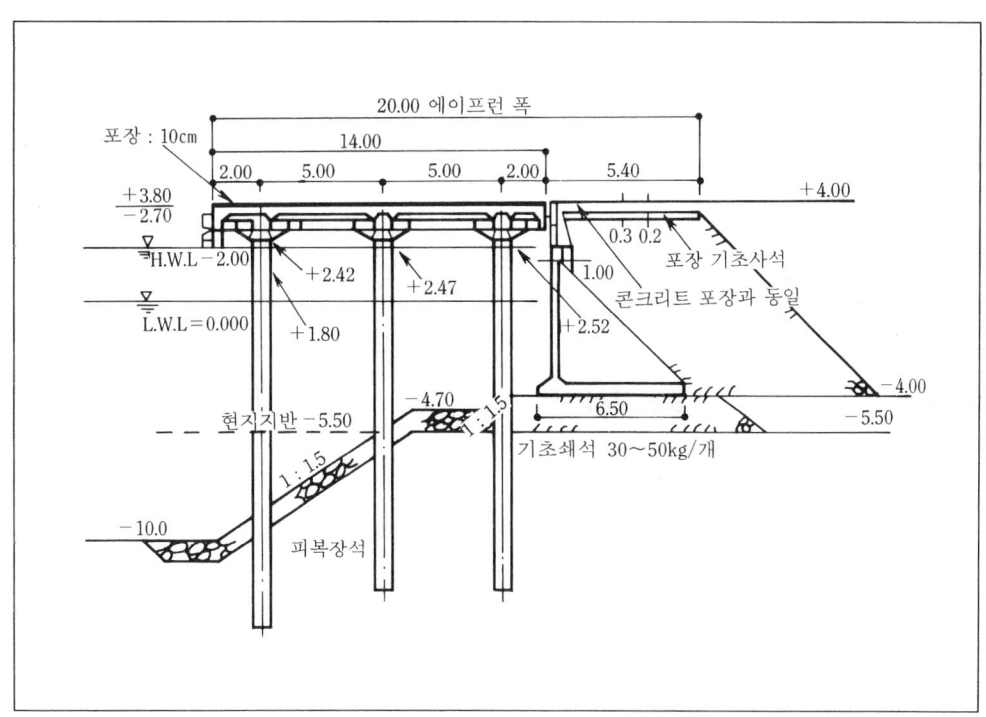

(그림 1) 강관말뚝 횡잔교식 안벽 단면도

3. 잔교식 접안시설공사에서 강관 Pile의 항타 시공계획

(1) 시공관리 순서

선박기계수송 및 보관 → 측량 → 사면 시공 → 강관말뚝타입 → 상부공 → 에이프런 포장 → 부속공

(2) 상판을 지지하는 하부각주의 구조에 따라서 분류하면

1) 말뚝식   2) 원통, 각통식
3) 교각식 : 대구경 강관말뚝의 보급으로 별로 쓰이지 않는다.

(3) 강말뚝식(직갱) 잔교의 시공 계획 순서

선박기계수송 및 보관 → 측량 → 사면 시공 → 강관말뚝타입 → 상부공 → 에이프런 포장 → 부속공

(4) 사면 시공 관리 요령

1) 잔교직하 사면은 토류부에서 잔교전면의 **계획수심**까지 경사를 잡기 위하여 해상 시공의 경우 사면상굴, 장석 시공 등의 순서로 시공한다.
2) 사면 **피복장석**은 **파랑**으로부터 **지면**을 **보호**하기 위한 것으로서 견고하게 마무리하여야 한다.

4. 잔교식 접안 시설공사에서 강관 Pile계획의 항타시공

(1) 말뚝선단의 보강 계획

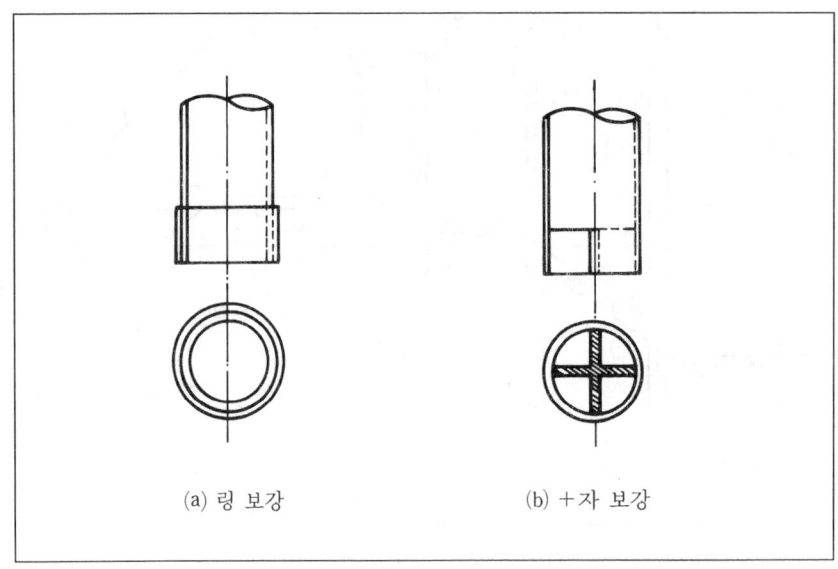

(그림 2) 강관말뚝의 단부 보강

1) 보강 Ring으로서 두부에 폭 **20~40cm** 정도의 동일 강판제를 관내에 끼워 **용접**하여 강성을 보강한다.
2) 선단부의 **보강 Ring**은 말뚝의 **내측**에 **취부**하는 것이 보통이다.

(2) 항타계획
건입시 Transit 등으로 **안벽법선**에 **직각방향**, **평행방향**에서 위치와 경사유무를 관찰하여야 한다.

(3) 타입 정도 시공관리 기준
1) 말뚝 중심 간격 : ±20cm이내
2) 말뚝천단부 : ±5cm이내
3) 말뚝경사 : ±3° 이내가 표준이며
4) 말뚝의 근입부족, 타절불량, 항두압축, 각도불량일 때는 이어 주거나 절단한다.
5) 말뚝타입 종료후는 소정의 높이로 정확하게 잘라낸다. (두부정리)

5. 토류공 계획
강널말뚝식, L형 Block식 등이 있다.

(1) 도판공 시공계획
잔교부와 토류부가 떨어져 있을 때는 철근 Concrete와 강재의 도판을 제작하여 Crawler Crane으로 가설한다.

6. 맺음말
(1) 안벽 구조물은 외력(즉 수압, 파수. 파랑)에 대하여 안정하도록 설계해야 하며
(2) 특히 공법 선정시 Boiling, Heaving, 편기 등을 고려한다.
  밑넣기 깊이(DL), Caisson식 구조물 경우 Precast 제품이므로 **운반시, 침하시** 초기에 편기가 생기지 않도록 제 1 Lot를 짧게 해서(1~2m 정도) 빨리 **침하**시킨다.
(3) 안벽 구조물 구조양식(공법 선정시)선정시 고려사항은 아래와 같다.
  1) 수심
  2) 토질(N< 10, 10N, N< 30, N >30인 경우)
  3) 시공시의 파랑(0.5m 이하, 0.5~1m, 1m 이상인 경우)
(4) 대형 안벽 구조물 공법 3가지(40회)
  1) Caisson식(Precast Caisson, Box Caisson, 설치 Caisson) : 가장 유리

2) L형 Block식 : 가장 유리
3) 보통 널말뚝식 (2중 널말뚝식 안벽)

> **참고** 안벽공법 선정시 고려사항
> 이상의 각 구조양식을 수심, 토질 및 시공시의 파랑조건 등에 대하여 비교하여 구조양식 선정의 기준을 종합하면 아래와 같다.
>
> 조건별 구조양식 선정
>
> | 구조양식 | 조건 | 수 심 | | | 토 질 | | | 시공시의 파랑 | | |
> |---|---|---|---|---|---|---|---|---|---|---|
> | | | 10m | 20m | 30m | N<10 | 10<N<30 | N>30 | 0.5m이하 | 0.5m~1.0m | 1.0m이하 |
> | 중력식 | 현장타설 콘크리트 | △ | × | × | △ | ○ | ○ | ○ | △ | × |
> | | 콘크리트 Block | ○ | × | × | △ | ○ | ○ | ○ | ○ | △ |
> | | 케 이 슨 | ○ | ○ | ○ | △ | ○ | ○ | ○ | ○ | △ |
> | 널말뚝식 | 보 통 널 말 뚝 | ○ | △ | × | △ | ○ | × | ○ | △ | × |
> | | 사항버팀 널말뚝 | ○ | △ | × | △ | ○ | × | ○ | △ | × |
> | | 널말뚝 Cell식 | ○ | ○ | × | ○ | ○ | × | ○ | △ | × |
> | 부 잔 교 식 | | ○ | ○ | ○ | ○ | ○ | ○ | ○ | ○ | × |
> | 돌 핀 식 | | ○ | ○ | × | ○ | ○ | ○ | ○ | △ | × |
> | 잔 교 식 | | ○ | ○ | × | ○ | ○ | ○ | ○ | ○ | × |

Chapter 19

시공관리

1. 현재 우리나라 건설분야에서 문제가 되고 있는 부실시공, 기존시설물 유지관리, 기술개발 등에 대한 문제점과 대책 기술 (40점 : 필수) (1안)

1. 부실 시공으로 인한 문제점
   (1) 국가적으로 큰 손실이 발생
      1) 대형사고로 인한 인명, 재산피해
      2) 천문학적 복구비용 투입
   (2) 건설 기술자에 대한 인식 저하
   (3) 국제 경쟁력의 약화

2. Concrete 구조물의 부실시공의 원인과 대책

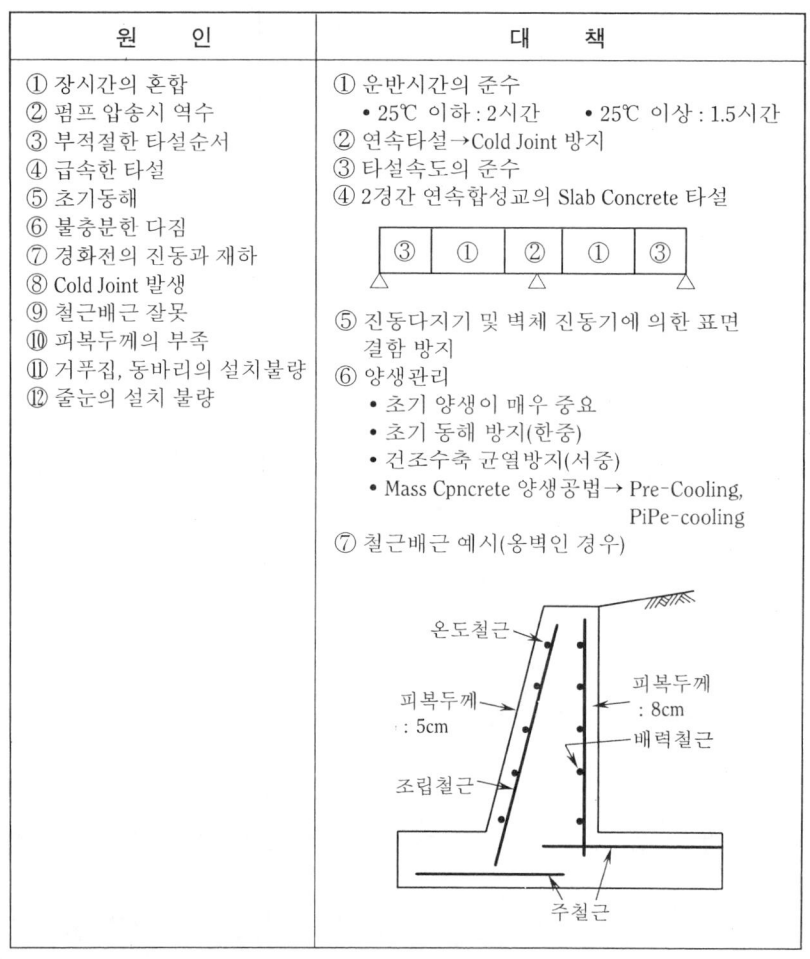

원 인	대 책

① 장시간의 혼합
② 펌프 압송시 역수
③ 부적절한 타설순서
④ 급속한 타설
⑤ 초기동해
⑥ 불충분한 다짐
⑦ 경화전의 진동과 재하
⑧ Cold Joint 발생
⑨ 철근배근 잘못
⑩ 피복두께의 부족
⑪ 거푸집, 동바리의 설치불량
⑫ 줄눈의 설치 불량
	① 운반시간의 준수
	  • 25℃ 이하 : 2시간 • 25℃ 이상 : 1.5시간
	② 연속타설→Cold Joint 방지
	③ 타설속도의 준수
	④ 2경간 연속합성교의 Slab Concrete 타설
	⑤ 진동다지기 및 벽체 진동기에 의한 표면결함 방지
	⑥ 양생관리
	  • 초기 양생이 매우 중요
	  • 초기 동해 방지(한중)
	  • 건조수축 균열방지(서중)
	  • Mass Cpncrete 양생공법→ Pre-Cooling, PiPe-cooling
	⑦ 철근배근 예시(옹벽인 경우)

3. 부실공사 방지를 위한 신축이음(Expansion Joint)의 Shop Drawing

현장 적용 사례를 중심으로 도해하겠음. (단위 : mm)

(1) 상부 Slab

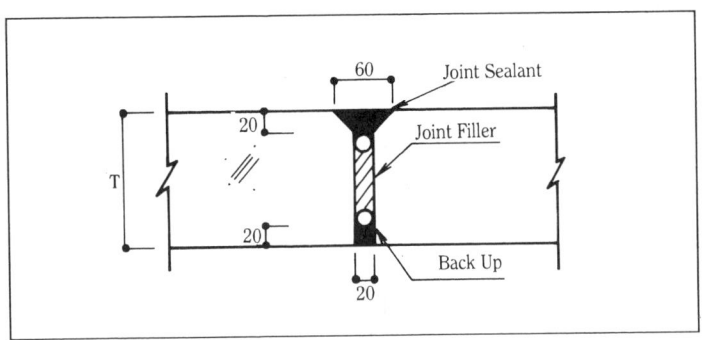

(2) 하부 Slab

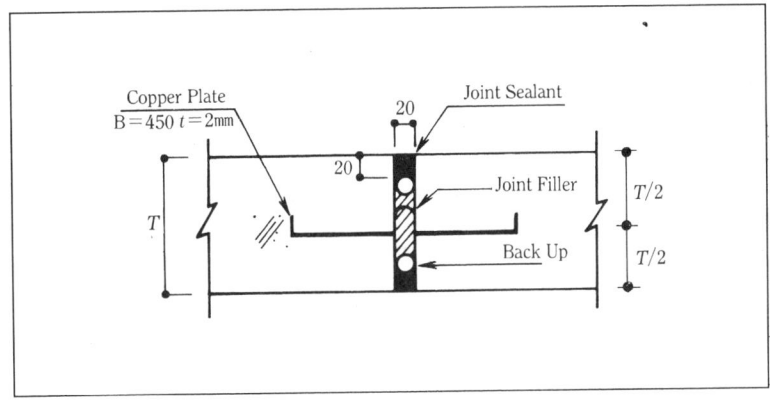

4. 기존 시설물 유지관리상의 문제점과 대책

(1) 기존 시설물 유지관리상의 문제점
1) 형식적인 Eye Check에 의한 외관 중심의 관리체계
2) 대형사고후의 형식상의 땜질식 보수, 보강
3) 발주처의 유지관리의 중요성 인식 결여
4) 발주 → 시공 → 준공 → 유지관리 전단계에 걸쳐 준공까지의 예산집중 편성

(2) 대책
1) 유지관리의 중요성을 인식하여, 예산의 적절한 편성 및 지속적인 투자

2) 유지관리를 위한 전문업체의 육성
3) 준공후 계측관리를 통한 체계적인 유지관리 System 구축
    특히, 대형참사로 이어지는 Dam, Tunnel, 교량 등에 대한 계측관리

(3) 유지관리를 위한 보수, 보강 공법

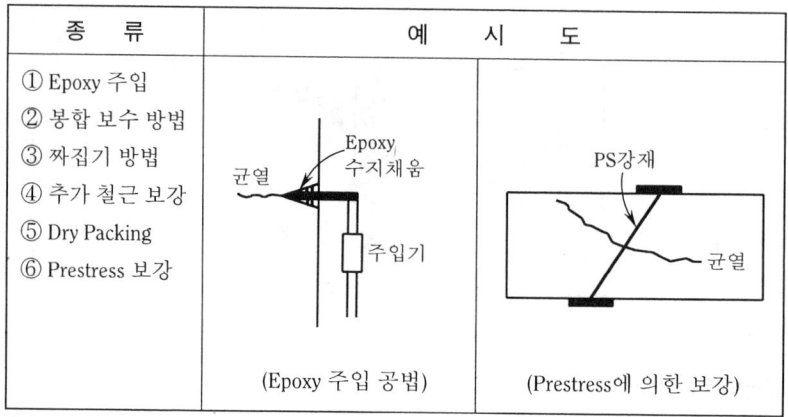

종 류	예 시 도	
① Epoxy 주입 ② 봉합 보수 방법 ③ 짜집기 방법 ④ 추가 철근 보강 ⑤ Dry Packing ⑥ Prestress 보강	(Epoxy 주입 공법)	(Prestress에 의한 보강)

5. 건설기술개발에 있어서의 문제점과 대책

(1) 문제점

   1) 발주처의 신기술, 신공법 채용에 대한 부정적 태도
   2) 건설기자재의 무분별한 외국산 사용

(2) 대책 및 개발과제

   1) 계측기의 국산품개발
      ① 싼값으로 대량생산하여
      ② 많이 설치할 수 있게 한다.

   2) 건설기자재의 국산품 수요 확대

   3) 기술선진국에 전문기술자의 기술 습득기회를 확대할 수 있는 국가의 상호기술교환 System 마련
      ① PS강선의 Prestressing 방법
      ① 계측관리기술 등

   4) 건설폐기물의 재활용 기술개발 촉진
      ① 콘크리트 폐기물의 고도처리기술
      ② 아스팔트 콘크리트 재생기술

2. 장마철 대형 공사장의 중점 점검사항 및 집중 호우시 재해 대비 행동 요령을 기술하시오 (40점 : 필수)

1. 개 요

(1) 장마철 대형 공사장의 중점 점검사항 및 집중 호우시 재해 대비 행동 요령을 본인이 관리하고 있는 전력구 터널공사 현장을 중심으로 아래와 같이 기술 하고자 한다.

(2) 공사개요

  1) 도급공사비 : 186.7억원

  2) 관급자재비 : 12.6억원, 공사비 계 : 199.3억원

  3) 관로 연장 : 1,867m

  4) 전력구 연장 : 627m

  5) 터널 연장 : 269m

  6) 교량 : 1식

2. 장마철 대형 공사장인 상기 공종별 중점 점검 사항

(1) 관로 공사 현장

  1) 절취 사면 **유실 점검** (토공법면)

  2) 연약 지반 굴착시 취약부 점검

  3) 설계 도서와 같이 **구배 굴착** 시행 여부 점검

  4) 가시설 구간 **토류벽 배면** 응력 집중 점검

  5) 집중호우 발생에 대비한 사전점검 모의훈련 실시

  6) 집중 호우에 대비하여 **수방자재** 사전 확보

  7) 수방 자재 창고 준비 항목

    ① 마대 : 10,000장　　② 모래 : 1,000m³(현장 주변에 야적)

    ③ 삽 : 200자루　　　　④ 양수기 : 유류용 5대, 전기용 5대

    ⑤ 비상 발전기 : 3대

(2) 전력구 공사현장

  1) 흙막이벽 점검　　　　2) 굴착구배 점검

  3) Strut, Wale 규격 및 응력 작용 검토

  4) 유실예상 구간 비닐덮기 실시 및 Shotcrete 시공

5) 수방 자재를 공사현장 사전 확보한다.
　　6) 토사유실 예상부분 Soil Cement 처리
　　7) 구배 굴착 구간 예산 허락하는 범위내에서 Shotcrete 등 뿜어 붙이기 실시

(3) 터널 공사 현장
　　1) 수직구내 우수유입 방지 대책 수립
　　2) 마대쌓기 또는 수직구 Concrete 벽 시공
　　3) 흙막이벽 토압 점검(지표수에 의한 토압 증가)
　　4) 가시설 사보강 또는 Strut 추가 보강
　　5) 비닐 덮게 설치
　　6) Concrete Spray 실시
　　7) 수직구 인근에 수방자재 확보 점검
　　8) 수방창고 설치 확인
　　9) 적정 **수방자재 확보** 유무 확인
　　10) 터널 갱구부 호우시 낙반 또는 위험가능성 확인

(4) 교량 공사 현장
　　1) 가설 자재(합판, 거푸집, 각목 등) 야적 및 호우시 유실 예상 점검
　　2) 호우시 유수에 악영향 인자 사전 제거
　　3) 재해 대비 기상예보 1개월전 사전 자료 확보(기상청, 기상 서비스)
　　4) 가설 배수로 범람에 대비 유수단면 확보 및 홍수예상 빈도(50년, 100년 수문 기상 확률)
　　　고려하여 충분히 확보

(5) **가시설 설치 현장에서 호우시 중점 확인 점검사항**

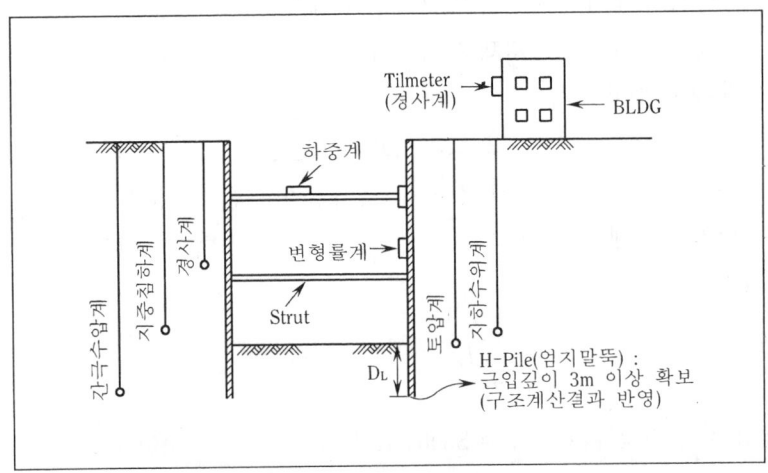

(그림 1) 토류구조물에서 계측기 설치 위험여부 확인

3. 장마철 대형 공사장의 집중 호우시 재해 대비 행동요령

(1) **경찰서** : 재해발생시 차량 진입로 교통 차단
(2) **119 구조대** : 재해구역 환자 이송
(3) **소방서** : 재해발생 현장 화재 진압
(4) **시청** : 재해지역 선포 및 민방위 대원 동원 및 민원 대책 수립, 조치
(5) **발주처** : 총괄 사고수습 및 재해 대비 비상훈련 실시 주관

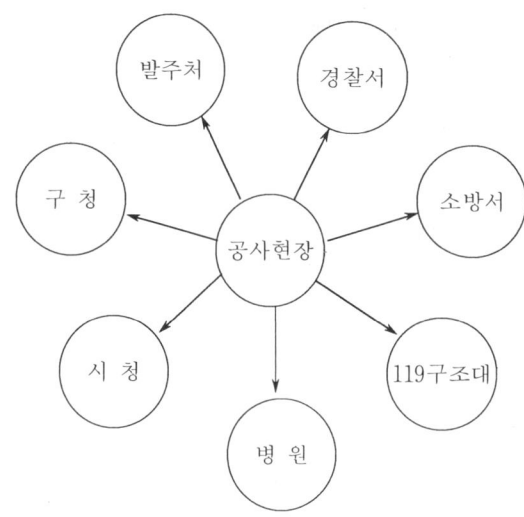

(그림 2) 재해 대비 유관기관 협조 체계도

4. 맺음말

장마철 집중호우대비 현장관리시 특히 유의사항
(1) 평소에 재해방지관련 인원, 장비, 자재는 안전수칙에 따라 준비한다.
(2) 현장소장 → 감리단장 현장 상주한다.
(3) 장마기에는 직원은 조편성해서 2~3교대 근무할 수 있도록 한다.
(4) 비닐 20~30 Roll 정도는 항상 현장에 비치할 것
(5) 사고가 예상되는 공종에 대한 공법의 원리를 확실하게 파악해서 → 시공중에 정밀 시공하는 것이 재해방지 대책수립보다 → 더 중요하다.
(6) 공법의 원리는 이해못한 기술자는 어떤 경우에도 재해방지를 할 수 없다.

3. 도심지현장에서 시공시 수질 및 대기오염 최소화 방안 (40점 필수)

1. 개 요

(1) 도심지현장에서 시공시 수질 및 대기오염을 최소화하기 위해서는
 1) 시공공법을 변경   2) 발생원인 변경
 3) 작업시간 변경   4) 기계배치 적정화
 5) 사용기계에 수질 및 대기오염 방지장치 등의 방법을 사용하여야 하며

(2) 환경 저감방안을 사회환경, 생활환경, 자연환경에 따라 수립하여야 함.

2. 수질오염 최소화 방안 (원인 및 대책)

 (1) 수질 오염의 원인
  1) 하천에서 교각, Open Caisson 기초공사시 토사유출 및 Concrete 잔재유출로 인한 **수질오염**
  2) 약액주입공법 (LW, SGR, JSP)시에 약액에 의한 **지하수 오염**
  3) Slurry Wall, 현장타설 말뚝기초 시공시 Slime처리 불량으로 인한 **지하수 오염**
  4) 부지정지 공사시 토사유출로 인한 농경지 토사 퇴적 및 **방류하천 오염**

 (2) 수질 오염 방지 대책
  1) 하천에서 교각, Open Caisson 콘크리트 타설 및 굴착시의 대책
   ① **오탁 방지막** 시공계획 작성하여 시행
   ② 콘크리트 혼합수, 굴착으로 인한 토사유출을 **오탁 방지막**으로 감소시킨다.

  2) 약액 주입 공법으로 인한 오염 방지 대책
   ① 공법을 변경하여 Slurry Wall, H-pile 토류판 공법으로 변경함.
   ② 동결공법적용

  3) Slime처리 불량으로 인한 지하수 오염
   ① Slime처리 및 순환수처리 설비 설치
   ② 정수처리 시설설치

  4) 부지정지시 토사유출로 인한 하천수 오염
   ① 배수로 설치, 하천으로의 유입억제
   ② 폐수처리장 설치
   ③ 침전지 설치

3. 대기오염 최소화 방안

(1) 대기 오염의 원인

　1) 토공 작업시 **분진** 발생

　　운반차량에 의한 분진 및 매연 발생

　2) 작업 장비에 의한 **매연** 발생

(2) 대기 오염 방지 대책

　1) 토공작업시 분진 발생에 대하여는

　　① 운반차량 속도를 주거지역에서는 제한하고

　　② **세륜시설** 설치

　　③ **진입로** 정비 포장

　　④ 도로에 주기적으로(Water Truck으로) 물을 뿌린다.

　　⑤ 운반시 적재함을 Tent로 덮는다.

　2) 작업 장비에 의한 매연 발생에 대한 조치로서는

　　① 작업시간 변경

　　② 디젤함마 항타를 **유압함마** 항타로 공법 변경

　　③ 건설공해가 적은 공법으로 변경(현장타설콘크리트 말뚝 공법으로 변경)

4. 환경 영향 평가 실시후 공사 착수(조사 → 설계 → 시공)

(1) 소음, 진동, 수질오염, 폐기물, 토양오염, 토지 이용 등 공해사항을 미리예측하여

(2) 설계도서 및 시공계획에 반영하여 공사 착수하여야 함.

(3) **조사 및 계획시**

　사회환경, 생활환경, 자연환경에 대한 환경영향 조사를 실시하여 계획시부터 관계기관 및 관련 주민과 협의하여 계획

(4) **설계시**

　1) 환경위해, 공해 발생원을 조사하여 저해요인이 적은 공법 선정, 지역선정

　2) 시공시에 저감 대책을 설계도면화하여 예산에 반영 시행

　3) 공법변경, 발생원 변경 도면작성

(5) **시공시**

　1) 건설공해 유발가능성 조사후 시공계획서 작성하여 공사 시행

　2) 공법변경 및 저감 방안에 대한 관계기관 협의 보상대책까지 수립하여 공사 시행

5. 맺음말

(1) 공사 계획시부터 조사 → 설계 → 시공 → 유지관리 까지 건설공해 저감 방지대책 계획수립하여 공사 착수
(2) 건설공해로 인한 민원이 발생하지 않도록 공사 착수전 → 착공후 계속적인 노력이 공정관리 → 품질관리 → 원가관리에 대단히 중요하다.
(3) 공사착수 단계에서 건설공해방지대책 계획수립시 고려할 사항과 공사발주 단계에서 환경영향평가서에 명기할 항목

사회경제환경	생활환경	자연환경
① 인구/주거상황 ② 산업 ③ 교통량	① 소음 ② 진동 ③ 수질 ④ 폐기물 ⑤ 토양오염 ⑥ 토지이용 ⑦ 대지진	① 기상 ② 지형 ③ 지질 ④ 동물 ⑤ 식물 생태계

4. GIS (Geo-Information System) (20점) = 지리 정보체계(1안)

1. GIS와 GSIS의 변천과정
GIS (지리정보체계)는 1950년대 미국의 워싱턴 대학에서 기본적인 전산 프로그램을 전산지도제작을 이용한 GIS가 시작되었음.

2. 지형공간 정보체계 (GSIS : Geo-Spatial-Information System)의 역사
이러한 추세에 따라 국내에서는 1993년 각기 평행적으로 연구, 시행되었던 지리정보체계(GIS), 토지정보체계(LIS), 도시정보체계(UIS), 도면자동화 및 시설물관리(AM/FM)등 관련정보체계들을 상호 연관성 및 의존성을 고려하여 보다 완성도 높게 하나로 통합된 **지형공간정보체계**(Geo-Spatial Information System : GSIS)로 통합운영하기에 이르렀다.

3. 지형공간정보(GSIS)의 분류
(1) 지형공간정보체계의 자료기반을 효율적으로 형성하기 위해서는 많은 종류의 정보를 필요로 함.
(2) 이러한 정보들은 크게 **위치정보**와 **특성정보**로 대별됨.
  1) 위치정보 : 상대위치정보, 절대위치정보
  2) 특성정보 : 도형정보, 영상정보, 속성정보로 세분됨.

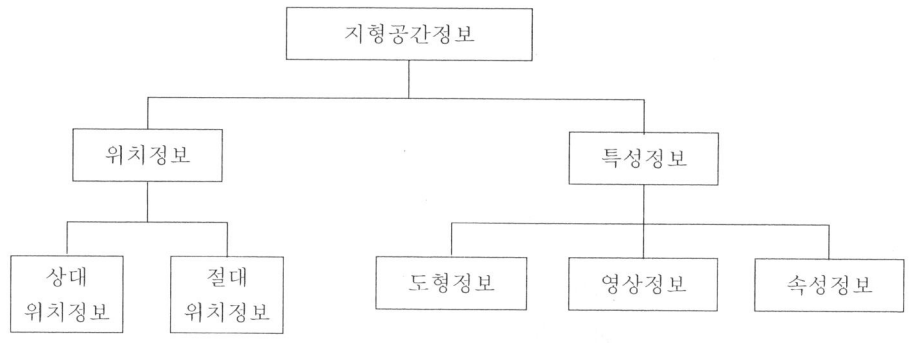

(그림 1) 지형공간정보체계의 자료종류

4. 자료처리체계 3단계
(1) 1단계 : 자료입력   (2) 2단계 : 자료처리   (3) 3단계 : 출력의 3단계로 구분된다.

5. 지형공간 정보체계(GSIS)의 필요성

(1) **국토이용** 및 **자원관리 환경보전**에 필요한 일반적인 통계자료 및 도형자료의 전산화 체제 정비(지형도, 토양도, 삼림도, 지적관리, 지하자원 탐사자료, 하천 및 수계, 도로망, 문화재, 인구통계, 교통량, 환경오염 및 재해조사관리)

(2) 지형경사도, 피복상태, 토지이용가능도 및 이용능력평가, 도시 및 지역형태변화 등에 대한 공간적, 시간적 분포와 기록, 보존 및 기능적 분석

(3) 상기 자료들의 주제별 영상화에 의한 시각적 표현 및 그 변천추이 등에 관한 이해증진에 기여함

(4) 지형공간정보체계는 여러종류의 지역정보를 보여줄 수 있는 자료기반으로 이루어져 있으므로 ① 각종 자료의 도면화 ② 도면의 중첩 및 분해 ③ 지도정보의 관측 및 검색 ④ 지도내용의 추출 ⑤ 통계자료와 면적자료 연관분석 및 그 결과의 시각적 표현 등에 이용할 수 있음.

6. 지형공간 정보체계(GSIS)의 활용 16가지

(1) 토지정보체계(Land Information System : LIS)

(2) 지리정보체계(Geographic Information System : GIS)

(3) 도시 및 지역정보체계(Urban And Regional Information System : US/RIS)와 국토정보체계 (National Land Information System : NLIS)

(4) 수치지도제작 및 지도정보체계(Digital Mapping and Map Information System : DM/MS)

(5) 도면자동화 및 시설물관리(Automated Mapping and Facility Management : AM/FM)

(6) 측량정보체계(Surveying Information System : SIS)

(7) 도형 및 영상정보체계(Graphic and Image Information System : GIIS)

(8) 교통정보체계(Transportation Information System : TIS)

(9) 환경정보체계(Environmental Information System : EIS)

(10) 자원정보체계(Resource Information System : RIS)

(11) 조경 및 경관정보체계(Landscape and Viewscape Information System : LIS/VIS)

(12) 재해정보체계(Disaster Information System : DIS)

(13) 해양정보체계(Marine Information System : MIS)

(14) 기상정보체계(Meteorological Information System : NIS)

(15) 국방정보체계(National Defence Information System : NDIS)

(16) **지하정보체계**(Underground Information System : UGIS)

과년도 출제 문제

A. 과년도 출제문제 목차(시행회수별+교시별)
17회('79년도)~ 69회(2003년도까지)

제17회 과년도 출제문제 (1979년 5월)

기 초	■ 다음 6문중 4문을 택하여 답하라. (각 5점)
(1)	다음 각 항에 대하여 간단히 설명하라.(필요하다면 그림을 그려 설명하라.) 　① 정철근, 부철근 　② 시방배합과 현장배합 　③ 설계기준강도와 배합강도 　④ 스터럽과 절곡철근 　⑤ 포스트텐션방식과 프리텐션방식
(2)	기초 지반개량에 있어서 탈수공법을 4종 이상 열거하고 설명하라.
(3)	우수가 있는 절토부의 노면보호공법을 열거하고 설명하라.
(4)	쇼벨(Shovel)계 굴착기계에 대하여 종류별로 주작업을 설명하라.
(5)	댐공사의 시공설비에 관하여 써라.
(6)	기초말뚝의 장기허용지지력은 어떻게 결정되며, 또한 말뚝의 부의 주면마찰(Negative Skin Friction)은 어떠한 경우에 발생되며, 어떻게 취급하여야 하는가?
전 문	■ 다음 6문중 4문을 택하여 답하라. (각 25점)
(1)	귀하는 시공회사의 현장 책임 기사이다. 원가관리에 대한 물음에 답하여라. 　① 원가관리의 필요성 　② 원가관리의 방법을 체계있게 구체적으로 설명하라.
(2)	본격적인 한중 콘크리트의 시공이 불가피하게 되었다. 현장 책임 기사로서 고려하여야 할 사항에 대하여 구체적으로 논하라.
(3)	교대(Abutment), Culvert와 같은 구조물과 배면의 성토부와의 접속부에 부등침하에 의한 단차가 발생하기 쉬운데, 이에 대한 대책을 설명하라.
(4)	BENOTO공법과 Reverse-Circulation공법을 비교 설명하라. (BENOTO와 RCD)
(5)	항타용 Hammer의 종류를 들고 그 특성을 논하라.
(6)	아래와 같은 지형에 표시된 계획고대로 단지를 조성하고자 한다. 본 지역은 전지역이 지하수위가 높고(지표에서 50cm 정도) 또한 토질이 자갈섞인 점토이다. 상당한 시공계획을 수립하고 그 이유를 설명하라.

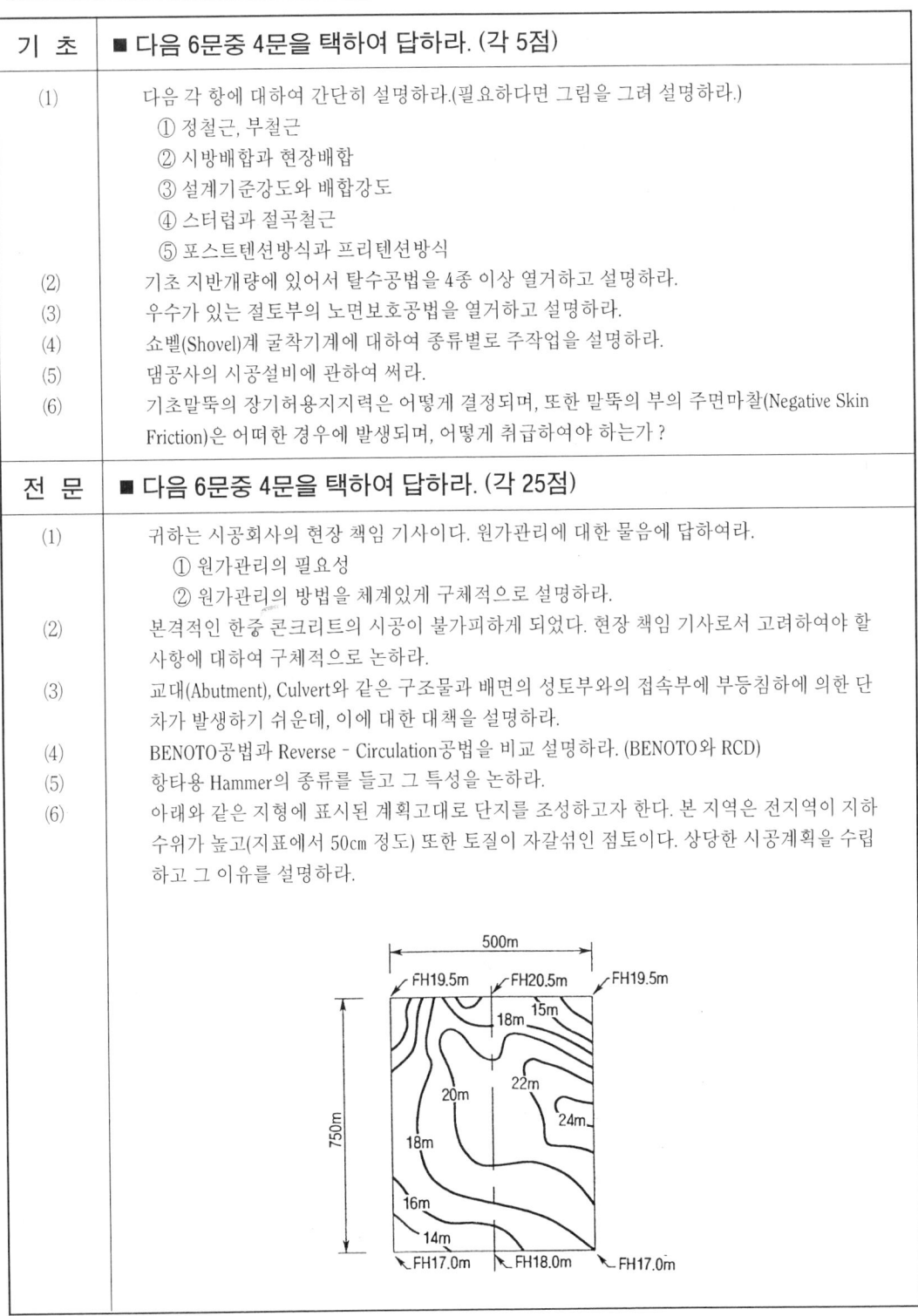

제18회 과년도 출제문제 (1980년 5월)

기 초	■ 다음 6문중 4문을 택하여 답하라. (각 25점)
(1)	일반적으로 사용하고 있는 시공계획의 순서(공사내용, 규모에 따라 다소 차이가 있슴)를 열거하고 그 내용을 설명하라.
(2)	C.P.M 기법상 표준상태와 긴급상태에 있어서 비용과 일정과의 관계를 논하고 공기와 공비상으로 본 최적계획을 구하는 방법을 기술하라.
(3)	토공계획에서 건설기계 선정시 고려할 토질조건에 관하여 설명하라.
(4)	서중콘크리트와 한중콘크리트의 시공요점에 대하여 기술하라.
(5)	석산 아닌 골재원까지의 거리 20km 되는 곳에서 4,000㎥의 콘크리트를 타설하고자 한다. 현장 착수 전과 착수 후의 계획(장비, 기계기구 포함)에 대하여 말하라.(단, 공기는 가정하라.)
(6)	지하수가 높은 기초 지반에서 가설물인 토류벽을 설치하면서 깊은 굴착을 할 때의 유의사항을 기술하라.

전 문	■ 다음 6문중 4문을 택하여 답하라. (각 25점)
(1)	포장공사에 있어서 노상, 노반의 안정처리 공법과 시공기계에 대하여 기술하라.
(2)	수력발전용 수로 터널시공에 있어서 특히 주의해야 할 사항을 기술하고 그 이유를 설명하라.
(3)	서울시내를 순환하는 지하철공사중 한강을 하저로 횡단통과한다고 가정할 때 이 통과개소의 시공방법과 굴착과정에 대하여 기술하라.
(4)	아래 그림과 같이 연약점토층을 관통하여 지지시킨 철근콘크리트 말뚝 기초위에 세워진 교대가 있다. 이 경우 다음 사항을 기술하라. ① 교대와 뒷채움 흙 접속부에 생기기 쉬운 단차에 대한 대책 ② 기초 말뚝에 사항을 사용하는 경우의 문제점
(5)	양안이 교대가 있고 중간에 교각이 8개 있다. 단순 P.C항으로 지간 30m로 설계 예정이었는데 시공상의 이유로 강형의 연속교로 변경코자 강조한다면 그 이유를 어떻게 생각하나? (여기서, 교각높이 25m, 교량의 노폭은 7.5m이며 활하중은 D.B 24이다.)
(6)	방파제의 종류와 그 특징을 간단히 설명하라.

제19회 과년도 출제문제 (1981년 5월)

기 초	제1교시 : ■ 다음에 답하라.
(1)	콘크리트 배합설계시, 현장조사, 실내시험 및 현장 시공에서 엄수할 사항을 써라. (30점)
(2)	토공완공후 사태나 균열이 발생하는 경우가 있는데, 처음 조건이 어떤 경우이며, 이 약점을 방지할 대책을 설명하라.(도시요) (30점)
(3)	Tractor계 토공중장비의 종류와 용도에 대하여 설명하라. (33점)
	제2교시 : ■ 다음에 답하라. (100점)
(1)	Pile Hammer 중 대표적인 종류 2가지 이상을 들고 그 특성을 비교하라.
(2)	토질이 불량해서 환토코자 한다. ① 어떠한 것으로 하며 그 이유는?　② 공법에 대하여
(3)	다음 3문중 택일하라. ① 준설선의 종류를 열거하고 사용상 특성을 말하라. ② 그림(A)와 같은 재하상태에서 그림(B)의 단면이 안전한지 검산하라. 〔단, 허용휨응력　압축 1,250kg/cm²×1.25, 인장 1,400kg/cm²×1.25, 　1-PL 200×25(상 플랜지), 1-PL 450×16(복부판), 1-PL 230×25(하 플랜지)〕 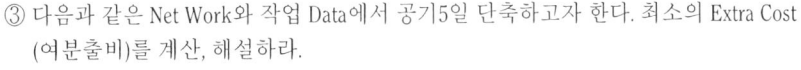 ③ 다음과 같은 Net Work와 작업 Data에서 공기5일 단축하고자 한다. 최소의 Extra Cost (여분출비)를 계산, 해설하라. 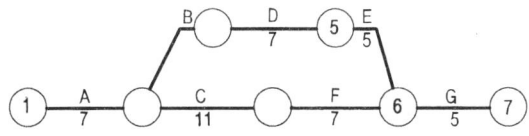

작업명	표준일수(일)	단축가능일수(일)	1일 단축의 소요비용(만원/일)
A	7	1	6
B	6	1	8
C	11	3	3
D	7	2	4
E	5	1	10
F	7	1	7
G	5	1	10

전 문	제1교시 : ■ 다음 4문중 2문을 택하여 답하라. (각 75점)
(1)	고속도로 노선이 연약지반을 통과하도록 설계되어 있으나 도면, 내역서, 시방서 등에는 그 처리공법에 대한 명시가 되어 있지 않다. 귀하가 현장소장으로서 현장조사, 설계변경, 시공계획에 대하여 기술적인 고려사항을 약술하라.
(2)	호안공사와 수제공사에 대하여 그 차이점을 논하고, 특히 양공사 중에서 최근 개발된 재료와 그 시공법을 써라.
(3)	육교로서 높이 50m 이상 되는 교각을 콘크리트구조로 현장시공코자 할 때 그 공법과 시공상의 유의점에 대하여 기술하라.
(4)	터널 시공에 관하여 아래 사항을 기술하라. ① 터널공사의 방수공 및 배수공에 관하여 ② NATM(New Austrian Tunneling Method)의 특징과 우리나라에서 적용함에 있어서의 장·단점에 관하여
	제2교시 : ■ 다음 5문중 2문을 택하여 답하라. (각 75점)
(1)	L형 옹벽을 시공코자 설계도를 Check해 보니 전도가 부족하였다. 이를 보강하는 시공법에 대하여 건의하라.
(2)	아스팔트 콘크리트 포장공사에서 품질관리에 대하여 논하라.
(3)	해안지역의 수심이 깊은 하구부에 교량을 가설코자 한다. 이 경우 적합한 기초공법 및 그 시공방법에 대하여 기술하라. (단, 하상으로부터 깊이 50~60m의 점토층이다.)
(4)	공장제작된 연속강판형을 운반하여 가설코자 한다. Rivet와 High Tension Bolt를 사용할 때 그 시공순서를 쓰고 이에 따른 유의점을 말하라.
(5)	콘크리트 펌프 사용에 있어서 콘크리트의 배합 및 시공상의 유의할 점을 설명하라.

제20회 과년도 출제문제 (1981년 7월)

기 초	제1교시
(1)	운반용 기계의 종류를 열거하고 간단히 설명하라.
(2)	혼화재료에 대하여 설명하라. ① Fly Ash ② AE제 ③ 감수제 ④ 염화칼슘
(3)	케이슨에 대하여 설명하라.
	제2교시
(1)	습윤양생이 유효한 이유와 양생방법에 대하여 논하라.
(2)	H Pile로 시공코자 한다. 좋은 점과 대책을 논하라.
(3)	다음 3문중 1문을 택하여 논하라. ① 시공전에 설계도검토 결과 옹벽의 Slide에 대하여 분명히 안정조건이 부족하다. 시공상 어떤 것을 건의해야할 것인가? ② 기계화 시공계획을 위한 조사사항을 열거하라. ③ 지반의 지지력을 소정의 강도로 확보코자 한다. 이에 필요한 조사사항과 판정방법을 쓰시오.
전 문	**제1교시 : ■ 다음 5문중 2문을 택하여 답하라. (각 25점)**
(1)	항타선에 대하여 기술하고, 귀하의 항타선 사용에 대한 경험에 대하여 기술하라.
(2)	최신에 발달된 터널공법에 대하여 논하라.
(3)	시공계획 또는 일정계획 작성시에 일일표준작업량과 시간당 시공진도를 작성하는 기준에 대하여 논하라.
(4)	Rivet와 High Tension Bolt로 강구조물(가설물)을 설치할 때 시공순선 및 유의사항에 대하여 논하라.
(5)	해수에 저항하는 콘크리트의 타설방법 및 유의사항을 써라.
	제2교시 : ■ 다음 4문중 2문을 택하여 답하라. (각 75점)
(1)	시공계획시 조사하여야 할 사항을 열거하고 귀하가 특히 해외공사시의 조사사항을 열거하라.
(2)	가물막이공법에 대하여 논하고 귀하의 경험을 쓰시오.
(3)	콘크리트공사에 대한 계획과 준비사항에 대한 Check List(점검사항)을 작성하시오.
(4)	Clearance가 35m의 10경간 P.C 합성교를 가설코자 한다. 현장에서 Pre-Stress시까지의 가설방법에 대하여 논하라.

제21회 과년도 출제문제 (1982년 5월)

기 초	제1교시
(1)	옹벽의 뒷채움은 어떤 재료로 하는 것이 좋은가 그 이유를 써라.
(2)	광대한 지역에 비교적 완구배의 공장부지를 만들고자 할 때의 토적계산방법을 써라.
(3)	다음을 간단히 설명하라. ① 정지토압　　　　　② 현장배합 ③ Sliding Form　　　④ 지발뇌관
	제2교시
(1)	중력식 옹벽의 안정조건에 대하여 논하라.
(2)	$\bar{X}$관리도의 관리선의 결정방법에 대하여 논하라.
(3)	다음을 간단히 설명하라. ① 토공운반기계 ② 시방서에서 흙다짐은 표준다짐의 90% 이상으로 규정되어 있다. 이에 맞도록 시공하기 위한 다짐 관리방법 ③ 고장력 볼트로 교량가설시 시공순서
전 문	제1교시
(1)	다음 2문중 택일하라. ① 흙다짐기계의 종류와 그 특성에 대하여 논하라. ② 교량의 기초공법을 열거하고 그 특성에 대하여 논하라.
(2)	다음 2문중 택일하라. ① 지하철공사의 개착식공법 구간에서 지하 5~25m암굴착시 유의하여야 할 기본사항을 설명하라. ② 수량이 비교적 깊고(약 5m) 모래 자갈이 깊이 퇴적(약 3m)된 대하천(유속 2knot)의 하천 구조물을 축조 하고자 한다. 적절한 물막이공법을 제시하고 그 시공법을 설명하라.
	제2교시
(1)	다음 4문중 2문만 택하여 답하라.(각 75점) ① 최소비용으로 공기를 단축하는 방법 ② 설계가 우물통으로 된 것을 Pile로 변경할 때의 귀하의 의견은? ③ 교량 총연장 100m의 PSC Girder(20×5)를 연속교로 변경할 때 어떠한 점을 검토 건설 건의할 것인가? ④ 시멘트포장과 아스콘포장의 구조적으로 다른 점과 품질관리방법에 대하여

제22회 과년도 출제문제 (1982년 11월)

기 초	제1교시
(1)	콘크리트 배합설계에 필요한 시험은 무엇이며 배합설계강도를 얻기 위하여 현장에서 꼭 해야 할 사항을 기술하라. (34점)
(2)	다음 3문중 2문을 택하여 답하라. (각 33점) ① 사항을 사용하는 이유와 시공상 유의할 점을 설명하라. ② 토공계획에서 유토곡선에 대하여 요점을 기술하라. ③ 역T형 철근 콘크리트옹벽(높이 약8.0m)의 시공상 합리적인 배근약도를 그리고 그 명칭을 기입하라.
	제2교시
(1)	Shovel계 굴착용 기계를 열거하고 간단히 설명하라. (33점)
(2)	다음 3문중 2문을 택하여 답하라. (34점) ① Earth Anchor ② Smooth Blasting ③ 건축한계와 차량한계
(3)	다음 3문중 1문을 택하여 답하라. (33점) ① 하천구조물공사에서 홍수처리방법을 약술하라. ② Net Work 공정계획에서 최적 배원계획의 기법을 순서에 따라 설명하라. ③ 강구조에서 용접, 고장력볼트, 리벳 및 보통 볼트의 적합한 용도를 기술하라.
전 문	제1교시 : ■ 다음 4문중 2문을 택하여 답하라. (각 75점)
(1)	건설공사 현장의 안전관리를 위한 Check List(점검사항)을 작성하고 간단히 설명하라.
(2)	암반의 보강공법을 설명하라.
(3)	넓이 100m×400m, 평균 높이가 시공기면에서 15m되는 지형을 깍기(Cutting)하고자 한다. 이 때 공법과 장비 및 작업계획을 기술하라. (단, 토사장까지는 2km이다.)
(4)	유역면적이 800k㎡ 정도의 남한강지류 하천에 높이 60m, 길이 30m, 체적 350,000㎥ 의 중력식 콘크리트 댐을 3년 간에 걸쳐 축조할 계획이다. 이 현장의 댐콘크리트 타설계획과 가설비계획을 제시하라.
	제2교시 : ■ 다음 5문중 2문을 택하여 답하라. (각 75점)
(1)	어느 공사(각자선정)의 시공계획 작성에 있어서 고려하여야 할 점을 논하라.
(2)	Asphalt Concrete포장의 시공순서에 따른 용도별 장비의 선정방법과 그 특징을 기술하라.
(3)	지하구조물을 시공할 때 토류벽 배면의 지하수위가 굴착면보다 높은 경우 용수대책을 설명하라.
(4)	4차선 단순형도로육교(지간 32m 10경간)를 현장에서 긴장작업을 하여 가설하고 슬래브 콘크리트를 치기까지 특히 유의할 사항을 기술하라. (단, 형하공간(Clearance)은 30m이다.)
(5)	현장 소장으로서 공사원가 관리를 위한 기법을 기술하라.

제23회 과년도 출제문제 (1983년 5월)

제1교시
■ 다음 문항에 대하여 기술하시오.

(1) 귀하가 현장 기술책임자로서 구조물 안전사고 방지대책에 대하여 소견을 피력하시오. (40점)
(2) 다음 3문중 2문을 택하여 답하시오. (각 30점)
  ① 한냉시 가열 Asphalt 혼합물을 포설코자 한다. 이 때 유의할 점 들을 열거하고 설명하시오.
  ② 댐 콘크리트시료 5개의 압축강도를 측정하여 각각 205kg/㎠, 195kg/㎠, 215kg/㎠, 210kg/㎠ 및 200kg/㎠의 측정치를 얻었다. 이 콘크리트시료의 변동계수를 구하고 이 댐콘크리트의 품질관리 수립에 대한 귀하의 소견을 밝히시오.
  ③ 철근의 이음에 대하여 아는 바를 설명하시오.

제2교시
■ 다음 문항에 대하여 기술하시오.

(1) 다음의 재료로서 콘크리트를 비빈결과 Slump=3cm, 공기량 5%가 되었다. 비벼진 콘크리트의 량을 계산하고, 시방배합표(콘크리트 1㎥당)를 작성하시오.
  시멘트(비중 3.15)=450kg
  물=150kg
  모래(비중 2.65, 표면수량 4%)=930kg,
  자갈(비중 2.70, 최대치수 40㎜, 표면수량 0.2%)=1,895kg
  AE제(비중 1.0, 2%수용액)=190l (40점)

(2) 다음 3문중 2문을 택하여 답하시오. (각 30점)
  ① 우물통 침하시 지질종류(점토, 일반토사, 모래, 자갈 섞인 모래)별로 적당한 침하공법을 제시하고 그 이유를 설명하시오.
  ② 토공법면이 붕괴 되었을 시 그 처리에 대한 응급대책과 영구대책에 대하여 기술하시오.
  ③ 하천제방의 여러 가지 누수방지공법을 열거하고 그 장·단점을 기술하시오.

제3교시
■ 다음 4문중 3문을 택하여 답하라. (각 50점)

(1) Earth Anchor(Rock Anchor)의 구조를 역학적으로 간단히 설명하고, Earth Anchor(Rock Anchor)가 구체적으로 어떻게 되고 있는지 그 종류와 방법을 아는대로 기술하시오.
(2) 콘크리트 부재나 구조물의 줄눈(Joint)의 종류를 들고 그 기능 및 시공법에 대하여 설명하시오.
(3) 동바리 시공에 있어서 유의할 사항에 대하여 기술하시오.
(4) 콘크리트 댐 기초의 Grouting공법에 있어서 주입공의 배치, 방향, 주입심도, 주입압력, 주입농도, 및 시공후의 시험방법에 대하여 기술하시오.

제4교시
■ 다음 5문중 3문을 택하여 답하라. (각 50점)

(1) 현장책임 기술자로서 구조물공사 착수전에 취해야 할 조치에 대하여 설명하시오.
(2) 콘크리트 내구성에 대하여 아는 바를 기술하시오.
(3) 도로포장의 파괴원인과 그 방지책 및 보수방법에 대하여 기술하시오.
(4) 하상과 하안의 침식을 방지하는 여러 가지 방법의 특징과 장·단점을 기술하시오.
(5) 건설업의 공사원가 관리기법에 대하여 기술하시오.

제24회 과년도 출제문제 (1984년 5월)

제1교시	■ 다음 4문중 3문을 택하시오. (100점)
(1)	토공에서 유토곡선(Mass Curve)의 목적을 약술하라.
(2)	R.C Pile을 항타할 때 Pile두부에 파손이 있다. 이에 대한 원인과 대책을 설명하라.
(3)	지하연속벽공법의 특징을 열거하고 우리나라에서 시행중에 있는 다음 두 가지 공법에 관해서 기술하라. ① Slurry Wall식(벽식) ② 주열식
(4)	도로구조물과 토공과의 사이에 일어나는 부등침하의 원인과 방지대책을 기술하라.
제2교시	
(1)	거푸집 검사에서 유의사항을 설명하라. (25점)
(2)	토공전압 기계의 종류를 말하고 그 특징을 설명하라. (25점)
(3)	다음 그림에 표시하는 성토의 토량을 계산하라. (25점)
	단면도: 상부폭 10m, 좌측 1:2, 우측 1:1.5 종단도: 20m-20m-20m 구간, 성토계획고 6m, 10m, 6m, 8m
(4)	다음 5문중 3문만 답하라. (25점) ① Underpinning ② Crip Wall ③ Paper Drain ④ Bench Cut ⑤ 역라이닝공법(逆卷공법)
제3교시	■ 다음 5문중 3문을 택하시오. (100점)
(1)	사질지반의 지지력을 증가시키는 방법을 설명하시오.
(2)	가체절공법의 종류와 그 재료에 대하여 설명하라.
(3)	콘크리트구조물의 노출면에 얼룩이나 색깔차(色差)가 나타나서 미려치 못한 시공이 되는 일이 많다. 원인을 분석하고 그 대책을 말하라.
(4)	약액주입공법의 목적과 그 적용범위에 관하여 기술하라.
(5)	3경간 연속판형교의 Slab Concrete를 타설코자 한다. 콘크리트 타설순서를 기술하고 그 이유를 설명하라.

제4교시	■ 다음 5문중 2문을 택하시오. (각 50점)
(1)	매립방법을 대별하고 각 공법을 설명하라.
(2)	토사구간의 터널굴착공법을 열거하고 경험한 공법이 있으면 그 시공순서를 설명하라.
(3)	시가지내에서 굴착 및 기초공사를 할 때 소음과 진동의 공해를 최소화하기 위한 대책을 설명하라.
(4)	Post Tension의 P.C Beam에서 Prestress로 인한 신장량과 계산치간에 큰 차이가 생길 경우 이에 대한 조치방법을 설명하라.
(5)	형하공간(Clearance)이 높은 지간 50m 이하의 강교를 가설할 때 다음에 대하여 말하라. ① 가설장비 ② 보통 Bolt와 High Tension bolt의 사용구별 ③ Camber의 설치 ④ Weld의 사용여부 ⑤ 기타 유의사항

제26회 과년도 출제문제 (1985년 5월)

제1교시	■ 다음 3문항은 필수로 기술하시오.
(1)	콘크리트의 방수성에 관하여 써라. (35점)
(2)	흙막이공(토류벽)을 분석하고 그 특징을 써라. (35점)
(3)	다음 5문중 3문만을 택하여 논하라. (4문이상 불가) 각 10점 (30점) ① Creter Crane ② Calmmite(캄마이트) ③ 다짐밀도 ④ Cold Joint ⑤ Jumbo Drill
제2교시	■ 다음 5문중 1문은 필히 답하고 2~5문중에서 2문을 택하시오.
(1)	콘크리트공사의 시공관리계획에 관하여 간단히 써라. (34점)
(2)	Rock Fill Dam의 공정계획에 특히 유의할 사항을 써라. (33점)
(3)	품질관리에 있어서 검사시기 및 검사방식의 선정에 관하여 써라. (33점)
(4)	옹벽의 신축이음을 수밀성으로 하는 방법을 명시하고 뒷채움의 재질에 대한 소견을 써라. (33점)
(5)	지하수위가 높은 지역에서 주요구조물 기초를 현장 타설말뚝 공법으로 시행코자 한다. 기성 말뚝을 사용하는 경우와의 장·단점을 비교하라. (33점)
제3교시	■ 다음 5문중 3문은 필히 택하고 1, 2, 4, 5문중에서 2문을 택하여 답하시오.
(1)	콘크리트구조물의 시공중에서 발생하기 쉬운 균열의 원인과 방지대책에 관하여 써라. (33점)
(2)	하천제방에 있어서 내수배제을 위하여 설치하는통관이나 통문설치에 있어서 유의할 사항을 써라. (33점)
(3)	설계도서에 제시된 말뚝을 현장시설할 때 관리해야 할 사항을 명기하라. (34점)
(4)	주입공법을 분류하고 그 특징 및 효과를 써라. (33점)
(5)	비행장 또는 도로의 포장콘크리트공사(대형공사에 있어서 콘크리트치기(Pouring)에서 줄눈 시공시까지 시공상 유의할 점을 열거하라. (33점) (단, 콘크리트는 프랜트에서 혼합이 완료된 상태에서 운반하고 포장은 무근콘크리트 포장을 기준으로 할 것)
제4교시	■ 다음 6문중 2문을 택하여 답하라. (3문 이상은 불가)
(1)	공사공해의 종류와 방지대책을 써라. (50점)
(2)	프랜트공사에서 상세계획 및 현장 시공계획을 위한 공장조사의 목적과 조사계획 수립시 고려 해야 할 사항을 써라. (50점)
(3)	노반의 동상을 방지할 수 있는 재료 및 공법에 관하여 써라. (50점)
(4)	수중 교각 우물통 기초의 보강공법에 관하여 써라. (50점)
(5)	4차선, 지간 50m의 PC교를 형하공간(Clearance)이 높고 유속이 빠른 장소에서 30Span을 가설 코자 한다. 그 시공법(공기와 공비를 고려)을 써라. (50점)
(6)	PC 보의 제작, 시공과정에서 응력분포의 변화와 제작, 시공상 유의사항에 관하여 써라. (50점)

제28회 과년도 출제문제 (1986년 4월)

제1교시	■ 다음 4문항은 필수로 기술하시오.
(1)	성토다짐공법의 종류를 들어 기술하시오. (25점)
(2)	Remicon에 있어서 다음 사항에 대하여 답하시오. (25점) ① 운반시간의 허용범위 ② Slump의 허용오차 ③ 강도의 허용범위
(3)	목재 Beam의 안정성을 검토하시오. (25점) (단, 보의 단면 : 높이 20cm, 폭 12cm, 보의 허용휨응력 80kg/cm²) $W = 0.5t/m$
(4)	토류벽의 종류와 특성에 관하여 기술하시오. (25점)
제2교시	■ 다음 3문항은 전부 기술하시오.
(1)	Pile(Con'c PC, 강) 이음시, 결함 및 이에 대한 방지대책에 대하여 기술하시오. (30점)
(2)	공사시공계획 순서 및 이에 대하여 기술하시오. (30점)
(3)	다음 중 2문제를 선택해서 약술하시오. (각 20점) ① 보강토공법 ② 전단면 굴착방법의 종류 및 설명 ③ Pipe Messer(Pipe Roof)공법 ④ 시방배합과 현장배합
제3교시	■ 다음 4문중 2문은 택하여 답하시오. (각 50점)
(1)	교좌부분 시공에 대하여 쓰시오.
(2)	설계시보다 현장 Boring이 깊은 경우 가시설(토류벽) 대책 및 설계에 대하여 기술하시오.
(3)	Fill Dam의 시공계획에 대하여 기술하시오.
(4)	구릉지 대규모 토공(500만㎥ 이상)시 장비계획을 입안하시오.
제4교시	■ 다음 4문중 2문은 택하여 답하시오. (각 50점)
(1)	방수공법의 종류 및 특징에 대하여 기술하시오.
(2)	콘크리트 파손원인(Crack, 파괴, 균열)중 Plastic Shrinkage Deformation에 대하여 쓰시오.
(3)	교하공간이 높은 3경간 강판형교의 가설방법을 기술하시오.
(4)	교각이 높고 수심이 깊은 교량의 기초공법에 대하여 기술하시오.
(5)	부산지하철의 재난에 대하여 현장책임기술자로서의 소견에 대하여 논술하시오.

제29회 과년도 출제문제 (1987년 4월)

제1교시	■ 다음 3문항에 대하여 기술하시오.
(1)	석축붕괴의 원인에 대하여 약술하라. (32점)
(2)	그림과 같은 강재단면에서 허용휨응력을 1,400kg/cm²로 할 때 지간 10m의 단순형에서 단일 이동하중 몇 Ton을 받을 수 있겠느냐? (32점)
(3)	다음 5문중 3문을 택하여 약술하라. (36점) ① Boiling현상 ② Concrete의 Shrinkage (수축) ③ C.B.R와 S.N(Structural Number) ④ Reflection Crack(균열전달현상) ⑤ 동결심도
제2교시	■ 다음 3문항에 대하여 기술하시오.
(1)	철근콘크리트와 P.S콘크리트 구조물의 특성과 시공상의 유의점에 대하여 논하라. (33점)
(2)	Sand Drain 공법과 Sand Compaction Pile 공법의 차이점에 대하여 쓰라. (33점)
(3)	다음 2문중 1문만 택하여 쓰라. (34점) ① 콘크리트 압축강도를 관리할 경우에 품질관리도에 대하여 설명하라. ② 80,000m³(원지반토량)의 노체축조공사시 굴착에서 적재운반까지의 토공기종의 조합과 가동일수를 산정하라. (단, 토질은 사질, 운반거리 1km) 　굴착은 불도우저 $C_m = 0.99$분 　적재는 트랙터쇼벨 $C_m = 0.7$분 (C_m : Cycle Time) 　운반은 덤프트럭 $C_m = 14$분
제3교시	■ 다음 4문중 3문을 택하여 기술하라. (각 50점)
(1)	최소비용으로 공기를 단축하는 방법을 Net Work를 예시하여 설명하라.
(2)	도로포장공사에서 기층부까지 시공을 완결하고 표층공은 Asphalt Concrete를 포설코자 한다. 책임기술자로서 표층공에 대한 시공계획을 수립하라.
(3)	책임기술자로서 합리적인 시공관리를 위하여 현장에서 일반적으로 행하여지고 있는 주요 관리항목을 들어 설명하라.
(4)	그림과 같은 철근콘크리트 형교의 콘크리트타설계획을 기술하라.

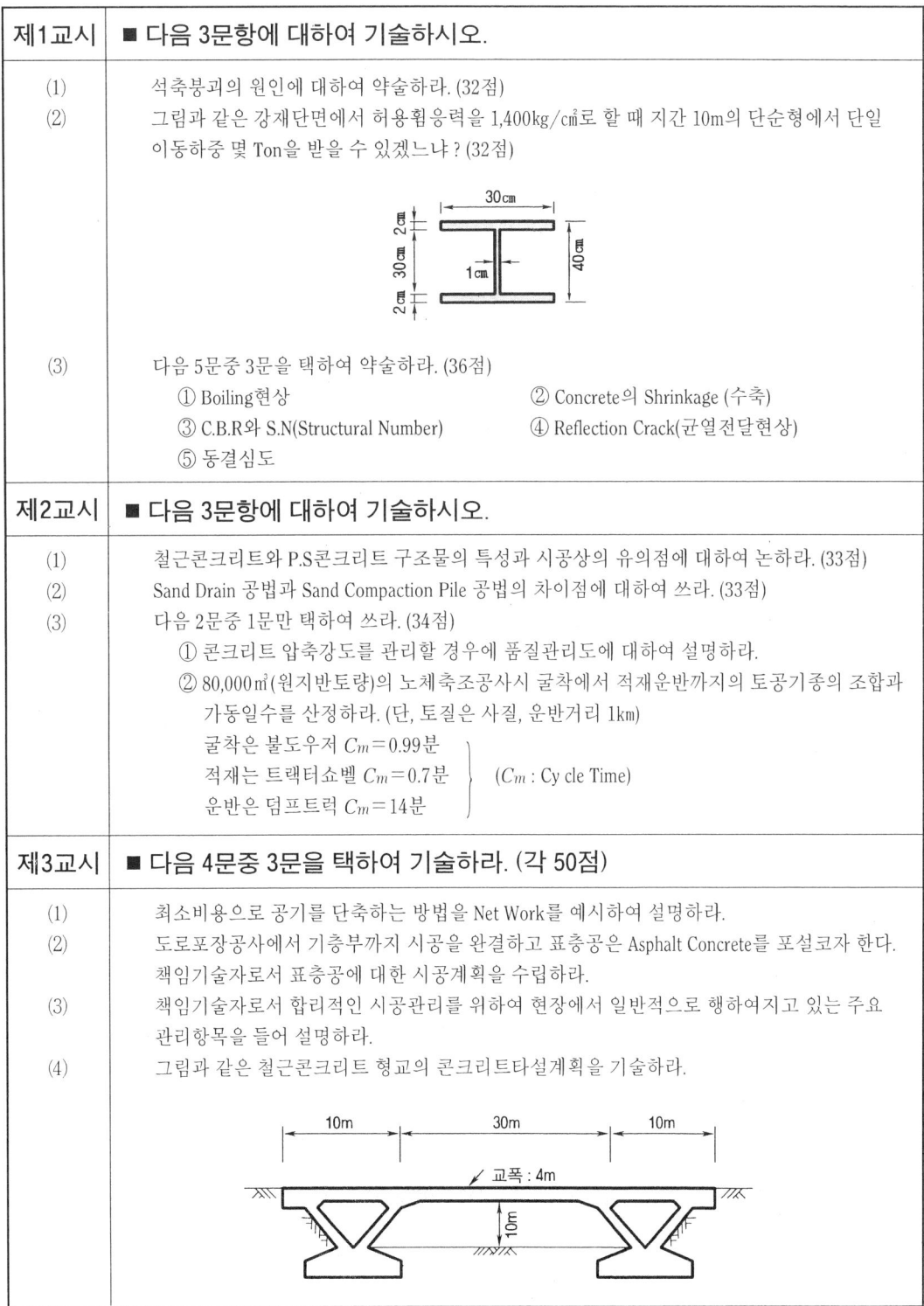

제4교시	■ 다음 5문중 2문을 택하여 기술하라. (각 50점)
(1)	연약지반상의 성토공사에 있어서 침하관리에 대하여 기술하라.
(2)	포장도로의 파괴현상의 원인과 그 대책에 대하여 논하라.
(3)	대표적인 기성말뚝의 항타작업에서 각 말뚝에 대하여 적정항타기와 시공상 특히 유의할 사항을 기술하라.
(4)	토공과 구조물의 접속부에 포장이 점차파손되어 차량의 쾌적성이나 주행안전에도 영향을 준다. 이 부분의 설계와 시공상 유의점을 기술하라.
(5)	이미 설치된 구조물 인접부위에 그림과 같이 중력식 옹벽을 설치하려고 한다. 책임기술자로서 시공계획을 논하라.

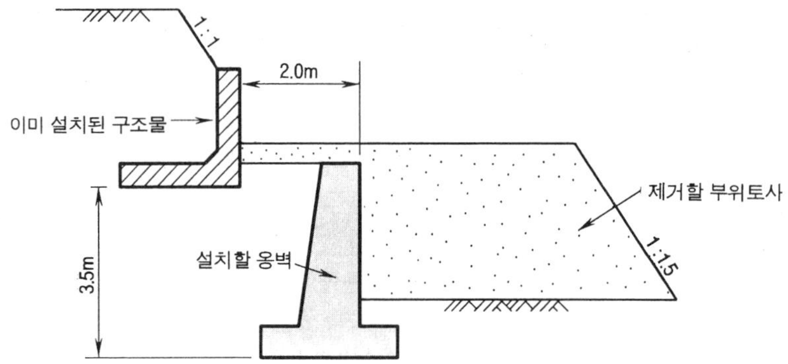

제31회 과년도 출제문제 (1989년 4월)

제1교시	■ 다음 3문항은 필수로 기술하시오.
(1)	H형강을 타입할 때 휘게 될 가능성이 있다. 어느 방향으로 휠가능성이 있다. 그 이유를 논리적으로 밝혀라. H형강 단면은 그림과 같다. (33점)
(2)	토취장과 사토장 선정시 유의사항에 대하여 기술하시오. (33점)
(3)	무공해 말뚝기초의 특성과 적용범위에 대하여 기술하시오. (34점)
제2교시	■ 다음 3문항은 필수로 기술하시오.
(1)	토공사에 있어서 그 목적에 따라 적합한 장비를 선정방식에 대하여 기술하시오. (33점)
(2)	Earth Anchor의 지지방식에 대하여 기술하시오. (33점)
(3)	다음 3문중 택일하여 답하시오. (각 34점) ① 유공 Caisson식 방파제의 특성과 쇄파효과에 대하여 기술하시오. ② 토공과 구조물의 접속부분의 하자(瑕疵)발생방지 대책에 대하여 기술하시오. ③ 양수기, 발전기 등 회전기계의 기초를 시공할 때 구조물의 손상을 피하기 위한 유의사항을 기술하시오.
제3교시	■ 다음 문제중 2문을 택하여 답하시오. (각 50점)
(1)	시공상의 원인으로 Concrete 구조물에 Crack이 생기는 수가 많다. 그 원인에 대하여 나열하고 보수보강공법을 설명하시오.
(2)	도심지에서 지하수위 이하의 사지반에 대규모 차수성 토류벽을 설치할 때 공법을 기술하시오.
(3)	경암 50,000㎥을 절취하는데 소요되는 공사기일을 산출하고 책임기술자로서 시공상 유의점에 대하여 기술하시오. (단, 가정조건 1. 사용기계 Air Compressor 600 c.f.m 2대, Jack Hammer 2.4㎥/min 2. 암질에 따른 천공깊이 또는 속도 $l=4.0$m/hr 3. 사용뇌관수 $b=1.0$개/㎥ 4. 1회 발파공의 깊이 $d=1.2$m 5. 작업효율 $E=0.75$ 6. 1일 작업시간 $T=8$시간 7. 일기조건과 토처리는 무시함.)
(4)	약액주입에 있어서 적용되는 주입제 및 주입공법을 설명하시오.

제4교시	■ 다음 문제중 2문을 택하여 답하시오. (각 50점)
(1)	산간지대와 평야지대의 신설도로공사의 차이점에 대하여 기술하시오.
(2)	흙댐(Earth Dam)의 누수원인과 대책에 대하여 기술하시오.
(3)	수조(정수지, 배수지 등) 배관을 할 때 수밀성을 유지하기 위한 적절한 공법에 대하여 기술하시오.
(4)	서해안의 해성점토 지반을 매립하여 공업용지를 조성할 때에 지반개량에 대하여 귀하가 선정할 공법에 대하여 기술하시오.
(5)	그림과 같은 옹벽저반에 연직력 P=57.6ton이 작용한다. ① 기초지반은 어떠한 토질이어야 하느냐? ② 압굽에 어떠한 처치를 해야 하나? 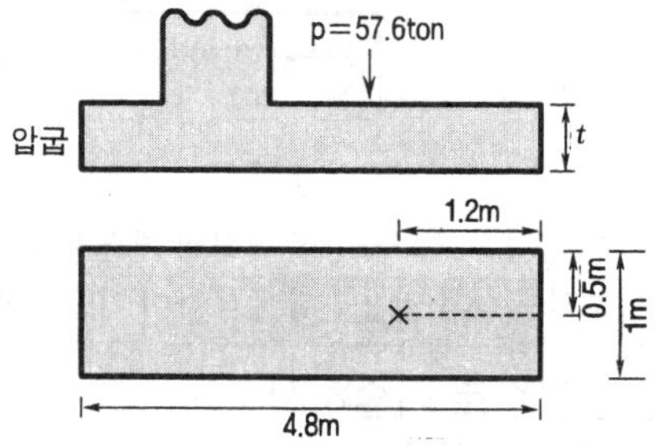

제32회 과년도 출제문제 (1989년 5월)

제1교시
■ 다음 6문중 4문을 택하여 기술하라. (각 25점)

(1) 건조수축이 적은 콘크리트를 만들려 한다. 어떻게 하면 되느냐?
(2) 콘크리트 재료에 대하여 논하라.
(3) 콘크리트 Block형 계선안의 시공에 있어서 유의할 사항을 쓰시오.
(4) 건설기계의 관리조직은 어떻게 하며 이에 종사하는 현장책임 기술자의 건설기계관리에 대한 유의사항에 대하여 쓰시오.
(5) 조절폭파(Controlled Blasting)공법에 관하여 논하시오.
(6) 콘크리트포장 파손 원인중 시공시 문제사항을 열거하고 그 대책을 논하시오.

제2교시
■ 다음 6문중 4문을 택하여 기술하라. (각 25점)

(1) Shotcrete에 대하여 논하라.
(2) 동바리 시공에 있어서 유의사항을 써라.
(3) 일반 콘크리트 배합설계에서 물 시멘트비의 결정방법에 대하여 논하라.
(4) $\bar{X}-R$ 관리도를 그려라.
(5) Asphalt Mixing Plant의 기계조합작업에 대하여 써라.
(6) 성토시 암성토와 토사성토시 구분해서 다짐하는 이유와 다짐방법 및 유의사항을 써라.

제3교시
■ 다음 6문중 2문을 택하여 기술하라. (각 50점)

(1) 현장에서 R.C Pile의 항타 시공중 상당량의 Pile두부가 파손되었다. 현장책임 기술자로써 이에 대한 대책을 설명하라.
(2) 매설관의 기초형식을 설명하라.
(3) 보강토공법에 특성과 적용에 대해서 논하라.
(4) 시멘트 콘크리트포장 공사 수행중 무근콘크리트 슬래브를 포설하기 전에 준비작업과 유의사항에 대하여 기술하라.
(5) 철근콘크리트와 Prestress 콘크리트의 차이점에 대해서 논하라.
(6) 다음 Net Work에서 소요일수를 구하라.
또한 소요일수에서 공기를 5일간 단축하려고 할 때 어떻게 하면 되느냐? 최조개시시각, 최지완료시각, 총 여유시각 등과의 관련을 설명하고 최종 Net Work을 그려라.

제4교시	■ 다음 6문중 2문을 택하여 기술하시오. (각 50점)
(1)	비 배수방식(완전방수) NATM터널 공사에서 현장소장으로서 시공상 유의점을 써라.
(2)	최적화로 설계된 Arch Culvert위 25m두께의 복토를 할 때 책임기술자로서 시공상 유의점 및 특성을 단계적으로 논하라.
(3)	Asphalt콘크리트 포장의 파손원인중, 시공시 문제사항을 열거하고 대책을 논하시오.
(4)	Prestress콘크리트 부재의 제작, 운반, 가설과정중 발생하는 각종 응력상태에 대해서 논하시오.
(5)	가상종단도와 관련하여 유토곡선의 개략을 작도하고 Mass Curve이용방법과 특징을 설명하시오.
(6)	지하Box, 지하철, 연속교 등 연속구조물 하나를 예시하고 시공계획 및 시공상 유의사항을 쓰시오.

제33회 과년도 출제문제 (1990년 4월)

제1교시	■ 다음 3문에 대하여 답하라.
(1)	성토 비탈면 다짐공법 및 비탈면 보호방법에 대하여 기술하시오. (33점)
(2)	수평진동이 예상되는 지역에 말뚝을 박고자 한다. H말뚝, PC말뚝, 강관말뚝 중 어느 것을 선택 할 것인지, 그 이유를 밝히시오. (34점)
(3)	콘크리트의 배합강도가 지역에 따라 다른 이유를 설명하고, 콘크리트의 강도를 결정하는 방법을 간단히 기술하시오. (33점)

제2교시	■ 다음에 대하여 답하라.
(1)	말뚝박기 해머의 종류를 들고, 각 기종에 대하여 적용상의 특징을 비교하시오. (35점)
(2)	두께 7cm, 폭 25cm, 길이 2.5m의 목재판이 단순보 형태로 되어 있다. 목수 몇명이 같은 간격으로 나란히 올라서서 일할 수 있겠느냐? 1인의 체중을 70kg으로 보고, 목재의 휨허용 응력을 70kg/cm²로 본다. 단 양쪽 끝에는 올라서지 않는 것으로 한다. (35점)
(3)	다음 5문중에서 3문을 택하여, 그 요지를 간략히 설명하시오. (30점) ① Ripperbility ② Pre-Cast Block공법 ③ Proof Rolling ④ Grout lift ⑤ 지불선(Payline)

제3교시	■ 다음 4문중 2문을 택하여 답하라. (각 50점)
(1)	수심, 25m정도의 해저에 암반이 노출된 경우에, 교각의 기초와 같은 대형하중을 지지할 수 있는 기초구조에 적합한 공법을 들고, 그 특징을 비교하시오.
(2)	Fill Dam의 Piping현상의 원인과 그 진행 및 균열발생의 과정을 설명하고 이에 대한 대책을 기술하시오.
(3)	건설기계의 조합원칙과 기종선정의 방법에 대하여 설명하시오.
(4)	항만 구조물의 기초사석공에 대하여 책임기술자로서 시공상 유의사항을 논하시오.

제4교시	■ 다음 5문중 2문을 택하여 답하시오. (각 50점)
(1)	포화된 점성토 연약지반위에 도로를 축조할 때, 지반개량을 위하여 선정할 수 있는 공법을 들고 그 특징을 비교하시오.
(2)	매스 콘크리트(Mass Concrete)의 냉각방법에 대해서 설명하시오.
(3)	교통량이 많은 높이 5m의 2차선 지방도로를 관통하여 소규모의 수로(폭1.0~1.5m)를 개설하고자 한다. 귀하가 생각하는 적합한 공법에 대하여 설명하시오.
(4)	180,000m³의 흙을 유용 성토하는데 탬핑 롤러(Tamping Roller)를 사용하여 다짐하고자 한다. 이 때, 다짐 장비의 소요대수를 구하고, 시공상 유의사항을 기술하시오. 단, 시공기간은 30일(1일 작업시간 8시간) Roller의 유효폭 $W=1.8$m, Roller의 다짐속도 $V=4$km/hr, 다짐회수 $N=8$ 다짐두께 $D=0.25$m, 토량환산계수 $f=1$, 작업효율 $E=0.8$
(5)	지질여건에 따른 터널의 굴진방식에 대하여 기술하시오.

제34회 과년도 출제문제 (1990년 10월)

제1교시 ■ 다음 3문 중 2문 택하여 기술하시오.

(1) PC Pile에 대하여
　① 개량된 점
　② 사항에서의 적합성 판정
(2) 성토다짐공법 중 토질조건에 따른 다짐공법을 논하라.
(3) 콘크리트 포장에서 분리막을 설치하는 이유

제2교시 ■ 다음 문 1은 꼭 답하고, 문 2, 3 중 1문 택하여 기술하시오.

(1) 불량한 토사로 뒷채움한 비탈면 석축이 폭우로 인하여 파손되었다. 그 이유를 설명하라.
(2) 현재사용되고 있는 교량의 기초에 대하여 공법 3가지를 설명하라.
(3) 용어설명
　① Cold Joint　　② Bleeding　　③ 흙의 압축·압밀
　④ Preflex 합성 빔　⑤ Dry Mix Remicon

제3교시 ■ 다음 문 1은 꼭 답하고, 문 2, 3, 4 중 2문 택하여 기술하시오.

(1) 암반지역 도로절토시 절토사면 보강공법에 대하여 쓰라.
(2) Silt 20m 성토한 후 20개월 후 교대 및 교각 기초 Pile을 시공하도록 되어 있으나 공기단축의 이유로 Pile을 먼저 타입하고 성토하고자 한다. 현장책임자로서의 의견은?
(3) 콘크리트 구조물의 시공관리할 경우 현장에서 점검사항(Check List)를 작성하라.
(4) 도심지 토류벽공사시 지수공사를 주입공법으로 시행하는 이유와 시공시 유의사항을 기술하라.

제4교시 ■ 다음 4문항 중 2문 택하여 기술하시오.

(1) Prestressed Concrete의 제작·시공시의 응력변화에 대하여 설명하고 시공시 유의사항에 대해 기술하라.
(2) 점토 지반에 제방과 기초를 시공할 시 지지력과 안정에 대한 검토사항과 그 이유는?
(3) 적산문제
(4) 댐콘크리트의 가설비계획에 대해 논하라.

제35회 과년도 출제문제 (1991년 4월)

제1교시	■ 다음 3문에 대하여 답하라.
(1)	Steel Sheet Pile(강널말뚝)단면의 역학적특성과 띠장(Wale)의 역할에 대하여 간단히 설명하시오. (33점)
(2)	굵은 끝제의 최대치수가 클수록 콘크리트의 품질과 강도가 어떻게 되는지 약술하시오. (33점)
(3)	Earth Anchor식 토류공의 특징, 문제점과 적용범위를 간단히 기술하시오. (34점)
제2교시	■ 다음 문1은 꼭 답하고 문2에서 한 문제를 택하여 합계 3문을 하시오.
(1)	① 흙쌓기 공의 품질관리 요령을 기술하시오. (33점) ② 그림 I-Beam을 보로 쓸때 정상적으로 쓸때와 눕혀서 쓸때 어느것이 하중을 더 받는지 계산하여 말하시오. (33점)
(2)	① 해상에 콘크리트 교각을 건조코저한다. 이 콘크리트의 특성을 감안한 시공상의 유의점을 기술하시오. (34점) ② 콘크리트 포장의 양생에 대하여 아는바를 쓰시오. (34점) ③ Prepacked-Concrete가 항만공사에 유리한 점을 기술하시오. (34점)
제3교시	■ 다음 4문중 2문을 택하여 답하라. (50점×2=100점)
(1)	성토 사면의 안정을 해치는 중요한 원인을 열거, 설명하시오.
(2)	기초지반이 대부분 자갈층인 곳에 대구경 Pile을 설치코자 한다. 시공 가능한 공법에 대해서 논하시오.
(3)	흙막이 구조물의 올바른 역할을 위한 시공관리에 대하여 논하시오.
(4)	도로 포장(표층, 기층, 보조기층 포함)공사의 다지기(Rolling)에 사용되는 장비를 들고 장비조합의 문제점을 기술하시오.
제4교시	■ 다음 5문중 2문을 택하여 답하라. (50점×2=100점)
(1)	팔당대교의 붕괴원인과 사전예방대책에 대해 토목기술자로서의 생각을 논하라.
(2)	Tunnel TBM 보완대책을 설명하시오.
(3)	가체절 공법의 3가지 이상을 열거하고 논하라. (특징, 비교, 설명)
(4)	무근 콘크리트 포장의 파손원인, 대책을 논하라.
(5)	연약지반에서 지하철공사의 굴착을 할 때, 흙막이 공법에 대하여 1가지를 선택, 논하라.

제36회 과년도 출제문제 (1991년 9월)

제1교시	■ 다음 문1은 꼭 답하고 문2에서 한문제를 택하여 합계 3문제를 답하라.
(1)	① 성토재료로서 구비하여야 할 흙의 성질을 도로노상 및 제방제체로 구분하여 설명하시오. (33점) ② 그림(a)와 같은 I-BEAM과 강관을 용접하여 그림(b)와 같은 단면의 휨 부재로 사용하고자 할 때 어느 것이 하중을 더 받을 수 있는가를 기술하시오. (33점) 단, I-BEAM과 강관의 질은 같음 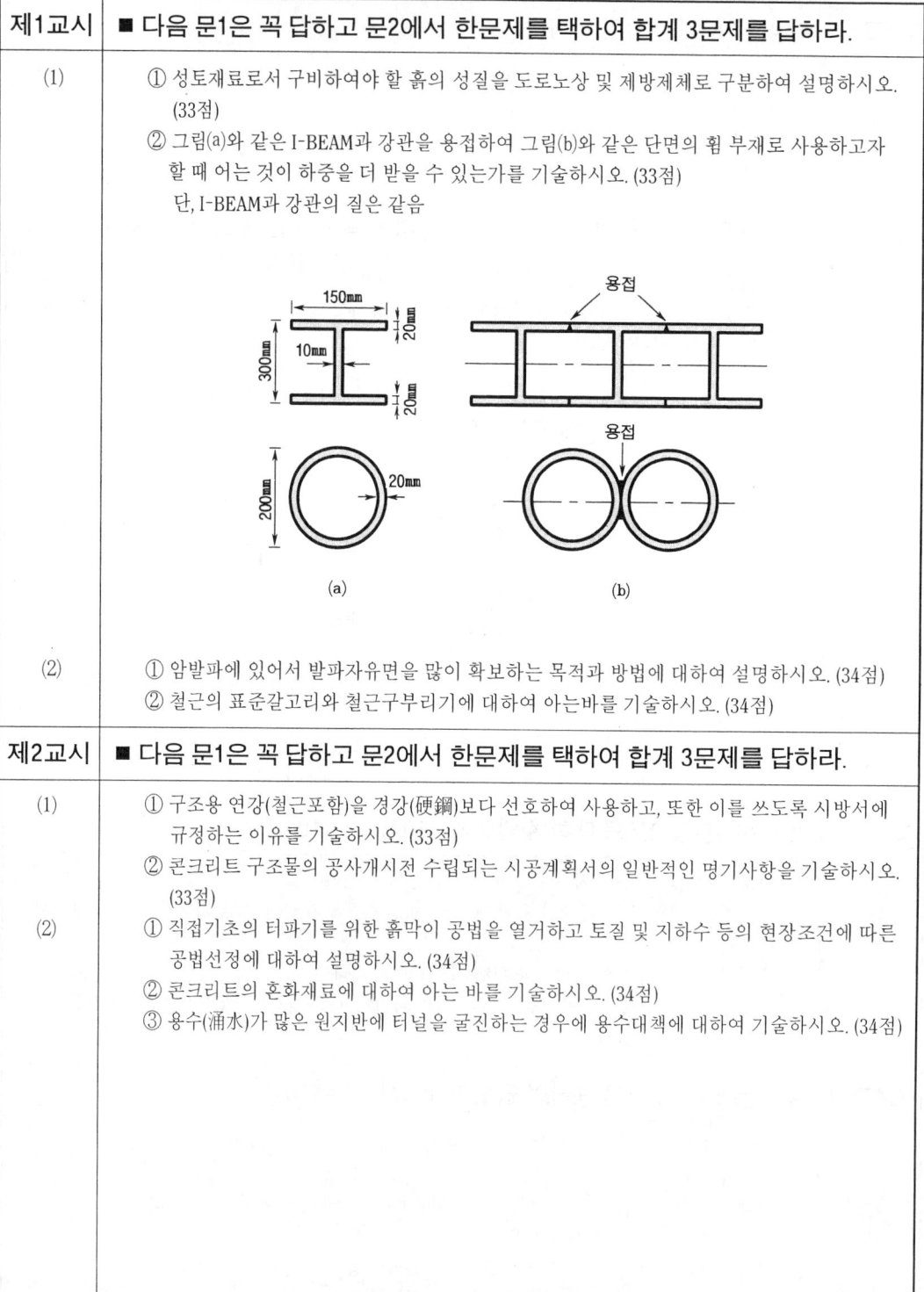
(2)	① 암발파에 있어서 발파자유면을 많이 확보하는 목적과 방법에 대하여 설명하시오. (34점) ② 철근의 표준갈고리와 철근구부리기에 대하여 아는바를 기술하시오. (34점)
제2교시	■ 다음 문1은 꼭 답하고 문2에서 한문제를 택하여 합계 3문제를 답하라.
(1)	① 구조용 연강(철근포함)을 경강(硬鋼)보다 선호하여 사용하고, 또한 이를 쓰도록 시방서에 규정하는 이유를 기술하시오. (33점) ② 콘크리트 구조물의 공사개시전 수립되는 시공계획서의 일반적인 명기사항을 기술하시오. (33점)
(2)	① 직접기초의 터파기를 위한 흙막이 공법을 열거하고 토질 및 지하수 등의 현장조건에 따른 공법선정에 대하여 설명하시오. (34점) ② 콘크리트의 혼화재료에 대하여 아는 바를 기술하시오. (34점) ③ 용수(涌水)가 많은 원지반에 터널을 굴진하는 경우에 용수대책에 대하여 기술하시오. (34점)

제3교시	■ 다음 4문중 2문을 택하여 답하시오. (50점×2=100점)
(1)	다음과 같은 공정 Net Work에서 각 작업의 전여유(Total Float) 및 자유여유(Free Float)를 산출하고, 각 작업의 소요인원이 아래표와 같을 때 인원 동원계획을 최초개시시각(Earliest Starting Time) 기준으로 수립하시오.

작 업	일당소용인원(명)
A	4
B	3
C	3
D	2
E	4
F	5
G	2

(2) PC 교량의 상부구조가 어떤원인으로 결함이 발생하여 보수하고자 한다. 각 요소별 보강대책에 대하여 아는바를 기술하시오.
(3) 방파제 공사에 있어서 Caisson 거치방법의 종류와 거치시 일반 유의사항을 기술하시오.
(4) 최근 건설현장에서 논란되고 있는 콘크리트용 잔골재로서의 해사(바다모래) 사용이 콘크리트 및 철근에 미치는 영향과 염분의 함량기준치에 대하여 설명하시오.

제4교시	■ 다음 5문중에 2문을 택하여 답하시오. (50점×2=100점)
(1)	토공법면을 계획하는데 있어서 ① 일반적인 법면경사(구배)의 기준을 절토 및 성토, 토질 및 암질(岩質), 침투류의 유무로 나누어 예시하시오. ② 법면 보호공법을 열거하고, 각 공법의 특징 및 적용에 대하여 요약설명하시오.
(2)	콘크리트 구조물을 레디믹스트 콘크리트로 사용하고자 한다. 레디믹스트 콘크리트의 품질규정에 대하여 설명하고, 현장에서 콘크리트 담당 책임기사가 해야 할 검사방법과 검사결과의 조치에 대하여 아는 바를 기술하시오.
(3)	보강토벽의 특징을 철근콘크리트 옹벽과 대비하여 기술하시오.
(4)	아스팔트 콘크리트 혼합물의 현장포설시 일반적인 다짐방법과 급경사지의 평면곡율반경이 작은 곳에서의 다짐시 문제점과 그 대책에 대하여 기술하시오.
(5)	터널공법 중 NATM공법이 정착되어 가고 있다. NATM 공법에서 계측관리가 중요한데 계측목적, 이용방법에 대하여 아는 바를 쓰시오.

제37회 과년도 출제문제 (1992년 4월)

제1교시
■ 다음 4문중 2문을 대하여 답하라.

(1) Mass Concrete에 있어서 온도균열 제어방법에 관하여 설명하시오. (50점)
(2) 연약지반 처리공법에서 프리로딩공법(Pre-Loading)과 압성토공법에 대하여 설명하고 그 장단점을 쓰시오. (50점)
(3) 도로포장용 아스팔트 혼합물에 석분(Filler)을 넣는 이유를 설명하고 석분의 성분을 쓰시오. (50점)
(4) 다음을 간단히 설명하시오. (50점)
　① 활하중 합성형(10점)　　② Cold Joint (10점)
　③ 골재의 최대치수(10점)　④ 변동계수(10점)
　⑤ 배합강도(10점)

제2교시
■ 다음 4문중에 2문을 택하여 답하라.

(1) 토목공사 현장의 안전관리를 위한 중요 고려사항을 들고 공사중 재해예방을 위한 대책에 관하여 설명하시오. (50점)
(2) 시공이 완성된 옹벽이 안정상 문제가 발생하여 종종 논란이 되는 경우가 있다. 이 때 발생되는 안정상 문제점의 유형과 그 원인 및 대책에 대하여 설명하시오. (50점)
(3) 콘크리트 교량의 시공중에 생기는 균열의 원인과 방지대책에 관해 설명하시오. (50점)
(4) 아래 그림은 하중에 극한 모멘트(Factored Moment) Mu=22t·m를 받는 단면을 강도설계법으로 설계된 보이다. 철근량이 적당한가를 검사하시오. (50점)

$\sigma_y = 4,000 \text{kg/cm}^2$, $A_s = 3-D2.5 = 15.20 \text{cm}^2$
$\sigma_{ck} = 240 \text{kg/cm}^2$
$P_b = 0.85k \cdot \dfrac{\sigma_{ck}}{\sigma_y} \cdot \dfrac{6120}{6120+\sigma_y}$

제3교시
■ 다음 4문중 2문을 택하여 답하라. (각 50점)

(1) 레미콘과 Pump로 시공시 시공관리 요점에 대해 쓰시오. (50점)
(2) PSC ILM교량 가설법을 설명하시오. (50점)
(3) 산사태 원인과 방지대책을 설명하시오. (50점)
(4) 고속도로 소장으로서 적절한 시공관리 요점 설명을 설명하시오. (50점)

제4교시
■ 다음 4문중 2문을 택하여 답하라. (각 50점)

(1) 거푸집 탈형후 생기는 곰보현상에 대한 ① 이유 ② 대책 ③ 보수방법에 대해 기술하시오. (50점)
(2) Concrete공사에서 Joint종류와 시공법을 기술하시오. (50점)
(3) 포장에 있어서 Mechanical Stabilization이 무엇이며 어디에 사용하는가. (50점)
(4) 대규모 토목공사(공사관리)에 있어서 EDPS를 이용한 PERT/CPM 공정관리 System설명하시오. (50점)

제38회 과년도 출제문제 (1992년 4월)

제1교시	■ 다음 4문중 2문을 대하여 답하라.
(1)	연약 점성토지반 내의 택지조성 공사시 예상되는 문제점을 세가지 열거하고 그 대책에 대해 기술하라. (50점)
(2)	PSC교에서 제조에서 가설까지 시공단계별 PSC부재의 응력변화에 대해 논하고, 시공시 유의사항에 대해 기술하라. (50점)
(3)	하천에서 하상굴착 방법과 시공시 유의사항에 대해 기술하라. (50점)
제2교시	■ 다음 4문중에 2문을 택하여 답하라.
(1)	규격 2.5m×2.5m 암거위에 성토하고자 한다. (50점) ① 되메우기 재료의 선정 ② 되메우기와 성토본체의 다짐순서 및 방법 (그림: 15m, N=50)
(2)	정수장 공사의 수밀 콘크리트를 타설하기 위한 방안에 대해 기술하라. (50점)
(3)	철근과 콘크리트의 부착강도에 영향을 미치는 요인을 기술하라. (50점)
(4)	공사 착공전에 감독관에게 제출해야 하는 시공계획의 내용에 대하여 기술하라. (50점)
제3교시	■ 다음 3문중 2문을 택하여 답하라. : Ⅰ
(1)	사질토 지반에 말뚝을 박을 때 지반의 토성변화에 대하여 논하고, 설계심도까지 박기위한 설계 및 시공상의 유의사항에 대하여 기술하라. (35점)
(2)	철근 콘크리트 3경간 연속교의 시공계획을 수립하고, 시공시 유의사항에 대해 기술하라. (35점)
(3)	도로의 절토, 성토 경계부분에 발생하는 포장파손의 원인에 대해 기술하고 대책방안에 대해 논하라. (35점)
	■ 다음 2문중 1문을 택하여 답하라. : Ⅱ
(1)	산악터널 시공시 굴진 방법에 대하여 기술하라. (30점)
(2)	공정관리(계획-실시-검토-조치)를 단계별로 기술하시오. (30점)
제4교시	■ 다음 3문중 2문을 택하여 답하라. : Ⅰ
(1)	콘크리트 사장교 가설공법에 대해 기술하라. (35점)
(2)	보강토(벽) 공법의 원리를 간단히 기술하고, 고성토 사면에의 적용성과 특징 및 시공시 유의사항에 대해 기술하라. (35점)

(3) 방파제 공사에서 사석기초를 고르기 위한 시공방안 및 시공시 유의사항에 대해 기술하시오. (35점)

■ 다음 2문중 1문을 택하여 답하라. : II

(1) 흙의 강도 측정 개념에 대해 논하고, 그 각각의 시공시 현장에서 필요한 시험방법에 대해 예를 들어 설명하시오. (30점)

(2) CPM Net Work의 Critical Path(한계공정, 주공정)의 정의를 쓰고 공정관리면의 이용방안에 대해 기술하시오. (30점)

제39회 과년도 출제문제 (1993년 3월)

제1교시	■ 다음 문제에 답하시오.
(1)	성토관리에 있어 흙의 다짐정도를 규정하는 방식에 대하여 기술하시오. (33점)
(2)	토목공사 현장이 주변의 환경에 끼치는 공해와 그 방지대책을 기술하시오. (33점)
(3)	말뚝의 이음방법에 대하여 설명하고 시공시 유의사항에 대하여 기술하시오. (34점)
제2교시	■ 다음 1, 2문제는 반드시 답하고, 3, 4문제 중 1문제를 택하여 답하시오.
(1)	장경간 교량의 상부구조 가설에 있어서 Steel Bent(Steel Staging)를 써서 압출공법으로 시공하고자 한다. 다음에 대하여 기술하시오. (33점) ① Bent의 주단면이 H-Beam일 때의 배치를 약도로 표시하고 이유를 설명하시오. ② Bracing을 쓰는 이유와 그 배치를 설명하시오.
(2)	다음 그림과 같은 콘크리트 중력식 옹벽의 안정성을 Rankine 토압 이론을 적용하여 검토하고 불안정한 경우에는 그 대책에 대하여 기술하시오. (33점) 단, 조건은 아래와 같다. 〈조건〉 • 토사의 단위중량(γ_t) : 1.8t/㎥ • 콘크리트 단위중량 : 2.4t/㎥ • 옹벽저면과 지반과의 마찰계수 : 0.4 • 토사의 내부마찰각(ϕ) : 30° • 지반의 허용지지력 : 25t/㎡
(3)	Motor Scraper의 작업기능을 설명하고 작업계산과 조합장비의 대수의 선정방법을 기술하시오. (34점)
(4)	다음 Net Work에서 전여유(Total Float), 자유여유(Free Float)를 주공정(C. P)을 표시하시오.(34점)

제3교시	■ 다음 4문제 중 2문제만 택하여 기술하시오.
(1)	Vertical Drain 공법의 공학적원리를 설명하고 Sand Drain공법과 Paper Drain공법의 장단점을 비교하여 기술하시오. (50점)
(2)	사질토 하상에 현장타설 말뚝을 시공하고 교각을 건조하여 PSC Box Girder를 가설하고져 한다. 다음에 대하여 기술하시오. (50점) ① 현장타설 말뚝의 최적한 시공방법 ② 각 구조의 기준강도 (σ_{ch})에 대한 소견
(3)	현장의 골재상태가 체 분석결과 모래에는 No.4체에 남는 것이 7%, 자갈속에는 No.4체를 통과하는 것이 10%이며, 모래의 표면수(자갈속의 모래포함)가 3.2%, 자갈의 표면수(모래속의 자갈포함) 0.8%로 밝혀졌다. 아래의 시방배합표를 참고하여 현장배합을 결정하시오. (50점)

굵은골재의 최대치수(mm)	슬램프의범위(cm)	공기량의범위(%)	물-시멘트비(%)	잔골재율(%)	단위량(kg/㎥)				AE제(g/㎥)
					물	시멘트	잔골재	굵은골재	
25	10	4.5	47	35.4	161	338	632	1176	101.4

단, 수량에 대한 AE제의 영향은 무시하시오.

(4)	Dam의 기초암반처리에 대한 시공상 유의사항을 기술하시오. (50점)
제4교시	■ 다음 4문제 중에서 2문제를 택하여 답하라.
(1)	콘크리트 구조물에 균열이 발생하였다. 이를 조사하여 보수 또는 보강하는 방법을 기술하시오. (50점)
(2)	댐콘크리트 또는 매스콘크리트에서 시멘트의 수화열에 의한 온도상승을 규제하기 위한 재료, 배합, 시공, 양생 등에 대한 제반 조치에 대하여 기술하시오. (50점)
(3)	성토완료(높이 20m) 2년 후에 항타하여 구조물의 기초를 설치하기로 설계되었다. 공기단축을 위하여 1년 후에 항타하라고 지시가 내렸다고 하면 이에 대한 귀하의 의견을 기술하시오. 부득이 항타를 시행한다면 채택할 항타기의 기종에 대하여 기술하시오. (50점)
(4)	동결심도의 적용성을 설명하고 아래와 같은 조건에서 적합한 동결 깊이를 산출하시오. (50점) 〈조건〉 ① 동결지수 : 430(℃.day) ② 산악도로서 용수의 침투가 많고 실트가 다량 함유된 토질

제40회 과년도 출제문제 (1993년 8월)

제1교시	■ 다음 3문항을 기술하시오.
(1)	양질의 콘크리트 포장시공을 위한 재료, 배합 및 시공방법에 대해서 기술하시오. (20점)
(2)	해안을 준설 매립한 연약 점성토 지반이 있다. 다음을 설명하시오. (10점) ① 침하량 측정방법 ② 연약지반 개량 공법
(3)	Tunnel의 Invert Concrete에 대해 설명하시오. (30점)
제2교시	■ 다음 3문항을 기술하시오.
(1)	대형 안벽 구조물 축조시 대표적인 공법 3가지를 들고 시공상 유의사항을 설명하시오. (30점)
(2)	교량기초에 사용하는 우물통기초, 공기케이슨기초, 설치케이슨기초의 특징을 설명하시오. (40점)
(3)	구조물 해체공법을 들고 특징을 기술하시오. (30점)
제3교시	■ 1문은 필수, 2, 3, 4문중 2문을 택하여 답하시오.
(1)	다음을 설명하시오. ① 변동계수와 증가계수 (20점) ② 안전성과 사용성 (20점)
(2)	옹벽과 신축이음개소가 있는 상수관(D=1500㎜)를 동시에 시공하였다. 어느 정도 시간이 경과한 후 옹벽이 파괴되었다. 사고원인을 분석하고 시공시 유의사항을 기술하시오. (30점)
(3)	공기단축기법에 대하여 설명하시오. (30점)
(4)	준설기계 장비종류 및 특성에 대하여 설명하시오. (30점)
제4교시	■ 3문중 2문을 택하여 답하시오.
(1)	해안, 강변의 지하수위가 높고, 사질토지반 도로변에 고층건물의 밀집한 곳에 개착식으로 지하철 공사를 하려고 한다. 적당한 토류벽 선정과 시공시 유의사항을 설명하시오. (50점)
(2)	콘크리트 구조물 공사시 Batch Plant의 효율적인 운영방법과 품질관리에 대해 설명하시오. (50점)
(3)	다음을 설명하시오. (50점) ① 지름, 공칭지름 (20점) ② 과소철근보, 과다철근보 (30점)

제41회 과년도 출제문제 (1994년 4월)

제1교시	■ 1번, 2번은 필히 답하고 3번, 4번중 1문을 택하여 답하시오.
(1)	구조물과 토공 접속부에 대하여 침하원인의 대책에 대해 기술하시오. (30점)
(2)	적재기계와 Dump Truck의 조합장비에 대해 기술하시오. (30점)
(3)	유토곡선의 성질과 특성에 대하여 기술하시오. (40점)
(4)	I−300×150, Z=(단면계수) 931㎤일 때 단위m당 등분포하중 몇 ton을 받을 수 있는가? 단, Rib의 간격은 1.6m이다. (40점)
제2교시	■ 1번, 2번은 필히 답하고 3번, 4번중 1문을 택하여 답하시오.
(1)	진동롤러의 특성과 적용토질에 대하여 기술하시오. (30점)
(2)	공정관리 기법(즉, Banana 곡선에 의한 공정관리)에 대하여 기술하시오. (30점)
(3)	콘크리트의 수축균열 원인 및 대책에 대하여 기술하시오. (40점)
(4)	기초암반의 보강방법에 대하여 기술하시오. (40점)
제3교시	■ 다음중 2문을 택하여 답하시오.
(1)	우물통 기초 시공에 있어서 (50점) ① 배합에 대하여 기술하시오. ② 콘크리트 타설방법에 대하여 기술하시오.
(2)	성토다짐 규제 방식 및 재료별 적절한 장비에 대하여 기술하시오. (50점)
(3)	하천가재철 공법에 대하여 기술하시오. (50점)
(4)	BENOTO공법과 Earth Drill공법의 시공법과 특성에 대하여 기술하시오. (50점)
제4교시	■ 다음중 2문을 택하여 답하시오.
(1)	대절토구간(도로 및 철도공사) 보강공법에 대하여 아래사항을 기술하시오. (50점) ① 조사사항과 방법에 대하여 기술하시오. ② 공법에 대하여 기술하시오.
(2)	교량의 교각 파손에 대해 보수 및 보강 방법에 대해 기술하시오. (50점)
(3)	하천호안의 파괴원인에 대하여 기술하시오. (50점)
(4)	가열 Asphalt 혼합물의 종류와 특징을 갖추어진 조건에 대하여 기술하시오. (50점)

제42회 과년도 출제문제 (1994년 9월)

제1교시	■ 단답형 : 20문항 중 10문항 선택(1문항당 10점)
(1)	Mass Curve의 극대점, 극소점
(2)	PERT/CPM에서 전여유(Total Float)에 대하여 설명
(3)	암반의 파쇄대(Fractured Zone)에 대하여 설명
(4)	토량환산에서 L값 및 C값
(5)	Negative Skin Friction(부의 주면마찰력)
(6)	진공 케이슨(Pneumatic Caisson)의 침하조건식
(7)	연약지반 개량을 위한 선행재하(Preloading)에 대하여 설명하시오.
(8)	Dam의 Curtain Grouting
(9)	Shotcrete의 리바운드(Rebound)
(10)	지중연속벽의 가이드 월(Guide Wall)의 역할
(11)	CBR(California Bearing Ratio)의 정의
(12)	Trafficability의 용도
(13)	Bulldozer의 작업조치
(14)	교량가설공법에서 FCM(Free Cantilever Method)공법 시공대책
(15)	터널 굴진시의 Cycle 작업의 종류
(16)	골재의 유효 흡수율에 대하여 설명하시오.
(17)	철근의 공칭 단면적에 대하여 설명하시오.
(18)	PS 강재의 Relaxation에 대하여 설명
(19)	콘크리트의 Creep
(20)	콜드조인트(Cold Joint)의 정의, 원인 방지대책
제2교시	■ 1문항은 필수 2, 3, 4, 5문항 중 2문항 선택
(1)	W/C비가(압축강도 영향요인) 굳은 Concrete에 미치는 영향 (40)
(2)	Crusher의 종류에 대하여 설명하시오. (골재의 생산설비) (30)
(3)	무리말뚝을 사질토에서 시공시 유의사항(모래지반과 점토지반의 토성변화) (30)
(4)	Tunnel 기계식 굴착장비의 종류별 특징 기술 (30)
(5)	말뚝해머(Hammer : 항타기)의 종류 및 특징 (30)
제3교시	■ 1문항은 필수 2, 3, 4, 5문항 중 2문항 선택
(1)	흙의 다짐원리 및 토질별 다짐장비 선정과 선정이유 (40)
(2)	서중 Concrete 시공에 관한 문제점과 그 대책을 설명하시오. (특수 환경조건하에서의 콘크리트) (30)
(3)	Concrete 말뚝과 강말뚝의 차이점(30)
(4)	Dam의 차수벽 재료로 사용하는 흙의 통일분류법상 SC와 CL의 특성을 비교설명하시오. (30)
(5)	토질조건에 맞는 준설선의 선정방법 (30)
제4교시	■ 4문항 중 2문항 선택(1문항당 50점)
(1)	다음 Network의 전여유(T.F)를 구하고, 주공정(Critical Path)를 구하시오.
(2)	Concrete 구조물의 시공요인으로 발생한 균열원인 및 대책에 대해서 설명하시오.
(3)	편절, 편성구간의 경계부에 균열 등의 하자가 발생하는 경우 그 원인과 대책
(4)	터널 굴착시 제어발파(Control Blasting)의 공법의 종류를 들고 설명하시오.

제43회 과년도 출제문제 (1995년 3월)

제1교시	■ 단답형 : 9문항 중 5문항 선택(1문항당 20점)
(1)	해사의 염해대책
(2)	콘크리트의 표면차수벽형 석괴댐(Concrete Face Rockfill Dam : CFRD)
(3)	RQD(Rock Quality Designation)
(4)	평판 재하 시험(PBT = Plate Bearing Test)
(5)	NATM 터널공사시 계측종류와 설치위치
(6)	유동화제(Superplasticizer) = 고성능 감수제
(7)	규암(Quartzite)의 시공상 특징
(8)	Cap Beam Concrete
(9)	콘크리트의 알칼리 골재반응(ASR : Alkali Silica Reaction)

제2교시	■ 4문항 중 3문항 선택
(1)	아스팔트 소성변형(Rutting, Plastic Deformation) 및 그 방지대책에 대하여 기술하시오. (34)
(2)	레미콘을 받아서→운반하여→치기전까지 콘크리트의 품질관리 (33)
(3)	암사면 안정해석방법과 보강대책 (33)
(4)	Tunnel 굴착시 여굴(Over Break)의 원인 및 대책 (33)

제3교시	■ 4문항 중 3문항 선택
(1)	Slurry Wall의 개요를 쓰고, 시공상 유의사항을 쓰시오. (34)
(2)	NATM공법에서 2차 복공에 발생하는 균열의 원인과 대책 (33)
(3)	동다짐공법의 개요를 쓰고, 시공관리상의 유의사항을 쓰시오. (33)
(4)	공정관리업무의 목적과 내용 (33)

제4교시	■ 4문항 중 3문항 선택
(1)	암버럭 쌓기부분의 시공상 유의점 (34)
(2)	성수대교 붕괴와 관련된 귀하의 의견 기술. (33)
(3)	Open Caisson의 마찰력 줄이는 방법(케이슨의 침하촉진방법) (33)
(4)	시공자가 공사 착수전 감리자에게 제출하는 시공계획서의 목적과 내용 (33)

제44회 과년도 출제문제 (1995년 5월)

제1교시 ■ 12문항 중 5문항 선택(1문항당 20점)

(1) 공정관리상 비용구배(Cost Slope)
(2) 동결심도 선별방법(결정방법)
(3) 토공운반 기계 선정
(4) 정지토압계수(주동토압, 정지토압, 수동토압)
(5) 콘크리트 포장의 수축이음
(6) 콘크리트 혼화재의 촉진제(염화칼슘 : $CaCl_2$)
(7) 암반의 균열계수
(8) 기초의 허용지내력
(9) 용접부위의 비파괴검사
(10) Seed Spray
(11) 암석발파시의 자유면(Free Face)
(12) 노상표층 재생포장공법(Surface Recycling)에서 Repave와 Remix를 설명하시오. (노상표층 재생포장공법 : Repave + Remix)

제2교시 ■ 4문항 중 3문항 선택

(1) 역 T형 옹벽(Cantilever Wall)과 부벽식 옹벽(Counterfort Wall)의 설계, 시공상의 차이점 (34)
(2) 시공이음의 설계 및 시공상 주의사항 기술. (33)
(3) 흙막이 계측기기의 종류 및 설치에 대하여 기술. (33)
(4) 다짐장비의 종류와 용도 (33)

제3교시 ■ 4문항 중 3문항 선택

(1) 다음 Network의 일정을 계산하고 전여유(T.F) 및 주공정선(C.P)을 구하시오. (34)
(2) Vertical Drain과 Preloading공법의 원리를 설명하고, Vertical Drain이 Preloading공법보다 압밀촉진 시간이 빠른 이유를 설명하시오. (33)
(3) 굴착장비와 운반장비의 효율적인 장비조합 기술. (33)
(4) 강형교(Steel Box Girder Bridge)의 유지관리 및 유의사항에 대하여 기술하시오. (교량의 유지관리) (33)

제4교시 ■ 4문항 중 2문항 선택(1문항당 50점)

(1) TBM의 구조를 설명하고, 그 적용성 기술. (50)
(2) 지하수위가 높은 지반에 토류벽을 설치하고 굴착할 경우 유의사항 (50)
(3) 직립식 방파제의 특성과 시공시 유의사항 기술. (50)
(4) 품질관리 기준에 의한 관리도의 종류를 들고 관리한계선의 결정방법에 대하여 기술하시오. (50)

제45회 과년도 출제문제 (1995년 8월)

제1교시 ■ 6문항 중 4문항 선택(각 25점)

(1) 대절토, 성토시공시 착공전 준비 및 조사에 대하여 기술.
(2) 구조물의 침하원인과 대책
(3) 굳지 않은 콘크리트(Fresh Concrete)의 성질과 구비조건
(4) 흙의 동해가 토목 구조물에 미치는 영향
(5) AE제의 역할과 AE제를 사용할 때 유의해야 할 점을 설명하시오.
(6) 역 T형 옹벽과 부벽식 옹벽의 단면도에 주철근을 표시하고, 직립단면에 대하여 주철근의 전개도를 그리시오.

제2교시 ■ 6문항 중 4문항 선택(각 25점)

(1) 흙쌓기 비탈면의 붕괴원인과 대책(노상+제방등의 인공사면)
(2) 매설관의 기초형식(암거의 기초형식)
(3) 흙막이공에서 시공계획과 시공상 주의해야 할 사항
(4) 배합설계에서 잔골재율(s/a)을 설명하고 잔골재율이 콘크리트 성질(강도)에 미치는 영향을 기술하시오.
(5) 터널 굴착시 제어발파(Control Blasting) 공법의 종류를 들고 설명하시오.
(6) 지하연속벽 시공시 예상되는 사고요인을 중심으로 시공시 유의사항 설명.

제3교시 ■ 1~3문항 중 2문항 선택(30점), 3~6문항 중 2문항 선택(각 35점)

(1) 일반토사 흙쌓기의 다짐관리를 설명하고, 점토 및 사질토에 사용되는 다짐기계를 설명 (30)
(2) 내구성이 큰 Concrete를 만들기 위하여 배합과 시공상 유의사항 설명. (30)
(3) 지하수위가 비교적 높은 위치에서 구조물을 축조할 때 지하수에 대한 처리대책 (30)
(4) Concrete구조물의 열화(Deterioration)현상의 원인 및 대책 (35)
(5) 터널라이닝 콘크리트의 누수원인과 대책 (35)
(6) 건설공사에서 소음, 진동, 공해를 유발하는 공종을 열거하고, 공해를 최소화하는 방안을 설명. (35)

제4교시 ■ 6문항 중 3문항 선택

(1) 자립형 가물막이 공법(가체절 공법)의 종류 및 특징에 대하여(Dam, 하천, 항만과 연계시켜 암기) (34)
(2) 콘크리트의 초기균열에 대한 원인과 대책을 설명(일반 콘크리트 중심으로 한 대답) (33)
(3) 강교 가설공법 중 Cantilever 식과 Cable식을 설명하시오. (33)
(4) 제방의 누수 원인 및 대책 (33)
(5) 토질(모래지반과 점성토)에 따른 전단강도의 특성을 설명하고 현장적용시 고려하여야 할 사항 (33)

제46회 과년도 출제문제 (1996년 2월)

제1교시	■ 10문항 중 5문항 선택(1문항당 20점)
(1)	흙의 동상(Frost Heave) 방지대책
(2)	연약지반(점토)의 1차 압밀(Primary Consolidation)과 2차 압밀(Secondary Consolidation) 설명
(3)	동압밀 공법(Dynamic Compation) : 동다짐 공법(Dynamic Compaction)
(4)	소성수축균열
(5)	Dam에서 기초 암반처리
(6)	철근의 정착길이와 부착길이
(7)	잔골재율[배합설계에서 잔골재율(s/a)을 설명하고, 잔골재율(s/a)이 콘크리트의 성질(강도)에 미치는 영향]
(8)	피로파괴(Fatigue Failure)와 피로강도(Fatigue Strength)
(9)	온도제어양생(Mass Concrete의 냉각 방법(Pre-Cooling과 Pipe-Cooling))
(10)	자주 승강식 바지(Self-Elevated Pontoon Barge) : SEP 바지

제2교시	■ 문항 1은 꼭 답하고, 2, 3, 4문항 중 2문항 선택
(1)	RC구조물의 시공중 균열원인과 보수보강공법. (40)
(2)	구조물 뒷채움 다짐방법. (옹벽, 교대, 암거) (30)
(3)	사질지반에 깊은 기초시공시 현장 타설 콘크리트 말뚝기초 기술(RCD) (30)
(4)	최근 교통량증가에 따른 기존 도로의 확폭과 관련하여 시공계획과 시공관리 기술 (30)

제3교시	■ 문항 1은 꼭 답하고, 2, 3, 4문항 중 2문항 선택
(1)	연약지반 개량공법(Soil Improvement) (40)
(2)	콘크리트 구조물의 현장소장으로서 시공계획시 점검사항 (30)
(3)	강널말뚝을 이용한 계선안(안벽 : Quay Wall)시공시 작업순서 및 시공관리 기술. (30)
(4)	Tunnel의 Shotcrete공법의 특징과 Rebound 저감대책 기술. (30)

제4교시	■ 4문항 중 3문항 선택
(1)	콘크리트 배합설계(시방배합) 결정방법 (34)
(2)	교량의 보수보강 공법을 기술하고(기초+Footing+교각+교대+Shoe+보+Stringer+바닥판(Deck Slab)+교면보강+난간+배수시설) 유지관리상의 문제점 및 대책 (33)
(3)	콘크리트 포장에서 기계에 의한 평탄 마무리와 평탄성 관리 방법에 대하여 기술. (33)
(4)	부실공사 방지대책 (33)

제47회 과년도 출제문제 (1996년 4월)

제1교시 ■ 9문항 중 5문항 선택(1문항당 20점)

(1) 전기 발파(MS와 DS) : 지발뇌관 설명.
(2) L.W 공법
(3) 거푸집, 동바리 시공시 유의사항과 안전성(Check List)
(4) 통계적 품질관리(SQC : Statistical Quality Control) 4단계
(5) Pre-Flex Beam의 원리 설명
(6) SCF(Self Climbing Form)
(7) Asphalt Concrete 포장시공순서별 장비조합 원칙
(8) 무근 콘크리트 포장에서 줄눈의 시공
(9) 용접 결함원인과 용접자세

제2교시 ■ 1, 2문항 중 1문항 선택하고, 3, 4, 5, 6문항 중 2문항 선택

(1) 연약지반 개량공법 중 제거치환공법 설명. (40)
(2) Mass Curve를 단계적 설명. (40)
(3) 기계식굴착 현장타설 콘크리트 말뚝 시공시 시공관리 요령 서술. (30)
(4) 석축(축대)의 붕괴 원인 및 대책, 시공시 유의사항, 안정 조건 (30)
(5) 폭파에 의하지 않는 암석 굴착(기계식 굴착공법) (30)
(6) Tunnel Shotcrete에서 건식공법과 습식공법 설명. (30)

제3교시 ■ 1, 2문항 중 1문항 선택하고, 3, 4, 5, 6문항 중 2문항 선택

(1) 콘크리트 양생방법 중 냉각법 기술(Pre-Cooling과 Pipe-Cooling) : 온도제어양생 (40)
(2) 콘크리트 구조물공사의 품질관리 및 검사요령 (40)
(3) Asphalt Concrete 포장의 상층노반 시공법 (30)
(4) 철근 콘크리트 구조물 공사 안전사고 방지대책 (30)
(5) 구조물에 의한 비탈면 보호공법 (30)
(6) 혼합골재 100,000㎥ 생산코져 할때 소요장비 선정(골재의 생산장비) (30)

제4교시 ■ 4문항 중 2문항 선택

(1) 강교가설공법 중 ILM/Lift Up Barge/Pontoon Crane 가설공법 설명.
(2) Dam의 기초처리와 유수전환방식 설명.
(3) 콘크리트 구조물의 유지관리와 보수보강대책 설명.
(4) 건설공해 원인 및 대책

제48회 과년도 출제문제 (1996년 8월)

제1교시
■ 11문항 중 5문항 선택(1문항당 20점)

(1) 점토지반과 모래지반의 전단특성
(2) 개단말뚝(Open Ended Pile)과 폐단말뚝(Close-Ended Pile)의 차이점
(3) 말뚝타입시 유압 Hammer 특징
(4) Shovel계 굴착기의 종류별 특징
(5) 흙댐(Rock Fill Dam + Earth Fill Dam)의 Piping 현상
(6) PS 강재의 Relaxation(응력이완)
(7) Asphalt Concrete 포장에서 Filler(석분)을 넣는 이유 및 석분의 품질
(8) Slurry Wall의 벽식 공법 설명.
(9) 경량 골재의 종류
(10) 공정관리기법의 종류와 특성(PERT/CPM)
(11) $\bar{X}-R$ 품질관리기법(관리도의 종류, 관리한계선 결정방법)

제2교시
■ 5문항 중 4문항 선택 기술(1문항 25점)

(1) 구조물용 콘크리트 타설후의 균열의 발생원인과 대책을 설명.
(2) NATM의 기본원리와 안전관리 기법
(3) 도로 노상 지지력이 불량한 부분의 개량공법(노상노반의 안정처리 공법)
(4) 사석기초 방파제의 시공전 조사항목과 시공시 유의사항(경사제)
(5) 성토재료로서 점질토와 사질토의 특성에 대하여 설명하고, 특히 높은 함수비를 갖는 점성토의 경우 대책 설명.

제3교시
■ 5문항 중 4문항 선택 기술(1문항당 25점)

(1) Strut(버팀대식)방식과 Earth Anchor지지방식 토류구조물에 대한 특징과 적용범위 기술.
(2) 최신 교량 가설공법중 2종류를 선정하여 비교 설명.
(3) 대규모 단지토공에서 착공전 조사사항 기술.
(4) 균열과 절리가 발달된 암석사면의 안정을 위한 대책공법
(5) 유토곡선(Mass Curve)의 성질과 이용방안 기술.

제4교시
■ 4문항 중 2문항 선택(1문항당 50점)

(1) 기존 구조물에 근접하여 개착공사나 말뚝박기 공사시 예상되는 하자원인과 대책
(2) 설계 기준강도와 배합강도의 관계설명(σ_{ck}와 σ_r) (매우 중요)
(3) 기초용 말뚝의 시공방법중 타입말뚝과 현장타설 말뚝의 장단점과 시공시 유의사항(RC/PC/강 말뚝과 RCD/BENOTO/Earth Drill)
(4) 도로공사에서 구조물과 토공 접속구간의 부등침하의 원인과 대책 기술

제49회 과년도 출제문제 (1997년 2월)

제1교시	■ 9문항 중 5문항 선택(1문항당 20점)
(1)	토취장(Borrow Pit) 선정요건(토취장에서 흙 파오기전 조사 사항과 시공원칙)
(2)	흙쌓기공의 노상(Compacted Subgrade)재료 구비조건
(3)	중공 Slab 균열발생 원인 및 방지대책
(4)	Concrete의 방식공법
(5)	강재(구조용 연강인 철근, H-Pile, 강관 Pile 등)의 방식 공법
(6)	콘크리트의 Alkali 골재반응(Alkali Aggregate Reaction)
(7)	극한 한계상태(ULS)와 사용한계상태(SLS) 설명.
(8)	연속 곡선교의 교좌장치(Bridge Seat)의 배치 및 설치방법
(9)	강구조 압축부재와 휨부재의 연결공법 설명.

제2교시	■ 문항 1은 꼭 답하고, 2, 3, 4, 5문항 중 2문항 선택
(1)	Mass Concrete 온도 균열 제어 방법 (40)
(2)	교각높이 60m, 지간 60m, 일방향 4차선, 5경간 연속 Steel Box Girder의 제작, 운반, 가설, 바닥 Concrete의 타설에 대하여 기술. (30)
(3)	콘크리트 구조의 내구성 증진방안을 재료적, 시공적인 면에서 기술. (30)
(4)	토공사에 필요한 토질조사 및 시험에 대하여 기술. (30)
(5)	당산철교 철거와 재시공시 공사기간을 최소로 줄이는 공법(ILM) (30)

제3교시	■ 문항 1은 꼭 답하고, 2, 3, 4, 5문항 중 2문항 선택
(1)	간만의 차이가 심한(6~9m : 서해대교)해상에서 장대교량 시공시 적용할 수 있는 기초공법(Open Caisson/RCD/Cell 가물막이+직접 기초) (40)
(2)	수밀을 요구하는 콘크리트 구조물(정수장·하수처리장·수영장)의 누수원인이 되는 결함 및 그 대책(수밀콘크리트) (30)
(3)	연약지반 지역에 교량, 교대의 측방이동 억제 공법 (30)
(4)	회수 Dust (Collected Dust)를 채움재(Mineral Filler)로 사용시 유의사항, 추가 시험항목과 Asphalt Concrete포장에 미치는 영향 기술. (30)
(5)	Open Caisson(우물통) 기초의 Shoe 설치, 콘크리트 치기, 우물통 침하, 속채움 등으로 구분하여 기술. (30)

제4교시	■ 5문항 중 2문항 선택(1문항당 50점)
(1)	Prestressed Concrete의 부재, 제조 시공 (긴장 전→긴장작업중→긴장직후→재긴장→중간단계→최종단계)에서 생기는 응력분포의 변화(PSC 부재의 응력변화와 대책).
(2)	Precast Concrete를 이용한 Pre-Stress Box Girder의 건설공법과 특징(Precast Prestressed Segmental Method : PSM)
(3)	표층용 아스팔트 혼합물에 대한 중교통 도로에서 내유동 대책
(4)	강구조물의 용접종류와 균열(결함)을 검사하고 평가하는 방법
(5)	말뚝을 분류(용도, 재료, 제조방법, 형상 및 거동 등)하고 말뚝기초공법에 필요한 조건을 기술하시오. (50)

제50회 과년도 출제문제 (1997년 4월)

제1교시	■ 9문항 중 5문항 선택(1문항당 20점)
(1)	깊은 기초의 종류와 특징
(2)	Mass Curve 설명
(3)	Asphalt Concrete 포장의 파손원인과 보수공법의 종류·특징
(4)	서중 콘크리트의 양생
(5)	말뚝의 지지력 산정 방법
(6)	단순교·연속교·Gerber교의 특징 비교
(7)	Tunnel에서 Lattice Girder (삼각 격자형 거더) : 삼각지보
(8)	Concrete의 혼화재와 혼화제의 차이점과 종류 및 특징
(9)	Caisson 진수공법의 종류 및 특징
제2교시	■ 문항 1은 꼭 답하고, 2, 3, 4문항 중 2문항 선택
(1)	부실공사의 원인과 대책, 건설인의 사명과 기본자세 (40)
(2)	① 콘크리트 구조물(RC)에 발생하는 균열 원인과 대책 : 1안 (30)
	② 콘크리트 구조물(RC)에 발생하는 균열 원인과 대책(Crack Control) : 2안 (30)
(3)	하안 접안 구조물(안벽=계선안) 중 2개 선택, 시공시 유의사항 기술. (30)
(4)	도로 확장(확폭) 구조물의 시공시 유의사항 (30)
제3교시	■ 4문항은 2문항 선택(1문항당 50점)
(1)	점질토 연약지반에서 점토층 두께에 따른 경제성 고려한 지반개량 공법의 종류와 장단점
(2)	NATM의 특성과 적용한계 설명.
(3)	Dam의 기초처리와 유수전환 방식 설명.
(4)	단지조성 공사시 토공작업에 있어서 시공장비 선택시 기본적 고려사항
제4교시	■ 4문항 중 2문항 선택(1문항당 50점)
(1)	도심지 지하철공사를 개착식(Open Cut)공법(토류벽)으로 시공시 유의사항 (50)
(2)	서해안 연약토 준설장비 선정과 시공시 유의사항
(3)	강구조가 낮은 응력하에서도 부분파괴가 일어나는 (자연파괴)현상 설명.
(4)	Ready Mixed Concrete(레미콘) 운반시 유의사항 기술.

제51회 과년도 출제문제 (1997년 7월 13일)

제1교시
■ 다음 9문중 5문 선택 기술 (각 20점)

(1) ① NATM에서 계측설명 (1안)
    ② NATM에서 계측설명(Tunnel의 정보화시공) (2안)
(2) 지하연속벽(Slurry Wall) (연약지반+지하수위가 높은 경우+대규모 차수성 토류벽)
(3) 구조물 줄눈(이음 : Joint)의 종류 및 시공법
(4) Lead Time(=Lag Time) 설명
(5) 토공 정규(Road way Diagraph)
(6) 보강토 공법 (Reinforced Soil : RS)
(7) 건설장비의 경제적 수명(Economic Life) 설명
(8) Claim 설명(건설공사의 공기연장 및 대가청구 : Time Extension & Claims)
(9) ISO 9000 설명(건설공사의 품질보증을 위하여 건설회사에 ISO 9000 Series의 인증이 요구되는 의의)

제2교시
■ 다음 5문중 3문 선택 기술
　(선택한 순서대로 처음 2문제는 각 33점, 나머지 문제는 34점)

(1) 공정관리의 업무내용 설명
(2) Gabion 옹벽(돌망태 Wall)의 특징과 시공법
(3) 장대교 가설공법의 종류·특징 설명
(4) 연약지반의 문제점, 계측관리계획, 계측항목, 계측계획방법, 계측결과의 정리 분석방법
(5) 콘크리트의 구조물의 품질관리 (Batch Plant·재료·운반·치기·저장등에 대하여 기술)

제3교시
■ 다음 5문중 3문 선택 기술
　(선택한 순서대로 처음 2문제는 각 33점, 나머지 문제는 34점)

(1) U-Turn Anchor(제거식 앵커)와 기존 Anchor의 차이점 설명
(2) 건설공사의 품질보증을 위하여 건설회사에 ISO 9000 Series의 인증이 요구되는 의의(ISO 9000설명)
(3) 대절·성토(고절토·고성토) 시공시 문제점 대책(대절성토 구간의 사면 붕괴 원인과 대책)
(4) 재건축 사업추진 중에 발생하는 대규모 콘크리트 잔재물을 재생하여 재활용할 수 있는 방안
(5) 구조물 뒷채움 시공원칙(옹벽, 교대, 암거)

제4교시
■ 다음 5문중 3문 선택 기술
　(선택한 순서대로 처음 2문제는 각 33점, 나머지 문제는 34점)

(1) 하저 터널구간에서 NATM 시공 중 연약지반 출현시 예상되는 문제점과 대책공법
(2) 말뚝이음 공법의 종류 및 특징
(3) 실적단가에 의한 예정가격 작성시 유의사항
(4) 콘크리트 표면차수벽 석괴 댐(Concrete Face Rockfill Dam : CFRD)
(5) 지하 굴토 토류 구조물에서 각부재의 역할과 지지방식에 의한 토류벽 구조물의 특징, 적용성 설명

제52회 과년도 출제문제 (1997년 9월 21일)

제1교시	■ 다음 9문항 중 5문항 선택하여 기술 (각 10점)
(1)	산사태원인 및 대책
(2)	개단말뚝(Open-Ended Pile)과 폐단말뚝(Close-Ended Pile)의 차이점
(3)	연약지반 처리공법 중 치환공법 설명
(4)	콘크리트 시공이음(Construction Joint)의 종류와 특징
(5)	철근의 이음 방법
(6)	주공정선(Critical Path) 설명
(7)	콘크리트 초기균열에 대한 원인과 대책을 설명
(8)	심빼기 발파
(9)	Bulldozer의 작업조치(작업원칙)설명

제2교시	■ 다음 6문항 중 5문항 선택하여 기술(각 25점)
(1)	토류벽 계측의 목적·항목·설치위치·사용상의 문제점, 대책
(2)	풍화암 지반에서 Tunnel 굴착시(연약지반 Tunnel)굴착공법
(3)	아스팔트 콘크리트 포장에서 보조기층 축조대책
(4)	Grad준설선과 Bucket준설선의 차이점
(5)	최소비용 공기단축방법(MCX : Minimum Cost Expediting)
(6)	압축공기하에서 작업시 필요한 설비 설명(Pneumatic caisson)

제3교시	■ 다음 1문항은 필히 답하고, 2, 3, 4문항 중 2문항 선택
(1)	성토재료로 사용하는 사질토, 점성토의 공학적 성질 (40)
(2)	골재의 생산시설 (30)
(3)	Concrete의 신축이음의 기능, 문제점 및 대책 (30)
(4)	All Casing(BENOTO 또는 돗바늘 공법)설명 (30)

제4교시	■ 다음 1문항은 필히 답하고, 2, 3, 4, 5문항 중 2문항 선택
(1)	Cement의 수화열 관리방안 (40)
(2)	대구경 Pile의 정적연직재하시험방법과 지지력판정방법(및 사용상의 문제점, 대책) (30)
(3)	토류벽에서 Strut식 (버팀대식)과 Earth Anchor식 비교 설명 (30)
(4)	제방의 누수 원인 및 대책 (30)
(5)	B.W 공법(Boring Wall) (30)

제53회 과년도 출제문제 (1998년 2월 15일)

제1교시	■ 다음 8문제 중 5문제 기술 (각 20점)
(1)	Rock Fill Dam(석괴댐)의 심벽재료(Core재료) 성토 시험방법
(2)	Pot Bearing(포트받침)과 탄성(고무)받침(Plain and Laminated Elastomeric Bearings)의 특징 설명
(3)	Tunnel 공사에서 지하수(용수) 대책공법
(4)	말뚝의 하중전이(Load Transfer)함수
(5)	Mass Concrete의 온도 균열 지수
(6)	2경간 연속합성교의 Slab Cocrete 타설순서(교량 상부 Slab의 콘크리트 타설순서)
(7)	건설공사의 (국제)입찰방법의 종류와 특징
(8)	석괴댐(Rock Fill Dam)의 유수전환방식

제2교시	■ 다음 1문제는 필수, 2, 3, 4문 중 2문제 선택
(1)	시가지 건설공사에서 소음·진동 대책(40)
(2)	서해안 지역에서 대형 방조제 축조시 최종 물막이(끝막이)공사의 시공대책 : 제1안 (30)
(3)	도로교(깊이 10m 말뚝 기초), 교각(Pier) 기초하부 10m지점을 통과하는 지하철 건설계획을 수립하시오.(30)
(4)	교장 2000m, 교폭 30m, 경간 50m의 연속 Prestressed Concrete Box Girder(PSC Box Girder)의 교량을 시공코져 한다. 이 경우에 Precast Segment의 제작과 야적에 필요한 제작장 계획을 기술하시오. (30)

제3교시	■ 다음 1문항은 필수, 2, 3, 4문 중 2문제 선택
(1)	Slip Form에 의한 중공교각 건설공법(산악지역에 건설되는 장대교량공사에서 중공교각 건설 공법)(40)
(2)	지하철 본선 Box 구조의 벽체와 Slab의 균열제어를 위한 시공 대책(30)
(3)	항만 접안시설에 사용된 케이슨 진수공법 및 시공시 유의사항(30)
(4)	흙의 동결이 토목구조물에 미치는 영향(30)

제4교시	■ 다음 4문제 중 2문제를 선택하여 기술 (각 50점)
(1)	Tunnel의 보조 공법 설명
(2)	건설폐기물(Construction Wastes)의 기술적 문제점과 개선대책 및 재활용 방안(기대효과)
(3)	대규모 임해공단을 조성코자 한다. 토공사의 장비계획을 수립하시오. (Equipment For Infra-Structure Facilities)(단지 조성공사에서 장비계획+시공계획)
(4)	강교 조립 공법의 분류·특징·시공시 유의사항

제54회 과년도 출제문제 (1998년 4월 19일)

제1교시	■ 다음 9문제 중 5문제 선택하여 기술 (각 20점)
(1)	공사원가관리를 위해 공사비 내역체계의 통일이 필요한 이유
(2)	Q.C(품질통제 : Quality Control)와 Q.A(품질보증 : Quality Assurance)의 차이점(1안+2안)
(3)	공사관리의 4대 요소를 들고, 그 요지를 설명하시오.
(4)	콘크리트 표면차수벽 석괴댐(Concrete Faced Rockfill Dam:CFRD)
(5)	Curtain Grouting의 목적
(6)	Prestressed Concrete(PSC) Grout 재료의 품질조건 및 주입시 유의사항
(7)	균열유발줄눈(Control Joint)의 보수방법 기술(Contraction Joint:수출줄눈)
(8)	연약지반 처리공법 적용시 침하·압밀도 관리방법

제2교시	■ 다음 1문제는 필수, 2, 3, 4문 중 2문제 선택하여 기술
(1)	시공계획을 세울시 검토사항 (1안+2안) (40)
(2)	대규모건설사업에 CM용역을 채용할 경우 기대되는 효과(1안+2안)(30)
(3)	콘크리트구조물의 열화(Deterioration)현상의 원인과 내구성 증진 대책(3)
(4)	Soil Nailing 공법 (30)
(5)	노상표층 재생포장공법(Surface Recycling)에서 Repave와 Remix를 설명하시오. (노상 표층재생포장공법 : Repave+Remix) (30)
(6)	아스팔트 포장의 보수보강·재시공과 관련하여 발생되는 폐아스콘의 재생처리(Recycling)공법에 대하여 기술(플랜트 재생가열 아스팔트 혼합물 공법) (30)

제3교시	■ 다음 1문항은 필수, 2, 3, 4, 5문 중 2문제 선택하여 기술
(1)	콘크리트 구조물에 발생하는 균열 원인 및 보수 보강 대책(40)
(2)	연약지반상에 설치한 교대의 측방이동원인과 방지대책공법(30)
(3)	CSI(Construction Specification Institute) 공사 정보분류체계에서 Uniformat와 Masterformat의 내용상 차이점과 양자 상호관련성을 기술(30)
(4)	새로운 시공기술(신기술) 채용시 검토할 사항을 열거하시오.(1안+2안)(30)
(5)	항만구조물 축조시 기초사석공의 시공관리 및 유의 사항(30)

제4교시	■ 다음 4문제 중 2문제를 선택하여 기술 (각 50점)
(1)	건설공사의 품질보증을 위하여 건설회사에 ISO 9000 Series의 인증이 요구되는 의의 (ISO 9000설명)(50)
(2)	옹벽의 안정 및 시공시 유의사항(50)
(3)	연약지반상 대성토구간중에 통로 암거시공 계획(50)
(4)	PSC Box Girder 교량(L=1500m. 폭=20m, 경간장=50m, 2경간 연속교)을 산악지역에 건설할 때 상부공 건설공법 (ILM) (50)

제55회 과년도 출제문제 (1998년 7월 12일)

제1교시 ■ 다음 9문제 중 5문제 선택하여 기술 (각 20점)

(1) 현장에서 다짐도 판정(규정)방법
(2) 공정관리상 비용구배(Cost Slope)
(3) 국부전단파괴(Local Shear Failure)와 전반전단파괴(General Shear Failure) 관입전단파괴(Punching Shear Failure)설명
(4) 가외철근
(5) 팽창콘크리트
(6) 연약지반 개량공법 선정기준
(7) 콘크리트의 시방배합과 현장배합
(8) 정보화 시공
(9) 완성 노면의 검사항목(규격관리기준)설명

제2교시 ■ 다음 1문제는 필수, 2, 3, 4문 중 2문제 선택하여 기술

(1) 콘크리트 표준시방서에 기재된 시공상세도(Shop Drawing)(40)
(2) 강교의 가조립(강교 조립방법의 분류·특징·시공시 유의사항)(30)
(3) 도로확장 공사시(확폭구간)환경에 미치는 주요영향과 저감방법을 기술하시오.(1안)(30)
(4) Tunnel 갱구부 시공시 예상되는 문제점들을 열거하고, 대책공법에 대하여 기술하시오.(30)
(5) 하천 또는 해안(항만공사)지역에서 가물막이 공사시 시공계획(Construction Schedule)에 대하여 기술(30)
(6) 도로확장공사시(확폭구간) 환경에 미치는 주요영향과 저감방안(2안)

제3교시 ■ 다음 1문제는 필수, 2, 3, 4, 5문 중 2문제 선택하여 기술

(1) 유동화 콘크리트 사용시 장·단점 및 시공시 시공계획 (40)
(2) 비점착성 흙에서 강관 외말뚝(Single Pile)의 침하에 대해 기술(30)
(3) 우물통 기초 침하시 정위치에서 편차가 생긴다. 편차 허용 범위에 대하여 설명하고, 허용 범위를 벗어났을 경우 그 대책(30)
(4) 교량의 신축이음의 파손이유와 파손을 최소화하기 위한 방법(30)
(5) Shotcrete는 NATM지보재로서 중요한 고가의 재료이다. 합리적인 시공을 위한 유의사항에 대해 기술(30)

제4교시 ■ 다음 1문제는 필수, 2, 3, 4, 5문 중 2문제 선택하여 기술

(1) 동다짐 공법의 개요, 시공계획 기술(40)
(2) 구조물 시공중 중대한 하자가 발생하였다. 책임기술자로서 대처방안 기술(30)
(3) 옹벽의 안정조건을 열거하고 전단키(Shear Key)를 뒷굽쪽으로 설치하면 활동 저항력이 커지는 이유 설명(30)
(4) 항만 해안구조물의 기초처리를 위해서 두꺼운 연약지반층을 모래로 굴착치환할 경우 예상되는 문제점 대책(30)
(5) 건설 CALS (Commerce at Light Speed:통합정보시스템)의 도입이 건설산업에 미치는 효과(30)

제56회 과년도 출제문제 (1998년 9월 20일)

제1교시	■ 다음 9문제 중 5문제 선택하여 기술 (각 20점)
(1)	CBR과 SPT의 N치
(2)	Reflection Crack(반사균열)
(3)	지불선(Pay Line) : 기성지불선
(4)	공동계약 제도(공동 도급방식 : Joint Venture Contract)
(5)	프리스프리팅 발파(Presplitting)
(6)	Quick Sand(분사현상)
(7)	건설기계의 작업효율
(8)	공정관리 곡선(Banana 곡선) : (진도관리)
(9)	강섬유 보강 콘크리트(SFRC : Steel Fiber Reinforced Concrete)

제2교시	■ 다음 1문제는 필수, 2, 3, 4문 중 2문제 선택하여 기술
(1)	NATM 터널의 굴착시공 관리계획(40)
(2)	공사계약 형식을 열거하고 특징 기술(30)
(3)	하천 호안구조의 종류와 설치시 고려사항(30)
(4)	교량 가설에서 Cantilever공법으로 시공하는 구조형식 예를 들고, 공법에 대해 기술 (FCM=Free Cantilever Method)(30)
(5)	기계 경비의 구성을 열거하고, 각 구성요소를 설명(30)

제3교시	■ 다음 1문제는 필수, 2, 3, 4, 5문 중 2문제 선택하여 기술
(1)	공사의 공정관리에서 통제기능과 개선기능 기술(40)
(2)	하천공사에 있어서 유수전환방식을 열거하고 그 내용을 기술(30)
(3)	Tunnel의 발파식 굴착공법에서 적용하는 착암기 2종을 열거하고, 특징을 기술하시오.(30)
(4)	아스팔트 포장의 도로표면 요철을 개선하기 위한 설계시공시 유의사항(소성 변형 방지대책 : 아스팔트포장 노면관리)(30)
(5)	해상구조물 기초공으로 Sand Compaction Pile(SCP) 공법 시공시 유의사항(30)

제4교시	■ 다음 1문제는 필수, 2, 3, 4, 5문 중 2문제 선택하여 기술
(1)	사면붕괴의 원인을 열거하고, 그 대책 공법 기술(40)
(2)	콘크리트 구조물의 시공이음의 위치 및 시공에 대하여 기술(30)
(3)	산악도로 건설공사를 위한 시공계획 설명 (30)
(4)	RCCD공법에 의한 콘크리트 댐의 시공(Roller Compacted Concrete Dam) (30)
(5)	준설선의 선정기술(유의사항, 특징) (30)

제57회 과년도 출제문제 (1999년 4월 25일)

제1교시 ■ 다음 9문제 중 5문제 선택하여 기술 (각 20점)

(1) 유선망(Flow Net)
(2) 균열온도줄눈
(3) 온도균열지수
(4) SIP(Soil Cement Precast Injection Pile)
(5) Sounding
(6) Pack Drain
(7) 단층대(Fault Zone)
(8) PSC 강재의 응력부식과 지연파괴(Stress Corroision과 Delayed Fracture)
(9) 피로파괴(Fatigue Limit)와 피로강도(Fatigue Strength)

제2교시 ■ 다음 1문제는 필수, 2, 3, 4문 중 2문제 선택하여 기술

(1) 수중불분리성 콘크리트(수중콘크리트) 시공대책(40점)
(2) 터널(Tunnel)구조물 시공중 균열발생 원인과 물처리공법(30점)
(3) 기초 Pile박기시 부의 주면마찰력(Negative Skin Friction)(30)
(4)-1 철근콘크리트 구조물에 내구성 확보를 위한 시공계획상 유의할 점 : 1안
(4)-2 RC 구조물 공사에서 내구성 확보 위한 시공관리 계획시(관리사항) 유의사항/점검항목
(5) 콘크리트 표면차수벽 석괴댐의 구조와 시공법

제3교시 ■ 다음 1문제는 필수, 2, 3, 4, 5문 중 2문제 선택하여 기술

(1) 모래섞인 자갈과 연암층으로 구성된 하천에 대규모 교량을 가설코자 한다. 기초를 현장타설 콘크리트 말뚝으로 시공시 시공계획 기술(40점)
(2) 점토지반을 개착공법으로 굴착시 엄지말뚝을 설치하고 동바리(Strut)없이 2~3m 굴착한 후에 동바리 설치하고 계속 굴착할 경우 아래에 답하시오. (30점)
① 지반을 수직으로 굴착할 수 있는 이유 기술
② 안정된 흙막이 동바리(Strut)설치방법을 3가지만 기술하시오.
(3) 콘크리트 구조물 시공에 있어서 온도균열 억제방법 기술(30점)
(4) 콘크리트 포장두께 30cm, 포설면적 약 300a(30,000㎡)를 시공코자 할 때, 장비조합 중심으로 시공계획 기술(30점)
(5) 항만공사에 있어서 Caisson 거치공법 기술 (30점)

제4교시 ■ 다음 1문제는 필수, 2, 3, 4, 5문 중 2문제 선택하여 기술

(1) 도심지 현장에서 시공시 수질 및 대기오염의 최소화 방안(40점)
(2) 콘크리트 치기시 동바리 점검항목과 처짐이나 침하가 발생하는 경우에 대책공법 기술(30점)
(3) 깊은 연약 점성토 지반에 옹벽이나 교대를 건설할 때 발생되는 문제점과 대책공법 2가지만 기술(30점)
(4) 콘크리트 구조물의 시공과정에서 발생하기 쉬운 (표면)결함과 그 방지대책(30점)
(5) 하천제방의 붕괴원인과 대책(30점)

제58회 과년도 출제문제 (1999년 7월 4일)

제1교시	■ 다음 9문제 중 5문제 선택하여 기술 (각 20점)
(1)	Boiling 현상
(2)	MIP 토류벽
(2)-1	PIP 토류벽(향후 예상문제)
(3)	RQD와 판정
(4)	얕은 기초와 깊은 기초
(5)	크라샤(Crusher)의 장비조합
(6)-1	GIS(Geographic Information System)
(6)-2	GIS와 GSIS
(7)	환경지수와 내구지수
(8)	도폭선
(9)	콘크리트의 피복두께(덮개)

제2교시	■ 다음 1문제는 필수, 2, 3, 4, 5문 중 2문제 선택하여 기술
(1)	장마철 대형공사중의 중점점검사항과 집중호우시 재해대비 행동요령 (40)
(2)	시멘트 콘크리트의 배합설계방법 (30)
(3)	NATM 터널 굴착시 세부작업순서(작업싸이클) (30)
(4)	강관 Pile의 두부보강방법 중 Bolt식 보강방법(30)
(5)	대구경 현장타설말뚝의 시공에서 철근의 겹이음과 나사이음 비교설명(30)

제3교시	■ 다음 1문제는 필수, 2, 3, 4, 5문 중 2문제 선택하여 기술
(1)	100만 ㎥의 콘크리트공사시 주요작업공종 및 관련장비의 규격과 대수 산출(공사기간 10개월, 1일 8시간, 월 25일, 운반시간 1hr, 규격 자율화)
(2)-1	지하 구조물 시공시 지표수와 지하수가 공사에 미치는 영향 기술
(2)-2	지하 구조물 시공시 지표수와 지하수가 공사에 미치는 영향 기술
(3)	교량받침(Shoe) 형태의 종류와 각각의 특징
(4)	기시공된 암반사면의 안정성 검토를 한계평형해석으로 검토하는 방법과 검토결과 불안정한 판정 받을시 대책공법
(5)	현장타설 콘크리트말뚝기초의 시공중 Slime 처리방식과 철근공상의 원인, 대책

제4교시	■ 다음 1문제는 필수, 2, 3, 4, 5문 중 2문제 선택하여 기술
(1)	지하수위가 비교적 높고 자갈섞인 사질점토 지반에서 지하굴토 토류벽 구조물을 CIP 벽체 및 Strut 지지로 실시할 경우 시공방법과 문제점 대책(40)
(2)	강구조물의 기계적 연결방법
(3)	차량이 통행하고 있는 하수 Box(3m×3m×4련) 하부를 횡방향으로 신설지하철이 통과할 경우 경제적인 굴착공법
(4)	중력식 콘크리트댐의 품질관리 요령
(5)	NATM의 방수공법과 배수처리 공법

제59회 과년도 출제문제 (1999년 8월 29일)

제1교시	■ 다음 9문제 중 5문제 선택하여 기술 (각 20점)
(1)	Underpinning공법
(2)	Swellex Rock Bolt
(3)	피로파괴(와 피로강도)
(4)	동압밀공법(동다짐공법) : Dynamic Compaction
(5)	Lugeon치
(6)	Consolidation Grouting
(7)	Smooth Blasting
(8)	말뚝정적재하시험과 동적재하시험 비교
(9)	지반굴착시 근접구조물 침하에 대하여 기술
제2교시	■ 다음 1문제는 필수, 2, 3, 4, 5문 중 2문제 선택하여 기술
(1)	현재 우리나라 건설분야에서 문제가 되고 있는 부실시공 기존 시설물 유지관리/기술개발 등에 대한 문제점 대책 기술(40)
(2)	아스콘포장과 콘크리트 포장의 교통하중 지지방식을 설명하고 아스콘 포장 파손원인 및 대책(30)
(3)	잔교식 접안시설공사에서 강관 Pile 항타 시공계획(30)
(4)	암반 대절토사면 시공시 유의사항/공사관리에 필요한 사항 기술(30)
(5)	NATM의 계측 중 갱내관찰조사(Face Mapping)의 적용요령과 필요성 기술(30)
제3교시	■ 다음 1문제는 필수, 2, 3, 4, 5문 중 2문제 선택하여 기술
(1)	빈번한 홍수재해를 방지할 수 있는 대책으로 수자원개발과 하천개수계획을 연계시켜 기술하시오.(40)
(1)-2	홍수통제 위한 수자워개발계획(댐건설계획＋하천개수계획) (40)
(2)	경사면에 축조되는 반절토, 반성토 단면의 노반축조시 유의사항(30)
(3)	흙막이 벽에 의한 기초굴착시 굴착바닥지반의 변형/파괴에 대한 종류와 대책 설명(30)
(4)	콘크리트 타설시 거푸집/철근/콘크리트 검사항목 열거 설명 (30)
(5)	교량의 상부가 FCM공법으로 시공한다. 이 경우 현장에서 반복되는 Segment가설작업에 따라서 교량상부가 완성된다. 1개의 표준 Segmant가설에 소요되는 공정을 기술하시오.(30)
제4교시	■ 다음 1문제는 필수, 2, 3, 4, 5문 중 2문제 선택하여 기술
(1)	대규모 사면붕괴원인과 대책(40)
(2)	연약지반상 교대축조시 발생되는 문제점과 대책(30)
(3)	Tunnel 굴착에서 제어발파(Control Blasting) (30)
(4)	제자리 말뚝의 종류와 특징(30)
(5)	남한강 중류지역에 대형 Rockfill Dam 건설할 때 유수전환계획과 담수계획 수립(30)
(6)	부실공사와 기술개발, 유지관리 방향

제60회 과년도 출제문제 (2000년 3월 5일)

제1교시	■ 다음 13문제 중 5문제 선택하여 기술 (각 20점)
(1)	강재용접부 비파괴시험
(2)	건식 및 습식 숏크리트(Shotcrete) 특성
(3)	강상판교의 교면 포장 공법
(4)	콘크리트 조기강도 평가 방법
(5)	주공정선(Critical Path)
(6)	옹벽의 안정성 검토
(7)	벤치컷(Bench Cut) 발파
(8)	토량환산계수
(9)	건설기계작업 효율
(10)	터널의 여굴
(11)	아스팔트 포장의 석분(Filler)
(12)	무리말뚝(Group Pile)
(13)	제방의 침윤선(Seepage Line)

제2교시	■ 다음 1문제는 필수, 2, 3, 4, 5, 6문 중 4문제 선택하여 기술
(1)	하천제방 축조시 시공상 유의사항
(2)	콘크리트 포장 공사시 포설전 준비사항
(3)	토공다짐효과에 영향을 주는 요인과 다짐효과를 증대시키는 방안
(4)	댐에서 파이핑(Piping)에 의한 누수가 있을 때 이에 대한 방지대책
(5)	평지 하천을 횡단하는 교장 500m(경간 50m) 10경간의 연속강 Box(Steel Box Girder) 교량 건설에 적용할 수 있는 건설공법
(6)	강구조의 부재연결공법

제3교시	■ 다음 1문제는 필수, 2, 3, 4, 5, 6문 중 4문제 선택하여 기술
(1)	항로유지 준설공사를 시행코자 할 때 준설선 선정시 유의사항
(2)	정수장 수조구조물의 누수원인을 분석하고 시공대책 설명
(3)	지하콘크리트 Box 구조물의 균열원인과 제어대책
(4)	지하철 건설공사에서 개착(Open Cut)구간의 계측계획
(5)	절토비탈면의 붕괴원인과 대책
(6)	터널공사에서 지하용수대책

제4교시	■ 다음 1문제는 필수, 2, 3, 4, 5, 6문 중 4문제 선택하여 기술
(1)	강상형교(Steel Girder)의 확폭개량공법
(2)	콘크리트 구조물의 내구성 증진을 위한 시공상 고려사항
(3)	기초말뚝의 시험항타 목적과 기록관리
(4)	토적곡선(Mass Curve)의 성질과 토적곡선 작성시 유의사항
(5)	아스팔트콘크리트 포장의 소성변형(Rutting) 원인과 대책
(6)	지반이 연약한 곳에 자연유하 하수도의 콘크리트 차집관로(Box)를 시공하고져 한다. 시공시 문제점과 유의사항

제61회 과년도 출제문제 (2000년 5월 28일)

제1교시	■ 다음 13문제 중 5문제 선택하여 기술 (각 20점)
(1)	최적함수비를 설명
(2)	동결깊이
(3)	Smooth Blasting
(4)	신축장치
(5)	준설선의 종류를 아는데로 설명
(6)	상대밀도
(7)	Piping 현상
(8)	포장공사에서의 분리막의 역할
(9)	혼성식 방파제의 구성요소
(10)	V.E(Value Engineering)
(11)	벤토나이트(Bentonite)
(12)	배토말뚝과 비배토 말뚝의 종류와 특징
(13)	PrI(Profile Index) : 평탄성 지수
제2교시	■ 다음 1문제는 필수, 2, 3, 4, 5, 6문 중 4문제 선택하여 기술
(1)	Asphalt Concrete포장공사시 관련 세부작업을 설명하고 해당 장비에 대해서 설명
(2)	NATM 공법으로 Tunnel 작업을 하고져 한다. Cycle Time에 관련된 세부작업을 나열하고 설명
(3)	연약지반 개량공법 중 동다짐(동치환 위주) 공법을 설명
(4)	지하구조물 시공시 지하수위가 굴착면보다 높은 경우 배수공법으로 사용되는 Well Point 공법에 대해 설명
(5)	기초공사를 위한 사전 지반조사 과정을 설명
(6)	Sand Compaction Pile(SCP) 공법과 Sand Drain Pile(SD) 공법을 비교 설명
제3교시	■ 다음 1문제는 필수, 2, 3, 4, 5, 6문 중 4문제 선택하여 기술
(1)	Concrete Pile 공사의 시공관리에 대하여 설명
(2)	Concrete구조물 공사에서 착공전 검토항목과 시공중 중점관리항목을 설명
(3)	지중연속벽공법(Slurry Wall)과 엄지말뚝을 비교 설명
(4)	200,000㎡ 콘크리트 타설계획을 세우려고 한다. 다음 ( ) 안의 조건에 따른 장비의 종류, 규격, 소요 수량을 산출하라. (공기 1개월, 월 25일, 1일 10시간, 운반거리 1km)
(5)	역 T형 옹벽의 주철근, 부철근, 배력철근을 표시하고 각 철근의 기능 설명
(6)	경간장 120m, 3경간 연속 연속교 Steel Girder 제작/설치, 작업과정을 단계별로 설명. (강상형교의 시공단계별 시공관리 순서)
제4교시	■ 다음 1문제는 필수, 2, 3, 4, 5, 6문 중 4문제 선택하여 기술
(1)	공사시공관리에 중점이 되는 4개항을 들고 체계적으로 설명
(2)	Dam공사 시공시 기초처리공법의 종류를 들고 설명
(3)	건설공해에 대한 대책을 설명
(4)	물, 시멘트비 결정방법을 설명
(5)	준설작업시 준설선단을 구성하는 해상장비의 종류와 기능을 설명
(6)	대형 중력식 Concrete Dam 건설시 예상되는 Cooling Method를 설명

제62회 과년도 출제문제 (2000년 9월 17일)

제1교시	■ 다음 13문제 중 5문제 선택하여 기술 (각 20점)
(1)	강구조물의 수명과 내용년수
(2)	철근콘크리트 시방서상의 사용성과 내구성
(3)	철근의 유효높이와 피복두께
(4)	Cavitation(공동현상)
(5)	소파공(消波工)
(6)	Bulking(부풀음)현상
(7)	불연속면(Discontinuity)
(8)	철근의 정착길이
(9)	건설기계 마력
(10)	마샬안정도(Marshal) 시험
(11)	PS강재의 Relaxaion
(12)	콘크리트 운반중의 슬럼프 및 공기량 변화
(13)	댐(Dam) 시공시 양압력(揚壓力) 방지대책

제2교시	■ 다음 1문제는 필수, 2, 3, 4, 5, 6문 중 4문제 선택하여 기술
(1)	인공사면과 자연사면을 구분하고 자연사면의 붕괴원인과 대책에 대하여 기술하시오.
(2)	시공계획 작성시 사전조사 사항에 대하여 기술하시오.
(3)	콘크리트 박스(Box) 구조물 공사에서 발생하는 표면결함의 종류를 열거하고 보수공법에 관하여 설명하시오.
(4)	하천제방의 누수원인을 열거하고 누수방지공법 종류와 특징에 대하여 기술하시오.
(5)	매스콘크리트(Mass Concrete) 타설시 온도응력에 의한 균열발생 방지를 위한 설계 및 시공시 대책에 관하여 기술하시오.
(6)	건설공사에서 발생하는 클레임(Claim)의 유형을 열거하고 해결방안에 관한여 기술하시오.

제3교시	■ 다음 1문제는 필수, 2, 3, 4, 5, 6문 중 4문제 선택하여 기술
(1)	NATM 터널공사시 진행성 여굴의 발생원인을 열거하고 사전예측방법 및 차단대책에 관하여 기술하시오.
(2)	교량가설공사에서 교량받침의 종류와 각 종류별 손상원인을 열거하고 방지대책에 관하여 기술하시오.
(3)	절성토 비탈면의 점검시설의 설치의 필요성을 열거하고 설치시 유의사항에 대하여 기술하시오.
(4)	콘크리트 중력식댐(Dam)의 시공시 이음의 종류를 열거하고 각 특징을 설명하시오.
(5)	해상잔교구조물의 파일(Pile) 항타시공시 예상문제점과 방지대책을 설명하시오.
(6)	피압대수층에서 앵커(Anchor)시공시 예상문제점과 방지대책을 기술하시오.

제4교시	■ 다음 1문제는 필수, 2, 3, 4, 5, 6문 중 4문제 선택하여 기술
(1)	국내 건설공사에서의 현행 원가관리체계의 문제점을 열거하고 비용, 일정, 통합관리기법에 관하여 설명하시오.
(2)	강부재의 연결방법의 종류를 열거하고 각 종류별 특징을 설명하시오.
(3)	고가 구조물을 축조하기 위해서 펌프(Pump) 압송 콘크리트로 타설시 예상되는 문제점을 열거하고 대책을 설명하시오.
(4)	관형암거 시공시 파괴원인을 열거하고 시공시 유의사항을 설명하시오.
(5)	시멘트 콘크리트 포장공사시 초기균열의 발생원인을 열거하고 방지대책에 대하여 기술하시오.
(6)	단지 토공사에서의 건설기계의 조합원칙과 기종선정의 방법에 대하여 기술하시오.

제63회 과년도 출제문제 (2001년 3월 11일)

제1교시	■ 다음 13문제 중 5문제 선택하여 기술 (각 20점)
(1)	유동화제
(2)	콘크리트의 배합강도
(3)	프리후렉스보(Preflex Beam)
(4)	포장의 반사균열(Reflection Crack)
(5)	공사의 진도관리지수
(6)	평판재하시험(PBT)
(7)	콘크리트의 Creep
(8)	Guss Asphalt포장
(9)	골재의 조립율
(10)	Trafficability
(11)	Proof Rolling
(12)	Cushion Blasting
(13)	Curtain(Wall) Grouting

제2교시	■ 다음 1문제는 필수, 2, 3, 4, 5, 6문 중 4문제 선택하여 기술
(1)	콘크리트의 내구성 저하요인과 개선방법
(2)	지하철 개착식공법에서 구조물에 발생하는 문제점과 대책
(3)	Fill Dam의 누수원인과 방지대책
(4)	통계적 품질관리를 적용할 때 관리 써클 단계
(5)	Tunnel 공사에서 Shotcrete 기능과 Rebound 저감대책
(6)	콘크리트 포장에서 줄눈의 종류와 시공방법

제3교시	■ 다음 1문제는 필수, 2, 3, 4, 5, 6문 중 4문제 선택하여 기술
(1)	기계화 시공계획의 순서와 그 내용 기술
(2)	철근콘크리트 구조물의 해체공법과 공해+안전사고 방지대책
(3)	대형 콘크리트 댐에서 인공냉각법
(4)	상수도관 매설시 유의사항
(5)	NATM Tunnel의 굴착방식
(6)	제방의 파괴원인과 대책

제4교시	■ 다음 1문제는 필수, 2, 3, 4, 5, 6문 중 4문제 선택하여 기술
(1)	아스팔트 혼합물의 배합설계방법
(2)	고강도 콘크리트의 제조 및 시공방법
(3)	셀루러 블럭(Cellular Block) 혼성식 방파제 시공시 유의사항
(4)	건설공사의 부실공사 방지대책을 제도적+시공적 측면에서 기술
(5)	석축의 붕괴원인과 대책
(6)	기초암반 보강공법

제64회 과년도 출제문제 (2001년 6월 24일)

제1교시	■ 다음 13문항 중 10문항 선택하여 기술 (각 10점)
(1)	흙의 소성지수(Plasticity Index)
(2)	흙의 다짐원리
(3)	하수관 시공검사
(4)	아스팔트 포장용 굵은 골재
(5)	콘크리트 구조물의 열화현상(Deferioration)
(6)	과전압(Over Compaction)
(7)	암반반용곡선
(8)	해안구조물에 작용하는 잔류수압
(9)	가축(可縮)지보공
(10)	건설사업관리 LCC(Life Cycle Cost) 개념
(11)	지하연속벽의 Guide Wall
(12)	N값의 수정
(13)	라텍스 콘크리트(Latex-Modified Concrete)포장

제2교시	■ 다음 6문항 중 4문항 선택하여 기술(각 25점)
(1)	NATM에서 Shotcrete의 작용효과, 두께 내구성 배합에 관하여 설명
(2)	타입식 공법(기성말뚝)과 현장굴착타설식 공법의 특성
(3)	기존 제방의 보강공사를 시행할 때 주의하여야 할 사항에 대하여 설명
(4)	철근콘크리트 옹벽공사에서 벽체에 발생되는 수직미세균열의 원인과 방지대책을 설명 657
(5)	토공작업시 합리적인 장비선정과 공종별 장비에 대하여 설명 660
(6)	Dam공사 중 가체절공법에 대해 설명

제3교시	■ 다음 6문항 중 4문항 선택하여 기술(각 25점)
(1)	프리스트레스용 콘크리트를 배합설계할 때 유의해야할 사항 기술 664
(2)	토류벽체의 변위발생 원인에 대하여 설명 666
(3)	현장타설말뚝 시공시 수중콘크리트 타설에 대하여 기술 670
(4)	교량 교대부위에 발생되는 변위의 종류를 설명하고, 그에 대한 대책 기술 673
(5)	도로공사에서 암굴착으로 발생된 버력을 성토재료로 사용코자할 때 시공 및 품질관리에 대하여 기술
(6)	시가지 건설공사에서 구조물 설치를 위하여 기존 구조물에 근접하여 개착(흙파기)공사를 실시할 때 발생할 수 있는 민원사항, 하자원인 등 문제점 및 대책에 대하여 기술

제4교시	■ 다음 6문항 중 4문항 선택하여 기술(각 25점)
(1)	산간지역에 연장 2km인 쌍설터널을 시공하고자 한다. 원가+품질+공정+안전에 대한 중요한 내용 기술 677
(2)	연속철근콘크리트 포장공법에 대하여 기술 680
(3)	록필댐의 코아존(Core Zone)을 시공할 때 재료조건+시공방법+품질관리에 대하여 기술 683
(4)	유속이 빠른 하천을 횡단하는 교량 하부구조를 직접 기초로 시공하고자 할 때 예상되는 기초의 하자 발생원인과 대책에 대하여 기술
(5)	토공 균형계획을 검토한 바 350,000㎥의 순성토가 발생하였다. 토공균형곡선 소요 성토재료를 현장에 반입하기까지의 검토사항에 대하여 기술. 685
(6)	콘크리트 교량의 주형 또는 Slab의 콘크리트를 타설시 피복 부족으로 인하여 철근이 노출되었다. 발생원인과 예상 문제점 및 대책에 대하여 기술

제65회 과년도 출제문제 (2001년 9월 9)

제1교시 ■ 다음 13문항 중 10문항 선택하여 기술 (각 10점)

(1) 물시멘트비(W/C) 산정방법
(2) 정철근과 부철근
(3) Dowel bar
(4) 비용구배
(5) Cold Joint
(6) Fly Ash
(7) 암석굴착시 팽창성 파쇄공법
(8) 숏크리트(Shotcrete)의 응력측정
(9) 골재의 유효 흡수율
(10) Curtain Grouting
(11) MRG Emulsification Asphalt(유화아스팔트)
(12) 콘크리트 포장에서 보조기층의 역할
(13) 무리말뚝

제2교시 ■ 다음 6문항 중 4문항 선택하여 기술(각 25점)

(1) 성토 비탈면의 전압방법의 종류를 열거하고 각 특징에 대해 설명하시오.
(2) 쓰레기 매립장의 침출수 억제대책을 설명하시오.
(3) 콘크리트 구조물 시공시 부재 이음의 종류를 열거하고 그 기능 및 시공방법을 설명
(4) 말뚝의 지지력을 구하는 방법을 열거하고 지지력 판단방법에 대하여 설명
(5) 구조물의 부등침하 원인을 열거하고 대책과 시공시 유의사항을 설명하시오.
(6) 콘크리트 원형관 암거의 기초형식을 열거하고 그 특징을 설명하시오.

제3교시 ■ 다음 6문항 중 4문항 선택하여 기술(각 25점)

(1) 지하굴착공사의 CIP와 SCW의 공법을 설명하고 장단점을 열거하시오.
(2) 역T형(Cantilever) 옹벽의 안정조건을 열거하고 전단키 설치목적과 뒷굽쪽으로 설치시 활동저항력이 증대되는 이유를 설명하시오.
(3) 현장에서 콘크리트 타설시 시험방법 및 검사항목을 열거하시오.
(4) 간만의 차가 7~9m인 해안지역에서 방조제 공사시 최종 물막이공법을 열거하고 시공시 유의사항을 설명하시오.
(5) NATM 터널공사에서 라이닝콘크리트(Lining Concrete)의 누수원인을 열거하고 방지대책을 설명하시오.
(6) 아스팔트 콘크리트 포장의 파괴원인 및 대책을 설명하시오.

제4교시 ■ 다음 6문항 중 4문항 선택하여 기술(각 25점)

(1) Soil Nailing(소일네일링)공법과 Earth Anchor(어스앵커)공법을 비교 설명하시오.
(2) 3경간 연속 콘크리트교에서 콘크리트 타설시 시공계획 수립 및 유의사항을 설명하시오.
(3) 토공건설 기계를 선정할 때, 특히 토질조건에 따라 고려해야 할 사항을 열거하시오.
(4) 하천변 열차운행이 빈번한 철도 하부를 통과하는 지하차도를 건설코자 한다. 열차운행에 지장을 주지 않는 경제적인 굴착방법을 설명하시오.
(5) 콘크리트 건조수축에 영향을 미치는 요인과 균열발생을 억제하는 방법을 열거하시오.
(6) 기존 교량에 근접해서 교량을 신설코자 한다. 그 기초를 현장타설말뚝(D=1200mm, H=30m)으로 할 경우 적합한 기계굴착공법을 선정하고 현장타설 말뚝시공에 관하여 설명하시오.
(단, 지반조건 : 하상에서 점토층+5m, 모래층+12m, 모래섞힌 자갈층+3m, 전석층+4m 자갈층이고, 지지층은 경암층+지하수위는 모래층에 걸려있다)

제66회 과년도 출제문제 (2002년 3월 일)

제1교시
■ 다음 13문항 중 10문항 선택하여 기술 (각 10점)

(1) 최적함수비
(2) Earth Drill공법
(3) 압성토공법
(4) 내부마찰각과 안식각
(5) 건설 CALS
(6) 콘크리트의 건조수축
(7) 유선망(Flow Net)
(8) Quck Sand 현상
(9) Land Creep
(10) Ice Lens 현상
(11) 교면포장
(12) 진공압밀공법
(13) Pile Lock

제2교시
■ 다음 6문항 중 4문항 선택하여 기술(각 25점)

(1) 흙쌓기 다짐공에서 다짐도를 판정하는 방법에 대하여 기술하시오.
(2) 토공적재장비와 운반장비의 경제적인 조합에 대하여 기술하시오.
(3) 부식벽 옹벽의 주철근 배근방법과 시공시 유의사항을 기술하시오.
(4) 연약지반에 Pile항타시 지지력 감소원인과 대책에 대하여 기술하시오.
(5) 철근콘크리트 구조물의 균열에 대한 보수 및 보강공법에 대하여 기술하시오.
(6) 도로포장층의 평탄성 관리방법을 기술하시오.

제3교시
■ 다음 6문항 중 4문항 선택하여 기술(각 25점)

(1) 항만준설공사에서 준설선의 선정기준을 설명하고 준설공사의 시공관리에 대하여 기술하시오.
(2) Open Caisson 공사에서 침하를 촉진시키는 방법과 시공시 유의사항을 기술하시오.
(3) 프리보링(Preboring)말뚝과 직접항타 말뚝(타입식)을 비교 설명하시오.
(4) 하천의 비탈보호공(덮기공법)을 설명하고 시공시 유의사항을 기술하시오.
(5) Asphalt Concrete 포장공사에서 시험포장에 대하여 기술사하시오.
(6) 터널시공의 안정성 평가방법에 대하여 기술하시오.

제4교시
■ 다음 6문항 중 4문항 선택하여 기술(각 25점)

(1) 기초 Pile공에서 시험항타(Test Driving)에 대하여 기술하시오.
(2) 자립형 가물막이 공법의 종류별 특징을 설명하고 시공시 유의사항을 기술하시오.
(3) 지하수위가 높은 지반에서 굴착으로 인한 주변(지반)침하를 최소화하고 향후 영구벽체로 이용이 가능한 공법에 대하여 기술하시오.
(4) 교량, 교각의 세굴방지 대책에 대하여 기술하시오.
(5) 교량 구조물에 대형 상수도 강관(Steel Pipre)을 첨가하여 시공하고자 할 때 시공시 유의사항을 기술하시오.
(6) Rockfill Dam에서 상, 하류층 Filter의 기능을 설명하고 Filter입도가 불량할 때 생기는 문제점을 기술하시오.

제67회 과년도 출제문제 (2002년 6월 9일)

제1교시 ■ 다음 13문항 중 10문항 선택하여 기술 (각 10점)

(1) 동결심도 결정방법
(2) 콘크리트의 적산온도
(3) Cold Joint
(4) 공정의 경제속도(채산속도)
(5) SPT(표준관입시험)에서의 N치 활용법
(6) 토량환산계수
(7) Trafficability
(8) 액상화(Liquefaction)
(9) 보강토공법
(10) 가치공학(Value Engineering)
(11) PHC Pile(Pretensioned Spun High Strength Concrete Pile)
(12) 팽창콘크리트
(13) Shotcrete의 특성

제2교시 ■ 다음 6문항 중 4문항 선택하여 기술(각 25점)

(1) 서중 Mass Concrete 타설시 균열발생을 최소화 하기 위한 시공시 유의사항을 기술
(2) 공정관리기법에서 작업촉진에 의한 공기단축기법을 설명
(3) 교량 기초공사에서 사용되는 Caisson공법의 종류를 열거하고 각각의 특징 설명
(4) 건설기계용 장비를 선정할 때 고려할 사항을 설명하시오.
(5) 토공사시 절·성토 접속구간에 발생가능한 문제점과 해결대책 기술
(6) 항만구조물을 설치하기 위한 기초사석의 투하목적과 (사석)고르기 시공시 유의사항

제3교시 ■ 다음 6문항 중 4문항 선택하여 기술(각 25점)

(1) 건설공사 실적공사비 적산제도의 정의와 기대효과 설명
(2) Shield Tunnel 공법에서 Precast Concrete Segment의 이음방법을 열거하고 시공시 주의사항
(3) 해상 교량공사에서 강관 기초 Pile 시공시 강재 부식방지공법을 열거하고 각각의 특징 설명
(4) Concrete 포장공사에서 골재가 Concrete 강도에 미치는 영향을 설명
(5) 대규모 토공사에서 토공계획수립시 유토곡선(Mass Curve)작성 및 운반장비 선정방법
(6) Tunnel 공사에서 자립이 어렵고 용수가 심한 Tunnel막장을 안정시키기 위한 보조·보강공법 설명

제4교시 ■ 다음 6문항 중 4문항 선택하여 기술(각 25점)

(1) 지하저수용 Concrete 구조물 공사에서 Concrete시공시 유의사항 기술
(2) Tunnel 공사에서 Invert Concrete가 필요한 경우를 들고 Concrete치기 순서 설명
(3) 교량 가설공사에서 가설이동식 동바리의 적용과 특징에 대하여 설명
(4) 진동 Roller 다짐콘크리트의 (RCC : Roller Compacted Concrete)의 특징과 시공시 유의사항
(5) 해상공사에서 대형 Caisson(1000ton)의 제작과 진수방법을 열거하고 해상운반 및 거치시 유의사항 설명
(6) 건설사업관리제도(CM : Contruction Management)도입과 더불어 건설사업관리 전문가 인증제도의 필요성과 상호 활용방안 설명

제68회 과년도 출제문제 (2002년 8월 25일)

제1교시	■ 다음 13문항 중 10문항 선택하여 기술 (각 10점)
(1)	주철근과 전단철근
(2)	Concrete의 설계기준강도의 배합강도
(3)	Pre-Tension과 Post-Tension(프리텐션과 포스트텐션)
(4)	흙의 다짐 특성
(5)	콘크리트 구조물기초의 필요조건
(6)	프리후렉스보(Preflex Beam)
(7)	심빼기 발파
(8)	고압분사 주입공법 중에서 RJP(Rodin Jet Pile)공법
(9)	교좌의 가동받침과 고정받침
(10)	아스팔트(Asphalt Concrete) 포장의 소성변형
(11)	Lugeon치
(12)	노체 성토부의 배수대책
(13)	낙석방지공

제2교시	■ 다음 6문항 중 4문항 선택하여 기술(각 25점)
(1)	도로 및 단지조성 공사 착공시 책임기술자로서 시공계획과 유의사항 설명
(2)	건설관리기술법에서 PQ(사업수행능력평가), TP(기술제안서)를 설명하고 본 제도의 문제점과 대책
(3)	시공관리의 목적과 내용에 대하여 설명하시오.
(4)	기존 Asphalt Concrete포장에서 덧씌우기 전의 보수방법을 파손유형에 따라 설명
(5)	발파공법에서 시험발파의 목적 및 시행방법과 결과의 적용에 대해 설명
(6)	건설공사의 입찰방법을 설명하고 현행 Turnkey 계약방법과 개선점 설명

제3교시	■ 다음 6문항 중 4문항 선택하여 기술(각 25점)
(1)	토사 또는 암버력 이외에 노체에 사용할 수 있는 재료와 이들 재료를 사용하는 경우 고려할 사항 설명
(2)	제방의 누수에는 제체의 누수와 지반의 누수로 구분할 수 있는데 이들 누수의 원인과 시공대책 설명
(3)	(교량 시공중) 평탄성관리(PrI)와 설계기준에 부합하는 시공시 유의사항 설명
(4)	터널 시공중 터널막장의 보강공법에 대하여 설명
(5)	콘크리트 표면차수벽형 석괴댐의 단면의 구성 및 시공방법 설명
(6)	시방배합 설계 : 계산문제

제4교시	■ 다음 6문항 중 4문항 선택하여 기술(각 25점)
(1)	Tunnel공법 중 Semi-Shield공법과 Shield TBM공법을 설명하고 각각의 시공순서 설명
(2)	연약지반을 개량하고저 한다. 사질토 연약지반개량에 적용가능한 공법을 열거하고 특징을 설명
(3)	Dam의 Grouting의 종류와 시공방법을 설명 : (Dam 기초처리)
(4)	교량가설공법 중 Precast Cantilever공법의 특징과 가설방법에 대하여 설명하시오.
(5)	해안 Concrete 구조물의 염해 발생원인과 방지대책 설명
(6)	토취장의 선정요령과 복구에 대하여 설명

제69회 과년도 출제문제 (2003년 3월 9일)

제1교시 ■ 다음 13문항 중 10문항 선택하여 기술 (각 10점)

(1) Preloading
(2) 굳지 않은 Concrete의 성질
(3) 침매공법
(4) 포장의 평탄성 관리기준
(5) 배합강도 결정방법
(6) PDM(Precedence Diagram Method) 공정표 작성방법
(7) Face Mapping
(8) 염분과 철근방청
(9) 투수성 Cement Concrete 포장
(10) 공정공사비 통합관리체계(EVMS)
(11) Dolphin
(12) Tie Bar와 Dowel Bar
(13) 부마찰력(Negative Skin Friction)

제2교시 ■ 다음 6문항 중 4문항 선택하여 기술(각 25점)

(1) 기초말뚝 시공시 지지력에 영향을 미치는 시공상 문제점 기술
(2) 교량의 철근콘크리트 바닥판 시공시 수분 증발에 의한 균열발생 억제를 위해 필요한 초기양생 대책 기술
(3) 해빙기 Cement Concrete 도로포장의 융기 및 부분침하 발생 원인 및 방지대책 기술
(4) 도심지 지반 굴착시 발생하는 지하수위 저하와 진동이 주변 구조물에 미치는 영향과 대책
(5) 공정계획 작성시 계획 수립 및 작업상세도에 따른 공정표(Network)의 종류를 열거하고 특징 기술
(6) 사면보호공법의 종류를 열거하고 설명

제3교시 ■ 다음 6문항 중 4문항 선택하여 기술(각 25점)

(1) 험준한 산악지를 횡단하는 PSC Box Girder 교량 가설시 공법의 종류 열거하고 특징 설명
(2) Cutback Asphalt와 유제 Asphalt를 설명
(3) 동절기에 콘크리트 시공시 고려할 사항을 열거하고 동결융해 성능향상을 위한 혼화제 사용시 주의사항
(4) CM at Risk(위험형 건설사업관리) 계약과 Turn Key 계약방식 설명
(5) 원가계산시 예정가격 작성준칙에서 규정하고 있는 비목을 열거 서술
(6) 토공사 현장에서 시공계획 수립을 위한 사전조사 내용을 열거하고 장비선정과 조합시 고려사항 기술

제4교시 ■ 다음 6문항 중 4문항 선택하여 기술(각 25점)

(1) 기초 시공지반에서 하층부가 연약점토로 구성된 이질층 지반에서 PBT(평판재하시험)시 고려사항 기술
(2) 해안 환경하에서 설치되는 철근콘크리트 구조물 시공시 내구성 향상 대책 기술
(3) 도심지에서 교량 및 복개구조물 철거시 철거공법의 종류별 특징과 유의사항
(4) Concrete Dam과 RCCD(RCD)의 특징 기술
(5) NATM 시공시 적용한 Shotcrete공법의 종류별 특징을 열거하고 발생하는 Rebound 저감대책 기술
(6) 정보화시대에 요구되는 건설정보의 공유방안을 포함한 건설정보화에 대하여 기술하시오.

1. 기술사에 도전하는 초심자의 애로사항 + 해결대안

초대형강사+류재복교수+화끈한 요점강의가+해결한다.

No	애로사항	해결방안 + 도전방법
1	기술사의 위력에 대한 **감각**이 없다.	1. 경영학 **전공자가**+**회계사자격증**으로 +전문직과 **동일**+그 이상의 **위력**이 있다.
2	어떻게 "**도전**"해야하는지 "**띵**"하다.	1. 처음 **공부시작**할때→무엇을 **어떤 문제**를 해야 하는지 **띵**하다. 2. 류재복교수의 "**요점강의**"+해결한다.
3	기술사 **수험도서**의 **선택**이 "**띵**"하다.	1. 초심자의 경우 제대로 **된 기술사 문제집** 인지 + 아닌지 **구분**이 **안된다**. 2. 잘못 선택하면 평생고생으로 끝난다.
4	학원+**강사의 선택**에서 "**띵**"하다.	1. **학원의 선택이 중요한게 아니다.** 2. 제대로된 기술사 강의력이 있는 **강사**인지 구분이 되어야 한다.
5	쉽게+**요령**으로 **합격**할려고 한다.	1. 기술사+**회계사**+사법고시는 **논술식**이고 +**응용문제**로 출제된다. 2. **요령위주**로는 절대 **합격불가능**하다는 사실은 **인지**하고 시작한다.
6	"**似而非**"의 정의	1. **사이비**란 (엇)비슷한 것 같은데 가짜란 뜻이다. 내가 매일 접하는 세상사가 "**사이비**"가 아닌지 주의해야 한다.
7	**최종결판**은 누가 내겠는가?	1. 나의 **의지**+**가치관**이 **도전**+**일격**+**필승**을 주도한다.

2. 류재복교수 직강합격자 배출현황 + 시험일정 안내

1) 합격자 배출현황 (기술사 최강 : 류 재복교수 직강합격자 집계표) 예상문제 강의

구 분	'95			'96			'97			'98			'99			2000			2001			2002		
	45	46	47	48	49	50	51	52	53	54	55	56	57	58	59	60	61	62	63	64	65	66	67	68
공단선발 총인원	146	129	102	199	134	50	86	96	135	120	96	125	137	82	115	90	107	105	118	86	103	92	125	47
직강 합격인원	47	51	58	122	83	35	69	68	86	84	61	86	117	61	76	82	98	96	109	79	97	86	119	42

2) **2003**년도 토목시공기술사 시험일 + **2003**년도 기술사 **왕창선발**한다

회 별	원서접수	필기시험 (예상일)	필기시험 합격(예정)자 발표	*필기시험 면제자 원서접수 *응시자격 서류제출 및 필기시험 합격자 결정 *면접시험 실비납부	면접시험	합격자 발표
69회	2.17 - 2.19	**3/9**	4.21	4.21 - 4.24	5.17 - 5.24	**6/9**
70회	5.19 - 5.28	**6/15**	7.28	7.28 - 7.31	8.16 - 8.23	**9/8**
71회	7.28 - 8.1	**8/24**	10.13	10 13 - 10.16	11.8 - 11.15	**12/1**

3) 기술사 응시자격 기준 (전공학과에 관계없이 응시 가능)

소지자 또는 학력 \ 응시자격	기술사
기사 산업기사 기능사 4년대졸	4년 실무 6년 실무 8년 실무 7년 실무
기사수준의 노동부령이 정하는 기술 훈련과정 이수(예정)자	7년 실무
전문대졸	9년 실무
산업기사 수준의 노동부령이 정하는 기술훈련과정 이수(예정)자	9년 실무
자격 미소지자 및 고졸이하	11년 실무
외국동일종목 자격취득자	기술사 취득자
기타	-

걱정   근심

토목시공기술사 취득하면
여러분의 운명은
변화합니다.

우환   해소된다

▶ **직장인의 위기를 해결할 수 있는 최선의 대안은 자격증 취득**

3. 개강안내 및 수강방법

1) 개강안내

> **'97년도 52회부터 출제 경향 돌변!!**
> ⬇
> **현장실무 위주+응용문제가 90% 이상**
> ⬇
> **출제 ⇨ 류재복 교수가 해결합니다.**

⬇

2) 수강방법

　① 강　사 : 류 재 복 교수(**휴대폰: 011-302-0149**)
　② 수강신청 방법 : 매주 토/일 중 언제든지 가능(별도 수강료 없음)
　③ 강의 방법 : 개인지도식 + 암기방법 집중강의

> - 합격의 비결 -
> **강사선택 + 기술사 문제집선택**이
> 운명을 좌우한다.

　④ 교 재 : **"토목시공기술사 원론 상·중·하"**로 **개강**한다.

> **기술사 문제집 선택이 잘못되면 오래오래 고생한다.** (띵한 답을 외우겠는가?)

4. 토목시공기술사 + 출제경향 + 변경안내

1. 토목시공기술사 준비하는 Civil Engineer 여러분!
   2000년도 60회부터 각 교시별 출제경향이 아래와 같이 변경되었으니 실전준비에 착오가 없으시길 바랍니다.
2. 토목시공기술사 각 교시별 출제경향 변경 대비표

교시	구 분	변경 전 1999년도까지(59회 까지)	변경 후 2000년도 부터(60회부터)
1교시 (용어설명)	출제문항수	9개 문항	13개 문항
	기술해야 할 문항수	5개 문항(선택)	**10개 문항(선택)**
	배점기준	20점/문항당 5개×20점=100점	**10점/문항당** 10점×10점=100점
	각 문항당 Page의 제한성	2page/문항당 (10점당 1page 기술)	1page/문항당 (10점당 1page 기술)
	Total	5개 기술	**10개 기술**(5개 문항 증가)
2/3/4 교시 (논 문 식)	출제문항수	5~6개	6~7개
	기술해야 할 문항수	3개 문항	**4개 문항**
	배점기준	문 1 : 40점, 기타 : 각 40점 40점+30점+30점=100점	25점/문항당 25점 ×4개 =100점
	각 문항당 Page의 제한성	문 1 : 4page 기타 : 3page×2문항	각 문항당 2.5page×4개
	Total	10 page	10 page
1/2/3/4 교시	총 기술해야 할 문항수	13~14개	**22개**

최종합격은 예상문제 적중이 좌우한다.

5. 무엇이 나를 +불안하게 하는가?

왠지 **직장**이 **불안정**하다.
왠지 하여튼 매일 **띵**하다.

Anxiety + Dreadful + Fear

⬇

1. 현재 나의 **직장**, 직책이 **보장받지 못**할 것 같다.
2. 중요하고 + 급한일을 먼저하면 ➡ Angst + Anxiety + Fear가 해소된다.

어떻게 해야 안심할 수 있는가?
(각 개인 힘이 좌우)

우환(걱정+근심)

⬇

1. 업무와 관련된 기술사 자격을 취득한다.

Fret not yourself !
Be very Bold!

| 불안
+
근심
+
걱정
+
초조 | 1. 어차피 직장이란? 잠시 있다가 떠나는 장소다.
　　　　　　　　　　(Temporary Stay!)
2. 평생을 불안하게 소일하고 시달리는 것보다는
　평안하게 보낼 수 있는 대안은? 무엇인가?
　　<유비무환 하면 된다>
3. 기술사 자격증 취득하면 된다.
4. 선비(士)가 갖추어야할 3가지 원칙
　　1.자존심(Self-Respect)　　2.호기심　　3.고독 |

⬇

기술사 자격증 ➡ 토목인의 운명을 ➡ 크게 변화시킨다.

6. 나홀로 독학보다 + 학원수강을 하는경우 + 장점
(혼자하면 5~7년 준비하다가 + 중도 포기한다.)

(1)혼자서 놓칠 수 있는 공부의 맥을 짚게 된다. (기출문제 1129개다/30개면?)
제아무리 기초 튼튼하고, 머리 좋고, 경력이 좋은 기술자라 할지라도 기술사 자격증은 10%의 낮은 **합격률**을 기록하는 **엄연한 시험제도**이다. 단순히 알고 있는 것과, 그것이 **응용**되거나 실제 문제화 되었을 때 해결할 수 있는 것에는 엄연히 차이가 있는 법. **기술사는 IQ로 합격하는 과목이 아니다.**

(2)규칙적인 시간관리가 가능하다. (Time Matrix → 운명 左右한다.)
심지가 곧고 자기 관리에 철저한 사람도 시간이 지남에 따라 긴장이 풀리게 마련, **돈 몇 푼** 아끼려다 기회를 놓치지말고 과감하게 **경제적인 투자**를 하는 것이 좋다. : 류재복교수 + 예상문제로 하라

(3)사정이 비슷한 사람과 만나 동기 부여 및 자극을 받는다.
                         (Motivation + Self-Innovation)
외진 곳에서 따로 떨어진 가게보다 한 곳에 같은 업종의 업소들이 상가 형태로 밀집되어 있을 때 더 높은 매출을 올리게 된다. 마찬가지로 비슷한 목표를 가진 **동료**들과 어울리는 편이 서로에 대한 **경쟁의식**에 힘입어 성공을 거두기 쉽다. 자기 **반성**과 함께 현재의 실력을 확인할 수 있어 객관적인 비교분석이 가능하다는 점과 **학원수강**의 중요한 이점을 잘 선택한 **학원**은 목표를 확실히 다져 주는 촉매제 역할을 해 줄 것이다.
                         (Life = Living + Reflection)

(4)자격시험에 대한 정보 습득이 빠르다.   (예상문제 강의가 합격 좌우한다.)
단 하나의 자격 시험 정보에 의해 합격의 **명암**이 뒤바뀔 수 있는데, 전문 학원들은 관련 **자격증**에 대한 가장 **최신의 정보**를 얻을 수 있는 곳이다.
(최신 정보는 누구나 제공할 수 있는 게 아니다.)
          ➡ 류재복교수 + 쪽집게 요점정리로 해결한다.

(5)체계적인 정리가 가능하다.
수험생에게는 시험 전날 받은 합격 엿보다는 **빼곡이** 정리된 지난 시간 공부한 노트 한 권이 더 소중하다. 경험 많은 **강사**가 짚어주는 **예상문제**를 놓치지 않고 정리해 놓으면 나중에 혼자 공부하기가 훨씬 수월하다.
     【 **초대형강사 + 류재복교수가 해결한다.**】

7. 최우선적으로 + 무엇을 해야 하는가?

(1) 기술자는 업무와 관련 기술사 자격취득이 가장 먼저 요구된다.
(2) 류재복교수 직강 합격자 + 95%합격률에 + 도전한다.
(3) 가장 빠르게 합격하는 + 방법은 무엇인가!
　① 시험에 **미친 순서**대로 합격한다.
　② 미친다는 의미는 → **집중도**를 말한다.
　③ 집중도의 의미는 → **시간, 정력, 돈의 투자의 정도**를 말한다.

(4) 집중도를 Check하는 방법
　① 수험기간 중 신문, TV를 보지 않는다.
　② 시험에 필요한 모든 투자를 **과감하게 단기적**으로 한다.
　③ 주변 **생활**을 **단순화** 시킨다.
　④ 집중적인 **리듬**을 갖는다.(한번에 + 한가지만 한다.)
　⑤ 기술사 강의는 누구나 → 할 수 있는게 아니다.

나는 **기술사** 시험에

반드시

D-Day ○○까지 합격해야 한다.

- 앞으로 할 일이 많아 더 이상 미룰 수가 없다. -
　　　　　　　　　　　계속 자기최면을 강하게...

도전근성이 없으면 平生을 不安하게 살 수 밖에 없다

8. 기술사 합격을 위한 전술 + 전략

※ 어떻게 생각하는가가 **운명**을 변화시킨다 / **전략적 사고**가 중요하다.

No.	구분	합격의 전술 전략
1	강사의 역할	1. 홀로 **독학**은 **불가능**하다. 2. 제대로 된 **강사**와의 만남이 승+부 좌우한다. 　(류재복교수강의 **수강자**가 전체 합격자의 **95%**이상이다.)
2	교재선택의 중요성	**1. 기술사는 요령으로 합격할 수 있는 과목이 아니다.** **2. 기술사 문제집선택이 합격을 좌우한다.**
3	초대형 강사 **류재복** 교수	1. 빨리 합격해야 한다는 **강박관념**은 나를 **중도포기**하게 한다. 2. 기술사는 최소한 6개월이상 준비하여야 한다. 3. 류재복교수와의 만남이 + **도전** + **필승** + **좌·우**한다 4. 기술사는 **끈기** 있는자가 합격한다. 　· 빨리 합격하는것보다 합격후 **실력**이 있어야 + **돈**이된다.
4	어떻게 부수어 나갈까?	1. 하루 공부시간 : 2시간이면 족하다. 2. **술**과 **여자**를 멀리하라. 3. 부정적인 사람(NMA와 PMA)들과 **멀리**하라. 4. 온 백성이 내가 잘 되는 **꼬라지**를 못봐주니까 **부정적**으로 내게 말한다.
5	공부가 **고통스런** 이유	1. **급히** 하려고 하니까 **고통**스럽다. 2. 하기 싫은 것을 억지로 애써한다는 것만 아니면 쉽게 **합격**한다. 3. 욕심만 버리면 **단숨**에 **합격**한다.
6	반드시 **합격**해야 하는 이유	1. 사나이 **자존심** 때문에 **선비(士)**가 되는 **자격증**이 필요하다. 2. 어차피 "**돈**"버는게 내 **자존심**을 세워준다. 3. 가장으로써 + 남편으로써 + 아빠로써 기술사 **자격증**없이 **자부심**이 생기겠는가? 4. **건강**이 크게 살아나고 + **생명**에 대한 **감각**이 용솟음치게 된다.
7	최단기 합격	1. **참고서적** 많이 보는자가 **빨리 합격**한다. 2. **연속수강자**(장학회원)가 초고속 합격한다.

9. 토목시공기술사 + 최강 류재복교수 + 합격지침

토목시공기술 준비는 토목인 여러분의 **우환(걱정+근심)**을 **해소**시키고 경제적 문제점 해결+**운명**+**환경**을 크게 변화시키는 **막강한 위력**이 있습니다.

즉시 **도전**(=전쟁)하십시오→누구나 合格 할 수 있다.

明白 토목시공기술사 **최강** 류재복교수의 합격지침 四達

No	구 분	도전방법
1	기술사 **도전**이 불가능한가	· **자신감+집중력+연속성**만 있으면 누구나 합격가능
2	왜 기술사 **도전**을 **온백성**이 **두려워** 할까요?	· 어렵다고 단정하니까 **불가능**하다고 **포기**해 버린다.
3	쉽게 합격이 가능할까요	· 류재복교수와의 **만남**이 합격을 **좌우**한다.
4	류재복교수가 **신화를 창조**한 이유	· 현장실무+강의력+요점정리+예상문제적중 → 초대형 강사다.
5	기술사 강의는 **누구나** 할 수 있는 과목이 아니다.	· 류재복교수가 과거 10년간 토목시공기술사 최다 합격자를 배출하였다.
6	토목시공기술사 **활용도**	· 가장 광범위하고 범용성이 크다.
7	합격후 **운명**과 **환경**의 변화 의미? (경제적 능력향상)	· **돈벌이** 쎄지고+**가정**의 분위기가 살아나고 +**자존심고취**+**직장생활**에서 **스트레스병**이 해소된다.
8	**자격증소지자**와 무소지자의 차이점 : 재취업 용이	· **무소지자**는 직장에서 몸만 고달프고 별로 소득이 없는반면 **자격증소지자**는 돈벌이도 되고 엄청난 인간**대우**받게 된다.
9	토목인의 **건강고수** 비결 (大人愛患)	· 토목시공기술사 합격후에 대부분 **건강**이 살아난다.
10	토목시공기술사+토질및기초기술사 +도로및공항기술사 최강은 하나다.	· **양재학원**은 이 3가지 과목은 **대한민국** 어느 누구와도 비교할 수 없는 **짱짱한 실력**이 있는 **강사**가 강의한다.
11	성공비결 (明白四達)	1. 인생이든 골프든 절대로 서두르지 않는다. 2. 도전목표가 정해지면 최대한 투자 (돈+시간+정력)를 한다. 3. **무엇이든 서두르면 실패한다.**
12	기술사 준비시 **경계**해야 할 사항 (강사선택+책선택)	· 제대로된 **강사**가 아닌 경우는 오히려 해가 된다. (사이비에 주의)
13	기술사 문제집선택의 중요성 (문제집선택 잘못되면 10년 헛고생한다.)	· **류재복교수**가 저작한 내용은 **개정된 시방서** 내용이 모두 **반영**되었다. (明白四達) · **문제집 선택**이 잘못된 경우 대부분 틀린답을 모르고 계속 외우게 된다. **10년** 해도 안되는 **이유**는 여기에 있다.

류재복교수와의 만남이 13가지 **내용**에 대한 기본적 **해결 대안**입니다.

10.

기술사
초대형+강사
류재복교수의
최강+신화는
계속된다

기술사자격증 소지자는
+
10년 세월 앞서간다

11. 기술사 합격후 특전

1. **기술사의 특전** : 회사마다 다소상이
   1) **월별** 별도 **수당**지급액 : 20 + 50 + 100만원
   2) **진급**시 : 어느 기관이건 **특진**시켜 준다.
   3) **감리사**의 경우 : 45세~50세이상자가 + **감리단장**으로 일하지 않는
                      경우 + 본사 **비상주** 근무할 수 있는 **혜택**이 주어진다.

2. 기술사 준비 시 유의사항
   교재선택 + 제대로 된 강사만 만나면 : 고생 안한다.

3. 기술사 준비하는 **초심자의 애로사항** 해결의 최선의 대안
   초대형강사 + **류재복** 교수 + **화끈**한 + **요점강의**가 **해결**합니다.

기술사 자격증소지자 우대란 ?

특진 + 봉급 초고속상승

12. First Things First!

1. **중요**하고 **급한일**을 먼저하라.
   (First Things First!)   - 스티븐코비 -
2. 여러분은 싸워서 **쟁취**할 세계가 있습니다.
                                              - 토마스카알라일 -
3. **천재**는 **힘**의 **집약**이다.   - w.c 홀맨 -
4. 어떤 **일**에 **열중**하기 위해서는 그일의 **가치**를 굳게 믿고,
   자신에게 그것을 **성취**할 **힘**이 있다고 **믿으며**, **적극적**으로
   그것을 이루어 보겠다는 **마음**을 갖는 일이다.
                                              - 데일카네기 -
5. 아무리 머리가 좋아도 인간은 **한꺼번**에 **많은 일**을
   절대로 할 수가 없다.   - 데일카네기 -
6. **행복**한 일을 **생각**하면 **행복**해진다.
   비참한 일을 **생각**하면 **비참**해진다.
   무서운 일을 생각하면 **무서워**진다.
   실패에 대해서 생각하면 반드시 **실패**한다.
   자기를 **불쌍히** 여기고 헤매게 **되면** 남에게 **배척**을
   당하게 된다.   - 데일카네기 -
7. 꿈을 **계속** 가지고 있으면 언젠가는 **반드시** 그것을 **실현**
   할 때가 온다.   - 괴   테 -
8. 큰 일을 먼저하라. 작은일은 저절로 처리될 것이다.
                                              - 데일카네기 -
9. 내 사전에 **불가능**이란 **없다**.
   할 수 있다.
10. **믿으면** 그대로 된다.   - 나폴레옹 -

13. 최강 : 양재 토목기술사 전문학원

전화 : (02)3462-6688+575-6822

위치 : 지하철 3호선 양재역하차☞5번 출구☞대치동 방향30m전방 육교 옆 하나은행 B/D 5층

홈페이지 : http://www.gisulsa.co.kr

1. 양재학원+초대형강사+ 화끈 화끈하게 강의합니다.

기술사 고시 시간배정
1교시 : 09:00 ~ 10:40
2교시 : 11:00 ~ 12:40
3교시 : 13:40 ~ 15:20
4교시 : 15:40 ~ 17:20

2. 과목별 개강안내

No.	개강과목	강사	개 강 일	현장실무경력	저자직강 도서명
1	토목시공기술사	류재복교수	매주 (토)오후 5시 매주 (일)오전10시	28	·토목시공원론 상·중·하(예문사)
2	토질및기초기술사	이춘석교수	매주 (토)오후 4시	23	·토질및기초공학 이론과실무(예문사)
3	도로및공항기술사	양계승교수	매주 (일)오전 9시	23	·도로및공항 총론(새론출판사)

기술사 자격증 + 취득하면 + 15년 앞서간다.

최강은 하나다

(양재학원 합격률 : 93%이상임)

최강 **양재토목기술사** 학원

Tel : 02-3462-6688

초대형 강사

가

시원시원 + 화끈화끈 하게

예상문제

를

강의 합니다.

기술사는 **토목인**의 **운명**을
변화시키는 **위력**이 있습니다.

2. 공법의 논문체계

【Slurry Wall(토류벽)＋가물막이＋연약지반＋기초＋옹벽＋댐＋하천＋항만＋터널】

<공 통>

1. 서 언	2. 조 사 (토질＋암)	3. 설 계 검토내용	4. 시 공 계획서	5. 공법선정시 고려사항 (설계변경기준)	6. 특 징	7. 시공순서 그 림	10. 결 론
(1) 원 리	(1) 실내시험	(1) 활동	(1) 인원편성계획	(1) 시공성	(1) 장 점		(1) 원 리
(2) 종 류	1) 토성시험 w, PI Gs, LL Cu, PL Cg, SL	(2) 전도	(2) 장비편성계획	(2) 경제성 (공사비)	(2) 단점(문제점)	8. 시공순서별	(2) 향후연구 개선방향 인원 장비 자재
(3) 기술할 공법의 원리, 문제점 대책	(2) Sounding ($\phi+c$) PBT(K치) SPT(N치) SS DCPT	(3) 침하	(3) 자재반입계획	(3) 안정성		(1) 문제점(사고원인) ＋ (2) 대 책	(3) 전천후 장비 개발
		(4) 토압·수압	(4) 안전관리계획	(4) 공사비			(4) 자재 전값 으로 대량 생산·공급 체계 연구
		(5) Boiling(모래)	(5) 교통통제계획	(5) 공기		9. 품질관리요령	(5) 시공관리 주안점
	(3) 현지답사	(6) Heaving (점토)	(6) 환경관리계획	(6) 민원발생 여 부(용지보상 ＋소음진동)		(1)	(6) 본인의 의견 등
	(4) 지하매설물 조사	(7) 수심	(7) 가설계획 ① 사무실 ② 시험실 ③ B/P ④ A/P ⑤ 진입로	(7) 공사중단		(2)	
	(5) 암반분류 RQD RMR Q-system 풍화도	(8) 파도	(8) 공정관리계획	(8) 교통차단		(3)	
		(9) 파랑	(9) 품질관리계획	【댐·하천 항만】 1. 수심 2. 파도 3. 파고 4. 파랑 5. 유속 6. HWL. LWL. 7. 주변공사 현장의 공종 8. 최대홍수위 9. 간만의 차			
		(10) 파괴	(10) 공사예정공 정표				
		(11) 존위 간만의 차					
		(12) 유속					

※ 인류(나자신)의 미래는 나의 성실력과 Vision에 달려 있다.

※ 참고서적
1) 기초설계 시공 핸드북
2) 깊은 기초(지반공학회)
3) 연약지반 (지반공학회)
4) 터널(지반공학회)
5) 토목시공 고등기술 강좌 1권~11권(토목학회)
6) 신기권 토목시공교재 1,2/3,4(전기편 : 출제위원)
7) 댐시설 기준
8) 하천공사 시방서
9) 항만시설기준
10) 도로교 표준시방서
11) 기초의 설계와 시공
12) 구조물 기초설계·기준

3. 콘크리트공사 시공단계별 점검항목 및 일반적인 시공시 유의사항

1. 서 언	2. 재료/저장 (배합설계전 재료의 시험항목)	3. 배 합	4. 설 계	5. 운 반	6. 치 기	공 (재료분리 방지차원에서) 7. 다지기	8. 마무리	9. 양 생
(1) 정의	(1) Cement - 비중 - 분말도 - 안정성 - 응결시간차 - 수화열 - 강도 - 화학적 안정성	(1) W/C ↓ (작게) W ↓ (작게) C ↓ (작게) 공극 ↓ (작게) 건조수축 ↓ (작게)	(1) 거푸집 + 동바리 Check List - 형상 - 부풀어오름 - Mortar 새어나옴 - 이동/경사/검하 - 접속부 느슨해짐 - 침하 - 지주 침하	(1) 운반시간(일반) ① 25℃ 이하 2Hr ② 25℃ 이상 1.5Hr	(1) 연속치기 ① 운반시간 준수 ② Cold Joint 방지	(1) 진동다지기원칙 (내부진동기)	(1) 나무흙손 Bleeding ↓ (작게) Laitance ↑ (크게)	(1) 초기양생에 유의
(2) 문제점	(2) 골재 - 굵은골재, 잔골재 · 입도 · 비중 · 안정성 · 마모율 · 단위중량 · 형상 · 유해물 함유량	- 건조수축 균열 방지 - 배합의 표시 방법	- Tie Form/Tie Bolt · 청소 · 받치대 · 모따기 · 미끼 · 받침매설물 (전선Duct)	(2) 데미콘 진입로 정비	(2) Cold Joint 방지 ① 정의 ② 원인 ③ 대책 · 인원 장비 자재	(2) 배치진동기	(2) 쇠흙손 Bleeding ↓ (크게) Laitance ↑ (크게 된다.)	(2) 초기동해방지 (한중)
(3) 대책 - W/C ↓ (작게) - 공극 ↓ (작게) - 혼화제 · Fly Ash · AE제 · AE감수제 · 유동화제	- 굵은골재 · 잔 골재	(2) 굵은골재 최대치수 (3) Slump (4) 공기량 (5) W/C (6) S/a (7) W (8) C (9) S (10) G (11) 혼화제 [혼화제 혼화재]	(2) 줄눈 [신 + 수축 간격 + 수직도] * 2차 응력에 의한 균열방지	(3) 데미콘 반입 시 유의사항 1) 강도 2) Slump 3) 공기량 4) 염화물 함유량	(3) 표면결함방지 1) 곰보 (Honeycomb) 2) 측 3) 줄 4) Laitance 5) 배빈 6) 모래 줄무늬 7) 입목 및 색생차 8) 볼트구멍 (Bolt hole) 9) Air Pocket (기포로 인한 곰보) 10) Dusting 11) 균열		(3) 건조수축 균열 방지(서중) · 습윤양생한다.
- 균열 ↓ (작게) → 해대로	(3) 혼화제 · 혼화용 · Bleeding율 · 응결시간차 · 길이의 비 · 상대동탄성계수 · 화학적 안정성		(3) 철근일반균열 방지) · 간격 · 이음 · 앞개 · 표준갈고리 · 정착길이와 부착력 · 정화기기 준비 사항 관 시공계화시작 성 요령 관 구조물공사 안전사고 방지대책 관 시공중 군열 원인 대책			(6) 표면결함의 보제점 · 강도/내구성 · 수밀성저하 (성능저하 →열화) (7) 방지대책 · 거푸집 + 동바리 · 정밀시공		(4) 양생종류 습 > 서중 피 한중 중 전 고 적 Pre > Mass Pipe 가 > 한중 단 · 특히환경조건 하에서의 양생 3가지 (5) 균열방지 열화방지 (6) 초기균열방지 침하균열 소성수축균열 (7) 온도균열
(4) 물 : Cl (작은것)								
해대로								
(10) 결론								
해대로								

(서중 + 한중 + 수중 + 수중불밀리성콘크리트 + 수밀 + 해양 + Prepacked + Shotcrete + SFRC + Mass Concrete + 유동화콘크리트 + 강도 + 내구성 + 수밀성 + 수밀성 + 시공중 균열 + 열화)

성공의 비결
기술사 준비시 지켜야 할 원칙

양재토목건축학원
류재복 교수

※ 토목기술인 여러분!!  기술사는 기술인 최고 명예의 상징입니다.

No.	Description	Alternative (대안)
1	**목표설정** (도전하고자 하는 목표설정) ⬇ 【주도적으로 할 것】	1. 목표 : **토목시공기술사** 　　　(1차) 연봉 3,000~7,000 　　　**토질 및 기초기술사** 　　　(2차) 연봉 3,000~7,000 　　　**도로 및 공항기술사** 　　　(3차) 연봉 3,000~7,000 　　　**건설안전기술사** 　　　(4차) 연봉 3,000~7,000 2. 목표는 : 이미 **설정**되었다.
2	**바라봄의 법칙활용** (시작과 동시에 모든 **목표물**은 내 **손아귀**에 쥐어진다.) ⬇ 승리한 자신의 모습을 바라보고 자기자화상(Self-Image)을 굳세게 합시다.	1. 이미 성취했다고 믿는 것이 중요 2. 계속 도전하고저 하는 "목표물"주위를 직접 답사하는 것이 중요한다. 3. 답사(Reconnaissance)의미 　직접 발로 밟고 목표물 주변 상황을 (정보)확인하는 것이 중요하다.
3	자신감은 불가능에 대한 一大 도전이다. 류재복교수의 강의는 自信感을 불러 일으키는 위력!!	1. 기술사는 Cold Joint만 없으면 누구나 할 수 있다. 2. 류재복교수 주위를 주1회 밟으면 **기술사**는 이미 취득한 것이나 다름 없음.
4	집중력으로 돌파! ⬇ 인생은 어차피 **일방통행**이다.	1. 걱정한 일의 단 1%도 실제로 일어나지 않는다. 2. 지극히 담대(膽大)하게 밀어 부치는 **추진력**과 돌파력이 중요 3. 걱정할 시간에 "때려부수자"
5	(연속성) ⬇ (마지막까지 도전해서 기술사 취득하는 인원은 도전자의 3%도 안된다.)	1. 마지막 "5분"을 참지 못해서 십중팔구(十中八九)는 성공하지 못한다. 2. 기술사 취득 : 대성공이다. 　1) 가세와 가운을 일으킨다. 　2) 가장으로서 당당해질 수 있다. 　3) 한 아내의 **남편**으로서 역할담당에 큰 힘이 된다. 3. 경제적으로 안정된다.

※ 信念(신념)은 모든 奇績(Miracle)또는 神秘(Mysteries)의 바탕이다. - 단카스터 -

〈스티븐코비의 제4세대 시간경영〉

소중한 것을
(토목시공기술사) 먼저하라.

First Things First

〔저자약력〕
- 토목시공기술사
- 성균관대학교 이공대학 토목공학과 졸업
- 서울 시립대 대학원 토질 및 기초 석사
- 현대건설(주) 대청댐 현장 근무
- 극동건설(주) 해외토목 견적부 근무
- 극동건설(주) 리야드 사우디아라비아 대사관 단지 조성공사 현장근무
  (하수처리장, 정수장, 취수탑, 상하수도 공사)
- 극동건설(주) 리야드 사우디아라비아 쥬베일 단지 조성공사 현장근무
  (상하수도 공사)
- 극동건설(주) 리야드 사우디아라비아 국제공항(KFIA) 하부시설공사 현장 근무
  (정수장, 하수처리장, 상하수도 공사)
- 극동건설(주) 담맘 사우디아라비아 하수처리장 공사 현장 근무
  (정수장, 하수처리장 공사)
- 극동건설(주) 리야드 알마문 도로공사 현장 근무
- 광역상수도 4단계 취수 펌프장 및 송수관로 시설공사 현장근무
- 극동건설(주) 기술연구소 근무
- (주) 도화종합기술공사 기술이사 (현) (NATM 터널 현장근무)
- 성균관대학교 토목환경공학과 겸임교수

■ 저자 강의장소
- 양재토목건축학원 : TEL : (02) 3462-6688 FAX : (02) 3462-7011
- 위치 : 양재역 3호선 하차→5번출구→대치동방향 30m전방 육교옆

■ 토목시공기술사 준비 관련 저자 연락처
- 저자 : 류 재 복
- TEL : (02) 552-5885   FAX : (02) 556-5184
- 핸드폰 : (011) 302-0149

토목시공원론 上

서기 1998년 5월 5일 발행
서기 1999년 2월 18일 2판 발행
서기 2000년 3월 9일 3판 발행
서기 2003년 4월 1일 4판 발행

著者　柳　在　福

發行人　鄭　龍　洙

발행처　도서출판　예 문 사

경기도 고양시 일산구 장항동 548-8
TEL : (031) 905-2100 FAX : (031) 903-8844
④①①-③⑧⓪   등록 제11-76호

정가 : 75,000원

이 책의 어느 부분도 저작권자나 발행인의 승인없이 무단복제하여 이용할 수 없슴

ISBN 89-8254-055-5   93530